民國建築工程期刊匯編

MINGUO JIANZHU GONGCHENG QIKAN HUIBIAN

35

《民國建築工程期刊匯編》編寫組 編

廣西師範大學出版社
GUANGXI NORMAL UNIVERSITY PRESS
·桂林·

第三十五册目録

工程周刊

17347

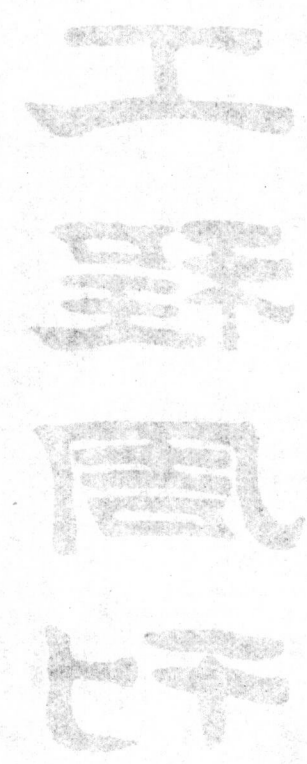

工程週刊

(內政部登記證警字788號)

中國工程師學會發行

上海南京路大陸商場 542 號

電話：92582

稿件請逕寄武昌蘭陵街修德里一號)

中華民國22年11月10日出版

第2卷第17期(總號38)

中華郵政特准掛號認爲新聞紙類

(第 1831 號執據)

本期要目

定報價目：每期二分；全年52期，連郵費國內一元，國外三元六角。

船名……上海市渡輪"五號"
總長……37.19 公尺
總寬……6.40 公尺
深……2.90 公尺
吃水……1.68 公尺
排水量……195 公噸
速度……12海哩
發動機馬力……330 匹實馬力
載客……600 人
承造廠……合興機器造船廠
造價……國幣 150,000.00 元
落成……二十二年十月五日
航駛……上海吳淞間

上海市第五號渡輪攝影

工程與資本

編　者

工程事業，需要巨大資本。顧工程事業均有所生產，所投資本必有所償，即大多數能應付其擔負之利息。

惟巨大投資，創始者艱，政府乃不得不予以提倡。提倡之道，莫若政府先加以試辦；獲有實効，需盡量擴充時，公諸於民衆，使政府減輕其籌款之責任，而事業亦得相當

17349

之進境。昔於建設委員會發還長興煤礦，與浙江省政府移轉杭州電廠於銀團，均見其辦法之優良。今上海市政府經營之市輪渡，亦有商業化之趨勢，(本刊258－263頁)，使已成之局，更求發展。可爲工程事業需要資本者之一種模範，尤有關於公共工程事業。

上海市輪渡概要

沿革

上海市浦江輪渡，始於清宣統二年，剏之者，上海浦東塘工善後局也。先是，塘工局因東溝上寶界浜口沙漲水淺，阻礙航行，稟由縣道咨准濬浦總局疏濬。宣統元年十一月，先從東溝施工。次年，塘工局爲便利辦公起見，租賃小輪，行駛浦東西，附載旅客，酌收渡資，藉資挹注，於十二月五日試航，是爲官辦浦江輪渡之發軔。初由東溝直駛南京路外灘銅人碼頭。民國六年，添駛西渡。八年，添駛西溝，卽今之慶寧寺附近。創始時租用小輪行駛，民國二年，訂造公益一輪，於次年八月落成行駛，費銀5400兩。繼復於十一年七月，以銀7000圓購公福小輪，更名公安。但行旅日衆，公務日繁，兩輪不敷載渡，乃相繼添租其他小輪。十六年春，國民革命軍進駐上海，公益輪爲上海駐軍拉去沉沒，另租福昌小輪替代。此外又置有公利，公濟，公道等大小拖船七艘。

接管

民國十六年秋，上海特別市成立，輪渡隨塘工局移交。初歸市政府浦東辦事處暫管，同年十二月，該辦事處撤銷，乃由公用財政兩局會同接辦，成立浦東輪渡管理處。翌年七月，爲統一事權起見，復由財政局將原管營業部分一併移交公用局接管，遂將浦東輪渡管理處改稱浦江輪渡管理處。十九年終，改爲輪渡總管理處，分設總務，營業，技術，審核四股。復於二十一年秋，在慶甯寺興建總管理處房屋，組織設備，益臻完密。本年八月，上海市興業信託社成立，接辦本市輪渡業務。六年以還，可分整理，改進，及擴充三個時期述之。

整理時期

塘工局移交輪渡部份之資產，計有自置公安輪一艘，拖船七艘，其他快船舢板等三艘，及東溝，慶甯寺，西溝各埠碼頭。公用局接辦後，爲增加班次，便利行旅，添租小輪，並與上川交通公司經營自浦東慶寧寺至川沙縣城之長途汽車，商定發售聯票辦法，於十七年一月一日起實行。營業方面，一方對於燃料力求樽節，減省開支，一方對於無票及免票乘客，嚴予取締，增裕收入。以故票價雖率由舊章，而營業盈餘頗有顯著之進步。統計十七年度票價收入 104,000 餘圓，盈餘約 50,000 餘圓，較接收前盈餘最高額30,000圓，超越60%以上。市輪渡基礎至此漸臻穩固。公用局復呈准市政府，自十八年起，將輪渡收支劃爲特別會計，所有營業盈餘，專款存儲，悉充輪渡本身發展之用。

改進時期

自是厥後，公用局對於輪渡設施，積極改進，舉其犖犖大者，一爲修建碼頭，東溝碼頭原在港內，而港深不足 2 公尺，港口易致淤沙積聚，行駛大輪，時虞擱淺，港面甚狹，調頭不易，又因灣泊需時，每點鐘本可由 2 船對班行駛者，必須使用 3 船，殊不經濟。因決在東溝港口另建碼頭 1 座，於十八年五月開工，七月工竣。慶寧寺碼頭係用水泥建造，缺乏彈性，自行駛新渡輪後於風浪激盪中，每停靠一次，碼頭卽受震撼一次，水泥樁柱頗多損壞，並於十九年四月大加修理。一爲建造渡輪。蓋自有公安輪年久損舊，亟須替代，而租用商輪，終非久計，爰將公安輪售去，另向德商謙信機器公司訂造新輪2艘，第一號於十八年十一月十六日正式開班。第二號於十九年一月十六日落成行駛。兩新輪對班開駛，租輪完全停用。綜核各項改進費用，計建設東溝碼頭銀7000圓，修理慶寧寺碼頭銀1400圓，建造第一第二號渡輪船身及購置機器等設備約104,000圓，合共112,000餘圓，完全以輪渡營業盈餘提充。

擴充時期

市輪渡營業發達，儘有擴充可能。對於擴充計劃，早經籌擬，先後呈准市政府定案。顧欲完全實現各種計劃，須添造長渡渡輪2艘，對江渡輪5艘，建置碼頭9座，約估費用在500,000圓以上，非市輪渡財力所逮，遲未進行。十九年一月，市銀行成立，本市金融周轉視前便利。公用局乃秉承市政府，向該行商辦借款，卒於六月九日簽訂擴充市輪渡借款360,000圓合同，以一二兩號輪渡及將來以借款建設之全部資產作爲擔保。乃卽：

(一)添造第三第四兩號長渡渡輪2艘。

(二)建造第五第六第七對江渡輪3艘。

(三)建造長渡與對江渡鋼質浮碼頭共5座，

總計需款370,000圓强。其中以添造三四兩號長渡輪，需要尤亟。故先向謙信機器公司採購兩輪發動機，共價規元64,000兩，船身交合與機器製造廠承造，共價規元69,360兩。對江渡輪三艘，亦由合興廠得標承造，連同機械設備，共價規元64,500兩。至九月，三四兩號長渡渡輪船身下水，其設備布置均參合最新美術思想，較原有一二兩號渡輪，更爲精良完密。迨後機器裝竣，舉行試車，最高速率達每小時12海里，突破浦江中外各輪已往紀錄。十二月十日，正式驗收，遂將一二兩號交廠參照修理，並擴充艙位，卽以三四兩號接駛原有航線。十二月，對江渡輪亦相繼下水，嗣卽裝置機器，布置設備，試車速率平均每小時8海里强，於二十年四月十三日驗收。其各埠碼頭，則由市政府核定歸工務局主辦。計高橋，賴義渡，定海橋，慶寧寺，4處鋼質浮碼頭及鋼質浮橋，歸遠大鐵工廠承造，十六舖一處，歸恆昌祥鍾記承造。又賴義渡，定海橋，2處水泥固定碼頭，歸趙連起承建，高橋及慶寧寺2處，歸沈生記承建。均於十九年冬季動工，至翌年六月中旬，先後告竣。市輪渡初次擴充設備至此完成，擴充計劃亦逐步實現：

(一)二十年三月一日，長渡航線展至高橋。用3輪行駛。

(二)二十年五月十六日，慶寧寺與定海橋間對江輪渡開班，用1輪行駛。

(三)二十年八月十日，其昌棧與威賽公碼頭間對江輪渡開班，用1輪行駛。

(四)二十年十二月二十四日，東門路與陸家渡間對江輪渡開班，用1輪行駛。

(五)二十一年三月十八日，高橋與吳淞間聯班輪渡開班，用1輪行駛。

但高橋方面，輪大港小，不能駛抵鎮集，以致輪渡碼頭地點距鎮尙遠，爲程可2.3公里，亟須相當交通器具，以爲聯絡。公用局乃籌興辦該區公共汽車，作爲輪渡一種副業。以銀12,300餘圓採購史多華牌汽車底盤2具，並以銀2000圓交由大昌製造汽車公司承造車身。爲應付臨時需要計，先向華商公共汽車公司租用2輛，與輪渡同日開駛，相互銜接。二十年四月新車裝竣，二十四日正式開駛，租車完全退還。夫高橋爲本市富庶之區，祇以地位偏僻，行旅往來，向感阻滯。自市輪渡展航後，輪車交通聯貫一氣，不特便利行旅，卽該區內各項事業之發展，亦利賴之矣。新車詳情如下：

底盤牌名	Stewart 29x
引擎	6汽缸61匹馬力
車身長	5,4公尺
車身寬	2,05公尺

車身高	2,3公尺
載客人數	35人
載客重量	2000公斤
總重量	5350公斤

再度擴充

市輪渡至此規模具備，營業亦日見發達。然浦江兩岸交通之繁蹟，與時俱增，公用局鑒於市輪渡再度擴充之需要，遂復擬具計劃，呈報市政府核辦，其計劃大要為

(一)長渡部份　添造長渡渡輪1艘，吳淞碼頭1座，以資展長現行長渡航線至吳淞之用。

(二)對江渡部份　添造兩頭行駛對江輪渡3艘，春江碼頭，游龍碼頭，2處鋼質浮碼頭及售票亭辦公室等，以資添闢春江碼頭與銅人碼頭間，游龍碼頭與洋涇浜外灘間，2線對江輪渡之用。

(三)兼辦公共汽車部份　添備公共汽車3輛，添建車廠兩間，以資展長高橋公共汽車至高橋海濱及油池區域之用。

綜計經費，又約需銀360,000圓，仍向市銀行借用，於廿二年二月二十日簽訂正式合同，儘以輪渡營業盈餘按月提還。先於十一年十月添造兩端行駛對江渡輪2艘，向謙信機器公司訂購道馳牌75匹馬力柴油發動機2具，計銀33,000圓。船売2艘交合興機器製造廠承造，共銀35,400圓，此次所造2艘渡輪之名稱，定為第十四第十五號。並決定自二十二年一月起將以前所造之第五第六第七號對江渡輪，改編為第十一第十二第十三號。長渡渡輪之編號，自一號至十號；對江渡渡輪之編號，自十一號至二十號。順序編列，號碼不致紊亂。

廿二年一月第十四第十五號對江渡輪完全落成，試行結果，倘能滿意。即於一月二十七日以第十四號渡輪，接駛慶定綫，原租小輪退租。從此往來行駛毋須掉頭，時間縮短，乘客稱便。既可搭運客貨，又可裝載汽車，將來浦江東西車輛可以直接往來，此實本市輪渡事業之創舉也。

東門路之對江渡以碼頭岸綫問題，與太古洋行發生交涉。經一再據理力爭，於廿二年二月間始辦理完成，改駛東昌路，並將原有航行時間提早延長，使市民增加便利。

二十二年二月廿一日開始建造浦東游龍碼頭及浮橋，計値13,700圓，交合興機器廠及鐘山營造廠承造。再於四月訂造下列工程:

(一)第五號柴油發動機長途渡輪1艘。發動機向謙信機器公司訂購，計價銀50,000餘圓，船身交合興廠承造計價銀78,600餘圓。

(二)第十六號柴油發動機對江渡輪1艘，發動機向謙信機器公司訂購，銀19,700餘圓。船身交大中華機器造船廠承造，計價銀26,030圓。

(三)公共汽車2輛。其底盤向英國天祥洋行訂購，採用馬立斯牌正式公共汽車底盤，共價銀16,660圓，車身交大昌製造汽車公司承造。共價銀3,800餘圓

(四)公共汽車廠2間。卽在原有空地上接造，交裔雨興營造廠承造，計價銀1800餘圓。

(五)第五號第十六號渡輪發電機等附屬機件。向謙信機器公司訂購，計價銀2300餘圓。

以上各項工程，公共汽車車廠先於六月落成。公共汽車2輛於七月，八月先後完工，運往高橋行駛。

車身大要如下：

底盤牌名	Morris Leader P B 4
軸距	4365公厘
底盤重量	2450公斤
車身重量	2200公斤
載客人數	35人

此時海濱至高橋鎮之海高路業已築通，遂於七月二十七日起展駛海濱浴場。從此搭客之赴海濱遊覽者，可由碼頭乘車直達，增

加便利不少。其餘各項碼頭及渡輪工程，正在積極建造，不久即可如期落成。

吳淞碼頭在一二八事變時，由本處開駛臨時專班，載運旅客，停泊托船碼頭附近江面，並無適當設備，旅客深感不便。祇以臨時專班，本屬救濟性質，不妨因陋就簡。自本市決定將航綫正式展駛吳淞後，另建新式碼頭殊有必要。於廿二年八月開始建造，並於碼頭上建造簡單之房屋，以供辦公之用。一俟工程完竣，即可正式開班。

副業方面，除高橋公共汽車外，復增高橋海濱浴場一種。緣距高橋鎮東約3公里，地濱大江，有天然沙灘，灘廣水淺極宜泅浴，且景色幽曠，足資流連，每屆夏季，市民前往游泳者，爲數綦多。二十一年六月，由公用工務衛生三局議定建設海濱浴場擬具小規模之布置計劃，指定東塘一證兩字號沙灘爲範圍，建築酒排間一大間，售賣飲料食品，更衣室8小間，備浴客濯身換衣。此外植遮陽布傘，下設躺椅，供浴客坐臥憩息。豎深水淺水分界標誌，俾知趨避。置辦救生設備，以資救護。於七月中旬佈置竣事，遊衆大爲踴躍，向爲荒江冷寂之地，今則裙履翩躚，喧嘩笑語，頓成熱鬧之場，亦足爲開發浦東北部之一助也。

將來計劃

綜觀浦江輪渡事業，自清宣統二年間創辦以來，迄今已達二十餘年。在已往之時期中，專以政府之財力經營，每度擴充，常感經濟不足，展轉籌措，動失時機。歐美各國情形，凡公營事業其著有偉大成效者，大都必絕對商業化，並脫離行政範圍。本市輪渡事業，因有改爲商業化之動議，蓋其組織嚴密，運用靈敏，不因人事變遷，致妨事業，不以手續繁複，致使機會錯過，所用人員均得安心服務，而有保障。如此則其基礎可以穩固，事業易於成功，必要之時并可添招商股，則任何市民均得投資，使公營事業與市民發生更密切關係。最近市政府鑒於情勢之需要，設立興業信託社，經營各種事業，並將已有之輪渡撥歸管理，使現有之業務更可改良，將來之計劃，易於實現。爰於八月二十五日，由市政府派員監盤，正式移交，將市輪渡全部資產作價銀700,000圓，移充信託社爲一部份之資本，並將經營管理之權歸信託社據管，使將來種種計劃得以貫澈進行。此本市輪渡事業史中之一大變遷也。

夫浦東西隔江相望，而居戶之密集，市廛之繁榮，相去懸殊。交通器具之窳劣，實爲其一大原因。在此生活程度日高，時間寶貴時代，非先利其行，不足以言衣食住。且年來浦西地價高騰，人口過量，開發浦東以爲尾閭之洩，勢不容緩。以香港九龍間有隔海之遠，經英人經營之Star Ferry，及華人經營之 H. Y. Ferry，輪渡便利兩地之交通，致九龍市面之繁榮，與香港抗衡。而本市之浦西，僅一江之隔，且有每日150,000市民往來之事實上需要，則本市輪渡之責任，焉能談到完成。尤有進者，浦東貨棧林立，而其發達程度遠遜浦西。此非治安及地勢之不及，實因由海船至碼頭，由碼頭至棧房，由棧房提貨卸貨入駁船，再起岸裝於貨車，再由貨車裝至目的地，經過五種之轉手。其運費及損失，時間之耗費，較存浦西貨棧者相差懸殊。本市故擬設備裝運貨車渡輪，使進口貨物，由海輪直卸貨車，載至浦西，簡便而省費。此外尚須展長長渡航綫，添辦對江輪渡及自置修理船廠，以應需要。其原則不專在輪渡本身之獲利，而使本市市民共享交通之便利，至詳細設施雖已有通盤計劃，惜限於篇幅，恕不載矣。

編者註：本編係概敍市輪渡之業務，其工程詳細設施，將來另載本週刊渡橋特刊。

經常收支對照表

自廿一年十月一日起至廿二年九月三十日止

總會會計張孝基

收入			支出		
甲•入會費		$1,466.80	甲•辦事費：—		
乙•常年會費：—			房租房捐	$360.00	
上海分會	$761.00		薪津酬勞	999.00	$1,359.00
南京分會	297.00		乙•武漢年會籌備費		100.00
杭州分會	72.00		丙•購置器具		12.00
唐山分會	56.00		丁•永久會員貼費		225.00
天津分會	88.00		戊•圖書費：—		
北平分會	12.00		書報雜誌	186.81	
青島分會	142.00		圖書費	69.50	256.31
武漢分會	104.00		己•雜支：—		
濟南分會	170.00		保險費	12.00	
廣州分會	56.00		文具	156.11	
其他各處	484.00		郵電	781.04	
預收會費	70.00		雜項	142.23	1,091.38
補收會費	117.00	2,429.00	庚•印刷費：—		
丙•登記費		97.50	工程會刊	3,734.93	
丁•廣告費：—			工程週刊	896.89	
工程會刊廣告費	3,531.69		會員錄	225.30	
工程周刊廣告費	615.00	4,146.69	雜件	84.67	4,941.79
戊•出售刊物：—			還歷年積欠		3,158.64
機車概要(729本)	724.35				
工程季(二月)刊	802.69				
工程週刊	385.26				
雜件	5.65	1,917.95			
己•天津分會還來上屆年會籌備費		100.00			
庚•雜項收入：—					
存款利息	913.18				
會針	20.00				
雜收	53.00	986.18			
		$11,144·12			$11,144.12

資產負債對照表

自二十一年十月一日起至二十二年九月三十日止

總會會計張孝基

資產	科目	負債
$16,125.15	會所基地	
50.00	借款(濟南分會)	
300.00	借款(北平分會)	
32.00	前中國工程學會應收而未收之賬	
28,162.96	銀行存款及現款	
	材料試驗所捐款	$18,671.82
	圖書館捐款	11.45
	捐款利息	4,651.80
	永久會費	13,486.89
	政府撥助材料試驗費餘款	6,381.25
	暫寄	108.00
	前中國工程學會應付而未付之賬	358.90
	朱母顧太夫人獎學基金	1,000.00
$44,670.11		$44,670.11

中國工程師學會會務消息

籌設工業材料試驗所報告

一 緣起

近年以來，吾國工商事業漸臻發達，而輔助工商業必需之機關，仍形缺乏。其關係重要不可一日緩者，工業材料試驗所其尤也。蓋商品無檢查之設備，則優劣混淆，商界無號召之憑藉，原料無試驗之場所，則良窳莫辨。工廠少取舍之準繩，是以西人斥資研究，歲費鉅億，新法疊出，製造日精，商戰制勝，此實樞紐。吾國地處溫帶，物產豐饒，爲並世諸國所莫及。徒以無相當機關加以研究，貨棄於地，莫能利用，坐令舶品紛來，漏巵莫塞，生計日窘，束手無方，良可慨也。本會同人鑑於國內試驗機關之缺乏，影響於工商業之發展者至鉅，因於民國十三年起商借上海交通大學及浙江大學設備，先就工程材料，設法試驗，數載以來，略有成效，而遠近工廠，以各項出品，請求試驗者，近更絡繹不絕，足徵研究機關之設立，實爲今日之急需。但學校設備，專供教育上之便利，且其自身需要甚殷，不便爲長時間之借用，而本會辱荷社會之獎借，又覺天職所在，不容放棄，用敢不揣譾陋，進而爲大規模之組織，冀就工商需要，分類研究。本科學之精神，促實業之進步。海內賢達，幸垂教焉。

二 計劃述要

地點 上海爲我國工商業之中心，交通便利，於此設立試驗所，實屬最爲相宜。現本會已於市中心區購定基地四畝，以備建築之需。

試驗及研究範圍 暫定試驗及研究範圍爲機械及化學兩部，待經費寬裕。再行添設電機物理及其他各部，並擴充原有部份。

經費 開辦經費，除基地早已購定不計外，暫定150,000元。以30,000元建築試驗所房屋，120,000 元購置器械。現本會已籌

工業材料試驗所設計圖樣

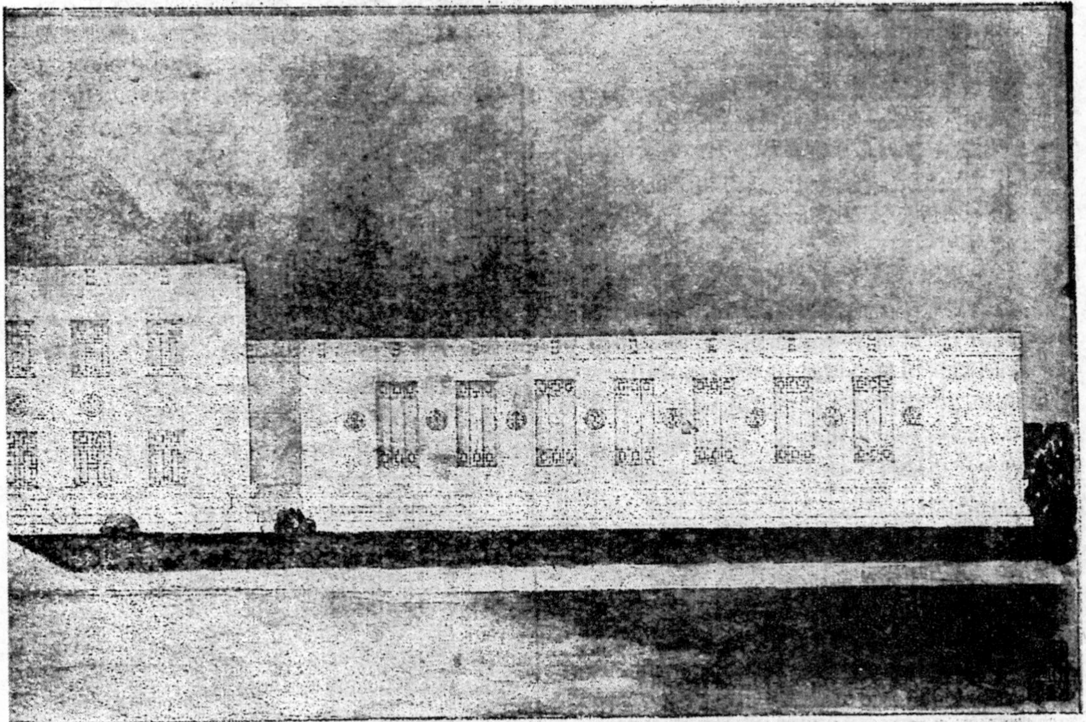

得經費連同捐得材料在內，約共爲40,000元，應再續籌110,000元。

經常費預算另定之。

器械　試驗器械擬先行購置如下：

(一) 100噸通用試驗機1部（試驗拉力Tensile Tests 壓力 Compression Tests硬度Hardness Tests剪力 Shearing Tests壓延力Bulding Tests)及附件

(二)扭力試驗機Torsion Testing Machine 1部

(三)擦力試驗機 Abrasion Testing Maching 1部

(四)疲勞試驗機 Fatigue Testing Machine1部

以上各項機件，估計約需國幣90,000元，如能購備齊全，雖與歐美各國試驗所設備比較，相差尚遠。然我國目前所需普通工程材料，如鋼鐵，燃料，油料，木材，礦質，皮革以及其他建築材料等，均可試驗。

(五)近來我國各處道路工程，甚形發達，而尚無試驗室以定材料優劣，因擬購以下各機專爲試驗道路材料之用。

甲。用以試驗道路所用碎石者，計開：——

試驗黏力機1副

試驗韌力機1副

試驗硬度機1副

試驗磨擦抗力機1副

試驗比重器1隻

乙。用以試驗柏油者，除化學部已經購有外，另購：——

柏油試驗針1隻

柏油試樣模1個

試驗柏油牽引機1副

以上各項，估計約需國幣10,000元。

(六)化學器具，姑就目前最需要者，先行置辦。假定爲燃料用水，油漆，礦質，皮革五項試驗之用，約需費國幣20,000元。細目如下：——

天平，研碎機，烘爐量熱器，壓榨機離心機等；熱力檢定器，色度檢定器，蒸溜器

17357

，顯微鏡折光鏡等；爐氣檢定器，各項專用器具，白金器具，各色玻器及其他

三　籌備經過

募集捐款　本會自籌建工業材料試驗所以來，蒙各界熱心人士，踴躍捐款，截至十八年八月二十日止，共收到國幣17,147.82元（捐款總報告載本會會務特刊第五卷第一期），雖距預定籌募數目相差尙遠，但因種種關係，不得不暫告停止。自此以後，卽未有所續募。

捐贈材料　本會籌設工業材料試驗所，自發起以來，承實業界及國內外各專家熱誠贊助，如啓新洋灰公司認捐水泥150桶，中國水泥公司認捐水泥100桶，益中機器公司認捐所內磁磚全部及馬達等，泰山磚瓦公司認捐面磚25,000塊，瑞士著名阿姆斯勒試驗機器公司已無代價贈送本會3,000公斤大號衝力試驗機1部。預料試驗所動工時，中外各廠商，必更踴躍輸將，使全國唯一之工業材料試驗所，早觀厥成。

設立建築試驗所委員會　本會於十八年春設立建築工業材料試驗所委員會。聘沈怡，徐佩璜，薛次莘，李屋身，徐恩曾，支秉淵，裘燮鈞，顧道生，黃伯樵爲委員。以沈怡爲委員長，主持試驗所之籌築事宜。另聘董大酉君爲建築師，李鏗爲工程師，協助一切。

購置基地　本會於十七年冬卽在上海新西區楓林橋市政府路，購置基地一方，計地4,04畝，地價14,125.15元，以備建築材料試驗所之用。嗣因上海市政府有市中心區域之計劃，復經董事會議決，以楓林橋地位較爲偏僻，不如改建市中心區。爰又向市政府在第二次領地範圍內領得土地4畝，每畝地價2,000元，先付保證金500元，計共付2,000元。其餘地價，並蒙上海市政府允予分期拔付。

房屋計劃　試驗所圖樣，係由建築師董大酉君設計。全屋分三部，中部兩層爲辦公室，東部爲試驗室，西部爲大禮堂。中部及試驗室之上爲平屋頂，可供集會之用。建築面積約占120方。全部用磚砌牆，鋼骨水泥做柱及樓板，大禮堂無柱。除試驗室地面做水泥外，均鋪樹膠地面，平屋頂鋪油毛毡石子。窗用本國鐵製。外牆面用水泥斬成石樣。內部裝修概用洋松。建築形式取最新立方式，綴以中國裝飾。牆面做成石樣。全部外觀表示樸素與牢固。估計造價約在60,000元左右，煖汽衞生電氣設備並不在內。現因格於經費，擬分期建築，第一期連同設備費至多以30,000元爲限，其餘部分留待將來擴充。

四　結論

本會工業材料試驗所今後工作方針，擬暫分二項：(一)搜集全國國產工業原料作有系統之研究。(二)代各機關及廠商試驗各種製成品或材料，凡機關及廠商曾實力贊助本所者，在某種範圍內，雙方並得訂立長期契約，長期試驗及作種種研究。

本會歷年受各方委託試驗材料，爲數已頗可觀，玆略舉如下：——

上海和興鋼鐵廠之竹節鋼
上海久記材料公司之枕木
上海益中機器公司之電機
上海濬浦局之混凝土
上海公共租界工部局之鋼條
上海美孚火油公司之銲錫
上海泰山磚瓦公司之面磚
南京總理陵墓工程應用之水泥砂石鋼條磚塊
南京中華水泥公司之水泥
無錫利農公司之磚塊
杭州市工務局之黃沙石子

本會自發起試驗工程材料以來，頗引起各界之重視，委託試驗者紛至沓來。但因材料試驗所尙未興築，致各界委託之件，或以所有機器載重過低，或以缺乏相當設備，未能全數接受，良用歉然。本會鑒於社會需要之殷，益覺此項試驗所早日設立之必要。顧數載以還，因種種關係，未能積極進行。揆其最大原因，仍不外經費問題，蓋以本會目前籌得之款，僅敷建築房屋之用。而設備器械，就最低限度計算，尙需拾餘萬元，本會志切觀成，力有未逮。爰將籌建工程材料試驗所經過，撮要報告於社會各界人士之前，藉求明教，倘荷惠予贊助，俾竟全功，我國工商業前途，實利賴之。

華北水利委員會出版書目廣告

華北水利月刊

本會自十七年九月成立卽編印華北水利月刊分年爲卷分月爲期內中所載論著規畫極爲豐富而有價值洵水利工程界不可不讀之刊物

價目 國內每期三角五分 半年一元八角 全年三元五角；國外每期四角五分 半年二元四角 全年四元七角

河北三色地形圖

本會所製之地形圖均係測量隊在野外測繪比例尺一萬分一由繪圖室校對後再施以墨繪描繪而成完善之地形詳圖再將原圖縮製五萬分一精印三色地形圖其詳確完備久爲中外所深悉現已刊印五十一張研究華北農業水利及建設者不可不各備一份

價目每張三元

中國歷代水利述要

我國以農立國對於治河水利研究求最早惟其方法與現代科學昌明後不同然亦不乏可資借鏡之處本會爰搜集歷代治河水利事實編印中國歷代水利述要自上古周秦以迄晚近靡不悉載誠不可多得之治水參考書也

價目每册五角郵費一角

永定河治本計畫

永定河治本計畫久爲全國人士所注意前順直水利委員會卽曾加以研究本會成立後賡續進行未敢或輟數載以還對於蒐集資料實地調查分途并進嗣乃根據水利工程之學理與經驗幾經研究討論而後着手於去冬全部完成近復精爲排印分計畫附圖各二册共裝一帙計畫都十數萬言附圖一百數十幅內容精當裝訂典雅誠爲關心永定河治理問題及研究水利工程者不可不讀之作品

價目每部十五元工程界或圖書館定購照碼八扣

華北水利文選

本會編印華北水利月刊現已發行至第六卷其中所載關於華北各河之規畫暨國內各水利專家之論著對於水利工程頗多貢獻惟以篇目繁多又散見各期殊感翻閱之不便故特將月刊自一卷至五卷之論著選其精華彙爲一編復就工程之系別歸納爲六大類卽(一)河道與防潦(二)灌溉與溝洫(三)海港開闢與管理(四)水工建築(五)論評(六)水文與氣象署名曰「華北水利文選」第一集現已出版印刷眞確紙張潔白精裝一厚册都十數萬言凡服務水利工程同志暨研究土木工科之學子均宜人手一編必能多所裨益如荷明達先進加以指正則尤所歡迎

價目 每册二元 郵費二角

以上五種刊物均由本會出售 會址天津意租界五馬路十一號

17360

隴海鐵路行車時刻表

自右向左讀（上列）　自左向右讀（下列）

站名	徐州府	碭山	商邱	開封	鄭州南站	汜水	鞏縣	孝義	洛陽東站	新安縣	澠池	觀音堂	會興鎮	陝州		靈寶	閿鄉	盤頭鎮	文底鎮	潼關
列車次數	第一次特別快車自東向西每日開行														第十九次客貨車自東向西每日開行					
	(上午)		(下午)							(上午)					(上午)					(下午行)
	第一次 八點十分開	十點十六分到 十點二十六分開	十二點〇九分到 十二點二十九分開	四點三十二分到 四點五十二分開	六點五十一分到 七點十一分開	八點三十三分到 八點四十三分開	九點二十三分到 九點二十五分開	九點四十七分到 九點四十九分開	十一點十二分到 十一點四十二分開	一點十二分到 一點三十二分開	三點二十一分到 三點四十一分開	四點三十七分到 四點四十二分開	六點〇八分到 六點十八分開	六點五十分到	第十九次 七點二十分開	八點三十二分到 八點四十七分開	十點二十分到 十點三十五分開	十一點五十二分到 十一點五十五分開	一點二十分到 一點二十三分開	二點二十分到
	第二次特別快車自西向東每日開行														第二十次客貨車自西向東每日開行					
	(下午)		(上午)												(下午)					
	八點〇五分到	五點五十四分到 六點〇四分開	四點〇二分到 四點十七分開	十一點五十五分到 十二點十五分開	九點四十二分到 十點〇二分開	八點四十分到 八點四十二分開	八點〇四分到 八點〇六分開	七點四十六分到 七點四十八分開	六點十五分到 六點三十五分開	四點五十分到 五點開	三點十八分到 三點二十三分開	二點三十一分到 二點三十六分開	〇點四十二分到 〇點五十二分開	第二次 〇點〇五分開	十點二十五分到	九點〇一分到 九點十六分開	七點十三分到 七點二十三分開	五點五十三分到 五點五十六分開	四點五十二分到 四點二十八分開	第二十次 三點三十分開

膠濟鐵路行車時刻表

下行（西行）列車

站名 ╲ 車次		5 各等 假	3 各等 假	11 三等	13 三等	1 特快 各等
青島	開	七•〇〇	一二•〇〇	一五•〇〇		一一•〇〇
大港	開	七•一〇	一二•一〇	一五•一二		一一•一〇
四方	開	七•二〇	一二•二〇	一五•二二		一一•一八
滄口	開	七•三五	一二•三五	一五•四〇		一一•三三
女姑口	開	七•四七	一二•四七	一五•五五		不停
城陽	開	七•五六	一二•五六	一六•一四		一一•五三
南泉	開	八•一二	一三•一二	一六•三〇		不停
藍村	開	八•二六	一三•二六	一六•四九		一二•一九
李哥莊	開	八•三五	不停	一七•〇三		不停
膠東	開	八•四七	不停	一七•一六		不停
膠州	到	八•五九	一三•五三	一七•三〇		一二•四六
膠州	開	九•〇一	一三•五五	一七•四九		一二•四八
芝蘭莊	開	九•一八	一四•一〇	一八•〇九		不停
姚哥莊	開	九•二七	不停	一八•一九		不停
高密	到	九•三八	一四•二六	一八•三一		一三•一九
高密	開	九•五三	一四•四一	一八•四九		一三•二〇
辛莊	開	一〇•〇五	不停	一九•〇三		不停
蔡家莊	開	一〇•一六	一五•〇一	一九•一六		不停
塔耳堡	開	一〇•二六	一五•一三	一九•三一		不停
丈嶺	開	一〇•三六	一五•二三	一九•四四		不停
岞山	開	一〇•五四	一五•四〇	二〇•一四		一四•〇二
黃旗堡	開	一一•〇三	一五•四九	二〇•二五		不停
南流	開	一一•一二	不停	二〇•三四		不停
蛤蟆屯	開	一一•二六	一六•〇九	二〇•五五		一四•四八
坊子	到	一一•三九	一六•二二	二一•一〇		[illegible]
坊子	開	一一•五四	一六•三七	二一•二五	七•〇〇	[illegible]
二十里堡	開	一二•〇八	一六•四九	二一•三九	七•一四	[illegible]
濰縣	到	一二•一四	一六•五七	二一•四九	七•二四	一五•二八
濰縣	開	一二•二七	一七•〇一		七•三四	一五•三九
大圩河	開	一二•三〇	不停		七•四九	不停
朱劉店	開	一二•四一	一七•一三		八•〇三	不停
昌樂	開	一二•五四	一七•二七		八•一六	一六•一〇
堯溝	開	一三•〇六	一七•四七		八•二九	[illegible]
譚家坊子	開	一三•一八	一七•五六		八•四三	不停
楊家莊	開	一三•二九	一八•〇四		八•五七	不停
青州	到	一三•四四	一八•一八		九•一六	[illegible]
青州	開	一三•四六	一八•三〇		九•三一	[illegible]
普通	開	一三•五八	不停		九•五三	不停
淄河店	開	一四•〇八	一八•三九		一〇•〇七	不停
辛店	開	一四•二一	一八•五三		一〇•二三	不停
金嶺鎮	開	一四•三五	一九•〇七		一〇•四一	不停
湖田	開	一四•四四	一九•一六		一〇•五三	不停
張店	到	一四•五五	一九•二五		一一•〇三	[illegible]
張店	開	一五•一〇	一九•四六		一一•二八	[illegible]
馬尚	開	一五•一九	不停		一一•三八	不停
周村	到	一五•三八	二〇•一一		一一•五三	[illegible]
周村	開	一五•四〇	二〇•一三		一二•〇七	[illegible]
大臨池	開	一六•〇四	不停		一二•二七	不停
王村	開	一六•一六	二〇•四六		一二•五一	不停
普集	開	一六•二六	二〇•五六		一三•一四	[illegible]
明水	開	一六•四一	二一•一一		一三•二四	不停
棗園莊	開	一六•五一	二一•二五		一三•四六	不停
龍山	開	一七•〇五	不停		一四•一二	不停
郭店	開	一七•二〇	二一•三八		一四•二八	不停
王舍人莊	開	一七•三一	二一•五八		一四•四五	不停
黃臺	開	一七•四四	二二•一三		一四•五八	[illegible]
北關	開	一七•五一	二二•二〇		一五•〇八	[illegible]
濟南	到	一七•五六	二二•二五		一五•二一	一八•三〇

上行（東行）列車

站名 ╲ 車次		6 各等 假	12 三等	4 各等 假	14 三等	2 特快 各等
濟南	開	七•一五		一二•一五	一四•一〇	一二•〇八
北關	開	七•二一		一二•二一	一四•一七	[illegible]
黃臺	開	七•三〇		一二•二九	一四•二六	[illegible]
王舍人莊	開	七•四四		一二•四三	一四•四四	不停
郭店	開	七•五六		一二•五五	一五•〇〇	不停
龍山	開	八•一一		一三•〇七	一五•一八	不停
棗園莊	開	八•二六		一三•二三	一五•四六	[illegible]
明水	開	八•三七		一三•三〇	一五•五九	不停
普集	開	八•五四		一三•五〇	一六•一三	[illegible]
王村	開	九•〇五		一四•〇一	一六•四五	不停
大臨池	開	九•一六		不停	一六•五八	不停
周村	到	九•三三		一四•二六	一七•一一	[illegible]
周村	開	九•三五		一四•二八	一七•三一	[illegible]
馬尚	開	九•五三		不停	一七•五三	不停
張店	到	一〇•〇〇		一四•五〇	一八•〇一	[illegible]
張店	開	一〇•二〇		一五•一三	一八•二五	[illegible]
湖田	開	一〇•三一		一五•二四	一八•五〇	不停
金嶺鎮	開	一〇•四一		一五•三三	一九•〇六	不停
辛店	開	一〇•五六		一五•四七	一九•二五	[illegible]
淄河店	開	一一•〇九		一六•〇〇	一九•三八	不停
普通	開	一一•一九		不停	一九•五一	不停
青州	到	一一•三一		一六•一九	二〇•〇六	[illegible]
青州	開	一一•三四		一六•二一	二〇•一九	[illegible]
楊家莊	開	一一•四九		一六•三四	二〇•三六	不停
譚家坊子	開	一二•〇〇		一六•四三	二〇•四八	不停
堯溝	開	一二•一二		一六•五一	二一•〇三	[illegible]
昌樂	開	一二•二五		一七•〇四	二一•二五	不停
朱劉店	開	一二•四三		一七•一三	二一•四〇	不停
大圩河	開	一二•五三		一七•三〇	二一•五三	[illegible]
濰縣	到	一三•〇四		一七•四一	二二•〇六	[illegible]
濰縣	開	一三•〇八	六•三〇	一七•四五	二二•一六	[illegible]
二十里堡	開	一三•一七	六•四一	一七•五四	二二•二七	不停
坊子	到	一三•二九	六•五六	一八•〇六	二二•四三	[illegible]
坊子	開	一三•五〇	七•一〇	一八•二一		[illegible]
蛤蟆屯	開	一四•〇四	七•二七	一八•三六		不停
南流	開	一四•一八	七•四四	不停		不停
黃旗堡	開	一四•二五	七•五三	一八•五四		不停
岞山	開	一四•三五	八•一三	一九•〇四		[illegible]
丈嶺	開	一四•五二	八•三四	一九•二三		不停
塔耳堡	開	一五•一一	八•四五	一九•三三		不停
蔡家莊	開	一五•二〇	八•五六	一九•四〇		不停
辛莊	開	一五•三一	九•〇九	不停		不停
高密	到	一五•四二	九•二二	一九•五九		[illegible]
高密	開	一五•五七	九•三九	二〇•一四		[illegible]
姚哥莊	開	一六•〇九	九•五三	不停		不停
芝蘭莊	開	一六•一八	一〇•〇五	二〇•二九		不停
膠州	到	一六•三五	一〇•二三	二〇•四五		[illegible]
膠州	開	一六•三七	一〇•三五	二〇•四七		[illegible]
膠東	開	一六•四九	一〇•四七	不停		不停
李哥莊	開	一七•〇〇	一一•〇〇	不停		不停
藍村	開	一七•〇九	一一•一〇	二一•一三		[illegible]
南泉	開	一七•二三	一一•二五	二一•二六		不停
城陽	開	一七•三八	一一•四三	二一•四三		[illegible]
女姑口	開	一七•四七	一二•〇三	二一•五三		不停
滄口	開	一七•五九	一二•二六	二二•〇六		[illegible]
四方	開	一八•一四	一二•四四	二二•一六		[illegible]
大港	開	一八•二五	一三•〇七	二二•三〇		[illegible]
青島	到	一八•三〇	一三•一五	二二•四五		[illegible]

中國工程師學會會刊

工程

編輯：
黃　炎 (土木)
董大酉 (建築)
胡樹楫 (市政)
鄭肇經 (水利)
許應期 (電氣)
徐宗涑 (化工)

總編輯：沈　怡

編輯：
蔣易均 (機械)
朱其清 (無線電)
錢昌祚 (飛機)
李　俶 (礦冶)
黃炳奎 (紡織)
宋學勤 (校對)

第八卷第六號目錄

(黃河問題專號)

中國工程師學會發行

分售處：
上海望平街漢文正楷印書館　上海徐家滙蘇新書社　上海四馬路現代書局
上海民智書局　上海西門東新書局　上海福州路作者書社
上海福煦路中國科學公司　上海生活書店　南京太平路鍾山書局
南京正中書局　福州市南大街萬有圖書公司　濟南芙蓉街教育圖書社
重慶天主堂街重慶書店　漢口金城圖書公司　漢口交通路新時代書店
漢口中國書局

本會會刊『工程』爲確定名稱啓事

本刊向名工程，七卷以前，每三個月出版一次，歷來讀者諸君，多習稱爲工程季刊；自八卷一號起，改爲每二月出版後，又有稱爲工程二月刊者。長此屢易名稱，殊有未妥。茲決定本刊全名爲工程雜誌，簡稱工程，以正視聽，尙希讀者諸君注意是荷！

編輯部啓事一

本刊工程向例於每卷末期，印發全卷總目錄，隨書附送。現第八卷末期，（卽八卷六號），業已出齊，爰特循例印送總目錄一份，以供讀者查閱。如有遺漏，請向本會工程雜誌編輯部函索可也。

編輯部啓事二

本刊工程九卷一號爲中國工程師學會二十二年年會論文專號，定於二十三年二月一日出版，特此預告。

工程週刊

(內政部登記證警字788號)

中國工程師學會發行

上海南京路大陸商場 542 號

電話：92582

稿件請逕寄武昌蘭陵街修德里一號)

中華民國22年11月24日出版

第2卷第18期(總號39)

中華郵政特准掛號認爲新聞紙類

(第1831號執據)

定報價目：每期二分；全年52期，連郵費國內一元，國外三元六角。

本期要目

國民政府軍政部派員試驗木炭汽車攝影

木炭汽車實驗

編者

木炭汽車自湖南及河南兩省提倡以來，已由試驗時期而進商用時期。本刊第二卷第二期18—19頁所載之『湖南二一七型之煤氣車』，一年以來，屢加研究改善，頗有長足進步。湖南之研究者向愷及向德兩先生，至上海創辦中華煤氣車製造公司，設廠於上海南火車站張家宅四號，設事務所於上海法租界甘世東路甘邨 241 號。河南之研究者湯仲明及李葆和兩先生則在漢口創辦中國煤氣機製造廠，地址在漢口愼昌街11號。兩廠資金各逾十餘萬元，誠我國交通機械工程上最近之發展也。

南京軍政部最近派交通司設計科科長潘璜，兵工署工程師胡宗璞，交通兵第二團技正沈蘊山，等三委員，赴滬漢二廠實試木炭汽車，結果均甚滿意，其詳細紀錄見本刊274—275頁。望國內交通界及工程界予以提倡，深加研究，以解決燃料問題；將來不難用白煤及煙煤代油，則應用範圍甚廣矣。

軍政部試驗木炭汽車紀錄

(甲)上海中華煤氣車製造公司出品

日期：廿二年十月廿五日；　天氣：晴

地點：上海。

(1)煤氣發生組說明：

甲・種類——上吸式。

乙・構造——分發生器，除灰器，濾氣器，調氣器，催氣器，給水器六部。

丙・重量——163.5(計發生器，除灰器，給水器三件)，+36.5(計濾氣器一件)，+16(計催氣器，調氣器，二件，)=216磅(98公斤)。

丁・燃料——木炭每塊大小約1英寸(2.5公分)。

戊・清濾材料——除灰器內用細鉛絲，濾氣器內用絨布套。

己・主要尺寸——發生器直徑33公分(13")，總高137公分(54")除灰器23×19×43公分(9")×7½"×12")，濾氣器直徑254公分(10")，總高114公分(15")，給水器565×14×432公分(22¼"×5½"×17")，管件直徑除發生器出煤氣管爲50公分(2")外，餘均爲38公分(1½")

庚・盛炭量——21.8公斤(48磅)

辛・盛水量——23.6公斤(52磅)

(2)汽車說明。

甲・車式——Ford BB，前後輪距333公分(131")，左右輪距142公分(56")，S.A.E.馬力24.03匹，汽缸數目四個，汽缸內徑98公分(3⅞")，衝程114公分(1¼")，載重量1.5噸。發動機號碼爲BB 5,205,131，輪胎前後各二，其尺寸爲6.00—20(32×6)已行約965公里(600哩)。

乙・車身——欄柵貨車式，連發生爐等裝置，共重2036公斤。

丙・裝置——發生器裝於司機座位之左方，除灰器附裝在發生器之前，濾氣器裝於司機座位右前方，催氣器裝於車架之下，與發動機排氣管之出口相聯，給水器附於發生器之右方，調氣器裝於化油器與進氣管之間。

(3)開車前之紀錄：木炭與水均添足，由冷爐升火，用汽油開動發動機，(車停未行)，催氣十分鐘後，卽翻用煤氣，將汽油箱之出油考克關閉。

(4)開車後之紀錄：

甲・路程——由法租界卄世東路出發，經議記路，至中山路底，返往瀏河，往返一次，共行112公里(69.7英里)，路面柏油煤屑砂石不等，平直無大坡度。

乙・載重——去程，黃砂24蔴布袋，重1520公斤(3360磅)，木炭6簍　重66公斤(145磅)，人7名，重約370公斤(840磅)，共重1956公斤(4347磅)。回程載黃20砂蔴布袋，重1255公斤(2800磅)，木炭3簍，重32公斤(73磅)，人12名，重約644公斤(1440磅)，共重1930公斤(4313磅)。

丙・中途停車——在餘慶橋停車一次，攝影，幷添炭，費時22分鐘。在瀏河休息，攝影，及添炭，費時1點又11分鐘。回程在中山路停車一次，添炭，費時2分鐘。

丁・停車再開——各次中途停車再開時，除在瀏河外，均未用汽油。在瀏河開車時，用汽油催氣，費時1分點。

戊・速度——最高速度爲每小時56公里(36英里，平均速度以回程爲準，共行53.6公里(33.3英里)，共費時1點又19分鐘，折合爲40.8公里(25.3英里)。

(5)計算結果：

甲・木炭消耗——往返共行112公里(69.7英里)，費木炭34.2公斤(75.5磅)，計每公斤木炭能行3.27公里(每磅0.923英里)，(連中途停車時之消耗在內)。

乙・汽油消耗——僅初由冷爐升火時用汽油，開車10分鐘，及在瀏河停車後再開車時，用汽油開車1分鐘。兩次車均未開行，共11分鐘，約費7.1公升(0.188加侖)。

(7)廿二年十月廿六日，就原車用汽油試驗，結果如下：

行程—44.2公里(27.5哩)。

用汽油—10公升(2.64加侖)。

汽油消耗—每公里需0.226公升，或每公升行4.42公里。(每英里0.096加侖，或每加侖行10.4英里)。又昨日用煤氣試車歸來，檢查汽缸火花塞，尙乾潔無灰。

17366

(乙)漢口中國煤氣機製造廠出品

試驗日期:二十二年十一月十三日。

(一)集成式木炭代油爐說明:

甲•種類——自冷,上吸式,汽車專用木炭代油爐。

乙•構造——計分以下八部:1,自冷上吸式煤氣發生爐本身。2,高速鼓風扇。3,給水與汽化裝置。4,颶風式第一級清潔器。5,纖維質與油膜第二級清潔器。6,汽油煤氣交換器。7,空氣煤氣調節器,8,各種連接管件與工具。

丙•重量——發生爐連座82公斤(181磅)。
第一清潔器8.11公斤(18磅)。
第二清潔器19.8公斤(43.5磅)。
風鼓交換器調節器等9.5公斤(21磅)。
共計120公斤(263.5磅)。

丁•燃料——用普通木炭為燃料,每塊大小約12公分(½英吋)左右。

戊•清爐方法——第一級颶風式清潔器,係用離心力作用,效力最大,毫無阻力,約可除去煤氣中之灰塵95%,第二清潔器分二節,第一節內外二圓筒,內筒滿儲纖維質,煤氣由外圓入內圓,被纖維質除去較細灰塵,約3%,第二節用多數隔板,下盛廢機油,當煤氣經過各隔板,一切細微灰塵均凝附于隔板之油膜上,煤氣中之水分至此已冷却,均凝結于隔板上,故煤氣經過此次清濾,既清潔,亦乾燥。

己•主要尺寸——發生爐高 137公分,直徑35.5公分(54″×14″)。第一清潔器高84公分,直徑19公分(33″×7½″)。第二清潔器長132公分,直徑25.4公分 (52″×10″)。

庚•盛炭量——25.5公斤(56磅)。

辛•盛水量——9.1公斤(20磅)。

(二)試驗用汽車說明:

甲•車式——DoogeH-31,前後輪距 398 公分(157″),汽缸數六個,汽缸內經 7.9公分(3⅛″)衝程11.1公分(4⅜″)S.A.E.馬力23.5,載重 1.5噸,輪胎前2後4,其尺寸為6.00×20。

乙•車身——平底載重車身。

丙•裝置——發生爐裝於車架左側,在司機座之後方。風鼓裝於發生爐之前側,滴水器裝于發生爐之內側。第一清潔器裝于發生爐之後側,第二清潔器橫裝于在架後部之下。交換器裝于發動機傍,煤氣及汽油進汽管之間。空氣調節器則在交換器之後。儀器表板上添設空氣調節桿,及交換器拉桿。駕駛桿傍添設吹氣拉桿。

(三)開車前之記錄:

甲•升火——發生爐內裝滿木炭,由爐橋下點火引燃,手搖風鼓 8 分鐘,爐內即產生充量煤氣,用電動機發動引擎,一蹴即發,然後較準空氣門,費時30秒鐘。(若爐內已有紅炭,鼓風3分鐘即能發動)。

乙•裝炭量及計算木炭消耗之方法——引擎未發動前,發生爐內裝滿木炭,另備木炭三蔴袋,連皮共重130公斤(288磅),預備隨後添加之用。添加時可以無須過磅,直至最後停車時,將爐內仍裝足木炭,視三蔴袋內所缺之磅數,即係全程所消耗之木炭量。

(四)開車後之記錄

甲•路程——由漢口modern昌街中國煤氣機製造廠出發,經劉家廟,循鄂東汽車路,直達黃陂汽車站。去程44公里(27.4英里),回程43.5公里 (27英里),往返共計87.5公里 (54.4英里),合180華里。路面多半為泥堤,凸凹成槽,間有煤屑路,則較平整。坡度極多,最大者約 9%,故未能開足最高之速率。

乙•載重——全車載泥土14袋,計重1070公斤(2364磅),木炭6袋,計重 218 公斤(479磅),連司機員共4人,計重 227公斤(500磅),共計1515公斤(3343磅)。

丙•時間——去程行駛時間62分,回程行駛時間65分正。除到達黃陂時,加炭費時5分鐘外,中途絕未停止。

丁•速度——最高速度每小時61公里 (28英里),最低速度每小時29公里(18英里),以122 分鐘,行駛87.5公里(54.4英里),計平均速度為每小時43公里(27英里)。

戊•停車再開——到達黃坡後停車加炭,費時 5 分鐘,仍行踏開電動機,用煤氣發動,一蹴即發,無須扇風。

己•木炭消耗——未開車前,發生爐內裝滿木炭,到黃坡加炭一次,駛回漢口停車之後,再將爐內裝足木炭,使之復原,然後將蔴袋內存炭過磅,則 288 磅,尚存 223 磅計消耗木炭29.5公斤(65磅),連升火消耗之木炭一切在內。

(五)計算結果:

甲•燃料統計——行程87.5公里,消耗木炭29.5公斤,漢口市價洋壹元。
每公斤木炭行駛2.96公里。
每公里費木炭0.334公斤。漢口市價元。

乙•汽油消耗——因升火用風扇,中途亦未用交換器,故無汽油消耗。

(六)原車用汽油試驗結果:

第二日用原車,載原重量,行駛同等距離,其結果行駛時間2小時。
速度——與用煤氣相同。
消耗——燃燒汽油 6 加侖 ,漢口市價4.32元。
行駛等距離,木炭節省約四倍餘。

17367

中國煤氣機製造廠之內容

李葆和　湯仲明

煤氣發生爐，在歐美已有百餘年歷史，至歐戰後始有人試用于汽車上，代替汽油。瑞，比，法，德，諸國，均曾有汽車使用之煤氣發生爐出現。惟製造不良，不堪應用。近年我國汽車交通日漸發展，年耗汽油數千萬元，此項鉅大漏巵，有增無巳，國力如斯，何能勝任，識者憂之。仲明竭數年之力，創製木炭代油爐，民國二十一年春，親駕木炭汽車，遍駛于陝，豫，晉，冀，各省。同年十月，湖南省政府試製煤氣發生爐成功，舉行大規模之公開試驗于長沙。于是全國震動，羣咸知國產木炭，可以代替舶來油料，于是注意研究者，紛至踵起。實業部中央工業試驗所，軍政部汽車修理廠，江西，山西，河南，山東，陝西，各省公私機關，先後實地試驗，成效雖有懸殊，而提倡國產燃料，抵制舶來汽油之熱忱，則同具決心。葆和遂不揣固陋，由私人出資十餘萬元，在漢口創設中國煤氣機製造廠，約集國內煤氣專家，購置新式機械，其目的在集中人才，爲進一步之研究，並爲大規模之製造。閱時將及一載，始完成汽車專用之「集成式木炭代油爐」其總圖刊在278頁。再將其工程特點列下。

行車

將發生爐裝滿木炭，蓋好爐蓋，用清水注滿爐上端之水箱。然後取浸油棉紗或廢紙一小團，置爐橋下，引火燃之，閉其灰門，即搖風鼓，數分鐘後，發生爐即產生煤氣，此時即可踏動電動機，喫牌行駛，其方法與開動普通汽車無殊。行駛如意，與用汽油相等。停車在十五至三十分鐘以內，再開車時，可逕用煤氣。

若車停已久而爐火未滅，再開車時只須將爐火鬆動，即可燃燒，不必再用引火物。

駕駛

所有駕駛與調速方法，均與駕普通汽車無異，惟應不時校正空氣門節制桿之位置，使煤氣與空氣成適當配合。

添炭

發生爐容量爲木炭25公斤，能行50—60公里，但爐內木炭以裝滿爲佳。故每行約49公里，即須添炭一次，以滿爲度。添炭時應將汽車發動機停止。每次添炭時並就便加水，使水箱常滿。

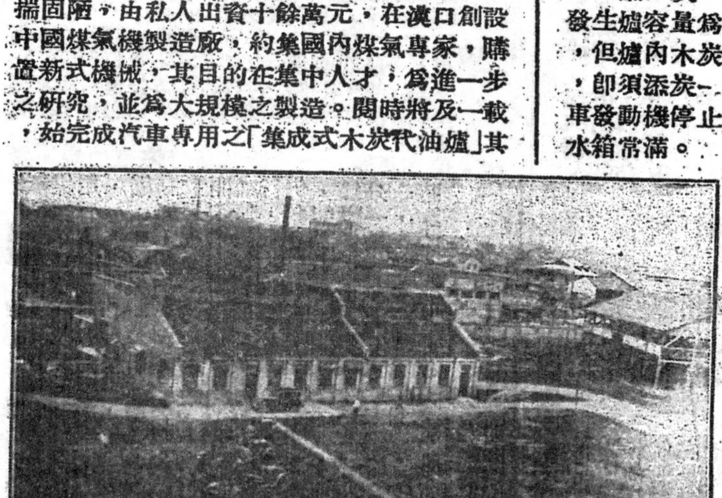

辦公室之外觀

清潔

第一清潔器吸收炭灰之效力甚大，每次添炭宜同時將洩灰蓋鬆開，清除積存灰渣。第二清潔器積污至微，每行500—800公里清除一次，其法如下：將清潔器一端之圓蓋取下，視察筒內木絲，如粘附灰塵甚多，即應更換。在更換之先，應用水將剩餘灰塵洗淨，然後將木絲（或他種成捲物料亦可，以不塞閉氣路爲是），塗以薄層機油填入。清潔器之又一端盛有廢機油，如油內積灰甚多，即成漿質，亦應更換，其容量以與驗水開關相平爲是。驗水開關應不時開放，察

17368

電焊部

成品部

裝配部

機工部

看有無油水流出，如清潔器內存水太多，應開底蓋將過量之油水放出，然後察看驗水開關，以僅有點滴之油水可見爲度。

燃　料

各地木炭均可應用，惟選取木炭須注意下列三點：

(一)不雜石類雜質，無未經製成炭素之木質者。

(二)炭塊宜小，10.25以公分之立方體小塊爲宜

(三)少含水及灰者。

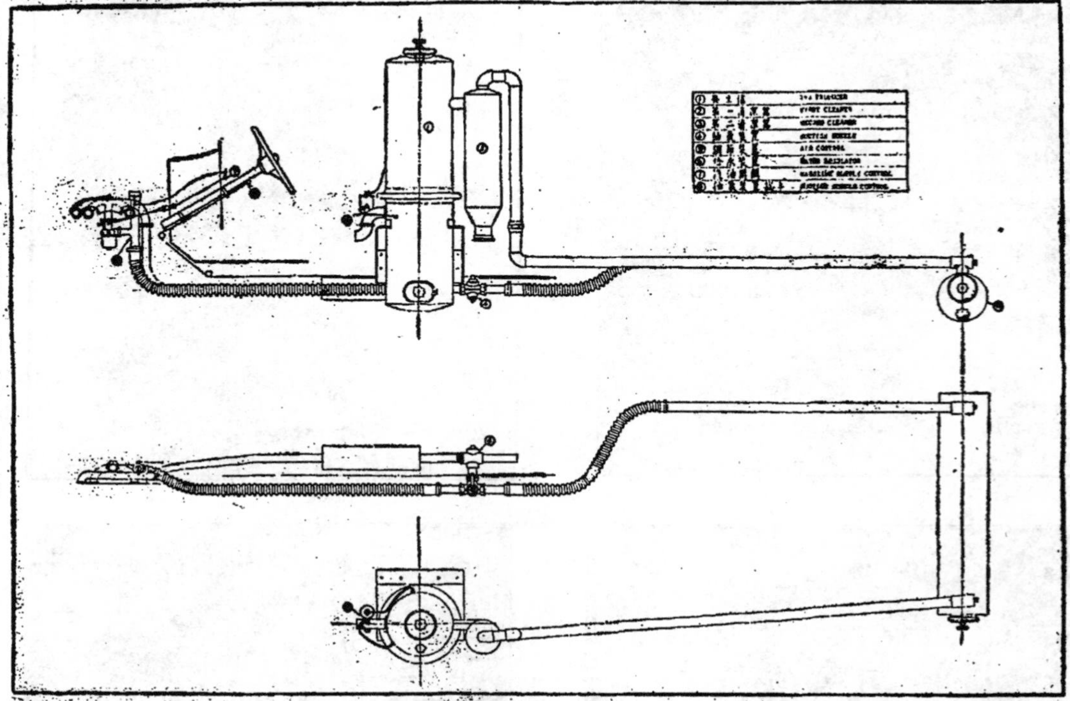

集成式代油爐裝置圖

構造簡說

代油爐爲木炭汽車上所有煤氣發生器機件之總稱。其主要部份有六：

(一)發生爐，(見圖1)。

(二)第一清潔器，(見圖2)。

(三)第二清潔器，(見圖3)。

(四)抽氣裝置，(見圖4)。

(五)調節裝置，(見圖5)。

(六)給水裝置，(見圖6)。

以上六部份視車輛之不同，分別裝置於車架側或車架後。用金屬管，橡皮管及鋼條等聯繫之，裝置堅固，不甚震動。

機件功用

(一)發生爐爲發生煤氣之所，在爐內使燃着之木炭，與空氣及水蒸氣化合，成爲代替汽油之煤氣。

(二)第一清潔器位於發生爐側，其功用爲截留煤氣中一切灰分，並可凝留一部分水蒸氣。

(三)第二清潔器位於第一清潔器之後。收容少數剩餘輕質灰分，並吸收全部水蒸氣，使煤氣成爲乾潔氣體。

(四)抽氣裝置，係發動機排氣管與第二清潔器輸氣管相聯之一種裝置。能利用發動機排氣之力，使發生爐發生通風燒燃作用，並將發生爐初時發生不合用之煤氣，與排氣一同排出。

(五)調節裝置爲調節煤氣與空氣之用，使成適當成分。

(六)給水裝置，係供給發生爐內水蒸氣之用，水蒸氣關係煤氣成分，其供給數量當視發動機之速度爲轉移。

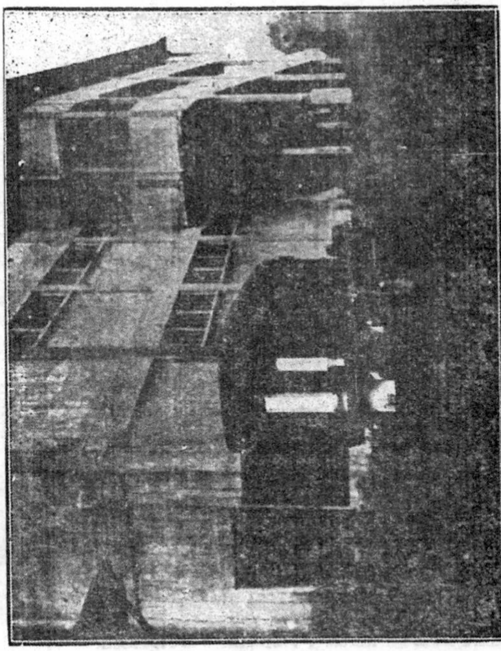
製造廠外面之一角

裝代油爐車之正面

代油爐裝車尾一式

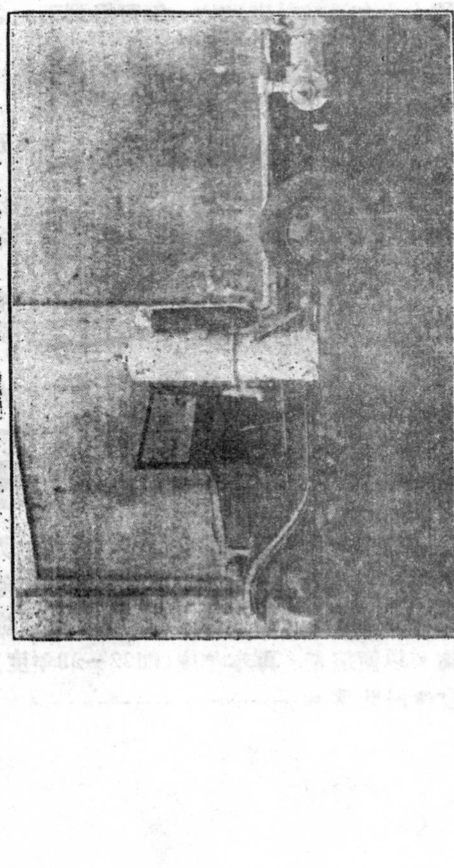
代油爐裝車旁一式

中國每年需要若干機車及車輛？

陸增祺

民國二十二年間，津浦路共購機車18輛，隴海路亦已預定購置機車10輛，於十月間上海英商中國鋼車製造有限公司售出鋼皮篷車250輛，此乃僅就記者耳聞所及言之，而各路因經濟關係，應行替換之車輛，依舊行駛者，尚不在少數，然則吾國每年究竟需要若干機車及車輛耶？

玆將記者於民國十九年時，預算中央機廠每年造車量數，調查所得，摘錄如下：

當民國十五年份，吾國鐵路線共長 9977.463 公里，據海關十六年份貿易報告，輸入機車煤水車及客貨車之價值，為 5,471,603關平兩，此數當然為最低的維持車輛費用，各路工廠自造之車輛（尤其是客貨車），尚未計及也。

從國有鐵路會計總報告（自民國六年至民國十六年）統計表觀之，又可得到下列之結果；

(A)機車共計1146輛，每 100公里平均有15.2輛。

(B)機車每年平均增加率為18%（民五每100公里為11.6輛）

(C)客車共計1803輛，每 100 公里平均有24.9輛，每年增加率為13%，在民國五年共計1332輛。

(D)貨車共計 16,718輛，每100公里平均有 330.9 輛，每年增加率為16%，在民國五年共計10,772輛。

實則吾國鐵路除京滬路外，不甚重視客運，貨運亦未能盡量發展。兼以國內外多故，路務不甚發達。一旦天下太平，工商業發達以後，每年之增加率，當不止此數，毫無疑意，根據民國十三年會計統計總報告之附表內載：

	運輸率 (每百公里) 所載客人	所運噸數
國有各鐵路	5870	3765
南滿	5648	9329

可知南滿之貨運幾三倍於北寧，而四倍於平漢，計核國有各鐵路路綫之長約四倍於南滿，南滿有機車 399 輛，客車 383 輛，及貨車 6103輛，吾國僅有機車1146輛，客車1803輛，及貨車 16718 輛，兩相比較，工具一項，相差亦甚多，運輸率之高低，其故雖多，亦非三言兩語，所可概括，車輛之缺少，亦為原由之一也。

現下不計增添，而預計國有鐵路之維持車輛數，當為機車每年50輛。（機車壽命以20年計算之），客車150輛，（客車壽命作15年計算之），貨車2000輛，（貨車壽命作8年計算之）

苟我國每年平均建築鐵路3200公里，則每年應造機車 50 輛，客車 500 輛，及貨車7400輛，以供新路運輸之用。

總上觀之，吾國每年需要車輛之約數為：

機車 120輛（苟設廠自造，當為每月10輛）
客車 700輛（苟設廠自造，當為每月60輛）
貨車9600輛（苟設廠自造，當為每月800輛）

會計通啓

逕啓者，本會自兩會合併後起，每年所收各項會費，向於該年會計年度終了時，詳載本刊公佈，查民國20—21年度，登載本刊1卷14期 217—220 頁，民國 21—22 年度，登載本期 283—288 頁，凡會員將會費直寄總會或繳交分會，而查收費報告內無列名者，請逕函本會查詢，以便追查，再本年度（即22—23年度）會費如會員尚未繳過者，請迅予賜繳或就近繳交分會會計此啓。

17372

膠濟鐵路行車時刻表

下行（西行）列車

站名＼車次	5 各等	3 各等	11 三等	13 三等	1 特快各等臥
青島開	七•〇〇	一二•〇〇	一五•〇〇		一一•〇〇
大港開	七•一一	一二•一一	一五•一二		一一•一〇
四方開	七•二〇	一二•二〇	一五•二二		一一•一八
滄口開	七•三五	一二•三五	一五•四〇		一一•三〇
女姑口開	七•四七	一二•四七	一五•五三		不停
城陽開	七•五八	一二•五六	一六•一四		一一•五三
南泉開	八•一二	一三•一一	一六•三五		不停
藍村開	八•二八	一三•二六	一六•四九		一二•二九
李哥莊開	八•四五	不停	一七•〇三		不停
膠東開	八•四七	不停	一七•〇六		不停
膠州到	八•五九	一三•五三	一七•二〇		一二•四六
膠州開	九•〇一	一三•五五	一七•三九		一二•四八
芝蘭莊開	九•一八	一四•一〇	一八•〇九		不停
姚哥莊開	九•二七	不停	一八•一九		不停
高密到	九•三八	一四•二六	一八•三一		一三•一九
高密開	九•五五	一四•四一	一八•四九		一三•二〇
蔡家莊開	一〇•〇五	不停	一九•〇三		不停
塔耳堡開	一〇•一八	一五•〇一	一九•一六		不停
丈嶺開	一〇•二六	一五•一三	一九•二一		不停
岞山開	一〇•三六	一五•三〇	一九•四四		不停
黃旗堡開	一〇•五四	一五•四九	二〇•一四		一四•〇三
南流開	一一•〇三	不停	二〇•三四		不停
蛤蟆屯開	一一•一一	一六•〇九	二〇•五四		不停
坊子到	一一•二六	一六•二二	二一•一〇		一四•四八
坊子開	一一•三九	一六•三七	二一•二三		一五•〇一
二十里堡開	一一•五四	一六•四九	二一•三九	七•〇〇	一五•一六
濰縣到	一二•〇八	一六•五七	二一•四九		一五•二八
濰縣開	一二•二四	一七•〇一		七•二四	一五•三八
大圩河開	一二•三〇	不停		七•三八	不停
朱劉店開	一二•四一	一七•二三		八•〇二	不停
昌樂開	一二•五四	一七•三七		八•二六	一六•二〇
堯溝開	一三•〇八	一七•四七		八•三九	不停
譚家坊子開	一三•二六	一七•五六		八•五四	不停
楊家莊開	一三•三九	一八•〇三		九•〇七	不停
青州到	一三•四四	一八•一六		九•二六	一六•五七
青州開	一三•四六	一八•二〇		九•三一	一七•〇二
普通開	一三•五八	不停		九•五五	不停
淄河店開	一四•〇八	一八•三九		一〇•〇七	不停
辛店開	一四•二一	一八•五二		一〇•二三	不停
金嶺鎮開	一四•三五	一九•〇七		一〇•三一	不停
湖田開	一四•四四	一九•一六		一〇•五二	不停
張店到	一五•一〇	一九•二五		一一•〇二	一七•五三
張店開	一五•二九	一九•四六		一一•二八	一七•五九
馬尚開	一五•三八	不停		一一•三六	不停
周村到	一五•四〇	二〇•〇一		一一•五二	一八•二二
周村開	一六•〇四	二〇•二二		一二•〇七	一八•二七
大臨池開	一六•二六	不停		一二•二四	不停
王村開	一六•四四	二〇•四六		一二•三七	不停
普集開	一六•五一	二一•〇二		一三•〇四	不停
明水開	一七•〇三	二一•一一		一三•二二	不停
棗園開	一七•二〇	二一•二九		一三•四〇	不停
龍山開	一七•二九	二一•四七		一四•〇二	不停
郭店開	一七•三四	不停		一四•一八	不停
王舍人莊開	一七•四四	二二•〇〇		一四•三一	不停
黃台開	一七•五一	二二•一九		一四•四八	不停
北關開	一七•五六	二二•二四		一五•〇六	不停
濟南到	一七•五八	二二•三〇		一五•一三	一九•三〇

上行（東行）列車

站名＼車次	6 各等	12 三等	4 各等	14 三等	2 特快各等臥
濟南開	七•一五		一二•一五	一四•一〇	二二•〇〇
北關開	七•二一		一二•二一	一四•一七	二二•〇六
黃台開	七•三〇		一二•二九	一四•二六	二二•一四
王舍人莊開	七•四四		一二•四三	一四•四四	不停
郭店開	七•五六		一二•五三	一五•〇〇	不停
龍山開	八•一一		一三•〇七	一五•二六	不停
棗園開	八•二六		一三•二三	一五•四六	二二•五二
明水開	八•三七		一三•三三	一五•五九	不停
普集開	八•五四		一三•五〇	一六•二三	二三•二六
王村開	九•〇五		一四•〇一	一六•四五	不停
大臨池開	九•一六		不停	一六•五六	不停
周村到	九•二五		一四•二六	一七•一一	二三•五九
周村開	九•三五		一四•二八	一七•二一	〇•〇一
馬尚開	九•五三		不停	一七•三三	不停
張店到	一〇•〇〇		一四•五〇	一八•〇一	〇•三〇
張店開	一〇•二〇		一五•一二	一八•二五	〇•四一
湖田開	一〇•三一		一五•二四	一八•五〇	不停
金嶺鎮開	一〇•四一		一五•三三	一九•〇六	不停
辛店開	一〇•五六		一五•四七	一九•二五	一•〇八
淄河店開	一一•〇九		一六•〇〇	一九•三八	不停
普通開	一一•一九		不停	一九•五一	不停
青州到	一一•三一		一六•一九	二〇•〇六	一•三六
青州開	一一•四四		一六•二一	二〇•一九	一•三八
楊家莊開	一一•五九		一六•三四	二〇•三六	不停
譚家坊子開	一二•〇〇		一六•四三	二〇•四八	不停
堯溝開	一二•一二		一六•五一	二一•〇二	不停
昌樂開	一二•二五		一七•〇四	二一•二〇	二•一四
朱劉店開	一二•三四		一七•二〇	二一•三二	不停
大圩河開	一二•五三		一七•三一	二一•五一	不停
濰縣到	一三•〇四		一七•四八	二二•〇六	二•四五
濰縣開	一三•〇八	六•二〇	一七•五四	二二•一六	二•五〇
二十里堡開	一三•一七	六•三一	一八•〇八	二二•二七	三•〇四
坊子到	一三•二九	六•五六	一八•二一	二二•四三	三•一六
坊子開	一三•五〇	七•一〇	一八•三五		三•一九
蛤蟆屯開	一四•〇八	七•二七	不停		不停
南流開	一四•二三	七•四四	一八•四五		不停
黃旗堡開	一四•三二	七•五三	一九•〇四		三•五四
岞山開	一四•四三	八•一三	一九•二二		不停
丈嶺開	一五•〇一	八•二四	一九•三〇		不停
塔耳堡開	一五•一〇	八•三六	一九•四二		不停
蔡家莊開	一五•二〇	八•五九	不停		不停
高密到	一五•四一	九•二三	二〇•〇九		四•三〇
高密開	一六•〇九	九•二六	二〇•二一		四•三六
姚哥莊開	一六•一八	九•四三	不停		不停
芝蘭莊開	一六•二四	一〇•〇〇	不停		不停
膠州到	一六•四七	一〇•一一	二〇•四七		五•〇四
膠州開	一六•五七	一〇•二七	二〇•四八		五•一五
膠東開	一七•〇八	一〇•四三	不停		不停
李哥莊開	一七•二三	一一•〇〇	不停		不停
藍村開	一七•三八	一一•一三	二一•二六		五•四八
南泉開	一七•四七	一一•二三	二一•三一		不停
城陽開	一八•〇二	一一•三五	二一•四七		六•二〇
女姑口開	一八•一五	一一•四七	二二•〇一		不停
滄口開	一八•二一	一二•〇七	二二•一〇		六•三五
四方開	一八•二五	一二•一三	二二•二〇		六•四五
大港開	一八•三〇	一二•一九	二二•三〇		七•〇五
青島到	一八•三〇	一二•二三	二二•四〇		七•一五

17373

隴海鐵路行車時刻表

自右向左讀（第十九次、第一次）　自左向右讀（第二十次、第二次）

站名	第十九次客貨車自東向西每日開行／第一次特別快車自東向西每日開行	第二十次客貨車自西向東每日開／第二次特別快車自西向東每日開行
潼關	（下午）二點二十分到	第二十次（下午）三點三十分開
文底鎮	一點二十分到 一點二十三分開	四點二十八分到 四點五十一分開
盤頭鎮	（上午）十一點五十二分到 十一點五十五分開	五點五十三分到 五點五十六分開
閿鄉	十點二十分到 十點三十五分開	七點十三分到 七點二十三分開
靈寶	八點三十二分到 八點四十七分開	九點〇六分到 九點十一分開
陝州	第十九次 七點二十分開；（上午）六點五十分到	十點二十五分到；第二次（上午）〇點〇五分開
會興鎮	六點〇八分到 六點十八分開	〇點四十二分到 〇點五十二分開
觀音堂	四點三十七分到 四點四十一分開	二點三十一分到 二點三十六分開
澠池	三點二十一分到 三點四十一分開	三點十八分到 三點二十三分開
新安縣	一點二十二分到 一點三十二分開	四點五十分到 五點開
洛陽東站	（下午）十一點十二分到 十一點四十二分開	六點十五分到 六點三十五分開
孝義	九點四十七分到 九點四十九分開	七點四十六分到 七點四十八分開
鞏縣	九點二十三分到 九點二十五分開	八點〇四分到 八點〇六分開
汜水	八點三十三分到 八點四十三分開	八點四十分到 八點四十二分開
鄭州	六點五十一分到 七點十一分開	九點四十二分到 十點〇二分開
開封	四點三十二分到 四點五十二分開	十一點五十五分到 十二點十五分開
商邱	（上午）十二點〇九分到 十二點二十九分開	（下午）四點〇七分到 四點十二分開
碭山	十一點十六分到 十一點二十六分開	五點五十四分到 六點〇四分開
徐州	第一次 八點十分開	八點〇五分到

中國工程師學會二十一年度收入會費總報告

總會會計張孝基報告

自民國廿一年十月一日起至民國廿二年九月卅日止

一)收永久會費($2,380.00)

戚鳴鶴君全數	$100.00	李耆田君第二期	$50.00
秦銘博君全數	100.00	胡光應君第二期	50.00
趙祖康君第二期	50.00	楊錫鏐君第二期	50.00
李昌祚君第二期	50.00	蔣以鐸君第二期	50.00
張孝基君第二期	50.00	繆森駿君第二期	50.00
顧穀成君第二期	50.00	卞綬成君第二期	50.00
吳蘊初君第二期	50.00	程志頤君第一期	50.00
許守忠君全數	100.00	盤珠衡君第一期	50.00
趙曾珏君全數	100.00	董開章君第一期	50.00
戴　濟君第一期	50.00	謝　仁君第一期	50.00
羅　武君第一期	50.00	陳體誠君第一期	50.00
李泰雲君第一期	50.00	汪泰基君第一期	50.00
黃　炎君第一期	50.00	李　鏴君補足第二期	10.00
孫世纘君第一期一部份	25.00	陳　璋君第一期	50.00
李良士君第一期	50.00	程瀛章君第二期一部份	25.00
潘蘊山君第一期一部份	25.00	榮志惠君第二期一部份	20.00
周仁齋君第二期一部份	25.00	薛次莘君補足第二期	30.00
朱耀廷君補足第二期	25.00	裘燮鈞君第二期一部份	10.00
許典鑫君第一期	50.00	顏德慶君全數	100.00
夏光宇君第一期	50.00	程孝剛君第二期	50.00
支秉淵君第二期	50.00	侯德榜君第二期	50.00
楊培琫君第二期一部份	10.00	許瀛洲君第一期	50.00
金芝軒君第二期一部份	25.00	汪桂馨君第一期	50.00
孫轂方君全數	100.00	莊智煥君第二期	50.00
總　共			$2,380.00

(二)收入會費($1,466.80)

黃修青君	陳思誠君	朱泰信君	毛　起君	張勛基君	龔以爵君
王守則君	方希武君	周恩紱君	沈文泗君	李　協君	陸　超君
沈　灝君	朱光華君	胡天一君	姚福生君	周庸華君	華鳳翔君
朱　謙君	林秉舜君	張寶華君	劉霄亭君	程國驊君	李圭瓚君
蔣子耀君	竇瑞芝君	束至純君	王壽寶君	林濟青君	朱　瓛君
葛毓桂君	馮鳴珂君	莊　堅君	黃大恢君	張金鑅君	高景源君
章名濤君	梁澳偉君	劉兆寯君	梁永銮君	王總善君	范濟川君
林廷通君	閻書通君	殷傳綸君	李炳星君	施炳元君	袁其昌君
甄雲祥君	婁道信君	盧毓駿君	安茂山君	張成格君	周愼謀君
劉以鈞君	鄒成祐君	饒大鏞君			
以上57人每人$15.00					共　$855.00
翟佩英君	顧鼎祥君	李清湘君	封雲亭君	毛紀民君	關富權君
馬汝鄴君	龐成道君	葛蘊芳君	卞劼壯君	潘祖培君	張鴻闓君
洪義良君	陸家保君	劉　璵君	高憲泰君	王又龍君	楊竹祺君
曹竹銘君	葉奎書君	蔣振南君	高常泰君		
以上22人(係仲會員)每人$10.00					共　$220.00
紀鉅紋君	林志琇君	鄧日謨君	朱子明君	陳懋解君	汪　煦君
李清泉君	劉元瓚君	黃潤韶君			
以上9人每人補收$10.00					共　$90.00

17375

許行成君　徐學禹君　夏憲講君　彭道南君　孫　謀君　田金相君
梁朝玉君　沈維來君　宋學勤君　趙福鑑君　余昌菊君　戴　華君
以上12人每人補收$5.00　共　$60.0
傅元衎君(係仲會員)補收　$5.0
殿一士君　王乃寬君　以上2人(係仲會員)每人補收$6.00　共　$12.0
趙文欽君　彭樹德君　蓋啟聲君　成葵生君　汪原沛君　翁棟雲君
董繼滌君　鄭海柱君　張瀚銘君　覃修典君　鄭　華君　孫　錦君
王傑先君　曹萃文君　王竹亭君
以上15人(係初級會員)每人$5.00　共　$75.0
陳士衡君　美金$3.50 折合國幣　$13.2
黃育賢君　楊祖植君　王恢先君
以上3人每人美金$3.00折合國幣$11.37　共　$34.11
石　充君　孟廣喆君
以上2人(係仲會員)每人美金 $2.00 折合國幣 $7.58　共　$15.16
桂銘新君　王國松君　司徒靈得君　梅遠枝君　吳時霖君　余宰揚君
以上6人(因入會手續均尚未完備故暫先收賬)每人美金$3.00折合國幣$11.37　共　$68.22
孫祥萌君　粟　頤君
以上2人(因入會手續均尚未完備故暫先收賬)每人美金$2.00折合國幣$7.58　共　$15.16
高遠春君(因入會手續尚未完備暫先收賬)美金$1.00折合國幣　$3.88

(三)收登記費($150.00)

毋本敏君　劉國珍君　李濬三君　顧聖儀君
以上4人每人$15.00　共　$60.00
夏光宇君(係南京分會會員)(半數已交南京分會)　$15.00
程錫培君　朱延平君
以上2人(係杭州分會會員)每人$15.00(半數已交杭州分會)　共　$30.00
孫孟剛君　張承緒君　關耀基君
以上3人(係上海分會會員)每人$15.00(半數已交上海分會)　共　$45.00
戚鳴鶴君因認爲永久會員故還登記費半數　$7.50

(四)收常年會費($3.945,00)

王鍼明君	嚴恩棫君	陳思誠君	張承惠君	薛卓斌君	劉世縈君
章書謙君	郭德金君	宛開甲君	王　庚君	馮寶齡君	沈　誥君
王　璡君	劉寰偉君	王繩善君	郁秉堅君	顧會錫君	曹省之君
沈　怡君	張德慶君	陳篳霖君	朱寶鈞君	錢鴻範君	汪　煦君
王溶水君	李開第君	徐志方君	許樂生君	葛益熾君	王魯新君
林洪慶君	施求麟君	庾宗溎君	湯傳圻君	汪岐成君	許元啓君
李錫釗君	姚鴻逵君	孫寶衡君	何德顯君	黃漢彥君	張其學君
劉敦鈺君	黃　雄君	黃元吉君	鍾銘玉君	鄭翰西君	許夢琴君
章煥祺君	武維周君	楊　棠君	容啓文君	張承祜君	宗之發君
周樂熙君	張琮佩君	王子星君	吳鴻照君	林天驥君	李祖賢君
李善元君	施德坤君	柳德玉君	程晟康君	許瑞芳君	壽　彬君
顧鵬程君	朱福駟君	葉建梅君	沈　昌君	林　熒君	楊榮爚君
周銘波君	黃　潔君	徐文泂君	楊樹仁君	莫　衡君	孫廣儀君
陸承禧君	蔣易均君	李學海君	邵禹襄君	鄭葆經君	黃炳奎君
盧賓侯君	許貫三君	潘家本君	周倫元君	陳公遂君	馮寶龢君
徐寬平君	董大酉君	李善述君	張偉如君	蘇樂眞君	李　銳君
周厚坤君	任家裕君	伍灼泮君	陳正咸君	俞闓章君	陳六琯君
崔蔚芬君	孫雲霄君	周　仁君	殷源之君	陳茂康君	溫毓慶君
趙以廉君	何墨林君	江元仁君	沈莘耕君	葉楨棠君	嚴元熙君
朱　墉君	霍寶樹君	濮登青君	嚴　瑨君	吳　卓君	金問洙君

王　勛君	裘冠西君	高尙德君	羅孝威君	康時清君	陳嘉賓君
葛文錦君	徐承燠君	陳明壽君	陳福海君	李錫之君	周贊邦君
袁丕烈君	費福燾君	范永增君	顧會授君	包可永君	莊　俊君
唐兆熊君	陸敬忠君	樂俊忱君	楊耀文君	馬就雲君	許復陽君
許瀛洲君	江紹英君	陳　器君	楊孝述君	楊樹仁君	郁寅啓君
張遠東君	陳俊武君	陸　超君	沈　瀛君	徐名材君	陸桂祥君
鄧福培君	胡嵩嵒君	蔣俊良君	穆緯潤君	朱光華君	沈銘盤君
孫恆方君	孫驥方君	盛祖鈞君	葉秉衡君	沈祖衡君	孫孟剛君
黃樸奇君	錢祥標君	諸葛恂君	林士模君	魏　如君	王士良君
雷志璠君	沈嗣芳君	鄒恩泳君	蕭賀昌君	彭開煦君	朱葭村君
吳錦慶君	周庸華君	陶　鈞君	金　懋君	周延鼎君	顧耀鎏君
葛學瑄君	陳　琸君	許麟紱君	吳浩然君	郁鼎銘君	馬少良君
黃潤韶君	徐世民君	高大綱君	蘇祖修君	朱有騫君	殷傳綸君
李炳星君	湯天棟君	潘世義君	王元齡君	沈炳麟君	姚福生君
林紹誠君	周志宏君	沈熊慶君	沈鎮南君	周　琳君	程義藻君
戈宗源君	李謙若君	陳石英君	蔡　常君	韋榮翰君	佘石帆君
張廷金君	葉家俊君	陳良輔君	張本茂君	徐學禹君	佘昌菊君
吳　虔君	張承緒君	闞漢光君	俞汝鑫君	裘維裕君	鍾文滔君
胡亨吉君	程鵬翥君	路敏行君	闞耀基君	吳良弼君	楊仁傑君
汪仁鏡君	胡礽豫君				

以上236人(係上海分會會員)每人$6.00(半數已交上海分會)　共 $1,416.00

洪義良君	鄭汝翼君	張　堅君	翁立可君	夏林鋆君	楊元麟君
宋學勤君	郭美瀛君	榮耀馨君	任庭珊君	章天鐸君	楊竹祺君
曹竹銘君	趙柏成君	曹孝葵君	郭龍驤君	潘祖培君	

以上17人(係上海分會仲會員)每人$4.00(半數已交上海分會)　共 $68.00

王仁棟君	龔應會君	徐躬耕君	陸景雲君	徐　樂君	王雲程君

以上6人(係上海分會初級會員)每人$2.00(半數已交上海分會)　共 $12.00

卞喆壯君(係上海分會仲會員)(半數待交上海分會)　$ 4.00

施　鎣君(係上海分會會員)(半數待交上海分會)　$ 6.00

施孔懷君(係上海分會會員)(半年)　$ 3.00

毛　起君	莊　權君	馬軼羣君	陳鴻鼎君	陳瑜叔君	劉先林君
汪菊潛君	翁　爲君	陳祖貽君	許　鑑君	李　協君	吳承宗君
楊家瑜君	田鴻賓君	吳南凱君	袁其昌君	田述基君	閔孝威君
須　愷君	石　瑛君	馬育騏君	張洪元君	陳　章君	倪松壽君
卓　越君	戴占奎君	王中權君	陳傳瑚君	顏德慶君	王之翰君
林平一君	黃修青君	林榮向君	陳松庭君	郭　楠君	朱　謙君
梁　津君	梅福强君	沈　昌君	陳和甫君	曹誠克君	孫傳儒君
覃基乾君	韋以黻君	劉蔭茀君	錢　鑾君	薩福均君	李文驥君
蕭開瀛君	潘銘新君	鍾　鍔君	朱大經君	熊傳飛君	姚鴻臣君
朱葆芬君	孫多炎君	楊繼曾君	秦　瑜君	鈕因梁君	黃金濤君
譚友岑君	蔣宗杰君	張錫蕃君	吳　鵬君	賴　璉君	張家祉君
吳保豐君	張可治君	侯家源君	顧同慶君	陳　琯君	吳慶衍君
韋　紱君	許本純君	柳希權君	李崇典君	朱一成君	莊　堅君
朱起蟄君	周鐵鳴君	孫　謀君	朱神康君	陳中熙君	尹國墉君
顧毓瑔君	陸元昌君	徐節元君	楊簡初君	顧懋勛君	

17377

以上89人(係南京分會會員)每人$6.00(半數已交南京分會) 共 $534.0
向于陽君 高常泰君 崔華東君 王九齡君 戴祁君 朱維琮君
鄒鳳翔君 徐祖烈君 張鴻圖君 曾憲武君
以上10人(係南京分會仲會員)每人$4.00(半數已交南京分會) 共 $40.0
周庚森君 薛鎔君 陳樹儀君 汪原沛君 湯俊達君 孫傳豪君
程式君 陳志定君 徐承祜君 萬一君
以上10人(係南京分會初級會員)每人$2.00(半數已交南京分會) 共 $20.0
丁人鯤君 葛祖良君 周玉坤君 過文馥君 朱延平君 程本厚君
茅以新君 陳仿陶君 易鼎新君 李紹德君 程錫培君 陳燮君
周鎮倫君 薛紹清君 吳馥初君 曹鳳山君 楊耀德君 張謨實君
陳大燮君 胡瑞祥君 錢永亨君 俞清堂君 陳德銘君
以上23人(係杭州分會會員)每人$6.00(半數已交杭州分會) 共 $138.0
朱詠沂君(係杭州分會仲會員)(半數已交杭州分會 $ 4.0
虞愁南君(係杭州分會初級會員)(半數已交杭州分會) $ 2.0
朱物華君 趙慶杰君 范濟川君 伍鏡湖君 方頤樸君 華鳳翔君
劉寶善君 路秉元君 林炳賢君 秦萬遷君 朱泰信君 顧宜孫君
石志仁君 羅忠忱君 張成格君 安茂山君 周慎謀君 黃壽恆君
以上18人(係唐山分會會員)每人$6.00(半數已交唐山分會) 共 $108.00
高憲春君(係唐山分會仲會員)(半數已交唐山分會) $ 4.00
首鳳標君 陳汝湘君 林廷通君 閻書通君 盧翼君 楊豹靈君
沈炳年君 袁伯燾君 華南圭君 黃述善君 張含英君 張蘭閣君
楊先乾君 高鏡瑩君 蔡邦霖君 董寶楨君 王華棠君 陳德元君
張金鏞君 張鑾君 劉錫彤君 陳揚君 耿瑞芝君 陳靖宇君
張澤堯君 高景源君
以上26人(係天津分會會員)每人$6.00(半數已交天津分會) 共 $156.00
翟佩英君(係天津分會仲會員)(半數已交天津分會) $ 4.00
段守棠君 趙文欽君(係天津分會初級會員)每人$2.00(半數已交天津分會) 共$ 4.00
傅爾攽君 (係天津分會會員)(半數待交天津分會) $ 6.00
張鴻圖君(係北平分會仲會員)(半數待交北平分會) $ 4.00
丁崑君(係北平分會會員)(仝 上) $ 6.00
傅廣開君(係北平分會初級會員)(仝 上) $ 2.00
蘇瑄煌君 孫多蓁君 王枚生君
以上3人(係青島分會會員)每人$6.00(半數待交青島分會) 共 $ 18.00
陸家保君(係青島分會仲會員)(半數待交青島分會) $ 4.00
龔以爵君 王守則君 孫寶墀君 崔肇光君 鄒益光君 宋鏘鳴君
謝學瀛君 陳定保君 王仁福君 王守政君 王德昌君 魏毓賢君
林鳳岐君 黃蔭澤君 韋國傑君 張名藝君 龔鼎君 邢國棟君
郭葆琛君 趙培榛君 徐堯君 朱樾君 田金相君 姚章桂君
唐恩良君 馬永祥君 杜賓田君 王錫昌君 翟曆琦君 孫承謨君
郭鴻文君 洪傳曾君 繆寶德君 陳衡澧君 黃曾銘君 易天爵君
劉兆濱君
以上37人(係青島分會會員)每人$6.00(半數已交青島分會) 共 $222.00
劉雲書君 王毓鈞君 謝學元君 過守正君
以上4人(係青島分會仲會員)每人$4.00(半數已交青島分會) 共 $ 16.00
姚肇端君(係青島分會初級會員)(半數已交青島分會) $ 2.00
李得庸君 夏憲講君 平永龢君 鄭治安君 邱鼎汾君 王德滋君

陳厚高君　王蔭平君　熊說巖君　汪桂馨君　孫慶球君　陳士鈞君
吳國良君　錢慕班君　錢慕寧君　趙儼瞻君　賀　闓君　危文翰君
吳國柄君　李輝光君　黃璵初君　萬希章君　劉先林君　陸鳳書君
裘至純君　陳鼎銘君　葛毓桂君　魏文棣君　王星拱君　吳南薰君
徐大本君　饒大鏞君　王寵佑君　周公樸君

以上34人(係武漢分會會員)每人$6.00(半數已交武漢分會)　共 $204.00

嚴崇教君(係武漢分會初級會員)(半數待交武漢分會)　$ 2.00

胡天一君　劉霽亭君　闞祖光君　葛炳林君　陸之昌君　徐名植君
劉雯亭君　趙舒泰君　袁翊中君　曹瑞芝君　曹明鑾君　齊鴻猷君
孫鍾琳君　俞物恆君　朱杜勳君　曲鵰新君　張君森君　周輔世君
李荊樹君　李冠熙君　王家鼎君　徐景芳君　滑建山君　孫維翰君
于皞民君　張　瑲君　紀鉅紋君　孔令瑢君　李圭瓚君　周　禮君
程國驊君　胡升鴻君　陳之達君　宋連城君　姚鍾堯君　龐書法君
李爲駿君　秦文錦君　萬承珪君　李中軒君　李潤芝君

以上41人(係濟南分會會員)每人$6.00(半數已交濟南分會)　共 $246.00

潘祖培君　張聲亞君　戴　華君　門錫恩君　陳同昌君　吳際春君
慶承道君　葛蘊芳君　李樹屏君　李象震君　胡學鑫君　胡學鵬君
史安棟君　姜次端君　張翊璐君　王繼仲君　賈明元君　張炘廉君
宋丕昌君　馮光成君　邱文藻君　馬汝鄴君

以上22人(係濟南分會仲會員)每人$4.00(半數已交濟南分會)　共 $ 88.00

丁淑圻君　華　起君　曹萃文君

以上3人(係濟南分會初級會員)每人$2.00(半數已交濟南分會)　共 $ 6.00

張敬忠君　卓康成君　容祺勳君　梁仍楷君　呂炳灝君　桂銘敬君
陳良士君　劉鞠可君　李果能君　鄭成祜君　林　筍君　胡棟朝君
李　青君　蔣昭元君　何　杰君　梁漢偉君

以上16人(係廣州分會會員)每人$6.00(半數已交廣州分會)　共 $ 96.00

許延輝君　唐子穀君　梁啓英君

以上3人(係廣州分會仲會員)每人$4.00(半數已交廣州分會)　共 $ 12.00

鄭海柱君　張翰銘君

以上2人(係廣州分會初級會員)每人$2.00(半數已交廣州分會)　共 $ 4.00

黃修靑君　張志成君　孫輔世君　褚鳳章君　唐炳源君　何顯華君
黃錫藩君　王心淵君　陸同書君　季炳奎君　張勛基君　陳鴻泰君
吳士恩君　周賢育君　呂謨承君　張行恆君　王　濤君　王淸輝君
葛定康君　陸逸志君　曾昭桓君　羅瑞棻君　陸增祺君　毋本敏君
洪嘉貽君　何緒纘君　徐鍾淮君　任尙武君　陳宗漢君　何　鎔君
劉澄厚君　王江陵君　陸輔唐君　張有彬君　徐紀澤君　范壽康君
王　瑋君　吳新柄君　周樹熄君　沈　劭君　朱　倬君　鄺　華君
張　明君　周承燦君　馮　雄君　顧聖儀君　賈占鼇君　曹康圻君
胡樹楫君　李嘉楠君　歐陽藍君　李熾昌君　陸邦興君　羅英俊君
蕭慶雲君　婁道信君　徐萬淸君　吳慶源君　勞乃心君　何　岑君
鄒忠曜君　徐百揆君　張淸漣君　彭會和君　雷以綸君　章臣梓君
劉國珍君　張　瓚君　陳輔屏君　陸廷瑞君　陳秉琦君　劉貽燕君
金猷澍君　陳祖光君

以上74人每人$6.00　共 $444.00

王超鎬君　周　新君　陳蔚觀君　趙祖庚君　彭樹德君　藍峻聲君

馮天爵君 戚葵生君 陳駿飛君 唐季友君
以上10人(係初級會員)每人$2.00 共 $ 20.00
李鑑民君 吳卓衡君 張公一君 李濬三君 沈智揚君
以上5人(係仲會員)每人$4.00 共 $ 20.00

(五)預收22-23年度會費($90.00)

嚴崇教君(係武漢初級會員)(半數待交武漢分會) $ 4.00
張稱舫君 吳錦慶君 王總善君 李炳星君 林秉益君
以上5人(係上海分會會員)每人$6.00(半數已交上海分會) 共 $ 30.00
詹文超君(係上海分會仲會員)(半數已交上海分會) $ 4.00
陸爾康君 張寶華君 以上二人每人$6.00 共 $ 12.00
袁其昌君(係南京分會會員)(半數待交南京分會) $ 6.00
穆緯潤君 蔣子耀君
以上2人(係上海分會會員)每人$6.00(半數待交上海分會) 共 $ 12.00
王耜善君 係上海分會會員)(半數已交上海分會) $ 6.00
鄧壽佶君 連 濬君 以上二人每人$6.00 共 $ 12.00
耿瑞芝君(係天津分會會員)(半數已交天津分會) $ 6.00

(六)補收會費($187.00)

沈熊慶君 黃澄宇君 嚴恩棫君 庾宗溎君 溫毓慶君 何墨林君
以上6人(係上海分會會員)每人補收20—21年度會費$6.00(半數已交上海分會)
共 $ 36.00
嚴恩棫君(係上海分會會員)補收18—19年度會費(半數已交上海分會) $ 5.00
張志成君 余翔九君 毋本敏君 陸邦興君 章臣梓君
以上5人每人補收20—21年度會費$6.00 共 $ 30.00
陳衡濬君 施恩曦君 高 銳君 翟慶琦君
以上5人(係青島分會會員)每人補收20—21年度會費$6.00(半數已交青島分會)
共 $ 24.00
劉先林君(係南京分會會員)補收20—21年度會費(半數已交南京分會) $ 6.00
周庚森君(係南京分會初級會員)補收19—20年度會費(半數已交南京分會) $ 1.00
周庚森君(係南京分會初級會員)補收20—21年度會費(半數已交南京分會) $ 2.00
余翔九君 陸邦興君
以上2人每人補收19—20年度會費 共 $ 12.00
余翔九君補收18—19年度會費 $ 5.00
劉先林君(係南京分會會員)補收19—20年度會費(半數已交南京分會) $ 6.00
陳 章君 陸廷瑞君 宋希尚君
以上3人(係南京分會會員)每人補收20—21年度會費$6.00(半數已交南京分會)
共 $18.00
程鍚培君 係杭州分會會員)補收20—21年度會費(半數已交杭州分會) $ 6.00
葛炳林君 徐名植君 劉雯亭君 秦文錦君 紀鉅紋君
以上5人(係濟南分會會員)每人補收20—21年度會費(半數已交濟南分會) 共 $30.00
門錫恩君(係濟南分會仲會員)補收20—21年度會費(半數已交濟南分會) $ 4.00
華 起君(係濟南分會初級會員)補收20—21年度會費(仝上) $ 2.00

工程週刊

(內政部登記證警字788號)

中國工程師學會發行

上海南京路大陸商場542號

電話：92582

稿件請逕寄武昌蘭陵街修德里一號)

中華民國22年12月8日出版

第2卷第19期(總號40)

中華郵政特准掛號認爲新聞紙類

(第1831號執據)

定報價目：每期二分；全年52期，連郵費國內一元，國外三元六角。

本期要目

北運河節制閘上部工程

北運河節制閘上游全景

工程與民衆

編者

工程之定義，用最經濟之方法，得最大之效果，爲多數人之享用。故工程師係站在一般民衆方面，而絕對非爲資本主義或帝國主義之工具也。

顧工程計劃，謀多數人之利益，不免犧牲一部份少數人之佔有，常因此引起聚衆紛擾，鼓動風潮。歷來爭水堵水之案，械鬥之禍，數見不鮮；最近海河整理，放淤卑地，復見村民阻擾，擅啓閘門。（見本刊292頁）。則工程之利，似尚未爲一般民衆所共曉。即使曉然於胸臾，而私利所在，愚者在所必爭，則又感於工程實施，必須民衆方面，泯除私利而後可。此所以國家必須有强有力之政府，而我國各項工程，動輒遭一地方之反對，實須政府之强力制之。

海河治標工程完成

高鏡瑩

海河治標工程，略載本刊第一卷第四期50—54頁。主持此項工程者，係整理海河委員會，於十八年十一月間。由河北省政府，天津市政府合組，並取得天津領團之協助，呈由行政院飭財政部核准，在津海關値百抽五稅收項下，徵收8%之附加捐，作爲基金，發行河北省疏濬海河治標工程短期公債4,000,000元，交由本會自行募集，所收基金另組基金保管委員會保存，工程用款以及經臨各費，卽以公債募集之款分別支配，訂定整理海河治標工程計劃大綱6條，以爲施工之根據。原計所有工程應於十八個月蕆事，嗣以時局影響，及承銷公債銀行團爭執分存基金問題，未能解決，故公債發行後停止募集，以致工程未能進行。迨二十年五月間，始與各銀行磋商妥協，由各銀行分擔承募，工款有着，加緊工作，按照進行程序辦理。於二十一年五月間，各項預計工程遂完全告竣矣。

其工程進行計劃，實施圖表，已彙印報告書一册，以備參考。工程總包價爲2,405,000餘元，不可謂非近年之一大工程也。其各項工程價目，列表如下：

海河治標工程之原則，係將永定河含沙，於春汛伏汛期內，沉澱於擇定適宜之卑隰區域。工程可分爲堤，河，閘，涵洞，橋，數項，而閘工佔工費之半。設計大概，係將永定河改道，經節制閘，旁建船閘，又開新引河，通放淤區域，前建進水閘，後建洩水閘，使分出一部份之水量，不入海河，而於沉澱泥沙後，由新引河取道金鐘河入海，或經新開河重入海河。計劃全圖，見本刊第一卷第四期，茲不複印。

海河治標已竣各項工程工價表

工程	承攬人	實價
船閘基樁	大興土木公司	37,215.00
船閘	蓋苓工程公司	263,613.60
進水閘基樁	同興公司 德盛成公司	59,334.00
進水閘	德盛成公司	336,271.20
節制閘	德盛工程處	428,130.10
洩水閘	遠東公司	149,316.00
平津汽車路樁橋	中國工程公司	73,884.19
平津汽車路北倉橋	遠東公司	5,107.40
新引河 第一段	大興土木公司	32,577.12
新引河 第二段	聚豐成公司	21,075.10
培修北運河東堤 第一段	義合祥公司	13,604.50
培修北運河東堤 第二段	同義成公司	11,170.54
培修北運河東堤 第三段	大興土木公司	28,050.90
培修北運河西堤	義合祥公司	46,800.00
唐家灣桃花寺涵洞	永泰公司	38,248.48
培修永定河南堤	大興土木公司	39,639·04
廿二號房子涵洞	遠東公司	31,226.68
靑光圍堤	中原公司	1,856.74
永定河改道	遠東公司	159,675.00
北運河石楗	其昌公司	6,051.32
放淤區域南堤 第一段	遠東公司	69,310.00
放淤區域南堤 第二段	遠東公司	69,310.00
放淤區域南堤 第三段	慶成公司	66,120.00
放淤區域圍堤 第一段	同義成公司	18,631.47
放淤區域圍堤 第二段	義合公司	17,886.12
放淤區域圍堤 第三段	永泰公司	27,833.68
放淤區域圍堤 第四段	鴻興公司	16,542.39
放淤區域圍堤 第五段	鴻興公司	20,698.09
放淤區域圍堤 第六段	義合公司	24,284.30
放淤區域圍堤涵洞	義合公司	12,470.20
洩水河	遠東公司	112,062.80
劉快莊木橋	施克孚公司	11,627.80
屈家店辦公所	德盛工程處	6,300.00
洩水閘辦公所	恆義順工廠	1,220.00
北寧路26號橋攔水堤	遠東公司	4,996.70
北寧鐵路橋		143,325.43
總數		2,405,465.89

17382

海河治標計劃之各項工程，旣於民國二十一年五月間全部完成，整理海河委員會爲監管各閘啓閉事宜起見，特訂定各閘啓閉章程三條如下：

二十一年六月三十日晚，永定河水勢漸漲，泥沙起始下注，至七月一日晨間，據測驗所得，永定河在屈家店之流量，爲每秒約145 立方公尺，含沙量已達6%，當於是日上午十時，將進水閘開放，並將節制閘關閉，實行由新引河放水。是日正午十二時，水流經過北寧路橋樑，流入放淤區域。七月六日，水流達到洩水閘，順流無阻，所含泥沙完全沉澱於放淤區域中，水至洩水閘時，皆已澄淸。嗣於八月二日，據報放淤區域水位已漲至4.2 公尺，其蓄水量已達至預定之最大限度，當將進水閘關閉，節制閘放開。彼時正値各河盛漲之際，海河流量激增，雖永定河汛水流入海河，尙不爲害。九月十日，據報永定河水又陡漲，當將進水閘啓開，復引入放淤區域，同時將節制閘關閉。嗣於九月十三日據報永定河水勢爲每秒21立方公尺，北運河爲每秒64立方公尺，當將節制閘啓開，並將進水閘關閉。迨至九月十五日晨，據測永定河流量爲每秒90餘立方公尺，含沙甚多，復將進水閘提開，並將節制閘關閉。嗣於九月二十日，據測永定河水勢已降落，爲每秒約20立方公尺，當將節制閘開放，並將進水閘關閉。此後伏汛已過，永定河水量卽無須再行調節。所有二十一年伏汛期內，調節永定河及北運河洪水量，計總進水量約爲547,500,000立方公尺，總沙量約爲13,300,000 立方公尺，此項泥沙率皆沉澱於放淤區域之西部，蓋渾水流入放淤區域內，流速驟減，是以水過沙留，沿北寧鐵路基一帶，淤高1公尺，朱唐莊附近，僅淤高 0.1公尺，朱唐莊以西，則爲淸流。放淤區域淤積之程序，當係由西漸漸推移而東。據二十一年積沙量計算，放淤區域可約有15年之壽命。二十一年淤積之泥沙性質肥沃，是以放淤區域西部不毛之地，現皆已播種。設此 13,300,000 立方公尺之沙量，依然下注海河，則二十一年秋季，海河下游淤塞狀況，不堪設想矣。海泥沙之來源旣絕，其他支流之淸水，方收冲刷之效，伏汛期後，又積極挖浚，是以海河河之深度，較伏汛前增加2公尺。現時凡吃水4.25公尺(14英尺)以下之輪船，皆可平安航駛來津。(二十一年伏汛前之吃水量僅2.5公尺(8英尺)。

1. 民國二十一年伏汛期內，所有下列各項工程，及其司閘人員，均應由整理海河委員會，河北省建設廳，華北水利委員會，會同組織之執行委員會管理之。計開：

   屈家店進水閘，節制閘，船閘，新引河放淤區域洩水閘，洩水河蘇莊閘，土門樓閘，新開河閘，桃花寺唐家灣，二十二號房子，及放淤區域圍堤之各涵洞。

2. 執行委員會隸屬於河北省主席，其辦公處設於整理海河委員會會所內，每日由電話接收常川派駐盧溝橋人員，關於永定河水勢情形之報告，接收關於啓閉各閘之報告。

3. 執行委員會應依照以下大綱，執行各閘之啓閉事宜：

   (甲)當北運河及永定河汛水起始帶有泥沙流入下游之時，(永定河之水位在盧溝橋漲至61公尺，或當屈家店兩河之水每日所帶之泥沙約在10,000立方公尺以上)，進水閘閘門卽應開放，而節制閘閘門則應關閉。

   (乙)爲免除節制閘以上之水位增至危險高度起見，當節制閘以上之水位漲至北運河上游楊村以上東西兩堤，楊村以下東堤，將行發生危險程度時，節制閘閘門卽應一部或全部開放。(此項水位，據現時情形估計，在節制閘約在7.5公尺)。俟上游水面降落時，再行關閉。

17383

新引河進水閘上游全景

新引河進水閘下游全景

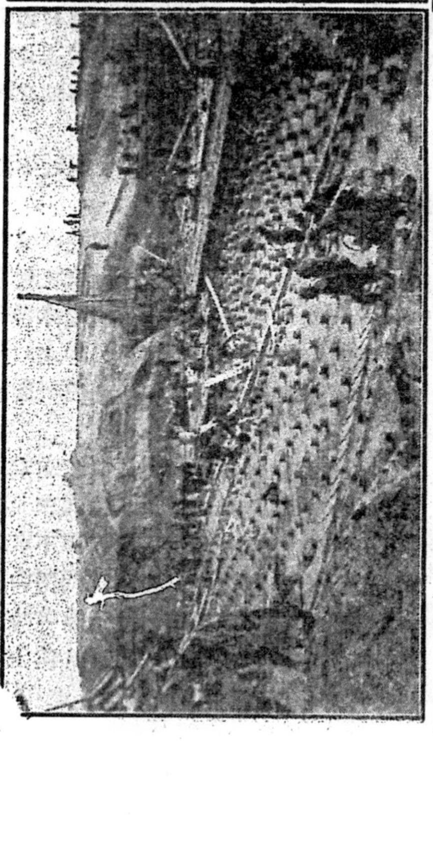

新引河進水閘基樁。

新引河進水閘混凝土槽

(丙) 倘節制閘以下水面降至 3.2 公尺以下，節制閘閘門卽應開放其一部分，以資增加水量，而利航行，但每秒鐘放過之水量暫以10立方公尺爲度。

(丁) 當放淤區域水位漲至 4.2 公尺時，進水閘閘門卽應關閉，同時卽將節制閘閘門提開，俟放淤區域水面降至 4.2 以下時，再行將進水閘閘門開放。

(戊)執行委員會應隨時考察放淤區域之水位，進水量，及洩水量，以便規定進水閘及節制閘之啓閉，俾得使放淤區域積水，得於本年汛期後最短期內洩盡。

(已)爲便於放淤區域積水流入金鐘河起見，執行委員會得隨時管理啓閉新開河閘門，但新開河閘口水位未至 5 公尺以前，該處閘門應行關閉。

(庚)如各項工程臨時發生任何障礙，或危險，執行委員會應施以相當之方法，以資免除，或減少其損害；執行委員會有應急處理之權，事後再行補報，以免發生危險。

二十二年春汛期內，監督各閘啓閉事宜，仍根據上年組織，由執行委員會辦理。盧溝橋永定河每日水位，商由永定河河務局，按日報告。屈家店永定河含沙數量，由哈德爾委員，派海河工程局員司觀測後報告。啓開進水閘，關閉節制閘，引水入放淤區域及放水，均依上年章程。

三月十七日，據屈家店電話報告，永定河之水業已攜帶泥沙，起始下注，並其每日含沙量已近10,000 立方公尺，遂於是日下午五時，將節制閘關閉，並提開進水閘放水。嗣至四月十一日，據報屈家店永定河含沙量逐漸減少，每日僅 10,000立方公尺，遂卽日停止放淤。本年春汛放淤總流量爲180,000,000立方公尺，總沙量爲1,100,000 立方公尺。海河吃水深度，於每年春汛期間，因永定河泥沙下注而減低，本年因放淤之結果，海河吃水深度反行增加。據津海關港務處測量，在海河內所有船隻，吃水量不逾 4.5 公尺(15英尺)者，皆可於普通潮滿之際往來天津，較之本年春汛前海河內僅能行駛吃水 4.25 公尺(15英尺)之船隻，已又增進 0.3公尺(1英尺) 可見本會本年春汛放淤，與海河增加深度，有絕大關係。

二十二年永定河伏汛期至甚早，自六月十二日，該河在盧溝橋水位起始逐漸增漲，已超過61公尺。至六月十五日，該河在屈家店與北運河匯流後之含沙量，重量百分比已超過 2%，惟以本年春汛放淤之結果，與淀各村有約定，於夏至後方始洩放伏汛之限制，故未便卽時提閘放水。至六月十六日，海河已淤墊過甚，吃水 3 公尺(10英尺)以上之船隻，不能行駛入口，所有放淤一節，未便再事遲延，暫准提前放水，惟在夏至前放淤區域，伏汛之水以不能超越本年春汛之範圍爲度。當於六月十七日上午八時，令節制閘監工處，起始提閘放淤。嗣至七月八日，永定河三角淀內屈家店等各村民衆，擅自將節制閘提開，進水閘關閉，阻止放淤，以致永定河泥沙下注海河。至七月十二日上午十一時，村民方始被逐散去，復將節制閘關閉，進水閘提開，繼續放淤。而海河下游經此數日之淤墊，其吃水深度已減至2.5公尺 (8英尺矣) 。關於放淤提閘標準，前於六月三十日議決，如永定北運兩河之水含沙量在 1% (以體積計)以下時，可將節制閘提開，進水閘關閉；如含沙量在 1%以上時，仍再將進水閘提開，節制閘關閉；惟放淤區域水位在洩水閘上游超過 4.4 公尺時，不在此限。迨至八月八日，據哈德爾委員意見，海河近日仍倘淤塞，因此特殊情形，暫定含沙量在0.0.8% (以重量計)以下時，再停止放淤，以便設法增進海河深度。所有本年伏汛期內，放淤區域之總進水量，約爲860,000,000立方公尺，總積沙量爲 18,500,000 立方公尺。

綜查本年伏汛經過，可資注意兩點如左：

永定河改道初次過水

唐家灣涵洞下游

放淤區域洩水閘附近放水時情形

(1) 永定河三角淀沙淝地，上部已逐漸淤高，下部因人民希圖耕種，與水爭地，不顧禁例，私築堤埝甚多，以致該沙淝地失去蓄水停沙之功效，永定河挾帶之巨量泥沙，遂全部注入下游矣。據本年測驗所得，永定河在屈家店三角淀下口之含沙量，其重量百分比大至11.8%（六月二十三日）；永定河在屈家店與北運河匯流後之含沙量，其重量百分比大至 9.9%（六月二十三日），可資證明。若未舉辦海河治標工程，則海河將爲永定河三角淀之續，必致淤墊廢棄而後已也。

(2) 海河之良窳，與本年放淤工作，息息相關。海河通行輪船，吃水深度在民國二十一年伏汛前，只有

17386

海河放淤區域洩水閘上游

海河放淤區域洩水閘鳥瞰

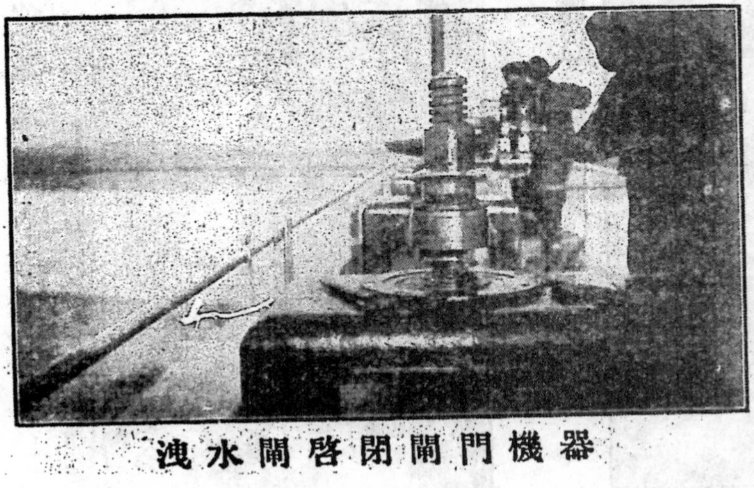

洩水閘啓閉閘門機器

2.5公尺，經去年伏汛，及本年春汛，放淤之結果，海河吃水深度增至4.5公尺。本年伏汛因發生前節所述之特殊情形，放淤工作未能操縱裕如，以致海河重行淤塞，然經本會放淤工作之積極努力，海河吃水深度又逐漸增至4公尺(13英尺)。將來第二期工程完成後，春伏兩汛可以分區洩放，又使清水引回海河，以收冲刷之效，則海河下游當無再現淤墊之虞矣。

17387

洩水河劉快莊木橋全景

平津汽車路椿橋工地

洩水河劉快莊橋樑下部

平津汽車路椿橋全景

北運河船閘工程

高鏡瑩

北運河船閘，爲海河治標工程之一部份。船閘在我國尚不多見，故將工程實施情形，詳載於下。

甲 基樁工程

船閘工程分爲兩次招標，第一次招標爲基樁工程，由大興土木公司承攬，於民國十九年六月二十一日開工，同年十月十四日完竣。除降雨及掘土工作，實際打樁工作 104 日。打樁時因北運河水位約高出大沽水平 4 公尺，當時掘土亦掘至 4 公尺，故打樁時須用頂樁打至原定樁位。共計掘土 4300 餘英方，打樁1250棵，樁長10公尺，大頭直徑 3 公寸，小頭直徑 2 公寸。打樁用鉈，共分三種，(1)人力鉈，鉈重500公斤，三十人拉打，升降距1公尺，每架12小時平均約打 4 棵。(2)單推汽鉈，鉈重1·7噸，升降距0·75公尺，每架每24小時平均打15棵。(3)樁雙推汽鉈，鉈重2250公斤，升降距0·25公尺，每架24小時平均打10棵。

乙 閘身工程

第二次招標，爲基樁以外之工程，由蓋苓公司承攬，於民國二十年二月十九日開工，同年八月二十四日全部工竣，除降雨外，實際工作 173 日。開工時，在施工地點附近北運河南岸，先行打築臨時擋水壩一道，計長約200 公尺，閘址下游則以廢土堆積，防水內浸，然後順序進行工作。

挖土 挖土以前，先用白灰將應挖之面積標明，並將應挖之深度及坡度，誌於邊樁上。工作時即按所規定者進行。船閘因挖土面積較大，存土地點亦較遠，搬運廢土，除一小部份由人力挑擔外，其餘均用輕便土車輸送。每車用二人推行，容量約 0·5 立方公尺，每日約出土10公方。惟上下游閘底因發見流沙，致挑挖幾等於流沙流出之數量，旋加打築臨時板樁，始克完成下部工作。

填土 填土以前，將地基上所有草木根塊易腐之物，完全除淨，用白灰將堤脚標明，堤頂之高度及坡度，亦誌於邊樁上，並用竹竿按堤頂高度，將堤頂誌以記號，隨即填土。填土由取土方面填起，每層以 0·5 公尺爲限。凍塊草根均不得參入。用夯硪打實，致淨剩0·35公尺爲止。由堤脚以至堤頂，皆依此按次進行。

板樁 板樁地位測定後，將板樁頂面應作混凝土槽，預先挖就，再用100×150公厘(4″×6″)美松兩條，就槽內作成夾板，夾板之前後及裏面，均用木樁頂緊，使夾板中間均剩150 公厘，並將板樁頂預定之高度，誌於夾板上，然後將板樁由夾板空中打下第一塊板樁，下端之凹凸面皆削成楔形。第二塊板樁與第一塊接筍處，如爲凹形，即將第二塊凸形邊之下端削成楔形，以次進行。其進行之速率，人力鉈每鉈每日約打 6—11 塊，汽鉈每日約打10—16塊。板樁打齊後，按照高度，將上端鋸齊，然後打築混凝土，再打築曲線上之板樁，與直線上之板樁，作法略同，惟夾板與樁尖稍異，夾板須按照曲線半徑作成，並於夾板外面用橛頂緊，以防溜走，至於樁尖之切成楔形，本爲板樁打下時自形擠緊之用，但用在曲線上，反將已打成或正打之板樁擠偏，或將板樁之凹凸槽折斷，故在曲線上所用之板樁尖削去部分愈少愈妙。

閘牆及翼牆 打築閘牆及翼牆混凝土之前，先將地基清除，樁頭洗淨，潮濕及軟泥部分用石子或沙灰填平，捶打緊實，然後打築混凝土，(混凝土係用機器拌和，該機容量約有1立方公尺，用汽鍋幫動)。每層約175

公厘。混凝土傾入木型內，卽用方木夯捶打，及用鐵鏟及鐵鍬插遍邊角，及樁頭四週，或塊石四週，俟木夯捶打結實後，卽關漿。關漿之法，用木夯輕輕打之，務使0·75公尺徑內之混凝土，皆能顫動爲止。塊石安置法，以上下左右相距1公寸爲準，且使塊石一半現露，一半插入新混凝土內。混凝土橫樑之作法，與上項所述相同，惟不參塊石。

閘內坡面及腰道　先將土坡面作妥捶打堅實：再鋪碎磚一層，厚1公分，潑水，用木拍(因夯硪不適於用)拍打穩固，將6英寸方格鉛絲網鋪上，然後打築混凝土，(伸縮縫底面混凝土亦如是，惟無鉛絲網)。在坡面打築混凝土，旣無木型攔阻，又無地形約束，漿大則易溜走，漿小則易留空隙，故必須調和適宜，始克進行。其打築之法，由下而上，混凝土傾在鉛絲網上，用小鐵鏟插遍，再用木拍由下往上拍打，及關漿，然後抹沙灰一層，找平。

堆砌塊石　船閘之堆砌塊石，分爲閘內，及上下游，閘底，及上游坡脚。其作法，除上游坡脚安置鐵絲籠外，其餘則大概相同，先將堆砌塊石地基之外邊線定準，打小方樁兩排，(如砌石地基爲長方形，卽將兩長邊用木樁定出界線)，約每6公尺釘樁一根，然後抄平，將土面及石面之高度，誌於方樁上，然後每排用線繩，由石面高度連成平直線，再用線繩將兩排平線橫連之，使橫線亦成平線。上項手續完全妥善後，始堆砌塊石，堆砌之法，用大塊石約重25公斤，由一面或對面，用手工砌之，務使其接連嚴密，而露面部分成平均平面，塊石中間有空隙處，填以碎石。上游閘底及坡脚，砌塊石須先將鐵絲籠安置妥實，然後堆砌。鐵絲籠作法，先將木板平置地上，用洋釘按照鐵絲籠底，將四角及方格地位，釘成籠底形狀，(長2公尺，寬1公尺，方格2公寸)，後將已切成之4·3公尺及3·3公尺長之9號或10號鉛絲，按樣板上各釘之地位，橫豎編成方格，紮以20號鉛絲，再將四週餘長之鉛絲豎起，用6·15公尺長之鉛絲，與豎絲，編成2公寸方格，紮以20號鉛絲，然後扣住上口，卽成籠形，置於規定地址。地基務須平整，並將籠與籠每方格交叉處，及邊角，用鉛絲紮緊，再裝砌塊石，俟籠內塊石砌成後，將鐵絲籠蓋蓋上，蓋之作法，將鉛絲切成2·3公尺與1·3公尺兩種，就原地塊石上，按籠之尺寸，橫豎編成方格後，將鉛絲之兩端，鎖於籠之上邊口。其鎖法，用鉛絲之一端，將第一籠與第二籠之上口，至少纏繞兩遭，其他端將第二及第三籠之上口纏繞之，(如所蓋之蓋爲第二籠)，其前後各籠之上口，亦如是，藉使鐵絲連成一氣，以資堅固，籠蓋鉛絲交叉處，以20號鉛絲紮緊。

坡岸砌石　閘內兩岸上坡砌塊石，其土岸係1·2，坡捶打結實後，鋪0·3公尺厚之灰土，打實後,淨剩0·15公尺,再鋪砌塊石。其作法,將作妥之坡岸,分成段落，每段約距6公尺，釘木橛於坡脚，及坡頂，而後抄平，並將灰土上平，及砌石上平，誌於木橛上，連以線繩，(約高出灰土上平0·2公尺)，用夯拍打一遍，潑以清水，再用夯硪捶打，至所需之尺寸止。其所用之水量，以不黏夯硪爲限。打妥後，乃定橫豎平線。工作進行，由下往上，故橫平線亦隨之而上。鋪砌塊石時，先鋪小碎石一層，捶打堅實，灌以灰土漿，再鋪塊石，塊石之縫約25公厘，填以1:3:6 混凝土，用邊刀嵌嚴，外面再抹以1:3 沙灰，務使兩石接連處，成一平縫，以防刮落。再用扁鏟將縫緊壓一次，壓成帶形，以資堅固。坡頂平面之塊石，完全用混凝土砌成，並灌以洋灰漿。上下游坡岸砌石作法，與上項所述相同。

蝶形舌門及其啓閉機器　先在規定地點，將舌門用扱秤鐵索,及起重滑車等物架起,校正方向,擱置於小木型上,並以水平儀找準位置高度，然後打築混凝土樁，俟混凝土硬化後，拆除小木型，再築其四周混凝土，至高度1.8公尺時，乃按涵洞形式，支立木型，至混凝土築至3.28公尺以上，按裝立軸，並沿立軸豎立修理洞(Man Hole)。木型計長1公尺，寬0.6公尺。至混凝土築至高度7.25公尺時，則將修理洞拐彎，直上至頂，並將啓閉舌門機器座基螺絲，用木板作妥樣板，將螺絲拴入，測準高度，而後再打築混凝土座基，且預將螺絲築於混凝土內。至混凝土築至8.5公尺時，座基螺絲僅露絲頂，卽按此地位裝置機器底座，生鐵盒齒輪，及立軸等機件。

閘門及其啓閉機器　閘門係木質，用槽鐵鐵板等組造而成，(將木門預先排好，按裝時再拆成零塊)。重量頗巨，約6噸餘，故須當地裝置。裝置時用起重滑身，將第一方條吊起，將生鐵門轉(Cast Iren Shoe)安於方木之一端，隨後徐徐落於門軸(Cast Iron Pintle)上，(該項門軸預先築在混凝土內)。其他端用木墊平，將對口鋸準，再吊預定第二塊方木條，放於第一塊上中間，塗以充分臭油，依次進行，至頂時，將生鐵瓦(Bonnet & Capplate)安於方木上，而此鐵瓦則與鐵栓(Anchor Bar)用插梢(Pin)拴牢，(鐵栓亦預築在混凝土內)，然後將通螺絲穿入榨緊，於是槽鐵，張力鐵板，及橫豎木帶等，卽可按次進行矣。俟門上各件裝畢後，用綫鉈將對口對準，鋸去方木條餘長，再安置門頂平板，及欄杆等，牙板之混凝土槽(Trench for Gate Spar)，須預先留出，俟混凝土築至高度8.5公尺，卽將牙板槽上面鐵筋混凝土蓋，按照尺寸打築。啓閉機器座基螺絲，亦預築于混凝土內，其高下尺寸，皆以水平及樣板定之。至混凝土築成十餘日，卽可按圖裝置機器。

吊橋及鐵架秤梁　橋梁之主要部份爲工字鐵樑，架樑之前，在橋址搭一木架，約高出橋座尺許。俟將木架找平後，將工字樑按規定之距離排列，再將橫帶張力帶，一一鉚上。工字樑上面先安75×150公厘(3″×6″)美松木一條，用螺絲榨緊，塗以充分臭油，再將75公厘(3″)美松板，橫鋪於樑上，亦塗以臭油，將縫擠緊，釘以螺絲及人造釘，乃用滑車鐵練，將橋懸起，拆去木架，再將橋輕輕放在橋座之上。(一頭爲¼″鐵板，一頭爲軸架(Axle Bearing)4個)。旋卽安置欄杆座底木條，以通螺絲與3″板榨緊，隨後鋪砌橋面木磚，及安置欄杆。木磚製成後，鋪於橋面時，用臭油膏燒沸，參以沙子及少許洋灰，墊於磚底，至磚砌完時，再用煮沸之臭油膏，參洋灰，將磚縫灌滿，上面再鋪沙子一層。鐵架置法，先以鐵練鐵繩滑車等件，將二架架起，校正方向，用繩綳緊，以防搖動。再將兩架間之橫鐵架吊起，用螺絲暫行緊住於鐵架上，旋退出螺絲。換以鉚釘，然後立木樁一根，傍於鐵架之旁，繫滑車於樁頂，用絞關將秤樑(Boom)輕輕懸至架頂，亦用繩綳緊，輕輕落於架頂之軸架上，再將通軸拴入。俟鐵架各件完全置妥後，始將鐵架下部築入混凝土內。其他如均重鉈，及鐵繩等件，皆於混凝土乾後，按所定部位安置之。

船閘各項工程之作法，已略如上述，其中所最感困難者，爲閘底之流沙，及二十年七月四日之大水。查閘槽挖土至高度1.3公尺時，四週皆發現流沙，嗣後加打臨時板樁，始克進行工作。他如上下游閘底坡脚，堆砌石等工作，亦均感受流沙之困難。故船閘下部各項工作之速率，爲流沙所影響者甚大。至二十年七月四日之大水，閘內高度6.0公尺以下者，完全沒於水內；當時受影響最大者，首推閘門，蓋以該閘門重量過大，又勢非原地安置不可，故必先將閘門內之水抽盡，始可進行。

總計工程數量如後：(請參閱本期304頁末段)

17391

永定河船閘全景

永定河船閘下游

永定河船閘運用時情形

北運河節制閘啓閉閘門機器

17393

膠濟鐵路行車時刻表

下行（西行）列車

站名 ＼ 車次	5 各等 飯	3 各等 飯	11 三等	13 三等	1 特等 各 臥
青島開	七•〇〇	一二•〇〇	一五•〇〇		二一•〇〇
大港開	七•一一	一二•一一	一五•一二		二一•一〇
四方開	七•二〇	一二•二〇	一五•二三		二一•一八
滄口開	七•三五	一二•三五	一五•四〇		二一•三四
女姑口開	七•四七	一二•四七	一五•五五		不停
城陽開	七•五六	一二•五六	一六•一四		二一•五三
南泉開	八•一二	一三•一二	一六•三四		不停
藍村開	八•二六	一三•二六	一六•四九		二二•一九
李哥莊開	八•三五	不停	一七•〇三		不停
膠東開	八•四七	不停	一七•一六		不停
膠州到	八•五九	一三•五三	一七•三〇		二二•四六
膠州開	九•〇一	一三•五五	一七•四九		二二•四八
芝蘭莊開	九•一八	一四•一〇	一八•〇九		不停
姚哥莊開	九•二七	不停	一八•一九		不停
高密到	九•三八	一四•二六	一八•三一		二三•一九
高密開	九•五三	一四•四一	一八•四九		二三•三〇
辛莊開	一〇•〇五	不停	一九•〇三		不停
蔡家莊開	一〇•一六	一五•〇一	一九•一六		不停
塔耳堡開	一〇•二六	一五•一二	一九•三一		不停
丈嶺開	一〇•三六	一五•二三	一九•四四		不停
岞山開	一〇•五四	一五•四〇	二〇•一四		〇•三一
黃旗堡開	一一•〇三	一五•四九	二〇•二五		不停
南流開	一一•一一	不停	二〇•三四		不停
蝦蟆屯開	一一•二六	一六•〇九	二〇•五五		〇•四八
坊子到	一一•三九	一六•二三	二一•一〇		一•〇一
坊子開	一一•五四	一六•三七	二一•二五	七•〇〇	一•一六
二十里堡開	一二•〇六	一六•四九	二一•三九	七•一四	一•二八
濰縣到	一二•一四	一六•五七	二一•四九	七•二四	一•三八
濰縣開	一二•二七	一七•〇一		七•三四	不停
大圩河開	[illegible]	不停		七•四九	不停
朱劉店開	[illegible]	一七•二三		八•〇三	[illegible]
昌樂開	一二•三〇	一七•三七		八•一六	[illegible]
堯溝開	一二•四一	一七•四七		八•二九	[illegible]
譚家坊子開	一二•五四	一七•五六		八•三七	[illegible]
楊家莊開	一三•〇六	一八•〇四		九•〇七	[illegible]
青州到	一三•一八	一八•一八		九•一六	[illegible]
青州開	一三•二九	一八•二〇		九•四一	[illegible]
普通開	一三•四四	不停		九•五七	[illegible]
淄河店開	一三•五八	一八•三九		一〇•〇七	[illegible]
辛店開	一四•〇八	一八•五三		一〇•二七	[illegible]
金嶺鎮開	一四•二一	一九•〇七		一〇•四一	[illegible]
湖田開	一四•三四	一九•二六		一〇•五三	[illegible]
張店到	一四•四四	一九•三五		一一•〇八	[illegible]
張店開	一五•一〇	一九•四六		一一•二六	[illegible]
馬尚開	一五•一九	不停		[illegible]	[illegible]
周村到	一五•三八	二〇•一二		[illegible]	[illegible]
周村開	一五•四〇	不停		[illegible]	[illegible]
大臨池開	一六•〇四	二〇•四六		[illegible]	[illegible]
王村開	一六•一六	二〇•五六		[illegible]	[illegible]
明水開	一六•二六	二一•一一		[illegible]	[illegible]
棗園莊開	一六•四一	二一•二二		[illegible]	[illegible]
龍山開	一六•五一	不停		[illegible]	[illegible]
郭店開	一七•〇五	二一•三五		[illegible]	[illegible]
王舍人莊開	一七•二〇	二一•五六		[illegible]	[illegible]
黃台橋開	一七•三一	二二•一一		[illegible]	[illegible]
北關開	一七•四四	二二•二〇		[illegible]	[illegible]
濟南到	一七•五六	二二•三五		[illegible]	六•三〇

上行（東行）列車

站名 ＼ 車次	6 各等 飯	12 三等	4 各等 飯	14 三等	2 特等 各 臥
濟南開	七•一五		一二•一五	一四•一〇	二三•〇〇
北關開	七•二一		一二•二一	一四•一七	二三•〇六
黃台橋開	七•三〇		一二•二九	一四•二六	二三•一四
王舍人莊開	七•四四		一二•四三	一四•四四	不停
郭店開	七•五六		一二•五三	一五•〇〇	不停
龍山開	八•一一		一三•〇七	一五•一八	不停
棗園莊開	八•二六		一三•二一	一五•四六	[illegible]
明水開	八•三七		一三•三三	一五•五九	[illegible]
王村開	八•五四		一三•五〇	一六•二三	[illegible]
大臨池開	九•〇五		一四•〇一	一六•四五	[illegible]
周村到	九•一六		不停	一六•五八	[illegible]
周村開	九•三三		一四•二六	一七•一二	[illegible]
馬尚開	九•四五		一四•三八	一七•二一	[illegible]
張店到	九•五三		不停	一七•三一	[illegible]
張店開	一〇•〇〇		一四•五〇	一八•〇二	[illegible]
湖田開	一〇•二〇		一五•二三	一八•二〇	[illegible]
金嶺鎮開	一〇•三一		一五•三二	一八•四〇	[illegible]
辛店開	一〇•四四		一五•四七	一九•〇六	[illegible]
淄河店開	一〇•五六		一六•〇〇	一九•二二	[illegible]
普通開	一一•〇九		不停	一九•三八	[illegible]
青州到	一一•一九		一六•二九	一九•五一	[illegible]
青州開	一一•三一		一六•三一	二〇•〇六	[illegible]
楊家莊開	一一•三四		一六•四二	二〇•一九	[illegible]
譚家坊子開	一一•四九		一六•五一	二〇•三六	[illegible]
堯溝開	一二•〇〇		一七•〇四	二〇•四八	[illegible]
昌樂開	一二•一三		一七•二〇	二一•〇三	[illegible]
朱劉店開	一二•二五		一七•三〇	二一•二五	[illegible]
大圩河開	一二•四二		一七•四一	二一•四〇	[illegible]
濰縣到	一二•五三		一七•四五	二二•〇六	[illegible]
濰縣開	一三•〇四		一八•〇六	二二•一六	[illegible]
二十里堡開	一三•〇八		一八•二三	二二•二七	[illegible]
坊子到	一三•一七		一八•三六	二二•四二	[illegible]
坊子開	一三•二九	六•三〇	不停		[illegible]
蝦蟆屯開	一三•五〇	六•四一	一八•五四		[illegible]
南流開	一四•〇四	六•五六	一九•〇四		[illegible]
黃旗堡開	一四•一八	七•一〇	一九•二一		[illegible]
岞山開	一四•二三	七•二七	一九•三〇		[illegible]
丈嶺開	一四•三五	七•四四	不停		[illegible]
塔耳堡開	一四•五三	七•五四	一九•五九		[illegible]
蔡家莊開	一五•一〇	八•一四	二〇•〇七		[illegible]
辛莊開	一五•二二	八•二四	不停		[illegible]
高密到	一五•四二	八•三七	二〇•四五		[illegible]
高密開	一五•四七	八•五六	不停		[illegible]
姚哥莊開	一六•〇九	九•〇九	二〇•五九		[illegible]
芝蘭莊開	一六•一八	九•二九	二一•一六		[illegible]
膠州到	一六•二五	九•四四	二一•二六		[illegible]
膠州開	一六•四九	九•五四	二一•三六		[illegible]
膠東開	一七•〇〇	一〇•〇二	二一•五〇		[illegible]
李哥莊開	一七•〇九	一〇•三七	二二•〇八		[illegible]
藍村開	一七•二一	一〇•四七	[illegible]		[illegible]
南泉開	一七•三八	一一•〇〇	[illegible]		[illegible]
城陽開	一七•四七	一一•一〇	[illegible]		[illegible]
女姑口開	一七•五九	一一•二五	[illegible]		[illegible]
滄口開	一八•一四	一一•三四	[illegible]		[illegible]
四方開	一八•二五	一一•五〇	[illegible]		[illegible]
大港開	[illegible]	一二•〇七	[illegible]		[illegible]
青島到	一八•三〇	一二•一八	[illegible]		[illegible]

中國工程師學會會務消息

◉廣州分會第九次會議錄

日　期：民國廿二年九月十一日
地　址：廣州市文德路歐美同學會三樓
出席者：會員十五人。
主　席：胡棟朝。　紀　錄：李　拔。

(甲)報告事項：

胡會長報告本會根據前次會議議決案，遞補會長，副會長，書記情形。

劉副會長演講西村士敏土廠籌辦開業之經過及最近發展狀況。

(乙)討論事項：

陳君良士提議下月開會與廣東土木工程師會合組聯歡會，並請名流到會演講。

決議：假定十月十二日借越秀山啓秀樓爲開會地點，並請林省主席暨劉市長蒞會演講。卽舉李卓，李拔兩君，先徵廣東土木工程師會同意。

◉廣州分會臨時會議錄

日　期：民國廿二年九月廿三日
地　址：廣州市一德路第二五二號三樓
出席者：會員十人。
主　席：胡棟朝。　紀　錄：李　拔。

(甲)報告事項：

書記宣讀前次會議議決案。

(乙)討論事項：

一．主席宣佈昨接總會來函，以第二屆年會議決總分會職員，以每年十月一日爲交代日期，應卽改選，以昭劃一。

決議：舉定陳良士，梁永槐，李　拔三人爲司選委員，依照會章，定期改選。

二．梁君永槐提議：會員伍君希呂逝世，擬由本會致送輓聯。

決議：交書記照辦。

◉廣州分會第十次會議錄

日　期：民國廿二年十月六日下午七時
地　址：廣州市一德路第二五二號三樓
出席者：會員九人。
主　席：胡棟朝。　紀　錄：李　拔。

報告事項：

司選委員梁永槐報告籌備選舉之經過，計收到選舉票三十三函，當衆開票，結果如次：

胡棟朝得24票，當選爲正會長，
劉鞠可得20票，當選爲副會長。
李果能得13票，當選爲書記。
司徒錫得14票，當選爲會計。

◉廣州分會聯歡會誌盛

廣州分會以廣東土木工程師會，誼屬同業，聲氣相求，且兼隸兩會會籍者，大不乏人。爰與接洽開兩會聯席同歡大會，於十月十二日下午七時，假座越秀山啓秀樓舉行，到會會員不下百人，並延請省政府主席林雲陔，市長劉紀文等，蒞會。席次觥籌交錯，賓主甚歡，由衆會長胡棟朝宣告開會，請林主席演講，林主席演詞略謂：「工程爲藝術之一，我國古時，六藝與文學並重，中代以還，藝術荒落，馴至今日，物質文化，瞠乎人後，中國原有之精神文化，雖當保留，而物質建設，尤爲重要，甚望工程界切實提倡，振興物質，追鶩歐美，以強固國基云」。繼由劉市長演說：「兩工程學會，爲學術團體，本人參加歡會，甚爲欣忭，現在中國革命過程，已由軍政時期，進入訓政時期，全國建設，日漸緊張，工程人才，需用至廣，且工程門類至多，尤非專門家不辦，希望工程界勿偏重個人利益，須共努力，爲社會國家服務云」。演講後，復有素社音樂家陳文達等國樂助慶，夜深始行散會。

17395

中國工程師學會武漢年會會計報告

收入		支出	
1.各界樂捐	$1,890.00	1.宴會及招待	$558.30
2.會員樂捐	486.00	2.印刷	336.05
3.會員義務捐	520.00	3.郵電	64.60
4.本埠會員登記費	455.00	4.廣告	50.60
5.外埠會員登記費	180.00	5.交際	21.09
6.來賓登記費	192.00	6.交通	67.85
7.總會補助費	100.00	7.薪工與酒資	232.00
8.廣告費	360.00	8.辦公費及雜項	262.11
9.長沙參觀酒資餘款		9.貸出	15.00
(張孝基先生交來)	26.00	總計	$1,607.58
		餘存	2,601.42
	$4,209.00		4,209.00

年會籌備委員長：邵逸周　　會計：方博泉，繆恩釗，報告

數字遊戲(2)——編者

(2) 舉一最小數目，以左端之一字，移置右端，(即第1位數移至末位)，其結果等於增加該數50%

答案：該數爲　1,176,470,588,235,294

移置後爲　1,764,705,882,352,941

即等於原數加50%

算式係用簡單的代數：我工程師必深邃數學，請姑試求其法！

若依上法，移置一字，而求結果等於原數之加倍，則無此數。

若求結果等於原數之3倍則爲：

142,857——428,571

若3½倍，則爲：— 153,846——538,461

若4½倍，則爲：— 1,818—— 8,181

若求結果等於原數增加12½%，則其數龐大，爲：

11,267,605,633,802,816,901,408,450,704,225,352

(本刊主張用阿拉伯數目字，此項補白，不過藉以引起我工程師寫文字時，用數字之興趣耳。)

接本刊299頁(即「北運河船閘工程」)文末段

挖土	15,950方
取土	5,000方
基樁	134根
150公厘(6")板樁	117公尺
100公厘(4")板樁	49•5公尺
混凝土牆	4020立方公尺
混凝土橫樑	49•5公尺
混凝土面	123方
石工	6863立方公尺
蝶形閘門及機器	4個
閘門及開關機	4套
吊橋及開關機	1座

工程週刊

(內政部登記證警字788號)

中國工程師學會發行

上海南京路大陸商場542號

電話：92582

中華民國22年12月15日出版

第2卷第20期(總號41)

中華郵政特准掛號認為新聞紙類

(第1831號執據)

本期要目

定報價目：每期二分；全年52期，連郵費國內一元，國外三元六角。

杭徽公路通車攝影

←浙江段路面之一部

↓杭昌段接官嶺路綫情形

工程統制

編者

三年前曾見合理化一名詞，為人盛道；今者統制一名詞，又風行於世。從經濟統制而至紗業統制，糧食統制，層出無已，將來結果如何，殊難預測；惟我政國治不統一，軍隊不受制，則枝節統制，亦無能為力也。

統制為集權之變相；假使能以科學方法，集中管理，上下一心，同其利害，則統制之効果易達。否則範圍愈大，事態愈雜，祇見其相互衝突，絕鮮成功。我國欲施行統制，似不宜先從私人之工商業着手，可從國家公共事業着手，如全國工程，確應即施統制。

我國中央政府所訂法規，原包含集權之旨；譬如技師技副登記，均須直接實業部；路政航政，又均直隸鐵道部與交通部；出版結社，受內政部與中央黨部之監督；瑣屑繁細，趨向消極取締方面，曾鮮積極控制之政績，有之，則惟實業部劃一度量衡，中央建設委員會公布電氣標準，全國經濟委員會規劃七省聯絡公路，等數項耳。從工程言，實歡迎中央政府之統制，如鐵路號誌，機車式樣，等之統一，電氣網之聯絡，公路綫之接通，河道治理之專責，凡此諸事，又非統制不可。若中央而能協助地方政府，以施行此項政策，如全國經濟委員會督辦之杭徽公路(見本306頁)，則比諸一紙空文為勝多矣。

杭徽公路工程

趙祖康

一・引言

杭徽兩埠，為浙皖兩省重要城市，皖南物產，多會集於徽州，而以杭州為出口之樞紐。惟兩地之間，層巒疊嶂，行旅維艱，僅恃一綫河流，以資運輸，交通至不便利。

杭徽公路之建築，即所以求暢利交通，發展經濟，啓發民智，以實現公路救國之旨者；惟該路沿綫山嶺重疊，工程至為艱巨；去年四月，由全國經濟委員會及浙皖兩省，通力合作，施工建築，經多次之測勘，始定路綫，經年餘之努力，始告完成，其間足資紀述者極多；固不盡山谷盤旋，風景佳勝，使行旅饒興趣已也。

溯自全國經濟委員會及蘇浙皖三省建設當局，會同規劃建築三省聯絡公路以來，閱時年餘，先後完成滬杭，蘇嘉，京蕪，宣長，等路。今者杭徽公路又踵繼完成，合計途程凡千餘公里，其因是而可以互通汽車之公路，不下二千餘公里；此後環行大江南岸，暢通蘇浙皖各屬重要鄉鎮城市，交通稱便，固不待言，而三省聯絡公路之計劃，整個完成，使前此各省所築斷續之路，得以聯絡貫通，效用益臻顯著。

二・建築經過

杭徽公路，為全國經濟委員會規劃蘇浙皖三省聯絡公路，最後完成之路，亦為七省聯絡公路支綫之一。起自杭州武林門，經餘杭，臨安，於潛，昌化，昱嶺關，霞坑，大阜，諸地，而達徽州，全路計程215公里，所經區域，為浙皖二省，在浙境者長154公里，在皖境者61公里。浙境一段中，杭州至餘杭，及餘杭至臨安兩段，於民國十三年先後由商辦公司修築完成，臨安至昌化一段，於民國十九年由浙省公路局修築完成，其昌化至昱嶺關及皖境一段，計程104公里，自經經濟委員會於二十一年春季會同蘇浙皖三省當局，規劃築造三省聯絡公路，將該段列入應築之路綫後，始由浙皖兩省，雙方分段進行，實施工程。歷時一載，始告完成。玆將測量及興築經過情形，分述於左：

甲・測量

杭徽公路，自昌化至昱嶺關，及霞坑至徽州一帶，地勢平坦，施工尚易，惟自昱嶺關至霞坑一段，崇山峻嶺，峯巒蜿蜒。出關約2公里達老竹嶺，8公里磨盤山，14公里杉樹嶺，17公里中嶺，20公里黃駝嶺，30公里霞坑。此段選綫困難，故測量路綫乃為本段之重要工作焉。

自議定浙皖兩省分築後，昌昱段早由浙省測量完竣，比即開工。昱歙段則經三次施測，始將路綫决定。最初由皖省於二十一年六月派隊測量，以歙縣西門外太平橋為起點，向東施測。路綫行經霞坑，崇村，蘇村，杞梓里一帶，皆有驛道可循，地勢尚屬平坦，進行較易。再進為黃駝嶺，中嶺，而杉樹嶺，則山巒起伏，選綫維艱。因擬在中嶺開闢山洞而過，其他二嶺則擬繞越而行。所定坡度最大乃至 9%，曲綫半徑最小者僅6公尺，於行車安全，實有未妥，故路綫未能遽爾决定。該測量隊於九月間測至大安橋止，計程51公里。同時本會以該段工程艱鉅，限期迫切，乃商同皖省，由會派隊測量昱嶺關至大安橋一段，以期迅速。該隊於二十一年八月初開始自昱嶺關向西施測，至大安橋，而與皖隊測綫啣接。惟該段有老竹嶺橫亘其間，可通之路，有越嶺沿溪兩綫，因施測兩綫，以資比較。越嶺綫蜿行于山谷之中，開山工程甚大，里程較長，須以山勢為轉移，

昌昱段百菓莊附近之木橋↑

其坡度曲綫視距之設計，於行車上均欠妥善，惟橋涵不多，路基較高，可免山洪衝刷之虞，此其優點。沿溪綫則坡度平易，開山較省，惟橋涵駁岸工程，所費甚鉅，因此路綫問題遷延未決。

臨昌段洋灰套筒橋基工字鋼梁之凌家橋↓

昌昱段內改建之五聖橋↘

昱霞段莊塢口之七孔高橋↓

歙霞段之北岸河橋⇒

當是時，路綫未定，開工期迫，雖經費之範圍有限，而工程之設計，又不得不求其精確，遂不惜拋棄以前之計劃，重行施測。並由兩省會商，昱嶺關至霞坑一段，由浙省代築，以期雙方並進，早覩厥成。此議既定，遂於二十一年十一月由浙省公路局派員組織測量隊，複測路綫。因老竹嶺一段之越嶺綫，坡度曲綫，均難妥善，乃决定沿溪而行，但須避免多次之渡河，俾可減少橋涵駁岸等工程，以期用最經濟之方法，而得最佳之工程。歷時甚久，該段10公里之路線，數經選測及實地之研究，至斯始定，當即於本年一月九日開工興築，而測量隊遂復前進。

浙省測量隊至三陽坑西行不數里，而杉樹嶺，中嶺，黃駝嶺，諸高峯在焉。選線之困難，與老竹嶺一段相伯仲，路線亦有沿溪越嶺兩路可行。惟沿溪線里程較長，壁石甚多，工費太鉅，不能採用。原測之越嶺線，則坡度及曲線又均有未合，原擬開鑿之山洞，費鉅需時，亦覺未妥，遂決定參照皖省原測，另定路線，務求合於規定之標準，並以節省經費為原則。改線測量工作，於本年四月開始，六月中旬完畢。改線部份，共長57公里，較原線增長1公里餘。中嶺不鑿山洞，用迴轉法以緩和坡度，路線盤繞於三大山谷中，旋回而行者凡5次，其他沿山灣道，尚不計焉。然開挖最深處，猶達7公尺有奇，所幸工程設施，尚合標準，費用亦較預計為廉，自此以西，至于霞坑，地勢平坦，則循原測線以施工焉。

乙・興築

浙江段　浙段起自杭州，迄于昱嶺關，共長154公里，杭餘餘臨兩段，係由商辦，其餘由浙省公路局建築，茲分述如下：

杭餘段計長28公里，于民國十三年由杭餘省道汽車股份有限公司，以資本250,000元建築完成，開始營業，徒以管理不良，路面日就損壞，業務廢弛，旅客嘖有煩言，乃于二十一年冬由浙省公路局組織工程處，墊款代為修理。嗣以該公司請求收回省辦，乃于二十二年三月一日，由公路局以200,000元之代價，接收營業。餘杭至臨安之化龍一段，計程44公里，由餘臨省道汽車股份有限公司，以資本350,000元于十三年建築完成，開始營業。二十二年昌昱段工程完成通車及杭餘段收回省辦後，乃于八月間，由官商雙方議定聯運辦法，實行聯運以便行旅。

臨昱段工程，于十七年由浙省公路局成立杭昌路區工程處後，即行先築化龍至昌化一段，民國十九年完成通車。本定續做昌昱段，并已將測量圖表預算造具竣事。嗣以省庫支絀，經費無着，無法進行，遂暫停頓。至二十一年四月蘇浙皖三省聯絡公路計劃經全國經濟委員會核定後，即於次月賡續分段興築，至同年十二月各段先後完成。

安徽段　皖段自昱嶺關經三陽坑，霞坑，大阜，而至徽州，(即歙縣)，共長61公里，分為昱霞歙霞兩段，同時興築。昱霞段工程艱鉅，秉因皖省路工忙迫，無暇顧及，遂商由浙省代築，于二十二年一月開工，至十一月始底于成。

歙霞段起自徽州西門外太平橋，東行經大阜至霞坑，計程30公里。二十一年六月間，由皖省公路局組隊開始測量，十月測竣。旋組織杭徽路皖段工程處，于本年三月二日開工建築，至十一月中始告完成。

三・工程概況

浙江段　本段自杭州武林門起，至松木場一段，為市區內道路。自松木場至餘杭，及自餘杭至化龍鎮兩段，係商人承築，早經通車營業，惟路綫選擇，頗多不合，坡度灣道，亦有不妥之處。本年三月杭餘一段，收歸省辦，已將路綫不良之處，酌予改善。餘杭至化龍一段，雖仍為商營，亦由浙省公路局促其改良，以期完善。自化龍鎮至昌化一段，係浙省公路局所修築。路基工程，以接官嶺之開山工程為較鉅；橋梁工程，以於潛之下步溪橋為最大，此橋係利用舊橋改造，全長達163公尺，其次為蝴蝶岸橋，凌家橋，各長33公尺有奇。惟該兩橋所經河牀，均屬卵石冲積層，橋基施工時，極感困難，當大水漲發時，水流急湍，河床變遷，殃及橋基。二十一年春大水時，兩橋均遭冲毀，幾經變更計劃，結果改用洋灰套筒沉放，基礎乃固，其他橋梁則為石台木面，及石台鋼筋混凝土面兩種。以上所述之各段，皆以前所完成者也。

自昌化至昱嶺關，乃最近確定三省聯絡公路計劃應築之一段，計長43公里，路基寬度為7公尺，土方約計420,000 餘公方，石

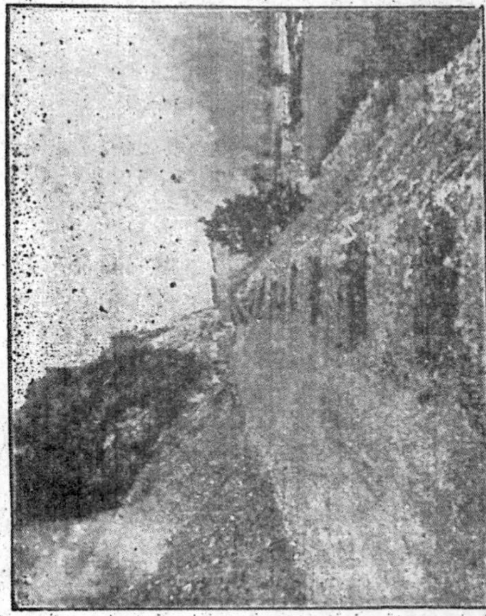

昌昱段頰口附近白石嶺開山工程

方約60,000公方。開山工程以石壁灣，清風

安徽段路面之一部

嶺，等處為較鉅，最大坡度為 7%，曲綫最小半徑25公尺。新建橋梁14座，共長104公尺，其中多為石台木面，惟 8 公尺，10公尺，12公尺，三種橋梁，多利用杭長杭平兩路剩餘工字鋼梁，利用老橋 8 座。涵洞共計50座，均係石砌牆身，鋼筋混凝土蓋板之方渠

於潛車站

。水管共 141 道，除洋灰管外，並採用美國金山廠之綿紋純鐵管。路面寬 3 公尺，以沿路石料豐富，土質堅硬，用碎石礫石或沙礫

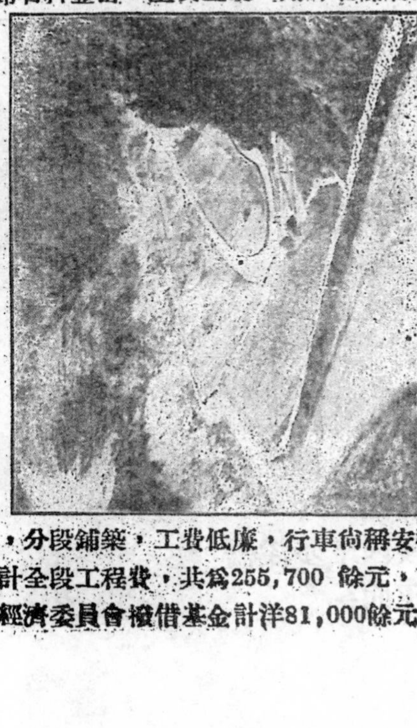

昱歙段黃駝嶺迴旋路綫之一

，分段鋪築，工費低廉，行車尚稱安穩。總計全段工程費，共為255,700 餘元，由全國經濟委員會撥借基金計洋81,000餘元。

安徽段 自昱嶺關至霞坑一段，計長31公里，係由浙省代築。開山工程數量旣鉅，施工尤感困難，如老竹嶺，杉樹嶺，中嶺，黃駝嶺，等處，統計開山石方，約134,000餘公方，土方亦不下280,000餘公方，最大坡度爲 7%，曲綫最小半徑15公尺，灣道處皆有加寬及超高設備，路基寬度爲7.5公尺，惟於開山較大各段酌量減少，以資節省。又以路綫所經，皆在崇山峻嶺之間，駁岸護欄工程，爲數亦復不少，而本段運輸材料，較之昌昱段，更形困難。橋梁多用石台木面，有工字鋼梁及石拱橋各一座，其木料除少數利用化昌段剩餘洋松外，餘皆就地取材，惟橋涵水管等工程，所需洋灰一項，均賴汽車運輸，頗爲昂貴，祇得代以石灰，以資節省。全段橋梁計12座，共長160公尺，內新建橋梁8座，改建橋4座，涵洞水管共122道，式樣爲石拱，磚拱，石台木面等。路面寬3公尺，爲泥結馬克敦式，及沙礫路，視路基情形，酌量增減厚度。全部工程概算爲316,000元，全國經濟委員會撥借基金約101,000元。

徽段涵洞之一↑

←歙縣西門外之太平橋

歙霞段計長30公里，地勢平坦，工程較易。土方計355,000餘公方，石方約49,000餘公方，全段最大坡度爲 8%，曲綫最小半徑爲20公尺，尙合標準。橋梁新建者17座，共長132公尺，改建者2座，共長70公尺，除北岸大橋爲石座，鋼筋混凝土墩，木架橋面，金鷄石橋爲混凝土橋面外，餘均爲石拱，或石座木面橋。大涵洞34座，小涵洞43座，洋灰水管31道。路基寬7.5公尺，路面寬3公尺，用碎石及礫石鋪築，曲綫處均有相當之加寬

浙江段內下步溪橋之側面↑

浙江段內下步溪橋之正面→

與超高，以利行車。全部工程概算爲 160,000元，全國經濟委員會撥借基金約 50,000 餘元。

綜計杭徽路自昌化至徽州，浙皖兩段，共計 104 公里。工程全部概算，共爲 731,000 餘元。

四 沿路設備

(一)交通標準 本路行經山谷之中，路綫迂回，爲行車安全起見，設置交通標誌，尤爲重要。計分警告，指示，禁令，三種：警告標誌，用以警告前方道路情形。指示標誌，用以指示地名及到達距離等。禁令標誌，用以禁止車輛通行，限制速率載重等。各種標誌式樣及顏色，均照全國經濟委員會規定之標準。

(二)里程牌 自杭州武林門起至浙皖交界之昱嶺關止，由浙省公路局設置，自昱嶺關至歙縣太平橋止，由皖省公路局設置。里程牌之大小樣式，均照規定，一律以公里計算。

(三)加油站 加油站在浙境者，設置於餘杭，臨安，藻溪，於潛，四站。皖境之大阜，歙縣，亦有加油之設備，以供自備汽車之需。而浙之藻溪，並附有修理設備，俾行車機件發生損壞者，得以就地修理。

(四)路警及長途電話 爲求行旅安全及便利起見，沿途各大站多設有長途電話，以便互通消息，並分段設有團警，專負沿路警衛之責。

(五)長途汽車 全路除餘杭至化龍一段，爲商辦外，擬全由浙省公路管理局統籌辦理，以利運輸。沿路汽車站，暫用臨時房屋，俟經費充裕時，卽當改建正式車站。

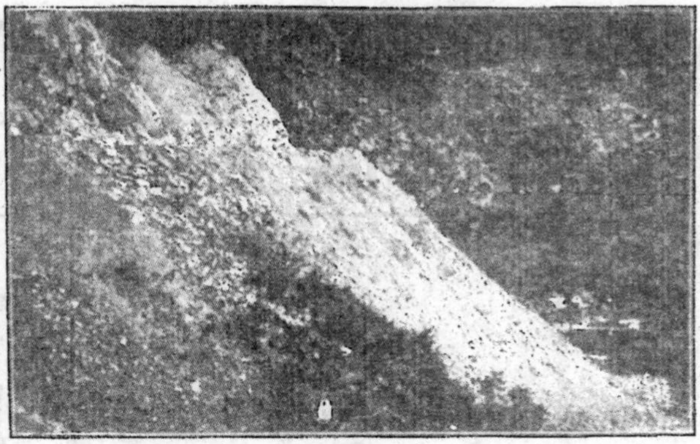

昱霞段老竹嶺開山情形

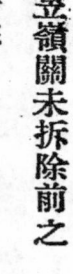

昱嶺關未拆除前之情形

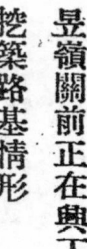

昱嶺關前正在興工挖築路基情形

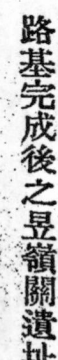

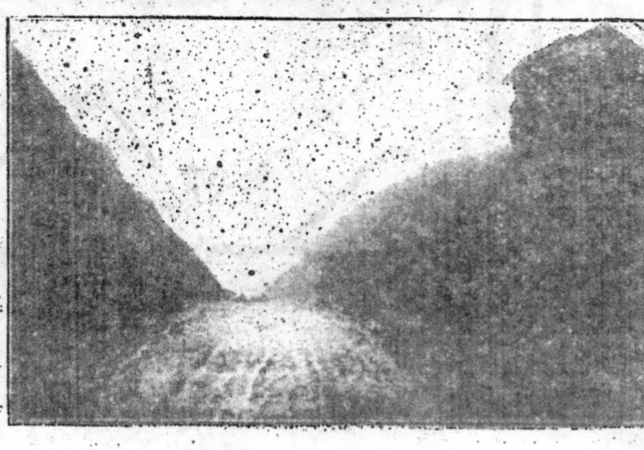

路基完成後之昱嶺關遺址

17403

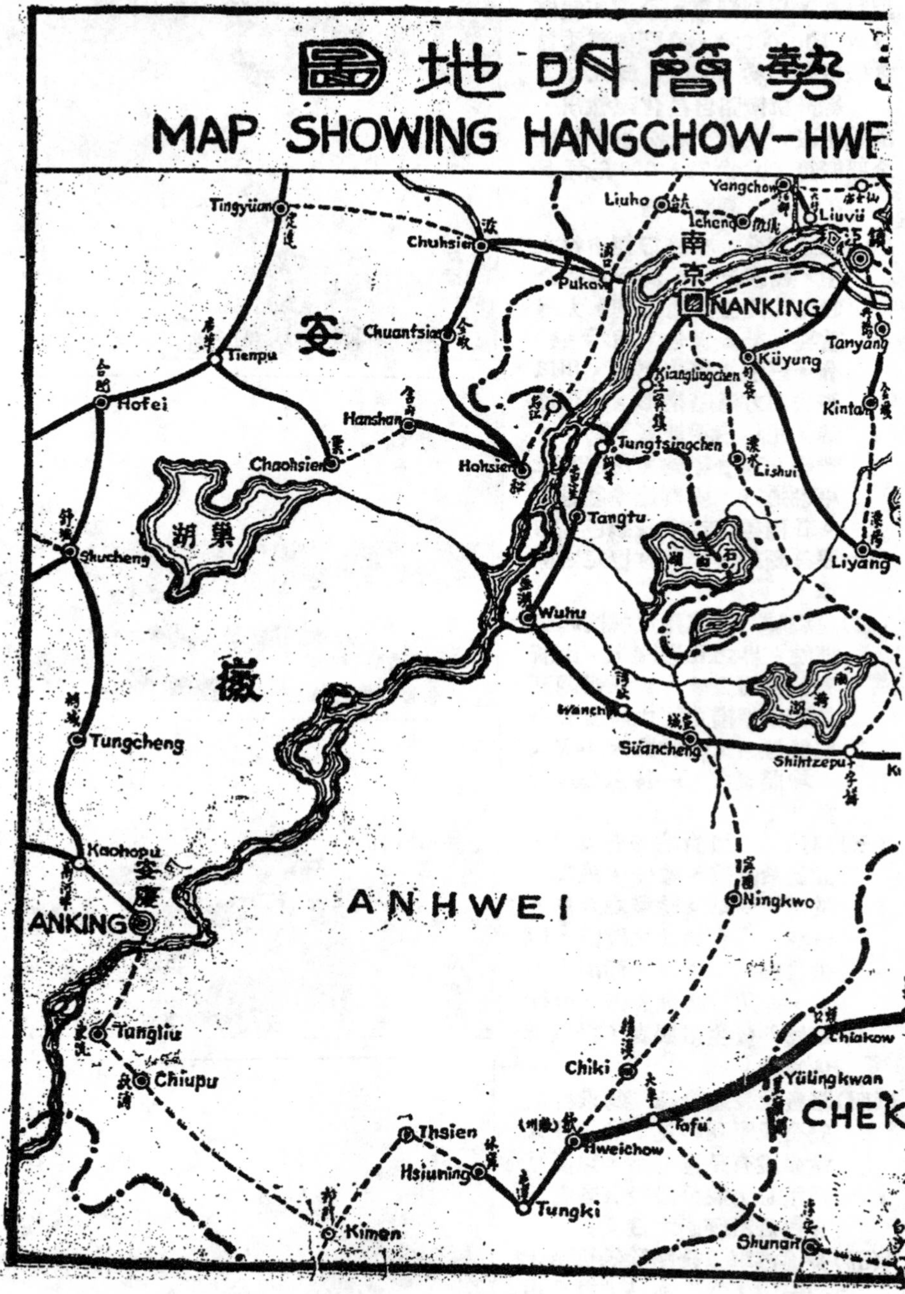

圖地明簡勢
MAP SHOWING HANGCHOW-HWE
Tingyüan
Chuhsien
Liuho
Yangchow
Pukow
南京
NANKING
Chuantsiao
Tienpu
Hofei
Hanshan
Chaohsien
Hohsien
Kiangningchen
Küyung
Tanyang
Kintan
Tungtsingchen
Lishui
Tangtu
Liyang
Shucheng
Wuhu
Wanchi
Süancheng
Shihtzepu
Tungcheng
Kaohopu
Ningkwo
ANKING
ANHWEI
Tangliu
Chiupu
Chiki
Chiakow
Yülingkwan
CHEK
Ihsien
Hsiuning
Hweichow
Tafu
Tungki
Kimen
Shunan

交路公徽杭
HIGHWAY & CONNECTING ROADS
Jukao
Haifu
Fuhing
Pingtsao
Taihing
Nantung
Chifung
Haimen
Kiangying
KIANGSU
Changshu
Liuho
Paoshan
Lotien
Woosung
Wusih
Taitsang
Kiating
Shanghai
Soochow
Chwansha
Mutu
Wukiang
Sunkiang
Siaotang
Nanwei
太
湖
Kashan
Nanchiao
Changhing
Kahing
Huchow
Pingwu
Chapu
Kinszenanchiao
浙
Haiyen
Wukang
Haining
東
海
杭
州
灣
HANGCHOW
Yuhang
Linan
Siaoshan
Fuyang
Hoshan
Shaohing
Pokwan
Tsaoe
Ningpo
Kiangkow
Chuki
Fenghwa
Chenghsien
Sinchang
Ninghai

17406

膠濟鐵路行車時刻表

下行（西行）列車

站名＼車次	5 各等快	3 各等快	11 三等	13 三等	1 特快各等
青島開	七•〇〇	一二•〇〇	一五•〇〇		二一•〇〇
大港開	七•一〇	一二•一〇	一五•一二		二一•一〇
四方開	七•二〇	一二•二〇	一五•二二		二一•一八
滄口開	七•三五	一二•三五	一五•四〇		二一•三一
女姑口開	七•四七	一二•四七	一五•五五		不停
城陽開	七•五六	一二•五六	一六•一四		二一•五三
南泉開	八•一二	一三•一二	一六•三四		不停
藍村開	八•二六	一三•二六	一六•四九		二二•一九
李哥莊開	八•三五	不停	一七•〇二		不停
膠東開	八•四七	不停	一七•一六		不停
膠州到	八•五九	一三•五三	一七•三〇		二二•四六
膠州開	九•〇一	一三•五五	一七•四九		二二•四八
芝蘭莊開	九•一八	一四•一〇	一八•〇九		不停
姚哥莊開	九•二七	不停	一八•一九		不停
高密到	九•三八	一四•二六	一八•三一		二三•一九
高密開	九•五三	一四•四一	一八•四九		二三•三〇
辛莊開	一〇•〇五	不停	一九•〇三		不停
蔡家莊開	一〇•一六	一五•〇一	一九•一六		不停
塔耳堡開	一〇•二六	一五•一三	一九•三一		不停
丈嶺開	一〇•三六	一五•二三	一九•四四		不停
岞山開	一〇•五四	一五•四〇	二〇•一四		〇•一三
黃旗堡開	一一•〇三	一五•四九	二〇•三四		不停
南流開	一一•二一	不停	二〇•五五		不停
蝦蟇屯開	一一•二六	一六•〇九	二一•一〇		〇•四八
坊子到	一一•三九	一六•二三	二一•一〇		一•〇一
坊子開	一一•五四	一六•三七	二一•二五	七•〇〇	一•一六
二十里堡開	一二•〇六	一六•四九	二一•三九	七•一四	一•二八
濰縣到	一二•一四	一六•五七		七•二四	一•三九
濰縣開	一二•二七	一七•〇一		七•三四	一•四九
大圩河開	一二•四〇	不停		七•四九	不停
朱劉店開	一二•四一	一七•二三		八•〇三	不停
昌樂開	一二•五四	一七•三七		八•二六	二•二〇
堯溝開	一三•〇六	一七•四七		八•三九	二•三一
譚家坊子開	一三•一八	一七•五六		八•五三	不停
楊家莊開	一三•二九	一八•〇四		九•〇七	不停
青州到	一三•四四	一八•一八		九•二六	二•五五
青州開	一三•四六	一八•三〇		九•四一	二•五七
普通開	一三•五八	不停		九•五五	不停
淄河店開	一四•〇八	一八•三九		一〇•〇七	不停
辛店開	一四•二一	一八•五三		一〇•二三	不停
金嶺鎮開	一四•三五	一九•〇七		一〇•四一	不停
湖田開	一四•四四	一九•一六		一〇•五三	不停
張店到	一四•五三	一九•二五		一一•〇三	三•四九
張店開	一五•一〇	一九•四六		一一•一八	四•〇七
馬尚開	一五•二九	不停		一一•三八	不停
周村到	一五•三八	二〇•一一		一一•五六	四•三一
周村開	一五•四〇	不停		一二•〇三	不停
大臨池開	一六•〇四	不停		一二•二七	不停
王村開	一六•一六	二〇•四六		一二•四一	不停
普集開	一六•二六	二一•〇二		一三•〇四	五•一五
明水開	一六•四一	二一•二一		一三•四六	不停
棗園開	一六•五一	不停		一三•五六	不停
龍山開	一七•〇六	不停		一四•一六	不停
郭店開	一七•二〇	二一•五二		一四•二六	不停
王舍人莊開	一七•三一	二二•〇八		一四•三八	不停
黃台橋開	一七•四四	二二•二〇		一四•五八	六•二六
北關開	一七•五〇	二二•三〇		一五•〇六	六•三〇
濟南到	一七•五六	二二•三五		一五•二二	六•四〇

上行（東行）列車

站名＼車次	6 各等快	12 三等	4 各等快	14 三等	2 特快各等
濟南開	[illegible]		[illegible]	[illegible]	[illegible]
北關開	[illegible]		[illegible]	[illegible]	[illegible]
黃台橋開	[illegible]		[illegible]	[illegible]	[illegible]
王舍人莊開	[illegible]		[illegible]	[illegible]	[illegible]
郭店開	[illegible]		[illegible]	[illegible]	[illegible]
龍山開	[illegible]		[illegible]	[illegible]	[illegible]
棗園開	[illegible]		[illegible]	[illegible]	[illegible]
明水開	[illegible]		[illegible]	[illegible]	[illegible]
普集開	[illegible]		[illegible]	[illegible]	[illegible]
王村開	[illegible]		[illegible]	[illegible]	[illegible]
大臨池開	[illegible]		[illegible]	[illegible]	[illegible]
周村到	[illegible]		[illegible]	[illegible]	[illegible]
周村開	[illegible]		[illegible]	[illegible]	[illegible]
馬尚開	[illegible]		[illegible]	[illegible]	[illegible]
張店到	[illegible]		[illegible]	[illegible]	[illegible]
張店開	[illegible]		[illegible]	[illegible]	[illegible]
湖田開	[illegible]		[illegible]	[illegible]	[illegible]
金嶺鎮開	[illegible]		[illegible]	[illegible]	[illegible]
辛店開	[illegible]		[illegible]	[illegible]	[illegible]
淄河店開	[illegible]		[illegible]	[illegible]	[illegible]
普通開	[illegible]		[illegible]	[illegible]	[illegible]
青州到	[illegible]		[illegible]	[illegible]	[illegible]
青州開	[illegible]		[illegible]	[illegible]	[illegible]
楊家莊開	[illegible]		[illegible]	[illegible]	[illegible]
譚家坊子開	[illegible]		[illegible]	[illegible]	[illegible]
堯溝開	[illegible]		[illegible]	[illegible]	[illegible]
昌樂開	[illegible]		[illegible]	[illegible]	[illegible]
朱劉店開	[illegible]		[illegible]	[illegible]	[illegible]
大圩河開	[illegible]		[illegible]	[illegible]	[illegible]
濰縣到	[illegible]		[illegible]	[illegible]	[illegible]
濰縣開	[illegible]	[illegible]	[illegible]	[illegible]	[illegible]
二十里堡開	[illegible]	[illegible]	[illegible]	[illegible]	[illegible]
坊子到	[illegible]	[illegible]	[illegible]	[illegible]	[illegible]
坊子開	[illegible]	[illegible]	[illegible]	[illegible]	[illegible]
蝦蟇屯開	[illegible]	[illegible]	[illegible]	[illegible]	[illegible]
南流開	[illegible]	[illegible]	[illegible]	[illegible]	[illegible]
黃旗堡開	[illegible]	[illegible]	[illegible]	[illegible]	[illegible]
岞山開	[illegible]	[illegible]	[illegible]	[illegible]	[illegible]
丈嶺開	[illegible]	[illegible]	[illegible]	[illegible]	[illegible]
塔耳堡開	[illegible]	[illegible]	[illegible]	[illegible]	[illegible]
蔡家莊開	[illegible]	[illegible]	[illegible]	[illegible]	[illegible]
辛莊開	[illegible]	[illegible]	[illegible]	[illegible]	[illegible]
高密到	[illegible]	[illegible]	[illegible]	[illegible]	[illegible]
高密開	[illegible]	[illegible]	[illegible]	[illegible]	[illegible]
姚哥莊開	[illegible]	[illegible]	[illegible]	[illegible]	[illegible]
芝蘭莊開	[illegible]	[illegible]	[illegible]	[illegible]	[illegible]
膠州到	[illegible]	[illegible]	[illegible]	[illegible]	[illegible]
膠州開	[illegible]	[illegible]	[illegible]	[illegible]	[illegible]
膠東開	[illegible]	[illegible]	[illegible]	[illegible]	[illegible]
李哥莊開	[illegible]	[illegible]	[illegible]	[illegible]	[illegible]
藍村開	[illegible]	[illegible]	[illegible]	[illegible]	[illegible]
南泉開	[illegible]	[illegible]	[illegible]	[illegible]	[illegible]
城陽開	[illegible]	[illegible]	[illegible]	[illegible]	[illegible]
女姑口開	[illegible]	[illegible]	[illegible]	[illegible]	[illegible]
滄口開	[illegible]	[illegible]	[illegible]	[illegible]	[illegible]
四方開	[illegible]	[illegible]	[illegible]	[illegible]	[illegible]
大港開	[illegible]	[illegible]	[illegible]	[illegible]	[illegible]
青島到	[illegible]	[illegible]	[illegible]	[illegible]	[illegible]

隴海鐵路行車時刻表

第一次特別快車自東向西每日開行；第十九次客貨車自東向西每日開行（自右向左讀）

第二次特別快車自西向東每日開行；第二十次客貨車自西向東每日開行（自左向右讀）

站名	列車次數：第一次／第十九次（自右向左讀）	上下午	列車次數：第二次／第二十次（自左向右讀）	上下午
徐州府	第一次 八點十分開	上午	八點〇五分到	下午
碭山	十點十六分到 十點二十六分開	上午	六點〇四分開 五點五十四分到	下午
商邱	十二點〇九分到 十二點十九分開	上午	四點十七分開 四點〇二分到	上午
開封	四點三十二分到 四點五十二分開	下午	十二點十五分開 十一點五十五分到	上午
鄭州南站	六點五十一分到 七點十一分開	下午	十點〇二分開 九點四十二分到	上午
汜水	八點三十三分到 八點四十三分開	下午	八點四十二分開 八點四十分到	上午
鞏縣	九點二十三分到 九點二十五分開	下午	八點〇六分開 八點〇四分到	上午
孝義	九點四十七分到 九點四十九分開	下午	七點四十八分開 七點四十六分到	上午
洛陽東站	十一點十二分到 十一點四十二分開	下午	六點三十五分開 六點十五分到	上午
新安縣	一點二十二分到 一點三十二分開	上午	五點開 四點五十分到	上午
澠池	三點二十一分到 三點四十一分開	上午	三點二十三分開 三點十八分到	上午
觀音堂	四點三十七分到 四點四十二分開	上午	二點三十六分開 二點三十一分到	上午
會興鎮	六點〇八分到 六點十八分開	上午	〇點五十二分開 〇點四十二分到	上午
陝州	六點五十分到	上午	第二次 〇點〇五分開	上午
陝州	第十次 七點二十分開	上午	十點二十五分到	下午
靈寶	八點三十二分到 八點四十七分開	上午	九點十六分開 九點〇一分到	下午
閿鄉	十點二十分到 十點三十五分開	上午	七點二十三分開 七點十三分到	下午
盤頭鎮	十一點五十二分到 十一點五十五分開	上午	五點五十六分開 五點五十三分到	下午
文底鎮	一點二十分到 一點二十三分開	下午行	四點二十八分開 四點五十二分到	下午
潼關	二點三十分到	下午行	第二十次 三點三十分開	下午

17408

中國工程師學會會務消息

●第十二次董事會議預誌

本會第十二次董事會，依預定日期，將于十二月二十四日，星期日，上午十時，在南京鐵道部十號官舍薩府舉行，已發通知各董事矣。本屆議程約有下列四項：

1. 審查工業材料試驗所圖樣案。
2. ，選定四川考察團團員案。
4. 年會捐款如何處置案。
4. 審查新會員資格案。

●武漢分會調查張公堤修理工程案

七月二號，武漢分會在武昌珞珈山武漢大學文學院舉行第三次大會。經到會會員劉震寅，劉以均，以去年督修湖北水利局張公堤灌漿補坦工程，其工程經過二年，雖有江水冲激，迄未崩裂，乃經最近湖北水利堤工事務清理委員，派人驗收；以坦面帶粉刷形態，認爲工程草率，責令賠償虛糜材料價格各1000元。特向本分會提議，請派土木工程人員，上堤查勘，予以公平批評，並將該提工程糾紛經過一切文件呈會審查，當卽由本分會一致議決，將該提案及附屬文件，交土木組長居慰曾召集審查，並定於七月二十三號，由分會協同土木組前往該堤查勘。是日由副會長陳崢宇，會員繆恩釗，邱鼎汾，趙福靈，邵鴻鈞，劉光宸，共同由姑嫂樹上堡，將沿堤補修坦坡部份，詳細考察，認爲工程尙屬堅實。繕具考察該堤工程報告書一份，送請本會審核外，並請登入週刊發表，俾符事實，而維工程界名譽，藉資解釋外界誤會。茲將會員劉亮丞及劉以鈞二君原函，及考察報告書，分別列下：

(一)會員劉亮丞劉以鈞二君原函

敬啓者，竊會員等於民國二十一年經修湖北水利局張公堤補坦工程，所有施工一切手續，均經先行呈局核准遵辦有案。不意本年四月，湖北水利堤工事務清理委員會，派員驗收時，以工料尙稱堅實，惟坦面似帶粉刷形狀，認爲浪費材料，飭賠材料價洋2,000元等因。當經積呈施工經過，實未浪費材料，並以此次查勘結果，純係就事後設想，於當時實際情形未明，似有誤會之處。四次呈請清委會派員重勘，並令會員等隨同前往說明，以明眞相，且云如查勘後，果係浪費材料，則所費材料若干，方數多少，亦請明示，終未邀准。均以案經議决，未便變更等語駁斥不准。復經呈請剿匪總部，亦未蒙予以平反（所有施工文卷及呈請派員重勘各呈文訓令，俟開會時面交審查，）會員等以經修工程旣係工堅料實，則一切責任，當可解除，今竟以坦面帶粉刷形狀，認爲浪費材料，責令賠款，寧非冤屈。且會員等所担任職務，不過施工監修人員，非包工可比。所有施工手續，既經呈准，此後除工堅料實外，倘無違法舞弊或侵蝕公款情事，應不負任何責任。今清委會既認工料尙稱堅實，而又目爲浪費材料，責賠料款，未免於理不順，此例一開，凡工程人員於社會上幾無立足之餘地，會員等個人之人格名譽，因受損失，而影響工程界全體，所關甚鉅。大會係最高工程學術團體，而會員均係工程專家，本案又係工程糾紛，故特函請大會賜予提會審查，委派工程專家，赴工查勘，以明冤抑，並根據事實轉函總部，免予置議，至深級感。此上

中國工程師學會武漢分會會　長邵
　　　　　　　　　　　　副會長陳

會員劉亮丞前湖北水利局張公堤工程處處長
　　劉以均前湖北水利局張公堤工程主任

(二)考察張公堤民國二十一年届補修蠻石坦坡工程報告書

<u>日期</u>： 二十二年七月二十三日(星期日)中國工程師學會武漢分會職員，會同土木組會員於上午九點半鐘由漢口青年會出發，經過大智路，泰昌路達姑嫂樹，上堤路程約８公里。

<u>出席人數</u>： 陳君崢宇（平漢路電務段長，中國工程師學會武漢分會副會長），繆君恩釗（武漢大學土木工程師，中國工程師學會武漢分會會計委員），趙君福靈（平漢鐵路工務處工程師），邱君鼎汾（湘鄂鐵路工務課長），居君慰曾（中國工程師學會武漢分

會土木組長）函託邱君代表，劉君光宸（江漢工程局工程師），邱君鴻鈞（漢口申新紗廠土木工程師）。

張公堤補修坦坡工程地點： 東至晒甲山（亦名戴家山），西至禁口（長豐院），除中間金銀潭一段堤坡，是用洋灰粉面做成，毋須補修不計外，約長9公里弱。以姑嫂樹街頭省市界石爲中心，分三段辦理：由姑嫂樹至洋灰坦坡爲一段，約長2公里又665公尺；由洋灰坦坡至晒甲山爲一段，約長2公里又509公尺；由姑嫂樹至長豐院爲一段，約長3公里又674公尺。

各段位置詳圖

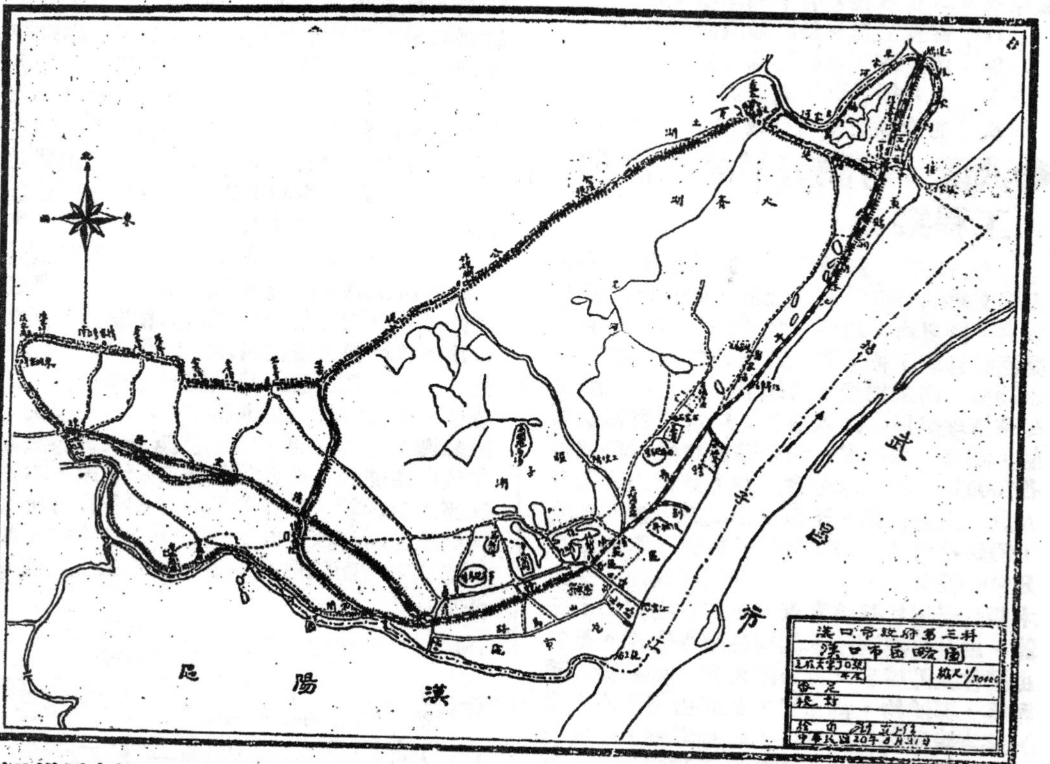

張公堤原來情形： 堤面窄處，約6公尺；寬處約10公尺。堤外坡度約1:3之比率，堤內度坡約1:1.5—1:2之比率，堤外概用蠻石鋪砌。白灰灌漿歷有年所。屢經大水沖激，原有灰漿剝落殆盡，沿堤視察，未經整修部份，仍然有跡可尋。民國二十年漢口大水，該堤外坡受風浪掀擊蠻石，滚落崩壞部份，殆占全部50%，（參照第一號照片）。

張公堤外坡補修後之情形： 同人坐汽車至姑嫂樹上提，對於民國二十一年該堤蠻石坦坡補修部份，詳加考察，覺其所施工作，與該工程施工說明書所載條件，甚爲脗合。補修部份，尚屬堅實。時經一年之久，其中並

第一號照片

民國二十一年張公堤蠻石坦坡未補修時之狀況

無發生裂痕或陷塌之處。至於所謂坦面有灰漿模樣，亦經詳細考察，雖有一二相似之點，然工程上不能避免者，今姑舉出，以供研究。

(一)該坡補坦，原定計劃，係將前年經大水掀落坡脚之舊蠻石，盡量撿用，不足再行添補新採蠻石，以資節省。舊石體積最小，縫隙自多，不用灌漿，不能堅實，一經灌漿，小石面當然不能露出，小石面既不能露出，自難免有灰漿形之於外，（參照第二號照片）。

第二號照片

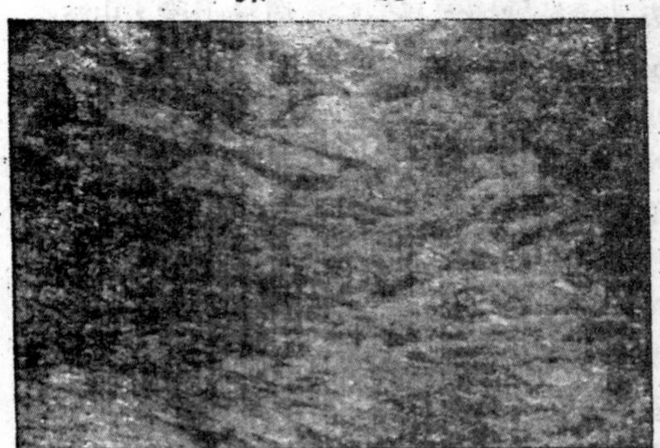

民國二十一年張公堤蠻石坦坡灌漿之狀況

(二)堆砌蠻石，其接縫須犬牙相錯，不能成爲直線，如左圖所示

寅丑子
辰卯
巳

譬如灌漿施於子丑或丑寅二石之縫隙，一經灌滿，不能無多少溢流於卯辰二石面上，因在斜坡由上而下也。其餘可以類推，同人考察再四，覺類乎卯辰二石上述情形者，其所留灰迹，最厚度亦不過$\frac{1}{10}$公厘弱，且居少數，大半石面皆露於外，（參觀第三號照片。）

(三)工人每日收工，必有剩餘少許洋灰漿，若留待次日，便失效用，棄之又復可惜，往往將少許洋灰漿，倒於坦面。普通造屋，用白灰灌漿，亦常有此項情事。

(四)去年該堤補坦完工後，伏汛水位漲高時，堤脚補修蠻石部份，被水淹沒，不無有些須泥土沾於石面，潮則發黃，乾則發白，若不細心檢查，或以爲洋灰漿也，（參觀第四號照片）。

第三號照片

民國二十一年張公堤蠻石坦坡靠灰之狀況

第四號照片

民國二十一年張公堤蠻石坦坡脚被水淹沒後之狀況

(五)蠻石堆砌原有兩種辦法：(1)爲灌漿。(1)爲鉤縫，大概市上之屋牆，或一種精細工作，用白灰作漿，洋灰鉤縫取其堅實而美觀也。此次張公坡補修坦坡工程，原係利用舊石灌砌，大小參雜不一，祇求堅實，不求美觀，卽有砂漿印迹，同人敢斷定是灌滿後所溢出者，而非粉刷也。

洋灰坦坡：　同人視察至金銀潭附近，見有洋灰坦坡一段，約長2公里許，完全外面用洋灰塗抹，（參觀第五號照片。）其薄處有

第五號照片

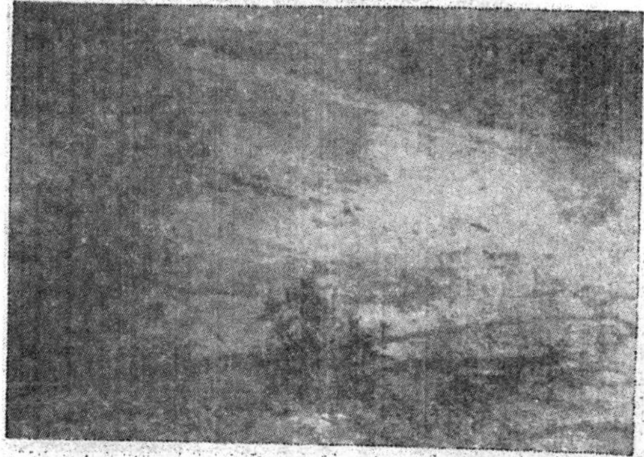

民國二十一年以前所修之金銀潭附近洋灰坦坡之狀況

1 公分，厚處亦有 1.5 公分。當卽拾得該坦坡裂斷之洋灰塊一塊，帶同爲證。該坦坡面上，發現不少裂痕，有用白灰補者，有用洋灰補者。詢諸附近居民，據云該項工程，係民國二十年水利局所辦，與民國二十一年所修工程顯然無干，參觀所附藍圖，紅黃區別部份，更足明瞭。同人等感覺劉君之案，或因誤以此處洋灰坦坡，卽爲二十一年劉君經手所築者而發生，（附寄坦坡上洋灰塊一塊。）

第六號照片

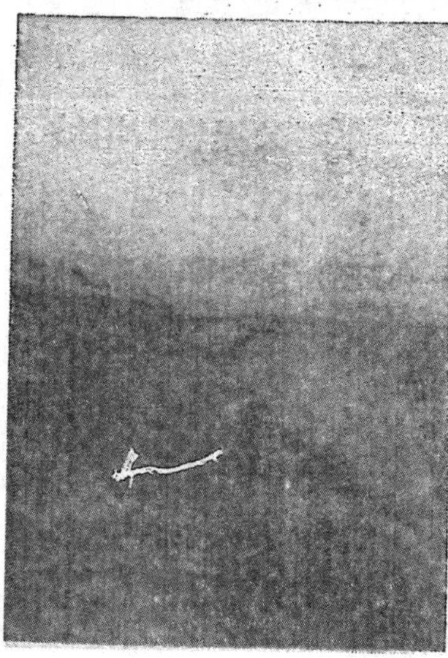

民國二十一年張公堤蠻石坦坡補修完竣後之狀況

附註：

上項報告，同仁一行土木工程師居多，咸以第三者地位，立場發言，純以技術眼光觀察，不具成見。本年全國工程師學會第三屆年會，在武漢舉行，關於三鎮防水工程爲參觀工程之一。屆時擬請多數土木工程專家復查，必能得精確之判斷，以昭實情，特此附註。

參考材料：

查民國二十一年張公提補坦工程實施圖表，由姑嫂樹至長豐院，屬於B段，由姑嫂樹至洋灰坦坡屬於A_1段；由洋灰坦坡至晒甲山屬於A_2段。B段受創最深，補修部份，大小共計有480處，補修面積爲 1943.09 市方面，殆占全部工程70％。A_1段補修部份，大小共計有570 處，補修面積爲630.08 市面方，殆占全部工程22％。A_2段補修部份，大小共計473 處補修面積爲211.44 市面方，殆占全部程 8 ％共計補修面積2,784.61市面方。該項工程。係包工承辦材料蠻石一項，由前水利局陽夏採石處開採。洋灰一項，由前水利局材料購辦委員會購辦。黃沙由處招包，向孝感採運，每市面方工價大洋 3 元 5 角，每市面方用洋灰 1 桶26羅。

當初估價計洋73,363元

實用：53.120元

節省：20.243元

當初估料計洋灰3,953桶，

實用：3,534桶

節省：419桶

工程週刊

(內政部登記證警字788號)
中國工程師學會發行
上海南京路大陸商場542號
電話：92582
(稿件請逕寄上海本會會所)

中華民國23年1月5日出版
第3卷第1期(總號42)
中華郵政特准掛號認爲新聞紙類
(第1831號執據)

本期要目

定報價目：每期二分；全年52期，連郵費國內一元，國外三元六角。

(六) 首都鐵路長江輪渡全景

編輯者言

我國南北交通，昔以浦口下關間一江之隔，不能接通平浦京滬兩路列車，阻礙萬端。嘗有架橋通車之議，而以工大費鉅，不果舉行。

嗣經鐵道部採用鄭華君之輪渡計劃，組設首都鐵路輪渡工程處，于十九年十二月間，開工建造。閱時約三年乃告厥成，而于二十二年十月二十二日正式通車。於是平滬可以直達，南北行旅及運輸，無復易車渡江之煩。

此項新建設，其計劃之精密，工程之偉大，實開我國工程界之新紀元。茲承鄭華君親撰首都鐵路輪渡工程紀略，寄贈本刊，彌足寶貴，爲亟揭于本刊之篇首。按時適值二十三年元旦，用藉偉大建設之成功，而期本年實行爲工程年。願我同仁，共同努力，自茲而後，我國工程事業之日異月新，可以拭目而待也。

首都鐵路輪渡工程紀略

鄭 華

鐵道部為謀津浦京滬兩路聯絡直接運輸起見，故於浦口下關之間有鐵路輪渡之計劃。考長江歷年紀錄水位漲落相差有 7.3 公尺之距。輪渡最困難之問題，即為此江水漲落時輪渡之靠岸問題。嗣經長期之探討，始決定兩岸以活動引橋為碼頭之計劃，茲分述之如下：

一 工程計劃

（一） 引橋為四孔，每孔長 45 餘公尺(150餘英尺)， 共長187公尺(614英尺)，係按古柏氏E35計算，高為 7.62公尺 (25英尺)，寬為6.1公尺(20英尺)。惟臨江一孔，因分三股道，故漸放寬至13.4 公尺(44英尺)，橋端聯以15.85 公尺 (52英尺) 長之活動跳板，以便與輪渡上之軌道相銜接，使車輛得由引橋駛上輪渡。當水位最高或最低時，引橋上軌道之最大坡度為2.7％。橋墩上部豎立鋼架，架頂置電力昇降 ，以昇降活動引橋，使與水位相適合。

（二） 橋墩基礎工程 兩岸引橋橋墩，計各五座。第一號橋墩基礎，係用美松圓木樁，直徑自457公厘(18英寸)至560公厘 (22英寸)，長為18.3公尺 (60英尺) 至21.34公尺(70英尺)。第2,3,4,5 號橋墩木樁為 300 公厘(12英寸)方之洋松，自12.2 公尺(40英尺)至13.7公尺(45英尺)。橋墩係用 1:2½:5鐵筋混凝土築造。第一號墩寬23.2 公尺(76英)，長7公尺(23英尺)，高6.1公尺(20英尺)。橋墩上部前面設司機室，寬 5.5公尺 (18英尺)，長4.27公尺 (14英尺)，第2,3,4號墩寬12.2公尺(40英尺)，長6.1公尺(20英尺)，高2.44公尺(8英尺)。第五墩即靠岸之橋座，寬9.15公尺(30英尺)，上長4.27公尺(14英尺)下長7.92公尺(26英尺)，狀如梯形。至於各橋墩之高度，則以適合最低水位時橋底之高度為標準。浦口下關兩岸情形，大致相似。

（三）機械之設備 關於引橋昇降，柵門啓閉，及號誌關連，均用電力。第一號橋墩鐵架上，用五十四馬力之電動機兩具，第二號橋墩鐵架，用五十四馬力之電動機一具，第三第四兩墩上，各用二十四馬力之電動機一具，各電機之總機關，均設置於第一號橋墩前面之司機室內。引橋昇降所需時間，最多不過十九分鐘。如萬一電動機發生意外電力斷絕時，另有用手搖昇降機之設備，以備不時之需。

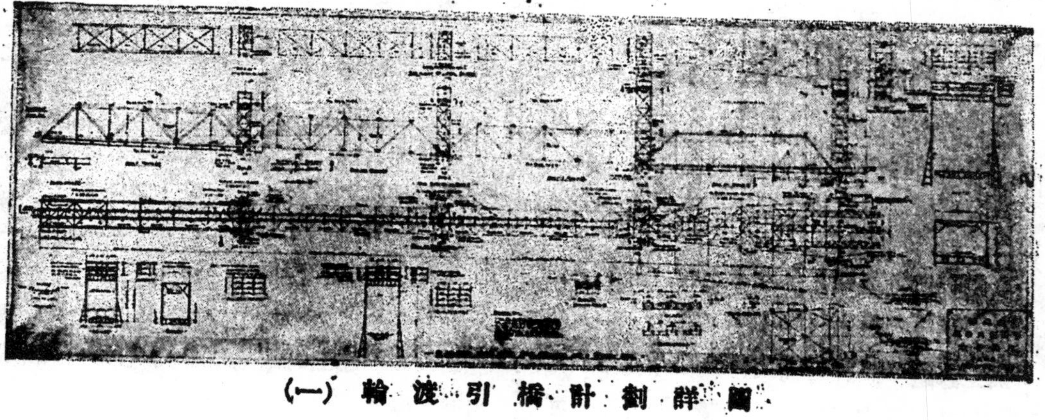

（一）輪渡引橋計劃詳圖

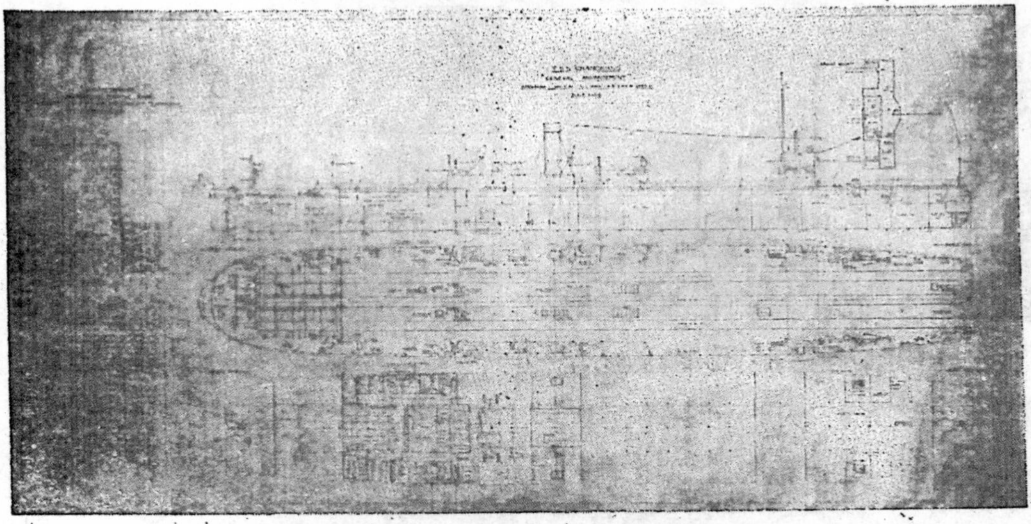

(二)「長江」號輪渡渡船計劃詳圖

(三)靠船碼頭及挖泥機疏濬情形
(時澄平輪船正渡江經過此地)

(四)靠船碼頭　為使輪渡靠岸穩定起見，於引橋之前端，建造木架二十一段，高出最高水位3.66公尺(12英尺)，共長60餘公尺。外端另有浮蓬之設備，輪渡靠木架碼頭時，船尾即繫於浮蓬上，故全船穩定，不致有搖動之虞。

(五)保險岔道及柵門　路軌除與引橋上軌道相接外，另設保險軌道，與號誌相聯鎖

(四)橋墩橋柱攝影

(五)長江輪渡艙面設備情形

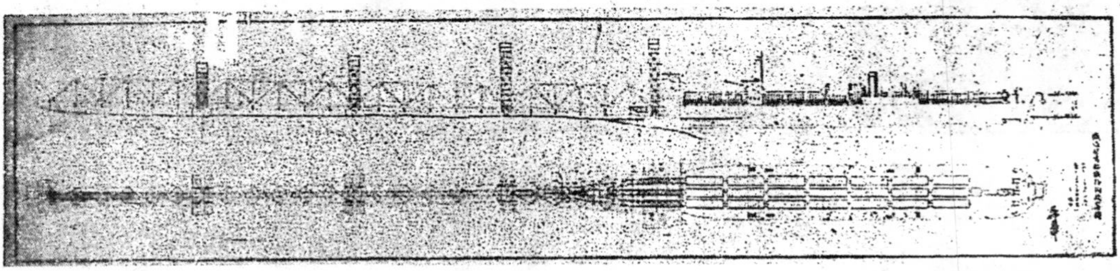

(七)輪渡靠岸與引橋銜接裝運車輛情形

。又設柵門一道，用電力啓閉。輪渡離開引橋，則柵門自關。均以防意外之疏失也。

(六)輪渡與路軌接軌工程　接軌工程，係由津浦京滬兩路舖設。下關方面用彎道，半徑268公尺(880英尺)，長518.3公尺)1700英尺)，又設側線道三股，爲調度車輛之用。浦口方面，則用直線，共六股道，平均每股長183公尺(600英尺)。自渡口距離車站，下關方面1400公尺(4600英尺)，浦口方面2740公尺(9000英尺)。江面寬1100公尺(3900英尺)。輪渡過江，連車輛起卸，需時約計四十分鐘。

(七)輪渡渡船計劃　渡船長113.5公尺(372英尺)，闊17.85公尺(58英尺6英寸)。船身分兩層，船面舖軌道三股，每股相距3.66公尺(12英尺)，長約91公尺(300英尺)。後端備有移車台(Transfer table)。台上備機車一輛，得左右移動，以接連任何軌道，供裝卸車輛之用。所有機件室，旅客室，船員辦公室，及廚房等，俱在船之下層。船身之左右前後，裝有水櫃，其蓄水量可以隨時增減，使渡船當裝卸時，得保持平隱也。

渡船可載四十噸之貨車一列，(共車二十一輛，每股道裝七輛)。船載活重1200噸時，(機車重量尚不在內)，其吃水爲2.98公尺(9英尺9英寸)。渡船滿載後，船面軌道高出水面3.66公尺(12英尺)。當渡船載重1200噸時，在靜水內行駛之速率爲12¼海哩。船空時與滿載時之吃水相差爲838公厘(33英寸)。

二．工程預算

(一)渡船一艘，約英金80,000鎊。

(二)45.7公尺(150英尺)橋梁八孔，約英金72,000鎊。

(三)機車一輛，約英金7,000鎊。

(四)挖泥機一架，約英金9,600鎊。

(五)橋墩基礎十座，約國幣500,000元。

(六)安裝及疏濬費約國幣400,000元。

17416

共計約英金168,600鎊。國幣900,000元。

三．收支預算

據歷年運輸紀錄，經鐵道部專家研究，認爲津浦京滬兩路每日往來貨物，當有三千噸之譜。將來輪渡完成，所有過江貨物，每噸收費一元至二元，似不過多，則總計每年收入已達1,200,000元。假定輪渡由浦口下關兩方管理，橋梁員工薪金及燃料等，每年約200,000元，則每年淨餘約有1,000,000元。

四．招標情形

輪渡計劃既經決定，即由鐵道部招商投標。經選標委員會審查結果，渡船由馬爾康洋行得標，橋梁由多門浪公司承辦。當由鐵道部倫敦購料委員會與商家訂約。輪渡全部價額英金80,025鎊，引橋全部價額英金72,022鎊。

五．建築經過情形及工程狀況

輪渡工程，除渡船機車引橋等由英商投標承辦外，他如橋墩基礎，趸船碼頭，以及疏濬安裝等工程，均由輪渡工程處招工監造。自民國十九年十二月一日興工，築壩打樁基礎工程，次第告竣。其間雖經過幾度經費支絀，工程遲滯。經過幾次洪水，工作停頓。又曾經一度日艦放炮，工人驚散。但經一再努力，俾抵於成，而于二十二年十月二十二日實行聯運通車。以前平滬車行需四十八小時者，現在祇需四十小時，且免上下易車之煩，從玆南北行旅及運輸，便利多多矣!!

津浦鐵路機務處材料化驗室概況

金允文

一．歷史

津浦鐵路歲耗鉅款，購置材料，向憑商家信用。時或委託吳淞化驗室及交通大學代爲檢驗，然曠日廢時，既感不便，復難作有系統之研究。

二十二年春，程君叔時重長機務處，始有創辦化學試驗室之具體計劃。時值國難期間，路政支絀，乃謀最低限度之基本設備。是項計劃書，經由津浦鐵路管理委員會呈部批准後，即於八月間在浦鎮機廠內開始建築房屋。十一月與滬上行家訂立購買儀器藥品合同，二十二年三月開始工作。

二．經費

			佔總額
房屋建築費	約	3,000元	百分之十五
水電設備	約	600元	百分之三
試驗桌藥品架儀器櫃		1,500元	百分之七．五
儀器		10,500元	百分之五十二．五
藥品		3,000元	百分之十五
書籍		400元	百分之二
其他用品		1,000元	百分之五
總額	約	20,000元	

三．儀器藥品

化學試驗室現存儀器二百餘種，共計約三千餘件。藥品亦二百餘種，共計約一千餘件。以云設備，誠有待于補充。但求工作成績有所表現，以津浦線之財力擴充化驗室，直一舉手之勞耳。以下分述藥品儀器等等設備之大概：

化學試驗室所用試藥，以伊默克E. Merck 出品爲主。間亦採用先靈開邦 Shelling Kahlbaum 及培克 Baker 製品。

盛貯溶液之藥瓶，俱係 Sinalkali 品質(因係科發承包)。燒瓶，燒杯，概用 Pyrex及 Jena。量筒量管滴管等，概係德國製品。

其他儀器，分向美國 A. H.Thomas，德國 Franz and Hugerschoff,英國 Griffin and Tatlock 購買。計其較重要者有：

1. 一般用品 分析天秤 Analytical Balance 二架，比重天秤 Westphall Balance 一架，粗使天秤Table Balance 一架，自動調節定温電爐 Self-Regulating Constant Temperature Electric Oven 一具，電砂鍋 Electric Sand Bath 一只，及其他電熱器多件。

2. 金屬分析用品 鋼鐵炭份燃燒測定器 Combustion Train 一組，電解分析器 Electrolytic Outfit一組，及附屬之電表，白金電極等。

3. 煤分析用品 愛默生燃料熱量計 Emerson Adiabetic Fuel Calorimeter，眞型電爐 Fieldner Furnace，測定水份用之定温烘箱Moisture Oven，硫份濁度計 Turbidimeter 等。

4. 滑潤料試驗用品 標準黏度計 Saybolt Standard Universal Viscosimeter，閃點燃點測定器 Flash and Fire Test Apparatus，冷凝點測定器 Clound and Pour Test Apparatus， 炭渣測定器 Carbon Residue Outfit， 乳化試驗器 Emulsification Test Apparatus 等。

5. 油漆試驗用品 水份測定器 Water in Paint Apparatus， 韌度及附着度測定器 Flexibility and Adhesion of Paint Apparatus， 抓痕試驗器 Scratch Tester，及標準篩 Standard Sieves 等。

四・工作範圍

化學試驗室現時所能分析或檢定之材料，暫限于下列各項：

第一類 化學藥品如硫酸，鹽酸，硝酸，氫氧化鈉，氫氧化銨，碱，石膏，硫黄，黄血鹽等等。

第二類 燃料如煤，焦，煤油，汽油，乙炔等。

第三類滑潤料各種油脂如汽缸油，軸油，機器油等。

第四類 金屬材料

A 銑鐵，煆鐵，炭鋼，及各種合金鋼。

B 銅，錫，鉛，鋅，鎳，黄銅，青銅，及各種承襯合金。

第五類 油漆 製品及原料

第六類 鍋爐給水

五・工作概況

材料化驗室，除機務處各廠段外，兼爲總務處及工務處服務。工作者有化驗員三人。現已將全線各站給水分析完畢。（機工二處正在根據分析結果，從事改良水質）。浦口電氣廠自造之蓄電池，亦因明瞭各種材料成色，獲滿意之結果。路用滑潤料，已檢定多種。銅，錫，鉛，鋅，鎳，及承襯合金，已收集樣品，進行化驗。近方採取各種銑，鐵，煆鐵，及煤焦。此項材料分析完畢後，準備分析鋼，鐵，測定各種油漆之成份，以完成其第一步工作。

數字遊戲答案（儀）

昨閱工程週刊第二卷第16期，見有數字遊戲一則，極有興趣。蓋數字雖爲(1—9)九個，然其中變化實有無窮之妙，且爲各項工程計算不可缺少之原素。

如原題（1）以九個數字(1—9)隨意排列加減乘除，得答數爲100.

除原刊答案數則外，今再將條件加嚴；爲(1—9)九個一定相聯方爲合格，且不要分數。

如：

$1+(2\times3)+(4\times5)-6+7+(8\times9)=100$

$1+(2\times3)+4+5+67+8+9=100$

$(1+2-3-4)(5-6-7-8-9)=100$

$12+3-4+5+67+8+9=100$

$13+45-67+8-9=100$

$29-76+54+3+21=100$

17418

防止有方

蘇祖圭

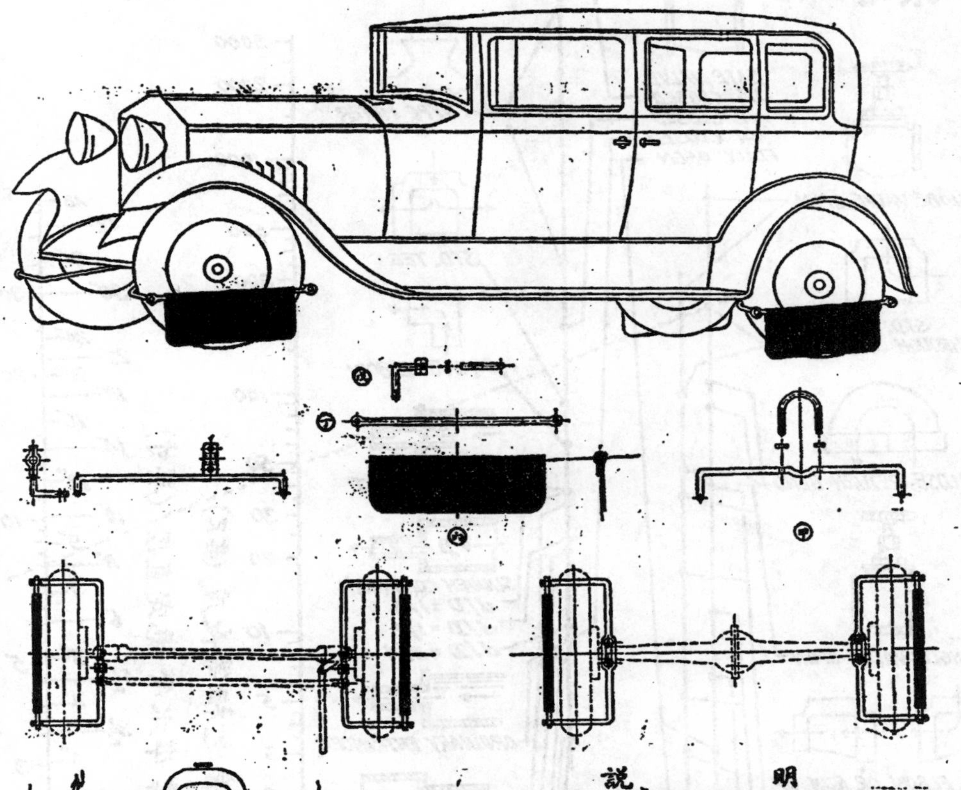

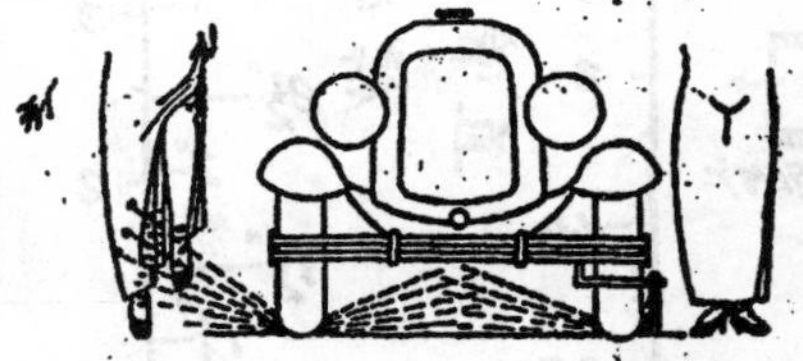

未裝之前　　已裝之後

汽車飛馳，泥漿四濺，與車傍行人，得保安全

說明

今歲赴日參觀為時極促其他實業建築交通教育等等雖非朝夕之功吾國仿之自非容易是以回滬後無甚貢獻惟一事頗堪仿效緣吾人日處通都大邑交通雖繁於雨天更形擁擠而路政欠修之處加之汽車疾駛每經水窪泥漿四射行人欲避不及身受害乘汽車者亦莫能免此次赴日適逢雨天見汽車四輪皆裝以此品(見圖)成績頗佳回憶在申時之感受痛苦者當非祖圭一人亟以介紹吾國人士願管理車務機關公路局車主及汽車行主幸注意焉

甲乙為鐵架甲裝於後輪軸乙裝於前輪之司杆連杆可隨輪轉動丙為擋水頁以帆布或皮革製之丁為鐵釘穿於擋水頁再於戊紐後用銷子銷妥擋水頁離地約寸許裝置法大約如此汽車式樣衆多有車者當能自行設法也、

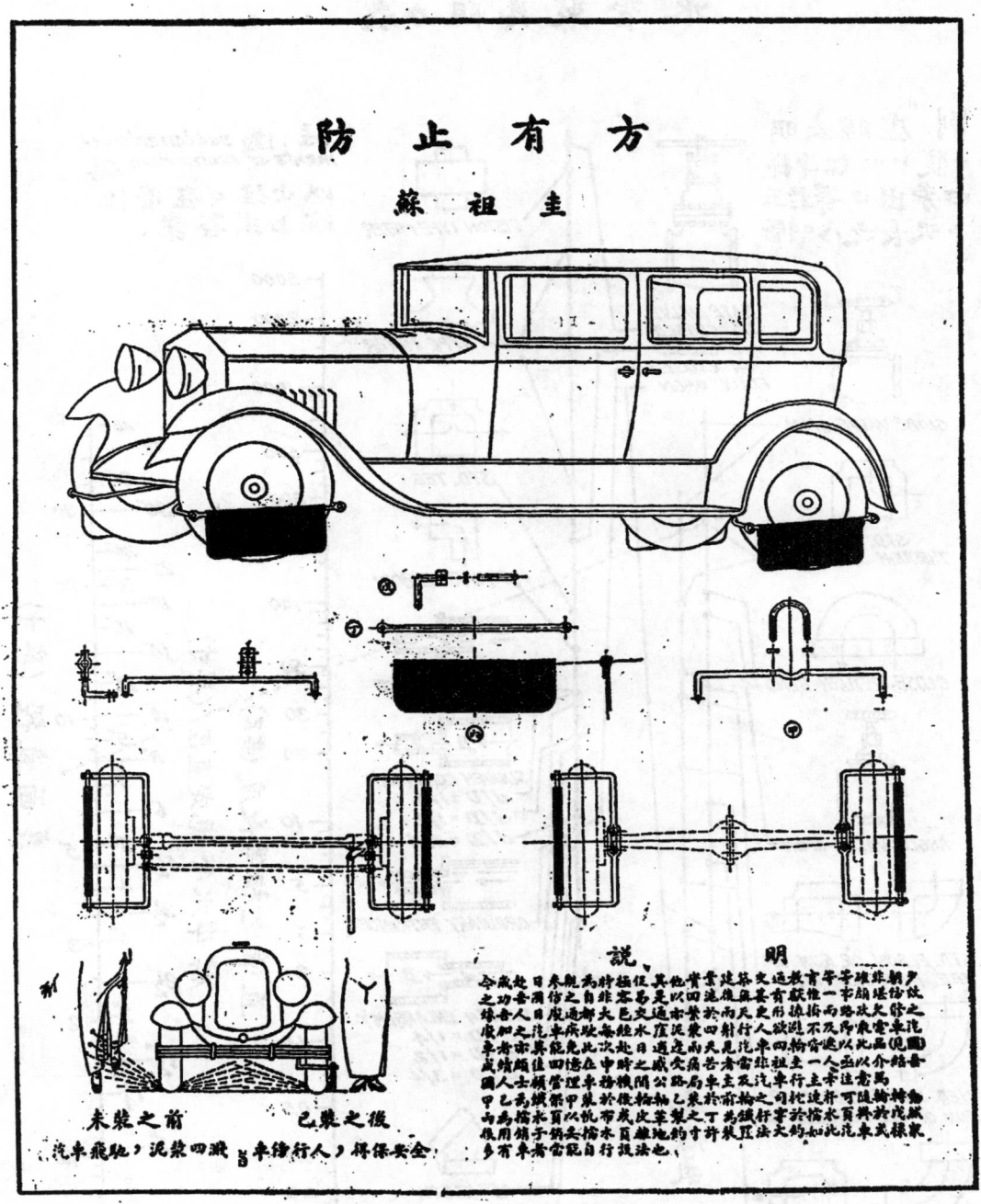

水管裝具阻力表

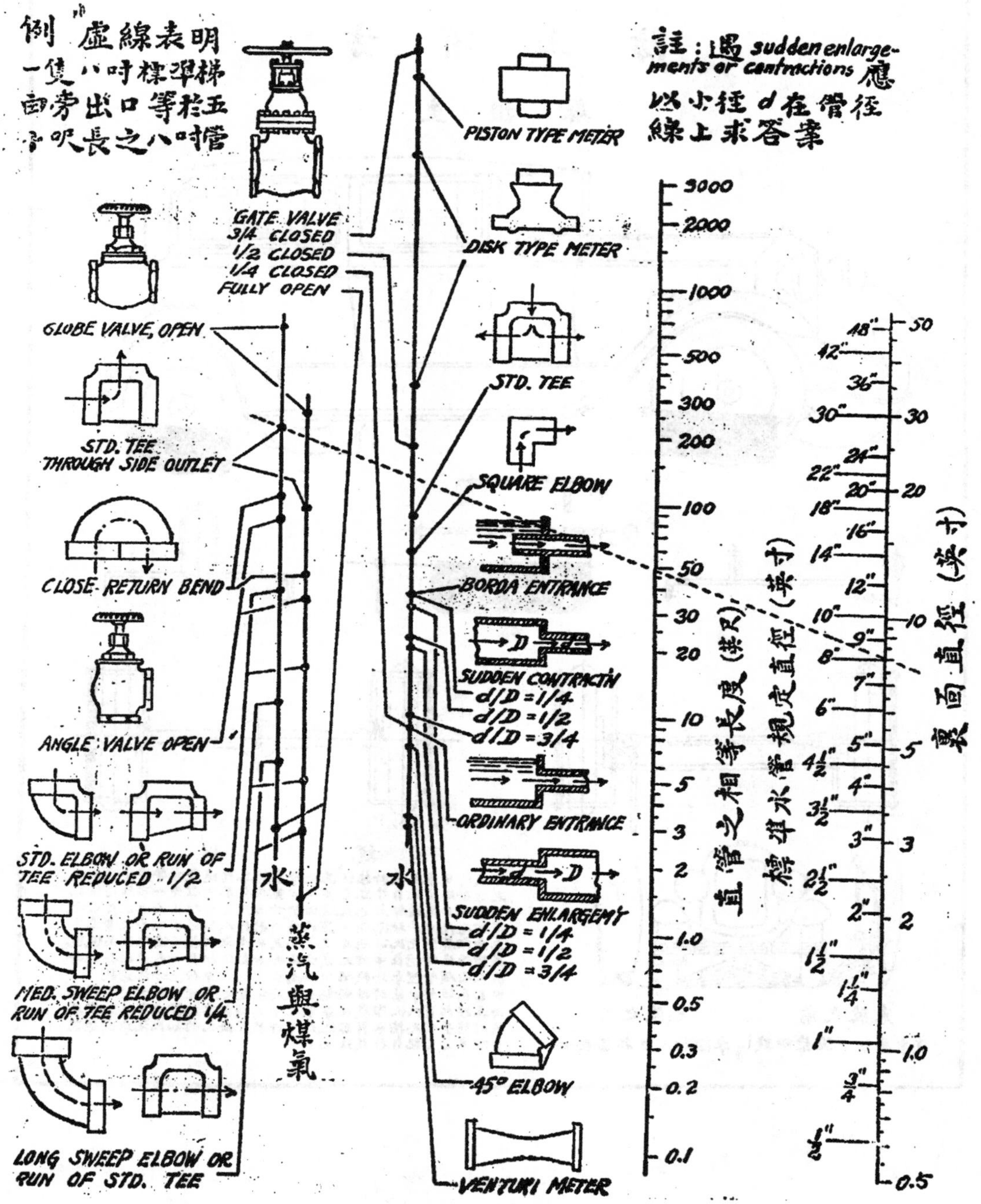
例中虛線表明一隻八吋標準梯由旁出口等於五十呎長之八吋管
註：遇 sudden enlargements or contractions 應以小徑 d 在管徑線上求答案
GATE VALVE
3/4 CLOSED
1/2 CLOSED
1/4 CLOSED
FULLY OPEN
GLOBE VALVE, OPEN
STD. TEE THROUGH SIDE OUTLET
CLOSE RETURN BEND
ANGLE VALVE OPEN
STD. ELBOW OR RUN OF TEE REDUCED 1/2
MED. SWEEP ELBOW OR RUN OF TEE REDUCED 1/4
LONG SWEEP ELBOW OR RUN OF STD. TEE
PISTON TYPE METER
DISK TYPE METER
STD. TEE
SQUARE ELBOW
BORDA ENTRANCE
SUDDEN CONTRACTIN
d/D = 1/4
d/D = 1/2
d/D = 3/4
ORDINARY ENTRANCE
SUDDEN ENLARGEMT
d/D = 1/4
d/D = 1/2
d/D = 3/4
45° ELBOW
VENTURI METER
水
水
蒸汽與煤氣
3000
2000
1000
500
300
200
100
50
30
20
10
5
3
2
1.0
0.5
0.3
0.2
0.1
直管之相等長度（英尺）
標準水管規定直徑（英寸）
48"
42"
36"
30"
24"
22"
20"
18"
16"
14"
12"
10"
9"
8"
7"
6"
5"
4½"
4"
3½"
3"
2½"
2"
1½"
1¼"
1"
¾"
½"
50
30
20
10
5
3
2
1.0
0.5
裏面直徑（英寸）

17421

隴海鐵路行車時刻表

站名	第一次特別快車自東向西每日開行	第十九次客貨車自東向西每日開	第二次特別快車自西向東每日開行	第二十次客貨車自西向東每日開行
徐州府	(上午) 第一次 八點十分開		(下午) 八點〇五分到	
碭山	(上午) 十點十六分到 十點二十六分開		(下午) 五點五十四分到 六點〇四分開	
商邱	(上午) 十二點〇九分到 十二點二十九分開		(下午) 四點〇二分到 四點十七分開	
開封	(下午) 四點三十二分到 四點五十二分開		(上午) 十一點五十五分到 十二點十五分開	
鄭州南站	(下午) 六點五十一分到 七點五十一分開		(上午) 九點四十二分到 十點〇二分開	
汜水	(下午) 八點三十三分到 八點四十三分開		(上午) 八點四十分到 八點四十二分開	
鞏縣	(下午) 九點二十三分到 九點二十五分開		(上午) 八點〇四分到 八點〇六分開	
孝義	(下午) 九點四十七分到 九點四十九分開		(上午) 七點四十六分到 七點四十八分開	
洛陽東站	(下午) 十一點十二分到 十一點四十二分開		(上午) 六點十五分到 六點三十五分開	
新安縣	(上午) 一點十二分到 一點三十二分開		(上午) 四點五十分到 五點開	
澠池	(上午) 三點二十一分到 三點四十一分開		(上午) 三點十八分到 三點二十三分開	
觀音堂	(上午) 四點三十七分到 四點四十二分開		(上午) 二點三十一分到 二點三十六分開	
會興鎮	(上午) 六點〇八分到 六點十八分開		(上午) 〇點四十二分到 〇點五十二分開	
陝州	(上午) 六點五十分到	(上午) 第十次 七點二十分開	(上午) 第二次 〇點〇五分開	(下午) 十點二十五分到
靈寶		(上午) 八點三十二分到 八點四十七分開		(下午) 九點〇一分到 九點十六分開
閿鄉		(上午) 十點二十分到 十點三十五分開		(下午) 七點十三分到 七點二十三分開
盤頭鎮		(上午) 十一點五十二分到 十一點五十五分開		(下午) 五點五十三分到 五點五十六分開
文底鎮		(下午行) 一點二十分到 一點二十三分開		(下午) 四點五十二分到 四點二十八分開
潼關		(下午行) 二點二十分到		(下午) 第二十次 三點三十分開

自右向左讀（第一次、第十九次）

自左向右讀（第二次、第二十次）

17423

膠濟鐵路行車時刻表

下行（西行）列車

站名＼車次	5 各等假	3 各等假	11 三等	13 三等	1 各等特快
青島開	七•〇〇	一二•〇〇	一五•〇〇		二一•〇〇
大港開	七•一二	一二•一一	一五•一二		二一•一〇
四方開	七•二〇	一二•二〇	一五•二三		二一•一八
滄口開	七•三五	一二•三五	一五•四〇		二一•三〇
女姑口開	七•四七	一二•四七	一五•五五		不停
城陽開	七•五六	一二•五六	一六•一四		二一•五三
南泉開	八•一二	一三•一二	一六•三〇		不停
藍村開	八•二六	一三•二六	一六•四九		二二•一九
李哥莊開	八•三五	不停	一七•〇三		不停
膠東開	八•四七	不停	一七•一六		不停
膠州到	八•五九	一三•五三	一七•三〇		二二•四六
膠州開	九•〇一	一三•五五	一七•四九		二二•四八
芝蘭莊開	九•一八	一四•一〇	一八•〇九		不停
姚哥莊開	九•二七	不停	一八•一九		不停
高密到	九•三八	一四•二六	一八•三一		二三•一九
高密開	九•五三	一四•四一	一八•四九		二三•二〇
辛莊開	一〇•〇五	不停	一九•〇三		不停
蔡家莊開	一〇•一六	一五•〇一	一九•一六		不停
塔耳堡開	一〇•二六	一五•一二	一九•三一		不停
丈嶺開	一〇•三六	一五•二三	一九•四四		不停
岞山開	一〇•五四	一五•四〇	二〇•一四		〇•三一
黃旗堡開	一一•〇三	一五•四九	二〇•二五		不停
南流開	一一•一二	不停	二〇•三四		不停
蛤蟆屯開	一一•二六	一六•〇九	二〇•五五		不停
坊子到	一一•三九	一六•二三	二一•一〇		〇•四八
坊子開	一一•五四	一六•三七	二一•二五	七•〇〇	一•〇二
二十里堡開	一二•〇六	一六•四九	二一•三九	七•一四	一•一六
濰縣到	一二•二四	一六•五七	二一•四九	七•二四	一•二八
濰縣開	一二•二七	一七•〇一		七•三四	一•三九
大圩河開	一二•三〇	不停		七•四九	不停
朱劉店開	一二•四一	一七•二三		八•〇三	不停
昌樂開	一二•五四	一七•三七		八•一六	二•一〇
堯溝開	一三•〇六	一七•四七		八•二九	不停
譚家坊子開	一三•一八	一七•五六		八•四三	不停
楊家莊開	一三•二九	一八•〇四		九•〇七	不停
青州到	一三•四四	一八•一八		九•二六	二•四五
青州開	一三•四六	一八•二〇		九•四一	二•五七
普通開	一三•五八	不停		九•五五	不停
淄河店開	一四•〇八	一八•三九		一〇•〇七	不停
辛店開	一四•二一	一八•五三		一〇•二一	不停
金嶺鎮開	一四•三五	一九•〇七		一〇•四一	不停
湖田開	一四•四四	一九•一六		一〇•五三	不停
張店到	一四•五三	一九•三五		一一•〇二	三•四九
張店開	一五•一〇	一九•四六		一一•一八	四•〇七
馬尚開	一五•一九	不停		一一•二八	不停
周村到	一五•三八	二〇•一一		一一•五三	四•二三
周村開	一五•四〇	二〇•一五		一二•〇三	四•三三
大臨池開	一六•〇四	不停		一二•二七	不停
王村開	一六•一六	二〇•四六		一二•四一	不停
普集開	一六•二六	二〇•五六		一三•〇四	五•一五
明水開	一六•四一	二一•一一		一三•二四	不停
棗園莊開	一六•五一	二一•二一		一三•四六	不停
龍山開	一七•〇五	二一•三五		一四•一一	不停
郭店開	一七•二〇	不停		一四•二八	不停
王舍人莊開	一七•三三	二一•五八		一四•四三	不停
黃台橋開	一七•四四	二二•一〇		一四•五八	不停
北關開	一七•五一	二二•二〇		一五•〇六	六•一八
濟南到	一七•五六	二二•二五		一五•一二	六•三〇

上行（東行）列車

站名＼車次	6 各等假	12 三等	4 各等假	14 三等	2 各等特假
濟南開	七•一五		一二•一五	一四•一〇	二二•〇〇
北關開	七•二一		一二•二一	一四•一七	二二•〇六
黃台橋開	七•三〇		一二•二九	一四•二六	二二•一四
王舍人莊開	七•四四		一二•四三	一四•四四	不停
郭店開	七•五六		一二•五三	一五•〇〇	不停
龍山開	八•一一		一三•〇七	一五•一八	不停
棗園莊開	八•二六		一三•二一	一五•二八	不停
明水開	八•三七		一三•三三	一五•四六	二三•〇一
普集開	八•五四		一三•五〇	一五•五九	不停
王村開	九•〇五		一四•〇一	一六•二三	二三•二六
大臨池開	九•一六		不停	一六•四五	不停
周村到	九•三二		一四•二六	一六•五八	二三•五九
周村開	九•三五		一四•三八	一七•二一	〇•〇一
馬尚開	九•五三		不停	一七•三一	不停
張店到	一〇•〇三		一四•五〇	一七•五五	〇•二三
張店開	一〇•二〇		一五•一三	一八•〇二	〇•四二
湖田開	一〇•三一		一五•二四	一八•二五	不停
金嶺鎮開	一〇•四一		一五•三三	一八•四〇	不停
辛店開	一〇•五六		一五•四七	一九•〇六	一•〇八
淄河店開	一一•〇九		一六•〇〇	一九•二三	不停
普通開	一一•一九		不停	一九•三八	不停
青州到	一一•三四		一六•一九	一九•五一	一•三六
青州開	一一•四九		一六•三一	二〇•〇六	一•四八
楊家莊開	一二•〇〇		一六•四三	二〇•一九	不停
譚家坊子開	一二•一二		一六•五一	二〇•三八	不停
堯溝開	一二•二五		一七•〇三	二〇•四八	不停
昌樂開	一二•四三		一七•二〇	二一•〇二	二•二三
朱劉店開	一二•五三		一七•三〇	二一•一五	不停
大圩河開	一三•〇四		一七•四一	二一•四〇	不停
濰縣到	一三•一八		一七•四五	二一•五三	三•〇五
濰縣開	一三•二七	六•三〇	一七•五四	二二•〇六	三•二一
二十里堡開	一三•三九	六•四一	一八•〇六	二二•二七	不停
坊子到	一三•五〇	六•五六	一八•二三	二二•四三	三•四一
坊子開	一四•〇四	七•一〇	一八•三六		三•五三
蛤蟆屯開	一四•一八	七•二七	不停		不停
南流開	一四•二五	七•四四	一八•五四		不停
黃旗堡開	一四•三五	七•五一	一九•〇四		不停
岞山開	一四•四五	八•一三	一九•二一		四•二〇
丈嶺開	一四•五三	八•二四	一九•三〇		不停
塔耳堡開	一五•一一	八•四五	一九•四〇		不停
蔡家莊開	一五•二〇	八•五六	不停		不停
辛莊開	一五•三一	九•〇九	不停		不停
高密到	一五•四三	九•二二	一九•五九		五•〇六
高密開	一五•五七	九•三九	二〇•一五		五•一六
姚哥莊開	一六•〇九	九•五三	不停		不停
芝蘭莊開	一六•一八	一〇•〇三	二〇•二九		不停
膠州到	一六•三五	一〇•二二	二〇•四五		五•四八
膠州開	一六•三七	一〇•三三	二〇•四七		五•五〇
膠東開	一六•四九	一〇•四七	不停		不停
李哥莊開	一七•〇〇	一一•〇〇	不停		不停
藍村開	一七•〇九	一一•一〇	二一•一三		六•一六
南泉開	一七•二三	一一•二五	二一•二六		六•二九
城陽開	一七•三八	一一•五三	二一•四五		六•四五
女姑口開	一七•四七	一二•〇七	二二•〇二		不停
滄口開	一七•五九	一二•二六	二二•一六		七•〇三
四方開	一八•一四	一二•五四	二二•三〇		七•一九
大港開	一八•二五	一三•〇七	[illegible]		七•三〇
青島到	一八•三〇	一三•一二	二二•四五		七•四五

17424

中國工程師學會會務消息

◉第十二次董事會議紀錄

日　期　廿二年十二月廿四日上午十時卅分
地　點　南京薩家灣鐵道部十號官舍薩宅
出席者　薩福均　胡庶華　胡博淵　李屋身（胡博淵代）　淩鴻勛　張延祥（淩鴻勛代）　黃伯樵（胡庶華代）　韋以黻　夏光宇（韋以黻代）
列席者　鈕因梁（紀錄）　惲　震
主　席　薩福均

報告事項

(一)本會楓林橋基地四畝零一厘四毫原價壹萬肆千壹佰貳拾伍元壹角伍分前經議決出售並經第五次董事會議及第九次執行部會議議決由總幹事與擬買方面接洽售價不得少過一萬五千元茲由會員徐恩第等承買出價一萬五千二百元業已成交先由受主交定洋四千元餘款俟過戶手續辦清後繳足

(二)工程週刊總編輯張延祥君辭職已由鄒恩泳君允自明年一月起負責担任

討論事項

(一)審查工業材料試驗所圖樣案

議決：圖樣大體通過並照此式樣進行建築所有詳細圖樣如廁所位置之應變更地點全部房屋地盤支配以及建築以外所需之衞生工程電氣設備大門圍牆等均交工業材料試所驗委員會會同建築師從速詳細辦理並進行招標手續俾下次董事會得作最後之審定（開標日期可定於下次董事會議前幾天）

(二)選定四川考察團團員案

議決：推定薩福均胡庶華胡博淵三君審定考察團團員

(三)年會捐款如何處置案

議決：年會餘款除在漢所得各界樂捐一千九百四十元應繳總會撥入工業材料試驗所建築費用外其餘可留存武漢分會

(四)美洲分會章程案

議決：第四章第九條改作「凡一區有會員五人以上者得公推幹事一人與本分會作會務上之聯絡」第十二條末節「凡職員離職或辭職時先由次多數遞補或理事部委派會計離職或辭職由副會長升任」應行删去第十章第廿八條之尾加「並函請總會備案」

(五)審查新委員資格案

議決：通過秦文彬　陳憲華　程文熙　周鍾岐　艾衍疇　周鳳九　蔡克勛　曹仲淵　金洪承　鄭保三　秦元澄　周邦柱　傅道伸　許　推　蔡澤奉　馮介　朱盎聲　梁禾青　劉鍾仁　曹維潛　區國著君等廿一人爲正會員

仲會員吳敬升爲正會員

吳長清　張　鑫　高遠春　黃五如　于度治　王國松　李善樑　盧祖詒　左　毅　徐　特君等十人爲仲會員

陳賢錫　鄭寧遠　吳光漢　胡福良　龔　竣君等五人爲初級會員淵閔長途汽車公司江漢造船廠等二家爲團體會員

◉上海分會常會(一)

中國工程師學會上海分會於於十一月十六日下午七時假座銀行公會俱樂部開本屆第一次常會到五十餘人聚餐畢主席徐佩璜報告本屆選舉結果計徐佩璜當選爲會長王繩善爲副會長施孔懷爲書記馮寶齡爲會計下次常會擬請主持首都輪渡建築會員工程師或粵漢鐵路株韶段工程之會員淩竹銘君來會演講至本年度會務方針經討論決定分學術演講徵集會員研究心得之著作及效勞社會三方面進行所

17425

有新年聯歡會籌備員議決由分會職員選定嗣請白葛君演講紡織工程原定新由英國來滬之交通大學紡織教授英人白葛出席適因感冒故由其子代表最後請新由英國來遠東之製造毛織機器專家施德樓君演講施君年已六十六歲一生從事所業經驗宏富謂經短期間之考察覺中國毛織業落後應利用各國經驗努力前進末勗各會員團結合作語多警闢散會已十時餘

◉上海分會常會(二)

二十二年十二月十八日晚七時上海分會假座銀行公會俱樂部舉行十二月份常會到五十餘人聚餐畢請全國經濟委員會公路處處長陳體誠君演講公路建設陳君敍述吾國公路需要殷切汽車汽油雖來自外國不免利源外溢惟各方剋正設法製造車輛搜尋產油地方非不可挽救其籌款築路方法可行之於歐美者不適宜於我國浙江省所採行者准許商人辦理長途汽車一方收取報效金再以此項報效金担保借款另築他路如此週轉頗著成効至公路面之寬度及其建築材料之質地以及其他工程要視該路運輸情形及籌款能力而定次請鐵道部設計科科長鄭華博士演講南京下關浦口間輪渡工程鄭博士略說津浦京滬兩鐵路一江相隔早思聯絡以水甚深不宜建築隧道橋梁應用渡輪惟冬夏水位相差兩丈必須設法補救英人主張用船具備二層艙面荷人主張用船塢式渡輪美人主張採用搖牀原理之建築本人研究橋梁工程思用活動引橋以解決之計劃告竣送至國外估計價較便宜遂得實行浦口下關兩橋完全相同橋長六百餘尺分四個跨度靠岸灘一端應用樞紐繫連其他跨度每端與隣近一端用大螺絲懸吊於橋塔之上隨水位之高低應用電力將橋整個上下與渡輪接連之跨度常平其他跨度之最大坡度爲百分之二橋上係屬單軌惟靠近岸灘一跨度有三軌渡輪長三百七十呎有三軌每軌長三百呎可載四十噸車二十一輛每次渡江約須一小時半頃已工竣運用順利每日收入約八千餘元本身利益固厚即京滬路亦大受其利從前該路客運多於貨運現在反是營業旺盛云云陳鄭二君各本所學隨國內情形悉心規劃適應需要工程經濟兼籌並顧可爲國家得人慶演講畢會員發問討論興趣濃厚爲歷來分會開會所未有散會已十時餘

◉上海分會二十三年度新年交誼大會預誌

上海分會向例於每年新春，有新年交誼大會之舉，本屆又復舉行在卽。

至於日期地址尙在籌議中，一俟籌備就緒另行通告，玆先將委員名銜及第一次籌備會議臚列於下：

籌備委員會主任　王繩善　副主任朱樹怡　馮寶齡

印刷股	楊錫鏐	(主任)		
銷劵股	支秉淵	(主任)	全體委員	
節目股	楊錫鏐	(主任)	姚長安	包可永
	蔡祖修			
佈置股	黃元吉	(主任)	楊錫鏐	李鴻儒
	黃自强	薛次莘	鄭葆成	施孔懷
招待股	徐佩璜	(主任)	黃伯樵	沈怡
	張孝基	嚴礪平	李俶	盛祖鈞
	胡嵩嵒			
贈品股	張惠康	(主任)	陳俊武	鄭葆成
	朱有騫	徐學禹	金芝軒	朱樹怡
	顧道生	姚長安	周琦	嚴礪平
	馮寶齡	支秉淵		

◉上海分會二十三年交誼大會籌備委員會第一次開會紀錄

日　期　一月十日晚六時

地　點　四川路大中華酒樓

出　席　王繩善　嚴礪平　盛祖鈞　胡嵩嵒　鄭葆成　朱樹怡　朱有騫　施孔懷

17426

馮寶齡 張惠康 蘇祖修 李鴻儒
金芝軒 黄元吉 張孝基（馮寶齡代）徐佩璜（王綑善代） 支秉淵（王綑善代）

主 席 王綑善 紀錄 施孔懷

議決事項

(一)印刷股

(1)秩序單及入座劵由亞美亞光四達及東方四公司印刷贈送其式樣卽由四公司計劃後經印刷股審查同意

(2)入座劵印有兩聯均具號數一聯可掛在身上備抽彩之用

(3)入座劵號數與座位號數相同

(4)籌備會職員在開會時所需假帶符號歸印刷股辦

(二)銷劵股

(1)劵價每張二元五角

(2)劵數限制下次開會决定

(3)銷劵截止日期下次開會决定

(4)劵向本會會所購買再會所中備有坐位圖供買劵者參考

(5)開會時收劵事宜歸銷劵股辦理

(三)節目股

(1)來賓演說請劉湛恩太太王立明女士担任題爲提倡國貨會員演說請徐善祥君担任以上二位均由王綑善君接洽

(2)餘與關於請國貨公司女職員表演由張惠康君接洽國樂由蘇祖修君接洽其餘遊藝由節目股下次開會報告

(四)佈置股

(1)地點借新亞酒樓或其他處所由黃元吉君接洽下次開會報告

(2)日期與地點有關暫定二月二十四日(曆陰正月十一日星期六)晚七時

(3)餐價壹元半由佈置股於接洽地點時同時接洽

(4)會場上「婦女國貨年」五字東方年紅公司送

(5)坐位圖由黃元吉君繪製

(6)放音機由蘇祖修君預備

(7)開會時報告事宜請朱有騫君及亞美公司報告員担任

(8)攝影請鄭葆成君向王開接洽

(五)招待股 除招待外

(1)於聚餐時照料餐菜

(2)點客數

(六)贈品股

(1)贈品廠家由贈品股先行函詢各廠經理能否來會如允到會送入座劵一張至兩張

(2)徵求贈品限於國貨廠家洋行自動送亦不拒絕

(3)向國貨呢絨絲織棉織等廠接洽各派男女兒童穿着本廠出品所製之衣服上台表演

(4)向國貨呢絨絲織棉織等廠徵求贈送衣料劵備抽彩得劵者由廠贈送衣料

(5)贈品應於開會前十日送到

(6)四達棉鐵廠願贈送毛巾十打備開會日臨時增加彩品之用

(7)徵集荷蘭水橘子水啤酒等供聚餐時飲料之需

(8)贈品不能排列於出口地方免至擁擠物品所附號數須印

(9)徵求贈品由股主任張君惠康會同股員設法進行

(七)下次開會日期一月十七日(星期三)晚六時地點仍在四川路大中華酒樓

17427

徵求稿件啓事

逕啓者本刊自發行以來多蒙各界竭力勖勸無任榮幸祇以稿件關係未能如期出版對於讀者深感抱歉茲自本期三卷一期起擬求準時出版以副讀者盛意務希各界踴躍投稿無論工程紀事施工攝影工作圖樣以及工程新聞等等均所歡迎稿件請寄上海南京路大陸商場五樓五四二號本會週刊編輯部爲荷此啓

工程週刊

(內政部登記證警字788號)
中國工程師學會發行
上海南京路大陸商場542號
電話：92582
(稿件請逕寄上海本會會所)

中華民國23年1月12日出版
第3卷第2期(總號42)
中華郵政特准掛號認爲新聞紙類
(第1831號執據)

本期要目

定報價目：每期二分；全年52期，連郵費國內一元，國外三元六角。

南昌售水站

編輯者言

吾國幅員之廣，人口之衆，爲全世界第一。統計全國約有二千縣，大小十餘市，而關係人生最重要之自來水，祗在上海等二十餘大埠有之。衞生不周，以是人民多疾病之憂。而致自來水何以不能普遍？其原因大概爲設備方面，需費浩大，而獲利甚微；值此國計民生凋敝之秋，官商均難以提倡，飲料不潔，疫癘叢興，實大患也。

二十年春，江西省政府，爲整頓南昌市對于給水一項，擬有大規模自來水廠及小規模濾水站兩種計劃。乃以經費關係，大者難以舉辦，祗能進行濾水站計劃，而統計所費，不過一萬四千元之譜。于是南昌市民衆，雖不能如上海等處享用充分之自來水，而必需之清潔飲料，則可以些微之代價得之，其有利于公共衞生實大。故知一事之成，不必定需巨量金錢之助，要在人之善爲而已。

茲將濾水站概要，揭載於後，以供需要清潔飲料地方之考。據聞；所有壓濾缸。清水缸。及塔架等冷作，均由新通貿易公司向新中工程公司定製，完全國貨，合併附註。

南昌濾水站

1. 經過情形

南昌濾水站，於廿一年七月間決定計劃後，即向上海新通貿易公司定購機件。十月間，由趙蘭記承包建築水塔。後因天氣寒冷，延至廿二年三月間，始全部完工。三月廿六日開始出水。廿六至卅一日，市民可到站

打 樁

自由取出，不取分文，以資提倡，而廣銷路，在此數日中，機件出水量，已達最高點，每日可出水約三千担，每担約四十五公升或十英加侖。四月一日開始售水，每元售水籌(竹製)六十枝，每枝換水一担，零售則每担取銅元六枚。四五月間，因銷路不振，將水價減低一半，即每元售水籌一百二十枝，每担零售銅元三枚。又因收入不足應付開支，

清 水 缸

故自六月一號起，開始送水至各用戶，另製水車二十只，每車裝水三担，逐日送水。用戶之需水者，先至站登記，購買水籌(木製)。至水價之規定，則視路程之遠近，每元可

水塔

售40,35,30,25,20,15 担不等。同時在站，仍照常用竹籌售水，每元可售一百二十担。開辦以來，諸事尚屬順利，營業亦頗發達。

裝水缸情形

本年夏間，售水甚多。現天氣轉寒，水量稍減，預計明年夏間，出水量當達最高限度，甚感供不應求。

2. 濾水站

A. 機件設備

1 Crossley 柴油發動機，八匹馬力，皮帶拖動。

1 離心式抽水機，進水管四吋，出水管三吋。

1 壓力快濾缸，7′直徑×6′高。

1 抽空氣機。(air pump)

1 空氣壓力缸。(air tank)

濾水站

1 清水缸，10′直徑×5′高，能容水約十一立方公尺。

此外管子，凡而，氣壓表等及一鉛質礬缸。

B. 房屋設備：

水塔一只，木質，水泥底脚；木質水管橋一座，由平台後邊直達低水位綫以外。

機器間一所。

辦公室一所。

車棚一所，水車二十餘輛，水桶六十餘担。

C. 人員：

管理員一人，每月薪金 $45。

助理員二人，每月薪金各$35。

機 匠一人，每月工資 $35。

助理機匠一人，每月工資$20。

售水員一人，每月工資 $20。

送水夫約二十人，每月每人工資$15。

工役一人，每月工資$12。

3. 設備經費(全部)

A. 機件設備。(連同裝置在內)。 $6,873.87

B. 房屋設備。 $6,285.87

C. 工具，器具等。 $1,283.14

D. 雜項 $ 414.12

全部共計 $14,857.00

4. 售水狀況

月份	送水戶數統計(戶數)			售水統計(担數)		收入	開支	淨餘	附註
	新添用戶	退出用戶	淨餘用戶	全月總數	每日平均				
三月				13816	2303	$239.14	$220.98	$18.16	二十六至三十一日送水不取費
四月				7468	273				
五月				16772	541	182.12	194.94	-12.82	
六月	282	3	279	22420	747	504.79	289.57	215.22	開始送水
七月	208	30	457	34543	1114	752.60	508.58	244.02	

八月	111	61	507	33874	1254	$822.71	$591.81	$230.90	
九月	83	49	541	37339	1245	734.87	573.96	160.91	
十月	30	27	544	34925	1127	714.79	567.76	147.03	十一日濾水缸破壞修理
十一月	40	4	580	34333	1144	684.04	520.97	163.07	
							總淨餘	$1,166.49	

南昌濾水站日記

日期		記錄人			
溫度		水標尺			
柴油機	加油			開機時間	
		柴油	潤油		
	共用磅數				
	每小時平均磅數				
	每千担水平均磅數				共小時
洗缸		第一次		第二次	第三次
	缸頂壓力，lb/口"				
	缸底壓力，lb/口"				
	氣缸壓力，lb/口'				
	用氣缸次數				
	冲洗幾分鐘				
	冲洗用水担數				
	冲洗用水成數%				
礬	用礬斤數	每小時平均斤數		每千担平均斤數	

水籌	竹籌枝數		木籌枝數						
				15	20	25	30	35	40
	收入		收入						
	售出		售出						
售	售水担數		現款收入						
			竹籌零售			枚＝			元
	在本站		竹籌盤售						元
	送水		木籌盤售						元
水	共計		共計		(市價	枚)			元
其	救火		換沙			修理機器			
他	用水担								

無錫申新紗廠新電廠工程

費福燾

申新紡織公司，為國內紡織界之巨擘。該廠細紗機等，均採用最新式之單獨拖動法。民國二十年，該公司總理榮宗敬先生更謀改輕原動力成本，爰向上海新通公司購辦蒸汽壓力較高之卜郎比廠四千啓羅華特透平發電機，使用以來，成績良佳。用煤之經濟，較前幾省半數。玆將新通公司承辦該項工程之設計要點，略述如下：

A. 蒸氣透平發電機及附屬設備

a.蒸氣透平機 係瑞士卜郎比廠出品，為雙汽缸混合式。每分鐘三千轉，與四千啓羅華特之三相交流電機直接連軸，適用於每平方英吋四百磅之汽壓與攝氏四百度之氣溫。該機裝有抽汽設備，能在汽缸中提取多量之蒸氣，以供布廠漿缸用汽預熱爐水蒸溜爐水。及冬日熱水汀之用。故該透平機係特為紗廠而製。除供給電力以外，尚有無數之副作用焉。

b.發電機 發電機，為卜郎比廠造之三相同期交流機。電壓二千三百伏而特，五十週波。在電率為百分之八十，其電能為四千啓羅華特，附屬直接連軸之勵磁機。空氣冷却機。與警告設備該發電機之效率。在滿載時，為百分之九十六，二。其每度電需要之蒸氣，僅九．一磅。

c.凝氣櫃 本櫃為卜郎比廠之雙部表面式凝氣櫃，能在全載負荷時，可以隨時清潔。具有冷却面積六千一百平方英尺。若冷水溫度為廿度時，可維持百分之九十五之眞空。其每分鐘之凝氣容量為三萬九千磅。冷水

申新紗廠之四千啓羅華特透平(長約三十四尺又六英寸)

與蒸氣之比例爲八十八。

本櫃附屬之邦浦，計有三具；爲冷水邦浦。眞空邦浦凝水邦浦，連接於同一地軸之上，爲一公共之馬達所拖動。其所需電能，爲七十啓羅華特。速度每分鐘九百六十轉。

d.爐水預熱器及蒸溜器　預熱器有二作用：一爲預熱爐水至適當溫度，俾減省鍋爐用煤。一爲將蒸溜水凝結，俾蒸溜水之熱力，仍回入爐水中。

鍋爐添補水，係取給於自動蒸溜器。此器連接於透平之抽氣機關，取透平內之低壓蒸汽，將冷水蒸溜成汽，送入爐水預熱器內，復凝結成水，如是則鍋爐得蒸溜水之補充，可常保清潔矣。

申新紗廠之凝汽幫浦及其馬達

B.　鍋爐設備

a.高汽壓立式鍋爐一座，係拔柏葛斯特林廠製造。該鍋爐共有三泡，通以直管。其傳熱面積爲五千四百五十平方尺。蒸發量爲每小時四萬磅。其常用汽壓爲每方寸四百二十五磅。總汽溫爲攝氏四百十五度。該鍋爐之附屬器；有鏈環式自動加煤機，具二百四十平方尺燃煤面積。繞管式省煤機一座，有二千九百五十平方尺之熱面積。空氣預熱器一座，有熱面積七千一百平方尺，並爐管吹灰器全付。燃煤係由運煤升降機經過煤量記錄表後，饋至加煤器，故每日燃煤噸數，均有一定之記錄。鍋爐上並裝有柯卜斯式爐水調節器，調節鼓內存水之多寡，省却人工不少。

b.鍋爐進水制及進水邦浦　鍋爐進水，

申新紗廠之透平機旋輪

係採用連合循環式，鍋爐水箱，直接通連凝汽櫃，故所進爐水於未進爐子前，已將其中所含空氣，完全抽淨，不至爐內再生汽泡等弊。

鍋爐進水邦浦，共有二座，均係離心式，一用蒸汽透平拖動，一用交流電馬達運轉，每部均能供給全部鍋爐所需之水量。

c. 均壓通風設備　引風機與壓風機，均用馬達直接拖動，其速度可隨意調節，俾得最適宜之通風。至調節之法，視所備之風壓表，炭養一表，炭養二表所指示之數目而定。壓風機之空氣，係導至加煤機下之分道箱，該箱能啓閉自如，務得最適當之空氣量，亦加煤機設備上之一特點也。

申新紗廠新電廠所用蒸溜器(其銅管之佈置清潔時拆卸極便利)

17435

C. 發電機之自動調節及保護法

交流發電機之自動調節及保護設備，均係卜郎比廠製造，包括自動電壓調整器，電流限制器過流保險開關，高壓保險開關，回力保險開關。如是設備項下電機之電壓，無論負荷之高低，均能于十分之一秒鐘內，敏捷的調整。電流限制器之作用；乃廠中發生捷流時，自動減小勵磁降低發電機之電流，維持發電機之運轉，以免饋電無謂之中輟，亦卜郎比廠出品之特色也。至各種油開關，則均用電氣遙制式啓閉，極爲利便。

D. 蒸汽消耗及用煤成績

該透平之蒸汽消耗量，在四百磅汽壓，四百度攝氏汽溫，及攝氏廿度冷水時，其擔保量如下。

四千啓羅華特時，每度電需要蒸氣九•六磅。

三千二百啓羅華特時，每度電需要蒸汽九•三磅。

二千四百啓羅華特時，每度電需要蒸汽九•六磅。

一千八百啓羅華特時，每度電需要蒸汽九•九磅。

該廠現在之平均負荷，爲三千啓羅華特。供給紗廠，布廠及棉粉廠各一。每日約用煤五十噸弱。未裝新機前，其耗煤量須百噸之多，故每日省煤，較前不啻倍蓰。至該透平每度電所用之煤，僅一•六五磅，該數尚包括每小時五千餘磅之抽汽在內，作爲紗廠漿缸之用。倘完全供給電力，則每度電所用之煤，僅須一•三五磅，雖與各國同樣最新式最經濟之發電廠相較，足以媲美也。

結論

汽壓愈高，燃煤愈省，此固稍諳熱力學者皆能知之。國內人士，對於高汽壓設備，尚多懷疑。但證諸申新第三紗廠；其管理方面，僅須二三工人，較之低汽壓發電廠，反爲方便。至全廠價值較多於低壓者，亦甚有限。按近代電廠學者，統計全廠價值，蒸氣方面，僅占百分之卅，故實際上高汽壓電廠之價值，較之低汽壓者，僅超出百分之五至十。至工人及管理費，則與低汽壓電廠，初無二致，而煤斤之節省，不啻倍蓰。尚有一點堪足述者，即容量較大，汽壓較高之透平，宜採用雙汽缸式；因其效率較高，且開動時間較短也。

數學遊戲答案

原題見本刊第二卷第五十二期

(甲)三角之定義　三角術是探討三條邊三只角也，有定理曰：三角形內三角，故有人倡新定理曰：「三角戀愛之和等於兩行眼淚。」詳理待證。

(乙)解析幾何之定義　解析幾何者，分析幾何的圖形也。戀愛旣成了三角，往往發生自殺，故有人嘲失戀者之聯曰：「戀愛成三角，人生有幾何？」

本年日蝕月蝕日期時刻

本年日蝕凡二次：其一爲二月十四日之日全蝕，全蝕帶經過南洋羣島及太平洋，我國一部見其偏蝕，上海市上午7時初虧，7時48分蝕甚，8時41分復圓。其二爲八月十日之日環蝕，環蝕帶經過南非洲，我國不見。

本年月蝕二次，上海市所見：一爲一月三十日夜11時59分初虧，三十一日0時40分蝕甚，1時22分復圓。其二爲七月二十六日夜6時52分初虧，8時13分蝕甚，9時34分復圓。

17436

膠濟鐵路行車時刻表

下行（西行）列車

站名＼車次	5 各等飯	3 各等飯	11 三等	13 三等	1 特等各臥
青島開	七・〇〇	一二・〇〇	一五・〇〇		二一・〇〇
大港開	七・一〇	一二・一〇	一五・一二		二一・一〇
四方開	七・二〇	一二・二〇	一五・二二		二一・一八
滄口開	七・三五	一二・三五	一五・四〇		二一・三三
女姑口開	七・四七	一二・四七	一五・五五		不停
城陽開	七・五八	一二・五八	一六・一四		二一・五三
南泉開	八・一二	一三・一二	一六・三三		不停
藍村開	八・二六	一三・二六	一六・四九		二二・一九
李哥莊開	八・三五	不停	一七・〇三		不停
膠東開	八・四七	不停	一七・一六		不停
膠州到	八・五九	一三・五三	一七・三〇		二二・四六
膠州開	九・〇一	一三・五五	一七・四九		二二・四八
芝蘭莊開	九・一八	一四・一〇	一八・〇九		不停
姚哥莊開	九・二七	不停	一八・一九		不停
高密到	九・三八	一四・二六	一八・三一		二三・一九
高密開	九・五三	一四・四一	一八・四九		二三・三〇
辛莊開	一〇・〇五	不停	一九・〇三		不停
蔡家莊開	一〇・一六	一五・〇一	一九・一六		不停
塔耳堡開	一〇・二六	一五・一二	一九・三一		不停
丈嶺開	一〇・三六	一五・二三	一九・四四		不停
岞山開	一〇・五四	一五・四〇	二〇・一四		〇・〇三
黃旗堡開	一一・〇四	一五・四九	二〇・三四		不停
南流開	一一・一一	不停	二〇・四四		不停
蝦蟆屯開	一一・二六	一六・〇九	二〇・五五		〇・四八
坊子到	一一・三九	一六・二三	二一・一〇		一・〇二
坊子開	一一・五四	一六・三七	二一・二五	七・〇〇	一・一六
二十里堡開	一二・〇八	一六・四九	二一・三九	七・一四	一・二八
濰縣到	一二・一四	一六・五七	二一・四九	七・二四	一・三八
濰縣開	一二・二七	一七・〇一		七・三四	一・四九
大圩河開	一二・三〇	不停		七・四九	不停
朱劉店開	一二・四一	一七・二三		八・〇三	不停
昌樂開	一二・五四	一七・三七		八・二六	二・一〇
堯溝開	一三・〇六	一七・四七		八・三九	不停
譚家坊子開	一三・一八	一七・五八		八・五三	不停
楊家莊開	一三・二九	一八・〇五		九・〇七	不停
青州到	一三・四四	一八・一八		九・二六	二・四五
青州開	一三・四六	一八・三〇		九・四一	二・五七
普通開	一三・五八	不停		九・五五	不停
淄河店開	一四・〇八	一八・四九		一〇・〇七	不停
辛店開	一四・二一	一八・五三		一〇・二三	不停
金嶺鎮開	一四・三五	一九・〇七		一〇・四一	不停
湖田開	一四・四四	一九・一六		一〇・五三	不停
張店到	一四・五五	一九・二五		一一・〇三	四・〇二
張店開	一五・一〇	一九・四六		一一・二八	四・〇七
馬尚開	一五・二九	不停		一一・五三	不停
周村到	一五・三八	二〇・一一		一二・〇三	四・三一
周村開	一五・四〇	二〇・一三		一二・二七	四・三五
大臨池開	一六・〇四	不停		一二・五一	不停
王村開	一六・一六	二〇・四六		一三・一四	不停
普集開	一六・二六	二〇・五六		一三・三四	五・一五
明水開	一六・四一	二一・一一		一三・四六	不停
棗園莊開	一六・五一	二一・二一		一四・一一	不停
龍山開	一七・〇五	二一・三五		一四・二八	不停
郭店開	一七・二〇	不停		一四・四三	不停
王舍人莊開	一七・三一	二一・五八		一四・五八	不停
黃臺開	一七・四四	二二・一三		一五・〇六	六・一六
北關開	一七・五一	二二・二〇		一五・一三	六・二六
濟南到	一七・五六	二二・三〇		一五・二二	六・三〇

上行（東行）列車

站名＼車次	6 各等飯	12 三等	4 各等飯	14 三等	2 特等各飯
濟南開	七・一五		一二・一五	一四・一〇	二三・〇〇
北關開	七・二一		一二・二一	一四・一七	二三・〇六
黃臺開	七・三〇		一二・二九	一四・二六	二三・一四
王舍人莊開	七・四四		一二・四〇	一四・四四	不停
郭店開	七・五六		一二・五〇	一五・〇〇	不停
龍山開	八・一一		一三・〇七	一五・一八	二三・三二
棗園莊開	八・二六		一三・二三	一五・三九	不停
明水開	八・三七		一三・三三	一五・五九	二三・四六
普集開	八・五四		一三・五〇	一六・一三	不停
王村開	九・〇五		一四・〇三	一六・四五	不停
大臨池開	九・一六		不停	一六・五八	不停
周村到	九・三二		一四・二六	一七・一二	二三・五九
周村開	九・三五		一四・二八	一七・二一	〇・〇二
馬尚開	九・五二		不停	一七・五三	不停
張店到	一〇・〇〇		一四・五〇	一八・〇一	〇・二三
張店開	一〇・二〇		一五・一一	一八・三四	〇・四一
湖田開	一〇・三一		一五・二四	一八・五〇	不停
金嶺鎮開	一〇・四一		一五・三三	一九・〇六	不停
辛店開	一〇・五六		一五・四七	一九・二三	一・〇八
淄河店開	一一・〇九		一六・〇〇	一九・三八	不停
普通開	一一・一九		不停	一九・五一	不停
青州到	一一・三四		一六・一九	二〇・〇六	一・三六
青州開	一一・四九		一六・三一	二〇・一九	一・三八
楊家莊開	一二・〇〇		一六・四三	二〇・三六	不停
譚家坊子開	一二・一三		一六・五一	二〇・四八	不停
堯溝開	一二・二五		一七・〇三	二一・〇三	不停
昌樂開	一二・四三		一七・二〇	二一・二五	二・二四
朱劉店開	一二・五三		一七・三〇	二一・四〇	不停
大圩河開	一三・〇四		一七・四一	二一・五三	不停
濰縣到	一三・〇八		一七・四五	二二・〇六	三・〇五
濰縣開	一三・一七	六・三〇	一七・五四	二二・一六	三・二六
二十里堡開	一三・二九	六・四一	一八・〇六	二二・二七	不停
坊子到	一三・四〇	六・五八	一八・二三	二二・四三	三・四五
坊子開	一三・五〇	七・一〇	一八・三八		[illegible]
蝦蟆屯開	一四・〇四	七・二七	不停		不停
南流開	一四・一八	七・四四	一八・五四		不停
黃旗堡開	一四・三五	七・五七	一九・〇四		四・二〇
岞山開	一四・四五	八・一三	一九・二三		不停
丈嶺開	一四・五五	八・二四	一九・三一		不停
塔耳堡開	一五・一一	八・四五	[illegible]		不停
蔡家莊開	一五・二〇	八・五八	一九・四〇		不停
辛莊開	一五・三一	九・〇九	不停		不停
高密到	一五・四三	九・二三	一九・五九		[illegible]
高密開	一五・五七	九・三九	二〇・一四		五・〇六
姚哥莊開	一六・〇九	九・五三	不停		不停
芝蘭莊開	一六・一八	一〇・〇三	二〇・二九		不停
膠州到	一六・三五	一〇・二三	二〇・四五		五・四八
膠州開	一六・三七	一〇・三七	二〇・四七		五・五〇
膠東開	一六・四九	一〇・四七	不停		不停
李哥莊開	一七・〇〇	一一・〇〇	不停		不停
藍村開	一七・〇九	一一・一〇	二一・一三		六・一六
南泉開	一七・二三	一一・二五	二一・二六		不停
城陽開	一七・三八	一一・四三	二一・四三		六・二九
女姑口開	一七・四七	一二・〇八	二二・〇二		不停
滄口開	一七・五九	一二・二四	二二・一六		六・四五
四方開	一八・一四	一二・五四	二二・三〇		七・〇九
大港開	一八・二四	一三・〇七	二二・四〇		七・二〇
青島到	一八・三〇	一三・一五	二二・四五		七・三五

隴海鐵路行車時刻表

自右向左讀

站名	徐州府	碭山	商邱	開封	鄭州南站	汜水	鞏縣	孝義	洛陽東站	新安縣	澠池	觀音堂	會興鎮	陝州	靈寶	閿鄉	盤頭鎮	文底鎮	潼關
列車次數	第一次特別快車自東向西每日開行													第十九次客貨車自東向西每日開行					
	(上午)			(下午)						(上午)				(上午)				(下午行)	
	第一次 八點十分開	十點十六分到 十點二十六分開	十二點〇九分到 十二點二十九分開	四點三十二分到 四點五十二分開	六點五十一分到 七點十一分開	八點三十三分到 八點四十三分開	九點二十三分到 九點二十五分開	九點四十七分到 九點四十九分開	十一點十二分到 十一點四十二分開	一點十二分到 一點三十二分開	三點二十一分到 三點四十一分開	四點三十七分到 四點四十二分開	六點〇八分到 六點十八分開	六點五十分到 第十次 七點二十分開	八點三十二分到 八點四十七分開	十點二十分到 十點三十五分開	十一點五十二分到 十一點五十五分開	一點二十分到 一點二十三分開	二點二十分到
列車次數	第二次特別快車自西向東每日開行													第二十次客貨車自西向東每日開行					
			(下午)											(上午)					(下午)
	八點〇五分到	五點五十四分到 六點〇四分開	四點〇二分到 四點十七分開	十一點五十五分到 十二點十五分開	九點四十二分到 十點〇二分開	八點四十分到 八點四十二分開	八點〇四分到 八點〇六分開	七點四十六分到 七點四十八分開	六點十五分到 六點三十五分開	四點五十分到 五點開	三點十八分到 三點二十三分開	二點三十一分到 二點三十六分開	〇點四十二分到 〇點五十二分開	十點二十五分到 第二次 〇點〇五分開	九點〇一分到 九點十六分開	七點十三分到 七點二十三分開	五點五十三分到 五點五十六分開	四點五十二分到 四點二十八分開	第二十次 三點三十分開

自左向右讀

17438

中國工程師學會會務消息

◉蘇州分會常會紀錄

蘇州分會於去年十一月十五日下午五時在大郎𣷹巷太湖水利委員會開第二次常會，出席會員六人，主席孫輔世。

(甲)報告事項如下：

(一)書記報告前接總會函，以每年十月一日爲總分會職員交代日期，後曾發出通信選舉票十六張，到收回九張，已過半數。結果如次：

孫輔世得八票當選爲會長，

王志鈞得四票當選爲副會長兼會計，

劉東煒得八票當選爲書記。

(乙)議决事項如下：

(一)請王志鈞介紹吳縣技術室及電話局新會員。

(二)請張問渠介紹蘇州電氣廠爲團體會員。

(三)請嚴慶祥介紹蘇綸紗廠新會員。

(四)以後輪次在電氣廠及電話局等處開會，并舉行簡單之餐敍。

(五)由書記函催各會員繳納本年度會費，并由會計派員前往收取。

(六)編輯蘇州分會會員錄函總會備案。

蘇州分會又於今年一月十四日午刻在閶邱坊巷電話局開第三次常會，出席會員九人主席 孫輔世。

議决事項如下：

(一)由分會備函請張問渠介紹蘇州電氣廠爲團體會員。

(二)第四次常會借胥門外電氣廠發電所舉行。

◉武漢分會二十三年第一次會議

武漢分會於本年一月七日。在漢口旣濟水電公司開第一次會議。出席會員數十人，主席王寵佑，紀錄高凌美。

(甲)報告事項如下：

(一)購辦分會房屋經過情形。

(二)年會餘款經全體會員投票結果，除一人有異議外，均指定該款爲購辦本分會房屋之用。

(三)例會會期經投票結果贊成兩個月及三個月者票數相同。

(四)會計報告收支賬目。

(乙)討論事項如下：

(一)分會房屋應如何佈置案。

決議：組織委員會負責辦理：推方博泉，劉震寅，陸寶愈，繆恩釗，陳崢宇五會員爲委員，由陳會員負責召集。

(二)例會會期應如何决定案。

決議：每兩個月開會一次，日期定第一星期日。

(三)請决定下次例會地點案。

決議：三月第一星期日(四日)在六河溝鐵鑛公司開會，并請該公司工程師陳子清先生講演，由會員王寵佑負責籌備。

新會員通訊錄

（民國廿二年十二月廿四日第十二次董事會議通過）

區國著	述齋	(職)南京總理陵園管理委員會	土木	
曹維藩		(職)湘鄂鐵路白水車站工務第四段	土木	
劉鍾仁	稚璵	(職)江西南昌南昌電燈公司	電機	
朱垒聲		(職)上海南市中國合衆航業公司		
		(住)上海法租界愛麥虞限路二號	機械	
馮　介		(職)青島膠濟路工務處	土木	
蔡澤奉		(職)長沙湖南大學	建築	
許　推		(住)長沙東茅巷五十五號	建築	
傅道伸		(職)長沙湖南第一紡織廠		
		(住)長沙黨部東街崇聖里六號	織紡，化學	
秦元澄	清宇	(職)上海福州路一號費博顧問工程師		
		(住)上海小沙渡路海防路八一〇號	土木	
周邦柱		(職)長沙湖南建設廳		
		(住)長沙新運街十三號	色染	
鄭保三		(職)寧波白沙滬杭甬鐵路機務處	機械	
金洪振	聲如	(職)上海閘北中山路1148號上海興業瓷磚公司	應用化學	
曹仲淵		(職)上海三馬路九號大華無綫電公司	無綫電	
陳憲華		(職)濟南津浦路機廠		
		(住)濟南四大馬路緯六路壽康里	機械	
蔡光勱		(職)南京鐵道部工程科	土木	
周鳳九	鳳九	(職)長沙湖南省公路局		
		(住)長沙興漢路三十五號	土木，建築	
艾衍疇		(職)武昌裕華紗廠	電氣	
周鍾岐		(住)漢口特二區三教街三九號樓上	鐵路管理，土木	
程文熙	侯度	(職)武昌徐家棚湘鄂鐵路機務處	鐵路管理	
秦文彬		(職)濟南津浦機廠	機械	
吳　敬		(職)漢口特三區管理局工務科		仲升級
梁禾青		(職)洛陽西宮歐亞航空公司	化學	
高遠春		(通)Box 421 W. Lafayette Ind. U. S. A.	電機	仲
王國松	勁夫	(職)杭州浙江大學工學院	電機	仲
徐　特		(職)青島膠濟鐵路工務處工程課	土木	仲
左　毅	凌雲	(職)長沙新河湘鄂鐵路機務第三段	機械	仲
盧翮詒		(職)天津南開大學	電機	仲
李善棵		(住)蘇州梁撫寺前九號	土木	仲
于慶洽		(職)青島四方機廠	機械	仲
黃五如		(職)上海三馬路工部局工務處道路科	土木	仲
張　鑫	兆鏞	(住)漢口吉慶街一七六號	土木	仲
吳長濟		(職)平漢路黃河北岸站平漢路工務處北橋工段	土木	仲
胡福良		(職)長沙新河湘鄂鐵路工務段	土木	初級
吳光漢		(職)上海上海江海關五樓濬浦總局	土木	初級
鄭寧遠		(職)寧波白沙滬杭甬鐵路機務處轉	化學	初級
龔　峻		(職)岳州湘鄂鐵路工務第三段	土木	初級
陳賢瑞	仲偉	(職)大冶富源煤礦公司	理科	初級
滬閔長途汽車公司		上海南市國貨路三七九號		團體
江漢造船廠		武昌鮎魚套		團體

中國工程師學會四川考察團團員名單

（董事會選定） 二十三年一月

團長 薩福均（中國工程師學會會長）

第一組（油煤鋼鐵組）
- 孫昌克 （建設委員會專門委員）
- 胡庶華 （長沙湖南大學校長）
- 胡嗣鴻 （上海白利南路中央研究院鋼鐵研究專員）

第二組（水利水力組）
- 李書田 （天津義租界華北水利委員會常務委員）
- 沈 怡 （上海市工務局局長）
- 曹瑞芝 （山東建設廳技正）
- 黃 煇 （建設委員會設計委員）

第三組（鐵道公路組）
- 薩福均 （鐵道部工務司司長）
- 屠慰曾 （武昌湘鄂鐵路局局長）
- 陳體誠 （全國經濟委員會公路處處長）

第四組（水泥廠組）
- 張粲如 （大冶華記水泥廠廠長）
- 胡光麃 （上海寧波路四十號 華西興業公司總經理）

第五組（鹽業糖業組）
- 吳蘊初 （上海菜市路176號天廚味精廠總經理）
- 侯德榜 （塘沽永利製鹼公司總工程師）
- 吳承洛 （實業部全國度量衡局局長）
  兼第一組

第六組（紗絲織造組）
- 黃炳奎 （南通大生紗廠總工程師）
- 蔡 雄 （上海馬浪路830號美亞織綢廠總經理）

第七組（油漆組）
- 戴 濟 （上海北京路中央信託大樓元豐公司總技師）

第八組（皮革製造組）
- 劉樹杞 （北平大學理學院院長）

第九組（藥物製造組）
- 程瀛章 （上海梅白格路三德里十七號中華化學研究所所長）兼第五組。
- 張澤垚 （天津大經路商品檢驗局技正）

第十組（電訊電力組）
- 朱其清 （國防設計委員會專員）
- 顧毓琇 （清華大學工學院院長）

第十一組（造紙組）
- 金 瀚 （上海愚園路愚園坊38號前東北造紙廠籌備主任）

時間：二十三年四月十五日至六月十五日各組得視其工作酌量增減之

經費：各團員旅費由四川善後督辦公署担任不支薪給

17441

中國工程師學會職員錄

民國二十二年至民國二十三年

總會

會長	薩福均(少銘)	南京鐵道部
副會長	黃伯樵	上海北蘇州路河濱大廈兩路管理局
董事	胡庶華(春藻)	長沙湖南大學
	韋以黻(作民)	南京交通部
	周　琦(季舫)	上海漢口路七號益中機器公司
	任鴻雋(叔永)	北平中華文化基金會
	夏光宇	南京鐵道部
	陳立夫	南京中央黨部
	徐佩璜(君陶)	上海市公用局
	李屋身(孟博)	上海仁記路25號大興建築事務所
	茅以昇(唐臣)	杭州建設廳錢塘江橋工委員會
	淩鴻勛(竹銘)	湖南衡州粵漢鐵路株韶段工程局
	胡博淵	南京實業部
	支秉淵	上海江西路378號新中工程公司
	張延祥	武昌湖北建設廳
	曾憲浩(養甫)	杭州建設廳
	楊　毅(莘臣)	南京鐵道部
基金監	黃　炎(子猷)	上海江海關五樓濬浦局
	莫　衡(葵卿)	上海北蘇州路河濱大廈兩路管理局
總幹事	裘燮鈞(星遠)	上海市工務局
文書幹事	鄒恩泳	上海市公用局
會計幹事	張孝基(克銘)	上海南市國貨路滬閔長途汽車公司
事務幹事	王魯新	上海九江路大陸商場新通公司
總編輯	沈　怡(君怡)	上海市工務局
週刊總編輯	鄒恩泳	上海市公用局
出版部經理	朱樹怡(友能)	上海四川路615號亞洲機器公司

分會

上海分會
會長徐佩璜(君陶)　副會長王繩善(爾綱)
書記施孔懷(孔縗)　會　計馮寶龢(慎孫)

南京分會
會長孫　謀(鐵生)　副會長王崇植
書記鈕因梁(甸夏)　會　計吳保豐

濟南分會
會長林濟青　副會長朱杜勳(一民)
書記俞物恆　會　計陸之順(遜撫)

唐山分會
會長　副會長
書記　會　計

青島分會
會長林鳳岐　副會長嚴宏溎(仲絜)
書記葉　鼎(扛九)　會　計姚章桂(桀伯)

北平分會
會長顧毓琇　副會長
書記王士倬　會　計郭世綰(絳侯)

天津分會
會長華南圭(通齋)　副會長嵇　銓(衣衡)
書記袁　蕤　會　計楊先乾(君實)

杭州分會
會長陳體誠(子博)　副會長張自立(若岩)
書記周玉坤(晴嵐)　會　計陳大燮

武漢分會
會長王寵佑(佐臣)　副會長陳崢宇(哲航)
書記高凌美(叔俊)　會　計(武昌)繆恩釗 (漢口)方博泉

廣州分會
會長胡棟朝(振廷)　副會長劉鞠可
書記李果能　會　計司徒錫(震東)

太原分會
會長唐之肅(敬亭)　副會長董登山
文牘李銘元(子善)　庶　務馬開衍(子敏)

長沙分會
會長胡庶華(春齋)　副會長余籍傳(劍秋)
書記易鼎新(修吟)　會　計王昌德(守謙)

蘇州分會
會長孫輔世　副會長王志鈞
書記劉東煒(宗懷)　會　計王志鈞(秉)

梧州分會
會長蘇　鑑(鑑軒)　副會長龍純如
文牘零克嘻　幹　事秦篤瑞(培英)

美洲分會
會長歐陽藻(覺清)　副會長梁興貴(伯高)
書記王傑和　會　計朱玉崙

17442

工程

第八卷總目錄

水利	水力	揚子江上游水力發電勘測報告	惲震　曹瑞芝 宋希尙	3 4	195 304
水利	試驗	導黃試驗報告	恩格思（德國）	2	179
水利	試驗	黃河初步試驗簡略報告	方修斯（德國）	4	339
水利	試驗	恩格思教授治導黃河試驗報告書	恩格思（德國）	6	530
水利	其他	治導黃河試驗報告書書後	鄭肇經	6	561
水利	其他	二十二年豫省黃河險工暨漫溢情形	河南河務局	6	573
水利	其他	河北省黃河情形	河北河務局	6	577
水利	其他	已往關於黃河工作之進行經過	華北水利會	6	580
水利	其他	黃河水利委員會組織法		6	585
水利	其他	二十二年黃河漫決紀事		6	586
機械	機車	日本鐵道機廠修理機車車輛快速之原因	陳廣沅	1	1
機械	汽車	參觀湘省煤氣車記	劉先林	2	184
機械	汽車	以木代油之汽車	蔣平伯	3	263
機械	其他	中國印刷工業之改進	沈來秋	4	294
機械	其他	道路試驗機	清之譯	4	386
機械	其他	發展中國機器工業之意見	賁德爾富禮 （德國）	5	391
鑛冶		檢取煤樣之原理	王龍佑	1	16
鑛冶		二十年來之錫業	賀閩	2	130
電氣	電力	山東章邱縣金盤莊水電灌溉工程之設計	曹瑞芝	1	54
電氣	電信	京滬長途電話之改良與擴充	徐學禹　包可永	1	64
電氣	其他	電銲	陸增祺	3	266
電氣	其他	英國泰晤士河兩岸之鋼塔輸電工程		3	275
電氣	其他	電工譯名之商榷	趙曾鈺	3	282
電氣	其他	發展中國電氣事業之意見	戴梯瑪（德國）	4	285
電氣	其他	利用人目不能見之光線作警鈴	平伯譯	4	384
無綫電		沒有絲極的無綫電電子管	源	3	279
無綫電		蘇聯無綫電工業之現狀	清	3	280
無綫電		美國無綫電工程師會一九三二年年會	奇	3	281
無綫電		東沙島無綫電台被風吹折	奇	3	281
化工		淡氣救國論	陳德元	2	150
紡織		我國急應自製人造絲	顧毓珍	3	252
雜項		本會第二屆年會詳記	大公報	1	72
雜項		中國古代工程的創造和近代工程師的表現	范旭東	1	83
雜項		工程教育管見	張含英	2	174
雜項		我國工程教育今後之途徑	夏堅白	3	270
雜項		實用各種工程單位換算表	張家祉　陳中熙 韋松年	4	378
雜項		悼費禮門先生	沈怡	6	.

工程週刊

(內政部登記證警字788號)
中國工程師學會發行
上海南京路大陸商場 542 號
電話：92582
(稿件請逕寄上海本會會所)

中華民國23年1月19日出版
第3卷第3期(總號44)
中華郵政特准掛號認為新聞紙類
(第 1831 號執據)

本期要目

時間經濟

定報價目：每期二分；每週一期，全年連郵費國內一元，國外三元六角。

唐山工廠鍋爐廠

時間經濟

〔大修機車鍋爐七星期完工之中國紀錄〕

陸增祺

(一) 概論

近代工程事業，有所謂標準化合理化等等：究其實，無非求其合乎經濟之道而已。工程週刊編者云，「工程師之定義為『做成一件工作，用最經濟之方法。』」質言之近今工程事業，已非昔日可比。除工作之外，尚須於其計劃及進行中，處處顧到經濟方法焉。

工程經濟，可大別為二，卽材料與人工是也。夫材料一項，經濟之範圍較狹。惟人工則有關於設備管理等等，中外相差甚遠。雖工人之衆，工資之低，在中國不發生任何問題。然於「時間」經濟，則大有研究之價值。時間經濟，於鐵路交通，尤為重要。前年日本有 4.2 日修竣一輛機車之世界紀錄，因此我國有考察日本鐵道機廠團之組織，以資取法，此其明證也。

(二) 縮短機車修理時間之重要

縮短機車修理日期，卽表明某路之機車輛數未增，而機力效率能力增加矣。吾國目下狀況與十餘年前之美國相做，大修機車平均需時二月。今也美國則由改良工廠設備，修理手續，工人工作，材料供給諸方法；以及減少機車種類，製備鍋爐等；大修時間，由二月縮短至三星期矣。是則不啻一輛機車可作 1.08 輛之用。再就吾國租車費每日六十元而論，四十日已賺二千四百元，以營業進款每一機車每日一千元計，四十日則賺四萬元矣。職此二端，宜乎鐵路當局兢兢於研究縮短機車修理時間也。

(三) 鍋爐問題首當研究

機車機件中，修理最費時日者，當屬鍋爐。固無疑義。亦卽修車日期之躭誤，以鍋爐問題最難解決也。據考察日本機廠報告，內載朝鮮京城工廠機車一般修繕標準作業日數表，可知一具鍋爐修理需時，約佔機車修理日期的百分之六七十。日本有 4 日之新紀錄，吾國各路，情形不同，頗難規定；大概需時二三月，與日本比較，相差可二十餘倍之多！

附朝鮮京城工廠機車一般修繕標準作業日數表

機車修理日數	鍋爐修理日數
10日	4 1/2日
11	5 1/2
13	7 1/2
15	9 1/2
17	11 1/2
19	13 1/2

(四) 時間與設備及管理之關係

修理工作，所需工數，與工廠設備，以及人事材料等之管理，皆有密切關係。不觀夫日本修理鍋爐之記實「除事事有相當準備外；工作時，鍋爐上但有空間可做，無不有人作活。最忙時，有風鑽四具，燒鉚(風鉚)四組；統計在火箱上下左右作活者，達二十一人之多。」可想見其概況焉。

茲再舉一詳細鍋爐修理工數比較表，以資研究。(根據著者民國十八年時的記錄)

17446

修理類目	唐山工廠標準工數	美國某廠所需時數
1 折卸全部焰管	24工	32 小時
2 折出方圈	26工	33 1/2 小時
3 折卸螺撐零件及火箱飯	110工	104 1/2 小時
4 製造新火箱	225工	114 1/2 小時
5 裝配新火箱	530工	448 1/4 小時
6 裝還焰管以及準備試驗工作	65工	72 小時
7 水壓試驗汽壓試驗	20工	13 小時
8 輸送建立廠備用	3工	2 1/2 小時
總計	1003工	860 1/4 小時

總計所需工數，兩相比較，實際上相差可七八倍。即云美國十二日可以修竣之鍋爐工程，我國則須九十餘日。此固足以令人駭異。其所以如是者，無非吾國工人之智力，廠方之設備組織等等，均不如人也。

五 唐山工廠鍋爐廠概述

就吾國鐵路工廠而論，北寧路唐山工廠較爲完備。近年來復力求改進，頗有可觀。現就鍋爐廠，略述梗概。該廠佔地六萬八千餘方呎，廠房分四長間，即試驗間（存料房在內），機器間，修理間及水柜間是也。

每間設電力吊車一具，其重要機器及工具，可立表如下，以明梗概。

大型水力壓模機（每方吋半噸可容十呎見方鐵飯）	一座
電力鑽床	一座
廿馬力切邊機（長三十六呎同時可切五六疊層之飯）	一座
三聯臂式鑽床	一座
臥式捲飯機（可捲七呎寬至五分厚鐵飯）	一座
立式捲飯機（可捲十二呎寬一分厚鐵飯）	一座
水力鉚釘機	六具
電銲機	一具
自動鏇螺撐床	二具
其他鑽床車床類	十八具
剪割機及銑眼機	五具
大小風鑽	三十個
風鏈	十三個
大小鋼模	若干

工廠組織法，與其他各廠略有不同。採用分工制，改組於民國十九年間。其利在乎(1)熟習專技(2)集中工具 3)備用零件可自由調用以利工作迅速等等。組織表附下。

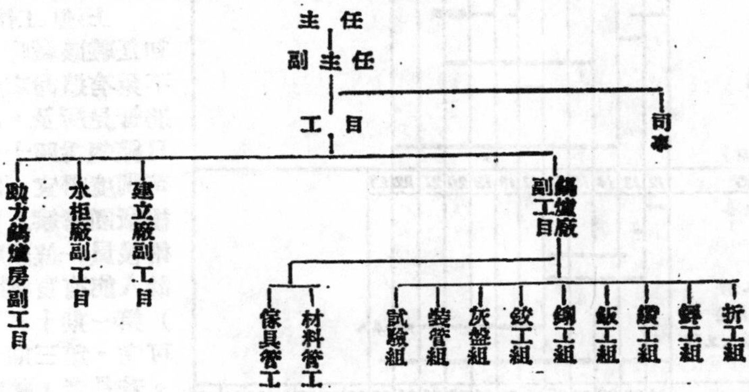

工作制度，與工人工作效率，亦有相當密切關係。唐山工廠鍋爐廠全部工作，採用『花紅包工制』。即 Rowan氏獎金制。「工作愈速，獎金之成數愈大，所得之辛工亦愈多。」故工人作活，頗告興奮云。

(六) 七星期修竣鍋爐工程之記實

甲 鍋爐之一般 在下所記之修理鍋爐，爲北寧三百號式。(4—6—2式機車用）如附圖。（圖載本期36頁）

乙 鍋爐修理工程單 機車鍋爐入廠後，由廠主任或副主任檢驗後，規定修理工程細目，開單交工目派各組順序工作。

第三百十二號鍋由第〇〇〇號機車卸下應修項目列下：—

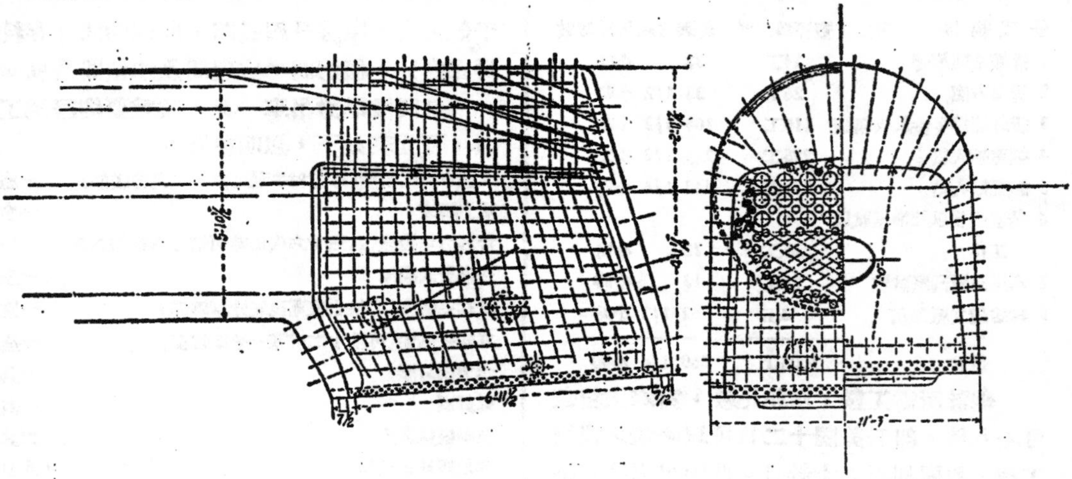

1. 拆卸整個火箱。
2. 製配新火箱一具。
3. 在鍋胴上，加添哆門三個。
4. 燏平前管飯。
5. 鉾修超過限度之螺撐眼。
6. 製造及裝配全套新烟箱門同烟箱前飯。

丙　工作順序　工作順序，可分四期立表說明如下：—

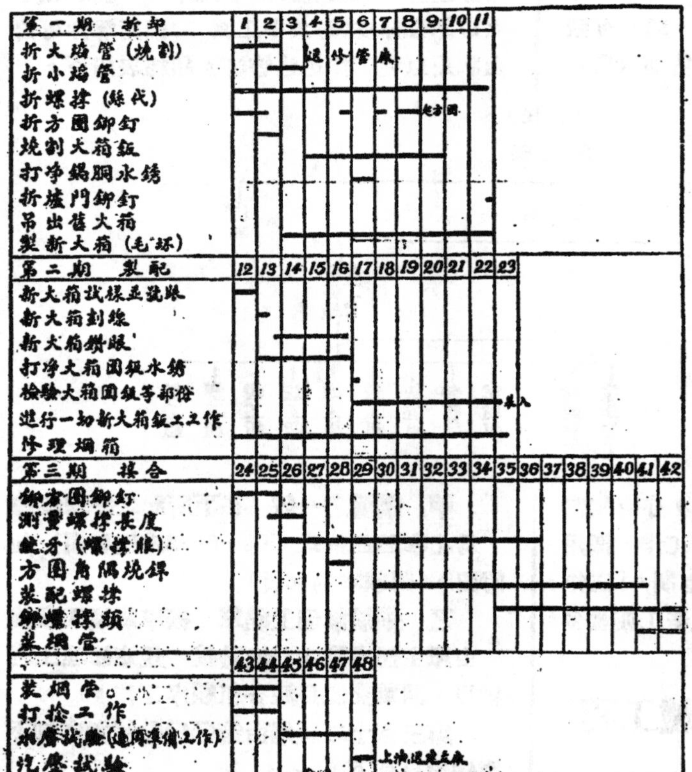

(七) 四十日完成之可能

上述「工作時間研究」，係著者初任職該廠時，悉心記錄編成，雖不免有遺漏之處，然大體不差。現將管見所及，討論由四十八個工作日縮短爲四十日完成之可能。(一)苟調度得宜（鐵道部考察日本鐵道機廠團考察人員建議有吾國缺少技術職員一條該廠共有工人二百九十餘人能有實權調度一切者僅二人耳）第一期十日可完，第二期亦十日可完，第三期十六日，第四期五日。若是者，總計四十二日竣工矣。此在管理方面着想，可縮短六日之說也。(二)第三期上螺撐工作，有弱點二。鏇螺撐車床與修理間距離太遠，(可五六十呎)遇有不合之處，往返耗時，一也。工人缺乏校對螺撐尺寸之訓練，二也。苟能設法改進，當可縮短二三日。由此觀之，照唐山工廠現下之設備，於四十日完成一大修（換新火箱）機車鍋爐，當屬可能。

自動電閘

Automatic Electric Switch

周公樸

自動電話較人工電話主要優點有三。(一)祕密。(二)準確。(三)迅速。但在裝有分機之用戶。則不得享此利益。因(一)在分機或正機上。可聽得正機或分機上之談話及撥號。卽不祕密。(二)如正分機上同在撥號。互相擾亂號電。卽不準確。(三)如裝有人工扳閘。談話時雖能祕密。但因有在談話中被扳斷之可能。故亦不準確。且不迅速。蓋凡裝分機之用戶。其正分二機之地點。必相去甚遠。每一往來電話。必奔走呼喚扳閘。甚至正分二機扳成兩歧。耗時費事。結果則切斷電路。窒礙横生也。

綜上各因。爰有自動電閘之作。語云。必要者發明之母。斯言誠然。

自動電閘之結構及接綫法。甚簡單。如圖。正分兩機俱間接接於外線。中經繼電機及凝電器各一。正機之繼電機動作時。可切斷分機之電路。而分機動作時。亦可切斷正機之電路。而在繼電機不動作時。可切斷分機之電路。而分機之繼電機動作時。亦可切斷正機之電路。而在繼電機不動作時。正分兩話機卽間接搭連外線。換言之。卽在無電話時正分兩機俱在預備接話之地位。如一機已經接話。他機電路卽被切斷。不能竊聽或撥號。非俟已電話者挂斷。不能作用。以免擾亂已接話者之電話傳遞。

電路之說明如下:——

(一)在無電話時。(卽正分兩機聽筒挂上時)正分兩機對於外線之接續。一如下圖。

(二)如有電話來。交流振鈴電。卽由a綫同時經 $\left.\begin{matrix}T^2\text{—}C^2\text{—分機電鈴—}T^1\text{—}\\ T^3\text{—}C^1\text{—正機電鈴—}T^4\text{—}\end{matrix}\right\}$ 而至b線回局。此時正分兩機。同時鈴響。

(三)如正機拿起聽筒。直流電卽由a線經 T^3——R^1——正機——T^4 而回b線。R^1 卽爲正機所附之繼電機。一經通電。T^1 及 T^2 兩搭線頭之上下唇卽相脫離。分機對於外線及正線之電路。卽被切斷。爰是分機在正機未掛聽筒前。雖拿起聽筒。不能接電。一俟正機掛回聽筒。電路卽呈(四)之狀況。

(四)分機拿起聽筒。直流電卽由a綫經 T^2——R^2——分機——T^1 而回b線。R^2 卽爲分機所附之繼電機。一經通電。T^3 及 T^4 兩搭線頭之上下唇。卽相脫離。正機對於外線及分機之電路。卽被切斷。爰是正機在分機未掛聽筒前。雖拿起聽筒。不能接電一俟分機掛回聽筒。電路卽呈(三)之狀況。

此種裝置。對於兩戶共用一號電話之裝正分兩機者最適宜。其有用一正兩分之三相用戶。亦可裝用。其電路及動作一如附圖。不過改變線切斷法爲單線切斷法而已。自動電閘所需之繼電機　。最好用緩動繼電機。Slow Action Relay。以免被每秒鐘十次斷續之轉號電切斷電路。緩動繼電機之製造。與平常繼電機同。不過緩動繼電機之磁鐵根上。套以紫銅塊。使之因誘電之關係發生易吸不易放之作用如附圖。

據實地試驗。自動電閘可用之於人工電話。但無需緩動繼電機。蓋人工電話無轉號電之擾亂也。

作者附言:——

上述自動電閘。曾經利用人工電話之舊繼電機。製造。試用。可行。但凡事物之創製或改良。羣策羣力必較個人之簡單思想爲有効。尤非一勞可以永逸者。深望　大會同人之有必於斯道者。研究而匡正之。則技術前途幸甚矣。

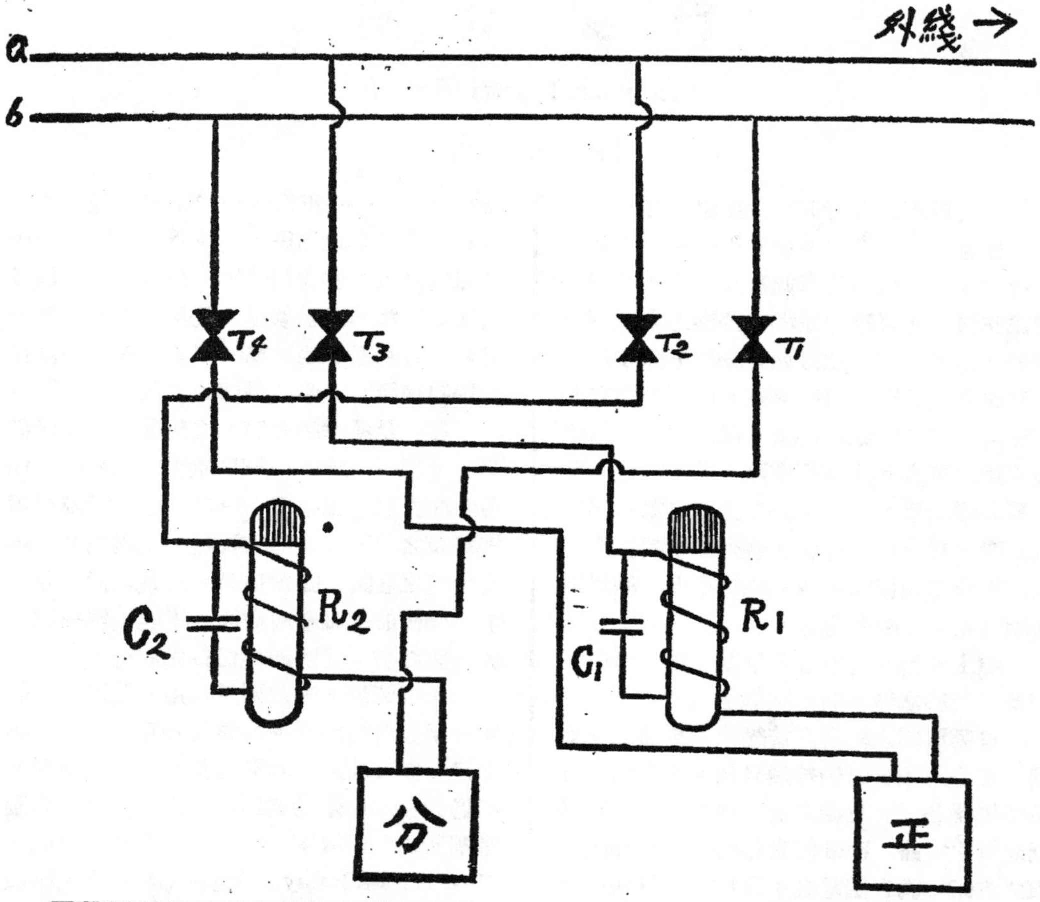

粵漢路湘粵省界隧道工程招標興築

粵漢路自「英庚款」源源撥到後，展築工程，進行甚爲積極。廣東韶州至樂昌一段，經已通車。由樂昌至砰石以達湘境之郴州，爲該路工程最難之一段，計共有長短隧道十六座，其中五座，經已於去年秋間與工，又二座現正招標，定本年二月中，在衡州株韶段工程局開投，又五座將於本年四月間開投，其餘小隧道四座，則六月間開投。該項工程情形，略誌於下：

一•工程地點　最近正在招標之兩隧道，俱爲石質，一長二百三十公尺一長四十六公尺，均在金鷄嶺附近（金鷄嶺瀕臨武水東岸，有舟楫可通樂昌，一日能達。）與砰石相距數華里（砰石爲粵邊之市鎮，當南北通衢，商業尙盛。）第四分段工程處，卽設在金鷄嶺。已由工程局派張工程師金品，駐段主持一切。

二•交通情況　金鷄嶺雖僻處山阪，表面上似覺崎嶇險阻，外間且鮮有知者。然實查該地，亦係南北孔道，交通上甚屬便利，向南達南段通車終點之樂昌，祇約一百二十華里，舟楫下行，不須一日可到，上行水急

17450

亦祗兩天半。至由此向北達廣州東邊境之九公里一段公路，最近已築有規模，不日可通行汽車。再由此邊境經宜章衡州，而北達長沙，與湘鄂段火車接連，已早有公路汽車行駛，往來絡繹不絕。行客如由漢口至該處，第一日搭火車（車行約十四小時，票價祇六七元。）到長沙。第二日乘汽車（三百華里，湘車行約六小時，票價五元肆角。）到衡州（卽粵漢工程局所在地。）第三日再搭汽車（三百二十華里，車行約八小時，票價陸元五角。）到宜章，再轉到（約五十華里，乘轎約四小時，脚力兩元。）砰石。沿途風景清幽，山明水秀，行旅毫不感痛苦。

三·工作情形　該段設有材料廠，在樂昌車站，將來尙須在金鷄嶺設立分廠，儲備英國式比國式鑿石壓汽機及輕便鐵軌，泥石斗車甚多，可充分租給包工應用，而湘境工人，生活程度又甚低，每日工資祇三四角，且多係修築公路時代所訓練，成績及效率皆優，招僱亦易，雖千百指顧而集，故有包工來該處承辦無須在外地預招基本工人，致多費用。並聞該路工程局，因力求工事迅捷，對於包工工作儘量予以便利，並在其經濟方面，如每月收方造賬付款等等，更採用簡便方法，予以實力上之援助，務使包工不致墊款過多，稽壓過久，使進行上受無形之打擊。

四·運輸方面　工作上所用洋灰，鐵件，硝磺，炸藥等材料，均由該路預購儲放樂昌車站碼頭，包工可在該處領取，僱船北運，費用與時間，均甚經濟。其木料則就地可以採備，價格極廉，且由此邊界北達衡洲，該路亦自備有工程汽車多輛，可供運料之用。

日常應用單位對照表

(1)壓力對照表

$$1\ \frac{\text{公斤}}{\text{平方公分}}\left(\frac{\text{Kg}}{\text{Cm}^2}\right)=14.223\ \frac{\text{磅}}{\text{平方吋}}\left(\frac{\text{Lbs}}{\square''}\right)$$

$$1\ \frac{\text{磅}}{\text{平方呎}}\left(\frac{\text{Lbs}}{\square'}\right)=4.9\ \frac{\text{公斤}}{\text{平方公尺}}\left(\frac{\text{Kg}}{\text{M}^2}\right)$$

$$1\ \frac{\text{磅}}{\text{平方吋}}\left(\frac{\text{Lbs}}{\square''}\right)=0.0703\ \frac{\text{公斤}}{\text{平方公分}}\left(\frac{\text{Kg}}{\text{Cm}^2}\right)$$

$$=0.7037\ \text{公尺水高}$$

(2)功能單位對照表

1 公尺公斤（MKg）　= 7.233　呎磅（Ft. Lbs.）

1 公熱單位（Kg Cal.）= 3.968　英熱單位

1 英熱單位（B.T.U.）= 0.252　公熱單位

$$1\ \frac{\text{英熱單位}}{\text{磅}}\left(\frac{\text{B.T.U.}}{\text{Lbs.}}\right)=0.55\ \frac{\text{公熱單位}}{\text{公斤}}\left(\frac{\text{Kg Cal.}}{\text{Kg}}\right)$$

1 瓦特小時（WH）= 365　公尺公斤

1 啓羅瓦特小時(KwH) = 860　公熱單位

= 3411　英熱單位

1 公馬力小時（CVH）= 632　公熱單位

1 英馬力小時（HPH）= 2544　英熱單位

17451

(3)功率單位對照表

1 啓羅瓦特 (Kw) = 1.36 公馬力 (CV)

= 1.34 英馬力 (HP)

$= 102\ \frac{\text{公尺公斤}}{\text{秒}}\left(\frac{\text{MKg}}{\text{sec.}}\right)$

1 公馬力 (CV) = 735 瓦特 (W)

$= 75\ \frac{\text{公尺公斤}}{\text{秒}}\left(\frac{\text{MKg}}{\text{sec.}}\right)$

1 英馬力 (HP) = 746 瓦特 (W)

$= 550\ \frac{\text{呎磅}}{\text{秒}}\left(\frac{\text{Ft. Lbs.}}{\text{sec.}}\right)$

數字遊戲(儀)

142857 之迷

(1)以左端之一字，依此移置左端(即第一得數移置末位)，其結果等於原數142857之3,2,6,4,或5倍:—

142857 =1×142857

428571 =3×142857

285714 =2×142857

857142 =6×142857

571428 =4×142857

714285 =5×142857

(2)以8×142857=1142856 以左邊之一字與右邊末一位相加仍142857

以9×142857=1285713

285713+1=285714

285714÷2

=142857

以23×142857=3285711

285711+3=285714

285714÷2

=142857

以345×142857=49285665

285665+49=285714

285414÷ 2=142857

(3)以7×142857=999999

999999−142857=857142

857142÷6=142857

17452

17453

膠濟鐵路行車時刻表

下行（西行）列車

站名＼車次	5 各級等	3 各級等	11 三等	13 三等	1 特等各級
青島開	七•〇〇	一二•〇〇	一五•〇〇		二一•〇〇
大港開	七•一一	一二•一一	一五•一三		二一•一〇
四方開	七•二〇	一二•二〇	一五•二三		二一•一八
滄口開	七•三五	一二•三五	一五•四〇		二一•三三
女姑口開	七•四七	一二•四七	一五•五五		不停
城陽開	七•五六	一二•五六	一六•一四		二一•五三
南泉開	八•一三	一三•一三	一六•三三		不停
藍村開	八•二六	一三•二六	一六•四九		二二•一九
李哥莊開	八•三五	不停	一七•〇三		不停
膠東開	八•四七	不停	一七•一六		不停
膠州到	八•五九	一三•五三	一七•三〇		二二•四六
膠州開	九•〇一	一三•五五	一七•四九		二二•四八
芝蘭莊開	九•一八	一四•一〇	一八•〇九		不停
姚哥莊開	九•二七	不停	一八•一九		不停
高密到	九•三八	一四•二六	一八•三一		二三•一九
高密開	九•五三	一四•四一	一八•四九		二三•三〇
辛莊開	一〇•〇五	不停	一九•〇三		不停
蔡家莊開	一〇•一六	一五•〇一	一九•一六		不停
塔耳堡開	一〇•二六	一五•一三	一九•三一		不停
丈嶺開	一〇•三六	一五•二三	一九•四四		不停
岞山開	一〇•五四	一五•四〇	二〇•一四		〇•二一
黃旗堡開	一一•〇三	一五•四九	二〇•二五		不停
南流開	一一•一一	不停	二〇•三四		不停
蝦蟇屯開	一一•二六	一六•〇九	二〇•五五		〇•四八
坊子到	一一•三九	一六•二三	二一•一〇		一•〇一
坊子開	一一•五四	一六•三七	二一•二五	七•〇〇	一•一六
二十里堡開	一二•〇六	一六•四九	二一•三九	七•一四	一•二八
濰縣到	一二•一四	一六•五七	二一•四九	七•二四	
濰縣開	一二•一七	一七•〇一		七•三四	一•三九
大圩河開	一二•三〇	不停		七•四九	不停
朱劉店開	一二•四一	一七•二三		八•〇三	不停
昌樂開	一二•五四	一七•三七		八•二六	二•二〇
堯溝開	一三•〇六	一七•四七		八•三九	不停
譚家坊子開	一三•一八	一七•五六		八•五三	不停
楊家莊開	一三•二九	一八•〇四		九•〇七	不停
青州到	一三•四四	一八•一八		九•二六	二•五五
青州開	一三•四六	一八•二〇		九•四一	二•五七
普通開	一三•五八	不停		九•五五	不停
淄河店開	一四•〇八	一八•三九		一〇•〇七	不停
辛店開	一四•二一	一八•五三		一〇•二三	不停
金嶺鎮開	一四•三五	一九•〇七		一〇•四一	不停
湖田開	一四•四四	一九•一六		一〇•五三	不停
張店到	一四•五五	一九•二五		一一•〇三	三•四九
張店開	一五•一〇	一九•四六		一一•一八	四•〇七
馬尚開	一五•一九	不停		一一•二八	不停
周村到	一五•三八	二〇•一一		一一•五三	四•二三
周村開	一五•四〇	二〇•一三		一二•〇三	四•三五
大臨池開	一六•〇四	不停		一二•二七	不停
王村開	一六•一六	二〇•四六		一二•五一	不停
普集開	一六•二六	二〇•五六		一三•一四	不停
明水開	一六•四一	二一•一一		一三•三四	五•一五
棗園莊開	一六•五一	二一•二一		一三•四六	不停
龍山開	一七•〇五	二一•三五		一四•一一	不停
郭店開	一七•二〇	不停		一四•二八	不停
王舍人莊開	一七•三一	二一•五八		一四•四三	不停
黃臺開	一七•四四	二二•一四		一四•五八	六•一八
北關開	一七•五一	二二•二〇		一五•〇六	六•二五
濟南到	一七•五六	二二•二五		一五•一三	六•三〇

上行（東行）列車

站名＼車次	6 各級等	12 三等	4 各級等	14 三等	2 特等各級
濟南開	七•一五		一二•一五	一四•一〇	二二•〇〇
北關開	七•二一		一二•二一	一四•一七	二二•〇六
黃臺開	七•三〇		一二•二九	一四•二六	二二•一四
王舍人莊開	七•四四		一二•四三	一四•四四	不停
郭店開	七•五六		一二•五三	一五•〇〇	不停
龍山開	八•一一		一三•〇七	一五•二八	不停
棗園莊開	八•二六		一三•二二	一五•四六	不停
明水開	八•三七		一三•三四	一五•五九	二三•〇一
普集開	八•五四		一三•五〇	一六•三三	不停
王村開	九•〇五		一四•〇一	一六•四五	二三•二六
大臨池開	九•一六		不停	一六•五八	不停
周村到	九•三三		一四•二六	一七•二一	二三•五九
周村開	九•三五		一四•二八	一七•三一	〇•〇一
馬尚開	九•五二		不停	一七•五三	不停
張店到	一〇•〇〇		一四•五〇	一八•〇一	〇•二三
張店開	一〇•二〇		一五•一二	一八•三三	〇•四一
湖田開	一〇•三一		一五•二四	一八•五〇	不停
金嶺鎮開	一〇•四一		一五•三三	一九•〇六	不停
辛店開	一〇•五六		一五•四七	一九•二三	一•〇八
淄河店開	一一•〇九		一六•〇〇	一九•三八	不停
普通開	一一•一九		不停	一九•五一	不停
青州到	一一•三一		一六•一九	二〇•〇六	一•三六
青州開	一一•三四		一六•二一	二〇•一九	一•四八
楊家莊開	一一•四九		一六•三四	二〇•二六	不停
譚家坊子開	一二•〇〇		一六•四二	二〇•四八	不停
堯溝開	一二•一二		一六•五一	二一•〇三	不停
昌樂開	一二•二五		一七•〇三	二一•二五	二•二四
朱劉店開	一二•四二		一七•一三	二一•四〇	不停
大圩河開	一二•五三		一七•三〇	二一•五三	不停
濰縣到	一三•〇四		一七•四一	二二•〇六	二•五九
濰縣開	一三•〇八	六•三〇	一七•四五	二二•一六	三•〇五
二十里堡開	一三•一七	六•四一	一七•五四	二二•二七	三•一四
坊子到	一三•二九	六•五六	一八•〇六	二二•四三	三•二四
坊子開	一三•五〇	七•一〇	一八•二三		三•四一
蝦蟇屯開	一四•〇四	七•二七	一八•三六		不停
南流開	一四•一八	七•四四	不停		不停
黃旗堡開	一四•二五	七•五三	一八•五四		不停
岞山開	一四•三五	八•一三	一九•〇四		四•二〇
丈嶺開	一四•五三	八•三四	一九•二三		不停
塔耳堡開	一五•一一	八•四五	一九•三一		不停
蔡家莊開	一五•二〇	八•五六	一九•四〇		不停
辛莊開	一五•三一	九•〇九	不停		不停
高密到	一五•四二	九•二一	一九•五九		五•〇六
高密開	一五•五七	九•三九	二〇•一三		五•一六
姚哥莊開	一六•〇九	九•五三	不停		不停
芝蘭莊開	一六•一八	一〇•〇三	二〇•二九		不停
膠州到	一六•三五	一〇•二三	二〇•四五		五•四八
膠州開	一六•三七	一〇•三三	二〇•四七		五•五〇
膠東開	一六•四九	一〇•四七	不停		不停
李哥莊開	一七•〇〇	一一•〇〇	[illegible]		不停
藍村開	一七•〇九	一一•一〇	二一•一三		六•一六
南泉開	一七•二三	一一•二五	二一•二六		不停
城陽開	一七•三八	一一•三五	二一•四五		六•二九
女姑口開	一七•四七	一一•五三	二二•〇六		不停
滄口開	一七•五九	一二•〇三	二二•一六		六•四五
四方開	一八•一四	一二•一六	二二•三〇		七•〇三
大港開	一八•二五	一二•二四	二二•四〇		七•一九
青島到	一八•三〇	一二•三二	二二•四五		七•三〇

隴海鐵路行車時刻表

站名	列車次數			
	第一次特別快車自東向西每日開行	第十九次客貨車自東向西每日開行	第二十次客貨車自西向東每日開行	第二次特別快車自西向東每日開行
徐州府	(上午) 第一次 八點十分開			(下午) 八點〇五分到
碭山	十點十六分到 十點二十六分開			五點五十四分到 六點〇四分開
商邱	十二點〇九分到 十二點二十九分開			四點〇二分到 四點十七分開
開封	(下午) 四點三十一分到 四點五十一分開			(上午) 十一點五十五分到 十二點十五分開
鄭州南站	六點五十一分到 七點十一分開			九點四十二分到 十點〇二分開
汜水	八點三十三分到 八點四十三分開			八點四十分到 八點四十二分開
鞏縣	九點二十三分到 九點二十五分開			八點〇四分到 八點〇六分開
孝義	九點四十七分到 九點四十九分開			七點四十六分到 七點四十八分開
洛陽東站	十一點十二分到 十一點四十二分開			六點十五分到 六點三十五分開
新安縣	(上午) 一點十二分到 一點三十二分開			四點五十分到 五點開
澠池	三點二十一分到 三點四十一分開			三點十八分到 三點二十三分開
觀音堂	四點三十七分到 四點四十二分開			二點三十一分到 二點三十六分開
會興鎮	六點〇八分到 六點十八分開			〇點四十二分到 〇點五十二分開
陝州	六點五十分到	(上午) 第十九次 七點二十分開	(下午) 十點二十五分到	第二次 〇點〇五分開
靈寶		八點三十二分到 八點四十七分開	九點〇一分到 九點十六分開	
閿鄉		十點二十一分到 十點三十五分開	七點十三分到 七點二十三分開	
盤頭鎮		十一點五十一分到 十一點五十五分開	五點五十三分到 五點五十六分開	
文底鎮		(下午) 一點二十分到 一點二十三分開	四點五十二分到 四點二十八分開	
潼關		二點二十分到	第二十次 三點三十分開	

自右向左讀

自左向右讀

中國工程師學會會務消息

●中國工程師學會第九次執行部會議錄

日　期　二十二年十一月十一日
地　點　本會會所
出席者　薩福均　黄伯樵　裘燮鈞　王魯新　張孝基　鄒恩泳　朱樹怡
列席者　工業材料試驗所建築委員會沈　怡
工業材料試驗所籌款委員會徐佩璜
李屋身(朱樹怡代)
莫　衡(基金監)
主　席　薩福均
紀　錄　鄒恩泳

報告事項：

總幹事裘燮鈞報告：

(1)分會職員已經改選報告總會者，計有上海，武漢，廣州，北平，太原，長沙，青島，南京等八處。其餘濟南，唐山，天津，杭州，蘇州，美國等六分會，尚未改選報告。

(2)北平分會修理會所共費四百十一元零六分。由總會借予三百元，現已得該分會來信報告修理工程情形。

(3)長沙分會匯來本會年會會員旅行衡山車轎費餘款四百三十元充作工業材料試驗所捐款。

(4)會員趙福靈君新編鋼筋混凝土學一書，由本會担任一切印刷費用，售賣所得，由趙君抽取百分之十五作為版稅。

(5)蘇京滬民營長途汽車公司聯合會，及唐山校友會上海部，租借本會會所，召集會議。蘇京滬民營長途汽車公司聯合會月貼房租三十元，唐山校友會月貼房租十五元。

(6)依照本會年會議決，由本會呈請實業部禁止鎢沙出口一案，業經遞去呈文懇請禁止，玆准批復如下『關於禁止鎢沙出口，本部前與安利洋行所訂鎢沙專銷合同，尙未履行，已將該合同取消，幷提經行政院會議，決議通過有案。至設廠自行製煉一節，洵屬要圖，亦早經計劃，自當次第推行，據呈各情，仰即知照。』

(7)湖北大冶華記水泥廠，請本會致函廣東建設廳證明該廠出品寶塔牌水泥確係國貨一案，查寶塔牌水泥經本會查驗實屬國貨無疑，業已去函證明矣。

討論事項：

(1)出售楓林橋基地案。
議決：由總幹事與擬買方面接洽，照原地價酌加一年之利息作為此次售價，無論如何，不得少過壹萬伍千元。

(2)積極進行籌款建築工業材料試驗所案。
議決：限以三萬元在市中心區域所領地畝建造工業材料試驗所(所有電氣及衛生設備在內)。

(3)交通大學商借衝擡機案。
議決：可借用，惟本會工業材料試驗所成立時，應即交還本會。

(4)工程週刊總編輯張延祥君擬於明年起辭去總編輯職務案。
議決：通過，屆時請由鄒恩泳君担任。

(5)已發給關耀基，高鑑，鍾兆琳，倪鍾澄，等四人技師登記證明書請予追認案。

議決：通過。

◉梧州分會恢復經過

梧州分會自民國十八年桂省政變，會員星散，會務無形停頓；雖屢次有人提議恢復，均以會員人數過少，迄未實行。現會員漸見增多，並達規定以上人數；就梧州一埠而論，富於技術經驗而有志入會者，實不乏人。遂於去年十二月十七日，集合所有會員，假座梧州商埠工務局開會討論，經一致通過，即日恢復梧州分會，並推定分會職員如下：

會長　蘇鑑，
副會長　龍純如，
幹事　秦篤瑞，
文牘　零克嘻。

梧州分會會所，暫設梧州工務局內；現已積極進行會務工作，並從事介紹新會員云。玆將梧州分會會員名單附錄於下：

江世祜	李德晉	李雁南	沈錫琳
卓纘森	封家隆	封祝宗	韋饒梧
秦篤瑞	陶芝對	零克嘻	蒙諮徵
盤珠衡	蕭達文	龍純如	蘇鑑

◉本會爲華記水泥廠證明出品

湖北華記水泥廠經理葉德之君暨總工程師張寶華君來函，略以該廠於去年七月間運粵寶塔牌水泥九千桶，忽經廣東建設廳以該廠前曾停工，防有劣貨冒混禁止銷售，函請本會正式證明，以免誤會。本會查得該廠出品曾經本會化驗合格，該廠雖於十六年因工潮而停工，然於十八年一月即行開工，迄今五載，未見間斷。去年八月底，本會在漢口舉行年會之時，到會會員曾有多人赴廠參觀，目睹全廠工作情形；斯時適聞粵省建設廳禁止寶塔牌水泥在粵銷售，深恐有所誤會，影響國產，當時曾由本會董事吳承洛，胡庶華，會員郭楠等會發電報證明，並請准照國貨一律待遇。嗣該廠既又函請正式證明，本會爲提倡國產鼓勵工業起見，自甚樂予援助。爰於去年十月間由會正式致函粵省建設廳證明一切，嗣得粵省建設廳第2047號公函，覆稱該項水泥九千桶已先後轉運出口矣云云。

◉本會呈請國府禁止鎢沙出口並自籌鍊鎢

鎢之用途極關重要，可製鍊爲工具鋼及軍用鋼，世界各國視爲國防命脈。如在電燈泡中應中鎢絲，則功用之大，亦倍蓰於白金。吾國鎢之產量占世界全部產額百分之七十；國內鎢鑛區域並不甚廣，僅廣東，湖南，江西，三省有之，而以江西較夥。綜計三省每年產鎢多至萬噸，少亦四五千噸。惟由本國直接利用，幾絕無之，類皆被外國收買，一經鍊成工具鋼或軍用鋼，又復售諸我國，利權外溢，莫此爲甚！而軍用鋼來自外人之手，尤受牽制。本會對於各項材料，素極注意，查得鎢沙用途關係甚大，竟被外人操縱，甚爲憂慮。爲國防計，爲工業計，非禁止鎢沙出口不可。在去年秋間年會將此問題提出討論，經議決呈請政府禁止鎢沙出口，並提議辦法二則：

(一)中央政府確定鋼鐵政策，凡與冶鐵鍊鋼有密切關係之各項原料，均應禁止出口，而鎢鑛尤在首先禁止之列。

(二)實業部所設鎢鑛局立即辦理結束，其委托美商安利洋行銷售鎢沙一節，宜即停止進行。

本會於去年十月間根據上述各節，呈請實業部轉呈國民政府確定鋼鐵政策，一面由

17458

實業部將鎢鑛局立即停辦，勿與任何外商協議銷售鎢沙事宜。同時速辦自行製鎢辦法，以資補救。經實業部批覆如下：『呈悉。關於鎢沙出口，本部前與安利洋行所訂合同，尚未履行，已將該合同取消，并提經行政院會議，決議通過有案。至設廠自行製鎢一節，洵屬要圖，本部亦早經計劃，自當次第推行。據呈各情，仰即知照。此批。』

◉新會員錄出版

本會會員通訊錄，每年訂正重印，力求準確，以利檢查。本屆即二十三年一月編刊之新會員錄，業已出版，並經分寄各會員，凡會員未曾收到者，請逕向本會索取。

◉徵求人才

(甲)某省建設廳，欲聘請工程人員，凡具有下列資格之一者，均可應徵：

(1) 國內外大學或專門學校工科畢業，在工程界服務一年以上者。

(2) 甲種工業學校畢業，或與中學畢業程度相等，曾任監工職務一年以上者，具有(1)項資格經驗者，經審定後得派充測繪員，佐理工程師，或副工程師，月薪自七十元至二百元。具有(2)項資格經驗者，經審定後得派充監工員，月薪自卅五元，至六十元。均派在該省各工程處及測量隊服務。

(乙)某職業學校擬聘土木專科教員一人其條件如下：

(1) 國內外大學以土木科著稱之優秀畢業生。

(2) 有教學興趣並具有相當經驗者。

(3) 能自編中文講義，並操普通國語者。

(4) 能担任土木科各門功課者。

(5) 每週授課時間最多不逾二十小時。(包括實習繪圖等)。

(6) 待遇每月約一百四五十元左右，年以十二個月計算。

(7) 本人及家眷可以住校並備簡單傢俱。

以上兩處，如願應徵一者，請將詳細履歷寄上海南京路大陸商場本會會所，以便彙轉。

◉更正

本刊3卷2期總號係43,誤刊42,特此更正。

◉本刊「工程」發行"橋樑輪渡專號"預告

「工程」九卷三號，爲"橋樑輪渡專號"已由編輯部請定茅唐臣先生主編，定期六月一日出版，特此預告。

◉年會論文委員會啓事

「工程」五卷一號爲中國工程師學會第三屆年會論文專號，承各會員紛投論著，篇篇珠璣，均已分別刊登。惟內有楊景樋君「可能度學說於電話問題之應用」一篇，因僅寄來一三兩章；王子祐君「冀北金鑛創設六十噸工廠計劃之選冶試驗報告」，因原圖照片尚未寄到；駱會慶君「工程名詞訂標準」，因篇幅過長；未能刊登，深爲遺憾，此外朱一成君「收音與空管的進展」，錢慕寧君「水電兩廠合併經營之利益」，徐宗涑君「水泥旋窰用煤之比較方法」，胡樹楫君「內地城市改進居住衛生問題之商榷」，李書田君「圖解梯形重心之二十四原理及其畫法」及黃炎君「施華閣樁載重試驗」各文，當於此後各號陸續登出，又陸增祺君著「時間經濟」一篇，業已轉送工程週刊登載。(即在本期週刊登出)。謹此聲明，並誌謝忱。

17459

●會員通訊新址

湯雲臺 (通)北平東城柴廠胡同六號華洋義賑總會工程股轉
傅銳 (職)南昌行營參議
(住)南昌中山路123號
陸桂祥 (住)上海青海路善慶坊13號
周明衡 (住)上海梅白克路祥豐里十號
鄭肇經 (職)南京全國經濟委員會
周宗蓮 (職)開封黃河水利委員會
周樂熙 (住)上海山海關路梅白克路轉角懋益里20號 Tel. 31445
許行成 (職)南京全國經濟委員會公路處
唐子穀 (職)湖南衡州江東岸株韶路局
程干雲 (住)北平乾麵胡同三號
覃修典 (住)北平西四牌樓禮路胡同43號
趙祖庚 (住)松江城內三公街
戚允中 (職)南通縣政府
盛紹章 (住)重慶千廝門內小河順城街21號甘公館
盧炳玉 (職)南京中山路炳耀工程公司
黃季巖 (職)上海江西路361號建華營造公司
李爲駿 (職)青島膠濟路工務第一段
沈慕曾 (職)蘇州三元坊工業學校
葛澧 (職)浦口津浦鐵路業務促進委員會
李瑞琦 (通)廣州河南同福東路人海寄廬
李祖彝 (住)上海極司非而路32號
丁人鯤 (職)開封湖南建設廳
甄雲祥 (職)開封黃河水利委員會
勞乃心 (職)浙江金華城內酒坊巷41號
馮簡 (職)北平北平大學工學院
吳保豐 (職)上海四川路電報局
陳體誠 (職)福州省政府建設廳
高麒瑾 (職)上海電力公司
(住)上海八仙橋青年會
高鏡瑩 (住)天津英租界44號路潤興里三號
張貴裔 (職)漢口武漢電話局
王鏧灝 (職)南京西華門建設委員會
常毅 (住)南京東瓜市陰陽營培德里十號
程本臧 (職)重慶道門口第一模範市場華西興業公司
楊承訓 (職)南京全國經濟委員會
(住)南京火瓦巷39號
徐善祥 (職)上海沙涇房子建華化學工業公司 Tel. 10797
鄭成祐 (職)廣州市惠愛西路198號三樓鄭成祐事務所
劉子琦 (職)廣州市惠愛西路198號三樓鄭成祐事務所
甘嘉謀 (職)廣州市惠愛西路198號三樓鄭成祐事務所
陳克誠 (職)武昌省立職業學校
(住)武昌大吉祥巷8號
馬育騏 (職)南京黃浦路衛生實驗處
卞攻天 (職)上海天寶路翔華電氣公司
王季緒 (住)北平西四北溝沿186號
費福燾 (職)無錫南門外永泰絲廠
(住)蘇州桃花塢240號
楊毅 (職)北平平綏路機務處
曾泃 (職)重慶市市政府城區工務派出所
(住)重慶朝天門沙井灣33號
馬少良 (住)上海老靶子路福生路德康里13號
茅以昇 (職)天津海河工程處
陳志定 (職)鎮江建設廳
王元康 (職)上海四川路416號中國建築材料公司
張貽志 (職)濟南經二路緯二路中棉歷記
石充 (住)南京磨盤路16號
徐鐍 (職)天津北寧鐵路管理局
邱志道 (職)湖南衡州粵漢路株韶局轉
劉峻峯 (職)江蘇新浦老窰荷蘭治港公司
何之泰 (職)南京全國經濟委員會水利處
周承濂 (職)開封黃河水利委員會
孫昌克 (職)南京建設委員會
應繼成 (通)江蘇海門常樂鎮源盛糧行轉
陳樹儀 (住)南京丁家橋高門樓承厚里4號
連濬 (住)上海威海衛路福蔭里79號連寓
王崇植 (住)南京陶谷村二號
侯家源 (職)杭州杭江鐵路局

17460

工程週刊

(內政部登記證警字788號)
中國工程師學會發行
上海南京路大陸商場542號
電話:92582
(稿件請逕寄上海本會會所)

本期要目

中華民國23年1月26日出版
第3卷第4期(總號45)
中華郵政特准掛號認為新聞紙類
(第1831號執據)

定報價目:每期二分;每週一期,全年連郵費國內一元,國外三元六角。

上海市政府電話自動接線機

編輯者言

工程進步日新月異,電話蓋亦如是。現時國內各城市幾均採用自動式之電話機,惟辦事機關應用新式電話設備如現刻之上海市政府者尚屬鮮見。上海市政府在市中心區域建造市政府及各局新屋,裝置新式電話設備,辦事效率,頓見增進。本刊讀者對於此項設備當甚注意而欲得悉;爰請主持其事者鄭馮兩先生撰文披露本刊以餉讀者諸君。

17461

上海市政府及各局新屋電話設備概況

鄭葆成 馮汝𢇁

1.概說

上海市政府及各局在市中心區所建新廈內之電話設備，係由市政府自行置備，僅向交通部上海電話局租用中繼線，供對外通話之用。全副設備，計有用戶三百門之步進式自動接線機一套，用戶三百門及中繼綫十五對之交換機一台，及其他蓄電池，電動發電機等一切附屬設備。現有話機二百具。市政府及各局內部互相通話，純係自動，向外通話，亦係自動，惟外來電話，則由交換機之司機生，接至內部各用戶。

除普通電話外，為增進辦事效率起見，並備有各項特種設備，其重要者如下：

(1) 自動手接兩用設備 此項設備，供高級職員於通話時，得隨其意志，自行撥號接線，或令特設之司機生，代為撥號接線之用。

(2) 超接設備 此項設備，供高級職員有要事須與某職員通話，而該某職員適正與其他方面通話，線路被佔時，得佔用其線路，與之通話之用。

(3) 問話設備 此項設備，供職員與外界通話時，得向其他職員，用電話詢問或商洽之用。

(4) 電話會議設備 此項設備，供高級職員可不離坐位，即在電話中，舉行會議之用。

(5) 尋人信號設備 此項設備，利用電話，發出各種電燈信號，供尋覓高級職員之用。

(6) 火警設備 此項設備，利用電話，供報告火警之用。

上述電話設備全部，係向西門子電機廠訂購，除市政府及各局屋內明暗管線及自總機接至各局之電話纜外，統歸該廠裝置。此項工程總價，為國幣五萬一千五百七十二元六角六分。

市政府內部之電話線路，用暗管裝置，各局臨時房屋內之電話線路，用明線裝置。此項工程，均與其他電燈，電力，電鐘等線路設備，一併另行招標承裝。

至市政府與各局臨時房屋間之連絡，則用地下電纜，裝以鐵管。電纜與鐵管，總價四千三百十元。其埋設工程，由市政府自行辦理。

各項計劃，均由公用局擬定。市政府內部裝管工程，開始于二十年十月。隨同建築工程，依次進行。嗣一二八事變發生，工程停頓數月，直至二十一年七月，始復繼續進行。至二十二年五月，暗管工程，全部完竣，乃開始穿線。一面於六月中旬，由西門子廠，開始裝置電話總機等件。而各局臨時房屋內之明線工程，亦於八月間開始。市政府與各局間之地下電話纜，則在九月下旬埋設。至十月上旬，全部電話設備，即已大致就緒。現除一部分之特種設備，尚未裝竣外，均已全部完工。在各項工程進行期間，均由公用局指派人員，常川在場監工，以昭慎重。

對外通話，向交通部上海電話局租用中繼線十五對。此項中繼線，係由該局閘北分局，直接通至市中心區。其中八對，供與華界各處通話之用；其餘七對，則經由閘北分局之配線架，而與特區內上海電話公司之線路接通，專供與特區方面直接通話之用。

2. 線路系統及裝置

三百門自動接線機及交換機，設在市政府第四層北首之一室內，市政府及各局臨時房屋內之全部電話，總匯於此。

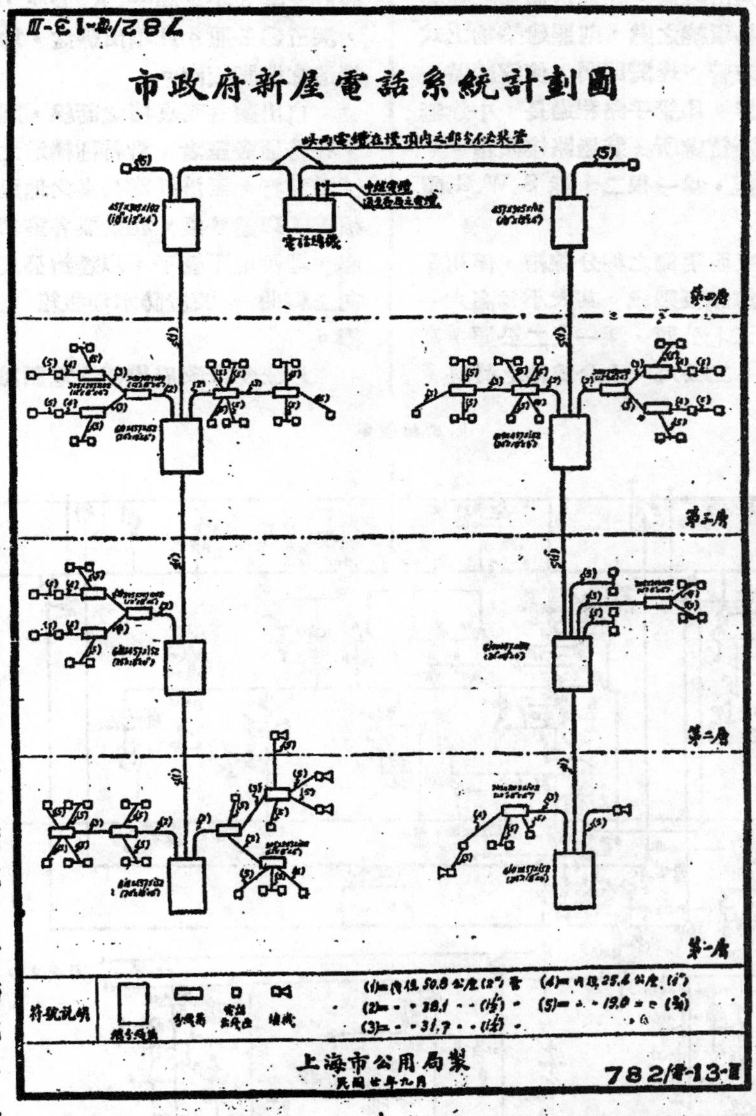

自市政府屋外西北角起，並行埋設內徑五十一公厘，及七十六公厘之地下鐵管各一路，直達第一層西首廁所內之牆壁交角處。其五十一公厘者，藏納來自上海電話局閘北分局之中繼電纜，七十六公厘者，則用以藏納自市政府電話室通至各局臨時房屋之電話纜。此兩路電話纜，均自第一層西首廁所內之牆壁交角處起，並行上昇，穿過第二第三兩層，而達第四層內之電話室。

市政府內部之電話系統，自總配線架起，在第四層之塿頂內，安放電纜二路，一向東南行一向西南行，至房屋東西兩部之某地點後，在牆壁內，設置內徑五十一公厘之總管二路，直向下行，經過第四第三第二各層之總分線箱，而達第一層之總分線箱。故市政府內部之電話線路系統，分為東西兩部。

自各層內東西兩總分線箱起，在牆壁塿頂內，埋設各種大小之分管，直達各室內之電話出線盒；或經過適當地點之小分線箱後，再達各出線盒。

市政府內部之電話線路，全部為暗管裝置。此項暗管，為內外鍍鋅之無縫鋼管，隱藏于牆壁及塿頂之內。其裝法絕對避免有集水之處，其因地位關係，不得不向上彎曲者，在其最低處，裝置接棧盒或垂直管，以便排洩管內之汽水。管子轉角處之圓弧內半徑，至少較管之口徑大六倍，彎度在九十度以下者，均用大圓弧。其環繞方形柱樑時，在每個轉角，裝置與建築物密貼之直角出線盒，繞樑或繞柱管子，在轉角處成凹角者，用裏開門式直角出線盒；成凸形者，用外開門式直角出綫盒；在頂壁交角處之繞樑管子，則不論凸角凹角，均用側開門式直角出綫盒。在曲折過甚之建築物上，管子不易環繞之處，則照建築物之式樣，特製鐵皮方管，逢灣開門，使穿線時，手指可伸入工作。凡管子路程過長，中途無分支者，則擇適當處所，裝過路接頭箱。

管內電話線，爲一根二十號 S.W.G.頭號黑橡皮線。

又各層內東西兩側之總分線箱，係用厚度三公厘之鍍鋅鋼板製成。其大小爲高六一〇公厘，闊四五七公厘，深一五二公厘，高度在地板上一·二公尺。小分線箱之材料，與總分線箱同，其大小爲高三〇五公厘，闊二〇三公厘，深一〇二公厘，位置在牆壁貼脚板之上方。

電話出線盒，以厚度二公厘之鍍鋅鋼板製成。其大小爲高一〇〇公厘，闊一〇〇厘，深五〇公厘。此項出線盒，均隱藏于特種構造之貼脚板內。

自出線盒至桌機之話線，則分兩種裝法。在普通各室者，沿特種構造之貼脚板內，繞壁而行，至接近辦公桌之地點後，另裝槽板線，以達各桌。在重要各室者，自出線盒起，埋設地下管子，以達辦公桌之位置後，向上彎曲，裝置防水地板箱，以便裝接桌機。

以上爲市政府內部之電話線路系統及裝

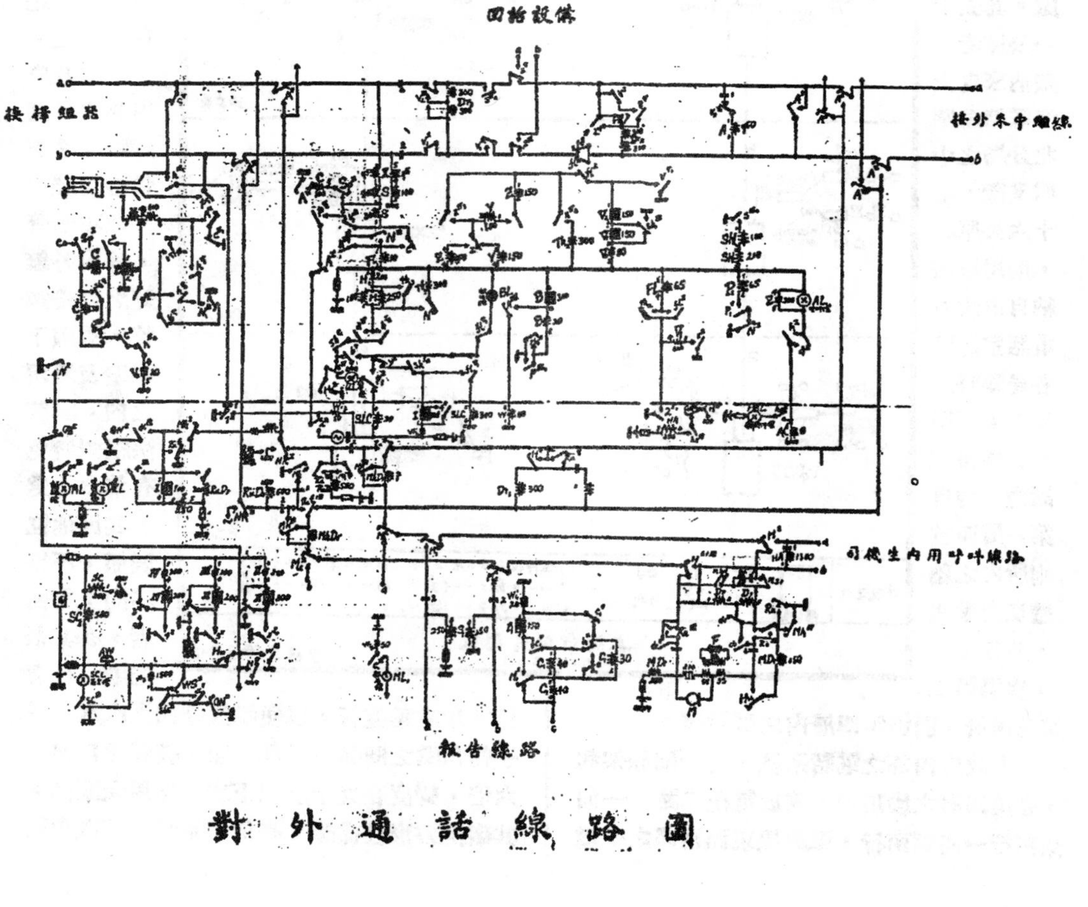

對外通話線路圖

法。自市政府接至各局臨時房屋之地下電話纜，則係鉛包乾心紙絕緣式，而裝入白鐵管內。分為二路，一向西北行，至社會教育衛生三局之臨時房屋，一向東北行，至土地工務兩局之臨時房屋。對數各一百對。該二路電話纜，抵各臨時房屋後，各沿壁面上昇，達第二層之墁頂內，更分為五十對之電纜兩路，在墁頂內，行至房屋中部之東西兩側，然後穿入敷設於壁面之內徑二五．四公厘垂直鋼管內，向下直行，經過第二層內東西兩分線箱後，以三十對之電纜，達第一層之東西兩分線箱。自此項分線箱起，以達各電話機之話線，則為一根二十號 S.W.G.之頭號黑橡皮線，用明線裝法，沿穿室內壁面之上部而行。

3. 設備概況

(1) 自動接綫設備一套，容量為三百門，所備機件如下：

甲．揀線器架六架， 每架裝有下列各件：

尋線器 五具 繼電器斷續器 一具

換極器 一具 信號用蜂鳴器 一具

及監督用繼電器，安全開關，接線板，保險絲，及監督燈等件。

電話室佈置圖

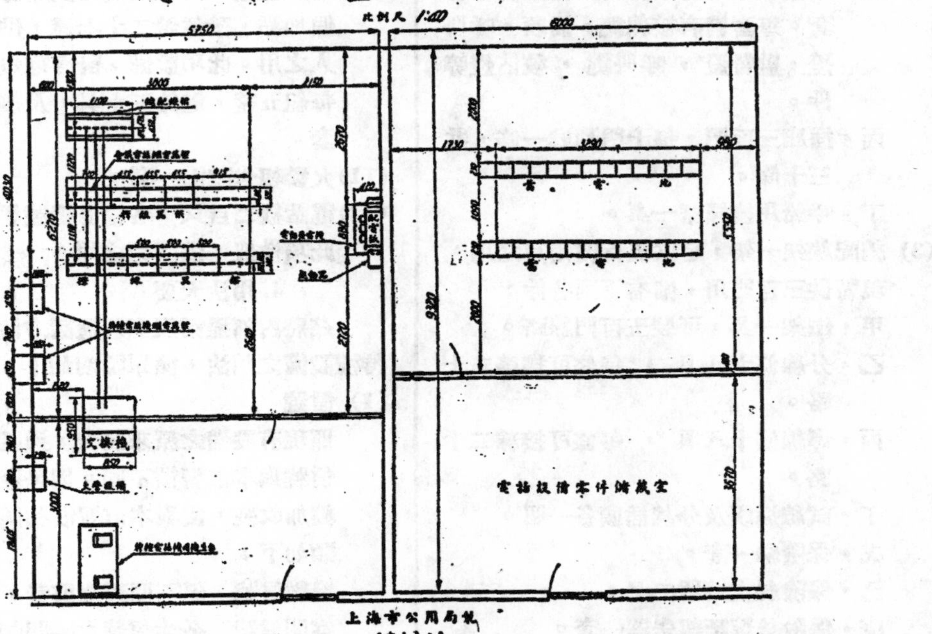

乙．用戶繼電器三十套，每套有繼電器十只。

丙．揀線器三十具，每具附有繼電器一套。

丁．揀組器架三架，每架可容揀組器十具，裝有監督用繼電器，安全開關，接綫板，保險絲，信號燈等件。

戊．揀組器三十具， 每具附有繼電器一套。

(2) 交換機一具，容量為用戶三百門，及外

17465

來繼線十五對。用以接受外來電話，傳達於內部各用戶。此項交換機，為單條接線繩式，附有單線囘話線路，能與任何方式之自動電話合作。接受外來電話時，祗須將其中繼線之插頭，插入所呼用戶之插座。內部用戶向外通話，純係自動，由通話者先撥所屬電話機關之號碼，俟聞得撥數信號後，再撥所需通話之用戶號碼可也。交換機所備之機件如下：

甲・立式交換台一座，其容量可裝中繼線十五對，及內部用戶三百門。備有各中繼線公用之各項器件，司機生電話機一具，及待候插座五個。

乙・中繼線路附有單線囘話線路者十五套。每套備有接線繩，插頭，呼叫燈，監督燈，呼叫鍵，被佔燈等件。

丙・插座三百門，每十門列成一條，共三十條。

丁・呼鈴用換極器一具。

(3) 總配線架一架，足供五百門用戶之用，現暫供三百門用，備有下列各件：

甲・鐵架一具，可裝五百門線路。

乙・分線條十八具，每條可接線二十路。

丙・焊線條十八具，每條可接線二十路。

丁・試線插頭及分線插頭各一個。

戊・保險絲一套。

己・保險絲重熔器二具。

庚・保險絲熔斷報告器一套。

(4) 蓄電池兩組，每組十二只，電壓二十四伏而脫。如以三十安培放電，至少可供給三百安培小時，

(5) 配電板一架，管理蓄電池之充電及放電。可供充電電流六十安培之用。除裝有電壓表，電流表，及各種開關外，並有最小電流節制開關一具。

(6) 電動發電機一套，供蓄電池充電之用。交流方面為三相220/380伏而脫，3.8安培。直流方面為24—35伏而脫，充電電流可至31.5安培。附有起動器，及整壓器。

(7) 代接線設備一套，安置於交換機隣近。為司機生代特種用戶撥號接線之用。

(8) 特種用戶電話機八具，此種電話機，可用以超接，並可令司機生代為撥號接線。

(9) 電話會議設備一套，可供主席一人及其他十人通話會議之用。主席可令司機生代為召集應行參加之各戶。

(10) 尋人設備一套，用燈光及鈴聲，在三十個地點，發信號二十七種，供尋二十七人之用。此項設備，計有電燈三十組，每組五盞，電鈴三十具，及接線設備一套。

(11) 火警報告設備一套。

(12) 電話機二百只，各備有撥號盤及揿鈕，此項揿鈕，供囘話之用。

4. 用法大要

茲將內部通話及對外通話方法，及各項特種設備之用法，簡單說明如下：

(1) 信號

照現有設備之原來裝置，通話時之三種信號與本市習慣不同。因恐發生錯誤，經加改裝，使與本市習慣相同。信號種類如下：

撥數信號　係不間斷之聲音。

空閒信號　發生信號之時間短，而間斷之時間長，約為一與五之比。

被佔信號　聲音急而斷續，發生信號之時間與間斷之時間相等。合計之，等于空閒信號內發生信號之時間。

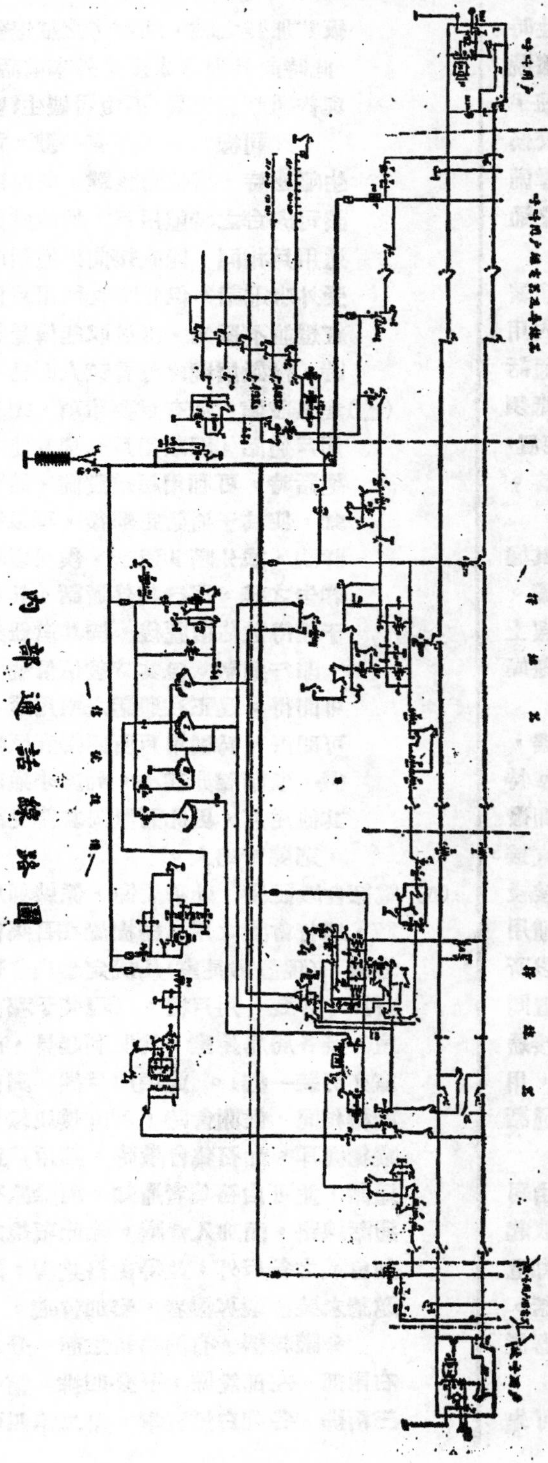

內部通話線路圖

(2) 內部通話

內部通話，純係自動。通話時，祗須將傳受話器取起，撥轉所欲通話之用戶號數，即可。反之如接得電話，祗須將傳受話器取起，即可通話。通話完畢，將傳受話器置回架上，線路即自動清除。

(3) 對外通話

向外通話，與內部通話相似，亦係完全自動。但須先撥所屬電話機關之號數。(照現時裝置，如欲與上海電話局之自動電話用戶通話，須先撥8字；如欲與上海電話公司之用戶通話，須先撥9字)。俟聞得來自各該機關之撥數信號，即可續撥所欲通話用戶之號碼。

至於外來電話，則概由交換機之司機生代接，內部用戶聞鈴聲後，取起傳受話器，即可通話。

通話完畢後，祗須將傳受話器置回架上，線路即自動清除，或自動給予司機生信號，使其清除。

交換機上，尚有下列三種設備，供用戶平時或在對外通話中，有事須詢問交換機之司機生或其他用戶之用。惟其中同話與閃光兩種設備，僅限于得使用電話機上揿鈕之用戶使用之。

(甲)同話設備　用戶在對外通話中，如有事須詢問其他用戶，可按其機上之揿鈕，將手離開，即可聞得撥數信號，然後撥轉所欲詢問之用戶號碼，與之通話。詢問既畢，再將揿鈕一按，即回復原來對外通話之綫路。如欲再向其他用戶詢問，仍可依此項手續行之。但須注意者，按揿鈕時，一按即可，不可過久，否則交換機上發生閃光現象。

(乙)閃光設備　用戶在對外通話中

，如有事須告知交換機之司機生時，可用此項設備，以省回話時撥號之煩。用時祇須將其機上之撳鈕，按之略久，（約十餘秒鐘）則交換機上發生閃光現象，使司機生準備回答，用戶將手離開，卽可與之通話。

（丙）報告綫　各用戶與司機生通話頻繁，故為便利計，除設有司機生內用呼叫線路，專備與內部各用戶通話之用外，另裝報告綫。其用法祗須撥轉報告綫之號碼，（按現時裝置，應撥0字），卽可靜候司機生回答。

（4）特種用戶機

特種用戶機之異于尋常話機者，卽其機上裝有自動手接兩用設備及超接設備。此兩種設備並無相互關係。前者以機上加裝之鍵管理之；後者以機前之撳鈕操縱之。

（甲）自動手接兩用設備　特種用戶機，在通常情形之下，係屬手接式。特種用戶取起其傳受話器時，可聞撥數信號，但聲音較小，而不能直接撥轉號碼。其時專供特種用戶接綫之司機台上，卽發生信號。特種用戶於聞得司機生之回答時，告以所欲通話之處後，仍將傳受話器置回架上，以待司機生代為呼叫。接通後，再由司機生呼用戶機之鈴，用戶可再取起傳受話器，與所欲通話之處通話。

特種用戶之外來電話，亦由司機生代接，特種用戶聞鈴聲而取起其傳受話器時，卽由司機生告知電話之來處，如因事不欲與之通話，卽可告知司機生，並將傳受話器置回架上，否則卽可通話。

特種用戶如欲自行撥號，可先扳其加裝之鍵，則鍵旁之紅燈發光。此時向外通話或接受外來電話，均與普通話機無異，不由司機生轉接。

又司機台上，亦有一鍵。司機生離座時，可扳動該鍵，則連接于該司機台之特種用戶，均改成與普通用戶相同，能直接向外通話或接受外來電話。但此時特種用戶機之紅燈並不發光，惟於取起傳受話器時，撥數信號之聲音較大而已。

（乙）超接設備　如有重要事項，須與某用戶通話，而該用戶適與其他方面通話時，可利用超接設備，簡單告知，使其于通話完畢後，再以電話詳詢，或先斷其通話，俟另以呼叫詳告之後，再行對外通話。其用法于聞得被佔信號後，按其撳鈕勿釋，卽行通話。但其時被佔信號，仍可聞得。且正在通話之兩用戶，亦可聞得，特種用戶所聞得者反較輕微，通話聲亦甚小。如原來通話之其他用戶，因此而置回其傳受話器，則聲音略大。

（5）電話會議設備　此項設備，係供利用電話，舉行會議之用。總機置在召集會議者處，（現置市長室）凡規定參與會議之各戶，各裝一用戶機。（現裝于秘書長室，及各局局長室，為便利起見，市長室亦另裝一機）。此項用戶機，與普通話機相同，惟開會時，可直接連接于會議總機耳。如召集會議時，某用戶正在通話，並可由召集者通知，清除原有之通話線路，而加入會議。除此項規定參加會議之各戶外，並得由召集者，臨時邀請未裝會議專機者，參加會議。

會議總機，有備略斜之面，分為左右兩部。左部設備，計分四排。第一第三兩排，各列白燈五盞，第二第四兩排

17468

，各列用戶撳鈕五個。各撳鈕適位於各燈之前。每一用戶撳鈕，管理所屬用戶之信號，與會與退席，即以此撳鈕前之白燈（名用戶燈）表示之。右部第一排之左端，有白燈二盞，第二排在該二燈之前，各有撳鈕一個，此項撳鈕，名爲接綫撳鈕。右端有紅色撳鈕二個，在第一排者，名超接撳鈕，在第二排者，名清除撳鈕。其第三排之右端，列有二燈，一爲綠色，名會議燈，用以表示是否在會議之中；一爲紅色，名散會燈，此燈熄滅，即表示會議停止。第四排在此二燈之下，亦各有一撳鈕，用以管理此二燈之使用，故名曰會議撳鈕及散會撳鈕。其左首另有一黑色撳鈕，其前無燈，所以輔助兩接綫撳鈕，爲擇號之用，名曰撥號撳鈕。

召集會議時，由召集人取起傳受話器，將應行與會之各用戶撳鈕，一一按下，則各該撳鈕所屬之燈，發急速之閃光，以表示所屬各用戶機之鈴鳴。同時會議燈及散會燈，亦均發光。各用戶聞鈴聲而取起其傳受話器，則其所屬之燈，即穩定不閃，在會議中之各用戶，即可與之互相通話。

如召集會議時，某用戶適在通話，則其指示之燈，發甚緩之閃光。召集人如欲令其參與會議，可利用會議總機上之超接撳鈕及清除撳鈕，清除其原有之通話綫路，而使其加入會議。

會議時，召集人如欲令某用戶退席，則再按該用戶之撳鈕可也。如是則該用戶機即脫離會議總機，而燈光亦熄。

召集人如臨時欲邀請未裝會議專機之用戶參加會議。可先按撥號撳鈕，則召集人即脫離會議，而接于自動接綫機中，同時第一接綫撳鈕所屬之燈，發甚緩之閃光。俟聞得撥數信號後，即可照內部通話方法，與欲令參加會議之用戶通話，俟告知後，再按此接綫撳鈕，則均接入會議中矣。此時該接綫撳鈕所屬之燈，發穩定之光。如再欲邀請另一未裝會議專機之用戶，則仍照上法，按第二接綫撳鈕可也。

召集人如因故須暫時退席，置回其傳受話器，則會議燈熄滅。但各用戶燈及散會燈均仍發光，表示會議不因召集人之退席而停止。如召集人仍欲加入會議，祇須取起傳受話器，並一按會議撳鈕可也。

召集人宣布散會時，祇須按散會撳鈕，則全部指示燈均熄，而會議停止。與會者欲退席時，祇須置回其傳受話器，則其指示燈自熄。

(6) 尋人信號設備

此項設備，在各規定地點，各裝置信號燈一組及電鈴一具。每組電燈五盞，自上而下，第一第三第五各盞爲白色，第二第四各盞爲紅色，最下裝一電鈴。無論何種信號，此鈴均鳴，使人注意。

尋人時，照內部呼叫方法，撥一用戶號碼，（擬定號碼爲二九九）再照下表，續撥二數字，則發各種指定之信號，其所撥號碼與發光燈位置之關係如下：

所撥號碼	發光燈之位置
01	1
02	2
03	3
04	4
05	5
12	12
13	13
14	14
15	15
23	23

24	24
25	25
34	34
35	35
45	45
63	123
64	124
65	125
74	134
75	135
17	145
26	234
27	245
37	345
66	1234
67	1245
77	1345

燈旣發光，鈴聲隨之，凡見此信號者，均可知所尋何人。凡被尋之職員，可取用任一用戶機，照內部呼叫方法，撥一用戶之號碼，（現擬號碼爲三九九）則燈熄鈴寂，雙方卽可通話。

（7）火警設備

此項設備係供報告火警之用，凡遇發生火警時，可取起用戶機之傳受話器，於聞得撥數信號後，撥轉火警之數字，（現裝者爲七字）卽可與電話室管理火警設備之司機生通話。如再撥一數字，（照機件設計應爲〇字）卽直接接通救火機關之電話。

此項設備，淸除線路之權，操諸司機生手。如司機生不予淸除，則可查得報告火警之用戶之號碼也。

國外工程新聞

1. 蒸汽發動汽車：

在德國卡色 Kassel 地方恆套宋 Henschel & Sohn 機器廠根據「通過加熱器之原理」製造小模型之蒸汽鍋爐，以供發動汽車之用。其發動機係用雙缸聯接式之蒸汽機，裝置地位在後輪軸上，用司機座位前之踏脚以調整蒸汽—由踏脚之上下而支配蒸汽機放入蒸汽之多寡。一倒順車則賴蒸汽機上之調整器。蒸汽鍋爐之動作全爲自動。如壓力及温度之調整皆用電氣自動節制，故駕車者無須顧及壓力之狀況及鍋爐內水之高低。自冷水至發蒸汽之時間，僅約須二分鐘。自該蒸汽機發出之廢汽使其經過車身前面之冷却器而變成水，以便復供蒸發蒸汽之用。因鍋爐用水爲循環式，故其損失甚低微。所採用之燃料爲德國自產之各種重油，費用頗省。據稱該項設備對於使用上及保養上之優點甚多，如聯接軸套及變換齒輪等均可免除。該機器廠曾製造一蒸汽載客汽車，經試驗後，結果頗為圓滿，德國工業界多認此項改造甚有希望云。(異)

2. 能言之鐘：

為散播標準時間起見，邇來巴黎天文台有自動及繼續不絕用電話傳報時間設備之裝置。查現代普通所用校對時間之設備多採用無線電收音機或電話機。惟其準確時間之信號則用宏量之三個聲音以為記。例如本埠徐家匯天文台於每日上午十一時及下午五時用無線電發報準確時間。巴黎天文台係用自動「能言之鐘」陸續發報時間。茲將該鐘之構造附圖簡略說明之。

該鐘之構造係基於有聲影片之原理（參看附圖）。鉛質旋鼓A於每二秒鐘被一電動機推動一次。該電動機另與一標準鐘聯接（因受該鐘電流之感應，故其時間洽合二秒鐘。）該鼓上計載有九十句不同數目之有聲談話影片D。其中二十四句用於小時，六十句用於分鐘，及六句用於秒鐘。即該鐘於每小時，每分鐘，每十秒，每二十秒及每三十秒鐘發報各一次。從有聲影片反射之光線大半皆

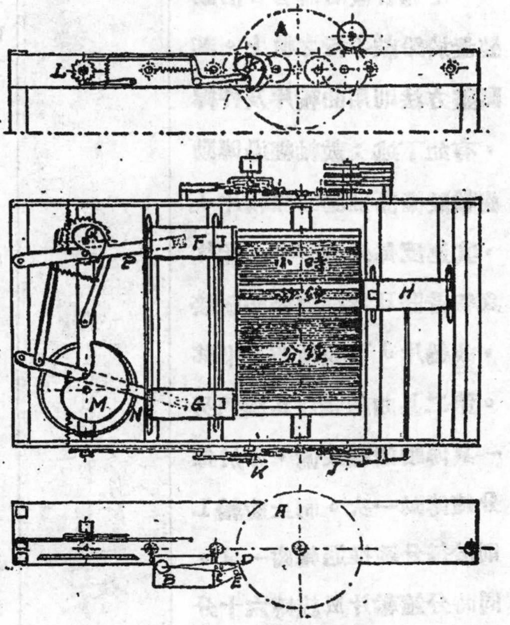

巴黎天文台「能言之鐘」略圖

說明：

A＝鉛質旋鼓
B＝燈泡
C＝鏡頭
D＝電影片
E＝照印器
F＝指(報)小時話筒)
G＝報分鐘話筒
H＝報秒鐘話筒
J＝曲線輪片
K＝曲線輪片
L＝制止齒輪
M＝分鐘輪片
N＝杆桿
P＝杆桿

由照印器E所吸收，其電流則與影片話聲之高低相成比例。此項發音器共有三具，即F（報小時），G（報分鐘），H（報秒鐘）。此項發音器係由一幻燈B，一鏡頭C，一照印器E，及一加強燈泡合組而成。凡遇有電話詢問時間者，則上述之三具發音器陸續自行聯接，則詢問者立即可得準確時刻之答話矣。

上述各發音器皆各活動裝置於鉛豎平行之軌上。其調整方法則用曲輪片及杆桿，有如下述：鼓軸經過傳動齒輪設備而推動曲線輪片J，其速度每分鐘一轉。此片與報音器H為杆桿等相聯接，故輪片J可隨軌將H推移。第二具曲線輪片K經過另一具傳動齒輪設備，亦於每分鐘傳動一次。制止齒輪L則於每分鐘推過輪齒一只，同時分鐘輪片M旋轉六十分之一週。由M調整之杆桿N於每分鐘移動報分鐘器G至其適合之有聲影片地位，因M片為桃形，故於每小時後受彈簧之力復原狀，因之推動與N桿相聯之制止齒輪至二十四之一轉，再由杆桿P移動報小時器F。

再電動機之電源為蓄電池。（貝）

3. 世界最高天綫塔：

美國登納西 Tennessee 省，拿盧維爾 Nashville城新建M S W無綫電台一座。其天線高塔之建造，最為新穎。塔上之天線係豎立式，為畢次堡Pittsburgh城卜羅諾克斯公司 Blaw-Knox Co. 所製造，已經享有專利權者。塔用鋼製，高達 286公尺，聞為世界最高之天線塔云。塔基係三公尺見方之三和土基座而建於石地之上。塔之形式如圖所示，恰為兩隻尖塔相接而成，形如橄欖。塔底寬度僅711公厘，至中部繫鋼索處放寬至 11.6公尺，近頂又縮至914 公厘。所有鋼料約 150 噸。塔本身高約 229 公尺，再上為杆，高約57公尺。塔之周圍用八根鋼索繫持，每根直徑50公厘，長途 171 公尺。本台電力為 50,000 瓦特。（泳）

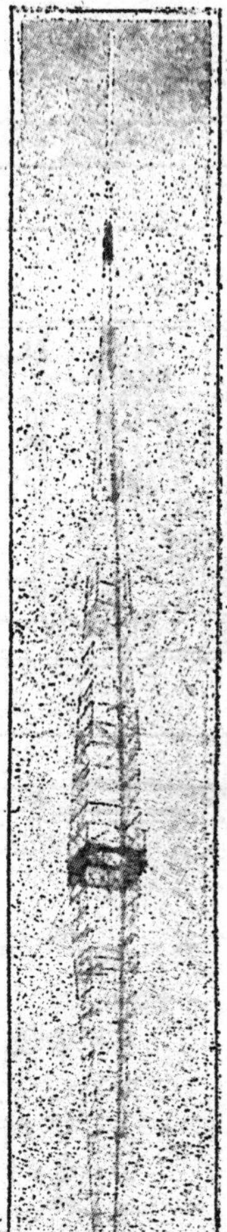

數字遊戲（儀）

(I)不可思議之 37037

37037× 3＝	111111
37037× 6＝	222222
37037× 9＝	333333
37037×12＝	444444
37037×15＝	555555
37037×18＝	666666
37037×21＝	777777
37037×24＝	888888
37037×27＝	999999

(II)不可思議之7

15873×7＝	111111
31746×7＝	222222
47619×7＝	333333
63492×7＝	444444
79365×7＝	555555
95238×7＝	666666
111111×7＝	777777
126984×7＝	888888
142857×7＝	999999

膠濟鐵路行車時刻表

下行（西行）列車

站名 ＼ 車次	5 各等 飯	3 各等 飯	11 二三等	13 二三等	1 特等 各等 臥
青島開	七•〇〇	一二•〇〇	一五•〇〇		二一•〇〇
大港開	七•一二	一二•一二	一五•一二		二一•〇六
四方開	七•二〇	一二•二〇	一五•二〇		二一•一三
滄口開	七•三五	一二•三五	一五•四〇		不停
女姑口開	七•四七	一二•四七	一五•五五		二一•三二
城陽開	七•五六	一二•五六	一六•〇四		不停
南泉開	八•一二	一三•一二	一六•三〇		不停
藍村開	八•二六	一三•二六	一六•四九		二二•二九
李哥莊開	八•三五	不停	一七•〇二		不停
膠東開	八•四七	不停	一七•一六		不停
膠州到	八•五九	一三•五三	一七•三〇		二二•四六
膠州開	九•〇一	一三•五五	一七•四九		二二•四八
芝蘭莊開	九•一八	一四•一〇	一八•〇九		不停
姚哥莊開	九•二七	不停	一八•一九		不停
高密到	九•三八	一四•二六	一八•三一		二三•二九
高密開	九•五三	一四•四一	一八•四九		二三•三〇
芊莊開	一〇•〇五	不停	一九•〇三		不停
蔡家莊開	一〇•一六	一五•〇一	一九•一六		不停
塔耳堡開	一〇•二六	一五•一二	一九•三一		不停
丈嶺開	一〇•三六	一五•二三	一九•四四		不停
岞山開	一〇•五四	一五•四〇	二〇•一四		〇•三一
黃旗堡開	一一•〇三	一五•四九	二〇•二三		不停
南流開	一一•一二	不停	二〇•三四		不停
蝦蟆屯開	一一•二六	一六•〇九	二〇•五五		一•〇二
坊子到	一一•三九	一六•二三	二一•一〇		一•〇六
坊子開	一一•五四	一六•三七	二一•二五	七•〇〇	一•二八
二十里堡開	一二•〇六	一六•四九	二一•三九	七•一四	一•二九
濰縣到	一二•一四	一六•五七	二一•四九	七•二四	不停
濰縣開	一二•一七	一七•〇一		七•三四	不停
大圩河開	一二•三〇	不停		七•四九	不停
朱劉店開	一二•四一	一七•一三		八•〇三	二•二〇
昌樂開	一二•五四	一七•三七		八•二六	不停
堯溝開	一三•〇六	一七•四七		八•三九	不停
譚家坊子開	一三•一八	一七•五六		八•五三	二•五五
楊家莊開	一三•二九	一八•〇四		九•〇七	二•五七
青州到	一三•四四	一八•一八		九•二六	不停
青州開	一三•四六	一八•三〇		九•四一	不停
普通開	一三•五八	不停		九•五五	不停
淄河店開	一四•〇八	一八•三九		一〇•〇七	不停
辛店開	一四•二一	一八•五三		一〇•二三	不停
金嶺鎮開	一四•三五	一九•〇七		一〇•四一	三•四三
湖田開	一四•四四	一九•一六		一〇•五三	三•四九
張店到	一四•五三	一九•三五		一一•〇八	不停
張店開	一五•一〇	一九•四六		一一•二八	四•〇七
馬尚開	一五•一九	不停		一一•五三	不停
周村到	一五•三八	二〇•一一		一二•〇七	不停
周村開	一五•四〇	二〇•一三		一二•一五	不停
大臨池開	一六•〇四	不停		一二•二七	不停
王村開	一六•一六	二〇•四六		一二•四六	四•二〇
普集開	一六•二六	二〇•五六		一三•〇一	不停
明水開	一六•四一	二一•一一		一三•一四	不停
棗園莊開	一六•五五	二一•二二		一三•二八	五•一五
龍山開	一七•〇五	不停		一三•四六	不停
郭店開	一七•二〇	二一•三五		一四•〇六	不停
王舍人莊開	一七•三一	二一•五六		一四•二八	不停
黃臺開	一七•四四	不停		一四•五八	不停
北關開	一七•五一	二二•二〇		一五•〇六	六•一八
濟南到	一七•五六	二二•三〇		一五•二三	六•三〇

上行（東行）列車

站名 ＼ 車次	6 各等 飯	12 二三等	4 各等 飯	14 二三等	2 特等 各等 飯
濟南開	七•一五		一二•一五	一四•一〇	二二•〇〇
北關開	七•二一		一二•二一	一四•一七	二二•〇六
黃臺開	七•三〇		一二•二九	一四•二六	二二•一四
王舍人莊開	七•四四		一二•四三	一四•四四	不停
郭店開	七•五六		一二•五三	一五•〇〇	不停
龍山開	八•一一		一三•〇七	一五•一八	不停
棗園莊開	八•二六		一三•二一	一五•三八	二二•四一
明水開	八•三七		一三•三三	一五•五九	不停
普集開	八•五四		一三•五〇	一六•二三	二二•五六
王村開	九•〇五		一四•〇一	一六•四五	不停
大臨池開	九•一六		不停	一六•五八	不停
周村到	九•三二		一四•二六	一七•二一	二三•〇九
周村開	九•三五		一四•二八	一七•三一	二三•一二
馬尚開	九•五三		不停	一七•五三	不停
張店到	一〇•〇〇		一四•五〇	一八•〇一	二三•四一
張店開	一〇•二〇		一五•二一	一八•三二	〇•〇一
湖田開	一〇•三一		一五•三四	一八•五〇	不停
金嶺鎮開	一〇•四一		一五•四七	一九•〇六	不停
辛店開	一〇•五六		一六•〇〇	一九•二三	〇•四八
淄河店開	一一•〇九		不停	一九•三八	不停
普通開	一一•一九		一六•一九	一九•五一	不停
青州到	一一•三一		一六•三一	二〇•〇六	一•三八
青州開	一一•三四		一六•三四	二〇•一九	一•四六
楊家莊開	一一•四九		一六•五一	二〇•四八	不停
譚家坊子開	一二•〇〇		一七•〇五	二一•〇三	不停
堯溝開	一二•二二		一七•二三	二一•二五	不停
昌樂開	一二•三三		一七•三〇	二一•四〇	二•二三
朱劉店開	一二•四二		一七•四一	二一•五三	不停
大圩河開	一二•五三		一七•五四	二二•〇六	不停
濰縣到	一三•〇四		一八•〇六	二二•一六	三•〇四
濰縣開	一三•〇八	六•三〇	一八•二二	二二•二七	三•一四
二十里堡開	一三•一七	六•四一	一八•三六	二二•四三	不停
坊子到	一三•二九	六•五六	不停		不停
坊子開	一三•五〇	七•一〇	一八•五四		三•四〇
蝦蟆屯開	一四•〇四	七•二七	一九•〇四		不停
南流開	一四•一八	七•四四	一九•二三		不停
黃旗堡開	一四•二五	七•五三	一九•四〇		不停
岞山開	一四•三五	八•一三	不停		四•二〇
丈嶺開	一四•五三	八•三四	一九•五九		不停
塔耳堡開	一五•一一	八•四五	二〇•一一		不停
蔡家莊開	一五•二〇	八•五六	不停		不停
芊莊開	一五•三一	九•〇九	二〇•三九		不停
高密到	一五•四七	九•二一	二〇•四五		五•〇六
高密開	一五•五七	九•三九	不停		五•〇八
姚哥莊開	一六•〇九	九•五三	二一•〇三		不停
芝蘭莊開	一六•一八	一〇•〇三	二一•一三		不停
膠州到	一六•三五	一〇•二一	二一•三〇		五•四〇
膠州開	一六•四九	一〇•四七	二一•四四		五•四六
膠東開	一七•〇〇	一一•〇〇	不停		不停
李哥莊開	一七•〇九	一一•一〇	不停		不停
藍村開	一七•二三	一一•二五	二二•〇六		不停
南泉開	一七•三八	一一•三三	二二•一六		不停
城陽開	一七•四七	一二•〇六	二二•二六		六•一六
女姑口開	一七•五九	一二•二四	二二•三五		六•二九
滄口開	一八•一四	一二•三五	二二•四三		六•四五
四方開	一八•二五	一二•四〇	二三•〇〇		不停
大港開	一八•三〇	一二•五〇	二三•〇六		七•二九
青島到	[illegible]	一二•五七	二三•一五		七•三五

17473

隴海鐵路行車時刻表

站名	上午／下午	第一次特別快車自東向西每日開行；第十九次客貨車自東向西每日開行	上午／下午	第二次特別快車自西向東每日開行；第二十次客貨車自西向東每日開行
徐州府	上)	第一次 八點十分開		八點〇五分到
碭山		十點十六分到 十點二十六分開	午)	六點〇四分開 五點五十四分到
商邱	(午	十二點〇九分到 十二點二十九分開	(下	四點十七分開 四點〇二分到
開封	下)	四點三十一分到 四點五十一分開	午)	十二點十五分開 十一點五十五分到
鄭州南站		六點五十一分到 七點十一分開		十點〇二分開 九點四十二分到
汜水		八點三十三分到 八點四十三分開		八點四十二分開 八點四十分到
鞏縣		九點二十三分到 九點二十五分開		八點〇六分開 八點〇四分到
孝義		九點四十七分到 九點四十九分開		七點四十八分開 七點四十六分到
洛陽東站	(午	十一點十二分到 十一點四十二分開		六點三十五分開 六點十五分到
新安縣	上)	一點十二分到 一點三十二分開		五點開 四點五十分到
澠池		二點二十一分到 二點四十一分開		三點二十三分開 三點十八分到
觀音堂		四點三十七分到 四點四十二分開		一點三十六分開 一點三十一分到
會興鎮		六點〇八分到 六點十八分開		〇點五十二分開 〇點四十二分到
陝州	(午	六點五十分到 第十次 七點二十分開	(上	第二次 〇點〇五分開 十點二十五分到
靈寶	上)	八點三十二分到 八點四十七分開	午)	九點十六分開 九點〇一分到
閿鄉		十點二十分到 十點三十五分開		七點二十三分開 七點十三分到
盤頭鎮	(午	十一點五十二分到 十一點五十五分開		五點五十六分開 五點五十三分到
文底鎮		一點二十分到 一點二十三分開	(下	四點二十八分開 四點五十二分到
潼關	下)	二點二十分到		第二十次 三點三十分開

自右向左讀（第一次、第十九次）

自左向右讀（第二次、第二十次）

工程週刊第二卷(22-41期)分類總目(一)

工程週刊第二卷(22-41期)分類總目(二)

中國工程師學會消息

工程週刊

（內政部登記證警字788號）

中國工程師學會發行

上海南京路大陸商場 542 號

電話：92582

（稿件請逕寄上海本會會所）

中華民國23年2月3日出版

第3卷第5期（總號46）

中華郵政特准掛號認為新聞紙類

（第 1831 號執據）

本期要目

國際電台添設英機新工程

定報價目：每期二分；每週一期，全年連郵費國內一元，國外三元六角。

眞如發報台馬可尼式發報機

編輯者言

交通部國際電台成立以來，僅有三年之歷史，而成績優越，已為社會所公認。其直接通報各處，近至香港，遠達歐美大陸；再觀其逐年業務消長圖，可知該電台目前業務正在蒸蒸日上，有穩定的發展趨勢，甚可慶賀者也。交通部鑒於倫敦為世界商業中心，華英每年來往電報，幾等出洋報費百分之五十，尚無直接通報綫路，僅能間接傳遞，時間金錢均不經濟，爰於民國廿一年六月向英國馬可尼無綫電公司訂購二十瓩報機兩副，在上海眞如發報台添建房屋，加架天綫，裝置應用。同時在眞如劉行間設置五十對綫裝甲地下電纜一條，並於眞如發報台內添設備用發電廠及機工廠各一所。各項建築工程歷時一載，均於去年十二月底完工，共費英金五萬磅，又國幣四十三萬元。擇於今年二月三日與倫敦正式直接通報。茲將關於該電台新工程情形編輯刊登本期週刊，當亦為讀者所樂閱覽也。

國際電台添設英機新工程

溫毓慶

(一)國際電台建設同溯

我國國際電信事業，四十餘年來，向歸外商水綫公司經營，利源外溢，舉國病之。民國十七年，國民政府統一南北，首謀建設。籌建國際無綫電台於上海，俾與歐美各國直接通報，以維護我對外通信主權之獨立。其經過情形，略誌如次：

最初民國十七年八月五日，廣東政治分會第四十六次政治會議議決案第八項，即有設立國際電台提案。並於魚日電請中央政治會議施行在案。嗣於同年十一月，建設委員會向德國德律風根公司訂購二瓩收發報機四副，又向美國合組無綫電公司訂購二十瓩收發報機二副。籌建發報台於上海之眞如及楓林橋，收報台於寶山之劉行。並與菲列濱合組無綫電公司，美國合組無綫電公司，及德國柏林海陸無綫電公司，訂立上海馬尼刺間，上海舊金山間及上海柏林間，直接通報合同。並在眞如及楓林橋兩台建設未成以前，先於上海成立中菲轉報台，裝置五百瓦特發報機二副。於民國十八年一月十四日與馬尼刺正式通報。

交通部於民國十八年二月向法商長途電話公司訂購十五瓩收發報機一副。同年四月組織國際通信大電台籌備處，並與法國無綫電公司訂立上海巴黎間直接通報合同。

民國十八年八月，交通部奉令統一全國無綫電管理職權，將建設委員會所辦無綫電事業接收歸併。乃於眞如劉行兩處積極征收基地，建築台屋，道路，橋樑，裝置機件，天綫，電纜，電力的設備。民國十九年三月，楓林橋發報台落成，十一月眞如發報台劉行收報台均告工竣。十二月六日舉行開幕典禮，正式與歐美各國直接通報。計自籌備以迄完成，歷時兩載，共費美金四十萬零七千，國幣五十四萬元，爲我國新建設事業之著稱者。

民國廿一年六月，交通部商請導淮委員會協助，經中英庚款委員會撥借英金五萬磅，向英國馬可尼公司訂購二十瓩高能短波收發報話機兩座，並與倫敦帝國交通公司訂立中英通報合同。該項二十瓩收發報台及發電廠暨上海眞如劉行間埋設地下電纜，均於去年底告成。

(二)國際電台三年來擴充綫路及改進收發報速率

(1)對外直接通報線路，逐漸擴充，截至現在，已達十有一線，列表於下。

通報線路	開放日期
上海馬尼剌間	民國十八年一月十四日
上海香港間	民國十八年七月一日
上海巴達維亞間	民國十九年五月一日
上海舊金山間(合組公司電台)	民國十九年十二月六日
上海柏林間	仝上
上海巴黎間	仝上
上海西貢間	民國二十年七月一日
上海日內瓦間	民國二十一年二月五日
上海莫斯科間	民國二十二年三月十日
上海舊金山間(馬凱公司電台)	民國二十二年五月十九日
上海倫敦間	民國二十三年二月三日

(2)電信事業之取得社會信用，以傳遞迅速，收發正確，爲最要條件，國際電台對於發報收報時間，經逐年改進之結果，其最高速率，列表如下。

地點	每分鐘字數（每字以五個字母計）
舊金山	160
柏林	300
巴黎	200
日內瓦	150
莫斯科	80
馬尼剌	150
爪哇	120
香港	80

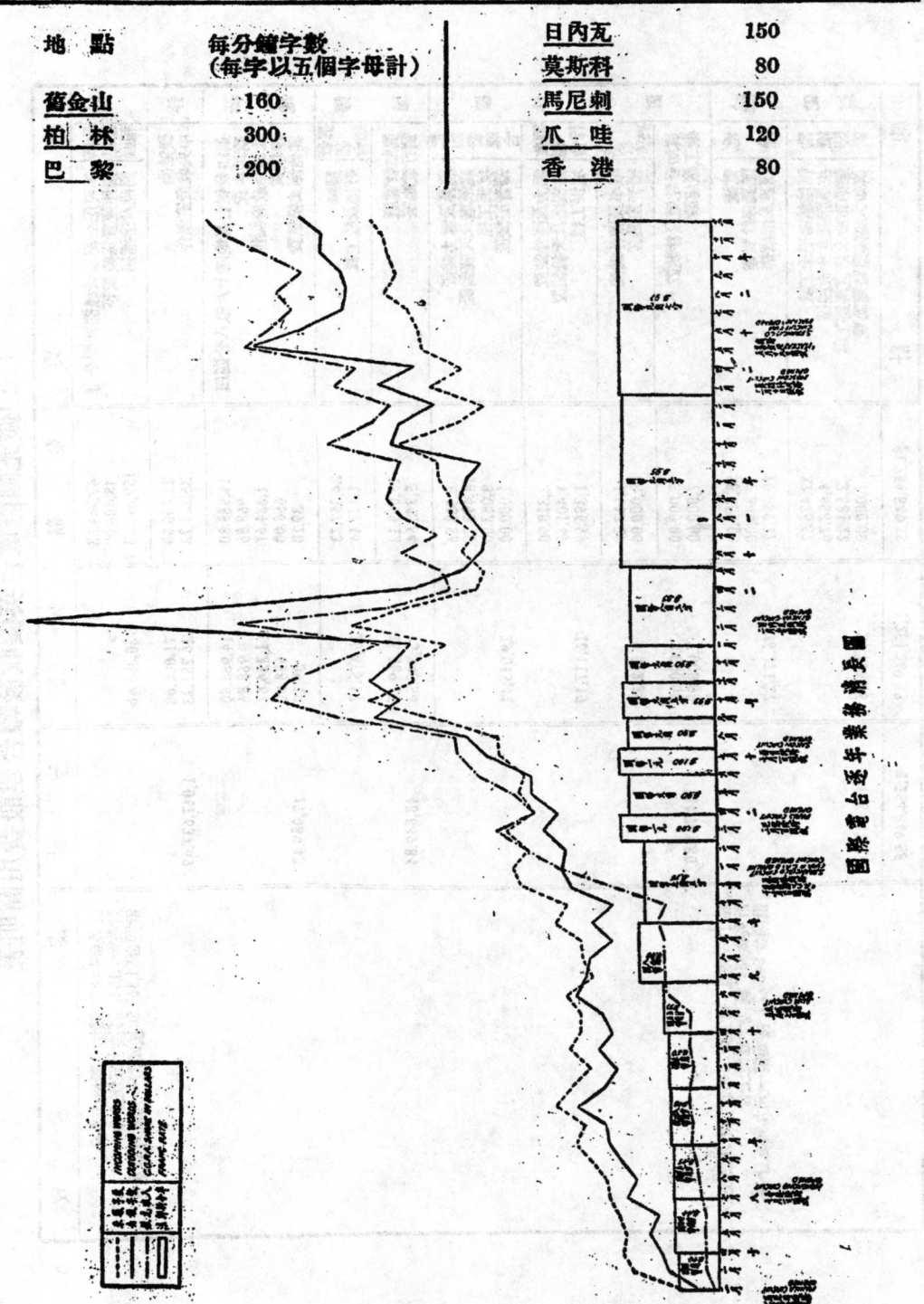

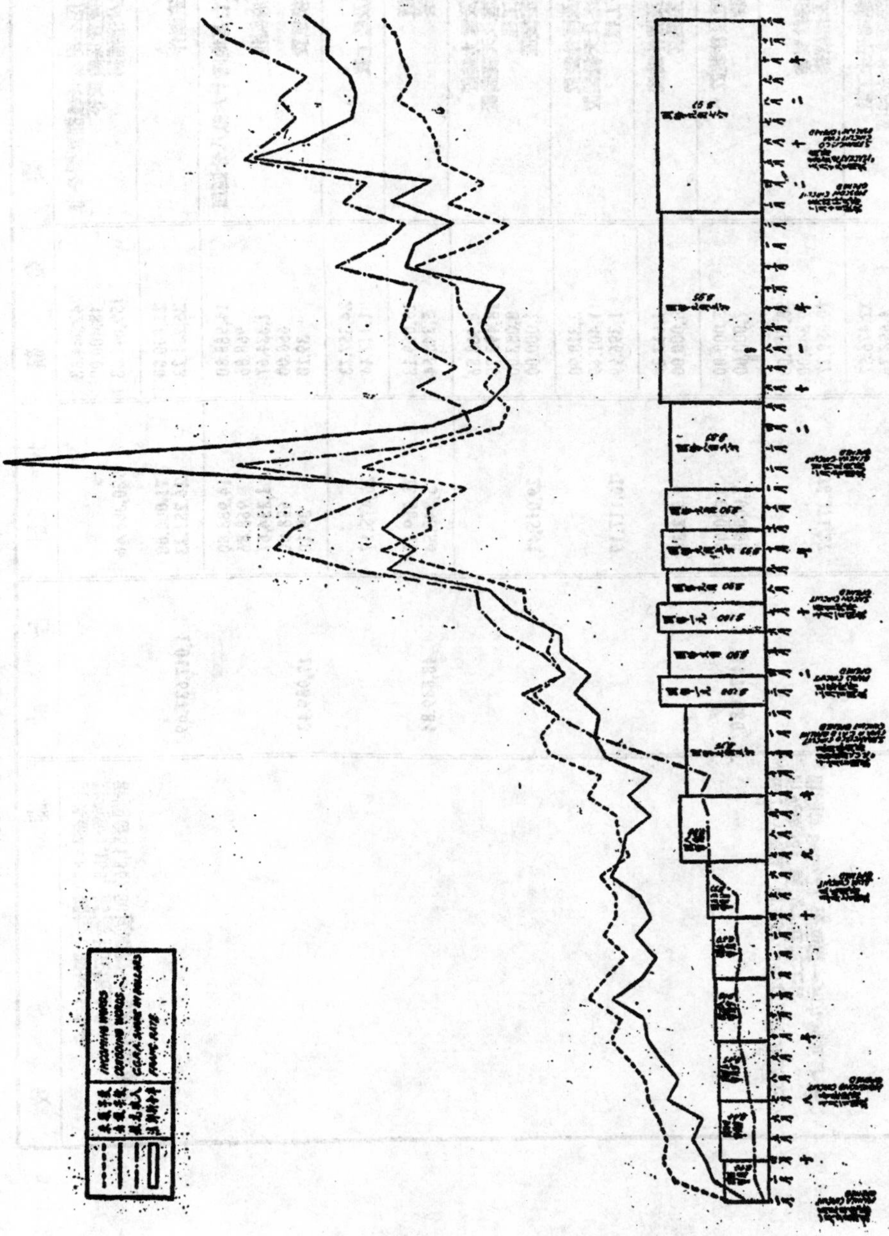

國際電台逐年業務消長圖

(三)擴充國際電台英機收發報台建設費用簡明表

摘		要	金額	小計	合計	備攷
機件	收發報機話機	馬可尼公司收發報機話機全部	742,344.83			計英金44,850.鎊按十四便士半合
		機件運費保險費等	18,400.00			計英金1,150, 鎊按十五便士合
		關稅及浚浦捐	159,641.63	920,386.46		計關金81,867.50按國幣一元九角五分合
		發電機	21,000.00	71,000.00		
		中央收發室機件	26,251.23	26,251.23	1,017,637.69	
基地		眞如發報台基地四十六畝八分四厘	14,988.80	14,988.80		
		購地中費	968.86	968.86		
		上海市政府契稅	1,334.67	1,334.67		
		遷墳費	658.00	658.00		
		其他測丈換單費	39.10	39.10	17,989.43	
房屋	眞如發報台	房屋	24,357.73			
		打樁及監工費	1.117.44	25,475.17		
		眞如發電廠	18,069.13	18,069.13		
		劉行電池室	5,345.54	5,345.54	48,889.84	
機件裝置	眞如發報台	機件及電力裝置	6,468.56			
		鐵塔及天綫裝置	18,493.75			
		填泥工程	8,053.00			
		播音室裝置	1,000.00	29,015,41		
	劉行收報台	電力及機件裝置	3,318.90			
		鐵塔及天綫裝置	11,401.49			
		填泥工程	1,396.99	16,117.19		
	中央收發室	機桌及機件裝置	1,612.30			
		播音室裝置	8,000.00	9,612.30		
		眞如發電廠機件裝置	3,000.00	3,000.00		
		機工廠建設	7,000.00	7,000.00	64,744.80	
地下電纜	電纜	電纜	58,368,00			長十六英里 計英金3648鎊按十五便士合
		運費保險費等	9.344,00			計英金584 鎊按十五便士合
		關稅及濬浦捐	10.659,27	78.371,27		計關金 5466,29 按國幣一元九角五分合
	電纜裝置	掘地鋪磚平土工款	12,476.57			
		生鐵接綫盒水泥柱等	4,658.76			
		繳納市政府修復馬路工款	2,581.22			
		眞如大場間築路補助費	7,000.00	26,716.55	105,087.82	
總計			$1,254,849.58	1,254,349.58	1,254,349.58	

17480

(四)添建英機收發報台工程節要

(泳)

本工程可分爲四類：(1)地基，(2)機器，(3)房屋及其他建築物，(4)地纜。

(1)地基。在眞如發報台之西南角，添購基地46畝8分4厘，供建天綫地點之用。至於其他建築，則在眞如發報台原址之內。收報台在劉行收報台原址內，不另添購基地。中央控制室則在公共租界仁記路口沙遜大廈二樓原有報房內設法騰出地位，裝添新機。

(2)機器。馬可尼公司收發報話機，係於民國二十一年六月二十日交通部與英國倫敦馬可尼無綫電公司簽訂購買馬可尼高能無綫電報電話機件合同而購備者。總價爲英金46,000鎊，包括由英國運到上海碼頭之一切費用。由倫敦中英庚款購料委員會代表交通部分四期付款。機件程式及數量如下：

馬可尼SWB第1號式短波無綫電發報機	2付
馬可尼廣播式無綫電話用調幅機	1付
馬可尼廣播式無綫電話播音室機件	1付
馬可尼RC第24號式短波收報機	2付
馬可尼RC第43號式短波收報機	2付
160英尺高50英尺橫擔之天綫鐵塔	2座
束射式發報天綫及反射綫暨饋電綫等	3付
不定向式發報天綫暨饋電綫等	4付
束射式收報天綫及反射綫暨饋電綫等	5付
不定向式收報天綫暨饋電綫等	3付
備用收發報機及調幅機用眞空管	1付
零星機件及雜件	1付

自民國二十二年三月二十四日起，分十九批運抵上海。發報機件計1254件，收報機件計1264件。自四月十四日起分批報關提貨，分別運往眞如發報台及劉行收報台兩處存儲。計共繳關稅及濬浦捐等159,641.63元。民國二十二年下半年，凡收報發報天綫，收發報機均經先後裝置完工。通報辦法早於民國二十一年六月二十日，經交通部與英國倫敦帝國國際交通有限公司簽訂中英無綫電報合同。通報呼號：對歐爲XGR及XGM，對美呼號爲XGW及XGV。其波長如下：

XGR	62	M.	11540	KC.
XGM	17	M.	17650	KC.
XGW	28.79	M.	10420	KC.
XGV	40.5	M.	7410	KC.

收發報機於二十二年末季先後試用，其他天綫機件等亦均加以測驗，二十三年一月十五日開始與倫敦試驗通報。

中央控制室之機件訂購合同，係於民國二十二年一月二十三日，國際電信局與德國德律風根公司簽訂。總價爲美金6015元，分四期付款。同年四月四日又向英商老晉隆洋行訂購印時機十具及零件，總價美金1091.70元。各項機件如下：

自動發報機	2具
記錄收報機	4具
紙條拉動機	8具
音調擴大機	4具
印時機	10具

各貨均於民國二十二年七月七日間裝妥應用。

發電廠機件，係向南京自來水廠讓購柴油引擎一座及交流發電機一座。茲將全部之機件列下：

道馳牌直立式四衝週無空氣噴油燃重油之柴油機	1座
三相交流發電機連直流勵磁機	1座
配電板	全付
複式壓氣唧筒	1具
十四馬力三相交流電動機	1具
3½英寸進水管抽水機	1具
三四馬力三相交流電動機	1具

全部機件運抵上海後，於去年十一月間開始裝置，至今年一月初旬竣工。

機工廠機件如下所列：

18英寸鏇狀	1架
20英寸桌上車狀	1架

17481

63英寸車牀　1架
94英寸車牀　1架
1英寸鑽牀　1架
6英寸電動磨刀石　1具
¼及⅛英寸手攜電鑽　3具

（3）房屋及其他建築物。眞如英機發報台房屋一所，暨改造美機發報台屋頂，發報機基礎，電纜溝等項工程，係由華中營業公司設計監工，由新榮記營造廠得標承造。發報台電燈電扇工程係由滙通電料行接包。

發報台英機鐵塔兩座，連同劉行收報台之五座，其水泥基礎及填掘泥路工程，係由張樹記營造廠承造，其裝豎工程統由中國聯合工程公司承包，其髹漆工程則由建新營造廠承包。此外尚有吳淞舊鐵塔兩座，拆運眞如改造，以便裝挂不定向天綫；原有法機天綫鐵塔三座，移挂英機天綫，塔頂改建30英尺橫担。杭州舊鐵塔兩座亦移運眞如改造，以便裝挂原有法機天綫。法機天綫鐵塔三座原有鍍鋅拉綫三十六根因年久銹蝕，亦經重行髹漆。

凡天綫之下，及各天綫至發報機室間之輸電綫所經區域，所有池沼河流均經填塔。又電綫泥路工程，或填坑築壩。或修路挖溝，或原路加寬，或填平地勢，亦經招工承包，按期完工。

發電廠房屋一所及發電機基礎工程，係委托華中營業公司設計並監工，由葉同記營造廠承造，標價17137圓，完工後保固三年。廠內電燈工程則另由華成水電材料行承包。

劉行收報台，亦有裝置天綫工程，填河工程。至於中央控制室則在沙遜大廈中央控制室內新闢播音室一間，爲國際播音之用。

（4）地纜。由倫敦中英庚款買料委員會代表交通部向英國地纜公司訂購五十對鎧裝地纜一條，長十六英里，於民國二十二年四月十三日簽訂合同，訂明八星期交貨。總價英金3648鎊。此地纜之詳情如下：

五十對紙包鎧裝地纜，內有三對用金屬外罩。銅心爲20號 S.W.G. 。鉛管厚0,09英寸，含銻質0,85%。

雙重鎧裝，每重厚0,1英寸。

阻力在百度20。時每英里爲46歐姆。

絕緣力於五百伏次時在五百海格以上。

容量力在每英里0,075 邁法拉 (m.f.) 以下。

地纜綫路由麥根路橋南堍145號地纜室起，穿恆豐路橋，經恆豐路，漢中路，華盛路，大統路，交通路，桃浦西路至眞如發報台，是爲南段。再由眞如發報台起，經眞大路而至大場，折向北行，沿滬太汽車路，經唐橋，顧家鎮，劉行鎮，至劉行收報台止，是爲北段。沿地纜溝道共設試驗箱五座，俾便於試驗：其地點 (a)在大洋橋附近，(b)在小場廟附近，(c)在大場附近，(d)在俞家鎮附近，(e)在顧家鎮附近。南北二段地纜之兩端各設接綫架一個，分裝於劉行眞如麥根路三處：(a)劉行接綫架專接收報機，(b)眞如接綫架接通發報機，並聯絡南北二段，(c)麥根路接綫架接通租界租用電話綫。

全綫工程共分三段：(a)眞如發報台至劉行收報台，共放入地纜25盤，(b)眞如發報台至閘北麥根路橋南堍，共放入地纜18盤，(c)麥根路橋南堍至麥根路145號地纜接頭室，放入地纜 0,2 盤。各盤地纜隨放隨接，並於未接之前及已接之後，經試驗妥善，方始埋放。所有第一第二兩段之掘土填土及裝置過橋鐵管等工程，由美昌營造廠得標承包，標價共12044.64圓。至放綫接綫及裝置試驗箱配機報等工作則由國際電信局自行辦理。地纜溝道深三英尺闊一英尺半，係按照上海市工務局指定之地位開掘。地纜之上，先蓋三英寸至五英寸泥土，再蓋以紅磚，以資保護。第三段地纜所經地點，係屬公共租界區域。所有鑿開路面，裝置鐵管，及修復馬路等工作，均由上海電話公司代辦。其放綫接綫等工作，仍由國際電信局自行辦理。

眞如至大場間，原無道路可通。一二八戰役時，十九路軍修築臨時軍用道路後，眞如劉行來往稍便。惟軍路簡陋，阻斷農田洩水之處，時被鄉人挖掘。現在地纜經過該路，殊有修成公路以資保護之必要。爰由國際電信局貼助工程費七千元，商請上海市工務局於最短時期修成眞大公路，現已着手進行矣。

介紹「工程界之職業指導」

粵漢鐵路株韶段工程局長兼總工程司 凌鴻勛

選擇適當職業，為人生事業成功最重要之關鍵，吾國近年來百廢待舉，建設事業衆多，技術人才輩出，惟在養成此項人才之前，多以為工程界待遇較優，每每不問其個人資質，對於工程學術是否相近，冒昧趨向於選擇工程職業之一途，不知工程師之資格，須先具有強健體魄，聰穎智力，勇於辦事，富於決斷，潛心研究，不畏煩瑣，方能勝任，且工程範圍內科目繁多，非有指導茫無頭緒，學者不易尋其門徑，若貿然從事，卽在大學工科畢業，而對於工程界之貢獻，必無良好之結果。美國工程師學會有鑒於此，由華特爾博士 (Dr. J.A.L. Weddell) 史堅拿 (F. W. Skinner) 及惠士萬 (H. E. Wessman) 等工程專家主編「工程界之職業指導」一書 ("Vocational Guidance in Engineering Lines") 幫纂者尙有工程名家五十餘人，此書內容豐富，共六十章，由第一章至第十九章，敘述普通工程，如土木，鑛冶，機械，電氣，化學，航海，軍事等工程應具之要素，載述無遺，簡括而明，由第二十章至第六十章，述近代新闢發之專門工程，如飛機，測量，汽車，市政，公路，水動力，建築，混凝土，橋梁，隧道，鋼鐵，河港，無線電等工程，於新闢發之學理及實用均詳為討論，插圖五十幅，皆美國有名最偉大工程影片，可供學生之研究，為準備升學及選擇職業之模範，可為學者工程師及教授之參考課本，頃已出版，在美國 The Mack Printing Company, Easton, Pa., U.S.A.) 麥克印刷公司發售，有志之士，當以先覩為快，特為介紹於此。

我國每年需要若干機車及車輛

陸增祺

當民國十五年份，吾國鐵路線共長9977.463公里，據海關十六年份貿易報告，輸入機車煤水車及客貨車之價値，為5.471,603關平兩，此數當然為最低的維持車輛費用，各路工廠自造之車輛(尤其是客貨車)，尙未計及也。

從國有鐵路會計總報告 (自民國六年至民國十六年) 統計表觀之，又可得到下列之結果；

(A)機車共計1146輛，每100公里平均有15.2輛，

(B)機車每年平均增加率為18% (民五每100公里為11.6輛)

(C)客車共計1803輛，每100公里平均有24.9輛，每年增加率為13%，在民國五年共計1332輛，

(D)貨車共計16.718輛，每100公里平均有330,9輛，每年增加率爲16%，在民國五年共計10.712輛。

根據民國十三年會計統計總報告之附表內載：

	運輸率 所載客人	(每百公里) 所運噸數
國有各鐵路	5870	3765
南滿	5648	9329

可知南滿之貨運幾三倍於北寧，而四倍於平漢，計核國有各鐵路線之長約四倍於南滿，南滿有機車399輛，客車383輛及貨車6103輛吾國僅有機車1146輛，客車1803輛，及貨車16718輛。

現下不計增添，而預計國有鐵路之維持車輛數，當爲機車每年50輛（機車壽命以20年計算之）客車150輛，（客車壽命作15年計算之），貨車2000輛，（貨車壽命作8年計算之）

苟我國每年平均建築鐵路3200公里，則每年應造機車50輛，客車500輛，及貨車7400輛，以供新路運輸之用。

總上觀之，吾國每年需要車輛之約數爲：

機車 120輛(苟設廠自造，當爲每月10輛)
客車 700輛(苟設廠自造，當爲每月60輛)
貨車9600輛(苟設廠自造，當爲每月800輛)

國外工程新聞

法國防空避毒之構造

法國於歐戰時，以地道車站與屋下地窖作人民防空及避毒之用漸覺不足以應付現代之化學戰爭。最近有莫利思及姚白二氏(M. de Saint-Maurice, 與 M. Jaubert)設計一防空射擊及避毒地窖，其牆壁用鋼筋水泥，柱中夾石灰塊及水泥，牆之四週圍以沙袋，窖頂係用厚度之鋼筋水泥作成。佈置情形見附圖。

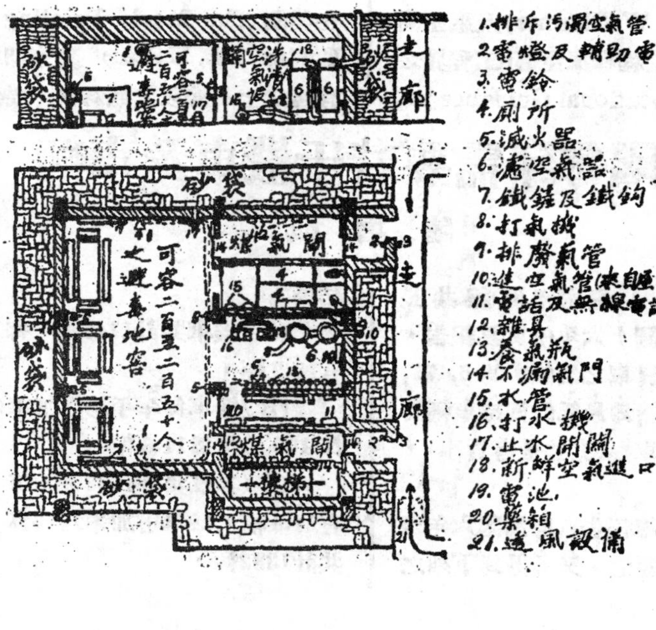

數字遊戲

(一)將單數與雙數分爲兩組列成公式如下：

(1) $1+5+7+\frac{9}{3}=6+8+\frac{4}{2}$　　(儀)

(2) $79+5\frac{1}{3}=84+\frac{2}{6}$　　(伽)

(二)1至9合成100尚有下列各式：

(1) $-(1\times2)\ \ 3-4\ \ 5+\ 6\times7)+(8\times9)=100$

$123-4-5-6-7+8-9=100$

$123-45-67+89=100$ (伽)

(2) $(1\times2)+34+56+7-8+9=100$

$123+4-5-6-7+8-9=100$

$123+4-5+67-8-9=100$

$123-45-67+89=100$ (翹)

(三)1089之迷　將任何三位數中之數字顚倒之與原數相減，其差數中各數字再顚倒之，與原差數相加，必得1089。

例：	任何三位數	762
	顚倒之	267
	相減得	495
	再顚倒之	594
	相加必得	1089

(儀)

17486

膠濟鐵路行車時刻表

下行（西行）列車

站名	5 各等飯	3 各等飯	11 二三等	13 二三等	1 特各等臥
青島開	七•〇〇	一二•〇〇	一五•〇〇		二一•〇〇
大港開	七•一一	一二•一一	一五•一二		二一•一〇
四方開	七•二〇	一二•二〇	一五•二三		二一•一八
滄口開	七•三五	一二•三五	一五•四〇		二一•二四
女姑口開	七•四七	一二•四七	一五•五五		不停
城陽開	七•五六	一二•五六	一六•一四		二一•四三
南泉開	八•一二	一三•一二	一六•三三		不停
藍村開	八•二六	一三•二六	一六•四九		二二•〇九
李哥莊開	八•三五	不停	一七•〇三		不停
膠東開	八•四七	不停	一七•一六		不停
膠州到	八•五九	一三•五三	一七•三〇		二二•四六
膠州開	九•〇一	一三•五五	一七•四九		二二•四八
芝蘭莊開	九•一八	一四•一〇	一八•〇九		不停
姚哥莊開	九•二七	不停	一八•一九		不停
高密到	九•三八	一四•二六	一八•三一		二三•〇九
高密開	九•五三	一四•四一	一八•四九		二三•二〇
辛莊開	一〇•〇五	不停	一九•〇三		不停
蔡家莊開	一〇•一六	一五•〇一	一九•一六		不停
塔耳堡開	一〇•二八	一五•二二	一九•三一		不停
丈嶺開	一〇•三六	一五•三三	一九•四四		不停
岞山開	一〇•四四	一五•四〇	二〇•〇四		〇•一二
黃旗堡開	一一•〇三	一五•四九	二〇•二五		不停
南流開	一一•一一	不停	二〇•四四		不停
蝦蟆屯開	一一•二六	一六•〇九	二〇•五五		〇•四八
坊子到	一一•三九	一六•二三	二一•一〇		一•〇一
坊子開	一一•五四	一六•三七	二一•二五	七•〇〇	一•一六
二十里堡開	一二•〇六	一六•四九	二一•三九	七•一四	一•二六
濰縣到	一二•一四	一六•五七	二一•四九	七•二四	一•三八
濰縣開	一二•一七	一七•〇二		七•三四	一•三九
大圩河開	一二•三〇	不停		七•四九	不停
朱劉店開	一二•四一	一七•二三		八•〇三	不停
昌樂開	一二•五四	一七•三七		八•二六	二•一〇
堯溝開	一三•〇六	一七•四七		八•三九	二•一三
譚家坊子開	一三•一八	一七•五六		八•五三	不停
楊家莊開	一三•二九	一八•〇四		九•〇七	不停
青州到	一三•四四	一八•一八		九•二六	二•三五
青州開	一三•四六	一八•三〇		九•四一	二•五七
普通開	一三•五八	不停		九•五五	不停
淄河店開	一四•〇八	一八•三九		一〇•〇七	不停
辛店開	一四•二一	一八•五三		一〇•二三	不停
金嶺鎮開	一四•三五	一九•〇七		一〇•四一	不停
湖田開	一四•四四	一九•一六		一〇•五三	不停
張店到	一四•五三	一九•二五		一一•〇三	三•四九
張店開	一五•一〇	一九•四六		一一•二八	四•〇七
馬尚開	一五•一九	不停		一一•五三	不停
周村到	一五•三八	二〇•一二		一二•〇三	四•三三
周村開	一五•四〇	二〇•一五		一二•二六	四•三五
大臨池開	一六•〇四	不停		一二•五三	不停
王村開	一六•一六	二〇•四六		一三•〇七	不停
普集開	一六•二六	二〇•五六		一三•一四	五•二五
明水開	一六•四一	二一•一二		一三•三四	不停
棗園莊開	一六•五一	二一•二一		一三•五六	不停
龍山開	一七•〇五	二一•三五		一四•二一	不停
郭店開	一七•二〇	不停		一四•二八	不停
王舍人莊開	一七•三一	二一•五八		一四•四三	不停
黃臺橋開	一七•四四	二二•一五		一四•五八	六•一八
北關開	一七•五一	二二•二〇		一五•〇八	六•二五
濟南到	一七•五六	二二•二五		一五•一三	六•三〇

上行（東行）列車

站名	6 各等飯	12 二三等	4 各等飯	14 二三等	2 特各等飯
濟南開	七•一五		一二•一五	一四•一〇	二二•〇〇
北關開	七•二一		一二•二一	一四•一七	二二•〇六
黃臺橋開	七•三〇		一二•二九	一四•二六	二二•一四
王舍人莊開	七•四四		一二•四三	一四•四〇	不停
郭店開	七•五六		一二•五四	一五•〇〇	不停
龍山開	八•一一		一三•〇七	一五•二八	不停
棗園莊開	八•二六		一三•二三	一五•四六	二三•〇二
明水開	八•三七		一三•三五	一五•五九	不停
普集開	八•四四		一三•五五	一六•三一	二三•二六
王村開	九•〇五		一四•〇一	一六•四五	不停
大臨池開	九•一六		不停	一六•五八	不停
周村到	九•三三		一四•二六	一七•一二	二三•五九
周村開	九•三五		一四•三八	一七•三一	〇•一二
馬尚開	九•五三		不停	一七•五二	不停
張店到	一〇•〇〇		一四•五三	一八•〇一	〇•三三
張店開	一〇•二〇		一五•一二	一八•四〇	〇•四一
湖田開	一〇•三一		一五•二四	一八•五〇	不停
金嶺鎮開	一〇•四一		一五•三七	一九•〇六	不停
辛店開	一〇•五六		一五•四七	一九•二三	一•〇八
淄河店開	一一•〇九		一六•〇〇	一九•三八	不停
普通開	一一•一九		不停	一九•五一	不停
青州到	一一•三一		一六•一九	二〇•〇六	一•二六
青州開	一一•四四		一六•二一	二〇•一九	一•三八
楊家莊開	一一•四九		一六•三四	二〇•三六	不停
譚家坊子開	一二•〇〇		一六•四三	二〇•四八	不停
堯溝開	一二•一三		一六•五一	二一•〇二	一•五三
昌樂開	一二•二五		一七•〇三	二一•二五	二•〇四
朱劉店開	一二•四二		一七•二三	二一•四〇	不停
大圩河開	一二•五二		一七•三〇	二一•五三	不停
濰縣到	一三•〇四		一七•四一	二二•〇六	三•〇三
濰縣開	一三•〇八	六•三〇	一七•四五	二二•一六	三•〇五
二十里堡開	一三•一七	六•四一	一七•五四	二二•二七	三•一四
坊子到	一三•二九	六•五六	一八•〇六	二二•四三	三•二六
坊子開	一三•五〇	七•一〇	一八•二三		三•四一
蝦蟆屯開	一四•〇四	七•二七	一八•三六		四•〇五
南流開	一四•一八	七•四四	不停		不停
黃旗堡開	一四•二五	七•五三	一八•五四		不停
岞山開	一四•四五	八•一三	一九•〇四		四•三〇
丈嶺開	一四•五三	八•三四	一九•一三		不停
塔耳堡開	一五•一一	八•四五	一九•二一		不停
蔡家莊開	一五•二〇	八•五六	一九•四〇		不停
辛莊開	一五•三一	九•〇九	不停		不停
高密到	一五•四二	九•二三	一九•五九		五•〇六
高密開	一五•五七	九•三九	二〇•一五		五•二六
姚哥莊開	一六•〇九	九•五三	不停		不停
芝蘭莊開	一六•一八	一〇•〇三	二〇•二九		不停
膠州到	一六•二五	一〇•二二	二〇•四五		五•四八
膠州開	一六•三七	一〇•三三	二〇•四七		五•五〇
膠東開	一六•四九	一〇•四七	不停		不停
李哥莊開	一七•〇〇	一一•〇〇	不停		不停
藍村開	一七•〇九	一一•一〇	二一•一三		六•一六
南泉開	一七•二三	一一•二五	二一•二六		六•二九
城陽開	一七•三八	一一•五三	二一•五三		六•四三
女姑口開	一七•四七	一二•〇三	二二•〇三		不停
滄口開	一七•五九	一二•三六	二二•一六		七•〇三
四方開	一八•一四	一二•五四	二二•三〇		七•一九
大港開	一八•二五	一三•〇七	二二•四〇		七•三〇
青島到	一八•三〇	一三•一三	二二•四五		七•三五

17487

隴海鐵路行車時刻表

第一次特別快車自東向西每日開行；第十九次客貨車自東向西每日開（自右向左讀）

第二次特別快車自西向東每日開行；第二十次客貨車自西向東每日開行（自左向右讀）

站名	第一次特別快車／第十九次客貨車（自東向西）	午別	第二次特別快車／第二十次客貨車（自西向東）	午別
徐州府	第一次 八點十分開	上午	八點〇五分到	下午
碭山	十點十六分到 十點二十六分開	上午	五點五十四分到 六點〇四分開	下午
商邱	十二點〇九分到 十二點十九分開	上午	四點〇二分到 四點十七分開	下午
開封	四點三十二分到 四點五十二分開	下午	十一點五十五分到 十二點十五分開	上午
鄭州南站	六點五十一分到 七點十一分開	下午	九點四十二分到 十點〇二分開	上午
汜水	八點三十三分到 八點四十三分開	下午	八點四十分到 八點四十二分開	上午
鞏縣	九點二十三分到 九點二十五分開	下午	八點〇四分到 八點〇六分開	上午
孝義	九點四十七分到 九點四十九分開	下午	七點四十六分到 七點四十八分開	上午
洛陽東站	十一點十二分到 十一點四十二分開	下午	六點十五分到 六點三十五分開	上午
新安縣	一點二十二分到 一點三十二分開	上午	四點五十分到 五點開	上午
澠池	三點二十一分到 三點四十一分開	上午	三點十八分到 三點二十三分開	上午
觀音堂	四點三十七分到 四點四十二分開	上午	二點三十一分到 二點三十六分開	上午
會興鎮	六點〇八分到 六點十八分開	上午	〇點四十二分到 〇點五十二分開	上午
陝州	六點五十分到	上午	第二次 〇點〇五分開	上午
陝州	第十次 七點二十分開	上午	十點二十五分到	下午
靈寶	八點三十二分到 八點四十七分開	上午	九點〇一分到 九點十六分開	下午
閿鄉	十點二十分到 十點三十五分開	上午	七點十三分到 七點二十三分開	下午
盤頭鎮	十一點五十二分到 十一點五十五分開	上午	五點五十三分到 五點五十六分開	下午
文底鎮	一點二十分到 一點二十三分開	下午行	四點五十二分到 四點二十八分開	下午
潼關	二點二十分到	下午行	第二十次 三點三十分開	下午

中國工程師學會職員錄

董事部

胡庶華	春藻	（湖南長沙湖南大學）
周琦	季舫	（上海漢口路七號益中公司）
任鴻雋	叔永	（北平南長街22號中華文化基金董事會）
支秉淵	愛洲	（上海江西路378號新中公司）
徐佩璜	君陶	（上海市公用局）
張延祥		（武昌建設廳）
李屋身	孟博	（上海仁記路25號大興建築事務所）
曾憲浩	養甫	（杭州建設廳）
韋以黻	作民	（南京交通部）
楊毅	莘臣	（北平平綏鐵路局）
淩鴻勛	竹銘	（湖南衡州粵漢鐵路株韶段工程局）
胡博淵		（南京實業部）
茅以昇	唐臣	（杭州建設廳錢塘江橋工委員會）
陳立夫	立夫	（南京中央黨部）
夏光宇	光宇	（南京鐵道部）

執行部

會長	薩福均	少銘	（南京鐵道部）
副會長	黃伯樵		（上海北蘇州路410號京滬滬杭甬鐵路管理局）
總幹事	裘燮鈞	星遠	（上海市工務局）
文書幹事	鄒恩泳		（上海市公用局）
週刊總編輯	鄒恩泳		（上海市公用局）
會計幹事	張孝基	克銘	（上海南市國貨路滬閔長途汽車公司）
事務幹事	王魯新		（上海南京路大陸商場新通公司）
總編輯	沈怡	君怡	（上海市工務局）
出版部經理	朱樹怡	友能	（上海四川路615號亞洲機器公司）

基金監

莫衡	葵卿	（上海北蘇州路410號京滬滬杭甬鐵路管理局）
黃炎	子獻	上海江海關五樓濬浦局

工程雜誌投稿簡章

一　本刊登載之稿，概以中文為限。原稿如係西文，應請譯成中文投寄。

二　投寄之稿，或自撰，或翻譯，其文體，文言白話不拘。

三　投寄之稿，望繕寫清楚，並加新式標點符號，能依本刊行格繕寫者尤佳。如有附圖，必須用黑墨水繪在白紙上。

四　投寄譯稿，並請附寄原本。如原本不便附寄，請將原文題目，原著者姓名，出版日及地點，詳細敍明。

五　稿末請註明姓名，字，住址，以便通信。

六　投寄之稿，不論揭載與否，原稿概不檢還。惟長篇在五千字以上者，如未揭載，得因預先聲明，並附寄郵資，寄還原稿。

七　投寄之稿，俟揭載後，酌酬本刊。其尤有價值之稿，從優議酬。

八　投寄之稿，經揭載後，其著作權為本刊所有。

九　投寄之稿，編輯部得酌量增刪之。但投稿人不願他人增刪者，可於投稿時預先聲明。

十　投稿者請寄上海南京路大陸商場五樓五四二號中國工程師學會「工程」編輯部收

中國工程師學會會務消息

◉上海分會交誼大會

聯歡交誼之中
寄寓提倡國貨之意

上海分會，於二十六日晚假座百樂門飯店舉行交誼大會，會員絜眷偕友到會計有吳蘊初，朱懋澄，黎照寰，沈君怡等七百餘人，該飯店地位寬敞，並不擁擠，事前經籌備委員縝密佈置，入座券與座位製有對照圖表，故秩序井然，絲毫不亂，會場內裝有東方年紅公司所贈送之用年紅燈綴成工程年會四字，燦爛奪目，首由主席徐佩璜致開會辭，說明交誼會之目的在聯絡會員友誼，惟國家建設落後，際此中央提倡生產建設之際，兼之本會會員研究工程，從事建設工作，故是晚節目中有不少關於國貨事宜於聯歡交誼之中寄寓提倡國貨之至意，承東方，亞美，四達，亞光等國貨工廠贈送出品，供是晚贈彩之用，盛情可感，至籌備情形，由籌備委員會主任王繩善報告籌備委員如楊錫鏐，馮寶齡，金芝軒，薛祖修，張惠康，朱樹怡，連日努力，犧牲光陰最多，次請來賓前實業部技監徐善祥演說"現在國貨地位及如何提倡國貨事宜"語多警惕，聚餐畢，陳瑞麟唱咸飯牛所編之國貨開篇，奉勸婦女採用國貨，並勗工程師盡力生產事業，接連中國國貨公司女職員之國貨話劇及國貨表演，引人入勝，次贈品，到會者均有享受，其中珍貴者，如華生及華通兩廠之電氣風扇，美亞織綢廠之羅娜綢衣料，獲獎者均喜形於色，爲愛用國貨者增加鼓勵不少，在每一節目完結之後，另一節目開始之前，雜以交際舞，最後百樂門舞蹈，此次開會盛况，爲歷屆所不及，與會者興盡而歸已午夜矣。

◉上海公共租界工部局徵求本會意見

上海公共租界工部局工務處，對於進口鋼料每多質料惡劣，不堪應用，擬即發起取締，於本年二月二日函徵本會意見。玆將原函翻譯發表如下，希各會員盡量貢獻意見爲幸：

『中國工程師學會會長台鑒：上海購用進口劣質鋼料，作爲建築與鋼筋之用，對於公共安全，殊爲危險，敬請予以注意。近數月來，鄙人親見鋼條及鋼料含有許多瑕疵；似應設法制止是項危險，如蒙同情合作，曷勝欣幸。蓋鋼料之訂購每以價格爲標準，對於質料如何不予注意，其實鋼料之質地顯有最低限度，如不能達此限度而用於建築則不穩孰甚。爲便於稽查員容易鑑別起見，曾有人提議擴大有聲譽製造鋼料廠家仿印廠名商標號數於出品上之辦法使亦施用於所有鋼料即鋼條亦應照此辦理。如果製造廠家能合作至此程度，則無標誌鋼料之用途，可以規定矣。此種辦法對於各種强度之鋼料亦易分別，因近代應用特別强度鋼料之趨勢頗高也。就房屋建築規則之管理經驗言之，欲執行規則之規定而使一律遵守，事實上殊不可能。故欲得到眞正之結果，非由所有關係方面各人物共同合作不爲功。如貴會長或貴會會員惠予援助或擬議辦法，實所歡迎。並望將目前危險事情予以廣大宣傳，俾建築界皆得悉焉。

工務處長哈柏謹啓』

17491

◉錄盧作孚先生對於四川考察團各組行程之意見

就本人所知，考察團各組應到之地點，謹列一清單如下。所知未周，或不無小誤，至希裁擇。至各組路程表，則似不妨於入川時，由團員自行决定。

油	富順，(自流井)，蓬溪(蓬萊鎭)，巴縣(石油溝)。
煤	巴縣合川間之嘉陵江三峽，南川。
鐵	綦江，威遠，榮經。
水利	川西平原，川北(三台鹽井閬中西充南充南部等縣)。
水力	灌縣，長壽，巴縣，萬縣。
鐵道	富順(井鄧路)重慶到成都。
公路	重慶到成都，成都到嘉定，成都到保寧，成都到廣安。
水泥廠	江北，合川。
鹽業	富順(自流井)，榮縣(貢井)。樂山，犍爲，射洪，蓬溪，雲陽。
糖業	內江，資中，資陽，簡陽。
棉花	遂寧，簡陽，仁壽。
蠶絲	巴縣，三台，閬中，南充，樂山，銅梁，合川。
織造	成都，重慶，嘉定，順慶，璧山。
油漆	重慶，萬縣。
皮革	重慶，成都。
藥物	重慶，江油縣(中壩)，灌縣，雅安，甘肅界內之碧口。
電訊電力	重慶，成都，巴縣合川間，嘉陵江三峽。
造紙	夾江，梁山，銅梁璧山，

◉會員通信新址

3	王勁	(職)長沙湖南建設廳
8	仲志英	(職)湖南衡州粵漢鐵路株韶段工程局
10	朱家炘	(住)漢口特三區聯怡里14號
14	吳玉麟	(職)無錫戚墅堰電廠總辦事處
16	呂煥義	(職)漢口東山里湖北長途電話管理處
23	沈友銘	(職)武昌湖北建設廳
26	周公樸	(職)漢口電話局
32	胡儒珍	(職)漢口礄口博學中學
34	茅以昇	(職)天津海河整理委員會
51	陳章	(住)南京毗盧寺後面鼎新里2號
55	陳世仁	(職)四川重慶華西興業公司
65	楊毅	(職)北平平綏鐵路局
23	沈景初	(職)杭州市政府
89	蘇紀忍	(職)鄭州隴海鐵路局
74	劉元璜	(職)福州省會工程處
25	周宗蓮	(職)天津北洋工學院
60	盛任吾	(職)上海市公用局
68	葉家垣	(職)唐山交通大學
73	趙祖康	(住)南京四條巷良友里7號

◉會員哀聞

8	左毅	病故
83	蔡澤奉	病故
5	王江陵	病故

會員錄正誤

2	孔祥鵝	已除名，應删去
83	錢鳳章	已離首都電話局

17492

工程週刊

(內政部登記證警字788號)
中國工程師學會發行
上海南京路大陸商場542號
電話：92582
(稿件請逕寄上海本會會所)

中華民國23年2月9日出版
第3卷第6期(總號47)
中華郵政特准掛號認為新聞紙類
(第1831號執據)

本期要目

創立句容電廠之經過

定報價目：每期二分；每週一期，全年連郵費國內一元，國外三元六角。

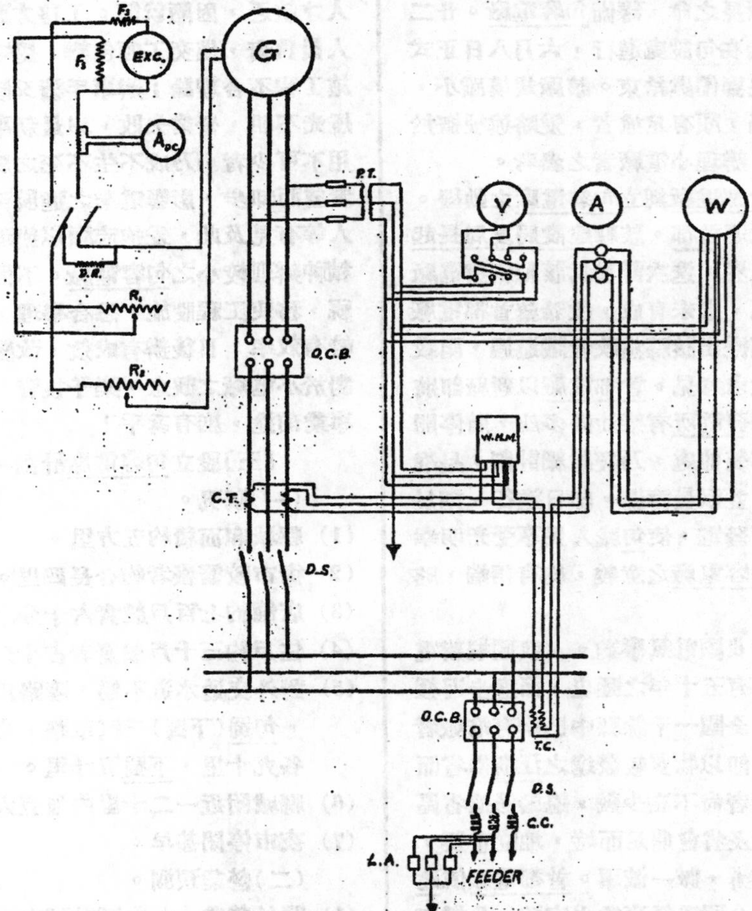

句容發電廠內線圖

編輯者言

水廠電廠均為主要之公用事業。顧規模宏大者動需鉅大資本，創辦每覺困難；惟小範圍之設備，費用不多，興辦之後，可以便利市民，在我國內地小城市尤為合用，似宜積極提倡。小資本之濾水設備，既有南昌濾水站之一例(見本刊第三卷第二期)，茲再刊登關於句容電廠一文，以表明小電之可舉辦。凡有意於水電事業者幸注意及之。

17493

創立句容電廠之經過

朱謙然

〔一〕引言。

民國廿一年冬，謙然與鮑君冠儒，盛君任吾，譚君友岭，潘君煥明，樓君惟熙等，奉首都電廠廠長之命，籌備句容電廠。廿二年一月，開始在句設處進行，六月八日正式發電，六月底籌備處結束。該廠規模雖小，但其籌備經過，頗有足述者，爰略述梗概於后，聊作國內辦理小電廠者之參考。

〔二〕首都電廠創立句容電廠之動機。

句容縣毗連首都，該縣建設局夏局長起鳳曾服務電氣界，迭次計畫爲該縣創辦電廠，因經濟關係，迄未有成，故希望首都電廠前往創設；經提出該縣黨政會議通過，函致首都電廠，徵求意見。首都電廠以新廠卽將完成，西華門發電所有柴油機多座，將停開不用，正可移裝他處，乃經詳細計劃，呈准建設委員會，並派員籌備，卽日進行，期於四個月內卽可發電，使句城人民享受光明幸福。至辦理句容電廠之意義，約有兩端，略述於后：

(一)促進我國電氣事業。　我國創辦電氣事業，雖已有五十年之歷史，而進步遲緩，無可諱言。全國一千餘縣中已辦有電廠者，不及半數，卽以物質較發達之江浙兩省而論，未辦電廠者尙不在少數，遑論邊遠省區。句容與首都及省會鼎足而峙，地位重要，而電廠迄未舉辦，誠一憾事。首都電廠依建設委員會振興全國電氣事業之宗旨，先擇句容試辦，庶將來可以所得經驗，就經濟能力所及，推及其他未辦電廠各縣鎮，以至鄉村僻地。甚望辦理電氣事業者，抱同一志願，俾享用電氣之範圍逐漸擴大，達全國國境而後止。

(二)樹立小電廠之模範。　我國各地小電廠辦有成效者不多，泰半均因資本短少，人才缺乏，因陋就簡。工務方面，多無技術人員負責，僅交工頭包辦，墨守舊規，致所施工程不合理論；辦事手續又缺效率。馴至燈光不明，營業失敗，以最新事業爲市民公用不可少者，乃成不生不死之局面，使投資者望而却步，影響電業之進展至大且鉅。同人等有見及此，爰抱志願以辦理首都電廠之精神辦理較小之句容電廠。不因其小而稍忽視，務使工程設施，悉合學理，辦事手續，較有效率；日後辦有成效，改變國內金融界對於小電廠之觀念，樂予投資，則我國電氣事業前途，庶有豸乎！

〔三〕設立句容電廠計劃。

(一)概況。

(1) 縣城廂面積約五方里。

(2) 街市較繁盛者約合長四里。

(3) 店舖約七百戶殷實占十分之二三。

(4) 住戶約三千戶殷實者占十分之一二。

(5) 對外交通水道不暢，陸路爲京杭，省句，句蜀(下蜀)三汽車路，交叉點距京省各九十里，下蜀五十里。

(6) 縣城附近一二十里內無巨大市鎮。

(7) 夜市停閉甚早。

(二)營業預測。

(1) 開始營業一年內預計可有電燈用戶二百五十戶，以後每年可以遞增五十戶至一百戶。

(2) 平均每戶約用燈四盞。

(3) 平均每戶每月用電約二十度。

(4) 將來發展狀況，將依國省都會之情況及交通而定。

(5) 電力營業，較少希望。

(三)取費辦法。

(1) 均用裝表制。電價每度二角四分。黨政軍警機關每度二角，另加養表費；每月每表二角。

(2) 至低電費底度，每月五度。

(3) 最小電表，擬收接火費二元，保證金八元。

(四)發電廠計劃。

(1) 第一年之最大需電量約五十瓩，五年之內可增至一百瓩。

(2) 擬將本廠原有之一百八十四馬力柴油引擎，及一百二十五開維愛交流發電機並配電設備，移裝該處。

(3) 擬於句容城東門外秦淮河上游之西岸購地十畝，建造廠房。

(五)綫路略圖(見附圖)。

(六)開辦費概算。

(1) 土地　$ 500.00

(2) 房屋（機房長約33英尺闊約24英尺另建平房三間爲辦公及住宿之用）　4,000.00

(3) 發電廠設備。

1. 機器（原價及關稅約三萬元，已用四年餘每年折舊6%）　$ 23,000.00

2. 底脚　1,000.00

3. 水池抽水設備等　3,000.00

4. 水管油管等　500.00

5. 運費裝置及其他費用　2,000.00

總　計　$ 29,500.00

(4) 線路設備。

第一期　2300V.高壓線路長度800公尺

220/380V. 低壓線路長度3000公尺

第二期　2300V.高壓綫路長度600公尺

220V.低壓線路長度1000公尺

第一期　桿綫工料(包括方棚2具)估計　$ 5600.50

第二期　桿線工料(包括方棚2具)估計　2192.50

總　計　7,837.00

(5) 電表及接火綫設備

以250戶計每戶約18元除取接火保證金外每戶約需8元　2,000.00

(6) 其他費用　1,000.00

總共開辦費　$ 44,837.00

除利用舊機器外約需現金二萬二千元。

(七)每月收入概算。

第一年　250戶 養表費

250 ×.20　=$ 50.00

電　費

250 ×.20×.23＝ 1150.00

(假定每戶用電20度每度平均電價.23) 共 $ 1200.00

第二年　350戶 養表費

325 ×.20　=$ 65.00

電　費

(250×20＋75×10)×.23＝ 1322.50

(假定所增加之用戶係較小用戶平均用電十度)　$ 1387.50

第三年　400戶 養表費

400×.20　＝　80.00

電　費

(250×20＋150×10 ×.23＝ 1495.00

$ 1575.00

(八)每月支出概算(第一年)。

1.利息　週息八厘　322.00

2.折舊　每年百分之四（第一二年折舊率百分之四第三四年百分之五以後每年折舊率百分之六）　161.00

17495

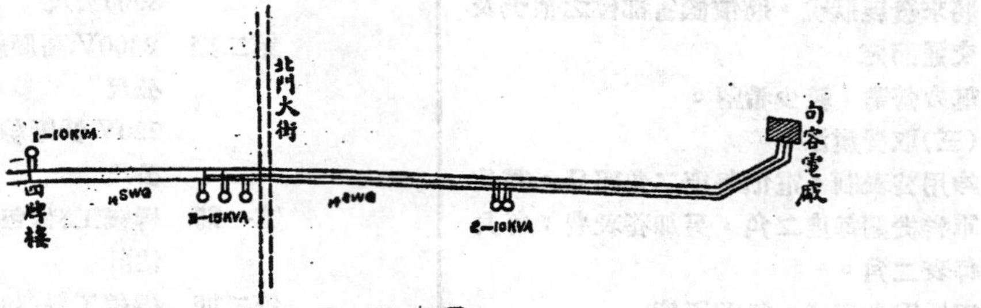

高壓綫圖

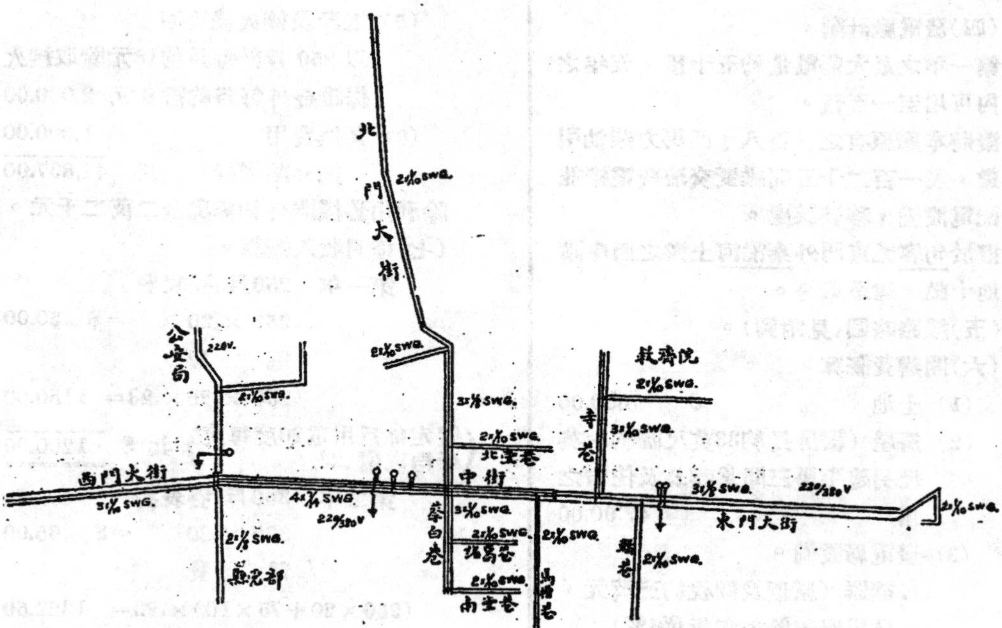

低壓綫圖

2.職員薪金	120.00
4.工人工資	160.00
5.辦公費用	80.00
6.機油 $\frac{250\times 20}{.65}\times .8\times\frac{85}{2240}$	232.00

（假定線路及其他損失百分之三十五每度耗油0.8 磅每噸柴油八十五元）

7.潤滑油及其他消耗。	60.00
8.修理費用。	50.00
總共 $	1185.00

（九）電廠組織。

1. 設主任一人由首都電廠職員兼任，酌貼費用，不另支薪金，該主任不必常駐該廠。

2. 任用職員二人，一人司抄表檢

查工務等，一人辦理會計庶務營業等。

3. 核算及收費由首都電廠代辦。

4. 擬用工人五人，兩人管理綫路及裝表等職務，三人管理機器重大工程，由首都電廠代辦。

(四)籌備情形

二十一年十二月二十八日首都電廠指派籌備委員六人，組織設立句容電廠籌備處，負責進行該廠一切籌備事宜，籌備處設立後，先行設計工程，製具預算，同時進行基地之購買，原定二十二年二月一日正式興工，嗣以基地發生糾葛，致興工之期移後一月。

廠址由籌備處會同句容建設局勘定東門外秦淮河濱荒地，計共八畝許，內二畝係馬大興所有，六畝係徐葆哉所有，業主等索價昂貴，幾經協議，馬大興地始以每畝二百十五元購妥，而徐姓地協議不成，乃依照土地征收法辦理。現尙在縣府組織審查委員會評定價格中，迄未解決。因此一再延宕，致正式興工之期，延至二月二十八日。

馬姓地購進後，卽就該地繪就佈置圖。於二月二十八日開始興工。四週築竹籬。廠內闢臨時土路一條，以便起卸材料機件之用。

機器間房屋及辦公室房屋，由京地營造廠馬永泰承包，於三月五日動工，十一日挖好墻脚。嗣因天雨停工若干日，故墻脚灰漿三和土工程，直至二十五日方告竣。嗣卽開始砌大方脚勒脚。又以機間待用甚急，卽飭包工先趕機間房屋。四月五日，機間砌墻至門窗上端，卽加做鋼骨混凝土腰固一道，隔一日卽繼續砌墻至頂層，復加鋼骨混凝土頂固一道。二十二日上屋架，砌山墻。二十七日白鐵屋面蓋竣，卽開始應用。所有內墻粉刷及明溝等，則直至六月初方完全竣工。至辦公室，則於四月二十九日開始立屋架，五月一日砌墻釘椽，待屋面蓋好，卽釘灰板墻及地板。其內部油漆及裝燈工程，直至正式發電時方始完工。

進水間架子底脚工程，於三月八日興工挖土。十七日排三和土，十八日澆鋼骨混凝土底。二十三日竪柱架，加橫料。四月十八日搭平台，釘水泵小屋。(Pump House) 至吊小屋起重設備，直至發電前數日方裝竣。

存水井於三月三十一日起開始挖土。四月六日下三和土澆鋼骨混凝土井底。七月砌井圈。十日竣工。

水塔架子底脚於四月十五日開始挖泥。十七日排三和土澆鋼骨混凝土底。五月九日立柱架。加橫料。十日澆洋灰墩子。十三日竣工。

存水池 (Water reservoir) 於四月十九日開始挖土。二十三日排三和土。二十六日澆鋼骨混凝土底。五月九日砌墻，十一日砌竣。二十八日粉洋灰二度，翌日竣工。

柴油機底脚 (Engine foundation) 於四月一日開始挖土，六日下三和土，八日澆混凝土，九日竣工。

循環水泵間 (Circulating Water Pump House) 設在水塔下。五月十七日開始搭架，廿六日竣工。

廁所設在辦公室後。六月五日開始釘搭，十二日竣工。

廠內馬路於六月七日興築，九日竣工。

同時於四月初將南京西華門發電所內六號柴油發電機逐件拆卸，分別裝箱打包，四月底陸續用卡車運句，堆存候用。

柴油機底脚澆好後三星期，機間房屋屋面亦已蓋好。機件裝置卽開始動工。五月二日立起重巴桿 (Boom)，分別先後拖吊機件。四日底盤 (Bed Plate) 放妥。卽將底脚螺絲灌漿(Grouting)，六日裝罩亮 (Frame)，地軸 (Crank Shaft)，軸承 (Bearing)，連接桿(Connecting rod)，調速器 (Governor)等。七日裝進油泵 (Fuel Pump)，汽缸

(Cylinder)，回汽箱 (Exhaust Header)。八日裝配司登(Piston)，飛輪 (Fly wheel) 等。十，十一日裝發電機 (Generator)。十二日裝冷氣筒 (Compressed air tank)。十五日後裝循環水泵冷泵(air Compresser)，冷氣管，回氣管 (Exhaust pipe)，水管 (Water pipe) 等。嗣以管子法蘭 (Flange) 等尺寸不符，運京調換，致工程延誤，直至二十八日方將各項管子裝竣。廿九日起開始試機。

石版設備(Switch board)與裝機同時進行，同時竣工。五日挖低脚溝，六日砌底座，八日始裝管架，(Tube frame) 嗣卽陸續裝置彙條 (Busbar)，油開關 (Oil Circuit breaker)，電流及電壓變壓器 (Current transformer, potential transformer) 等。十三日開始接綫，裝電表。十七日接鉀電纜 (Armoured cable) 二十日做出綫 (out let)。二十二日裝擋雷器 (arrestor)，拒流圈 (Choke coil)。二十六日起油漆揩洗。二十九日驗地氣裝廠用變壓器。三十日試機時，發現接線有差誤處，卽予調正。

豎立電桿 (pole) 工程，於五月十七日起動工，自廠內往城中依次豎立。至放綫工程，於二十八日起動工。二十九日吊變器 (Transformer)。三十日放高低壓綫 (High tehsion and low tensin lines)。六月二日完全竣工。翌日在試機時，量線間電壓發現一變壓器接線有誤，卽予調正。

柴油發電機及石版裝竣後，卽於五月三十日起逐日試機，結果尙佳。至五月四日籌備處及工友宿舍臨時燈開始放光。八日正式供電，至是句容全城乃大放光明矣。全部工程，計費時百日，內計下雨十九日。

在正式發電前十日，營業章程，裝燈商店註册章程等，卽由建委會頒佈施行，乃進行營業。一方裝燈商店核定准予註册者計已有三家。故自正式發電後，居民要求發電者卽紛至沓來。

句容電廠向建委會註册事宜，於五月中由籌備處塡具表格，繪製營業區域圖，呈會核示。

（五）工程述要。

所有各項工程概照工程原則辦理。並不因其規模小而簡陋從事。玆擇要申說於後：

(1)機器間房屋。 機間長12公尺，闊 $1\frac{1}{2}$公尺，佈置原動機底脚石版及其他機件綽乎有餘。高7公尺，裝拆配司登時不至礙事。墻脚排灰漿三和土 762 公厘，分五次排緊。在門窗上端，加 305 公厘厚鋼骨混凝土腰固一道。在墻頂又加150公厘厚頂固一道，以免墻身受機器震動而走動。屋面蓋瓦楞白鐵，取其輕且利用舊料也。地平做 1:3:6 混凝土。墻四週做 457 公厘闊洋灰明溝，以受水落之水。

(2)辦公室房屋。 該屋採用本國式，用木架砌空斗墻。開門 3.5 公尺，簷口高同此。內部門窗，灰板，夾墻，天花，地板等，則依照西式房屋做法。故費款不多，而甚美觀。

(3)存水池。 長$7\frac{1}{2}$公尺，闊 5 公尺，深自 1.2至1.5 公尺，向河濱一角傾斜，以便放水。池底在150公厘三和土上，做178公厘鋼骨混凝土。墻用洋灰砌，內用洋灰粉二度，計厚13公厘，以免漏水。

(4)進水架子。 其底脚平均挖深 2.4 公尺，排三和土 305 公厘，上做鋼骨混凝土 150公厘。柱架用9.75公尺長305公厘方木。柱架立好後，卽澆墩子，每個高 9 公尺，長闊平均 610 公厘。澆竣卽還土，與原地平。柱架加做橫料，斜撐 (Bracing) 使互相牽制，不致傾斜。進水泵小屋平台 (Platform for intake pump house) 放在柱架中，上設起重設備，可上下自如，有三處地位可放。

(5)水塔柱架，及行車柱架，與進水間架子做法略同，故不贅述。

17498

(6)原動機底脚。 挖土深 2.7 公尺，排三和土127公厘，上澆 1:2½:5 混凝土，深2.4 公尺。澆搗時，預放機器底盤螺絲木売子。其底脚尺寸，全照 Worthington 公司送來原圖辦理。

(7)存水井。 存水井共深 3 公尺；在河底下者計1.3 公尺，河底上者計1.7 公尺。故卽在水最淺時，井內亦存水1.3至 1.5 公尺。深處間隔放25公厘徑鐵管二十根，以便進水。井底在三和土150公厘上做150公厘鋼骨混凝土。井圈用磚砌洋灰粉。

(8)馬路。 廠內馬路共長八十公尺，依照灰漿三和土路做法。惟在進門及坡道(Slope)處，則挖土較深，多加碎石，以免卡車上下時，有下陷之虞。

(9)柴油發電機。 柴油機（自首都電廠移去）爲三汽缸立式Worthington 機。馬力爲180匹，速度每分鐘325轉。發電機爲 GE 公司出品，容量爲 100 瓩 KW 。因該機已使用多年，其效率稍差，故其最高效率(Highest effieiency)已在70%負荷時。機爲磁場旋轉式(Revolving-field type)。發電電壓爲2300伏(Volts)，60週波(Cycle)，勵磁機爲六瓩，電壓爲 110 伏。開機時須用冷氣衝動(air injection for starting)故另裝壓氣機，用六匹馬小火油機 (Kerosene engine)拖動之。已壓之氣用冷氣筒以儲之，開機冷氣壓力須每平方公分10.5 公斤，冷氣筒所儲之氣，約數三次開機之用。

(10)石版設備。 有發電石版饋電石版(Generator panel, feeder panel)（自首都電廠移去）各一付。石版架子，係管子式。有電度表 (Watthourmeter) 以紀錄電機發電總度數。有電力表(Wattmeter)以紀錄電機之負荷量。有電壓表 (Voltmeter)，電流表(ammeter)，各一，可隨時察看各相之電壓，及各線之電流。另有直流電流表以紀錄勵磁機之電流。電機與石版間之聯絡線係用鎧纜。開關係200 安培油開關，用杠桿遙制式(Lever operating type)。 出線處設擋雷器及拒流圈以策安全。

(11)水管之聯絡。 進水泵正在訂購，尙未運來。預擬該泵裝入進水泵小屋後，隨河水漲落而可上下，得三處地位。進水管(Suction pipe)在最低一地位時，係固定式；插入存水井中往上升高時，則另用灣頭(Elbow)接蓮蓬頭 (Foot valve)，任意放入河水中。其出水管(Discharge pipe)則就進水塔三處地位各設一丁式管，用80公厘管通入沉澱箱(Settling tank)。沉澱箱加化學品，以減河水之硬度；水經沉澱池後入沙濾池(Filter)，再溢入存水池以待用。在籌備處結束以前，因急於發電，故沉澱箱及沙濾池不及趕做。同時進水泵尙未送來，故目下用水，先用水龍抽送。

存水池最低一角設有 105 公厘放水管(Drain pipe)，以便洩放沉澱物及汚水。

循環水泵爲7匹馬力者，進水管係100公厘者，出水管爲80公厘者，由水塔下總水管爲 100 公厘，預備日後添置一機，故特放大。進機器激冷水用50公厘管，另分13公厘管通至冷泵，爲該泵激冷水用。

在水塔上端離頂100公厘處，另裝一100公厘管爲溢水管(Overflow pipe)，通知存水池，以防溢水。在水塔底另裝一放水管，計65公厘徑，一面通至存水池，一面通至總陰溝。

激冷水出機器後，經濾油池 (Oil Separator)，由濾油池經125 公厘管，再分流入架。在存水池上之兩根80公厘管管上延長，鑽有7.8公厘或 3.2 公厘小孔，熱水由此等小孔向上噴出，散入存水池，俾散去水中熱量，而便循環應用。

(12 桿線。 電桿在進城處用12公尺元桿，有高壓線處均用10.7 公尺者，其餘祇掛低壓綫處，則用 9.1 公尺者。

17499

高壓線(2300 V line)自廠至城中心用三根七條十四號銅線 7/14SWG自城中心至四牌樓則用二根七條十四號線。

低壓線 (220V line) 在最熱鬧地點四根線處用七條十四號線，次要街道用八號線，小街僻巷則用十號線。鐵板 (Iron cross-arm) 在高壓方面用1.2公尺長者。在低壓方面用0.9公尺長者。

磁瓶 (Insulator) 在高壓綫用高壓蝴蝶磁瓶(Strain insulator for H. T.)及S-8直脚磁瓶(Pin insulator for H.T.)；在低壓綫用低壓蝴蝶磁瓶 (Strain insulator for L. T.) 及二號直脚磁瓶 (Pin insulator for L. T.)；變壓分四種接綫法：

(a) 在城中心者為三只15KVA者系 Delta to star，接綫如下圖。

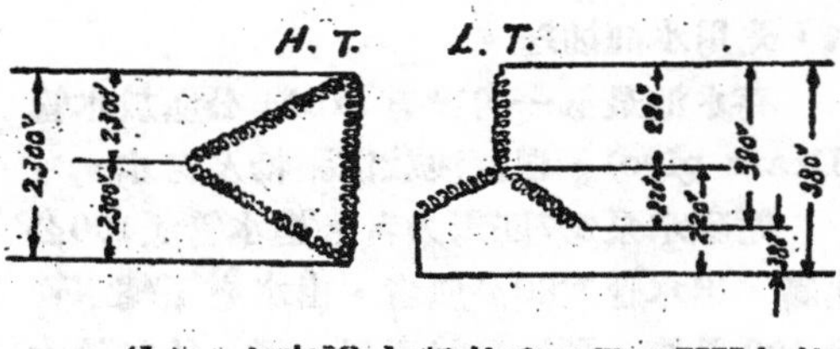

(b) 在東門大街者為二只10KVA者係 Open delta to open delta 接綫如下圖。

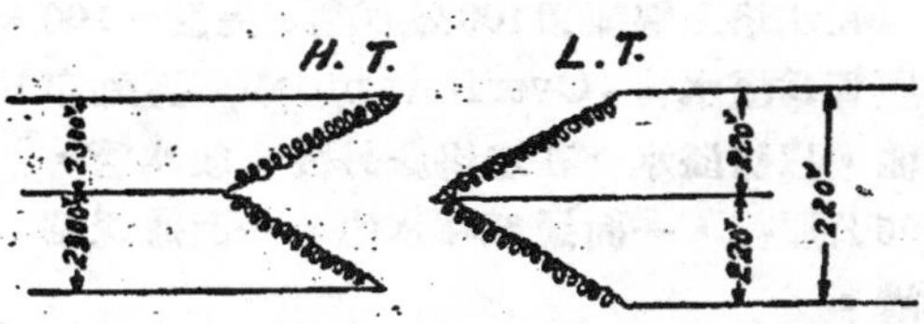

(c) 在四牌樓者為一只10KVA 者係 Single phase 2 wires 式，接綫如下圖。

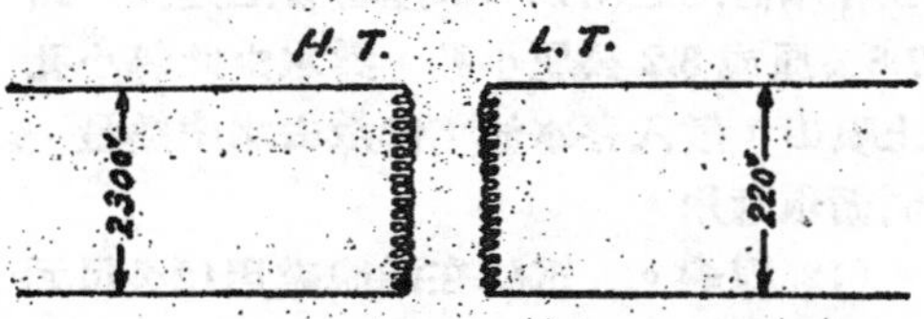

(d) 廠用變壓器為三只 5 KVA者係 Delta to delta，接綫如下圖。

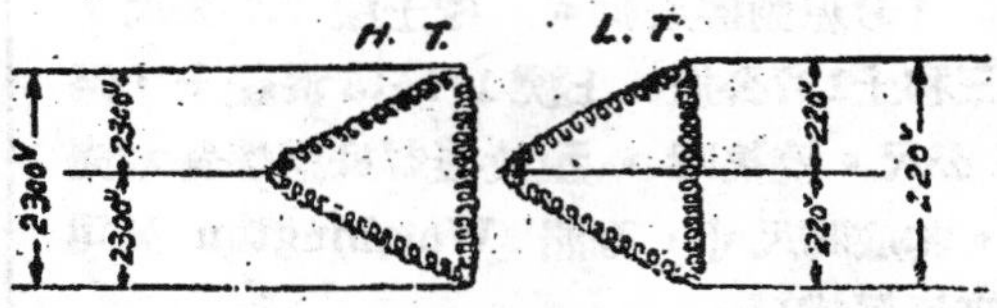

（六）營業狀況。

營業章程，參照首都電廠而定；惟以句容地瘠民貧，故電費保證金等，均減低至一半以內，使裝燈者負擔較輕。另添包盞制使裝燈一二盞者不必再負擔裝表費用。現接電者，裝表包盞均有，僉以為便。

用戶裝燈，亦依首都電廠辦法，另有註册之裝訂商店辦理。已核准之商店計有三家。因三家競爭營業，故裝燈工料費尚稱低廉。

裝表及雜項手續，一依首都電廠者辦理。惟繳款手續，因與京相隔百里，故稍予變更。

抄表收費，每月規定一定日期，由首都電廠派員來句辦理。抄表後，須在句留底，方帶京核算填票，再由收費員帶票往句收費。其當時收到者帶款返京，未收到者則將票留句廠，依照收費手續辦理。

計劃之初，以句地用戶不過二百五十家，用燈不滿千盞，故決開機上半夜，以省支出。然當發電日起迄籌備處於六月二十八日結束日止，為期不過二十日，而接電者已有裝表戶一百四十戶，包盞戶十餘戶，共一百五十餘戶，燈已有八百餘盞；而查已接之戶均係商舖，其他機關數十戶，約可有燈四百盞；住家及未裝燈商舖可希望裝燈者約一百五十戶，燈可有六百盞；又碾米廠等來要求開全夜機，預備接用電力者約有二十瓩。是以廠方如能全夜開機，並廣事宣傳，則可得燈戶四百戶，燈二千盞，約抵六七十瓩加電力二十瓩，則最高負荷可達一百瓩。矧該地交通日見便利，市面漸見繁榮，以此預測句容電廠，前途頗有希望也。

全城路燈約需八十盞，每盞以需銀三元

17500

五角計，約共需銀三百元。此款已由句容第一區區公所設法募捐，所有設計裝置，亦由該公所委托廠方全權辦理。

（七）費用賬目。

各項工程賬目，全依首都電廠規定之會計科目，其機件，工資，雜費，材料等，均分別科目登帳。

其機件等價格，依原價減去使用年數之折舊後登入。

工資依據工匠日報表分別科目登賬。

材料在領取材料填寫領料單時，即註明科目，待材料股註明價格，將單退回時，即可依此登賬。

雜費由本處直接支付現款者，在支付單上註明科目，即據以入賬。

首都電廠各課代付工料賬，由各課通知後即分別科目登賬。

後附各項工程決算總表（見90頁），以資參攷。

（八）結論。

當籌備處結束之際，發生感想數則，茲拉雜錄後，聊作結論。

（1）從經濟着想，小電廠非無辦理之價值。曩者以全國各小電廠之營業失敗，致投資者望而却步。但現以句容電廠律之。此項觀念可以消滅。句容以極劣之電氣營業區域，而現在預計一年後，可獲贏餘，況其他營業區域之優於句容者？當此金融界投資無可歸之企業時，如使各小電廠均能辦有成效，則吸收資本推廣電業實非難事也。

（2）辦理小電廠者，對於工程與手續不應再予忽視。全國各小電廠之失敗，雖因社會不安定為最大原因，而因無專家之指導，致工程之不合，手續之毫無，亦居其半。此次句容電廠，則以工程合理，手續不紊，故能燈光明亮與用戶毫無糾葛，內部賬目清晰。則覺各小電廠之應有電廠工程及管理專家之予以指導，實為不可或緩之舉。如一廠財力不及，似應聯合數廠以應付之。

（3）國家機關之負有擴充電氣事業之使命者，似應稍移其注意力於小電廠。年來各大電廠以國家機關之監督與管理，如首都上海杭州各廠，顯有進步，實為衆目共睹。惟對於小電廠，似甚膜視，致已設者無改進，未設廠者難創辦。但觀句容電廠之發電而使全城居民歡忭之情形，可知各地未設電廠之人民，希望電燈原甚懇切。是以負有電業使命之政府機關，應分一部分目光於此，俾居二十世紀之人民，早獲電光之享受也。

（4）各小電廠之對於外界阻力，應聯合戰線以對付之。各小電廠之失敗，因內部組織之欠善，固不可諱，但因外界之阻力，如敲詐，竊電，欠費等，致每况愈下，亦係失敗之最大原因。即如此次句容電廠之創設，中途所遇阻力亦不在少，如非國家之經營，與毅力之處置，勢將窮於應付，屈服於惡勢力之下矣。各商辦小電廠之所受痛苦當更有甚者。是以欲望各小電廠之成功，先須解除此種阻力。一廠之力不足，則聯合附近各廠以赴之；一廠有難羣廠救之務使各項阻力消解，則小電廠之前途，誠不可輕視也。

17501

句廠各項工程總賬

科目	名稱	材料	工資及雜費	合計
句資 1A	土地		230.00	230.00
,, 1B	平地		224.65	224.65
,, 2A	發電所房屋	386.63	2,177.20	2.563.83
,, 2B	辦公房屋	540.96	2.409.57	2.950.53
,, 2C	其他房屋	.26	92.45	92.75
,, 3A甲	原動機機器	23.691.08		236.91.08
,, 3A乙	,, 裝機	6[illegible]9.32	600.31	1.229.63
,, 3A丙	,, 底脚	692.55	82.04	774.59
,, 3B	發電所配電設備	2.370.44	153.92	2.524.36
,, 3C甲	進水房屋	364.84	173.45	538.29
,, 3C乙	抽水機	563.98	163.06	727.04
,, 3C丙	水池及水塔	1.607.06	331.81	1,938.87
,, 3D	其他設備	301.42	143.15	444.57
,, 4A	變壓器	2.713.83	10 08	2,723.91
,, 4B	電桿	1.467.45	153.65	1.621.10
,, 4C	高壓線	254.18	20 49	274.67
,, 4D	低壓綫	2.075.43	32.74	2.108.17
,, 4E	接火設備	1.333.07	35.10	1 368.17
,, 4F	電表	1.947.49		1.947.49
,, 4G	路燈及附屬設備			
,, 5A	生財家具	52.52	213.35	270.87
,, 5B	運輸設備			
,, 5C	工具設備	174.54	3.98	178.52
句費 1	俸給費			
,, 2	工資費		279.58	279.58
,, 3	文具費		18.07	18.07
,, 4	郵電費		19.40	19.40
,, 5	印刷費		43.10	43.10
,, 6	車旅費		266.54	266.54
,, 7	廣告費		16.76	16.76
,, 8	租費		119.00	119.00
,, 9	運費		479.75	479.75
,, 10	消耗	60.56	114 52	175.08
,, 11	特別辦公費		238 09	238.09
,, 12	醫藥費	249.95	18.15	18.15
,, 13	試車費用	11.51	38.69	288.64
,, 14	雜支		183.65	195.16
	損失		174.84	174.84
總計		41.489.07	9.266.18	50.755.25

數字遊戲 (儀)

(1)

$1\times8+1=9$
$12\times8+2=98$
$123\times8+3=987$
$1234\times8+4=9876$
$12345\times8+5=98765$
$123456\times8+6=987654$
$1234567\times8+7=9876543$
$12345678\times8+8=98765432$
$123456789\times8+9=987654321$

(2)

$0\times9+1=1$
$1\times9+2=11$
$12\times9+3=111$
$123\times9+4=1111$
$1234\times9+5=11111$
$12345\times9+6=111111$
$123456\times9+7=1111111$
$1234567\times9+8=11111111$
$12345678\times9+9=111111111$
$123456789\times9+10=1111111111$

膠濟鐵路行車時刻表

下行（西行）列車

站名	5 各等飯	3 各等飯	11 二三等	13 二三等	1 特各等臥
青島 開	七•〇〇	一二•〇〇	一五•〇〇		二一•〇〇
大港 開	七•一一	一二•一一	一五•一二		二一•一〇
四方 開	七•二〇	一二•二〇	一五•二二		二一•一八
滄口 開	七•三五	一二•三五	一五•三四		二一•三三
女姑口 開	七•四七	一二•四七	一五•四五		不停
城陽 開	七•五六	一二•五六	一六•一四		二一•五三
南泉 開	八•一三	一三•一三	一六•三三		不停
藍村 開	八•二六	一三•二六	一六•四九		二二•一九
李哥莊 開	八•三五	不停	一七•〇三		不停
膠東 開	八•四七	不停	一七•一六		不停
膠州 到	八•五九	一三•五三	一七•三〇		二二•四六
膠州 開	九•〇一	一三•五五	一七•四九		二二•四八
芝蘭莊 開	九•一八	一四•一〇	一八•〇九		不停
姚哥莊 開	九•二七	不停	一八•一九		不停
高密 到	九•三八	一四•二六	一八•三一		二三•〇九
高密 開	九•五四	一四•四一	一八•四九		二三•三〇
辛莊 開	一〇•〇五	不停	一九•〇三		不停
蔡家莊 開	一〇•一六	一五•〇一	一九•一六		不停
塔耳堡 開	一〇•二六	一五•一三	一九•三一		不停
丈嶺 開	一〇•三六	一五•二三	一九•四四		不停
岞山 開	一〇•五四	一五•四〇	二〇•一四		〇•二一
黃旗堡 開	一一•〇四	一五•四九	二〇•二五		不停
南流 開	一一•一一	不停	二〇•三四		不停
蝦蟆屯 開	一一•二六	一六•〇九	二〇•五五		〇•四八
坊子 到	一一•三九	一六•二三	二一•一〇		一•〇二
坊子 開	一一•五四	一六•三七	二一•二五	七•〇〇	一•一六
二十里堡 開	一二•〇六	一六•四九	二一•三九	七•一四	一•二六
濰縣 到	一二•一四	一六•五七	二一•四九	七•二四	一•二八
濰縣 開	一二•一七	一七•〇一		七•三四	一•三九
大圩河 開	一二•三〇	不停		七•四九	不停
朱劉店 開	一二•四一	一七•二三		八•〇三	不停
昌樂 開	一二•五四	一七•三七		八•一六	二•一〇
堯溝 開	一三•〇六	一七•四七		八•二九	二•二三
譚家坊子 開	一三•一八	一七•五六		八•四三	不停
楊家莊 開	一三•二九	一八•〇四		九•〇七	不停
青州 到	一三•四四	一八•一八		九•二六	二•五五
青州 開	一三•四六	一八•二〇		九•四一	二•五七
普通 開	一三•五八	不停		九•五五	不停
淄河店 開	一四•〇八	一八•三九		一〇•〇七	不停
辛店 開	一四•二一	一八•五三		一〇•二三	不停
金嶺鎮 開	一四•三五	一九•〇七		一〇•四一	不停
湖田 開	一四•四四	一九•一六		一〇•五三	不停
張店 到	一四•五五	一九•三五		一一•〇三	三•四九
張店 開	一五•一〇	一九•四六		一一•一八	四•〇七
馬尚 開	一五•一九	不停		一一•二八	不停
周村 到	一五•三八	二〇•一二		一一•五三	四•三一
周村 開	一五•四〇	二〇•一四		一二•〇二	四•三三
大臨池 開	一六•〇四	不停		一二•二七	不停
王村 開	一六•一六	二〇•四六		一二•五一	不停
普集 開	一六•二六	二〇•五六		一三•一四	五•一五
明水 開	一六•四一	二一•一一		一三•三四	不停
棗園莊 開	一六•五一	二一•二一		一三•四六	不停
龍山 開	一七•〇五	二一•三五		一四•一一	不停
郭店 開	一七•二〇	不停		一四•二八	不停
王舍人莊 開	一七•三一	二一•五八		一四•四三	不停
黃臺 開	一七•四四	二二•一三		一四•五八	六•一八
北關 開	一七•五一	二二•二〇		一五•〇六	六•二五
濟南 到	一七•五六	二二•二五		一五•一三	六•三〇

上行（東行）列車

站名	6 各等飯	12 二三等	4 各等飯	14 二三等	2 特各等飯
濟南 開	七•一五		一二•一五	一四•一〇	二二•〇〇
北關 開	七•二一		一二•二一	一四•一七	二二•〇六
黃臺 開	七•三〇		一二•二九	一四•二六	二二•一四
王舍人莊 開	七•四四		一二•四四	一四•四四	不停
郭店 開	七•五六		一二•五三	一五•〇〇	不停
龍山 開	八•一一		一三•〇七	一五•一八	不停
棗園莊 開	八•二六		一三•二三	一五•四六	二三•〇二
明水 開	八•三七		一三•三四	一五•五九	不停
普集 開	八•五四		一三•五〇	一六•一三	二三•二六
王村 開	九•〇五		一四•〇一	一六•三五	不停
大臨池 開	九•一六		不停	一六•五八	不停
周村 到	九•三三		一四•二六	一七•二一	二三•五九
周村 開	九•三五		一四•二八	一七•三一	〇•〇一
馬尚 開	九•五三		不停	一七•五三	不停
張店 到	一〇•〇〇		一四•五〇	一八•〇一	〇•三一
張店 開	一〇•二〇		一五•一三	一八•三四	〇•四一
湖田 開	一〇•三一		一五•二四	一八•四〇	不停
金嶺鎮 開	一〇•四一		一五•三四	一九•〇六	不停
辛店 開	一〇•五六		一五•四七	一九•二三	一•〇八
淄河店 開	一一•〇九		一六•〇〇	一九•三八	不停
普通 開	一一•一九		不停	一九•五一	不停
青州 到	一一•三一		一六•一九	二〇•〇六	一•四六
青州 開	一一•三四		一六•二一	二〇•一九	一•四九
楊家莊 開	一一•四九		一六•三四	二〇•三六	不停
譚家坊子 開	一二•〇〇		一六•四五	二〇•四八	不停
堯溝 開	一二•一三		一六•五一	二一•〇三	二•二三
昌樂 開	一二•二五		一七•〇四	二一•二五	二•三四
朱劉店 開	一二•四三		一七•一三	二一•四〇	不停
大圩河 開	一二•五三		一七•二〇	二一•五三	不停
濰縣 到	一三•〇四		一七•四一	二二•〇六	三•〇三
濰縣 開	一三•〇八	六•三〇	一七•四五	二二•一六	三•〇五
二十里堡 開	一三•一七	六•四一	一七•五四	二二•二七	三•一四
坊子 到	一三•二九	六•五六	一八•〇八	二二•四三	三•二六
坊子 開	一三•五〇	七•一〇	一八•一三		三•四二
蝦蟆屯 開	一四•〇四	七•二七	一八•二六		三•五三
南流 開	一四•一八	七•四四	不停		不停
黃旗堡 開	一四•二五	七•五五	一八•五四		不停
岞山 開	一四•四五	八•一三	一九•〇四		四•二〇
丈嶺 開	一四•五五	八•二四	一九•一三		不停
塔耳堡 開	一五•一一	八•四五	一九•三一		不停
蔡家莊 開	一五•二〇	八•五六	一九•四〇		不停
辛莊 開	一五•三一	九•〇九	不停		不停
高密 到	一五•四三	九•二三	一九•五九		五•一〇
高密 開	一五•五七	九•四九	二〇•一三		五•二六
姚哥莊 開	一六•〇九	九•五三	不停		不停
芝蘭莊 開	一六•一八	一〇•〇三	二〇•二九		不停
膠州 到	一六•三五	一〇•二三	二〇•四五		五•四八
膠州 開	一六•三七	一〇•三三	二〇•四七		五•五〇
膠東 開	一六•四九	一〇•四七	不停		不停
李哥莊 開	一七•〇〇	一一•〇〇	不停		不停
藍村 開	一七•〇九	一一•一〇	二一•一三		六•一六
南泉 開	一七•二三	一一•二五	二一•二六		六•二九
城陽 開	一七•三八	一一•五三	二一•五三		六•四五
女姑口 開	一七•四七	一二•〇三	二二•〇三		不停
滄口 開	一七•五九	一二•三六	二二•一六		七•〇三
四方 開	一八•一四	一二•五四	二二•三〇		七•一九
大港 開	一八•二五	一三•〇七	二二•四〇		七•三〇
青島 到	一八•三〇	一三•一三	二二•四五		七•三五

隴海鐵路行車時刻表

第一次特別快車自東向西每日開行；第十九次客貨車自東向西每日開（自右向左讀）

站名	第一次 時段	第一次	第十九次 時段	第十九次
徐州府	(上午)	第一次 八點十分開		
碭山		十點十六分到 十點二十六分開		
商邱		十二點〇九分到 十二點二十九分開		
開封	(下午)	四點三十二分到 四點五十二分開		
鄭州南站		六點五十一分到 七點十一分開		
汜水		八點三十三分到 八點四十三分開		
鞏縣		九點二十三分到 九點二十五分開		
孝義		九點四十七分到 九點四十九分開		
洛陽東站		十一點十二分到 十一點四十二分開		
新安縣	(上午)	一點十二分到 一點三十二分開		
澠池		三點二十一分到 三點四十一分開		
觀音堂		四點三十七分到 四點四十二分開		
會興鎮		六點〇八分到 六點十八分開		
陝州		六點五十分到	(上午)	第十次 七點二十分開
靈寶				八點三十二分到 八點四十七分開
閿鄉				十點二十分到 十點三十五分開
盤頭鎮				十一點五十二分到 十一點五十五分開
文底鎮				一點二十分到 一點二十三分開
潼關			(下午行)	二點二十分到

第二次特別快車自西向東每日開行；第二十次客貨車自西向東每日開行（自左向右讀）

站名	第二十次 時段	第二十次	第二次 時段	第二次
潼關	(下午)	第二十次 三點三十分開		
文底鎮		四點五十二分到 四點二十八分開		
盤頭鎮		五點五十三分到 五點五十六分開		
閿鄉		七點十三分到 七點二十三分開		
靈寶		九點〇一分到 九點十六分開		
陝州		十點二十五分到	(上午)	第二次 〇點〇五分開
會興鎮				〇點四十二分到 〇點五十二分開
觀音堂				二點三十一分到 二點三十六分開
澠池				三點十八分到 三點二十三分開
新安縣				四點五十分到 五點開
洛陽東站				六點十五分到 六點三十五分開
孝義				七點四十六分到 七點四十八分開
鞏縣				八點〇四分到 八點〇六分開
汜水				八點四十分到 八點四十二分開
鄭州南站				九點四十二分到 十點〇二分開
開封				十一點五十五分到 十二點十五分開
商邱			(下午)	四點〇二分到 四點十七分開
碭山				五點五十四分到 六點〇四分開
徐州府				八點〇五分到

17504

北甯鐵路簡明行車時刻表　中華民國二十三年四月一日重訂

下行車

列車次數	北平前門開	豐台開	郎坊開	天津總站開	天津東站到	天津東站開	塘沽開	蘆台開	唐山開	古冶開	灤縣開	昌黎開	北戴河開	秦皇島開	山海關到	錦縣遼寧總站
第七次慢車中膳各等	五·四五	六·二〇	七·四二	九·二八	九·三六	九·四五	一〇·四八	一一·五四	一三·〇一	一三·四八	一四·四三	一五·五四	一六·四四	一七·一三	一七·三五	
第十一次及第十九次客貨混合三等慢車	七·五〇	一〇·二五	一四·〇〇	一八·〇一	一八·一六	停	第十九次	自唐山起	六·三〇	八·〇〇	一〇·〇五	一二·二〇	一三·四六	一四·四五	一五·二〇	
第三〇一次平滬直達特別快車膳臥各等	一五·〇五	一五·三六	一六·四〇	一七·五〇	一七·五九	一八·二〇	開	往	上	海						
第三次特別快車膳車各等	八·三〇	八·五八	不停	一一·一〇	一一·一八	一一·三五	一二·三二	一三·二六	一四·二四	一五·〇五	一五·四五	一六·三七	一七·一六	一七·四〇	一八·〇[illegible]	
第九次快車膳車各等	一四·二五	一四·五七	一六·〇九	一七·二九	一七·三八	一七·五〇	一八·五〇	一九·四六	二〇·五三	二一·三四	二二·一七	二三·一〇	二三·四五	[illegible]·一〇	〇·三〇	
第五次特別快車膳車各等	一六·三〇	不停	不停	一九·〇七	一九·一五	停										
第一次平浦直達特別快車膳臥各等	一八·五〇	一九·二〇	二〇·二六	二一·三九	二一·四八		開	往	浦	口						
第一〇一次快車膳臥各等	二〇·一五	二〇·四八	二二·〇八	二三·四一	二三·五〇	二四·〇〇	一·一〇	二·一三	三·二四	四·一四	五·〇六	六·一七	七·〇九	七·三七	七·五九	
第四〇一次平滬直達貨車及第十五次客貨混合三等慢車	二〇·二五	二二·一〇	〇·五〇	三·四五	四·〇〇	五·四五	八·四七	一二·一四	一五·二四	停						

上行車

列車次數	錦縣遼寧總站	山海關開	秦皇島開	北戴河開	昌黎開	灤縣開	古冶開	唐山到	唐山開	蘆台開	塘沽開	天津東站到	天津東站開	天津總站開	郎坊開	豐台開	北平前門到
第八次慢車中膳各等		五·五五	六·二二	六·五二	七·四三	八·四九	九·四七	一〇·二六	一〇·三三	一一·五三	一三·一〇	一四·一〇	一四·二〇	一[illegible]·三五	一六·〇九	一七·四六	一八·二〇
第四次特別快車膳車各等		九·一五	九·三八	一〇·〇七	一〇·五〇	一一·三八	一二·二五	一二·五七	一三·〇〇	一四·〇〇	一四·五一	一五·四五	一六·五五	一六·〇五	不停	一八·一五	一八·四二
第二十次及第十二次客貨混合三等慢車		一〇·〇〇	一〇·五五	一一·四六	一三·五〇	一六·四五	一九·三〇	二〇·四五	停	第十二次	自天津起		八·一五	八·一〇	一二·四九	一七·〇〇	一八·〇五
第十次快車膳車各等		一三·〇〇	一三·二五	一三·五〇	一四·二八	一五·二〇	一六·〇七	一六·三九	一六·四五	一七·四六	一[illegible]·五〇	一九·四五	二〇·〇〇	二〇·一一	二一·二四	二二·五〇	二三·二〇
第一〇二次快車膳臥各等		二一·五五	二二·二八	二三·〇六	二四·〇〇	一·〇三	二·〇〇	二·四〇	三·二〇	四·三一	五·三二	六·三七	六·五〇	七·〇六	八·二七	九·四三	一〇·一一
第十六次客貨混合三等慢車及第四〇二次滬平直達貨車									五·〇〇	七·五八	一一·〇〇	一三·一〇	一八·四五	一九·三三	二三·四〇	二·四〇	三·五〇
第六次特別快車膳車各等													九·二〇	九·二八	不停	不停	一一·〇六
第三〇二次平滬直達特別快車膳臥各等							由	上	海	開	來	七·一〇	七·三五	七·四五	八·五五	九·五九	一〇·二九
第二次平浦直達特別快車膳臥各等							由	浦	口	開	來		五·二〇	五·三〇	六·四三	七·四九	八·一九

17506

中國工程師學會會務消息

◉本會建議政府整理漢陽鋼鐵廠恢復工作

查漢陽鋼鐵廠創辦於前清末年，有化鐵爐及煉鋼廠軋鋼廠等設備，所出生鐵鋼軌及建築鋼料尙稱適用。自歐戰停止，鋼鐵價格低落，煉鋼軋軌部分於民國十一年首先停工。迨萍礦焦炭，因鐵路運輸不暢，化鐵部分亦於民國十四年停工。迄今多年，漢冶萍公司竟無復工計劃，全部設備，漸次朽敗，再閱數年恐將無法整理，坐使國內唯一之鋼鐵廠化歸烏有。本會會員張孝基，吳道一，易鼎新，錢慕寧等有鑒於斯，於去年第三屆年會提出建議政府整理漢陽鋼鐵廠恢復工作一案，提議整理辦法如下：『漢廠復工須經過四月至半年之整理工作。煉鋼爐及軋鋼廠均須大事修理，化鐵爐二座，一座須小修，一座須大修，其附屬機器如打水機打風機等概須加以修整。預計此項整理費用約五十萬元。至所需焦炭及礦砂，可向他礦購買，毋庸自行採煉。假定先開二百五十噸化鐵爐一座，三十噸煉鋼爐三座，平均每月出生鐵六千五百噸，煉鋼四千噸。一切備用材料及周轉經費再需一百五十萬元。政府爲國家與地方利益計，應設法籌足此款，一面與漢冶萍公司交涉訂立恢復漢廠工作辦法，同時對於出品銷路與各大鐵路及建設機關訂立供給合同。本會同人亦當盡力貢獻技術。』經本會將提案分別呈函實業部及湖北省政府於今年一月初接到湖北省政府秘書處建字第3005號公函復稱已將本會去函暨提案函送建設廳矣云。

◉本會圖書室消息

前承下列機關，會員，及個人捐贈工程書籍，感激靡既，除陳列以供瀏覽，而彰高誼外，謹誌鳴謝。

茅以昇君捐贈「科學」第1卷第1,2,3,4,5,10,11,12 期八册

第4卷第6,7期兩册

"Engineering News-Record"

Vol.78 No.22,1917一册

Vol.80 No.6—No,26,1918二十一册

Vol.81 No.1—No.26,1918二十六册

Vol.82 No.1—No.26,1919二十六册

Vol.83 No.1—No.26,1919二十六册

Vol.84 No.1—No.21,1920二十一册

程孝剛君捐贈「考察日本機廠報告」上下兩册。

華北水利委員會捐贈「永定河治本計劃」一部。

H.S.Jacoby 捐贈 "Transactions of the American Society of Civil Engineers" Vol. 97, 98,1933 兩册

"American Railway Engineering Ascociation" Vol.34,1933 一册

◉永久會員踴躍

查本年度(即22—23年度)，過去半年中，除原認爲永久會員者外，新近加入者，甚爲踴躍，截止本年三月底計有下列 27 人，幸祈熱心會員諸君，踴躍輸將，慨允加入。

(1)已認而繳清永久會費或繳一部份者：

曹竹銘君 孫延中君 王修欽君 王 璡君

吳錦慶君 李國均君 周 琳君

以上 7 人每人 $100.00 已繳清

高　鑑君　沈　怡君　薩福均君　鄭瀚西君
李樹椿君　邵鴻鈞君　黃炳奎君　陸南熙君
盧炳玉君　孫慶澤君　孫繼丁君　葉秀峯君
陳端柄君　李世瓊君　劉振清君　許貫三君
以上16人每人繳過第一期 $50.00
沈　誥君　李鴻儒君　林廷通君　陸邦興君
以上4人每人繳過第一期一部份 $25.00

(2)已認而尚未繳永久會費者：
莊前鼎君　吳　屏君　陳崢宇君　蔡方蔭君
等4人
〔註〕原來永久會員姓氏及繳費數概未列入。

◉贈送「時事大觀」

茲承上海時事新報館邱啓華君贈送本會「時事大觀」六百册，囑代分贈，凡會員或讀者諸君如欲索閱者，請逕函本會並附郵費每册五分，當卽照寄，若須掛號另加郵費八分。

◉會員哀音

吳庸允　病故
李燦基　病故
鄒登明　病故
鄭炳銘　病故

◉會員通訊新址

賈元亮　(職)太原山西壬申製造廠
　　　　(住)太原膳所七號
張　愷　(職)太原山西壬申化學製造廠
　　　　(住)太原裕德西里
馬開衍　(職)太原山西汽車修理廠
　　　　(住)太原永定路一號
董登山　(職)太原壬申各廠料審核處
　　　　(住)太原裕德東里六號
唐之肅　(職)太原山西西北煉鋼廠
　　　　(住)太原新華路九號
柴九思　(職)太原山西西北煉鋼廠
　　　　(住)太原新民街8號
沈光苾　(職)太原山西西北煉鋼廠
　　　　(住)太原新華路九號
曹　斑　(職)漢口財政部印花稅局
李英標　(職)南京中央衞生事務所
唐季友　(職)武昌北城角省立職業學校
葉明升　(職)湖北金口金水建閘辦事處
王龢灝　(職)南京建設委員會
李　儼　(職)陝西西安二府街隴海潼西段工程局
趙福靈　(職)河北新樂平漢車站新樂橋工程處
潘國光　(職)上海徐家匯孝友里天主堂經租處
趙世瑄　(住)南京三元巷二號
沈莘耕　(職)上海曹家渡浜北達豐染織工廠
湯雲臺　(職)天津安徽中學
王超鎬　(職)陝西臨潼縣零口鎮隴海路潼西第四分段工程處
黃　宏　(職)南京三元巷國防設計委員會
高則同　(住)漢口漢中路295號
江超西　(職)杭州航空學校
吳卓衡　(住)廈門鼓浪嶼同安路47號
陸家駒　(職)北平清華大學
陳紹琳　(職)南京三元巷國防設計委員會
程耀辰　(職)杭州將軍路浙江省水利局
陳德銘　(職)福州建設廳
王心淵　(職)湖南衡陽株韶段工程局第六總段轉
梅暘春　(住)南昌石頭街新28號
戴　華　(職)山東棗莊中興煤礦公司
陸貫一　(職)南京全國經濟委員會
王總善　(職)南京全國經濟委員會公路處
徐　驥　(住)鎮江新西門腰刀巷三號
夏光宇　(住)南京新街口雙石鼓42號
王　濤　(職)唐山啓新洋灰公司
蕭慶雲　(職)上海市工務局
胡樹楫　(職)上海市工務局
趙志游　(職)南京長江整理委員會
鄭　華　(職)杭州市政府工務科
崔華東　(職)上海河南路 505 號張裕泰建築行
黃　雄　(職)上海河南路 505 號張裕泰建築行

工程週刊

(內政部登記證警字788號)
中國工程師學會發行
上海南京路大陸商場542號
電話：92582
(稿件請逕寄上海本會會所)

本期要目

中華民國23年2月16日出版
第3卷第7期(總號48)
中華郵政特准掛號認為新聞紙類
(第1831號執據)

定報價目：每期二分；每週一期，全年連郵費國內一元，國外三元六角。

試驗路面設備

編輯者言

本週刊原為本會會員交換知識，互通聲氣之媒介物；尤以各會員能將技術上之經驗新聞送登本刊最為歡迎。如本期之陳紹琳君所撰「電話工程之幾種實用新法」一篇，純係經驗之談，必囊讀者所愛讀無疑。本週刊第三卷起新闢「國外工程新聞」「會員通信」等欄，甚望諸會員多多投稿，常常通信，俾本刊成為工程界人人所不可缺之之刊物，是則本刊莫大之希望也！

17509

電話工程上之幾種實用新法

陳紹琳

本篇報告作者在電話工程上所實地試用且得有成效之幾種新法，並對周公樸先生所發明之自動電閘有所討論，

一·自動式與磁石式交換機之連接法。自動式與磁石式交換機，因其原理各異，不能直接相連，故其間必須有一銜接之設備，方能使雙方之用戶彼此可以通話。杭州電話，本爲磁石式，於民國念一年改裝自動式之時，尙有一分局之百門交換機兩座，及各機關之小交換機數座，仍用磁石式。如添裝一特種中繼台，則非經濟之所許，故不得不在原有交換機上，另行設法。國內改裝自動電話之處，或不免有同樣之問題。今將作者在杭州所用之方法，略述於下，以作參考。

第一圖

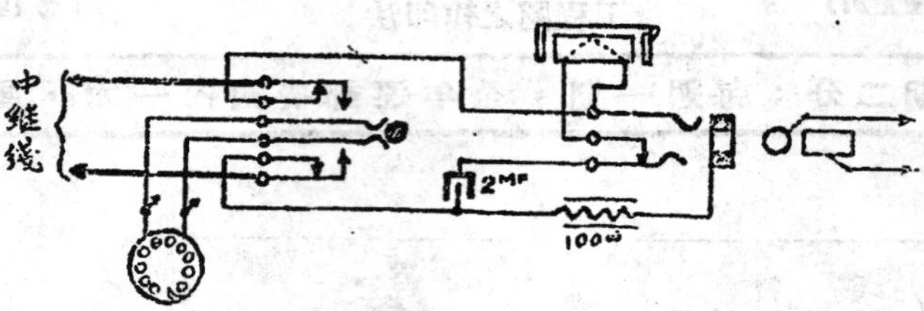

如第一圖所示，於每一中繼綫號孔與短簧之間，加裝塞流圈及凝電器各一只，並經過一只電鍵，而後通至自動局。（專供來話用之繼綫可不裝電鍵。）於自動局來話之時，其振鈴電流，可將號牌搖落，而於塞子插入號孔之後，其身部即將孔口與長簧接通，於是直流電路閉合，與話機之提起聽筒無異，故即可接話。如欲由此機接通自動局，則將塞子插入號孔，候聽到撥號聲後，即可將電鍵扳過，接一公用之撥號盤(每座一只)於此中繼綫上，號碼撥完之後，仍將電鍵復原即得。此法所添機件無多，每座裝用十餘對中繼綫，所費亦不過百餘元耳。

第二圖

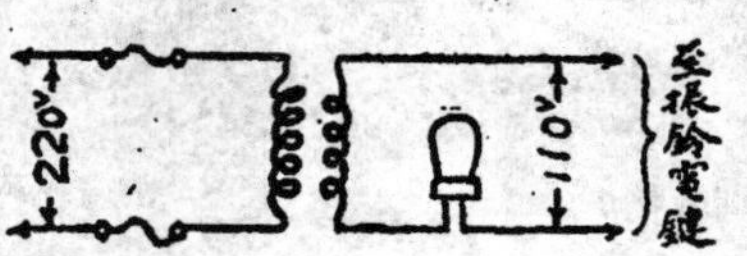

二·長途電話橋接法。　在營業空間，綫路不甚繁忙之長途電話綫上，可用橋接法，多數裝具話機於綫路經過之村鎮，藉以增加收入。此法之原理，詳載工程第六卷第二期，茲不贅述。浙江省電話局應用此法，頗著成效，而機件之裝置，所費亦無幾。論者嘗謂此法不能工作滿意，且需費甚大云云，（電工第一卷第四號）實不過杞人之憂而已耳。

第三圖

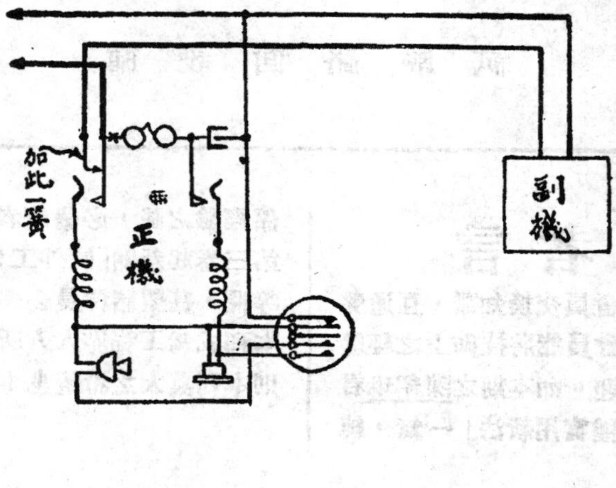

浙江省建設廳曾派胡瑞祥吳競清兩先生，嚴密試驗

，在橋接電話與一局之間，加入電阻一千歐姆之多，此與十二號銅綫兩百餘里之電阻相當，亦能得良好之結果。在實用上，綫路之差不過數十里而已，決不至如此之鉅，故可安然使用無疑也。

三・振鈴用之簡單電源。話局之用振鈴電流，大者取之於電動發電機，小者取之於轉極機，振動機，或手搖發電機，而除電動或手搖發電機之外，其電力皆直接由乾電池或蓄電池供給之。在較小之話局，類多避繁就簡，而單用乾電池。據杭州電話統計所得，此種振鈴用乾電池之消費，平均每戶每年約需一元五角，其關於話局之經濟，實未容忽視。民國十九年春，南潯張讓之先生，倡議直接試用五十週波之交流，經試驗結果，甚合實用，其接綫法，如第二圖所示。

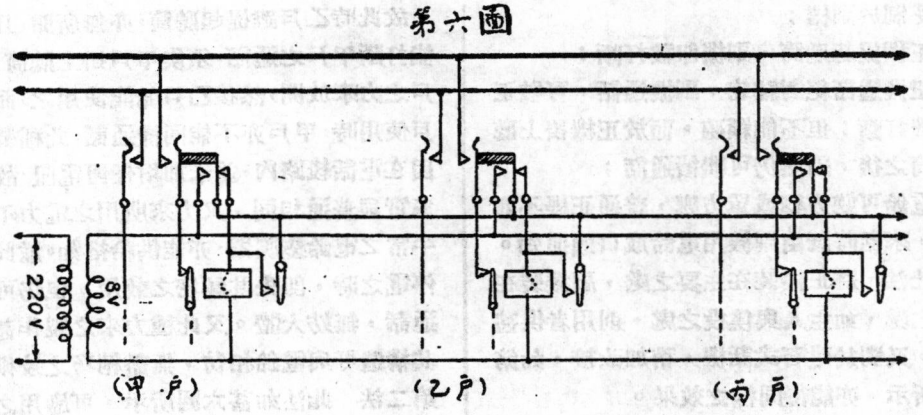

第四圖

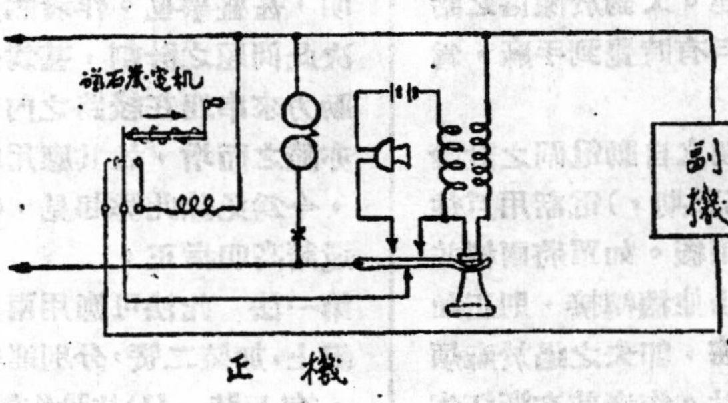

第五圖

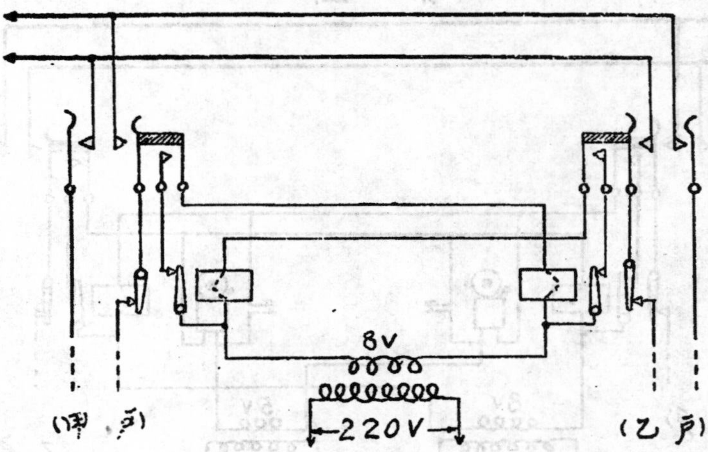

第六圖

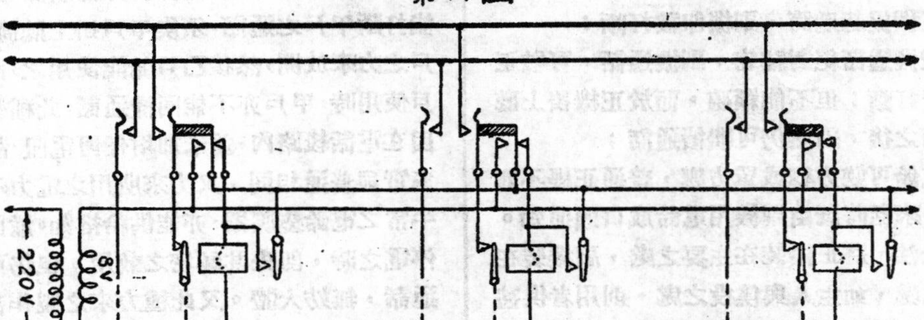

普通話機之鈴，對

於五十週波之交流，倘能工作滿意，惟電阻在兩千歐姆以上之長途話機之鈴，則須將串連之兩個綫圈，改為並連。又對於陳舊之話機，容易漏電，以致用戶有時覺到手麻，為缺憾耳。

四，對周公樸先生所發明之自動電閘之討論（參閱工程週刊第三卷第三期，）電話用戶往往於正機之外，再添裝副機。如單將兩機並接於話綫之上，或一機由他機轉接，則正如周先生所言，不失之秘密，卽失之過於麻煩或誤事，俱非妥善之辦法。作者前在浙江省電話局時，亦遇正副機需要通話秘密之問題，其解決辦法，如第三圖所示，祇在正機之鈎鍵上，加裝一根彈簧，而得下列諸特性：

(1)正機隨時可以通話，不受制於副機；

(2)正機提起聽筒，副機卽被打斷；

(3)正機通話絕對祕密，副機通話，可被正機打斷；但不能竊聽，而於正機掛上聽筒之後，副機仍可繼續通話；

(4)電鈴可雙方響或單方響，普通正機不響，來話時概由副機用電鈴或口頭通知。

應用此法，將正機裝在主要之處，副機裝在次要之處，如主人與僕役之處，則用者俱甚滿意。又對於磁石式話機，稍加改接，如第四圖所示，亦能得同樣之效果。

第七圖

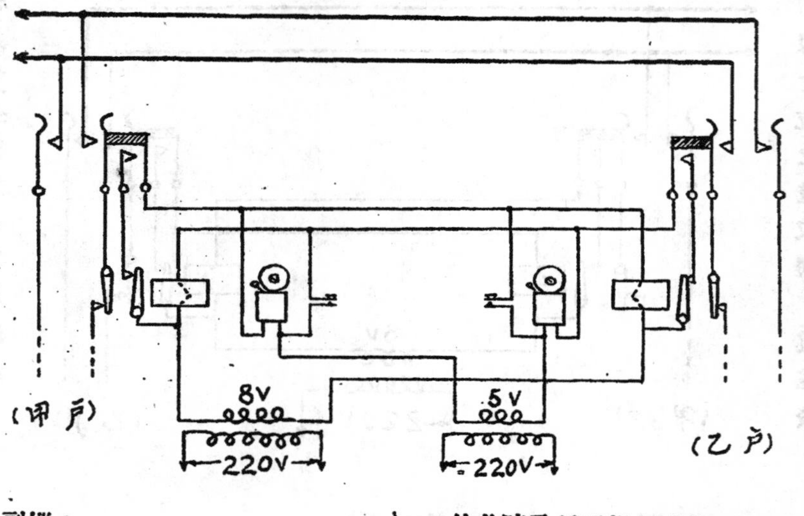

以上方法，是適用於同一宅內，今周先生對於兩戶合用一號電話之秘密裝置，亦有所發明，甚盛事也。作者對於周先生用力來以解決此問題之計劃，甚為欽佩。惟在實用上綏動力來串連在綫路之內，勢必使綫路之電阻亦隨之而增，故其應用範圍，未免稍為減小，今為免除此弊起見，特再另擬下述二法，還請高明指正。

第一法　此法可應用兩戶，在每具話機之鈎鍵上，加裝二簧，分別連結之於二只交流力來，(每戶裝一只)其動作電流，取給於電鈴變壓器，其全部結綫法，示之於第五圖，（點綫之下方，為話機內部之連結，詳第三圖，此處祇示鈎鍵之關係耳）。於甲戶提起聽筒之時，乙戶之力來動作，將話綫及管理甲戶力來之綫路打斷，故此時乙戶雖提起聽筒，亦無所聞，且亦不能打斷甲戶之通話，須俟甲戶掛上聽筒，使乙戶之力來放開，然後乙戶始能使用之，而於乙戶使用時，甲戶亦不能同樣通話。此種裝置，因在電話綫路內，並未加增任何電阻，故其效率實與普通相同，又力來所用之電力不大，平常之電鈴變壓器，亦能供給裕如。惟此法於停電之時，卽失其秘密之效用，但仍可繼續通話，無妨大體。又此種力來之製作甚易，其構造可與電鈴相彷，無需精巧之技術也。

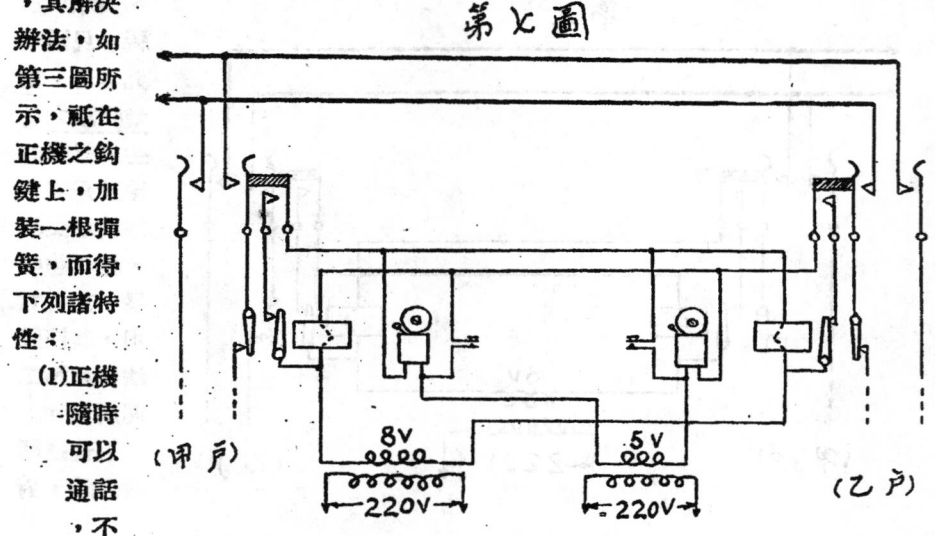

第二法　此法如甚六圖所示，可應用之於三

戶以上。每具話機之鈎鍵上，須較上法多裝一簧。任一戶提起聽筒，即使其他各戶之力來動作，而打斷其綫路。如力來於動作之後，即自行鎖住，直至通話之一戶掛上聽筒為止。此時如各戶相距稍遠，則一只電鈴變壓器，或不能工作滿意，須將他戶之電鈴變壓器，亦並接於其上，惟須注意二者之電相，是否相同，最好於變壓器之一端，加一保險絲，更為妥當。

以上二法，無論磁石式，共電式，或自動式，皆可應用。變壓器可利用原有之門鈴變壓器，無須重裝。又於二戶或二戶以上，合用一號電話之時，如話局內無分別振鈴之設備，（國內話局恐多無此種設備。）則各戶之間，須有一互相呼應之電鈴裝置，庶不致有來話不通之虞。此種裝置，除電鈴浦司，及加放一綫以外，餘均可利用原有之設備。其結綫法示於第七第八兩圖。而第八圖之方法，各戶尚須預先約定一鈴音之長短次數，以為區別，因一戶撳鈴，各戶皆響故也。

第八圖

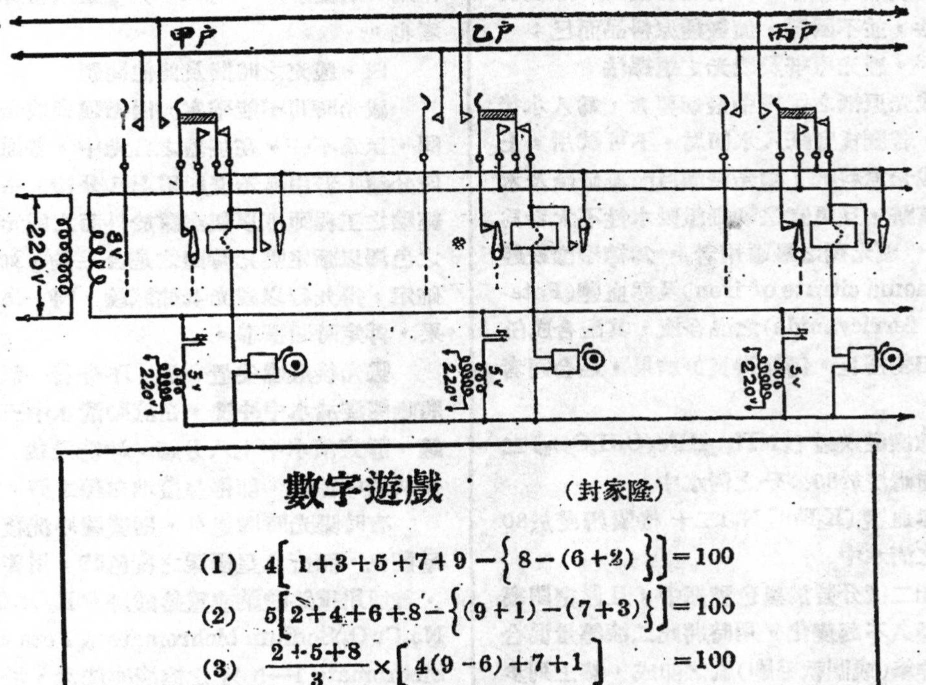

數字遊戲

（封家隆）

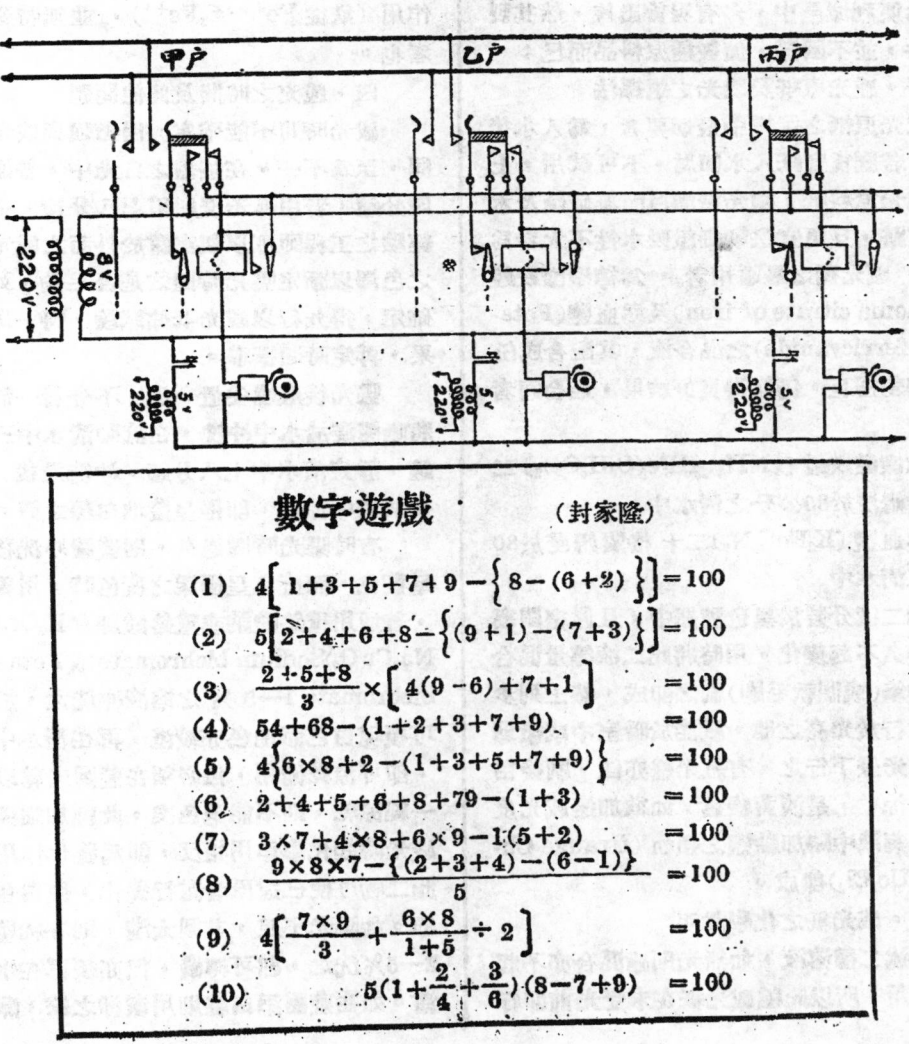

(1) $4\left[1+3+5+7+9-\left\{8-(6+2)\right\}\right]=100$

(2) $5\left[2+4+6+8-\left\{(9+1)-(7+3)\right\}\right]=100$

(3) $\frac{2+5+8}{3}\times\left[4(9-6)+7+1\right]=100$

(4) $54+68-(1+2+3+7+9)=100$

(5) $4\left\{6\times8+2-(1+3+5+7+9)\right\}=100$

(6) $2+4+5+6+8+79-(1+3)=100$

(7) $3\times7+4\times8+6\times9-1(5+2)=100$

(8) $\frac{9\times8\times7-\left\{(2+3+4)-(6-1)\right\}}{5}=100$

(9) $4\left[\frac{7\times9}{3}+\frac{6\times8}{1+5}\div2\right]=100$

(10) $5\left(1+\frac{2}{4}+\frac{3}{6}\right)(8-7+9)=100$

工程圖之複印法

陸家駒

工程圖複印之術，不下數十，然最普通及簡易者，亦僅數種而已，本篇之作，乃為一般感科學興趣者介紹耳，至於忽略及錯誤之處，實所難免，尚祈讀者賜敎！

普通建築公司所選用之工程圖，均為藍底百線，間有棕色者，此種原紙均能受光力之作用而起化學變化，故一名感光紙，在交通較為便利城邑中，多有現貨出售，然其製造之法，並不困難，僅數種原料品而已；

一·感光原紙及感光之選擇法

感光原紙之選擇中最切要者，為入水後不化，若國貨宣紙入水卽腐，不可試用，上等之感光原料紙，須光滑潔白而無硫磺及木質之痕跡，且更宜堅韌細緻吸水性不大者為合格·感光劑之最適用者，為檸檬酸鉄錏(Ammonia citrate of iron)及赤血鹽(Potassium ferricyanide)之混合液，其配合成份，雖相差極巨，仍能得良好結果，最合適者為：

檸檬酸鉄錏〔$(NH_4)_2HFe(C_6H_5O_7)_2$〕二十格蘭姆浸於80公分之清水中。

赤血鹽〔$K_3FeC_6N_6$〕二十格蘭姆浸於80公分之清水中

此二液分裝於黑色玻瓶中，且嚴密閉塞，可歷久不起變化·用時將此二液等量混合，以排筆(或闊軟毛刷)刷之卽成，然上列步驟不能行於光亮之地，祇能於暗室中或微弱十六支光燈下行之，有紅光燈亦佳，刷後在暗室中涼乾，呈淡黃綠色，如欲加速感光度，則於藥液中略加鈾鹽之類如（Urange Chloride UO_2Cl_2)卽成。

三·感光紙之化學說明

上述二種溶液，如無光則雖混合亦不起化合作用，所以此種感光紙在未受光前卽行冲洗，則藥品悉行溶化仍留白紙，經感光後，則結果留有不能溶解之二價鉄化物（Ferrous)其呈所謂普魯士藍〔$Fe_4(FeC_6N_6)_3$ ferric-ferro-cyanide或 Prussia Blue〕此種化合物，固着紙上不退，因之凡為墨線所蔽者不起化學作用，在水中洗時，藥品仍溶解而露紙之本色，是以以上之作用純為鉄之還原作用（鉄從Fe^{+++}到Fe^{++}），並無特殊變化者也。

四·感光之時間及此他問題

感光時間不能確定，因光强與感光性不同，至為不一·在强烈之日光中，普通須三四分鐘，若用弧光燈則須七八分鐘，一般有經驗之工程師可以觀察露於外面之感光紙邊之色澤以斷定曝光時間之是否足夠，如不敢確定，得先行以感光紙條試驗，得一良好結果，再定時間標準。

曝光後底圖妥置一邊，不令着一滴水，將晒圖浸於水中冲洗，在流動清水中三四分鐘，靜定清水中七八分鐘，冲洗過後，取出掛於空中涼乾，卽得呈藍地白線之圖。

有時曝光時間過久，則藍圖冲洗後白線呈藍色，而藍色呈極深之藍色時，用養化液，普通用重鉻酸鈉或重鉻酸鉀（$K_2Cr_2O_7$ 或 Na_2CrO_7)Sodium bichromate或Potassium bichromate 1—5％之溶液冲洗之，於是線可復現白色而地色亦較淺，再在清水中洗淨，卽可涼乾備用，但必須在藍圖未乾以前，一經涼乾，則不能退色矣，此種加强劑則與感光時起化學作用相反，卽為養化作用也，此二物可使已還原者重行養化，使白色線重顯。如曝光不足，其圖太淺，則在稀鹽酸中2—5％洗之，卽可轉濃，但亦須再在水中洗淨。如在藍圖添白線則用潔淨之筆，蘸炭酸鈉濃溶液(Conc. Solution of Sodeium Carbonate Na_2CO_3) 擦之，卽得白線，若用白粉水塗之亦可，如欲去除白線，則藍墨水已足矣！

五·感光迅速之藍印紙之製法

感光紙之最迅速者，則須十五秒鐘至三十秒鐘於陽光下，卽得清楚圖樣，若在陰暗處，亦祇須一分鐘，平常概在電燈光下行之，其製法如下：

甲液 葡萄酸(Tartaric Acid) 25份

綠化鉄 (Ferri Chloride) Solution at 1.45(specific gravity)Boumé ($FeCl_3$)90份

水 100份

當酸溶解後，慢慢加28% NH_4OH 以冲和其溶液俟溶液冷後，加入同量之另一溶液如下

乙液 赤血鹽 (Potassium Ferricyanide) 22份

水 100份

將此兩溶液混合刷於紙上卽成，惟不能如上述者之可以歷久不變也

六·特種感光紙製法

A.棕色印法 有時需要藍圖白地則先自底圖上印其陰文於 Sepia 紙上(一名Von Dyke紙)於是以此陰文版代替底圖，按上法晒之。

Sepia 紙之製法， 在極薄而靱之紙上，塗以下列藥品之混合液，其成份與內容至爲不一，其感光作用與藍印相同，惟此附着物之色爲棕色耳

藥品：

鉀鈉葡萄鹽 (Potassium-sodium-tartrate)

檸檬酸(Citritic acid)

草酸鉄(ferric Oxalate)

硝酸銀(Silver nitrate)

在製陰文版時，其底圖之正圖應與Sepia 紙之正面相重合，其感光時間，較藍印爲長，感光亦在水中冲洗，顯影 Sepia 紙在未感前爲淡黃綠色，感光後呈淡黃銅色，冲洗後則呈深棕色。此紙必須在定影液中浸過，方可涼乾(fixing bath of hyposulphite of Sodium $Na_2S_2O_3$) 卽'hypo'(海泡)若「海泡」太多而濃，則有漂白作用。俟此紙乾後在其背面塗以凡士林(Vaseline)及香蕉油 (Banana oil)或擬輪質(Benzine)之混合物，此種油能令有線處透光而他處則否，如是此圖已全部與底圖相反，故可用以替代底圖，而晒成白地藍色之圖也，惟塗油之面，必須離開感光紙方成正印，若其陰文亦欲正字，則一切均與藍印相同矣。

B.藍線法 藍線白地之圖，亦可直接製成，其法爲紙上塗以以下之藥品之混合液：

阿拉伯樹膠（或名白樹膠） Solution of gin arabic

檸檬酸鉄錏(Ammonia-citrate of iron)

綠化鉄$FeCl_3$(Chloride of iron)

其曝光與藍印相同，惟顯影則不在水中，而在鉀黃血鹽(Patassium ferrocyanide)之溶液中，其顯影作用爲鉀黃血鹽與Ammonia-citrate of iron 之作用，在黑線下未感光者相化合而成藍色沉澱附着紙上，經過顯影後，再在清水中洗淨後卽成。

C.奧柴列特法(Ozalid Process) 此法爲德人Ozalid所發明，今已漸趨普遍，方法分晒圖及顯影二步，晒圖之法與晒藍圖同，不過其感光紙則不同，須時亦較少，其顯影則將已感光之紙插入圓筒形之顯影器，使與器內阿摩尼亞 (Ammonia) 所生之氣相接觸，經過五分至十分鐘，卽可使用，圖底作白色，線作紅褐色(或靑褐色)與普通之藍圖相反。其所用成份藥品，因國內尙缺乏，且較專門，故從略。

二十二年份全國增加發電容量一覽表

	電廠名稱	增加容量(瓩)	附註
汽輪發電機	首都	• 10,000	(三)有•者係確知已裝竣發電者。 (二)外資電廠不計。 (一)在裝置中或定購中者包括在內。
	戚墅堰	7,500	
	南通大生	5,000	
	南昌	1,000	
	漢口	• 6,000	
	重慶(內1000瓩係舊機)	3,000	
	成都	• 1,000	
	福州	• 3,000	
	廈門	1,500	
	廣州	• 6,000	
	鄭州	800	
	濟南	5,000	
	山東周村	800	
	太原	3,000	
	共計	53,600	
汽機發電機	鄭州(舊機)	• 100	
	安陽	• 100	
	新鄉	• 132	
	共計	332	
	句容(舊機)	• 100	
	常熟(調換)	• 320	
	常熟東唐市	• 16	
	靑浦(舊機)	• 175	
	如皋	• 200	
	南翔	150	
	安慶(舊機)	400	
	蚌埠	• 200	
	廣州河南	2,000	
	共計	3,561	
煤氣發電機	徐州	• 360	
	宜昌	• 140	
	共計	500	
	全國增加	57,993瓩	

國外工程新聞

試驗路面設備

德國史杜架提(Stuttgart)工業大學試驗道路設備，頗爲新穎。其構造爲一車架，四角裝有輪盤，其輪盤係轉動於周圍路面之上。其內直徑爲6080公厘，外直徑爲8480公厘，車架重量爲8500公斤，用25匹馬力電動機推動，行駛速度爲每小時3至24公里。（附圖見首頁）（異）

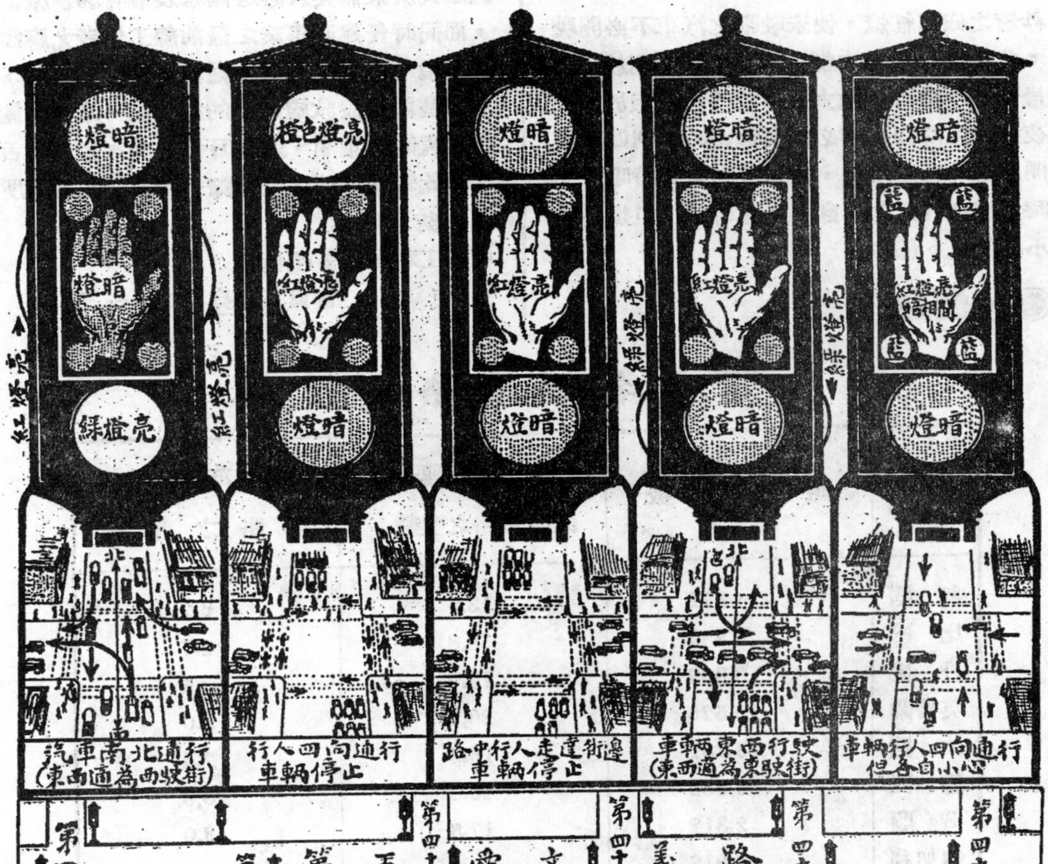

新式交通燈

上圖係交通燈，去年十二月二十一日第一次在紐約城試用。其目的在節制車輛及步行之來往。在紐約城交通最緊密之街道，即第五愛文義路由第四十街至第四十五街之一段，裝置試用。此種交通燈之紅燈係用手式紅燈與上面橙色之燈同時四面放光20秒鐘，此時東南西北之汽車完全停止，祇許行人四向通行。然後四面手式紅燈繼續放光而橙色之燈關閉；此時汽車仍不通行，祇許已在過街之步行者走達對面人行道上而已，如是者5秒鐘。繼此則南北手式紅燈仍舊開放，東西則開放綠燈，歷時30秒鐘；此時東西街道之汽車可以通行；向東行駛之街道上汽車可向東開駛，向西行駛之街道上汽車可向西開駛。繼此則四面僅開手式紅燈五秒鐘，所有未開駛之汽車一概不許再駛動。然後將南北之綠燈與東西之手式紅燈開放，祇許南北汽車來往而東西汽車停止，歷時58秒，再加二秒鐘之四面紅燈，使未駛動之汽車不必開駛。此後再繼以四方紅燈及橙色燈之開放，從最初之步驟重行做去，循環不息。至於每晝夜有一定時間，不必用交通燈時，則四面僅開紅燈與藍燈兩種，而紅燈則時亮時暗，此時汽車與行人均可自由穿過馬路，但須各自小心而已。(泳)

◉會員通訊

茲檢奉「鋼軌爬行與鋼軌防爬器」一篇敬祈刪登本會定期刊物

年來國內建設事業多如雨後春筍，惟所用材料機器多屬外貨，致國家入超年有激增，影響國民經濟實非淺鮮。在今日而言救國固非建設莫由，惟建設步驟應本中山先生所謂必應國民所最需要及必還國家須最有利爲原則，而同時任建設事業之最前線工作者尤應認清環境，拘物盡其用杜絕浪費爲服務信條，必如是而建設救國之目的始可達。本會爲國內工程師之集團，週刊月刊又爲本會之喉舌，値此舉國侈談建設之際，深願於此旨多所闡論也。此上

中國工程師學會編輯部

會員王節堯 二，一三，

世界各國鐵路統計

國名	鐵路哩數	平均每百方哩土地應有鐵路之哩數	平均每萬人口應有鐵路之哩數
奧國	4,371	13.5	6.7
比國	6,889	58.8	8.7
丹麥	3,306	19.9	9.5
英格蘭	16,526	20,2	5.0
法國	33,261	15.6	7.4
德國	36,362	20.0	5.8
荷蘭	2,312	17.5	3.0
匈加利	5,918	16.5	6.9
意國	13,049	10.9	3.2
日本	13,852	9.3	2.1
墨西哥	16,433	2.2	11.5
波蘭	12,845	8.6	4.7
西班牙	9,853	5.1	4.4
瑞典	10,384	6.0	17.0
美國	249,383	7.0	21.0

17518

膠濟鐵路行車時刻表

下行（西行）列車

站名＼車次	5 各等 飯	3 各等 飯	11 二三等	13 二三等	1 特各等 臥
青島 開	七•〇〇	一三•〇〇	一五•〇〇		[illegible]
大港 開	七•一二	一三•一二	一五•一二		[illegible]
四方 開	七•二〇	一三•二〇	一五•二二		[illegible]
滄口 開	七•三五	一三•三五	一五•四三		[illegible]
女姑口 開	七•四七	一三•四七	一五•五五		不停
城陽 開	七•五六	一三•五六	一六•一四		[illegible]
南泉 開	八•一二	[illegible]	一六•三四		不停
藍村 開	八•二六	[illegible]	一六•四九		[illegible]
李哥莊 開	八•三五	不停	一七•〇三		不停
膠東 開	八•四七	不停	一七•一六		不停
膠州 到	八•五九	[illegible]	一七•三〇		[illegible]
膠州 開	九•〇一	[illegible]	一七•四九		[illegible]
芝蘭莊 開	九•一八	一四•一〇	一八•〇九		不停
姚哥莊 開	九•二七	不停	一八•一九		不停
高密 到	九•三八	一四•二六	一八•二一		[illegible]
高密 開	九•五五	一四•四一	一八•四九		[illegible]
辛莊 開	一〇•〇五	不停	一九•〇三		不停
蔡家莊 開	一〇•一六	一五•〇一	一九•一六		不停
塔耳堡 開	一〇•二六	一五•二二	一九•三一		不停
丈嶺 開	一〇•三六	一五•二三	一九•四四		不停
岞山 開	一〇•五四	一五•四三	二〇•一四		[illegible]
黃旗堡 開	一一•〇三	一五•四九	二〇•二五		[illegible]
南流 開	一一•一二	不停	二〇•三四		不停
蝦蟆屯 開	一一•二六	一六•〇九	二〇•五五		不停
坊子 到	一一•三九	一六•一三	二一•一〇		[illegible]
坊子 開	一一•五四	一六•二七	二一•二五	七•〇〇	[illegible]
二十里堡 開	一二•〇六	一六•四九	二一•三九	七•一四	一•二八
濰縣 到	一二•一四	一六•五七	二一•四九	七•二四	一•三八
濰縣 開	一二•一七	一七•〇二		七•三四	一•三九
大圩河 開	一二•三〇	不停		七•四九	不停
朱劉店 開	一二•四一	一七•二三		八•〇三	不停
昌樂 開	一二•五四	一七•三七		八•二六	二•一〇
堯溝 開	一三•〇六	一七•四七		八•三九	二•一四
譚家坊子 開	一三•一八	一七•五六		八•五三	不停
楊家莊 開	一三•二九	一八•〇四		九•〇七	不停
青州 到	一三•四六	一八•一八		九•二六	二•三五
青州 開	一三•五八	一八•三〇		九•四一	二•四七
普通 開	一四•〇八	不停		九•五五	不停
淄河店 開	一四•二一	一八•三九		一〇•〇七	不停
辛店 開	一四•三五	一八•五三		一〇•三一	不停
金嶺鎮 開	一四•四四	一九•〇七		一〇•四一	不停
湖田 開	一四•五三	一九•一六		一〇•五三	不停
張店 到	一五•一〇	一九•二五		一一•〇三	三•四九
張店 開	一五•一九	一九•四六		一一•一八	四•〇七
馬尚 開	[illegible]	不停		一一•二八	不停
周村 到	一五•三八	二〇•二二		一一•五五	四•一三
周村 開	一五•四〇	二〇•三二		一二•〇二	四•二三
大臨池 開	一六•〇四	不停		一二•五七	不停
王村 開	一六•一六	二〇•四六		一三•〇一	不停
普集 開	一六•二六	二〇•五六		一三•一四	五•二五
明水 開	一六•四一	二一•一一		一三•三四	不停
棗園莊 開	一六•五一	二一•二一		一三•四六	不停
龍山 開	一七•〇五	二一•三五		一四•二一	不停
郭店 開	一七•二〇	不停		一四•二八	不停
王舍人莊 開	一七•三一	二一•五八		一四•四三	不停
黃臺 開	一七•四四	二二•一五		一四•五八	六•〇八
北關 開	一七•五一	二二•二〇		一五•〇六	六•一五
濟南 到	一七•五六	二二•二五		一五•一二	六•三〇

上行（東行）列車

站名＼車次	6 各等 飯	12 二三等	4 各等 飯	14 二三等	2 特各等 飯
濟南 開	七•一五		一二•一五	一四•一〇	二三•〇〇
北關 開	七•二一		一二•二一	一四•一七	二三•〇六
黃臺 開	七•三〇		一二•二九	一四•二六	二三•一四
王舍人莊 開	七•四四		一二•四三	一四•四六	不停
郭店 開	七•五六		一二•五三	一五•〇〇	不停
龍山 開	八•一一		一三•〇七	一五•二六	不停
棗園莊 開	八•二六		一三•二三	一五•四六	〇•〇二
明水 開	八•三七		一三•四三	一五•五九	不停
普集 開	八•五四		一三•五〇	一六•三三	〇•二六
王村 開	九•〇五		一四•〇一	一六•四五	不停
大臨池 開	九•一六		不停	一六•五八	不停
周村 到	九•三三		一四•一六	一七•二一	〇•五九
周村 開	九•三五		一四•二八	一七•三一	一•〇二
馬尚 開	九•五三		不停	一七•五三	不停
張店 到	一〇•〇〇		一五•〇〇	一八•〇一	一•二二
張店 開	一〇•二〇		一五•二三	一八•三〇	一•三三
湖田 開	一〇•三一		一五•三四	一八•五五	不停
金嶺鎮 開	一〇•四一		一五•四七	一九•〇六	不停
辛店 開	一〇•五六		一六•〇〇	一九•二三	一•四八
淄河店 開	一一•〇九		不停	一九•三八	不停
普通 開	一一•一九		一六•一九	一九•五一	不停
青州 到	一一•三一		一六•二二	二〇•〇六	二•二六
青州 開	一一•四四		一六•三四	二〇•一九	二•三八
楊家莊 開	一一•五九		一六•四三	二〇•三六	不停
譚家坊子 開	一二•〇〇		一六•五一	二〇•四八	不停
堯溝 開	一二•一二		一七•〇三	二一•〇三	[illegible]
昌樂 開	一二•二五		一八•〇三	二一•二五	二•三三
朱劉店 開	一二•四二		一八•二三	二一•四〇	不停
大圩河 開	一二•五三		一八•三〇	二一•五三	不停
濰縣 到	一三•〇四		一八•四一	二二•〇六	二•四三
濰縣 開	一三•〇八	六•三〇	一八•四四	二二•一六	二•五三
二十里堡 開	一三•一七	六•四一	一八•五四	二二•二七	三•〇四
坊子 到	一三•二九	六•五六	一九•〇六	二二•四三	三•一六
坊子 開	一三•五〇	七•一〇	一九•三二		三•四一
蝦蟆屯 開	一四•〇四	七•二七	一九•四六		三•五三
南流 開	一四•一八	七•四四	不停		不停
黃旗堡 開	一四•二八	七•五三	一九•五四		不停
岞山 開	一四•三五	八•二三	二〇•〇四		四•一〇
丈嶺 開	一四•五三	八•三四	二〇•二二		不停
塔耳堡 開	一五•一一	八•四五	二〇•三一		不停
蔡家莊 開	一五•二〇	八•五六	二〇•四〇		不停
辛莊 開	一五•三一	九•〇九	不停		不停
高密 到	一五•四二	九•二三	二〇•五九		五•〇六
高密 開	一五•五七	九•三九	二一•一三		五•一六
姚哥莊 開	一六•〇九	九•五五	不停		不停
芝蘭莊 開	一六•一八	一〇•〇二	二一•二九		不停
膠州 到	一六•二五	一〇•二二	二一•四五		五•三八
膠州 開	一六•二七	一〇•三三	二一•四七		五•四二
膠東 開	一六•四九	一〇•四七	不停		不停
李哥莊 開	一七•〇〇	一一•〇〇	不停		不停
藍村 開	一七•〇九	一一•二五	二二•一三		六•一六
南泉 開	一七•二三	一一•五三	二二•二六		六•二九
城陽 開	一七•三八	一二•〇三	二二•五三		六•四五
女姑口 開	一七•四七	一二•三六	二三•〇三		不停
滄口 開	一七•五九	一二•五四	二三•一六		七•〇三
四方 開	一八•一四	一三•〇七	二三•三〇		七•一九
大港 開	一八•二五	[illegible]	二三•四〇		七•三〇
青島 到	一八•三〇	一三•一五	二三•四五		七•四五

隴海鐵路行車時刻表

站名	列車次數（自右向左讀）		列車次數（自左向右讀）	
	第一次特別快車自東向西每日開行		第二次特別快車自西向東每日開行	
徐州府	第一次 八點十分開	（上午）	八點〇五分到	（下午）
碭山	十點十六分到 十點二十六分開	（上午）	五點五十四分到 六點〇四分開	（下午）
商邱	十二點〇九分到 十二點二十九分開	（上午）	四點〇二分到 四點十七分開	（下午）
開封	四點三十二分到 四點五十二分開	（下午）	十一點五十五分到 十二點十五分開	（上午）
鄭州南站	六點五十一分到 七點十一分開	（下午）	九點四十二分到 十點〇二分開	（上午）
汜水	八點三十三分到 八點四十三分開	（下午）	八點四十分到 八點四十二分開	（上午）
鞏縣	九點二十三分到 九點二十五分開	（下午）	八點〇四分到 八點〇六分開	（上午）
孝義	九點四十七分到 九點四十九分開	（下午）	七點四十六分到 七點四十八分開	（上午）
洛陽東站	十一點十二分到 十一點四十二分開	（下午）	六點十五分到 六點三十五分開	（上午）
新安縣	一點二十二分到 一點三十二分開	（上午）	四點五十分到 五點開	（上午）
澠池	三點二十一分到 三點四十一分開	（上午）	三點十八分到 三點二十三分開	（上午）
觀音堂	四點三十七分到 四點四十二分開	（上午）	二點三十一分到 二點三十六分開	（上午）
會興鎮	六點〇八分到 六點十八分開	（上午）	〇點四十二分到 〇點五十二分開	（上午）
陝州	六點五十分到	（上午）	第一次 〇點〇五分開	（上午）
	第十九次客貨車自東向西每日開行		第二十次客貨車自西向東每日開行	
陝州	第十次 七點二十分開	（上午）	十點二十五分到	（下午）
靈寶	八點三十二分到 八點四十七分開	（上午）	九點〇一分到 九點十六分開	（下午）
閿鄉	十點二十分到 十點三十五分開	（上午）	七點十三分到 七點二十三分開	（下午）
盤頭鎮	十一點五十二分到 十一點五十五分開	（上午）	五點五十三分到 五點五十六分開	（下午）
文底鎮	一點二十分到 一點二十三分開	（下午行）	四點五十二分到 四點二十八分開	（下午）
潼關	二點二十分到	（下午行）	第二十次 三點三十分開	（下午）

北甯鐵路簡明行車時刻表 中華民國二十三年四月一日重訂

下行車

列車次數	北平前門開	豐台開	郎坊開	天津總站開	天津東站到	天津東站開	塘沽開	蘆台開	唐山開	古冶開	灤縣開	昌黎開	北戴河開	秦皇島開	山海關到	錦縣	遼寧總站
第七次慢車中膳各等	五·四五	六·二〇	七·四二	九·二八	九·三六	九·四五	一〇·四八	一一·五四	一三·〇一	一三·四八	一四·四三	一五·五四	一六·四四	一七·一三	一七·三五		
第十一次及第十九次客貨混合三等慢車	七·五〇	一〇·二五	一四·〇〇	一八·〇一	一八·一六	停	第十九次	自唐山起	六·三〇	八·〇〇	一〇·〇五	一二·二〇	一三·四六	一四·四五	一五·二〇		
第三〇一次平滬直達特別快車膳臥各等	一五·〇五	一五·三六	一六·四〇	一七·五〇	一七·五九	一八·二〇	開	往	上	海							
第三次特別快車膳車各等	八·三〇	八·五八	不停	一一·一〇	一一·一八	一一·三五	一二·三二	一三·二六	一四·二四	一五·〇五	一五·四五	一六·三七	一七·一六	一七·四〇	一八·〇〇		
第九次快車膳車各等	一四·二五	一四·五七	一六·〇九	一七·二九	一七·三八	一七·五〇	一八·五〇	一九·四六	二〇·五三	二一·三四	二二·一七	二三·一〇	二三·四五	〇·一〇	〇·三〇		
第五次特別快車膳車各等	一六·三〇	不停	不停	一九·〇七	一九·一五	停											
第一次平浦直達特別快車膳臥各等	一八·五〇	一九·二〇	二〇·二六	二一·三九	二一·四八		開	往	浦	口							
第一〇一次快車膳臥各等	二〇·一五	二〇·四八	二二·〇八	二三·四一	二三·五〇	二四·〇〇	一·一〇	二·一三	三·二四	四·一四	五·〇六	六·一七	七·〇九	七·三七	七·五九		
第四〇一次平瀋直達貨車及第十五次客貨混合三等慢車	二〇·二五	二二·一〇	〇·五〇	三·四五	四·〇〇	五·四五	八·四七	一二·一四	一五·二四	停							

上行車

列車次數	遼寧總站	錦縣	山海關開	秦皇島開	北戴河開	昌黎開	灤縣開	古冶開	唐山到	唐山開	蘆台開	塘沽開	天津東站到	天津東站開	天津總站開	郎坊開	豐台開	北平前門到
第八次慢車中膳各等			五·五五	六·二二	六·五二	七·四三	八·四九	九·四七	一〇·二六	一〇·三三	一一·五三	一三·一〇	一四·一〇	一四·二〇	一四·三五	一六·〇九	一七·四六	一八·二〇
第四次特別快車膳車各等			九·一五	九·三八	一〇·〇七	一〇·五〇	一一·三八	一二·二五	一二·五七	一三·〇〇	一四·〇〇	一[illegible]·五一	一五·四五	一五·五五	一六·〇五	不停	一八·一[illegible]	一八·四二
第二十次及第十二次客貨混合三等慢車			一〇·〇〇	一〇·五五	一一·四六	一三·五〇	一六·四五	一九·三〇	二〇·四五	停	第十二次	自天津起		八·一五	八·[illegible]〇	一二·四九	一七·〇〇	一八·[illegible]五
第十次快車膳車各等			一三·〇〇	一三·二五	一三·五〇	一四·二八	一五·二〇	一六·〇七	一六·三九	一六·四五	一七·四六	一八·五〇	一九·四五	二〇·〇〇	二〇·一一	二一·一四	二二·五〇	二三·二〇
第一〇二次快車膳臥各等			二一·五五	二二·二八	二三·〇六	二四·〇〇	一·〇三	二·〇〇	二·四〇	三·二〇	四·三一	五·三二	六·三七	六·五〇	七·〇六	八·二七	九·四三	一〇·一[illegible]
第十六次客貨混合三等慢車及第四〇二次滬平直達貨車										五·〇〇	七·五八	一一·〇〇	一三·一〇	一八·四五	一九·三三	二三·四〇	二·四〇	三·五〇
第六次特別快車膳車各等														九·二〇	九·二八	不停	不停	一二·〇六
第三〇二次平滬直達特別快車膳臥各等								由	上	海	開	來	七·一〇	七·三五	七·五	八·五五	九·五九	一〇·二九
第二次平浦直達特別快車膳臥各等								由	浦	口	開	來		五·二〇	五·三〇	六·四三	七·四九	八·一九

17521

中國工程師學會會務消息

◉司選委員會通啓

敬啓者，本會民國二十二年武漢年會選出本委員會委員五人，專任民國二十三年司選事宜，其任務爲依據本會會章第二十一條之規定，提出下屆候選各職員之三倍人數，以便會員圈選。查二十三年秋季年會開會時任期將滿之職員，爲董事夏光宇，陳立夫徐佩璜，李屋身，茅以昇，基金監黃炎，會長薩福均，副會長黃伯樵。以上八職員之三倍人數爲二十四人，本委員會爲集思廣益起見，決定先向我全體會員徵求意見，關於下列之人選：

(一)董　事候選人　　15名，

(二)會　長候選人　　3名，

(三)副會長候選人　　3名，

(四)基金監候選人　　3名，

請各會員自由推舉，函知本委員會，以憑參攷。未滿任期董事及基金監請勿重推，計董事未滿任期者爲淩鴻勛，胡博淵，支秉淵，張延祥，曾養甫，胡庶華，韋以黻，周琦，任鴻雋，楊毅；基金監未滿任期者爲莫衡。徵求日期至二十三年四月底爲止，屆時本委員會即將候選人名單，郵寄全體會員，舉行複選，特此通告。

司選委員邵逸周，張延祥，陳嶧宇，
繆恩釗，方博泉，仝　啓

(通訊處)湖北武昌珞珈山武漢大學邵逸周收轉，

◉會員住址待查

查本會現有會員二千四百餘人，內有五百餘人均無通信處；因之函件無從投遞，茲將姓名彙列於下，請會員諸君就所知者，隨時賜告本會，以便更正，不勝盼荷。

計開：

于韓民	于維翰	于述世	于志和	于鎮藩
尹天保	方於楠	方肇融	方家瑜	方頤樸
方榮顯	毋本敏	王　咸	王　鎔	王文鈞
王雲海	王家斌	王永清	王家駿	王洪恩
王清鑾	王鴻達	王鴻恩	王冠英	王通全
王希平	王壽祺	王懋官	王世煒	王中寶
王貴循	王景春	王學禮	王錫藩	王光第
仝書德	包　鎔	史　翼	史　通	田　國
田鴻賓	白讒衞	白汝璧	白寶超	任道鈞
朱　端	朱　霖	朱　偉	朱天秉	朱廷照
朱物華	朱良佐	朱漢爵	朱漢年	朱鴻德
朱惠照	江　昭	江良彬	江世輝	江超西
牟同波	何　岑	何　想	何瑞棠	何永燾
何壽祥	何恩昭	余立基	余仲奎	余家璆
余頌堯	余懷德	吳文焜	吳承鼎	吳維嶽

吳永修 吳鴻開 吳培孫 吳去飛 吳華甫
吳拖哥 吳思豪 吳思度 吳恩瀚 吳毓驤
吳筱明 宋熉章 宋建勳 宋國祥 李 昶
李 援 李應楠 李廣琳 李文邦 李文燊
李端士 李西山 李師洛 李維城 李維國
李德晉 李兆桌 李鴻年 李道陔 李肇安
李奎順 李志仁 李壽淞 李圭瓚 李蕃昌
李蕃熙 李材棟 李如沅 李相愷 李揚安
李金沂 李賦都 李雁南 李義順 李錦瑞
李耀煌 李清泉 杜文若 汪應蜍 沈震鵠
沈孟欽 沈祖堃 沈祖同 沈寶鑾 沈壽樑
沈增笏 沈同庚 辛文錡 辛燿庠 邢 導
阮傳哲 阮尚介 卓宏謀 周 勵 周 昱
周可寶 周理勛 周承祐 周仁齋 周鼎元
周保祺 周祖仁 周迪平 周家義 周大瑤
周楚生 周國璋 周錫祉 易 巽 易昌淦
林 堃 林 筍 林玉璣 林碧梓 林繼庸
林紹楷 林永熙 林永輝 林祺合 林澄波
林國棟 武維周 武作哲 邵德輝 金 銑
金慶華 俞 亨 俞 瀾 俞子明 俞思源
姚士海 姜鳳書 封祝宗 施炳元 柯毓璇
段 緯 段毓靈 洪文壁 胡竟民 胡承志
胡天一 胡儒行 胡衡臣 胡義九 胡兆輝
胡楨同 胡鴻澤 胡光澂 范慶涵 范其光
范熙敬 韋允裕 韋饒梧 倪 俊 倪松壽
原景德 唐 英 唐元乾 唐瑞華 唐慶麟
唐寶桐 夏 炎 夏循鑅 孫亦謙 孫文藻
孫寶勤 孫寶鑑 孫連仲 孫世璞 徐玉瑛

徐 清 徐 策 徐 佝 徐慶春 徐元壽
徐承祐 徐宗溥 徐忠涑 徐振鏞 徐懷芳
時昭澤 殷受宜 殷祖瀾 浦應籌 翁立可
袁 容 袁 通 袁家融 袁振英 郎珮琳
馬德建 高 華 高文蔭 高憲春 高澤厚
崔龍光 崔學翰 常作霖 張 毅 張 佶
張 超 張 鎮 張言森 張元增 張承烈
張翰銘 張成怡 張乙銘 張俊波 張仲平
張象昺 張紹鎬 張洪沅 張鴻誥 張海平
張志楨 張志銳 張孝敬 張成儉 張國偉
張時行 張光寧 張恆月 戚孔懷 曹應奎
曹萬鶴 曹樹聲 梁 勁 梁 惠 梁汝棣
梁啓壽 章宏序 都興鎬 許 偉 許 逸
許起鵬 許炳熙 郭 彝 郭瑞鵬 郭名章
郭嘉棟 郭則溉 郭養剛 陳 侁 陳 瀚
陳 植 陳 恕 陳育麟 陳慶宗 陳正熙
陳烈勳 陳廷輝 陳發榛 陳步瀛 陳崇武
陳崇法 陳繼善 陳贊臣 陳傳瑚 陳紹棻
陳維翰 陳澤榮 陳祖琨 陳冠羣 陳寶祺
陳裕華 陳壽維 陳來義 陳邦樞 陳則忠
陶守賢 陶芝蓀 陸廷瑞 陸子冬 陸家鼐
陸宗蕃 陸士基 陸成爻 陸顯璜 陸錫恩
傅學叢 勞之常 喬文壽 彭官贊 曾膺聯
曾子模 溫文緯 溫維清 溫維湘 湯心濟
湯騰淡 焦綺鳳 盛叔潛 程立達 程潤全
程式峻 程世撫 費相德 項益松 馮 蔭
馮桂連 馮劍瑩 黃 奎 黃 中 黃慶沂
黃敦慈 黃旨華 黃富謙 黃澄寰 黃祖森

黃有書	黃古球	黃樹人	黃昌穀	黃殿芳
黃鑑村	黃篤修	楊　保	楊元熙	楊廷玉
楊衍材	楊家瑜	楊永棠	楊肇煇	楊竹祺
楊士昌	楊本适	楊本源	楊權中	楊柳溪
楊國鉅	楊金錀	楊鑫森	楊毓楨	萬文爾
萬葆元	萬孝驥	萬樹芳	葉可堅	葛　宣
葛敬新	董　綸	董　惇	董繼潞	虞懋南
解潔身	過銘忠	鄒　章	鄒國基	鄒維渭
雷　煥	雷文銓	壽紹彭	廖灼華	熊夢周
甄　沂	瞿維澧	瞿鶴程	臧贊鼎	蒙諮徵
裘慶邦	趙　杰	趙　英	趙新華	趙福基
趙壽芳	趙世昌	趙松森	趙忠瑾	趙際昌
趙曾午	齊蔭棠	齊壽安	赫英翠	劉　導
劉　錡	劉正烱	劉雯亭	劉雲山	劉秉璜
劉鍾仁	劉仙舫	劉德芬	劉保禎	劉勳略
劉潤華	劉鶴齡	劉家俊	劉家駒	劉蕙疇
劉樹鈞	劉如松	劉敬宜	劉松儔	劉崧德
劉恩穀	劉隨潞	劉錫晉	劉燮勳	歐陽沂
歐陽漾	潘廉甫	潘保申	潘祖馨	潘振德
潘學勤	潘鍾秀	蔡　湘	蔡傳書	蔡復元
蔡世琛	蔡國葆	蔣　琪	蔣尊第	鄧　康
鄧士韞	鄭允衷	鄭傳霖	鄭達宸	鄭澤愷
鄭祖亞	鄭裕堯	鄭大和	鄭呈簡	鄭曜光
黎光筠	盧　翔	盧衡若	盧允升	盧祖椿
盧恩緒	盧景鑾	盧開津	盧鉞章	穆繼多
蕭　津	蕭子材	蕭卓顏	蕭家麟	蕭達文
賴其芳	錢豫格	錢福謙	錢啓承	錢志喜
錢國鈕	錢昌時	錢鳳章	錢智來	霍慶榮
駱家本	駱美輪	閻　偉	衛國桓	薛礪脅
薛迪彝	薛溫厚	謝　中	鍾　鍔	韓儒倬
韓嘉樾	韓朝宗	戴壽彭	瞿寶文	聶增能
鄺耀原	鄺榮光	魏樹榮	魏振鏞	羅廣駿
羅致容	羅清濱	羅葆寅	羅世翼	譚天逖
譚永年	譚金鏜	關承烈	關衍麟	關恆權
龐躍龍	嚴　琚	嚴之衛	嚴迪恂	顧詒燕
顧公毅	顧曾祥	顧惟精	龔積成	

◉職業介紹

(一)某機關，需要工程人材，以機械土木畢業，有二三年之經驗，能主管一小部份工作者爲合格，月薪約百元左右，人數約機械三人，土木一人。

(二)某市立職業學校，擬聘陶瓷業教員一位，月薪約二百五十元。

(三)上海某銀行欲聘請工程師，管理最新建築高大樓房內之一切機械設備及裝修，如蒸汽鍋，壓空氣機，冷空氣機，蒸汽儲熱器，衛生設備，電馬達，以及各項電力，電光，電熱，自來水，煤氣設備等，凡具有管理以上各項之相當學識，及曾受國內或國外學校相當教育，而曾在機械或電機廠中服務兩年以上，確能親自指揮修理各項機件者，均可應徵，待遇視資格經驗而定。

以上三項如願應徵者，請指定後開明詳細履歷逕寄上海南京路大陸商場五樓本會會所，便以轉交。

17524

工程週刊

(內政部登記證警字788號)

中國工程師學會發行
上海南京路大陸商場542號
電話：92582
(稿件請逕寄上海本會會所)

中華民國23年2月23日出版
第3卷第8期(總號49)
中華郵政特准掛號認為新聞紙類
(第1831號執據)

定報價目：每期二分；每週一期，全年連郵費國內一元，國外三元六角。

粵漢鐵路湘鄂綫搬運車箱過江情形

人工與機器　編者

中國人工低廉世人共知，惟自科學進步，機器漸取人工而代之，中國人工雖甚低廉，有時仍難與機力相競爭。蓋機器不但經濟安穩敏捷，節制亦易集中，顧初用時必受苦力界之反對，則無容疑。例如興辦輪渡則舢板船夫起而反抗，興辦水廠則挑水苦力羣謀破壞，行駛汽車電車而人力車夫側目，改用自動電話而接線生怨嘆。此種現象雖係過渡時代性質，然常能為利用機器者之一時阻力。首都鐵路輪渡創辦未久，兩岸搬夫失業者為數甚夥，記者於本年一月間因事赴京，耳聞鐵路輪渡碼頭每晚戒嚴，防備工人破壞，亦云苦矣。但是機器終必戰勝人工，亦必不因人工問題而告緩用，所宜注謀者在中國担任工程事業，似於技術本身以外，尚有攸關社會問題之人工淘汰問題在，不能不兼予考慮耳。

17525

人工搬運機車車箱過江之經過

邱鼎汾

粵漢鐵路鄂湘綫，係由揚子江南岸武昌起，至湖南宜章縣湘粵交界止，約長738公里，又粵境356公里，兩共1094公里。後者紳商籌款自辦；前者係借英款建造，於宣統三年四月，正式合同簽字，同年六月測量開工，始以革命軍興而停輟，次因歐戰借款不繼而停工。但由武昌至長沙一段，計364公里，極力設法，幸得完成，並接通湘路公司已成之長沙株州段，計53公里，幸於民國七年九月通車。萍鄉焦煤，自茲由船運改為車運，來漢銷售，避免洞庭湖風波之險。新完工及新接通長株段工程，得資礦產品運輸之收入，藉可修養。不幸路事將成之日，湘鄂兩省，戰雲瀰漫，北伐南征，擾亂無已。所幸本路路綫，偏安一隅，雖車箱不無因軍事而扣留，但無流落其他路綫，營業收入與支出，尚堪相抵，員工薪餉，亦少積欠。自十五年後，軍事行動，異常活潑，以革命無成例，打倒一切困難，從前平漢湘鄂行車，終止於揚子江南北兩岸，自是畛域無分，平漢軍事運輸頻繁，則調湘鄂機車車箱過江以補充之，湘鄂軍事增加，則調平漢機車車箱以調劑之。湘鄂路一有軍事，本難自給，焉能與平漢伯仲，一旦受此缺少車箱影響，營業收入銳減，機車車輛軌道，無法修養，損壞程度愈增，而員工薪餉，因之積欠經年累月，較之服務國內其他鐵路，苦樂頓有霄壤之別矣。至於搬運機車車箱之手續，總司令部一紙令下，限以時日，冠以戎機，軍法從事字樣，受者因事屬創舉，首次承辦，不無小心翼翼，奉令維謹，將裝甲機車鍋爐拆下，分運過江，以便減輕分量，容易工作。其後遇有是項搬運，不但處之泰然，而且整箇渡江，其中亦無特別技能，可以貢獻，無非經過一次，胸中略有把握耳。每次承辦時，命令到局，局令轉處，處令轉段，而遵辦者，厥為段長，工程司，工務員，咸以在校時期，未曾受過此項課程，在服務期間，亦未曾經歷是項工作，命令既到，不得不分途進行，籌劃良策，如登報召致包工，開單請領木料，僱用大號駁船，展長江邊岔道；或另鋪岔道，搭碼頭，種種工作。計自十六年起

1.枕木搭架以便軌道由岸上啣接大號駁船上

2.軌道之一端水之深處泊一大號駁船船上鋪有軌道

.4徐家棚方面下岸之機車以鐵絲繩牽住下放

5.徐家棚方面上岸之機車以鐵絲繩牽住上拖

，至二十二年止，承辦機車車箱過江者，近二十次之多；其中最難一次，厥爲奉令着將北平號鐵甲重車，由湘鄂鐵路經手裝船，用汽輪拖運南京浦口交卸。其時平漢南段，軍事倥傯，漢鄭交通梗塞，故有是舉。車輛在漢口渡江，冬季水面約寬 1371 公尺，夏季水面約寬 1615 公尺，一江之隔，數小時間，搬渡尚易，不難遠登彼岸。况揚子江古稱天塹，三國演義，孔明借箭篇中說過，「大哉長江，西接岷峨，南控三吳，北帶九河，匯百川而入海，歷萬古以揚波。」在此種情况之下，搬運鐵甲車東下，復在漲水時期，列車不行於陸，而行於水，又非新式專用輪渡，行程達一千五百里上下，途中江石悍利，波惡渦詭，舟行失勢，不但所運車輛落沉，承辦人反有性命之虞。其難至於如此，故非工有力者，不可以辦，非有膽識者，縱辦亦不敢承包。所幸人手齊備，工料堅固，交到後，兩星期間，人船平安返漢矣。昨閱首都輪渡紀念專刊，詳載機車車輛過江設備週密，耗款三百七十餘萬元，向之倚長江爲天塹，而今南北一家，視爲安流，科學萬能乎？抑金錢萬能乎？憶首都輪渡之設，在國內者，本屬創舉，但余輩歷年所承辦者，險難問題，怨責不避，以科學與人工搬運車輛，二者相較，難易立見，收功則一，不禁有感於中。且粵漢鐵路株韶段，期以四年完成，一旦全路通車，此項輪渡之設備，有關武漢兩岸交通，至爲重要。不但鐵路本身利益攸關，卽外界之必需，亦所難免，否則人工搬車過江，至爲困難，玆將歷年所經，爰筆記之，介紹於衆，並將搬渡辦法，詳之於後：

(1)擇兩岸靠近江邊岔道，展至水邊，岔道尾端之坡度，有三十尺高一尺，有十尺高一尺，視水之漲落，不能拘定；岸邊缺陷處，無法塡土，則用枕木搭架數垛，水中舶大號鋼躉一隻。湘鄂向所用者，係借諸平漢路局，長約30公尺，寬約十公尺，深約三公尺，載重約三百公噸。於是枕木架上覆以 300 公厘方木數條，彼此啣接，其上再鋪軌道，以便渡江之車，由此上下。以上爲固定式碼頭，兩岸同樣辦理，參觀第一二號照片。

(2)木質大號駁船三隻，各長約20公尺，寬約 5 公尺，深約 2.3 公尺，載重各約60公噸。空船吃水約 380 公厘，滿載吃水約 1.4 公尺，連本身吃水在內。概由包工僱用，將三隻駁船，用鐵鏈繫住，合併爲一。船上再用大號洋松 500 公厘方木，鋪墊其上，敷設軌道三條，如運機車，只用其一，如運空車，可用其三，以上爲活動式船隻，以便被搬車輛由北岸而至南岸，或由南而至北，於行動時，由另一備用汽輪拖送。參觀第三號照片(見本期本刊首頁)。

(3)機車車輛，上下搬動時，機車拆分為二，水櫃與機車，各為一輛，由另一生火機車倒掛，送往江岸岔道，於相當地點時卽止，然後繫以25公厘粗最長鐵絲繩，繩之一端，繫在絞車上，絞車安置地點，在軌道之一邊，附近地面上，距離軌道中心，約三四公尺。絞車之後，挖一土坑，深約一公尺許，寬約一公尺三公寸，長約七公尺四公寸，中置大方木一塊，橫臥其下，以鐵絲繩繫之，附在絞車之上，以防絞車牽引重物向前行動。絞車需用一輛或二輛，視工作輕重坡度難易決定。本路向使用之絞車，負重係四公噸，參觀第七號照片。外用 200 或250公厘對徑，三穿葫蘆一對，拴入絞車鐵絲繩上，一個負在軌道之上，作為固定，於必要時，可以改繫，一個來回拉動，於是被拉上或放下之車輛，參觀第四，五號照片，藉絞車暨葫蘆各種設備，為發動力機關。同時車輪前後，各置工人照料，一面用人力開關絞車暨葫蘆，一面用人工在車輛前後，用木打眼，(打眼命意，係用大木一塊，阻止車輪自由行動。)或以鐵撬棍撥動車輪，蓋打眼係防上車輪，猛力下衝，撬棍用撥車輪行動，二者為用，適得相反狀況。待至彼拉上岸之車至相當平安地點時，卽令另一生火機車拖之駛去。如係下放之車，則使用絞車及葫蘆與人力逐漸緩緩放至合併一處之船上。最能發生危險於頃刻之間者，卽車輪由碼頭移放船上，或由船上移上碼頭，一上一下，其力不均，傾側堪虞。至於下船之車，待打眼穩妥後，再以細鐵絲繩，將各車輪拴在軌道之上，方命備用小火輪拖之過江。參觀第六號照片。每輛機車，除水櫃車外，兩岸上下，約需三小時。歷次

6.三隻駁船合在一處其上裝機車一輛用汽輪拖之過江

7. 絞　　車

承運包工楊明和，所用人工，及工作支配方法，詳諸於後：

打眼	4 人
持鐵擂棍	4 人
絞車	12人
葫蘆或推車輛	24人
看材料	2 人
指揮者	1 人

以上除指揮一人外共用46人

4)機車車箱搬運過江數目見附表。

表內詳列搬運過江機車32輛，車箱 277 輛，內中多係三四十公噸車。歷年包工工力運價，由最高數目，逐漸減低，玆將各價，詳列於下：

最高價目：機車一輛，工力約洋 400 元，水櫃運費在外。

次等價目：機車一輛，工力約洋 350 元，水櫃運費在外。

最後價目一次承運：機車工力洋 280 元，水櫃30元。

同時來去，機車計4輛，或超過4輛：計大號機車200元，小號機車180元，水櫃各25元在外。（大號機車重量連水櫃在內，約重130公噸，小號全重90公噸。）

空車箱，不計載重，只計個數：每輛由25元，減至 91 元。

平均每輛機車，連水櫃在內，每輛約300 元，以 32 輛扣之，合洋9600元。

平均每輛車箱，不計載重，每輛平均22元，以 277 輛扣之，合洋6094元。

以上兩共合洋15694元。

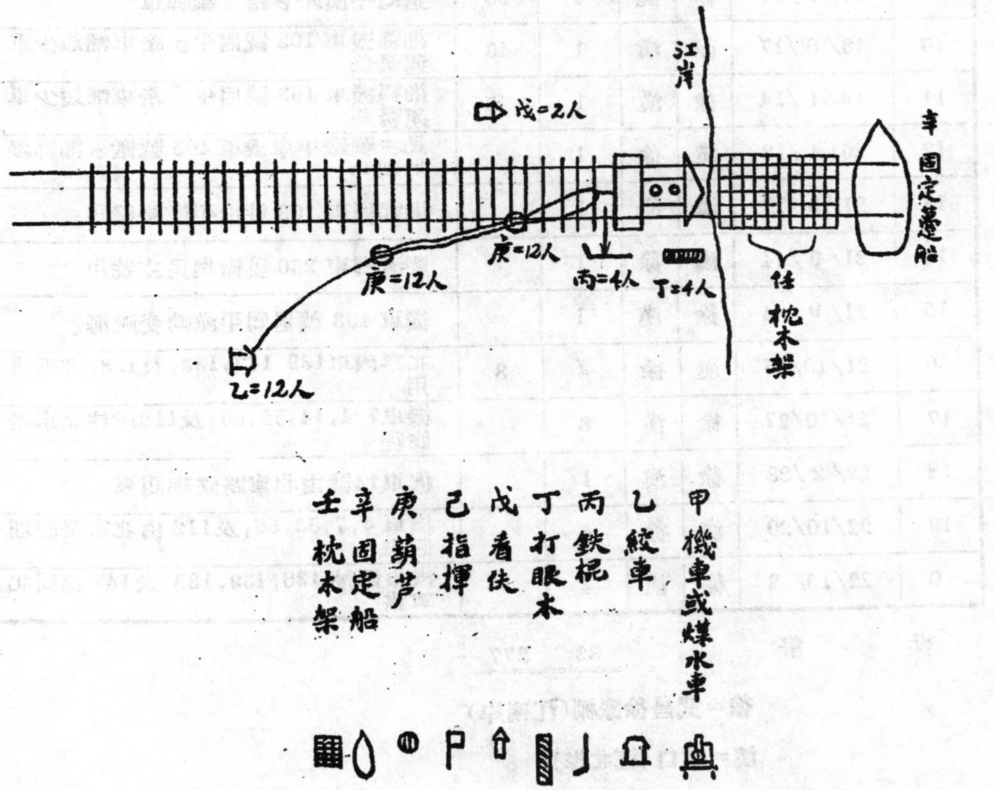

機車與車箱在漢渡江表

目次	年月日	由	至	機車	車輛	附註
1	16/10/25	漢	徐	1	66	機車635號車箱係各路雜牌車補助湘鄂運輸
2	16/11/8	漢	徐	1	15	機車601號其餘爲鐵甲車
3	17/5/7	徐	漢	0	13	退回平漢路各路之雜牌車
4	17/5/26	徐	漢	1	15	機車601號及其他鐵甲車退回平漢參加北伐也
5	17/12/18	漢	徐	1	19	北平號鐵甲車由平漢搬來湘鄂從事訓練也
6	18/1/14	徐	漢	0	15	退回平漢路各路之雜牌車
7	18/3/7	徐	漢	1	0	機車635號退回平漢路
8	18/5/24	徐	南京	1	22	北平號鐵甲車
9	18/5/27	徐	漢	0	38	退回平漢路各路之雜牌車
10	18/6/17	徐	漢	1	46	湘鄂機車103號因平漢路車輛短少軍運緊急
11	19/1/14	徐	漢	1	25	湘鄂機車103號因平漢路車輛短少軍運緊急
12	20/1/12	漢	徐	1		民主號鐵甲車機車403號搬來湘鄂參加剿匪
13	21/5/17	漢	徐	1		湘鄂機車103號由平漢路撥回
14	21/9/14	漢	徐	1		膠濟機車250號撥與民主號用
15	21/9/4	徐	漢	1		機車403號退回平漢轉交隴海
16	21/10/15	漢	徐	4	3	北寧機車139,147,133,及138,湘鄂租用
17	21/10/27	徐	漢	6		機車7,4,14,55,56,及112送往北寧路修理
18	22/2/28	徐	漢	1		機車14號由北寧路修理回來
19	22/10/20	漢	徐	5		機車4,7,55,56,及112由北寧路修理回來
20	22/10/2	徐	漢	4		機車四輛138,139,133,及147退回北寧路

共計 32 277

徐=武昌徐家棚(江南岸)

漢=漢口(江北岸)

上列辦法，概用人工搬運，業已盡言之矣。歷年辦理以來，幸未發生事變。查湘鄂段爲粵漢鐵路北端之起軔點，其中未完成一段，北由株洲起，南至韶州止，計 401 公里。現今設有專局，命名株韶工程局，本年由廣州移居湖南衡陽，以便居中策應，由本年起，期以四年，是全路完成通車，國內若不發生其他情事，在民國二十六七年間當可完工也。此後北平廣州兩大城市，南北對峙，交通可以直達，毋庸浮海，便利殊多。惜其間不能通行無阻者，厥爲揚子江一江之隔。漢口輪渡，與夫武漢跨江大橋問題，二者皆屬重要。以作者眼光觀察之，跨江大橋，關乎武漢三鎮整個之交通；而輪渡尤爲兩路利益之攸關，費輕而易舉。姑先論及輪渡，蓋漢口爲我國中部繁盛商埠，四通八達，粵漢車通後，南部之海港，可以直達。東北可以循平漢北寧，繞南滿中東，以至哈爾濱滿洲里，再由西比利亞，直達歐洲。是粵漢鐵路，負歐亞交通之使命。此後由歐西南洋而來者，不必繞道上海，可以逕至漢口，輸出貨物亦然。其繁榮不亞南京浦口之交通，或有較勝情勢，是輪渡之設備，似應與粵漢鐵路同時完成。作者有鑑於南京浦口兩地工人，自輪渡通行後，涉及工人生活問題，與其糾紛於後，曷若事先籌備，較得當也。作者於民國十一年，曾一度服務漢口揚子江技術委員流量測量隊隊長，爲開辦一份子。略知漢口附近水量情形，茲將一併錄出，用供參考。

漢口江水漲落表：

光緒二十六年至三十一年	最低水位 -2.0 時在三月中旬。	最高水位 47.0 時在七月下旬。
光緒三十二年至宣統二年	最低水位 1.0 時在一月下旬。	最高水位 46.0 時在七月下旬。
宣統三年至民國四年	最低水位 0.0 時在三月下旬。	最高水位 47.0 時在八月下旬。
民國五年至民國九年	最低水位 0.0 時在二月中旬。	最高水位 46.0 時在八月中旬。
民國十年至民國十二年	最低水位 0.0 時在二月下旬。	最高水位 47.0 時在八月下旬。
民二十年	最低水位 3.6 時在二月中旬。	最高水位 53.5 時在八月下旬。

上列水位，最低時期，光緒二十六年至三十一年之間，其水位落在江漢關水尺零點下，爲負號 2 尺。最高水位在民國二十年，爲 53.50。是二者相差，在漢口方面，係 55.50，合17公尺弱。

漢口冬季江面，寬約1371公尺，深度平均約10公尺至12公尺。每秒流量在二三月間，最小約 5208 立方公尺。平均流速曲綫爲 .06578。

漢口夏季江面，寬約 1615 公尺。深度平均約25公尺以上。每秒流量在七八月間，最大約 55909 立方公尺。平均流速曲線爲 1.50。

冬夏流量，二者比較，相差11倍弱。

綜計漢口江水，超過南京 9.6 公尺。(31呎6吋)(南京江水漲落24英尺)是南京輪渡及活動引橋建築費，用款三百七十八萬五千餘元，若漢口仿而行之，其兩岸活動引橋，必須展長，方合上下坡度，是則需二倍以上之建築費約近千萬元也。比諸李君文驥所著武漢跨江鐵橋計劃四項估價，列在二十一年十二月工程會刊第七卷第四號，計美金九百九十五萬七千元，姑以三元扣之，合國幣約近三千萬元。是漢口輪渡建設費，較諸武漢跨江大橋，僅三分之一耳。現在國內經濟狀況，非常拮据，無可諱言，想當軸諸公，勢必舍重就輕，至於擬建漢口輪渡，及南北兩岸活動引橋，比諸首都現有者，更求使用靈敏，上下迅捷，是在政府諸公，及管理者，加以研究，盡善改良，使建設進步，有加無已，而人工搬渡祇可作爲暫時應付辦法之參考而已。

國外工程屑聞

(1)日本水力及熱力發電廠今昔之比較

據1912年日本官方之估計，全日本之水力在水源富裕之六個月內能發出 9,848,000 瓩。

日本之最老電廠係創辦於1883年，地址在東京，其資本爲日金 200,000元，最早之水力發電廠係建造於1898年，歐戰時及歐戰後日本之用電量日見增加，迨至1913年各電廠之負荷共爲 597,000瓩，其中水力發電廠約佔54%，閱八年卽1921年全國負荷增加三倍卽1,500,000瓩，1931年復增至4,200,000瓩。

在1931年日本電廠之總數約爲1700處，其中 400處爲公用及供電車用者，其總負荷約在 3,200,000 瓩，而新建之電廠用水力者約佔80%。

在1930年之總發電量 13957 百萬瓩小時內，蒸氣發電廠僅佔10.7%，其開用時間爲1400小時而水力發電廠之開用時間則爲4450小時，內燃機發電量爲15百萬瓩小時。而平均負荷則在15000瓩云。

(2)高壓電氣設備應用之安全門

更換高壓保險絲時，每易忘啓線路開關故修理之人常因此而斃命。茲查德國有安全門之設計(第一圖)，其方法乃在未啓門以前必須將與制動開關桿相連接之門閂甲推開

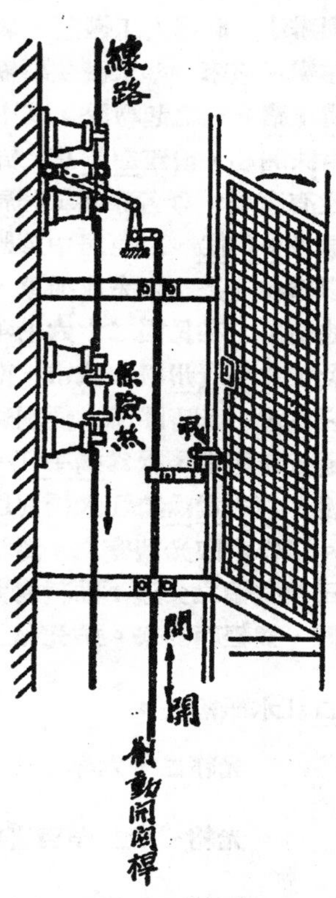

第一圖 高壓電氣設備安全門

，則線路開關亦同時啓開，故不致有發生觸電危險矣。

(3)非金屬材料之燈頭

凡化學工廠之空氣多含有酸質之氣體，致有害於金屬之材料，故德國有以非金屬材料製造燈頭者，如第二圖所示。甲＝座身，

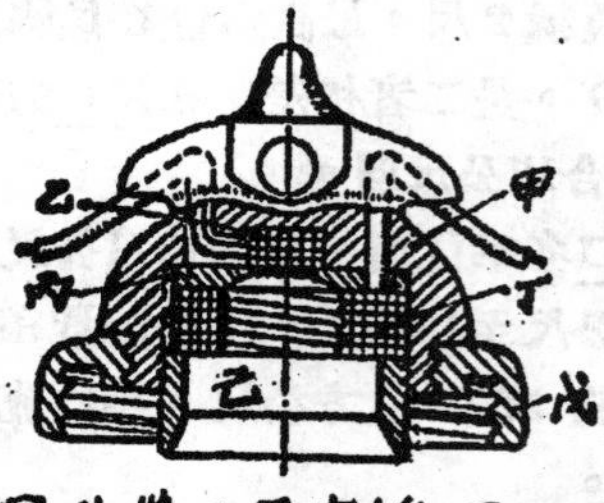

第二圖 化學工廠應採用之燈頭
(不用金屬原料燈頭之構造)

乙＝接頭，丙＝絕緣片，丁＝接頭，乙及丁皆係炭質造成，戊＝磁質環，己環亦係磁料造成。(異)

德國之公路工程

江鴻

德國全國公路總監督托特氏 (Todt) 於十二月二日演講中謂：希特勒就職總理，修築公路亦爲其政策之一。希氏主張修築公路，解決失業問題。五月廿九日，宣佈第一期公路計劃，計長六千公里。九月廿三日開始修築佛朗府，腸城，海岱白間一段公路，僱用工人二千名。現修明興，薩爾次堡一段有工人七百。及明年春間，當有1200公里工程。1935年春，第一期公路計劃之初步，當先告成。公路之目的在行駛高速汽車故多取直線。現有之道路及鐵路，必要時可以縮短或取消。公路路綫之擇定，依照兩種方針。(甲)依環境之需要，沿舊有之道路或鐵路以行。(乙)另取新路綫，聯絡商業區域及實業區域以減輕過剩之現有運輸。同時注意各地方之特殊情形，故每半公里由一工程師設計。

路寬約23公尺。收用土地，異常謹愼。第一期6000公里工程，約有橋樑一萬座。路面共約一億 (100,000,000) 平方公尺。失業問題如不解决，卽不採用挖泥機器。第一期工程完成期預定五年。工人數目約在二三十萬。工資約四億 (400,000,000) 馬克。土方工程約計二億五千萬立方公尺。

公路政策不僅爲解決失業問題。主要目的，仍爲交通政策。依工業之發展，另闢更合科學之交通捷徑一但同時對於舊有道路，亦不漠視。交通政策爲『增加行車速率，減少旅行時間。』如公路告成時，明興柏林間火車需十一小時者可縮至六小時。明興司土加間由四小時縮爲二小時。明興，不列司勞間由十五小時縮至八小時。時間縮短，郵件尙亦較快，德國現有汽車約一百五十萬輛，每月約增五六千輛。將來公路告成，行車可預期其繁盛也。

至於鐵路公路之關係，希氏主張鐵路兼營汽車事業，參預汽車交通以免兩者間之經濟衝突。此亦將來之嚴重問題也。

公路鐵路均爲交通上所必需，但如兩路平行時，極易啓營業上之衝突。主張鐵路者，謂當以鐵路作運輸之主線，因其可以載重致遠，旣速且廉。主張公路者 (如托特氏) 則謂以前之統計，以爲鐵路運貨較廉者不確。反之，公路運輸旣較鐵路爲快，且可免轉運之勞(由汽車運至車站後由火車而轉汽車)所費並不較多。然以記者觀察德國鐵路旣已甚便(全國共有鐵道網五萬三千公里，)復不產汽油。以作德國農產物之缺乏，將來公路完成，其全國運輸總數，能否因之增加，不可預料。或者他日公路之運輸，奪自鐵路，則公路之所獲卽鐵路之所失。所費鉅萬仍無補於國，未免可惜。若謂造路可以解決失業問題，則投資農村，亦可位置工人。以德國農產物之稀少，其需要開發，較之公路，緊要數倍。奈何與鐵路爭利乎？據德國鐵路公司經理多潑密勒氏 (Dorpmueller) 演講，德國鐵路自歐戰以還，屢經改良，初則整理橋樑，增加軸重，加大機車，以便多運貨物。運輸因之頗有起色。客車則增加車速，每小時由七八十公里增至百里，同時改良揚旗及制車設備。後因飛機及公路之分利過甚，將長列客車改爲短列，行車次數加多。然而今日之鐵路運輸巳降至百分之五十！觀此則他日公路告成，鐵路事業不更將一落千丈乎？竊謂鐵路公路之爭，不當在鐵路已成之德國而當在缺少鐵路之中國。歷史的證明：交通所及之處卽政府勢力所及之處。觀夫羅馬帝國，拿破崙，無不多修道路。又觀日本之佔東三省，原因在于南滿路。匪賊盤據之所，恆在交通不便之處。以中國地方之大，僅有極少之鐵路。近年公路工程突飛猛進，而鐵道之進行極緩。此其間關係極大。深望我國

17533

鐵道部交通部切實研究，作一詳細計劃，何路當築鐵道，何路當行汽車，則庶幾他日可收指臂之效也。

二十二年十二月八日寄自明興

17534

北甯鐵路簡明行車時刻表 中華民國二十三年四月一日重訂

下行車

列車次數 \ 站別 開到時刻	北平前門開	豐台開	郎坊開	天津總站開	天津東站到	天津東站開	塘沽開	盧台開	唐山開	古冶開	灤縣開	昌黎開	北戴河開	秦皇島開	山海關到	錦縣 遼寧總站
第七次 慢車 中膳各等	五·四五	六·二〇	七·四二	九·二八	九·三六	九·四五	一〇·四八	一一·五九	一三·〇一	一三·四八	一四·一三	一五·五四	一六·四四	一七·一二	一七·三五	
第十一次及第十九次客貨混合三等慢車	七·五〇	一〇·二五	一四·〇〇	一八·〇一	一八·一六	停	第十九次	自唐山起	六·三〇	八·〇〇	一〇·〇五	一二·二二	一三·四六	一四·四五	一五·二〇	
第三〇一次 平瀋直達特別快車 膳臥各等	一五·〇五	一五·三六	一六·四〇	一七·五〇	一七·五九	一八·二〇	開	往	上	海						
第三次 特別快車 膳車各等	八·三〇	八·五八	不停	一一·一〇	一一·一八	一一·三五	一二·三二	一三·二六	一四·二八	一五·〇五	一五·四五	一六·三七	一七·一六	一七·四[illegible]	一八·〇[illegible]	
第九次 快車 膳車各等	一四·二五	一四·五七	一六·〇九	一七·二九	一七·三八	一七·五〇	一八·五〇	一九·五六	二〇·五三	二一·三四	二二·一七	二三·一〇	二三·四五	〇·一〇	〇·三〇	
第五次 特別快車 膳車各等	一六·一二	不停	不停	一九·〇七	一九·一五	停										
第一次 平浦直達特別快車 膳臥各等	一八·五〇	一九·二〇	二〇·二六	二一·三九	二一·四八		開	往	浦	口						
第一〇一次 快車 膳臥各等	二〇·一五	二〇·四八	二二·〇八	二三·四一	二三·五〇	二四·〇〇	一·一〇	二·一三	三·二四	四·一九	五·〇六	六·一七	七·〇九	七·三七	七·五九	
第四〇一次平瀋直達貨車及第十五次客貨混合三等慢車	二〇·二五	二二·一〇	〇·五〇	三·四五	四·〇〇	五·四五	八·五七	一二·一五	一五·二四	等						

上行車

列車次數 \ 站別 開到時刻	錦縣 遼寧總站	山海關開	秦皇島開	北戴河開	昌黎開	灤縣開	古冶開	唐山到	唐山開	盧台開	塘沽開	天津東站到	天津東站開	天津總站開	郎坊開	豐台開	北平前門到
第八次 慢車 中膳各等		五·五五	六·二二	六·五二	七·四三	八·四九	九·四七	一〇·二六	一〇·三三	一一·五三	一三·一〇	一四·一〇	一四·二〇	一五·三五	一六·〇九	一七·四六	一八·二〇
第四次 特別快車 膳車各等		九·一五	九·三八	一〇·〇七	一〇·五[illegible]	一一·三八	一二·二五	一二·五七	一三·〇〇	一四·〇〇	一[illegible]·五一	一五·四五	一六·五五	一六·〇五	不停	一八·一五	一八·四二
第二十次及第十二次客貨混合三等慢車		一〇·〇〇	一〇·五五	一一·四六	一三·五〇	一六·四五	一九·三〇	二〇·四五	停	第十二次	自天津起		八·一五	八·四〇	一二·四九	一七·〇〇	一八·〇五
第十次 快車 膳車各等		一三·〇〇	一三·二五	一三·五〇	一四·二八	一五·二〇	一六·〇七	一六·三九	一六·四五	一七·四六	一八·五〇	一九·四五	二〇·〇〇	二〇·一一	二一·三四	二二·五〇	二三·二〇
第一〇二次 快車 膳臥各等		二一·五五	二二·二八	二三·〇六	二四·〇〇	一·〇三	二·〇〇	二·四〇	三·二〇	四·三一	五·三二	六·三[illegible]	六·五〇	七·〇六	八·二七	九·四三	一〇·一二
第十六次客貨混合三等慢車及第四〇二次瀋平直達貨車									五·〇〇	七·五八	一一·〇〇	一三·一〇	一八·四五	一九·三三	二三·四〇	二·四〇	三·五〇
第六次 特別快車 膳車各等													九·二〇	九·二八	不停	不停	一二·〇六
第三〇二次 平瀋直達特別快車 膳臥各等							由	上	海	開	來	七·一〇	七·三五	七·[illegible]五	八·五五	九·五九	一〇·二九
第二次 平浦直達特別快車 膳臥各等							由	浦	口	開	來		五·二〇	五·二〇	六·四三	七·四九	八·一九

隴海鐵路行車時刻表

站名	徐州府	碭山	商邱	開封	鄭州南站	汜水	鞏縣	孝義	洛陽東站	新安縣	澠池	觀音堂	會興鎮	陝州	靈寶	閿鄉	盤頭鎮	文底鎮	潼關
列車次數	第一次特別快車自東向西每日開行														第十九次客貨車自東向西每日開				
	(上午)			(下午)						(上午)					(上午)			(下午行)	
自右向左讀	第一次 八點十分開	十點十六分到 十點二十六分開	十二點〇九分到 十二點二十九分開	四點三十二分到 四點五十二分開	六點五十一分到 七點十一分開	八點三十三分到 八點四十三分開	九點二十三分到 九點二十五分開	九點四十七分到 九點四十九分開	十一點十二分到 十一點四十二分開	一點十二分到 一點三十二分開	三點二十一分到 三點四十一分開	四點三十七分到 四點四十二分開	六點〇八分到 六點十八分開	六點五十分到 第十次 七點二十分開	八點三十二分到 八點四十七分開	十點二十分到 十點三十五分開	十一點五十二分到 十一點五十五分開	一點二十分到 一點二十三分開	二點二十分到
	第二次特別快車自西向東每日開行														第二十次客貨車自西向東每日開行				
	(下午)			(上午)											(下午)				
自左向右讀	八點〇五分到	五點五十四分到 六點〇四分開	四點〇二分到 四點十七分開	十一點五十五分到 十二點十五分開	九點四十二分到 十點〇二分開	八點四十分到 八點四十二分開	八點〇四分到 八點〇六分開	七點四十六分到 七點四十八分開	六點十五分到 六點三十五分開	四點五十分到 五點開	三點十八分到 三點二十三分開	二點三十一分到 二點三十六分開	〇點四十二分到 〇點五十二分開	十點二十五分到 第二次 〇點〇五分開	九點〇一分到 九點十六分開	七點十三分到 七點二十三分開	五點五十三分到 五點五十六分開	四點五十二分到 四點二十八分開	第二十次 三點三十分開

膠濟鐵路行車時刻表

下行（西行）列車

站名＼車次	5 各等飯	3 各等飯	11 二三等	13 二三等	1 特各等臥
青島開	7.00	12.00	15.00		21.00
大港開	7.11	12.11	15.12		21.10
四方開	7.20	12.20	15.22		21.18
滄口開	7.35	12.35	15.40		21.32
女姑口開	7.47	12.47	15.53		不停
城陽開	7.56	12.56	16.14		21.53
南泉開	8.13	13.13	16.34		不停
藍村開	8.26	13.26	16.49		22.19
李哥莊開	8.35	不停	17.03		不停
膠東開	8.47	不停	17.16		不停
膠州到	8.59	13.53	17.30		22.46
膠州開	9.01	13.54	17.49		22.48
芝蘭莊開	9.18	14.10	18.09		不停
姚哥莊開	9.27	不停	18.19		不停
高密到	9.38	14.26	18.31		23.19
高密開	9.45	14.41	18.49		23.20
辛莊開	10.05	不停	19.03		不停
蔡家莊開	10.16	15.01	19.16		不停
塔耳堡開	10.26	15.22	19.31		不停
丈嶺開	10.36	15.33	19.44		不停
岞山開	10.44	15.40	20.14		0.22
黃旗堡開	11.04	15.49	20.25		不停
南流開	11.21	不停	20.34		不停
蝦蟆屯開	11.26	16.09	20.53		0.48
坊子到	11.39	16.23	21.10		1.01
坊子開	11.44	16.37	21.25	7.00	1.16
二十里堡開	12.06	16.49	21.39	7.14	1.28
濰縣到	12.14	16.57	21.49	7.24	1.38
濰縣開	12.27	17.02		7.34	1.49
大圩河開	12.40	不停		7.49	不停
朱劉店開	12.41	17.23		8.03	不停
昌樂開	12.54	17.37		8.26	2.20
堯溝開	13.06	17.47		8.39	2.34
譚家坊子開	13.18	17.56		8.53	不停
楊家莊開	13.29	18.04		9.07	不停
青州到	13.44	18.18		9.26	2.55
青州開	13.46	18.30		9.41	3.07
普通開	13.58	不停		9.53	不停
淄河店開	14.08	18.39		10.07	不停
辛店開	14.21	18.53		10.23	不停
金嶺鎮開	14.35	19.07		10.41	不停
湖田開	14.44	19.16		10.53	不停
張店到	14.54	19.25		11.03	3.49
張店開	15.10	19.46		11.18	4.07
馬尚開	15.19	不停		11.28	不停
周村到	15.28	20.02		12.03	4.33
周村開	15.40	20.13		12.17	4.55
大臨池開	16.04	不停		12.31	不停
王村開	16.16	20.46		13.01	不停
普集開	16.26	20.56		13.14	5.25
明水開	16.41	21.21		13.34	不停
棗園莊開	16.51	21.31		13.46	不停
龍山開	17.05	21.45		14.21	不停
郭店開	17.20	不停		14.28	不停
王舍人莊開	17.31	21.58		14.42	不停
黃臺開	17.44	22.13		14.58	6.18
北關開	17.51	22.30		15.06	6.25
濟南到	17.56	22.40		15.23	6.30

上行（東行）列車

站名＼車次	6 各等飯	12 二三等	4 各等飯	14 二三等	2 特各等飯
濟南開	7.15		12.15	14.10	22.00
北關開	7.21		12.21	14.17	22.06
黃臺開	7.30		12.29	14.26	22.14
王舍人莊開	7.44		12.44	14.44	不停
郭店開	7.56		12.53	15.00	不停
龍山開	8.11		13.07	15.28	不停
棗園莊開	8.26		13.22	15.46	23.02
明水開	8.37		13.33	15.59	不停
普集開	8.54		13.50	16.13	23.26
王村開	9.05		14.02	16.25	不停
大臨池開	9.16		不停	16.48	不停
周村到	9.25		14.26	17.12	23.59
周村開	9.35		14.38	17.31	0.01
馬尚開	9.52		不停	17.53	不停
張店到	10.00		14.50	18.02	0.34
張店開	10.20		15.13	18.34	0.43
湖田開	10.31		15.24	18.44	不停
金嶺鎮開	10.41		15.33	19.06	不停
辛店開	10.56		15.47	19.13	1.08
淄河店開	11.09		16.00	19.28	不停
普通開	11.19		不停	19.41	不停
青州到	11.31		16.19	20.06	1.36
青州開	11.34		16.22	20.19	1.49
楊家莊開	11.49		16.34	20.36	不停
譚家坊子開	12.00		16.43	20.48	不停
堯溝開	12.12		16.51	21.03	2.33
昌樂開	12.25		17.04	21.25	2.44
朱劉店開	12.43		17.23	21.40	不停
大圩河開	12.53		17.30	21.53	不停
濰縣到	13.04		17.41	22.06	3.00
濰縣開	13.08	6.20	17.45	22.16	3.05
二十里堡開	13.17	6.41	17.54	22.27	3.14
坊子到	13.29	6.56	18.06	22.43	3.26
坊子開	13.50	7.10	18.13		3.42
蝦蟆屯開	14.04	7.27	18.36		3.55
南流開	14.18	7.44	不停		不停
黃旗堡開	14.25	7.53	18.54		不停
岞山開	14.35	8.13	19.04		4.20
丈嶺開	14.53	8.24	19.13		不停
塔耳堡開	15.12	8.45	19.21		不停
蔡家莊開	15.20	8.56	19.40		不停
辛莊開	15.31	9.09	不停		不停
高密到	15.42	9.23	19.59		5.06
高密開	15.57	9.39	20.13		5.16
姚哥莊開	16.09	9.53	不停		不停
芝蘭莊開	16.18	10.02	20.29		不停
膠州到	16.25	10.23	20.45		5.48
膠州開	16.37	10.33	20.47		5.50
膠東開	16.49	10.47	不停		不停
李哥莊開	17.00	11.00	不停		不停
藍村開	17.09	11.10	21.13		6.16
南泉開	17.23	11.35	21.26		6.39
城陽開	17.38	11.53	21.53		6.55
女姑口開	17.47	12.20	22.05		不停
滄口開	17.59	12.36	22.16		7.05
四方開	18.14	12.54	22.30		7.19
大港開	18.25	13.07	22.40		7.40
青島到	18.30	13.15	22.45		7.45

中國工程師學會會務消息

◉第七屆國際道路會議

本會近得全國經濟委員會來函，關於第七屆國際道路會議，詢問本會是否擬派代表出席。本會現擬先行徵求會員之願前往出席者，然後再行核復經濟委員會。茲將來函及附表抄錄於下，請諸會員注意爲幸。

『案查本處前以本年第七屆國際道路會議，定期九月三日在德國孟尼市 Munich 舉行，經函請貴會檢送報告，以憑彙編在案。嗣以繳送報告期限將屆，隨准浙湘兩省建設廳滬漢兩市政府先後檢送報告到處，即交由本會公路處彙編寄發在案。現在會期伊邇，本會出席代表業已派定，準備前往參加會議。貴會擬否遣派代表出席，相應檢同出席代表名單及赴歐船期價目表各一紙，送請查照仍希見復爲荷此致中國工程師學會

全國經濟委員會祕書處啓』

赴第七次國際道路會議之船期及價目

船名	離滬	到埠	由船埠到Munich	船票來回	車票來回
英SS. Ranchi	7月24日	馬賽 8月24日	24小時	頭等B 種鋪 £ 165	
德SS. Trier	7月26日	Genoa 9月3日	24小時	Cabin Class £ 130	頭等£ 3
法SS.Chenonceanx	7月28日	馬賽 8月30日	24小時	頭等£170	
意SS. Conte Verde	8月9日	Venice 9月2日	12小時	頭等£170	

各省市擬派出席第七屆國際道路會議代表名單

代表名姓	現任職務	代表機關	出發日期	通訊處	附註

◉增訂土木及機械工程名詞

編訂及劃一工程名詞，實爲提倡民生主義及發展工業之先導。自本會發行土木，機械，電機，無綫電，道路，航空，汽車，化學，及染織等九種工程名詞草案以來，各界函索者，紛至沓來，其適合社會需要，可見一斑。現在土木，機械兩種工程名詞，業已殘缺，亟待增訂重印，現正分門類別，積極進行。際此國家建設開始之秋，統一工程名詞，洵爲當務之急，是則有待全國工業界諸先進一一指正，務請於最短期間將較善及補充之新名詞詳細開示，以臻完美，而便重印。

◉現代工程停版

現代工程係本會前與晨報附刊合作，由本會供給材料，晨報編輯發行。現因晨報附刊限於地位關係，自第33期起停版，特此通告。

◉說淮待索

本會現存有說淮八十餘册，係本會會員宋希尙君之著作，如欲索閱；每册請附寄郵費五分，當即照寄，掛號另加郵費八分。

17539

◉會員通訊新址

辛文錡(住)濟南經七路緯一路順餘里23號
汪超西(職)杭州航空學校
朱　霖(職)南昌航空署
吳維嶽(職)長沙走馬樓10號電氣製造有限公司
吳鴻開(職)杭州浙江省公路局
吳毓驤(住)上海海防路 610號
沈祖同(住)北平西單察院胡同29號
周仁齋(職)天津特一區三義莊山東路45號中天電機廠
林繼庸(職)上海亞爾培路中法學校
倪　俊(職)北平清華大學
倪松壽(職)上海沙遜大廈交通部購料委員會
殷祖瀾(職)上海中央造幣廠
陳　植(住)上海愚園路延陵村12號
陳崇武(職)武昌武漢大學
黃澄寰(職)青島電話局
鄭祖亞(職)河南開封煉硝廠
駱美輪(職)上海京滬鐵路北站
顧公毅(職)江蘇溧陽縣振亨電燈公司
宋寶祥(住)上海愚園路延陵村16號
趙世昌(住)北平西直門內北草廠錢筒子胡同一號
賈榮軒(職)湖南轉碎石金鷄嶺株韶鐵路第三總段
余翔九(職)成都無綫電台
吳保豐(職)上海四川路電報局
蔣仲塤(職)揚州邵伯導淮工程局
季炳奎(職)江西南昌鐘鼓樓南昌市電燈整理處
高尚德(職)上海市公用局
劉晉亭(職)濟南山東運河工程局
(住)濟南南城根多祿里12號
李瑞琦(住)廣州河南同福中路10號
姚頌馨(職)上海外灘18號鹽務稽核所
陸增祺(職)杭州裏西湖杭江鐵路局機務課
潘祖培(職)南京兵工署理化研究所
黃季巖(職)上海寧波路九號華業銀行
葉明升(職)湖北金口金水建閘辦事處
謝作楷(職)上海愛文義路戈登路261弄5號
何國梧(職)淥口粵漢路株韶段工程局淥口第七總段轉
徐　尚(職)南京鐵道部
洪　中(職)南京國防設計委員會
顏連慶(通)上海膠州路388弄7號顏福慶君轉

中國工程師學會徵求永久會員啓

溯自本會成立以來，歷史攸久，祇以基金缺乏，致會所未能建設，因此會務進行，不免延緩，爰有徵求永久會員之舉，凡一次繳足永久會費洋一百元者，以後可免繳常年會費，或先繳五十元，餘數於五年內分期繳清。現在會員中贊助加入者，至爲踴躍，該款存儲上海浙江興業，浙江實業，及金城三銀行，由基金監保管，作爲建設會所基金，概不移作他用，幸祈熱心會員諸君，踴躍輸將，庶望會所早觀落成。茲將簽名單附印於下，請填寫後寄交上海南京路大陸商場五樓本會，或各地分會會計均可。

簽名單：願加入永久會員者

繳款期……年……月……日

17540

工程週刊

(內政部登記證警字788號)

中國工程師學會發行
上海南京路大陸商場 542 號
電話：92582
(稿件請逕寄上海本會會所)

中華民國23年3月2日出版
第3卷第9期(總號50)
中華郵政特准掛號認為新聞紙類
(第 1831 號執據)

本期要目

定報價目：每期二分；每週一期，全年連郵費國內一元，國外三元六角。

英國新建最大吊橋

中國建設之趨勢

編者

中國建設之趨勢蒸蒸日上，可於最近國內各地情形見之。開發西北已有具體辦法；四川正在積極講求建設，聘請本會會員入蜀考察，卽可見其一般。鐵路方面，自杭江鐵路完工之後，其工程之經濟良善，大足以鼓勵鐵路之創辦。玉萍鐵路也，蕪乍鐵路也，莫不節節進行，而粵漢鐵路之株韶段工程更屬重要者矣。山東之建設成績甚佳，其長途電話一項幾遍全省各縣，尤為他省所鮮能望及。江西熊主席式輝對於南昌市政甚為注意，最近擬籌資本數百萬元，創辦水廠電廠，以便市民。公路方面，在江蘇有錫澄公路之鋪築，在福建有蒲城至福州公路之籌劃。此外其他建設工程尚不勝枚舉。可見吾國講求建設，未嘗後人，雖規模不能皆甚宏大，而近來建設確有欣欣向榮之勢，行將擴大不已，祇須時局安寧，其前途當不可限量也。

17541

三柱聯合底基之設計

吳　世　鶴

一般底基之設計，不外由柱身之載重求出底基之大小，而使柱身下沉之力與底基上托之力，重心相合，彼此平衡。此乃基本原理：無論單柱底基，雙柱聯合底基，或三柱四柱以上聯合底基，均不能離此範圍也。然三柱以上聯合底基之設計，則除上述之平衡原理外，應兼顧及樑身變形之情形，以求適合全部之平衡。為求簡單明瞭起見，本篇祇論三柱聯合底基，其他可以類推而求得之。

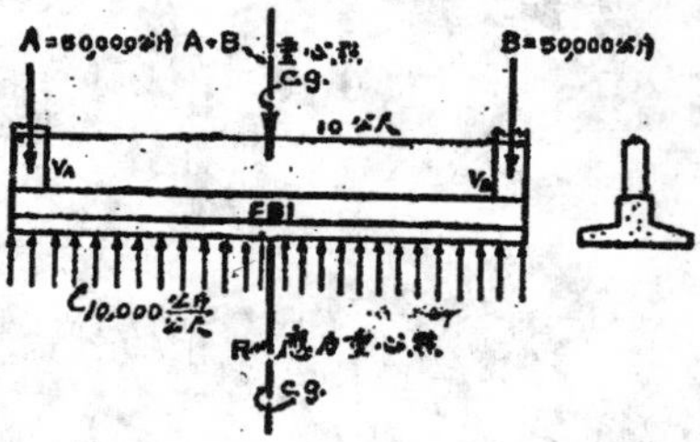

第一圖

第一圖示明二柱聯合底基之情形。假令A,B二柱各載重50,000公斤，距離為10公尺，則如圖中所示，上下合力重心，在同一線上，彼此適相平衡。設計FB1底樑時，其每公尺之載重為2×50,000/10＝10,000公斤，依照單樑方法，$V_A=V_B=5\times10,000=50,000$公斤，故在此情形之下，全部均得平衡。

第二圖示明三柱聯合底基之情形。假令A, B, C三柱各載重 50,000 公斤，相距各10公尺，則三柱下沉重心適居B上。設基長為20公尺，基闊相等，則底基每公尺之應力＝3×50,000/20＝7,500 公斤，其合力重心適居B下。三柱下沉之力與底基上托之力，其重心在同一直線上，故與均衡原理完全吻合。然當設計底樑FB1及FB2時，假使仍照普通單樑公式則得

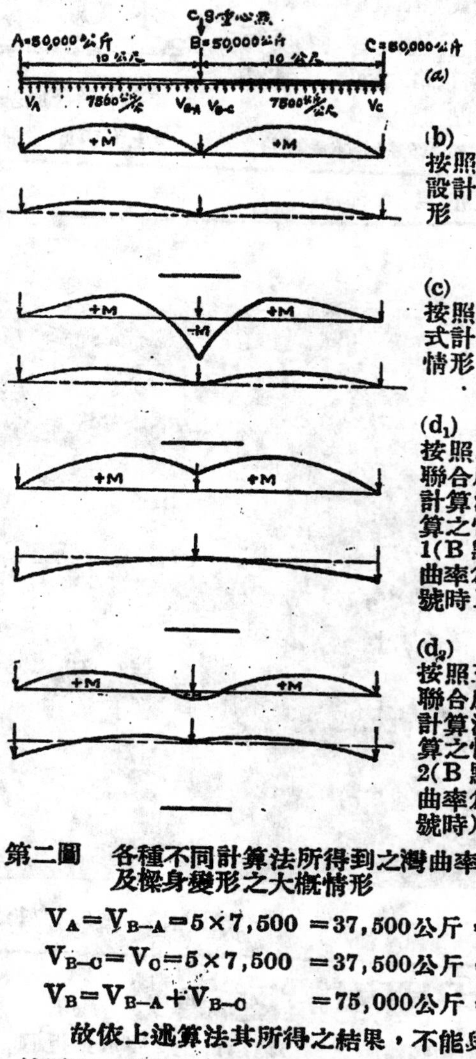

(b) 按照單樑設計之情形

(c) 按照連續式計算之情形

(d_1) 按照三柱聯合底基計算法計算之情形1(B點灣曲率為正號時)

(d_2) 按照三柱聯合底基計算法計算之情形2(B點灣曲率為負號時)

第二圖　各種不同計算法所得到之灣曲率圖及樑身變形之大概情形

$V_A=V_{B-A}=5\times7,500=37,500$公斤，

$V_{B-C}=V_C=5\times7,500=37,500$公斤，

$V_B=V_{B-A}+V_{B-C}=75,000$公斤，

故依上述算法其所得之結果，不能與各柱原有之載重吻合，故此設計當然不能採用。若依連續樑設計，則

$V_A=\frac{3}{8}\times10\times7,500=28,125$公斤，

$V_{B-A}=\frac{5}{8}\times10\times7,500=46,875$公斤，

$V_{B-C}=\frac{5}{8}\times10\times7,500=46,875$公斤，

$V_C=\frac{3}{8}\times10\times7,500=28,125$公斤，

$V_B = V_{B-A} + V_{B-C} = 93,750$公斤；

其相差尤大，故在此狀態之下，乃不得另覓設計之方法矣。

吾人固已習知連續樑之情形矣。在連續樑中，雖各樑均屬均佈載重，但因接連之關係，樑身變形受制，使樑端應力，發生適合於此種變形之變遷。反是而求，欲使樑端應力發生變遷，則必先有能令此種變遷發生之樑身變形。而設計樑身彎曲率時，一切計算必以此樑身變形爲根據。三柱聯合底基之設計，卽根據此理論者也。在上舉計算例中，其第一次算法乃假定樑身爲單樑式之變形，如(b)圖。其第二次算法，乃假定樑身爲連續樑式之變形，如(c)圖。而此二種樑身變形，均不能適合於本例之情形，已如上述。第二圖(d)則爲合於本例之樑身變形。其求法(參觀第三圖)如下：

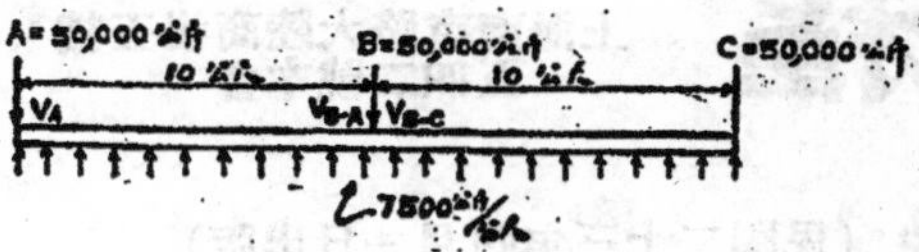

第　三　圖

令　$V_A = 50,000$公斤，

則　$V_{B-A} = 10 \times 75,000 - 50,000 = 25,000$公斤，

$V_{B-C} = 50,000 - 25,000 = 25,000$公斤，

$V_C = 10 \times 7,500 - 25,000 = 50,000$公斤。

從以上求得之數，及樑身載重，則全樑彎曲率可以逐段求得。而由此種樑身變形，所生之樑端應力，其變遷必與各柱躉重相合也。並舉一計算實例如下：

在某工程中，內有三柱 A, B, C(如第四圖)A＝30,000公斤，B＝40,000公斤，C＝25,000公斤，此三柱因C柱靠緊界線，必與B柱相連，復因地位關係，三柱載宜於狹長之聯合底基。假定土力＝每方公尺10,000公斤，試求V及M：

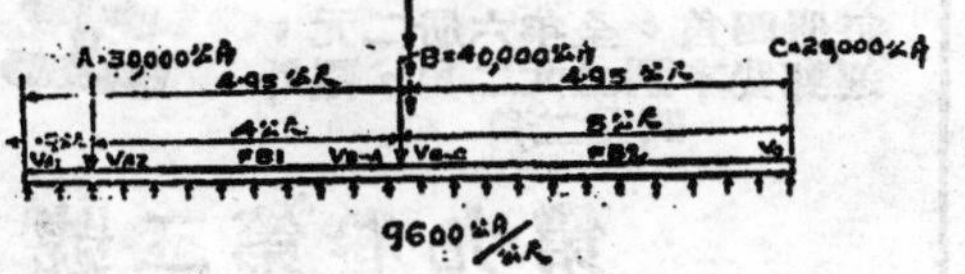

第　四　圖

(1)重心點。　　$A + B + C = 95,000$公斤；

$$\bar{d} = \frac{1}{95,000}(40,000 \times 5 + 30,000 \times 9), = 4.95\text{公尺}。$$

(2)底　長。　　令　底長$= 2 \times 4.95 = 9.90$公尺；

$$\text{則　底闊} = \frac{95,000}{10,000 \times 9.9} = 0.96\text{公尺}。$$

如此則柱壓力，與底基托力，重心相合。而得平衡，底樑每公尺載重則爲

$$P = \frac{95,000}{9.9} = 9,600\text{公斤}$$

(3)樑端剪力。　　從柱重得圖中所示之剪力如下：

$V_{A1} + V_{A2} = 30,000$公斤，

$V_{B-A} + V_{B-C} = 40,000$公斤，

$V_C = 25,000$公斤。

因　$V_{A1} = 0.9 \times 9,600 = 8,640$公斤，

$V_{A2} = -30,000 + 8,640 = -21,360$公斤，

$V_{B-A}=4\times9,600-21,360=17,040$公斤，

$V_{B-C}=-40,000+17,040=-22,960$公斤，

$V_{C}=5\times9,600-22,960=25040$公斤。

(4)灣曲率。 由已知之P及各端剪力，可求得灣曲率如下：

$M_A=-\frac{1}{2}\times9,600\times0.9^2=-3,888$公尺公斤

FB1之最大灣曲率在21,360/9600=2.22公尺

$M_1=21360\times2.22-\frac{1}{2}\times9600\times2.22^2-3888=19874$公尺公斤

$M_B=21360\times4-\frac{1}{2}\times9600\times4^2-3888=4752$公尺公斤

FB2之最大灣曲率在22960/9600=2.39公尺之斷面上或2.61公尺至C柱。

$M_2=25000\times2.61-\frac{1}{2}\times9600\times2.61^2=32552$公尺公斤

由上得之結果可知FB1及FB2之樑身變形情形與普通樑不同，其特點在於全部上拱，雖在FB1及FB2接連處上面仍爲引力也。

上列係一般之情形，在相當載重情形之下，B點亦可與連續樑法或單樑法之結果相同，此則爲一般中之特例矣。

〔編者按此篇原文所用英磅英尺，經改爲公斤公尺；數目方面。雖有相差，然與計算原則並不違背，當爲著者所同意。〕

第九卷第二號目錄 (民國二十三年四月一日出版)

17544

上海市路燈設施概況

孫開祉

路燈爲市政重要設施之一，關係交通及治安甚鉅。上海市自經公用局于十六年七月間接收管理後，銳意整理，不遺餘力，於玆六七年，成績頗著，玆將辦理概況分述如次：

甲·管理。

（1）路燈管理處：

上海市十七區路燈事宜，由公用局第三科路燈股主持，並於南市，閘北，吳淞，市中心，浦東各設路燈管理處，分掌各該區域路燈事項，玆列分區管理詳表如下；

名稱	地點	電話	管理區域	管理燈數	職員人數	工匠人數
滬南路燈管理處	南市廳西路松蔭里3號	21917	滬南，法華，漕涇	4405	2	12
滬北路燈管理處	閘北民立路66號	41858	閘北，彭浦，眞如，蒲淞	2321	2	8
吳淞路燈管理處	吳淞外馬路100號	吳淞3	吳淞，殷行與引翔之部分	559	1	4
市中心路燈管理處	江灣翔殷路莊家閘	江灣13	江灣，引翔與殷行之部分	985	1	6
浦東路燈管理處	浦東賴義渡東昌路163號	浦東38	洋涇，塘橋，楊思	1197	2	5
浦東路燈分管理處	浦東東溝路		高橋，高行，陸行	399	1	3
附註	表內所列數字截至廿三年二月底止					

（2）編號：

全市路燈，依照管理處管理區域，分爲六系，每系依路之趨向，順次編號，漆于電桿上，遞製詳圖及一覽册，如是某號路燈，裝于何處，某路有燈幾盞，以及路燈式樣，燈架種類，燈泡光度，開關地點，均可瞭然矣。

（3）查燈：

每晚路燈放光後，各管理處派燈夫分段查看，每燈間日查到一次，查見損壞者，卽行記明燈號，于翌晨報告管理處派匠修理。如係重要地點，或連接損壞在三盞以上者，卽刻報請修理，以維安全。

（4）揩拭，髹漆：

每燈每月揩拭一次，灰塵較多之處，酌量情形，加增揩拭次數，務使常保光明。燈架每年髹漆一次，先用紅丹作底，再罩灰漆，銹巳者先將鐵屑擦淨，再行髹漆。

（5）開關時刻：

根本天文台太陽出沒時間報告，斟酌本市市面情形，規定路燈開關時刻，按月改變一次，列表如下：

上海市公用局
路燈開關時刻表

月份	開燈	關燈	附註
1	下午5.15	上午6.30	倘遇特別情形時得酌改開關時刻
2	下午5.45	上午6.15	
3	下午6.15	上午5.45	
4	下午6.30	上午5.00	
5	下午6.45	上午4.45	
6	下午7.15	上午4.45	

17545

7	下午7.15	上午4.45
8	下午6.45	上午5.00
9	下午6.00	上午5.15
10	下午5.15	上午5.30
11	下午5.00	上午6.00
12	下午5.00	上午6.15

(6)規章：

路燈工匠裝修路燈工作，偏於技術，有應特別注意及應遵守事項，經擬定須知二十條，其大要如下：一·上工時，匠目應先領取工作單及發貨單，分別支配工作及領取材料。二·不得私自改變路燈裝置。三·注意車頭線，勿使碰手。在車頭線下面·路燈線上做工，須防備碰頭，並須分清馬達線或路燈線，不可亂接，以免危險。四·使用裝燈車時，應將四脚螺絲轉到地上，用畢須轉動時，應先將四脚轉高。停放不用時，仍須爲四脚螺絲轉到地，以免損壞車脚等等。

又爲甄別工匠勤惰及是否守法，擬訂獎懲規則十七條，如工作勤奮，半年內請假在三日以下，及能報告他人情弊屬實者，均得酌加工資或給奬金。至如不遵職員指揮，曠廢職務，報告不實，在外需索陋規，損壞原料，報銷不實，和換劣質或小燈泡各情事，則酌量情節，予以懲罰。

乙·整理。

(1)燈數用電量：

公用局自先後接管全市十七區路燈後，積極整理，汰舊換新，裁至廿二年十二月底止，計有路燈9589盞，用電量663670華特，列表如下：

上海市新舊路燈增減比較表

年	月	舊燈盞數	新燈盞數	共計	年	月	舊燈盞數	新燈盞數	共計
16	7	3,758		3,758		12	1,954	3,012	4,966
	8	3,640	154	3,794	18	1	1,870	3,185	5,055
	9	3,333	444	3,777		2	1,775	3,364	5,139
	10	3,256	524	3,780		3	1,604	3,596	5,200
	11	3,235	624	3,859		4	1,424	3,869	5,293
	12	2,919	889	3,808		5	1,239	4,121	5,360
17	1	2,983	914	3,897		6	1,060	4,369	5,375
	2	2,945	1,013	3,958		7	1,038	4,568	5,606
	3	2,799	1,162	3,961		8	903	4,822	5,725
	4	2,720	1,333	4,053		9	798	5,041	5,839
	5	2,651	1,632	4,283		10	776	5,384	6,160
	6	2,605	1,787	4,392		11	708	5,560	6,268
	7	2,455	2,069	4,524		12	681	5,607	6,288
	8	2,276	2,328	4,604	19	1	585	5,793	6,378
	9	2,219	2,526	4,745		2	470	6,038	6,508
	10	2,160	2,653	4,813		3	391	6,199	6,590
	11	2,060	2,792	4,852		4	329	6,298	6,627

上海市新舊路燈增減比較表（接上表）

年	月	舊燈盞數	新燈盞數	共計	年	月	舊燈盞數	新燈盞數	共計
19	5	264	6,405	6,669	21	3		5,109	5,109
	6	231	6,497	6,728		4		5,219	6,219
	7	168	6,593	6,761		5		6,371	6,371
	8	164	6,612	6,770		6		7,336	7,336
	9	136	6,744	6,880		7		7,822	7,822
	10	118	6,945	7,063		8		8,137	8,134
	11	66	7,096	7,162		9		8,175	8,175
	12		7,182	7,182		10		8,231	8,231
20	1		7,316	7,316		11		8,343	8,343
	2		7,325	7,325		12		2,554	8,554
	3		7,427	7,427	22	1		8,576	8,576
	4		7,554	7,554		2		8,665	8,665
	5		7,642	7,142		3		8,745	8,745
	6		7,880	7,880		4		8,828	8,828
	7		8,190	8,190		5		8,946	8,946
	8		8,295	8,295		6		9,050	8,050
	9		8,398	8,398		7		9,118	9,118
	10		8,565	8,565		8		9,143	9,143
	11		8,660	8,660		9		9,184	9,183
	12		8,686	8,686		10		9,515	9,515
21	1		8,719	8,719		11		9,464	9,464
	2		8,692	8,592		12		9,589	9,589

上海市新舊路燈用電比較表

年	月	舊燈消耗電量 瓦特	新燈消耗電量 瓦特	共計 瓦特	年	月	舊燈消耗電量 瓦特	新燈消耗電量 瓦特	共計 瓦特
16	7	179,532		179,532	17	1	136,147	86,640	222,787
	8	173,627	19,800	193,427		2	134,912	92,070	226,982
	9	157,455	49,000	206,455		3	130,040	103,660	233,700
	10	153,052	55,905	208,957		4	126,365	119,075	245,440
	11	151,452	66,460	217,917		5	123,867	141,315	265,182
	12	134,567	85,590	220,157		6	122,190	154,855	277,045

上海市新舊路燈用電比表（接上表）

年	月	舊燈消耗電量 瓦特	新燈消耗電量 瓦特	共計 瓦特	年	月	舊燈消耗電量 瓦特	新燈消耗電量 瓦特	共計 瓦特
17	7	113,287	180,490	293,777	20	4		530,115	530,115
	8	104,225	202,450	306,670		5		533,580	533,580
	9	101,013	215,363	316,378		6		545,800	545,800
	10	110,580	225,705	336,285		7		557,430	557,430
	11	106,100	236,020	342,120		8		567,205	567,205
	12	101,660	746,045	347,905		9		574,970	574,970
18	1	98,360	257,435	355,795		10		584,235	584,235
	2	93,650	270,805	364,455		11		589,050	589,050
	3	83.940	287,050	370,990		12		590,530	590,530
	4	77,090	300,305	377,395	21	1		592,875	592。875
	5	69,230	311,780	381,01		2		598,655	578,655
	6	58,665	328,475	387,140		3		340,320	340,320
	7	66,175	338,460	404,635		4		350,460	350,460
	8	57,900	356,065	413,965		5		437,090	437,090
	9	50,960	369,635	420,595		6		506,270	506,270
	10	49,075	386,675	435,750		7		542,300	542,300
	11	45,365	395,455	440,820		8		560,190	560,190
	12	44,285	397,905	443,190		9		561,335	561,335
19	1	40,410	408,550	448,960		10		570,140	570,140
	2	34,935	423,040	457,975		11		578,845	578,845
	3	32,155	430,490	462,645		12		592,305	592,305
	4	27,505	437,440	464,945	22	1		593,335	593,835
	5	21,725	446,600	468,325		2		599,545	599,545
	6	18 575	452,840	471,415		3		604,795	604,795
	7	13,850	459,725	473,575		4		608,670	608,670
	8	13,500	461,330	474,830		5		614,985	614,985
	9	10,700	472,060	482.760		6		622,635	622,635
	10	7,415	484,615	492,030		7		626,365	626,365
	11	4,950	494,135	499,085		8		627,525	627,525
	12		500,580	500,580		9		628,925	628,925
20	1		510,895	510,895		10		661,710	661,710
	2		511,725	511,725		11		654,420	654,420
	3		522,810	522,810		12		663,670	663,670

（2）燈泡：

路燈燈泡，震動較劇，長絲泡不甚適宜，現在上海市路燈所用燈泡，均係氫氣泡，或可樂泡，燈絲彈性較大，壽命因之較長。又以荒僻地段，燈泡常常被偷竊，爰研究防免辦法二種；一．在燈泡上印一市徽，旁列偷竊必究字樣，不能拭去，雖竊下來亦不能出賣，二．特製防竊套，裝在燈頭上，一經裝妥，非爲燈泡擊碎，無法取下。此兩種實行後，失泡之事大減。

（3）燈架：

舊時路燈燈架，長不過一公尺，路面較寬或路旁植有樹木者，燈光不能普照，現放長至三公尺及四公尺不等，外馬路東門路中華路和平路車站路半淞園路一帶有電車經行者，利用電車綳線桿，改裝對綳燈，光線益覺廣被。

丙．經費。

（1）經常費：

路燈經常費，每盞每月銀九角五分，計電費六角，材料費兩角五分，工資一角，由公用局向市庫具領支配，專爲維持之用。

（2）臨時費：

新裝或改裝路燈費用，由公用局編造臨時費預算，呈請市政府核撥。

丁．整理里弄私有路燈。

（1）擬訂取締規則：

公用局管理市內路燈，以公路爲限。私有里衖內路燈，向由業主自行維持。但查市內各處里衖，未設路燈，或已設路燈而裝置不合，或管理不善者，所在多有，不獨居民出入不便，且在昏暗之中，宵小易於匿跡，治安易受影響，爰會商公安局釐訂取締私有路燈規則，積極整頓私有路燈其大要如下：（一）一律應裝電燈。其在電桿未列，或小弄無力裝設者，得用煤油燈。（二）凡（甲）衖底及交叉或轉角地點，應裝路燈。（乙）相隣兩燈間之距離，不得超過20公尺。（丙）燈之高度，自地而起，以4.8公尺爲度。（三）如公用局認爲裝置不合者，業主應依公用局指揮改良。（四）燈泡不得小於40華特。用煤油燈者，亦應有充足光度。（五）應與公路路燈同時啓閉。（六）不得因住戶糾紛，停息路燈。（七）違章者予以警告，或處一元至五元之罰金。

（2）代裝代管辦法：

私有路燈，得由業主請求公用局代裝代管，其手續及裝費辦法大要如下：（一）代裝辦法；（甲）由局代裝，歸業主自管，所有權亦屬業主。（乙）代裝之路燈，視里弄情形選用一號二號兩種；一號燈每盞工料費十元，二號燈五元，附屬設備費用照加。（丙）請求代裝者，應塡具請求單，連同工料費及電費押櫃等送局辦理。（二）代管辦法；（甲）代管燈路，應由局代裝，但祗收管理費，不收工料費，所有權則屬諸公用局。（乙）一號燈每月每盞收管理費一元五角，二號燈一元。（丙）電費裝表計算，由業主向電氣公司清付。（丁）請求代管者，應塡具請求書，連同第一月管理費及電費押櫃送局辦理。（戊）一切修理換泡等工作費用，統由公用局担任，如業主欲中途收回自管，須將代裝工料費及附屬設備費清償，路燈所有權卽移歸業主。

（3）統計表：

市內十七區里衖私有路燈，除吳淞，江灣二區外，餘已調查竣事。該項整頓工，截作至二十二年底止，列表如下：

項目	結果	
調查合格者	2337衖	5951盞
督促後裝設者	767衖	1077盞
公用局代裝者	44衖	62盞
公用局代管者	38衖	54盞
督促後改正裝置者	126衖	398盞
督促後改善管理者	33衖	56盞
尙未裝置及尙未改正者	686衖	1060盞

英國新建最大吊橋

英國紐波Newport地方締思河 Tees, 新建一橋，於本年二月二十八日開始動用，實爲大英帝國第一座豎陞式橋樑，而爲世界上此式橋樑最大三座之一。其陞降橫樑重量2750公噸，較之美國哈得森 Hudson 河同式橋樑祇輕30.5公噸。此新橋橋控長83.6公尺，而美國之橋控長則爲104公尺。此新橋上面路寬爲11.6公尺，而有兩道2.74公尺寬之人行道。橋陞開之時，上面穿洞高度可達36.6公尺，橋架 Trusses 在中點處高 12.27 公尺，兩架相離 13.26 公尺。橋上路面之設計載重爲102公噸支持於四隻車輪之上，另加50%作爲震力 Impact, 另加平配載重 Uniform load每方公尺734公斤。每隻橋塔高達51.8公尺，建於締思河岸邊，支持於四隻圓柱 Cylinders 之上。此四圓柱沉入河底甚深，水高漲時，由水面望下計算亦達23至27公尺。四柱分成兩對，相距 18.75 公尺。前面一對每隻直徑爲 5.5 公尺，其下面7.32公尺之一段，則爲8.27公尺直徑。下面一段係鋼製沉櫃 Caissons，用壓氣Compressed air方法沉裝，其上段係生鐵環，由節塊 Segments 拴釘而成，中間貯以三合土。後面一對圓柱與前面一對相類似，但稍輕便而已。此兩對圓柱在高水面處用鋼架技撑。此橫樑共用160根鋼索吊於塔上，各索之他端繫以重物，俾可均衡橫樑之重量，此重物之總重量亦2750公噸。所以樑之上下好似陞降式之窗門。橫樑放下之時離開高水面亦有6.1公尺。橫樑之上落，係用兩隻32匹馬力電氣馬達開動之。此外另裝一隻 450 匹馬力之氣油引擎，作爲備用。(泳)

數字遊戲 (儀)

(1)

$9\times9+7=88$

$98\times9+6=888$

$987\times9+5=8888$

$9876\times9+4=88888$

$98765\times9+3=888888$

$987654\times9+2=8888888$

$9876543\times9+1=88888888$

$98765432\times9+0=888888888$

(2)

$\sqrt{49}=7$

$\sqrt{4489}=67$

$\sqrt{444889}=667$

$\sqrt{44448889}=6667$

$\sqrt{4444488889}=66667$

類此等等＝類此等等

膠濟鐵路行車時刻表

下行（西行）列車

站名	5 各等飯	3 各等飯	11 三二等	13 三二等	1 特各等臥
青島開	七•〇〇	一二•〇〇	一五•〇〇		二一•〇〇
大港開	七•一一	一二•一一	一五•一三		二一•一〇
四方開	七•二〇	一二•二〇	一五•二三		二一•一八
滄口開	七•三五	一二•三五	一五•四〇		二一•二三
女姑口開	七•四七	一二•四七	一五•五五		不停
城陽開	七•五六	一二•五六	一七•一四		二一•三五
南泉開	八•一二	一三•一二	一六•三三		不停
藍村開	八•二六	一三•二六	一六•四九		二二•〇九
李哥莊開	八•三五	不停	一七•〇二		不停
膠東開	八•四七	不停	一七•一六		不停
膠州到	八•五九	一三•五三	一七•三〇		二二•四六
膠州開	九•〇一	一三•五五	一七•四九		二二•四八
芝蘭莊開	九•一八	一四•一〇	一八•〇九		不停
姚哥莊開	九•二七	不停	一八•一九		不停
高密到	九•三八	一四•二六	一八•三一		二三•一九
高密開	九•五三	一四•四一	一八•四九		二三•三〇
辛莊開	一〇•〇五	不停	一九•〇三		不停
蔡家莊開	一〇•一六	一五•〇二	一九•一六		不停
塔耳堡開	一〇•二六	一五•一二	一九•三一		不停
丈嶺開	一〇•四六	一五•二三	一九•四四		不停
岞山開	一〇•五四	一五•四〇	二〇•一四		〇•一二
黃旗堡開	一一•〇四	一五•四九	二〇•二五		不停
南流開	一一•二一	不停	二〇•三四		不停
蝦蟆屯開	一一•二六	一六•〇九	二〇•五五		〇•四八
坊子到	一一•三九	一六•二三	二一•一〇		一•〇一
坊子開	一一•五四	一六•三七	二一•二五	七•〇〇	一•一六
二十里堡開	一二•〇六	一六•四九	二一•三九	七•一四	一•二八
濰縣到	一二•一四	一六•五七	二一•四九	七•二四	一•三八
濰縣開	一二•一七	一七•〇二		七•三四	一•三九
大圩河開	一二•三〇	不停		七•四九	不停
朱劉店開	一二•四一	一七•二三		八•〇二	不停
昌樂開	一二•五四	一七•三七		八•二六	二•二〇
堯溝開	一三•〇六	一七•四七		八•三九	二•三三
譚家坊子開	一三•一八	一七•五六		八•五三	不停
楊家莊開	一三•二九	一八•〇四		九•〇七	不停
青州到	一三•四〇	一八•一八		九•二六	二•五五
青州開	一三•四八	一八•三〇		九•四一	二•五七
普通開	一三•五八	不停		九•五五	不停
淄河店開	一四•〇八	一八•三九		一〇•〇七	不停
辛店開	一四•二一	一八•五三		一〇•二二	不停
金嶺鎮開	一四•三五	一九•〇七		一〇•四一	不停
湖田開	一四•四四	一九•一六		一〇•五三	不停
張店到	一四•五三	一九•三五		一一•〇三	三•四九
張店開	一五•一〇	一九•四六		一一•一八	四•〇七
馬尚開	一五•一九	不停		一一•二八	不停
周村到	一五•三八	二〇•〇二		一一•五三	四•二三
周村開	一五•四〇	二〇•一三		一二•〇三	四•二五
大臨池開	一六•〇四	不停		一二•二七	不停
王村開	一六•一六	二〇•四六		一二•五一	不停
普集開	一六•二六	二〇•五六		一三•一四	五•二五
明水開	一六•四一	二一•一二		一三•二四	不停
棗園莊開	一六•五二	二一•二一		一三•四六	不停
龍山開	一七•〇五	二一•三五		一四•一二	不停
郭店開	一七•二〇	不停		一四•二八	不停
王舍人莊開	一七•三二	二一•五八		一四•四三	不停
黃臺開	一七•四四	二二•一五		一四•五八	六•一八
北關開	一七•五一	二二•二〇		一五•〇六	六•二五
濟南到	一七•五六	二二•二五		一五•二三	六•四〇

上行（東行）列車

站名	6 各等飯	12 三二等	4 各等飯	14 三二等	2 特各等飯
濟南開	七•一五		一二•一五	一四•一〇	二二•〇〇
北關開	七•二一		一二•二一	一四•一七	二二•〇六
黃臺開	七•三〇		一二•二九	一四•二六	二二•一四
王舍人莊開	七•四四		一二•四三	一四•四四	不停
郭店開	七•五六		一二•五三	一五•〇〇	不停
龍山開	八•一一		一三•〇七	一五•一八	不停
棗園莊開	八•二六		一三•二三	一五•四六	二三•〇二
明水開	八•三七		一三•三四	一五•五九	不停
普集開	八•五四		一三•五四	一六•二三	二三•二六
王村開	九•〇五		一四•〇一	一六•四五	不停
大臨池開	九•一六		不停	一六•五八	不停
周村到	九•二三		一四•一六	一七•二一	二三•五九
周村開	九•三五		一四•二八	一七•三一	〇•〇二
馬尚開	九•五三		不停	一七•五三	不停
張店到	一〇•〇〇		一四•五〇	一八•〇一	〇•二三
張店開	一〇•二〇		一五•一三	一八•二三	〇•四一
湖田開	一〇•三一		一五•二四	一八•三〇	不停
金嶺鎮開	一〇•四一		一五•三五	一九•〇六	不停
辛店開	一〇•五六		一五•四七	一九•二三	一•〇八
淄河店開	一一•〇九		一六•〇〇	一九•三八	不停
普通開	一一•一九		不停	一九•五一	不停
青州到	一一•三一		一六•一九	二〇•〇六	一•三六
青州開	一一•四四		一六•二一	二〇•一九	一•三八
楊家莊開	一一•四九		一六•三四	二〇•三六	不停
譚家坊子開	一二•〇〇		一六•四三	二〇•四八	不停
堯溝開	一二•一三		一六•五一	二一•〇三	二•一三
昌樂開	一二•二五		一七•〇三	二一•二五	二•二四
朱劉店開	一二•四四		一七•一三	二一•四〇	不停
大圩河開	一二•五三		一七•三〇	二一•五三	不停
濰縣到	一三•〇四		一七•四一	二二•〇六	三•〇三
濰縣開	一三•〇八	六•三〇	一七•四五	二二•一六	三•〇五
二十里堡開	一三•一七	六•四一	一七•五四	二二•二七	三•一四
坊子到	一三•二九	六•五六	一八•〇六	二二•四三	三•二六
坊子開	一三•五〇	七•一〇	一八•二三		三•四一
蝦蟆屯開	一四•〇四	七•二七	一八•三六		三•五三
南流開	一四•一八	七•四四	不停		不停
黃旗堡開	一四•二五	七•五三	一八•五四		不停
岞山開	一四•三五	八•一三	一九•〇四		四•二〇
丈嶺開	一四•五二	八•二四	一九•一三		不停
塔耳堡開	一五•一一	八•四五	一九•二一		不停
蔡家莊開	一五•二〇	八•五六	一九•四〇		不停
辛莊開	一五•三一	九•〇九	不停		不停
高密到	一五•四二	九•二三	一九•五九		五•〇六
高密開	一五•五七	九•三九	二〇•一五		五•一六
姚哥莊開	一六•〇九	九•五三	不停		不停
芝蘭莊開	一六•一八	一〇•〇三	二〇•二九		不停
膠州到	一六•三五	一〇•二三	二〇•四五		五•四八
膠州開	一六•三七	一〇•三三	二〇•四七		五•五〇
膠東開	一六•四九	一〇•四七	不停		不停
李哥莊開	一七•〇〇	一一•〇〇	不停		不停
藍村開	一七•〇九	一一•一〇	二一•一三		六•一六
南泉開	一七•二三	一一•二五	二一•二六		六•二九
城陽開	一七•三八	一一•五三	二一•四五		六•四三
女姑口開	一七•四七	一二•〇三	二二•〇三		不停
滄口開	一七•五九	一二•三六	二二•一六		七•〇三
四方開	一八•一四	一二•五四	二二•三〇		七•一九
大港開	一八•二五	一三•〇七	二二•四〇		七•三〇
青島到	一八•三〇	一三•一三	二二•四五		七•三五

隴海鐵路行車時刻表

自右向左讀

站名	列車次數	時段	到	開
徐州府	第一次特別快車自東向西每日開行	上午		八點十分開
碭山	第一次	上午	十點十六分到	十點二十六分開
商邱	第一次	上午	十二點〇九分到	十二點二十九分開
開封	第一次	下午	四點三十二分到	四點五十二分開
鄭州南站	第一次	下午	六點五十一分到	七點十一分開
汜水	第一次	下午	八點三十三分到	八點四十三分開
鞏縣	第一次	下午	九點二十三分到	九點二十五分開
孝義	第一次	下午	九點四十七分到	九點四十九分開
洛陽東站	第一次	下午	十一點十二分到	十一點四十二分開
新安縣	第一次	上午	一點二十二分到	一點三十二分開
澠池	第一次	上午	三點二十一分到	三點四十一分開
觀音堂	第一次	上午	四點三十七分到	四點四十二分開
會興鎮	第一次	上午	六點〇八分到	六點十八分開
陝州	第一次	上午	六點五十分到	
陝州	第十九次客貨車自東向西每日開行	上午		第十九次 七點二十分開
靈寶	第十九次	上午	八點三十二分到	八點四十七分開
閿鄉	第十九次	上午	十點二十分到	十點三十五分開
盤頭鎮	第十九次	上午	十一點五十二分到	十一點五十五分開
文底鎮	第十九次	下午行	一點二十分到	一點二十三分開
潼關	第十九次	下午行	二點二十分到	

自左向右讀

站名	列車次數	時段	到	開
潼關	第二十次客貨車自西向東每日開行	下午		第二十次 三點三十分開
文底鎮	第二十次	下午	四點五十二分到	四點二十八分開
盤頭鎮	第二十次	下午	五點五十三分到	五點五十六分開
閿鄉	第二十次	下午	七點十三分到	七點二十三分開
靈寶	第二十次	下午	九點〇一分到	九點十六分開
陝州	第二十次	下午	十點二十五分到	
陝州	第二次特別快車自西向東每日開行	上午		第二次 〇點〇五分開
會興鎮	第二次	上午	〇點四十二分到	〇點五十二分開
觀音堂	第二次	上午	二點三十一分到	二點三十六分開
澠池	第二次	上午	三點十八分到	三點二十三分開
新安縣	第二次	上午	四點五十分到	五點開
洛陽東站	第二次	上午	六點十五分到	六點三十五分開
孝義	第二次	上午	七點四十六分到	七點四十八分開
鞏縣	第二次	上午	八點〇四分到	八點〇六分開
汜水	第二次	上午	八點四十分到	八點四十二分開
鄭州南站	第二次	上午	九點四十二分到	十點〇二分開
開封	第二次	上午	十一點五十五分到	十二點十五分開
商邱	第二次	下午	四點〇二分到	四點十七分開
碭山	第二次	下午	五點十四分到	六點〇四分開
徐州府	第二次	下午	八點〇五分到	

17552

北甯鐵路簡明行車時刻表 中華民國二十三年四月一日 重訂

下行車

列車次數＼站別（開到時刻）	北平前門開	豐台開	郎坊開	天津總站開	天津東站到	天津東站開	塘沽開	蘆台開	唐山開	古冶開	灤縣開	昌黎開	北戴河開	秦皇島開	山海關到	錦縣 遼寧總站
第七次 慢車 中膳各等	五·四五	六·二〇	七·四二	九·二八	九·三六	九·四五	一〇·四八	一一·五四	一三·〇一	一三·四八	一四·五三	一五·五四	一六·四四	一七·一三	一七·三五	
第十一次及第十九次 客貨混合 三等慢車	七·五〇	一〇·二五	一四·〇〇	一八·〇一	一八·一六	停	第十九次	自唐山起	六·三〇	八·〇〇	一〇·〇五	一二·二〇	一三·四六	一四·四五	一五·二〇	
第三〇一次 平滬直達 特別快車 膳臥各等	一五·〇五	一五·三六	一六·四〇	一七·五〇	一七·五九	一八·二〇	開	往	上	海						
第三次 特別快車 膳車各等	八·三〇	八·五八	不停	一一·一〇	一一·一八	一一·三五	一二·三二	一三·二六	一四·二四	一五·〇五	一五·四五	一六·三七	一七·一六	一七·四〇	一八·〇〇	
第九次 快車 膳車各等	一四·二五	一四·五七	一六·〇九	一七·二九	一七·三八	一七·五〇	一八·五〇	一九·四六	二〇·五三	二一·三四	二二·一七	二三·一〇	二三·四五	〇·一〇	〇·三〇	
第五次 特別快車 膳車各等	一六·三〇	不停	不停	一九·〇七	一九·一五	停										
第一次 平浦直達 特別快車 膳臥各等	一八·五〇	一九·二〇	二〇·二六	二一·三九	二一·四八		開	往	浦	口						
第一〇一次 快車 膳臥各等	二〇·一五	二〇·四八	二二·〇八	二三·四一	二三·五〇	二四·〇〇	一·一〇	二·一三	三·二四	四·一四	五·〇六	六·一七	七·〇九	七·三七	七·五九	
第四〇一次平滬直達貨車及第十五次客貨混合三等慢車	二〇·二五	二二·一〇	〇·五〇	三·四五	四·〇〇	五·四五	八·四七	一二·一四	一五·二四	停						

上行車

列車次數＼站別（開到時刻）	錦縣 遼寧總站	山海關開	秦皇島開	北戴河開	昌黎開	灤縣開	古冶開	唐山到	唐山開	蘆台開	塘沽開	天津東站到	天津東站開	天津總站開	郎坊開	豐台開	北平前門到
第八次 慢車 中膳各等		五·五五	六·二二	六·五二	七·四三	八·四九	九·四七	一〇·二六	一〇·三三	一一·五三	一三·一〇	一四·一〇	一四·二〇	一四·三五	一六·〇九	一七·四六	一八·二〇
第四次 特別快車 膳車各等		九·一五	九·三八	一〇·〇七	一〇·五〇	一一·三八	一二·二五	一二·五七	一三·〇〇	一四·〇〇	一·五一	一五·四五	一六·五五	一六·〇五	不停	一八·一五	一八·四二
第二十次及第十二次 客貨混合 三等慢車		一〇·〇〇	一〇·五五	一一·四六	一三·五〇	一六·四五	一九·三〇	二〇·四五	停	第十二次	自天津起		八·一五	八·九〇	一二·四九	一七·〇〇	一八·〇五
第十次 快車 膳車各等		一三·〇〇	一三·二五	一三·五〇	一四·二八	一五·二〇	一六·〇七	一六·三九	一六·四五	一七·四六	一八·五〇	一九·四五	二〇·〇〇	二〇·一一	二一·三四	二二·五〇	二三·二〇
第一〇二次 快車 膳臥各等		二一·五五	二二·二八	二三·〇六	二四·〇〇	一·〇三	二·〇〇	二·四〇	三·二〇	四·三一	五·三二	六·三七	六·五〇	七·〇六	八·二七	九·四三	一〇·一二
第十六次客貨混合三等慢車及第四〇二次滬平直達貨車									五·〇〇	七·五八	一一·〇〇	一三·一〇	一八·四五	一九·三三	二三·四〇	二·四〇	三·五〇
第六次 特別快車 膳車各等													九·二〇	九·二八	不停	不停	一二·〇六
第三〇二次 平滬直達 特別快車 膳臥各等							由	上	海	開	來	七·一〇	七·三五	七·四五	八·五五	九·五九	一〇·二九
第二次 平浦直達 特別快車 膳臥各等							由	浦	口	開	來		五·二〇	五·一〇	六·四三	七·四九	八·一九

17554

中國工程師學會會務消息

◉第十三次董事會議紀錄

日 期 二十三年三月二十五日上午十時

地 點 上海南京路大陸商場本會會所

出席者 黃伯樵 周琦 支秉淵 徐佩璜 李屋身 茅以昇 張延祥(支秉淵代)夏光宇(茅以昇代)韋以黻(李屋身代)胡庶華(徐佩璜代)胡博淵(周琦代)

列席者 裘燮鈞 張孝基 鄒恩泳 曹理卿(濟南分會代表)

主 席 黃伯樵 紀錄 鄒恩泳

主席報告

一·外埠董事因故不能出席此次會議而請其他董事代表者爲胡庶華請徐佩璜代表胡博淵請周琦代表張延祥請支秉淵代表夏光宇請茅以昇代表韋以黻請李屋身代表陳立夫無代表

二·本會會長薩福均君奉鐵道部派赴歐美考察鐵道事業定本年三月杪首途約六個月後回國在出洋期間所有本會會務請黃副會長代理

三·市中心區域本會試驗所基地太低須添填泥土已委托上海市工務局招工代填需費九百元左右將來卽在建築費項下撥付

四·關於出售楓林橋基地事因買主要求將土地證分爲四紙而土地局尙未辦就故未交割清楚

五·梧州分會已恢復又重慶方面由會員唐鳴臯祝紹聖林廷通陸邦興等先後提議組織重慶分會業經總會復函請卽主持進行茲得來函報告暫先組織籌備處並附寄分會章程草案到會

曹代表理卿報告

本會去年年會議決今年年會地點有二一爲廣州二爲濟南本人代表濟南分會要求今年年會在濟南舉行因濟南地點適中交通便利分會會員亦有一百二十人籌集年會經費當無困難希望議決擇定濟南爲本年年會地點無任歡迎

討論事項

一·朱母顧太夫人紀念獎學金徵文評判委員人選案

議決:請董事茅以昇邀請四人連自己共計五人組織評判委員會

二·朱母顧太夫人紀念獎學金爲促進實行起見由捐贈人提出補充條件一條要求加入朱母獎學金章程內列爲第五條請求通過案

議決:請董事茅以昇於回京後與提議者磋商辦法報告下屆會議再行決定

三·武漢分會函稱去年年會餘款留供該分會購置房屋之用未能解會云應如何辦理案

議決:仍照董事會以前會議議決案與武漢分會磋商辦理

四·關於四川考察團團員改請者有團長胡庶華團員第一組劉基磐劉文貞郭楠陸貫一第二組張含英孫輔世第三組蘇紀忍盛紹章趙祖康周鳳九第五組徐善祥曹銘先顧毓珍第七組劉相榮第八組劉樹杞改推天津華北製革廠總理王晉生尙未復到請追認案

議決:通過

五·本年年會地點案

議決:決定濟南

六·審查重慶分會章程案

議決:通過

七·審查新會員資格案

議決:嚴仲如 劉夷 陳壽蘇 何棟材 歐陽崙 楊伯陶 謝世基 王正己 杜毓澤 張恩鐸 黃受和 王野白 宋自修 陳霓 李卓 劉撖魁 俞忽 朱玉

17555

崙　鄒汀若　劉相榮
以上廿人通過爲正會員
張文奇　石文賓　李壽年　張雲升　盧瀚先　張　橫　葉　彬　章定壽　李富國　阮　昕　黃榮耀　何遠經　吳世鶴
以上十三人通過爲仲會員
董鍾林　石式玉　李駿寰　徐麗池　潘　超　朱日湖　譚頌獻　楊毓年　梁鴻飛　董桂芬　吳錦安　張　維　林同棪　范緒篤　蕭之謙　李良訓　李　達　阮世冠　吳朋聰　馬師伊　葉　楷　江文波
以上廿二人通過爲初級會員
仲會員　耿承　曹孝葵　于慶治
以上三人通過升爲正會員
初級會員　樓兆綿　廖温義
以上二人以負責經驗不足仍列爲初級會員

八・本會發刊之『土木工程名詞應否重印』案
議決：修訂後再行付印『土木工程名詞』應分類修訂選請下列會員分任修訂工作由茅以昇君兼負全部責任而總其成

道路	趙祖康	鐵路	華南圭
水利	鄭肇經	市政 衛生	鄒恩泳
橋梁	茅以昇	建築	李　鏗
測量	李謙若	應用 力學	羅忠忱

九・陸增祺着「機車鍋爐之保養及修理」刊印爲本會叢書案
議決：通過　惟其中度量衡及名詞應由著者再行整理改正

◉北平分會紀念詹天佑

本年四月廿四日爲已故前會長詹公天佑逝世十五週年紀念，北平分會特於是日舉行盛大紀念典禮，邀集各界，赴平綏路青龍橋詹公銅像之前，敬致公祭。參加來賓暨會員眷屬，共計一百五十餘人。平綏當局特備專車護送，併備精美茶點，殊可感荷。玆將是日致祭禮節單錄後：

1. 齊集，
2. 請陳西林先生主祭，
3. 上香獻花圈，
4. 請徐士達先生讀祭文，
5. 向詹公銅像行禮三鞠躬，
6. 主祭奠酒奠茶，
7. 詹宅眷屬答謝來賓一鞠躬，
8. 禮成攝影。

◉武漢分會二十三年第二次會議錄

日　期　民國二十三年三月四日下午一時
地　點　諶家磯六河溝煉鐵廠
出席者　會員四十餘人　來賓十餘人
主　席　會長　王寵佑　紀錄　高凌美

(甲)報告事項
一・副會長陳崢宇報告購辦會所及租借會址經過情形
(乙)討論事項
二・本會會址以何處爲適宜暨應如何決定請公決案
決議：用平漢路局天德里地址
三・建築本會新會所所有建築材料及設備等各會員應如何盡量捐助案
決議：各會員分別儘量捐助
四・關于協助完成總會材料試驗所本分會應如何進行案
決議：下次例會推定人選負責積極進行
(丙)講演
五・六河溝煉鐵廠總工程師陳次青先生講演該鐵廠煉鐵概況
六・會員吳健先生講演工程師之責任
(丁)臨時動議
七・下次例會地點決定在金水閘舉行期間爲五月六日(星期日)請會員楊思廉嚴崇教二君負責籌備并請金水建閘辦事處總工程司史篤培工程司李鴻斌講演
八・攝影　九・茶點　十・散會

工程週刊

(內政部登記證警字788號)
中國工程師學會發行
上海南京路大陸商場542號
電話：92582
(稿件請逕寄上海本會會所)

本期要目

中華民國23年3月9日出版
第3卷第10期(總號51)
中華郵政特准掛號認為新聞紙類
(第1831號執據)

定報價目：每期二分；每週一期，全年連郵費國內一元，國外三元六角。

17557

衛生工程與新生活運動

編　者

風行全國之新生活運動，其中重要條件無過於潔淨，而潔淨實端賴於衛生工程之推進。飲料之改良，垃圾蒼蠅之處置，公廁之清潔，誠屬實行潔淨之要圖。蓋衛生工程關係大部人衆，如不從事於斯，則雖私人各個講求潔淨，亦難達到目的，而妨礙及新生活運動者當非淺鮮。本期本刊登載北平市第一衛生區衛生工作情形一文，敍述該區各項衛生工作狀况頗爲詳盡，而其由學校担任地方工作辦法，尤宜他處之仿效。此種辦法如主持其事者善予指導，效果自甚可觀，是於學業事業，均有莫大之裨益也

粵漢鐵路株韶段工程近况

徐曾冕

邇來築路之聲蒸蒸日上，若湆西，若玉萍，若蕪乍，俱在興築中。蓋鐵路者實爲國家交通之命脈，以航行言，運費雖廉，顧時間損失較多，且海難日增，不免有其魚之嘆。以公路言，利用汽車汽油，造路愈多，漏巵愈大。况載重致遠，迅速耐久，汽車難與火車比擬。以國防言，汽車汽油不能自給，一旦戰事發生，來源斷絕，則交通停頓，尤爲危險。國府努力生產事業而特汲汲於粵漢株韶段之完成，誠爲有見之舉，蓋此路南通百粵南扼武漢，爲軍事上必經之路，一旦通車，則于剿匪工作，易如反掌。其他如聯南絡北交通，啓發民族思想，至關重要也。鐵道部委凌竹銘氏爲局長，設局于廣州，最近遷移衡州，以便居中策應，期以四年完成。此段長度達451公里，沿途工程有種種困難，茲略述之於下：

一・地勢多山　湖南境內，地勢崎嶇，層巖障壘，綿及數百里，而至廣東。凡身歷其境者，當知情形之不謬。况築路以坡度經費所限，不惜積年累月一再覆測，始决定一最經濟之途徑。

二・瘴癘橫生　由廣東樂昌至湖南郴州爲該路工程最困難之一段。數百里無人烟，草木荒蕪，充滿山谷中，積久腐敗，發生氣味，聞之極易昏倒。晨起外出，常見有黃色大霧者，即是，至正午方散。凡來此工作者，皆患病，不得已輪値換班，以維工作效率。去秋鐵道部派員前往調查實情，設分診所於樂昌，以便就近診療。

三・運輸不便　凡工料運至工作地點，端賴舟車，但山勢崎嶇河流險惡人力費時備極艱苦。

今就該段狀况一詳述之

甲・組織系統

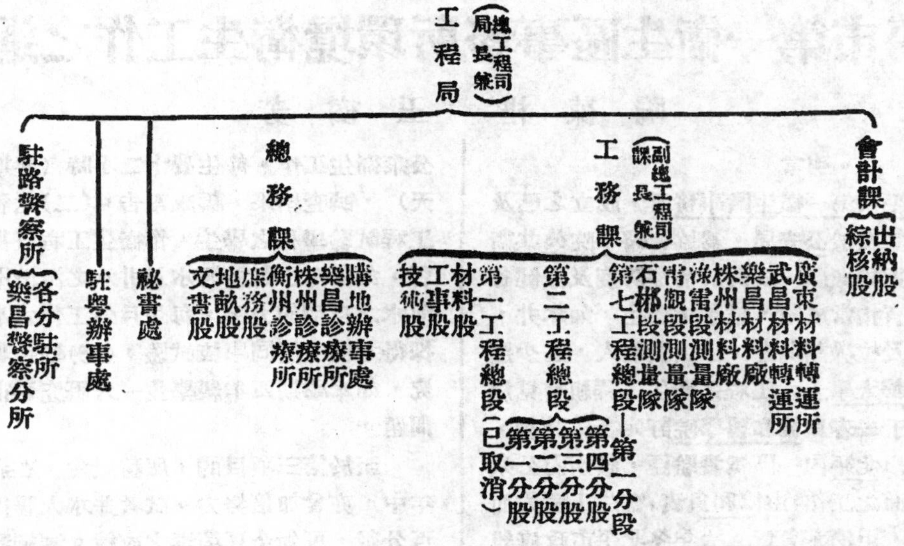

乙·經費來源

查該段工程計劃，按照鐵道部與管理中央庚款董事會商訂借用庚款辦法，係規定於四年內完成。該局經已擬定四年內施工程序，預計由二十二年七月英庚款借訂時起至二十六年六月，當可接軌通車矣。此項計劃所需之工料款，計一半規定在英國購料，一半係規定爲國內施工及經費之用。其中國之一半，又分爲二項：第一項係民國二十二年至二十五年四年內到期之款，按期撥付應用。第二項係民國二十六年至三十五年方始到期之款，因已在工程時期以後，故經商定由鐵道部用作基金，于工程四年期中分期發行公債，以應公需。現因該路爲南北幹綫，特令加緊工作，公債改爲一次發行。

丙·工程近況

該局自成立以來，共分七總段，除第一總段（韶州至樂昌）業已完成，移交南段管理局接管，第二（樂昌至湘粵交界處）第七兩總段，現正積極進行對向展築外，其他尋分別測量，從速興工，計已經招標動工者有樂昌至廣東邊境之62公里，株州至淥口之16公里，何田市至觀音橋之18公里，更有特別較大工程正在籌備設計者，有淥河來河沭河河底之探驗，與衡陽大站之佈置。

粵漢路株韶段路綫經過各縣名稱表

段別	地點	公里數	所經縣屬	附錄
第一總段	韶州至樂昌	50	曲江縣，樂昌縣。	全段通車
第二總段	樂昌至省界	62	樂昌縣	開工
第三總段	省界至水頭洞	48	宜章縣郴縣。	開工
第四總段	水頭洞至亭司北	56	郴縣，永興縣。	測量
第五總段	公平圩南至觀音橋	74	永興縣，耒陽縣，衡陽縣。	測量
第六總段	觀音橋至雷溪市	74	衡陽縣，衡山縣	開工
第七總段	雷溪市至株州	87	衡山縣，湘潭縣，醴陵縣。	開工

北平市第一衞生區事務所環境衞生工作之進行

陶葆楷　王樹芳

一·引言

北平市第一衞生區事務所，成立之已及六載，隸屬於公安局，爲協和醫學院公共衞生系之實驗機關，故對於治療防疫及保健各方面均有相當成績，惟環境衞生，如水井，公廁，及垃圾諸問題，以負責無人，迄少進行。清華大學土木工程系衞生工程組有見於斯，特于去春與協和醫學院訂定合作計劃，兩校共以北平內一區爲實驗區，該區內公衆衞生方面之工作，由協和負責，衞生工程方面之工作，由清華負責。去年冬北平市政府組織衞生處，第一衞生區事務所，遂亦改屬於衞生處。

是項合作計劃之成立，其目的有三：(一)增進教授及研究之便利，(二)使學生得與社會接觸，有實習之機會，(三)在可能範圍內，服務社會。以平市社會經濟之困難，民衆思想之守舊，衞生事業之進展，斷非短時期內所能奏效，因此環境衞生工作進行上所感困難，自在吾人意料中。關於第一項目的，先從調查入手，所得材料，爲教授及研究之根據，誠以我國衞生工程師之訓練，必須灌輸中國實況，不可徒恃歐美方法也。水井問題，已作初步之研究，將來如何改良，須視經濟狀況，逐漸進行。糞便消毒，目下尚未得有適宜的方法，如蜻化鈉雖有效而無害，惜價値太昂，經濟上不能容許，垃圾問題，正在調查研究中，並擬建築一小號焚燬爐，以供試驗。

關於第二項工作，使學生利用實習機會，與社會接觸，進行方式，約分三類：(一)選習都市衞生學程之學生，分組赴該所作環境衞生調查之實習，如水井消毒，公廁改良，及穢土與工廠衞生等問題，並參觀該區其他公衆衞生工作，每生費十二小時（星期六兩天），調查結果，編成報告。(二)選習衞生工程試驗學程之學生，作衞生工程查勘之實習，如如污水對於河水及井水之污濁影響及河水之自淸能力等，每生戶外工作六小時，採得水樣，攜回學校試驗。(三)學生專題研究，如本學期四年級學生一人研究平市垃圾問題。

至於第三項目的，服務社會，在過去半年中，亦曾加倍努力。試考井水大腸桿菌之百分數，可知今夏消毒之成績。滅蠅運動，亦係本股提倡計劃，惜以種種關係，本能十分奏效。此外公廁之督監，飲食店舖及攤販之管理，中南海游泳池及協和醫校給水工程之報告及改善意見，均本股服務社會工作之表現。

二·給水問題

平市自來水之飲用，尙未普遍，按民國十九年工務局之調查，北平自來水公司，供給戶數爲8000，供給人口爲158,885僅及全市人口十分之一。(註一)以內一區而論，接用自來水者，不及三分之一，餘則均恃井水。內一區現有飲水井三十三處，夏季每天出水總量約爲1150立方公尺(253,000加侖)，冬季則爲135,000加侖。居民用水量頗低，接用自來水之住戶，平均每人每日約用53公升（11.7英加侖）(註二)井水挑運不易，且中下等住戶，經濟不裕，每人夏季每日用水量，估計約僅13.6至16公升(3至3.5加侖)，以出水總量1150立方公尺計，足供75,000人之用。換言之，內一區居民，三分之二，均飲用井水(註三)，故井水狀況，較自來水尤爲重要。

北平自來水，取自孫河，水廠分二處，

17560

一在順義縣境孫家屯，一在東直門外。水經沉澱慢濾而至清水池，再由高壓唧水機抽水至150,000英加侖之水塔。有氯氣消毒機一具，惟現因氯價過貴，改用漂白粉溶液。該廠管理不善，沙濾池之洗換，漂白粉之用量，均缺乏合理的規定，再加以營業之虧損（註四），改良遂生阻礙。衛生事務所每月分析水質一次，大腸桿菌醱酵試驗，輒不能符合吾人之標準。第一表示民國二十年與二十一年每月細菌試驗之結果，第二表爲民十九與二十年按月化驗自來水之結果，由此可知北平自來水公司，須由市政府衛生處加以嚴重的監督也。

第一表——北平自來水細菌試驗

年份	每公撮含有細菌數(37°C)			大腸桿菌醱酵試驗%		
	最多	平均	最少	最多	平均	最少
21—22	210	77	20	50	16.6	1.4
20—21	48	32	22	71	41	20

第二表——北平自來水按月化驗結果

月別	二十年度		月別	十九年度	
	每公撮細菌數	大腸菌醱酵試驗		每公撮細菌數	大腸菌醱酵試驗
二十年七月份	41	35%	十九年七月份	29	29%
八月份	48	42%	八月份	22	45%
九月份	26	71%	九月份	29	15%
十月份	22	41%	十月份	20	23%
十一月份	26	20%	十一月份	27	35%
十二月份	26	35%	十二月份	26	35%
二十一年一月份	24	37%	二十年一月份	23	33%
二月份	27	38%	二月份	24	40%
三月份	43	50%	三月份	22	41%
四月份	27	53%	四月份	21	31%
五月份	34	25%	五月份	10	29%
六月份	43	44%	六月份	29	37%
備考	按水中大腸桿菌醱酵試驗，平均不得超過百分之十，今表中所列，均在百分之十以上，故不合生飲。				

北平水井，可分二種，一爲淺井，味苦鹹，故名苦水井，一爲深井，供給飲料，又名甜水井。內一區共有深井三十三處，淺井五十八處。淺井多以碎磚砌成，深約十餘尺，水不能飲，僅供洗濯及馬路洒水之用。從衛生方面言，宜令居民充分了解生飲苦水井水之危險。深井爲極好之水源，但以上部構造不得法，汲水方法不合衛生，致井水污穢

，爲平市環境衛生需要改良之一大問題。

是項深井，實卽自流井，深自150至300尺。井之下部爲一鐵管或竹管，上部在離地面約二十尺深之處，擴大而成口徑四至六尺之蓄水池，以便汲水。竹筒之生命較短，約二十年左右，鐵筒則可維持四五十年。故深井爲井筒及淺井兩部構成，如第一圖。淺井周圍，以洋灰或石灰漿砌磚牆，防汚水之流

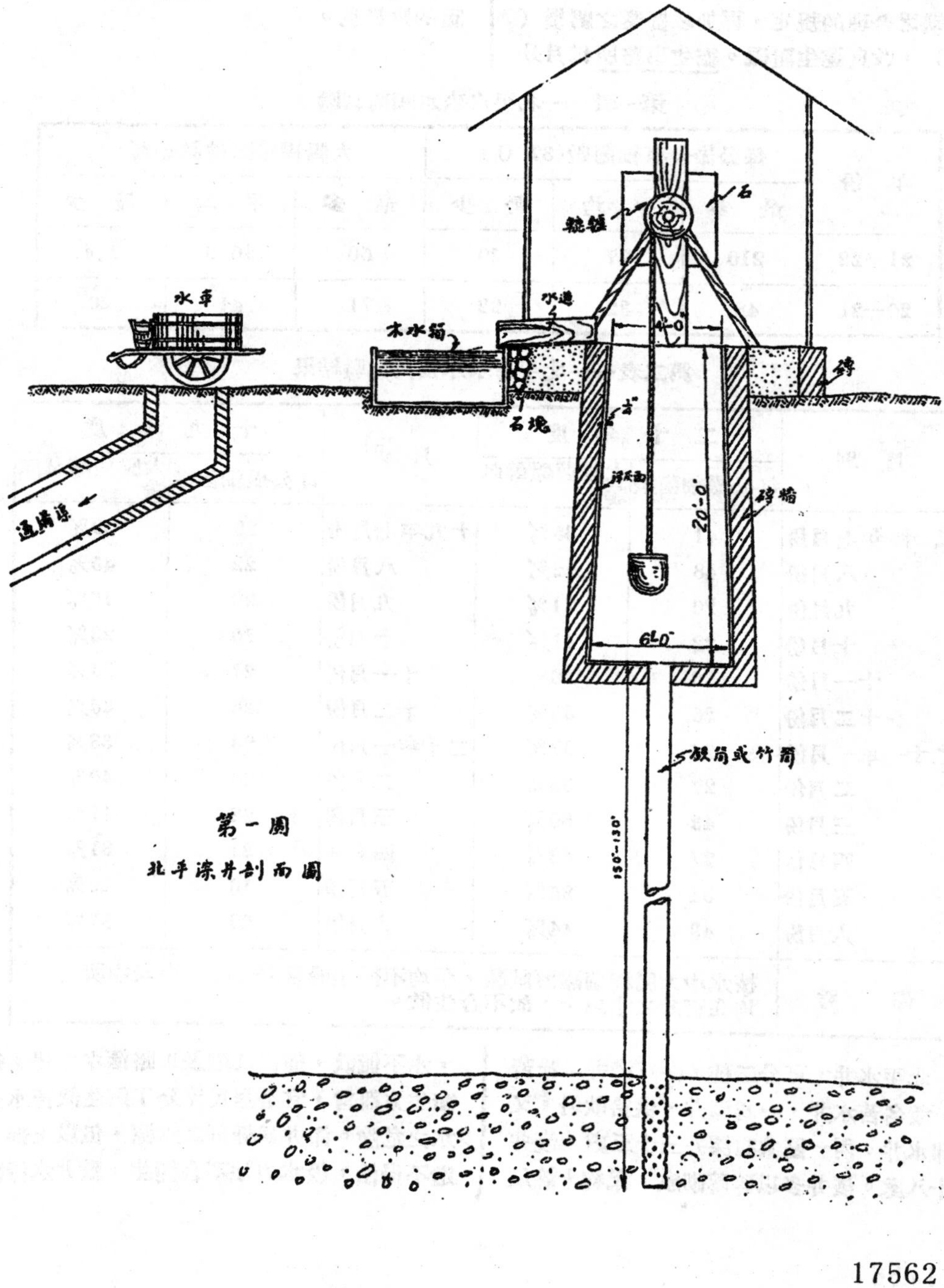

第一圖
北平深井剖面圖

外，惟是項磚牆，多年久失修，發生裂縫，致井水有受地下水污瀆之可能。

井水不潔，由於地下水污瀆者少，由於地面污瀆者多。蓋北平之井，上無井蓋，又無圍牆，井面僅以磚石堆成，六至八見方之台，以便工作。台面坡度，又多傾向井邊，使污水流入井中之機會增加。

汲水方法，極爲簡單。水筐以柳條編成，繫於轆轤，如第一圖所示。井旁備有木製之大水箱，水夫由此水箱中取水裝入水車；水車大都爲單輪的，上有二水箱，可容水約七十二加侖。水夫推車至用戶門前，將車二箱之木塞拔下，水卽流入桶中。每車帶二桶，水價卽按桶數計算，

井水每月由中央防疫處及本所化驗，每撮所含細菌數量輒高，大腸桿菌亦輒發見，第三表示民國二十一年各飲水井化驗結果，可知本區井水，不經消毒，無一可以生飲。

第二圖——北平飲水井之一面
a. 水箱
b. 水勺
c. 水車
d. 溝渠進水處

第三表——民國二十一年本區飲水井細菌試驗結果

地址	每公撮細菌數	大腸菌 有 無	地址	每公撮細菌數	大腸菌 有 無
朝陽門大街	八十	有	大甜水井	二〇三	有
蔡家大院	一一八	有	報房胡同	八五	有
南小街	三七四	有	崇文門大街	二八九五	有
演樂胡同	二三五	有	井兒胡同	三八	有
東裱褙胡同	四四八	有	東長安門大街	二〇	有
小三條胡同	一六〇	有	東長安門大街東首	三二三	有
鮮魚巷	二六五	有	黃城根	一四三	有
方巾巷	一〇	有	東廠胡同	四二五	有
蘇州胡同	四〇二	有	朝陽門大街	四七五	有
象鼻子前坑	一四五	有	南小街	一七二	有
南小街	三九〇	有	什方院	一〇	有
大方家胡同	三三	有	小雅寶胡同	九〇	有
西苦水井	一二三	有	東苦水井	一八	有
手廠大院	三二六〇	有	大羊毛胡同	三三七	有
東四南大街	一二三	有	王府大街	一二九	有
東長安街東首	二五九〇	有	史家胡同	四二七	有
大紗帽胡同	一一八	有			

井筒深至一百五十尺以上，地下水因滲濾的結果，本極清潔，惟以上部構造及取水送水設備之不合衞生，遂使井水發生汚濆影響。考其原因，約有下列五項：

(一)淺井部份圍牆發生裂縫，井水因地下水之流行，而受附近糞坑之汚濆。

(二)穢物落入井內。

(三)穢水因井台傾斜不全而流入井內，

(四)工人之手，與吊繩及水筐接觸。

(五)水夫之手，與水直接接觸。

欲求免除上列五項汚濆之媒介，首在改造淺井部份之圍牆，務使地下水不得滲入；次則改建井台，添築井牆及井蓋，改良汲水方法，最好井上裝一人工唧水機；而用水方式，尤宜注意。以目前之運水方法設，水夫帶有病菌，影響全市衞生，不言而喻。凡此種種，莫不需用鉅款，始可言澈底之改良。在現在狀况下，祗可逐漸推行，改造一井，即是一部份之成功。

消毒工作，爲本所目前力所能及而有相

第三圖

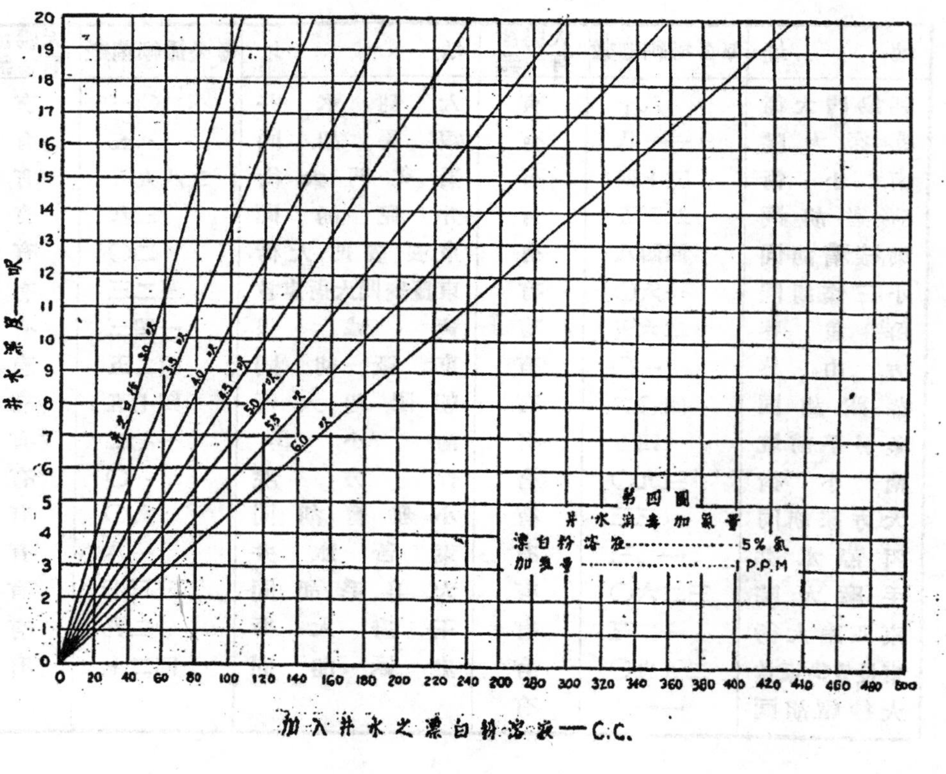

第四圖

17564

當成效之辦法。用漂白粉化成5%氯之溶液，由衛生警察每日在每井加氯一次，加氯之標準，為百萬分之一，過十五分鐘後，大約可得剩餘氯 (Residual Chlorine) 千萬分之二。(0.2 p.p.m.)。是項漂白粉溶液，與測深繩，(Sounding rope) 及剩餘氯試驗器，均裝在木箱內，衛生警察乘自行車在兩小時內，用兩磅溶液，可消毒水井十處，見第三圖。消毒費用，平均每日每十井需洋七分，工資不在內。又為增進消毒工作之效率起見，由事務所製就消毒需氯圖，發給衛生警察，以免臨時計算之煩(第四圖)。各井水質不同，從理論上言，加氯之量，自有差別，但本所為事實所限，現尚未能為較精確之工作。

加氯之結果，可從細菌試驗知其梗概。第四表為民國二十二年八月至十一月試驗之結果；未加氯時之水樣與加氯後十五分鐘取出之水樣，一同化驗。

第四表——井水加氯之效果(剩餘氯0.2 p.p.m.)

井之號數	每公撮所含細菌數(37°C)		大腸菌醱酵試驗%		氯氣殺菌之百分數
	未加氯	加氯後	未加氯	加氯後	
1	3,180	28	50	0	99.1
2	432	10	40	0	97.7
4	973	23	32	0	97.5
7	920	10	32	0.5	98.9
8	1,535	25	31	0	98.7
13	450	40	14	0	91.2
14	470	67	24	0	85.8
15	2,475	45	23	0	98.2
16	380	32	26	0	91.6
17	725	50	17	0	93.1
18	1,512	22	21	0	98.5
20	230	10	45	0	95.7
21	1,995	67	24	0	96.6
23	3,650	18	50	0	99.5
24	280	18	4	0	93.5
25	2,510	17	40	0	99.3
27	1,502	10	70	0	99.4
28	340	0	21	0	100.0
29	66,250	107	41	0.5	99.8
31	56,300	52	—	—	99.8
33	61,100	35	21	0	99.9

如將消毒前每公撮水所含細菌數與加氯後殺菌之百分數，繪成第五圖，可得消毒之效率，細菌數目愈多，殺菌之百分數愈高，此點是否可靠，尚待日後之研究。

17565

第五圖 消毒之效率

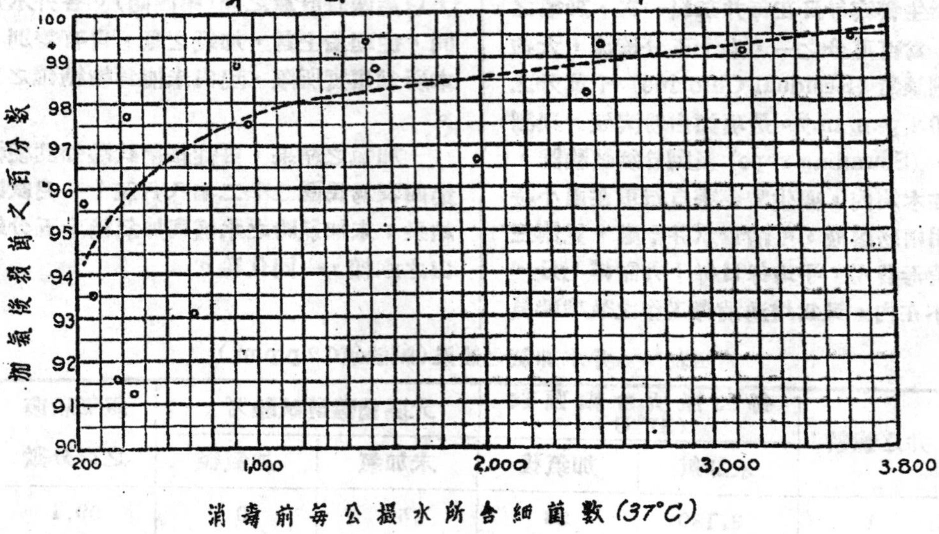

從第四表可知加氯後十五分鐘，細菌減少百分之九十五以上，大腸桿菌亦均殺死，但剩餘氯之效力，普通不及四五小時，故每日消毒一次，猶嫌不足。第五表爲民國二十一年與二十二年內一區井水化驗結果之比較，雖有長足之進步，但尙不合吾人之標準。由此可見北平井水之衞生，尙有賴于今後之努力。

第五表——內一區井水細菌試驗之比較

年　份	每公撮含有細菌數（37°C）	大腸桿菌醱酵試驗％
21	444	25
22	265	14

註：表中所列，爲內一區飲水井三十三處化驗之平均數。

三・公廁管理

本區有公廁三十四處，均以建築窳陋，未能適合於衞生，爲胃腸病傳染之重要關鍵。本事務所派衞生稽查按日赴各廁督飭各廁夫，清除打掃，在一年內計改造五處，修理四處。改造修理之標準凡三：(一)露天廁所宜改置屋內，(二)公廁窗戶，均須加以通風防蠅設備，(三)土坑或磚坑之滲水者，宜改建以不透水爲原則。糞污每日由糞夫清除一次，蠅蛆之殺滅，用錆化鈉（0.2％）雖有效而價値太昂，石灰水效力低微，但以價廉，暫時採用。殺蛆究以何法最爲相宜，尙待以後研究。第六表爲本區公廁衞生狀況統計，第七表爲公廁環境衞生視察記錄表格。

第六表——北平內一區公廁狀況

狀況		公廁數目	百分數
不露天，有房屋者		19	55.9
有防蠅設備者(紗窗紗門)		5	14.7
盛糞器	木桶	2	5.9
	瓦缸	15	44.1
	磚坑	12	35.3
	磚坑(有洋灰面)	1	3.9
	土坑	4	11.7
與附近水井之距離	50尺以內	3	8.8
	100尺以內	5	14.7
	200尺以內	7	20.6
	300尺以內	9	26.5

四 街道之掃除與垃圾之處理

北平街道之掃除，分馬路與胡同。內一區之馬路，由衛生處所轄之清潔隊担任掃除，有清道夫七十五名，胡同及內巷等路，由自治坊所屬之清道夫二百零二名掃除，並收集各家之垃圾穢土。據北平市政府技術室之估計，平市垃圾，平均每日約出905公噸(890噸)，又據內一區自治坊之推算，本區每日約有垃圾340,000公斤(750,000磅)(註五)。過去因無人稽查，往往隨地傾倒，甚至街巷路面，逐日加高。即使運往他處，亦不過堆集城根，如泡子河，南夾道及東城根等處之垃圾堆，既礙觀瞻，且為蠅類繁殖處所，有妨衛生，自匪淺鮮。

自平市衛生處成立，對垃圾問題，思竭力整頓，舉凡北平之垃圾穢土，均須用載重汽車，運出城外，並在城內擇相當地點，作各處穢土集中場站。不過此項計劃，進行伊始，將來成效如何，須視經濟狀況而為斷。當去年夏季進行滅蠅運動時，曾將舊垃圾堆兩處，運至城外，現在是項工作，由工務局繼續進行。

運除填窪，在事實上往往發生困難，城中窪地有限，且堆積垃圾，于衛生有害，城外各地處過遠，運輸過昂，爰有計劃焚穢爐之議。現擬設計一小號焚穢爐，每日焚穢土十一噸，以作試驗，如果經濟上合算，再事推廣。第八表為運除與焚化費用之比較，每噸垃圾排除之用費，非由同一機關估計，其中或有出入，究以何者為經濟，可視試驗結果而決定也。

五 滅蠅運動

北平蒼蠅繁殖時期，約自四月至十月。滅蠅最有效時期，應自四月始，惟其時蒼蠅生殖不多，頗難引起人民注意。民國十七年曾在(一)南水關，(二)新鮮胡同，(三)大豆腐巷三處捕到384,192個蒼蠅，加以研究(註八)。該三處清潔程度不同，南水關為最

第 七 表

北平市公安局第一衛生區事務所

公廁環境衛生視察記錄

號數……………

公立或私立…………………… 男廁或女廁……………………

地址…………………………… 業主…………………………… 管理人…………………………

屋頂
- 建築材料(瓦,木,白鐵,其他………)
- 通氣設備(天窗,百葉窗,氣眼,氣管)
- 洞口(有,無)
- 洞口敷紗否(敷,未敷,不全)

牆壁
- 建築材料(磚,木,石)
- 洞口(有,無)
- 洞口敷紗否(敷,未敷,不全)

地板
- 建築材料(木,磚,土,洋灰)
- 面積……………平方呎
- 洩水溝(有,無,已壞)

門
- 數目…………………………
- 關閉時嚴密否(嚴密,不嚴密)
- 敷紗否(敷,未敷,不全)

窗
- 數目…………………………
- 總面積……………平方呎
- 有玻璃或敷窗紗(有紗,無紗,紗不全,有玻璃)

蹲板
- 建築材料(磚,石,木,洋灰)
- 蹲位數目……………

承糞器
- 建築材料(土坑,瓦盆,罈子,木桶,洋灰,磚槽)
- 通氣設備(有,無,氣管)
- 糞池洩水溝(有,無,已壞)
- 洗池水排洩(於地面上,陰溝內)

尿池
- 建築材料(石,磚,木,白鐵,洋灰)
- 大小(長……寬……)
- 數目…………………
- 小便排洩(於糞池內,地面上,陰溝內)

蓄糞池
- 建築材料(土坑,磚,瓦缸,洋灰)
- 在廁外或廁內(外,內)
- 有蓋否(有,無,已壞)

第………頁

視察日期						
屋頂現狀						
牆壁 現狀						
牆壁 清淨否						
地板 現狀						
地板 清潔否						
門窗現狀						
蹲板 現狀						
蹲板 清潔否						
糞池現狀						
尿池 現狀						
尿池 清潔否						
尿池 池外有無遺尿否						
洩水溝現狀						
蠅蛆滋生否						
曾用何法殺蛆否						
糞便每日掏取次數						
廁內有無臭味						
廁外清潔狀況						
備考						
稽查員						

第八表——北平垃圾運除與焚化費用之比較

處理方法	每噸垃圾排除用費
汽車運出	$ 0.64 (註六)
騾車運出	$ 0.51 ,,
電車運出	$ 0.67 ,,
焚化(灰爐運出)	$ 0.55 (註七)

汚穢的地方，所捕之蠅，占全數的83.2%大豆腐巷最爲清潔，僅4.1%，故汚穢不潔之處，實爲蒼蠅滋生的唯一場所。

從所捕蒼蠅分析的結果，北平市的蒼蠅以家蠅 Musca domestica (卽吾人最常見的一種)爲最多，佔全蠅類98.4%。蒼蠅體內外所附藏的細菌數，以最汚穢之南水關爲最高。第九表示三處捕捉之蠅體內外之細菌數。

第九表——每蠅體內外所藏附的細菌數

		六月	七月	八月	九月	十月	平均
南水關	體外	11,000	75,000	104,000	55,000	110,000	3,683,000
	體內	818,000	2,313,000	1,516,000	3,402,000	10,013,000	
新鮮胡同	體外	3,000	76,000	365,000	63,000		3,220,000
	體內	168,000	2,591,000	3,550,000	6,062,000		
大豆腐巷	體外	4,000	21,000	81,000	21,000		1,941,000
	體內	419,000	2,593,000	3,032,000	1,621,000		

再進而研究蒼蠅與疾病的關係，以一百隻蠅爲一組，共取五十組，作細菌試驗，結果發現大腸桿菌者占98%，發現痢疾菌者占30%。第六圖表示每月捕得蠅數和內一區該年每十萬人中每月的胃腸病死亡率，這兩條曲線的升降，恰相符合，是值得注意的。

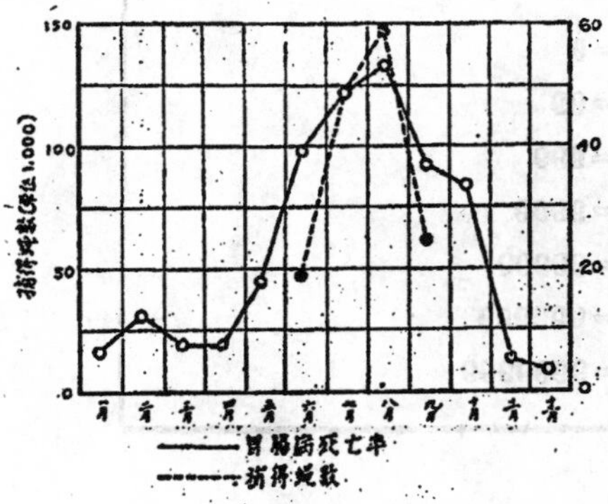

第 六 圖

民國二十二年滅蠅運動，由本所首先提倡，推廣及於全市，市政府組織滅蠅運動大會，工作分下列三項：

(一)撲滅工作 包括公廁，穢土堆，穢水池及汚水明溝等處，由撲滅隊分區進行，公廁施行石灰或綠化鈉消毒；獸屍瓜皮菜蔬等物收集一起，掘坑掩埋，上蓋穢土至少八寸；穢水提及汚水明溝之有蠅蛆者，每日撒石灰一次

(二)稽查工作 公廁，糞廠，牛馬牧畜場，屠宰場，飲食店舖，由警察擔任檢查工作，務使每日清除污穢；食物上均覆以紗布。

(三)宣傳工作 包括圖書，傳單，公開講演，報紙宣傳等項，不過人民教育程度太低，不易一時奏效。

六 環境衛生稽查

本股工作，除前述各項外，尙有環境衛生各方面之稽查，各住宅，飯館，飲食攤舖，浴堂，理髮館及戲院等。爲視察便利起見，均製就調查記錄表格，惟以是類工作，與工程之關係極少，玆不具論。

中國社會，百孔千瘡，改善工作之進行，阻礙殊多，環境衛生，當然不能爲例外。建議與糾正，是所望于讀者。

(註一)北平市政府工務局十九年份工務特刊。

(註二)同上

(註三)北平公安局於二十一年六月，調查第一衛生區人口，共111,396人。

(註四)虧損之主要原因，據該廠負責人言，由于用戶之不付水價。

(註五)是項估計，與市政府技術室之數比較，似嫌過高。

(註六)北平市政府技術室估計

(註七)北平第一衛生區事務所估計

(註八)The National Medical Journal of China, 1929, Vol. XV, No. 4.

數字遊戲 (儀)

(一)下列各式不同數字之兩數相乘，其答數雖數字次序，而仍係由兩原數之數字組織而成：—

15× 93=1395
21× 87=1827
27× 81=2187
8×473=3784

(二) 數字巧排

1×8+1 =9
11×8+11 =99
111×8+111 =999
1111×8+1111 =9999
11111×8+11111 =99999
111111×8+111111 =999999
1111111×8+1111111=9999999

膠濟鐵路行車時刻表

下行（西行）列車

站名 \ 車次	5 各等 飯	3 各等 飯	11 三二等	13 三二等	1 特各等 臥
青島開	七•〇〇	一二•〇〇	一五•〇〇		二一•〇〇
大港開	七•一一	一二•一一	一五•一二		二一•一〇
四方開	七•二〇	一二•二〇	一五•二三		二一•一八
滄口開	七•三五	一二•三五	一五•四〇		二一•二三
女姑口開	七•四七	一二•四七	一五•五三		不停
城陽開	七•五八	一二•五八	一六•一四		二一•四三
南泉開	八•一二	一三•一二	一六•三四		不停
藍村開	八•二六	一三•二六	一六•四九		二一•五九
李哥莊開	八•三五	不停	一七•〇三		不停
膠東開	八•四七	不停	一七•一六		不停
膠州到	八•五九	一三•五三	一七•三〇		二二•四六
膠州開	九•〇一	一三•五五	一七•四九		二二•四八
芝蘭莊開	九•一八	一四•一〇	一八•〇九		不停
姚哥莊開	九•二七	不停	一八•一九		不停
高密到	九•三八	一四•二六	一八•三一		二二•五九
高密開	九•五三	一四•四一	一八•四九		二三•〇四
辛莊開	一〇•〇五	不停	一九•〇三		不停
蔡家莊開	一〇•一六	一五•〇一	一九•一六		不停
塔耳堡開	一〇•二六	一五•二二	一九•三一		不停
丈嶺開	一〇•三六	一五•三三	一九•四四		不停
岞山開	一〇•五四	一五•四〇	二〇•一四		〇•一二
黃旗堡開	一一•〇二	一五•四九	二〇•二五		不停
南流開	一一•一二	不停	二〇•三四		不停
蝦蟆屯開	一一•二六	一六•〇九	二〇•五五		〇•四八
坊子到	一一•三九	一六•二二	二一•一〇		一•〇一
坊子開	一一•五四	一六•三七	二一•二五	七•〇〇	一•〇六
二十里堡開	一二•〇六	一六•四九	二一•三九	七•一四	一•一六
濰縣到	一二•一四	一六•五七	二一•四九	七•二四	一•二八
濰縣開	一二•一七	一七•〇一		七•三四	一•二九
大圩河開	一二•三〇	不停		七•四九	不停
朱劉店開	一二•四一	一七•二三		八•〇三	不停
昌樂開	一二•五四	一七•三七		八•二六	二•二〇
堯溝開	一三•〇六	一七•四七		八•三九	二•三四
譚家坊子開	一三•一八	一七•五六		八•五三	不停
楊家莊開	一三•二九	一八•〇四		九•〇七	不停
青州到	一三•四四	一八•〇八		九•二六	二•五五
青州開	一三•四六	一八•二〇		九•四一	三•二七
普通開	一三•五八	不停		九•五五	不停
淄河店開	一四•〇八	一八•三九		一〇•〇七	不停
辛店開	一四•二一	一八•五三		一〇•二三	不停
金嶺鎮開	一四•三五	一九•〇七		一〇•四一	不停
湖田開	一四•四四	一九•一六		一〇•五三	不停
張店到	一四•五四	一九•三五		一一•〇三	三•四九
張店開	一五•〇〇	一九•四六		一一•一八	四•〇七
馬尚開	一五•一九	不停		一一•二八	不停
周村到	一五•二八	二〇•〇二		一一•五三	四•三三
周村開	一五•四〇	二〇•一三		一二•〇三	四•五五
大臨池開	一六•〇四	不停		一二•〇七	不停
王村開	一六•一六	二〇•四六		一二•五一	不停
普集開	一六•二六	二〇•五六		一三•一四	五•二五
明水開	一六•四一	二一•一二		一三•四四	不停
棗園莊開	一六•五一	二一•二二		一三•四六	不停
龍山開	一七•〇五	二一•四五		一四•一二	不停
郭店開	一七•二〇	不停		一四•二八	不停
王舍人莊開	一七•三二	二一•五八		一四•四三	不停
黃臺開	一七•四四	二二•一三		一四•五八	六•一八
北關開	一七•五一	二二•二〇		一五•〇六	六•二五
濟南到	一七•五六	二二•三〇		一五•二三	六•四〇

上行（東行）列車

站名 \ 車次	6 各等 飯	12 三二等	4 各等 飯	14 三二等	2 特各等 飯
濟南開	七•一五		一二•一五	一四•一〇	二二•〇〇
北關開	七•二一		一二•二一	一四•一七	二二•〇六
黃臺開	七•三〇		一二•二九	一四•二六	二二•一四
王舍人莊開	七•四四		一二•四四	一四•四四	不停
郭店開	七•五六		一二•五五	一五•〇〇	不停
龍山開	八•一一		一三•〇七	一五•一八	不停
棗園莊開	八•二六		一三•二一	一五•三六	二三•〇二
明水開	八•三七		一三•三二	一五•四九	不停
普集開	八•五四		一三•五〇	一六•一三	二三•二六
王村開	九•〇五		一四•〇二	一六•三四	不停
大臨池開	九•一六		不停	一六•四八	不停
周村到	九•三三		一四•二六	一七•〇二	二三•五九
周村開	九•四五		一四•二八	一七•二一	〇•〇二
馬尚開	九•五三		不停	一七•三三	不停
張店到	一〇•〇〇		一四•五〇	一八•〇一	〇•二三
張店開	一〇•二〇		一五•二三	一八•一二	〇•四一
湖田開	一〇•三一		一五•三四	一八•三〇	不停
金嶺鎮開	一〇•四一		一五•四三	一九•〇六	不停
辛店開	一〇•五八		一五•五七	一九•二四	一•〇八
淄河店開	一一•〇九		一六•〇〇	一九•三八	不停
普通開	一一•一九		不停	一九•五一	不停
青州到	一一•三一		一六•一九	二〇•〇六	一•三六
青州開	一一•四四		一六•二一	二〇•一九	一•四九
楊家莊開	一一•五九		一六•三四	二〇•二六	不停
譚家坊子開	一二•〇〇		一六•四三	二〇•四八	不停
堯溝開	一二•一三		一六•五一	二一•〇三	二•二三
昌樂開	一二•二五		一七•〇三	二一•一五	二•三四
朱劉店開	一二•四三		一七•二一	二一•三四	不停
大圩河開	一二•五三		一七•三〇	二一•五三	不停
濰縣到	一三•〇四		一七•四一	二二•〇六	三•〇三
濰縣開	一三•〇八	六•〇〇	[illegible]	二二•一六	三•〇五
二十里堡開	一三•一七	六•四一	一七•五四	二二•二七	三•一四
坊子到	一三•二九	六•五六	一八•〇六	二二•四三	三•二六
坊子開	一三•五四	七•一〇	一八•二三		三•四一
蝦蟆屯開	一四•〇四	七•二七	一八•三六		三•五五
南流開	一四•一八	七•四四	不停		不停
黃旗堡開	一四•二五	七•五三	一八•五四		不停
岞山開	一四•四五	八•一三	一九•〇四		四•二〇
丈嶺開	一四•五五	八•三四	一九•一二		不停
塔耳堡開	一五•一一	八•四五	一九•二一		不停
蔡家莊開	一五•二〇	八•五六	一九•四〇		不停
辛莊開	一五•三一	九•〇九	不停		不停
高密到	一五•四三	九•二三	一九•五九		五•〇六
高密開	一五•五七	九•三九	二〇•一五		五•二六
姚哥莊開	一六•〇九	九•五三	不停		不停
芝蘭莊開	一六•一八	一〇•〇三	二〇•二九		不停
膠州到	一六•二五	一〇•二三	二〇•四五		五•四八
膠州開	一六•三七	一〇•三三	二〇•四七		五•五〇
膠東開	一六•四九	一〇•四七	不停		不停
李哥莊開	一七•〇〇	一一•〇〇	不停		不停
藍村開	一七•〇九	一一•一〇	二一•一三		六•一六
南泉開	一七•二三	一一•二五	二一•二六		六•二九
城陽開	一七•三八	一一•五三	二一•五三		六•四五
女姑口開	一七•四七	一二•〇三	二二•〇三		不停
滄口開	一七•五九	一二•三六	二二•一六		七•〇三
四方開	一八•一四	一二•五四	二二•三〇		七•一九
大港開	一八•二五	一三•〇七	二二•四〇		七•四〇
青島到	一八•四〇	一三•一三	二二•四五		七•五五

17571

隴海鐵路行車時刻表

自右向左讀（第一次、第十九次）；自左向右讀（第二次、第二十次）

站名	第一次特別快車自東向西每日開行	第十九次客貨車自東向西每日開行	第二次特別快車自西向東每日開行	第二十次客貨車自西向東每日開行
徐州府	(上午) 第一次 八點十分開		(下午) 八點〇五分到	
碭山	(上午) 十點十六分到 十點二十六分開		(下午) 五點五十四分到 六點〇四分開	
商邱	(上午) 十二點〇九分到 十二點二十九分開		(下午) 四點〇二分到 四點十七分開	
開封	(下午) 四點三十二分到 四點五十二分開		(上午) 十一點五十五分到 十二點十五分開	
鄭州南站	(下午) 六點五十一分到 七點十一分開		(上午) 九點四十二分到 十點〇二分開	
汜水	(下午) 八點三十三分到 八點四十三分開		(上午) 八點四十分到 八點四十二分開	
鞏縣	(下午) 九點二十三分到 九點二十五分開		(上午) 八點〇四分到 八點〇六分開	
孝義	(下午) 九點四十七分到 九點四十九分開		(上午) 七點四十六分到 七點四十八分開	
洛陽東站	(下午) 十一點十二分到 十一點四十二分開		(上午) 六點十五分到 六點三十五分開	
新安縣	(上午) 一點十二分到 一點三十二分開		(上午) 四點五十分到 五點開	
澠池	(上午) 三點二十一分到 三點四十一分開		(上午) 三點十八分到 三點二十三分開	
觀音堂	(上午) 四點三十七分到 四點四十二分開		(上午) 二點三十一分到 二點三十六分開	
會興鎮	(上午) 六點〇八分到 六點十八分開		(上午) 〇點四十二分到 〇點五十二分開	
陝州	(上午) 六點五十分到	(上午) 第十九次 七點二十分開	(上午) 第二次 〇點〇五分開	(下午) 十點二十五分到
靈寶		(上午) 八點三十二分到 八點四十七分開		(下午) 九點〇一分到 九點十六分開
閿鄉		(上午) 十點二十分到 十點三十五分開		(下午) 七點十三分到 七點二十三分開
盤頭鎮		(上午) 十一點五十二分到 十一點五十五分開		(下午) 五點五十三分到 五點五十六分開
文底鎮		(上午) 一點二十分到 一點二十三分開		(下午) 四點五十二分到 四點二十八分開
潼關		(下午) 二點二十分到		(下午) 第二十次 三點三十分開

17572

工程週刊

(內政部登記證警字788號)

中國工程師學會發行

上海南京路大陸商場542號

電話：92582

(稿件請逕寄武昌階陵街修德里一號)

中華民國23年3月16日出版

第3卷 第11期 (總號52)

中華郵政特准掛號認爲新聞紙類

(第1831號執據)

定報價目：每期二分，全年52期，連郵費，國內一元，國外三元六角。

本期要目

(General view of the Jetty of Verdon.) 勒物董碼頭

編輯者言

本週刊對於繙譯文件向少刊登，原因大概(一)因本週刊篇幅宜多留供本國文章之登載，(二)我國工程界多識外國文字，儘可閱讀原著，何用譯本。惟記者個人意見以爲譯件確有許多價值：(一)外國文字不止一種，未必人人均能閱讀，中文則可普遍，(二)外文雜誌書籍在我國不能多數人均能得到，(三)外人之經驗心得，常有領悉之價值，祇費一譯之勞而介紹於國人，俾大衆皆受其益，何樂而不爲？顧本週刊每以篇幅關係，不克常常多載繙譯文章，原係憾事！現擬一有機會，亦將有價值之譯稿擇尤披露以饜讀者，本期週刊之「並接電路之新計算法」一篇卽其一例，幸譯者原諒！幸讀者注意！

五柵極眞空管

朱 其 清

超等外差式Superheterodyne收音機，爲目前廣播無綫電收音機中最盛行之一種，惟每機需多數之眞空管，致製造不易，成本加重，而裝用之者亦常感不便，殊爲美中不足，自『五柵管』出，而此種缺憾始除，誠爲有廣播無線電史以來，最重要之進步，殊不可以不紀。

五柵管爲具有七個電極之眞空管，(實爲八極，以有一極爲直接燃燒燈絲故不列) 爲美國人所設計，出品以來，距今僅數閱月，堪稱爲無綫電界最新之發明品，五柵管美人名之爲 Pentagrid Converters, 現有程式二種，二種程式之分別，僅在燈絲電壓之不同，計2A7式之燈絲電壓爲2.5伏，6A7式者爲6.3伏，至其他各部功用，則完全相同，五柵管之特點，在於一單獨之眞空管中，同時具有發振與檢波兩種之功用，不獨能供給本身電路中之振蕩，且能將此振蕩與外來之射電週率週波相混合，以發生吾人所需要之中間週波，以完成外差之任務，其法至妙，茲將五柵管各電極間佈置大概情形，內部作用，實用狀況，及其優點等，分別述之如次，以見一斑。

(一)五柵管各電極佈置概況： 五柵管中之七極，除二極爲屏極及燈絲極外，其餘五極，均爲柵極，因其他位之不同，構造之各異，與夫外加電壓之相差，該五種柵極，各具有特殊之功用，特爲一一表出之，如第一圖即表示各電極間之佈置情形。甲爲燈絲極，係間接燒燃式，乙爲第一柵極，介於甲丙之間，因其作用，同發振管之柵極，故又名之爲發振柵，丙爲第二柵極，實際上並無網綫，僅具有金屬桿一對，其作用恰與三極管之屏極相同，故又名之爲屏柵，丁爲第四柵極，具有四極管主控柵之功用，故管名之爲主控柵，戊爲第三第五兩柵極連接而成，具有簾柵之作用，故又名之爲簾柵，己爲屏極。

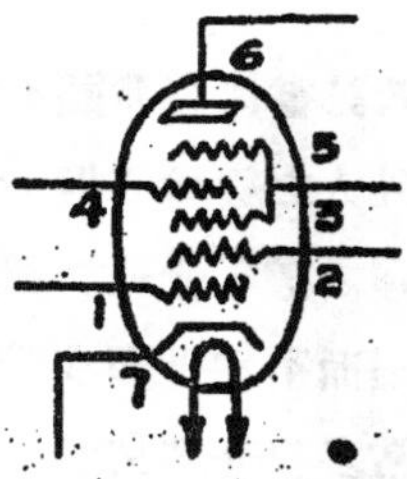

第一圖 五柵管各管各極佈置圖

(二)五柵管內部作用： 苟將五柵管內部各極，詳爲分析，實可分爲兩組討論，第一組爲甲乙丙三極所組成，等於一普通之三極管，而在發振狀態者，第二組爲丁戊己與第一組全部合組而成，等一普通之一四極管，而在調幅狀態者，換言之，五柵管之內部實含有兩部，即發振部與調幅部是也。兩部作用情形，殊爲別緻，約略述之如次：當燈絲極甲發生電子之時，此項電子，因屏柵丙及簾柵戊有正電壓之關係(詳第三節)，被其吸引，穿過發振柵乙，更因其穿過之時，具有極高加速速率，甚至再經過屏柵丙簾柵戊之3而至於主控柵丁，查主控柵丁，爲帶有負性電壓之電極，(詳第三節)，電子至此，乃均滯集於3—4兩極之間，不復前進，此項雲集於兩極間之電子，負有極重要之任務，即以之供給第二組丁戊己三極之用者也。由是觀之，甲乙丙三極所組成之第一組，實可視爲第二組事實上之燈絲電極，命之爲實際燈絲極，而原有之燈絲極甲，僅供第一組管之用，與其他各極，初無十分關係也。第一組之作用既明，茲請再述第二組之作用，查發振柵乙之電壓，時正時負，當其正負電壓變化並不十分强烈時，發振部份之電子流量仍甚夥多，足供調幅部份之用，今設該發振柵之電壓，漸向負性方面增加，則電子流量，逐步減少，甚或至於完全停止，當是時也，調幅部份，因無電子之供給，完全失其作用，換言之，調幅部份之作用，完全受發振部份之支配，吾人乃即利用此種特點，將外來射電週率之信號，加諸於主控柵丁之上，而將輸出電路接入於屏極己，如第二圖所表示，結果屏極電路中，乃得發生中間週率之差音，以完成一管具有發振與檢波兩種特性之任務。

(三)五柵管實用狀況： 五柵管之綫路連接法，大概如第二圖所表示，r 爲約二萬

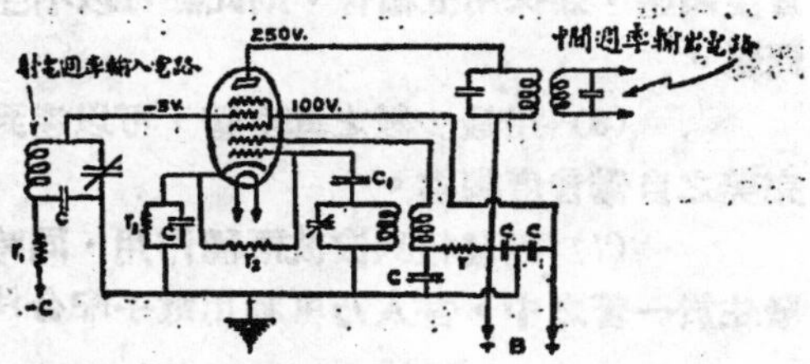

第二圖 五柵管之綫路連接法

至四萬歐姆之耗阻，接入於屏柵電路中，以免該極之過熱，r_1 爲自働調節音度用之耗阻，r_2 爲發振柵電路中之耗阻，其值約爲50,000歐姆，r_3 爲約 250 歐姆之耗阻，C爲 0.1mfd之定值積勢器，C_1 爲約 0.001 mfd 之積勢器，各極間主用之電壓及電流數值，約如下表：

燈絲電壓(2A7式)	2.5伏(交流直流均可用)
燈絲電壓(6A7式)	6.3伏(交流直流均可用)
燈絲電流(2A7式)	0.8安培
燈絲電流(6A7式)	0.3安培
屏極電壓	250伏
簾柵電壓	100伏
屏柵電壓	250伏
主控柵電壓	—3伏
屏極電流	4米厘安培
簾柵電流	2米厘安培
屏柵電流	3.5米厘安培
發振柵電流	0.5米厘安培
屏極耗阻	0.3 megohm

當使用五柵管時，除應按照該管附有之說明書所載各節辦理外，尙有數點，須加以注意者，即裝置該眞空管時，該管之附近，空氣應使十分流通，以免發生過熱，又屏柵極如加以250 伏之電壓時，所有 2 至 4 萬歐姆之耗阻，必須直接連接於該電路之中，以防該極因過熱而致燒壞，如使用之電壓稍低，則該項耗阻，亦不妨同時減少，至眞空管之外部，使用時須加一金屬罩，以免與其他電路發生不良作用。

(四)五柵管之優點： 自五柵管發明以來，英意各國，均繼起採用，竭力鼓吹，良以其優點極多，效用美滿，實足以增進廣播收音機之實效也，玆將其優點之犖犖大者，表而出之。

(1) 本眞空管，雖構造上祇具有燈絲極一個，而實際上實具有二個眞空管之功效。

(2) 用新式眞空管後，效率大增，例如以同值之射電週率輸入電壓，供給至新舊兩種眞空管之電路，則新式眞空管電路中所得到之中波週率輸出電壓，其值遠大於舊式眞空管電路中之電壓。

(3) 新式眞空管中，雖同時存在射電週率與中間週率兩種不同之電路，但因有簾柵特殊之構造，能使該兩種電流，完全隔離，不致發生不良之影響，如採用舊式電路，此種困難，殊難解決。

(4) 發振部份與射電週率輸入部份，因簾柵之關係，亦不發生不良影響。

(5) 主控柵電路中，在普通情形之下，往往不能利用柵極電壓，以達到美滿之

音度調整，如採用五柵管，則此點可以不生問題。

(6) 用最少數之真空管，可以達到完美之自働音度調整。

(7) 因發報與檢波兩種作用，同時發生於一管之中，吾人乃可利用電子配合法，以免去感應或槓勢器之採用，結果舉凡一切不良之互感作用，可以減少，電路之連接愈形簡單，發振之情形亦愈益穩定，凡此種種，均非舊式電路所能辦到，有此優點，宜英意各國人士，均加採用之不暇也。（源）

並接電路之新計算法

王宗素節譯

文載1933年11月號A.I.E.E."Electrical Engineering" 773至778頁

摘要： 用「短路解法」(Short circuit Current Solution) 計算網狀電路之電流與電壓，可應用於直流及交流，頗爲簡便。

在配電工作上及實驗室裏，吾人欲知並接電路中經過某路之電流究有多少，或橫跨某段之電壓究有若干，最妥當的工具，當然要數歐姆定律及可恰夫定律了。不過此種解法，包括有聯立方程式，費時耗神，令人納悶。

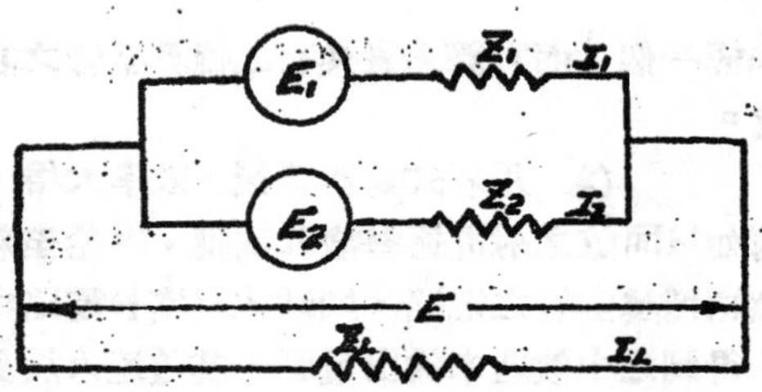

第一圖

今有一法可解除此種痛苦，對于兩個以上電源之並接電路計算尤爲省事。此法維何？卽短路解法是也。設求得各電源想像短接電流 (fictitious short circuit currents) 之和，(若係交流則爲向量之合) 將全電路之想像並接總電阻 (fictitious parallel resistance or impedance) 乘之。卽得欲求之跨路電壓。由此電壓可以求得任何電路中之電流矣。

試舉一例：設有兩座發電機並連工作。令E_1及Z_1爲甲座發電機之電壓及內阻；E_2及Z_2爲乙座發電機之電壓及內阻。Z_L爲負荷電阻。有如上圖：

用可恰夫定律解法如下：

$$E_1 = I_1Z_1 + I_LZ_L$$

$$E_2 = I_2Z_2 + I_LZ_L$$

$$I_L = I_1 + I_2$$

由上三方程式可得：

$$I_L = \frac{E_1Z_2 + E_2Z_1}{Z_1Z_2 + Z_1Z_L + Z_2Z_L}$$

$$I_1 = \frac{E_1Z_2 + E_1Z_L - E_2Z_L}{Z_1Z_2 + Z_1Z_L + Z_2Z_L}$$

$$I_2 = \frac{E_2Z_1 + E_2Z_L - E_1Z_L}{Z_1Z_2 + Z_1Z_L + Z_2Z_L}$$

跨路電壓爲：

$$E = I_LZ_L = \frac{E_1Z_2Z_L + E_2Z_1Z_L}{Z_1Z_2 + Z_1Z_L + Z_2Z_L}$$

現在讓我們用短路解法來計算。第一，將兩座發電機想像的完全分開，令每座各個短接如第二圖(a)，則短路電流：

$$I_{1s} = \frac{E_1}{Z_1} \quad ; \quad I_{2s} = \frac{E_2}{Z_2}$$

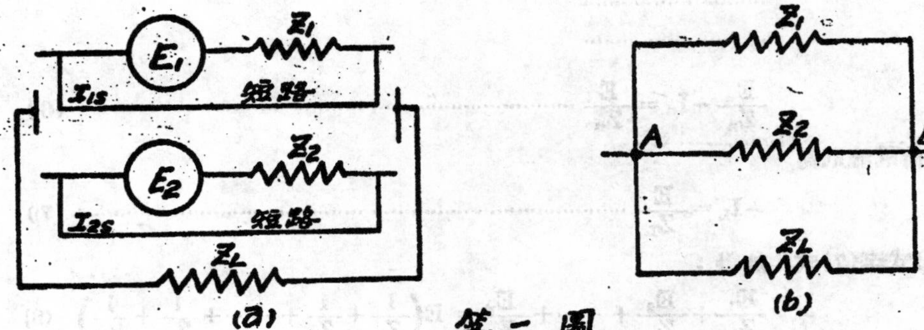

第二圖

在此情狀之下，跨路電壓E就等于I_{1S}及I_{2S}之和乘並接總電阻之積。參看第二圖 (b) A,B二點間之總電阻為$Z_P=\frac{Z_1Z_2Z_L}{Z_1Z_2+Z_1Z_L+Z_2Z_L}$故跨路電壓E為

$$E=(I_{1S}+I_{2S})\frac{Z_1Z_2Z_L}{Z_1Z_2+Z_1Z_L+Z_2Z_L}$$

將I_{1S},I_{2S}之值代入上式卽得：

$$E=\frac{E_1Z_2Z_L+E_2Z_1Z_L}{Z_1Z_2+Z_1Z_L+Z_2Z_L}$$

負荷電流為

$$I_L=\frac{E}{Z_L}=\frac{E_1Z_2+E_2Z_1}{Z_1Z_2+Z_1Z_L+Z_2Z_L}$$

兩發電機之電流為

$$I_1=\frac{E_1-E}{Z_1}=\frac{E_1Z_2+E_1Z_L-E_2Z_L}{Z_1Z_2+Z_1Z_L+Z_2Z_L}$$

$$I_2=\frac{E_2-E}{Z_2}=\frac{E_2Z_1+E_2Z_L-E_1Z_L}{Z_1Z_2+Z_1Z_L+Z_2Z_L}$$

通用公式之成立

上面敍述之「短路計算法」可以直接由可恰夫定律導演出來設有n個發電機並運工作，應用可恰夫定律得：

$$I_1+I_2+I_3+\cdots\cdots+I_n=I_L \quad\cdots\cdots(1)$$

$$E_1-I_1Z_1=E_2-I_2Z_2=\cdots\cdots=E_n-I_nZ_n=I_LZ_L=E \quad\cdots\cdots(2)$$

將$I_1=I_L-(I_2+I_3+\cdots\cdots+I_n)$代入(2)式中而以$Z_1$除之則得：

$$\frac{E_1}{Z_1}+I_2+I_3+\cdots\cdots I_n-I_L=\frac{E}{Z_1} \quad\cdots\cdots(3)$$

至其餘(n－1)個發電機與E之關係，可由(2)式得之：

$$\frac{E_2}{Z_2}-I_2=\frac{E}{Z_2} \quad\cdots\cdots(4)$$

$$\frac{E_3}{Z_3}+I_3=\frac{E}{Z_3} \quad\cdots\cdots(5)$$

……………………

…… …… ……

$$\frac{E_n}{Z_n}-I_n=\frac{E}{Z_n}\text{……………………………………} \quad (6)$$

而負荷電流則為

$$+I_L=\frac{E}{Z_L}\text{……………………………………} \quad (7)$$

從(3)式至(7)式相加得：

$$\frac{E_1}{Z_1}+\frac{E_2}{Z_2}+\cdots\cdots+\frac{E_n}{Z_n}=E\left(\frac{1}{Z_1}+\frac{1}{Z_2}+\cdots\cdots+\frac{1}{Z_n}+\frac{1}{Z_L}\right) \quad (8)$$

但$\frac{E_1}{Z_1}$，$\frac{E_2}{Z_2}$，……為吾人所想像之短路電流I_{1S}，I_{2S}，……；同時與E相乘之各個電機內阻及負荷電阻之倒數之和，卽等于想像並接總電阻（計算想像電阻時，係假設負荷電阻與電機內阻並接，然實際上負荷電阻與電源為厩接也），之倒數；卽

$$\frac{1}{Z_1}+\frac{1}{Z_2}+\cdots\cdots\frac{1}{Z_n}+\frac{1}{Z_L}=\frac{1}{Z_P}$$

由是得：

$$(I_{1S}+I_{2S}+\cdots\cdots+I_{nS})Z_P=E\text{……………………………………} \quad (9)$$

所以「短路解法」是直接根據電學上的基本定律來的。故在理論上沒有絲毫的破綻。

實 例

(A) 直流電路問題

三隻電瓶（或三隻發電機）並連工作，各具電壓及內阻如圖3所示。試用「短路解法」求其各路電流及跨路電壓？

先計算各個想像短接電流：

$$I_{1S}=\frac{E_1}{R_1}=\frac{+12}{6}=+2\text{ 安倍(amp.)}$$

$$I_{2S}=\frac{E_2}{R_2}=-\frac{9}{3}=-3\text{ 安倍}$$

$$I_{3S}=\frac{E_3}{R_3}=\frac{+20}{4}=+5\text{ 安培}$$

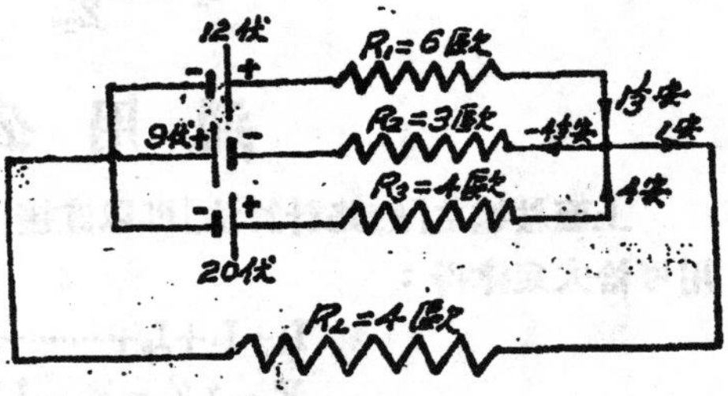

第三圖

此三者之和卽等于總短路電流

$$I_{1S}+I_{2S}+I_{3S}=+4\text{ 安倍}$$

又總並接電阻

$$R_P=\frac{1}{\frac{1}{R_1}+\frac{1}{R_2}+\frac{1}{R_3}+\frac{1}{R_L}}=1\text{ 歐姆(ohm)}$$

故跨路電壓E為

$$E=(I_{1S}+I_{2S}+I_{3S})R_P=4\text{ 伏脫(volts)}$$

於是得出各路電流如下：

17578

$$I_L=\frac{E}{R_L}=\frac{4}{4}=1 \text{ 安倍}$$

$$I_1=\frac{E_1-E}{R_1}=\frac{12-4}{6}=1\frac{1}{3} \text{ 安倍}$$

$$I_2=\frac{E_2-E}{R_2}=\frac{-9-4}{3}=-4\frac{1}{3} \text{ 安倍}$$

$$I_3=\frac{E_3-E}{R_3}=\frac{20-4}{4}=+4 \text{ 安倍}$$

若與可恰夫定律計算法比較則此法便利多矣。

(B) 交流電路問題。

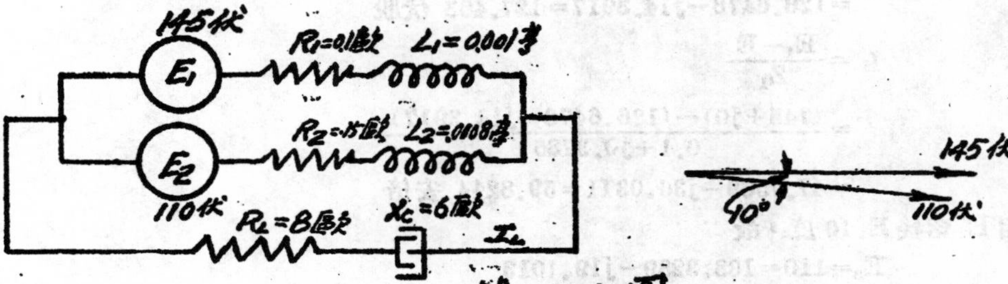

第四圖

有兩交流電機並連工作。設：

$E_1=145$ 伏脫

$R_1=0.1$ 歐姆

$L_1=0.001$ 亨利(henry)

$X_1=0.3768$ 歐姆

$Z_1=0.38934$ 歐姆

$E_2=110$ 伏脫

$R_2=0.15$ 歐姆

$L_2=0.0008$ 亨利

$X_2=0.30144$ 歐姆

$Z_2=0.3367$ 歐姆

E_2 落後 E_1 10度

$R_L=8$ 歐姆

$X_C=6$ 歐姆

$Z_L=10$ 歐姆

$$I_{1S}=\frac{E_1}{Z_1}=371.9446 \text{ 安倍}$$

$$I_{2S}=\frac{E_2}{Z_2}=326.70022 \text{ 安培}$$

若將 I_{1S} 及 I_{2S} 分成眞數幻數兩部，則得：

眞數部分 幻數部分

I_{1S}	95.4088	−359.5004
I_{2S}	92.5446	−313.3192
$I_{1S}+I_{2S}$	187.9534	−672.8196

$I_{1S}+I_{2S}=698.579$ 安倍

並接電路 Z_1, Z_2, Z_L 之想像電導納(fictitious admittance)爲：

$$Y=2.0611-j5.0783=5.4806 \text{ 姆歐(mhos)}$$

故 $Z_P=0.06862+j0.16907$

跨路電壓：

$$E=(I_{1S}+I_{2S})Z_P$$

$$=126.6478-j14.3917=127.463 \text{ 伏脫}$$

$$I_1=\frac{E_1-E}{Z_1}$$

$$=\frac{145+j0)-(126.6478-j14.3917)}{0.1+j0.3785}$$

$$=47.7569-j36.0311=59.8244 \text{ 安倍}$$

因 E_2 落後 E_1 10 度，故

$$E_2=110=108.3289-j19.1013$$

$$I_2=\frac{E_2-E}{Z_2}$$

$$=\frac{(108.3289-j19.1013)-(126.6478-j14.3917)}{0.15+j0.30144}$$

$$=-36.7616+j42.4785=56.1769 \text{ 安倍}$$

又 $I_L=I_1+I_2$

$$I_L=10.9953+j6.4475=12.7463 \text{ 安倍}$$

或由

$$I_L=\frac{E}{Z_L}$$

得 $I_L=\dfrac{(126.6478-j14.3917)}{8-j6}=12.7463$ 安倍

此新法則，不惟可用于直流及單相交流電路之計算，且可用于負荷平衡之多相電路與無線電學上之高週率電路。誠工程師及物理學家之有用工具也。

廣西公路最近概況

I. 已成公路概況表

區名	公路長度	橋樑座數	涵洞隻數	碼頭車渡處數
南寧	1032公里 (1880里)	102	958	5
鎮南	408公里 (743里)	127	552	1

柳　江	920公里　(1678里)	353	1549	9
桂　林	841公里　(1530里)	297	1735	13
蒼　梧	800公里　(1456里)	207	893	3
總　計	4000公里　(7287里)	1086	5687	31

附註：各縣縣道尚未列入，表中公里暫以0.55公里＝1里計算。

II. 正在興築之公路概況表

類別	路別	起點	止點	經過重要地名	全路長度	附註
初成者	丹池路	河池	六寨	車河，南丹	154公里(280里)	此路由六寨入黔境之蔴尾經獨山而達貴陽
	邕欽路	邕寧	黨圩	吳村，大塘，那曉	121公里(220里)	此路由黨圩入粵境至小董經欽州而出龍門海口
將成者	武都路	武鳴	九晉	隆山，紅渡口，都安	約165公里(300餘里)	此路與九車路銜接而達丹池爲由桂入黔最近路徑
	武平路	武鳴	平馬	羅圩，果德，思林	約165公里(300餘里)	此路與平百路銜接而達百羅路爲由桂入滇公路要道

III. 將來擬築之公路概況表

路別	起點	止點	經過重要地名	全路長度	附註
百羅路	白色	羅村	上宋，平墟，楊墟，隆豐	57公里(103里)	此路與平百武平相連貫爲入滇公路末段
九車路	九頓	車河	下均，九墟 …	約110公里(約200餘里)	此路南接武都路北聯丹池路爲入滇公路中段
賀梧路	賀縣	梧州大灘口	沙頭，山心	132公里(240里)	此路與荔賀路銜接爲□區通出大河之路線
百舊路	舊州	邏里	邏里	約165公里(300餘里)	此路與平百武平等相聯爲入滇黔兩省公路末段
武湟路	武宣	大湟江	三里，東鄉，新墟	約110公里(約200里)	此路與柳武路銜接爲柳江區公路通大河之路線
荔濛路	荔浦	濛江	杜莫，蒙山，太平	約165公里(約300里)	此路與荔賀荔桂各路相聯爲桂區通出大河之路綫

國外工程新聞

勒物董碼頭

法國波渡 Bordeaux 埠之碼頭設在勒物董 Le Verdon 。其碼頭設備之摩登，可與歐洲其他任何新港媲美。此碼頭係於去年重新建造，法人作爲1933年大項工程之一；凡遊歷者至此亦莫不嘆其建築之美麗設備之完善也(參閱本期本刊首頁照片)此碼頭本身居於河中，計長 317 公尺寬33公尺，成一長方形之艙面，係用鋼筋三合土造成下面支持於8根鋼筋三合土；圓柱，此柱插入河底有8公尺之深。碼頭與岸之間係用同樣材料造成之曲道接通，計長達 372 公尺。橋上有鐵路及汽車路，概可直通波渡埠，該埠距此約 100 公里。由波渡至巴黎亦有鐵路可以通達。(泳)

17581

北甯鐵路簡明行車時刻表　中華民國二十三年四月一日重訂

下行車

站別／開到時刻／列車次數	北平前門開	豐台開	郎坊開	天津總站開	天津東站到	天津東站開	塘沽開	蘆台開	唐山開	古冶開	灤縣開	昌黎開	北戴河開	秦皇島開	山海關到	錦縣	遼寧總站
第七次 慢車 中膳各等	五·四五	六·二〇	七·四二	九·二八	九·三六	九·四五	一〇·四八	一一·[illegible]八	一三·〇一	一三·四八	一四·[illegible]三	一五·五四	一六·四四	一七·一三	一七·三五		
第十一次及第十九次客貨混合三等慢車	七·五〇	一〇·二五	一四·〇〇	一八·〇一	一八·一六	停	第十九次	自唐山起	六·三〇	八·〇〇	一〇·〇五	一二·三[illegible]	一三·四六	一四·四九	一五·二〇		
第三〇一次 平滬直達特別快車 膳臥各等	一五·〇五	一五·三六	一六·四〇	一七·五〇	一七·五九	一八·二〇	開	往	上	海							
第三次 特別快車 膳車各等	八·三〇	八·五八	不停	一一·一〇	一一·一八	一一·三五	一二·三二	一三·二六	一四·二八	一五·〇五	一五·四五	一六·三七	一七·二六	一七·四[illegible]	一八·〇[illegible]		
第九次 快車 膳車各等	一四·二五	一四·五七	一六·〇九	一七·二九	一七·三八	一七·五〇	一八·五〇	九·[illegible]六	二〇·五三	二一·三五	二二·一七	二三·一〇	二三·四五	〇·一〇	〇·三〇		
第五次 特別快車 膳車各等	一六·三[illegible]	不停	不停	一九·〇七	一九·一五	停											
第一次 平浦直達特別快車 膳臥各等	一八·五〇	一九·二〇	二〇·二六	二一·三九	二一·四八		開	往	浦	口							
第一〇一次 快車 膳臥各等	二〇·一五	二〇·四八	二二·〇八	二三·四一	二三·五〇	二四·〇〇	一·一〇	二·一[illegible]	三·二四	四·一八	五·〇六	六·一七	七·〇九	七·三七	七·五九		
第四〇一次平滬直達貨車及第十九次客貨混合慢車三等	二〇·二五	二二·一〇	〇·五〇	三·四五	四·〇〇	五·四五	八·[illegible]	一二·一[illegible]	一九·二四	停							

上行車

站別／開到時刻／列車次數	遼寧總站	錦縣	山海關開	秦皇島開	北戴河開	昌黎開	灤縣開	古冶開	唐山到	唐山開	蘆台開	塘沽開	天津東站到	天津東站開	天津總站開	郎坊開	豐台開	北平前門到
第八次 慢車 中膳各等			五·五五	六·二二	六·五二	七·四三	八·四九	九·四七	一〇·二六	一〇·三三	一一·五三	一三·一〇	一四·一〇	一五·二〇	一[illegible]·三五	一六·〇九	一七·四六	一八·二〇
第四次 特別快車 膳車各等			九·一五	九·三八	一〇·〇七	一〇·五[illegible]	一一·三八	一二·二五	一二·五七	一三·〇〇	一四·〇〇	[illegible]·五一	一五·四五	一[illegible]·五五	一六·〇五	不停	一八·一五	一八·四二
第二十次及第十二次客貨混合三等慢車			一〇·〇〇	一〇·五五	一一·四六	一三·五〇	一六·四五	一九·三〇	二〇·四五	停	第十二次	自天津起		八·一五	八·[illegible]〇	一二·四九	一七·〇〇	一八·〇五
第十次 快車 膳車各等			一三·〇〇	一三·二五	一三·五〇	一四·二八	一五·二〇	一六·〇七	一六·三九	一六·四五	一七·四六	一八·五〇	一九·四五	二〇·〇〇	二〇·一一	二一·二四	二二·五〇	二三·二〇
第一〇二次 快車 膳臥各等			二一·五五	二二·二八	二三·〇六	二四·〇〇	一·〇三	二·〇〇	二·四〇	三·二〇	四·三一	五·三二	六·三七	六·五〇	七·〇六	八·二七	九·四三	一〇·一[illegible]
第十六次客貨混合三等慢車及第四〇二次滬平直達貨車										五·〇〇	七·五八	一一·〇〇	一三·一〇	一八·[illegible]五	一九·三三	二三·四〇	二·四〇	三·五〇
第六次 特別快車 膳車各等														九·二〇	九·二八	不停	不停	一二·〇六
第三〇二次 平滬直達特別快車 膳臥各等								由	上	海	開	來	七·一〇	七·三五	七·[illegible]五	八·五五	九·五九	一〇·二九
第二次 平浦直達特別快車 膳臥各等								由	浦	口	開	來		五·二〇	五·[illegible]〇	六·四三	七·四九	八·一九

膠濟鐵路行車時刻表

下行（西行）列車

站名	5 各等飯	3 各等飯	11 二三等	13 二三等	1 特各等臥
青島開	七•〇〇	一二•〇〇	一五•〇〇		二一•〇〇
大港開	七•一一	一二•一一	一五•一二		二一•一〇
四方開	七•二〇	一二•二〇	一五•二二		二一•一八
滄口開	七•三五	一二•三五	一五•四〇		二一•二三
女姑口開	七•四七	一二•四七	一五•五四		不停
城陽開	七•五六	一二•五六	一六•一四		二一•三三
南泉開	八•一二	一三•一二	一六•三三		不停
藍村開	八•二六	一三•二六	一六•四九		二一•五九
李哥莊開	八•三五	不停	一七•〇三		不停
膠東開	八•四七	不停	一七•一六		不停
膠州到	八•五九	一三•五三	一七•三〇		二二•四八
膠州開	九•〇一	一三•五五	一七•四九		二二•四八
芝蘭莊開	九•一八	一四•一〇	一八•〇九		不停
姚哥莊開	九•二七	不停	一八•一九		不停
高密到	九•三八	一四•二六	一八•三一		二三•一九
高密開	九•五三	一四•四一	一八•四九		二三•二〇
辛莊開	一〇•〇五	不停	一九•〇三		不停
蔡家莊開	一〇•一六	一五•〇一	一九•一六		不停
塔耳堡開	一〇•二六	一五•一二	一九•三一		不停
丈嶺開	一〇•三六	一五•二二	一九•四四		不停
岞山開	一〇•五四	一五•四〇	二〇•一四		〇•二二
黃旗堡開	一一•〇三	一五•四九	二〇•二五		不停
南流開	一一•二一	不停	二〇•三四		不停
蝦蟆屯開	一一•二六	一六•〇九	二〇•五五		〇•四八
坊子到	一一•三九	一六•二二	二一•一〇		一•〇一
坊子開	一一•五四	一六•三七	二一•二五	七•〇〇	一•一六
二十里堡開	一二•〇六	一六•四九	二一•三九	七•一四	一•二六
濰縣到	一二•一四	一六•五七	二一•四九	七•二四	一•二八
濰縣開	一二•一七	一七•〇一		七•三四	一•三九
大圩河開	一二•三〇	不停		七•四九	不停
朱劉店開	一二•四一	一七•二三		八•〇二	不停
昌樂開	一二•五四	一七•三七		八•二六	二•一〇
堯溝開	一三•〇六	一七•四七		八•三九	二•三三
譚家坊子開	一三•一八	一七•五六		八•五三	不停
楊家莊開	一三•二九	一八•〇四		九•〇七	不停
青州到	一三•四一	一八•一八		九•二六	三•〇五
青州開	一三•四八	一八•二〇		九•四一	三•一七
普通開	一三•五八	不停		九•五五	不停
淄河店開	一四•〇八	一八•三九		一〇•〇七	不停
辛店開	一四•二一	一八•五三		一〇•二三	不停
金嶺鎮開	一四•三五	一九•〇七		一〇•四一	不停
湖田開	一四•四四	一九•一六		一〇•五三	不停
張店到	一四•五三	一九•三五		一一•〇三	三•四九
張店開	一五•一〇	一九•四八		一一•一八	四•〇七
馬尚開	一五•一九	不停		一一•二八	不停
周村到	一五•二八	二〇•〇一		一一•五三	四•三三
周村開	一五•四〇	二〇•一三		一二•〇三	四•五五
大臨池開	一六•〇四	不停		一二•三七	不停
王村開	一六•一六	二〇•四六		一二•五一	不停
普集開	一六•二六	二〇•五六		一三•一四	五•一四
明水開	一六•四一	二一•一一		一三•三四	不停
棗園莊開	一六•五一	二一•二一		一三•四八	不停
龍山開	一七•〇五	二一•四五		一四•一二	不停
郭店開	一七•二〇	不停		一四•二八	不停
王舍人莊開	一七•三一	二一•五八		一四•四三	不停
黃臺開	一七•四四	二二•一四		一四•五八	六•一八
北關開	一七•五一	二二•二〇		一五•〇六	六•二五
濟南到	一七•五六	二二•二五		一五•二三	六•三〇

上行（東行）列車

站名	6 各等飯	12 二三等	4 各等飯	14 二三等	2 特各等臥
濟南開	七•一五		一二•一五	一四•一〇	二二•〇〇
北關開	七•二一		一二•二一	一四•一七	二二•〇八
黃臺開	七•三〇		一二•二九	一四•二六	二二•一四
王舍人莊開	七•四四		一二•四三	一四•四〇	不停
郭店開	七•五六		一三•〇七	一五•〇〇	不停
龍山開	八•二一		一三•二二	一五•一八	不停
棗園莊開	八•三六		一三•三四	一五•四六	二二•二七
明水開	八•四七		一三•四三	一五•五九	不停
普集開	八•五四		一三•五〇	一六•二三	二二•四六
王村開	九•〇五		一四•〇二	一六•三四	不停
大臨池開	九•一六		不停	一六•四八	不停
周村到	九•三五		一四•一六	一七•一二	二三•二九
周村開	九•四五		一四•二八	一七•二一	〇•〇二
馬尚開	九•五二		不停	一七•四一	不停
張店到	一〇•〇〇		一四•五〇	一八•〇一	〇•二三
張店開	一〇•二〇		一五•〇二	一八•一四	〇•四一
湖田開	一〇•三一		一五•一四	一八•二四	不停
金嶺鎮開	一〇•四一		一五•二四	一八•四六	不停
辛店開	一〇•五六		一五•四七	一九•〇八	一•〇八
淄河店開	一一•〇九		一六•〇〇	一九•二五	不停
普通開	一一•一九		不停	一九•三八	不停
青州到	一一•三一		一六•〇九	一九•五一	一•四八
青州開	一一•四四		一六•二一	二〇•〇五	一•四九
楊家莊開	一一•四九		一六•三四	二〇•一九	不停
譚家坊子開	一二•〇〇		一六•四三	二〇•三六	不停
堯溝開	一二•一二		一六•五一	二〇•四九	二•三三
昌樂開	一二•二五		一七•〇三	二〇•五六	二•四四
朱劉店開	一二•四三		一七•二〇	二一•〇八	不停
大圩河開	一二•五三		一七•四一	二一•三五	不停
濰縣到	一三•〇四		一七•四五	二一•四四	三•〇一
濰縣開	一三•〇八	六•三〇	一七•五四	二一•五三	三•〇五
二十里堡開	一三•一七	六•四一	一八•〇六	二二•一六	三•一四
坊子到	一三•二九	六•五六	一八•二三	二二•二七	三•二六
坊子開	一三•四〇	七•一〇	一八•三六		三•四一
蝦蟆屯開	一四•〇四	七•二七	不停		三•五五
南流開	一四•一八	七•四四	一八•五四		不停
黃旗堡開	一四•二五	七•五三	一九•〇四		不停
岞山開	一四•三五	八•一三	一九•二三		四•二〇
丈嶺開	一四•五三	八•三四	一九•三一		不停
塔耳堡開	一五•一一	八•四五	一九•四〇		不停
蔡家莊開	一五•二〇	八•五六	不停		不停
辛莊開	一五•三一	九•〇九	一九•五九		不停
高密到	一五•四二	九•二三	二〇•一五		五•〇六
高密開	一五•五七	九•四六	[illegible]		五•一六
姚哥莊開	一六•〇九	九•五五	不停		不停
芝蘭莊開	一六•一八	一〇•一五	二〇•二九		不停
膠州到	一六•二五	一〇•三三	二〇•四五		五•三八
膠州開	一六•三七	一〇•四四	二〇•四七		五•四〇
膠東開	一六•四九	一〇•五七	不停		不停
李哥莊開	一七•〇〇	一一•二〇	不停		不停
藍村開	一七•〇九	一一•四〇	二一•一四		六•一六
南泉開	一七•二三	一一•五六	二一•三六		六•二九
城陽開	一七•三八	一二•一五	二一•五四		六•四七
女姑口開	一七•四七	一二•三〇	二二•〇三		不停
滄口開	一七•五九	一二•四二	二二•一六		七•〇三
四方開	一八•一四	一二•五四	二二•四〇		七•〇九
大港開	一八•二五	一三•〇七	二二•五〇		七•一〇
青島到	一八•三〇	一三•一三	二三•一五		七•一五

隴海鐵路行車時刻表

自右向左讀：第一次特別快車自東向西每日開行；第十九次客貨車自東向西每日開行

自左向右讀：第二次特別快車自西向東每日開行；第二十次客貨車自西向東每日開行

站名	午別（自東向西）	第一次	第十九次	午別（自西向東）	第二次	第二十次
徐州府	上午	第一次 八點十分開		下午	八點〇五分到	
碭山	上午	十點十六分到 十點二十六分開		下午	六點〇四分開 五點五十四分到	
商邱	上午	十二點〇九分到 十二點二十九分開		下午	四點十七分開 四點〇二分到	
開封	下午	四點三十二分到 四點五十二分開		上午	十二點五十五分開 十一點五十五分到	
鄭州南站	下午	六點五十一分到 七點十一分開		上午	十點〇二分開 九點四十二分到	
汜水	下午	八點三十三分到 八點四十三分開		上午	八點四十二分開 八點四十分到	
鞏縣	下午	九點二十三分到 九點二十五分開		上午	八點〇六分開 八點〇四分到	
孝義	下午	九點四十七分到 九點四十九分開		上午	七點四十八分開 七點四十六分到	
洛陽東站	下午	十一點二十二分到 十一點四十二分開		上午	六點三十五分開 六點十五分到	
新安縣	上午	一點二十二分到 一點三十二分開		上午	五點開 四點五十分到	
澠池	上午	三點二十一分到 三點四十一分開		上午	三點二十三分開 三點十八分到	
觀音堂	上午	四點三十七分到 四點四十二分開		上午	二點三十六分開 二點三十一分到	
會興鎮	上午	六點〇八分到 六點十八分開		上午	〇點五十二分開 〇點四十二分到	
陝州	上午	六點五十分到	第十次 七點二十分開	上午 / 下午	第二次 〇點〇五分開	十點二十五分到
靈寶	上午		八點三十二分到 八點四十七分開	下午		九點十六分開 九點〇一分到
閿鄉	上午		十點二十分到 十點三十五分開	下午		七點三十三分開 七點十三分到
盤頭鎮	上午		十一點五十二分到 十一點五十五分開	下午		五點五十六分開 五點五十三分到
文底鎮	下午行		一點二十分到 一點二十三分開	下午		四點二十八分開 四點五十二分到
潼關	下午行		二點二十分到	下午		第二十次 三點三十分開

17584

中國工程師學會會務消息

民國二十二年美洲分會年會補誌

中國工程師學會美洲分會與中國科學社美洲分社舉行二十二年聯合年會。於八月二十四日至二十八日，在紐約開會，會場設於紐約國際公寓，事先由兩分會舉人共同籌備，開會時除在哥倫比亞大學附近通衢公佈外，並發行年會特刊，以利會員及外界來賓，茲將四日經過，紀之於後：

會場——會場設於國際公寓甲乙兩室，丙室爲進口，門頭標『科學工程』四字，旁懸對聯一付：『協力同心致知格物』，『集思廣益利用厚生』，室內用紅綠紙帶交叉，中懸一鐘，雖點綴簡單，而莊嚴之意頗能充分表現。丙室用爲辦公室，甲乙兩室用爲會場，値此新秋天氣，溽暑漸消，有此時地之相宜，到會者之興趣，亦因以倍濃焉。

二十五日註册——24日下午四時至六時25日九時至十時爲註册期間，本年因多數會員返國，兩會會員註册者僅18人。

開幕典禮——上午十時舉行開幕禮，由張光華君主席，先述今年兩會合作之原因，及將來在中國科學工程界努力之需要，次介紹科學社職員周田君致歡迎辭。周君發揮年會之意義有三：一爲交換智識。二爲聯絡感情，三爲提倡科學與工程。再次介紹工程師學會連任會長歐陽藻君致歡迎辭，歐陽君首述科學工程兩會過去在中國之努力，當今日國內外經濟軍事暗鬥愈激之時，第二次世界大戰在最近之將來恐終不免，欲謀中國之生存，須從速利用工業化，以裕民生，力固國防，以免蠶食，欲達此種目的，端賴科學與工程，願科學與工程同志，互相共勉，向此兩途努力焉。

名人演講——年會開幕時，有名人演講，首先主講者爲趙元任博士，講題爲方言學在科學與工程上之重要，發表科學理論，闡明工程應用，莫不賴簡捷有效之方言。我國科學前途之發展，仍希望於我國文字，能在科學上之應用。文言，白話，駢體，散行，何者爲宜，固無一定之標準，然就科學本身言之，當以文字能直接表明意義而簡單實用者爲佳，其中要以白話爲宜。次爲華納兒教授，(Prof. E. P. Warner) 華氏爲航空界之前進，曾於何立芝總統任內充海軍部航空司司長，曾任麻省工程學院航空教授，著有航空學書籍甚多，現任航空月刊總編輯，其講題爲『工程師』(The Engineer)。華氏對於(一)工程師本身與社會之關係，(二)打破與利用習慣來解決社會問題，(三)廣義之工程師并非限於技術方面，是就整個社會上之需要，利用其技術，來適應於社會環境而爲人羣謀幸福等。發揮詳盡，并以其昔日任事之經驗及美國有成績之工程師所經過之途徑爲例證。二氏之演講，皆關於發展中國科學與工程之基本問題，値得我青年學者注意及之。十二時宣告散會，到會者多被邀至與記園共膳。

宣讀論文——宣讀論文，計有兩組，今日下午係第一組，由周田王葆和二博士分任主席，按會序排列，計有論文十二篇，但因作者有八位未到，當場宣讀者僅有六篇，如周田君之"The Relation Between the Rate of Reaction and the Potential of System"；化學工程師R.L. Holiday 之『化學工廠內工程部之組織』；航空工程師周傳璋君之『新式快行飛機上空氣阻力之研究』；丁緒寶君何增祿君之『創辦中國科學儀器廠意見書』四篇，皆由作者親自宣讀，此外作者未到，其論文請人代讀者有周西屏君所作之 "Brief

Historical Account of the Vector Calculus with Reference to Electrical Engineering 及馬寯周君所作之『上海飛機廠之設計』兩篇由周傳璋君代讀共歷三小時之久。

交際會——星期五晚八時半，在甲乙兩室開交際會，所以招待來賓，俾會員來賓間相互聯絡感情也。由李振南博士主席，先介紹陳恩先生(J. A. Drain, Service Engineer, Sperry Products Co.)放射活動電影，解釋『裂軌』檢驗器 (Detection of Rail Fissures by Sperry Rail Detector) 及羅賽 (F. A. Rossell)先生演講『紐約何難得遂道之建築史』。二氏均用幻燈及活動電影，按圖說明，引人入勝，歷一時半之久，惜時短片長，未能令其演完，不無遺憾，至十一時，由主席介紹趙元任先生兩女公子，歌唱畢，即宣告自由談話，互相聯絡感情。

二十六日宣讀論文——今日下午九時至十二時，為論文第二組，由丁緒寶，周傳璋兩位先生分任主席，列入今日論文組會序者，計有論文十一篇，本人到會宣讀者計有李振南博士之『互聯法之原理及其應用於商情預測』貝克華氏(M. R. Bahagwat)之『科學思想』(Scientific Mind)羅榮安先生之 "The Curtiss 'Hawk'" "Persuit Plane" 王葆和博士之 "Continuous Recording of Kennelly Heaviside Layer Heights,")，祁定先生 (H. J. Keating)之 "Tool Planning and Inspection for Munition Production) 本人未到請人代讀其論文者有馬寯周先生一篇，題為 "Controllable Pitch Propeller" 由周傳璋君代讀者六篇論文，或關於預測商情，或關於飛機設計，或關於工廠管理，或關於電波現象，皆為自然或應用科學上之當今切要問題。

事務會議——原定會程，今日下午科學工程兩會分組討論會務，嗣以到會人數不齊，故改至明日下午。

年會宴會——每年宴會，不特為年會中重要節目之一，即在中國學生團體中，亦屬盛舉。事前印就餐券，遍貼廣告，分函送劵，以便關心中國之人士，得有機會參加，今晚七時，宴會在陳李餐館舉行，到會共計四十餘人，并請有幾位名人出席演講，宴會由李嗣綿君主席，於聚餐畢，由主席介紹包朗博士講演中國水災問題，包氏任華洋義振會名譽主席有年，年前在中國關於防水築堤工作，有切實調查，民國二十年長江水災後，包氏親視三千英哩築堤工作完全由中國工程師，人工在氾濫時間中築成，其功實不可沒。包氏自稱為中國最親善之友人，對中國作反宣傳者，遇有機會，包氏恆無所忌憚，作强有力之辯正，希望我國人自己對這點加注意，包氏辭畢，繼起者有白夫人 (Mrs T. C. White)，夫人為前清公主，適白氏多年，卜居華美兩國，來往甚頻此次來紐約，居住者已六年，平昔關心國事，努力於著作，從事於演講，無時無地不令一般美國人了解中國文化，認識中國民族，誠為巾幗中愛國之有心人歟。白夫人起立述其在美國對國事宣傳之努力，并竭誠希望中國青年工程師科學家能人人繼詹公天佑之後，具創造精神，建起一新中國。末為張祥麟博士演講刻下我國地位之低落，無往不受暴日之中傷，即以此次芝加哥博覽會為例，經張博士幾次之抗議，博覽會當局始將世界所否認之滿洲國之利日宣傳取消，我之敵人，無處不蒙蔽世人耳目，我同學固不必作虛僞之宣傳，但亦應作事實上有力之辯證。至於我國國內情形，亦希望勿為一般無事實上根據之報紙所淆混。諸位為科學與工程同學，所負責任與所取步驟，應按歐陽君所作特刊中之引言上確實做去。演詞畢，由主席起立致謝，宣佈正式散會後請會員來賓留此跳舞及欣賞歌舞 (Floorshow)，客散後，留連夜景者尚不乏人。

二十七日討論會——今日上午九時至十

17586

二時，爲公開討論會，題爲『中國工業化』晨因人數不足，未能按時開會，候至十時半，始由丁緒寶先生主席，宣佈開會，首請歐陽藻君宣讀論文，其題爲『中國在工業化過程中之地位』歷半小時之久，將中國工業化所必需之主要原動力，金屬，交通，農產等按確實之調查，作爲圖表二十二幅，表示何者爲急需，何者最落後，提出幾種先決問題，欲實際施行工業化，此等問題，絕對不可忽略，次由朱玉崙君宣讀其發展中國煤礦業之研究論文一篇，朱君積多年之研究，已將此問題，寫成兩册。在極短時間內，當然不能盡量發揮，但於緊要問題，屬於經濟方面的，如生產，消售，工資，競爭等問題，屬於工程方面的，如開採，運輸等問題，皆能一一涉及，其中撮要者爲今日中國之煤礦，被英日所控制，欲與之爭市面，非用巨量機器生產及廉價運輸不可，倘此點能做到，國外商場，亦有插足之可能，朱君讀畢，繼以短時間之討論，嗣以午膳時近，遂延時至午後二時半，在甲乙兩室繼續開會討論。由歐陽藻君主席，主持討論，各人隨意發表意見，除各會員及來賓相繼發言外，並有來賓美國女士一人，加入討論，交換意見，所談頗多扼要，討論至四時。

事務會議——應於昨日下午舉行，改爲今日下午舉行之。科學社因人數不足未開。工程師學會到會者有周傳璋，朱玉崙，王葆和，張光華，梁興貴，歐陽藻六人，歐陽藻主席，首報告過去一年會務概況，會員人數，經濟情形，新職員結果等，次爲今日應討論之節目，一爲補充職員，二爲議定分會會刊發刊期數，結果王葆和君被舉爲書記并出版委員會主席，朱玉崙君爲會計，嗣以時晚，五時半，宣告散會。

遊覽名勝——按會序今日下午爲遊覽名勝，晚間參觀射電城，(Radio City) 因射電城星期日乏人招待，遂改爲星期一。故今晚時間可改爲完全遊覽名勝。同行者六人，乘地道車至一百八十一街，過華盛頓吊橋，至紐豬色，(New Jersey Side) 橋高水面二百五十呎，登橋頂四望，遠見輕便汽艇，一二風帆，往來水面，俯視泅人成羣，出沒無定，儼似魚游，左岸則月上東山，隱約有層樓之梢，(紐約) 右岸則夕陽涵樹，點綴於青崖碧嶂之間，(紐豬色)此情此景，令我等胸襟爲之一展，腦海爲之一新，燈火齊明之候，我等至紐豬色方面，覓得餐館，進晚膳後，乘車至(Pallisade Park) 遊藝園內暢遊至深夜，始乘輪渡而返。

二十八日參觀工廠——上午十時至(Brooklyr之 Sperry Gyroscope Co.) 參觀前往者計十一人，內有美國女士一人，人數齊到時，由該公司派人兩位分組領導參觀，自船舶所用之羅盤(Gyroscope Compass)，飛機上所用之定向儀器 ， 海洋巨艦防止擺動之(Gyroscope Stabilyzer) ，高射砲上所用之探聲器 (Sound Locator)，探照燈 (Search Light)，小至學校用之Gyroscope 模型等，無不一一看到，嚮導者詳爲解釋，臨行時復各贈一份印刷品，以備參考，由該公司出來，即在中國城如意館用午點，膳畢四時至公寓，再糾集同人渡赫德生河，前往Edgewater 參觀福特汽車公司裝置部，同去時九人，到時已遲，公司派一嚮導領至各處略覽一週，此廠爲該公司在美最大之裝置部，充分容量，可容六千人，現僅雇用二千人，最大生產量每日可產汽車八百部，現時出產量爲二百六十部，此產出貨專供給美國東部及國外市場，各零件皆運自別廠，自裝置原動機，配合車身，油漆門牕，直至各部完成，開車至貨棧，經過各種手續，無不走馬看花，歷時一句半鐘而返，時間雖短，對於汽車裝配之方法，可略知其大概，晚間七時往紐約城中正在建築之射電城(Radio City)參觀。城佔Rockerfeller Center之一部，著名者有瞭望塔(Observation Tower)，音樂廳(Music Hall)，及新Roxy電影院。計有十人前往，由值夜之經理，領至各部參觀，先登電梯至八百呎高之瞭望塔，放目曠觀，全城在望，次由高塔下降歷經各部，直至地窖下距地面六十五呎之深處，關於廈內之熱冷水管道之裝置，冷氣房(Refriegeration Plant)，電梯配電及控制室，及NBC無線電廣播電台將來所用之電力室等，皆能盡量參觀，此不過限於RKO高廈之內，他樓不在焉。至音樂廳則另一部也。觀畢引導者復代向音樂廳接洽，遂得參觀該廳後台之佈置彩光變換室，化裝室，製造行頭室，練習室，轉台控制機關，及音樂隊升降台之動作，佈景之變換，得窺內幕，其最有趣者，當舞女表演時，我等在後台能親歷其境，極目暢觀，因窺全豹，是較費頭等戲票者所樂不啻有天壤之別也。待參觀畢，時近十點，領導者復邀我等入樓座請看自戲，凡電影，音樂，雜耍，跳舞等節目，我等悉覽無餘。

數字遊戲 (儀)

$$98765432 \times \frac{9}{8} = 111111111$$

$$98765432 \times \frac{18}{8} = 222222222$$

$$98765432 \times \frac{27}{8} = 333333333$$

$$98765432 \times \frac{36}{8} = 444444444$$

$$98765432 \times \frac{45}{8} = 555555555$$

$$98765432 \times \frac{54}{8} = 666666666$$

$$98765432 \times \frac{63}{8} = 777777777$$

$$98765432 \times \frac{72}{8} = 888888888$$

$$98765432 \times \frac{81}{8} = 999999999$$

17588

工程週刊

（內政部登記證警字788號）

中國工程師學會發行

上海南京路大陸商場542號

電話：92582

（稿件請逕寄上海本會會所）

本期要目

中華民國23年3月23日出版

第3卷第12期（總號53）

中華郵政特准掛號認為新聞紙類

（第1831號執據）

定報價目：每期二分；每週一期，全年連郵費國內一元，國外一元六角。

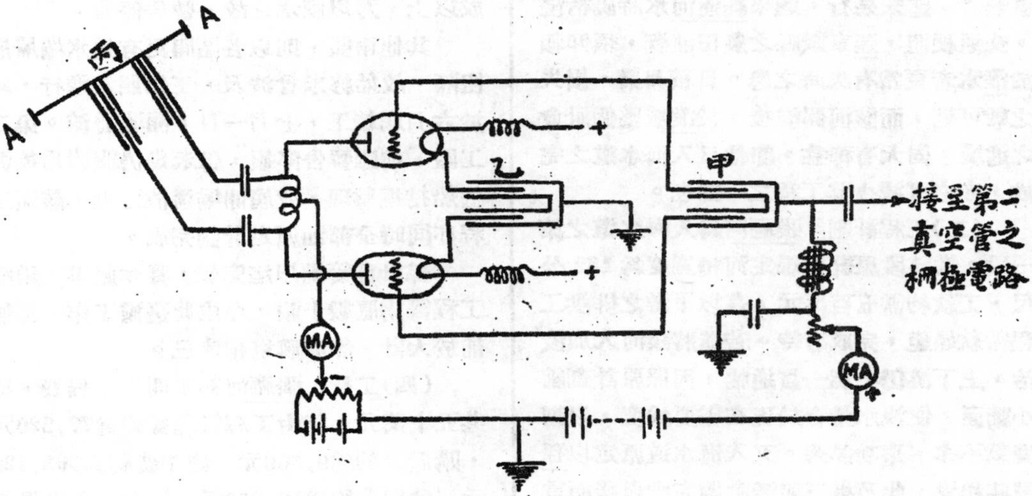

最新式微波無線電收音機綫路圖

編輯者言

以記者耳聞所及，近來國內關於建設新聞漸多，實可慶喜之事也。我國現正值內憂外患時代，欲謀自存之道，舍積極建設之外似無其他善策。以內憂言，數年以來，天災莫若洪水，人禍莫若匪患。欲弭水災，必須整治水利；實有賴於各水利委員會之努力猛進也。欲利剿匪，必須改進交通，聞諸贛省人言，該省公路通達之處，匪迹亦即消滅，非無因也。至於外患，必須講求國防，而國防非建設無以達到目的。故在今日而言救國，其責蓋在我輩工程界！

張福河疏浚工程之完成

導淮委員會

(一)引言　導淮事業巨大，近數十年來中外人士研究之者踵相接。自本會成立以來，分設處局，勘查實測，規訂計劃；徒以工艱費鉅，不易全部實施，爰就力之所及，擇收效最宏之工程着手施行，以期逐漸推進；而張福河之疏浚，實爲目前急不可緩工程之一。該河爲導淮入海水道之第一段，兼爲目前引淮濟運唯一之孔道，年久失浚，淤墊日甚。前江北運河工程局曾屢議開挖，以工款無着，迄未果行，邇來裏運河水時虞枯淺，交通梗阻，運東數縣之農田灌溉，須仰賴於淮水者更常有失時之患。日積月累，損失之數可驚，而該河開浚後，於淮域整個社會之進展，固大有裨益，即他日入海水道之完成，亦必可減少其工程之一部也。

(二)工程計劃　張福河爲入海水道之第一段。惟該段原計劃規定河槽寬度爲162公尺，工款約需五百萬元，茲以下游之排洪工程需款過鉅，完成有待。若僅將該河大加浚治，上下游仍不能一貫通暢，因照原計劃縮小斷面，便洩水量合於現在需要爲度，以期費款不多，事功易舉。又入海水道原定以孫家莊起點，此乃指三河活動壩完成以後而言。在三河壩未成以前，孫家莊以上至高良澗一段，亦須加以疏浚，方能收效。計自高良澗至碼頭鎮長約31公里；就原有河槽展寬浚深，規定新河底寬爲32公尺，河底高度在高良澗爲8.62公尺，依0.000.0575比降下減至碼頭鎮出口處爲6.84公尺，兩岸坡度爲1：2，出土堆築成隄，總計出土約220萬公方，全部工費約五十萬元。

(三)工程實施　本會自決定辦理疏浚張福河工程後，于21年9月，設入海水道工程局于淮陰，積極籌備該河起高良澗迄碼頭鎮中，築攔河壩數座，劃分爲三區，用人工及鐵道工挑浚。均於22年1月間先後開工，惟以天氣奇寒，泥土冰結，連遭雨雪，積水難除，致開始時工程進行較緩。三月以後工作順利，進展頗速。五月中旬，沂水驟漲，暴雨如注之際，第二區所轄河口大壩，以基礎爲流沙滲漏，遂突遭運水襲入。當經該區負責人員漏夜搶堵，旋即恢復原形。該區因開工最先，原定五月底完竣，故其時實挖土方已達八成以上，乃以侵水之故，暫告停頓。

其他兩區，則以各區間更有擋水壩層層阻隔，故始終未曾波及，工作照常進行，均於六月底竣工，七月一日，開壩通流。第二工區，前雖暫告停頓，但未幾仍繼續用挖泥機船挖掘整理，故屆開壩通流之期，該區工程亦同時全部如原定計劃完成。

綜計自籌備以迄完竣，朞年蕆事，導淮工程籌辦歷數十載，今成此蕞爾工作，雖無補於大計，然亦聊堪稱幸已。

(四)工費　張福河初步開挖工程費，約共五十萬元。其中工程管理費約爲77,220元，購置費約爲9,500元，施工費約爲393,420元，特別費約爲19,860元，均在本會應得英庚款項下開支。

(五)功效　大江以北，航道首推運河，而裏運尤較中運爲要。高郵以下，賴湖水之挹注。得以終年通航。高郵以上之裏運流量，除沂泗而外，厥恃張福河之淮水以爲接濟。沂係暴源，冬春無流，泗水來量，亦屬有限。當張福淤墊，淮源竭蹶，則裏運交通，即時有阻滯，而兩岸數萬方里之農田灌溉，向仰給於裏運者，現亦僅惟中運之來量是賴。蓋農事需水之期，每當運河枯涸之時，來源既減，遂致往往供不應求。故張福河之疏浚，實於裏運之交通，及運東農田之灌漑，俱有莫大利益。況該河本身爲淮運交通之樞紐，淮北之鹽，由此經洪澤湖而入皖豫，歲銷逾兩百萬包；皖豫之米麥雜糧，經此而運者，其數亦屬甚鉅，船舶往來，年以萬計，近雖以河槽淤淺，地方不靖，鹽務衰落之故，其數大減，然尙達六七千隻以上；該河挑浚後，在將來可減少排洪水道工程之一部，在目前則裨益于農產商業鹽務稅收，已非淺鮮。

微波無綫電實用概況

朱其清

無綫電之電波，有較現在國內通常使用之短波爲短者，是爲超短波無綫電波，亦名微波無綫電波。微波無綫電波之波長，約爲10公尺以下1/100公厘以上。實則1/100公厘之電波，已與熱波地域相接近，而非復爲無綫電之電波矣。昔時吾人之觀念，以爲短波之效率不如長波，故昔時均用長波機件，及短波發明，吾人始恍然知昔日觀念之錯誤。但是時猶以爲短波之效用，祇限於10公尺以上之波長，如波長再短，則電波將射出地層之外，不復返至吾人寄存之地球，故不能加以利用。洎夫晚近，吾人始又證實此點之錯誤，蓋10公尺以下之微波無綫電波，其地面波之一部份，具有奇特之效用，近且臻於實用，此誠非吾人始料之所及也。考數十公厘以至數公厘之電波，早在西曆1887至1894年間，Hertz與Righi諸氏，卽能設法發生，至1924年間，Glagowela Arkadiewa女士，更能利用火花式機，以產生 0.008 公厘之電波，蓋已深入於熱波範圍之內矣。惜此種發明，均未能成爲實用；考其原因，不外爲電波之程式屬諸減幅波，發射機之電力，不能增强，收受機之調整發生困難，電波之振盪難保穩定諸端。然近二年間，此種困難，已能設法完全去除。如眞空管之製造，則加以特殊之設計，將所使用之電極，改爲短而小之形式，於是極高週率之週波，乃可藉之產生。發射電力之增加，則利用多數之發射機與反射器，使之妥適佈置於一處，以達到增强電力之目的。收受機方面，則改用同時調準燈絲，柵極，及屏極電路制度，並將屏極電路接至天綫，於是一切困難，始告解決。關於發射機之綫路與構造，近今各無綫電雜誌中，均嘗見之，玆不贅述。惟燈絲柵屏三電路同時調準法，尙不大覯，特表面出之，附圖(見首頁)卽爲最新式微波無綫電收音機之綫路圖。甲乙丙三處分別表示柵，燈絲，及屏極同時調準法。AA 爲天綫，接入於屏極之電路，M V爲電表，用以測量各電路之電流，以覘工作時情形是否適宜。去歲馬可尼氏卽利用是項新式收受機，作遠程距離之試驗，結果射程達一百餘海里，堪稱美滿。其作正式通信之用者，已有兩處，日夜可靠之電話射程距離爲20公里，玆將其各種試驗結果摘錄於次，列爲下表，藉見一斑；

射程距離	11英里	22英里	20公里	125海里
使用波長	60公厘	60公厘	60公厚	57公厘
所用發射機之程式	用發射器兩組反射器四組合組而成	同前	用發射器四組反射器五組合成	同前

所用收受機之程式	用舊式機（即無屏極及燈絲極之調準設備者）	用新式機（即燈絲屏柵三極同時調準法機）	新式機	同前
發報天綫高度	50公尺（高出海面）	同前	一	750公尺
收報天綫高度	70公尺（高出海面）	同前	一	340公尺
收發兩地間之情形	全經海面之上	同前	全經地面	
備考	查收發兩地間可以互望其最大目力所及距離為24英里	目力所能達之距離為27.5英里	因收發兩地間均為樹所遮蔽故目力不能互達	在58至80及100至100英里間信號發生衰落現象

昔日吾人視無綫電之為物，每以為神妙不可思議，此蓋因無綫電波不能直接與吾人五官發生關係耳（如耳不能聞，目不能視，鼻不能嗅等是，）自微波發明其波長範圍，已與熱波相接近，情形與昔大異。竊謂最近之將來，電氣世界，必將發生特異之變化，可斷言也。猶憶記者於十數年前，曾預言神精波之可能，以作隨地隨時通信之用，自微波發明，益信此事之實現，當在不遠矣。

微波無綫電波，有特殊之優點，玆舉其犖犖大者於次：(一)電波不受外界電氣之擾亂，(二)電波仍能沿地面曲度而前進，(三)電波週率甚高而銳，通信綫路增加甚運，（四）電波具有極尖銳之定向特性，可以減除相互間之擾亂，(五)不受天時及大氣如霧雷雨等之影響。他若通信之絕對可靠，機件之十分簡單，通信祕密性之增加，亦均為現在所使用之短波無綫電機所不可及者，因微波之波度尖銳，通信綫路之廣闊，吾人乃可用之以解決電視學中之最大困難，而使電視得臻美滿之域。因微波電波具有祕密特性，吾人乃可利用以作軍事之通信，因微波電波不受外界擾亂，通信可靠，吾人乃可應用之於飛機之裝置。微波目前唯一最大之缺憾，厥為射程距離之短小，苟此點而能解決，則微波之前途，眞將不可限量矣。吾人對於此極有希望同時國外亦尙屬幼稚之微波無綫電事業，目前亟應加以積極之研究也，吾國內無綫電界曷勉旃！

山東省有汽車路已通車各路線統計表

區別	名稱	經過地點			路線長度		
		起點	迄點	經過點	實長里數	復用里數	專用里數
烟濰	烟台線	烟台	濰縣	昌邑 掖縣 黃縣 蓬萊	580		580
	烟福線	烟台	福山		30		30
	石榮線	石島	榮成	頭 俚島	175		175
	石威線	石島	威海	頭 孟莊	205	90	115
	烟石線	烟台	石島	牟平 文登	360		360

（繼續前頁）

	威俚線	威海	俚島	孟莊 柳埠	130	60	70
	烟文線	烟台	文登	牢平 上莊	190	190	
區	烟榮線	烟台	榮成	牢平 威海 孟莊	295	180	115
	威文線	威海	文登	爺島 汪疃	115		115
	青烟線	青島	烟台	卽墨 萊陽 棲霞 福山	525	30	495
膠	烟徐線	烟台	徐店	黄務 鐵口	160		160
	膠東線	膠縣	東宋	平度 沙河	240		240
	青黄線	青島	黄縣	卽墨 招遠	435	90	345
	青金線	青島	金口	卽墨 牛齊埠	180	90	90
萊	青沙線	青島	沙河	卽墨 平度	315	225	90
	青海線	青島	海陽	卽墨 行村	305	135	170
	藍萊線	藍村	萊陽	劉村 水溝	190	130	60
區	藍掖線	藍村	掖縣	平度 子店	215	72	145
	烟海線	烟台	海陽所	牟平 通海	233		233
	濟濮線	濟南	濮縣	譯河 壽張 范縣	497		497
	德南線	德縣	南館陶	恩縣 夏津 臨清 館陶	353		353
東	濟東線1	濟南	東昌	齊河 八里店	301	196	105
臨	濟東線2	濟南	東昌	齊河 禹城 高唐 博平	319	214	105
	濟臨線	濟南	臨清	齊河 禹城 高唐 夏津	358	139	219
區	邱館線	邱縣	館陶		60		60
	禹臨綫	禹城	臨邑		70		70
兗	濟城線	濟寧	武城	金鄉 單縣	235		235
	鄆濟線	鄆城	濟南	鉅野 嘉祥	160		160
曹	濟縣線	濟寧	濟寧	汶上 長清 東平 東阿 平陰	445		445
區	濟荷線	濟寧	荷澤	嘉祥 鉅野	240	100	114

17593

（繼續前頁）

泰沂區	濰台線	濰縣	台兒莊	容邱　諸城　莒縣　臨沂	790		790
	石莒線	石臼所	莒縣	日照　邱莊	180		180
	臨棗線	臨邑	棗莊	柞城　項城	210	120	90
	臨郯線	臨邑	郯城	李莊　大埠	115		115
	石濤線	石臼所	濤雒	日照	[illegible]	20	44
	諸高線	諸城	高密	柴溝　百尺河	120		120
	泊北線	泊兒	北安子	王哥莊　靈山衛	120		120
	益沂線	益都	沂水	臨朐　蔣谷　馬站	260		120
	坊蔣線	坊子	蔣谷	高厘	130		130
	膠舖線	膠縣	舖集	張應	79		79
	膠紅線	膠縣	紅石	王台	68		68
	黃安線	黃旂堡	安邱		50		50
濟武區	周清線	周村	小清河	長山　鄒平　青城	152		152
	濟利線	濟南	利津	小清河　台子	385		385
	棗辛線	棗園	辛寨	章邱　刁莊	90		90
	濟霑線	濟南	霑化	臨邑　商河　武定　信陽　無棣	398	12	386
	周博線	周村	博興	長山　桓台　高苑	140	22	118
	益羊線	益都	羊角溝	壽光	192		192
	辛廣線	辛店	廣饒	臨淄	72		72

附註

（1）本表係取自山東省建設廳本年二月之出刊物。所列里數當係華里。惟據該書中他處述及濰台路全路長364.4公里；以本表中該路長度790里折之，則每里約合0.461公里矣。

（2）本表各路線總長9418里，經過75縣城。

（3）本表復用里數係指該路併入其他路線之里數而言。

國內工程新聞

（一）錢江大橋

錢塘江橋工程處長茅以昇談錢江大橋建設工程計劃綦詳，茲誌其詞如次。茅氏稱，現本橋七月半開工，約需二年方可完竣。通過錢江方法，不外輪渡隧道及橋樑三種，輪渡於巨風高潮時，不免停候輪渡，有失維持交通本意。隧道以江水冲刷力大，不適開鑿條件。橋樑需費最少，將來維持保養亦最經濟。橋址决定爲閘口滬杭甬鐵路終點，因三廊廟距城市固近，且現爲渡江碼頭，建橋於此，自屬便利。惜兩岸相距甚遠，江流無定，建橋經費估計需八百餘萬元（火車汽車及行人同時通過）。至閘口則江面最狹，河身穩定，選爲橋址，最爲經濟。雖距城市較遠，但沿江附近無較優之地點，三廊廟之義渡，則仍維持。任何工程，應以堅固應用經濟美觀爲前提。本橋設計條件，約有下列數點：(一)火車須爲標準載重古柏氏E五十級（現時各國有鐵路尙無此種載重，）(二)汽車須載重十五噸，(三)行人須算擁擠時之重量，(四)以上火車及往來汽車行人須同時通過，(五)橋下須有 9.24 公尺，以便輪舶通行，(六)橋墩距離，須不妨礙江流，並須顧及水面交通，(七)式樣及建築，須顧及軍事關係，(八)材料須用最堅固耐久者，尤應儘量採用國貨，(九)鐵路公路之坡度，須合標準，(十)全部建築須莊嚴美觀，適合環境，(十一)所有正橋引橋，及二岸鐵路公路之聯絡，應謀整個的經濟。本橋先請美橋樑專家華德爾博士設計，經委員會數月之研究，最後決定以67公尺孔之設計招標，其內容係用建築組成，(一)在錢江控制線內，設置雙層橋樑十六孔，每孔67公尺，合計1073.2 公尺，上層中爲公路，兩旁人行道，下層爲單線鐵路，橋墩爲鋼筋混凝土建築，下爲木樁，最長者24.4 公尺。(二)鐵路引橋設置上託式鋼板梁，二岸各二孔，引橋之外爲護石勢土。(三)公路引橋設置上託式鋼桁樑，二岸各二孔，又混凝土梁二岸各五孔，引橋之外亦爲護石墊土。(四)正橋二端引橋起點外，各設橋堵一座，計長39.6公尺，上有平台可供憩息，並可置軍事設備，以資防禦。並於招標時聲明，凡投標人皆得另擬設計並投標，倘有優良設計，固歡迎不暇也。本橋聯接滬杭甬鐵路，杭江鐵路，七省公路，將來運輸必繁，略收費用，卽可抵償工款。經向各鐵路各汽車公司調查，現過江搭客，每日約二千五百人，(不乘車行人未計算在內)，將來玉萍線完成，滬杭甬接通，每日至少當有三千餘人。至於貨運，據杭江鐵路及滬杭甬路之貨物統計推算，現時每日過江者已有一千噸，將來必增加。玆假定橋成後，第一年每日過江搭客三千一百人(行人不收費)貨物一千三百噸。以後每年增加百分之五，至第六年起，不再增加。按照浦口下關輪渡收費標準，悉用最低等級估計。第一年可收五十八萬餘元，遞增至第六年，可收七十三萬餘元，除去維持費外，計年收五十五萬至七十萬元，十年之間共淨收六百五十萬元，足償工款本息有餘矣。

(二)滬紹甬長途電話

交通部鑒於滬甬兩地商務殷繁，爲謀交通便利計，决開辦滬甬直達長途電話，着由上海市電話局負責辦理。經電話局局長徐學禹氏，會同紹甬兩電話局，數度會商，分別積極進行後，已大部接洽就緖。該線路線，係由滬經杭州轉紹興直達甯波。現滬杭一段，早已通話，近決開築杭紹與紹甬二段，以完成全線貫通計劃。開建經費，全部約十餘萬元，經滬甬兩地紳商之贊助，現已全部籌定。所有該線測量工程，日內卽開始進行，預定四月後，可全部完工。至將來通話後之管理及價目等詳細辦法，將由滬電話局擬定，呈請交通部核准施行云。

(三)玉萍鐵路

浙贛兩省府會同建築之玉萍鐵路，預估經費六千萬元，決先籌足半數，本市銀行界允借一千二百萬，合同已簽訂。借款擔保業

經鐵道部暨主管省府批准，組織聯合公司開始興建，玆將各情探誌如下

玉萍路位於浙江省江西省之間，全路形勢關於軍事上運輸上之重要，不亞於京滬鐵路。浙贛兩省府有鑒及此，特計劃開闢。經專家進行測量，並預估全部經費須六千萬元，方得完成，決定先籌半數，以便動工。當由兩省當局各自籌劃七百五十萬，其餘不敷經費向滬銀行商借。曾派曾養甫，蕭純錦，鐵道部代表陳耀祖，來滬與中國銀行宋公權，交通銀行唐壽民，四行諸蓄會錢新之等迭次接洽結果，允借一千二百萬元。

所有銀行界商借之一千二百萬元資本，其合同業已正式簽字，利息確定爲週年七厘半計算。還本期俟該路建築完成後，卽分期撥還，預定五年內償淸。借款担保品除由浙贛兩省府以地方重要稅收作抵外，並由鐵道部以某種債劵抵押。該項合同經雙方正式簽字後，業已呈報主管省府備案批准。

浙贛兩省府因經費有着，乃會同在京組織浙贛鐵路聯合公司，於四月一日起依照劃定路線雇工進行建築第一段由杭江路之終點玉山站起至南昌。預定於明年三月底完成。第二段由南昌與築至玉萍鄉，總計全部工程可於兩年中全線建築完竣。

國外工程新聞

世界最大之治河工程

美國蜜錫錫批 Missisippi 河由聖路易 St. Louis 至敏賭亞波立斯 Minneapolis 止，治河工程計劃預算須美金 $ 124,000,000 已於本年三月一日開工，由復興公款內先撥美金 $3:,500,000以便動工。按照工程計劃，共須建築二十七座閘壩，內有四座在三月一日以前業已完工者。先是擬議計劃之時，共有三種辦法，均經詳予考慮；(一)按照天然低流修治流道加以疏浚，（二）設蓄水池加以修治與疏浚，(三)用閘壩方法修成運道 Canalization 。第一種辦法原祗求達6 英尺之深度，實行已有多年，實際上頗難達到此深度，有一段至多不過5 英尺深。修治流道，每使河面變狹，在灣曲處爲尤甚。如欲維持6 英尺之深度如第三種計劃者，事實上必不可能。第二種辦法係利用蓄水池以補充河水使達9 英尺之天然流道深度，至水低時季再加以修治與疏浚。目前美政府已有六隻蓄水池供此作用，尙有數隻蓄水池供發電力之用。惟此次辦法通盤計算之後比較第三項辦法須多用美金 $29,000,000此蓄水池可利用爲發電力之用，則其中之美金 $24,000,000 可歸發電之工程賬內。但欲利用蓄水發電非另建發電設備不可，而此額外設備預計又須美金 $23,000,000故結果遂採取第三種閘壩辦法。第三項辦法，可使河深達到 9 英尺，而又較爲經濟，故已決定採用。將來在相當地點仍無用蓄水池，自亦未嘗非一種補助方法也。　(泳)

數字游戲

(一)下圖爲1,2,3,4,5,6,7,8,9,10十個數字併成。本刊讀者如有同様性質之圖式，請賜寄備登爲荷。　(泳)

(二)下圖各方格內係1至9九個數字併成。無論橫直或斜角各三個數字相加均為十五

8	1	6
3	5	7
4	9	2

(泳)

(三)

1 × 76923 = 076923
4 × 76923 = 307692
3 × 76923 = 230769
12 × 76923 = 923076
9 × 76923 = 692307
10 × 76923 = 769230

(儀)

(四)

2 × 76923 = 153846
8 × 76923 = 615384
6 × 76923 = 461538
11 × 76923 = 846153
5 × 36923 = 384615
7 × 76923 = 538461

(儀)

北甯鐵路簡明行車時刻表 中華民國二十三年四月一日重訂

下行車

列車次數 ／ 開到時刻 ／ 站別	北平前門開	豐台開	郎坊開	天津總站開	天津東站到	天津東站開	塘沽開	蘆台開	唐山開	古冶開	灤縣開	昌黎開	北戴河開	秦皇島開	山海關到	錦縣	遼寧總站
第七次 慢車 中膳各等	五·四五	六·二〇	七·四二	九·二八	九·三六	九·四五	一〇·四八	一一·五[illegible]	一三·〇一	一三·四八	一四·四三	一五·五四	一六·四四	一七·一三	一七·三五		
第十一次及第十九次 客貨混合三等慢車	七·五〇	一〇·二五	一四·〇〇	一八·〇一	一八·一六	停	第十九次	自唐山起	六·三〇	八·〇〇	一〇·一五	一二·二六	一三·四六	一四·四[illegible]	一五·二〇		
第三〇一次 平滬直達特別快車 膳臥各等	一五·〇五	一五·三六	一六·四〇	一七·五〇	一七·五九	一八·二〇	開	往	上	海							
第三次 特別快車 膳車各等	八·三〇	八·五八	不停	一一·一〇	一一·一八	一一·三五	一二·三二	一三·二六	一四·二四	一五·〇五	一五·四五	一六·三七	一七·一六	一七·四〇	一八·〇〇		
第九次 快車 膳車各等	一四·二五	一四·五七	一六·〇九	一七·二九	一七·三八	一七·五〇	一八·五〇	九·四六	二〇·五三	二一·三四	二二·一七	二三·一〇	二三·四五	〇·一〇	〇·三〇		
第五次 特別快車 膳車各等	一六·三〇	不停	不停	一九·〇七	一九·一五	停											
第一次 平浦直達特別快車 膳臥各等	一八·五〇	一九·二〇	二〇·二六	二一·三九	二一·四八		開	往	浦	口							
第一〇一次 快車 膳臥各等	二〇·一五	二〇·四八	二二·〇八	二三·四一	二三·五〇	二四·〇〇	一·一〇	二·一三	三·二四	四·一四	五·〇六	六·一七	七·〇九	七·三七	七·五九		
第四〇一次平滬直達貨車及第十五次客貨混合三等慢車	二〇·二五	二二·一〇	〇·五〇	三·四五	四·〇〇	五·四五	八·四七	一二·一四	一五·二四	停							

上行車

列車次數 ／ 開到時刻 ／ 站別	遼寧總站	錦縣	山海關開	秦皇島開	北戴河開	昌黎開	灤縣開	古冶開	唐山到	唐山開	蘆台開	塘沽開	天津東站到	天津東站開	天津總站開	郎坊開	豐台開	北平前門到
第八次 慢車 中膳各等			五·五五	六·二二	六·五二	七·四三	八·四九	九·四七	一〇·二六	一〇·三三	一一·五三	一三·一〇	一四·一〇	一四·二〇	一[illegible]·三五	一六·〇九	一七·四六	一八·二〇
第四次 特別快車 膳車各等			九·一五	九·三八	一〇·〇七	一〇·五〇	一一·三八	一二·二五	一二·五七	一三·〇〇	一四·〇〇	一四·五一	一五·四五	一六·五五	一六·〇五	不停	一八·一五	一八·四二
第十二次及第二十二次 客貨混合三等慢車			一〇·〇〇	一〇·五五	一一·四六	一三·五〇	一六·四五	一九·三〇	二〇·四五	停	第十二次	自天津起		八·一五	八·[illegible]〇	一二·四九	一七·〇〇	一八·[illegible]五
第十次 快車 膳車各等			一三·〇〇	一三·二五	一三·五〇	一四·二八	一五·二〇	一六·〇七	一六·三九	一六·四五	一七·四六	一八·五〇	一九·四五	二〇·〇〇	二〇·一一	二一·三四	二二·五〇	二三·二〇
第一〇二次 快車 膳臥各等			二一·五五	二二·二八	二三·〇六	二四·〇〇	一·〇三	二·〇〇	二·四〇	三·二〇	四·三一	五·三二	六·三七	六·五〇	七·〇六	八·二七	九·四三	一〇·一二
第十六次客貨混合三等慢車及第四〇二次平滬直達貨車										五·〇〇	七·五八	一一·〇〇	一三·一〇	一八·一五	一九·三三	二三·四〇	二·四〇	三·五〇
第六次 特別快車 膳車各等														九·二〇	九·二八	不停	不停	一二·〇六
第三〇二次 平滬直達特別快車 膳臥各等								由	上	海	開	來	七·一〇	七·三五	七·四五	八·五五	九·五九	一〇·二九
第二次 平浦直達特別快車 膳臥各等								由	浦	口	開	來		五·二〇	五·[illegible]〇	六·四三	七·四九	八·一九

17598

膠濟鐵路行車時刻表

下行（西行）列車

站名＼車次	5 各等飯	3 各等飯	11 二三等	13 二三等	1 特各等臥
青島開	七•〇〇	一二•〇〇	一五•〇〇		二一•〇〇
大港開	七•一一	一二•一一	一五•一二		二一•一〇
四方開	七•二〇	一二•二〇	一五•二三		二一•一八
滄口開	七•三五	一二•三五	一五•四〇		二一•二三
女姑口開	七•四七	一二•四七	一五•五五		不停
城陽開	七•五六	一二•五六	一六•一四		二一•五三
南泉開	八•一二	一三•一二	一六•三四		不停
藍村開	八•二六	一三•二六	一六•四九		二二•一九
李哥莊開	八•三五	不停	一七•〇二		不停
膠東開	八•四七	不停	一七•一六		不停
膠州到	八•五九	一三•五三	一七•三〇		二二•四六
膠州開	九•〇一	一三•五五	一七•四九		二二•四八
芝蘭莊開	九•一八	一四•一〇	一八•〇九		不停
姚哥莊開	九•二七	不停	一八•一九		不停
高密到	九•三八	一四•二六	一八•三一		二三•一九
高密開	九•五三	一四•四一	一八•四九		二三•二〇
辛莊開	一〇•〇五	不停	一九•〇三		不停
蔡家莊開	一〇•一六	一五•〇一	一九•一六		不停
塔耳堡開	一〇•二六	一五•一二	一九•三一		不停
丈嶺開	一〇•三六	一五•二三	一九•四四		不停
岞山開	一〇•五四	一五•四〇	二〇•一四		〇•二一
黃旗堡開	一一•〇三	一五•四九	二〇•二五		不停
南流開	一一•二一	不停	二〇•三四		不停
蝦蟆屯開	一一•二六	一六•〇九	二〇•五五		〇•四八
坊子到	一一•三九	一六•二三	二一•一〇		一•〇二
坊子開	一一•五四	一六•三七	二一•二五	七•〇〇	一•一六
二十里堡開	一二•〇六	一六•四九	二一•三九	七•一四	一•二八
濰縣到	一二•一四	一六•五七	二一•四九	七•二四	一•三八
濰縣開	一二•一七	一七•〇二		七•三四	一•三九
大圩河開	一二•三〇	不停		七•四九	不停
朱劉店開	一二•四一	一七•二三		八•〇三	不停
昌樂開	一二•五四	一七•三七		八•二六	二•一〇
堯溝開	一三•〇六	一七•四七		八•三九	二•二三
譚家坊子開	一三•一八	一七•五六		八•五三	不停
楊家莊開	一三•二九	一八•〇四		九•〇七	不停
青州到	一三•四四	一八•一八		九•二六	二•五五
青州開	一三•四六	一八•二〇		九•四一	二•五七
普通開	一三•五八	不停		九•五五	不停
淄河店開	一四•〇八	一八•三九		一〇•〇七	不停
辛店開	一四•二一	一八•五三		一〇•二三	不停
金嶺鎮開	一四•三五	一九•〇七		一〇•四一	不停
湖田開	一四•四四	一九•一六		一〇•五三	不停
張店到	一四•五三	一九•三五		一一•〇三	三•四九
張店開	一五•一〇	一九•四六		一一•一八	四•〇七
馬尚開	一五•一九	不停		一一•二八	不停
周村到	一五•三八	二〇•一一		一一•五三	四•三三
周村開	一五•四〇	二〇•一三		一二•〇二	四•三五
大臨池開	一六•〇四	不停		一二•三七	不停
王村開	一六•一六	二〇•四六		一二•五一	不停
普集開	一六•二六	二〇•五六		一三•一四	五•一五
明水開	一六•四一	二一•一一		一三•三四	不停
棗園莊開	一六•五一	二一•二一		一三•四六	不停
龍山開	一七•〇五	二一•三五		一四•一一	不停
郭店開	一七•二〇	不停		一四•二八	不停
王舍人莊開	一七•三一	二一•五八		一四•四三	不停
黃臺開	一七•四四	二二•一三		一四•五八	六•一八
北關開	一七•五一	二二•二〇		一五•〇六	六•二五
濟南到	一七•五六	二二•三〇		一五•一二	六•三〇

上行（東行）列車

站名＼車次	6 各等飯	12 二三等	4 各等飯	14 二三等	2 特各等飯
濟南開	七•一五		一二•一五	一四•一〇	二二•〇〇
北關開	七•二一		一二•二一	一四•一七	二二•〇六
黃臺開	七•三〇		一二•二九	一四•二六	二二•一四
王舍人莊開	七•四四		一二•四三	一四•四四	不停
郭店開	七•五六		一二•五三	一五•〇〇	不停
龍山開	八•一一		一三•〇七	一五•一八	不停
棗園莊開	八•二六		一三•二三	一五•四六	二三•〇七
明水開	八•三七		一三•三三	一五•五九	不停
普集開	八•五四		一三•五〇	一六•二三	二三•二六
王村開	九•〇五		一四•〇二	一六•四五	不停
大臨池開	九•一六		不停	一六•五八	不停
周村到	九•三三		一四•二六	一七•一一	二三•五九
周村開	九•三五		一四•二八	一七•二一	〇•〇一
馬尚開	九•五二		不停	一七•三三	不停
張店到	一〇•〇〇		一四•五〇	一八•〇一	〇•三一
張店開	一〇•二〇		一五•一〇	一八•二三	〇•四一
湖田開	一〇•三一		一五•二一	一八•五四	不停
金嶺鎮開	一〇•四一		一五•三四	一九•〇六	不停
辛店開	一〇•五六		一五•四七	一九•二三	一•〇八
淄河店開	一一•〇九		一六•〇〇	一九•三八	不停
普通開	一一•一九		不停	一九•五二	不停
青州到	一一•三一		一六•一九	二〇•〇六	一•四六
青州開	一一•三四		一六•二一	二〇•一九	一•五八
楊家莊開	一一•四九		一六•三四	二〇•三六	不停
譚家坊子開	一二•〇〇		一六•四三	二〇•四八	不停
堯溝開	一二•一三		一六•五一	二一•〇七	二•二一
昌樂開	一二•二五		一七•〇五	二一•二五	二•三四
朱劉店開	一二•四二		一七•二三	二一•三四	不停
大圩河開	一二•五二		一七•三〇	二一•五三	不停
濰縣到	一三•〇四		一七•四一	二二•〇六	三•〇三
濰縣開	一三•〇八	六•三〇	一七•四五	二二•一六	三•〇五
二十里堡開	一三•一七	六•四一	一七•五四	二二•二七	三•一四
坊子到	一三•二九	六•五六	一八•〇六	二二•四三	三•二六
坊子開	一三•五〇	七•一〇	一八•一三		三•四一
蝦蟆屯開	一四•〇四	七•二七	一八•二六		三•五五
南流開	一四•一八	七•四四	不停		不停
黃旗堡開	一四•二五	七•五三	一八•三四		不停
岞山開	一四•三五	八•一三	一九•〇四		四•二〇
丈嶺開	一四•五三	八•二四	一九•一三		不停
塔耳堡開	一五•一一	八•四五	一九•二一		不停
蔡家莊開	一五•二〇	八•五六	一九•四〇		不停
辛莊開	一五•三一	九•〇九	不停		不停
高密到	一五•四二	九•二三	一九•五九		五•一六
高密開	一五•五七	九•三九	二〇•一三		五•二六
姚哥莊開	一六•〇九	九•五三	不停		不停
芝蘭莊開	一六•一八	一〇•〇三	二〇•二九		不停
膠州到	一六•三五	一〇•二二	二〇•四五		五•四八
膠州開	一六•三七	一〇•三三	二〇•四七		五•五四
膠東開	一六•四九	一〇•四七	不停		不停
李哥莊開	一七•〇〇	一一•〇〇	不停		不停
藍村開	一七•〇九	一一•一〇	二一•一三		六•二六
南泉開	一七•二二	一一•三五	二一•三六		六•三九
城陽開	一七•三八	一一•五三	二一•五四		六•五五
女姑口開	一七•四七	一二•〇三	二二•〇三		不停
滄口開	一七•五九	一二•三六	二二•一六		七•〇三
四方開	一八•一四	一二•五四	二二•三〇		七•一九
大港開	一八•二五	一三•〇七	二二•四〇		七•三〇
青島到	一八•三〇	一三•一二	二二•四五		七•三五

隴海鐵路行車時刻表

第一次特別快車自東向西每日開行；第十九次客貨車自東向西每日開（自右向左讀）

第二次特別快車自西向東每日開行；第二十次客貨車自西向東每日開行（自左向右讀）

站名	第一次／第十九次（時段）	第一次／第十九次	第二次／第二十次（時段）	第二次／第二十次
徐州府	上午	第一次 八點十分開	下午	八點〇五分到
碭山	上午	十點十六分到 十點二十六分開	下午	六點〇四分開 五點五十四分到
商邱	下午	十二點〇九分到 十二點二十九分開	上午	四點十七分開 四點〇二分到
開封	下午	四點三十二分到 四點五十二分開	上午	十二點十五分開 十一點五十五分到
鄭州南站	下午	六點五十一分到 七點十一分開	上午	十點〇二分開 九點四十二分到
汜水	下午	八點三十三分到 八點四十三分開	上午	八點四十二分開 八點四十分到
鞏縣	下午	九點二十三分到 九點二十五分開	上午	八點〇六分開 八點〇四分到
孝義	下午	九點四十七分到 九點四十九分開	上午	七點四十八分開 七點四十六分到
洛陽東站	下午	十一點十二分到 十一點四十二分開	上午	六點三十五分開 六點十五分到
新安縣	上午	一點二十二分到 一點三十二分開	上午	五點開 四點五十分到
澠池	上午	三點二十一分到 三點四十一分開	上午	三點二十三分開 三點十八分到
觀音堂	上午	四點三十七分到 四點四十二分開	上午	二點三十六分開 二點三十一分到
會興鎮	上午	六點〇八分到 六點十八分開	上午	〇點五十二分開 〇點四十二分到
陝州	上午	六點五十分到	上午	〇點〇五分開 第二次
陝州	上午	第十次 七點二十分開	下午	十點二十五分到
靈寶	上午	八點三十二分到 八點四十七分開	下午	九點十六分開 九點〇一分到
閿鄉	上午	十點二十分到 十點三十五分開	下午	七點二十三分開 七點十三分到
盤頭鎮	上午	十一點五十二分到 十一點五十五分開	下午	五點五十六分開 五點五十三分到
文底鎮	下午	一點二十分到 一點二十三分開	下午	四點二十八分開 四點五十二分到
潼關	下午	二點二十分到	下午	三點三十分開 第二十次

17600

中國工程師學會會務消息

◉第十次執行部會議紀錄

日　期　二十三年三月十一日上午十時

地　點　上海南京路大陸商場本會會所

出席者　薩福均　裘燮鈞　張孝基　鄒恩泳（裘燮鈞代）王魯新　朱樹怡

主　席　薩福均　紀錄　裘燮鈞

報告事項

1. 市中心基地塡土事已托上海市工務局招工代塡需費約九百元將來在建築費項下撥付
2. 關於出售楓林橋基地因得主要求土地證劃分四紙現土地局尙未將土地證劃分就緒故未交割清楚
3. 中國科學公司承印工程二月刊合同已續訂一年條件照舊
4. 濟南，唐山，天津，杭州，蘇州，美洲等六分會已經將改選結果報會梧州分會亦已恢復
5. 薩會長報告以奉鐵道部派赴歐美考察鐵道事業定三月杪首途赴美爲期約六個月在出國期內請黃副會長代行職務

討論事項

1. 關於團體會員常年會費從五十元改爲二十元案前經武漢年會到會會員三分之二以上通過並經執行部用通訊法交全體會員公決截止三月十日計收到贊成減爲二十元者一百二十六票，不贊成者卅三票案

   議決：照會章第四十三條修正案作爲通過應照新章收費

2. 組織材料試驗所設備委員會案

   議決：請康時清，徐名材，沈熊慶，王璡，施孔懷五君爲委員

3. 組織朱母獎學金委員案

   議決：請沈怡，張貢九，君等爲委員

4. 已發給陳端柄，陳正咸，陳英等三君技師登記證明書請予追認案

   議決：通過

◉四川考察團通啓

中國工程師學會四川考察團團員公鑒。上年四川劉甫澄督辦因剿匪不久可奏膚功，生產建設急待設計，乃來電歡迎本會於今年入川開年會，俾得與各地專家交換開發四川之意見。本會認爲年會人數太多，不便調查工作；而適宜於工作者，又未必定能參加年會。乃決定改用考察團方式，電覆劉督辦。由董事會公開徵求，愼選專才，敦請加入，同時取得團員本人及其所在機關或團體之同意。玆幸各方誠意合作，籌備已近完成，敬將要點縷述如左，伏希公鑒。

一，本團團員雖有一部份在政府機關服務，然此行純爲克盡國民天職，出其學識經驗爲中國爲四川謀福利，此外絕無其他政治意味或作用，各團員並不代表其所屬之機關。

一，本團團員雖有一部份來自工商界，然此行之目的並不在推廣其私人營業或推銷其貨物。

一，開發四川卽是救國途徑，四川事業之經營，外省人固可參加，但因地域關係，仍宜以四川人爲主體，外省人只願居輔助地位，中央政府與地方應密切合作，但中央決不與地方爭權奪利，本會爲學術團體，只知服務更無權利可言。

　以上三點，入川以後，不妨隨時相機說明，以免誤會。

一，本團團員到重慶或成都以後，分組工作，其行程並不互相牽制，但須報告團長，由團長排定各組行程表。

一，本團團員對於其所擔任之各組問題，應預事搜集材料，入川以後應迅速與其當地負責人取得聯絡接洽，詢明困難所在，切實調查研究，如有方案，提出以前，必須由小組開會，愼重討論，不可

單獨行動，如不能有所決定時，亦不妨直說，不宜敷衍。

一，本團團長原爲會長薩福均先生，茲因薩會長有美洲之行，故改推胡董事庶華担任。

一，四川方面代表劉督辦接洽考察團一切事務者，爲政務處長甘典夔先生(駐渝)。

一，本團出發，定於四月十四或十五由上海啓程，南京漢口兩處亦可停泊，接納京漢上船之團員，其確期及船名，容再通知。

一，本團團員共計二十餘人（有一人已在四川），每人川資均預算爲一千元，全由四川善後督辦公署擔任，其由京漢滬以外之地啓程者，其額外旅費亦可加入計算，會計事務由該公署委托中國銀行派定專員擔任，並受團長指揮，（團員隨身零用費已請駐京四川代表范宗實轉達於上船時每人致送若干以備不時之需），但每人身畔仍宜略帶零錢。）

一，此次入川並非遊覽性質，故以不攜眷屬爲宜。

一，調查考察或測量時所需之助手，可於到重慶後與政務處長甘典夔及民生實業公司總經理盧作孚商量調取，其他一切問題亦可與此二君商量。北碚中國西部科學院成都大學華西大學均可供給研究材料。

一，春暮旅行，行裝可從簡，但舖蓋必須帶，僕役不必帶，以求一律，四川內地天氣較暖，風物尤美，行人必感愉快。

一，四川之鴉片毒禍，瀰漫深入，最爲可悲，本團可相機爲當局痛陳之。

一，四川中國銀行張禹九先生爲一有心人，其發行之四川月刊，頗可注意，舟中備有該月刊，請各團員閱覽之。

一，團員到上海後可與九江路〇字十六號民生分公司上海經理張澍霖君接洽，張君且決定陪同入川，一路可以照料。

一，團員之到漢口上船者，必須於四月十五日到漢，向鼎安里二號民生分公司李隆章君詢問一切。

一，團員在上船以前，如有所詢問，請與建設委員會惲震接洽。

四川考察團籌備主任惲震啓

三月廿二日

●四川考察團特約通訊(一)

（宜昌航空快訊）中國工程師學會，應四川當局之請，組織四川考察團于四月十五日由滬起程，業誌前報，茲探悉該團於今晨（卽四月廿一日）過宜，記者以該團使命重大，特往民貴號舟次探詢一切，晤該團對於唯一負責發言人團長胡庶華君，經過情形，分誌如左：

一，組織　團長一人，副團長一人，祕書一人，幹事三人，幹部攝影員三人，全團分煤油鋼鐵，水利水力，鐵道公路，水泥，鹽糖工業，紡織，油漆，藥物製造，及電訊電力等九組，每組有報告編輯員一人，攝影員一人。

二，行動　全體團員二十四人，（另有一人已在重慶），除各有專責外，關於全團行動，採用會議辦法，決定一切，在在顧到團體精神，幾經記者叩詢發展川省實業計畫，均答以在未經實地調查之前，不便貿然發表意見，

三，工作　全團團員，均學有專長，擬本其學識經驗，作學術上之調查與貢獻，以謀四川實業之發展，聞已擬就分區考察路綫，並攜有儀器多種，備實地勘察之用云。

17602

◉四川考察團名單

團 長 胡庶華

第一組(油煤鋼鐵組)

胡庶華(湖南大學校長冶金專家)

王曉青(地質專家)

劉文貞(四川天府煤礦公司總工程師)

羅 冕(冶金工程師)

郭 楠(建設委員會鑛業技正)

陸貫一(石油專家)

第二組(水利水力組)

周鎮倫(浙江水利局總工程師)

孫輔世(太湖水利委員會常務委員)

黃 炬(建設委員會電工水力設計委員)

第三組(鐵道公路組)

蘇以昭(鐵道部專員)

蘇紀忍(鐵道部專員)

嵇紹章(鐵道專家)

趙履祺(全國經濟委員會公路處技正)

第四組(水泥組)

張粲如(大冶華記水泥廠副總技師)

第五組(鹽糖工業組)

徐善祥(前實業部技監建華化學工業公司協理)

洪 中(前兵工署署長)

曹銘先(製糖專家)

顧毓珍(南京實業部技正化工專家)

第六組(紡織組)

黃炳奎(南通大生紗廠總工程師)

任尙武(南通紡織學院教授)

第七組(油漆組)

戴 濟(油漆製造工業專家)

劉相榮(仝 上)

第八組(藥物製造組)

沈恩祉(藥物化學專家)

第九組(電訊電力組)

朱其清(電訊交通事業專家)

顧毓琇(電力工業專家)

造紙及製革專家改於五六月間入川

新會員通信錄

姓名	號	通訊處	專長	級位
俞忽		(職)武昌武漢大學	土木	正
朱玉崙	介園	(通 Library of Congress Wasdington D. C.	採礦	正
劉振魁		(職)天津華北水利委員會	土木	正
李卓		(職)廣州靖海路西三巷一號李卓工程師事務所	土木	正
劉相榮		(職)北平永華漆廠或北平大學 (住)北平鼓樓東大街103號	化學	正
鄒汀若		(職)上海四川路220號馬爾康洋行	土木	正
陳霓		(職)湖北大冶廠礦運務股車務科	機械	正
宋自修	學醇	(職)湖北大冶富華公司	採礦	正
王野白	季良	(職)湖北大冶富華公司	採礦	正
黃受和	立時	(職)湖北大冶華記水泥廠	機械	正
張恩鐸	誨音	(職)湖北大冶華記水泥廠	機械	正
杜毓澤	濟民	(職)湖北大冶華記水泥廠	機械	正
王正巳		(職)長沙市政處 (住)長沙登隆街36號	土木	正

謝世基		(職)長沙建設廳 (任)長沙補抽里25號	土木	正
楊伯陶		(職)長沙湖南電燈公司	電氣	正
歐陽嵩	峻峯	(職)南京中央工業試驗所 (住)南京馬路街70號	機械	正
何棟材		(職)梧州自來水廠	土木	正
陳壽森	南澗	(職)梧州電力廠 (住)梧州大中路55號之一	電氣	正
劉　夷	鳳輝	(職)梧州電力廠	電氣，機械	正
嚴仲如		(職)梧州市工務局	土木	正
耿　承	式之	(職)鎮江建設廳	土木	仲升正
曹孝葵	霽逵	(職)上海江西路278 號康益洋行	土木	仲升正
于慶洽		(職)青島四方機廠	機械	仲升正
吳世鶴		(住)上海寧波路40號大昌公司	土木	仲
何遠經		(職)上海福煦路明德里34號	土木	仲
阮　昕	亞民	(職)蘇州電氣廠	電機	仲
李富國		(職)南寧廣西公路管理局	土木	仲
章定壽	子靜	(職)湖北大冶華記水泥廠	理科	仲
葉　彬	壯蔚	(職)梧州市工務局	土木	仲
張　橫	軼凡	(職)梧州廣西大學	地形	仲
盧瀚光		(職)梧州市工務局	土木	仲
張雲升	鳳毛	(職)梧州市工務局	土木	仲
李壽年	頌耆	(職)梧州市工務局 (住)蘇州胥門內西善長巷三號	建築	仲
石文質	子彬	(職)梧州硫酸廠	應用化學	仲
張文奇		(職)梧州工務局	土木	仲
黃榮耀		(通)Division of Highways Pangl KeepsicN. Y.	機械	仲
江文波	鏡昭	(通)Box 637. University of Maryland College Pork, Maryland	電機	初級
葉　楷		(通)10 Trowbridge St., Cemboidge Mass. U. S. A.	電機	初級
馬師伊		(通)411 Homilton Ann Arbor, Mich. U.S.A.	化學	初級
吳朋聰		(通)411 Hamilton Pl. Ann Arbor, Mich. U.S.A.	土木	初級
阮冠世		(通)101 N. Ingalls St, Ann Arbor, Mich. U.S.A.	化學	初級
李　達		(通)928 S. State St. Ann Arbor, Mich. U.S.A.	化學	初級
李良訓		(通)Aito	鐵道	初級
蕭之謙		(通) 928 S. State St. Ann Arbor, Mich. U.S.A.	化學	初級
范緒箊		(通) M.I.T. Dormitory Cambridge Mass. U.S.A.	電機	初級
林同棪		(職)南京棉鞋營32號	土木	初級
張　維	以綱	(職)陝西華嶽廟潼西第一分段	土木	初級
吳錦安		(職)上海市工務局 (住)上海極司非而路四二八弄國裕里四號	土木	初級
董桂芬	一山	(職)湖北大冶華記水泥廠	化學	初級
梁鴻飛	移風	(職)梧州電力廠	電機	初級
楊毓年		(職)梧州市工務局	土木	初級
譚頌獻		(職)梧州電力廠	電機	初級
朱日朝	翠梧	(職)梧州市工務局	測量	初級
潘　超		(職)梧州廣西大學	土木	初級
徐震池		(職)梧州廣西大學	電機	初級
李驥賓		(職)梧州三角咀硫酸廠	機械	初級
石式玉		(職)梧州市工務局	測量	初級
董鍾林		(住)梧州大學內	土木	初級

工程週刊

(內政部登記證警字788號)
中國工程師學會發行
上海南京路大陸商場 542 號
電話：92582
(稿件請逕寄上海本會會所)

中華民國23年3月30日出版
第3卷 第13期(總號54)
中華郵政特准掛號認為新聞紙類
(第1831號執據)

本期要目

定報價目：每期二分，全年52期，連郵費，國內一元，國外三元六角。

建築橋基新法

編輯者言

嘗聞諸某英文文學家言，“英文每日有新字出現，已成之字既未能全識，新出之字又苦不及認識，慚愧奚哉！”斯人也誠有學者之態度，研究工程者其亦何可異是？工程之智識，日新月異，層出無窮，苟僅株守舊有學識，而不廣事見聞以求增益，則智識之進展勢必有限。顧欲養成求進之習慣亦談何容易，是必如某文學家之虛心若谷，好學不倦者斯可也耳。

★ ★ ★

金水建閘後受益範圍問題

王 蔭 平

湖北金水為揚子江支流之一，流域跨咸寧，蒲圻，嘉魚，武昌四縣。地勢低窪，湖泊衆多，春冬則湖水由金口流洩入江，夏秋則江水由金口倒灌入湖。前經揚子江水道整理委員會計畫整理，於22年春復由全國經濟委員會實行築壩建閘。惟閘壩既已建築，流域內受益田畝，自應整理，故受益範圍問題，亟待研究焉。

查受益田畝之界說，若假定不論荒熟一併計算，則在最高江水位與最高湖水位之間所有地畝，即係受益地畝。但最高江水位與最高湖水位均年年不同，故實際受益田畝，非將數十年以上之紀錄平均不可。此項問題，關係江湖水位之高度，及各種水位相當面積，須經測量與長時間之紀錄，始得結果。

關於此項受益田畝，前經揚子江水道整理委員會測量研究，著有湖北金水整理計畫草案一書，內載金水流域增墾之面積，係假定在高度20公尺與28公尺（均以吳淞海平零度以上計算）之間，連同赤磯山馬鞍山堤內之地，共計614平方公里，約合915,000華畝強。內赤磯山馬鞍山堤內之地，按前項草案之紀載，有143平方公里，既有民堤（民堤低於江堤約6尺即高度在27公尺以上）以作保障，即不受普通江水（普通江水位按附表將最近32年揚子江倒灌金水流域最高水位平均計算得爲25.53公尺）倒灌影響，自以不列入增墾地畝之內爲宜，則上列增墾地畝，實不過471平方公里。

復查民國21年禹觀山堵壩後，最高江水位高於吳淞海平26.63公尺，在附圖金水流域各湖泊面積曲線上實量得此項水位應有停

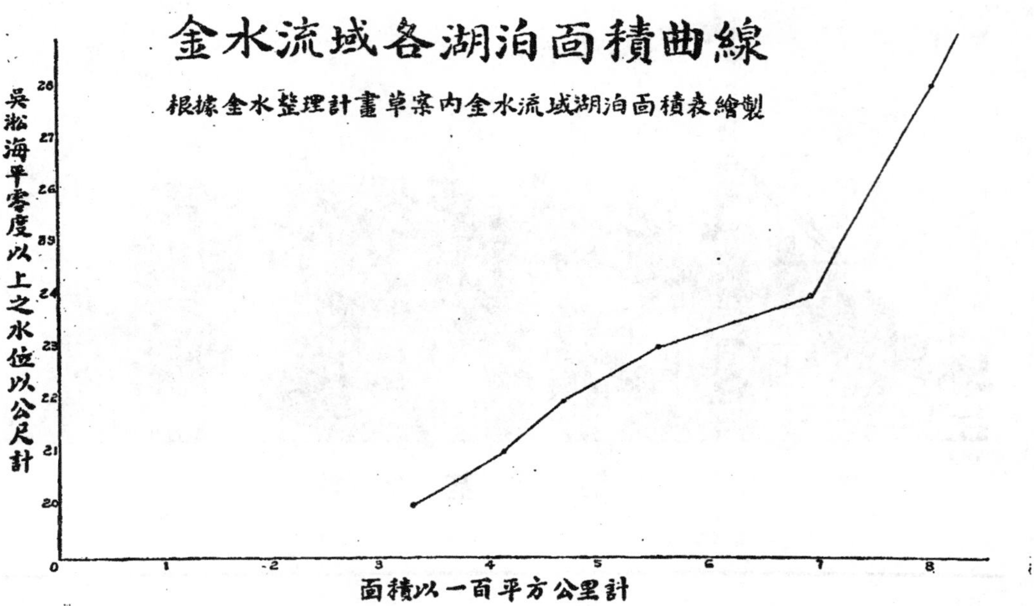

17606

瀦水量面積 762 平方公里。但是年最高湖水位低於江水位約6尺（約2公尺）卽約計高於吳淞海平 24.63 公尺，在前項曲線上實量得被淹面積爲 708 平方公里。則最高江水位與最高湖水位之間，計有面積54平方公里，卽是年堵壩後，可涸出地畝約88,000華畝（每華畝6,000平方營造尺）卽合81,000市畝(每市畝6,000平方市尺)。惟據稱堵壩時江水業已倒灌，故前項最高湖水位略有錯誤，卽若江水全未倒灌，則涸出地畝應多於81,000市畝之數。

又光緒15年漢口水尺爲 49.50 英尺，高於吳淞海平爲 27.03 公尺，金水水位漢口水位相差1.09公尺，卽金水水位高於吳淞海平爲28.12 公尺。在附圖金水流域各湖泊面積曲線上，實量得此項水位應有停瀦水量面積802平方公里。但是年湖泊水位高至 24 公尺，在前項曲線上，量得被淹面積爲 690 平方公里。則修築閘壩之結果，於是年可涸出地畝係112平方公里，合18萬餘華畝，卽合168,000市畝。

雨量稀少之年，湖水水位旣低，江水水位亦低，反之，則湖水旣高，江水亦高，此理甚屬明顯。故水位雖年有高低，然因江水倒灌所淹之地則相差不多，卽按照光緒15年江湖水位假定建築閘壩可得涸出地畝168,000市畝，其他各年，亦不能相差過多。

若進而求之，江湖水位旣年年不同，受益田畝應以歷年平均最高江水位與平均最高湖水位計算。現江水位按附表可得最近32年揚子江倒灌金水流域平均最高水位爲 25.53 公尺。湖水位因受江水倒灌影響，尙無紀錄，暫以推算所得，按全國經濟委員會金水建閘計畫圖第四幅湖水位最低20公尺，最高24公尺，又按湖北金水整理計畫草案附表12普通雨量中之湖水升漲之數爲 21.27 公尺。此項水位，旣非直接測得，自與實際情形，略有出入，將來築壩後，將湖水位年年紀錄，可明瞭。如照今年截堵江水倒灌後 6 月19日之湖水位已漲至 22.67 公尺觀測，實際湖水位必較前項推算爲高。現暫以 21.27 公尺，作爲平均最高湖水位，則平均最高湖水位以下之地因年年常淹於積水，卽遇旱年涸出，亦係不能開墾。平均最高江水位以上，與最高江水位以下之地，則以受江水倒灌影響之年極少，受益極微。若以民國15年最高江水位以下，與平均最高江水位（25.53公尺）之間，連同赤磯山馬鞍山江堤與民堤以內之地計算之，約計30萬市畝之譜。惟受益與增墾意義不同，應分別言之耳。再平均最高江水位 25.53 公尺，與平均最高江水位 21.27 公尺之間，按附圖金水流域各湖泊面積曲線上實量得面積 305 平方公里，卽修築閘壩後，平均可得受益與增墾田畝合 496,000 餘華畝，卽合457,000餘市畝。

又前項地畝 457,000 餘市畝之中，自高度 21.27公尺至24公尺間之地，常受湖水影響，一遇淹沒，卽無收成。如欲墾爲熟地，必須築垸堤，開溝渠，耗費甚多之勞力與金錢，經過長久之年月，始有一部份之地能望收穫，故此項地畝祇可謂之半受益。除上列半受益之地外，所有完全受益地畝，祇在高度24公尺至 25.53 公尺間之地，按前項附圖曲線上量得實僅42平方公里，卽合63,000市畝。

至江水係倒灌而入，故金水流域上游倒灌之江水位，常較禹觀山爲低。湖水發源於上游，故其上游湖水位，又常較禹觀山爲高。則金水流域上游之湖水位與江水位差度實較禹觀山爲小，故其受益亦較少。現計算受益面積係假定面全積之江湖水位差度均與禹觀山者相同，故實際受益田畝，當較上項推算者爲少。再若湖水因閘口之限制，排水較緩，湖水淹沒時間，亦較長久。或金水之口，苟無大溜冲刷，積漸淤墊，設遇淫潦，放洩困難，如黃岡之鵝公頸閘相似，均與此項問題，有重大關係。若欲得精確之結果，不惟須經精密之淸丈，即上述諸問題，均須經詳細觀測與討論，而後能確定受益之範圍也。

最近三十二年揚子江倒灌金水流域最高水位表 （附表一）

年份	最高水位	年份	最高水位	年份	最高水位
光緒二十七年	26.11 公尺	民國元年	26.11 公尺	民國十二年	25.72 公尺
光緒二十八年	23.46 〃	民國二年	24.44 〃	民國十三年	27.40 〃
光緒二十九年	24.86 〃	民國三年	24.04 〃	民國十四年	23.79 〃
光緒三十年	23.40 〃	民國四年	24.59 〃	民國十五年	27.87 〃
光緒三十一年	25.20 〃	民國五年	23.68 〃	民國十六年	26.11 〃
光緒三十二年	25.66 〃	民國六年	25.93 〃	民國十七年	24.11 〃
光緒三十三年	25.35 〃	民國七年	25.69 〃	民國十八年	26.56 〃
光緒三十四年	25.10 〃	民國八年	25.93 〃	民國十九年	26.32 〃
宣統元年	26.02 〃	民國九年	24.84 〃	民國二十年	29.37 〃
宣統二年	23.98 〃	民國十年	26.30 〃	民國廿一年	26.63 〃
宣統三年	26.67 〃	民國十一年	26.33 〃		

以上列三十二年平均計算得揚子江倒灌金水流域平均最高水位爲25.53公尺

附註

由光緒二十七年係根據湖北金水整理計劃草案內附表一計算而得由民國十八年至民國二十年係根據江漢關水尺紀錄及禹觀山於漢口水位 1.09 公尺（按整理湖北金水與揚子江水位之關係之推算）推算而得

二十二年在禹觀山建壩後壩內外江湖水位 （附表二）

（六月十二抄自經濟委員會水建間辦事處紀錄）

月日	江水位	湖水位	江湖水位相差
六月七日	24.48 公尺	22.14 公尺	2.34 公尺
六月八日	24.49 〃	22.13 〃	2.36 〃
六月九日	24.56 〃	22.17 〃	2.39 〃
六月十日	24.70 〃	22.20 〃	2.50 〃

17608

六月十一日	24.84 公尺	22.21 公尺	2.63 公尺
六月十二日	24.92 „	22.22 „	2.70 „
六月十三日	25.00 „	22.24 „	2.76 „
六月十四日	25.04 „	22.27 „	2.77 „
六月十五日	25.14 „	22.35 „	2.79 „
六月十六日	25.23 „	22.47 „	2.76 „
六月十七日	25.42 „	22.53 „	2.89 „
六月十八日	25.60 „	22.61 „	2.99 „
六月十九日	25.87 „	22.67 „	3.20 „
六月二十日	25.98 „		

偏心力的帽釘裝接之簡單設計方法

鄒恩泳譯

〔美國 Engineering News-Record 雜誌，本年3月22日出版之一期中，有法蘭克 Abraham Frank 撰著一篇"偏心力的帽釘裝接之簡單設計方法"Design Simplification for Eccentric Rivet Connections, 係關於一簇帽釘之惰性距重 Moment of inertia 與截面重率 Section Modulus 由帽釘之距離 Pitch 與隻數 Number 而計得之，並用線圖方法 Graphic method 而求任受最大應力之帽釘。此文內容頗有興趣，惜有數處過於簡略，頗難理會，因按照原文繙譯之外。加以補充，較易明瞭。譯者註〕

研究外力不經中心點的一簇帽釘之時，第一步須計算者乃此簇之惰性距重。如第一圖(a)，一列帽釘之X軸線的惰性距重應爲 $I_x=\Sigma d^2$；如第一圖(b)，其中心點 c.g. 之轉繞的惰性距重則爲 $I_p=\Sigma_d{}^2=\Sigma_x{}^2+\Sigma_y{}^2$，據著者所知各書本對於上述兩個方程式似已認爲圓滿，其實在普通帽釘間距離相等情形之下，可用其距離與隻數而求出一簡單之方程式。

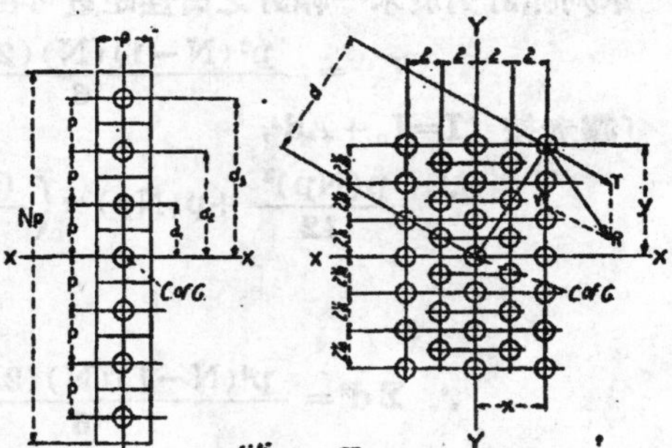

第一圖

第一圖(a)中，設P＝帽釘間之距離，N＝帽釘之隻數。以每隻帽釘作中心，畫一四方形，方形每邊等於P，諸四方形所併成一長方形，其寬度等於P其長度等於Np，每隻方形對於X軸線之惰性距離 I_1 應等於每隻方形對於本身中心點橫軸線之惰性距離，再加上各方形與此兩軸線間距離自乘數兩相乘成之商數〔譯者按卽 $I=I_o+Ad^2$ 之意〕。依此原理，則此長方形之惰性距重可以求出如下：

$$I_x=\frac{p(Np)^3}{12}=\Sigma\left(\frac{p^4}{12}+p^2d^2\right)$$

$$=\frac{Np^4}{12}+p^2\Sigma d^2;$$

進而求Σd^2作爲此列帽釘之惰性距重，

$$\therefore I_x=\Sigma d^2=\frac{p^2(N-1)(N)(N+1)}{12}\qquad(1)$$

於是截面重率應等於

$$S_x=I_x\Big/\frac{(N-1)p}{2}=\frac{pN(N+1)}{6}\qquad(2)$$

如果相類似□平行之帽釘不止一列，則其I_x與S_x卽等於單列之I_x或S_x乘以列數。試舉普通一例，有N隻帽釘分爲二列，則

$$S_x=\frac{pN(N+2)}{12}\qquad(3)$$

〔譯者按，N隻分爲二列，每列應有N/2隻帽釘故

$$S_x=\frac{P\left(\frac{N}{2}\right)\left(\frac{N}{2}+1\right)}{6}\times 2$$

$$=\frac{p(N)(N+2)}{12}$$
〕

單列帽釘對於末一帽釘之惰性距重可由上面(1)方程式求出之如下：

$$I_x=\frac{p^2(N-1)(N)(2N-1)}{6}\qquad(4)$$

〔譯者按　$I=I_o+Ad^2$,

$$\therefore \frac{p(Np)^3}{12}+p(Np)\times\left(\frac{(N-1)P}{2}\right)^2=\Sigma\left(\frac{p^4}{12}+p^2d^2\right)$$

$$=\frac{Np^4}{12}+p^2\Sigma d^2$$

$$\therefore \Sigma d^2=\frac{p^2(N-1)(N)(2N-1)}{6}$$
〕

欲求第一圖(b)中一簇帽釘之轉繞的惰性距重，須注意$I_p=\Sigma x^2+\Sigma y^2$乃來自$I_p=I_x+I_y$,於是參觀第一圖(b)，

$$I_x\ (7隻帽釘一列者3列)=\frac{(3)(9)^2(6)(7)(8)}{(12)(4)^2}=425\frac{1}{4}$$

$$I_x\ (6隻帽釘一列者2列)=\frac{(2)(9)^2(5)(6)(7)}{(12)(4)^2}=177\frac{3}{16}$$

$$I_y\ (3隻帽釘一列者7列)=\frac{(7)(4)^2(2)(3)(4)}{(12)}=224$$

$$I_y\ (2隻帽釘一列者6列)=\frac{(6)(4)^2(1)(2)(3)}{(12)}=48$$

$$I_p=874\frac{7}{16}$$

如第一圖(b)中之一簇N隻帽釘均各任受一載重P與灣曲距重(Bending moment) M,所有帽釘均各任受相同之直接剪力(Direct shear) $V=P/N$,此外每隻帽釘又任受各不相同之轉扭剪力(Torsional shear) $T=Md/I$。V與T之合力(Resultant) R卽用普通之

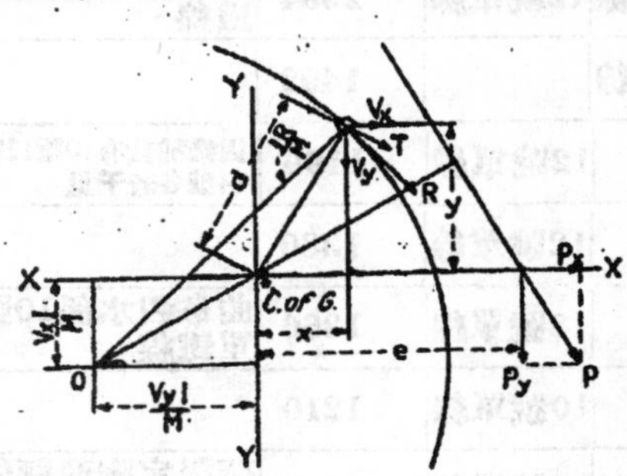

第二圖

四邊平行形方法而求得之，凡離此簇帽釘中心點c.g.最遠之一帽釘常任受最大之T，惟未必定是任受最大之R；因較近中心點之帽釘，雖所任受之T較小，然因接近X軸線之故，其四邊平行形或甚斜窄，致對角線 Diagonal 較長亦未可知。書本中說，"外緣各帽釘中必有一隻受到直接應力與距重應力 Moment stress 之最大合力"，其意卽指必須計算好幾隻外緣帽釘之R，以便尋求一受到最大R之帽釘。著者玆得一種標準，可以直接求得受到最大應力之帽釘，其方法如下：

第二圖所示是一普通常見之情形。載重P之向方對X軸線與Y軸線成斜角。P之地位離中心點之距離e既屬已知數，則P在X軸線上可分析爲 P_x 與 P_y 兩數。於是可求得 $M=P_ye$。各個帽釘所受直接剪力既係相同，則 $V_x=\frac{P_x}{N}$ · $V_y=\frac{P_y}{N}$。而各不相同之轉扭剪力 $T=\frac{Md}{I}$，任一帽釘之合力應爲

$$R=\sqrt{\left(V_y+\frac{Mx}{I}\right)^2+\left(V_x+\frac{My}{I}\right)^2} \quad \cdots\cdots(5)$$

假使指定一隻帽釘，則其他帽釘所受應力或有較大或較小於此隻指定之帽釘者，亦或另有數隻帽釘任受同等應力者。在此任受同等應力之帽釘，則R爲固定數 Constant 矣，而方程式(5)中祇x與y是不定數 Variables 矣，因此可以繪成一曲綫，凡在此曲線適合之帽釘應有同等之總剪力。將方程式(5化成

$$\frac{IR}{M}=\sqrt{\left(\frac{V_yI}{M}+x\right)^2+\left(\frac{V_xI}{M}+y\right)^2} \quad \cdots\cdots(6)$$

方程式(6)顯然一圓形之方程式；其中點○是 $(-V_yI/M)$ $(-V_xI/M)$· 其半徑爲 IR/M。

於是可將此簇帽釘繪成形勢略圖。求出中點O，再求離開此中點最遠之一帽釘，實不必由此簇之中心點 c.g. 而求之也，此最遠之一帽釘卽任受最大應力之帽釘。［譯者按如將此簇帽釘外緣繪入第二圖中，則可表明惟此最遠帽釘始能有最長之半徑，卽最大之總應力R之帽釘也，其他外緣之帽釘無一能及之。現第二圖祗示一隻帽釘，其餘帽釘地位，可以想像而見。］由 c.g. 劃一根垂直線至P線上，則○點必在此垂直線延長部分之上〔譯者按 V_xI/M，V_yI/M 與 P_x，P_y 有正比例關係·此○點必在垂直線延長部分上一節不難證明〕，故求○點之縱橫線(Coördinates)時，對於符號之正負固不必注意。但一經求得最大應力之帽釘後，則方程式中之縱橫線符號之正負不可錯誤。如果 V_x, V_y 或M之方向與第二圖中所示者相背馳，則在方程式(5)中必須應用負號。

本標準之結果可以證明：如果一簇帽釘之外緣是長方形式，則角頂帽釘中有一隻是最大應力之帽釘。

山東省長途電話一覽表（截至22年12月底止）

路線名稱	經過縣份	路線里數	線條里數	銅線號數及其條數	鐵線號數及其條數	電桿根數	備考
濟南濟寧段	長清平陰東河東平汶上	430	1290	12號單線	12號雙線	3334	
濟南曹縣段	金鄉單縣城武	280	560	12號單線	12號單線	2394	城武曹縣10號單鐵線
濟南泰安段		180	360	12號雙線		1492	
泰安平陰段	肥　城	180	180		12號單線	1199	因修補致有10號12號14號各若干里
泰安曲阜段	大汶口	160	160		12號單線	1380	
濟甯泗水段	磁陽曲阜	150	150		12號單線	1366	曲阜泗水係10號單鐵線
滋陽滕縣段	鄒　縣	140	140		10號單線	1210	
濟南曹縣段	嘉祥鉅野荷澤定陶	325	325		12號單線	2949	荷澤定陶曹縣係10號單鐵線
鉅野鄆城段		60	60		12號單線	468	
鄆城荷澤段		80	80		12號單線	696	
金鄉魚台段		40	40		12號單線	304	內有十四號鐵線若干里係借用交通部線路
汶上甯陽段		60	60		12號單線	595	
濟南聊城段	齊河茌平博平	240	720	12號雙線	12號單線	1783	
聊城臨清段	當　邑	130	260		12號雙線	1006	
臨清邱縣段	館　陶	130	130		12號單線	944	
館陶冠縣段		45	45		12號單線	329	
聊城莘縣段		70	140		12號雙線	588	
莘縣濮縣段	朝城壽張	135	135		12號單線	1015	
莘縣范縣段	陽穀壽張	105	105		12號單線	894	
博平武城段	清平萬唐夏津	175	175		12號單線	1515	
濟南禹城段		100	400	12號三條	12號單線	869	
禹城臨清段	高　唐	200	200	12號單線		1743	
禹城德縣段	平　原	150	450	12號雙線	12號單線	1086	
平原武城段	恩　縣	95	95	12號單線		775	

17612

禹城惠民段	臨邑商河	220	440	12號單線	12號單線	1694	
惠民利津段	濱縣	155	155		12號單線	1113	
濱縣蒲台段		26	26		12號單線	228	
惠民樂陵段		90	90		12號單線	616	
惠民無棣段	陽信	220	220		12號單線	505	
陽信霑化段		40	40		12號單線	346	
德縣濟陽段	陵縣德平商河	275	275		12號單線	2011	
濟南濰縣段	章邱鄒平長山周村張店臨淄益都昌樂	478	2390	10號單線 12號雙線	12號雙線	4296	
濰縣膠縣段	安邱高密	240	720	10號單線	12號雙線	2215	
膠縣流亭段	卽墨	125	375	12號雙線 10號單線		1123	
章邱棗園段		25	25		12號單線	192	
章邱齊東段		60	120		12號雙線	608	
鄒平青城段	齊東	88	88		12號單線	724	
長山博興段	桓台高苑	90	90		12號單線	763	因架後修補致有14號鐵線若干里
周村博山段	淄川	88	88		12號單線	841	
臨淄廣饒段		45	45		12號單線	446	
益都臨朐段		45	45		12號單線	406	
益都羊角溝段		160	160		12號單線	1486	
濰縣蒲台段	壽光廣饒博興	280	280		12號單線	2585	
濰縣昌邑段		80	80		12號單線	611	
泰安郯城段	新泰蒙陰臨沂	555	555		8號單線	4285	
安邱嶧縣段	諸城莒縣臨沂台兒莊	720	720		8號單線	6138	
嶧縣棗莊段		25	25		8號單線	213	
臨沂費縣段		90	90		8號單線	698	
臨朐日照段	沂水莒縣	450	450		8號單線	2699	
日照石臼所段		18	18		12號單線	189	
日照濤雒段		45	45		12號單線	319	

濰縣烟台段	昌邑掖縣龍口黃縣蓬萊福山	634	634		8號單線	3981	此係烟濰汽車路局所架不久即將交還
濰縣烟台段	平度萊陽棲霞	610	610	10號單線		4996	
平度掖縣段		110	110		12號單線	872	
萊陽即墨段		180	180		12號單線	1788	
萊陽海陽段		140	140		12號單線	1404	
棲霞黃縣段	招遠龍口	195	195		12號單號	1740	
濟南市內		15	70		12號單線	114	
總　計		10277	15854	5229	10625	83179	

說明

1. 全省108縣，除萊蕪牟平文登榮成四縣外；其餘104縣均已通話。
2. 現已成立之分局共110處；除每縣設一分局外，並於長山之周村，桓台之張店，壽光之羊角溝，福山之烟台，黃縣之龍口，嶧縣之棗莊。各設分局一處。
3. 各縣重要村鎮，未能設立分局者，則徵求商民代辦營業事宜，計已成立之代辦所；有章邱之棗園寺，刁鎮，辛寨；泰安之大汶口；即墨之流亭；安邱之景芝鎮；日照之石臼所，濤雒；嶧縣之台兒莊；陽穀之張秋鎮，安樂鎮，阿城鎮等12處。
4. 已架桿路共10277里，電線共長15854里，內銅線5229里，鐵線10625里。
5. 已裝話機共288部。已設交換機共110部，計1134門。
6. 已植電桿83179根。
7. 山東建設廳以576公尺爲1里。

國內工程新聞

(一) 鎮江兩建設工程近況

(1) 鎮邑沙腰河，自開工以來，即積極進行，現據工程處林處長報告，該項工程共分三段，現中段與北段，月底即可完工，南段較遲，不久亦可完竣。此後該處八萬餘畝民田，可以享受水利，多得收獲矣。

(2) 鎮澄路全路工程浩繁，歷時已經二載，現在路基各段續漸告成。惟土質甚鬆，不能築加石子，故須車輛行過數月，至少限度，須比新築時低下五寸，方得平穩。故前路告成後，須於五月底試車，七月中再鋪石子，全路通車典禮須六月十五日，七省交通展覽會開幕之時，由蔣委員長等在鎮舉行云。

(二) 粵漢路株貢段開始敷設鋼軌

粵漢路株貢段，已開始敷設鋼軌。粵湘交界處山洞開鑿竣事，湘境材料，即由英啓送來華，總額四十萬鎊。

(三) 粵漢路淥口大橋路綫決定

粵漢路淥口大橋路綫本有兩處，正在研究，乃淥口商民互相爭議，致未決定。現株韶局經詳加研究後，已決定採取下游褰口一綫，鐵部刻已電株韶局，准照所陳辦理，並令即日興工，復諮湘省府，請佈告當地人民，勿再爭議。

(四) 津浦路擬築汽車道通湯泉

津浦路以江浦湯泉爲名勝，已決定由該路東葛或花旗營至湯泉築汽車道，以利旅客，並擬具工程計劃，撥款四萬元，日內可興工。

★ ★ ★

國外工程新聞

(一) 美國西北築壩大工程

美國西北部與築堤壩三大座，去年冬季即已動工，至今年春季更見加緊工作。此三座堤壩工程共須美金＄150,000,000。二座是在哥倫比亞 Columbia 河之邦納維 Bonneville 與格蘭苦利 Grand Coulee，一座是密蘇里 Missouri 河之夫爾白 Fort Peck。現在一面尙在詳細設計，一面初步工作已經開始，已有 2000 人在進行挖泥，建屋，鋪路等工作。（泳）

(二) 建築橋基新法

美國舊金山歐克蘭間 San Francisco-Oakland 懸橋造價美金 75,000,000 元，允稱近世大項工程。因河流速度之急，基底之深入，普通建造方法不便適用，經詳細設計一種圓頂筒，試用結果竟大成功，實爲工程界別開生面之設計，凡研究工程者均應一悉其內容。茲爲篇幅關係，僅能述其大概如下：

橋基係用橋櫃，惟櫃之下沉方法極爲有趣，蓋係用一種圓頂鋼筒，內儲壓實空氣。浮櫃無底，面積約100×200英尺，四牆之內裝置圓頂筒28隻以下不等，每隻鋼筒直徑15英尺，每次將鋼筒與鋼筒之間以及浮櫃牆內均實以洋泥三合土，將鋼筒內空氣略放出，櫃即下降，河底濘泥即入鋼筒之內；嗣將圓頂割去加上兩節20英尺長之鋼筒，並重新裝上圓頂，所有三處接縫皆電銲銲牢，而浮櫃亦同時加高。一俟所有空氣放洩完盡之時，即將圓筒內之積泥挖去。挖出之泥即傾倒於浮櫃之外。當每次放洩空氣之時，恐下面濘泥吸入太快致櫃有傾斜之虞，故同時抽水入內，使下面抵禦壓力不至變動。據謂此種新法具有下列數優點：(1)在相當時間可於圓頂裝置空氣閘 Air locks，俾工人入內將下面 Cutting edge 處阻礙物移開，(2)浮櫃將傾斜時，各鋼筒有持正地位阻止歪斜之作用，(3)如覺有傾斜情事，可抽氣入筒以改正之，(4)浮櫃達斜波岩石而須封口 Sealing 時，可利用空氣壓力使浮櫃地位平正。又應用此法，則須挖泥之面積僅及浮櫃面積之一半。（附圖見本期週刊首頁）（泳）

山東省台濰汽車專路修築情形

台濰路爲山東省道之一，久經派員勘查測量數次，第以政局變化，工款無着，未克修築。至民國18年春，鐵道部招集國道會議時，已將該路，濰縣至臨沂一段，劃爲國道路線，該廳復派員測勘估計全路工程，共計需用工款 185 萬元，正擬興修，旋因戰事擱置。22年春山東建設廳迭奉中央及省府命令速將該路興修，以利交通，爰積極籌備，全路經過河流 100 道，溝渠 212 道，路線崎嶇，石嶺重重，工程旣大，所費亦鉅，後經省

17615

府政務會議議決：所有全路長七百九十里之土工，飭令沿途各縣，徵調民夫，趕速修築，該廳卽分段派工程師前往指導督催，兩月間卽將全路土工，完全報竣，路基堅實，至開鑿山嶺，建築橋梁100座，涵洞212座，由山東省庫撥款83萬餘元，現正在趕修，約於23年夏間可以告竣，玆將該路，路基，橋梁，涵洞，款之來源及數目，民力之估價，佔地之約數列後。

一、路線： 全路共長364.4公里，由嶧縣之台兒莊起，經臨沂郯城莒縣諸城折向西北經安邱而達濰縣，與烟濰路銜接，乃總理實業計劃中國有鐵道路線之一。

二、路面寬度： 自濰縣以迄臨沂城北，均係新闢路線，路寬爲6公尺，惟自臨沂城起，中經郯城一段至嶧縣交界，計88公里，係用舊大車道修築，並另修大車道，與汽車路平行。大車道寬爲3公尺。

三、路基高度： 該路經過石山土嶺甚多，修築路基，除平地酌量地勢，加高1公尺外，其餘經過山嶺等處，均係按照地勢情形，平高墊低，全路計修築土方及開鑿石嶺工程共爲2,048,800立方公尺。

四、路旁水溝： 所修路溝寬爲4公尺，底寬2公尺，深1公尺，並有1%以上之斜坡度，以便洩水，其路溝之外側坡度爲1:1。

五、橋梁，涵洞，款項之來源及其數目： 該路共橋100座，涵洞212座，共需款83萬餘元，由省庫撥支。

六、民力之估價： 全路共長364.4公里，沿途各縣所築土方及開鑿石工，共計爲2,048,800立方公尺，共出民夫爲169萬人，每人每天工資，按最低工資3角計算，全路共需工款洋507,000元。

七、佔用民地之約數：修築路基寬度，及兩旁路溝寬度共計佔用民地寬約16公尺，除沿用舊大道寬3公尺，所佔地畝不計外，全路共長爲364.4公里，新修汽車路共約計佔用民地9.496畝(按240平方步爲一畝)，按每畝地價平均50元計算，約共需購地費洋474,800元。

數字遊戲 (儀)

(一)

12345679 × 9 = 111111111

12345679 × 18 = 222222222

12345679 × 27 = 333333333

12345679 × 36 = 444444444

12345679 × 45 = 555555555

12345679 × 54 = 666666666

12345679 × 63 = 777777777

12345679 × 72 = 888888888

12345679 × 81 = 999999999

(二)

$$\sqrt{16} = 4$$

$$\sqrt{1156} = 34$$

$$\sqrt{111556} = 334$$

$$\sqrt{11115556} = 3334$$

此類等等 — 此類等等

17616

介紹監工須知

粵漢鐵路株韶段工程局，鑒於監工職務之重要，斷非漫無經驗及缺乏工程常識者，所可勝任，爲補偏救弊起見，由該局局長兼總工程司凌鴻勛暨各工程司於公餘編就「監工須知」一書，內容十五章，分包工制度，監工立場，土方，石方，石砌工，打樁，混凝土，鋼筋混凝土，隧道，護土場，舖軌，舖碴，架橋等，各項工程監修之常識及施工時注意之要點，莫不詳爲敍述，而於材料耐力，實性測驗亦均分類說明，率均經驗之談，文筆亦復淺顯易誦，末附包工施工各項細則規程，術術標準，普通工事應用各表，另插圖表數十種之多，極切實用，非僅身爲監工者允宜人手一編，卽工人學生，初級技術人員，與有志於初步工程學識者，亦足可備爲參考之需，該書已於最近出版，用道林紙六開本精印，布面金字，形式極爲美觀，除分發監工及贈送各工程機關外，該局特以一部份出售，以應工程人士之需要，每册定價實洋貳元，郵費在內，惟存書無多如需要者，可速向衡州江東岸該局總務課訂購可也。

★ ★ ★

17617

北甯鐵路簡明行車時刻表 中華民國二十三年四月一日重訂

下行車

列車次數 \ 站別 開到時刻	北平前門開	豐台開	郎坊開	天津總站開	天津東站到	天津東站開	塘沽開	蘆台開	唐山開	古冶開	灤縣開	昌黎開	北戴河開	秦皇島開	山海關到	遼寧總站錦縣
第七次慢車中膳各等	五·四五	六·二〇	七·四二	九·二八	九·三六	九·四五	一〇·四八	一一·五四	一三·〇一	一三·四八	一四·四三	一五·五四	一六·四四	一七·一三	一七·三五	
第十一次及第十九次客貨混合三等慢車	七·五〇	一〇·二五	一四·〇〇	一八·〇一	一八·一六	停	第十九次	自唐山起	六·三〇	八·〇〇	一〇·〇五	一二·二〇	一三·四六	一四·四五	一五·二〇	
第三〇一次平滬直達特別快車膳臥各等	一五·〇五	一五·三六	一六·四〇	一七·五〇	一七·五九	一八·二〇	開	往	上	海						
第三次特別快車膳各等	八·三〇	八·五八	不停	一一·一〇	一一·一八	一一·三五	一二·三二	一三·二六	一四·二四	一五·〇五	一五·四五	一六·三七	一七·一六	一七·四〇	一八·〇	
第九次快車膳各等	一四·二五	一四·五七	一六·〇九	一七·二九	一七·三八	一七·五〇	一八·五〇	一九·四六	二〇·五三	二一·三四	二二·一七	二三·一〇	二三·四五	·一〇	〇·三〇	
第五次特別快車膳各等	一六·〇	不停	不停	一九·〇七	一九·一五	停										
第一次平浦直達特別快車膳臥各等	一八·五〇	一九·二〇	二[illegible]·二六	二一·三九	二一·四八		開	往	浦	口						
第一〇一次快車膳臥各等	二〇·一五	二〇·四八	二二·〇八	二三·四一	二三·五〇	二四·〇〇	一·一〇	一·一三	三·二四	四·一四	五·〇六	六·一七	七·〇九	七·三七	七·五九	
第四〇一次平滬直達貨車及第十五次客貨混合三等慢車	二〇·二五	二三·一〇	·五〇	三·四五	四·〇〇	五·四五	八·四七	一二·一四	一五·二四	停						

上行車

列車次數 \ 站別 開到時刻	遼寧總站錦縣	山海關開	秦皇島開	北戴河開	昌黎開	灤縣開	古冶開	唐山到	唐山開	蘆台開	塘沽開	天津東站到	天津東站開	天津總站開	郎坊開	豐台開	北平前門到
第八次慢車中膳各等		五·五五	六·二二	六·五二	七·四三	八·四九	九·四七	一〇·二六	一〇·三三	一一·五三	一三·一〇	一四·一〇	一四·二〇	一四·三五	一六·〇九	一七·四六	一八·二〇
第四次特別快車膳各等		九·一五	九·三八	一〇·〇七	一〇·五〇	一一·三八	一二·二五	一二·五七	一三·〇〇	一四·〇〇	一[illegible]·五一	一五·四五	一六·五五	一六·〇五	不停	一八·一五	一八·四二
第二十次及第十二次客貨混合三等慢車		一〇·〇〇	一〇·五五	一一·四六	一三·五〇	一六·四五	一九·三〇	二〇·四五	停	第十二次	自天津起		八·一五	八·[illegible]〇	一二·四九	一七·〇〇	一八·〇五
第十次快車膳各等		一三·〇〇	一三·二五	一三·五〇	一四·二八	一五·二〇	一六·〇七	一六·三九	一六·四五	一七·四六	一八·五〇	一九·四五	二〇·〇〇	二〇·一一	二一·三四	二二·五〇	二三·二〇
第一〇二次快車膳臥各等		二一·五五	二二·二八	二三·〇六	二四·〇〇	一·〇三	二·〇〇	二·四〇	三·二〇	四·三一	五·三三	六·三七	六·五〇	七·〇六	八·二七	九·四三	一〇·一三
第十六次客貨混合三等慢車及第四〇二次滬平直達貨車									五·〇〇	七·五八	一一·〇〇	一三·一〇	一八·四五	一九·三三	二三·四〇	二·四〇	三·五〇
第六次特別快車膳各等													九·二〇	九·二八	不停	不停	一二·〇六
第三〇二次平滬直達特別快車膳臥各等							由	上	海	開	來	七·一〇	七·三五	七·四五	八·五五	九·五九	一〇·二九
第二次平浦直達特別快車膳臥各等							由	浦	口	開	來		五·二〇	五·[illegible]〇	六·四三	七·四九	八·一九

膠濟鐵路行車時刻表

下行（西行）列車

站名 \ 車次	5 各等飯	3 各等飯	11 二三等	13 二三等	1 特各等臥
青島開	七•〇〇	一二•〇〇	一五•〇〇		二一•〇〇
大港開	七•一一	一二•一一	一五•一一		二一•一〇
四方開	七•二〇	一二•二〇	一五•二一		二一•一八
滄口開	七•三五	一二•三五	一五•四〇		二一•三一
女姑口開	七•四七	一二•四七	一五•五四		不停
城陽開	七•五六	一二•五六	一六•一四		二一•五三
南泉開	八•一三	一三•一三	一六•三〇		不停
藍村開	八•二六	一三•二六	一六•四九		二二•一九
李哥莊開	八•三五	不停	一七•〇二		不停
膠東開	八•四七	不停	一七•一六		不停
膠州到	八•五九	一三•五三	一七•三〇		二二•四六
膠州開	九•〇一	一三•五五	一七•四九		二二•四八
芝蘭莊開	九•一八	一四•一〇	一八•〇九		不停
姚哥莊開	九•二七	不停	一八•一九		不停
高密到	九•三八	一四•二六	一八•三一		二三•一九
高密開	九•五五	一四•四一	一八•四九		二三•三〇
辛莊開	一〇•〇五	不停	一九•〇二		不停
蔡家莊開	一〇•一六	一五•〇二	一九•一六		不停
塔耳堡開	一〇•二六	一五•一三	一九•三一		不停
丈嶺開	一〇•三六	一五•二三	一九•四四		不停
岞山開	一〇•五四	一五•四〇	二〇•一四		〇•一一
黃旗堡開	一一•〇三	一五•四九	二〇•二五		不停
南流開	一一•二一	不停	二〇•三四		不停
蝦蟆屯開	一一•二六	一六•〇九	二〇•五五		〇•四八
坊子到	一一•三九	一六•二三	二一•一〇		一•〇一
坊子開	一一•五四	一六•二七	二一•二五		一•一六
二十里堡開	一二•〇六	一六•四九	二一•三九	七•〇〇	一•二八
濰縣到	一二•一四	一六•五七	二一•四九	七•一四	一•三八
濰縣開	一二•一七	一七•〇二		七•二四	一•三九
大圩河開	一二•三〇	不停		七•四九	不停
朱劉店開	一二•四一	一七•二三		八•〇三	不停
昌樂開	一二•五四	一七•三七		八•二六	二•二〇
堯溝開	一三•〇六	一七•四七		八•三九	二•三〇
譚家坊子開	一三•一八	一七•五六		八•五三	不停
楊家莊開	一三•二九	一八•〇四		九•〇七	不停
青州到	一三•四四	一八•一八		九•二六	二•五五
青州開	一三•四六	一八•二〇		九•四一	二•五七
普通開	一三•五八	不停		九•五五	不停
淄河店開	一四•〇八	一八•二九		一〇•〇七	不停
辛店開	一四•二一	一八•三三		一〇•二三	不停
金嶺鎮開	一四•三五	一九•〇七		一〇•四一	不停
湖田開	一四•四四	一九•一六		一〇•五一	不停
張店到	一四•五三	一九•二五		一一•〇三	三•四九
張店開	一五•一〇	一九•四六		一一•一八	四•〇七
馬尚開	一五•一九	不停		一一•二八	不停
周村到	一五•三八	二〇•一一		一一•五三	四•二三
周村開	一五•四〇	二〇•二一		一二•〇二	四•三五
大臨池開	一六•〇四	不停		一二•二七	不停
王村開	一六•一六	二〇•四六		一二•五一	不停
普集開	一六•二八	二〇•五六		一三•〇四	五•一五
明水開	一六•四一	二一•一一		一三•二四	不停
棗園莊開	一六•五一	二一•二一		一三•四六	不停
龍山開	一七•〇五	二一•三三		一四•一一	不停
郭店開	一七•二〇	不停		一四•二八	不停
王舍人莊開	一七•三一	二一•五八		一四•四三	不停
黃臺開	一七•四四	二二•一三		一四•五八	六•〇八
北關開	一七•五一	二二•二〇		一五•〇六	六•一五
濟南到	一七•五六	二二•二五		一五•一三	六•三〇

上行（東行）列車

站名 \ 車次	6 各等飯	12 二三等	4 各等飯	14 二三等	2 特各等飯
濟南開	七•一五		一二•一五	一四•一〇	二二•〇〇
北關開	七•二一		一二•二一	一四•一七	二二•〇六
黃臺開	七•三〇		一二•二九	一四•二六	二二•一四
王舍人莊開	七•四四		一二•四三	一四•四四	不停
郭店開	七•五六		一二•五三	一五•〇〇	不停
龍山開	八•一一		一三•〇七	一五•二八	不停
棗園莊開	八•二六		一三•二三	一五•四六	二三•〇二
明水開	八•三七		一三•三三	一五•五九	不停
普集開	八•五四		一三•五〇	一六•〇三	二三•二六
王村開	九•〇五		一四•〇一	一六•四五	不停
大臨池開	九•一六		不停	一六•五八	不停
周村到	九•三五		一四•二六	一七•一一	二三•五九
周村開	九•四五		一四•二八	一七•二一	〇•〇一
馬尚開	九•五三		不停	一七•五三	不停
張店到	一〇•〇〇		一四•五〇	一八•〇一	〇•二三
張店開	一〇•二〇		一五•一三	一八•一三	〇•四一
湖田開	一〇•三一		一五•二四	一八•四〇	不停
金嶺鎮開	一〇•四一		一五•三三	一九•〇六	不停
辛店開	一〇•五六		一五•四七	一九•二四	一•〇八
淄河店開	一一•〇九		一六•〇〇	一九•三八	不停
普通開	一一•一九		不停	一九•五一	不停
青州到	一一•三一		一六•一九	二〇•〇六	一•三六
青州開	一一•三四		一六•二一	二〇•一九	一•三九
楊家莊開	一一•四九		一六•三四	二〇•三六	不停
譚家坊子開	一二•〇〇		一六•四二	二〇•四八	不停
堯溝開	一二•二〇		一六•五一	二一•〇三	二•一三
昌樂開	一二•二五		一七•〇三	二一•二五	二•二四
朱劉店開	一二•四二		一七•一三	二一•四〇	不停
大圩河開	一二•四三		一七•二〇	二一•五三	不停
濰縣到	一三•〇四		一七•四一	二二•〇六	三•〇三
濰縣開	一三•〇八	六•〇〇	一七•四五	二二•一六	三•〇五
二十里堡開	一三•一七	六•四一	一七•五四	二二•二七	三•一四
坊子到	一三•二九	六•五六	一八•〇六	二二•四二	三•二六
坊子開	一三•四〇	七•一〇	一八•二三		三•四一
蝦蟆屯開	一四•〇四	七•二七	一八•三六		三•五五
南流開	一四•一八	七•四四	不停		不停
黃旗堡開	一四•二五	七•五三	一八•五四		不停
岞山開	一四•三五	八•一三	一九•〇四		四•二〇
丈嶺開	一四•五三	八•三四	一九•二三		不停
塔耳堡開	一五•一一	八•四五	一九•三一		不停
蔡家莊開	一五•二〇	八•五六	一九•四〇		不停
辛莊開	一五•三一	九•〇九	不停		不停
高密到	一五•四三	九•二二	一九•五九		五•〇六
高密開	一五•五七	九•三九	二〇•一三		五•一六
姚哥莊開	一六•〇九	九•五三	不停		不停
芝蘭莊開	一六•一八	一〇•〇三	二〇•二九		不停
膠州到	一六•二五	一〇•二二	二〇•四五		五•二八
膠州開	一六•二七	一〇•三三	二〇•五七		五•三〇
膠東開	一六•四九	一〇•四七	不停		不停
李哥莊開	一七•〇〇	一一•〇〇	不停		不停
藍村開	一七•〇九	一一•一〇	二一•一三		六•一六
南泉開	一七•二三	一一•二五	二一•二六		六•二九
城陽開	一七•三八	一一•五三	二一•四三		六•四五
女姑口開	一七•四七	一二•〇三	二二•〇三		不停
滄口開	一七•五九	一二•三六	二二•一八		七•〇三
四方開	一八•一四	一二•五四	二二•二八		七•一〇
大港開	一八•二五	一三•〇七	二二•四〇		七•一九
青島到	一八•三〇	一三•一三	二二•五五		七•二五

隴海鐵路行車時刻表

自右向左讀（第一次、第十九次）；自左向右讀（第二次、第二十次）

站名	第一次特別快車自東向西每日開行	第十九次客貨車自東向西每日開行	第二次特別快車自西向東每日開行	第二十次客貨車自西向東每日開行
徐州府	(上午) 第一次 八點十分開		(下午) 八點〇五分到	
碭山	十點十六分到 十點二十六分開		五點五十四分到 六點〇四分開	
商邱	十二點〇九分到 十二點二十九分開		四點〇二分到 四點十七分開	
開封	(下午) 四點三十二分到 四點五十二分開		十一點五十五分到 十二點十五分開	
鄭州南站	六點五十一分到 七點十一分開		九點四十二分到 十點〇二分開	
汜水	八點三十三分到 八點四十三分開		八點四十分到 八點四十二分開	
鞏縣	九點二十三分到 九點二十五分開		八點〇四分到 八點〇六分開	
孝義	九點四十七分到 九點四十九分開		七點四十六分到 七點四十八分開	
洛陽東站	十一點十二分到 十一點四十二分開		六點十五分到 六點三十五分開	
新安縣	(上午) 一點十二分到 一點三十二分開		四點五十分到 五點開	
澠池	三點二十一分到 三點四十一分開		三點十八分到 三點二十三分開	
觀音堂	四點三十七分到 四點四十二分開		二點三十一分到 二點三十六分開	
會興鎮	六點〇八分到 六點十八分開		〇點四十二分到 〇點五十二分開	
陝州	六點五十分到	(上午) 第十次 七點二十分開	(上午) 第二次 〇點〇五分開	十點二十五分到
靈寶		八點三十二分到 八點四十七分開		九點〇一分到 九點十六分開
閿鄉		十點二十分到 十點三十五分開		七點十三分到 七點二十三分開
盤頭鎮		十一點五十二分到 十一點五十五分開		五點五十三分到 五點五十六分開
文底鎮		(下午) 一點二十分到 一點二十三分開		四點五十二分到 四點二十八分開
潼關		二點二十分到		(下午) 第二十次 三點三十分開

17620

工程週刊

（內政部登記證警字788號）
中國工程師學會發行
上海南京路大陸商場542號
電話：92582
（稿件請逕寄上海本會會所）

中華民國28年4月6日出版
第3卷第14期（總號55）
中華郵政特准掛號認爲新聞紙類
（第1831號執據）

本期要目

定報價目：每期二分；每週一期，全年連郵費國內一元，國外三元六角。

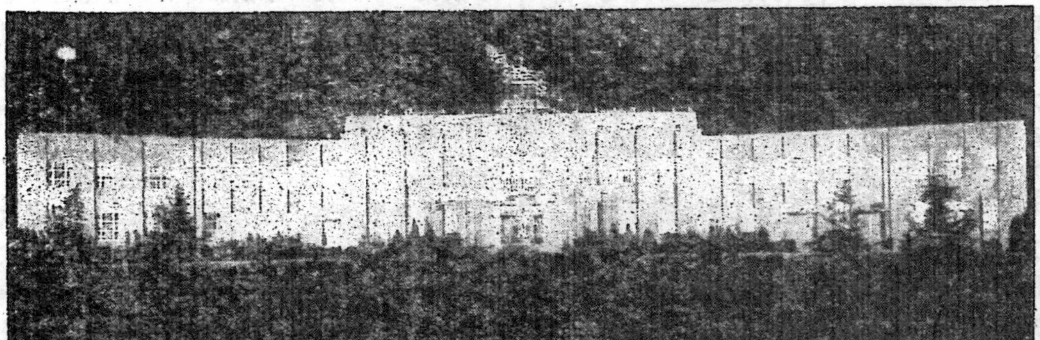

紐阿林飛機場晚間放射燈光以便飛機尋認

編輯者言

建設事業千緒萬端；在今日之中國，欲問何種事業最爲必要，實難立即置答。蓋言交通，則我國現在之需要當無過於交通；言鑛業，則我國現在之需要似又莫若開鑛。再覩城市之污穢，街道之狹窄，屋宅之湫隘，必曰應速興辦市政工程；念及農田之荒廢，農產之不振，農民之窮困，又曰是必速謀農村救濟。在他國其當前問題或僅一二，在我國則無事不成問題，事事皆須進行。嘗憶某省當軸主張整頓該省會市政工程，喻爲洗臉工作，意謂滿面污垢何以見人，整理市政猶洗臉云。進而言之，中國不但囚首垢面，而且百孔千瘡；洗臉固係當然之事，開刀亦屬刻不容緩。故以中國情形言之，既確認建設爲當今急務，應即努力猛進，不問難易巨細，力之所及，盡量爲之。自中央而至地方，自政府而至商民，力量至何程度，應即做到此程度。總之，必須上下合作，分途進行，不數年其必身體康健，面目整潔也無疑矣。

粵漢鐵路衡州車站工程

株韶段工程局

(一)引言

粵漢鐵路爲聯貫南北之重要幹綫，於交通實業，文化，國防，在在皆有莫大之關係，先總理建設計劃中，早經注意及此，初因工程艱鉅，經費竭蹶，重以邦家多故，俶擾頻年，以致其中由湖南株洲至廣東韶州，計451公里之一段，多年停頓，未告完成，然而全國人士，屬望之殷，固已與時俱積也。

洎自鐵道部與中英庚款董事會商定，借用現存與未到期之英庚款，並發行公債，於22年7月間，正式簽訂契約後，工款有着，方克擬定本路整個興築計劃，預定4年完成全綫，而該局亦於22年9月，由廣州遷駐衡州，以便居中策應。

現在韶州至樂昌之50公里一段（即第一工程總段），自21年11月繼續復工以來，積極興築，已於22年內全部完成，移交南段局接管，正式通車，其自株洲以迄樂昌之401公里之工程，已劃爲6個工程總段，南北兩端，依照擬定計劃，同時對向展築，以期迅捷，現復經鐵道部令，將工期縮短，限三年內完成，尤應兼工並進，當以衡州一站，既屬湘南重鎮，復爲本路中心，設備自應完全，工程不免較鉅，故亦提前興築，俾得三面齊舉，爰於開工之始，將籌建本站經過情形，述其厓略，藉明梗概焉。

(二)衡州車站選綫之經過

衡州爲本局全線之中心點(距廣州約542公里距武昌約550公里），綰南北交通之樞紐，爲湘中重要之商埠，既如上述，况將來寶慶支線，展築完成，則其在商業上之地位，更爲重要，其在本線之位置，無異鄭州之於平漢，是故衡州車站之選擇，非僅注意目前之需要，並須顧及將來之發展，其設計則以商業需要爲經，民衆便利爲緯，兼籌並顧，經過縝密之研究，方始選定蔡家堰及石家塘之間，沿小山之地爲站址，其經過情形，有足爲各界告者，玆簡述於次。

(甲)關於商業方面：衡州車站以目前商務需要，及交通地位而論，不過二等站而已，但將來寶慶支線築後，其未來商務之發展，既可拭目以待，此時開辦之初，即應預爲準備，故其一切設備，悉依照部訂頭等站之規定以設計，而部訂頭等站設計規則中，最有關係之一點，乃爲頭等站至少須有長在2公里以上之直綫，因之衡站地位之選定，遂不得不受此條件之限制，遍測江東岸附近各地，能具有長度適合以上之條件，而地位適中，能使商業發達者，惟有茅坪以北，三板橋以南，一段沿山之地，其一端距離江東岸余家碼頭及唐家碼頭祇約半里之遙，其中心距離丁家碼頭亦不過2里，將來通車時，貨站及貨物月臺，即設於唐家碼頭之後北極閣正西之空地，同時並將岔道延長，直達余家碼頭下游（劉家園）江邊，並在該處建築貨棧，以爲鐵道與水路聯運之用，唐家碼頭對岸爲柴埠門，余家碼頭對岸爲瀟湘門，兩者均係衡州繁盛之區，商運集中於此，可使城內市面與東岸市面，有共同繁榮之利，而無商業偏廢之害。

(乙)關於民衆便利方面：以營業論，貨物運輸，固爲鐵路收入所賴，但以所負使命論，鐵道對於民衆義務至大，總理於人生四大要素，衣食住行，相提並重，則鐵道「以利民行」上所負責任，重要可知，是以選綫之時，民衆便利乃爲計劃上之先決問題，衡州車站即根據斯旨而定，其中心點在蔡家堰，復於車站左右開闢相當道路，俾由站門可達江邊汽車碼頭，丁家碼頭，王家碼頭，鹽店碼頭，及唐家碼頭，且江邊出口馬路，衡陽縣政府曾經函請協助計劃，以便翻造，則將來江邊至車站間之交通，必能日臻發達，預料不久之將來，車輛卽能暢行於東岸，不僅行旅稱便，卽當地居戶亦將便利不鮮，此亦今日衡站站址選定之原動也，

(丙)關於工程方面：本站工程，曾經中外工程師，先後作縝密之研究，民國初年及9年間，有西人威廉氏與卡羅氏，均先後測定茅坪爲衡州車站站址， 並定車站範圍爲寬度600餘呎，長度3000餘呎，惟當時彼等對於將來添築寶慶支綫時之發展，尙未深切顧及，況原擬茅坪舊站站址，現已爲湘省衡宜段公路所用，橫貫其間，所餘面積，目前已不敷應用，遑論未來之發展，卽該地於工程實施上，已無取用之價値。且茅坪距衡州縣城，有五里之遙，貨運旣多阻礙，行旅尤不便利，若以此地爲站址將來對於衡州城內市面，旣難收聯絡之效，則繁榮市面之效力必微，反觀現選之站址，對於各種條件，均能一一適合，在土方工程方面，雖不免稍多，爲謀將來之發展，築工程之萬全，是又不能不愼於其始，俾現在與將來，咸蒙其利也。

(三)衡州車站在本路所居之地位

鑒於上述衡州車站選綫之經過，則衡州車站，在本路所居地位之重要，殆思過半，湘省素稱產米之區，惟糧食過剩，無法外運，經濟難以調劑，農村遂告破產，粵省則米食不敷，大部份恃外洋運入，每年漏巵，爲數千萬，其他如湘省之煤猪竹木，粵省之食鹽海產，彼此互需交換，供應極多，徒以交通阻隔，難以運輸，循陸則峻嶺難行，經海則路遠費鉅，是以雖兩省毗連，竟不克收交易之利，他日路成車通，不獨客貨運輸，暢流興盛，卽兩省內地工商業之因此發達，亦可斷言，尤以對於全湘農村救濟，關係更重。

且因本路未通，南北往來者，咸取路港滬水程，繞道以行，不特時間經濟，兩有損失，重以國營船舶，難與外輪競爭，馴至本國南北主要交通，竟操諸外人之手，實爲民族之大辱，至於調遣軍旅，鞏固國防，沿海運輸，殊稱不便，遵陸步行，道阻且長，將來彌茲缺憾者，固爲本路，而管其樞紐者，則爲衡州，蓋衡州爲本綫南北總匯，加之洪橋公路卽將展築，衡寶支綫，亦正測量，將來黔桂兩省與長江內地之交通，各省物品之交換運輸，亦胥集於此，是以衡站一隅，對於商業，交通，文化，軍事，各點，均居全綫最重要之地位，不能不於其肇建之初，愼重奉告於國人之前者也。

(四)衡州車站設備大概

衡州爲列二等車站，爲備將來之發展，預爲頭等站之準備，前已述明，因此對於各項工程之設備，遂不得不詳加計劃，以資完密，現在預定者，有三層站屋一座，旅客月臺三座，是項月臺暫定爲300公尺長，以備將來擴展。貨物月臺六座，地磅一座，號誌臺一座，煤臺一座，長短灰坑四座，水鶴兩座，水櫃一座，上沙房兩座，上油房一座。爲儲存材料起見，建材料廠兩座（余家碼頭之臨時堆棧在外），又以衡州係全綫中心，車輛調度必繁，爲路工修養較便計，故加建翻砂廠一座，木工廠一座，生鐵廠一座，機器廠一座，轉車盤一座，動力廠一座，抽水機房一座，材料儲藏室一座，機車房一座。此外如煤場，修車場，停旅客貨車輛地址，裝卸貨物地址，與夫車站內之總綫，岔道，暨各處辦公室等等，皆屬必要之建築，此外爲謀培養木材，以保護路基，及應本路之需要(如出產枕木電桿木等)起見，苗圃亦設於附近，以便管理，是以收用民地之範圍，雖較他站爲寬，完全遵照規則標準及鐵路需要而定。

(五)收用民地範圍及丈量經過

17623

本局現將衡州車站及衡南一帶路工，提前興築，所有民地收購卽自衡陽縣耒河口起向南依次着手辦理。最近已收購至衡南之茅坪計長約10公里，盡在第六總段第三分段管轄之內，計共已收用各等田地，合畜畝1400餘畝，各等園地，90餘畝，各等山地，390餘畝，計田地價，約支洋59,000餘元。園地，約支地價洋1,900餘元。山地，約支地價洋1,900餘元。統共應支地價洋63,000餘元。本分段內各房屋應遷移者，178家，共計遷移費7,200餘元。各坟墓應遷移者，計有主私山，6,200餘塚，支遷葬費洋18,800餘元。義山叢塚，18,000餘塚，支遷葬費洋18,000元。

至本局收購章則規定，所有無契業主，應候至一年以上，如無爭執，方能發價，現經徇地方之請求，准各無契業主，祇須得縣政府之正式證明，卽予通融，先行發給，以示體恤，而以上各項地價，及遷葬遷拆等費，均已陸續發清，並立時分別給予免賦單，以便從速割糧。

(六)衡南提前施工爲縮短工期之預定步驟

本路工程，因限期縮短，除南北兩端，已同時興築外，復以衡州居全綫中心，地位極爲重要，所有衡站站址，業經鐵道部核定，然南則有梯子嶺白面石碓礎冲等處隧道，北有淥洣耒等河大橋，工程艱鉅，完成需時，若待兩端漸次展築而來，必定工程延滯，遲誤工期，且衡州以南，郴宜一帶，交通不便，運輸困難，若於淥口及衡州兩處，同時進行，所需材料及機車車輛等，可由湘鄂段送至淥口後，卽由淥口水道運衡，改陸向南推進，如此則衡南工程，不致受以上各橋工之阻礙，而有所延滯，是以衡南工程，必需提前施工，俾成三面齊舉，方能將工期縮短，依限完成。

(七)結論

關於衡州車站，提前興工，及一切設備，已述之綦詳，尙望國內賢彥當賜勗勸，俾國家交通事業，日見進步，早告成功，則幸甚焉。

17624

鐵路橋梁負重逾限時安全系數之測定

("Detennination of the Factor of safety in Railway Bridge Considered to be overstressed" 英國 Gribble 原著)

嵇 銓 譯

(一)緒言

此文照萬國工業會議秘書原擬標題爲「負重逾限之鐵路橋梁之修養」嗣經考慮後，乃改今題；因向來工程司對於負重逾限之橋，雖應力超過尋常准許限度，只須應力尚未高至危度，亦聽之而已，並無特別修養方法。但著者以爲過度之應力，其逾限究至若干程度，安全系數尙有若干，換言之，即橋梁實際應力之確數究有若干，並橋材之耐力若何，在不危及安全時最大應力之限度可至若干，此兩問題在近今科學研究上，確有討論之必要。

(二)安全系數

安全系數係足以損壞橋梁之最小載重與橋梁安全時所負之最大載重之比例，或橋材折斷時之最大應力與安全時實際所受應力之比例。昔時鋼鐵橋梁所用之安全系數爲二至四，但安全系數究宜採用何數，須視設計時算法之確度如何而定。例如設計時將所有各種外力一律歸納在內，同時並將材料折舊數加入，則用較小之安全系數，不至有何妨礙。若設計時所用假定之確度毫無把握，對於材料耐力亦難定確數，則不得不採用較大之安全系數，以免危險。英國橋梁設計標準規範內規定，如衝擊力加入算式准許應力爲每方英寸八噸，假定以彈性限度爲最大應力，此安全系數爲二。此規範對於衝擊力之限量頗寬，故算出之應力較大，橋梁之耐力實有餘裕。現今英國負重逾限之橋頗多，並准許實際應力超過設計時所用准許應力至40%。

(三)應力之測定

近今量變度 Strain 及應力 Stress 之儀器頗有多種發明，但量靜重或緩行之重在橋梁上發生之變度，並非難事，若量機車高速過橋時發生之變度，則非易事。以著者之經驗，量撓度器已有極準確者，惟量動重之應力器，似尙待發明也。

1924年25年26年英國橋梁應力考驗會行過多種試驗，初意僅研究衝擊力之性質及量數，但其試驗結果中，對於各橋桿上應力支配情形，亦頗多紀錄。根據歷年試驗結果，可得一結論：即橋梁實際受力較普通算法及假定所算出之應力爲小，且差數頗大也。普通算法對於關節之硬性，Rigidity of Joints，及連續的橋面對於橋桁之助力， Assistance of Continuous Floor to main Girder，均未計及。實際上橋面給與橋桁之助力頗大，試驗上下肢應力時，驗得凡與橋面相連之一肢之應力，往往較其他一肢之應力爲小。

(四)衝擊應力

著者參加之衝擊應力試驗，係先用已知靜重勻布橋上，或緩行過橋，乃在橋桁跨度中心，量其撓度，以求得靜重與撓度之比例，再令機車高速過橋，量其最大撓度，用以上比例以求與此動重發生同等效果之靜重數，同時驗取應力紀錄，以與撓度紀錄比較。

照試驗結果，如橋之重量 Mass，勁度 Stiffness，自然頻數，Natural Frequency，機車之組織，衡重之支配，Arrangement of Balancing，衡重不稱部份之錘擊力，Hammer blow of unbolanced Weight 等等，均詳細查明，則任何機車，任何橋梁，均可用公式算出衝擊力之影響。除上述各項條款外。尚有一最重要條件，與衝擊力有絕大關係者，卽橋梁顫動速度， Natural Period of brige vibration，與機車錘擊速度，Period of Hommer blow 之可能合拍性。Possibility of Synchronism 。如逢合拍之時，橋之顫動增加甚速，只須錘擊數次，橋之撓度可增至20倍。但此顫動增加率，因(一)橋梁關節之阻力，(二)機車之彈簧；兩項之牽制，有時亦受相當之限制。

凡機車速度適造成橋梁顫動速度與機車錘擊速度之合拍者，曰危險速度 Critical Speed 。此速度與跨度爲反比例：跨度愈短者，危險速度愈高，跨度長者反低。30或40英尺跨度之橋，其自然頻數甚高，普通車速絕不能與之合拍。200 英尺以上之橋，其自然頻數常較普通急行車速爲低。

尙有一層須注意者，橋梁未載重時與載重時之自然頻數，微有不同，故用空橋算出之危險速度較低。

(五)與車輪錘擊無關之衝擊力

除車輪錘擊外，尙有軌道不規則，軌條接頭及機車之搖擺及震蹤，亦足以發生衝擊力。但此與車速爲正比例：速度愈高，因以上三項原因發生之衝擊力愈大，但與前條合拍性無關。長橋之合拍，往往在低速之時，故假定高速時發生之衝擊力，與長橋低數之危險速度時發生之衝擊力相加，以得最大數，似不甚合理。

(六)檢查負重逾限橋梁之步驟

橋梁負重逾限時，究竟能否繼續應用，最難判斷，故在決定更換或修補計畫以前，應先有詳確之檢查，以作取舍之根據。

最普通之檢查方法，係用量變度器 Extensometer以量各桿之變度，並用量撓度器以量最大撓度。量撓度器須附以記時器，可以記秒或秒之分數者，以記顫動之速度，機車過橋後，橋之餘波顫動，須妥爲記錄，以作推算危險速度之參考。

用量力器量得之應力，常較設計時算出者爲小。因設計時所用之割面，係沿鉚釘孔之最小割面，故量應力器兩定點 Guage points 間之平均割面，與鉚釘孔處割面之比例，須先求出，以便修正量出之結果。

(七)機車聯掛及雙軌滿載之影響

雙軌橋梁，其跨度足以容納兩機車聯掛者，若兩列車同時過橋，速度相同，車式相同，四機車之錘擊速度亦相同，在此最劣狀況下湊成應力之大，或爲意想不到者。但此實僅見之事，然亦不得謂絕無之事。英國橋梁應力試驗委員會曾用兩機車聯掛在其錘擊力合拍時，求得其最大應力，至四機車合拍，則實不易佈置。

(八)減輕錘擊力之重要

根據以上所述各節，並參觀英國橋梁應力試驗委員之報告，可得一結論：卽限制重機車之錘擊，爲保護橋梁最重要之一端，如錘擊力不超出低限制，則錘擊速度大小不成問題，衝擊力亦簡單化矣。

兩汽缸機車之錘擊力，約等於$\left(\frac{n^2}{3}\right)$噸，(n) 爲機車主動輪之自然頻數。四汽缸機車之錘擊力較小，約等於$\frac{n^2}{5}$噸。

(九)混凝土及石渣橋床關於減小應力之功效

漏空橋床衝擊力大，實體橋床衝擊力小，爲工程界所公認。實體橋床有用石渣者，有用混凝土包裹鋼梁者，但石渣減少應力之功效，不如混凝土，以試驗之結果論，石渣不過加重橋梁，減小自然頻數，並減低危險速度，對於錘擊發生之顫動，並不能減小。至於混凝土橋面，則只有極微衝擊之影響。

(十)橋端輥座之效果

鐵路橋梁爲防脹設備，往往費資作極精善之輥座，不知磨阻減小，因衝擊力發生顫動，無從遏止，衝擊影響乃增大。100 英尺至150英尺跨度之橋，爲最易受錘擊影響者，不宜用輥座，即用滑板足矣。

(十一)減輕高度應力之方法

應力逾限之橋，可用下列五項之任何一法，以減低其應力：

(1)用鉚合或電銲法，添補鋼料，以加固橋梁。

(2)除去石渣橋床，以減輕靜重。

(3)限制重機車過橋。

(4)限制車速。

(5)雙軌橋禁止兩軌同時負重。

以上五項，究以何項爲最妥善，最經濟，應斟酌當地特殊情形而定。但下列各點頗有參考之價值：

(1 加固橋件： 加固橋件用電銲法爲最經濟及最簡易之方法。不須鑽孔，無臨時減少割面之必要；不須鉚釘，工價較省。但過熱恐燒壞橋鋼，故電銲非熟手不可。

(2)減輕靜重： 減少靜重，自可減低應力。但重量減少，橋桁之自然頻數提高，或將增加衝擊力，但此係指重錘擊及合拍性發生之時而言。靜重變化與橋之自然頻數有密切之關係，或提高危險速度，使合拍性發生在高速度時，或造成新合拍性之可能，或縮短顫動期，使危險速度高至尋常機車速度所不易達到，而合拍性根本可以無慮者，總之變更靜重與衝擊力關係甚重。非妥愼考慮不可。

(3)機車重量： 最可慮之機車，並非最重之機車。除重量外，錘擊及震躍，亦須考慮。

(4)機車速度： 限制車速，可以減輕與錘擊無關之衝擊力，長跨度橋之危險速度較低，高速並不增加衝擊力，故減速於長橋無甚影響，且其危險速度或將低至在實行上無法禁止。以嚴格論，對於長橋之車速，不必定最高限制，反須定最低限制。

短橋無合拍性之可慮，若嚴格限制車速，則因錘擊發生之衝擊力，可以減小。

(5)禁止單軌以上同時負重： 雖雙軌上兩機車發生合拍性，事實上不易見。但兩軌之錘擊發生合拍，其影響較一軌之合拍不止雙倍。故仍以禁止兩軌上同時負重爲是。

(十二)結論

照著者對於鐵路橋梁修養各問題之多年研究，除少數簡單橋梁外，殊不敢斷言某機車過某橋時之安全系數若干。即對於可以確定安全系數之鐵橋，其所根據之各條款，仍不免有臆測之假定。

檢查橋梁之試驗，著者以爲量撓度法較量應力法爲可恃。照著者之經驗，橋梁之損壞，除橋面局部過弱外，並非全因應力過度，橋料銹蝕，耐力減退亦爲重要原因。

欲得橋梁之最大效用，最好橋梁工程司及機車工程司，應雙方合作討論設計一機車，其拉力爲最大，而軌道上負重爲最小者。設計橋梁時，應將衝擊力之各種原因牢記心中，設法避免，軌道上原因，可減少軌節，機車之震躍，可將軌向軌平妥愼修正，使減至最少數。

次應力可用等勢設計 Symmetrical Design，以減至最小數。檢查橋梁應力，著者以爲衝擊力試驗與應力試驗不應同時舉行，因試驗衝擊力須在高速度時，用量撓度器試驗，量應力似在低速度時爲宜。故二者不妨分別舉行，較爲便利。

國內工程新聞

(一)九省長途電話

交通部籌設江浙皖冀魯豫湘鄂贛九省長途電話，全部經費七百餘萬元，業向中英庚款會暨郵政儲金匯業局籌借足數。現已委派顧問郎蓋(西人)會同各該省電局，勘察綫路，俟京滬公路長途綫工程完竣後，即先架設平津段支綫。將來該項建設完成，即成爲全國交通電網。茲將各情誌之如下：

交通部謀貫通全國交通發展國營事業，有裨政府與人民便利起見，特計劃籌設江浙皖冀魯豫湘鄂贛九省長途電話。除京滬公路動工建築外，其餘各省市因限於經費，致未能早日實現。惟此事關係全國交通設備，決不能緣此而中輟，故於本年二月間，在京召集各省電局主管人員，再度籌商，並組織設計委員會，共同設計。預計全部經費爲七百餘萬元，呈經行政院核准後，即咨請中英庚款會，撥借五十萬鎊，(合國幣三百五十餘萬元)業由中英庚款會，於上月二十五日在杭舉行董事會，通過照撥。其餘不敷經費，向郵政儲金匯業局，以烟台津滬三綫之營業收入抵借，亦接洽妥當。交通部購料委員會預算各項需用主要材料，電英訂購第一批材料，須計於本年七月中運華。九省長途電話全部建設經費籌有辦法後，即經交部委派電政顧問郎蓋會同技師數人分赴各該省與主管人員，進行勘察。其劃定綫路，計幹綫四條：(甲)幹綫(一)自南京經上海至杭州，(二)自南京經蕪湖安徽九江至漢口，(三)自南京經徐州蚌埠濟南天津至北平，(四)自徐州開封至鄭州；(乙)支綫，(一)自九江至南昌，(二)自漢口經武昌至長沙，(三)自濟南至青島，(四)自天津至山海關。俟京滬長途電話工程完設後，即於天津北平先行架設支綫。聞京滬公路架設長途電話，自去年動工以來，進行工程，由長途電話管理處，與京滬兩電局分段架設。南上綫由上海起經太倉，崑山，常熟，無錫，常州，至鎮江。北下綫由南京起。經句容，宜興，丹陽，至鎮江止。鎮江爲全綫總樞。該路工程，現已大部完竣。約於六月中，各綫可與鎮江幹綫啣接，七月初當可實行通話云。

(二)無錫公路

錫滬路錫虞段路基，土方工程，已於四月二十五日動工。進行已來，工程順利，約有十分之二，已告完成。預定至五月十五日限期，可全段完工。其餘錫澄錫宜兩路，早已完成，通行汽車。惟亦須加以修養，方可完善。錫宜路無錫段，自錫澄路口起至惠山止，尚未舖築路面。現由江南長途汽車公司，着手準理，舖砌石子路面，所用材料，已有十分之四準備，但在運輸方面，頗感困難，一俟就緒，即須動工。擬用三和土澆澭，然後再舖石子。最近該公司爲發展營業計，並向上海購進柴油汽油篷車各二十輛，約於五月二十左右運錫。

(三)遂贛公路

遂川贛州公路，經委員撥定贛治標治本農村建設各費後，增派趙連芳等一批抵贛，進行建設。

(四)冀築河堤工程與工

冀黃河築隄，省府已令省銀行墊款三十萬，五月興工，爲工事進行速効起見，特設工程處，委前海河整理會工程師高鏡瑩任處長

(五)沁黃兩岸征工修隄

河南沿沁黃兩河岸十一縣奉令，一日起征工修堤，現僅武陟等縣開工，其他正積極籌備中。

國外工程新聞

紐阿林之大飛機場

美國路易西亞拿 Louisiana 省紐阿林 New Orleans城新建大飛機場一處，費時二載有餘，始於今年二月完工，造價達美金 $3,000,000。此場取名爲樹珊飛機場 Shushan Airport, 蓋紀念阿林堤壩董事會會長樹珊 A. L. Shushan 先生也。場在旁差春 Pontchartrain 湖邊，場址伸入湖中，形如半島，係於湖中建築堤牆圍圈湖之一部份與湖岸相連，牆內以砂泥充實，並築駛道Run ways 四條，長度爲3900呎，3500呎，3200呎，3100呎，各不相等，而寬度則各皆 100呎。駛道路面係用柏油，內含鑽度（Penetration）40—50之熱瀝清60%加石油 Bituminous binder 40%。圈湖堤牆長共10,946呎，內計單牆 4,253呎，雙牆 6693呎。爲減輕牆內填泥之橫頂力 Horizontal trust 起見，於填泥雜以蠔売；此物易於獲得並因其大小參差不齊而有彼此互扣作用。至於填泥則自1932年2月24日起至是年12月6日完工，共填6,269,700 立方碼。由挖泥處用長管通洩至填實處，有時管長達6000餘呎。大部份均係在湖水水平以下填以泥土，以上則填以砂，以便可有洩水作用。駛道尙備有三合土之洩水管，其尺寸由10吋圓徑至蛋式之52×48吋不一，所有超過24吋直徑之管概有鋼筋。此外尙有水上飛機用之坡道 Hydroplane ramp, 飛機場辦公房屋，道路，等等工程。其所以塡地建此大場之理由爲：(1)湖底原屬公地，不必出價購買，(2)此種位置不至妨碍市內交通，(3)此種位置對於飛機之抵達與飛離或由空中尋覓此場均極便利，(4)此處地點供建築陸上與水上飛機場最爲適宜。（參視本期首頁插圖）（泳）

數字游戲 （泳）

(一)今有人以火材七根排人

VI=II

祠以此方程式兩邊並不相等，遂將其一根火材移改地位，結果此式兩邊之數相等。試猜此人如何移改火材。

(二)試於下列一段中空白處填入數目字：

“起初我們三個人不管——————，將這款——————瓜分了。事後我忽然反對，並將反對的理由————告訴他們。他們都笑我蠢，說我是———。我反對如故，他們又笑我呆板，說我是，——————，一點兒也不通融。最後我請他們將贊成的意見告訴我——，我才明白。”

17629

隴海鐵路行車時刻表

上半表自右向左讀；下半表自左向右讀

站名	第一次特別快車自東向西每日開行	第十九次客貨車自東向西每日開行	第二次特別快車自西向東每日開行	第二十次客貨車自西向東每日開行
徐州府	(上午) 第一次 八點十分開		(下午) 八點〇五分到	
碭山	(上午) 十點十六分到 十點二十六分開		(下午) 五點五十四分到 六點〇四分開	
商邱	(上午) 十二點〇九分到 十二點二十九分開		(下午) 四點〇二分到 四點十七分開	
開封	(下午) 四點三十二分到 四點五十二分開		(上午) 十一點五十五分到 十二點十五分開	
鄭州南站	(下午) 六點五十一分到 七點十一分開		(上午) 九點四十二分到 十點〇二分開	
汜水	(下午) 八點三十三分到 八點四十三分開		(上午) 八點四十分到 八點四十二分開	
鞏縣	(下午) 九點二十三分到 九點二十五分開		(上午) 八點〇四分到 八點〇六分開	
孝義	(下午) 九點四十七分到 九點四十九分開		(上午) 七點四十六分到 七點四十八分開	
洛陽東站	(下午) 十一點十二分到 十一點四十二分開		(上午) 六點十五分到 六點三十五分開	
新安縣	(上午) 一點十二分到 一點三十二分開		(上午) 四點五十分到 五點開	
澠池	(上午) 三點二十一分到 三點四十一分開		(上午) 三點十八分到 三點二十三分開	
觀音堂	(上午) 四點三十七分到 四點四十二分開		(上午) 二點三十一分到 二點三十六分開	
會興鎮	(上午) 六點〇八分到 六點十八分開		(上午) 〇點四十二分到 〇點五十二分開	
陝州	(上午) 六點五十分到	(上午) 第十次 七點二十分開	(上午) 第二次 〇點〇五分開	(下午) 十點二十五分到
靈寶		(上午) 八點三十二分到 八點四十七分開		(下午) 九點〇一分到 九點十六分開
閿鄉		(上午) 十點二十分到 十點三十五分開		(下午) 七點十三分到 七點二十三分開
盤頭鎮		(上午) 十一點五十二分到 十一點五十五分開		(下午) 五點五十三分到 五點五十六分開
文底鎮		(下午) 一點二十分到 一點二十三分開		(下午) 四點五十二分到 四點二十八分開
潼關		(下午) 二點二十分到		(下午) 第二十次 三點三十分開

膠濟鐵路行車時刻表

下行（西行）列車

站名／車次		5 各等	3 各等	11 三等	13 三等	1 特快各等
青島	開	七•〇〇	一二•〇〇	一五•〇〇		二一•〇〇
大港	開	七•一一	一二•一一	一五•一三		二一•一〇
四方	開	七•二〇	一二•二〇	一五•二三		二一•一八
滄口	開	七•三五	一二•三五	一五•四〇		不停
女姑口	開	七•四七	一二•四七	一五•五三		不停
城陽	開	七•五六	一二•五六	一六•一四		二一•三三
南泉	開	八•一三	一三•一二	一六•三三		不停
藍村	開	八•二六	一三•二六	一六•四九		不停
李哥莊	開	八•三五	不停	一七•〇六		不停
膠東	開	八•四七	不停	一七•二〇		不停
膠州	到	八•五九	一三•五五	一七•三〇		二一•四六
膠州	開	九•〇一	一四•一〇	一七•四九		二一•四八
芝蘭莊	開	九•一八	不停	一八•〇九		不停
姚哥莊	開	九•二七	不停	一八•一九		不停
高密	到	九•三八	一四•二六	一八•三一		二二•二九
高密	開	九•五三	一四•四一	一八•四九		二二•三〇
辛莊	開	一〇•〇五	不停	一九•〇三		不停
蔡家莊	開	一〇•一六	一五•〇一	一九•一六		不停
塔耳堡	開	一〇•二六	一五•一三	一九•三一		不停
丈嶺	開	一〇•三六	一五•二三	一九•四四		不停
岞山	開	一〇•五四	一五•四〇	二〇•一四		二三•〇一
黃旗堡	開	一一•〇三	一五•四九	二〇•二三		不停
南流	開	一一•一一	不停	二〇•三四		不停
蝦蟆屯	開	一一•二六	一六•〇九	二〇•五五		不停
坊子	到	一一•三九	一六•二三	二一•一〇		一•〇一
坊子	開	一一•五四	一六•三七	二一•二五	七•〇〇	一•〇六
二十里堡	開	一二•〇六	一六•四九	二一•三九	七•一四	不停
濰縣	到	一二•一四	一六•五七	二一•四九	七•二四	一•二六
濰縣	開	一二•一七	一七•〇一		七•三四	一•二八
大圩河	開	一二•三〇	不停		七•四九	不停
朱劉店	開	一二•四一	一七•二三		八•〇三	不停
昌樂	開	一二•五四	一七•三七		八•一六	二•一〇
堯溝	開	一三•〇六	一七•四七		八•二九	不停
譚家坊子	開	一三•一八	一七•五六		八•五三	不停
楊家莊	開	一三•二九	一八•〇四		九•〇七	不停
青州	到	一三•四四	一八•一八		九•一六	二•五五
青州	開	一三•四六	一八•二〇		九•二五	二•五七
普通	開	一三•五八	不停		九•四一	不停
淄河店	開	一四•〇八	一八•三九		九•五七	不停
辛店	開	一四•二一	一八•五三		一〇•〇七	不停
金嶺鎮	開	一四•三五	一九•〇七		一〇•二三	不停
湖田	開	一四•四四	一九•一六		一〇•四一	不停
張店	到	一四•五三	一九•二五		一〇•五三	四•三三
張店	開	一五•一〇	一九•四六		一一•〇八	四•四九
馬尚	開	一五•二九	不停		一一•一八	不停
周村	到	一五•三八	二〇•一二		一一•二六	五•一五
周村	開	一五•四〇	二〇•二一		一一•三七	五•一七
大臨池	開	一六•〇四	不停		一一•五一	不停
王村	開	一六•一六	二〇•四六		一二•〇七	不停
普集	開	一六•二六	二〇•五六		一二•一八	不停
明水	開	一六•四一	二一•一二		一二•二八	不停
棗園莊	開	一六•五一	二一•二一		一二•四六	不停
龍山	開	一七•〇五	二一•三〇		一三•〇四	不停
郭店	開	一七•二〇	不停		一三•一四	不停
王舍人莊	開	一七•三一	二一•五八		一三•二一	不停
黃臺	開	一七•四四	二二•一五		一三•三〇	不停
北關	開	一七•五一	二二•二〇		一三•四〇	六•二六
濟南	到	一七•五六	二二•三〇		一三•五〇	六•三〇

上行（東行）列車

站名／車次		6 各等	12 三等	4 各等	14 三等	2 特快各等
濟南	開	七•一五		一二•一五	一四•一〇	二三•〇〇
北關	開	七•二一		一二•二一	一四•一七	二三•〇六
黃臺	開	七•三〇		一二•二九	一四•二六	二三•一四
王舍人莊	開	七•四四		一二•四三	一四•四四	不停
郭店	開	七•五六		一二•五三	一五•〇〇	不停
龍山	開	八•一一		一三•〇七	一五•二八	不停
棗園莊	開	八•二六		一三•二三	一五•四六	二三•四一
明水	開	八•三七		一三•三三	一五•五九	不停
普集	開	八•五四		一三•五〇	一六•一三	二三•五六
王村	開	九•〇五		一四•〇一	一六•四五	不停
大臨池	開	九•一六		不停	一六•五八	不停
周村	到	九•三三		一四•二六	一七•一一	二三•五九
周村	開	九•三五		一四•二八	一七•三一	〇•〇一
馬尚	開	九•五三		不停	一七•五三	不停
張店	到	一〇•〇〇		一四•五〇	一八•〇一	〇•二〇
張店	開	一〇•二〇		一五•一二	一八•三三	〇•四一
湖田	開	一〇•三一		一五•二四	一八•五〇	不停
金嶺鎮	開	一〇•四一		一五•三三	一九•〇六	不停
辛店	開	一〇•五六		一五•四七	一九•二三	一•〇八
淄河店	開	一一•〇九		一六•〇〇	一九•三八	不停
普通	開	一一•一九		不停	一九•五一	不停
青州	到	一一•三一		一六•一九	二〇•〇六	一•三六
青州	開	一一•三四		一六•二一	二〇•一九	一•三八
楊家莊	開	一一•四九		一六•三四	二〇•三六	不停
譚家坊子	開	一二•〇〇		一六•四三	二〇•四八	不停
堯溝	開	一二•一二		一六•五一	二一•〇三	不停
昌樂	開	一二•二五		一七•〇三	二一•二五	二•二四
朱劉店	開	一二•四三		一七•二二	二一•四〇	不停
大圩河	開	一二•五三		一七•三〇	二一•五三	不停
濰縣	到	一三•〇四		一七•四一	二二•〇六	三•〇四
濰縣	開	一三•〇八	六•三〇	一七•四五	二二•一六	三•〇八
二十里堡	開	一三•一七	六•四一	一七•五四	二二•二七	不停
坊子	到	一三•二九	六•五六	一八•〇六	二二•四三	三•二四
坊子	開	一三•五〇	七•一〇	一八•二二		三•二六
蝦蟆屯	開	一四•〇四	七•二七	一八•三六		不停
南流	開	一四•一八	七•四四	不停		不停
黃旗堡	開	一四•二五	七•五三	一八•五四		四•〇六
岞山	開	一四•三三	八•一三	一九•〇四		不停
丈嶺	開	一四•五三	八•三四	一九•二一		不停
塔耳堡	開	一五•一一	八•四五	一九•四〇		不停
蔡家莊	開	一五•二〇	八•五六	不停		不停
辛莊	開	一五•三二	九•〇九	不停		不停
高密	到	一五•四三	九•二三	一九•五九		五•〇六
高密	開	一五•五七	九•三九	二〇•一五		五•一五
姚哥莊	開	一六•〇九	九•五三	不停		不停
芝蘭莊	開	一六•一八	一〇•〇三	不停		不停
膠州	到	一六•三五	一〇•二三	二〇•二九		五•四八
膠州	開	一六•三七	一〇•三七	二〇•四五		五•五〇
膠東	開	一六•四九	一〇•四七	不停		不停
李哥莊	開	一七•〇〇	一一•〇〇	不停		不停
藍村	開	一七•〇九	一一•一〇	二一•一五		不停
南泉	開	一七•二三	一一•二五	二一•二六		不停
城陽	開	一七•三八	一一•三三	二一•三五		六•二六
女姑口	開	一七•四七	一一•四五	不停		不停
滄口	開	一七•五九	一二•〇七	二二•〇五		不停
四方	開	一八•一四	一二•一三	二二•一〇		不停
大港	開	一八•二三	一二•二三	二二•三〇		七•二九
青島	到	一八•三〇	一二•三一	二二•四五		七•四五

本會啓事

逕啓者，實業部根據中央工廠檢查處呈擬工廠安全及衛生條例草案一種，計共八十三條，包括建築，機械，化學，鍋爐，電氣，衛生等項。因此項條例，關係生產事業之發展及工人生命與健康，至爲重大，擬分別徵詢各地專家意見，以收集思廣益之效。茲由實業部勞工司函送「工廠安全及衛生條例草案」一件到會，希望本會將該草案交由各項專家分別詳細簽註函覆云云。現將該草案發表於後，本會會員如有意見，請儘於六月十日以前寄到本會，以便彙集寄覆。

工廠安全及衛生條例草案

第一章 總則

第一條 本條例適用於工廠法第一條所規定之工廠

第二條 本條例所稱之主管官署除有特別規定者外在市爲市政府在縣爲縣政府

第三條 本條例所稱之檢查員爲各地方主管官署依法任用之工廠檢查員

第四條 工廠之設立或改建均應於事前將詳細計劃書連同圖樣及說明等呈請主管官署審查備案如認爲於安全衛生有妨害時得令原呈請人變更之

第五條 前條規定之計劃書應載明左列各事項

一•廠址

二•工業種類

三•僱用工人數

四•選定或計劃中之廠屋

五•機械佈置及工程設施

六•安全及衛生設備

第六條 第四條規定之呈請人應於工廠全部告竣后呈請主管官署派檢查員檢查如檢查員認爲與原呈計劃書圖樣及說明等並無不合時由主管官署發給開業許可證方得開始營業

第七條 工廠對於安全衛生之訓練管理與監督應組織安全衛生委員會其組織大綱另訂之如工廠因特殊情形不能有上項組織時得派定專門人員辦理安全衛生事宜但應申述理由並將所派人員之姓名履歷呈報主管官署核准備案

第八條 工廠應將本條例揭示於廠內顯明地方或各工作場所之出入口

第二章 安全

第九條 各工作場所除去爲機械及其他器具所佔之面積外至少應供給每一工人 1•5 平方公尺之地面

第十條 各工作場所至少應供給每一工人10立方公尺之空間但在地面 4 公尺以上之空間不計算在內

第十一條 工廠應依前兩條之規定計算每工作場所能容納之最多工人數並於各該工作場所之顯明地方揭示之

第十二條 各機械間或機械與其他構造物間之過道除本條例施行前已設置者外應有8公寸以上之寬度

第十三條 原動室及置有爆炸危險之壓力容器之場所應與其他工廠隔離並應置於樓下其樓上不得用爲工作場所

第十四條 凡震動力過大之機器應置於樓下其經檢查員認爲不致發生危險者不在此限

第十五條 原動機動力傳導裝置及用動力發動之機械各轉動部份因地位或構造關係

17632

易使工人遭遇身體上之傷害者應設護網或其他預防災害之適當裝置

第十六條 一切護網及其他預防災害之裝置均應保持完善非因工作上之必要不得無故卸除移動或為其他使其失去效力之行為

第十七條 原動機及動力傳導裝置於開始發動時應發普遍通知之警號

第十八條 用動力發動之機械具有顯著之危險性者應有立即停止其轉動之裝置

第十九條 各工作場所應裝設適當機關俾於災變發生之際得立即停止原動機或動力傳導裝置之轉動

第二十條 原動機動力傳導裝置及用動力發動之機械於停止時應有防止驟然開動之裝置

第二十一條 各種機械上之門穴其易發生危險者應有非停止轉動不能開啓之裝置

第二十二條 各種機械上之各轉動部份不得有頭部突出之螺釘螺帽插梢或其他之突出物但因地位或構造關係或已有適當之防護不致引起工人接觸之危害者不在此限

第二十三條 原動機動力傳導裝置及其他各種機械於給油時容易招致災害者應有安全之給油裝置

第二十四條 動力傳導裝置之轉軸應依左列規定裝設防護物

一• 離地2公尺以內之轉軸其附近有工人工作或通行而有接觸之危險者應有適當之圈套掩蓋護網或其他防護裝置

二• 其因位置關係工人於通行時必須跨過前項轉軸應於跨過之部份裝設適當之跨橋或掩蓋

第二十五條 傳動帶應依左列規定裝設護網

一• 離地2公尺以內之傳動帶其附近有工人工作或通行而有接觸之危險者應裝設適當之護網

二• 幅寬1公寸以上速度每秒10公尺以上之架空傳動帶有裂斷墜落之危險者應於傳動帶下面有工人工作或通行之各段裝設堅固適當之防護物

第二十六條 動力傳導裝置或其他機械裝有緊固及鬆弛滑輪者應依下列之規定裝設適當之遷帶裝置

一• 遷帶裝置之把柄不得設於通道上

二• 遷帶裝置之把柄其裝置之部位及開關之方向全廠應一律

三• 應有防止傳動帶自行移入緊固滑輪之設備

第二十七條 動力傳導裝置或其他機械未裝鬆弛滑輪者應置傳動帶上卸桿

第二十八條 傳動帶在不用時不得掛於動力傳導裝置之轉軸上應有適當之棲架

第二十九條 傳動帶之連接不得用突出金屬物但已裝有適當防護物或已有適當之處置足以避免災害之發生者不在此限

第三十條 傳動帶必須調整時該機器應即停止非俟完全調整後不得再行開動

第三十一條 上卸傳動帶及修理或清除轉軸上各項機件所用之梯應裝有適當之鈎子或底脚

第三十二條 動力傳導裝置上之滑輪與其隣近之軸承或其他滑軸間之距離小於傳動帶之寬度時應裝置適當之防護

第三十三條 每一蒸汽鍋爐應裝設左列各附件並應保持其有效狀態

一• 可靠之水準管至少一具並須刻有最低安全水平面之顯明記號者

二• 低水面報警器一具或其他能顯示水量缺乏之器具

三• 準確可靠之壓力表一具標有鍋爐檢驗人所許可之最高工作壓力記號者

四• 靈敏堅固之安全伐一具但鍋爐之受熱面積超過八平方公尺者應裝安全

佘兩具

五·高氣壓蒸氣鍋爐之出氣管上應有不能逆流之裝置

第三十四條 工廠裝設或遷移蒸汽鍋爐非經主管官署或主管官署認可之保險公司或登記合格之機械技師檢驗並發給檢驗合格證書後不得使用

施行前項檢驗時須有工廠檢查員在場其檢驗合格證書須經該檢查員之簽字

第三十五條 鍋爐檢驗合格證書應載明下列各事項

一·檢驗人之姓名職務及所在地

二·檢驗日期及其有效期間

三·鍋爐之受熱面積

四·鍋爐平時工作能容受之最高汽壓

五·鍋爐之號數年齡構造及製造廠名

六·輸送蒸氣之總氣管及其附件之裝置

七·其他關於鍋爐之裝置使用及管理各事項

第三十六條 鍋爐檢驗合格證書之有效期間不得超過一年但在此期間內如有修理等情事或工廠檢查員認爲有檢查之必要時得隨時檢查之

第三十七條 鍋爐檢驗合格證書之有效期間終了後非經重行檢驗換領新證不得使用

第三十八條 鍋爐用水非經化驗合格不得使用但有適當之處置者不在此限

第三十九條 爆炸力强大之壓力容器應有適當之安全裝置

第四十條 凡載人或載物之升降機均應裝置鐵柵門標明能載之最多人數或最高負荷並應於停止使用時將主動開關抽去或將保險索及機門等加以鎖閉

第四十一條 各種起重機均應標明最大負荷其鈎子應有避免所提物體自動脫落之裝置

第四十二條 處理運轉中之機械工人或臨近此項機械之工作工人易受頭髮衣袖等捲入之危險者須着用適當服裝

第四十三條 凡產生或處理或貯藏各種有毒物或高熱物體及對於身體有重大危險之場所應禁止閑人入內

第四十四條 凡貯有汚垢腐蝕有毒或高溫度液體之磁器貯藏池或地坑等除經檢查員認可者外應加掩蓋或裝設適當之防護物

第四十五條 其他各危險地方應懸挂紅色之危險標示或警告記號但已有適當之防護者不在此限

第四十六條 電氣裝置中載有電流之各部份其因地位關係易於工人接觸引起身體上之傷害者應設適當之柵欄或屏障

第四十七條 高壓電之綫路總板及一切裝置應設於別室或採用其他適當處置

第四十八條 各工作場所對於電綫電燈電氣機械及其他電氣器具之材料設計及裝置方法均應特別注意並應有於災害發生時得以立即切斷電流之自動裝置

第四十九條 凡製造處理貯藏或產生引火性或爆發性之氣體液體或粉塵之場所應有特別之防火設備並應遵守下列各項規定

一·不得使用或發生明火

二·不得裝設足以發生火花電弧之電氣器具或機械但已經封固不致引起火災或爆炸之危險者不在此限

三·凡因發生靜止電引起火災或爆炸危險之器具或機械應將發生部份加以接地或採用其他適當之處置

四·應有排除引火性或爆發性氣體或粉塵之換氣裝置

五·除有不得已情形經檢查員許可者外應與其他工作場所隔離

第五十條 各工作場所應嚴厲禁止吸烟

第五十一條 染有油污之紗頭紙屑等應蓋藏於不燃性之容器內或採用其他適當處置

第五十二條 各工作場所應多設太平門及太平梯並應直通安全地點

第五十三條 太平門之設置應依下列之規定

一·工人工作時所有太平門一律不得下鎖

二·太平門應有顯明之標記

三·太平門應向外開

四·太平門應用耐火材料製造如用木材者外面須包鉛皮

五·太平門應爲雙扇每扇寬度不得小於½公尺

六·太平門與工人工作地點之距離除有不得已情形經檢查員許可者外最遠不得超過25公尺

第五十四條 太平梯之設置應依下列之規定

一·太平梯應用耐火材料製造

二·太平梯之斜度除有不得已情形經檢查員許可者外不得大於45度

三·太平梯應有堅固適當之扶欄

四·太平梯之寬度不得小於1公尺

五·太平梯不得用迴轉式

第五十五條 太平門及太平梯之前不得堆置物件太平梯之梯背空間亦不得堆置引火物品

第五十六條 各工作場所之門戶應一律向外開在工作時間內不得下鎖

第五十七條 工廠應有充分之消防設備各工作場所並應有報警裝置

第五十八條 工廠除應將消防設備之存放處所及使用方法通告外對於工人並應有定期及不定期之消防演習

第三章 衛生

第五十九條 各工作場所內之地板天花板牆壁階梯及過道等均須保持整潔

第六十條 各工作場所內及其附近不得堆積足以發生臭氣或有礙衛生之垃圾污垢或碎屑

第六十一條 各工作場所內之走道及階梯至少須每日清掃一次

前項清掃須於工作時間外行之並須採用適當方法減少灰塵之飛揚

第六十二條 各工作場所內之牆壁至少須每年刷白一次

第六十三條 各工作場所內應置相當數目之痰盂並須每日清洗一次

第六十四條 各工作場所之採光應依下列之規定

一·各工作部份須有充分之光線

二·光線須有適宜之分佈

三·須防止光線之眩耀及閃動

第六十五條 各工作場所之窗面面積與地面面積其比率不得小於1比10

第六十六條 窗面及照明器具之透光部份均須保持清潔勿使掩蔽

第六十七條 階梯升降機上下處及機械危險部份均須有合度之光線

第六十八條 各工作場所應保持適當之溫度

第六十九條 採用人工濕潤之工作場所遇有下列情形時人工濕潤應即停止

一·濕球寒暑表達到或超過華氏八十度時

二·濕球寒暑表與乾球寒暑表相差華氏2·5度以下時

第七十條 各工作場所應充量使空氣流通於必要時應以機械方法行之并應於每班工人工作終了時更換空氣一次

第七十一條 工廠應供給工人清潔飲水置於適當地方其四周並須保持清潔

第七十二條 工廠應按所僱工人之多寡設置充分數目之廁所便池並應依照下列之規定

一·廁所地板須以平滑不透水之材料建造並須保持清潔

二·廁所及便池不得與工作場所直接通連

三·廁所及便池至少每日清洗一次其牆壁及天花板至少每三個月刷白一次

四·男工及女工之廁所應隔別設置並須

清晰標明

第七十三條　工廠對於帶有傳染病菌之原料應於使用前施以適當之消毒

第七十四條　工廠對於產生有礙衛生之氣體塵埃粉末之工作應遵守左列各規定

一•採用適當方法減少此項有害物之產生

二•使用密閉器具以防止前項有害物之散發

三•於發生此項有害物之最近處按其性質分別為凝結沉澱吸引或排出等處置

第七十五條　處理有毒物或高熱物體之工作有塵埃粉末或有毒氣體散布場所之工作暴露於有害光線中之工作等之須著用防護服裝或器具者應由工廠按其性質製備之

從事於前項工作之工人對於工廠置備之防護服裝或器具必須服用之

第七十六條　工廠對於處理有毒物或從事有塵埃粉末或有毒氣體散布場所中工作之工人應設置盥洗器具及更衣室

第七十七條　工廠應設置食堂不得令工人於處理有毒物品或有塵埃粉末或有毒氣散布之工作場中進膳

第七十八條　工廠對於當地流行之傳染病應於可能範圍內為工人施行預防注射

第七十九條　工廠應有急救設備平時對於工人並應有急救訓練

第八十條　三百人以上之工廠應設置醫藥室并聘請醫生專任醫療及衛生事宜在三百人以下者應付托就近醫院或特約醫生辦理之

第四章　附則

第八十一條　除本條例各條規定外檢查員對於工廠各項設備如認為有危險或有礙衛生時得令工廠為預防或免除危害之必要處置

第八十二條　檢查員得依據各地工廠實際情形呈請主管官署對於本條例某條之規定准於暫緩施行

第八十三條　本條例自呈准實業部公佈之日施行

17636

工程週刊

(內政部登記證警字788號)
中國工程師學會發行
上海南京路大陸商場 542 號
電話：92582
(稿件請逕寄上海本會會所)

中華民國23年4月13日出版
第3卷 第15期(總號56)
中華郵政特准掛號認爲新聞紙類
(第1831號執據)

本期要目

定報價目：每期二分，全年52期，連郵費，國內一元，國外三元六角。

詹天佑先生銅像照片

紀念詹天佑先生 編者

距今十五年前四月二十四日乃我國工程界先進詹天佑先生逝世之日，凡工程界人均應每年掬誠紀念者也。詹先生畢業於美國耶路大學土木工程科，回國之後歷任各項重要工程職務；京綏鐵路工程，係詹先生設計主持，尤爲中外所欽佩。上面即該鐵路紀念詹先生之銅像照片，其英俊儀容，凡瞻望之者莫不萌生景仰之心。吾儕應知詹先生除技術學識以外，並具有一種堅毅不撓之意志，不畏工程之艱煩，進行之困難，而能卒抵於成，爲工程界之模範，吾儕於工作之時，應當憶及詹先生之服務精神，則於事業方面其庶乎易有所成歟？

17637

杭州電廠發電整理經過

劉崇漢

〔按本篇所述情形雖係三年以前之事，但杭州電廠之整理確有許多工程家亟欲一知究竟，此文敍述整理經過頗爲詳盡，內容甚有價值，爰登載本刊以供關心於杭州電廠整理經過者之參閱耳。編者註〕

（一）總論： 杭州電廠在大有利公司商辦時代，缺少專門人才管理發電，雖有職員四人：一總務，一會計，一庶務，一磅煤，然於發電事項，完全委之工頭，故管理殊欠嚴密。一切工作，非特不科學化，且不合理化，煤之成本浪費不貲。故當時非特較驗表類不完全，難以研究，卽一切記錄亦甚缺乏，甚至每日每月燒煤幾噸，亦無人知，其他可想而知矣。崇漢於18年5五月底官辦時代到廠，觀察一月，開始整理。將總務會計庶務併爲一人，另增技術員五人，以每日每度煤之成本爲標準，開始初淺比較研究，至19年3月而成效大著。時適所購之較驗表類已到，乃再增加技術人員五人，開始精密研究，較驗並計算各種損失，進步甚速，至19年成績最盛。20年開始改造爐子，以便專燒國產之劣煤，而排斥前所燒之東洋煤，反覆試驗，成績不免退步。是年冬崇漢復被調往閘口新廠，裝置機器，至21年7月始調回原廠服務，故進行甚緩。惟改造爐子已告成功，現在專燒長興煤，日有起色，成本之減輕，可以預卜。茲就18年五月至19年底官辦19月而言，共省煤銀114,121元，完全效率由7%增高至12%，成本減輕三分之一。（參看第一圖）而所用之方法非盡高深玄妙，不過普通燃燒學及電學常識之利用，使一切趨於合理化而已。斯篇之作非欲大言不慚，自炫成績，不過芹曝之獻，供高明之參考耳。竊以爲我國利用原動力之處甚多，多不肯或不知引用專門人才，嚴密管理，致其無形損失常逵鉅萬，實堪痛心。愚意鍋爐原動力達300

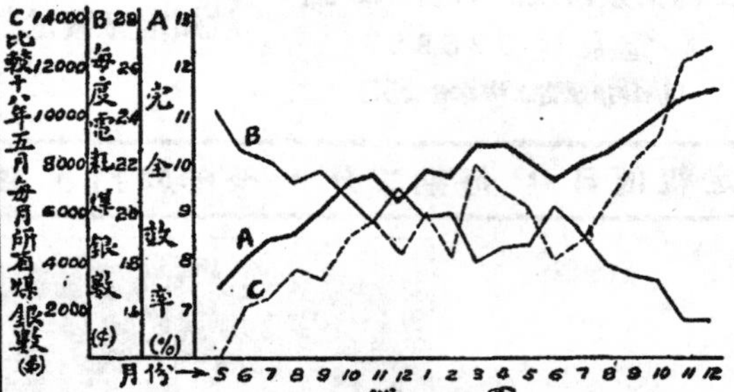

第一圖

匹馬力以上，卽須引用專門人才。較專信普通之機器匠，其成績實有天壤之別也。

（二）發電設備： 發電所2，在城內板兒巷者，有400及1000 瓩汽鍋輪發電機各一，均爲奇異公司白生Parson 式。鍋爐3，均爲人工進煤，熱面積共9530方呎，汽壓每方吋160磅，一爲拔潑開魏克司 B.&W. 式，一爲司德林Stirling式，一爲愛利 Erie 式。在艮山門外之發電所有 800, 2000, 2300 瓩汽鍋輪發電機各一，一爲西屋 Westinghouse 白生式，一爲白朗潑佛利 Brown Boveri 白生式，一爲愛藹吉寇晉斯 A.E.G. Curtis 式。鍋爐八，均爲B.&W.式，熱面積各3300方呎，汽壓每方吋175 磅。兩發電所均無熱水器Feed water heater，及節煤器Economiser之設備。發電機均爲交流，三相，50週波，5250伏而脫，至於冬季（最高）夏冬（最低）之負荷情形，可參看第二圖。

（三）工作狀況：

（甲）大有利時代： 日間電約900瓩，晚上最高約4000瓩，下半夜約1200瓩，每日共出電約四萬度。日間城外開二號機（2000

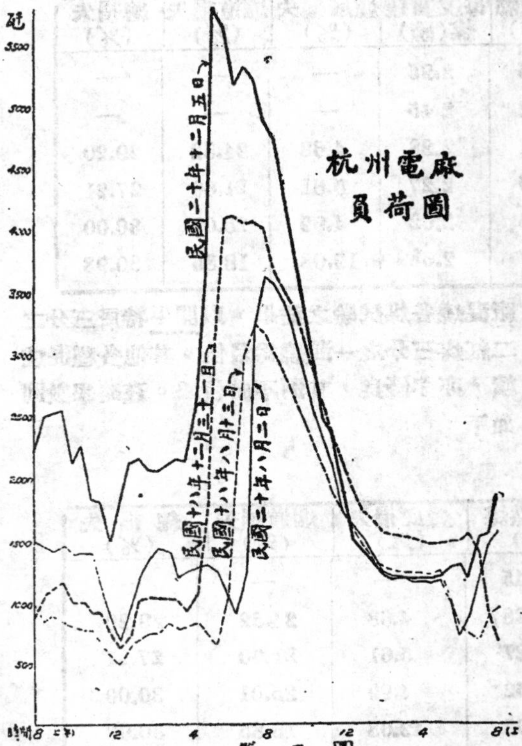

第二圖

瓩），或三號機(2300瓩)一座，鍋爐兩隻。晚上二機全開，並增開鍋爐四隻，城內再開四號機(1000瓩)或五號機(400瓩)一座或兩座，鍋爐三隻。每日燒東洋煤城外約54—55噸，城內7—8噸。鍋爐風門大開，煤層不變(3吋)，CO_2約6%。燃煤未經相當之選擇與配合，進煤與發電復不平行，每日進煤發電毫無記錄足供計算與審核。一切發電事權，完全爲工頭所操，故管理殊欠嚴密。

(乙)杭州電廠時代： 日間電約2500瓩。晚上最高約5500瓩。下半夜約1200瓩，每日出電約5萬至6萬度。日間城外開爐6隻至7隻，燒長興或開平煤，開一號機(800瓩)及二號機二座；晚間加開三號機一座燒中興，博山及長興煤，一號機在晚間或停或開，視負荷而定：下半夜停爐一隻或兩隻，共開五隻，三號機及一號機均停，燒長興煤。每日共用好煤十餘噸，劣煤七十餘噸，共用煤約八十餘噸。日間及下半夜之煤層爲一吋半至二吋行二，(second speed)每秒爐排約行$3\frac{5}{8}$吋)風門關小，晚晚間爲三吋行二或行三，(third speed 每秒約行$5\frac{1}{4}$吋)風門打開。CO_2日夜均爲10 -11%，Boiler Ffficiency爲70—75%,Turbine Efficiency Ratio 二號機約70%，三號機約60%。Water rate 二號機約13至15磅，三號機16至19磅，一號機24至26磅。城內機器非因修理或他種原因，不輕開動。

(四)研究所得減輕成本之有效方法：

(1)力謀煤與爐性質之適合： 人徒知煤之火力B.T.U.與燃燒成績有關，而不知煤之性質與爐之性質亦有密切之關係。故兩樣同火力之煤，在一爐內分別燃燒，可得驚人之差異結果。又同樣之煤在兩處不同之爐內燃燒，可得異樣之差異成績。此無他，爐與煤性質之不同故也。若求煤與爐性質之適合。其方方法有三：(甲)選擇一種煤以適合爐之性質，(乙)混合各種性質不同之煤以適合爐之性質，(丙)固定一種煤而改造爐子以適合其性質。

前二法曾於頭二年初淺研究時，試驗有效。後法則於近兩年改造成功。茲特分別申論之如下：

(甲)選擇煤類以適合爐之性質： 艮山門發電所之爐，其磚橋 Furnace arch 爲 Dutch oven 式。無論國產或東洋煤單燒無絕對適合其性者，故恆以混合燃爲宜。惟就單燒結果而言，從燃燒成績比較，以崎戶屑爲最佳，開平屑及大同屑爲最劣。若專就燃燒之經濟而言，則以煤價之參差，反以開平特屑最合算，中興屑，大同屑最不經濟。茲以崎戶爲標準，就各煤之火力價目，推算其理想每度電燃燒之煤，與實燒之煤比較，并其各種失損，列表如下：

煤之名稱	每噸價目(元)	每度應燃煤(磅)	火力(B.T.U.)	每度應燃煤(磅)	每度實燒煤(磅)	爐底損失(%)	煙道損失(%)	總損失(%)
崎戶	19.05	2.25	12500	2.25	2.25	—	—	—
紅煤	19.70	2.23	12670	2.22	2.45	—	—	—
博山	19.60	2.24	12390	2.27	2.28	4.68	24.52	29.20
中興	22.30	1.97	13210	2.15	2.27	5.61	21.60	27.21
大同	21.40	2.05	12450	2.26	2.62	4.99	25.01	30.00
開平	14.60	3.01	11840	2.37	2.63	12.08	18.85	30.93

(乙)混合各煤以適合爐子之性質： 取兩種或多種性質不同之煤，分別單燒，於爐之性或有過與不及之弊，成績並不甚佳。然混合而摻燒之，則其成績之佳，常有出人意料之外者，蓋以其適合爐之性也。艮山門電廠混燒各煤試驗之結果，以開平特屑三分之二紅煤三分之一混燒爲最佳。其他各種混燒績，亦多優良，其例不勝枚舉。茲略舉數例如下：

煤之名稱及其混合法	混合每噸價(元)	每度燃煤(磅)	爐底損失(%)	烟道損失(%)	總損失(%)
紅煤	19.70	2.45	—	—	—
博山	19.60	2.28	4.68	24.52	29.20
中興	22.30	2.27	5.61	21.60	27.21
大同	21.40	2.62	4.99	25.01	30.00
開平	14.60	2.63	12.08	18.85	30.93
開平二份紅煤一份	16.30	2.09	6.74	17.64	24.38
中興博山各一份	20.10	2.14	3.50	21.53	25.03
大同博山各一份	20.05	2.20	3.31	22.00	25.31
開平二份中興一份	17.17	2.35	7.45	18.74	26.19
紅煤中興開平各一份	18.87	2.34	4.33	22.78	27.11

又混合各煤之適當與否，於爐性有密切之關係，可於18年日間試燒長興煤與各煤混燒之成績而見之。茲列表比較如下：(時長興煤實價每噸$10.25)

煤之混合法	開三號車每度燃煤磅數	照此燒法長興煤可賣價(元)	盈虧(元)
長興二份撫順紅煤各一份	3.66	9.87	虧 0.38
長興單燒	3.91	11.00	盈 0.75
長興二份紅煤一份	3.34	12.15	盈 1.90
長興撫順各一份	3.83	8.53	虧 1.27

(丙)改造爐子以適合煤之性： 欲知爐性與煤性之關係，必須先知爐之構造與煤之何種質料爲有關係。茲據研究結果，知爐之爐排每平方呎所有之燃燒體積，Eurnace volume/grate area 與下列三者成正比例：

(子)煤之揮發份數量及質量即揮發份 $\times \frac{\text{揮發炭數}}{\text{游離輕氣}}$

$$\text{volatile matter} \times \frac{\text{volatile corbon}}{\text{Available hydrogen}}$$

所謂揮發炭素者，卽煤內所有炭素減除其固定炭素。所謂游離輕氣者，卽煤內所有輕氣減除其與煤內養氣化合之輕氣。質言之，卽

$$\frac{\%\ \text{total carbon} - \%\ \text{Fixed carbon}}{\%\ \text{total } H_2 \text{ Content of moisture and ash freecoat} - \frac{1}{8}\ \%\ \text{oxygen content}}$$

比例數之謂也。此比例數Ratio若小，卽表示煤內揮發份輕多於炭，而爲飽滿Saturated之Paraffins C_nH_{2n+2}類或半飽滿之olefines C_nH_{2n}類之炭輕化合物 Hydrocarbons 也。故燃燒體積宜小，否則若此比例數爲大，則表示煤內揮發份輕少於炭，而爲不飽滿Unsaturated之炭輕化合物Hydrocarbons也。然燃燒面積宜大，蓋以其炭輕化合物易爲熱所分離 decompose 而遺留不少之煙灰Soot也。

(丑)煤內之養氣數量卽其燃燒性質。美國專家White曾從事研究煤中之養氣與煤之火力。及其是否與煉焦有密切之關係。據實驗所得通常養氣爲不能生熱之物，且$\frac{\text{煤內輕氣}\times 100}{\text{煤內養氣}}$之比例數若超過59時，必適於煉焦。故煤內養氣也者，實代表其燃燒之性質，而與改爐之設計，有密切之關係者也。

(寅)煤內養氣與煤內炭素之比例數。炭爲生熱之物，除灰份外，養爲不生熱之物，故將煤內水份及灰份除却後，其養與炭之比例數，實代表煤內不能燃燒物與能燃燒物之比例數也。此比例數與上述每方尺爐排面積之燃燒體積比例數，有成正比例之關係，改爐者，所不可不注意者也。

艮山門電廠之爐。其每平方尺爐排面積之燃燒體積爲5.15。惟燒國產之煤，依其性質，此比例數以在3上下爲宜。此可以加長爐排或減小爐之燃燒體積而得之。爐排速度放慢亦等於爐排之加長，惟鍋爐馬力必因進煤減少而減低，若速度放慢而爐排同時加長，則彼此可以抵消而鍋爐之馬力不致發生影響，同時可以得到優良之燃燒成績焉。在此廠初步之改進，將爐排加長二呎三吋，其前面之磚橋由Dutch oven式改爲斜行Inclined slope 式，而於其後方再加一長四呎之斜行磚橋，從前爐之燃燒體爲335立方英尺，現在縮小爲300立方英尺。從前之爐排面積爲65平方英尺，現在擴大至80平方英尺。每平方尺爐排面積之燃燒體積亦由5.15而減至3.75。爐之前後二磚橋中之爐喉，由二分之一爐之長，減至五分之一爐之長，以爲燃燒氣體混合均勻之助。經此改造後，試燒結果，似無顯然之進步。乃將爐排抬高一尺三寸，以減小爐子燃燒體積，一切均如下圖，於是每平方尺爐排面積之燃燒體積，乃由3.75減至3.04立方尺。

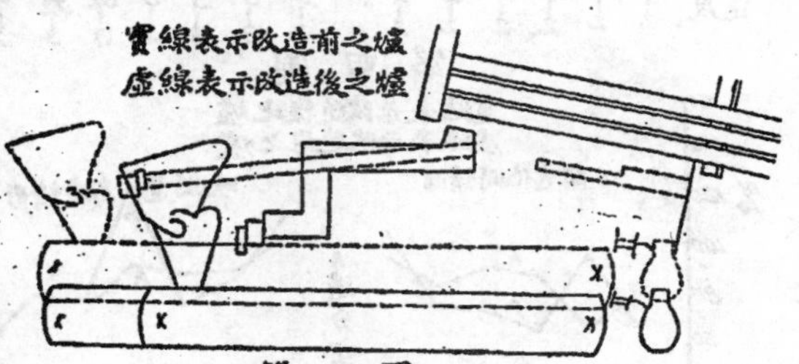

第三圖

經此改造後，成績進步大有可觀。爐溫增高300度，而煙氣溫度減少100度。依熱學原理，效率之增加，亦可推算而知。CO_2增高至10%以上。而爐灰中之損失甚低。且煤層可以比從前加厚一吋半而得優良之燃燒成績。故進煤比從前每點鐘可增加240磅至480磅，而鍋爐馬力大增，生火煤 Banking Loss 可省也。四爐照上法改造後，其餘四爐亦照上法改造，惟其爐排於加長二尺三寸之外，再加長二尺三寸，共加長四尺六寸，爐燒成績比前愈佳。茲將改造後各種燃煤燃燒之成績繪圖如後。

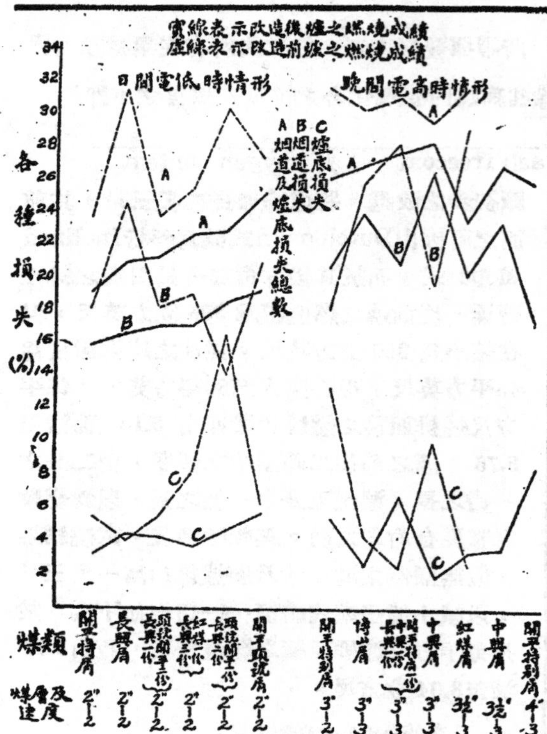

第四圖

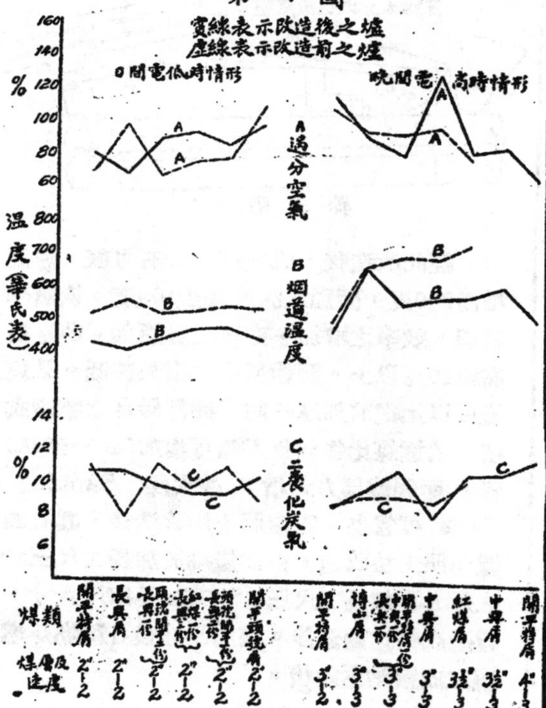

第五圖

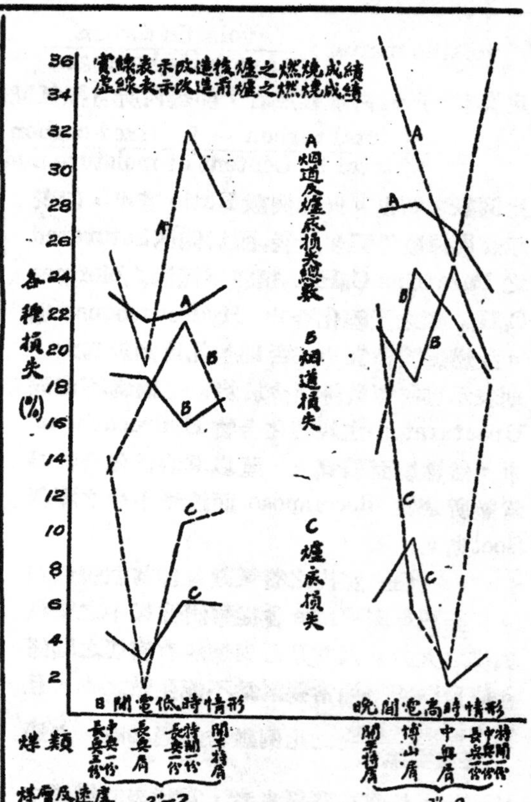

第六圖

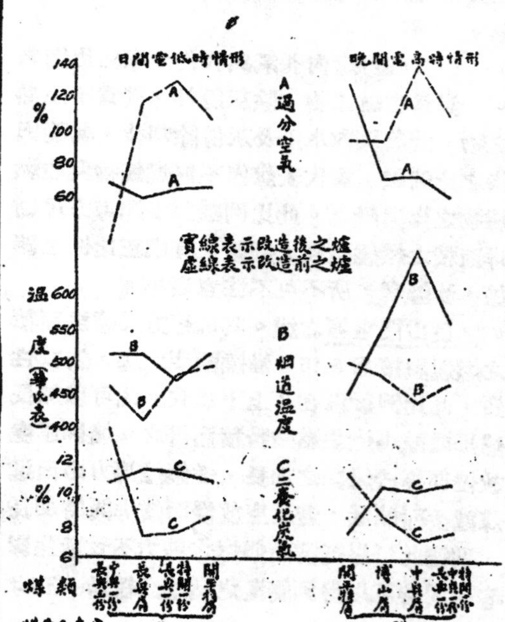

第七圖

17642

第八圖

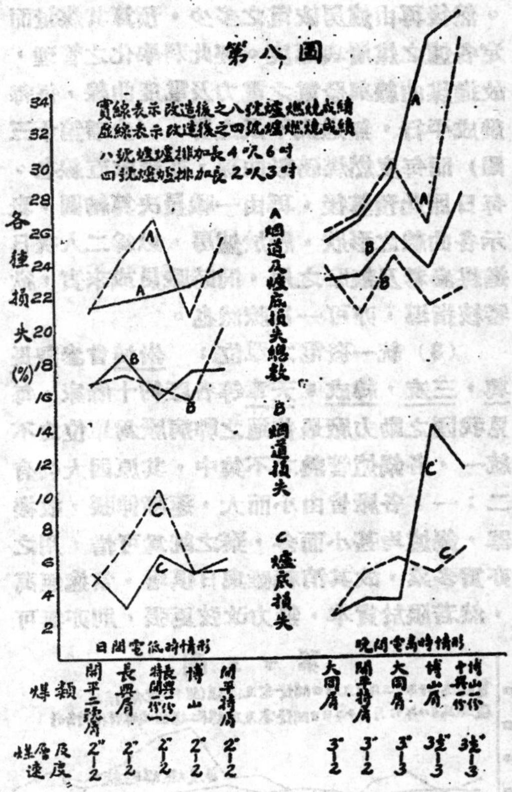

第九圖

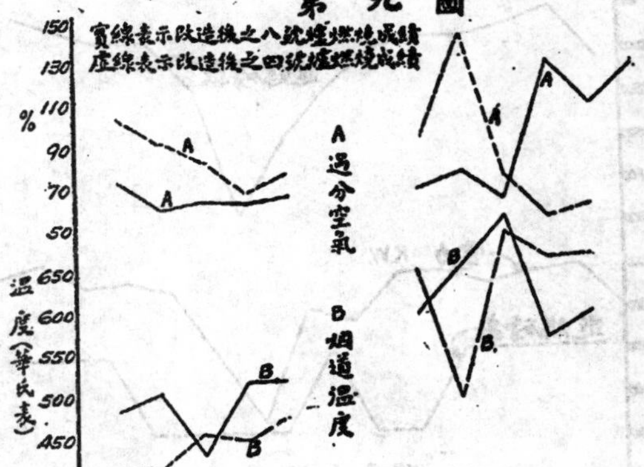

第十圖

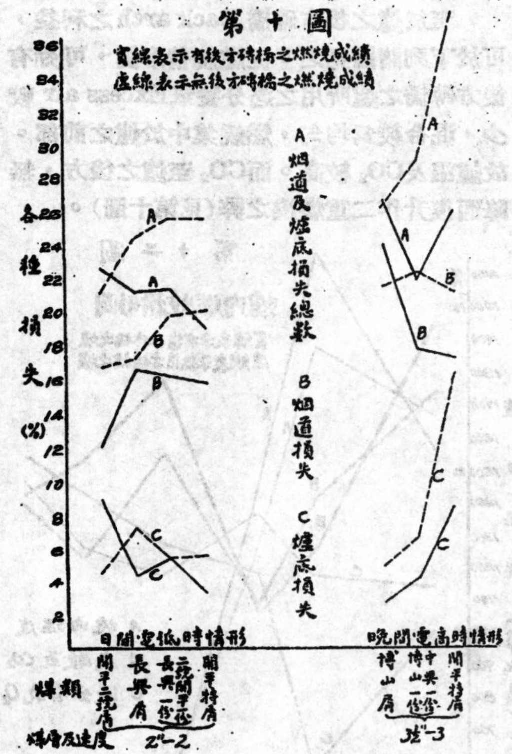

第十一圖

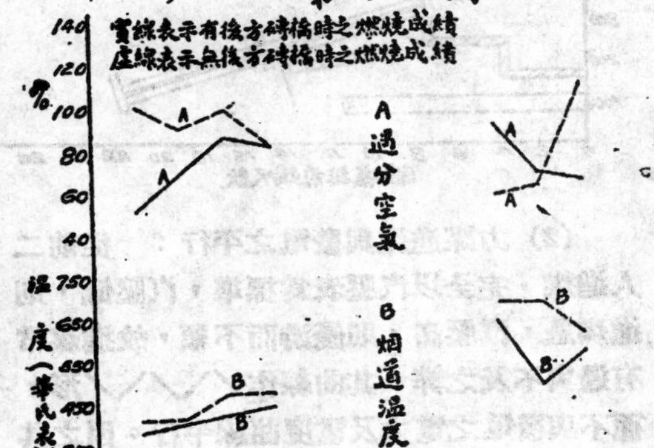

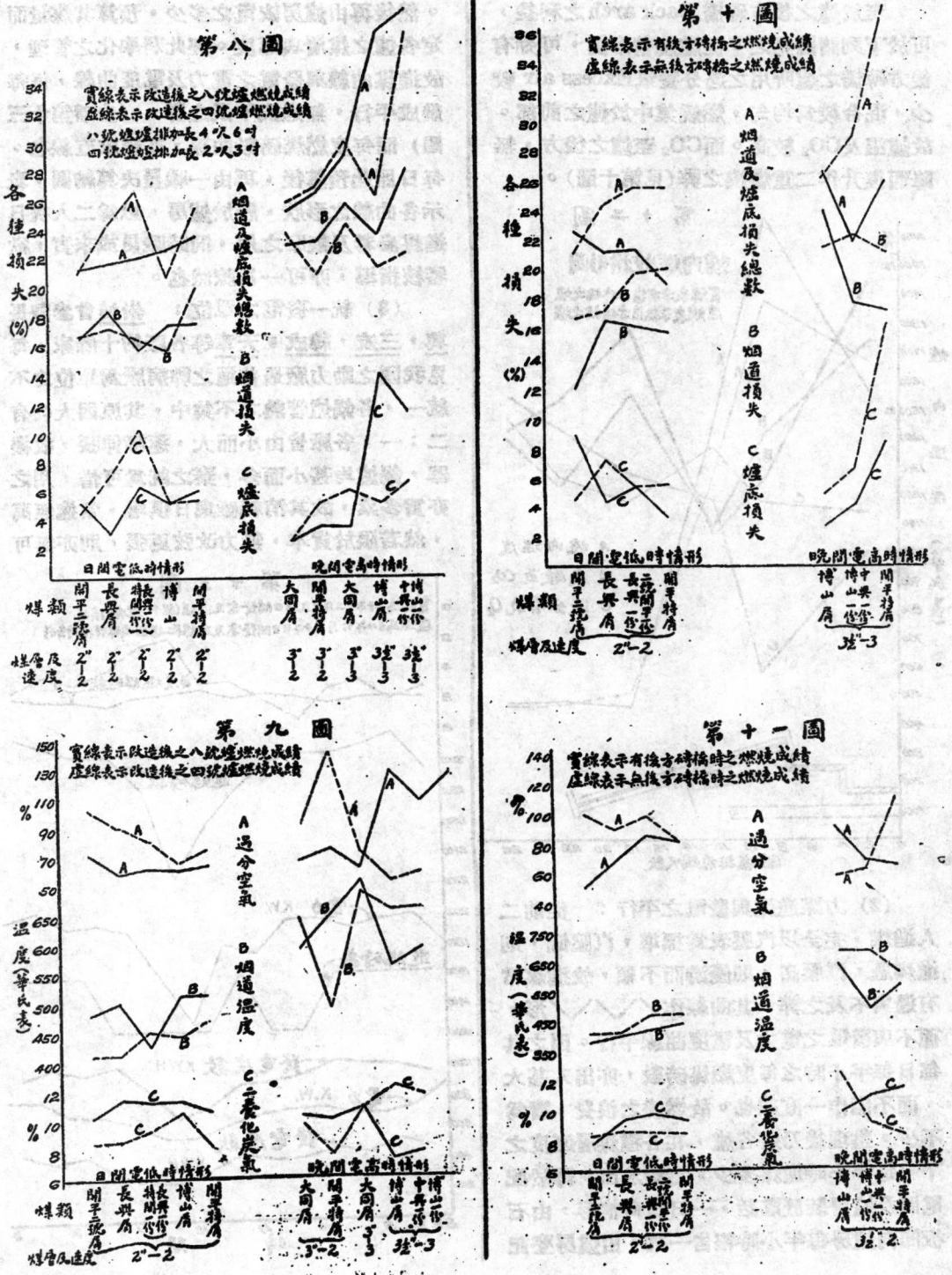

至於爐之後方磚橋 Back arch 之利益，可於下列諸圖見之。從燃燒情形圖，可知有後方磚橋之爐所用之過分養氣 Excess air 較少，混合較爲均匀，燃燒集中於爐之前部。故爐温及 CO_2 較高。而 CO_2 至爐之後方，無降而復升作二重燃燒之弊(見第十圖)。

第十二圖

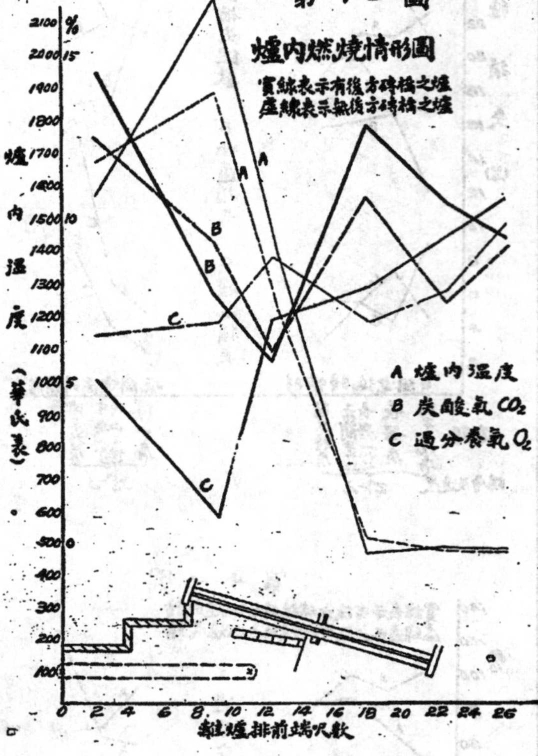

(2) 力謀進煤與發電之平行： 從前二人進煤，完全以汽壓表爲標準，汽壓低，則進煤急，汽壓高，則優游而不顧，故進煤常有過與不及之弊。其曲線作╱╲╱╲╱╲╱形，而不與發電之電力及電度曲線平行。因之其每日每半小時之每度燃煤磅數，亦出入甚大，而不能作一直線也。故燃燒之浪費，實爲不少。整理後乃將各爐，在各種煤層速度之下，每半小時進煤多少，實驗求出。再於配電間及爐房裝置電話，一日負荷情形，由石板間向爐房每半小時報告一次。由爐房登記。然後再由爐房依電之多少，預算其煤量而定各爐之煤層與速度。經此科學化之管理，故進煤曲線與發電之電力及電度曲線，每每幾成平行，無過與不及之弊。(參看第十三圖)而每度燃煤磅數曲線，亦幾成直線也。每日照此預算後，再由一職員決算給圖，表示各曲線之形狀，懸於爐房，以爲二人次日進煤參考及觀摩之用，同時職員或來賓，欲審核指導，亦可一目瞭然也。

(3) 統一發電之單位： 崇濬曾參觀長興，三友，緯成，天章等各廠約十餘家，每見我國之動力廠最普通之弊病厥爲單位之不統一，各鍋爐管熱之不集中，其原因大約有二：一，各廠皆由小而大，逐漸伸張，故機器，鍋爐均甚小而多，棄之旣爲可惜，用之亦實多累，故其消耗雖與日俱增，常逾鉅萬，然若限於貲本，無力改弦更張，則亦無可

第十三圖

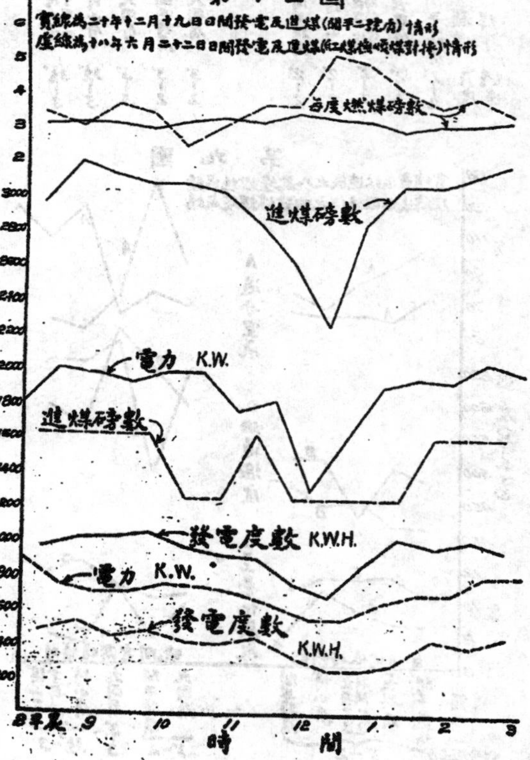

柰何也。二，爲管理者因循疏懶，不思從事調整而統一之，致有無益之消耗，此實最可痛惜者也。試觀杭州電廠。一處發電已優有餘裕，乃從前分城內城外兩處發電，城外晚間開爐6只，早停4只，日出電39,000餘度，燃煤54噸，城內晚開爐3只。早晨全停，日出電 2,000餘度，燃煤7—8噸。夫出電十九分之一，而燃煤約七分之一，其不經濟已可概見。且因發電之單位甚多，故機器與鍋爐之馬力不能開足。日間停火之鍋爐甚衆，晚間生火煤之浪費亦因之加增，況一處發電，則發電之數量，日有常軌，職員管理與工人進煤，均胸有成竹，故能使進煤與發電平行。今兩處發電，城內既爲人工進煤，有時火力不繼，則城內勢不得不委其負荷之一部分於城外，城外電之負荷本小，忽而加多，致出乎爐房工人意料之外，勢必發生恐慌，而急於進煤，則煤電不能平行，而無益之消耗加大矣。故發電單位實有統一之必要。玆將城內之機器鍋爐停開，非但日可節省生火煤數噸，機器馬力既可開足，管理亦殊便易。

(4) 減輕生火煤之消耗(Banking Loss)：統一發電之單位，既可節省生火煤數噸，已如上述。此外尚有一法，卽電低時燒劣煤多開鍋爐，如此則停火之鍋爐甚少，而生煤得以節省是也。其法就負荷之高下，（參看負荷圖）分每日爲四時期，從早七點至下午四點電低時爲第一時期，下午四點至七點爲加開鍋爐機器之時爲第二時期，（此時期因冬夏天黑之遲早，變化最多。）下午七點至夜半十二點電高時爲第三時期，十二點至次晨七點爲第四時期。（此時期電最低變化最少。）第一與第四時期燒長興等劣煤，將爐排發動機走慢，煤層減至1寸半至2寸，速度至行2爲止，風門關小；燃燒成績常較第三時期爲佳。第三時期燒中興或博山，開平等好煤，爐排發動機加快，煤層3寸至3寸半行二，有時速度加爲行3，因行3爐灰中之損失雖較大，然因爲時甚短，其消耗常比較添開一爐爲省也。至於第二時期則依冬夏負荷之高低而定其用煤之優劣，煤層速度亦隨時變化，以謀生火煤之節省，故從前生火煤每日6—7噸，現在常減至完全不用也。

(5) 力謀爐內炭酸氣CO_2之增高：鍋爐之通風，於經濟最有關係。風過大則冷風太多，烟道冒出之熱量過多；風過小則燃燒不全，爐灰夾雜之煤渣甚衆。二者均爲莫大之損失；故在適當之煤層與速度必有適當之風量，此可以依化驗及風表 Draft gauge 而測定者也。乃每爐裝置風表並用 Orsat Apparatus 化驗煙氣，規定各種煤層與速度之風門位置。大約在一寸半行二$1\frac{1}{2}''$—2（每點鐘進煤960磅）時，風表當在0.15寸之風力；$2''$—2(每點鐘進煤約1200磅)時，當在0.12寸，$3''$—2(每點鐘煤進約1680磅)時，當在0.35吋；$3''$—3(每點鐘進煤約一噸)時約0.5寸；$3\frac{1}{2}''$—3(每點鐘進煤約$1\frac{1}{4}$噸)時約在0.65寸；此爲風門大開所能得到之最大風力也。至於各種煤之更換於風門之位置似無大影響。惟自然通風，其風力全恃煙突內外溫度之差異，故夏季之風力常弱於各季也。又煤內加水，雖增加蒸發之損失少許。然於燃燒國產揮發分低之煤，頗有利益。因其延遲煤內揮發分之蒸發，助其燃燒，併減少煤層進風之阻力，增高風力及爐內之炭酸氣，而減少爐灰內之損失也。據實驗結果，中興，紅煤，博士，長興諸煤，加水均爲有利，尤以開平爲最甚。水可加至5%至10%。煙道之損失加增2%，而爐底之損失則可減少7%也。至於嚴密管理風門後，燃燒之進步，可以18年10月初次試驗之成績證明之。從前日間開二爐燒紅煤撫順屑，電每度三號機用煤最優成績爲三磅二，二號機爲二磅六；今則開三爐，電每度三號機用煤反爲三磅另七，二號機反爲二磅四八；從前爐少煤層厚（3寸），炭酸氣尚不過5%至7%；現在爐多煤層薄（$1\frac{1}{2}''$

17645

－2")，炭酸氣反增高至10%到11%；旣省生火之煤，復得較優之燃燒成績也。

(6) 開足發電機及鍋爐之馬力：　發電機以開足馬力，鍋爐以開過其規定馬力一倍半或兩倍爲最有效力。從前工人以愼重關係不敢將發電機及鍋爐馬力開足，故效率常低。即就18年5月及6月而論，每日最高電力約4000瓩，開發電機2副，鍋爐5隻，卽可勝任愉快。然當時常開發電機3副至4副，鍋爐 9 隻至10隻，整理後始將各機器之馬力開足，併打破工人偲偲過慮之心。

(7) 增進發電所電力因數Power Factor：杭州電廠日間之電力因數甚低(約60%)，故機器之馬力不能開足，而發電機之電流已超過其規定之數量甚遠，其線圈有發熱及燃燒之危險。若多開一機，則每機所担任之負荷愈小，每度耗汽Water rate甚大，必致消耗損失不貲，故欲使馬力開足而同時線圈不至過熱，則惟有增高其電力因數，乃施用下列二法：

(甲)另開一機而不進汽，作爲同步電動機 Synchronous motor。

(乙)另開一機而略進汽，並過量增高其勵磁 Overexcited ，結果成績甚好，不但每度燃煤成本不較開一機爲多，且略爲較少，此實出乎意料之外者也。

(甲)另開一機爲同步電動機。　將另一機用蒸汽開動，俟至規定速度後，與已開之機併線平行 Parallel Operation，乃將此機之蒸汽門徐徐關塞，同時將其勵磁徐徐增高，則他機之電流必隨之減低，其電力因數亦同時增高。如是則新開之機祇負責減少他機之電流，而不分任其負荷也。第十四圖表示一號機未用及已用作同步電動機，二號機負荷電流及電力因數之情形。圖中虛線表示20年8月31日二號機單開之情形。實線表示21年11月14日二機同開之情形，電力因數從60%增長至80%。

第十四圖

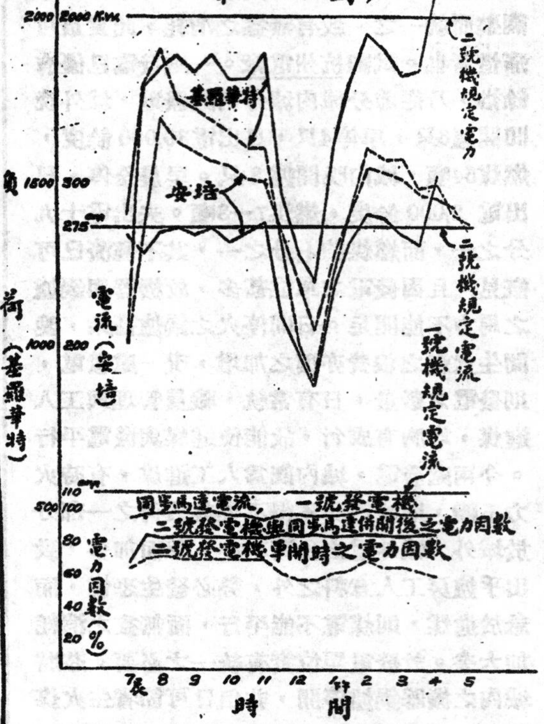

(乙)另開一機過量增高其勵磁。　日間負荷逐漸增高，至超過二號機規定之馬力，則一號機勢不能不分任負荷之一小部份。然增多一機其每度耗汽 Water rate 必甚大而

第十五圖

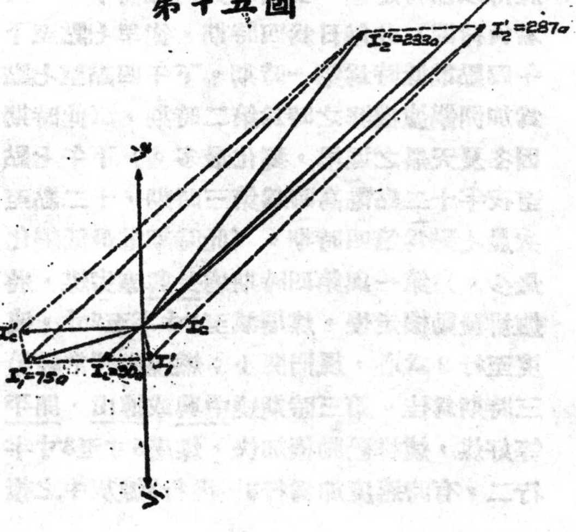

不經濟。補救之法，惟有少進汽而增加其勵磁，同時將二號機之勵磁減低，至其電力因數升長，達至適當之數量爲止。如是一號機之耗汽量 Water rate 不但不超過平常之量(每度26磅)，且可以減低至三分之一。(每度8磅)第十五圖爲二機同開之說明圖Vector Diagram，乃根據配電間下列之記錄而作者也。

發電機開法	發機電	電力K.W.	電流Amp.	電力因數%
(1)二號機單開	二號機	1810	317	68
(2)二機同開惟一號機勵磁不過量增高	二號機	1580	287	66
	一號機	190	30	66
(3)二機同開其勵磁一號機過量增高二號機同時減低	二號機	1580	233	80
	一號機	190	75	29

依圖中之表示，當二機同開平行一號機，若不担任負荷時，二號機担任全部負荷，其電流爲 $I_2=317$ 恩培，已超過其規定之安培(275)甚多。若將一號機所進之蒸汽少增，使分去二號機之電流$I_2=30$ 安培時，二號機之電流爲 $I_2'=287$ 安培。同時因二機之負荷不平衡，仍有平衡電流I'_o發生，致一號機之電流爲I'_1也。若一號機之勵磁再行過量增加，則必再有一平衡電流 I_o'' 發生。二號機之電流受其影響。由287安培減少至$I_2''=233$安培，而一號機之電流亦升至 $I_1''=75$ 安培也。由此二號機之電力因數由66%陞長至80%，而一號機之電力因數則由66%降落至29%。其他一切依力線原理 in a vector sense 計算，可以下列之公式表明之：

$$I_2''-I_2'=I_o'+I_o'', \quad I_1''=I'+I_o''。$$

(8) 修理凝結器之漏水： 城內發電所發電機已停開數年，20年各將四號機開動，忽發現凝結器之汽水腥臭，且經過鍋爐及機器之循環應用後可不必別進水補充。(No Make-Up Water)。不但不須補充，且水常愈用愈多溢出熱水井之外。再從較水測定，每度電須耗蒸汽31.8磅，因此斷定凝結器必有漏水之弊，乃用通常洋燭火之法試驗，發現漏水管有17根之多。將其修理後較水，每度電耗汽 Water rate 倘在30磅左右。乃將凝結器之蓋取去，滿貯以水，而將所有之水管嚴密施以漏水之檢查而整理之。結果較水Water rate減少至每度24磅，此後其餘各機之凝結器，亦施以漏水之檢查，然結果漏者尙少。

(五)結論： 經此三年之嚴密管理進步固爲可慰，然不免仍有下列之缺憾：

(甲)機械管理之欠嚴密： 崇漢兩次在上海電力公司實習後，認彼方於機械方面，人才濟濟，故修理及維持，管理甚爲嚴密。我方於研究方面，雖無微不至，然於機械方面，甚爲放任。一切完全聽工頭之自由行動，其放任之原因，一爲從前記錄之缺乏，關於各鍋爐及機器，其原廠家所担保之壓力，溫度，眞空 Water rate，等之記錄，完全無存，故難於審核與比較。二爲人才之缺乏，大抵普通機器匠之工作，大學畢業之專門人才，多不屑爲；而實驗出身者，又無專門學識，可以審核與領導一切也，故不如暫行放任。惟新廠將來開始發電，一切担保之記錄備，則機械方面亦須得有專門學從與經驗之人領導管理也。

(乙)一切尙未完全趨於標準化： 若一切已達標準化，則每日發電情形，完全可以下列公式代表幷審核之：

每日所用之煤＝生火煤＋常數×每日所

發之電，

每日所用之煤＝散熱損失＋常數×每日所發之汽，

每日所用之蒸汽＝常數×每日所發之電。

如此則一切職工之勤惰與賞罰，可認此數公式之符合與否而評判之，且可用省煤分紅制度以獎勵之也。至於未能完全標準化之原因甚爲複雜，大致不外負荷及負荷因數之隨時變化，煤類之變化，機器之效率不同，開動無一定之標準等。現在後二者已日趨於標準化，前者亦可隨機應變，大約一切之完全標準化，其期當不在遠也。

(丙)較昂之改革與試驗素未舉行：新廠完工，艮山門發電所之發電，卽將停止。故較昂之改革，如熱水器，省煤器，鼓風機等之設備，明知於廠有利，均未舉行。其已舉行之最著者，如鍋爐之改造，每爐約千餘元；爐排改用電動機引動，約費四百餘元；煙道內裝置熱水管，約費三百餘元；其費用不過如此而已。古人云"工欲善其事必先利其器"，今改造旣不能澈底，進步自受牽制焉。

(丁)較驗之表類不甚精密：整理後雖曾購置表類，然皆擇其價廉者選購，如驗蒸汽之消耗，舍精密價昂之汽表 Steam flow meter 而用水表；炭酸氣之測驗，舍精密價昂之炭酸氣表 CO_2 meter 而用 Orsat Apparatus 等；皆酌量廠中之經濟情形而行也。然因此所得之記錄不能完全準確，研究殊感棘手，故所有之各種損失及效率計算，亦祇可作比較觀，不能謂其爲完全準確也。

管理研究，雖有上列之缺憾，然成績仍屬可觀。足見蒸汽動力廠，無益之消耗甚大，若圖節省亦殊易易，一般當局者不能不注意者也。用特表而出之，以供高明之指正焉。

國內工程新聞

贛省積極建築公路

江西公路建設，年來甚有進步，營業路線，已達一萬九千餘公里。上月舖築路基：汴粵幹線，京黔幹線，滬桂幹線，及其他支線，均同時並進。營業路線之延長，在四月份以內，計汴粵幹線之牛萬段（牛行至萬家埠）公路，延長44公里，馬遂段（馬家洲至遂川）公路，延長59.3公里，又吉古支線之籐沙段（籐田至沙鎮）公路，延長24公里，總計 127 公里，連已通車營業路線，共長1,705.6公里。在上月內各公路土方之完成，路面之舖設，涵管橋樑之建築，新線之施測，以及城防路之進行，亦均有相當紀錄，茲分誌如下：

(1)土工完成 汴粵幹線，馬家洲遂川段，已於三月念九日竣工，又遂川贛縣段土方，約完成35%，黃土關石方，亦在積極轟炸。京黔幹線，萬載瀏陽段路基工程，四月份完成45%，汴粵幹線牛行萬家埠段路基工程，業於本月份全部完成，尙在整理。永古支線，沙漠龍岡段，亦於本月興工。新淦載坊支線，路基工程，改由民工修築，已興工。溫澤支線，黎川光澤段路基工程，本月約完成20%。

(2)舖設路面 溫澤支線南城黎川段路面工程，已於三月底全部完成。滬桂幹線，崇仁樂安段，路面工程，本月約完成60%。京黔幹線，景德鎮黃金本段，路面工程，餘干境內，於本月六日開始運料。萬年境內，於本月五日開始運料，行將運竣，樂平境內於本月十五日開始運料。汴粵幹線，吉安白石街段路面工程，現方開始運料。滬桂幹線，石塘永豐段路面工程，本月將着手運料。崇仁宜黃支線路面工程，本月約完成40%，城贛支線，南豐百合間，已由軍工舖設路面。

(3)橋樑工程 臨金支線，孔家渡大橋，計47孔，亦於三月底完成。湄桂幹線，吉安安福段橋樑改造，本月份已停頓。汴粵幹線馬遂段橋管已完成。遂贛段橋管，亦在積極架設。永古支線籐沙段橋梁，尙在改造中。汴粵幹線牛萬段，水管已完成。萬家埠大橋完成80%。其餘橋梁已完成40%。京黔幹線，萬瀏段，梁涵管，正在興工建築。

(4)新線施測 汴粵幹線，遂川贛縣段，及九江湖口線，八都任溪，南豐荷田岡線，均於五月測竣，並繼續測量景德鎭新門段，修水銅鼓線，及奉新九仙湯修水線，貴溪賢溪線，高安淸江線，梓樹宜春線，二都新豐市線，宜豐銅鼓線，又藕潭瑞昌線，牛頭山石門街線，已於本月前往施測。

(5)城防路線 牛行至瀛上城防路，路面運料已完竣，尙未舖設。牛行石頭口城防路面材料已採齊，惟無車搬運云。

國外工程新聞

紐約第二河底汽車隧道工程

紐約城昔已築一隧道，號稱荷蘭隧道 Holland Tunnel，係由紐約城通過黑德森 Hudson 河底而達紐遮舍 New Jersey 省之遮舍城 Jersey City 者。現乃擬築第二隧道，稱爲中城隧道 Midtown Hudson Tunnel，與荷蘭隧道相類似，不過係由紐約城之第39街之西起穿入黑德森河底而達紐遮舍省之威何肯 Weehawken 地方。隧道之建造，由麻生漢格公司 Mason & Hanger Company, Inc. 得標，造價造美金$6,452,300業於本年3月20日簽訂合同。此隧道用二筒制，惟現在先由該公司承造南邊一筒。尙有 51800 噸生鐵及生鋼環節，供裝此筒之用者，並不包括此造價之內，乃另由伯是拉罕鋼鐵公司 Bethlehem Steel Co. 承製，總價美金 $2,358,150。尙有346000隻强引力之鋼拴 High-tensile strength steel bolts係由歐立物鋼鐵公司承製，總價美金$177,664 依照包工合同，全部工程應於1937年3月1日以前完工。此隧道之最大斜坡爲 4.2%，最小者爲 0 3，最低深處約在河之中間，計離最高水面 98.10 呎。隧道內徑爲31呎，較荷蘭隧道小半呎，其長度計6000呎。隧道內汽車道寬度21呎半，車道之一邊另有人行道。人行道下面有高壓電線管道六條。車道上面空間 Headroom 有13呎7¼吋。本工程係由紐約港務處 Port of New York Huthority 主持。 (泳)

數字遊戲 (儀)

文虎

(一) 打物一

1 帽堂堂
2 目無光
3 餐不食
4 肢無力
5 官不全
6 親不顧
7 竅不通
8 面威風
9 坐不動
10 在無用

(二) 打字一

三分之一

北寧鐵路簡明行車時刻表 中華民國二十三年四月一日重訂

上行車

列車次數 ＼ 開到時刻 ＼ 站別	遼寧總站 錦縣	山海關開	秦皇島開	北戴河開	昌黎開	灤縣開	古冶開	唐山到	唐山開	蘆台開	塘沽開	天津東站到	天津東站開	天津總站開	廊坊開	豐台開	北平前門到
第八次慢車中膳各等		五・五五	六・二二	六・五二	七・四三	八・四九	九・四七	一〇・二六	一〇・三三	一一・五三	一三・一〇	一四・一〇	一四・二〇	一四・三五	一六・〇九	一七・四六	一八・二〇
第四次特別快車膳車各等		九・一五	九・三八	一〇・〇七	一〇・五〇	一一・三八	一二・二五	一二・五七	一三・〇〇	一四・〇〇	一四・五一	一五・四五	一六・五五	一六・〇五	不停	一八・一五	一八・四二
第二十次及第十二次客貨混合三等慢車		一〇・〇〇	一〇・五五	一一・四六	一三・五〇	一六・四五	一九・三〇	二〇・四五	停	第十二次	自天津起		八・一五	八・四〇	一二・四九	一七・〇〇	一八・〇五
第十次快車膳車各等		一三・〇〇	一三・二五	一三・五〇	一四・二八	一五・二〇	一六・〇七	一六・三九	一六・四五	一七・四六	一八・五〇	一九・四五	二〇・〇〇	二〇・一一	二一・三四	二二・五〇	二三・二〇
第一〇二次快車膳臥各等		二一・五五	二二・二八	二三・〇六	二四・〇〇	一・〇三	二・〇〇	二・四〇	三・二〇	四・三一	五・三二	六・三七	六・五〇	七・〇六	八・二七	九・四三	一〇・一二
第十六次客貨混合三等慢車及第四〇二次滬平直達貨車									五・〇〇	七・五八	一一・〇〇	一三・一〇	一八・四五	一九・三三	二三・四〇	二・四〇	三・五〇
第六次特別快車膳車各等													九・二〇	九・二八	不停	不停	一二・〇六
第三〇二次平滬直達特別快車膳臥各等							由	上	海	開	來	七・一〇	七・三五	七・四五	八・五五	九・五九	一〇・二九
第二次平浦直達特別快車膳臥各等							由	浦	口	開	來		五・二〇	五・三〇	六・四三	七・四九	八・一九

下行車

列車次數 ＼ 開到時刻 ＼ 站別	北平前門開	豐台開	廊坊開	天津總站開	天津東站到	天津東站開	塘沽開	蘆台開	唐山開	古冶開	灤縣開	昌黎開	北戴河開	秦皇島開	山海關到	錦縣 遼寧總站
第七次慢車中膳各等	五・四五	六・二〇	七・四二	九・二八	九・三六	九・四五	一〇・四八	一一・五四	一三・〇一	一三・四八	一四・四三	一五・五四	一六・四四	一七・一三	一七・三五	
第十一次及第十九次客貨混合三等慢車	七・五〇	一〇・二五	一四・〇〇	一八・〇一	一八・一六	停	第十九次	自唐山起	六・三〇	八・〇〇	一〇・〇五	一二・二〇	一三・四六	一四・四五	一五・二〇	
第三〇一次平滬直達特別快車膳臥各等	一五・〇五	一五・三六	一六・四〇	一七・五〇	一七・五九	一八・二〇	開	往	上	海						
第三次特別快車膳車各等	八・三〇	八・五八	不停	一一・一〇	一一・一八	一一・三五	一二・三二	一三・二六	一四・二四	一五・〇五	一五・四五	一六・三七	一七・一六	一七・四[illegible]	一八・〇〇	
第九次快車膳車各等	一四・二五	一四・五七	一六・〇九	一七・二九	一七・三八	一七・五〇	一八・五〇	九・四六	二〇・五三	二一・三四	二二・一七	二三・一〇	二三・四五	〇・一〇	〇・三〇	
第五次特別快車膳車各等	一六・三〇	不停	不停	一九・〇七	一九・一五	停										
第一次平浦直達特別快車膳臥各等	一八・五〇	一九・二〇	二〇・二六	二一・三九	二一・四八		開	往	浦	口						
第一〇一次快車膳臥各等	二〇・一五	二〇・四八	二二・〇八	二三・四一	二三・五〇	二四・〇〇	一・一〇	二・一三	三・二四	四・一四	五・〇六	六・一七	七・〇九	七・三七	七・五九	
第四〇一次平滬直達貨車及第十五次客貨混合三等慢車	二〇・二五	二二・一〇	〇・五〇	三・四五	四・〇〇	五・四五	八・四七	一二・一四	一五・二四	停						

中國工程師學會會務消息

◉司選委員會通啓

本會下屆即二十三年度新職員人選事宜，經由本司選委員會根據本會會章第二十一條之規定，提出各職員三倍人數用通信法分寄各會員複選。此次複選票業經寄出，凡屬會員諸君未曾接到者，即請就背面所印之選舉票圈選寄囘爲荷！

◉上海分會五月份常會

上海分會於本月十六日晚七時，假座銀行公會俱樂部，舉行常會，到二十餘人，聚餐畢，由主席徐佩璜報告會務後，即請會員郭伯良君演講題爲養氣之用途及其製造，郭君留學英國，囘國後，歷任鐵路上煤鐵礦及兵工廠方面担任要職，先述養氣在工業上醫藥上及軍事上用途之廣，次述歐美各國對於液體養氣各種製造方法，及各種方法之利弊，有鑒於國人自行設廠製造養氣之缺乏，在在須賴洋商供給，價格高昂，聽人壟斷，爰集資設立中國煉氣公司，製造養氣，於上年開始出品，質地純良，並經英德專家證明屬實採購者衆，本市二外商製造廠，因而跌價傾銷，在該公司未成立前，每立方英尺液體養氣，價在兩元以上，自該公司出品後，跌至八角左右，惟郭君說明，公司預料有此種事情發生，資本雄厚，決定奮鬥不懈，講畢，各會員對於製造技術，詳加發問討論，散會已十時餘矣，

◉徵求舊工程

本會歷年所出「工程」季刊現查會中所存頗多殘缺玆爲求全豹起見除下列缺號外餘均有存書凡我會員或非會員諸君如願割愛者請逕寄本會當以舊「工程」一册交換本刊最近出版者二期　計開缺號

一卷三號　一卷四號　二卷一號　二卷二號
三卷一號　三卷二號　三卷三號　三卷四號
四卷一號　四卷二號　四卷三號　五卷二號
五卷四號　六卷四號

除上開所缺各期外其餘尙有存書可以出售

一卷至四卷二號每册二角四卷三號至七卷四號每册三角以上均係季刊八卷一號起至最近九卷三號係二月刊每册四角郵費每册五分裝訂成册每卷另加一元二角

中國工程師學會二十三年度新職員複選票

敬啓者，查本委員會對於二十三年度各職員人選，曾函達徵求意見在案。玆於二十三年五月四日會議，根據本會會章第二十一條，并參攷天津年會議決候選董事之五項標準，提出下列候選人，即請本會會員分別圈定爲荷！

會長：	華南圭	(天津土木)	王寵佑	(武漢礦冶)	徐佩璜	(上海化工)

請於上列三人中圈出一人爲二十三年度之會長

副會長：	淩鴻勛	(衡州土木)	惲震	(南京電機)	戴濟	(上海化工)

請於上列三人中圈出一人爲二十三年度之副會長

董事：	薩福均	(南京土木)	顧毓琇	(北平電機)	司徒錫	(廣州機械)
	黃伯樵	(上海機械)	侯德榜	(天津化工)	唐之肅	(太原礦冶)
	陸之順	(濟南電機)	錢昌祚	(杭州電機)	易鼎新	(長沙電機)
	羅忠忱	(唐山土木)	王星拱	(武漢化學)	孫輔世	(蘇州土木)
	林鳳岐	(青島機械)	羅冕	(安慶礦冶)	黃炳奎	(南通紡織)

請於上列十五人中圈出五人爲二十三年度至二十五年度之董事

基金監：	徐善祥	(上海化工)	李祖賢	(上海土木)	周仁	(上海機械)

請於上列三人中圈出一人爲二十三年度之基金監

選舉人簽名……………………

通信處……………………

附註：(一)會長薩福均，副會長黃伯樵，董事夏光宇，陳立夫，徐佩璜，李垕身，茅以昇，基金監黃炎，均將於本年年會時任滿。

(二)本複選票請卽日塡就，寄至武昌國立武漢大學邵逸周君收轉。七月三十一日截止開票。

第四屆職員司選委員 張延祥，陳崢宇，方博泉，邵逸周，繆恩釗，仝啓。

17652

工程週刊

(內政部登記證警字788號)
中國工程師學會發行
上海南京路大陸商場 542 號
電話：92582
(稿件請逕寄上海本會會所)

中華民國28年4月20日出版
第3卷 第16期(總號57)
中華郵政特准掛號認爲新聞紙類
(第1831號執據)

本期要目

定報價目：每期二分，全年52期，連郵費，國內一元，國外三元六角。

即將完工之密蘇里河橋

工程與國防

編者

當此強權制勝公理時代，世界各國，莫不厲兵秣馬，爭講軍備，以備一戰，此固人類之弱點而爲現代最大不幸之現象也。我國數千年來向認兵爲凶器，崇尚和平信義。然而處此虎視眈眈環受壓迫之下，勢必弱肉強食，國亡無日。蓋在今世，人皆主張武力，獨我希望和平，欲冀幸免，當無此理。是以我國民族欲求生存，必須注意國防，而國防與工程實有密切關係。鐵道汽車道路線之設計，應顧及軍用之需要，建築物之設計，應顧及防空之設備，工廠之建造，機器之裝置，均須使可一旦供製軍器之作用。因現在戰事與昔不同，專恃兵士作戰，是必無濟於事。必也，全國爲之後盾，百物供其利用，始克與人言戰。望我工程界共共勉旃！

中國擴充鐵道宜採用汽車路為支路

陸增祺

按陸君此文大意以鐵路為幹路以汽車路為支路，所論頗有見地。惟讀者意見或與陸君不同，即陸君自己此刻意見為作文時所未料及亦未可知。故無論何人對此問題如有意見提出討論，本刊無任歡迎。　　編輯者註

我國交通事業之幼稚，無可諱言，即努力直追，尚恐瞠乎其後。孫中山先生演講云：「我們要學外國，是要迎頭趕上去，不要向後跟着。」所以吾信中國現下要振興交通事業。須於最新發明而便利與經濟二大問題已得滿意解决之汽車交通着想。Howard F. Fritch 氏在美國鐵路雜誌上發表論文云：「回憶百年以前，鐵路建築，視為交通界一大發展，為人人所驚奇者。而現今交通事業之情況，因經濟勢力之殘酷，其問題較之建築鐵路時，更加複雜重大。鐵路事業，將屆百年慶祝，而在二十五年前尚未出頭之汽車，由其三倍於鐵路運輸(以人哩為單位)之紀錄，其猛烈前進之可驚，實能壓倒鐵路事業，而有代替之勢。」由此可見汽車於交通事業之地位，早已為人重視。請述其優點如下：

照現下中國情況而論，財政之困難，達於極點，無論舉辦何種事業，不得不從節省經費着想，其理甚明。築一里之鐵路，需費約十萬元，築一里之汽車路，至多不過二萬元，即二三千元亦可，約計築路經費，相差七八倍，火車頭每輛需費十萬元左右，二十座位之大汽車，每輛僅萬二千元，相差又八九倍。從 Boston & Marine 公司會計紀錄一覽，可知一列蒸汽機之客車，日常維持費用，可以供給五列汽車之用，且既蒸汽機每哩路之費用，(不算路軌維持費)為美金1.589圓，在同樣情形之下，汽車僅費0.28圓。如此兩相比較，其一切經費，相差何啻五六十倍。辦理經濟，其利一也。

中國尚未有造鋼廠，（漢冶鋼鐵廠停工已久）所有鐵路之軌道須購自外洋，非若汽車路之僅需泥土石子等，我國到處皆有，材料便利，其利二也。

因地基材料，可由本國供給，開辦費減少，而各種工作，易於措置，籌到少數的款，即可開工，開辦迅速，其利三也。

當今軍政訓政過渡時代，在裁兵實行之期，照前歐洲大戰之後，歐美聯軍，共有幾十萬，但不到三年之後，大半裁去。而化兵為工，倘能做而效之，則兵裁工興，其利四也。

當今國弱民貧之時，而希望其有大工業之勃興，勢所不能，遂不得不着眼於小工業。而小工業之興盛，賴乎工廠地點之選擇。因汽車支路，有隨處可通之便利，則工廠得任設於原料出產地之鎮村，以減少其運送原料之費用，而一切開支，亦較通商大市為節省，出品雖少，而可藉汽車交通之便利，時常運出售賣，成本低，物價廉，有暢銷之希望無疑。小工業興，大工業起。汽車路有振興小工業之可能性，其利五也。

因汽車在小村僻鄉，都可通行，農家大受其益。蓋果品鮮貨，不致受運輸困難之影響，致受損失，而農業物亦有按日運賣城市之機會。一方可增加農夫工作之興趣，一方可推廣出產品之銷路，各處居民藉得較賤之食物。有益於農業，其利六也。

汽車有可公可私之特點。若運送私人或

小團體，自路程之起點至終點，無須換車，而起程之時間，亦可聽旅客之便。且公共汽車，亦因其開往次數之多，時間問題，亦極稱便。受民衆歡心，其利七也。

汽車道因各種情勢之變遷，易於改變，甚至放棄。而既經改變或放棄之車道，仍便於人行，其利八也。

以上所述之八利，都與鐵道公司有直接或間接之關係焉。

凡描寫歐美之鐵道，莫不曰密如蛛網。蓋鐵路交通發達，其路線縱橫交叉，有幹路，有支線。若我國則在路線三四十里地以外，鐵路之便利交通意義，不能深切引入人民腦海。而鐵路之營業，亦不得達到三四十里以外之人民物產。是以愚見爲振興中國鐵道，首在擴充國有鐵路之營業範圍，卽多築支路。而支路問題，照看上述利害，應採用汽車路以代鐵道。

我國建築支路宜具有二種目標。一則通路於工商業已經繁盛之內地，推廣其運輸。一則築於工商業未甚發達之區，以開拓其工商業。

採用各省建設廳社會狀況調査，作爲藍本，通令各鐵路局核定應築支線，實地考察以後，規定大概。例如津浦線之徐州至高密作一支線，派該路養路工程師詳細測定徐高路線，及陳明沿新線之農工商業民風等詳情，及築路用之石料等狀況。由路局呈鐵道部批准後，在養路工程師指揮之下，開工築路。可以築一段通行一段，以若干年爲限，責成各路局造二倍或三倍幹路長之汽車支路。參考下列之條件，著者認爲有成功之可能性，並可因此引起商辦汽車路之踴躍。請述如下：

(一)照現在中國鐵路情形，路局定可撥若干養路工程師，分段指揮建築汽車道支線。而於鐵路養路工程，並無若何影響。如此可省去一筆僱用工程師之費用。

(二)爲節省起見，可用鐵路公司製造廠，借作修理汽車之用。

(三)幹路因支路多，而運輸範圍廣遠，營業增加。

(四)遇有某支路之營業特盛或衰敗時，有鐵路代運車輛之便，可以調勻補救之，以免受較大之損失。

(五)用鐵路老資格員司，本其管理之經驗，及安全之注意，汽車支路事業，可望其發達矣。

預計汽車路每70里，置汽車一輛。汽車每輛之價，爲10,000元。若照建築現有國有鐵路線二倍長之汽車支路辦法，築路費約需三千萬元，車輛費七千萬元。愚意三千萬之築路費，由鐵路人員公認，由每月薪水抽百分之幾，買汽車支路公債。不足成數，再由通路處之商民，公認若干，以將來運費擔保之。七千萬之汽車費，由各鐵路局分與外國汽車公司訂立合同，購備之。汽車合同之條件，可由鐵道部派幹員辦理之。而發行汽車支路公債，亦非難事。蓋築汽車路，款項到手，卽可逐漸動工。買公債者，時時在監視中。而所費款項，乃用於本國工人，及買土地石子等等。築路成後，有行路及運輸之便利，亦卽間接代爲振興所經過地方之農工商業。苟先之以普遍宣傳，繼之以公正辦法，國運民生，兩有裨益，人民亦何樂而不爲耶？

意國國有鐵路更換及加固鋼橋辦法

意國Faya原著 嵇銓譯編

(一)新橋式樣

橋梁修養費，以石及混凝土構造者爲最省，鋼鐵構造者，則檢查油漆及其他修養，爲數甚鉅，故鐵路橋梁除土石者在技術上不可能或經濟上不合算外，以少建鋼鐵者爲是。此兩種橋尙有一不同之點最關重要者，卽土石橋之靜重大於動重，可容動重增加之限量甚寬。鋼橋則動重增至相當限制，非重建新橋不可；且因動重之長期震動，鋼性與耐力或有變更之可能。故數年前吾國已將若干鋼橋凡可建土石橋者，均改用土石重建。但混凝土及石工費用太鉅，更換少數者，尙可應付，現大批鋼橋，急待更換，非仍採用鋼鐵不可。鋼橋旣不如土石橋之有永久性，經相當年限，負重增加，必須更換，壽命旣有年限則估計新橋造價時，折舊積餘金，應預爲計及。觀察各國統計，此年限假定爲40年，並假定新橋重量較舊橋增加50%，收回舊橋料價作10%，新橋較舊橋以料價言，應貴40%。假定換新橋後40年換一次，再40年又換一次，造橋時卽提存折舊積餘金，年息5%，新橋造價如爲（S），則造橋時應備之款爲

$$S(1+0.1420\times1.40+0.0202\times1.40^2)$$
$$=1.24\times S$$

故爲繼續換橋計，應備之款，除上節40%外，須另加24%，至橋架式樣，與跨度有關。玆將何種跨度，應用何種式樣，列舉於下：

(甲)跨度在5公尺以下者：一律用混凝土。

(乙)跨度在5公尺與16公尺間者:一律用孿式鈑梁，(Twin Girder)(參觀附圖一)此式用主樑四根。相距80至90公分，在各樑間用若干橫膜鈑維繫之，此膜鈑托住縱枕，上座軌條。12公尺以上者，四主樑相距爲76公分，主樑下緣間繫一平面底繫架，以資連結。12公尺以下者，只中間兩主樑用底繫架，以資節省，橋端輥座，每樑用兩具輥軸。此式橋梁以縱枕不易維持軌距，

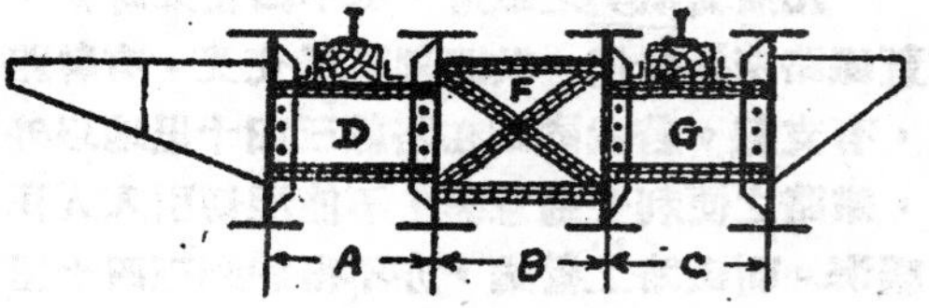

附圖一
孿式鈑梁

梁距, A, B, C, = 80至90公分
橫膜鈑, D, F, G相距70至80公分

如有出軌事變，易演重大結果，一般狃於成見均持反對態度，但此式亦有其特殊之優點，故吾國仍採用之，(一)不用縱梁橫梁之組織，其相連處之弱點可免；(二)因縱梁橫梁之組織，對主梁發生之次應力亦可免；(三)照科學研究結果，此式實際應力，頗能與計算所得者相符；(四)此式在配合工作上最爲簡易；(五)此式在將來更換工作上不甚妨礙行車。

(丙)跨度在16公尺至24公尺者：一律用下承開頂式鈑梁，在鋼價低賤國家，用鈑梁之最高跨度，有時可增至30公尺，但意國鋼價較昂，最高跨度，仍以24公尺爲限，過此須改用桁架式，以省鋼料。

(丁)跨度在24公尺以上者：一律用下承閉頂華倫帶主柱式桁梁，此式分格爲等邊大三角形，較諸腰桿鋼形式，其靜力測定，容易確定，且較爲省料。但大三角形

分格式，遇有任何橋梁，對於材料及工作上發生疑問，全橋應力，隨之變更，腰桿鋼形式，則局部稍有不合，於全部之影響，並不如是之重要。

大三角形分格式之優點有四：(一)因節點硬接關係發生之次應力 較別式爲小；(二)配合工作，較爲簡單；(三)每格有一立柱以繫横梁，各横梁兩端之半硬接性均相等；(四)每三角形有一立柱，則上肢壓桿長度縮短抵抗力大爲增加。

跨度自24至38公尺者，用開頂式38至65公尺者，用閉頂式，65公尺以上者，上肢用曲線形。開頂式橋，上無繫架，上肢極易受横彎力率而彎曲，抵此彎力率，不外上肢自身之惰性力率，立柱及横梁連結所生之抗力而已。故開頂式橋横梁不可太矮，立柱不可太高，吾國規定30至38公尺開頂橋，横梁高度不得小于1公尺，主梁高度不得大于4公尺。

(戊)上承橋跨度在24公尺以上者：採用腰桿

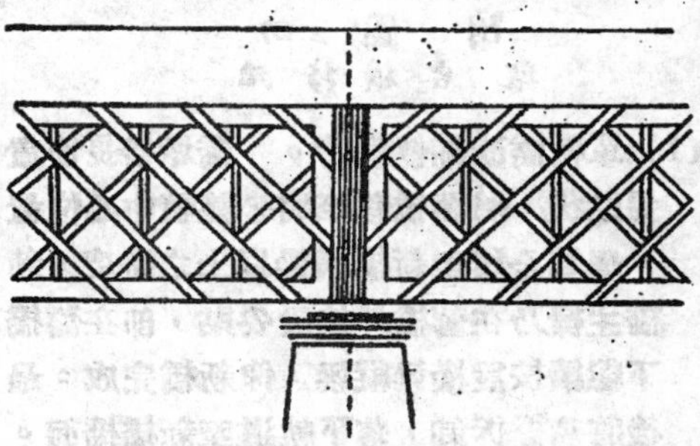

附圖二

腰桿網形上承橋

網形式桁樑，(參觀附圖二)此式又名St. Andrew Cross 斜桿交叉處，附以豎桿，可使主梁分格縮一小半，横梁高度因而減小，於平面繫架佈置，較爲便利。

(己)連梁橋梁跨度在45公尺以上者，鮮用此式。連梁軌道有上承者，亦有下承者；有用鈑梁者，亦有用桁梁者，其優點在中間橋墩無橋端輥座，不須太寬，工費較省。其劣點(一)橋墩下陷，或在特殊載重時，或在未載重時，中間墩橋往往與梁座脫離，致全橋應力支配，發生變化。(二)橋座是否懸空，軌平是否水平，非隨時檢查不可。

(二)加固方法

吾國擬定全盤更換橋梁計畫時，因現行載重，與舊橋設計時所用載重，相差甚鉅。如用加固法，需用鉅量鋼料，工作費用亦頗不貲，故鮮有用加固辦法者。但20年前，載重與設計時所用之數，相差尚近，多採用加固法，茲列舉如下：

(甲)在主樑及横梁上下肢添加鋼鈑。

(乙)在横梁縱梁交接處增加鉚釘

(丙)將腰桿加倍。

(丁)將次要橋梁合併組織。

加固工作上最困難之一點，卽鉚釘接合，必須隨時拆斷，同時又不准妨及行車。故加固之法雖多，而在加固進行時，務以維持舊橋能力，兼顧行車者爲上。茲姑將合於此原則之加固方法，略述如下：

(戊)上承橋横梁在主樑上者，可於主樑間加一第三主樑。如是動重多一承負者，横梁亦多一承點，無形加固 此法除逐部拆卸平面繫架(風樑)外，舊橋大部，並不受擾動。按理論言，此係靜力無定式，但應力支配，仍可約略測定。有時有同樣橋可以利用，可加入兩具主樑，連同舊主樑，成爲四具。

(己)主樑外另加一同樣主樑，切實聯結之樑此法無論下承或上承式，均可採用，但横梁與(戊)項不同，並未因多一主樑無形加固。

(庚)上肢之上，或下肢之下，另加環拱。上肢加拱，(觀附圖三)於下承開頂式橋 最為相宜。因在中部環拱最高處，可加設頂繫架，以禦風力。吾國採用此式最多。下肢加拱，因吾國上承橋下地位不敷，鮮有採用者。上肢加拱，在拱背未完成前，橋下需用木架承托，以輕負重，並將上肢略成拱形，俾新加拱背，得分負主樑一部份應力。

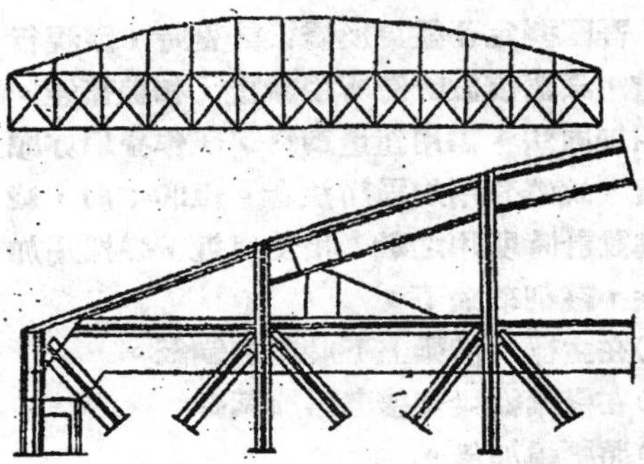

附圖三
上肢加拱

(辛)橫樑下肢，另加環拱，並在縱樑下兩端，另加撑桿。此法最為經濟，工作亦輕捷；橋下地位有敷裕者多採用之。

加固工作，必須拆卸鉚釘接合，於行車最為困難。自電銲法發明後，加添鋼鈑，可直接銲固，無須拆卸鉚釘，異常便利，加固工作進行，乃突飛猛進，一日千里焉。如加固復仍須鉚釘接合，可將鉚接兩鈑在其邊緣先用電銲接，乃拆卸鉚釘加銲新鈑，再恢復鉚釘接合。加固工作遇有下列情形之一：

(1) 加添新鈑後，鈑厚過度，不宜用鉚接者；

(2) 新鑽鉚孔，恐現有橋桿太弱，不勝任者；

(3) 地位不敷增添鉚孔者；

則舊法只有束手，而電銲法實行後，措置裕如，毫無困難矣。電銲法不須卸鉚釘，鑽新孔，鉚新釘，不須候行車空間，可繼續工作，故實為最經濟方法。且不傷舊橋各桿，不卸鉚釘，無變更應力危險，可稱最穩健方法。

(三)建築新橋(橫移法參觀附圖四)

更換橋梁，尤其吾國施行大批更換規程，在行車繁重，地勢局促之時，非研究一最迅速最穩健最經濟之工作方法，進行上必感甚大之困難。初時最簡單並最穩妥方法，卽鋪設便道，暫建便橋，則一面行車，一面工作，可各不相擾。但費用太鉅，且過便道便橋時車必減速，有礙行車時刻，更換少數橋梁，尙可應用。今更換大批橋梁，阻礙必多。自非妥善辦法，為免鋪便道計，曾試用以下之方法：

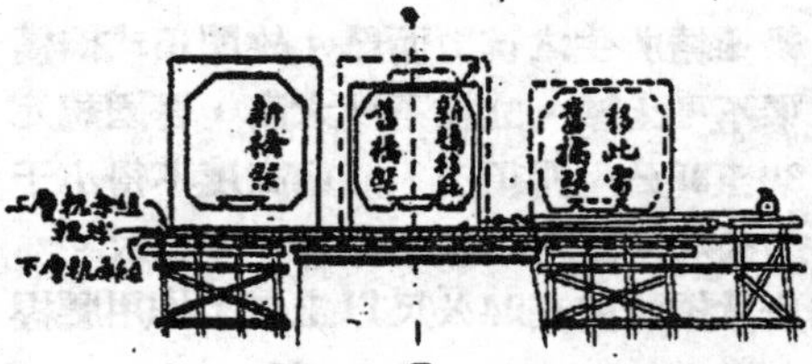

附圖四
梘台橫移法

(1) 單軌橋改鋪雙軌時。　橋墩接長佈置妥貼後，將舊橋移至將來雙軌中心位置，舉起全樁至新橋橫梁以上之高度，新橋主樑乃在舊橋外按設妥貼，卽在舊橋下繼續按設橫梁縱梁，俾新橋完成。最後將舊橋拆卸，落下軌道至新橋橋面。但此法因舉起及落下軌道工作，亦須減低車速，且在新舊橋錯綜互合之時，工作亦須極端審愼，故非在特殊狀况下，並不採用此法。

(2) 最新方法為橫移法。　在舊橋側按設新橋，暫承於僅足負其靜重之木架上，並在舊橋之他側，亦建同樣之木架，乃在行車空間，將舊橋橫移于預置之木架上，同時新橋亦橫移至適當位置。此法最為簡單，在移橋前，毫不擾及行車。在移橋工作程序及佈置，須極端整齊並安全，否則移橋准許時間，至多不過一小時，若工作上發生極小阻礙，往往阻及行車，演成重大結果。

移橋工作之工具及設備，最關重要，非預為佈置妥貼，不得貿然開工，設備中特別要件為：

(1)移橋輥台，

(2)50至200噸水力盤起器，(俗名千斤頂)

(3)拉橋之滑車及繩，

(4)10噸重之驗力器，以驗拉力，

(5)電話，傳聲器，及雨衣等，

(6)野外電燈或電石燈。

移橋設備大致可分以下三種：

(1) 在若干軌條平面上滑走。此法只適于輕橋，跨度不得大于30公尺，因磨阻系數頗大，往往在0.15以上。大橋太重，恐不易滑走。再此橋位置須在水平面上；若在坡道上滑走時，恐發生橫滑，有妨工作。

(2) 主樑兩端橋座下附以二滑軸圓柱在滑板上滑走。此法適用于中號橋梁，磨阻力可減小不少，橋在坡道上者，尤為適用。

(3) 輥台法。在上下層兩組軌條間，按設輥球一串，組成輥台，上層軌條組，繫住被移橋底，下層軌條組，固定于橋墩上。此法適用于40公尺以上之橋，可省拉力不少。若校正滑面，使確在水平面上，拉力不過橋重3%。用此法移橋，需時不過半小時，有一次用兩具電力絞車，拉力完全相等，四空橋移妥，不過四分鐘。

揚子江淤島用之新式挖泥船

(原文登載本年4月份"The Dock and Harbour Authority"雜誌第167頁)

緣起： 揚子江之淤灘 The Bar of the Yangtse, 對於駛近上海之船隻常生阻礙。近年來船隻吃水增加，黃浦江河底浚深，故此淤灘尤成最嚴重性質之阻礙物。1876年，德銳克君 Mr. de Rijke曾討論此事，德銳克君卽以後充任浚浦局之第一屆總工程師者也。1911年馮海登斯丹君 Mr. Von Heidenstam,(第二屆總工程師)再論及之，使人注意，並因君之提議，會同江海關測量揚子江口。1917年測量報告編成，經馮君之建議及浚浦顧問部 Whangpoo Conservancy Consultative Board 之許可，浚浦局乃於1919年創立上海港攷察團。至1921年召集國際顧問工程師委員會，此事乃臻重要境地。當時交給該委員會之文件中有一計劃書係查德利博士 Dr. D. Chatley, (1928年起為浚浦局之總工程師)所草擬，係關於應用1903年佛路林Otto Fruhling所發明拖吸法 Drag suction Method 以挖掘此淤島者也。1921年此國際委員會曾有報告贊成此項提議，並經呈報政府。1930年經宋子良之贊助，行政院遂令浚浦局辦理此事。

淤灘： 淤灘寬度超過2哩，而長度妨礙吃水深的船隻之航行者約20哩。如於灘中挖一壕溝以便航行，則按1000呎寬，由灘頂挖下9呎深，計須挖掘20,000,000立方碼以上。如欲達此目的，同時防止重新淤澱，必須應用極大之挖泥船。最後結論以每年須能挖泥10,000,000 立方碼為標準；且至少須兩隻挖泥船，不用停泊式而用且行且挖式之挑泥船，否則對於此項工程似無成功希望。

招標： 1931 年1月在世界各國招致第一隻挖泥船之設計與標價。是年9月，16個行家交來設計，其標價自英金96,000鎊至153,000

17659

鎊不等，應用滿充蒸氣Saturated Steam方法。各家設計中有許多不能及格，祇有幾家能照規定保證辦法辦理。招標收到之後適值英國政府棄金本位制度，遂致難以比較各家標價。加以滿洲與上海戰事發生，中國經濟恐慌；1932年12月，決再招標。以前16個行家，再請其重新投標，並照訂正規範與詳細合同辦理。1933年7月，有10個行家投標，經加詳細審核之後，決採擇德國厄爾兵Elbing許部公司 Messrs. F. Schichau 之英金151,000 鎊一標，而與之簽訂合同。此行家在1931年投標時即經特予注意認爲最合條件者，此次重申前次保證出泥90%否則寧受全部却拒之處罰等辦法。因金鎊跌價之故，此標價較之1931年標價實已減省不少，惟以時間遲延之損失計之，得失祇可相抵。合同中對於出泥之減少，速率之不足，燃料消耗之增加，與建造之遲延等，規定有嚴厲之處罰，又規定出泥量如少過每日22,500立方碼（包括挖掘及移運2哩之遠）時，浚浦局得將全部設備却拒不用。合同中倘有一條規定如果該行家有酬送該局中董事或職員佣金禮物等不正當行為，即處以英金15,000金鎊以下之罰金。

挖泥船：　船須長360呎寬60呎，裝載2,500立方碼之實泥（含連帶之水）時吃水18呎。駛動機約2,500匹馬力，抽吸機亦約2,500匹馬力，共計5,000匹馬力。爐用煤或油。均可挖泥時，船行速度須約每小時2哩，同時船底吸管下端之挖斗插入泥中2呎或3呎之深。此管可以下伸至水面以下45呎之地點。抽吸機須能將濃厚之泥水由吸管直抽吸入斗箱內。挖泥船裝載完滿時（約經20分鐘後，）吸管即可取起，將船駛2哩而至相當地點再將泥放卸或抽棄船外。至是船再駛回，挖泥如初。

此船照其大小與出泥量觀之，成爲世界最大挖船之一。（餘略不譯。）

（譯者鄒恩泳）

一年來上海市滬南碼頭事業

滬南市有碼頭，北起東門路南迄董家渡，岸棧總長約1,500公尺。自經上海市公用局接管以後，對於設備及秩序方面加以整理，管理碼頭，重建駁岸，共費銀170,000餘元。22年又添建碼頭，疏濬岸灘，營業進展。請進而述其概略如下：

（甲）添建碼頭

碼頭式樣：　滬南碼頭，均係浮碼頭，用浮橋與駁岸相連，隨潮與並靠輪船一同上下。客貨出入輪船，頗形便利。惟車輛不能到達浮碼頭上，貨物上下船舶，多一番肩運手續。頗費時間。但因工資便宜，且浮碼頭造價亦較低廉，故仍採用是項碼頭。

茲將22年添建之碼頭臚列於下：

（一）九號浮碼頭：　係屬鋼質木面，長55公尺，闊9.2公尺，深2.1公尺。由合興廠承造，計銀37,000元。於是年四月一日裝就應用。

（二）14．15．16三號固定碼頭：　大儲棧請求本市於棧前建築碼頭租用，故將三號碼頭地位南移，另建鋼骨混凝土固定碼頭及梅花樁：由工務局代辦，歸仲華瑞記得標承造，共費銀13,000餘元。

（三）十四號浮碼頭：　十四號碼頭由寧紹公司租用，長40公尺，因嫌太短，不合海輪之用。另建新碼頭，長61公尺，寬9.1公尺，深2.1公尺，分全鋼質及鋼質木面兩項。於四月間招標開標，結果以全鋼質最低，標價較鋼質木面最低標價的低，決定採用鋼板艙面，歸大中華造船廠得標承造，計銀52,000元。

（四）大儲棧碼頭：　供裝載花紗布船隻

停泊之用，長18.3公尺，闊49公尺，深1.2公尺，鋼骨混凝土固定碼頭由辛仲記建築，全鋼質浮碼頭由合興廠承造，兩共計銀12,000元。十二月間裝置應用。

(五)十二號公共輪船碼頭： 公共輪船碼頭供未經租定碼頭航商使用。其浮碼頭卽係原十四號浮碼頭改建，長40公尺，至鋼骨混凝土固定碼頭則歸辛仲記承造，計銀2,300餘元。

以上五項工程，共計銀116,000餘元。

(乙)疏濬岸灘

滬南碼頭沿浦岸灘，適當黃浦江凸出之處，故極易淤淺，經公用局錘測製圖，並計明挖泥數量，會同工務局接洽代辦。在濬浦綫內挖至小潮位下1.83公尺，濬浦綫外挖至小潮位下4.27公尺，約須挖去淤泥140,000立方公尺。是項數量係屬船運量，照立體體積增加百分之四十計算，連同裝拆碼頭費用，計銀30,000餘元，於八月底開工，十二月底告竣，輪船並泊咸稱便利。

(丙)營業概況

滬南市有碼頭經加整理之後，碼頭營業甚有進展。20年上半年，每月收入約12,000元，近已增至20,000餘元。停泊江輪海輪，全年計3,900餘艘，內河小輪計4,700餘艘。所有盈餘用以添置設備。目的原在將現在滬南碼頭改良充實，爲市碼頭奠一基礎，然後再向黃浦江下游發展，以利交通，而裕市庫也。

(施孔懷)

國內工程新聞

(一)廣州試驗木炭汽車

廣州機器工人湯照，近發明一種純木炭代汽油之自動車，於四月三十日，在市內公開試驗。計是日到場證明者，有西南政務委員兼粵漢路局局長李仙根，及全國機器工會黃惠良等數十人，結果成績極佳。查是日試驗之車，爲一輛普通之長途自動車，改裝木炭汽爐者。該車之儎重量爲兩噸半，機動力54匹馬力，四汽缸轉動機。該車由去年十月起用，中經一次改用「油渣」燃料失敗，今始改裝木炭瓦斯。木炭汽爐之重量爲十八斤，發生瓦斯，祇供30馬力之用。水箱儎重八磅，以風扇鼓風生火，兩分鐘卽發生瓦斯汽體。溫度由1200度經冷却器，溫度減二分之一。元形頭濾器8英寸×12英寸，中置十字布三層，濾汽車中之炭灰屑。空氣調節器裝司機坐位之傍，以便節制快慢。開車一如汽油快捷，惟完全不用汽車駕駛，以符木炭汽油之名。試驗結果，上斜坡無走火停車之弊，車行速度與汽油相等，瓦斯汽體溫度不高，汽缸生熱量極少，使機件保全耐用，用火氣水分之化合，使木炭汽化爲炭氣化合物，與汽油之原素炭化合物相同，故不用汽油。惟缺電火之力，此則仍需研究，因其內部有機化合物用囘，故用燃料極廉。比諸其他之木炭汽自動車，採用炭酸素之瓦斯燃料發動者，相差甚遠。因其耗去一部之有機化合物，同時以該項原素與汽油之原素不同，故常要汽油相助，此亦未得全符木炭代汽油之名稱。

(二)蘇省公路現狀

蘇省公路，近年來經主管機關督促各縣積極征工建築，其已築成及未完成之各公路，經探得詳情如次：已完成者計有京蕪，京建，(京秣段)蘇嘉，省句，鎮揚，鎮丹金，各綫路面，其幹綫長度計252公里，支綫223公里，縣道146公里，土路通車者幹綫582公里，支綫815公里，縣道734公里。總計2761公里。未完成者而正在加緊建築者，有錫滬，鎮澄，揚清，浦揚，(浦口至揚州)溧武，京建，(南京至福建建平)蘇常各綫，其

17661

幹綫長度238公里，支綫952公里，縣道1787公里，總計2977公里。至未興工者，幹綫長度計242公里，支綫676公里，縣道117公里。總計1035公里。現正從事翻修者，有京杭國道。據負責人云，以上未完成之各綫，需時半載，始可一律竣工。

(三)綏省汽車路

綏遠省地面廣闊，文化落後，不但汽車路不若內地之發達，卽各地往來人馬所行之大路，亦無正式路線，曲折坎坷，每逢雨雪，泥濘難行。傅主席為開發綏遠計，前曾派三十五軍軍部人員，分發各處，測量全省汽車路，作為將來建築之設備。玆將已築成行車以及測量完畢之各路列下：

(1)已築成行車者 (一)綏(綏遠)白(白靈廟)路，由歸化市起至武川90華里，至召河50里，至白靈廟180里，共四大站，長320華里。綏白路現在行駛之汽車，計有克利公司一輛，利民三輛，達利德二輛。吉臣二輛，吉農三輛。(二)包(包頭)烏(烏加河)路，由包頭縣城起至蔴池子 50 里，公廟子 168里，靶子堡魯95里，五原縣100里，鄔家地70里，天聚太55里，臨河縣60里。黃羊木頭40里，烏加河20里，共十站，計長 658 里。(由烏加河至寧夏尚有屬於寧夏省。)包烏路現在行駛之汽車，計有鴻豐公司一輛，榮達一輛，飛輪一輛，鴻業一輛，同發二輛，華北二輛，臨安二輛。

(2)現已測量完畢而未建築者 (一)綏清路，由歸化市起至清水河縣劍胡梁村止，共長 335 里。(二)隆武路，由豐鎮縣屬隆盛莊起，經集寧陶林烏藍花達武川縣止，共長560 里。(三)歸武路，由歸化市起，橫過大青山，至武川縣，與隆武路啣接，共長90里。(四)綏托路，綏遠起至托克托縣止，共長160 里。(五)包武路，由包頭縣起經過固陽縣，至武川縣止，共長 280 里。(六)陶卓路，由陶林縣起，至平綏路之卓資山站止，共長90里。(七)綏興路，由歸綏縣起，經涼城豐鎮隆盛莊，而達興和縣，共長 540 里。(八)卓涼路，卓資山站起，至涼城縣止，共長170 里。(九)包東路，由包頭縣起，至東勝縣止，長 350 里。(十)東天路，由東勝縣起，至天令太豪止長20里。

以上十線共長2595里，預算建築路線橋梁等費約一百萬元，因無處籌欵，故刻下尚無建築之消息云。

國 外 工 程 新 聞

密蘇里河橋之完工

美國甘沙士省甘沙士城北首所建一座跨過密蘇里河之鋼橋預計本年五月一日可以完工。此鋼橋爲三拱伸臂式 Cantilever 橋梁。中拱長474呎，邊拱長417呎。連橋之兩端共計總長度爲2484呎8吋。橋墩4隻，深約100呎，用打氣方法建造；尚有10隻橋端小墩則用木樁爲基。橋中路寬20呎，橋高出水面55呎。中拱中間懸吊之一節長度爲 176 呎，此節各端之伸臂節長度爲 149 呎，橋之造價爲美金600,000元。(附圖見本期首頁。)

(泳)

17662

膠濟鐵路行車時刻表

下行（西行）列車

站名 \ 車次	5 各等飯	3 各等飯	11 三等	13 三等	1 特各等飯
青島 開	七•〇〇	一二•〇〇	一五•〇〇		一一•〇〇
大港 開	七•一一	一二•一一	一五•一二		一一•一〇
四方 開	七•二〇	一二•二〇	一五•二二		一一•一八
滄口 開	七•三五	一二•三五	一五•四〇		一一•三五
女姑口 開	七•四七	一二•四七	一五•五五		不停
城陽 開	七•五六	一二•五六	一六•一四		一一•五三
南泉 開	八•一二	一三•一二	一六•三〇		不停
藍村 開	八•二六	一三•二六	一六•四九		一二•〇九
李哥莊 開	八•三五	不停	一七•〇三		不停
膠東 開	八•四七	不停	一七•一六		不停
膠州 到	八•五九	一三•五三	一七•三〇		一二•四六
膠州 開	九•〇一	一三•五五	一七•四九		一二•四八
芝蘭莊 開	九•一八	一四•一〇	一八•〇九		[illegible]
姚哥莊 開	九•二七	不停	一八•一九		[illegible]
高密 到	九•三八	一四•二六	一八•三一		[illegible]
高密 開	九•五三	一四•四二	一八•四九		[illegible]
辛莊 開	一〇•〇五	不停	一九•〇三		[illegible]
蔡家莊 開	一〇•一六	一五•〇二	一九•一六		[illegible]
塔耳堡 開	一〇•二六	一五•一三	一九•三一		[illegible]
丈嶺 開	一〇•三六	一五•二三	一九•四四		[illegible]
岞山 開	一〇•五四	一五•四〇	二〇•一四		[illegible]
黃旗堡 開	一一•〇四	一五•四九	二〇•二五		[illegible]
南流 開	一一•一二	不停	二〇•三四		[illegible]
蝦蟆屯 開	一一•二六	一六•〇九	二〇•五五		[illegible]
坊子 到	一一•三九	一六•二三	二一•一〇		[illegible]
坊子 開	一一•五四	一六•二七	二一•二五	七•〇〇	[illegible]
二十里堡 開	一二•〇六	一六•四九	二一•三九	七•一四	[illegible]
濰縣 到	一二•一四	一六•五七	二一•四九	七•二四	[illegible]
濰縣 開	一二•一七	一七•〇二		七•三四	[illegible]
大圩河 開	一二•三〇	不停		七•四九	[illegible]
朱劉店 開	一二•四一	一七•二三		八•〇三	[illegible]
昌樂 開	一二•五四	一七•三七		八•二六	[illegible]
堯溝 開	一三•〇六	一七•四七		八•三九	[illegible]
譚家坊子 開	一三•一八	一七•五六		八•五五	[illegible]
楊家莊 開	一三•二九	一八•〇四		九•〇七	[illegible]
青州 到	一三•四四	一八•一八		九•二六	一二•一〇
青州 開	一三•四六	一八•二〇		九•四一	一二•一五
普通 開	一三•五八	不停		九•五五	[illegible]
淄河店 開	一四•〇八	一八•三九		一〇•〇七	[illegible]
辛店 開	一四•二一	一八•五三		一〇•三一	[illegible]
金嶺鎮 開	一四•三五	一九•〇七		一〇•四一	[illegible]
湖田 開	一四•四四	一九•一六		一〇•五三	[illegible]
張店 到	一四•五三	一九•二五		一一•〇三	一三•四九
張店 開	一五•一〇	一九•四六		一二•〇三	一四•〇七
馬尚 開	一五•一九	不停		一二•一八	不停
周村 到	一五•三八	二〇•〇二		一二•二三	一四•三二
周村 開	一五•四〇	二〇•一二		一二•四三	一四•三五
大臨池 開	一六•〇四	不停		一二•五七	不停
王村 開	一六•一六	二〇•四六		一三•〇一	不停
普集 開	一六•二六	二〇•五六		一三•一四	一五•二五
明水 開	一六•四一	二一•一二		一三•三四	不停
棗園莊 開	一六•五一	二一•二一		一三•四六	不停
龍山 開	一七•〇五	二一•三五		一四•一一	不停
郭店 開	一七•二〇	不停		一四•二八	不停
王舍人莊 開	一七•三一	二一•五八		一四•四三	不停
黃臺 開	一七•四四	二二•一三		一四•五八	一六•一八
北關 開	一七•五一	二二•二〇		一五•〇六	一六•二三
濟南 到	一七•五六	二二•三〇		一五•二三	一六•三〇

上行（東行）列車

站名 \ 車次	6 各等飯	12 三等	4 各等飯	14 三等	2 特各等飯
濟南 開	七•一五		一二•一五	一四•一〇	一二•〇〇
北關 開	七•二一		一二•二一	一四•一七	一二•〇六
黃臺 開	七•三〇		一二•二九	一四•二六	一二•一四
王舍人莊 開	七•四四		一二•四三	一四•四四	不停
郭店 開	七•五六		一二•五三	一五•〇〇	不停
龍山 開	八•一二		一三•〇七	一五•一八	不停
棗園莊 開	八•二六		一三•二二	一五•四六	一三•〇二
明水 開	八•三七		一三•三四	一五•五九	不停
普集 開	八•四四		一三•四〇	一六•二五	一三•二六
王村 開	九•〇五		一四•〇一	一六•四五	不停
大臨池 開	九•一六		不停	一六•五八	不停
周村 到	九•三三		一四•二六	一七•一二	[illegible]
周村 開	九•三五		一四•二八	一七•二一	[illegible]
馬尚 開	九•五三		不停	一七•五三	[illegible]
張店 到	一〇•〇〇		一四•五〇	一八•〇一	[illegible]
張店 開	一〇•二〇		一五•一二	一八•三四	[illegible]
湖田 開	一〇•三一		一五•二四	一八•五四	[illegible]
金嶺鎮 開	一〇•四一		一五•三四	一九•〇六	[illegible]
辛店 開	一〇•五六		一五•四七	一九•二三	[illegible]
淄河店 開	一一•〇九		一六•〇〇	一九•三八	[illegible]
普通 開	一一•一九		不停	一九•五一	[illegible]
青州 到	一一•三一		一六•一九	二〇•〇六	[illegible]
青州 開	一一•三四		一六•二二	二〇•一九	[illegible]
楊家莊 開	一一•四九		一六•三四	二〇•三六	[illegible]
譚家坊子 開	一二•〇〇		一六•四三	二〇•四八	[illegible]
堯溝 開	一二•一二		一六•五一	二一•〇二	[illegible]
昌樂 開	一二•二五		一七•〇三	二一•二五	[illegible]
朱劉店 開	一二•四三		一七•一三	二一•四四	[illegible]
大圩河 開	一二•五三		一七•二〇	二一•五三	[illegible]
濰縣 到	一三•〇四		一七•四一	二二•〇六	[illegible]
濰縣 開	一三•〇八	六•三〇	一七•五四	二二•一六	[illegible]
二十里堡 開	一三•一七	六•四一	一八•〇六	二二•二七	[illegible]
坊子 到	一三•二九	六•五六	一八•一三	二二•四三	[illegible]
坊子 開	一三•五〇	七•一〇	一八•二六		[illegible]
蝦蟆屯 開	一四•〇四	七•二七	不停		[illegible]
南流 開	一四•一八	七•四四	一八•五四		[illegible]
黃旗堡 開	一四•二五	七•五七	一九•〇四		[illegible]
岞山 開	一四•三五	八•一三	一九•一三		[illegible]
丈嶺 開	一四•五三	八•二四	一九•二一		[illegible]
塔耳堡 開	一五•一一	八•四五	一九•四〇		[illegible]
蔡家莊 開	一五•二〇	八•五六	不停		[illegible]
辛莊 開	一五•三一	九•〇九	一九•五九		[illegible]
高密 到	一五•四三	九•二三	二〇•一五		一五•〇六
高密 開	一五•五七	九•三九	二〇•二九		一五•二六
姚哥莊 開	一六•〇九	九•五三	不停		不停
芝蘭莊 開	一六•一八	一〇•〇三	不停		不停
膠州 到	一六•二五	一〇•二三	二〇•四五		一五•四八
膠州 開	一六•三七	一〇•三三	二〇•四七		一五•五〇
膠東 開	一六•四九	一〇•四七	不停		不停
李哥莊 開	一七•〇〇	一一•〇〇	不停		不停
藍村 開	一七•〇九	一一•一〇	二一•一二		一六•一六
南泉 開	一七•二三	一一•二五	二一•三六		一六•二九
城陽 開	一七•三八	一一•五三	二一•五三		一六•五三
女姑口 開	一七•四七	一二•〇三	二二•〇三		不停
滄口 開	一七•五九	一二•三六	二二•一六		一七•〇五
四方 開	一八•一四	一二•五四	二二•三〇		一七•一九
大港 開	一八•二五	一三•〇七	二二•四〇		一七•三〇
青島 到	一八•三〇	一三•一三	二二•四五		一七•五五

隴海鐵路行車時刻表

第一次特別快車自東向西每日開行；第十九次客貨車自東向西每日開行（自右向左讀）

第二次特別快車自西向東每日開行；第二十次客貨車自西向東每日開行（自左向右讀）

站名	自東向西	列車次數（自東向西）	自西向東	列車次數（自西向東）
徐州府	(上午)	第一次 八點十分開	(下午)	八點〇五分到
碭山		十點十六分到 十點二十六分開		五點五十四分到 六點〇四分開
商邱		十二點〇九分到 十二點二十九分開		四點〇二分到 四點十七分開
開封	(下午)	四點三十二分到 四點五十二分開	(上午)	十一點五十五分到 十二點十五分開
鄭州南站		六點五十一分到 七點十一分開		九點四十二分到 十點〇二分開
汜水		八點三十三分到 八點四十三分開		八點四十分到 八點四十二分開
鞏縣		九點二十三分到 九點二十五分開		八點〇四分到 八點〇六分開
孝義		九點四十七分到 九點四十九分開		七點四十六分到 七點四十八分開
洛陽東站		十一點十二分到 十一點四十二分開		六點十五分到 六點三十五分開
新安縣	(上午)	一點十二分到 一點三十二分開		四點五十分到 五點開
澠池		三點二十一分到 三點四十一分開		三點十八分到 三點二十三分開
觀音堂		四點三十七分到 四點四十二分開		二點三十一分到 二點三十六分開
會興鎮		六點〇八分到 六點十八分開		〇點四十二分到 〇點五十二分開
陝州		六點五十分到		第二次 〇點〇五分開
陝州	(上午)	第十次 七點二十分開	(下午)	十點二十五分到
靈寶		八點三十二分到 八點四十七分開		九點〇一分到 九點十六分開
閿鄉		十點二十分到 十點三十五分開		七點十三分到 七點二十三分開
盤頭鎮		十一點五十二分到 十一點五十五分開		五點五十三分到 五點五十六分開
文底鎮	(下午行)	一點二十分到 一點二十三分開		四點五十二分到 四點二十八分開
潼關		二點二十分到		第二十次 三點三十分開

北甯鐵路簡明行車時刻表 中華民國二十三年四月一日重訂

下行車

站別／開到時刻／列車次數	北平前門開	豐台開	郎坊開	天津總站開	天津東站到	天津東站開	塘沽開	蘆台開	唐山開	古冶開	灤縣開	昌黎開	北戴河開	秦皇島開	山海關到	錦縣遼寧總站
第七次慢車中膳各等	五·四五	六·二〇	七·四二	九·二八	九·三六	九·四五	一〇·四八	一一·五四	一三·〇一	一三·四八	一四·四三	一五·五四	一六·四四	一七·一三	一七·三五	
第十一次及第十九次客貨混合三等慢車	七·五〇	一〇·二五	一四·〇〇	一八·〇一	一八·一六	停	第十九次	自唐山起	六·三〇	八·〇〇	一〇·〇五	一二·二[illegible]	一三·四六	一四·四五	一五·二〇	
第三〇一次平滬直達特別快車膳臥各等	一五·〇五	一五·三六	一六·四〇	一七·五〇	一七·五九	一八·二〇	開	往	上	海						
第三次特別快車膳車各等	八·三〇	八·五八	不停	一一·一〇	一一·一八	一一·三五	一二·三二	一三·二六	一四·二四	一五·〇五	一五·四五	一六·三七	一七·一六	一七·四[illegible]	一八·〇[illegible]	
第九次快車膳車各等	一四·二五	一四·五七	一六·〇九	一七·二九	一七·三八	一七·五〇	一八·五〇	一九·四六	二〇·五三	二一·三四	二二·一七	二三·一〇	二三·四五	〇·一〇	〇·三〇	
第五次特別快車膳車各等	一六·三〇	不停	不停	一九·〇七	一九·一五	停										
第一次平浦直達特別快車膳臥各等	一八·五〇	一九·二〇	二〇·二六	二一·三九	二一·四八		開	往	浦	口						
第一〇一次快車膳臥各等	二〇·一五	二〇·四八	二二·〇八	二三·四一	二三·五〇	二四·〇〇	一·一〇	二·一三	三·二四	四·一四	五·〇六	六·一七	七·〇九	七·三七	七·五九	
第四〇一次平滬直達貨車及第十五次客貨混合三等慢車	二〇·二五	二二·一〇	〇·五〇	三·四五	四·〇〇	五·四五	八·四七	一二·一四	一五·二四	停						

上行車

站別／開到時刻／列車次數	錦縣遼寧總站	山海關開	秦皇島開	北戴河開	昌黎開	灤縣開	古冶開	唐山到	唐山開	蘆台開	塘沽開	天津東站到	天津東站開	天津總站開	郎坊開	豐台開	北平前門到
第八次慢車中膳各等		五·五五	六·二二	六·五二	七·四三	八·四九	九·四七	一〇·二六	一〇·三三	一一·五三	一三·一〇	一四·一〇	一四·二〇	一四·三五	一六·〇九	一七·四六	一八·二〇
第四次特別快車膳車各等		九·一五	九·三八	一〇·〇七	一〇·五〇	一一·三八	一二·二五	一二·五七	一三·〇〇	一四·〇〇	一四·五一	一五·四五	一六·五五	一六·〇五	不停	一八·一五	一八·四二
第二十次及第十二次客貨混合三等慢車		一〇·〇〇	一〇·五五	一一·四六	一三·五〇	一六·四五	一九·三〇	二〇·四五	停	第十二次	自天津起		八·一五	八·[illegible]〇	一二·四九	一七·〇〇	一八·〇五
第十次快車膳車各等		一三·〇〇	一三·二五	一三·五〇	一四·二八	一五·二〇	一六·〇七	一六·三九	一六·四五	一七·四六	一八·五〇	一九·四五	二〇·〇〇	二〇·一一	二一·三四	二二·五〇	二三·二〇
第二〇二次快車膳臥各等		二一·五五	二二·二八	二三·〇六	二四·〇〇	一·〇三	二·〇〇	二·四〇	三·二〇	四·三一	五·三二	六·三七	六·五〇	七·〇六	八·二七	九·四三	一〇·一二
第十六次客貨混合三等慢車及第四〇二次滬平直達貨車									五·〇〇	七·五八	一一·〇〇	一三·一〇	一八·四五	一九·三三	二三·四〇	二·四〇	三·五〇
第六次特別快車膳車各等													九·二〇	九·二八	不停	不停	一二·〇六
第三〇二次平滬直達特別快車膳臥各等							由	上	海	開	來	七·一〇	七·三五	七·四五	八·五五	九·五九	一〇·二九
第二次平浦直達特別快車膳臥各等							由	浦	口	開	來		五·二〇	五·三〇	六·四三	七·四九	八·一九

度量衡同志第十期目錄

南京下浮橋菱角市中國度量衡學會發行（本期定價二角）

中華民國二十三年七月一日出版

中國工程師學會出版書目廣告

一·「工程兩月刊」(原名工程季刊)自二十二年八卷一號起實行爲本會第一種定期刊物登宗旨純正，內容豐富，凡屬海內外工程學術之研究，計畫之實施，無不精心搜羅，詳細，載，以供我國工程家之參攷，印刷美麗，紙張潔白，定價：預定全年六册貳元，零售每册四角，郵費本埠每册二分，外埠五分，國外四角。

二·「工程週刊」爲本會第二種定期刊物內容注重：

工程紀事——施工攝影——工作圖樣——工程新聞

本刊物爲全國工程師服務政府機關之技術人員工科學生暨關心國內工程建設者之唯一參攷雜誌，全年五十二期，每星期出版，連郵費國內壹圓，國外叁元六角。

三·「機車概要」係本會會員楊毅君所編訂，楊君歷任平綏，北寧，津浦等路機務處長，廠長，段長等職，學識優長，經驗宏富，爲我國鐵路機務界傑出人才，本書本其平日經驗，參酌各國最新學識，編纂而成，對於吾國現在各鐵路所用機車，客貨車，管理，修理，以及裝配方法，尤爲注重，且文筆暢達，敍述簡明，所附插圖，亦淸晰易讀；誠吾國工程界最新切合實用之讀物也。全書分機車及客貨車兩大篇三十二章，插圖壹百餘幅，凡服務機務界同志均宜人手一册。定價每册一元五角八折，十本以上七折，五十本以上六折，外加郵費每册一角。

總發行所 上海南京路大陸商場五樓五四二號 中國工程師學會

寄售處 上海望平街漢文正楷印書館 上海徐家滙蘇新書社 上海四馬路現代書局 上海民智書局 上海四馬路光華書局 上海福州路作者書社 上海福煦路中國科學公司 上海生活書店 天津大公報社 南京太平路鍾山書局 南京正中書局 南京花牌樓書店 福州市南大街萬有圖書公司 濟南芙蓉街教育圖書社 重慶天主堂街重慶書店 漢口中國書局

二十二年二月一日重訂

17666

中國工程師學會會刊

工程

總編輯：沈　怡

第九卷第三號目錄

橋梁及輪渡專號（上）

主編　茅以昇

中國工程師學會發行

分售處
上海望平街漢文正楷印書館
上海民智書局
上海福煦路中國科學公司
南京正中書局
重慶天主堂街重慶書店
漢口中國書局
上海徐家滙蘇新書社
上海四馬路光華書局
上海生活書店
福州市南大街萬有圖書社
天津大公報社
上海四馬路現代書局
上海福州路作者書社
南京太平路鐘山書局
南京花牌樓書店
濟南芙蓉街教育圖書社

中國工程師學會會務消息

◉年會預告

本會今年第四屆年會，業經第十三次董事會議決定在濟南舉行；所有年會籌備委員亦經第十一次執行部會議推定。茲將各籌委名單揭曉於下：

◉籌備委員會

委員長　林濟青

副委員長　朱桂勳　曹理卿

委　員　于皥民　孔令瑢　王洵才　王家鼎　王放生　史安棟　仲博仁　宋文田　宋連城　杜德三　杜寶田　周　禮　邱文藻　俞物恆　姚鍾堯　姜次端　胡升鴻　胡愼修　胡學蠡　胡學礪　苗世循　孫瑞璋　徐景芳　秦文範　袁翊中　馬汝鄰　張　瑨　張聲亞　陳　蓁　陳之遠　陳長鎰　陸之順　陸之昌　雷廣智　萬承珪　鄒勤明　劉增冕　潘鑑芬　蔡復元　邢子安　錢福謙　戴　華　孟振庚

◉提案委員會

委員長　徐佩璜

副委員長　朱桂勳

委　員　王繩善　孫　謀　王崇植　林鳳岐　嚴宏溎　顧毓琇　華南圭　嵇　銓　陳體誠　張自立　王寵佑　陳崢宇　胡棟朝　劉鞠可　唐之肅　董登山　胡庶華　余籍傳　孫輔世　王志鈞　蘇　鑑　龍純如　歐陽藻　梁興貴　林濟青　戴　華

◉論文委員會

委員長　鄒恩泳

副委員長　張含英　周　禮

委　員　邵逸周　郭　霖　黃　炎　胡樹楫　鄭葆經　許應期　徐宗涑　朱其清　錢昌祚　李　俶　黃炳奎　李書田　茅以昇　宋希尙　沈百先　凌鴻勛　陳體榮　趙祖康　曹瑞芝　孫寶墀　顧毓琇　李熙謀　惲　震　王崇植　胡博淵　陳　章　周厚坤　楊繼曾　沈熊慶　徐名材　周　琦　陳廣沅　胡庶華　華南圭　莊前鼎　陸增祺　徐世大　茅以新　金鞏組　孔令煊　李　健　趙榦漢

17668

工程週刊

(內政部登記證警字788號)
中國工程師學會發行
上海南京路大陸商場542號
電話：92582
(稿件請逕寄上海本會會所)

本期要目

中華民國23年4月27日出版
第3卷第17期(總號58)
中華郵政特准掛號認為新聞紙類
(第1831號執據)

定報價目：每期二分；每週一期，全年連郵費國內一元，國外三元六角。

上海市辦之公共汽車

公用事業之經營　　編者

公用事業 Public Utilities 之經營，在我國尚屬新穎科學，各市政府之管理公用事業，亦為一種新設業務，是以未知公用事業之意義者比皆是也。考公用事業之最重要原則有二：一為屬於公衆之需要，一為含有專利之性質。尚有成為公用事業之條件，與夫公用事業之特性，內容頗為複雜，非本篇短文所能詳論。惟公用事業有官辦者稱為公營，有商辦者稱為民營；公用事業之宜歸公營或由民營，學者意見尚難一致。然公用事業應以公營為原則，似為多數所承認，而在特種情形之下民營亦有較便利者。本期登載上海市公用局創辦公共汽車事業，是亦公營公用事業之一例也。

上海市公用局創辦公共汽車事業概況

上海市公用局

(一)引言　本市滬南公共汽車之行駛，最先取得該區行車權利者爲華商公共汽車公司。其專營合約係於十七年四月間簽訂。旋以該公司欲竭全力於閘北路綫之擴展，對於滬南方面，不遑兼顧，聲明放棄行車權利，乃由滬南公共汽車公司繼續取得滬南方面行駛公共汽車之特權，於十七年十月開始通車。計有1,2,3,4,四路：1路行駛外馬路；2路行駛老西門龍華間；3路爲環城圓路；4路行駛徐家匯虹橋間，規模粗具。祗以經營不善虧折甚鉅。加以一二八戰事影響，營業衰落，迄二十一年八月三十日，遂宣告停業，至十二月二十一日，乃由本局呈准上海市政府撤消其專營特權。

公共汽車經過之龍華路上國民革命軍第五師紀念塔

自滬南公共汽車公司停業以後，滬南交通甚感不便，本局爲便利交通及繁榮滬南市區起見，乃於二十二年十月呈准上海市政府交由本局賡續辦理。經數月之籌備，方克蕆事。

(二)路綫　關於公共汽車行駛之路綫，本局經加考慮，衡其緩急，決定先行開駛前商辦滬南公共汽車公司2,3,之兩路。將來再按需要情形，隨時擴張之。並將以前之2路由老西門至龍華綫，改稱爲1路。此路所以適應市民赴龍華遊覽，或進香；並供駐在龍華之軍警，及該處居民來往之需要。3路環城圓路綫，仍稱爲3路。環城雖已行駛電車，但乘客衆多，殊有增加交通器具之必要。並因中華路方面，華商電車公司，將於本年一年之內，分段整理路軌，必須將公共汽車一部份，改道肇嘉路行駛；於是於1,3,兩路綫之外，又暫定再行添駛第二路穿城一綫。茲將上述1,2,3,三路公共汽車路綫；及其票價表，一併分列如後。(見259頁)

(三)籌款　籌辦公共汽車之先決問題爲籌款；而用款之最多者，爲車輛及車廠兩項。經加計劃，行駛老西門龍華間之第一路，須車5輛；環城3路圓路，須車8輛；另加預備車輛，計共須車16輛。加以車廠及辦公室房屋等設備，總共須銀十八萬元。而市庫支絀，難以撥付，經與各方接洽，於本年一月商得本市亞德洋行同意，願以最優惠之價格，無條件供給該行所經理之最新式325號大蒙天牌汽車底盤19輛；並允墊款承造車身，將來於收入項下，按月拔還。至車廠及辦公室房屋，則承租前滬南公共汽車公司在斜徐路新建之全部廠屋應用。於是經費問題，乃告解決。

(四)車輛　前述車輛底盤，載重爲3.5噸，構造堅實，如照片所示。至車身之建築，亦

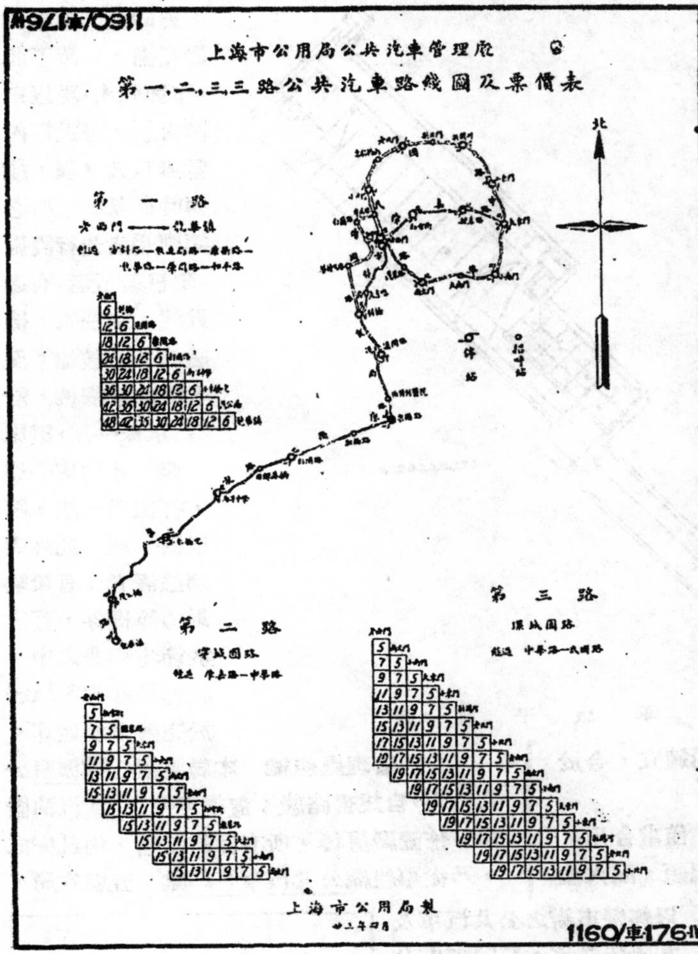

由亞德洋行照本局規定圖說，代為承造，計車身全長為5075公厘；寬2032公厘；高1880公厘。客座為兩行直列式，車門有兩種：一位於車前出入口，裝拉門一扇；另一在車後，裝太平門一扇，客座二面之車窗總數，凡九扇，均為銅邊鍍鉻，活絡玻璃窗，司機人右面裝移動玻璃窗一扇，前面裝銅邊鍍鉻檔風玻璃窗一扇，此外電燈，拉手，通風器，電鈴，滅火機，汽油箱等，均有最完備之裝置。座墊係用眞皮，既堅固；又舒適。車身外殼。下部噴漆青綠色，上部淡黃色。式様新穎，裝置精美，堪稱模範。

（五）汽油及機油　汽車燃料，本以汽油為主；惟因汽油價格漲落無定，且相差甚多，有改用較廉燃料木炭車及柴油車之擬議。本局對於此項車輛之構造，以其於交通事業上有莫大之關係，故自始即加以密切之注意；惟經熟權利弊，以柴油車之燃料消耗，雖較汽油為低，而購置以及修理維持等費用，則遠較汽車為貴；且管理亦較困難，配置另件。價更昂貴。至木炭車，一則尚在試驗期內；一則於熱鬧都市，不甚合宜。故此次滬南公共汽車仍採用汽油車。所有是項汽車需用之汽油，照上述三路路綫計算，每年約須十餘萬加侖。確定預算起見，亦經本局與美孚行商訂最優惠

825號大豪天牌汽車底盤

條件，於本年三月八日與該行正式簽訂購買汽油及機油合同。其有效期間，爲本年五月一日起至本年年底爲止。

（六）廠房設備　公共汽車之車廠，係租賃前商辦滬南公共汽車公司之車廠房屋。此事與房主接洽數月之久，方得就緒，乃於三月二十日訂約承租。

現在全部廠屋，已重加整理，煥然一新。其內部佈置：如修車廠，車廠，辦事處，臥室等地位，尚屬適宜，合於實用。

至於廠房設備，不事精美，僅求合用。停車廠內之消防設備：如太平龍頭，滅火機，黃砂桶等均已裝置完備，以防不測，修理廠內，現以車輛尚新，最近期內當無巨大修理，故暫時僅就日常所必須應用者先行設備。現已裝置者：有過電機，加油架，檢驗池，冲波池；至各種修理機械，計有：車床一座，鑽床一座，小磨床一座，打鐵墩一座，壓風機一座。此外尚須添置者：有校驗馬力等機件，蓋欲於節省經費之中，謀逐漸建設，以達於完善之境地耳。

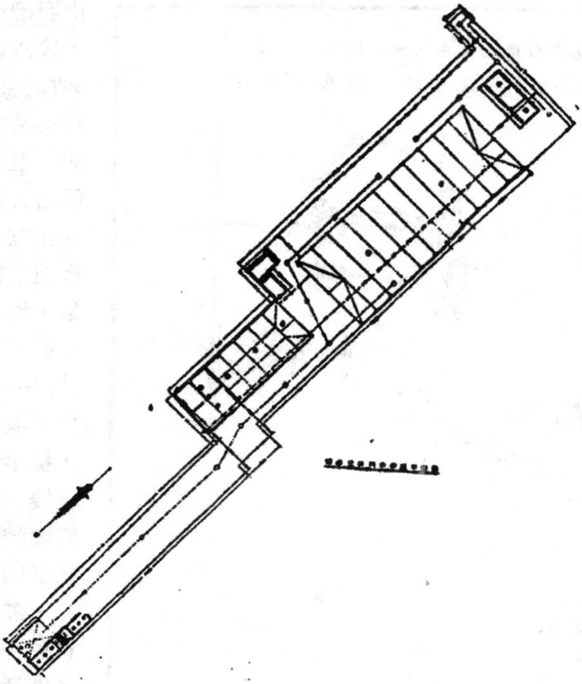

車廠平面圖

（七）管理處組織　本局籌辦行駛滬南公共汽車，自規畫路綫；置備車輛，訂購汽油機油，佈置廠房後，所有開辦設備，均已完成。乃從事組織公共汽車管理處，直屬本局，以經營市辦之公共汽車及其附屬業務，該管理處分：總務，營業，技術三股。其組織系統一如附圖所示。

此外公共汽車管理處職工僱用及服務規則；乘客規則；優待軍警乘坐公共汽車等規則，亦經本局分別擬定呈奉上海市政府核准施行。

現在管理處之正副處長已由市長加委。其餘各

管理處前景

管理處後景

股股長及各組組長則由本局分別委定。至售票人，司機人，練習生，修理工匠等，經考驗完畢後，亦經分別予以任用矣。

管理處車廠及修理廠

（八）結論 商辦滬南公共汽車公司停辦以來，已歷年餘。本局以該項公共汽車與市民來往；及市面興衰，均有密切關係。且鑒於商辦公司每多以設備簡陋，缺乏專家，管理不善之故，而致營業失敗。交通受其影響；於是乃有市辦之計劃。茲者此項計劃，業經實現，滬南交通，必可益臻便利。至本局現在所辦之公共汽車路線三條，僅爲市辦公共汽車之嚆矢，暫應滬南方面之急需而已。將來尚須視市民之需求情形，而漸次開拓路程，推廣及於全市，使全市交通，脈絡貫通，都市農村間來往稱便：住宅區與商業區各盡其用，以助成大上海之建設；不特市民之所希冀，抑亦本局職責之所在也。

上海市公用局公共汽車管理處組織圖

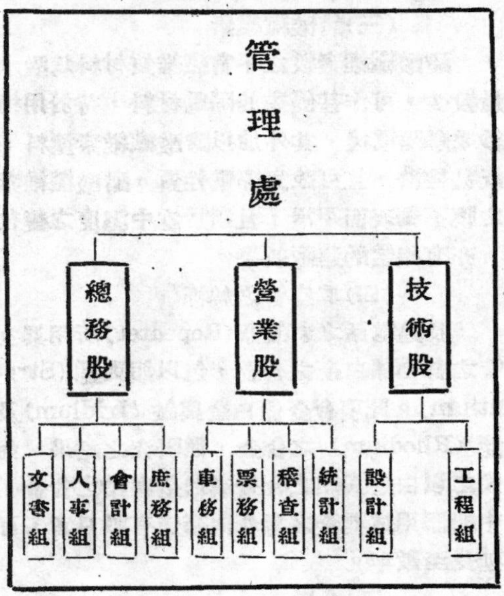

電話工業上之化學

汪啓堃

（一）膠皮，馬來膠，paragutta，及杜仲

海底綫之隔電材料向用馬來膠（Gutta-percha），膠皮（India rubber）並不相宜。馬來膠富於柔軟可塑性，故製造後於機械的方面極合宜；且雖經過長時期，其電氣的性質仍能安定。照數年來研究之結果，膠皮的電氣的性質所以異於馬來膠者，已判明由於其所含之非碳化氫水分。

馬來膠用於長距離之電話綫或短距離綫而採用搬送式電話（Carrier Telephony）者，尚嫌其通感體損失（Dielectric loss）太大，以致速度難以提高。現在已創造一新物質以彌補此缺憾，其名爲 paragutta，，其成分由馬來膠與膠皮內之碳化氫部分混合而成並酌加蠟類以整理其機械的性質。

日本近來新設海綫甚多，因馬來膠不獨價貴，且係熱帶地方之出產品日本國內不能種植，故設法覓取代用品；據其試驗之結果，我國所產之杜仲亦具此項功用，雖性質較劣，然可移植於日本，高麗，及台灣，此事刻正在研究中。

17673

(二)棉紗與絲

棉紗與絲因含有水可溶的雜質，以致電氣的性質甚爲降低。絲與棉紗相較則普通之溫度殊優，然所吸收之水亦較多。且棉紗經精練後，在諸方面皆可用以代絲，尤以電話用繩 Cord 爲數量最多，故美國電話製造業已因之而每年節省數十萬美金。

(三)醋酸纖維素

醋酸纖維素較之平常纖維質材料爲吸水量較少，可作甚優秀的隔電材料，苟於用棉紗或絲隔電後，其外加以醋酸纖維素塗料，既甚經濟，且可改良隔電性質。醋酸纖維素之膜不獨表面平滑，且對於空中濕度之變化，亦有相當的遮蔽效果。

(四)眞空管之絲極

長途電話之中繼器(Repeater)所用眞空管之絲極係白金之合金，包以鋇與鍶(Strontium)。此項合金係白金與銥(Iridium)及銠(Rhodium)之合金，照研究之結果，如代之以白金與鎳之合金或白金與鈷之合金，中繼器用眞空管之壽命向來僅有數月者，可延長至數年。

(五)金屬

電話電纜(Cable)之鉛包(Lead covering)所用之金屬內，鉛太柔而易受機械的損傷。爲求其硬化起見，例於鉛內添用錫百分之三，惟銻之價值殊低於錫，故加入百分之一以代之。此事僅在美國電話方面已節省二千萬美金。

鉛內用作硬化劑之銻因熱而張，以致屈曲；且於熔後向他部分沉澱，本部分遂崩潰，此項障礙發生於架空電纜，防止之道可用鈣以代替。惟此事尙待實施的試驗，照研究室內之試驗結果，加入鈣百分之0.04後之硬化功效，與用銻百分之一時相同。

(六)電氣化學

海底電話電纜裝荷(Loading)用之Parmalloy，已能自鐵與鎳之鹽類溶液內由電鍍法使之沉澱。此法所取得之 permalloy 之成分內，百分之79爲鎳，21爲鐵，成分之正確度可望在百分之0.5以下，且其電氣的性質甚佳。

地下電纜之電解腐蝕係一重大問題，欲減少此腐蝕，須設法使電車之漏電減少，而施以昂貴之電氣 bond。由漏電而發生之電解腐蝕，所受土壤之物理的及化學的性質，地下水，及大氣之影響甚大。

大都市於電纜暗渠下鋪以煤渣(cinder—煤灰或炭灰，其內尙含有可燃物卽碳者)，卽成爲一電極，水或煤氣之鐵管成爲他一極，濕電爲之傳導。因之，在一平方哩或其以上之廣範圍內，流有一種漏電而損壞此圍內之電話電纜者，亦不乏其例。

用木製暗渠者，自木料所發生之微量醋酸亦有使鉛色腐蝕者。其曾注入蒸木油者，油內之淡氣鹽基可使此木料之醋酸中和；然如注入蒸木油時木料太熱，則所生之酸量較多，不能僅由該鹽基儘量使之中和，所餘之酸卽係使鉛色被蝕而發生障礙之原因。

鋼鐵在地內腐蝕一事亦因地方而相差殊甚。電桿之緊繫用鐵棒在土金屬土壤內僅經二三月卽腐蝕。電纜之直接埋設者須先充分考慮此事，防腐用瀝青等之塗料亦宜加以研究。有一特殊之例，用於腐蝕性極烈之某土壤內而得良效之塗料，以一般而論，移用於腐蝕性較低之土壤內，較之不用時卻更有害。

國內工程新聞

(一)籌築京閩滬桂兩大公路

浙江建設廳長曾養甫氏，前奉蔣委員長電令，趕築各綫公路，限六月底以前完成，並擬於六月十五日，舉行東南週覽會。所以

17674

限期緊迫，工程不容或緩，特向滬市中南，大陸，鹽業，金城，四行，成立一百二十萬元築路借款。其經過情形如下：

浙江公路，為全國之冠，各縣已築之路，已密如蛛網，交通甚便。近又奉蔣委員長電令，趕築前經規定與築之京閩滬桂兩綫限於六月底以前，一律完成。按京閩綫自南京經京杭國道至杭州，再由蕭紹路經由嵊縣，新昌，天台，臨海，黃岩，溫領，樂清，永嘉，麗水，青田，瑞安，平海，分水關，與閩省之福鼎聯接，合計全綫長二千公里。滬桂綫係循滬杭公路至杭州，再經富陽，桐廬，建德，壽昌，蘭谿，衢縣，江山，廣豐，上饒，河口，南昌，而達廣西，全程約三千公里以上。二大幹綫，除已築成公路不計外，倘需經費五百二十萬元。除經各縣就地籌劃一百萬元外，由漢口四省農民銀行借款一百萬元，全國經委會補助二百萬元，尚不敷洋一百二十萬元。完全由鹽業，中南，金城，大陸，等四行承借，每家各出三十萬，合共一百二十萬元，並無其他銀行參加，以公路全部財產作抵。外傳由浙江興業銀行承借，並以軍需署按月撥助該省築路費十萬元作抵之說，浙江興業及四行當局，完全否認，現合同已由代表銀行鹽業方面，與浙江建設廳簽訂妥協，週息九厘，分三個月匯撥。第一批四十萬元，已由大陸，金城，中南，等三家，各劃撥十萬元，交由鹽業銀行匯交浙建廳核收云。

(二)整理長江

揚子江整理委員長趙志游，乘利江輪自吳淞口出發，視察長江下游，抵京，據談，此次出發視察，經吳淞，崇明，南通，江陰，鎮江，直至南京，其間狼山一帶傾坍甚危險，故派員至該處從事測量，及計畫修築之擬議。查此段坍倒尚不致十分危險，修理固屬需要，但暫不整理，亦不致發生事故。惟狼山至吳淞段水道之變遷，確為嚴重問題。該段長五十里，而航路竟不更變，凡長江商輪駛至該處，如在夜間，即不敢行駛，因其變遷之轉灣處，短而且折，偶一不慎，即有擱淺之危險。此段水道，常經海關及海道測量局等主管機關常川派船在該處探測航路，故未聞發生危險。現航輪抵狼山時，咸不敢再駛，俟天明再行啓椗，此種公司及旅客之損失，統計極可觀。故此項整理工作，極為重要，一，須從上游，方為根本辦法，二，將下游兩岸坍傾者再加整理，並築攔水壩，兩者辦到後，則上游來水可直冲出，航路不致隨時變更。現本會正組織下游治江委員會，俟成立開始工作後，水道亦能逐漸使其安定。其他鎮江江岸淤積甚劇，江輪均不能靠近碼頭，此事本會亦已擬定計畫，咨請江蘇省政府，在可能範圍內予以整理。

(三)隴海路之進展

鐵長顧孟餘呈行政院，報告潼關至渭南73公里所有路基土方橋洞等項，大致均已工竣，自潼關至華陰24公里一段，已通工程列車。自渭南至西安之路基工作，亦已完成大部，通車西安，即可實現。擬俟潼西完成，再將西安蘭州一段，設法修築。

(四)酒精代替汽油

湘財廳長張開璉抵京，據云，湘省財政，向為窮困，雖歷年整理，仍入不敷出，故公務人員生活費，至今均折扣發給。但建設事業，不因經費而稍停頓，現湖南公路進展甚速，可稱四通八達，由長沙至南昌之公路，下月亦可完成，直達通車。茲有一可喜事，湯某發明木炭汽車後，其構造不若用汽油之汽車靈便，故更進研究，今已發明以酒精代汽油，經試驗，燃燒能力，與汽油無異。每小時所需酒精價格，比需汽油價廉。省政府現正在計畫建造小規模之酒精廠，資本定三十萬元，預計於下半年可計畫完成，出酒原料採用湘省所出之紅芋高粱等。一俟酒精廠成功，則湘省行駛公路汽車，將全改用酒精，每年可挽回漏巵云。

國外工程新聞

麻斯金干河之治水工程

美國渥海渥省 Ohio 之麻斯金干河昔曾發生水災數次，致該河流域遭受損失。尤以1913年一次爲最烈，估計損失達美金 14,000,000 元。此次美國中央政府决築堤壩14座。美金 22,090,000 元之款項已支配於建築方面，尙須加增美金 12,000,000 元供買水沖之地皮與公路鐵道之更改路線之用。一俟堤壩地址問題解决，全部工程卽將同時動工云。（泳）

上海市車輛統計表

中華民國二十二年五月十五日止

車類	輛數	未檢驗前之輛數
自用汽車	6,170	546
營業汽車	1,175	325
自用運貨汽車	688	62
營業運貨汽車	883	35
機器脚踏車	400	31
脚踏車	25,362	7,124
馬車	326	223
自用人力車	8,759	3,240
營業人力車	23,335	14,924
三輪人力車	00	43
大小人力貨車	10,984	1,858
三輪脚踏貨車	266	24
小車	15,895	3,821
糞車	868	193
車輛總計	95,111	32,449
汽車行	53	
本市汽車輛數	8,916	
公共租界汽車輛數	9,058	
法租界汽車輛數	6,684	
汽車司機人登記數	16,187	
時期	車捐數	
十八年度	$968,654	
十九年度	$1,097,945	
二十年度	$1,134,648	

北甯鐵路簡明行車時刻表

中華民國二十三年四月一日 重訂

上行車

列車次數 \ 開到時刻 \ 站別	遼寧總站 錦縣	山海關開	秦皇島開	北戴河開	昌黎開	灤縣開	古冶開	唐山到	唐山開	蘆台開	塘沽開	天津東站到	天津東站開	天津總站開	廊坊開	豐台開	北平前門到
第八次 慢車 中膳各等		五・五五	六・二二	六・五二	七・四三	八・四九	九・四七	一〇・二六	一〇・三三	一一・五三	一三・一〇	一四・一〇	一四・二〇	一四・三五	一六・〇九	一七・四六	一八・二〇
第四次 特別快車 膳車各等		九・一五	九・三八	一〇・〇七	一〇・五〇	一一・三八	一二・二五	一二・五七	一三・〇〇	一四・〇〇	一四・五一	一五・四五	一六・五五	一六・〇五	不停	一八・一五	一八・四二
第二十次及第十二次 客貨混合 三等慢車		一〇・〇〇	一〇・五五	一一・四六	一三・五〇	一六・四五	一九・三〇	二〇・四五	停	第十二次	自天津起		八・一五	八・四〇	一二・四九	一七・〇〇	一八・〇五
第十次 快車 膳車各等		一三・〇〇	一三・二五	一三・五〇	一四・二八	一五・二〇	一六・〇七	一六・三九	一六・四五	一七・四六	一八・五〇	一九・四五	二〇・〇〇	二〇・一一	二一・三四	二二・五〇	二三・二〇
第一〇二次 快車 膳臥各等		二一・五五	二二・二八	二三・〇六	二四・〇〇	一・〇三	二・〇〇	二・四〇	三・二〇	四・三一	五・三二	六・三七	六・五〇	七・〇六	八・二七	九・四三	一〇・一二
第十六次客貨混合三等慢車及第四〇二次滬平直達貨車									五・〇〇	七・五八	一一・〇〇	一三・一〇	一八・四五	一九・三三	二三・四〇	二・四〇	三・五〇
第六次 特別快車 膳車各等													九・二〇	九・二八	不停	不停	一二・〇六
第三〇二次 平滬直達 特別快車 膳臥各等							由上海開來					七・一〇	七・三五	七・四五	八・五五	九・五九	一〇・二九
第二次 平浦直達 特別快車 膳臥各等							由浦口開來						五・二〇	五・三〇	六・四三	七・四九	八・一九

下行車

列車次數 \ 開到時刻 \ 站別	北平前門開	豐台開	廊坊開	天津總站開	天津東站到	天津東站開	塘沽開	蘆台開	唐山開	古冶開	灤縣開	昌黎開	北戴河開	秦皇島開	山海關到	錦縣 遼寧總站
第七次 慢車 中膳各等	五・四五	六・二〇	七・四二	九・二八	九・三六	九・四五	一〇・四八	一一・五四	一三・〇一	一三・四八	一四・四三	一五・五四	一六・四四	一七・一三	一七・三五	
第十一次及第十九次 客貨混合 三等慢車	七・五〇	一〇・二五	一四・〇〇	一八・〇一	一八・一六	停	第十九次	自唐山起	六・三〇	八・〇〇	一〇・〇五	一二・二〇	一三・四六	一四・四五	一五・二〇	
第三〇一次 平滬直達 特別快車 膳臥各等	一五・〇五	一五・三六	一六・四〇	一七・五〇	一七・五九	一八・二〇	開	往	上	海						
第三次 特別快車 膳車各等	八・三〇	八・五八	不停	一一・一〇	一一・一八	一一・三五	一二・三二	一三・二六	一四・二四	一五・〇五	一五・四五	一六・三七	一七・一六	一七・四	一八・〇	
第九次 快車 膳車各等	一四・二五	一四・五七	一六・〇九	一七・二九	一七・三八	一七・五〇	一八・五〇	一九・四六	二〇・五三	二一・三四	二二・一七	二三・一〇	二三・四五	〇・一〇	〇・三〇	
第五次 特別快車 膳車各等	一六・三〇	不停	不停	一九・〇七	一九・一五	停										
第一次 平浦直達 特別快車 膳臥各等	一八・五〇	一九・二〇	二〇・二六	二一・三九	二一・四八		開	往	浦	口						
第一〇一次 快車 膳臥各等	二〇・一五	二〇・四八	二二・〇八	二三・四一	二三・五〇	二四・〇〇	一・一〇	二・一三	三・二四	四・一四	五・〇六	六・一七	七・〇九	七・三七	七・五九	
第四〇一次平滬直達貨車及第十五次客貨混合三等慢車	二〇・二五	二二・一〇	〇・五〇	三・四五	四・〇〇	五・四五	八・四七	一二・一四	一五・二四	停						

17677

膠濟鐵路行車時刻表

下行（西行）列車

站名 ＼ 車次	5 各等飯	3 各等飯	11 三等	13 三等	1 特各等飯
青島 開	七•〇〇	一一•〇〇	一五•〇〇		二一•〇〇
大港 開	七•一一	一一•一一	一五•一一		二一•一〇
四方 開	七•二〇	一一•二〇	一五•二〇		二一•一八
滄口 開	七•三五	一一•三五	一五•四〇		二一•三三
女姑口 開	七•四七	一一•四七	一五•五五		不停
城陽 開	七•五六	一一•五六	一六•一四		二一•五三
南泉 開	八•一三	一二•一三	一六•三三		不停
藍村 開	八•二六	一二•二六	一六•四九		二二•一九
李哥莊 開	八•三五	不停	一七•〇三		不停
膠東 開	八•四七	不停	一七•一六		不停
膠州 到	八•五九	一二•五〇	一七•三〇		二二•四六
膠州 開	九•〇一	一二•五五	一七•四九		二二•四八
芝蘭莊 開	九•一八	一四•一〇	一八•〇九		不停
姚哥莊 開	九•二七	不停	一八•一九		不停
高密 到	九•三八	一四•二六	一八•三一		二三•一九
高密 開	九•五三	一四•四一	一八•四九		二三•三〇
辛莊 開	一〇•〇五	不停	一九•〇三		不停
蔡家莊 開	一〇•一六	一五•〇一	一九•一六		不停
塔耳堡 開	一〇•二六	一五•一一	一九•三一		不停
丈嶺 開	一〇•三六	一五•二三	一九•四四		不停
岞山 開	一〇•五四	一五•四〇	二〇•一四		〇•二一
黃旗堡 開	一一•〇四	一五•四九	二〇•二五		不停
南流 開	一一•一一	不停	二〇•三四		不停
蝦蟆屯 開	一一•二六	一六•〇九	二〇•五五		〇•四八
坊子 到	一一•三九	一六•二三	二一•一〇		一•〇一
坊子 開	一一•五四	一六•三七	二一•二五	七•〇〇	一•一六
二十里堡 開	一二•〇六	一六•四九	二一•三九	七•一四	一•二八
濰縣 到	一二•一四	一六•五七	二一•四九	七•二四	一•三八
濰縣 開	一二•二七	一七•〇一		七•三四	[illegible]
大圩河 開	一二•三〇	不停		七•四九	不停
朱劉店 開	一二•四一	一七•二三		八•〇三	不停
昌樂 開	一二•五四	一七•三七		八•二六	二•一〇
堯溝 開	一三•〇六	一七•四七		八•三九	二•三〇
譚家坊子 開	一三•一八	一七•五六		八•五三	不停
楊家莊 開	一三•二九	一八•〇四		九•〇七	不停
青州 到	一三•四四	一八•一八		九•二六	二•五五
青州 開	一三•四六	一八•三〇		九•四一	二•五七
普通 開	一三•五八	不停		九•五五	不停
淄河店 開	一四•〇八	一八•三九		一〇•〇七	不停
辛店 開	一四•二一	一八•五三		一〇•二二	不停
金嶺鎮 開	一四•三五	一九•〇七		一〇•四一	不停
湖田 開	一四•四四	一九•一六		一〇•五三	不停
張店 到	一四•五三	一九•二五		一一•〇八	三•四九
張店 開	一五•一〇	一九•四六		一一•二八	四•〇七
馬尚 開	一五•一九	不停		一一•五三	不停
周村 到	一五•三八	二〇•一一		一二•〇三	四•三三
周村 開	一五•四〇	二〇•一三		一二•三七	四•三五
大臨池 開	一六•〇四	不停		一二•五一	不停
王村 開	一六•一六	二〇•四六		一三•一四	不停
普集 開	一六•二六	二〇•五六		一三•二四	五•一五
明水 開	一六•四一	二一•一一		一三•四六	不停
棗園莊 開	一六•五一	二一•二一		一四•一一	不停
龍山 開	一七•〇五	二一•三五		一四•二八	不停
郭店 開	一七•二〇	不停		一四•四三	不停
王舍人莊 開	一七•三一	二一•五八		一四•五八	不停
黃臺橋 開	一七•四四	二二•一五		一五•〇六	不停
北關 開	一七•五一	二二•二〇		一五•一三	六•一八
濟南 到	一七•五六	二二•二五		[illegible]	六•三〇

上行（東行）列車

站名 ＼ 車次	6 各等飯	12 三等	4 各等飯	14 三等	2 特各等飯
濟南 開	七•一五		一二•一五	一四•一〇	二二•〇〇
北關 開	七•二一		一二•二一	一四•一七	二二•〇八
黃臺橋 開	七•三〇		一二•二九	一四•二六	二二•一四
王舍人莊 開	七•四四		一二•四三	一四•四四	不停
郭店 開	七•五六		一二•五三	一五•〇〇	不停
龍山 開	八•一一		一三•〇七	一五•二八	不停
棗園莊 開	八•二六		一三•二二	一五•四六	二二•四一
明水 開	八•三七		一三•三三	一五•五九	不停
普集 開	八•五四		一三•五〇	一六•一三	二二•五六
王村 開	九•〇五		一四•〇一	一六•二五	不停
大臨池 開	九•一六		不停	一六•五八	不停
周村 到	九•三三		一四•二六	一七•一一	二三•三九
周村 開	九•三五		一四•二八	一七•三一	〇•〇一
馬尚 開	九•五三		不停	一七•五三	不停
張店 到	一〇•〇〇		一四•五〇	一八•〇一	〇•二〇
張店 開	一〇•二〇		一五•〇三	一八•二三	〇•四一
湖田 開	一〇•三一		一五•一四	一八•四〇	不停
金嶺鎮 開	一〇•四一		一五•三三	一九•〇六	不停
辛店 開	一〇•五六		一五•四七	一九•二三	不停
淄河店 開	一一•〇九		一六•〇〇	一九•三八	一•〇八
普通 開	一一•一九		不停	一九•五一	不停
青州 到	一一•三一		一六•一九	二〇•〇六	一•二六
青州 開	一一•三四		一六•三一	二〇•一九	一•三八
楊家莊 開	一一•四九		一六•四三	二〇•三六	不停
譚家坊子 開	一二•〇〇		一六•五一	二〇•四八	不停
堯溝 開	一二•一二		一七•〇三	二一•〇三	[illegible]
昌樂 開	一二•二五		一七•一三	二一•二五	[illegible]
朱劉店 開	一二•四三		一七•三〇	二一•四〇	[illegible]
大圩河 開	一二•五三		[illegible]	二一•五三	[illegible]
濰縣 到	一三•〇四		一七•四一	二二•〇六	[illegible]
濰縣 開	一三•〇八	六•三〇	一七•四五	二二•一六	[illegible]
二十里堡 開	一三•一七	六•四一	一七•五四	二二•二七	[illegible]
坊子 到	一三•二九	六•五六	一八•〇六	二二•四三	[illegible]
坊子 開	一三•五〇	七•一〇	一八•二三		[illegible]
蝦蟆屯 開	一四•〇四	七•二七	一八•三六		不停
南流 開	一四•一八	七•四四	不停		不停
黃旗堡 開	一四•二五	七•五三	一八•五四		[illegible]
岞山 開	一四•三五	八•一三	一九•〇四		[illegible]
丈嶺 開	一四•五三	八•三四	一九•二三		不停
塔耳堡 開	一五•一一	八•四五	一九•三一		不停
蔡家莊 開	一五•二〇	八•五六	一九•四〇		不停
辛莊 開	一五•三一	九•〇九	不停		[illegible]
高密 到	一五•四三	九•二三	一九•五九		五•〇六
高密 開	一五•五七	九•三九	二〇•一三		五•一六
姚哥莊 開	一六•〇九	九•五三	不停		不停
芝蘭莊 開	一六•一八	一〇•〇三	二〇•二九		不停
膠州 到	一六•三五	一〇•二三	二〇•四五		五•四八
膠州 開	一六•三七	一〇•三五	二〇•四七		五•五〇
膠東 開	一六•四九	一〇•四七	不停		不停
李哥莊 開	一七•〇〇	一一•〇〇	不停		不停
藍村 開	一七•〇九	一一•一〇	二一•一三		六•〇八
南泉 開	一七•二三	一一•二五	二一•二六		六•二九
城陽 開	一七•三八	一一•五三	二一•四三		六•四五
女姑口 開	一七•四七	一二•〇三	二二•〇二		不停
滄口 開	一七•五九	一二•一六	二二•一六		七•〇九
四方 開	一八•一四	一二•五四	二二•三〇		七•一九
大港 開	一八•二五	一三•〇七	二二•四〇		[illegible]
青島 到	一八•三〇	一三•一二	二二•四五		七•三五

隴海鐵路行車時刻表

站名	徐州府	碭山	商邱	開封	鄭州南站	汜水	鞏縣	孝義	洛陽東站	新安縣	澠池	觀音堂	會興鎮	陝州		靈寶	閿鄉	盤頭鎮	文底鎮	潼關
列車次數（自右向左讀）	第一次特別快車自東向西每日開行														第十九次客貨車自東向西每日開					
	(上午)			(下午)					(上午)						(上午)				(下午行)	
	第一次 八點十分開	十點十六分到 十點二十六分開	十二點〇九分到 十二點二十九分開	四點三十二分到 四點五十二分開	六點五十一分到 七點十一分開	八點三十三分到 八點四十三分開	九點二十三分到 九點二十五分開	九點四十七分到 九點四十九分開	十一點十二分到 十一點四十二分開	一點十二分到 一點三十二分開	三點二十一分到 三點四十一分開	四點三十七分到 四點四十二分開	六點〇八分到 六點十八分開	六點五十分到	第十次 七點二十分開	八點三十二分到 八點四十七分開	十點二十分到 十點三十五分開	十一點五十二分到 十一點五十五分開	一點二十分到 一點二十三分開	二點二十分到
列車次數（自左向右讀）	第二次特別快車自西向東每日開行														第二十次客貨車自西向東每日開行					
	(下午)			(上午)											(下午)					
	八點〇五分到	六點〇四分開 五點五十四分到	四點十七分開 四點〇二分到	十二點十五分開 十一點五十五分到	十點〇二分開 九點四十二分到	八點四十二分開 八點四十分到	八點〇六分開 八點〇四分到	七點四十八分開 七點四十六分到	六點三十五分開 六點十五分到	五點開 四點五十分到	三點二十三分開 三點十八分到	二點三十六分開 二點三十一分到	〇點五十二分開 〇點四十二分到	第二次 〇點〇五分開	十點二十五分到	九點十六分開 九點〇一分到	七點二十三分開 七點十三分到	五點五十六分開 五點五十三分到	四點二十八分開 四點五十二分到	第二十次 三點三十分開

中國工程師學會會務消息

◉四川考察團特約通訊(補誌)

(重慶航空快信)四川當局，有鑒於建設之刻不容緩，一面於五月一日召集生產建設會議，一面派員敦促四川考察團各工程專家西上，俾於全川生產俱體計畫有所决定，茲悉該團已於二十八日午安抵重慶，到碼頭歡迎者除劉甫澄督辦特派之代表外，復有市政府及軍政商學各界代表甚多，記者特趨舟次，晋謁團長胡庶華，談話要點，分誌如下：

一、此次中國工程師學會，應四川當局之請，組織四川考察團，選推同人等廿五人為團員，同人等以使命重大，雖各有職務羈身，亦覺義不容辭，但考察期間，以兩個月為限。

二、四川地大物博，在全國政治上經濟上均佔重要地位，倘能利用科學方法與工程技術改良已有之生產，研究現在之計畫，發展未來之事業，當不僅有助於四川之建設，即國計民生與夫民族復興亦多利賴。

三、同人旅行費用，均由四川善後督辦公署指定專員經理，既不受地方供應，亦謝絕各種應酬，俾有充分時間，從事考察。

四、同人不代表任何機關，或商業團體，惟以中國工程師學會會員資格，本其學術經驗，作學術上之調查與貢獻，一俟考查完竣，當有詳細報告，以供四川當局及社會人士參考。

又訊，該團於二十九日上午在重慶參觀自來水廠及建築中之新發電廠，午刻應督辦公署歡迎宴，下午三時，參加當地工程師學會分會茶話會，預定三十日晨首途赴成都云。

◉四川考察團分組出發(補誌)

本會四川考察團，於五月五日邀集成都市各報社代表，會晤談話，午後二點，各報記者紛紛前往錦江飯店寓所，首由團員邵毓琇等，出而招待，並謂團長胡庶華及團員等，赴生產建設會議，尚未返寓，以致與預約時間不符，請予原諒，時至二點半，胡君會畢返寓，與各報記者，一一爲禮，並致歉意，旋即在該寓略進茶點後，胡庶華君起立致詞云，敝團同人，此次來川考察，蒙成都報界披露消息，發表議論，作同人之指導，復蒙枉駕訪問，情意殷殷，此敝團應表示感謝者一也，再者敝團同人，初次來此，工作忙碌，時間倉卒，未能一一走訪，反勞諸位賜步，有時未在寓所，有失迎迓，此應向各位表示抱歉意者也，今日承蒙各位賜步到此，得與成都新聞界聚會，敝團同人，十分歡迎，惟薄具茶點，招待不週，尚望多多原諒，至於敝團同人，來川動機與使命，各報登載，已甚詳悉，勿容再述，今日僅提出數點，爲諸君告：

(一)節省費用　敝團同人，此次入川，所有經費，純由善後督署供給，爲節省開支計，同人均未帶書記或僕從接洽照料，甚至書寫收條等事，均各親自負責，一則習成勞作，一則爲川人節省費用也。

(二)考察期間　劉督辦前約敝團時，對於時間，同人等早有商籌，如時間過短，等於走馬觀花，生產建設，門類繁多，內容複雜，斷非短時間所能調查，但同人或任實業事務或任教育及其他職業，各有職務在身，長期考察，又難辦到，幾經考慮，始决於四月十五日由滬出發，連同來往及考察時間，期以兩月爲限，原定全川各處均須前往考察，現以時間短促，恐不能全往，例如煤鐵原定須到榮經，現已決定不去，蓋同人等必於六月十五日前返滬也。

（三）考查路線 敝團同人以時間關係，不能在蓉久留，短期卽當分組出發，至於各組路線與考察範圍，昨已與督署方面一度商議，現定於本日午後六時，全體團員，將與督署指派各專門委員，開聯席會議，詳細討論，决定路線及考察範圍後，卽於七日或八日內，分組出發，實行考察。

（四）擬具計劃 各組出發考察，預先請當地政府，工商各界，詳細塡註出產數量，及消售數量等，再搜集各建局，實業界及建廳以前所擬各種生產建設計畫，由敝團加具意見，俾能切合實用，考察期滿同人齊到滬上，各將攷察所得，擬具改進計畫書交工程師學會編纂委員會審核修正後，製爲具體計劃書，當寄交劉督辦採擇施行，不過生產建設範圍甚大，四川幅員亦廣，同人等能力有限，且因時間短促，對此重大責任深虞弗勝，但同人旣承劉督辦及全川人士之重託，自當各竭其力，免副雅望於萬一，尙希望新聞界諸君，予以贊助，並多賜指導云云，胡君詞畢卽由新聞界公推國民日報代表馬季堅君致答詞云，今天承貴團寵招，並承胡團長指示一切，非常感謝，貴團對於四川有相當認識，不辭勞苦，遠來考察，非常欽佩。報界同人極表歡迎，四川是中國產業最富足之地，盡力發展起來，不僅可以供給川省使用，且可以供給各省，中國的貧弱原因雖多，產業不發展要算是一個最大原因，要想救中國，必先把產業發展起來，然後工商各業才有振興的希望，各項物質建設，才可以次第興建，組織成一個獨立自由國家。四川古稱天府之地，怎麽產業不能發展起來呢？我可以說最大的原因，就是交通不便，交通不便就事事落後，文化旣不易輸入，科學也難謀進步咧！又因交通不便之故。本縣人所接近的多是本縣人，對於外縣人因少往來原因，感情多不融洽，鄉土觀念太重，這一縣每因細故和那一縣爭，一次戰事結果，產業受了不少影響，有時弄到農村經濟破產，這是何等的痛心，所以要發展生產必先發展交通，然後才有辦法。貴團爲全國工程師領袖，學問和經驗，都是豐富，對於發展四川交通和各項生產建設均有具體計畫，盼望貴團諸君隨時指示，敝同業亦願盡力相助，四川生產要素，多已具備，惜資本組織缺乏，各項工程沒有建設，雖有廣大天然，大量勞力，而生產力不能充分發展，利棄於地，說來可惜，今天極希望貴團諸君考察後，將考察結果宣佈全國，使國人川人同知川省地位重要，合力開發四川富源，以復興中國，最後盼望貴團介紹國人向川省努力投資，幷指示川人各項生產之組織完善，各項工程建設之完備，這才是四川富源可以開發呢！今日謹代表同業敬謝貴團幷祝考察順利云。

四川考察團紡織組人員考察範圍及各種調查表，分誌如下：

（一）紡織組人員 除團員黃炳奎與任尙武兩人外，另有川省紡織專家徐紹宇君，會同出發考察，擬於七日由成都出發，攷察一月。

（二）考察地點 成都，嘉定，潼川，遂寧，南充，合川，重慶，璧山，隆昌，榮昌，內江，瀘縣，合江，江津，再返重慶。

（三）考察範圍 （甲）原料——查動植礦各類纖維，可作紡織作原料者，惟四川最全備，屬於動物纖維者有嘉定，潼川之蠶絲，松潘，會理之羊毛，屬於植物纖維者，有遂寧，仁壽之棉花。江津，內江之苧蔴，合川，綏定之靑蔴，屬於礦物纖維者，有越嶲草八排之石綿，此次考查除對絲毛蔴石綿等之產量及品質外，尤注重於棉產。（乙）織造——隆昌，榮昌之夏布，成都之綢縐絨綿，綿陽之錦緞，巴縣，閬之巴緞綾絹，皆爲中國

17681

有名之織物，擬對於織造方法及工務狀況，加以考察。(丙)棉紗及棉織物——查四川進口年約四千四百萬關兩，而棉紗及棉織物佔二千八百餘萬關兩，實佔進口貨百分之六十以上，擬對於此項驚人的數目，加以考察，並研究不自設廠紡紗之原因。(丁)運輸——四川棉紗及棉織物之進口，既佔大宗，而絲毛夏布大蔴之出口，亦有千六百餘萬關兩之鉅，但因交通阻隔，運費太大，因此貨價增高，不易競爭，擬對於紡織物之進口運輸方法，及運費，加以調查，以上各項，另有表式四種，所有調查款目，詳列各表，其他關係於氣候情形，工人手藝，原動力現況，經濟概況等，與紡織業有密切關係者，隨時注意。

調查表一 中國工程師學會四川考察團紡織組工廠概況調查表，一廠名 民國二十三年 月 日填註者，(一)性質，(二)廠址，(三)出售處，(四)創辦人及重要職員姓名，(五)成立年月，(六)資本總額，(七)註册商標，(八)原動力，(九)原料種類，(十)原料來源，(十一)每年所用原料斤數(或磅數)，(十二)出品種類，商標，(十三)出品銷數，(十四)每年出品數量，(十五)營業狀況，(十六)每年付出工資數，(十七)每人每日平均工資，(十八)每人每日平均原料費，(十九)每人每日平均工資費，(二十)每人每日平均事務費，(二十一)每人每日平均漂染費，備攷。

調查表二 中國工程師學會四川考察團紡織組工廠設備及工務調查表，二廠名 民國二十三年 月 日填註者，(甲)所用機器種類製造廠名及數量，工人數，工資：(一)精練，(二)絲光，(三)漂白，(四)染色，(五)印花，(六)絡紗，(七)捲緯，(八)整經，(九)漿紗，(十)併線，(十一)搖紗，(十二)綜箴，(十三)織布，(十四)整理。(乙)工作程序及工務概況：(一)每機平均人數，(二)每機生產量，(三)每日工作時間，(四)機器速度，(五)下脚或廢物量。

調查表三 中國工程師學會四川考察團紡織組原料棉絲蔴毛等生產及出口調查表，三民國二十三年 月 日，縣名，地名，該地人口，塡表者。(一)商標，(二)名稱，(三)種類，(四)品質，(五)每年產量担數，(六)銷往何處，(七)每年銷担數，(八)每担價格，(九)每担稅捐，(十)銷售手續，(十一)運輸方法，(十二)每担運費，(十三)棉田畝數，(十四)每担產棉斤數，(十五)每担棉花軋淨棉斤數，(十六)蔴田畝數，(十七)每畝產蔴斤數，(十八)養蠶戶數，(十九)每担繭子繅絲斤數，(二十)養羊頭數，(二十)每只羊一年之毛斤數，備攷。

調查表四 中國工程師學會四川考察團紡織組成都(紗布呢絨等)入口及銷費調查表，四民國二十三年 月 日，縣名，地名，該地人口，塡註者：(一)商標，(二)名稱，(三)種類，(四)本色或花色，(五)長度，(六)寬度，(七)重量，(八)購入價格，(九)售出價格，(十)付款方法，(十一)每年入口數量，(十二)分銷及數量，(十三)銷售手續，(十四)運輸方法，(十五)運費，(十六)稅捐，備考。

又訊四川考察團礦業組，於五月四日清晨出發，前赴彭縣考察煤銅等礦，因汽車不易調集，延至午後一時，始開車，團員招待員及隨從勤務等，共十餘人，乘成渝路25號公共汽車一輛，該車既無喇叭，車夫又不熟識途徑，先誤往新都路十餘里，詢之路人，始知非赴彭縣之路，又折赴北門梁家巷，未幾，過一橋，一半係石版，一半係木料，該車行經其上，前輪已達石板部，後輪經木料部，時橋忽折斷，右輪陷入其中，車之全部不覆傾者，間不容髮，倘一顚覆，則不堪設想：因橋下有水不淺也，同人旋卽下車攝影，以留紀念，詢之居民云，此處久巳不走汽車，且前途壞橋，尚不止一處，同人細察該路極窄，非行汽車之路，乃乘黃包車，仍返錦江飯店寓所，再定明日將乘坐黃包車前往，聞該團同人，抱大無畏精神，雖前途險阻艱難，仍將繼續奮鬥，決不氣餒云云。（註：該日出發赴彭之團員為胡庶華，王曉青，劉文貞，羅冕，朱其清，及招待員廖崧高，王嘉猷等七人。

茲將礦業組行程表誌之如次，共計需時四十日：

（一）由成都到白水河彭縣銅礦局；仍返成都，調查銅礦煤（計需八日）路線如下：

成都，崇寧，彭縣，海窩子，下爐房，花梯子，馬松嶺，白水河，小海子，煤鑫，白水嶺，青杠嶺，崇寧。

（二）由成都經嘉定到五通橋，調查煤，鹽井，計需五日，路線如下：

成都，嘉定（參觀鋼廠舊址），嘉定，石板溪，張溝，順河街（鹽場）。

（三）由五通橋經嘉定至成都，球溪河至威遠界場，調查鹽鐵礦及煤計需六日，路線如下：

五通橋，嘉定，成都，球溪河，羅泉井，羅泉井，連界場。

（四）由連界場到自流井貢井調查鹽，油，瓦斯，計需二日，路線如下：

連界場，威遠，自流井。

（五）由自流井經椑木鎮至榮昌五燕橋，調查煤，（計需二日）自流井，椑木鎮，五燕橋榮昌。

（六）由榮昌至重慶嘉陵江沿岸調查煤，計需五日，路線如下：

榮昌，重慶，夏溪口，溫塘，北碚，（西部科學院），（北川鐵路），龍王洞，重慶。

（七）由重慶到綦江南川調查煤，鐵礦，計需一二日。

此外有陸君貫一，單獨赴雷馬屏及自流井考察。（未完）

◉建築工業材料試驗所委員會會議紀錄

日　期　廿三年六月五日下午五時半

地　點　上海南京路大陸商場本會會所

出席委員　沈怡　李屋身　黃伯樵（莫衡代）
朱樹怡　徐佩璜　董大酉
薛次莘　支秉淵　鄭葆成

列席者　裘燮鈞

主　席　沈怡

紀　錄　莫衡

一、決議　即日起登報招標
六月十五日起發圖
六月廿三日下午三時開標
八月五日上午十時（星期日）奠基

二、決議以沈委員長奉上海市政府及全國經濟委員會派赴歐美考察市政出席國際道路會議不能兼顧乃公推李屋身先生繼任材料試驗所建築委員會委員長

三、決議徵集材料公推下列諸位先生擔任
衛生設備　朱樹怡先生
電　料　鄭葆成先生
石子黃沙水泥磚　薛次莘先生
油　漆　董大酉先生
木　料　徐佩璜先生
鋼　窗　李屋身先生
鋼骨五金鐵絲網笆　支秉淵先生

四、決議新聞稿及照片由裘燮鈞先生擔任選登六月十五日以前交各徵集材料委員

五、決議如所捐材料及現款比標價多餘足敷建築右翼房屋之用時應將該部份房屋同時興建

◉徵求人才

廣西某大學擬聘物理教授一人，以在國外大學畢業曾經研究無線電能教授電磁學電振盪等學科，且能用英文原本教授者為合格，月薪毫洋叁百陸拾元合國幣約貳百陸拾元

17683

，旅費國幣壹百元，每週授課時間至多不逾十五小時。不論會員非會員，如有上項資格者，均得應徵，並須開明詳細履歷逕寄本會以便代為介紹。

◉會員通訊新址

蓋駿聲 (住)青島城武路新十號
卓文貢 (職)廣東樂昌粵漢鐵路株韶局第二工程總段
徐鳴鶴 (職)太倉縣政府內省圖根隊
張鴻圖 (職)上海文極司脫路七號交通部電料儲轉處
孔祥勉 (職)上海中央銀行研究處總務科
時昭涵 (職)上海徐家匯交通大學
許麟鈸 (職)安徽大通饅頭山協記公司
黃潤韶 (職)杭州浙江省公路局
(住)上海霞飛路寶康里58號
許瑞旁 (職)上海河南路甯波路錦興大廈413號
顧懋勛 (職)浦口津浦鐵路工務處
唐元乾 (職)四川合川電報局轉
周厚樞 (職)揚州揚州中學
(住)揚州府東街23號
毋本敏 (職)南昌電政管理局轉交
陳體榮 (職)鄭州隴海鐵路機務處
王元康 (職)上海四川路中國旅行社樓上中國建築材料公司
王景春 (職)Chinese Government Purchasing Commission 21 Tothill St.,Westminster dondon, W. S. I. England
沈友銘 (職 漢口礄口漢宜路管理局
楊家瑜 (職)南京中央大學工學院
(住)南京竺橋桃源新邨28號
張海平 (職)浙江金華浙赣鐵路工務第一總段
楊衍恩 (職)浙江金華浙赣鐵路工務第一分段
羅孝鏗 (職)浙江衢縣浙赣鐵路工務第四分段
姚士海 (職)浙江衢縣浙赣鐵路工務第四分段
朱恩錫 (職)浙江衢縣蛟池浙赣鐵路工務第三總段
楊國鉦 (職)浙江衢縣蛟池浙赣鐵路工務第三總段
阮宗和 (職)浙江衢縣浙赣鐵路工務第六分段
郭　彝 (職)浙江江山城內浙赣鐵路局工務第七分段
張正平 (職)唐山交通大學
沈寶璋 (職)鎮江建設廳
林保元 (職)鎮江建設廳
蕭子材 (職)鎮江建設廳
何之泰 (職)鎮江建設廳
劉敬宜 (職)南京光華門外航空工廠
陸之冬 (職)南京常府街仁德印刷所
胡樟同 (職)河南焦作工學院
李賦都 (職)天津華北水利委員會
曹樹聲 (職)青島社會局
袁　通 (職)南京國防設計委員會
鄭達宸 (職)上海四川路六號開灤售品處
盧恩緒 (職)南京中央大學工學院
胡覺民 (職)南京挹江門外津浦路輪渡碼頭工程處
謝惠霖 (通)上海天潼路聯益號轉

工程週刊

(內政部登記證警字788號)
中國工程師學會發行
上海南京路大陸商場 542 號
電話：92582
(稿件請逕寄上海本會會所)

中華民國23年5月4日出版
第3卷第18期(總號59)
中華郵政特准掛號認爲新聞紙類
(第 1831 號執據)

本期要目

人工鑿井法

定報價目：每期二分；每週一期，全年連郵費國內一元，國外三元六角。

人工鑿井設備情形

鑿井工程 編者

鑿井工程在外國已成專門學問，然西洋書籍言及鑿井，必崇中國爲鼻祖，蓋我國人工鑿井，發明最早，至今猶爲取水工程最經濟方法之一。顧關於機器鑿井方法之書本尙有之，人工鑿井方法之著作極不易覯，本期本刊登載「人工鑿井法」一文爲本會會員黃述善君心得之作，純屬經驗之談，凡關心鑿井工程者，幸特別注意焉。

人工鑿井法

黃述善

(I) 緒言

吾友李君吟秋曾著有鑿井工程一書，對於鑿井之沿革，井泉之源流，鑿井之方法，搜集靡遺，論述淵博，洵爲我國工程界最近之傑作也。然于鑿井方法一章，多偏重于泰西機器新法。而于我國舊有人工鑿井方法，多語焉不詳，誠爲可惜。蓋鑿井之術，我國發明最早。四川之鹽井火井，約始于漢代以前，（見李君鑿井工程第一節）至于今尙用土法開鑿。其鑿井之深度，有達1000公尺者；考其方法，或藉轆轤之升降，或用竹木之彈力。與華北上海各處人工鑿井之方法，大致相同。然其方法。究始于何時，則無從查考。而世俗於人工所鑿之井，多以東洋井（卽日本井）呼之。殆所謂數典忘祖矣。竊嘗謂機器鑿井，用以穿鑿石油礦井，成探取礦質，可收事半功倍之效。如穿鑿自流水井，則機器與人工，未可偏廢。蓋井之深度，在200公尺以下，井之口徑，在200公厘以下者；則非憑藉機器之力，不能成功。若夫工廠之用水，農場之灌漑，以及私人給水設備；深度在200公尺以上，口徑在200公厘以上者；機器與人工，二者實無所軒輊。而人工所鑿之井，其成績有時反優于機器者，蓋各有特長，未可以一概論也。不佞自任職上海市公用局，日與本市鑿井工程接觸，而於人工鑿井，見識尤多，爰舉所知，筆之于書。以補充李君之所未詳。至於機器鑿井，另有專書，尤多祕法。本編不及備載，海內工程家，幸鑒諒焉。

(II) 人工鑿井與機器鑿井比較

人工鑿井與機器鑿井兩相比較，互有優劣，玆分別述之於下。

(一)機器鑿井之優點。

(1) 能達極深水源之處。
(2) 遇石層易于穿鑿。
(3) 能節省開鑿之時間。
(4) 適宜于較大之井管。

(二)機器鑿井之劣點。

(1) 機器之成本甚大。
(2) 機器之運費甚鉅。
(3) 使用機器，須有專門技術工匠。
(4) 開鑿時，井孔常被沖大，井壁與井管間之空隙，難以封密。

(三)人工鑿井之優點。

(1) 設備簡單，成本甚輕。
(2) 工具輕便，可隨地製造，無須運費。
(3) 施工悉賴人力，除工頭及助手外，均可隨地招雇；無須用專門機器工匠。故工資甚廉。
(4) 開鑿之井孔，適合于井管之大小。井壁與井管之空隙，易于密封。

(四)人工鑿井之劣點。

(1) 不能達到最深之水源。
(2) 遇石層難于穿鑿。
(3) 不能使用較大之井管。
(4) 工作時間甚長。

(III) 人工鑿井適合于我國目前之需要

考我國都市鑿井最多之處，莫若上海一隅，次爲北平。據最近調查，上海華界自流井，共有 560 處，而租界之井不與焉。北平之自流井，最著者約有二十餘處，而私人所鑿之井不與焉。餘如北寧，津浦，平漢鐵路，華北各車站之用水，亦多用井水供給。又如天津英租界及青島之自來水廠，則以自流井爲公共水廠水源。除少數之深井，係用機器鑿成者外，大抵以人工所鑿者爲多。良以我國地多冲積，施工甚易，取水不難，而工價低落，設備簡單，故多用人工以代機器耳。頻年華北數省，時苦旱祲。晉豫陝甘，罹災尤重。救災鑿井，異口同聲。而以交通阻礙，輸運爲難；機器之購置，機工之僱用，諸多困難；故雖經當局竭力提倡，極端獎勵，而鑿井者仍屬寥寥。欲求鑿井之發達，以振興水利，救濟旱災，首當提倡我國舊有人工鑿井法，加以改良，以收水利普及之效。若夫機器鑿井，則有待于將來，尚非當今之急務也。

(IV) 鑿井之設備

人工鑿井，設備極爲簡單，均可隨地舉辦。約略述之于下：

(一)井架：用以安置木輪竹弓等物，以施工鑿井者也。其結構一如棚架。(如第一圖)高約10公尺，柱桿均以圓杉木爲之，柱基深入地內，用橫木分格支撑，兩側斜置扶桿，使之穩固。連接處，均用繩索綑緊結實。架之上端，置大橫木一根，以爲懸竹弓及下井管之用。架之中間，可置平板，以便工人上下。架之底部，置橫木數根，鋪以厚板，中間留一方孔以爲鑿井之用。

第一圖

(二)木輪：其式樣一如舊式之紡輪，直徑約4公尺。以木板編成。結構處均用木栓楔緊，以便拆除遷動。木輪之軸，爲直徑30公厘之圓鐵，軸之兩端，置于井架橫木凹槽上，以便旋轉。用時人立其中，以足踏之，木輪即隨之轉動，所以爲纏繞竹條之用也。

(三)竹弓：以直徑30公厘許毛竹若干根，首尾參雜，綑成一束，長約5公尺，粗約200公厘。以粗繩一根，束其兩端，一如弓弦。要置于井架上端橫木之下，用粗繩綑緊，所以司鑽之升降者也。

(V) 鑿井工具

(一)竹條：用多根厚竹片接成。寬約25公厘，每根長約6公尺許。竹片兩端連接處刻有凹痕，和以鐵箍，楔以竹梢，可連接至任何長度。至最末一根，與鐵尾相接，鐵尾上有接筍，以爲繫鑽之用。

(二)鐵鑽：鐵鑽用以掘泥沙及碎石者也。約分二種；一爲鐵杵鑽，一爲鐵筒鑽。鐵杵鑽爲圓形以鐵製成。長約3公尺至5公尺，徑約30公厘至40公厘。上細下粗，用以鑿碎石者，其頭如斧。(第二圖甲)用以鑿泥沙者其頭如爪。(第二圖乙)上端爲尖尾，接筍處，恰與竹片上之鐵尾相合。接筍之下有凸出之圓，以爲遺落打撈之用。鐵筒鑽以50公厘鐵管製成，長約6公尺，鑽頭爲一錐狀，栓于鐵管箍之上。箍之上，有活舌，能向上開，泥沙流入管內，即不能流出。鑽提出時，用鐵勾由下端將活舌上

17687

抵，則筒內泥沙，可以噴出淨盡。管之上端有圓孔以為通氣排水之用。孔之上為尖形鐵尾，所以與竹片上之鐵尾相連結者也。（第二圖丙）

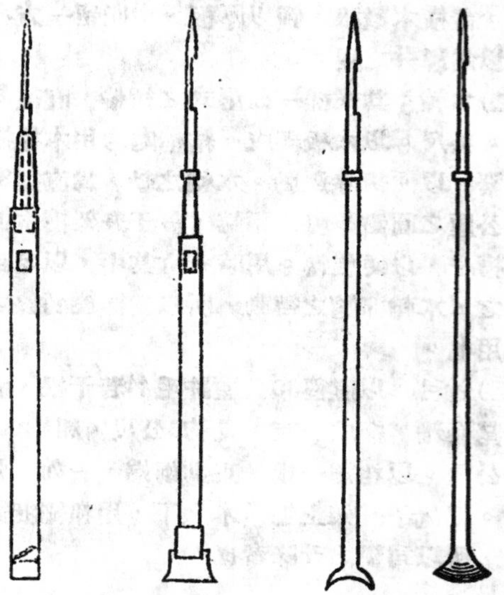

丁　　丙　　乙　　甲

第二圖

（三）抽泥筒：抽泥筒，用厚白鐵皮製成圓筒，徑約50公厘，長約6公尺。下端為上開活舌。上端為一圓孔，其構造一如鐵管鑽。但與竹片連接之處，則為一竹尾，合以木板，釘入筒內，取其輕便也。用時將抽泥筒降至井底，按下數十次，使泥沙吸入筒內，然後拽出井孔外，用鐵勾將活舌向上抵動，筒內泥沙，即行噴出。（第二圖丁）

（四）測孔器：井孔之大小，須適合于井筒之外徑。故於井孔告成之時，須用測孔器探視。庶下管時不致發生阻礙。測孔器之式樣，上端為一鐵杵，下端為一圓筒，其外徑須比井管之外徑，略為增大，用時將圓筒降至井底，然後拽出。使井壁光滑，再行下管。（第三圖）

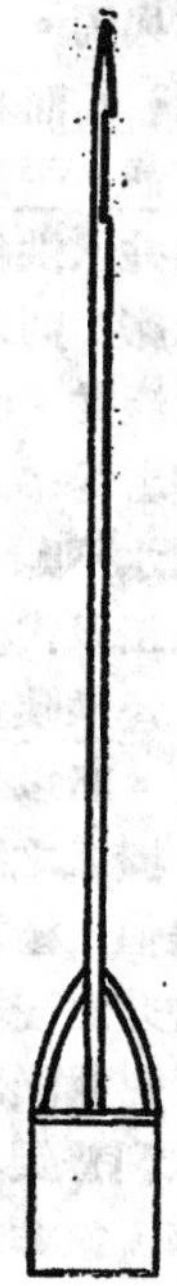

第三圖

（五）撈鑽鈎：撈鑽鈎為圓形以鐵製成，有為直鈎者，為打撈鐵管鑽及抽泥筒之用。有為橫鈎者，其鈎尖向外。（第四圖）為打撈鐵杵鑽之用。用時將鐵鈎與竹片連結，插入井底，徐徐轉動，使橫鈎套入鐵杵上之凸環下，然後輕輕拽出。但用力不宜過猛，否則反使竹片中斷，無法拽出也。

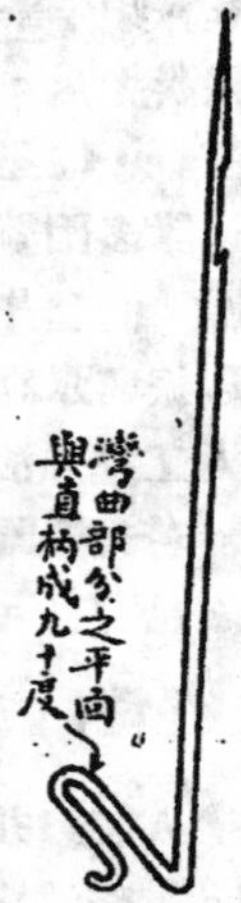

第四圖

（六）修理工具：鑿井工具及竹片接筍處，須隨時檢查，如有損壞，即當修理。故凡鐵匠所用之工具，如鐵錘，鐵砧，鋼鋸，鐵銼等；木匠所用之工具，如木鋸，斧頭等，均應先事購置，以備不時之需。

（七）下管工具：下管工具，亦應先事購置，其名稱如下：

（1）滑車：用以拽起井管，預備放下者也。以檀木為之。普通圓木店均有出售，其構造甚為簡單，茲不贅述。

（2）棕繩。其色白，各大五金店均有出售。小者徑約13公厘，用以拽起井管，預備放下。大者徑約30公厘，以為下井管之用。每根長度約20公尺。

（3）夾板：用鐵板二塊製成，長約600公厘，寬約 100公厘，厚約20公厘。中間爲弧形或三角形。用25公厘螺絲栓兩根栓住。上帶螺絲帽及墊圈，以便鬆緊。(第五圖)

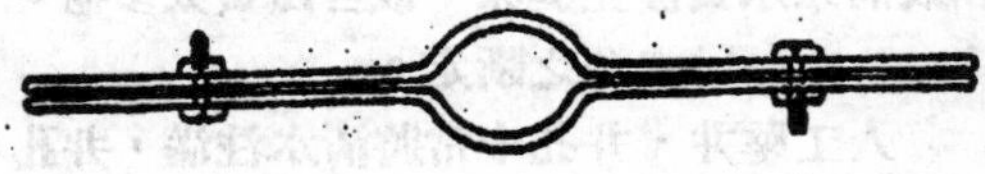

第五圖

(4)揀子鉗：所以爲連接井管，旋轉螺絲之用。有24"至72"數種。普通下井管所用者，爲36"及48"兩種。長度約1公尺許。口徑65公厘至 200公厘之井管均適用之。最少宜預備兩條，一爲上管旋轉螺絲之用，一爲制止管身不動之用。(第六圖)

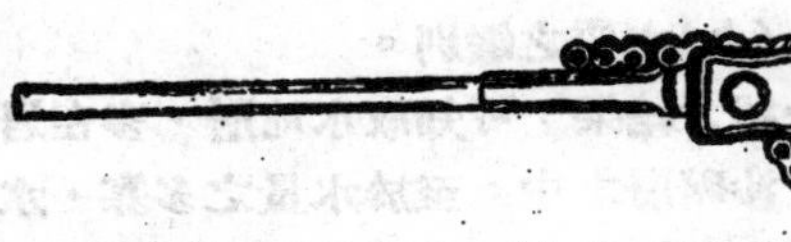

第六圖

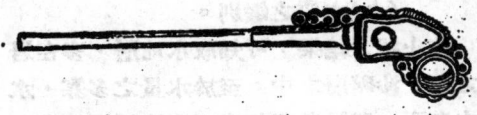

(5)螺絲搬：用以旋轉夾板上之螺絲栓者也。其式樣不一，有爲灣形者，有爲直形者；其開口處爲13公厘，20公厘，25公厘等等，須適合于螺絲帽之大小，普通均用熟鐵製成，隨地均可製造，不必購自外洋也。

(6)鐵絲鉗：以爲束棕皮細鉛絲之用，五金店均有出售，有大小數種，普通所用者，長約 150公厘，爲電燈匠所常用者也。

(VI) 施工細則

(一)井址之選擇。

在城市鑿井以供飲料或工業之用，井址每爲地位所限制，業主所指定，當然無選擇之餘地。然在鄉村鑿井，以供灌溉及飲料者，則當先考察其水源之所在，及工作便利之點，再行施工，以免耗費，故井址殊有選擇之必要。玆將井址之要件，略述之于下：

(1) 井址須在距離廁所50公尺以外。

(2) 井址須在距離鄰井60公尺以外。

(3) 井址須在交通便利之點。

(4) 在高亢之地，其中有一處獨潮濕者，其下必有泉源。

(5) 在青草地，其中有一處獨茂盛者，其下必有泉源。

(6) 在曠野蚊蝱羣集之處，其中一部份之蚊蝱，獨飛集于高處，成一圓柱形者，其下必有泉源。

以上所述，不過大概情形。若夫地層之構造，水源之深淺，則以根據地質之調查，及鄰井之情形，爲較可靠。

(二)工人之選擇。

凡鑿井工人，應具有下列之條件。

(1) 年齡須在四十歲以下者。

(2) 身體須健全能耐勞苦者。

(3) 須有忍耐性者。

(4) 須有鐵工木工常識者。

(5) 手腕須特別發達者。

(三)工人之支配。

凡鑿井工程，以迅速爲宜；一經開工，即不宜間斷。故工作異常勞苦，每日八小時，雖强健者，亦殊難勝任。最好分爲兩組，輪流工作。每組最少四人，最多六人，工頭一名，整日監視。如遇緊急之時，則加用雙班，日夜工作。蓋在粘土層，或黏版岩層之井孔，極易傾陷，一經鑿穿，即宜迅速達至相當深度，以便下管也。

(四)工作之步驟

井址選擇旣定，首當將井架佈置穩固，于架下掘一池。池之周圍宜高出地面 300公厘以上，內用黃泥或水泥黃沙塗抹，至不漏水爲止。將清水注入池內，于池之中央，鑿一與井管較大之井孔，深約6公尺許。實以木筒，露出地面約150公厘，使鑽頭出入有據，然後繼續下鑿。鑿時宜時時將清水注滿，使井內壓力平均，不致傾陷。每鑿下1公尺許，卽將鑽提起，換用抽泥筒，將泥沙抽出，再行繼續下鑽。如遇石層，則用鐵杵斧頭鑽；如遇石礫，則用爪頭鑽；如遇泥沙則用鐵管鏟鑽；宜隨時更換。鑿井時將竹片與鐵鑽栓牢，繫于弓弦上，在距離井孔相近之處，栓一扶手橫木，將橫木按下，使鑽頭向下衝擊。復借竹弓之彈力，使鑽頭上升。換鑽時，人立於木輪中，以足踏之，使木輪旋轉，將竹條纏繞于木輪之上。順踏則鑽頭提出，反踏則鑽頭降下。

(五)泥沙之保存。

抽泥時所出泥沙種類，宜用木盒，按照其所在深淺距離；分格記錄保存，以計算吸水節之位置，及井管之長度。

(六)井孔之完成。

井孔之大小，須適合于井管之外徑。故井孔鑿至相當深度時，須將測孔器試探降至井底，然後拽出，反覆數次，使井孔光滑，毫無阻礙，然後下管。

(七)困難之解決。

(1) 鑿井時如遇膠質黏土層，井孔必易於傾陷；傾陷時可用黃泥做成泥丸，大如鷄卵，徐徐放入井孔內，將空隙填滿，然後繼續下鑿，卽成一新泥孔，不至再傾陷矣。

(2) 鑿井時如遇磊石存在，小者宜用小鑽頭撥開，大者宜用鐵杵鑽搗碎，再繼續下鑿。惟磊石之大者，常誤認爲岩石，人工鑿井者遇之，多以爲已達石層，不再下鑿。或竟以工作困難，發生恐惶，致停止下鑿，前功盡棄。故鑿井者，宜檢查其鑿出之碎石，與附近岩石相比較。或因鑽頭之震動，沉著者爲岩石，活躍者爲磊石，以決定之。

(3) 鑿井時如遇鑽頭遺落，陷入甚深；或被石塊楔住，不能拽動；須先用小鑽頭將石塊打碎，徐徐鑵動，使鑽頭與井壁離開，然後用撈鑽鉤鉤之拽出。如不見效，則須用起重機設法取出，或另鑿一孔。切不可將竹片及鑽頭推開，深入井壁之內，繼續鑿孔。以致將來水質發生臭味，或含鐵質太多也。

(八)水源之斷定。

人工鑿井，井孔中常將清水注滿，井孔是否已達水源，除天然噴水泉外，無由得知。故欲知水源之所在，須依井孔之地層而斷定之。玆述之於下：

(1) 凡表土之用，有極深之沙礫層，其下爲黏土層或黏版岩層所托者，必有泉源。

(2) 岩石之下，有空隙之處，必有泉源。

(3) 黏土層與砂礫層相間，其間必有泉源。

(4) 沙礫黏上爲黏版岩，下爲堅石者，必有泉源。

(九)水質之鑑別。

依上述之結果，可知取水地層，多在岩石之下，沙礫層之中。至於水量之多寡，水質之良窳，則當考察其岩石與沙層之性質及位置，始能確定。玆述之於下。

(甲)關於水量之多寡者。

(1) 凡沙層深者，其水量必多，淺者必少。

(2) 凡沙質粗者，水量必多，細者必少。

(3) 凡粘土層之下，其沙層含水量必多。黏版岩之下，其沙層含水量必少。

(4) 凡水成岩之下，含水量必多。火成岩之下，含水量必少。

(乙)關于水質之良窳者。

(1) 凡石灰岩之下，其水多硬。

(2) 凡混合石之下，其水多鐵。

(3) 凡沙層在表土之下，其水多汚穢。

(4) 凡沙層與黏土相接近者，其水多鹹澀。

(5) 凡沙粒大小不勻，且多稜形者，其水質每含鹽滷。

(6) 凡沙質色帶赤褐者，其水質每多鐵質。

(7) 凡沙粒晶圓者，其水質必佳良。

(8) 沙細而層厚者，其水質必澄清。

(9) 凡沙層含有粉石者，其水多硬。

(10)凡沙層含有蚌殼者，其水必腥臭。

(十)沙質之檢查

依上所述，欲知某層沙質，是否合于水源之用，首當辨別沙質之純潔與否。但在細沙層之沙質，每非目力所能辨別者，故必須用顯微鏡以檢查之。

(VII) 井管之裝置

(一)井管之選擇。

凡井管應用標準重量熟鐵管；飲料及漂染用者，以白鐵管爲宜，工業及灌溉用者，得用黑鐵管。管身宜堅固，圓形宜準確。通身挺直，毫無彎曲，方能使用。其接筍處須爲標準絲扣，完整尖銳，且堅固者。否則易於中斷。

(二)濾水管的構造。

井管之吸水節爲濾水管，其種類甚多。然合于人工鑿井之用者，厥爲下之三種：

(1) 特製之濾水管，管以銅質做成，其濾孔外窄內寬，且有斜坡，故易于進水而同時可以防沙；且管身外部平滑易于裝置。但其價値甚昂；且僅適宜于砂礫層及粗砂層，而不適宜于細沙層也。

(2) 碎石濾水管。用雙管套成；如以口徑80公厘之鐵管，套入口徑 150公厘鐵管內，是也。雙管底部，均旋入特製之鐵脚。內外管皮，均鑿成細直縫，中間以直徑約3公厘小碎石注滿。上部留約3公尺之長度，不鑿直縫，亦用小碎石注滿，以爲補充下部空隙之用。上端用靑鉛固封或用電銲銲牢，即成一良好之濾水管，粗砂及細沙均適用之。

(3) 網式濾水管。于鐵管上，橫豎每隔25公厘，鑽小圓孔，孔徑約10公厘。外以棕棚等皮絲及銅絲網等包護之，以防沙粒之侵入。普通人工鑿井均適用之。

(三)井管之長度。

井管之長度，以井孔之深度爲限。但上端宜突出地平 300公厘許，以便裝置冷風管或抽水機，下端宜深入井底一公尺許，以爲存儲泥沙之用。

(四)井管之大小。

人工鑿井所用之井管，普通以口徑65公厘至150公厘爲最多。間亦有用50公厘及200公厘者，其大小依出水量之多寡而定。但地層儲水量與井管出水量，有密切關係。故鑿井者，最好根據鄰井出水量之紀錄，以決定其井管之大小，否則殊無把握也。

(五)濾水管之安置。

井孔完成後，須檢驗地層之土樣及沙層之成分，以決定其所用濾水管之位置及長度。普通井孔，常鑿至良好之沙層或砂礫層爲止，故濾水管之位置，應在井管之底部，其長度應等于沙層或砂礫層之深度。但因地層之關係，沙層每與黏土層相間，故有于井管底部濾水管之外，復于井管中間裝置一節濾水管者；此則須視沙層之位置及其成分何如而定耳。

(六)井底之完成。

人工鑿井，在井管之底部，無裝置濾水機頭之必要。普通常用木塞塞住，或預裝于下管之先，或插入于下管之後。木頭浸水，即行澎漲，自然封塞，故井底泥沙，無法上流。

(七)井壁之封固。

井孔比井管之外皮，須略爲增大，方能下管。故在井孔與井管間之空隙，必須妥爲

17691

塡封之，以免上層污水，流入濾水管之沙層。普通方法，于濾水管之上節，包裹棕皮數段。棕皮之下端，用鉛絲綑緊。上端用麻繩紮住。井壁泥沙，墜入棕皮內，卽將空隙周圍塞固。其功用與橡皮圈同，法至簡便也。

(八)井管之套插。

人工鑿井之深度，普通在100公尺以內者，得用同一直徑之井管，直通至井底爲止。如須鑿至較深處，則非減少井管之直徑，不能繼續工作。故鑿至相當深度，得先用較大直徑之井管，下入井孔。然後繼續下鑿，至預定之深度，將小管連接，套入大管之內，然後猛然放下，藉管身之重量，自然下降，直達井孔底部也。

(九)套管間之封塞。

小管套入大管之下，其上端須與大管複疊，約3公尺乃至5公尺。其間空隙，須以相當封料固封之。普通在小管複疊之處，用棕皮包裹數段塞以黃泥。下管之後，空隙自然塞緊，其法至爲簡便。其次有用軟靑鉛，做成塞圈，厚薄一如空隙，上平下銳，由井口徐徐降下，再用鐵杵縋下打緊者。再其次則用海帶綑于小管之上端，下管後，海帶浸入水中，自然澎漲，成一良好之封料。然因其每爲劣貨，多不用之。

(十)濾水管之封塞。

普通深井，在100公尺以內，其水質不佳者，常有繼續下鑿之必要；而其已裝之濾水管，須嚴密固封之。故小管插入大管之內，須將大管之濾水管，全部複疊，于空隙間，以相當封料封之，使大管上濾水管之水，不得滲入管內，其法一如上節所述，用棕皮將小管複疊之部，包裹數道，充以黃泥塞入空隙，將小管敷滿，下管後，黃泥塞入空隙，卽將大管濾水管全部堵塞，鑿井者多利用之。

(十一)井管之連接。

井管之連接，有用螺絲接頭者。有用銲接者。用銲接須將井管放置，成一準確垂直線，然後燒銲，稍有偏歪，則井管全部不能放下。且拔出時。須將井管每節割斷，方能拔出，故人工鑿井，多不適用。普通均用螺絲接頭，與直箍之內螺絲，一一旋緊。因管箍之內螺絲，恰與管身成垂直度，故下管時決無歪曲之弊，且螺絲容易鬆動，拔出後，易于拆除也。

(十二)井管之放置。

先將首節井管放入井孔中，至距離井架下平台約1公尺之處，用夾板夾緊，懸于平台木板上；再將次節吊起，套入首節之管箍，旋緊後，于上端用大繩綑住，束以小繩。大繩之上端，須懸掛於井架上大橫木之上。下端須纏繞于井架大橫木兩圈，以便隨意收放，不致滑動。放下時，由兩人將大繩拉住，用力將井管向上提升。如繩不滑出，則知管已纏緊，同時將夾板螺絲栓略鬆，使井管下降；如繩仍不滑動，卽將夾板移至管箍上，略微扣住，使井管仍得活動降下。至相當位置，將夾板扣緊，使管身全部重量，均懸繫于夾板上。然後將大繩解開，再行安放次節。如此繼續在最後一節，卽將夾板移開，大繩解放，使井管自身下降，而下管完成矣。但井管之重量甚大，井底之泥質鬆軟，井管有時降至地平下者；亦有因井底之泥質堅固，井管不能全部降下而高出于地平者；故於下管之後，須測其高低；高則割去，另套螺絲，底則加裝短管，以適宜于裝置冷風管或抽水機爲度。

(十三)井管之試驗。

井管下完後，卽將小池掘開，積水放盡。先用抽泥筒將管內泥沙抽盡，然後用抽水機或冷風管以試驗吸水。如吸水無效，可注清水于內，再行抽泥，復行試吸。須繼續至水量增加出水清潔，方能停止。否則，或因濾水節損壞，或因沙層出水不佳，或因沙層非水源之所在，須設法改良，或另行重鑿一孔也。

國內工程新聞

(一) 滬錫公路進行近況

滬錫公路之建築自經滬錫兩地紳商積極合作進行後，江蘇省政府建設廳因經費籌劃困難，由廳長沈百先派錫滬公路工程處主任梅成章赴滬，與公路籌備委員吳鐵城，王曉籟，杜月笙。榮宗敬等接洽，爲早日完成公路起見，先籌十萬元，爲施工經費，於四月二十日正式開始建築。關於租借路面及建築經費之合同，雙方已於前日在滬簽字，並繼續撥付經費十五萬元。合同一方爲江蘇省建設廳長沈百先，一方爲公路籌備委員王曉籟杜月笙等。滬錫公路工程，自四月二十日各段開始興建後，進行異常迅速，預定於六月十五日以前，全部完成，計綫路由上海寶山路起，經眞茹，南翔，嘉定，太倉，常熟，至無錫。全綫總長爲二百餘里，此爲幹路。並有支綫，由常熟起至蘇州。行駛滬錫公路之公共汽車經費，連建路經費在內定爲一百萬元，分十萬股，每股十元。籌備處正式成立後，進行招股以來，經滬錫紳商之提倡，認股者頗形踴躍。俟股款數額籌足後，即招標訂購最新式汽車數十輛。第一總站設於上海。第二總站設常熟，第三總站設無錫，其他經過路綫，各設分站。正式通車日期，大約預定於本年十月底實行。

(二) 上海市建築虬江碼頭

上海市政府爲完成大上海水陸交通計劃，决先開築虬江碼頭，惟以該項工程浩大，最近已由中央銀行投資開築。近據中央銀行發表，該行業已將建築虬江碼頭所有全部基地購定，計面積達八百三十畝，係由市土地局通告各原業主，商定價格，分別購定。現所有契約等手續，亦已全部訂定，至該地代價確數，現因業務關係，暫不願發表。但大約值國幣三十萬元左右云。

(三) 議辦河套水利

傅作義近電宋子文，請籌辦河套水利，恢復五加河故道，如成，可灌良田十萬頃，爲華北唯一糧源。有敢以非常之業責諸先生等語。

(四) 天津籌建海河隧道

天津市政府海河隧道建築委員會今午後開第一次委員會，决定建築特一三區貫通海河底隧道一條，適用低面設計工程，由海河底穿通。

國外工程新聞

(一) 周惠樂將軍壩之工程

美國鄧納西 Tennessee 河周惠樂將軍壩 General Joe Wheeler Dam 於去年11月20日開工。約須兩年時間才可完工。此壩長度爲6400呎，完工後可將河水水面湮高50呎，圍成長80哩長之湖。壩須用 600,000 立方碼之洋泥三和土；須挖 500,000 立方碼之石土。壩之最高點爲70呎。壩中包括一座航船閘關高50呎，一座發電廠以供 8 隻35,000匹馬力水力透平之用。此閘關已於去年一月開工。此壩工程，除航船閘關與發電廠外，需美金20,000,000元。 (沐)

17693

(二)金門橋工程近況

美國舊金山港之金門橋 Golden Gate Bridge，開工以來進行頗速，至今約有25%完工。兩座錨墩 Anchorages 已完工，卽可裝緊大纜，橋塔原高 746 呎，現已有三分之二完工。簡略言之，此橋中拱長度為4200呎，邊拱二隻各長1,125.41呎。用大纜兩條用以吊起橋身，每條直徑 36½ 吋。兩纜成平行線，中簡相隔90呎。橋上路面寬60呎，人行道兩條各11呎。中拱高出平均低水面 220 呎。每座錨墩係地心力式．60呎寬，170 呎長，深度不一律，約需32,000立方碼之洋泥三和土，墩中裝埋61對之眼環鏈條。（泳）

會計啓事

本會本年度（卽22—23年度）所收各項會費截止四月底已刊登本期283頁至288頁，凡會員已將會費直寄總會，而查收費報告內無列名者，請逕函本會查詢可也。尙有未曾繳費各會員，務請迅予賜繳或就近繳交分會會計此啓。

17694

中國工程師學會二十二年度收入會費報告

總會會計張孝基報告

自民國二十二年十月一日起至民國二十三年四月三十日止

(一)收永久會費

曹竹銘君	全數	$100.00
孫延中君	全數	100.00
王修欽君	全數	100.00
王 璡君	全數	100.00
吳錦慶君	全數	100.00
李國鈞君	全數	100.00
盧成章君	全數	100.00
蔡國藻君	全數	100.00
郭承恩君	全數	100.00
周 琳君	第二期	100.00
倪尙達君	第二期	50.00
董榮清君	第二期	50.00
劉晉鈺君	第二期	50.00
程志頤君	第二期	50.00
汪桂馨君	第二期	50.00
劉夢錫君	第二期	50.00
淩竹銘君	第二期	50.00
陸法曾君	第二期	50.00
夏光宇君	第二期	50.00
周 琦君	第二期	50.00
薩本棟君	第二期	50.00
裘燮鈞君	補足第二期	20.00
程瀛章君	補足第二期	25.00
余伯傑君	補足第二期	30.00
榮志惠君	第二期一部份	10.00
鄒勤明君	第二期一部份	30.00
許行成君	第二期一部份	10.00
高 鑑君	第一期	50.00
沈 怡君	第一期	50.00
薩福均君	第一期	50.00
鄭翰西君	第一期	50.00
李樹椿君	第一期	50.00
陳端柄君	第一期	50.00
邵鴻鈞君	第一期	50.00
黃炳奎君	第一期	50.00
陸南熙君	第一期	50.00
盧炳玉君	第一期	50.00
孫慶澤君	第一期	50.00
沈百先君	第一期	50.00
孫繼丁君	第一期	50.00
葉秀峯君	第一期	50.00
李世瓊君	第一期	50.00
劉振清君	第一期	50.00
許貫三君	第一期	50.00
莊前鼎君	第一期	50.00
朱義生君	第一期	50.00
藍 田君	第一期	50.00
吳競清君	補足第一期	25.00
沈 誥君	第一期一部份	25.00
李鴻儒君	第一期一部份	25.00
林廷通君	第一期一部份	25.00
陸邦興君	第一期一部份	25.00
陶葆楷君	第一期一部份	25.00
劉仙舟君	第一期一部份	25.00
孫國封君	第一期一部份	25.00
王士偉君	第一期一部份	25.00
蔡方蔭君	第一期一部份	25.00
林志琇君	第一期一部份	25.00
總 共		$2,950.00

(二)收入會費

杜長明君　秦以泰君　周開基君　王逸民君　丁天雄君　夏寅治君

鄭家俊君 錢 毅君 陳世璋君 陸寶愈君 錢鴻威君 沈泮元君
韋增復君 邱志道君 唐子穀君 方季良君 李國鈞君 蔡東培君
金士蓋君 朱益聲君 秦元澄君 周邦柱君 周鳳九君 曹仲淵君
金洪振君 陳憲華君 吳坦平君 梁禾青君 徐 巑君 耿 承君
歐陽崙君 盧成章君 秦文彬君 徐澤昆君 劉相榮君 吳 敬君
邱鴻遜君 丁變和君 杜毓澤君 黃受和君 張恩鐸君 馮 介君
許心武君 鄒汀若君 沈友銘君 俞 忽君 王正巳君

以上47人每人$15.00 共 $705.00

高則同君 陳普康君 張景文君 廖溫義君 李善棵君 張 鑫君
王熙績君 吳 訥君 吳世鶴君 何遠經君 章定壽君 徐 特君
李富國君

以上13人(係仲會員)每人$10.00 共 $130.00

楊立惠君 潘鎰芬君

以上2人每人補收$10.00 共 $ 20.00

金華錦君 曹孝葵君 吳均芳君

以上3人每人補收$5.00 共 $ 15.00

宋奇振君 徐堯堂君 卓文貢君 劉子琦君 陳賢瑞君 吳光漢君
翟慕蘭君 蔣仲塤君 張貴奮君 葉良弼君 龔 垵君 黃 權君
葉明升君 李維一君 吳錦安君 林同棪君 董桂芬君

以上17人(係初級會員)每人$5.00 共 $ 85.00

(三)收常年會費

郭美瀛君 史久榮君 鄭汝翼君 章天鐸君 楊元麟君 郭龍驤君
聶光堉君 榮耀馨君 任庭珊君 聶光墀君 卞勘壯君 吳世鶴君

以上12人(係上海分會仲會員)每人$4.00(半數已交上海分會) 共 $ 48.00

何遠經君 潘祖培君

以上2人(係上海分會仲會員)每人$4.00(半數待交上海分會) 共 $ 8.00

劉孝懃君 姚福生君 唐兆熊君 徐文泂君 周樂熙君 殷礪平君
胡嗣鴻君 董芝眉君 朱福駟君 錢鴻範君 朱寶鈞君 許厚鈺君
李開第君 顧會錫君 張承祜君 徐志方君 陳世璋君 張偉如君
李善述君 陳䇿霖君 孫雲霄君 許夢琴君 張琮佩君 周倫元君
余石帆君 胡础豫君 林洪慶君 包可永君 壽 彬君 羅孝威君
陳正咸君 程景康君 程義藻君 王錫慶君 沈銘盤君 王細普君
李誹若君 郁鼎銘君 庾宗淮君 湯傳圻君 施求麟君 李善元君
張承惠君 章書誹君 陳公遂君 張其學君 俞闓章君 黃元吉君
鍾銘玉君 黃 雄君 柳德玉君 郁寅啓君 陸承禧君 楊樹仁君
袁丕烈君 王魯新君 葛學瑄君 顧耀鎏君 王昭濬君 顧鵬程君
濮登青君 陳思誠君 徐承燠君 陳嘉賓君 楊 棠君 高大綱君
陳 琸君 金龍章君 馮寶齡君 劉敦鈺君 張永祁君 顧會綬君

莊　俊君　周庸華君　黃錫恩君　林天驥君　李　銳君　潘世義君
江紹英君　蘇樂眞君　姚鴻逵君　施德坤君　周厚坤君　黃　潔君
張本茂君　嚴恩棫君　楊簶慊君　邵禹襄君　蔣易均君　楊樹松君
王　度君　馬少良君　劉世礎君　郭德金君　許景衡君　許瑞芳君
孫孟剛君　曹　昌君　謝鶴齡君　陳　器君　劉寰偉君　莫　衡君
容啓文君　陳明壽君　葛文鈞君　薛卓斌君　葉植棠君　萧大西君
李學海君　葉建梅君　林　燧君　沈　昌君　溫毓慶君　湯天棟君
任家裕君　汪岐成君　許元啓君　李祁賢君　胡汝鼎君　周志宏君
蘇祖修君　范永增君　曹省之君　鍾文滔君　章煥祺君　楊孝述君
盧賓侯君　趙以廉君　郁秉堅君　岑立三君　徐世民君　金問洙君
施　鎣君　吳　卓君　朱學勤君　程鵬翥君　羅孝斌君　奚世英君
陸敬忠君　嚴元熙君　黃述善君　魏　如君　何德顯君　樂俊忱君
王元齡君　諸葛恂君　沈　潼君　費福燾君　黃潤韶君　朱盎聲君
伍灼泮君　葛益熾君　陳良輔君　任士剛君　經慶蕃君　黃樸奇君
秦元澄君　路敏行君　王士良君　江元仁君　崔蔚芬君　沈祖衡君
李祖彝君　王逸民君　馮寶龢君　鄒尙熊君　周　仁君　沈炳麟君
關耀基君　徐善祥君　何墨林君　汪仁鏡君　鄧福培君　王孝華君
俞汝鑫君　蕭賀昌君　殷源之君　王子星君　陳六琯君　譚葆壽君
孫廣儀君　陳俊武君　周銘波君　壽俊良君　鄭倩之君　沈鎮南君
吳南凱君　沈莘耕君　姚頌馨君　錢祥標君　曹仲淵君　金洪振君
李錫之君　陳福海君　黎傑材君　陶　鈞君　鄒頌涛君　殷傳綸君
陸桂祥君　鄒恩泳君　馮汝綿君　朱有騫君　季炳奎君　高尙德君
潘國光君　張廷金君　陳茂康君　康時清君　沈泮元君

以上209人(係上海分會會員)每人$6.00(半數已交上海分會)　共　$1,254.00

徐　樂君　王仁棟君　熊應會君　徐躬耕君　陸景雲君　翁練雲君
吳光漢君　吳錦安君

以上8人(係上海分會初級會員)每人$2.00(半數已交上海分會)共　$16.00

曹孝葵君　黃季巖君　關頌聲君　施孔懷君　雷志㒸君　戈宗源君
高麒瑞君　顏耀秋君　繆　鶚君　倪慶穰君　韋榮瀚君　宗之發君
鄒汀若君

以上13人(係上海分會會員)每人$6.00(半數待交上海分會)　共　$78.00

翔華電氣公司　交通大學　同濟大學

以上3人(係上海分會團體會員)每人$20.00(半數待交上海分會)共　$60.00

楊祖植君　汪胡楨君　陳祖貽君　沈覲宜君　翁　爲君　馮朱棣君
許　鑑君　黃育賢君　李英標君

以上9人(係南京分會會員)每人$6.00(半數待交南京分會)　共　$54.00

張　堅君　封雲廷君　陸貫一君

以上3人(係南京分會仲會員)每人$4.00(半數待交南京分會)　共　$12.00

楊增義君　薛　鎔君　葉明升君　林同棪君

以上4人(係南京分會初級會員)每人$2.00(半數待交南京分會)共　$ 8.00

秦　瑜君　洪　中君　柳希權君　馬軼群君　王傳義君　吳保豐君

朱　允君　尹國墉君　楊立惠君　沈樹仁君　黃修青君　郭　楠君

陳宗漢君　陳懋解君　朱大經君　陳中熙君　許本純君　單基乾君

陳紹琳君　汪啓堃君　張可治君　許應期君　倪則塤君　陸志鴻君

陳　章君　戴居正君　陳秉鈞君　徐嘉元君　孫保基君　譚友岑君

嵇祖江君　齊兆昌君　陳裕光君　楊簡初君　鈕因梁君　黃　輝君

張輔良君　丁天雄君　方仁熙君　莊　權君　汪　瀏君　楊繼曾君

吳欽烈君　顧毓珍君　顧毓瑔君　胡博淵君　熊傳飛君　徐節元君

吳　鵬君　朱維琮君　王之翰君　毛　起君　梅福強君　陳　琯君

孫　謀君　吳啓佑君　朱葆芬君　朱起蟄君　汪菊潛君　陸元昌君

莊　堅君　張家祉君　趙世暹君　侯家源君　朱神康君　鄭傳霖君

李經畬君　陸士基君　鄭肇經君　王　庚君　陸　超君　胡品元君

夏憲講君　林平一君　王景賢君　雷鴻基君　陳和市君　吳文華君

康時振君　錢豫格君　張有彬君　陳松庭君　潘銘新君　陳鴻鼎君

歐陽崙君

以上85人(係南京分會會員)每人$6.00(半數已交南京分會)　共　$510.00

張鴻圖君　崔華東君　王九齡君　向于陽君　戴　祁君

以上5人(係南京分會仲會員)每人$4.00(半數已交南京分會)　共　$ 20.00

徐承祜君　萬　一君　黃　宏君

以上3人(係南京分會初級會員)每人$2.00(半數已交南京分會)共　$ 6.00

浦峻德君　王壽寶君　朱光華君　程耀辰君　皮　錸君

以上5人(係杭州分會會員)每人$6.00(半數待交杭州分會)　共　$ 30.00

邱志道君　朱樹馨君　周唯真君　吳國良君　王德滋君　李東森君

徐紀澤君　翁德鑾君　曹會祥君　李國鈞君　邱鼎汾君　王寵佑君

邱鴻邁君　丁燮和君　吳均芳君　倪鍾澄君　鄭治安君　錢鴻威君

繆恩釗君　俞　忽君　邵逸周君　郭　霖君　吳南董君　王星拱君

魏文棣君　葛毓桂君　陳鼎銘君　袁至純君　陸鳳書君

以上29人(係武漢分會會員)每人$6.00(半數已交武漢分會)　共　$174.00

張　鑫君(係武漢分會仲會員)(半數已交武漢分會)　$ 4.00

唐季友君(係武漢分會初級會員)(半數已交武漢分會)　$ 2.00

宋奇振君(係武漢分會初級會員)(半數待交武漢分漢)　$ 2.00

朱泰信君　黃壽恆君　林炳賢君　羅忠忱君　葉家垣君　張正平君

伍鏡湖君　華鳳翔君　石志仁君　劉寶善君　顧宜孫君　路秉元君

安茂山君　范濟川君　趙慶杰君　王　濤君

以上16人(係唐山分會會員)每人$6.00(半數已交唐山分會)　共　$ 96.00

魏菊峯君　崔肇光君　郭葆琛君　郭鴻文君　馮　介君　蘇瑲煒君

17698

姚章桂君　朱　樾君　杜寶田君　孫寶墀君　王仁福君　易天爵君
葉　鼎君　劉兆璸君　宋鏘鳴君　趙培榛君　洪傳曾君　鄧益光君
朱　瀫君　邢國楙君　黃曾銘君

以上21人(係青島分會會員)每人$6.00(半數已交青島分會)　共　$126.00

徐　特君　陸家保君　劉雲書君　王毓鈞君

以上4人(係青島分會仲會員)每人$4.00(半數已交青島分會)　共　$ 16.00

葛炳林君　陳憲華君

以上2人(係濟南分會會員)每人$6.00(半數已交濟南分會)　共　$ 12.00

秦文彬君(係濟南分會會員)(半數待交濟南分會)　$ 6.00
龐承道君(係濟南分會仲會員)(半數已交濟南分會)　4.00
傅爾攽君(係天津分會會員)(半數待交天津分會)　$ 6.00
董繼藩君(係天津分會仲會員)(半數待交天津分會)　$ 4.00

丁　崑君　劉相榮君

以上2人(係北平分會會員)每人$6.00(半數待交北平分會)　共　$ 12.00

北平大學工學院(係北平分會團體會員)(半數待交北平分會)　$ 20.00
沈　昌君(係北平分會會員)(半數已交北平分會)　$ 6.00
覃修典君(係北平分會初級會員)(半數已交北平分會)　$ 2.00

陳錦松君　卓康成君

以上2人(係廣州分會會員)每人$6.00(半數待交廣州分會)　共　$ 12.00

梁永鋈君　陳君慧君

以上2人(係廣州分會會員)每人$6.00(半數已交廣州分會)　共　$ 12.00

劉子琦君　徐堯堂君

以上2人(係廣州分會初級會員)每人$2.00(半數已交廣州分會)共　$ 4.00

秦以泰君(係蘇州分會會員)(半數待交蘇州分會)　$ 6.00
李善棨君(係蘇州分會仲會員)(半數待交蘇州分會)　$ 4.00

陸同書君　洪嘉貽君　章祖偉君　裘冠西君　彭禹謨君　孫輔世君
王志鈞君　張寶桐君　劉衷煒君　夏寅治君

以上10人(係蘇州分會會員)每人$6.00(半數已交蘇州分會)　共　$ 60.00

潘詠棠君(係蘇州分會仲會員)(半數已交蘇州分會)　$ 4.00

周邦柱君　周鳳九君　王正己君

以上3人(係長沙分會會員)每人$6.00(半數待交長沙分會)　共　$ 18.00

于潤生君　周開基君　殷之輅君　張志成君　婁道信君　葛定康君
顧穀同君　勞乃心君　楊　偉君　陸增祺君　劉貽燕君　胡樹楫君
吳士恩君　徐萬清君　張靜愚君　方希武君　周賢育君　羅瑞棻君
丘　顏君　金猷澍君　尚　鎔君　曾昭桓君　李　協君　寶瑞芝君
李　儼君　張行恆君　甄雲祥君　張德慶君　彭會和君　賈占鑑君
王心淵君　梁禾青君　胡桂芬君　劉澄厚君　容祺勳君　桂銘敬君
唐子穀君　吳譜初君　李耀祥君　鄒家斌君　梁澳偉君　仲志英君

17699

金士蓋君 易俊元君 呂謨承君 徐鍾滙君 何緒繼君 鄒忠曜君
梅暘春君 褚鳳章君 丁人鯤君 杜毓澤君 黃受和君 張恩鐸君
以上54人每人$6.00 共 $324.00
鄒茂桐君 耿 承君 張公一君 梁啓英君 王超鎬君 吳卓衡君
章定壽君 李富國君
以上8人(係仲會員)每人$4.00 共 $ 32.00
蓋駿聲君 彭樹德君 陳蔚觀君 趙祖庚君 陳賢瑞君 周 新君
熊 俊君 馮天爵君 黃 權君 卓文貢君 鄭海柱君 王竹亭君
孫 錦君 戚葵生君 蔣仲塤君 董桂芬君 丁淑圻君
以上17人(係初級會員)每人$2.00 共 $ 34.00

(四)補收會費

于潤生君 張時雨君 李 儼君
以上3人每人補收21—22年度會費共$6.00 共 $ 18.00
柴九思君(係太原分會仲會員)補收21—22年度會費(半數已交太原分會) $ 4.00
唐之肅君 董登山君 馬開衍君 李銘元君 蘭錫魁君 邊廷淦君
郗三善君 曹煥文君 賈元亮君
以上9人(係太原分會會員)每人補收21—22年度會費$6.00(半數已交太原分會) 共 $ 54.00
高凌美君 呂煥義君 鄭家駪君 李東森君 陳崇武君 陸寶愈君
余興忠君 王蔭平君 石 充君 張喬嗇君 錢鴻威君 史 青君
陳厚高君 方博泉君 繆恩釗君 梁振華君 趙福靈君 陳彰琯君
李範一君 李壯懷君 朱家炘君 吳國柄君 范澤溥君 王文宙君
蔣光曾君 黃劍白君 劉震寅君 闞祖章君 倪鍾澄君 何 銘君
汪華陸君 汪禧成君 葉 强君 李東森君 陳大啓君 向 道君
李得庸君 袁開帙君 屠慰曾君 翁德鑾君
以上40人(係武漢分會會員)每人補收21—22年度會費$6.00(半數已交武漢分會) 共 $240.00
惲丙炎君 吳 敬君 高則同君
以上3人(係武漢分會仲會員)每人補收21—22年度會費$4.00(半數已交武漢分會) 共 $ 12.00
黃錫恩君 李祖彝君 鄒尙熊君 鄭情之君 沈鎮南君
以上5人(係上海分會會員)每人補收21—22年度會費$6.00(半數已交上海分者) 共 $ 30.00
朱光華君(係杭州分會會員)補收21—22年度會費(半數待交杭州分會) $ 6.00
潘銘新君(係南京分會會員 補收21—22年度會費(半數已交南京分會) $ 6.00
黃 宏君(係南京分會初級會員)補收21-22年度會費(半數已交南京分會) $ 2.00
潘鎰芬君(係濟南分會會員)補收21—22年度會費(半數已交濟南分會) $ 6.00
吳 訥君(係濟南分會仲會員)補收21—22年度會費(半數已交濟南分會) $ 4.00
李維一君(係濟南分會初級會員)補收21-22年度會費(半數已交濟南分會) $ 2.00
朱 瓛君(係青島分會會員)補收21—22年度會費(半數已交青島分會) $ 6.00
袁翊中君 徐 清君 孔令瑢君 張含英君 趙舒泰君 于皞民君
以上6人(係濟南分會會員)每人補收20—21年度會費$6.00(半數已交濟南分會) 共 $ 36.00
胡學驫君(係濟南分會仲會員)補收20—21年度會費(半數已交濟南分會) $ 4.00
戴 華君(係濟南分會初級會員)補收20-21年度會費(半數已交濟南分會) $ 2.00

工程週刊

(內政部登記證警字788號)
中國工程師學會發行
上海南京路大陸商場 542 號
電話：92582
(稿件請逕寄上海本會會所)

中華民國23年4月20日出版
第3卷 第19期(總號60)
中華郵政特准掛號認為新聞紙類
(第1831號執據)

定報價目：每期二分，全年52期，連郵費，國內一元，國外三元六角。

本期要目

新式輕快火車

編輯者言

實業工程是增進效率的專門學術，不但實業方面須應用之，即其他政治機關，民衆團體，亦當採用此種方法始有成績可言。所以祇有組織尚不足以言效率，必須管理得法始可；祇有技術尚不足以言效率，必須實施合理始可。科學管理法，不知者固無論已，即知之而能達到目的者亦未必多，蓋必具有科學的思想，工程的訓練然後可以人不虛僱，時不虛擲，物不虛用，財不虛耗。是以美國城市每聘工程師充任市長，商店每延工程師為經理，職是故也。本期本刊揭登顧君之實業工程與中國實業一文，凡欲增進工作效能者均宜一讀也。

17701

模型測力法(Use of Model for Stress Determination)

稽 銓

近十年來工程家對于靜力不定式之結構，如聯梁 Continuous Beam，退拱 Arch，及方框 Rigid Frames，莫不殫精竭慮，思發明一簡易準確機械算法，以測定其應力，而代冗長繁重之力學算式。現通用者有二法焉：

(一)量較折光法：此係舊法，用極性光線Polarised Light穿過透明質之模型，觀其折光 Refraction程度之變更，以測定其受力之大小。凡極透明之質體受力後，其折光性增大，甚或加倍焉。1913 年，英國賴思河311 英尺長之鋼筋混凝土橋設計時，卽因此法以核對用力學算出之應力數量。所用模型及光學儀器，異常貴重，普通設計室中似不甚適用，但用以校對複雜問題如桶形拱橋 Barrel Arch，效用甚大。因拱背與上部構造相接處，如係硬接 Rigid Connection，其接點之受力非全係垂直者，必雜以次應力 Secondary Stress，其受力情形異常紛亂，力學推算不如此法之簡易也。

(二)觀測撓度法：此係新法觀測模型各部份之撓度，以推算靜力不定式構造之抗力 Reaction，剪力Shear，力率Moment，及推力 Thrust，此法以馬克斯交互撓度之理論 Theorem of Reciprocal Deflection 為根據。1919年美國倍克教授首發現此法之可能性。其初次試驗門式框架 Portal Frame，用三分厚七分寬之木條作柱梁，各五十英寸長，木條相接用金類接飯。第二次試驗時，改用量微器 Micrometer，以圖量測撓度之準確，並用明角質 Celluloid 作模型，以便減小型之尺度。用此法所測得拱環之推力，與力學演算而得者，異常巧合。最近有人主張大號模型，務使撓度可用肉眼觀測，以免量微器之麻煩。據說用此法推算聯梁不稱勢之框架 Unsymmetrical Portal Frame受橫力二層框架 Two story Frames 等構造之力率，與力學推算而得者，相差不過 8%。至於計算時用力學演算須三星期者，如用此法，不過數小時而已。

實業工程與中國實業

顧 毓 瑔

(一)實業工程之意義及範圍：實業工程或稱科學的實業經理法[1] (Industrial Engineering或Scientific Management或Industrial Management 是一種工程學或說是一種科學，依此科學，可以最少的物料，人工，時間，求得最大的效果。他包括一種使用羣力的(Collective effort)組織(Organization和順序(Procedure)。這種組織和順序是從科學的研究和探求的結果得來的，决不是那種單按經驗不本學理而確定的。在科學的實業經理下，要點凡四：(1)各種動作都用科學方法研究測驗，立成一種標準；(2)教導工人最經濟而適宜之動作以適合這標準；(3) 整個的工作順序事前先有詳細之計劃及預算(Preplanning of Working Procedure, & Predetermining of Cost)，這是"計劃部"(Planning Dept.)負的責任。非但負責計劃並且在工作進行期內負節度之責 (Product-

1 Management 一字有人譯成『管理』作者因『管理』與"Administration"混同，故規定譯作『經理』

ion Control)；(4)勞資間之關係在新的經理原則下應該得可能的改善。在1882年至1900年美國的戴勞先生(Frederick W. Taylor)建議及提倡這樣的工廠經理法，後來推廣成一種實業經理的科學，或者可稱實業工程學[2]。

實業工程對於各種實業之應響實在深刻遠大，最顯明的效果可如下列：

(a) 增加出品數量及質量而工人人數及工作時間反減少。

(b)單價(Unit Cost)減低，而工人的工資增加，工人的工作時間減少，工廠的設備增加，使用的原動力增加。

在科學的實業經理下最重要的效果是每個工時之生產力[3]之銳加，因此有各種的好結果。近年來美國實業之所以如此興旺，原因固有很多，但最大的是因爲應用了科學的經理法，有以致之[4]。這是科學經理法的最顯著的效果。

科學的實業經理學在最近十數年中已經發達到他的成年程度。他非但是生產方面(Production)的必要機能，並且是全部實業的中心推動機。他的三種主要範圍是：(a)節度生產(Production Control) (b)人事關係之經理(Personnel Management.) (c)節度生產費及定預算(Cost Control & Budgeting)。這三種實爲"科學經理"之樞紐，轉而造成現代的所謂物質文明。

(二)科學經理學在各國實業中之地位：美國提倡及推行科學的實業經理最烈，故受賜亦獨多。歐洲諸國自大戰以後亦盡力提倡，以期恢復元氣。德國戰敗之餘，力圖經濟恢復，提倡科學經理最力，他們的標語是：

"For the Reconstruction of Germany-Salvation, That is the Taylor System".

不十年她的生產力已超過戰前之水準，回復其經濟地位矣。法國大戰之時，內閣總理(George Clemenceau)卽主張採用Taylor System於其本國工業[5]，以增加生產。而十餘年之慘淡經營，工業狀況——特別是化學工業——已臻恢復。英國襲其優先的工業地位，很可故步自封；但歐戰之後，因爲勞工情形的不穩定和普遍的產業低落，工業地位漸漸淪落。在這種情況之下科學的經理法就自然而然佔了一個重要地位。近年英國"實業合理化"運動是一明證。俄國自1918年便對於科學的經理有深切之注意。在1918年列寧在他的演說中宣稱：

"We must introduce.........the Study & Teaching of the new Taylor System and its systematic Trial and Adaptation".[6]

俄國的中央勞工院[7] (Russian Central Institute of Work)從那時起便教導工人一切最經濟最適宜的工作動作以適應新的工作環境。其他之疲測驗(Fatigue Study)，動作研究(Motion Study)等等完全與戴勞(Taylor)及他的贊助人所提倡的相同。最近他們的"五年實業計劃"計劃書中就注重採用科學經理法，增加生產數量及每個工人的生產力[8]。他們"五年計劃"實行後第一年之結果，就指出採用新法的好處[9]。總之科學的實業經理已成了世界實業的趨勢，現代實業之必要機能了。

---

2 以後稱實業工程或科學的實業經理者意義相同

3 Productivity per man-hour.

4 參閱"Recent Economic Changes", Report of Hoover's Committee.

5 Bulletin of Taylor Society, Vol. 10, No. 1, P. 31.

6 Scientific Management Since Taylor, E. E. Hunt, p. xi.

7 Manufacturing Engineering, Vol. 4 No. 4 p. 242.

8 The Soviet Union Looks Ahead, (The Five-Year Plan for Economic Construction), Chapter V.

9 Soviet Economic Development & American Business, (Results of the First Year Under the 5-Year Plan & Further Perspectives) Chapter III.

(三)中國實業之沿革及現狀：回過來我們要看中國的實業了。所謂現代實業在中國的歷史不過五十年，約略可分為四期[10]：

(a)軍用工業時代(同治元年至光緒七年，或1862—1881年)——因為受了新式兵器之威脅，清政府也感到有製造新式兵器之必要。於是曾國藩左宗棠李鴻章等先後奏請設立江南造船廠，福州船政局，天津機器局，江南製造局，南京機器局等等。

(b)官辦實業及官督民辦時代(光緒八年至二十年，或1882—1894年)——在這個時期裏，鐵道起始敷設，漢陽的鐵政局，甘肅的羅沙製造所，上海的機器織布局，廣東的纏絲局，漢口的織布局紡織局纏絲局，湖北的火柴工場，等等，先後由官資成立。到這時代的末期，官督民辦的事業漸漸發生，如上海紡織局(後改恆豐紡織公司)，機器紡紗局，等等，都是這一類。純粹民辦的也有，可是很少。官辦的工業因為不知經營和管理，結果不是失敗，便是委諸外國人代為經營，而助長外國資本的流入，種下以後的禍根。

(c)民業萌芽時代(光緒二十年至清朝末年或1894—1911年)——在這個時期裏中國受了中日戰爭(1894)，義和團事件(1900)，及日俄戰爭(1905)幾次大刺激，民辦實業就如春筍勃發了。官辦實業的失敗全完暴露，而許多官業就移歸民營。鐵道的建設也在這時期內逐漸增加。但是民辦的實業與官辦的有同樣的失敗情形，原因是洋房師爺很多，中國人自己很少能擔任重職的。

(d)現代工業形成時期——(辛亥革命至現在或1911—1929年)——在民營實業正是萌芽的時候滿清傾倒，換了一個比較好的"保姆"——民國。不幾年歐洲大戰發生，各國生產驟低，且無暇東顧，實在是一個絕好的搖籃，給我們機會促進幼稚的實業。紡織業的發達最為可驚，其他各業都有長進。但是休戰之後直至現在，各國的經濟逐漸恢復，我國的經濟狀況愈下。到去年年底結賬時便有下列情狀[11]：

(甲)紗業原料缺乏。金價飛漲，無力購外貨。出品不良無法與外來的貨品競爭。所以全部營業竟呈破產之勢。

(乙)絲業——閉廠者在半數以上，原因是原料缺乏，與競爭不過人造絲之市面。

(丙)麵粉業——閉廠者在三分之二以上。也是原料不夠。

(丁)針織捲煙絲光棉織諸業閉廠者甚多。

以上的一個總檢閱，至少使我們明瞭中國的實業，一向在下向的弧線上。(Downward Curve)。歐戰期間給我們短時期的發揚滋長，而休戰以後，這個下向的趨勢就馬上繼續，到現在差不多到了週運的底點了。同時我們不難看出中國實業的幾個特徵：

(甲)中國的工業和官吏有不可離的關係。這在第一第二兩個時代內最為顯明。

(乙)除很多實業在外人掌握中外，中國民營實業的辦理人——大都是紳士財主——還不免襲官辦時代的態度，缺少現代工業的背景和組織及經理的學識。

這兩個特徵，支配了中國實業的全部命運，也就是中國實業下向的趨勢之主因。中國實業衰落之原因缺乏科學的經理：在官辦或官督民辦時代，實業之失敗是無足驚奇。因為前清大吏及以後的縉紳學士大夫，要希望他們對於現代實業有真確的觀念和辦理實業之真精神是很難的。只要看以前的工廠組織等於衙署，上有總辦，是頭品頂戴的人物；下有師爺是科舉出身的八股先生。其結果之失敗固不用說。可是近年來的實業失敗，原因又在那裏呢？固然有外來的原因，如不平等條約之束縛與缺乏保護關稅。但更重要的

10　參閱「今世中國實業通志」吳承洛編，各卷

11　參閱18年(1929)年底申報

本身問題，我們不能不說是因爲實業組織之不精密與經理之不完善。應用的機器是新時代科學的產物；但是使用的效率和管理的系統，都未能依照科學的方法，結果終於失敗。這兩者之中本身問題或者較外來問題更爲重要，因爲本身問題——組織經理——沒有相當辦法時，即使外來問題解決了，——不平等條約全廢了，保護關稅採用了，——我們還不能把中國實業建築在堅固基礎上。因爲有了"可能"，而沒有"方法"，是同樣不成的。歐戰期間是很好的一個例證。那時振興的可能放在我們面前，可是我們缺乏"方法"來使我們的實業"合理化"(Rationalisation)，堅固我們的基礎。所以我們在人家造成的搖籃內，得到了一時的安樂，日後的幸福仍是毫無保障。"搖籃"一旦抽去，我們仍歸落空。

實業的組織和管理爲什麼不精密不完善呢？一個重大原因是：大都辦廠的人對於現代工業恐怕還缺少眞確的觀念，他們應付各種實業問題的根本態度還是陳舊的，不科學的。換言之，各種習慣態度還不免受以前官辦時代的壞影響。一位錢莊銀行出身的先生，知道會計學，而且與金融界有些來往的便可當廠經理。能幹一點工頭知道怎樣轉動機器，便負了技術方面的責任。(我們不難想起有許多工廠直到現在還是採取工頭制，不信用工程師的。有的即使有工程師還是徒擁虛名的。)一個問題發生時，不知如何分析根據學理和事勢以求解决；單憑片斷的個人經驗和直覺的感情來定解決之辦法。經理方面不知引用科學方法來增進全部效率，增加"每工時之生產力"，不知改良工人工作環境，只是希望工人工作多工資少，因爲"工資低，生產費亦低"在他們還是不易之定理；不知"工資高，工作時間少，而生產費低"在科學的經理法下，才是不易之定理。結果勞資間互相仇視，阻礙全部實業之前進。這種情形自民國初年以至於今都是這樣。雖有局部改善，但全部情勢還是積重難返。穆藕初先生[12]指出棉紗業有這樣情形，我想其他工業也是一樣。我敢說現在中國的實業在"無秩序的經理"(Unsystematic Management)上者最多，很少是"有秩序的經理"(Systematic Management)[13]的，要是科學的經理法，我就不敢說有。

有人就說："中國實業之所以不如他人，是因爲技術不精"。製造技術不精，因此常落人後，這是誰都不能否認的。可是組織與經理不本於科學方法，則技術雖精，而整個的結果還是要歸失敗。因爲高等技術所得的好果，遠不如科學的經理所造的惡果也。換一個說法，在科學的經理下，因爲有"工作預先計劃"和周密的訓練工人，工人平均的技術便提高了不少。而唯其在科學的經理之下精明的技術的好處才會充分顯得出，而亦唯其在科學經理之下，才格外需要精明的技術。一位紗業領袖告訴我，"同樣一包粗紗，在上海的日本廠出的總比中國自己廠出的來得好，價錢低。日廠工人所得工資每較中國廠工人所得的爲高"。在這個情形下技術問題可說沒有十分差別，因爲中國紗廠紡粗紗的經驗與別人相同的。這結果的差別，一望而知，在中國的日本紗廠採用了科學經理法，自然就得到應得之結果，就是，出數多，價錢低，質量高，工人工資高等等。

18年年底的實業低落的慘狀，最大原因，是原料缺乏。可是倘使各廠在科學的經理之下，有預測，有事前計劃，有節度生產，則這種低落雖或不能完全避免，但至少可以救濟一部分。倘使全部採用科學經理的原則，有相互的聯絡，有通盤的計劃，那末這種週運的低落至少能減至最小限度。工潮問題

12 全國經濟會議專刊，第433頁

13 Systematic 與Scientific Management有分別的，參閱Scientific Management Since Taylor, P.14

17705

，又是使中國實業領袖焦頭爛額的一個問題。誠然這是實業發展途程上的一件不幸之事。可是我們若把近年來罷工的原因分析一下便有下列的結果[14]：

民國七年至十五年

	原　　因	次　數	九年總數之百分率
(甲)	經濟壓迫	581	47.24
	(子)要求加資	444	40.4
	(丑)其他	137	12.5
(乙)	待遇問題 工作時間 工作情形 等	283	25.52
(丙)	其他	369	29.67

從上面看來，很明顯罷工的原因最大的可以說是"加工資"和改良待遇。而這兩個問題都是"科學的經理"下所希望的解決的，因為科學的經理唯一的目的，是最經濟的使用物料及勞資兩方的合作力，裨益人羣社會的全體。而在可能使用這勞資兩方的合力以前，勞資間之爭執一定要先求滿意——雙方滿意——的解決。

到這裏，問題的關鍵已經自己指出了。生產方面勞工問題方面以及各種問題，都繫於"科學的經理"身上。

(五)結論：我們現在的實業情狀倘遠遜於戰後之德國和革命後之俄國。要維持我們民族的生命，要在世界各國之林占一地位，唯一的方法是"實業合理化"(Rationalisation of Industry)，非但各種主要實業要採用科學的經理法，並且這種原則用之於全部實業。引英國的Oliver Shelden[15]的說法是最為適合了：

"Rationalisation is the process of associating together individual undertakings or firms in a close form of amalgamation, and, ultimately, of unifying, in some practicable degree of combination, whole industries, both nationally and internationally; with the allied objects of increasing efficiency, lowering costs, improving conditions of labor, promoting industrial cöoperation and reducing the wastes of competition, these objects being achieved by various means which unification alone makes in full measure available—the regulation of the production of an industry to balance the consumption of its products; the control of price; the logical allocation of work to individual factories; the stabilisation of employment and regularisation of wages; the standardisation of material methods and products; the simplification of ranges of goods produced; the economical organisation of distribution, the adoption of scientific methods and knowledge in the management and technique of trades as a whole; and the

14 中國勞工問題(陳達)第156頁

15 "What is Rationalisation?", Industrial Welfare (London), March, 1929, pp. 85.

17706

planning and pursuit of common-trade policies.

Or, to use the terms already employed in this discussion, rationalisation is that form of industrial combination which is undertaken with the object of widening the scope of the application of scientific management to the extent of whole industries, and achieving the benefits to producers, consumers, and the community which scientific management conducted on this scale alone can provide. In a word, rationalisation is not combination, nor is it scientific management; it is, rather, a form of the one with the object of the fullest extension of the other".

中國實業並非沒有新式機器，中國的工人的生產本能並不比外國工人差，可是爲什麼我們所希望的實業的碩果——充裕的生產——得不到呢？就是因爲生產的三要素內缺了一個鏈節(Link)——經理(Management)。

原料＋人工＋經理 = 生產：只有採用"科學的經理學"，這個缺少的鏈節(Missing Link)才能補上，而中國實業下的趨勢，才能糾正過來。

在實業落到底點的時候，戰後柏林街上的標語實足指示我們前進的一條大路：

"Fur die gesamte Wirtschaft:

Erhohung der Produktion mit den jetzigen Einrichtungen.

Qualitats—Erzengung und Steigerung der Leistungsfahigkeit bei Verminderung der Erzengungskosten.

Erhohung des tatsachlichen arbeitswertes durch ergiebigere Ausnutzung. aller aufgewendeten Mittel: Zeit, Kraft, Material, Geld.

Fur Arbeitgeber und Arbeitnehmer:

Erhohung des Einkommens und der Leistungsfahigkeit.

Einschrankung jedes uberflussign Kraftever brauchs.

Der einzige Weg zur Erhohung der Lohne bei Verminderung der Produktionskosten.

Fur den Wiederaufbau Deutschlands die Rettung

Das ist das Taylor-System."

德文譯爲英文如下：

(The Taylor System means

For the entire industrial system:

Increase of production with now available facilities.

Quality production and increase of efficiency at lower cost of production.

Increase actual value of work by a more efficient utilization of employed means, namely, Time, Effort, Material and Money.

For the employer and employee:

Higher income and efficiency.

Reduction of unnecessary consumption of effort.

The only way to raise wages and at the same time reduce the cost of production.

FOR THE RECONSTRUCTION OF GERMANY—SALVATION.)

水管工業須有執照之十大理由

(譯美國家庭工業雜誌)

(一)水管工須經過嚴格之考試，始能獲得執照，故認爲已受過相當之訓練。

(二)非曾充水管工匠若干年以上者，不得獲得執照，足爲富有經驗之表示。

(三)執照爲技術優良之一種表示。

(四)執照爲良善公民之一種表示。凡持有執照者，必能服從地方之法令。

(五)執照爲用戶之保障，蓋其工作非適合於地方法令之規定，不得保留其執照也。

(六)執照爲市政機關確認水管與健康有密切關係之明證。持有執照之水管工，日常工作以爲事實。質而言之卽，『水管工乃保障民族之健康者也。』

(七)凡有水管商執照者，必爲藝術之能手。

(八)水管商執照爲終身事業之表示：故能担保其在本地永久服務。

(九)水管商爲國內衞生用具出品推銷者，蓋在工廠方面，認爲工程裝置合宜之重要，如民衆之有首領也。

(十)水管商對於地方各種高尙營業協會，有相當之潛勢力。

譯者按水管工業，與市民健康有密接關係。故市政機關對於市內之水管商，及水管工，均應一律登記，與以執照。一則以保障市民之健康。一則以保障水管商及水管工之利益。我國首都及上海兩市，均已次第施行。而以首都之辦法，尤爲適當。蓋非實業部註册登記之技師，不得經營水管商。非富有經驗之水管工，不能獲得工匠執照。非識字者，不能充當水管徒。與十大理由實相符合。若夫上海爲華洋雜處之區，水管工業，發達較早，有悠久之習慣，積重難返，取締爲艱。故對於水管商及水管工之登記，不能若首都之易於嚴密也。

(黃述善)

關於本國的幾種統計

1. 面積：　11,084,000方公里
2. 人口：　452,791,069人
3. 農戶數：　58,569,181戶
4. 田地總畝數　1,248,781,000畝
5. 鑛產：

名稱	民國18年	19年	20年
煤	25,842,454 噸	26,508,191 噸	28,820,022 噸
鐵鑛	3,150,552 „	2,168,541 „	2,206,665 „
鐵鑛	62,219 „	74,622 „	60,650 „
鉛鑛	10,929 „	7,717 „	5,961 „
鋅鑛	19,659 „	14,922 „	14,318 „
錫	6,532 „	6,256 „	5,891 „
鎢	9,708 „	8,629 „	4,380 „

錫	18,457 噸	16,917 噸	18,320 噸
金	72,710 兩	103,986 兩	118,505 兩
銀	96,000 „	119,595 „	153,000 „

6. 交通：

(甲)鐵路(一)國省有及民營(19年)	12,923.744	公里
(二)外人經營及合辦(19年)	3,645.990	„ „
總計	16,569.734	„ „
(乙)公路(一)已成(21年度)	57,741.50	„ „
(二)修築及測量計劃中(21年度)	67,232.87	„ „
總計	124,974.37	„ „
(丙)電報(一)架空路線(21年6月底)	99,124.50	„ „
(二)地下及河底電纜(21年6月底)	3,472.36	„ „
(丁)無線電報電台(21年6月底交通部管轄)	96	處
(戊)長度電話路綫(21年6月底交通部管轄)	7,956.47	公里
(己)電話(一)路綫長度(21年6月底)	2,782.05	„ „
(二)電纜長度(21年6月底)	1,061.63	„ „
(庚)郵路(21年6月底)	496,794.00	„ „

國內工程新聞

(一)玉萍路測量即竣事

玉萍鐵路南玉段測量工程，已成二分之一以上，贛東信河南岸將告竣，現奉蔣委員長電令，改測信河北岸路綫。侯家源率工程司等赴玉山研究地形指示施工，昨已返省。惟沿綫向有零匪出沒，已請軍委會派隊保護工程人員工作。預計玉萍路六月二十日前測竣，即開始招標辦理土方工程。沿綫橋樑俟鑽探結果報告到局後，根據設計，再行招標，七月間正式動工，一年半完成。侯家源定六月初赴南昌，設工程處主持一切。經費一千六百萬圓，曾養甫已至滬與銀團簽字，即交款。材料車輛鋼軌等，估價八百萬，開單向德國定購。

(二)籌辦九省長途電話近訊

交通部為辦蘇，浙，皖，贛，湘，鄂，豫，冀，魯，九省長途電話，向中英庚款董事會在導淮庚款項下撥借廿萬鎊，作購料用。業經庚款會通過，不久即簽訂借款合同，載明於九省長途電話工程完成一年後起，分期還付本息。

(三)鐵部决築贛鄂路

鐵部決築贛鄂路，由南潯沙河站，經瑞昌，陽新，富橋，接湘鄂路。已測量完竣，定六月內開工，三年完成。

(四)揚儀公路全部開工

茲據揚儀消息揚儀公路，自經積極籌備後，進行甚速，關於全路橋樑涵洞工程，現分三段施工，監工委員業經委定，均於五月二十九日全部同時正式開工。

國外工程新聞

新式輕快火車

美國百靈頓鐵路近已托由某廠製就一種最輕快火車，係由三輛車連接而成，最前一車前端裝有油電引擎oil-electric engine一隻。火車全部長度197呎，重195,000磅。車內可容搭客72人，行李50,000磅。油電機爲一600匹馬力之提士引擎 Diesel engine 直接連接於電機。引擎與引擎底座均用銲鋼weld-ed steel 製成，故引擎之重量亦因減輕，計每匹馬力減22磅。尚有一隻副發電機供調整空氣，電燈等等用途。車身係用鋼鐵製造，形式頗似圓筒。此火車外面承受風之阻力wind resistance 甚微，車行速度達每小時95哩時，其所受風阻力比之標準火車祇有一半之多。此火車最高速度可達每小時 110哩。（參閱本期首頁封面照片） （泳）

數字遊戲(儀)

疊羅漢

（一）

$$1^2 = 1$$
$$2^2 = 1+3$$
$$3^2 = 1+3+5$$
$$4^2 = 1+3+5+7$$
$$5^2 = 1+3+5+7+9$$
$$6^2 = 1+3+5+7+9+11$$
$$7^2 = 1+3+5+7+9+11+12$$
$$8^2 = 1+3+5+7+9+11+12+13$$
$$9^2 = 1+3+5+7+9+11+12+13+14$$

（二）

$$1\times1 = 1$$
$$11\times11 = 121$$
$$111\times111 = 12321$$
$$1111\times1111 = 1234321$$
$$11111\times11111 = 123454321$$
$$111111\times111111 = 12345654321$$
$$1111111\times1111111 = 1234567654321$$
$$11111111\times11111111 = 123456787654321$$
$$111111111\times111111111 = 12345678987654321$$

膠濟鐵路行車時刻表

下行（西行）列車

站名＼車次	5 各等飯	3 各等飯	11 三二等	13 三二等	1 特各等臥
青島開	七·〇〇	一二·〇〇	一五·[illegible]		二〇·〇〇
大港開	七·一一	一二·一一	一五·一三		二〇·一〇
四方開	七·二〇	一二·二〇	一五·二三		二〇·一八
滄口開	七·三五	一二·三五	一五·四〇		二〇·二三
女姑口開	七·四七	一二·四七	一五·五五		不停
城陽開	七·五六	一二·五六	一六·一四		二〇·三三
南泉開	八·一三	一三·一三	一六·三三		不停
藍村開	八·二六	一三·二六	一六·四九		二一·一九
李哥莊開	八·三五	不停	一七·〇三		不停
膠東開	八·四七	不停	一七·一六		不停
膠州到	八·五九	一三·三三	一七·三〇		二一·四六
膠州開	九·〇一	一三·五三	一七·四九		二一·四八
芝蘭莊開	九·一八	一四·一〇	一八·〇九		不停
姚哥莊開	九·二七	不停	一八·一九		不停
高密到	九·三八	一四·三六	一八·三一		二二·一九
高密開	九·五三	一四·四一	一八·四九		二二·三〇
辛莊開	一〇·〇五	不停	一九·〇三		不停
蔡家莊開	一〇·一六	一五·〇一	一九·一六		不停
塔耳堡開	一〇·二六	一五·一二	一九·三一		不停
丈嶺開	一〇·三六	一五·二三	一九·四四		不停
岞山開	一〇·五四	一五·四〇	二〇·一四		〇·一二
黃旗堡開	一一·〇三	一五·四九	二〇·二五		不停
南流開	一一·二一	不停	二〇·三四		不停
蝦蟆屯開	一一·二六	一六·〇九	二〇·五五		〇·四八
坊子到	一一·三九	一六·二三	二一·一〇		一·〇一
坊子開	一一·五四	一六·三七	二一·二五	七·〇〇	一·一六
二十里堡開	一二·〇六	一六·四九	二一·三九	七·一四	一·二八
濰縣到	一二·一四	一六·五七	二一·四九	七·二四	一·三八
濰縣開	一二·一七	一七·〇二		七·三四	一·三九
大圩河開	一二·三〇	不停		七·四九	不停
朱劉店開	一二·四一	一七·二三		八·〇三	不停
昌樂開	一二·五四	一七·三七		八·二六	二·四〇
堯溝開	一三·〇六	一七·四七		八·三九	二·四三
譚家坊子開	一三·一八	一七·五六		八·五六	不停
楊家莊開	一三·二九	一八·〇四		九·〇七	不停
青州到	一三·四四	一八·一八		九·二六	二·五五
青州開	一三·四八	一八·二〇		九·四一	二·五七
普通開	一三·五八	不停		九·五三	不停
淄河店開	一四·〇八	一八·三九		一〇·〇七	不停
辛店開	一四·二一	一八·五三		一〇·三三	不停
金嶺鎮開	一四·三五	一九·〇七		一〇·四一	不停
湖田開	一四·四四	一九·一六		一〇·五三	不停
張店到	一四·五三	一九·三五		一一·〇三	三·四九
張店開	一五·一〇	一九·四六		一一·〇八	四·〇七
馬尚開	一五·一九	不停		一一·二六	不停
周村到	一五·三八	二〇·一二		一一·五三	四·二三
周村開	一五·四〇	二〇·二五		一二·〇三	四·二五
大臨池開	一六·〇四	不停		一二·三七	不停
王村開	一六·一六	二〇·四六		一二·五一	不停
普集開	一六·二六	二〇·五六		一三·一四	五·一五
明水開	一六·四一	二一·一二		一三·三四	不停
棗園莊開	一六·五一	二一·二二		一三·四六	不停
龍山開	一七·〇五	二一·三五		一四·一一	不停
郭店開	一七·二〇	不停		一四·二八	不停
王舍人莊開	一七·三一	二一·五八		一四·四三	不停
黃臺開	一七·四四	二二·一三		一四·五八	六·一八
北關開	一七·五一	二二·二〇		一五·〇六	六·三五
濟南到	一七·五六	二二·二五		一五·二三	六·四〇

上行（東行）列車

站名＼車次	6 各等飯	12 三二等	4 各等飯	14 三二等	2 特各等飯
濟南開	七·〇〇		一二·一五	一四·一〇	二二·〇〇
北關開	七·一二		一二·二一	一四·一七	二二·〇六
黃臺開	七·二〇		一二·二九	一四·二六	二二·一四
王舍人莊開	七·三四		一二·四〇	一四·四四	不停
郭店開	七·五六		一二·五三	一五·〇〇	不停
龍山開	八·一一		一三·〇七	一五·〇八	不停
棗園莊開	八·二六		一三·二三	一五·二六	二三·〇二
明水開	八·三七		一三·三〇	一五·三九	不停
普集開	八·五四		一三·五四	一六·一三	二三·二六
王村開	九·〇五		一四·〇二	一六·二五	不停
大臨池開	九·一六		不停	一六·三八	不停
周村到	九·三三		一四·二六	一七·一二	二三·三九
周村開	九·三五		一四·二八	一七·二一	〇·〇二
馬尚開	九·五三		不停	一七·三三	不停
張店到	一〇·〇〇		一四·五〇	一八·〇一	〇·三五
張店開	一〇·二〇		一五·一二	一八·二二	〇·四一
湖田開	一〇·三一		一五·二四	一八·三〇	不停
金嶺鎮開	一〇·四一		一五·三三	一九·〇六	不停
辛店開	一〇·五六		一五·四七	一九·二三	一·〇八
淄河店開	一一·〇九		一六·〇〇	一九·三八	不停
普通開	一一·一九		不停	一九·五一	不停
青州到	一一·三一		一六·一九	二〇·〇六	[illegible]
青州開	一一·三四		一六·二二	二〇·一九	[illegible]
楊家莊開	一一·四九		一六·三四	二〇·三六	不停
譚家坊子開	一二·〇〇		一六·四二	二〇·四八	不停
堯溝開	一二·一三		一六·五一	二一·一三	二·三一
昌樂開	一二·二五		一七·〇五	二一·二五	二·三四
朱劉店開	一二·四二		一七·二二	二一·四〇	不停
大圩河開	一二·五三		一七·三〇	二一·五三	不停
濰縣到	一三·〇四		一七·四一	二二·〇六	三·〇三
濰縣開	一三·〇八	六·三〇	一七·四五	二二·一六	三·〇五
二十里堡開	一三·一七	六·四一	一七·五四	二二·二七	三·一四
坊子到	一三·二九	六·五六	一八·〇六	二二·四三	三·二六
坊子開	一三·五〇	七·一〇	一八·二三		三·四一
蝦蟆屯開	一四·〇四	七·二七	一八·三六		三·五五
南流開	一四·一八	七·四四	不停		不停
黃旗堡開	一四·二五	七·五三	一八·五四		不停
岞山開	一四·三五	八·一三	一九·〇四		四·三〇
丈嶺開	一四·五三	八·三四	一九·一三		不停
塔耳堡開	一五·一一	八·四五	一九·二一		不停
蔡家莊開	一五·二〇	八·五六	一九·四〇		不停
辛莊開	一五·三一	九·〇九	不停		不停
高密到	一五·四二	九·二三	一九·五九		五·〇六
高密開	一五·五七	九·三九	二〇·一三		五·二六
姚哥莊開	一六·〇九	九·五三	不停		不停
芝蘭莊開	一六·一八	一〇·〇三	二〇·二九		不停
膠州到	一六·三五	一〇·二三	二〇·四五		五·四八
膠州開	一六·三七	一〇·三三	二〇·四七		五·五〇
膠東開	一六·四九	一〇·四七	不停		不停
李哥莊開	一七·〇〇	一一·〇〇	不停		不停
藍村開	一七·〇九	一一·一〇	二一·一五		六·二六
南泉開	一七·二三	一一·二五	二一·二六		六·三九
城陽開	一七·三八	一一·五三	二一·五三		六·五五
女姑口開	一七·四七	一二·〇三	二二·〇三		不停
滄口開	一七·五九	一二·三六	二二·一六		七·〇三
四方開	一八·一四	一二·五四	二二·三〇		七·一九
大港開	一八·二五	一三·〇七	二二·四〇		七·三〇
青島到	一八·三〇	一三·一三	二二·四五		七·三五

隴海鐵路行車時刻表

自右向左讀

站名	第一次特別快車自東向西每日開行	第十九次客貨車自東向西每日開
列車次數	第一次	第十次
徐州府	(上午) 八點十分開	
碭山	十點十六分到 十點二十六分開	
商邱	十二點〇九分到 十二點二十九分開	
開封	(下午) 四點三十二分到 四點五十二分開	
鄭州南站	六點五十一分到 七點十一分開	
汜水	八點三十三分到 八點四十三分開	
鞏縣	九點二十三分到 九點二十五分開	
孝義	九點四十七分到 九點四十九分開	
洛陽東站	十一點二十二分到 十一點四十二分開	
新安縣	(上午) 一點十二分到 一點三十二分開	
澠池	三點二十一分到 三點四十一分開	
觀音堂	四點三十七分到 四點四十二分開	
會興鎮	六點〇八分到 六點十八分開	
陝州	六點五十分到	(上午) 七點二十分開
靈寶		八點三十二分到 八點四十七分開
閿鄉		十點二十分到 十點三十五分開
盤頭鎮		十一點五十二分到 十一點五十五分開
文底鎮		一點二十分到 一點二十三分開
潼關		(下午行) 二點二十分到

自左向右讀

站名	第二次特別快車自西向東每日開行	第二十次客貨車自西向東每日開行
列車次數	第二次	第二十次
潼關		(下午) 三點三十分開
文底鎮		四點五十二分到 四點二十八分開
盤頭鎮		五點五十三分到 五點五十六分開
閿鄉		七點十三分到 七點二十三分開
靈寶		九點〇一分到 九點十六分開
陝州	(上午) 〇點〇五分開	十點二十五分到
會興鎮	〇點四十二分到 〇點五十二分開	
觀音堂	二點三十一分到 二點三十六分開	
澠池	三點十八分到 三點二十三分開	
新安縣	四點五十分到 五點開	
洛陽東站	六點十五分到 六點三十五分開	
孝義	七點四十六分到 七點四十八分開	
鞏縣	八點〇四分到 八點〇六分開	
汜水	八點四十分到 八點四十二分開	
鄭州南站	九點四十二分到 十點〇二分開	
開封	十一點五十五分到 十二點十五分開	
商邱	(下午) 四點〇二分到 四點十七分開	
碭山	五點五十四分到 六點〇四分開	
徐州府	八點〇五分到	

17712

北甯鐵路簡明行車時刻表

中華民國二十三年四月一日重訂

下行車

站別 開到時刻 列車次數	北平前門開	豐台開	郎坊開	天津總站開	天津東站到	天津東站開	塘沽開	蘆台開	唐山開	古冶開	灤縣開	昌黎開	北戴河開	秦皇島開	山海關到	遼寧總站 錦縣
第七次慢車中膳各等	五・四五	六・二○	七・四二	九・二八	九・三六	九・四五	一○・四八	一一・五四	一三・○一	一三・四八	一四・五三	一五・五四	一六・四四	一七・一三	一七・三九	
第十一次及第十九次客貨混合三等慢車	七・五○	一○・二五	一四・○○	一八・○一	一八・一六	停	第十九次	自唐山起	六・三○	八・○○	一○・○五	一二・二[illegible]	一三・四六	一四・四五	一五・二○	
第三○一次平滬直達特別快車膳隊各等	一五・○五	一五・三六	一六・四○	一七・五○	一七・五九	一八・二○	開	往	上	海						
第三次特別快車膳車各等	八・三○	八・五八	不停	一一・一○	一一・一八	一一・三五	一二・三二	一三・二六	一四・二四	一五・○五	一五・四五	一六・三七	一七・一六	一七・四	一八・○	
第九次快車膳車各等	一四・二五	一四・五七	一六・○九	一七・二九	一七・三八	一七・五○	一八・五○	九・四六	二○・五三	二一・三四	二二・一七	二三・一○	二三・四五	○・一○	○・三○	
第五次特別快車膳車各等	一六・三	不停	不停	一九・○七	一九・一五	停										
第一次平浦直達特別快車膳隊各等	一八・五○	一九・二○	二○・二六	二一・三九	二一・四八		開	往	浦	口						
第一○一次快車膳隊各等	二○・一五	二○・四八	二二・○八	二三・四一	二三・五○	二四・○○	一・一○	二・一三	三・二四	四・一四	五・○六	六・一七	七・○九	七・三七	七・五九	
第四○一次平瀋直達貨車及第十五次客貨混合三等慢車	二○・二五	二二・一○	[illegible]・五○	三・四五	四・○○	五・四五	八・四七	一二・一四	一五・二四	停						

上行車

站別 開到時刻 列車次數	遼寧總站 錦縣	山海關開	秦皇島開	北戴河開	昌黎開	灤縣開	古冶開	唐山到	唐山開	蘆台開	塘沽開	天津東站到	天津東站開	天津總站開	郎坊開	豐台開	北平前門到
第八次慢車中膳各等		五・五五	六・二二	六・五二	七・四三	八・四九	九・四七	一○・二六	一○・三三	一一・五三	一三・一○	一四・一○	一[illegible]・二○	一[illegible]・三五	一六・○九	一七・四六	一八・二○
第四次特別快車膳車各等		九・一五	九・三八	一○・○七	一○・五○	一一・三八	一二・二五	一二・五七	一三・○○	一四・○○	一・五一	一五・四五	一六・五五	一六・○五	不停	一八・一九	一八・四二
第二十次及第十二次客貨混合三等慢車		一○・○○	一○・五五	一一・四六	一三・五○	一六・四五	一九・三○	二○・四五	停	第十二次	自天津起		八・一五	八・[illegible]○	一二・四九	一七・○○	一八・○五
第十次快車膳車各等		一三・○○	一三・二五	一三・五○	一四・二八	一五・二○	一六・○七	一六・三九	一六・四五	一七・四六	一・五○	一九・四五	二○・○○	二○・一一	二一・二四	二二・五○	二三・二○
第一○二次快車膳隊各等		二一・五五	二二・二八	二三・○六	二四・○	一・○三	二・[illegible]	二・四	三・二○	四・三一	五・三二	六・三七	六・五○	七・○六	八・二七	九・四三	一○・一二
第十六次客貨混合三等慢車及第四○二次滬平直達貨車									五・○○	七・五八	一一・○○	一三・○○	一八・四五	一九・三三	二三・四○	二・四○	三・五○
第六次特別快車膳車各等													九・二○	九・二八	不停	不停	一二・○六
第三○二次平滬直達特別快車膳隊各等							由	上	海	開	來	七・一○	七・三五	七・[illegible]五	八・五五	九・五九	一○・二九
第二次平浦直達特別快車膳隊各等							由	浦	口	開	來		五・二○	[illegible]・○	六・四三	七・四九	八・一九

17713

新中工程股份有限公司

上海徐家匯富星廣播電台無線電鐵塔

本公司設計建造高一百八十英尺

營業要目

事務所
上海江西路三七八號
電話：一九八二四

專製：
柴油引擎
抽水邦浦
壓氣機
碾米機

承造：
鋼鐵建築
橋樑水塔
拆裝機器
設計修理

電話閘北四二二六七
上海閘北寶昌路六三二號
製造廠

中國工程師學會會務消息

◉四川攷察團分組出發（補誌）

(1)本會四川考察團，原定五月六日全體赴灌參觀水利，嗣以時間迫促，不能辦到，故是日到灌，只有水泥組，水電組，公路鐵道組。其他各組，改定五月七日出發考察。又該團一組考察所得，必須彙集，俾完成總報告，特組織編輯委員會。茲將該會簡章錄後，（一)組織：本委員會設委員五人，由考察團全體公舉之并互推總編輯一人。（二)職務：本委員會，負有彙集各小組報告完成總報告之責。（三)費用：本會所需旅費及辦公費，如郵電抄寫校打字印刷等，由四川善後督辦公署駐京辦事處就近撥用。（四)公共工作地點：暫定在上海大陸商場中國工程師學會內。（五)報告格式：各小組報告之格式務期整齊。一律分爲，甲，摘要；乙，引言；丙，考察內容，結論，戊，附錄五項。（六)本會得酌量情形，臨時僱用書記若干人，擔任抄寫打字校對等事。（七)限期：限本年八月底彙集各小組報告，十月十五日整理完竣，十月底付印，年底出版。（八)送稿期限：各小組負責報告人員，應於本年八月底之前，將所有報告及照片等附件用掛號信寄至上海北京路270號元豐公司戴汝楫先生收。（九)各小組出發調查時各地報紙對於本團之新聞及意見，應由報告員搜集連同報告彙寄上海。（十)本會討論用通訊式必要時得開會議由總編輯召集之。（十一)如有未盡事宜由中國工程師學會與四川善後督辦公署駐京辦事處隨時接洽。

(2)至五月七日，以灌縣風景頗佳，且水利亦有名，故全團赴灌參觀，除水利組在該縣留住四日外，再到金堂考察，餘則當日返蓉。查考察團同人應劉督辦之邀，赴川考察，初以爲可以得若干材料，未知各機關均無調查統計，督署亦未交有各項材料，故關於如何建設深感無從着手。不過連日接洽各縣建設局長，及參觀勸業會陳列品之結果，略得大概情形。對於生產建設意見：第一，卽在保存原有工業，蓋川省民窮財困，原有小工業破產已不少，今後應當設法恢復。第二；培養專門人材，在辦某項事業者，應知某項之詳細情形，且四川之專門人材，諒亦不少，倘能就各人所學者派送外國深造後，再返川辦理，得益必多。此兩項主張，考察團同人，已向劉督辦建議。至於考查時間頗暫，欲得詳細狀況，甚非易事。各組在某地考察若干時間，事前亦不能决定，須視某地之情形而後定。故出川時間，先後不一，各組不能取齊東下，大約藥礦兩組，留川時間較久，因須到邊地故也。

◉徵求人材

(一)茲有揚子江中部某機關委托上海市公用局招請土木工程師二人：(1)高級者一人，月薪約400圓，須曾留學外洋，對於建築造路及水利諸工程富有經驗者；(2)低級者一人，月薪約七八十元，對於實際工程須具有相當經驗。有意應聘者請開詳細履歷，送交上海楓林橋公用局祕書室，先行檢別，如無選取希望恕不答復。（23年6月25日)

(二)茲有外埠某機關擬聘請工程師一位，對於蒸氣一門須有最新經驗，能獨立計算，並須精通英文，以國內大學或英美留學生或曾經擔任此項工作者爲合宜，月薪約二三百元。凡具有上項資格而願應徵者，請開明詳細履歷，逕寄上海南京路大陸商場五樓本會。

◉介紹名著

(一)「黃土及其地土工術上的性質」

Der Loess und Scien geotechnischen Eigenschaften

著者爲阿爾佛雷瑟第工學博士， Dr. ing. Alfred Scheidig. 福來貝爾希礦學院土工試驗所所長柯格來教授 Professor Dr. ing. F. Kögler Vorstand des Erdbaulaboratoriums der BergakademieFreiberg i. Sa. 爲之序，1914 年出版，Verlag von Theodor Steinkopf Dresden und Leipzig.

黃土是關於民生，尤其是在中國最密切的一種土壤。向來經中外學術家調查和研究的也不少。却都是些零縑斷素，從來還莫有一部具體而有統系的著述，可以供學者及工業家參攷用的。瑟第氏的著作可算是頭一部我們最希望的一出版物。

土壤的種類最是繁複，尤其是黃土中；除眞正黃土 true loess 而外，餘可分別爲十餘種，又有由黃土演變之土質，本書中第一章於各種黃土及其生成，辦別得狠是細微。這種辦別，在工業上是狠需要的。

黃土的延播狠是寬廣，中國北部西部更是大陸性的黃土所在。本書中第一章談到中國黃土的地方狠多，尤其是與中國民族發展的關繫。

黃土與民生需要的幾項如交通，建築，農業，礦業，水利，工藝等，都有狠密切的關係，所以他的物理上的性質是我們所必須研究淸楚的。瑟第氏由 1929 年起始研究黃土。後來 1931 年又在維因泰作溪教授Professor Dr. V. Terzaghi 處作八箇月之試驗研究。1932年又在柯格來教授土工試驗所作了不少的試驗。加以參考各種關於黃土的書籍雜誌不下500種，所以本書中第二章的內容是特別的有價値。

但是可惜的經瑟第氏試驗的黃土，多是採自德，奧，俄，匈等國的。所以中國的黃土的物理性質，本書獨缺。但這不是著者的咎，實是我們中國人自已的責任，

末了第三章講到黃土及地土工術，是特別與工程界有興趣的一章。地土工術Geotechnik 是歐戰以還工程上研究大有進步的一種學術，包括基址工程，土工，水工及給水工程等項。可惜地土工術關於黃土的經驗及研究，尙是狠稀少的。本書儘可能的蒐集，已經不少。至於其他工藝如建築，煉甎，煉水泥，塑型等也都略及。

以我們中國人眼光看起來，本書中應當再加充實的地方尙多。因爲我們整箇的半個國土，處在黃土區域中，我們需要知道的關於黃土的事太多了。但是這箇我們不能責成於一箇西方學者。我們應自已努力。本書可以作爲我們研究黃土的一箇最優的導師。

柯格來教授在他的序文中說：工程上最需要的建築基址學及工程地質學，缺欠甚多。本書在適當其時補充了科學上一箇大缺陷。這箇批評是狠得要領的。

(此書售價　軟面18馬克　硬面20馬克)

(二)「實用機織學」

係本會會員，現任全國經濟委員會棉業統制委員會技術專員傅道伸君所編。著者畢業於南通大學紡織科及美國加省工業大學紡織化學科，曾至英法兩國考察紡織工業，先後任職國內各大紡織工廠。本其十餘年之經歷，著成斯書，分前中後三篇，前篇詳述織廠準備工程，中編專論力織機，後篇則爲整理及織廠設計等工程。有志研究紡織事業及從事當業者皆不可不人手一編，以供參考。現前編已出版，計三萬餘言，銅鋅圖百餘面。定價每編大洋二元，寄費連掛號一角三分。上海寄售處，爲愛多亞路二六〇號，華商紗廠聯合會及斜橋製造局路紡織周刊社或四馬路作者書社。

工程週刊

(內政部登記證警字788號)
中國工程師學會發行
上海南京路大陸商場542號
電話：92582
(稿件請逕寄上海本會會所)

本期要目

山東建設工程概況

中華民國23年5月18日出版
第3卷 第20期(總號61)
中華郵政特准掛號認為新聞紙類
(第1831號執據)

定報價目：每期二分，全年52期，連郵費，國內一元，國外三元六角。

即將完工之英國默徙河底汽車隧道

中國強盛以後

編 者

中國正在積極建設圖謀復興，世界各國聞悉之餘，欣慶者有之，忌恨者有之，其關鍵全在中國強盛以後如何。

欣慶者無非希冀貿易增益，多獲經濟上之利益；忌恨者必因一向專事侵掠，久有愧心，惟恐人之報復。

他人心理茲姑弗論，且就我國強盛以後言之。愚以為中國必以全力維持公理。凡違犯公理者必糾正之。似惟如此，始可維持和平。否則公理一日淹沒，和平即一日無望。

山東建設工程概況

山東省建設廳

一．緒言

山東全省建設事業，自民國十九年九月迄今，爲時計已三年餘，在過去已經實施之建設事業，已分載于本廳月刊，各項個別工作報告，年度統計報告。惟此項事業，大部分含有繼續性，在繼續進行的過程中，又每因時移勢易，爲適應需要而求改進之方。就兩年以前之工作統計言之，吾人致力於治河之工作爲最，長途電話次之，道路又次之。上年八月，黃河決於河北長垣河南蘭封兩處，洪水下注，集萬頃波濤於魯西南之間；百萬生靈，同遭浩刧。卒以洙泗萬福各河流，俱經疏濬，水流通暢，在最短時期內，排洩無餘；此間民衆，乃益信浚河排洪，爲除害防患之唯一要圖，因而上年已經測量尚未施工之河流，遂成多數人民亟盼實施之舉。然而本廳最近一年之工作，其重心又略有轉移，對于未竟之事業，固力求其完成；而于新的方面之開拓，反居其最。是抑有故。

蓋最近一年來，本省一切政治之設施，漸進軌道；旣無天災人禍之流行，又無苛捐雜稅之紛擾，似可使人民由小康而躋于富庶。然而環顧農村，經濟日愈枯窘，且繼續而急驟的向下衰落。卽就比較繁榮之市面觀之，一切工商業之蕭條，金融界之緊張，顯然以農村衰落爲背景，而互爲因果。吾人迴顧兩年前一切建設事業之進行，雖不能自期爲成績，而以今例昔，舉凡事業所需之物力人力，均有難易不同之感。然則吾人過去所努力於增加生產之工作，仍以運輸銷售之困難，與外貨傾銷之影響，遂形成生產過剩，穀賤農傷。吾人於此，不能不躊躇於整個的環境，而力籌補救之方。本來山東幅員遼闊，自膠東半島，以迄魯西魯南農產之區，遠者不下兩千里，其間山嶺阻隔，有如天限。卽在津浦以西，沿運河千里之地，往者漕運未廢，有無可通，今亦僅恃鐵道運輸，價殊昂貴，以致膠東沿海各縣，食粮全仰給于舶來之品，而魯西南過剩之產，沿津浦北上者，又以運價之虧折，而減少其出路。吾人欲救此弊，不能不致力於交通，以爲目前救急之計，故最近一年來，本省汽車專路之修築，其數字倍於疇昔；卽曩日所積極於疏濬排洪河道之工作，亦半移其精力，而從事於內河航運之設計。其在上年未經架設之青膠泰沂一帶之長途電話，爲農產銷售之需要計，不能不積極完成，然僅此以萃集吾人之精神，猶不足以符民生建設之宗旨。

客歲九月，本廳奉令兼管實業，事務益繁，責任尤重，舉凡農林工商漁牧絲棉以及綿延數百里之鑛產，一興一廢，悉爲魯省三千八百萬人生命所寄託。以諸待扶植乍具苗萌之山東實業，値玆世界經濟問題之驚濤駭浪時代，于震撼侵漁之下求掙扎；縱竭盡智能，猶恐事倍功半，然吾人慄然而懼，不能不奮然而起。吾人感於事業頭緒之紛繁，在計畫方面，集中專門人才以求進展；同時在行政方面，尤須嚴申紀律，以求各縣分任建設實業之責者，勿怠勿懲，以共荷此鉅任；尤其對於建設實業之費用，務求其動支合度，不事虛糜。因是以概本廳施政之方針，約略如左：

以科學的技術，努力建設。

以政治的力量，扶持農工。

以統制經濟的策略，力求生產與消費之供求相應。

以公開計政的制度，力求各項費用之支銷適合。

二・路政

在二十一年九月，本省已成立縣道21,957里，鎮道爲12,472里。據最近之統計報告，縣道爲26,798里，鎮道爲24,007里。各路局駛車路線，在二十一年九月爲9,065里,共有官車106輛，商車153輛。最近一年間，添購汽車44輛，駛車路線雖有因故停止者，但新闢路線，亦復不少。總計最近駛車路線爲9,418里。分計各路局通車路線如左：

東臨區	1,409里	兗曹區	980里
濟武區	1,395里	膠萊區	2,028里
泰沂區	2,046里	烟濰區	1,560里

二十二年一月，本廳迭次奉令修築省道，因是大舉派員分赴各縣勘估監修，限期完成，計依限告竣者，有歷濰濰樂等省道，約長2,515里，不屬於縣有範圍。汽車專路，則有台濰青烟禹聊各路，計共長 1,510 里。

本省最近一年修築之路線，既如上述。然吾人志在發展交通，以圖農產物運輸之便利。則愈屬閉塞之區，其修路工作，愈不可緩。不寧惟是，卽與鄰省接壤之區，以及沿海岸線通商區域，均在積極計畫之列。茲分述於左：

(1) 闢修魯南山道

查本省平原道路，均已陸續修築，或已駛車，或已籌備駛車，惟魯南各縣山嶺重叠，修築道路極爲不易，前經將萊蕪，新泰，蒙陰，費縣，滕縣，各縣道路，派員查勘設計，所有鑿石修橋諸端工大款鉅，擬請省府特別籌集巨款，從事闢修，以利交通。

(2) 籌備與鄰省貫聯交通

查本省菏澤至河南考城，久已通車，其餘由單縣至歸德，由台兒莊至運河車站，濮縣至大名，南館陶至大名，樂陵至慶雲鹽山，各銜接路線，均已修築完全，擬俟徵得鄰省同意，卽可通車，其由臨沂至海州國道路線，亦正在籌備修築中。

(3) 修築青威汽車路

本省沿海各口岸之路線，如青島至烟台，烟台至威海，早已聯貫通車。惟青島至威海，因環繞海峽，路線較長，需款多而施工難，故迄未實現。月前省府主席與青島沈市長商洽，決于本年春季施工。其路綫之經過，經本廳與青島市政府一再函商，決由青島經卽墨海陽夏村文登以達威海。除征調民夫佔用民地不計外。中間須修築橋梁7座，開闢山石，及運料費所需，計洋十萬餘元。業經省政務會議通過，于本年春季先修路基，其橋梁工費所需，青島市政府已允予酌量協助。

本省各汽車路局，前以資本未經確定，故歷年來歲入歲出預算書，均按普通會計編列，當茲國內實業落後，工商瀕於破產，方賴國營業務，鞏固基礎，爲之先驅。營業預算之獨立，實爲鞏固營業基礎之要務。不但計政方面，易於稽核，卽一切業務之進行，亦免却許多牽掣。第以各項官營業資本未經確定，或業務甫經試辦，事實上誠有不能離普通會計而獨立之困難。本省各路局于二十二年度開始，始按營業會計編造獨立概算，依照各該局營業狀況，核實編列，比較上年度科目、職工、金額，亦互有增減。其概要如下：

歲入——票款

歲出——1.經費 2.資本攤提，(以各路局現有財產之估值作爲資本，分年還原本) 3.路租，以其總收總支比餘之數，爲各該局之純益金；彙各該局純益之總數，列入省地方普通歲入概算，作爲省庫收入。

三・長途電話

在二十一年九月，本省省有長途電話電桿綫路，合計爲5,636里，掛線8,640里，設局管理通話者84縣。最近一年中，繼續架設之銅線綫路。如濟南至德縣250里，濟寧至曹縣280里，禹城至臨清200里，膠縣經卽墨至青島125里；又鐵線綫路，如博興至濰縣200里，壽光至羊角溝90里。濰縣至煙台630里，蒲台博興間及蒲台道旭鎮穿過黃河水底線約50里；至泰沂區迴環十餘縣之2,045里，係用8號鐵線架設；登萊區幹線630里，係用銅線架設，支線595里，係用鐵線架設；濟南至青島各段，分別加掛銅線1,233里，鐵線770里。截至本年開始，全省共有電桿線路10,201里，掛線15,738里。現全省已經通話者共104縣，計共有話機288部，交換機110部。爲便於管理起見，在已通話各縣及重要市鎮，均設有電話分局，計已成立之分局共109處，統隸屬於長途電話管理處。省有電話增設之情形，既如上述。而縣有電話之擴充，在過去一年度中，凡各縣區公所及重要村鎮，皆與縣城聯接通話，計增桿路5,691里，連同舊有之線路，總計30,378里，掛線39,837里，共有話機2,963部，交換機402部，各縣均設長途電話事務所一處，以資管理。

本省長途電話，業已大部完成，現未通話者，僅萊蕪，榮成，牟平，文登四縣，目前泰安經萊蕪至博山段線路，已開始籌設，不久當可告竣；至其餘三縣電話，亦擬於最短期間架設，以期完成全省電話網。惟近來公私通話甚爲繁忙，故各重要線路，仍時感話線不敷分配之苦。現擬斟酌事實需要，分別增設電線，計目前已開始籌設者，爲濟南至滕縣之段，其餘各線路，亦將依次增設。至附接於幹線之各支綫，則擬將現設單線改爲雙線，以期靈便。除積極擴充省有電話外，現並督飭各縣整頓縣有電話，目前各縣電話，大都已與省有電話聯線，一俟整頓就緒，省縣電話卽行全部聯接。

四・水利

(甲)通航河道之工程及設計

1.小淸河之航運工程

小淸河工程之計畫及其施工之程序，另詳個別報告中，茲不詳及，惟二十一年九月，已完成之工程，只五柳閘船閘滚水壩及中間之一段土工而已。邊莊閘閘壩及土工，在當時僅完成85%。最近一年中，在工程方面之實施，除繼續完成已經實施之閘壩工程外，更積極於內河挖土之工程。經本廳製造挖泥船三隻。曰濟南號，石村號，黃台號，分段工作；計石村號黃台號二隻，每小時出泥量數，各爲160立方公尺；濟南號35立方公尺。其下游各閘壩，如張家林閘，安家莊閘，及金橋閘，均已分別設計。最近更擬於張家林及安家莊之間，增設一閘，以調節工作之時間與經濟。在本年以內，决計實施張家林之閘壩工程，並力促其完成。

2.小淸河與黃河之聯運通航計畫

黃河口門支流紛歧，泥沙淤墊。若欲加以整理，使能通航，非有鉅款不克舉辦。小淸河經流於黃河之南，其口門之整理較易，並爲山東政府所決定舉辦者。此項聯運計畫，卽欲溝通淸黃兩河，使往來船隻，得由小淸河口門出入，通行於二河之間，二河相距最近處，爲濟南附近黃台橋，由此開挖新河，至黃河南岸蓋家溝，長僅4公里，施工甚易，計劃內容，分直接聯運與間接聯運兩種，直接聯運，卽於蓋家溝修一船閘，因淸黃二河水位，高低懸殊，船閘爲必需者。閘淨寬9.2公尺，長100公尺，懸降爲9.22公尺，間接聯運，卽於黃河大堤兩岸，各修停船碼頭一段，長210公尺，同時可泊600噸載貨汽船3艘；船隻至此，用起重機往來裝卸貨物，起2噸者5組，起5噸者1組。起重機之轉動，係利用五柳閘滚水壩處所發之水電。

17720

如是船隻之欲直接聯運者，可由船閘通行，其無需過閘者，可由起重機裝卸貨物。聯運之利，均爲甚溥。計兩項工程，約共需洋2,500,000元。

3.運河與黃河之聯運通航計畫

魯境運河，以黃河改道，航路中梗，又衆多年失治，水系紊亂，昔日之利，今反爲害。本廳整理航運計劃，係將南運（黃河南岸至台莊）及北運（臨清至黃河北岸）分兩期進行。第一期整理南運，此段長約290公里，分爲六渠段，第二期整理北運，此段計長110公里，分爲二渠段，河身之土工，可分兩步實施：第一步按底寬12公尺，深2公尺疏濬，以通行200噸汽船爲標準；第二步按底寬16公尺，深3公尺疏浚，以通行600噸汽船爲標準。並於臨清，黃河北岸，黃河南岸，（即姜溝）安山鎮，濟寧，南陽鎮，夏鎮，韓莊，台莊等處建雙門閘。黃河兩岸船閘間，更設鋼纜架，以導過河船隻之航路。廂淨寬11公尺，淨長80公尺，此項新式船閘，即以將來拆除沿運五十餘座舊閘之材料以建築之。至水量之供給，南運將取之於汶河，以蜀山河爲蓄水池。北運以黃河含淤太重，不堪利用，亦須取之南運，惟須利用東平湖蓄水，以補蜀山湖之不足。南運之水，由潛管過黃河底送至北運，潛管徑3公尺，長350公尺。計上述土工船閘潛管及其他排洪工程，如攔汶土壩，疏濬大小清河，伊家河，及徒駭馬頰兩河之穿運工程等等，約共需10,300,000元。工竣後如航運灌溉及涸復之地畝，其利不可勝計。

4.膠萊運河之測勘

魯東之膠萊河，南訖膠州灣，北訖平度之膠河口，介於黃渤二海之間，爲通過膠東半島，由黃河直達津沽之天然運河。在元代爲縮短航程，曾借用百脈湖之水，使之分流南北，以濟航運。歷明清兩代，此道遂廢，不但百脈湖已成平原，即該河故道，亦多淤塞。本廳一再派員勘測，以該河容納七十餘道支流之水，貫通南北海，具有天然形勢。惟以航運工程，需費甚鉅，非一省之力，所能獨任；現在從事于疏濬河道之設計，以備將來之需。

上列各項通航河道之工程及設計，除小清河工程，正在繼續設施，由本省自籌工款，力促完成外。他如「清黃聯運」及「運黃聯運」之工程詳細計畫，均經呈請中央，請由全國經濟委員會于棉麥借款之中酌予分配，俾便施工。至於膠萊運河，則內河疏浚工程，以民力爲之，固易于實現。惟海口之疏通，及引河建閘之工程，均有待國家之力，方能舉辦。

(乙)疏浚排洪河道之工程及設計

1.疏浚馬頰河

馬頰河爲魯北排洪幹道之一，綿長計351公里，流經朝城，莘縣，冠縣，堂邑，博平，清平，恩縣，平原，高唐，夏津，德縣，德平，樂陵，無棣及河北省雲慶，凡十有五縣，自運河停航以還，河身即告淤塞，每當多雨或衛河潰決之時，受災田畝，竟達一萬餘頃，於二十年冬派隊實地測量，至次年六月測竣，旋依據測量結果，擬具疏治計劃，通令沿河各縣一律於二十二年三月十五日開工，由本廳委總工程師一人，負指導監督之責，並委督工員若干人，分赴各縣督工，其徵夫辦法，及各縣關於工程之分配及事務所之組織，均由本廳詳爲規定，惟施工以後，適值麥期，中間停工十數日不等，至八月中旬全河繼續工作，驗收完竣，計沿河各縣土工總數20,000,000立方公尺，徵夫逾7,300,000名，勞工折價，每名每日以4角計，共費洋逾2,900,000元，自該河疏浚後，河有正槽，洩水順利，運西坡水，尤能通流無阻，去年大雨，其直接受益，地畝，不下千有餘頃，並據調查所得，此次涸復各縣窪地約在一萬餘頃，每年並可增加農產收益逾

1,500,000 元，不惟氾濫之災可免，即多年水案糾紛亦從此無形泯滅。

2.疏浚定陶縣南區坡河

定陶南區坡河爲宣洩定陶、曹縣、菏澤三縣潦洪之要道，年久失修，淤塞爲患，本廳當即先行派員將該河測量完竣，嗣又根據測量結果，擬定疏浚計劃，分令沿河各縣遵照施工，并派職員前往督修，各該縣村民，均踴躍出夫，歷時兩月，各縣工段，次第報竣，自此沿河坡水，宣洩順利，水患既可免除，農收自可增益，沿河各縣受利良多。

3.疏浚單縣八里欒成兩河

八里欒成兩河爲單縣境內之重要排洪河道，祇以年久淤塞，每遇暑雨，輒患漫溢。本廳於二十二年春季曾派員前往測量，并擬定加寬加深疏浚辦法，令飭該縣征夫施工，並派委員前往督促。開工之後，因有少數人借故從中阻撓，進行不免稍緩。嗣經本廳委員及該縣縣長督率建設人員，積極催工，沿綫村民，始克一致出夫，全河工程遂行報竣。此次疏浚之後，上遊一帶坡水，均由兩河下洩，輾轉流入萬福河，下匯於湖。不特單縣境內水患減免，其鄰封之曹縣、定陶、金鄉、魚台等縣亦不致再受該河漫溢之災。

4.疏浚彭河

彭河流經荷澤、鉅野、金鄉三縣，長約60里爲萬福河之重要支流。因年久失治，淤墊過甚，每屆伏雨，兩岸山洪坡水，無路宣洩，沿河漫溢，爲害甚烈。本廳當派員測量，擬定疏浚計劃，特印製書圖說明分發各縣遵照辦理，並派員前往督修。各縣於二十二年十二月間，均次第開工。嗣因時屆嚴冬，施工不宜，暫行停止。計已成工程，約有十之六七，下餘尾工，一俟春暖凍解，繼續挑挖，旬餘卽可報竣。

5.督修豐魚交界東支河

豐魚水道，糾紛已久，前由導淮委員會及蘇魯兩建設廳派員會勘，議定疏治辦法，數年以來，延未興工。本年五月，魚台縣民特援舊案呈請疏治東支河，本廳卽派委員會同江蘇建設廳派員前往該處監工，歷時月餘，全部報竣。

6.測勘設計浚治趙王河南北兩支及七里河北支牛頭河下游

趙王河斜貫魯南，爲排洪要道，而劉長潭閻什口兩處，又積有糾紛。其上游承七里河，下游入牛頭河，總匯於湖。本廳爲免除水患，解決糾紛計，特按照該河形勢，擬定南北兩支，並挑辦法，派員沿七里河北支，經趙王河本流，至牛頭河下游，實地測勘，擬具計劃，分令沿河各縣，遵照施工。嗣以本年春間，廳中技術人員，集全力於修路工作，該河工程，暫行緩辦。

7.測量設計浚治蔡河

該河流貫嘉祥、鉅野、金鄉、濟寧等四縣，長40餘公里，爲洙水河之重要支流。每至伏秋，大雨時行，沿岸山洪及坡窪之水，均以該河爲下洩之道。祇以年久淤墊，漸成平陸，時有氾濫之患。當經本廳派員測量，擬定疏浚計劃，並印製書圖說明等件，分發各縣遵照辦理，並限定日期，一律開工。

8.測量設計治理趙牛河支流及其沿岸窪地工程

趙牛河爲黃河以北，徒駭河以南，最大之坡水河道，業於二十一年春，將本河浚治完畢。現正設計第二步工程，卽着手疏浚支流巴公，東新，鄧金，十里等河，及其沿岸鄧廟，陳集，嶺子等窪地。測量工作，業經完竣，各支流及窪地之疏浚計劃，亦次第擬就。今春卽着手浚治巴公河嶺子窪等。其他支流與窪地，亦依次舉辦，將來阿平肥長齊禹等縣水患，可望永遠免除。

9.測量設計治理八里河惠河

惠河長50餘里，起於江蘇豐縣，經金鄉魚台入南陽湖。因河身淤塞過甚，洩水不暢，沿河受災區域，寬自五里至八九里，亟宜

17722

浚治，以除水患。八里河長百餘里，起於單縣之楊集，下流會坡河等，經金鄉魚台會順城河後，分東西二股，于常李寨及西田家注入萬福河。亦因河身淤墳，洩水不暢，沿河受災區域，寬自四五里至六七里不等。沿河人民，沉淪不堪，亟有設計疏浚之必要。現兩河均經測量竣事，正在設計期間。

10. 測量設計治理淄河及濰河

淄河發源於萊蕪之原山，經博山等縣，東北行而入小清河。上遊行經叢山中，水性因以湍急，洪水時期更甚。中下游淤墳窄淺，為害甚烈。本廳決加治理，現在施行測量。

濰河發源於莒縣箕屋山，經諸城高密安邱等縣，至昌邑入渤海，為膠東一大幹流。上游經叢山中，水多湍急；下游入平原，水則紆緩。故當洪水時期，中游為害最烈。現在計畫於上游或修蓄水庫，以利高原之灌溉，或修壩以攔沙；於中游則修堤以防洪；於下游則修築束水壩，以刷深河槽。

11. 測量設計疏浚臨清以南至黃河北岸之北運河

此段運河，水無常源，自漕運廢後，河槽淤塞，復以運堤之隔阻，運西濮、范、壽、觀、陽等縣坡水，屯積成窪，其大者有張秋鎮窪、十二連窪、譚家窪、葉家窪、王家窪，劉家窪等，面積約三千餘方里，損失甚巨。現在徒駭馬頰二河，既經先後疏浚，此段運河疏浚後，運西坡水，即得由運河轉入徒駭馬頰入河。且據以往估計，衛河沿運河南洩由三孔橋入馬頰河之洩量，為83秒立方公尺，亦因運河未挑，南流不利，故疏浚此段運河，不僅免除運西水患，並可減輕衛河洪漲也。現已開始測量，預備今春興工。

12. 設計局部治理衛河

衛河為華北重要航道，亦係排洩洪漲要路。惟以彎曲過多，排除洪漲，洩水不暢，漫溢潰決，幾無虛歲，搶險與兩護堤壩，歷年損失至鉅，若通盤整理，茲事體大，不僅費用浩繁，款項難籌，丼事關數省，進行每生阻礙。現擬變通辦法，從事局部治理，擇其與本省有利，與他省無損，並容易舉辦者，先行着手。如將近刷通之彎截直之，低涯堤岸增培之，庶不致因噎而廢食。

13. 設計整理魯西河湖堤埝

萬福洙水二河，為魯西主要坡水河道。前以河槽淤塞，洩水不暢之故，災區遼闊，田禾房屋，損失不貲。二十一年春，曾將該二河及其支流，疏治完竣，並將南陽，昭陽等湖埝，培高築厚，以增存蓄之量。如是水有歸宿，不為人害，田禾暢茂，咸慶豐登。客歲秋季，黃河漫決，黃水灌注魯西，已浚各河。均被淤墳，室為可惜，現在設計於今春重行整理，恢復舊觀。

14. 修補戴村壩

該壩位於汶河右岸，為遏汶濟運之關鍵，東平城關之保障，在歷史上具有特殊效用。近以年久失修，傾圮已甚，客歲暑洪過大，更多墊陷部分，經估計用款需洋六萬餘元。本廳派員督修該壩。除領用省款三萬九千餘元外，其不足之數，由東平縣自籌，於去年三月中旬，開始工作，月餘全工告成。

15. 修築恩武間沙河運河堤工及險工

恩武兩縣，前因沙運兩河堤防問題，時起糾紛，本年春間，該兩縣人民又發生劇爭，經查勘議定解決辦法，復派工程人員，分赴沙河及運河東岸之險工堤工各地點督修，月餘工竣。

16. 籌設測流站

各河之水位流量流速等項，與疏濬河道設計，至有關係。本廳按照各河情形，計應設測站者33，擬設測站之地點，共148處。現擬分期設立，計第一期應設者77處。測站分三種：(一)全年測記者，（水量無甚變化之河道）(二)洪水低水並測者，（泉水而兼排洪之河道）(三)僅測洪水者，（宣洩山水及坡水之河道）經通令定陶等55縣遵照頒定設站辦法及設站預算，依限成立。

(丙)灌溉及淤田之工程設計

魯省灌溉之利，以黃河為最大。因黃河流入山東境地，經過十餘縣。蜿延800里。除南岸壽張，耿家山至肥城留口山長約90里為山坡外，其餘地勢，均甚平緩，土質係黃土與冲積層相混而成。因歷年決口為患，肥地之變為沙域者，隨處多有，據調查報告，沿河兩岸，共有沙地12,594頃。鹼地 4,854頃。共計17,448頃。若選擇地點，安設虹吸管，引黃淤灌。可將沙鹼地盡數變為良田。按初步計畫，建設費需洋4,473,000 元。淤灌之後，每年每畝產洋10元，全年收入可達15,870,000元。更以每畝增值60元計，共增加地價100,000,000元。

黃河沿岸虹吸淤田工程，正在進行辦理者，計有七縣。共設虹吸管五處。已開工者，計有歷城章邱王家梨行二十一吋虹吸管一處。虹吸管業已安妥，引水渠及渠道工程現正在繼續進行中。合同已定正待開工者，計有齊河紅廟18吋虹吸管一處。正在商訂合同籌備開工者，計有青城齊東馬閘子21吋虹吸管一處。濱縣尉家口18吋虹吸管一處。蒲臺王旺莊18吋虹吸管一處。

又東阿縣境內黃河北岸，愛山兩峯之間，高於低水位4.92公尺。由河岸起136公尺即連接平原。若在此處開閘門，甚為安全。自閘門向東北開幹渠，所有官路溝及挺挑之東新河間之田地，約1,200頃，均可施以灌溉，其利甚溥。

(丁)水電之試驗廠及設計

山東境內各河流，如小清河、繡江河、烏河、淄河等，均能利用水力發電。本廳除在濟南新東門外，安設第一水電試驗廠外，其餘已經擬具工程計劃，計有三處。玆分別於下：

一、章邱金盤莊水電工程

繡江河經過金盤莊陡降流下，匯入爪漏河。兩河水面之差，通常為 3.5 公尺。若在金盤莊，繡江河岸安設水電廠，以洪水流量每秒鐘4.25立方公尺，作設計水輪根據，可發生電量90瓩（詳中國工程師學會會刊第八卷第1號54頁）。建設費需洋 71,270 元。附設吸水機，灌田約390頃。全年可收水費23,400元。章邱縣城及金盤莊安設16燭電燈1,000盞。全年收電費7,200元。更以受益地主言之，每畝水地增收5元，每年農產收入約700,000元。業經擬具詳細計畫，預備由省款興修。

二、桓台索鎮烏河水電廠計劃

烏河流經桓台城東25里之索鎮。河底傾斜約0.1%、洪水量為每秒161立方呎。平時水量約為大水流量3/5。其計劃有效水頭自15呎至20呎。可發電量自85至170瓩。建築費約58,000餘元。其電力用途除供給該鎮商號及學校電燈千餘盞外，餘則用之於榨油繅絲磨麵等工業。業經查勘設計，須備由省款興修。

三、淄川孝婦河水電工程計劃

孝婦河係常年有水河道。低水時期流量約為每秒80立方呎。在淄川西關就橋築壩，可獲水頭12呎。能發電量57瓩。除供該城電燈2000盞外，並可用於榨油香磨等工業。又該河洪水量甚大，壩上須設計活動部份，以便排洪。現在該縣商民正在籌集工款，預備自動的興修，以為民營公用之事業。

(戊)各區水利專員之任務

本省按照河流系統，分設18區水利專員，分別担任各區內水利之查勘及設計工作，自設置以後，迄今二年，本廳為考察各該員之工作成績起見，於二十一年十一月，二十二年十月，兩次召集會議，徵詢各區水利之進行，是否順利，有無特殊情形，經各專員分別報告，並提具議案及各計畫數十，討論實施方法，並由本廳逐年予以工作最低限度及工作標準。所有各河測流站之設置，及各縣鑿井工程之指導事項，一併由各專員負責辦理。

關於本廳之路政電話及水利事業，一年來實施之工程，已列舉如上。惟各項費用所需，其經濟之來源，不出於下列三種：(一)凡購運成品材料，及包工築之工程，則動支省款。(二)凡土工或就近短途之運輸，多征調民夫或略給代價。(三)工程所在地之督工費用，動支省款者，仍由省款撙節支付，取給於民工者，則由各縣地方建設費項下開支，此外間有工程較簡之橋梁及水利工程，由人民自動捐款與修者，則居少數。至於查勘測量費用，除大規模工程另列預算外，其在常時概由廳經費項下開支。

國內工程新聞

(一)修築京魯鐵路

經濟委員會為貫通蘇皖魯三省交通，前擬築公路由浦口至皖東天長，江北青江浦，邳縣，魯南郯城，等縣鎮。茲悉該會改變計劃，將公路改建鐵路，定名為京魯鐵路，在京成立工程委員會。將全路劃分四域：一由浦口至天長縣，一由天長縣至清江浦，一由清江浦至邳縣，一由邳縣至郯城。分別勘測，現浦天段由工程委員會派員勘察完畢，日內將先行開工興築路底。天清段測量工作尚未辦理完竣，將延至本月下旬方克動工。至由清江浦經泗陽如邃邳縣以至魯境郯城二段，亦需勘測。前咨請蘇省府派員勘測，蘇建設廳現派專員俞某率測繪隊一隊，由浦口出發，終點在邳縣境內。邳縣以北，已入魯境內，將由魯省派員勘測，預計工程明春當可完成。

(二)婺白段公路已築成

婺源至浙省開化公路婺白段，自去年開始興工修建，已於五月告成，定六月四日舉行通車典禮，浙建廳長曾養甫亦將赴婺源參加。

(三)十三國購粵鎢

法，意，德，日，等十三國，派員到香港，向粵購鎢，現鎢價每担由七十餘元漲至百二十餘元。

(四)江南造船所第三號船塢將落成

海軍部所轄之江南造船廠，成立已69年，在開廠之第三年，曾造成第一號船塢，長325呎，闊多年，擴至375呎。後以四千噸以上之輪船不能入塢修理，遂復擴至今日之容量，計長 545 呎，廣66呎，深20呎。1925年冬，第二號船塢落成，備有新式機器，該塢長 502 呎，廣61呎，深23呎。但仍不能容納萬噸以上之輪船，且以上海港務發達，修船工程日繁，因是兩年之前，該廠當局遂請准陸軍部劃出江南製造局遺址之地一大方，以事擴充，卒決定興建長 600 呎之旱船塢。嗣因一二八戰事發作，財政支絀，當局不得不變更原定之計畫，決議工程分兩個階段進行。先成一較小之船塢，以應需要，一俟告竣，即擬進行第二步工程。將來全功告成，長達600呎，廣100呎，深26呎，於是能容納萬噸以上之輪船，而將為上海各船塢之冠。至新築之船塢，為該廠之第三號，長 375 呎，廣89呎，深26呎。原期六月初可以工竣。因天氣不佳，已兩次展緩，而須於九月間落成，第一步工程，計需費一百二十萬元。

(五)浙贛皖三省邊區公路完成

浙贛皖三省邊境公路，景德至樂平萬年，衢縣至常山開化，屯溪經祁門至景德各幹線除景屯線尚未興修外，贛浙兩線，均已築竣通車。惟連皖境自婺源至德興，白沙關至婺源兩大段，前因工程過緩，致贛浙皖三省邊境公路，未能貫通聯絡。蔣委員長鑒於婺白婺德兩段工程，關係三省交通運輸，至為重要，迭令浙建廳長曾養甫，令組浙贛皖邊境公路工程處，積極趕築。施工以來，經已五月，其間山石險阻，工程浩大，但進行尚稱捷速。所有全部橋梁涵洞路面，業於五月中旬建築完成。公路處曾處長，除電蔣委員長報告外，一面將婺白路先期籌備通車。並定六月四日，在婺城西關外車站，舉行通車典禮。浙建廳長兼公路處長曾養甫，四省警備司令趙觀濤，屆期均將來婺參加。婺源劉縣長，已在籌備一切。並於前日率公路委員會江友白等，前往婺白路視察，指示未完工程，限令六月四日以前修竣，以便如期通車。從此三省交通，頓稱便利至。屯溪至景德，婺般路屯般段兩幹線，刻均測量完竣，不久即可興工。

國外工程新聞

英國默徙河底汽車隧道 Mersey River Vehicle Tunnel 即將完工

英國利物浦(Liverpool)與白肯黑(Birkenhead)之間默徙河底所築汽車隧道一條，現在即將完工，本季當可通行。此隧道形圓，外直徑46呎3吋，內直徑44呎。隧道內路面寬36呎，旁有兩條人行道，各寬4呎。隧道路面斜坡最甚者為3.33%，最小者為0.33%。隧道最低處距河之最高水面為150呎。所有路面均係用生鐵塊(cast iron blocks)鋪成，祗有一小段係用橡皮鋪成，以供試驗而已。此隧道路面總長為2.87哩，隧道兩端進口間距離為2.13哩，而河底下面部分長5,274呎。河之兩岸設有電動風扇，吹送新鮮空氣使入隧道；各扇同時開動時，每分鐘可輸入2,500,000立方呎之新鮮空氣，同時排除等量之污濁空氣。隧道內裝有電燈，每隔20呎裝燈一盞，每隔150呎設消防站一處，站內有消防龍頭，滅火機，火警鐘，電話等等。(參閱本期本刊首頁照片) (泳)

各重要都市營造業務統計表

項目	時期	南京	上海	天津	青島	漢口	廣州
面積(平方公尺)	民國18年	—	356,760	153,690	180,328	+ 89,355	—
	19年	—	439,940	99,270	138,250	129,332	—
	20年	46,740	718,720	86,784	156,761	* 17,794	—
	21年	90,855	408,840	38,960	163,133	31,051	—
	22年	23.775	655,380	75,959	141.299	53,402	406,295
造價(圓)	民國18年	—	10,797,860	2,305,350	4,180,063	+2,544,995	—
	19年	—	16,085,300	1,489,200	3,830,770	3,245,476	—
	20年	7.149,495	23,529,090	1,301,400	4,521,200	* 467,905	—
	21年	3,911.352	13,023,570	584,400	3,391,990	694,957	—
	22年	3,084,381	22,807,500	2,942,785	3,878,454	962,753	16,925,128
所發營業執照數	民國18年	680	1,394	1,256	567	+ 812	廿 —
	19年	612	1,787	1,002	642	766	—
	20年	1,034	2,584	956	879	* 177	—
	21年	665	2,204	356	621	302	—
	22年	751	3,019	590	582	258	—

附註
+ 18年僅9個月數字
* 20年僅6個月數字
廿 執照號數未據報告

膠濟鐵路行車時刻表　民國二十三年七月一日改訂實行

下行列車

站名	到開	一次各等	三次各等	七一次三等	七三次三等	十一次各等
青島	開	七•〇〇	一一•三〇	一五•〇〇		二一•四〇
大港	開	七•一一	一一•四一	一五•一一		二一•五一
四方	開	七•二〇	一一•五〇	一五•二〇		二二•〇〇
滄口	開	七•三六	一二•〇六	一五•三八		二二•一六
女姑口	開	七•四八	一二•一八	一五•五一		不停
城陽	開	七•五七	一二•二七	一六•〇一		二二•三四
南泉	開	八•一三	一二•四三	一六•一八		不停
藍村	開	八•二七	一二•五八	一六•三六		二三•〇一
李哥莊	開	八•三六	不停	一六•四五		不停
膠東	開	八•四八	不停	一六•五八		不停
膠州	到	九•〇〇	一三•二五	一七•一一		二三•二八
膠州	開	九•〇三	一三•二七	一七•一四		二三•三〇
芝蘭莊	開	九•一九	一三•四四	一七•三三		不停
姚哥莊	開	九•二八	不停	一七•四三		不停
高密	到	九•三九	一四•〇一	一七•五一		〇•〇一
高密	開	九•四〇	一四•一三	一八•〇三		〇•一三
蔡家莊	開	一〇•〇三	不停	一八•一六		不停
塔耳堡	開	一〇•一四	一四•三三	一八•二八		不停
丈嶺	開	一〇•二五	一四•四三	一八•三九		不停
岞山	開	一〇•三五	一四•五三	一八•五三		不停
黃旗堡	開	一〇•五三	一五•一二	一九•一三		一•〇二
南流	開	一一•〇九	不停	一九•三一		不停
蝦蟆屯	開	一一•二四	一五•四一	一九•四八		一•二八
坊子	到	一一•三七	一五•五四	二〇•〇二		一•四一
坊子	開	一一•五三	一六•〇八	二〇•一一	六•三〇	一•五六
二十里堡	開	一二•〇四	一六•二〇	二〇•二六	六•三四	二•〇八
濰縣	到	一二•一三	一六•二八	二〇•三五	六•四四	二•一六
濰縣	開	一二•一五	一六•三〇		六•四九	二•一八
大圩河	開	一二•二九	不停		七•〇三	不停
朱劉店	開	一二•四〇	一六•五三		七•一七	二•四〇
昌樂	開	一二•五三	一七•〇六		七•三二	二•五四
堯溝	開	一三•〇五	一七•一八		七•四六	不停
譚家坊子	開	一三•一七	一七•三〇		八•〇〇	不停
楊家莊	開	一三•二八	一七•四一		八•一四	不停
青州	到	一三•四三	一七•五六		八•二三	三•二四
青州	開	一三•四六	一八•〇〇		八•三六	三•三六
普通	開	一三•五八	不停		八•五〇	不停
淄河店	開	一四•〇八	一八•一九		九•〇一	不停
辛店	開	一四•二一	一八•三六		九•一七	四•〇五
金嶺鎮	開	一四•三五	一八•五〇		九•三一	不停
湖田	開	一四•四八	一八•五九		九•四四	不停
張店	到	一四•五七	一九•〇八		九•五五	四•二一
張店	開	一五•一二	一九•二三		一〇•一〇	四•四六
馬尚	開	一五•二一	不停		一〇•二〇	不停
周村	到	一五•四〇	一九•四八		一〇•四四	五•一一
周村	開	一五•四三	一九•五一		一〇•四七	[illegible]
大臨池	開	一六•〇七	不停		一一•一二	不停
王村	開	一六•一九	二〇•二四		一一•二六	不停
普集	開	一六•二九	二〇•三四		一一•三八	不停
明水	開	一六•四四	二〇•四九		一二•〇五	不停
棗園莊	開	一六•五四	二一•〇〇		一二•一八	六•一五
龍山	開	一七•〇八	二一•一五		一二•三三	六•二九
郭店	開	一七•二三	二一•三〇		一二•五三	不停
王舍人莊	開	一七•三四	二一•四一		一三•〇五	不停
黃臺	開	一七•四七	二一•五五		一三•二〇	七•〇三
北關	開	一七•五五	二二•〇七		一三•二九	七•一〇
濟南	到	一八•〇〇	二二•一二		一三•三四	七•一五

上行列車

站名	到開	二次各等	七二次三等	四次各等	七四次三等	十二次各等
濟南	開	七•〇〇		一一•四〇	一四•四〇	二二•〇〇
北關	開	七•〇九		一一•四七	一四•四七	二二•〇六
黃臺	開	七•一六		一一•五四	一四•五五	二二•一三
王舍人莊	開	七•三〇		一二•〇八	一五•一〇	不停
郭店	開	七•四二		一二•二〇	一五•二三	不停
龍山	開	七•五七		一二•三六	一五•三九	二二•四八
棗園莊	開	八•一三		一二•五三	一五•五五	二三•〇三
明水	開	八•二四		一三•〇三	一六•〇七	不停
普集	開	八•四一		一三•二〇	一六•二〇	二三•二八
王村	開	八•五一		一三•三一	一六•三四	不停
大臨池	開	九•〇三		不停	一六•五四	不停
周村	到	九•二〇		一三•五六	一七•一三	〇•〇一
周村	開	九•二三		一三•五九	一七•一六	〇•〇四
馬尚	開	九•四〇		不停	一七•三五	不停
張店	到	九•四八		一四•二一	一七•四三	〇•二六
張店	開	一〇•〇三		一四•三六	一七•五八	〇•四一
湖田	開	一〇•一五		一四•四九	一八•一二	不停
金嶺鎮	開	一〇•二四		一四•五八	一八•二一	不停
辛店	開	一〇•三八		一五•一二	一八•三七	一•一〇
淄河店	開	一〇•五一		不停	一八•五一	不停
普通	開	一一•〇一		一五•二五	一九•〇三	不停
青州	到	一一•二三		一五•四四	一九•二六	一•三九
青州	開	一一•二六		一五•四七	一九•二九	一•四二
楊家莊	開	一一•三一		一六•〇二	一九•三五	不停
譚家坊子	開	一一•四三		一六•一三	一九•四六	不停
堯溝	開	一一•五四		一六•二五	一九•五九	不停
昌樂	開	一二•〇八		一六•三七	二〇•一二	二•二三
朱劉店	開	一二•一九		一六•五一	二〇•二六	不停
大圩河	開	一二•三〇		一七•〇一	二〇•三七	不停
濰縣	到	一二•四三		一七•一三	二〇•五〇	二•五一
濰縣	開	一二•五四	七•〇〇	一七•一六	二〇•五四	三•〇一
二十里堡	開	一三•〇六	七•一〇	一七•二五	二一•〇四	三•一〇
坊子	到	一三•二一	七•二三	一七•三七	二一•一七	三•二七
坊子	開	一三•三六	七•三四	一七•五一		三•三七
蝦蟆屯	開	一三•五〇	七•五四	一八•〇六		不停
南流	開	一四•〇七	八•〇九	不停		不停
黃旗堡	開	一四•二六	八•二九	一八•二四		四•一八
岞山	開	一四•四三	八•四八	一八•三五		不停
丈嶺	開	一四•五一	八•五八	一八•五四		不停
塔耳堡	開	一五•〇三	九•〇八	一九•〇二		不停
蔡家莊	開	一五•一四	九•二〇	不停		不停
高密	到	一五•二四	九•三一	一九•一五		五•〇四
高密	開	一五•三七	九•四三	一九•二三		五•一五
姚哥莊	開	一五•四五	九•五六	不停		不停
芝蘭莊	開	一六•〇三	一〇•〇五	一九•四三		不停
膠州	到	一六•一六	一〇•二六	二〇•〇〇		五•四九
膠州	開	一六•二七	一〇•三九	二〇•一七		五•五四
膠東	開	一六•三七	一〇•五一	不停		不停
李哥莊	開	一六•五〇	一一•〇一	不停		不停
藍村	開	一七•〇八	一一•一五	二〇•四六		六•一五
南泉	開	一七•一七	一一•三四	二〇•五九		不停
城陽	開	一七•二九	一一•四四	二一•一五		六•四一
女姑口	開	一七•四五	一二•〇七	二一•二四		不停
滄口	開	一七•五五	一二•一五	二一•三六		六•五九
四方	開	[illegible]	一二•三三	二一•五一		七•一九
大港	開	[illegible]	[illegible]	[illegible]		七•二九
青島	到	一八•〇〇	一二•四〇	[illegible]		七•三五

隴海鐵路行車時刻表

（自右向左讀：第一次、第十九次；自左向右讀：第二次、第二十次）

站名	第一次特別快車自東向西每日開行	第十九次客貨車自東向西每日開	第二次特別快車自西向東每日開行	第二十次客貨車自西向東每日開行
徐州府	（上午）八點十分開		（下午）八點○五分到	
碭山	十點十六分到 十點二十六分開		五點五十四分到 六點○四分開	
商邱	（下午）十二點○九分到 十二點二十九分開		（上午）四點○二分到 四點十七分開	
開封	四點三十二分到 四點五十二分開		十一點五十五分到 十二點十五分開	
鄭州南站	六點五十一分到 七點十一分開		九點四十二分到 十點○二分開	
汜水	八點三十三分到 八點四十三分開		八點四十二分到 八點四十二分開	
鞏縣	九點二十三分到 九點二十五分開		八點○四分到 八點○六分開	
孝義	九點四十七分到 九點四十九分開		七點四十六分到 七點四十八分開	
洛陽東站	十一點十二分到 十一點四十二分開		六點十五分到 六點三十五分開	
新安縣	（上午）一點十二分到 一點三十二分開		四點五十分到 五點開	
澠池	三點二十一分到 三點四十一分開		三點十八分到 三點二十三分開	
觀音堂	四點三十七分到 四點四十二分開		二點三十一分到 二點三十六分開	
會興鎮	六點○八分到 六點十八分開		○點四十二分到 ○點五十二分開	
陝州	六點五十分到	（上午）七點二十分開	○點○五分開	（下午）十點二十五分到
靈寶		八點三十二分到 八點四十七分開		九點○一分到 九點十六分開
閿鄉		十點二十分到 十點三十五分開		七點十三分到 七點二十三分開
盤頭鎮		十一點五十二分到 十一點五十五分開		五點五十三分到 五點五十六分開
文底鎮		（下午行）一點二十分到 一點二十三分開		四點五十二分到 四點二十八分開
潼關		二點二十分到		三點三十分開

17728

中國工程師學會會務消息

◉第四屆年會通告

（一）本屆年會定於八月十九日至廿五日在濟南舉行，業經通告在案。關於赴會會員應先，將姓名，年歲，籍貫經行路程，起訖站點或埠頭，乘車船等級，及往返日期等項，詳細開明於七月二十日前向本會報名，以便彙呈教育部轉咨鐵道部轉飭各路及函輪船招商局減價優待。又年會通告小册內所附空白復信，請卽依式塡註逕寄年會籌備委員會，俾便預定旅宿地點爲荷。

（二）中華工程師學會與中國工程學會合併以來，先後已在首都，天津，武漢三地舉行年會。濟南爲山東省會所在綰轂南北，固已佔地理上之重要位置，而魯省物產豐饒，蘊藏深富，各種新興事業，方在萌芽，有待於開發或改良者至夥。今第四屆年會經總會指定在濟舉行，良有以也。且我國正與國聯技術合作國人自身之努力，未容或緩，我中國工程師學會會員志在建設，尤屬責無旁貸，所期本屆年會得有會員諸君之踴躍參加，抒發讜論，相與砥礪，觀摩於佛山之麓明湖之畔，庶在濟同人亦得藉此機緣，追附驥尾，聊盡棉薄，務祈惠然肯來共襄盛舉，倘承辇眷同臨，尤所歡迎，是爲啓。

◉論文委員會啓事

逕啓者：本會本屆年會業經董事會議決定在濟南舉行，會期經由年會籌備委員會決定八月十九日起至二十五日止。查論文爲年會中重要事務之一，所以表示本會會員研究實驗之成績，關係本會名譽至爲深鉅，敢望會員諸君本研究經驗所得，撰賜宏文，並向熟識會員廣爲徵求於七月底以前寄交上海南京路大陸商場五樓五四二號本委員會委員長鄒恩泳君收，至紉感盼。

◉提案委員會啓事

敬啓者：本會第四屆年會定於本年八月十九日起在濟南舉行，所有本會應興應革事項及今後進行之方針，諸待決定，務祈

會員諸君廣抒卓見，早日擬具提案逕交就近本委員會委員或逕寄濟南趵突泉前街二十九號本委員會，以便列入議程。再查本會會章第四十三條之規定，修正會章須有十人以上之提議，併請注意爲荷。

◉開會日程（如有變更臨時通知）

地址　濟南齊魯大學

會期　二十三年八月十九日至八月二十五日

會程

月	日	時間／星期	8 9 10	11 12 13	14 15 16	17 18 19	20 21 22
八	十九	日	註				册
	二十	一	開幕典禮		分會公宴	會務會議	機關公宴
	二十一	二	論文會議	公開講演	鐵路公宴	參觀遊覽	機關公宴
	二十二	三	論文會議	公開講演	團體公宴	參觀遊覽	機關公宴
	二十三	四	會務會議		團體公宴	參觀遊覽	年會宴
	二十四	五	遊覽泰山				
	二十五	六	遊覽曲阜				

赴會便覽

舟車 已由總會向鐵道部交通部接洽，照往年成例，各鐵路及招商三北兩輪船公司一律減價優待，請逕向上海總會索取優待證。

金融 濟南通用貨幣以國幣及中央中國交通三銀行鈔票爲適宜。

住宿 本委員會特商定齊魯大學文理學院宿舍免費寄宿，惟請自備帳被，此外更商定膠濟飯店濟南賓館平浦賓館等三家廉價優待。

會費 年會註册費每人五元。

代步 除本委員會特備迎送汽車外，自雇汽車每小時洋二元，洋車每市里約洋五分，明湖小畫舫每小時約洋一元。

膳食 緯四路三友齋(閩菜)，中州飯店（豫菜），二馬路聚賓園百花村，緯五路泰豐樓，芙蓉街東魯飯莊均尙可口。

郵電 郵電局在津浦站膠濟站院前大街經二路正覺寺街等處。

購置 濟南可買之山東特產工業製造品有濰縣嵌銀漆器，仿古銅器及印章，博山玻璃料器，萊陽五彩石器，昌邑王村煙台之府綢，濰縣之大布，青州之絹，東阿之阿膠，應時菓品有萊陽德州之梨，肥城之桃，烟台之玫瑰葡萄，德州西瓜等，食品有濟南蘑菇羅漢餅，洛口醋，乾景芝燒酒，蘭陵美酒等。

通訊 濟南趵突泉前街二十九號中國工程師學會第四屆年會籌備委員會電報掛號一五六二(工)

參觀摘要

津浦鐵路黃河橋 在洛口計 12 孔，全長1255.20公尺，鋼鐵重量 8652 公噸。民國紀元前三年開工，元年竣工，建築費庫平銀 45,456兩强。

津浦鐵路濟南機廠 在北大槐樹，全廠佔地 5741.22 公畝，員工 1,200 餘人，分機車鍋爐車輛機器鐵工翻砂電機動力水泵養道木等十場。

小清河工程 小清河發源於濟南至羊角溝入海，長200餘公里，平時水淺，航行祗重十五噸之帆船，近經建設廳加以整理，預計全部工竣後載重 600 噸之汽船，可以暢行。其已成工程有遜家莊及五柳閘兩處之閘壩及挖泥船兩艘。

新城兵工廠 在新城，清光緒年間成立曾一度擴充將德州兵工廠併入隸軍政部。

王家梨行虹吸工程 在歷城縣王家梨行安設 21 吋虹吸管一座，洪水時出水量，每秒鐘 30 立方呎開有高低渠道，分灌歷城章邱兩縣境內，沙域地約一萬餘畝。

成豐麵粉公司 在官紮營民國十年開辦資本 60 餘萬元，職工 200人，有磨麵機24座，年產麵 240 餘萬袋。

成通紗廠 在北商埠，民國二十一年落成，有紗錠15,000餘枚，年用棉花 46,000 担，產紗13,000餘包行銷全省。此外尙有魯豐仁豐等二廠。

振業火柴公司 在石棚街，民國二年開辦，靑島濟寧均有分廠，年出火柴 25,000箱，行銷魯豫各地。

濟南電氣公司 在東流水，民國紀元前五年成立資本 750,000萬元，備有立式雙汽缸，蒸汽透平發電機三座共 3,120 啓羅瓦特。現又添購 5,000 啓羅瓦特蒸汽透平發電機一座，正在積極裝置中。

華興造紙廠 在東流水，民國八年設立資本 350,000 元，年產紙 640 噸，行銷魯豫各地。

裕興顏料廠 在五柳閘，民國十年成立，年出硫化青染料 1,000,000斤，行銷魯冀豫各地。

豐華針廠 在龍鳳街，民國九年成立，出品行銷魯冀豫及上海各地，

17730

遊覽指南

大明湖　在濟南城內北部，佔全城面積三分之一，可游覽者有歷下亭，匯泉寺，張勤果公祠，北極閣，鐵公祠，李公祠，湖中遍植蒲荷，風景宜人。

趵突泉　為小清河源之一三穴出地中奔突有致，水味甘洌，為濟南七十二名泉之冠。

明德藩故宮　即今之省政府明天順元年建，署內有珍珠白雲濯纓等泉。

省立圖書館　在大明湖畔，原是遐園為舊時貢院之一部，民國紀元前三年改為圖書館，現藏十五萬餘册，並藏嘉祥之漢畫，滕縣德縣新出土之金石上陶室之古甎馬竹吾之古幣齿廟古器，近亦移歸保存。

千佛山　在城南5里，一名舜耕山，有舜祠，隋開皇間因石鐫成佛像，故名山腰有興國禪寺，俯瞰城市，歷歷如繪。

龍洞山　在城東南 25 里，又名禹登山有東西二洞，又東南5里許，為佛峪風景尤勝，游龍洞者，咸並遊之。

泰山　在泰安縣城北，為五嶽之冠，海拔1,500餘公尺，巖石屬太古界地層，其片麻巖片理分明，古跡名勝，目不暇給。

靈巖寺　距津浦路萬德站 18 里，建於後魏，其佛像皆宋塑，梁任公以為天下第一名塑。

闕里　距津浦路曲阜站 18 里。

嶗山　在青島之東，海拔1,200公尺，深秀雄偉，秦皇漢武均曾登臨。

◉第十四次董事會議紀錄

日期　廿三年六月二十四日上午十時

地點　上海南京路大陸商場本會會所

出席者　黃伯樵　徐佩璜　李屋身　支秉淵　周琦　胡博淵(周琦代)　楊毅(李屋身代)　茅以昇(徐佩璜代)　張延祥(支秉淵代)

列席者　裘燮鈞　鄒恩泳

主席　黃伯樵　紀錄　鄒恩泳

報告事項

主席報告：

(一)滬南新西區本會工業材料試驗所舊有基地所有出售交割手續已經辦理清楚。

(二)本屆年會籌備委員會，提案委員會，論文委員會等名單已經分別聘請。

(三)本屆年會經費擬由本會總會補助三百元(經衆討論結果，以為輔助費暫綏實行，如年會所在地之機關團體經該地分會接洽而自願擔負各項招待者，可以接受。惟不得用函信干求。)。

討論事項：

(一)建築工業材料試驗所標單選定案。

議決：由張裕泰建築事務所得標，並增加右翼總標價以三萬元為度，由建築委員會負責與張裕泰接洽。

(二)審議中國工程師學會年會論文給獎辦法草案。

議決：修正通過。

(三)審議中國工程師學會贈給榮譽金牌辦法草案。

議決：修正通過。

(四)本會工業材料試驗所奠基石上詞文案。

議決：詞文為「中國工程師學會工業材料試驗所奠基紀念中華民國二十三年八月五日立」。

(五)董事對於朱母獎學金徵文某篇之意見案。

議決：先照轉朱其清君本人酌奪。

(六)再版「機車概要」版稅酬報案。

議決：贈送著作者版權稅二百元。

(七)會員趙福靈君新編鋼筋混凝土學印刷費之籌備案。

議決：由本會設法墊付。

(八)張延祥君提議本會工業材料試驗所明年可以完成。故明年年會地點宜擇在上海案。

議決：由董事部提出本屆年會討論。

(九)張延祥君提議萬國函授學校課本應由本會翻譯刊發案。

議決：緩辦。

(十)審查新會員資格案。

議決：黃永泰 沈宗毅 張會若 楊倬聲 倪桐材 李其蘇 馮志雲 李蔭枌 潘連如 崔敬承 文燕尉 金緝端 傅驌 顧汲澄 吳簡周 李允成君等十六人通過為正會員。

史恩鴻 吳錫銀 李宜光 孟憲正 曾璋 胡翼 劉裔鐸 南映庚 宋汝舟 袁寶恩 朱振華 火永彰 邢傳東 陳受昌 應琴書君等十五人通過為仲會員。

張竹溪 孫景元 趙國棟 夏鴻壽 王化誠 于肇銘 鄭化廣 高潛 李明權 張光揆 劉罟 華允璋 潘祖芳 黃朝俊 徐崇林 劉良湛 朱寶華 孫鹿宜 吳善多君等十九人通過為初級會員。

滬太長途汽車公司 京滬蘇民營長途汽車公司聯益會二家通過為團體會員。

仲會員吳廷佐君通過升為正會員

◉中國工程師學會贈給榮譽金牌辦法（民國廿三年六月廿四日第十四次董事會議通過）

一・本會對於工程界有特別貢獻之人，得依照本辦法贈給榮譽金牌。

二・本會榮譽金牌暫定一種。

三・受榮譽金牌者須為中國國民，但不限於本會會員。

四・工程上特別貢獻之標準如下：

甲・發明(一)工程上新學理者，(二)有裨人類及國防之機械物品或製造方法者。

乙・負責主持巨大工程，解決技術上之困難以底於成功者。

五・凡中國國民合於第四條甲乙兩項標準者，得由本會會員十人以上用書面提經本會認可後，由董執兩部聘請專家五人組織委員會審查之。

六・審查結果經董事會確認與本辦法第三第四兩條之規定符合者，即由本會於每年年會時贈給榮譽金牌。

七・本辦法如有未盡事宜，得由董事會隨時修正之。

◉中國工程師學會年會論文給獎辦法（民國廿三年六月廿四日第十四次董事會議通過）

一・自民國二十三年起，本會每屆年會論文，均依據本辦法選出三篇，給予撰著者以獎金，以鼓勵學術之研究。

二・凡本會會員所撰關於工程學術之年會論文，經論文委員會審查合格者，於舉行年會時分組宣讀討論，由論文委員會參酌討論情形，每組選出一篇至三篇，（各組論文不及五篇時選一篇，五篇以上不及十篇時選二篇，十篇以上選三篇），為初選論文，並將該項稿件移交工程編輯部儘先付刊。

三・工程編輯部於初選論文刊印後，即報請董執兩部延聘複審委員三人就該項論文中選出三篇，為受獎論文，並評定名次。

四・受獎論文之獎金如下；

第一名 壹百元 第二名 伍拾元

第三名 叁拾元

受獎人不願領受獎金時。由本會改贈相當紀念品。

五・論文給獎結果，於本會工程週刊內揭載之。

六・本辦法如有未盡事宜，得由董事會議隨時修正之。

工程週刊

(內政部登記證警字788號)
中國工程師學會發行
上海南京路大陸商場542號
電話：92582
(稿件請逕寄上海本會會所)

中華民國28年5月25日出版
第3卷第21期(總號62)
中華郵政特准掛號認為新聞紙類
(第1831號執據)

本期要目

整理湖北金水與揚子江水位之關係

定報價目：每期二分；每週一期，全年連郵費國內一元，國外三元六角。

用手推移之顫動機

工程師之登記

編 者

工程師之登記在外國行之已久，我國政府近亦施行技師登記辦法，誠屬必要之舉。此舉不過實行二三年，而登記之技師已愁其殖有需要。蓋工程職業在我國日見發展：技師人數年有增加，工程業務時刻擴展，苟無甄別辦法，則必漫無限制；不但與工程建設有安危之關係，卽與工程本業亦有榮辱之影響也。

整理湖北金水與揚子江水位之關係

宋希尚

嘗考湖北金水流域，位於武咸蒲嘉四縣境內，環繞魯斧黃西諸湖，有地六百餘平方公里；（約合九十餘萬畝）地勢低窪，每值夏秋揚子江盛漲，江水卽由金口倒灌而入，以致農田荒蕪，財產損失，居民不得安其業而流徙他方者，未可勝數。根本整理，以濟沉災而增國富，實爲急不容緩之舉！經揚子江水道整委會以數載精密測量之結果，進謀審愼之計劃；客歲編成湖北金水整理計畫草案，呈由國府核准，幷責成主持辦理，經費先就湖北省府原有之堤工費項下籌撥之。一年以還，屢經接洽，卒以時局多故，迄未着手。今慶軍事告終，建設伊始，就湖北而言，於諸般建設之中，尤以實現救災生利之金水整理，爲當務之急；旣可以救四縣人民三年兩次於洪水之中，又用百萬元之費，整理百萬畝之地，而獲千萬元之利，此而不作，水利云何，建設云何？

或曰：金水計畫，有土壩以制止江水之倒灌，有洩水門以宣洩流域內之雨水，有船閘以便利該處之航運，誠完善矣；惟金水通江，截流築壩，江水倒灌，固無機會，但遇江水盛漲，旣因壩阻，致失金水分洩之路，而減其儲留之功用；行將一瀉直下，大江水位，勢必增高，不特危及下游江堤，卽武漢一帶亦將有氾濫之虞；是利於此者將失於彼，以鄰爲壑，仍未爲計之得也。

余曰：非也，夫治水宜順水性，不應違反，致生他變，斯固然矣！當更參照實際狀況，準諸水功學理，旁徵博採，歸納至當，以期計畫完成之後，免害而收利；若憑空懸揣，危辭聳聽，雖明知工程利溥，乃仍趑趄不前，豈僅杞人憂天，抑且貽誤事功矣！按揚子江水道整委會金水整理計畫，係根據三四年實地測量而作；築壩以後，其影響於揚子江之水位至何地步，本爲計畫中之先決問題，早經深切研究！茲將所得，分別述之如下：

一、因金水築壩，揚子江盛漲之水，不能分洩；究竟抬高揚子江水位若干？足使下游兩岸堤工，及武漢一帶，發生災害乎？

查揚子江水位紀錄，以前淸同治9年（西歷1870年）爲最高，卽近60年中所僅見；是年漢口水位竟達50.50呎，（江漢關水尺零度以上）（見第一圖）高出吳淞海平爲27.33公尺；（漢口水尺零度高出吳淞海平爲11.94 公尺；）故爲設計安全起見，卽以此項最高水位，爲計算之依據。（其次爲光緒四年 48.80呎光緒15年 49.50 呎及民國15年48.90呎）

又民國15年8月18日漢口水位爲 48.60呎，高出吳淞海平爲 26.75 公尺；同日在金口以上8公里之禹觀山（本會設計之攔河壩卽在山旁）水尺記載，金水水位高爲27.84 公尺，（禹觀山水尺零度高出吳淞海平 15.19公尺）相差爲1.09 公尺。故可推知同治9年漢口水位 27.33 公尺之最高水位時，禹觀山水位應爲 28.42 公尺無疑。况金口水尺，（零度高出吳淞海平14.31公尺）每當揚子江倒灌之時，其水位必在20公尺以上。揚子江水道整委會於15年7月5日，在禹觀山測站所測得之倒灌流量，（卽揚子江水倒向流入金水）爲每秒1010立方公尺，係該年所測得之最大流量！其時禹觀山水位爲 25.90 公尺。嗣因潘家洲（金口以上）江堤決口，江水衝入金水流域，復破赤磯山之提，奪金水而出。是年8月20日禹觀山水位，雖達到27.97公尺；然因決堤泛濫之故，致此項倒灌流量，無從測定。但從水文計較中，可用公式求得之，惟以禹觀山最高水位28.42公尺標準而計算流量如下：

民國15年7月5日實測，倒灌金水之最大流量，爲每秒1010立方公尺，水位爲25.90公尺，同時上游法泗洲（距禹觀山25公里）水位爲24.29公尺。爲安全計，當禹觀山水位漲至28.42公尺時，法泗洲水位假定仍爲24.29公尺，則禹觀山法泗洲間金水之坡度，計爲

$$\frac{28.42-24.29}{25000}=0.000166$$

觀揚子江水道整委會第五期年報第三十一圖，知每屆金水水位漲至26.00公尺，卽將氾濫爲災；若高至28.42公尺，卽有2.42公尺之水深，超越於河槽之外。按此情形，爲便於計算起見，將金水河槽分爲二部分：(一)河槽本身，計寬130公尺。(二)岸槽，（卽超越河槽部分）計寬480公尺。又第五期年報第六十三圖所載，知15年7月5日倒灌金水流量，爲每秒1010立方公尺，其時河床橫斷面積爲280平方公尺，濕周周爲149公尺，濕半徑爲$\frac{820}{149}=5.50$公尺，坡度爲$\frac{25.90-24.29}{25000}=0.0000644$，流速爲每秒1.25公尺，假定禹觀山水位高28.42公尺，則金水河槽本身必較7月5日者爲增加；卽須增加寬130公尺，深2.42公尺之水量，共計全部橫斷面積爲1135平方公尺。其新濕半徑當爲$\frac{1135}{149}=7.60$公尺，坡度爲$\frac{28.42-24.29}{25000}=0.000166$，如用威衆氏水道流量之公式，則先求得河槽之流量如下：

$$\frac{V_2}{V_1}=\frac{Cr_2^{0.67}S_2^{0.54}}{Cr_1^{0.67}S_1^{0.54}}=\left(\frac{7.6}{5.5}\right)^{0.67}\times\left(\frac{0.000166}{0.000644}\right)^{0.54}$$

$$=(1.38)^{0.07}\times(2.58)^{0.54}$$

$$=1.24\times1.668=2.07$$

$V_2=2.07\times V_1=2.07\times1.25=2.578$ 每秒公尺數

$Q_2=2.578\times1135=2936$每秒立方公尺數

卽河槽部分之流量，每秒爲2936.00立方公尺是也。

又岸槽之流量，可由下式得之：

$$\frac{V_b}{V_1}=\frac{Cr_b^{0.67}\times S_b^{0.54}}{Cr_1^{0.67}\times S_1^{0.54}}=\left(\frac{2.42}{5.5}\right)^{0.67}\times\left(\frac{0.000166}{0.000644}\right)^{0.54}$$

$$=(0.44)^{0.67}\times(2.58)0^{0.54}$$

$$=0.577\times1.668=0.962$$

$V_b=0.962\times V_1=1.20$每秒公尺數

因 $A_b=1160$ 平方公尺 $P_b=480$

故 $r_b=\frac{1160}{480}=2.52$

卽 $Q_b=A_b\times V_b=1160\times1.20=1392$ 每秒立方公尺數

卽岸槽部分之流量，每秒爲1392.00立方公尺是也。

上二項流量，共計每秒爲4330.00立方公尺；此卽爲揚子江漢口自有記錄以來水位最高時，漲至27.33公尺，（如同治9年大水）同時金水水位亦高至28.42公尺時，揚子江倒灌金水之最大流量也。茲從第二圖漢口揚子江流量曲線之上，量得在27.33公尺水位時，揚子江流量每秒爲71000.00立方公尺；倘金水築壩閘閉，則揚子江之流量，應再加4330立方公尺，卽每秒共計爲75300立方公尺。再以此數復由圖上量得水位高應爲27.51公尺，是因壩而增加揚子江在漢口一帶之水位，最多不過0.18公尺，合7吋而已。

由上觀之，縱使遇到同治9年之大水，而金水又不再容江水之倒灌；則響應於金口以下揚子江之水位，充其量亦僅7吋而已！且此數之增加，乃由安全起見，假定法泗洲水位不變，使金水自禹觀山至法泗洲之坡度有0.000166之陡削。但實際上，如禹觀山水位由25.90公尺，升高至28.42公尺，法泗洲

17735

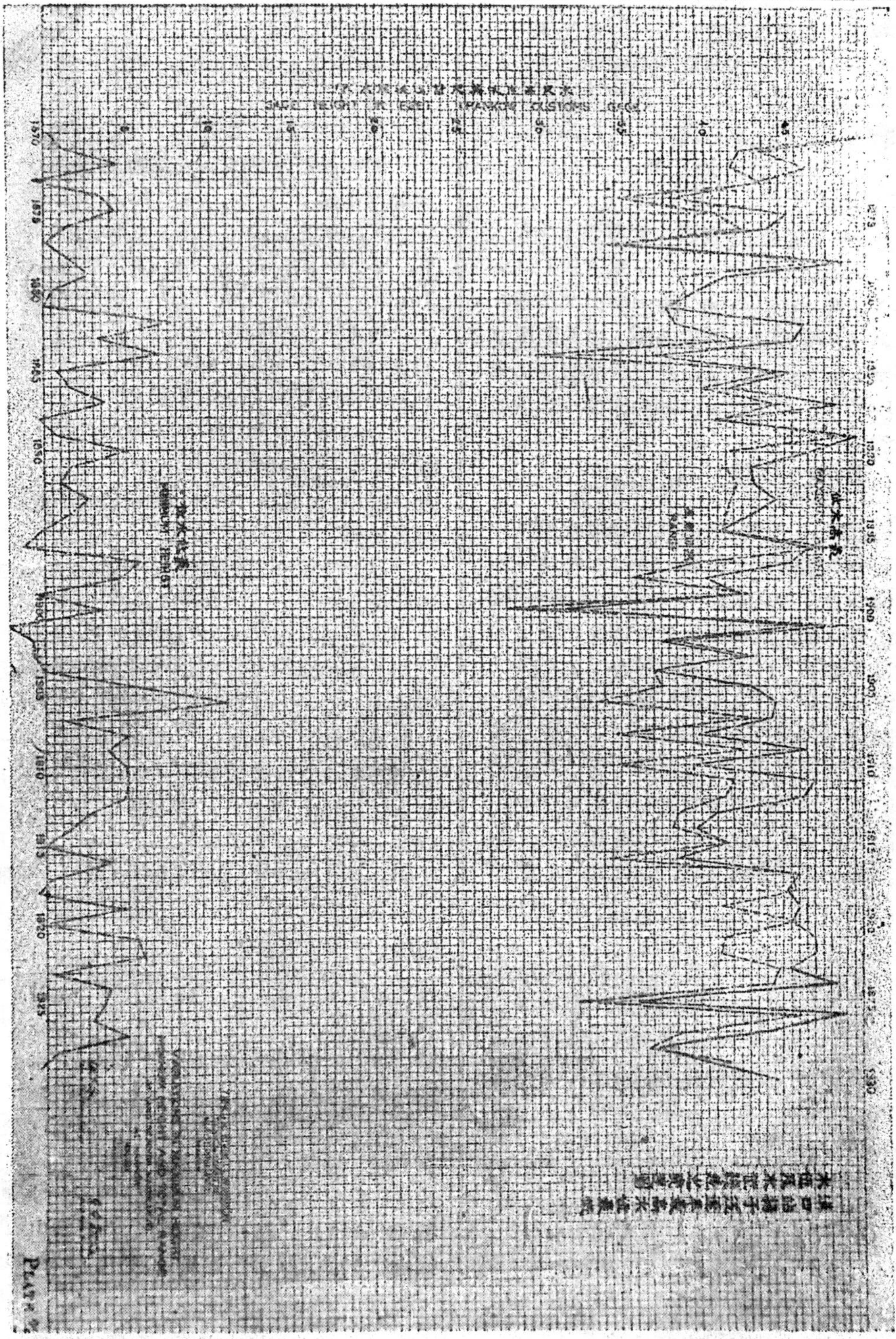

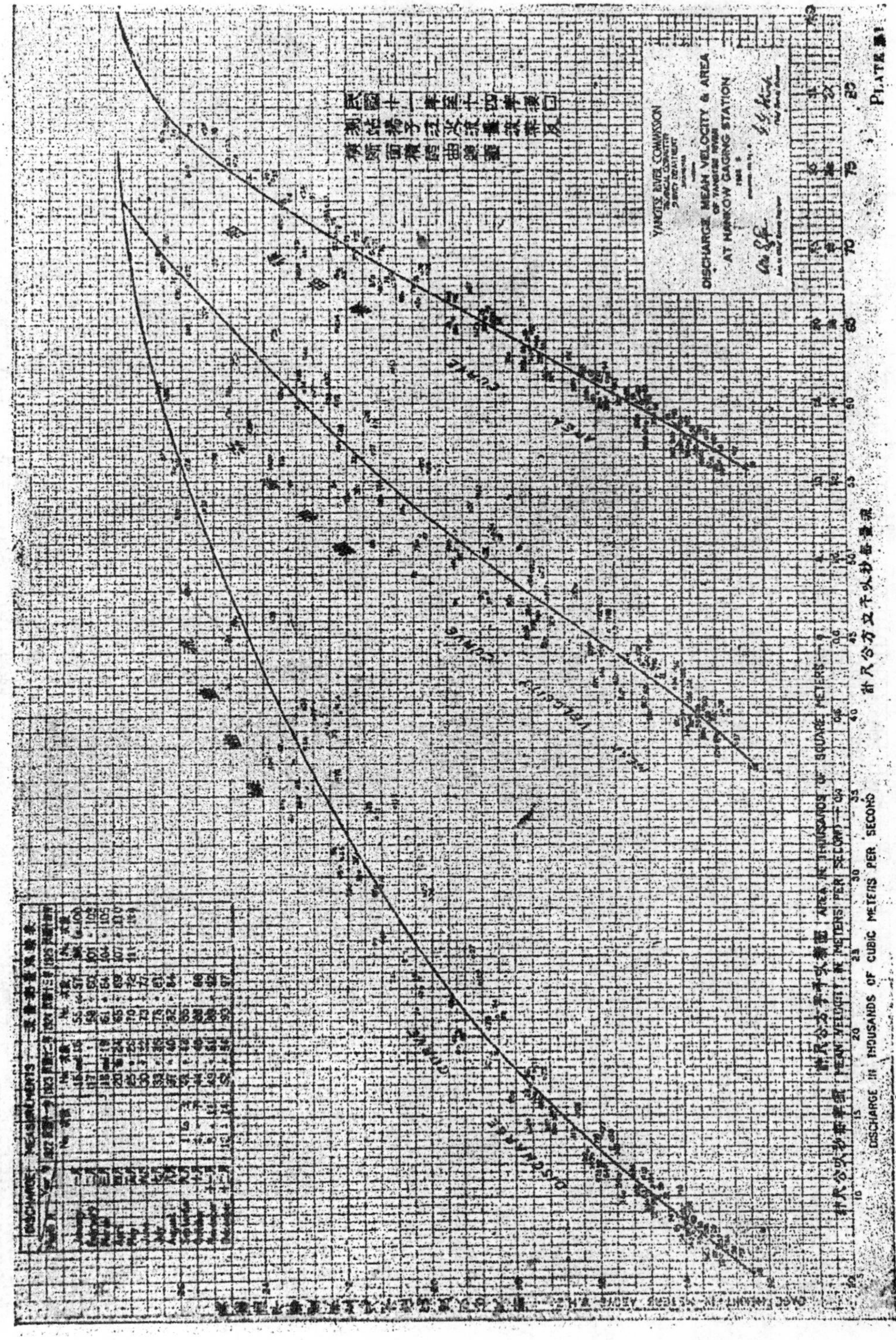
YANGTZE RIVER COMMISSION
DISCHARGE, MEAN VELOCITY & AREA
AT HANKOW GAGING STATION
PLATE
DISCHARGE IN THOUSANDS OF CUBIC METERS PER SECOND

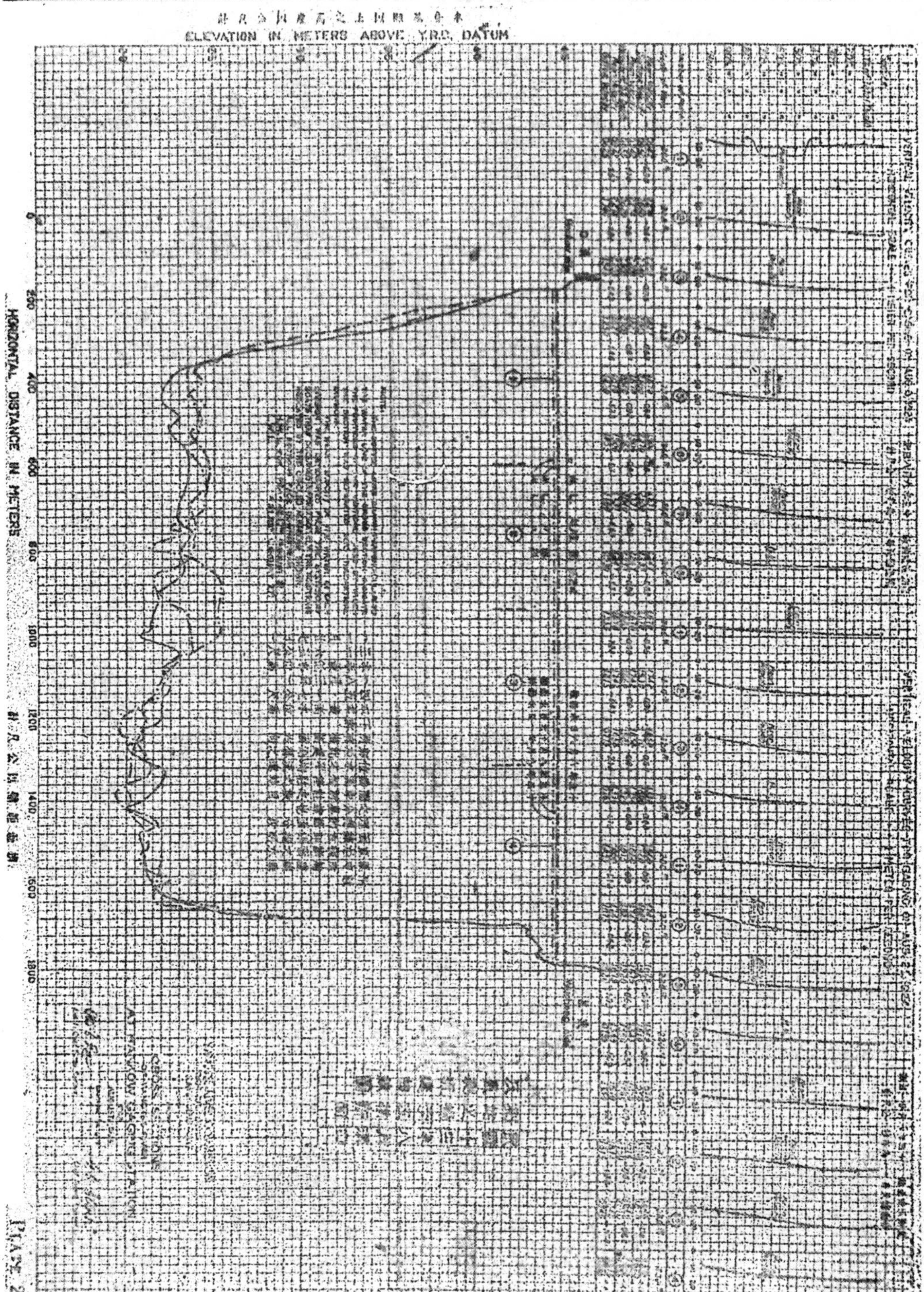
ELEVATION IN METERS ABOVE Y.R.D. DATUM
HORIZONTAL DISTANCE IN METERS
PLATE 22

之水位，決無不升高之理，則坡度約僅為假定者之半。江水倒灌之最大流量，因此至多為每秒4330立方公尺之70%，約僅3000立方公尺而已。其影響於揚子江之水位，即無7吋之多。所謂將遺害於金口以下兩岸江堤，及武漢一帶者，眞不免過慮矣。

二、揚子江在盛漲之時，流量及面積旣見增加，其水位是否成比例而抬高乎？

金水整理工程，一旦見諸實施，揚子江盛漲時，影響於金口以下水位之微，已如上述。揚子江在盛漲之時，其流量與面積，勢必增加；然其水位是否隨之抬高，抬高至何程度，亦一研究問題！玆就揚子江水道整委委會11年至14年漢口測站，歷年施測揚子江之流量流率及面積曲線圖（第二圖）以討論之；如面積曲線，凡在低水時，當面積增加1000平方公尺，同時水位之抬高，約為0.80公尺，而在尋常高水時，則不過0.30公尺而已。又流量曲線，凡在低水時，如每增加流量1000立方公尺，則水位之抬高，約為0.60公尺。而在尋常高水時，則尙不足0.20公尺。由此觀之，因以知水量愈大，水位之抬高反小；在尋常高水時，面積與流量，固有相當之增加；而水位升高，反不如低水時之顯著；若遇盛漲水位之抬高，蓋見其微矣。根據此種實在狀況，推相金水建壩，致江之流量，雖見擴大；然於水位影響，可信其甚輕。尤有進者，揚子江自宜昌以下，東訖於海，所經地域，幾全係冲積層；若岩石江底，似極少見。因江水挾帶泥沙頗富，冬春水淺流緩，則沿途停瀦，隨在淤積，為航行之阻；夏秋水深流急，水力加大，每將江底冲刷，如第三圖之漢口揚子江橫斷面圖；當水位增高時，江底反見刷深，可為明證。故盛漲之時，因江底之刷深，使面積擴張，水位遂不抬高；此不獨為揚子江之現象，要亦河道之天然狀態，世界河流，皆同一例也。

三、假定金水流域，為揚子江蓄水之需；則金水整理後，江水不將有失調節乎？

今之懷疑於整理金水整理計畫者，在視金水流域為揚子江蓄水之域。如値江水盛漲，一部分水量，洩入金水後，下流武漢一帶之水患，將因而輕減。此說驟視之，似覺合理；然按諸事實，則未盡然。夫金水流域，在昔原為膏腴之地，徒以江失疏修，水流不暢，一遇盛漲，即倒灌成災，良田百萬畝，淪為澤國，是非天然之現象，乃人謀之不臧，未可與洞庭鄱陽二湖等量齊觀也。况江水之高漲，係由漸而至，頃刻之間，決無數公尺之升騰；在由金口水位20公尺以達28公尺之時間內，金水流域內早已漸次充滿；迨達最高水位時，所能繼續容納之水量，實屬有限；雖視之為一蓄水池，其奈此池滿溢，已無餘地，不克再受滔滔不斷之來水何？故吾敢斷言，江水漲至相當地位，即無壩阻，為事實所趨，亦不再向金水倒灌，將順流而下，與金水之整理與否？實無重大關係，如能明蓄水湖之功用，此意必易明瞭。近年廣東治河委員會對於宋隆整理計畫，可資考證。

基上三點，關於整理金水，其影響於揚子江之水位，旣微且輕，已可灼見。况計畫實施之後，工事觀成之時，詎僅澹災捍患，慶衍安瀾；即言灌溉運輸，尤多裨益。其地値可增三千餘萬元，其歲獲可加三百餘萬元，鈎稽預計，效益彰彰。且揚子江水道整委會對於揚子江漢口吳淞間整理計畫，亦已擬製就緒，呈經政府核准在案；綜計整個工程，預算約需五千二百二十餘萬兩。而藏家洲得勝洲蘿蔔鴨蛋洲湖廣沙洲漢口沙洲，其淤淺所在，皆屬鄂境，實居全段十一處之五。各個整理之經費，共計一千七百餘萬兩，佔整理經費三分之一而有餘。似此偉大建設事業，在國家自必籌措有方，然苟因金水整理得宜，盈利已同操劵，則挹彼注此，移備整理上列五洲之基金，以鄂省經營之利益，更謀鄂省航運之便利，誠所謂兼籌並顧，事半功倍，較諸綢繆之術，仰屋興嗟者，豈不居之泰然乎？爲國家建設計，爲地方事業計，爲公共利益計，若此金水整理者，不宜有膠柱鼓瑟之見，因噎廢食之慮，躊躇反顧，觀望因循矣。微聞金水流域人民，以利害切膚之關係，早經集合團體，請願促進，是則顧念人民之痛苦，治理郡國之利病，更不容視爲緩圖，余願以合作互助之精神，爲淖厲無前之盛舉，爰舉上列諸端，當作金水計畫促進之參證可也。

國內工程新聞

(一)北平將有木炭汽車廠

北平鐵路展覽會平漢館陳列之中國煤氣製造廠出品木炭汽車，與長途汽車相同，車旁多一炭氣爐，機件與駛法，亦與汽車無異，裝炭一次可行二百餘華里。據發明人胡天白談，本廠同人素習工程業與機械，既認定舶來品必須打倒，則工業與交通所需燃料，亦非獨立不爲功。故私人資格集資十餘萬，開設斯廠，木炭汽車即係全體職工細心研究而成。現更進一步，研究煤氣淺水船，壓路機，耕田機，發電機，救火汽車，灑水汽車，鐵道汽車等，均係木炭代汽油使用，不但經濟，而且靈便，將來擬在平設立分廠創造。

(二)贛省公路進展

江西境內公路，截至22年底止，完成路綫3300公里，本年一月至三月三個月內，又繼續完成337公里，四五兩月內，續行完成之路，計351公里。截至現在止，江西全境以通車之路綫，共有3,988公里，合華里有6,000里之多。至鋪設路面之工程，在四五兩個月內，完成者621公里，截至現在止，共2,091公里，合華里4,200里之多，不論晴雨，均可通車。茲錄四五兩月完成路段及鋪設路面路段如下：汴粵幹綫，牛行萬埠段，44公里。城贛支綫，南豐廣昌段，55公里。修平支綫，白土龍門廠段，45公里。永古支綫，沙溪龍崗段，30公里。汴粵幹綫，界牌箬溪段，35公里。安靖縣道，安義靖安段，62公里。乾奉縣道，乾州奉新段，15公里。宜新支線，二都河口段7公里。玉八縣道，玉山八都段，62公里。上甘縣道，上饒甘溪段，32公里，五應縣道，五都應家口段，28公里。合計351公里。

(三)第一水工試驗所開工

中國第一水工試驗所，在津北洋工學院內建築，佔地5畝，工費300,000元。5月17日已動工。惟工費現祇籌得200,000元，尚缺100,000元在募集中。

(四)疏濬吳淞江會議

內政部定6月13日在京再度召集四機關開疏濬吳淞江第二次會議，作最後決定。昨已分別通知蘇省府，滬市府，交通部，揚子水整會，派代表前來出席。

(五)建築錢江大橋消息

錢江大鐵橋，部省決合作興築。曾養甫前赴京已與鐵道部商定辦法。全部建築工程經費五百餘萬，向中央庚款會借材料費二百五十萬，滬銀行界借二百萬，即另由鐵道部負擔一百萬元，7月間可開工興建。

國外工程新聞

用顫動法鋪築三和土路面之成績

近二年來美國在試驗一種新的方法鋪築三和土路面，稱為顫動法 Vibration 或 Vibratory Method。此法雖是尚在試驗，然已得有相當結果。將來如果達到圓滿結論，必能為鋪築三和土路面方法開一新紀元。此方法之要點為應用一種顫動機 Vibrator 裝置於路面平準板 Screed 上，使此板括過所鋪下三和土路面時，發生連續顫動，將三和土築實。依美國華盛頓京城公路處 Board of Public Roads 工程師所述，每隻顫動機乃一$\frac{1}{3}$匹馬力之馬達，每分鐘可有 3,600 轉，馬達中軸上裝置一偏心的重物，此動物迅速轉動，即致平準板隨之而顫動。此平準板即標準式之雙板平準板，惟較寬而厚。在前一板裝置2或3隻顫動機，在後一隻裝置1或2隻顫動機。美國各地試驗結果彼此尚無多大差。茲將此法之特別各點列述於下：

(1) 三和土中之洋灰成分可以減少而三和土之强度不至減低，洋灰漿之密度不至變稀。故洋灰省而路之造廉。(據紐遮舍省 New Jersey 公路局之試驗，每立方碼三和土可減省$\frac{1}{4}$至$\frac{1}{2}$包之洋灰。意利諾意 Illinois 公路局試驗結果，每立方碼三和土可省一包洋灰）。

(2) 三和土中之石子可以增加，而三和土之工作性 Workability 與黏性 Plasticity 不受影響。（據紐遮舍公路局之試驗，每 7 包洋灰拌成一堆之三和土中石子可增加125至200磅之多，而三和土之工作性與黏性不至減少。華盛頓公路處試驗結果，而三和土中之洋灰，細砂及水照舊，惟石子增加體積的四分之一，其平均彎曲强度 Average flexural strength 反而增高；碎石最顯，卵石最微)。

(3) 陷墜 Slump 可減小至1吋以下。（華盛頓公路處試驗結果依標準方法，陷墜以$2\frac{1}{4}$吋為最低限度，用顫動法最小陷墜須 1 吋而得到同樣之平勻 Uniformity。意利諾意公路局試驗為$\frac{1}{2}$吋之陷墜)。

(4) 所用水量減少，三和土空隙 Porosity 大見減少或減除。（泳）

（參閱本期本刊首頁照片）

歡迎會員參加年會！

日期 廿三年八月十九日起至廿五日止

地點 濟南齊魯大學

會程 詳閱本刊 3 卷 20 期

報名 應照下列所開各點辦理

1. 姓名
2. 年歲
3. 籍貫
4. 經行路程
5. 起訖站點或埠頭
6. 乘車船等級
7. 往返日期

17741

中國工程師學會會刊

工程

總編輯：沈　怡

第九卷第三號目錄（已於廿三年六月一日出版）

橋梁及輪渡專號（上）

主編　茅以昇

編輯者言

一、本專號所輯，皆關係本國橋梁工程及輪渡之論著；撰稿者皆曾躬預其事，負有計劃或督造之責，故所紀述，重事實而略理論。

二、本專號因材料擁擠，分兩期刊布，下期定八月一日出版。

三、上期所述之橋梁及輪渡，悉係鐵路所用者，下期則兼及公路與城市，藉覘各方之進步。

四、各篇附圖，皆係特製者，承各機關協助，予撰稿者以便利，書此誌謝。

17742

17743

北甯鐵路簡明行車時刻表

中華民國二十三年四月一日重訂

上行車

列車次數＼開到時刻＼站別	遼寧總站	錦縣站	山海關開	秦皇島開	北戴河開	昌黎開	灤縣開	古冶開	唐山到	唐山開	蘆台開	塘沽開	天津東站到	天津東站開	天津總站開	郎坊開	豐台開	北平前門到
第八次慢車中膳各等			五·五五	六·二二	六·五二	七·四三	八·四九	九·四七	一〇·二六	一〇·三三	一一·五三	一三·一〇	一四·一〇	一四·二〇	一四·三五	一六·〇九	一七·四六	一八·二〇
第四次特別快車膳車各等			九·一五	九·三八	一〇·〇七	一〇·五[illegible]	一一·三八	一二·二五	一二·五七	一三·〇〇	一四·〇〇	一[illegible]·五一	一五·四五	一五·五五	一六·〇五	不停	一八·一五	一八·四二
第二十次及第十二次客貨混合三等慢車			一〇·〇〇	一〇·五五	一一·四六	一三·五〇	一六·四五	一九·三〇	二〇·四五	停	第十二次	自天津起		八·一五	八·四〇	一二·四九	一七·〇〇	一八·〇五
第十次快車膳車各等			一三·〇〇	一三·二五	一三·五〇	一四·二八	一五·二〇	一六·〇七	一六·三九	一六·四五	一七·四六	一八·五〇	一九·四五	二〇·〇〇	二〇·一一	二一·二四	二二·五〇	二三·二〇
第一〇二次快車膳臥各等			二一·五五	二二·二八	二三·〇六	二四·〇〇	一·〇三	二·〇[illegible]	二·四〇	三·二〇	四·三一	五·三二	六·三七	六·五〇	七·〇六	八·二七	九·四三	一〇·一二
第十六次客貨混合三等慢車及第四〇二次瀋平直達貨車										五·〇〇	七·五八	一一·〇〇	一三·一〇	一八·四五	一九·三三	二三·四〇	二·四〇	三·五〇
第六次特別快車膳車各等														九·二〇	九·二八	不停	不停	一二·〇六
第三〇二次平瀋直達特別快車膳臥各等								由上海開來					七·一〇	七·三五	七·四五	八·五五	九·五九	一〇·二九
第二次平浦直達特別快車膳臥各等								由浦口開來						五·二〇	五·三〇	六·四三	七·四九	八·一九

下行車

列車次數＼開到時刻＼站別	北平前門開	豐台開	郎坊開	天津總站開	天津東站到	天津東站開	塘沽開	蘆台開	唐山開	古冶開	灤縣開	昌黎開	北戴河開	秦皇島開	山海關到	錦縣站	遼寧總站
第七次慢車中膳各等	五·四五	六·二〇	七·四二	九·二八	九·三六	九·四五	一〇·四八	一一·五八	一三·〇一	一三·四八	一四·四三	一五·五四	一六·四四	一七·一三	一七·三五		
第十一次及第十九次客貨混合三等慢車	七·五〇	一〇·二五	一四·〇〇	一八·〇一	一八·一六	停	第十九次	自唐山起	六·三〇	八·〇〇	一〇·〇五	一二·二[illegible]	一三·四六	一四·四九	一五·二〇		
第三〇一次平瀋直達特別快車膳臥各等	一五·〇五	一五·三六	一六·四〇	一七·五〇	一七·五九	一八·二〇	開往上海										
第三次特別快車膳車各等	八·三〇	八·五八	不停	一一·一〇	一一·一八	一一·三五	一二·三二	一三·二六	一四·二四	一五·〇五	一五·四五	一六·三七	一七·一六	一七·四[illegible]	一八·〇[illegible]		
第九次快車膳車各等	一四·二五	一四·五七	一六·〇九	一七·二九	一七·三八	一七·五〇	一八·五〇	一九·四六	二〇·五三	二一·三四	二二·一七	二三·一〇	二三·四五	〇·一〇	〇·三〇		
第五次特別快車膳車各等	一六·三〇	不停	不停	一九·〇七	一九·一五	停											
第一次平浦直達特別快車膳臥各等	一八·五〇	一九·二〇	二〇·二六	二一·三九	二一·四八		開往浦口										
第一〇一次快車膳臥各等	二〇·一五	二〇·四八	二二·〇八	二三·四一	二三·五〇	二四·〇〇	一·一〇	二·一三	三·二四	四·一四	五·〇六	六·一七	七·〇九	七·三七	七·五九		
第四〇一次平瀋直達貨車及第十五次客貨混合三等慢車	二〇·二五	二二·一〇	〇·五〇	三·四五	四·〇〇	五·四五	八·四七	一二·一四	一五·二四	停							

膠濟鐵路行車時刻表

民國二十三年七月一日改訂實行

下行列車

站名	到開	十一次各等	二一次各等	七一次三等	七三次三等	一次各等
青島	開	七•〇〇	一一•三〇	一五•〇〇		二一•四〇
大港	開	七•一一	一一•四一	一五•一一		二一•五一
四方	開	七•二〇	一一•五〇	一五•二〇		二二•〇〇
滄口	開	七•三六	一二•〇六	一五•三八		二二•二六
女姑口	開	七•四八	一二•一八	一五•五一		不停
城陽	開	七•五七	一二•二七	一六•〇一		二二•三四
南泉	開	八•一三	一二•四三	一六•一八		不停
藍村	開	八•二七	一二•五八	一六•三六		二三•〇二
李哥莊	開	八•三六	不停	一六•四五		不停
膠東	開	八•四八	不停	一六•五八		不停
膠州	到	九•〇〇	一三•二五	一七•一一		二三•二八
膠州	開	九•〇三	一三•二七	一七•一四		二三•三〇
芝蘭莊	開	九•一九	一三•四四	一七•三三		不停
姚哥莊	開	九•二八	不停	一七•四三		不停
高密	到	九•三九	一四•〇二	一七•五一		〇•〇二
高密	開	九•五〇	一四•一二	一八•〇五		〇•一三
康家莊	開	一〇•〇三	不停	一八•一六		不停
蔡家莊	開	一〇•一五	一四•三三	一八•二八		不停
塔耳堡	開	一〇•二五	一四•四三	一八•三九		不停
丈嶺	開	一〇•三五	一四•五三	一八•五三		不停
岞山	開	一〇•五三	一五•一三	一九•一一		一•一三
黃旗堡	開	一一•〇一	一五•二二	一九•二一		不停
南流	開	一一•〇九	不停	一九•三一		不停
蝦蟆屯	開	一一•二四	一五•四一	一九•四八		一•二八
坊子	到	一一•三七	一五•五四	二〇•〇三		一•四一
坊子	開	一一•五三	一六•〇八	二〇•一一	六•三〇	一•五六
二十里堡	開	一二•〇四	一六•二〇	二〇•二六	六•四四	二•〇八
濰縣	到	一二•一二	一六•二八	二〇•三五	六•四九	二•一六
濰縣	開	一二•一五	一六•三三		七•〇四	二•一八
大圩河	開	一二•二九	不停		七•一七	不停
朱劉店	開	一二•四〇	一六•五三		七•三三	二•四〇
昌樂	開	一二•五五	一七•〇六		七•四六	二•五五
堯溝	開	一三•〇五	一七•一八		八•〇〇	不停
譚家坊子	開	一三•一七	一七•三〇		八•一四	不停
楊家莊	開	一三•二八	一七•四一		八•三二	不停
青州	到	一三•四二	一七•五六		八•四六	三•二四
青州	開	一三•四六	一八•〇〇		八•五六	三•三六
普通	開	一三•五八	不停		九•〇一	不停
淄河店	開	一四•〇八	一八•二九		九•一七	不停
辛店	開	一四•二一	一八•三六		九•三三	四•一五
金嶺鎮	開	一四•三五	一八•五〇		九•四四	不停
湖田	開	一四•四八	一八•五九		九•五五	不停
張店	到	一四•五七	一九•〇八		一〇•一〇	四•三一
張店	開	一五•一二	一九•二三		一〇•一五	四•四六
馬尚	開	一五•二一	不停		一〇•二〇	不停
周村	到	一五•四〇	一九•四八		一〇•四〇	五•一二
周村	開	一五•四三	一九•五一		一〇•四七	五•二一
大臨池	開	一六•〇七	不停		一一•二三	不停
王村	開	一六•一九	二〇•二〇		一一•三六	不停
普集	開	一六•二九	二〇•三四		一一•四八	五•五三
明水	開	一六•四四	二〇•四九		一二•〇五	不停
棗園莊	開	一六•五四	二一•〇〇		一二•一八	六•二五
龍山	開	一七•〇八	二一•一五		一二•三五	六•五九
郭店	開	一七•二三	二一•三〇		一二•五三	不停
王舍人莊	開	一七•三四	二一•四一		一三•〇五	不停
黃臺	開	一七•四七	二一•五五		一三•二〇	七•〇三
北關	開	一七•五五	二二•〇七		一三•二九	七•一〇
濟南	到	一八•〇〇	二二•一三		一三•四五	七•二五

上行列車

站名	到開	十二次各等	七二次三等	二二次各等	七四次三等	二次各等
濟南	開	七•〇〇		一一•四〇	一四•四〇	二二•〇〇
北關	開	七•〇九		一一•四七	一四•四七	二二•〇六
黃臺	開	七•一六		一一•五四	一四•五五	二二•一三
王舍人莊	開	七•三〇		一二•〇八	一五•一〇	不停
郭店	開	七•四三		一二•二〇	一五•二三	不停
龍山	開	七•五七		一二•二六	一五•三九	二二•四八
棗園莊	開	八•一三		一二•三三	一五•五五	二三•〇二
明水	開	八•二四		一三•〇三	一六•〇七	不停
普集	開	八•四一		一三•二〇	一六•二〇	二三•二八
王村	開	八•五一		一三•三一	一六•三四	不停
大臨池	開	九•〇三		不停	一六•四四	不停
周村	到	九•二〇		一三•五六	一七•一三	〇•〇二
周村	開	九•二三		一三•五九	一七•一六	〇•〇四
馬尚	開	九•四〇		不停	一七•三五	不停
張店	到	九•四八		一四•二一	一七•四三	〇•二六
張店	開	一〇•〇三		一四•三六	一七•五八	〇•四一
湖田	開	一〇•一五		一四•四九	一八•一二	不停
金嶺鎮	開	一〇•二四		一四•五八	一八•二一	不停
辛店	開	一〇•三八		一五•一二	一八•三七	一•一〇
淄河店	開	一〇•五一		一五•二五	一八•五一	不停
普通	開	一一•〇一		不停	一九•〇三	不停
青州	到	一一•一五		一五•四四	一九•一六	一•二九
青州	開	一一•一六		一五•四七	一九•一九	一•四一
楊家莊	開	一一•三一		一六•〇三	一九•三五	不停
譚家坊子	開	一一•四三		一六•二五	一九•四六	不停
堯溝	開	一一•五四		一六•三五	一九•五九	不停
昌樂	開	一二•〇八		一六•四七	二〇•一二	二•三三
朱劉店	開	一二•一九		一六•五一	二〇•一六	二•三九
大圩河	開	一二•二九		一七•〇一	二〇•三七	不停
濰縣	到	一二•四三		一七•一三	二〇•五〇	二•五八
濰縣	開	一二•四四	七•〇〇	一七•一六	二〇•五四	三•〇一
二十里堡	開	一二•五四	七•一〇	一七•三二	二一•〇四	三•一〇
坊子	到	一三•〇八	七•三三	一七•四七	二一•一七	三•三三
坊子	開	一三•二一	七•四七	一七•五一		三•四七
蝦蟆屯	開	一三•三六	七•五四	一八•〇六		三•五二
南流	開	一三•五〇	八•〇九	不停		不停
黃旗堡	開	一三•五七	八•一七	一八•二一		不停
岞山	開	一四•〇六	八•二九	一八•三五		四•一八
丈嶺	開	一四•二六	八•四八	一八•五四		不停
塔耳堡	開	一四•四三	八•五八	一九•〇三		不停
蔡家莊	開	一四•五一	九•〇八	一九•二二		不停
康家莊	開	一五•〇三	九•二〇	不停		不停
高密	到	一五•一五	九•三一	一九•四一		五•一四
高密	開	一五•二四	九•四二	一九•四三		五•二五
姚哥莊	開	一五•三七	九•五六	不停		不停
芝蘭莊	開	一五•四五	一〇•〇七	二〇•〇〇		不停
膠州	到	一六•〇三	一〇•一三	二〇•一七		五•四七
膠州	開	一六•〇四	一〇•二六	二〇•一九		五•四九
膠東	開	一六•一六	一〇•三九	不停		不停
李哥莊	開	一六•二七	一〇•五一	不停		不停
藍村	開	一六•三七	一一•〇一	二〇•四六		六•二五
南泉	開	一六•五〇	一一•一五	二〇•五九		不停
城陽	開	一七•〇八	一一•二四	二一•一五		六•四二
女姑口	開	一七•一七	一一•四四	二一•二四		不停
滄口	開	一七•二九	一二•〇七	二一•三六		六•五九
四方	開	一七•四五	一二•一五	二一•五一		七•一九
大港	開	一七•五五	一二•二五	二二•一〇		七•三〇
青島	到	一八•〇〇	一二•四〇	二二•二五		七•三五

隴海鐵路行車時刻表

自右向左讀

第一次特別快車自東向西每日開行；第十九次客貨車自東向西每日開行

站名	列車次數	時刻	上下午
徐州府	第一次	八點十分開	上午
碭山		十點十六分到 十點二十六分開	上午
商邱		十二點○九分到 十二點二十九分開	上午
開封		四點三十二分到 四點五十二分開	下午
鄭州南站		六點五十一分到 七點十一分開	下午
汜水		八點三十三分到 八點四十三分開	下午
鞏縣		九點二十三分到 九點二十五分開	下午
孝義		九點四十七分到 九點四十九分開	下午
洛陽東站		十一點十二分到 十一點四十二分開	下午
新安縣		一點十二分到 一點三十二分開	上午
澠池		三點二十一分到 三點四十一分開	上午
觀音堂		四點三十七分到 四點四十二分開	上午
會興鎮		六點○八分到 六點十八分開	上午
陝州		六點五十分到	上午
陝州	第十次	七點二十分開	上午
靈寶		八點三十二分到 八點四十七分開	上午
閿鄉		十點二十分到 十點三十五分開	上午
盤頭鎮		十一點五十二分到 十一點五十五分開	上午
文底鎮		一點二十二分到 一點二十三分開	下午行
潼關		二點二十分到	下午行

自左向右讀

第二次特別快車自西向東每日開行；第二十次客貨車自西向東每日開行

站名	列車次數	時刻	上下午
潼關	第二十次	三點三十分開	下午
文底鎮		四點五十二分到 四點二十八分開	下午
盤頭鎮		五點五十三分到 五點五十六分開	下午
閿鄉		七點十三分到 七點二十三分開	下午
靈寶		九點○一分到 九點十六分開	下午
陝州		十點二十五分到	下午
陝州	第二次	○點○五分開	上午
會興鎮		○點四十二分到 ○點五十二分開	上午
觀音堂		二點三十一分到 二點三十六分開	上午
澠池		三點十八分到 三點二十三分開	上午
新安縣		四點五十分到 五點開	上午
洛陽東站		六點十五分到 六點三十五分開	上午
孝義		七點四十六分到 七點四十八分開	上午
鞏縣		八點○四分到 八點○六分開	上午
汜水		八點四十分到 八點四十二分開	上午
鄭州南站		九點四十二分到 十點○二分開	上午
開封		十一點五十五分到 十二點十五分開	上午
商邱		四點○二分到 四點十七分開	下午
碭山		五點五十四分到 六點○四分開	下午
徐州府		八點○五分到	下午

17746

新會員通訊錄

(民國二十三年六月二十四日第十四次董事會議通過)

姓名	號	通訊處	專長	級位
李允成		(職)上海荆州路472號恆昌祥機器造船廠	機械	正
吳館周	叔周	(住)上海貝勒路梅蘭坊九號	土木	正
顧汲澄		(職)重慶子彈廠 (住)重慶十八梯一百號	機械	正
傅驌	友周	(職)重慶四川公路總局坐辦兼工務處長 (住)重慶小校場傅逸公祠	礦冶	正
金緝端	襄七	(職)重慶道門口第一模範市場華西興業公司	電機	正
文燕蔚		(職)江灣同濟大學高級職業學校	土木	正
崔敬承		(職)太原經濟建設委員會 (住)太原新民南正街一號	機械	正
潘連茹	太初	(職)太原綏靖公署	化學	正
李蔭枌		(職)青島市工務局 (住)青島文登路三號	機械	正
馮志雲		(職)廣州沙面怡和機器公司 (住)廣州市彬木欄路七十一號敬福號	電氣	正
李其蘇	奚我	(職)重慶道門口第一模範市場華西興業公司 (住)重慶大溪溝曼園	機械 航空機械	正
倪桐材		(職)河北開平馬家溝開灤礦務局	採礦	正
楊倬璧	輸宸	(職)濟南建設廳 (住)山東蓬萊紗帽街	土木	正
張會若		(職)濟南建設廳 (住)濟南濟南上新街十四號甲	採礦	正
沈宗毅		(職)濟南建設廳 (住)江蘇溧陽北門荷花塘	電機	正
黃永泰	開三	(職)博山山東第二礦務局 (住)山東定陶北門裏	採礦	正
吳廷佐		(職)武進城內江蘇建設廳鎮澄公路工程處	土木	仲升正
陳受昌		(職)上海北蘇州路120號可熾昌記鐵號	礦科	仲
邢傳東		(職)青島膠濟路四方機廠	電機 電氣鐵道	仲
火永彰		(職)上海北京路三五六號東華建築公司 (住)上海南市多稼路一七九號	土木	仲
朱振華		(住)上海製造局路二七七號	建築	仲
袁寶恩	佑民	(職)太原經濟建設委員會	機械	仲
宋汝舟		(職)濟南市政府	土木	仲

17747

南映庚		(職)太原袁家巷34號健純乳業公司	化學	仲
劉裔鐸	子劍	(職)武昌徐家棚湘鄂鐵路工務處	土木	仲
胡翼	襄復	(職)武昌徐家棚湘鄂鐵路工務處	建築	仲
曾瑋	紹賓	(職)北平內務街冀北金礦公司 (住)天津英租界五十六號路福順里六十三號	礦冶	仲
孟憲正		(職)濟南建設廳 (住)濟南按察司街十號		仲
李宜光	公前	(職)濟南建設廳 (住)濟南雙福街七號	採礦	仲
應琴書		(職)上海廈門路62號業廣地產公司	建築	仲
吳錫銀		(職)上海寧波路40號華西興業公司	機械	仲
史恩鴻	晉齋	(職)濟南建設廳 (住)山東陽信洋湖口	採冶	仲
孫鹿宜		(通)414 Eddy Street, Ithaca, N. Y., U. S. A.	土木	初級
吳善多		(通)414 Eddy Street, Ithaca, N. Y., U. S. A.	土木	初級
朱寶華		(通)509 Dryden Road. Ithaca, N. Y., U. S. A.	土木	初級
劉良湛		(通)414 Eddy Street, Ithaca, N. Y., U. S. A.	土木	初級
黃朝俊		(通)720 Haven Ave. Ann Arbor, Mich., U. S. A.	土木	初級
潘祖芳		(通)1346 Geddes Ave., Ann Arbor, Mich, U. S, A.	土木	初級
徐崇林		(職)重慶北碚中國西部科學院理化研究所	應用化學	初級
華允璋		(職)青島膠濟路工務第一分段	土木	初級
劉霄		(職)青島膠濟路工務第一分段	土木	初級
張光揆		(職)青島車站工務第一分段	土木	初級
李明樞		(職)青島四方機廠	鐵道機械	初級
高潛		(職)青島四方機廠	鐵道機械	初級
鄭化廣		(職)青島四方機廠	機械	初級
于肇銘		(職)上海博物院路15號信昌機器公司 (住)南通縣騎岸鎮	紡織	初級
王化誠		(職)山東章邱縣政府第四科	土木	初級
夏鴻壽		(職)上海江西路278號康益洋行	土木	初級
趙國棟		(職)山東歷城縣政府第四科	土木	初級
孫景元		(職)山東齊河縣政府第四科	土木	初級
張竹溪		(職)濟南省黨部	採礦	初級
京滬蘇民營長途汽車公司聯益會		上海南京路大陸商場五樓五四二號		團體
滬太長途汽車公司		上海閘北太陽廟後滬太路		團體

17748

工程週刊

(內政部登記證警字788號)
中國工程師學會發行
上海南京路大陸商場542號
電話：92582
(稿件請逕寄上海本會會所)

中華民國23年6月1日出版
第3卷 第22期(總號63)
中華郵政特准掛號認爲新聞紙類
(第1831號執據)

本期要目

定報價目：每期二分，全年52期，連郵費，國內一元，國外三元六角。

上海市政府新屋攝影

大上海之建設

編者

大上海之建設，關於工程方面固爲衆所注意，而其所以能逐步成功則另有原因焉。第一，上海市歷屆市長莫不努力此項建設，未嘗變更原定計劃。第二，輿論鼓吹不遺餘力。查建設事業易得社會之贊許原不希罕，惟長官更換而政策不變，則爲我國鮮見之事。每見某種計劃，某種方案，有擬議而無實行，或有實行而半途停頓，或未停頓而任意變更。此皆無數事業失敗之礁石；細究其實，無非新任之人隨意參加私見，變動舊案，目的全在自私自利，事業結果如何非所計也。竊望大上海之建設，本過去順利歷史，繼續進行，底於最後成功，而爲國內其他建設事業之模範焉。

建築上海市政府新屋紀實

上海市市中心區域建設委員會

◉緒言

上海爲吾國最大之商埠，及世界著名商港之一。近年以來，工商業日益發達，人口已逾三百萬，舊有市區已有人烟過密之勢，尤以碼頭地位之不敷支配，水陸運輸之缺乏聯絡，足爲健全發展之障礙。

上海市政府有鑒於上述情形，爰有建設大上海之計劃，凡開發新市區；改良水陸交通設備，劃定用途區域等項，悉予審愼籌慮。因此爲全市新樞紐之市中心區域於焉產生，而市政府新屋亦落成於市中心區之行政區內(參閱第1,第2及第3圖)。

建設市中心區爲實現大上海計劃之初步；市政府新屋之建築，又爲市中心區繁榮之先聲；故市政府新屋關係上海市之前途實深且鉅。茲將該屋自設計至完工之經過，筆諸本文，以告關心本市將來發展趨勢之人士。

◉計劃概要

一·上海市行政區

上海市政府新屋在市中心區域之行政區內。爲使讀者對該屋四周形勢得一概念起見，先述行政區計劃之大概如次；

歐美各大城市之公共機關，大都集合於「行政區」內，藉以便利行政而壯觀瞻。上海市行政區域卽本此意而設。該區在市中心區之中部，占地約6,000公畝(合舊制1,000畝)，有十字形之幹道貫通其間。其東西行者，東段爲五權路，直達浦濱；西段爲三民路，直達將來之總車站；兩路之總寬度爲60公尺。其南北行者，北段通吳淞，爲世界路；南段通公共租界，爲大同路。市政府房屋在四路會萃之處，而略偏北，約居行政區之中央。市政府房屋之東西兩旁各建附屬各局之房屋一所。市政府房屋之前(南面)闢一廣場，占地約700公畝(舊制120畝)，爲閱兵及市民大會之用，可容數萬人。廣場中心擬建高塔一座，登塔四顧，全市在望。廣場之東西兩旁各建市府各局房屋三所。廣場之南爲長方池，虬江橫貫其間。池之南端(環形交通廣場之北)，立五孔牌樓，爲行政區之表門。池之兩旁，可容納關於美術文化之重要建築物。市政府房屋前廣場之東西兩旁，有較小之長方池，池端各建立門樓，代表行政區之東西轅門。小池之南北兩旁，亦爲重要公共建築物之地位。市政府及各局房屋，從南而望之，可窺全部，射影池中，倍增景色。市政府房屋之北，建中山紀念堂，爲公衆聚會場所。紀念堂之四周多留空地，以點綴風景。堂前廣場立總理銅像。紀念堂之東西北三面建簡單臨時房屋四所，以便市政府附屬各局於正式房屋建築之前，暫行遷入辦公；至於將來可改作他用。全行政區內以林蔭大道及河池，橋梁，園林，廣場點綴其間，以增景色焉。

二·上海市政府房屋

上海市政府房屋之設計圖案，茲加以簡單說明如下：

1. 面積　市政房屋與附屬各局房屋比較，就體制與形勢而言，爲主要建築，自應較各局房屋高大，然就職員人數而言，則適相反。故將辦公需要以外之面積，盡量利用以擴大禮堂，圖書室，食堂等，俾可供全市政府(包括附屬各局在內)公用。計各層總面積爲8,981平方公尺。

2. 高度 中國式建築，例皆平矮，過高卽失其特點。然市政府房屋，又不便過低，致失其莊嚴性，故定爲四層。自外觀之第一層爲平台，平台之上爲二層宮殿式之房屋，最上一層則隱於屋頂之內。就內部佈置而言，第一層及第三層爲辦公地位，第二層爲大禮堂，圖書室，及會議室，第四層係利用屋頂下空處，分隔房室，爲儲藏檔案什物及供員役居住之用，屋之中部比兩翼較高，因居中之大禮堂平頂較高，且市長與高級職員之辦公室及會客室均在中部，藉此可顯示中部之重要也。屋頂最高點距地面計約31公尺。

3. 長度 中國式建築，因屋頂及光綫關係，面積不宜過大，遇必要時，只可分作數部，連接一處。市政府房屋所佔地盤甚大，故將全屋分爲三段，其總長度約93公尺。

4. 寬度 中國式建築，例取長方形，其寬度約爲長度之半。市政府新屋，總長度達93公尺，寬度則因內部光線關係，不宜超過25公尺，爲免使本建築物發生過形狹長之印象起見，故如上項所述，將全屋分爲三段，中部寬25公尺，兩翼寬20公尺。

5. 外表 梁柱式建築爲建築式樣中之最古者。埃及與希臘式建築，均以梁柱式爲主體。中國式建築，亦復如是；其特點在運用各種顏色，裝飾梁柱等部分。市政府房屋之外表卽採用梁柱式第一層爲平台，圍以人造石欄干，其上則爲中部三層，兩翼二層之梁柱式房屋。屋面蓋綠色琉璃瓦，用鐵絲紮緊，下面用水泥填塞。屋脊用金黃色琉璃瓦及水泥點金裝飾。屋簷鷄斗等概粉水泥，外加顏色漆。中部屋脊兩角正吻，爲全屋之烟囱出烟洞。

中部屋脊，高出地面凡 31.24 公尺，兩翼屋脊，各高出地面 26.22 公尺。第一層高出地面 1.37 公尺。第二層高出第一層 4.27 公尺，第三層高出第二層之尺寸，中部爲5.79公尺，兩翼各爲 4.27 公尺。第四層高出第三層之尺寸，中部爲4.27 公尺，兩翼各爲2.44公尺。

房屋四面均裝鋼質門窗。下層四面建金山芝蔴石石階。正面石階，自屋外地面直達大禮堂正門前，因拱成橋，俾車馬可直達正門，堦旁有石獅兩座及旗杆台兩處。外牆勒脚均用芝蔴石鑲砌。外牆上部均用人造石面。所有外面水泥梁柱等，均用顏色彩花。

6. 內部佈置 內部佈置，參用中西式樣，注重實用。自第一層至第四層，每層有電梯，扶梯，廁所各二處，分列左右，並有穿堂連貫各室中部第一層之下，有地下室。

內部樑柱及平頂於主要室中，如大禮堂，大會議室，圖書室，市長室，大食堂，大會客室，底層前後門樓等，均用水泥粉光，再加色彩。普通平頂做白條粉刷。各層穿堂鋪國貨紅色磚地面，其餘各室做人造地面，廁所鋪白磁磚地面，四層樓鋪水泥地面。內部門窗及裝修，概用上等榴安木。禮堂，會議室，穿堂等處之牆面用顏色水泥粉刷，其餘各處用普通粉刷。地下室之鋼筋混凝土地面及牆面內，均做六披地瀝靑油毛毡之防濕層。地室及廚房平頂，均做避熱板。

砌牆磚料，用上等黃家灘新三號靑磚。爐間及廚房之烟囱用機器紅磚。內部隔牆，用上等空心水泥磚。內部門窗木檔兩旁，用煤屑水泥磚。

地下室爲鍋爐間，煤間，伙夫間所在。

第一層，四面各設門口於十字形穿堂之盡頭。穿堂兩旁，與電梯及扶梯連接。中部東邊爲傳達室，收發室，待候室，衣帽室，冷藏室，備菜室，廚房等；中部西邊爲警衛室，傳達室，僕役室，會計室，庶務室，保險庫，電表室，公共電話室；東翼爲大膳堂室；西翼爲第一科辦公室，儲藏室，印刷室，製圖室。

第二層中部爲大禮堂。前面另設大門，以便來賓及市民由石階直接出入，與第一層之辦公室完全隔絕。後面有講堂。兩側各有屏風，將與穿堂相通之門口掩遮。大禮堂常爲中外來賓觀禮之所，故於梁柱平頂廣施色彩，極盡輝煌華麗之能事。東翼爲會議室。西翼爲圖書室。

第三層中部爲市長辦公及休息室，秘書，參事，等室及會客室，兩翼爲各科辦公室。

第四層中部爲公役宿舍及電話機室，兩翼俱爲儲藏檔案室。

屋頂，樓面，梁柱，扶梯，底脚，地室及電梯間牆壁等，均參照西式，用鋼筋混凝土防火材料建築。

7. 鋼筋混凝土工程　混凝土之成份，分爲兩種。樓板，大料，板牆等均爲1:2:4，梁架，支柱等均爲1:1:2。

屋頂架之跨度約31公尺，係長方形鋼筋混凝土構架。屋頂架上，於交叉方向，設人字形小構架，以支承屋面，並兼充橫向撑持之用。屋頂架之兩端各以兩柱支承。

鋼筋凝土屋面梁板擱置於人字形構架上，以承載琉璃瓦，並防止雨水之滲透。

樓面主梁與全部支柱聯結，成一完備之骨骼。主梁間則加用東西向之架梁。以減少樓板之跨度。第三層樓面大禮堂上主梁之跨度，約20公尺，若用尋常鋼筋混凝土大梁，或用組合鋼梁，高度均嫌太大，殊不雅觀，故用鋼筋混凝土構造，而使其高度適等於第三層至第四層之距離。第三層之梁置於構架之下弦；第四層之梁置於構架之上弦。構架之中間一節，適爲第三層樓面之穿堂所通過，故不設斜肢，而於角點做成「剛節」。構架之兩端各支承於二柱。下層大食堂，及十字穿堂交叉處，以及上層大禮堂內之柱爲圓形，其餘均爲方形。

除最下層外牆承受一部分平台載重外，其餘全屋重量，大都經由柱子直達底脚。

柱之底脚，普通用單式及雙式兩種，惟在電梯扶梯，保險庫，冷藏室以及大禮堂後面，中部下面，因載重過大，故用四柱及六柱聯立式兩種，以增大底脚面積。

柱脚支於木樁。樁木分25公分對徑，約12公尺長洋松方樁及大頭20公分，小頭10公分，約9公尺長洋松楔形樁兩種。樁木上部約3公尺之長度內均用熱柏油塗抹。基脚下先鋪15公分厚碎磚三和土，用1:3水泥黃沙粉平，然後於在上面舖紮鋼筋以及灌注混凝土。

所有外牆底脚均用鋼筋混凝土做成倒丁字式，並於磚墩下面逐一用短梁與裏面柱脚拉牢。

8. 電氣設備

甲．電燈電力線路系統　電燈電力線，全部用暗管(外鍍鋅之無縫鋼管)裝置。管內電線一律用六百萬歐姆之頭號黑橡皮線。所有一切分線箱，燈頭箱，開關箱，插座箱，接線盒，分線等各種箱盒，及接頭，開關插座等件，均用上等材料。

市政府房屋後面石階下之小室爲總開關室，亦即裝置電表之處。室內裝電燈配電板及電力配電板各一副。

電力分線計三路：第一第二兩路，自電力配電板起，分達東西兩電梯之電動機室爲止；第三路自電力配電板起，至電話充電室之開關爲止。

關於電燈線路者於各層之東西兩側及第二層大禮堂內，各設分線箱一具，共計九具。除第三，第四兩層之東部分線箱合用中繼線一路，又第三，第四兩層之西部分線箱亦合用中繼線一路外，其餘每一分線箱各用中繼線一路，故合計七路。此項中繼線均直達電燈配電板。

自分線箱分出之電燈分線，每路所接之

第3圖 上海市政府新屋攝影

第4圖 上海市市中心區域內已成道路攝影(一)

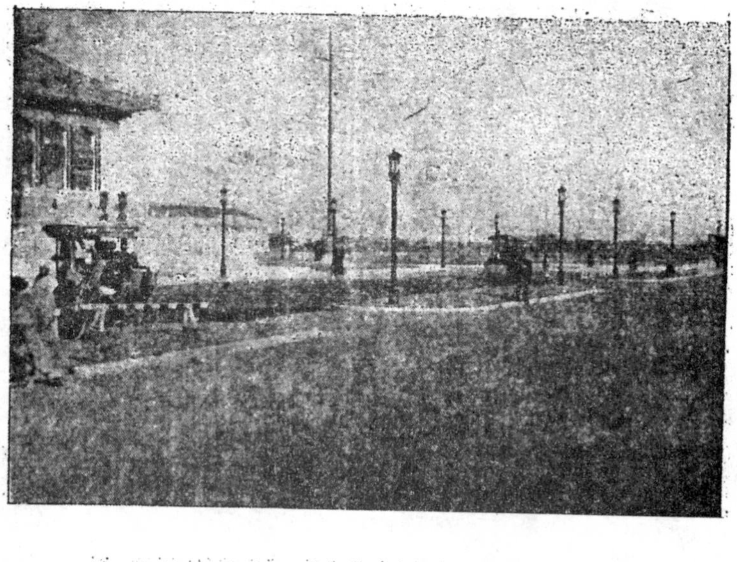

第5圖 上海市市中心區域內已成道路攝影(二)

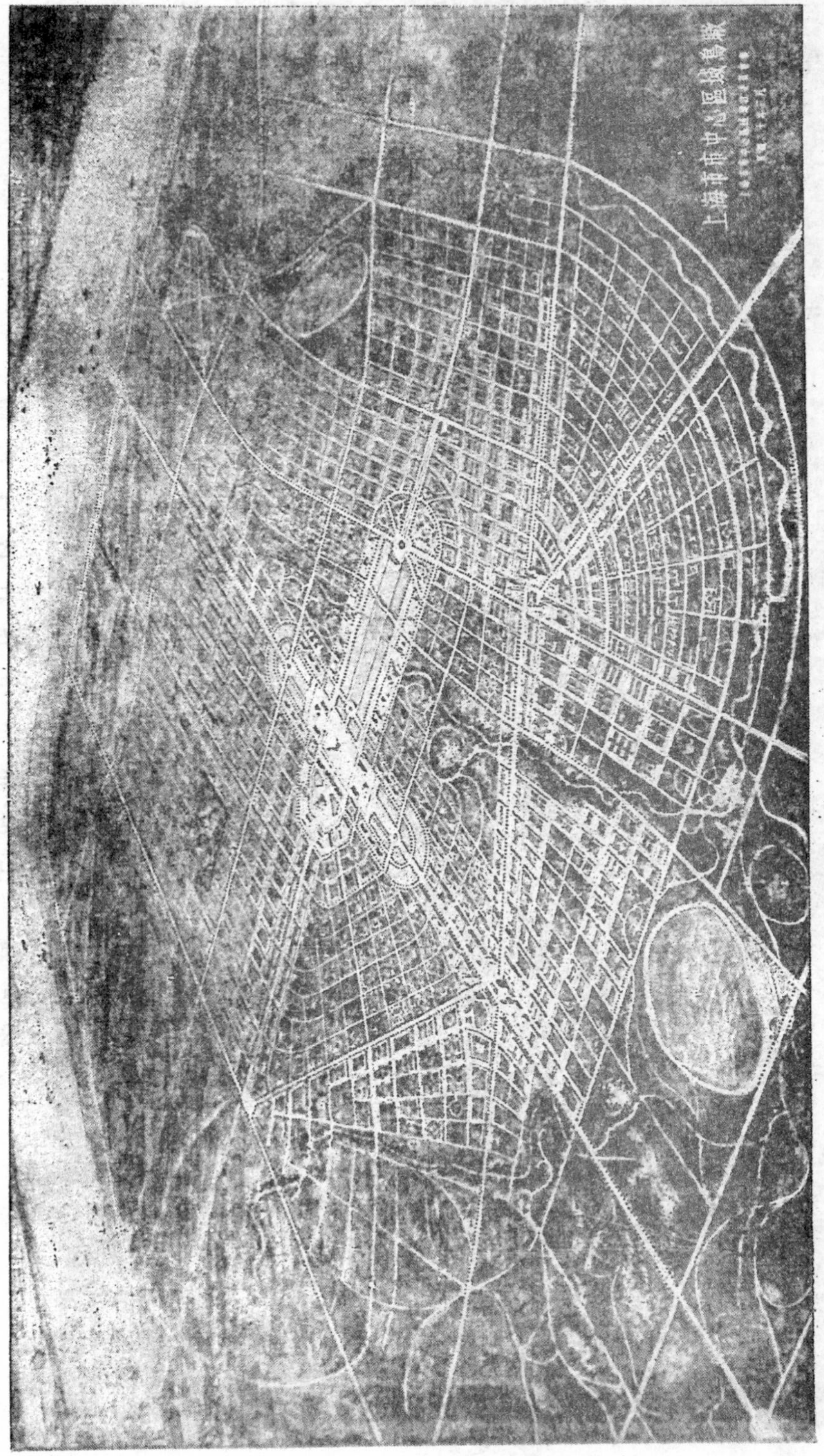

第1圖 上海市市中心區域鳥瞰

第2圖 上海市市中心行政區鳥瞰

第6圖　上海市市中心區域內公園攝影(一)

第7圖　上海市市中心區域內公園攝影(二)

電燈出線頭，至多以十個爲限。

乙・電話 內部設備，完全自行置備，僅對外通話向交通部上海電話局租用中繼線。電話纜及電話線均用暗管（外鍍鋅之無縫鋼管）裝置，隱藏於牆壁及天花板內。

交換機設於第四層西北角之一室內，爲市政府及各局全部電話總匯之處。所有外來中繼電纜及自交換機通至各局之電纜均匯集於此。市政府新屋內之電話，分東西兩系統，卽自交換機起，在第四層之天花板內，安放電話纜二路，分別向東南與西南行。更於東西兩翼之牆壁內，設置垂總管二路，直向下行，經過第四，第三，第二各層之總分線箱，以達第一層之總分線箱。

自各層總分線箱起，在牆壁及天花板內埋設分管，直達各出線盒，或經過小分線盒後，再達出線盒。各室內之電話機，卽自此項出線盒接出。

機械設備如下：

(一)容量300門自動接線設備1套。

(二)容量用戶300門及外來中繼線15對之交換機1具。

(三)容量用戶500門之總配線架1架。

(四)蓄電池2組，每組12只，電壓24伏而脫。

(五)配電板1架，管理蓄電池之充電及放電，可供充電電流60安培用者。

(六)電動發電機1套，供蓄電池充電之用。交流方面，220/380伏而脫，3.8安培，直流方面24/35伏而脫，31.5安培。

(七)代接線設備1套，爲司機生代特種用戶(高級職員)撥號接線之用。

(八)特種用戶電話機8具，可用以超接及令司機生代爲撥號接線者。（此項電話機供高級職員應用。通話時如不自行撥號接線，得令司機生代爲撥號接線，又欲與某職員通話，而該職員適與其他方面通話，線路被佔時，得佔用其線路，與之通話。）

(九)電話會議設備1套，供主席1人與其他10人通話會議用者。

(十)尋人設備1套，可用燈光及鈴聲，在30個地點，發信號27種，爲尋27人之用者。

(十一)火警報告設備1套

(十二)自動電話機200具，備有回話用揿鈕者（職員與外界通話時，得向其他職員用電話詢問或商洽）。

丙・電鐘 大會客室內設母鐘1具，全屋內設子鐘36具，計第一層13具，第二層9具，第三層14具。母鐘爲可掛子鐘100具者，俾各局子鐘亦可由此主動。線路爲並列式，電壓爲24伏而脫，卽以電話設備之蓄電池爲電源。

電線均用暗管裝置。總管敷設於西首電梯附近之牆壁內，垂直通過各層，連接各分線箱。自分線箱起，在各層之天花板及牆壁內，裝設暗管線，以達各子鐘。

丁・電燈 全屋內裝電燈455盞，電燈插座101只，電燈開關321只。

戊・電扇 全屋內裝牆風扇18具，吊風扇31具，風扇開關119只。廚房及備菜室各裝抽氣風扇1具。

己・電梯 共2具，內部尺寸1.35×1.1公尺(可容6至7人)，速度每分鐘45公尺。

庚・電鈴 電鈴之出線頭依牆而行，裝於踢脚板內。

9. 熱汽管設備 爲撙節經費起見，採用單管下降式。設鍋爐於地層。熱汽管面積約10,000方公尺。屋內熱度，在戶外氣溫爲華氏表30度時，可達華氏表70度。

10. 衛生設備 衛生設備，包括大小便所，洗濕盆，及冷熱水管。屋頂內裝儲水箱，容積爲6,800公升(1,500加侖)。地室內裝熱水箱，其容積爲1,800公升(400加侖)

11. 救火設備　每層扶梯附近，裝救火龍頭1隻(共8隻)，牆上備23公尺長，86公釐徑之蛇管。

◉籌備經過

上海市政府與附屬各局，前此散處於滬南滬西一帶，行政上殊感不便，故於民國17年間，卽有『建築市政府集各局於一地以增進行政效率』之議。民國18年7月市中心區域劃定後，始定該區中部爲行政區及建築市政府新屋地位。

市中心區域建設委員會成立之初對於市政府新屋之設計，曾議定原則三條如左：

一，立體式樣應採用中國式。——其理由如次：

(甲)市政府爲全市行政最高機關，中外觀瞻所繫。其建築格式，應代表中國文化。苟採用他國建築式樣，殊無以崇體制而壯觀瞻。

(乙)建築式樣爲一國文化精神之所寄。故各國建築，皆有表現國民性之特點。年來滬上建築，頗有競效歐美之趨勢。爲提倡國粹起見，市政府新屋應採用中國式建築。

(丙)世界偉大之公共建築物，奚啻萬千。建築費用以億兆計者，不知凡幾。卽在本市，亦不乏偉大之建築物。以有限之經費，建築全市觀瞻所繫之市政府房屋，苟不別樹一幟，殊難與其他大建築物頡頏。

二，平面式樣應使市政府與附屬各局分立。——其理由如次：

(甲)中國式建築，普通不過一二層，平面舖張亦有限度，若過於高大，則爲不倫不類。市政府及附屬各局所需房屋之總面積甚大，故宜分立。

(乙)新闢之行政區全屬空曠之地，亟應多建房屋以資點綴，與在繁盛市區建屋情形不同，故各機關不宜合併。蓋與其建築高大之房屋一所，孤立於空地之上，不若建築較小之房屋多所，使之環列而聯絡一氣，以表現莊嚴偉大之精神也。

三，市政府及附屬各局房屋，應分期建造。——其理由如次：

建築市政府及附屬各局房屋之全部，需款殊鉅，以有限之財力，自非一朝一夕所能觀成。故宜酌量經濟情形，將市政府與各局房屋分別建築。

市中心區域建設委員會根據上列原則，擬具懸獎徵求圖案辦法，呈奉市政府核准於18年10月1日開始徵求。截至19年2月15日止，計中外建築師應徵者65人，繳入圖案19種。2月19日市中心區域建設委員會特聘葉譽虎先生，前國都設計顧問茂菲氏，本埠顧問工程師柏韻士氏爲評判顧問，會同顧問董大酉君舉行精密之審査。評判結果，中獎者三名，第一名趙深及趙孫熙明，第二名巫振英第三名費力伯；此外尙有附獎5名。據評判報告，徵求所得之圖案，雖能各具所長，而最大缺點，厥爲各局距離太遠，計劃似嫌散漫，并未能充分運用中國固有之建築式樣，故均不能完全採用。爲確定市政府及各局房屋之平面佈置起見，乃由市中心區域建設委員會顧問董大酉君，參考應徵圖案，擬定圖案6種，由委員會邀請得獎人趙深，巫振英，費力伯三君，共同審査，選定第一種，爲市政府房屋施工圖樣設計之依據，並呈奉市政府核准。19年7月，市中心區域建設委員會建築師辦事處成立，由董顧問大酉兼任主任建築師，主持市政府新屋之設計製圖（詳圖由建築師巫振英，技士莊允昌，葛尙寬三

17759

君擔任，關於鋼筋混凝土部分由徐鑫堂君擔任。）次年5月，市政府新屋建築圖樣說明書均告殺青，遂移交工務局招標承辦。20年5月16日開標，市政府派財政局蔡局長增基監視開標結果，由朱森記營造廠以548,000元之標價得標承造（見開標結果一覽表），並由工務局呈准市政府備案。

新屋內電氣設備（電燈，電力，電話，電鐘，電鈴，）係由公用局設計。由工務局用招標及招商開賬方式決定，分別交華通電業機器廠，西門子電機廠，時寶洋行承辦。

又新屋內熱汽管工程，衛生及冷熱水管設備，鋼門窗工程，及電梯，庫門，人造地面等亦經工務局分別招標詢價，交由安美洋行，魯麟洋行，沃的斯電梯公司，老晉隆洋行，恆大洋行等承辦。

開標結果一覽表

投標人	標價(銀元)	備考
久記營造廠	786,700.00	
新金記康號	698,700.00	
裕慶公司	996,251.00	
裕昇宸記	598,860.00	
馥記營造廠	640,000.00	
工大貿易公司	786,900.00	
褚掄記	616,900.00	
申泰興記	872,500.00	
魏清記	609,950.00	候補中標
利源公司	876,960.00	
朱森記	548,000.00	中標

◉工程經過

上海市政府新屋於民國20年6月初由朱森記營造廠開工。市中心區域建設委員會建築師董大酉君主持監造，技士葛尚寬君會同工務局派員汪和笙君監工。7月7日舉行奠基典禮。8月底全部木樁及鋼筋混凝土底脚完成。10月中旬第一層鋼筋混凝土樓板完工，周圍牆垣砌至與樓板平。11月中旬第二層鋼筋混凝土樓板築成，12月中旬第三層樓板亦然。至民國21年1月底第五期工程已竣十分之七八。乃一二八事變突起，新屋地點適在戰區之內致工程被迫停頓。其後日軍雖撤退，又以戰後瘡痍未復，市庫支絀，一時未能卽行繼續興工。至是年6月，始由市政會議決定市府新屋工程經費籌措辦法。朱森記遂於月初復工，先後整理已成工作着手。自8月初起，工程進行段落如下：

至21年8月杪止	第四層鋼筋混凝土樓板做成。
至21年11月杪止	屋面水泥搗好。
至22年4月杪止	全部芝蔴石及人造石做好，內部粉刷完竣。
至22年7月杪止	全部屋面琉璃瓦蓋好，各層地面舖齊，及裝修配齊。
至22年9月下旬	全部油漆，玻璃，五金完竣。

民國22年10月初市政府新屋遂告竣工，並於國慶紀念日舉行落成典禮。

按照工務局與朱森記營造廠所訂合同，市政府新屋工程應於20年6月1日開始，限於18個月內完成。厥後旣發生一二八事變，工務局以該廠因戰事停工，原非得已，特呈准市政府准予展緩6.5月卽展至22年5月15日完工。然實在落成日期，較上定日期仍約遲延4個月。

新屋內電氣，熱水管及衛生設備亦於22年10月初以前全部完工。在電氣工程進行期間，由公用局派高技士向德，楊技佐竹棋到場監工。

市政府新屋及內部各項設備完工後，由

公用局鄭科長葆成奉命會同工務局驗收。所有認爲應添改各點，亦經工務局飭承包人照盡量辦並呈報市政府備案。

市政府新屋之總造價約爲國幣七十八萬元。逐項統計如下表：

項目	總價(銀元數)	百分約數	附註
房屋	575,330.39	74.0	除標價548,000元外另有加做工程費27,000餘元
熱氣管及衛生設備	68,683.00	9.0	
電話電鐘	約62,351.66	8.0	包括各局所用話機及接至各局臨時房屋之電話纜等
鋼門鋼窗	19,394.38	2.0	
庫門	2,050.00	0.5	
電梯	約22,800.00	3.0	
五金	2,127.97	0.5	
樹膠地面	8,461.54	1.0	
銅燈銅器	6,458.00	1.0	
電燈	9,120.38	1.0	
總計	約776,777.32	100.00	

◉結論

上海市政府新屋既告落成。其北面之各局臨時房屋兩所（東西一所，供工務，土地兩局辦公用；西面一所，供社會，教育，衛生三局辦公用。亦約於同時竣工。時市中心區域道路(第4及5圖)。公園(第6及7圖)以及水電供給。交通設備等亦粗具規模。市政府與附屬五局遂於民國23年1月1日遷入新屋辦公。從此市中心區域氣象煥然一新。實現大上海計劃。此其發端也。

關於市府新屋各項統計。茲擇要述敘如次，以作本文之結束：

地盤	2,878平方公尺
面積(各層總計)	8,982平方公尺
長度	93公尺
寬度(最寬處)	36公尺
高度(屋頂最高點)	31公尺
造價	約780,000元
內外門	170堂
鋼窗面積	約1,300平方公尺
鋼料(鋼筋)	約500公噸
水泥	約7,000桶
芝蔴石	約370公噸
磚	約950,000塊
琉璃瓦	約6,500張

國內工程新聞

(一)疏浚運河計劃

中國全部運河，北自河北省之北通州，經過山東，至江蘇之南通州，渡江直達浙江省之杭州。分爲北運河，中運河，裏運河，及南運河四個名稱。近以全部運河，年久失浚，淤塞不堪。大水之年，則泛濫成災，沿運之兩岸農田，迭遭損害，且航運交通，時被阻塞。現在導淮委員會；揚子江整理委員會，太湖水利委員會，華北水利委員會，黃河水利委員會，江蘇，山東，浙江，河北四省建設廳等九機關，組織運河整理委員會，疏浚全運河，分兩步工作：(1) 擬先組織測量隊從事測勘，並特聘汪胡楨李幹夫爲該會總工程師。汪曾任導淮主任工程師，皖淮工程局長。刻已着手施測，現由河北省之北通州，測至魯境，在本月底卽可勘測。蘇省之中裏運，汪總工程師已出發多日，約七月中旬，卽抵青江浦沿運南下施測。(2) 沿運河南北岸堤身窳敗，坍卸不堪，每遇大水，則時有決口漫堤之虞，故疏浚尤須築堤。仍擬仿用疏浚六塘河之徵工辦法，由直魯蘇浙四省政府，令沿運各縣政府，負責徵工疏浚。各縣設工段事務所，各省設工程分處，其疏浚全運河總工程處，決設南京。全部工程經費，規定爲九百萬元，由直魯蘇浙四省政府暨全國經濟委員會負擔。四省政府擔二分之一，其餘半數，則由全國經濟委員會擔任，俟經費籌到後，卽正式興工。

(二)西蘭路已開工

西蘭路總工程師劉如松由陝出發，視察全路工程，抵蘭後據談，西安邠縣段已開工興設，其餘各段正在測量中，兩月後全路可通車。全路經費原定八十萬，實需或不止此數。所需材料，以洋灰爲最多，將作整個購運。

(三)公路啣接工程完竣

在建築中之錫常，蘇常，常太，三公路，當時僅限於軍事運輸，路基及橋樑均不甚完善。現在五省周覽會，定十月中開幕，三路尚未啣接，故江蘇建設廳特令辦理啣接工作，經由區公所督工挑築，歷半月工程，現已告完竣。惟啣接綫段，有州塘大橋一座，工程浩大，現由裕慶建築公司承包建造中，大約於本月底可告竣事。惟蘇常路前建之木橋，均係木脚木面，僅有三噸載重，係限軍用。現通行長途汽車，恐難負重，如果重建，計橋28座，須洋十二萬元之鉅。現建廳將派員履勘，再行設法重建。

(四)蘇省獎勵投資發展公路交通

蘇省爲獎勵人民投資發展公路交通起見，所有本省已成未成各公路，均得用公開投標方式，招由本國商人承辦行車，或投資建立給與長途汽車專營權。其投資之工程費，分協款借款兩種，協款不貸，借款除還本外，並給與最高不過六厘年息。專營時間由政府視路綫之優劣，與承辦人所繳工程費及行車資本之多寡，及其他義務負擔之輕重，定爲最短5年，最長30年。

膠濟鐵路行車時刻表

民國二十三年七月一日改訂實行

下行列車

站名	到開	五一次各等	三一次各等	七一次三四等	七三次三四等	一次各等
青島	開	七•〇〇	一一•三〇	一五•〇〇		二一•四〇
大港	開	七•一一	一一•四一	一五•一一		二一•五一
四方	開	七•二〇	一一•五〇	一五•二〇		二二•〇〇
滄口	開	七•三六	一二•〇六	一五•三八		二二•一六
女姑口	開	七•四八	一二•一八	一五•五一		不停
城陽	開	七•五七	一二•二七	一六•〇一		二二•三四
南泉	開	八•一三	一二•四三	一六•一八		不停
藍村	開	八•二七	一二•五八	一六•三六		二三•〇一
李哥莊	開	八•三六	不停	一六•四五		不停
膠東	開	八•四八	不停	一六•五八		不停
膠州	到	九•〇〇	一三•一五	一七•一一		二三•二八
膠州	開	九•〇三	一三•二七	一七•一四		二三•三〇
芝蘭莊	開	九•一九	一三•四四	一七•三三		不停
姚哥莊	開	九•二八	不停	一七•四三		不停
高密	到	九•三九	一四•〇一	一七•五一		〇•〇一
高密	開	九•五〇	一四•一三	一八•〇五		〇•一三
康家莊	開	一〇•〇四	不停	一八•一六		不停
蔡家莊	開	一〇•一七	一四•三三	一八•二八		不停
塔耳堡	開	一〇•二三	一四•四三	一八•三九		不停
丈嶺	開	一〇•三三	一四•五三	一八•五三		不停
黃旗堡	開	一〇•五二	一五•一二	一九•一三		一•〇三
南流	開	一一•〇一	不停	一九•二三		不停
蝦蟆屯	開	一一•〇九	一五•三一	一九•三一		一•一八
坊子	到	一一•二四	一五•四一	一九•四八		[illegible]
坊子	開	一一•三七	一五•五四	二〇•〇三	六•三〇	[illegible]
二十里堡	開	一一•五三	一六•〇八	二〇•一一	六•三四	[illegible]
濰縣	到	一二•〇四	一六•二〇	二〇•二六	六•四四	[illegible]
濰縣	開	一二•一五	一六•二八	二〇•三五	六•四九	[illegible]
大圩河	開	一二•二九	不停		七•〇四	[illegible]
朱劉店	開	一二•四〇	一六•五三		七•一七	[illegible]
昌樂	開	一二•五三	一七•〇六		七•三三	[illegible]
堯溝	開	一三•〇五	一七•一八		七•四六	[illegible]
譚家坊子	開	一三•一七	一七•三〇		八•〇〇	[illegible]
楊家莊	開	一三•二八	一七•四一		八•一四	[illegible]
青州	到	一三•四三	一七•五六		八•二三	[illegible]
青州	開	一三•四六	一八•〇〇		八•三八	[illegible]
普通	開	一三•五八	不停		八•五〇	[illegible]
淄河店	開	一四•〇八	一八•一九		九•〇一	[illegible]
金嶺鎮	開	一四•二一	一八•三六		九•一七	[illegible]
湖田	開	一四•三五	一八•五九		九•三四	[illegible]
張店	到	一四•四八	一九•〇八		九•四四	[illegible]
張店	開	一四•五七	一九•三〇		九•五五	[illegible]
馬尙	開	一五•一二	不停		一〇•一〇	[illegible]
周村	到	一五•二一	一九•四八		一〇•三〇	[illegible]
周村	開	一五•四〇	一九•五一		一〇•四七	[illegible]
大臨池	開	一六•〇七	不停		一一•二三	[illegible]
王村	開	一六•一九	二〇•二四		一一•三六	[illegible]
普集	開	一六•二九	二〇•三四		一一•四八	[illegible]
明水	開	一六•四四	二〇•四九		一二•〇五	[illegible]
棗園莊	開	一六•五四	二一•〇〇		一二•一八	[illegible]
龍山	開	一七•〇八	二一•一五		一二•三五	[illegible]
郭店	開	一七•二三	二一•三〇		一二•五〇	[illegible]
王舍人莊	開	一七•三四	二一•四一		一三•〇五	[illegible]
黃臺	開	一七•四七	二一•五五		一三•二〇	[illegible]
北關	開	一七•五五	二二•〇七		一三•二九	[illegible]
濟南	到	一八•〇〇	二二•一二		一三•三五	[illegible]

上行列車

站名	到開	五二次各等	七二次三四等	三二次各等	七四次三四等	二次各等
濟南	開	七•〇〇		一一•四〇	一四•四〇	二二•〇〇
北關	開	七•〇九		一一•四七	一四•四七	二二•〇六
黃臺	開	七•一六		一一•五四	一四•五五	二二•一五
王舍人莊	開	七•三〇		一二•〇八	一五•一〇	不停
郭店	開	七•四二		一二•二〇	一五•二九	二二•四八
龍山	開	七•五七		一二•三六	一五•四五	二三•〇三
棗園莊	開	八•一三		一二•五二	一六•〇七	不停
明水	開	八•二四		一三•〇三	一六•二〇	二三•二八
普集	開	八•四一		一三•二〇	一六•三四	不停
王村	開	八•五一		一三•三一	一六•五四	不停
大臨池	開	九•〇三		不停	一七•一三	[illegible]
周村	到	九•二〇		一三•五六	一七•一六	[illegible]
周村	開	九•三三		一三•五九	一七•三五	[illegible]
馬尙	開	九•四〇		不停	一七•四四	[illegible]
張店	到	九•四八		一四•一六	一七•五八	[illegible]
張店	開	一〇•〇三		一四•二六	一八•一二	[illegible]
湖田	開	一〇•一五		一四•四九	一八•二七	[illegible]
金嶺鎮	開	一〇•二四		一四•五八	一八•四一	[illegible]
淄河店	開	一〇•三八		一五•二二	一九•〇四	[illegible]
普通	開	一〇•五一		不停	一九•一六	[illegible]
青州	到	一一•〇一		一五•四四	一九•一九	[illegible]
青州	開	一一•一三		一五•四七	一九•三五	[illegible]
楊家莊	開	一一•二六		一六•〇三	一九•四六	[illegible]
譚家坊子	開	一一•四三		一六•一五	一九•五九	[illegible]
堯溝	開	一一•五四		一六•二五	二〇•一二	[illegible]
昌樂	開	一二•〇六		一六•三七	二〇•一六	[illegible]
朱劉店	開	一二•一九		一六•五一	二〇•二六	[illegible]
大圩河	開	一二•三三		一七•〇一	二〇•三七	[illegible]
濰縣	到	一二•四四		一七•一五	二〇•四〇	[illegible]
濰縣	開	一二•五四	七•〇〇	一七•二五	二〇•五四	[illegible]
二十里堡	開	一三•〇六	七•一〇	一七•三七	二一•〇七	[illegible]
坊子	到	一三•二一	七•二三	一七•五一	[illegible]	[illegible]
坊子	開	一三•三六	七•三七	一八•〇六		[illegible]
蝦蟆屯	開	一三•五〇	七•五四	[illegible]		[illegible]
南流	開	一三•五七	八•〇九	[illegible]		[illegible]
黃旗堡	開	一四•〇八	八•一七	[illegible]		[illegible]
丈嶺	開	一四•二六	八•二九	[illegible]		[illegible]
塔耳堡	開	一四•四三	八•四八	[illegible]		[illegible]
蔡家莊	開	一四•五一	八•五八	[illegible]		[illegible]
康家莊	開	一五•〇三	九•二〇	[illegible]		[illegible]
高密	到	一五•一四	九•三一	[illegible]		[illegible]
高密	開	一五•二四	九•四四	[illegible]		[illegible]
姚哥莊	開	一五•三七	九•五六	[illegible]		[illegible]
芝蘭莊	開	一五•四五	一〇•〇五	[illegible]		[illegible]
膠州	到	一六•〇三	一〇•二六	[illegible]		[illegible]
膠州	開	一六•一六	一〇•三九	[illegible]		[illegible]
膠東	開	一六•二七	一〇•五一	[illegible]		[illegible]
李哥莊	開	一六•三七	一一•〇四	[illegible]		[illegible]
藍村	開	一六•五〇	一一•二〇	[illegible]		[illegible]
南泉	開	一七•〇八	一一•四二	[illegible]		[illegible]
城陽	開	一七•一七	一一•五五	[illegible]		[illegible]
女姑口	開	一七•二九	一二•〇四	[illegible]		[illegible]
滄口	開	一七•三九	一二•二五	[illegible]		[illegible]
四方	開	一七•四五	一二•三五	[illegible]		[illegible]
大港	開	一七•五五	[illegible]	[illegible]		[illegible]
青島	到	一八•〇〇	一二•四〇	[illegible]		[illegible]

隴海鐵路行車時刻表

自右向左讀

站名	第一次特別快車自東向西每日開行 / 第十九次客貨車自東向西每日開	第二次特別快車自西向東每日開行 / 第二十次客貨車自西向東每日開行
徐州府	(上午) 第一次 八點十分開	(下午) 八點〇五分到
碭山	十點十六分到 十點二十六分開	五點五十四分到 六點〇四分開
商邱	(下午) 十二點〇九分到 十二點二十九分開	(上午) 四點〇二分到 四點十七分開
開封	四點三十二分到 四點五十二分開	十一點五十五分到 十二點十五分開
鄭州南站	六點五十一分到 七點十一分開	九點四十二分到 十點〇二分開
汜水	八點三十三分到 八點四十三分開	八點四十分到 八點四十二分開
鞏縣	九點二十三分到 九點二十五分開	八點〇四分到 八點〇六分開
孝義	九點四十七分到 九點四十九分開	七點四十六分到 七點四十八分開
洛陽東站	(上午) 十一點十二分到 十一點四十二分開	六點十五分到 六點三十五分開
新安縣	一點十二分到 一點三十二分開	四點五十分到 五點開
澠池	三點二十一分到 三點四十一分開	三點十八分到 三點二十三分開
觀音堂	四點三十七分到 四點四十二分開	二點三十一分到 二點三十六分開
會興鎮	六點〇八分到 六點十八分開	〇點四十二分到 〇點五十二分開
陝州	六點五十分到 (上午) 第十次 七點二十分開	第二次 〇點〇五分開 (下午) 十點二十五分到
靈寶	八點三十二分到 八點四十七分開	九點〇一分到 九點十六分開
閿鄉	十點二十分到 十點三十五分開	七點十三分到 七點二十三分開
盤頭鎮	十一點五十二分到 十一點五十五分開	五點五十三分到 五點五十六分開
文底鎮	(下午行) 一點二十分到 一點二十三分開	四點五十二分到 四點二十八分開
潼關	二點二十分到	第二十次 三點三十分開

自左向右讀

17764

工程週刊

(內政部登記證警字788號)

中國工程師學會發行

上海南京路大陸商場 542 號

電話：92582

(稿件請逕寄上海本會會所)

中華民國23年6月8日出版

第3卷第23期(總號64)

中華郵政特准掛號認為新聞紙類

(第1831號執據)

本期要目

定報價目：每期二分；每週一期，全年連郵費國內一元，國外三元六角。

愛姆希爾河之新河口

中國製造事業

編　者

中國既在努力建設，同時亦應提倡製造事業，庶於經濟方面得以維護。例如興築鐵路也，其鋼軌車頭應有國人自製之廠；鋪築公路也，其汽車汽油應有國人自製之廠；建築物中之鋼筋木料每仰給於異國，亦應自謀產製。國人如於此不加注意，建設愈力，漏卮愈多。雖曰開發富源將來利益終歸於我，然而此時金錢外溢，為數誠可驚人，苟謀自製自產，挽回利權，並非絕不可能。望國人速起直追，及早籌謀，所謂有志竟成一語，曷一試於中國之製造事業！

養氣之用途及製造法

郭伯良

(本年五月十六日在上海分會演說詞摘要)

(一)歷史： 養氣於西歷1774年英國化學家皮利斯提利 Joseph Pristly 始由水銀酸 HgO 中分隔出來。經法國化學家賴物亞細厄 Lavoisier 取名爲養氣 Oxygen 意爲酸毒，蓋以爲所有鹽酸 Acids 均含有此酸素也。此見解實有錯誤；例如 HCl, HBr, HI, HF, 與 HCN 等鹽酸均無酸素在內。在皮氏賴氏之前，已有化學家相信一種火質Phlogiston,以爲燃燒之原料卽爲是物；其實不過酸化作用而已。自兩氏以後，養氣一物漸爲人所認識。

(二)研究養氣之理由： (1) 地球全體重量有 47.07%是養氣，海洋水中九分之八是養氣。泥土，沙，石，及鑛苗等均含有養氣，其量多少不等。水之原質除養氣外，其他原質卽爲輕氣，然輕氣僅居地球體質中.22%。人之身體中三分之二爲養氣。(2) 養氣對於動植物之生命爲必要品。植物有不能抵抗養氣者，然植物無 CO_2 卽不能活，CO_2 者含有養氣也。(3) 關於實業，戰爭，科學研究，五金之銲接或割切，利便呼吸，炸礦，熔化水晶白金等等，養氣均屬重要必用之物。

(三)性質： 養氣無色無臭無味。能助燃燒，有數種金屬卽在平常情況之下遇着養氣亦能起酸化作用 Oxidation。養氣助成生命。其原子重量爲16。養氣與空氣重量之比較如下：

1000立方公分體積之空氣＝1.2929公分重量，約

$$=\text{水重量之}\frac{1}{775}$$

1000立方公分體積之養氣＝1.4290公分重量，約

$$=\text{水重量之}\frac{1}{700}\text{。}$$

所以養氣在空氣中應當下沉。養氣之溶化性可與淡氣比較之如下：

溫度 (百度表)	0^0	10^0	15^0	20^0	40^0
養氣溶化於 1000 立方公分中之立方公分數	49	38	34	31	23
淡氣溶化於 1000 立方公分中之立方公分數	24	20	18	16	12

養氣之臨界點 Critical points 爲50大氣壓，-119^0C 溫度，淡氣之臨界點爲33大氣壓，-146^0C 溫度。至於沸點則養氣爲$-182.9\ ^0C$, 淡氣爲$-195.7\ ^0C$. 溶化性與沸點對於養氣之製造有關係，故此處先述及之。液體養氣是極端的流滑，其色淺藍。其凍點爲-235^0C, 形爲雪白之晶體。在比較的高溫度，養氣能與許多金屬及非金屬迅速的結合。

(四)用途：

(1) 科學試驗室： 用養氣以供試驗之用，以供溶化水晶玻璃；用養氣以溶化鋼片；用養氣以製臭養氣 Ozone; 等等。

(2) 治療及衛生用途： 關於呼吸停滯以及肺臟之病症；牙醫用N_2O爲麻醉藥；試用於消毒牛乳頗有功效；用於集會場所，戲院等，以清空氣。

(3) 工業上用途： 養氣溫度甚高，用於C_2H_2時，溫度可高至3500°C左右，故養氣多用以割切與銲接鋼鐵銅鋁等等。3500°C之溫度實不可多得，比之鎢之燃化點尚高出100°C，再比普通不易溶化的金屬之溶化點至少高出1000°C。鋼鐵至1500°C卽失抵抗力量矣。玆將工業上之用途分述之於下：——

(A) 關於銲接與割切者；(a) 製成供銲接用之火炬及供割切用之火炬。(b) 成爲火焰形式。極頂熱度達3500°C。銲接火焰專供加熱之用，割切火焰則於加熱之外尙有養化作用。(c) 應用養氣之數量可分別述之如下(甲)供銲接之用途，則養氣之純質愈高所費愈爲經濟，其經濟之程度祇可約略估計。有幾個上海廠家應用99.5%至99.8%純質之養氣較之應用市面上94%純質之養氣可節省25%至30%。理想上之數量爲1 C_2H_2：2 O，實際上1 C_2H_2：1至1.7 O。(乙)供割切用途，則經實際試驗，計算較爲準確。以99.7%純質作爲標準，則較應用94%純質養氣，可節省40%至50%在上海試驗之結果與德國試驗之結果比較甚相接近。德國試驗係用西門子鋼板，長60吋厚1吋，玆將德國試驗結果列表如下；

養氣純質	%	99.7	99.1	98	96	94	90
用去養氣數量	公升	226.5	275.0	330	372.5	442	567
	%	100	122	140	165	197	250

用去養氣數量全視被割切材料之性質與厚薄以及養氣之純質如何。鋼質愈硬，所用愈少，超過相當厚度以上，則愈厚所用愈多。有一中國廠家爲有資格工程師所經辦者擬割切廢料，向某洋行探問養氣價格，某洋行拒之。後該廠自行試用99.8%純質之養氣，在費用，時間，以及材料上均頗節省。割切一13呎直徑之輪船鍋爐，其壁厚爲$1\frac{1}{4}$吋，如用人工，當須600元，後用C_2H_2祇費300元，而時間祇費一半已足。鋼板無論厚薄均可割切。17吋厚之鋼甲板爲機器所難入者用此法亦可割切。以體積計算則每1分C_2H_2須養氣4分至10分不等，視鋼板之厚薄而異。玆將英國試驗結果列表如下。

鋼板厚度 (吋)	割切速度 (每呎長所需分鐘)	耗費養氣之數量(立方呎)	
		每呎長所需數量	每小時所需數量
$9\frac{1}{8}$	$3\frac{1}{2}$	30	520
12	$4\frac{1}{2}$	50	650
17	5	112	1350

(d) 用氣割切之優點；結果較佳，較速，較爲有效，卽極硬之鋼亦能割斷。割縫僅$\frac{1}{16}$吋至$\frac{1}{8}$吋。用氣銲接亦較速，較爲整齊；少耗費材料，例如傢具上之銲接；減少重量，例如飛機上之銲接。爲求輕量與整齊，除飛機用此銲接法外，汽車車身亦用之。

(B) 關於炸藥者： 炸藥之效率在其所

含氣質與此氣質散發之速度。中國一向所用之黑色火藥乃是XS＋XC＋XNO₃此係一種化學的混合物 Mixture, 並非結化物 Compound.一經爆炸之後，此混合物之大部分即變成 $CO_2+N_2+K_2S$ 等氣體；此等氣體發漲，佔據較大空間，所以能劈裂岩石，炸碎泥土，祛除樹木，炸發炮彈等等。新式之炸藥乃是化學的結化物，持取較為穩當，炸發較為有力。例如 nitro cellulose; nitro glycerene；以及由此等物製成之 dynamite, glignite, 等等炸藥； cordite（乃前兩種炸藥混合物）；nitro-benzene; T.N.T., T.N.A.；等等皆是。以上各物均係硝酸化之有機體物，故其中含有養氣與淡氣。如將純質養氣加諸炭質粉末，爆發之必得强烈炸裂。德人在歐戰時用之以掘戰壕並供破壞之用。持取頗為安穩，如爆發而不炸裂，尤為絕無危險，燃燒以後之化成物品亦無毒質。歐戰之後，美國試用而大奏成功，但未能採供實際應用，因炸藥 dynamite 之價甚廉。在中國恐信此法之將來之希望極大，關於此項之參考書籍本頗稀少，茲經由外洋全數搜集到手矣。

(4) 防衞及軍備用途： 除應用於戰壕之外，養氣尚可用於避烟罩，戰壕中毒氣亦可用養氣以驅而代之或酸化之，飛機司機在高度處可賴之以保生命，用厚質油料與壓緊養氣合製成液體燃料可供軍用。

(5) 其他用途： (a) Vickers 用養氣使齒輪堅硬。(b) 空氣中以養氣補充。風力鎔爐用此空氣可省燃料而增出品。補充23%之養氣可省5%焦煤，並增出品10至15%。結果此風力鎔爐之氣的品質較佳，因其中淡氣成分較低也。(c) 白金與鎢均可用養氣鎔化之。(d) 用養氣以製造人工寶石， Al_2O_3，等等。

(五)養氣之製造： 養氣之製造方法頗多，茲擇其緊要者數種述之於下：

(1)化學的方法： (a)養氣常與金屬結化成酸化物 Oxides 。所以由酸化物中應可提出養氣。普皮利斯提利由水銀酸中提出養氣即其一例。除水銀酸外，其他如 MnO_2, $KClO_3$, Na_2O_2, BaO_2, 等等，經加熱後即放出養氣。(b)有一種 Oxygenite 者係 $KNO_3+KClO+C$ 之混合物，經燃燒後即放出養氣。(c)有一種 Oxylithe 者與 Calcium carbide 相似，其成分為 Na_2O_2, FeO, $CuSO_4$, 以吉柏氏 Kipp 之儀器可將其中養氣取出。

(2) 將水用電化析方法： 所得養氣品質頗佳，惟價昂貴，而稍含危險性，因同一電極 eletrode 上各部分電原力 E.M.F. 之差異足以產生養氣與輕氣，而養氣如包含3%至97%之輕氣即可爆炸也。德國現有法令禁售電析養氣，限制養氣純質至少須 98%。除非成為附屬產物外，未有有電析而產養氣者。

(3) 溶化方法： 空氣中含有21%養氣；在各種溫度之下淡氣與養氣溶化於水中之彼此分量亦每次不同，養氣溶化於水中之成分比淡氣多。於是可在各種溫度之下將空氣變冷並與冰混合，再將此水加熱，以眞空幫浦 Vacuum pump 抽出溶化水中之養氣淡氣之混合氣體，再將此混合氣體溶化於水，依照前述手續重複抽取。因養氣之溶化成分比淡氣多，所以每次取出之混合氣體中所含之養氣逐次見增。養氣溶化水中之成分與溫度成反比例，請參閱下表：

溫度(攝氏表度數)	0	10	15	20	40
養氣溶化率(%)	67	66	65	64	62

用此方法重複施行，可得純質97%之養氣，但因手續繁笨，未見採用。

(4) 分析與液化方法： 下列各溫度為氣體之臨界點：養氣，-118^0C；淡氣 -145^0C；空氣 -145^0C。應用發冷物 Cooling agent以液化而分析。發冷物如下：SO_2, -65^0C; CO_2, -130^0C; C_2H_2, -152^0C。此為1877年分之卡斯克德法 Cgscade System, 以後

17768

有人利用膨漲已壓實之空氣者如下所列：

英國，韓卜生Hampson, 1895年；

德國，林德 Linde, 1895年；

美國，崔卜勒Tripler, 1899年；

法國，柯羅德Claude, 1902年；

以上以柯羅德方法最爲簡單。壓實，膨漲，發冷，然後液化。林德方法，以及其改變之方法，甚多應用之者，有幾種林德方法可以製出99.9%純質之養氣。

(五)中國製氣公司：

近以洋商製造養氣公司養氣售價過昂，現有華人經營之中國製氣公司，物美價廉，前途極有希望，國人其共熱心提倡爲幸！

德國整理愛姆希爾河之概況

葉　雪　安

德國愛姆希爾河（Emscher）在未整理前，河床之傾斜坡度極小，水流甚緩，洪水時期，泛濫爲患。迨19世紀中葉，羅爾(Ruhr)煤礦開始採掘，附近地面，受採礦之影響，漸漸下沉，益使愛姆希爾河之水流不暢。又以該地爲重要礦區，沿河各城市遂成爲工業區域，居民頓增。各工廠排出之污水，莫不注入此河，流量因此激增。於是曩時澄清多魚之愛姆希爾河及其支流，一變而爲污水排出之道矣。况地面下沉之後，河水易於

第一圖甲

侵入地層，一切污穢之物。更易停積，釀成瘟疫，爲害尤烈，欲除此弊，非根本整理全部河流，不能生效。1904年，成立愛河水利會，其主要目的爲開浚原有之支幹各流，與澄清污水。茲將整理該河之概况，用圖一一說明之。

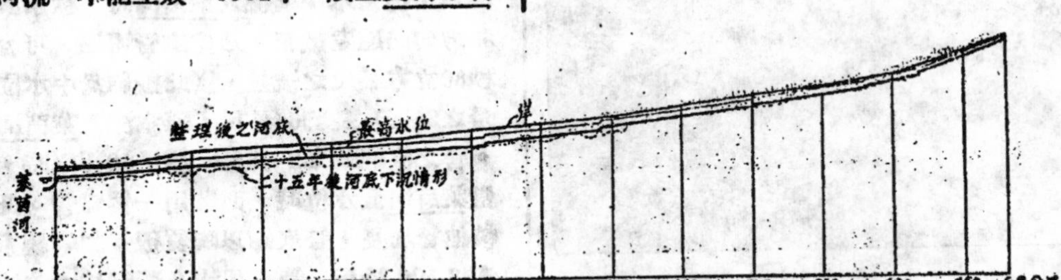

第一圖乙

17769

第一圖甲乙爲愛姆希爾河整理後之平面圖及縱剖面圖。河底在相當處所作成堦形。(Sohlenabfaelle) 如地面不能均勻下沉，亦可將此種河底堦形取消，河水仍可暢流無阻。並爲改良河流之坡度，曾撤去16處水力磨機。經整理後，愛河自萊茵河起至萱爾台(Hoerde)之長度，由98公里縮短至72公里。

第　二　圖

第二圖爲愛河舊河口（漢姆巴爾 Hamborn）未經整理前之形狀。當中水位時，卽顯出淺灘。該處因受萊茵河之倒灌，水面漲高。如本河水位同時增高，則右岸灌地全部爲水淹沒。

第三圖（見本期本刊首頁）爲愛河之新河口在瓦爾蘇（Walsum）地方已經整理後之情形。河床縮狹，在低水位時，流速約每秒一公尺，泥沙不致停積。洪水位時，河水亦不致汎溢。萊茵河水倒流入愛河之現象，衹見於最高水位之短期內。

第　四　圖

第四圖爲礦穴芳台爾(Vondern)附近，愛姆希爾河未整理前之情狀。污泥與棄物，均留積于右岸。沉陷地區之四周，須築高堤，以防大水，萬一堤防決口，河患卽生，如1919年2月之決口是也。

第　五　圖

第五圖爲仝上地點，愛河整理後之形狀。水面較未整理前，降低4公尺。

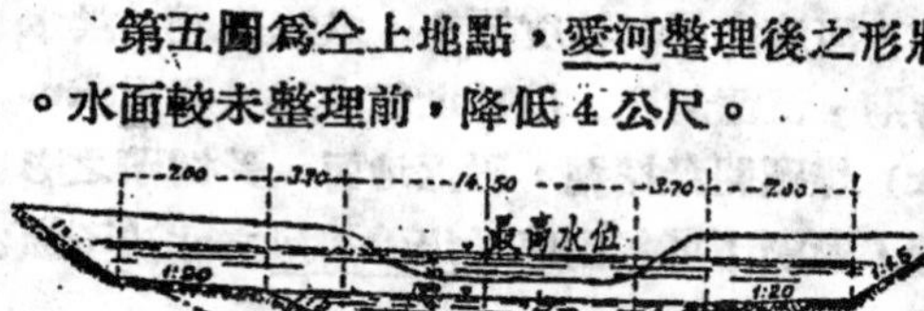

第　六　圖

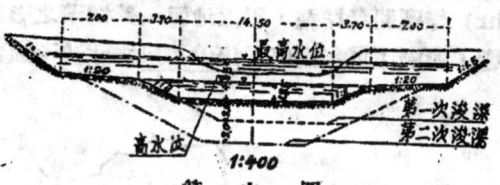

第六圖爲愛河整理後之河床橫剖面圖。設計之時，須顧及日後地面之下沉。如遇此種情形發生時，可以分兩次各浚深2公尺，無庸購地，用以擴展河身。流量在最低水位時爲每秒8.6 立方公尺，中水位時爲每秒15立方公尺，高水位時爲每秒60立方公尺，最高水位時爲每秒170立方公尺。

第七圖爲愛河流入萊茵河之新出口處。愛河爲雨水與城市污水總匯之流。污水內之沉澱物，經澄清池後，雖已提出，但溶解之污質，仍留水中。流入萊茵河時，欲求其混和均勻向遠處散布，乃安鐵管兩座，可容每秒30立方公尺之流量，（此數約爲中水位流量之2¼倍）長約65公尺，導水流入萊茵河底。管之直經爲2.2公尺。流量減少之時，或當萊茵河低水位時，則僅用一個鐵管。此管較他管加長，管底舖以陶質板。二管總重爲133,500公斤，管上用沙及熔鐵爐之渣滓填蓋。

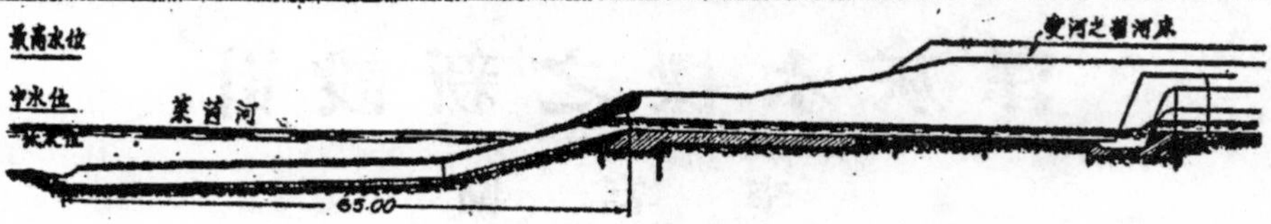

第　七　圖

第八圖爲巴蘇姆 (Bochum) 之馬爾溪 (Marbach)未經整理前之情況，至1909年止

第　八　圖

，該處十萬居民之一切污水，均由此溪排出，污穢之物，一經停流，日久腐爛，臭穢不堪。

第　九　圖

第九圖爲仝上地點，已經整理後之情形。彎曲過甚處，改爲直線，浚深2公尺半，河底舖以水泥板，一切雨水污水均由此溪放出。

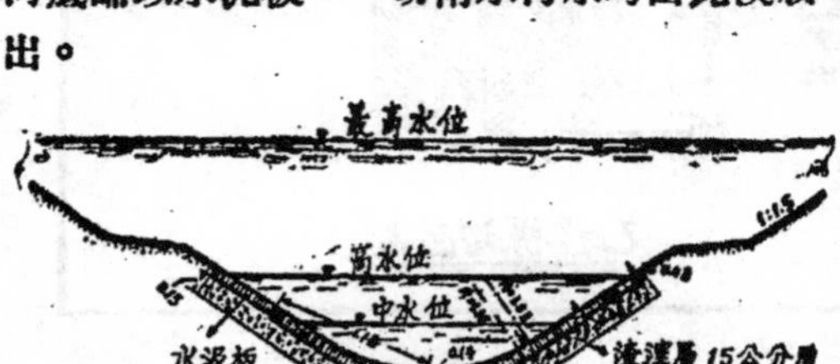

第　十　圖

第十圖爲支流之橫剖面圖。其形如排水明溝，底舖水泥板。爲便于修理起見，接近水泥板處，二邊各設平窄之邊緣。

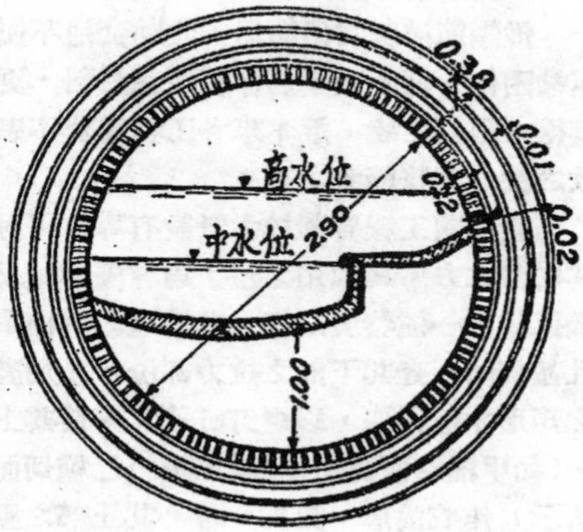

第　十　一　圖

第十一圖爲暗溝之剖面圖。此種暗溝，設于城市繁盛之區，或穿過鐵路運河時用之。大都均以水泥或磚製成，建築方法，與開鑿隧道相同。

第　十　二　圖

第十二圖爲污水澄清所，地點在愛森之北。在晴天時，污水量爲每秒700公升。共計18個澄清池，其中6個水由垂直方向流入，其他12個，水由水平方向流入，污水通過時間爲1小時。

17771

洋灰木樑之新設計

李　富　國

近年以來，鋼筋洋灰三合土，在建築上已佔極重要之位置，舉凡工程，無論細鉅，莫不採用鋼筋洋灰三合土，求其穩固也。

惟鋼筋洋灰爲價頗昂，設如交通不便，運輸困難，則此項鋼筋洋灰建築材料，更不易得。因此之故，近年來各工程家莫不思補救之法，冀收節省之效。

查美國工程界對於木料設有專會研討。其保藏之方，與應用之法，均有優越結果。最近設計一種特製之樑，其構造頗爲簡單，且甚經濟。查其下部之拉力部份，乃用竪立之矩形木板數塊，以螺釘釘連，緊接其上部，(如甲種切面圖所示)或上下（乙種切面圖所示）作成齒形，深約2吋，其上部之壓力部份乃灌以洋灰三合土。並用三角形鋼鐵片每隔相當直距插嵌一片，用以抵抗剪力。

此種樑担可以抵抗甚高之剪力，於橋樑礄頭等以及其他笨重工程，均可適用。玆舉其主要之利益如下：

(一)其價値較之普通樑甚爲低廉。

(二)其製法簡單保存亦易，壽命尙長。

(三)其建造之時，正可藉此木板部份，以作木模之用。

(四)其於連續樑亦能適用。

以上諸端乃其優點。惟其缺點在抗斷力薄弱耳。但其抗剪力則頗大，每一抗剪力片能抵抗一千磅之剪力。惟安置此項鋼片，倘有應注意之點，即此鋼片應與支點方向，約差十度。片之作用，蓋以避免木板與上部之洋灰三合土分離也。但如係連續樑時，則可不必如此。又上部之洋灰三合士板，既能均佈其所載之重量，則下部之木板可以無須過於釘牢緊固，祇須螺釘在中心軸之下即妥矣。

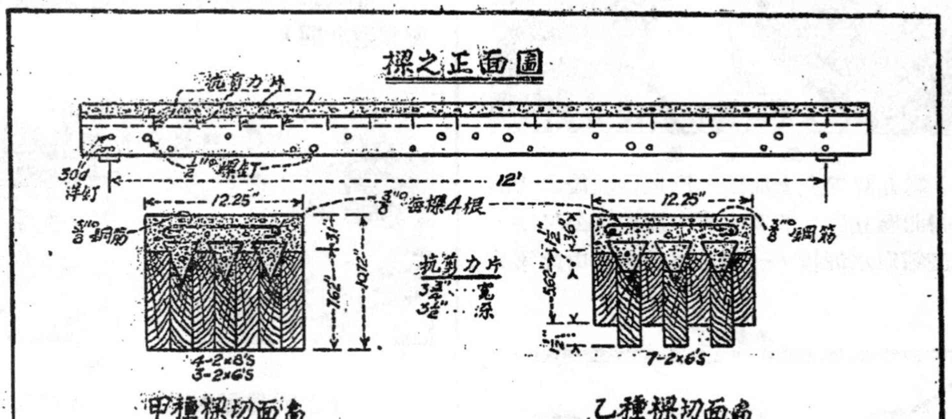

國內工程新聞

(一)浙贛鐵路明年底可通車

浙贛鐵路局長侯家源，六月十一日赴南昌，向省府熊主席接洽路務，據侯氏談該路進行情形如次：

浙贛鐵路局，係由鐵道部與浙贛兩省政府所組織，所有關於路務之進行，均須秉承鐵部與兩省府之意旨。余(侯自稱)六月四日由杭起程來贛，沿途察看路綫，於今日始抵南昌。此來任務，係向熊主席商量征用田畝給價問題，因線內農民，要求價目頗高，而路局方面，限於預算，又難盡量給價。故須向贛省府商量，於顧全政府財力當中，務須不病於民。此外關於路綫問題，亦待商洽。本路由玉山至南昌段測量工程，已經完竣。因係分段施測，故功效迅速，惟上饒至橫峯一段，於橫峯克復後，始開工施測，但已飭該組測量隊，加緊工作，一月內亦可完成。現正在滬上招商包築，預計下月初動工，工程分爲三部，第一部路基工程，如削平丘陵，塡滿低窪。工程雖然浩大，但以分段修築，預算七個月內完成後，卽進行第二部橋樑工程，明年七月間，開始第三部敷軌工程，若無意外困難事情發生，明年底卽可完成通車。關於應用車輛，需費購買，將由鐵道部及浙贛兩省府各發公債一千二百萬，餘向上海銀行界抑現八百萬元外，另向德國方面材料借款八百萬元，以公債一千二百萬爲抵押，並由滬銀行界担保。故所用車輛，須向德國購買，現已由曾養甫派人前往接洽，大致妥當，惟價目力求低廉。將來此路完成，於國防上經濟上，均有莫大之裨益。

(二)西蘭路之修築

西蘭公路總工程師劉如松，於七日到蘭，同行者有定蘭段工程師黃恩光，工程師程本端。據劉談，西蘭公路，爲開發西北命脈，故全國經濟委員會於三月組織西蘭公路勘查團。余與經委會顧問赦爾司到過蘭州，卽負查勘路基責任。返西安後，經委會督促及早完成，一切計劃，又經從詳整理。在組織方面，成立西蘭公路工務所，卽由余擔任總工程師職務。關於工程進行，分成兩段辦理，第一段爲汾靜段，此段工程司爲劉以鈞，內分六分段。第二段爲定蘭段，此段工程司爲黃恩光，內分三分段。每一分段內並設段工程司，每一分段有百餘人，從事辦理工程，約擔任一百華里。此外復組有流動工程隊一隊。經費方面，全國經濟委員會原來計劃撥款四十萬元，嗣宋子文西來視察，乃又增加四十萬元。工務所爲使此路修築完善起見，同時並爲施工準備，組織測量隊兩隊，一隊由賀隊長帶領，負責辦理西安至陝甘交界之窰店一段測量。一隊由林分隊長帶領，負責窰店至隆德段測量。現在兩段俱已測量完竣。至於施工情形，路基由陝甘兩省軍隊負責。陝西楊虎臣准撥給軍隊六千人，現在已有三千人，正添製器具，最近卽可開工。甘省朱主席，令新一軍擔任，該軍指定駐靜甯之石英秀旅担任，現在已開工數日。且石旅長異常熱心，不惟督促兵士殷勤作工，而自已終日出發指導，誠可爲欽。至橋樑涵洞，亦皆由各段工程師指導工人動工，總計全路工程，約計七月十五日左右可大致完成。彼時汽車便可暢快通行無阻。全路工程最困難部份，一爲六盤山，一爲定西以東紅土窰一帶。關於六盤山改路事，正在計劃。紅土窰路綫，因原路河溝有18道之多，已決定改走華家嶺上。現在黃工程師來蘭，卽以購置木料運至該處應用，以便於最短期間先行通車。至工務所，已決定由陝遷來蘭州。已擇定南府街61號爲所址云云。

17773

北甯鐵路簡明行車時刻表

中華民國二十三年四月一日重訂

下行車

列車次數 ＼ 站別 開到時刻	北平前門開	豐台開	郎坊開	天津總站開	天津東站到	天津東站開	塘沽開	蘆台開	唐山開	古冶開	灤縣開	昌黎開	北戴河開	秦皇島開	山海關到	錦縣	遼寧總站
第七次 慢車 中膳各等	五・四五	六・二〇	七・四二	九・二八	九・三六	九・四五	一〇・四八	一一・五九	一三・〇[illegible]	一三・四八	一四・四三	一五・五四	一六・四四	一七・一三	一七・三九		
第十一次及第十九次 客貨混合三等慢車	七・五〇	一〇・二五	一四・〇〇	一八・〇一	一八・一六	停	第十九次	自唐山起	六・〇〇	八・〇〇	一〇・〇五	一二・二二	一三・四六	一四・四五	一五・二[illegible]		
第三〇一次 平滬直達 特別快車 膳隊各等	一五・〇五	一五・三六	一六・四〇	一七・五〇	一七・五九	一八・二〇	開	往	上	海							
第三次 特別快車 膳車各等	八・三〇	八・五八	不停	一一・一〇	一一・一八	一一・三五	一二・三二	一三・二六	一四・二[illegible]	一五・〇五	一五・四五	一六・三七	一七・一六	一七・四	一八・〇[illegible]		
第九次 快車 膳車各等	一四・二五	一四・五七	一六・〇九	一七・二九	一七・三八	一七・五〇	一八・五〇	九・[illegible]	二〇・五三	二一・三[illegible]	二二・一七	二三・一〇	二三・四五	・一〇	〇・三〇		
第五次 特別快車 膳車各等	一六・三〇	不停	不停	一九・〇七	一九・一五	停											
第一次 平浦直達 特別快車 膳隊各等	一八・五〇	一九・二〇	二〇・二六	二一・三九	二一・四八		開	往	浦	口							
第一〇一次 快車 膳隊各等	二〇・一五	二〇・四八	二二・〇八	二三・四一	二三・五〇	二四・〇〇	一・一〇	二・一三	三・二四	四・一四	五・〇六	六・一七	七・〇九	七・三七	七・五九		
第四〇一次平滬直達貨車及第十五次客貨混合三等慢車	二〇・二五	二二・一〇	〇・五〇	三・四五	四・〇〇	五・四五	八・四七	一二・一四	一五・二四	停							

上行車

列車次數 ＼ 站別 開到時刻	遼寧總站	錦縣	山海關開	秦皇島開	北戴河開	昌黎開	灤縣開	古冶開	唐山到	唐山開	蘆台開	塘沽開	天津東站到	天津東站開	天津總站開	郎坊開	豐台開	北平前門到
第八次 慢車 中膳各等			五・五五	六・二二	六・五二	七・四三	八・四九	九・四七	一〇・二六	一〇・三三	一一・五三	一三・一〇	一四・一〇	一四・二〇	一四・三五	一六・〇九	一七・四六	一八・二〇
第四次 特別快車 膳車各等			九・一五	九・三八	一〇・〇七	一〇・五〇	一一・三八	一二・二五	一二・五七	一三・〇〇	一四・〇〇	一・五一	一五・四五	一六・五五	一六・〇五	不停	一八・一五	一八・四二
第十二次及第二十次 客貨混合三等慢車			一〇・〇〇	一〇・五五	一一・四六	一三・五〇	一六・四五	一九・三〇	二〇・四五	停	第十二次	自天津起		八・一五	八・四〇	一二・四九	一七・〇〇	一八・〇五
第十次 快車 膳車各等			一三・〇〇	一三・二五	一三・五〇	一四・二八	一五・二〇	一六・〇七	一六・三九	一六・四五	一七・四六	一八・五〇	一九・四五	二〇・〇〇	二〇・一一	二一・三四	二二・五〇	二三・二〇
第一〇二次 快車 膳隊各等			二一・五五	二二・二八	二三・〇六	二四・〇〇	一・〇三	二・〇〇	二・四〇	三・二〇	四・三一	五・三二	六・三七	六・五〇	七・〇六	八・二七	九・四三	一〇・一二
第十六次客貨混合三等慢車及第四〇二次滬平直達貨車										五・〇〇	七・五八	一一・〇〇	一三・一〇	一八・四五	一九・三三	二三・四〇	二・四〇	三・五〇
第六次 特別快車 膳車各等														九・二〇	九・二八	不停	不停	一二・〇六
第三〇二次 平滬直達 特別快車 膳隊各等								由	上	海	開	來	七・一〇	七・三五	七・四五	八・五五	九・五九	一〇・二九
第二次 平浦直達 特別快車 膳隊各等								由	浦	口	開	來		五・二〇	五・三〇	六・四三	七・四九	八・一九

膠濟鐵路行車時刻表 民國二十三年七月一日改訂實行

下行列車

站名	到開	十一次各等	二十一次各等	七十一次三等	七十三次三等	一次各等
青島	開	七•〇〇	一一•三〇	一五•〇〇		二二•四〇
大港	開	七•一一	一一•四一	一五•一一		二二•五一
四方	開	七•二〇	一一•五〇	一五•二〇		二三•〇〇
滄口	開	七•三六	一二•〇八	一五•三八		[illegible]
女姑口	開	七•四八	一二•一八	一五•五一		不停
城陽	開	七•五七	一二•二七	一六•〇二		[illegible]
南泉	開	八•一三	一二•四三	一六•一八		不停
藍村	開	八•二七	一二•五八	一六•三六		[illegible]
李哥莊	開	八•三六	不停	一六•四五		不停
膠東	開	八•四八	不停	一六•五八		不停
膠州	到	九•〇〇	一三•二五	一七•一二		二三•二八
膠州	開	九•〇三	一三•二七	一七•二一		二三•三〇
芝蘭莊	開	九•一九	一三•四四	一七•三三		不停
姚哥莊	開	九•二八	不停	一七•四三		不停
高密	到	九•三九	一四•〇一	一七•五一		〇•〇二
高密	開	九•五〇	一四•二三	一八•〇五		〇•〇三
康家莊	開	一〇•〇	不停	一八•一六		不停
蔡家莊	開	一〇•一五	一四•三三	一八•二八		不停
塔耳堡	開	一〇•二三	一四•四三	一八•三九		不停
丈嶺	開	一〇•三三	一四•五二	一八•五二		不停
岞山	開	一〇•五二	一五•一三	一九•一三		一•〇三
黃旗堡	開	一一•〇一	一五•二二	一九•二三		不停
南流	開	一一•〇九	不停	一九•三一		不停
蝦蟆屯	開	一一•二四	一五•四一	一九•四八		一•一八
坊子	到	一一•三七	一五•五四	二〇•〇三		一•四一
坊子	開	一一•五三	一六•〇八	二〇•一二	六•二〇	一•五六
二十里堡	開	一二•〇四	一六•二〇	二〇•二六	六•三四	二•〇八
濰縣	到	一二•一三	一六•二八	二〇•三五	六•四四	二•一六
濰縣	開	一二•二五	一六•三〇		六•四九	二•二八
大圩河	開	一二•二九	不停		七•〇四	不停
朱劉店	開	一二•四〇	一六•五二		七•一七	二•四〇
昌樂	開	一二•五三	一七•〇六		七•三三	二•五三
堯溝	開	一三•〇〇	一七•一八		七•四六	不停
譚家坊子	開	一三•一七	一七•三〇		八•〇〇	不停
楊家莊	開	一三•二八	一七•四一		八•一四	不停
青州	到	一三•三三	一七•五六		八•二三	三•二四
青州	開	一三•四六	一八•〇〇		八•三八	三•三六
普通	開	一三•五八	不停		八•五〇	不停
淄河店	開	一四•〇八	一八•一九		九•〇一	不停
辛店	開	一四•二一	一八•三六		九•一七	四•〇五
金嶺鎮	開	一四•三五	一八•五〇		九•三五	不停
湖田	開	一四•四八	一八•五九		九•四四	不停
張店	到	一四•五七	一九•〇八		九•五五	四•二一
張店	開	一五•一三	一九•二三		一〇•一〇	四•四六
馬尙	開	一五•二一	不停		一〇•二〇	不停
周村	到	一五•四〇	一九•四八		一〇•四四	五•二一
周村	開	一五•五三	一九•五一		一〇•四七	五•三三
大臨池	開	一六•〇七	不停		一一•一三	不停
王村	開	一六•一九	二〇•二四		一一•二六	不停
普集	開	一六•二九	二〇•三四		一一•三八	五•五三
明水	開	一六•四四	二〇•四九		一二•〇五	不停
棗園莊	開	一六•五四	二一•〇〇		一二•一八	六•一五
龍山	開	一七•〇八	二一•一五		一二•三五	六•二九
郭店	開	一七•二三	二一•三〇		一二•五三	不停
王舍人莊	開	一七•三四	二一•四一		一三•〇五	不停
黃臺	開	一七•四七	二一•五五		一三•二〇	七•〇二
北關	開	一七•五五	二二•〇七		一三•二九	七•一〇
濟南	到	一八•〇〇	二二•一二		一三•五五	七•一五

上行列車

站名	到開	十二次各等	七十二次三等	二十二次各等	七十四次三等	二次各等
濟南	開	七•〇〇		一一•四〇	一四•四〇	二二•〇〇
北關	開	七•〇九		一一•四七	一四•四七	二二•〇六
黃臺	開	七•一六		一一•五四	一四•五五	二二•一三
王舍人莊	開	七•三〇		一二•〇八	一五•一〇	不停
郭店	開	七•四三		一二•二〇	一五•二五	不停
龍山	開	七•五七		一二•三六	一五•三九	二二•四八
棗園莊	開	八•一三		一二•五三	一五•五七	二三•〇三
明水	開	八•二四		一三•〇三	一六•〇七	不停
普集	開	八•四一		一三•二〇	一六•二〇	二三•一八
王村	開	八•五一		一三•三二	一六•三四	不停
大臨池	開	九•〇五		不停	一六•五四	不停
周村	到	九•二〇		一三•五六	一七•一三	〇•〇二
周村	開	九•二三		一三•五九	一七•一六	〇•一四
馬尙	開	九•四〇		不停	一七•三五	不停
張店	到	九•四八		一四•二一	一七•四五	〇•二六
張店	開	一〇•〇三		一四•三六	一七•五八	〇•四二
湖田	開	一〇•一五		一四•四九	一八•一三	不停
金嶺鎮	開	一〇•二四		一四•五八	一八•二一	不停
辛店	開	一〇•三八		一五•一三	一八•二七	一•一〇
淄河店	開	一〇•五一		一五•二五	一八•五一	不停
普通	開	一一•〇一		不停	一九•〇五	不停
青州	到	一一•一三		一五•四四	一九•一六	一•二九
青州	開	一一•一六		一五•四七	一九•一九	一•四二
楊家莊	開	一一•三一		一六•〇三	一九•二五	不停
譚家坊子	開	一一•四三		一六•一三	一九•四六	不停
堯溝	開	一一•五四		一六•二五	一九•五九	不停
昌樂	開	一二•〇六		一六•三七	二〇•一二	二•二三
朱劉店	開	一二•一九		一六•五一	二〇•一六	二•二九
大圩河	開	一二•三〇		一七•〇二	二〇•二七	不停
濰縣	到	一二•四三		一七•一三	二〇•三七	二•五八
濰縣	開	一二•四五	七•〇〇	一七•二五	二〇•五四	三•一〇
二十里堡	開	一二•五四	七•一〇	一七•四七	二一•〇四	三•二〇
坊子	到	一三•〇八	七•二三	一七•五一	二一•一七	三•二三
坊子	開	一三•二一	七•三七	一八•〇六		三•三七
蝦蟆屯	開	一三•三六	七•五四	不停		三•五三
南流	開	一三•四〇	八•〇九	一八•二四		不停
黃旗堡	開	一三•五七	八•一七	一八•三五		不停
岞山	開	一四•〇八	八•二九	一八•五四		四•〇八
丈嶺	開	一四•二六	八•四八	一九•〇三		不停
塔耳堡	開	一四•四二	八•五八	一九•二二		不停
蔡家莊	開	一四•五一	九•〇八	不停		不停
康家莊	開	一五•〇二	九•二〇	不停		不停
高密	到	一五•一五	九•三一	一九•三一		五•〇四
高密	開	一五•二四	九•四三	一九•四三		五•一五
姚哥莊	開	一五•三七	九•五六	不停		不停
芝蘭莊	開	一五•四五	一〇•〇五	二〇•〇〇		不停
膠州	到	一六•〇二	一〇•一三	二〇•一七		五•四七
膠州	開	一六•〇四	一〇•二六	二〇•一九		五•四九
膠東	開	一六•一六	一〇•三九	不停		不停
李哥莊	開	一六•二七	一〇•五一	不停		不停
藍村	開	一六•三七	一一•〇一	二〇•四六		六•二五
南泉	開	一六•五〇	一一•一五	二〇•五九		不停
城陽	開	一七•〇八	一一•二四	二一•一五		六•四二
女姑口	開	一七•一七	一一•四四	二一•二四		不停
滄口	開	一七•二九	一二•〇七	二一•三六		六•五九
四方	開	一七•四五	一二•二五	二一•五一		七•一九
大港	開	一七•五五	一二•三五	二二•一〇		七•三〇
青島	到	一八•〇〇	一二•四五	二二•一五		七•三五

隴海鐵路行車時刻表

自右向左讀

站名	列車次數	
	第一次特別快車自東向西每日開行	
徐州府	八點十分開	(上午)
碭山	十點十六分到 十點二十六分開	(上午)
商邱	十二點〇九分到 十二點二十九分開	(下午)
開封	四點三十二分到 四點五十二分開	(下午)
鄭州南站	六點五十一分到 七點十一分開	(下午)
汜水	八點三十三分到 八點四十三分開	(下午)
鞏縣	九點二十三分到 九點二十五分開	(下午)
孝義	九點四十七分到 九點四十九分開	(下午)
洛陽東站	十一點十二分到 十一點四十二分開	(下午)
新安縣	一點二十二分到 一點三十二分開	(上午)
澠池	三點二十一分到 三點四十一分開	(上午)
觀音堂	四點三十七分到 四點四十二分開	(上午)
會興鎮	六點〇八分到 六點十八分開	(上午)
陝州	六點五十分到	(上午)
	第十九次客貨車自東向西每日開行	
陝州	七點二十分開	(上午)
靈寶	八點三十二分到 八點四十七分開	(上午)
閿鄉	十點二十分到 十點三十五分開	(上午)
盤頭鎮	十一點五十二分到 十一點五十五分開	(上午)
文底鎮	一點二十分到 一點二十三分開	(下午行)
潼關	二點二十分到	(下午行)

自左向右讀

站名	列車次數	
	第二十次客貨車自西向東每日開行	
潼關	三點三十分開	(下午)
文底鎮	四點五十二分到 四點二十八分開	(下午)
盤頭鎮	五點五十三分到 五點五十六分開	(下午)
閿鄉	七點十三分到 七點二十三分開	(下午)
靈寶	九點〇二分到 九點十六分開	(下午)
陝州	十點二十五分到	(下午)
	第二次特別快車自西向東每日開行	
陝州	〇點〇五分開	(上午)
會興鎮	〇點四十二分到 〇點五十二分開	(上午)
觀音堂	二點三十一分到 二點三十六分開	(上午)
澠池	三點十八分到 三點二十三分開	(上午)
新安縣	四點五十分到 五點開	(上午)
洛陽東站	六點十五分到 六點三十五分開	(上午)
孝義	七點四十六分到 七點四十八分開	(上午)
鞏縣	八點〇四分到 八點〇六分開	(上午)
汜水	八點四十分到 八點四十二分開	(上午)
鄭州南站	九點四十二分到 十點〇二分開	(上午)
開封	十一點五十五分到 十二點十五分開	(上午)
商邱	四點〇二分到 四點十七分開	(下午)
碭山	五點五十四分到 六點〇四分開	(下午)
徐州府	八點〇五分到	(下午)

17776

中國工程師學會會務消息

◉董事臨時會議紀錄

日　期　23年7月22日上午10時
地　點　上海南京路大陸商場本會所
出席者　黃伯樵　陳立夫(黃伯樵代)
　　　　徐佩璜　茅以昇(徐佩璜代)
　　　　周　琦　胡博淵(周　琦代)
　　　　李屋身　任鴻雋(李屋身代)
　　　　支秉淵
列席者　裘燮鈞　鄒恩泳
主　席　黃伯樵
紀　錄　鄒恩泳
討論事項

本會副會長兼代會長黃伯樵函稱奉鐵道部令派赴歐美各國攷察路政，八月初旬出發為期約六個月至八個月，請就上海之董事中委托一人擔任案。

議決：　請董事徐佩璜擔任

◉廣州分會常會紀事(一)

廣州分會於五月廿五日假座永漢北路太平餐館舉行常會，出席者計有胡棟朝，呂炳灝，許延輝，梁永槐，梁永銮，梁仍楷，方季良，蔣昭元，李果能，鄭成祐，李青，溫其濬，曾叔岳等十三人，主席胡棟朝，記錄李果能。

甲、報告事項：

(一)會長報告，茲接上海總會五月十四日來函，據稱本屆年會經第十三次董事會議討論，僉以廣州地處較遠，兼以天氣適值炎夏，各地會員出席，諸感不便，爰經議決今年年會定在濟南舉行云云。本日未出席各會員恐於此事當未週知，應即由書記分發通告爲是。

(二)廿二年至廿三年份各會員會費已繳納者固不乏人，而未交費者亦屬不少，望同人等將應交會費或入會費早日照交會計曾叔岳君，以便轉繳總會爲要。

乙、討論事項

(一)會員溫其濬，方季良，提議以本年年會現由董事會議決在濟南舉行，本分會應組年會出席團，屆時代表廣州分會出席，議決先由書記通告各會員徵求願意參加人數再定辦法。

(二)蔣昭元梁永銮提議本會前經議決從事徵求新會員，以謀發展案應加緊進行，議決照前案辦理

(三)呂炳灝，梁永槐提議本會徽章，廣州同人多有欲購備者，惟以新徽章之形式與價目如何應函總會一詢詳情，以便由分會代各會員向總會定做，議決先函總會探詢情形辦理。

◉廣州分會常會紀事(二)

廣州分會於七月十三日在白宮酒店舉行常會，出席者計溫其濬，韋增復，鄭成祐，梁永銮，李國均，金肇組，李果能，主席李果能代，紀錄李果能

主席報告，據上海總會來函以本屆年會已定八月十九日在濟南舉行，所有赴會會員名單急須調查確實，以便呈請鐵道部轉飭各路及函輪船招商局發給優待證，而對於論文一層，猶望本會同人不吝佳作，貢諸年會凡此各情，除經兩次通告各會員徵求赴會芳名外，本日到會諸位，猶盼踴躍報名，參加年會云云。

結果報名參加出席年會四人芳名列下：
溫其濬　金肇組　韋增復
李　青(來函報名)

討論事項　會員溫其濬提議，以本分會同

17777

志多因公務繁忙，無暇於著作論文，惟粵省近年建設以及廣州市政之實施情形，有足以爲他省同志所樂聞者，似應推舉專員負責彙集成文，俾在年會中宣讀報告，經衆議決公推金肇組君負責辦理，廣東省建設報告書，請出席年會代表本分會宣讀報告書。

◉廣州分會會員參觀粵漢接駁廣三路鐵橋建築工程紀錄

六月十七日廣州分會預僱紫洞艇一大座，並得粵漢路局予以借用電輪，用以拖帶紫洞艇，於上午八時該紫洞艇已停舶青年會碼頭等候，至九時各會員亦次第齊集，計到會者除會員廿三人外，鐵道部委派來粵之廣九修約專員張慰慈，莫介福夏立三先生亦承本會會長之邀，參與盛會，輪啓行後，衆互傾談，觀賞珠江秀色，復有龍舟助興，往來江中，極一時之熱鬧，至午時即就艇中聚餐，席中舉杯相祝，賓主皆歡，餐畢輪已舶鐵橋建築工程處，於是相率登岸，參觀該橋工程之設備及已成之部分，該橋爲美商馬克敦公司承建，動工已有一年，先由黃沙對開南岸施工，現已成兩橋墩，參觀畢，艇舶西郊游水場，各會員有乘興水戲者，各適其好，直至午後四時，乃勳輪駛回青年會碼頭，盡歡而散。

◉會員通訊新址

戴爾濱 (職)南京鐵道部釋計課
(住)南京鐵道部公寓106號
戴 華 (住)濟南城內富官街12號
錢鳳章 (住)廣西容縣楊梅德昌寶押轉迸塘黃府
錢福謙 (職)山東棗莊中興煤礦公司
馮桂連 (通)德國公使館轉交
張乙銘 (職)北平清華大學工學院
張 偕 (職)北平北平大學工學院
胡光澐 (職)河南焦作工學院
周承祐 (職)青島山東大學工學院
李酉山 (職)北平北平大學工學院
王冠英 (職)河南焦作工學院
陸家鼐 (職)青島電話局
衛國垣 (職)青島港務局
李圭璜 (職)山西太原同蒲鐵路北段工程局
易天爵 (職)青島熱河路61號工商學會
于皞民 (職)濟南山東小清河工程局
宋連城 (職)濟南膠濟路工務第二段
李建斌 (職)北平清華大學
段守棠 (職)博山第二礦務局
曹萃文 (職)博山同興煤礦
華 起 (職)濟南建設廳
劉雯亭 (職)濟南小清河工程局
李蕃熙 (職)長沙湖南大學
郭承恩 (職)上海海格路範園638號
羅 英 (職)杭州鎮東樓錢塘江橋工程處
李熙謀 (職)上海眞茹暨南大學
胡礽豫 (職)重慶道門口第一模範市場華西興業公司
李鴻年 (職)揚州財政部鹽務稽核所
李揚安 (職)上海四川路29號李錦沛事務所
鍾 鍔 (職)天津英租界交通銀行
(住)上海福煦路877弄56號
葛定康 (職)浙江諸暨杭江路工務第二分段
嚴崇敎 (職)武昌金口金水建閘辦事處
吳保豐 (通)南京陶谷村一號惲蔭棠轉
黃祖淼 (職)南京軍政部軍需署營造司
胡瑞祥 (職)福州設建廳
顏連慶 (職)上海北京路266號4樓中央信託公司
(住)上海愚園路1412弄22號
莊秉瀧 (職)上海漢口路110號開宜公司
孫立人 (職)南昌籐田沙溪財政部稅警總團步兵第四團
劉光宸 (職)太原同蒲鐵路南段工程局
趙文欽 (職)山西太原綏靖公署總工程師辦

公處
孫瑞璋 (職)濟南膠濟路機務段
陸承禧 (職)上海愛多亞路老北門大街中匯大樓南洋建築公司
聶肇靈 (通)南昌高家井一號周宅轉
張廣輿 (職)開封河南大學
賴其芳 (職).上海白利南路中央研究院
江超西 (職)南京中央大學
殷宏淮 (職)南京市工務局
方季良 (職)廣州市豐甯路195號亞美洋行
楊廷玉 (職)廈門工務處
包可永 (職)上海四川路電報局
林紹誠 (職)福州建設廳
錢昌祚 (職)南昌老營房航空委員會第四處
蔡復元 (職)濟南師範學校
沈 怡 (通)上海市中心工務局轉
李師洛 (職)開封交通部河南長途電話管理處
周國璋 (職)南京交通部
趙福基 (職)長沙湖南建設廳
尹國墉 (住)南京華僑路26號
劉其淑 (職)上海江西路240號中國電氣公司
黃潤韶 (住)上海霞飛路寶康里58號
湯俊達 (職)鎮江南門外三官塘江蘇省土地局
周倫元 (住)上海海格路留餘坊236號
劉以鈞 (職)甘肅平涼縣政府轉交全國經濟委員會西蘭公路邠靜總段工程處
孫傳豪 (職)南京下關首都電廠
王修欽 (職)浙江衢縣浙贛鐵路杭江段工務第二總段
王昭溶 (住)上海辣斐德路180號
陸聿貴 (職)山西原平同蒲路總段轉第六分段(住)天津老西開恆裕里8號
陳崇晶 (職)鎮江建設廳
聶光墀 (住)上海福煦路363號泰山大廈三樓五號
趙世昌 (通)上海愚園路兆豐花園對面公園別墅20號轉
黎傑材 (職)南京鐵道部設計股
鄧福培 (住)上海白利南路37弄20號
薛楚書 (職)漢口平漢鐵路局工務處
陳六琯 (住)康腦脫路涵仁里23號電話30593
傅道伸 (職)上海九江路113號全國經濟委員會棉業統制委員會
黃錫恩 (住)上海愚園路492號寄刊址 加胡樹楫報條
俞 暐 (職)南昌老營房航空委員會
譚文晏 (住)長沙禮賢街一號
王心淵 (職)山西太原東校尉營汾河河務局
彭禹謨 (職)寶山蘇建廳江南海塘工程處
陸子冬 (職)上海北京路國華大樓342號大中煤礦公司
薛桂輪 (職)南京財政部鹽務署第三科
黃仲才 (職)河南孝義鞏縣兵工新廠
蕭 津 (職)蕪湖江南鐵路公司
鄭葆成 (職)上海北蘇州路410號兩路局
陳宗漢 (職).上海市公用局
王毓明 (職)上海市公用局
莫 庸 (住)上海辣斐德路桃源邨63號
張樹源 (職)鄭州隴海路工務處
吳清泉 (職)上海四川路四行儲蓄會或上海靜安寺路國際大飯店(住)上海靜安寺路591弄178號
汪楚寶 (職)南京東廠街導淮委員會
秦以泰 (職)上海徐家匯虹橋路滬杭甬鐵路車站或滬杭甬鐵路滬嘉工務段軌道工程司
馮建緯 (職)長辛店平漢鐵路工務處
陳克誠 (職)開封黃河水利委員會
段守棠 (職)博山第二礦務局
董寶楨 (住)上海白利南路38號
李紹惠 (職)杭州裏西湖四號浙贛路理事會
李允成 (職)上海遼陽路537號中國工業煉氣公司
吳錦安 (職)上海南市中華路工務局發照處
鄭方珩 (住)上海法界格羅希路大福里18號
張紹鎬 (住)嘉興塔弄20號

17779

工程週刊

（內政部登記證警字788號）
中國工程師學會發行
上海南京路大陸商場542號
電話：92582
（稿件請逕寄上海本會會所）

中華民國23年6月8日出版
第3卷 第24期（總號65）
中華郵政特准掛號認為新聞紙類
（第1831號執據）

定報價目：每期二分，全年52期，連郵費，國內一元，國外三元六角。

本期要目

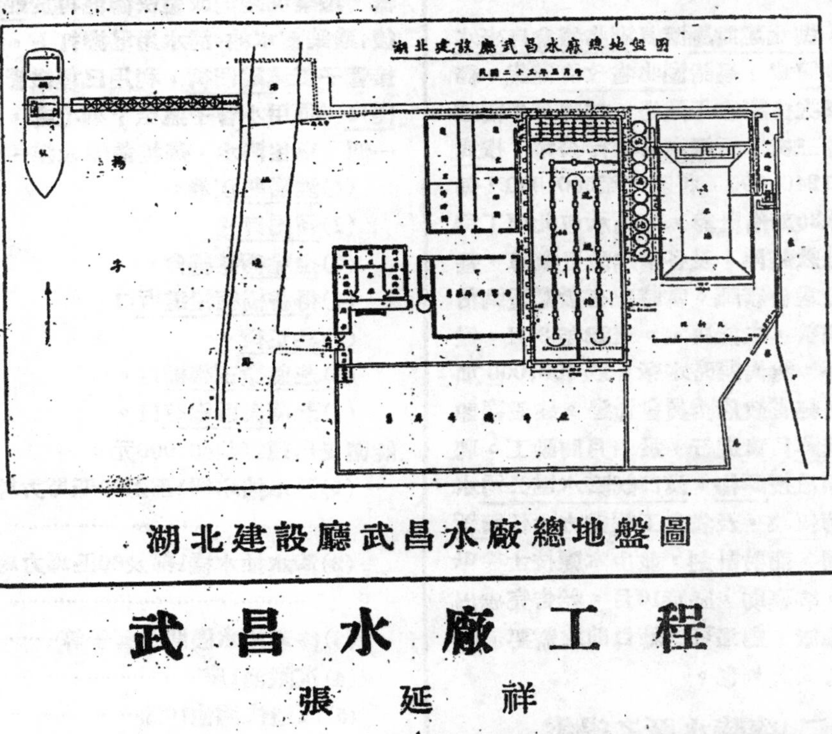

湖北建設廳武昌水廠總地盤圖

武昌水廠工程

張延祥

（一）籌備經過

武昌創議建設水廠，已歷10年。至民國16年，武漢市政委員會決議，以漢口既濟水電公司加價之收入，提七成作武昌自來水廠基金。同時省府第27次政務會議，亦有同樣決議，旋此款經武漢市政府提作別用，水廠未能實現。武漢兩市分治後，18年9月武昌市政府第1次常會，決議採納工程師林和成條陳建設武昌自來水廠計劃。18年冬建設廳委林和成為工程師，在武昌市工程處，專門籌備自來水事宜，已擇定白沙洲造紙廠為水廠，水由新橋入保安門，過大朝街，閱馬廠，登蛇山高蓄水池，再由輸水系送達全市。水廠每小時出水180,000加侖，每日夜出水4,500000加侖，約計當時全市人口，200,0

00每人每日需水15加倫，共計需3,000,000加倫，將來人口增加，於進水口再添水管一條，每日可出水八九百萬加倫，安設機器水管等，均留餘地擴充。水廠建沉澱池2座，中分8池，建快性砂濾池1座，亦分8池，又建清水池1座，內分2池，又蛇山高蓄水池1座，總共全部設備約需洋1,000,000元。對於幹支水管分配，業已勘定，幷繪製成圖，江岸起水井亦經詳細設計，又需1,000,000元，總共2,000,000元。仍以款未籌集，不能動工。

21年7月，湖北建設廳擬具湖北省會自來水籌備委員會簡章，呈請湖北省政府備案，經省委會第28次會議修正通過，幷聘有專門委員開籌備會三次，函滬漢各洋行公司，按武昌當時人口240,000，將擴充至500,000，每人每日用水30加倫計算，如願承包此項工程，希提出付款條件，及各項建設費概算，暨圖表說明書送會審議。當時雖有數處送到估單，均不完善，未能決定。至22年3月，從小規模着手，籌備臨時水廠，以500,000加倫爲目標，經省政府委員會通過，建設廳卽派技正張延祥負責進行，於四月間動工。聘武漢大學趙教授師梅，漢口旣濟水電公司水務錢工程師叔越，及省會工程處方主任觀新三人爲顧問，商討計劃，並由本廳技士徐琳，陳世仁，等襄助，歷時10月，始告完成出水。具體雖微，勉强可供應目前之需要，而待日後進行大計劃也。

(二)臨時水廠之提案

(第8次省政府委員會會議通過民國22年4月1日案)

(案由)擬具創辦武昌臨時水廠計劃，請公決案。

(說明)武昌自來水，前由林和成工程師擬具詳細計劃，需款1,000,000元，迄未進行動工。又由吳國柄工程師擬具初步計劃，需款150,000元，惟以供給混水，亦未實現。茲以武昌夏季飲料及衞生需用，亟待解決供水問題，因擬具簡單計劃，假用蔴布局地址及設備，抽水濾水，並設水亭七處於武昌城中段，設備費以45,000元爲限，出水以每天500,000加倫爲度，可供給50,000人口每人每天10加倫之用，或一部份供給淸潔街市之用。

水源卽取長江之水，在蔴局前抽水，利用蔴局原有之抽水間，及水池水管，換裝機器，添築沉澱池改造快濾池再於蛇山黃鶴樓後，建築蓄水池。淸水用電機打上，從淸水池接管子至漢陽門街，利用已埋鐵管，通至司門口，再用小管子通至下列七處，各建水亭一個，以售淸水，每担售價大洋一分。

(1)漢陽門江邊。

(2)司門口。

(3)撫院街慈善會。

(4)得勝橋街糧道街口。

(5)臬正街。

(6)芝蔴嶺玉帶橋口。

(7)芝蔴嶺百壽巷口。

設備費用預算共45,000元。

(1)混水抽水機1部及30匹馬力馬達1部	3,000元
(2)清水抽水機1部及60匹馬力馬達1部	6,000元
(3)修理抽水機間及管子等	1,000元
(4)沉澱池1座	8,000元
(5)改造快濾池10個	4,000元
(6)修理淸水池1座	2,000元
(7)蛇山頂蓄水池1座	6,000元
(8)總管至蓄水池	7,000元
(9)支管至各水亭	6,000元
(10)水亭設備	1,000元
(11)運費及雜費	1,000元
上共	45,000元

工程期限自4月1日起動工，6月底出水

17782

。上設備費預於4月1日發10,000元，5月1日發10,000元，6月1日發 10,000 元，6月底發15,000元，全部完工。

上項辦法，原動電力購用第一紗廠之電，借覺成公司路線輸電，惟祗能在白天輸電，若需水量每天超過30,000担之數，則日夜開機，需另購200匹馬力發電機，利用紡紗官局之油渣機，另需設備費約15,000元，則日夜可開機，每天供水可加增一倍計60,000担。

至經常開支，以自給爲原則。其預算俟開辦後再行擬定。管理方面，由建設廳派員兼任主任。籌備事項需費不多，卽在雜費項下開支。

以上所擬，是否有當，理合提請

公決　　委員兼建設廳廳長李範一

(決議過通)。

(三)施工概要

本廠原定計劃，已如上節所述。乃動工後，因環境關係，不得不略加變更，所有變更各點，均較原計劃爲完善，玆分述之：

(1) 蓄水池　原計劃蓄水池建在蛇山黃鶴樓後，嗣以該處偏窄，遊人衆多，不適建水池之用，乃擬改在南樓東，電話局西側空地嗣掘地5尺，卽爲山石，處近鬧市，故不能轟炸。且南樓前街尙未翻進馬路，埋置總水管諸多不便，因決計建蓄水池於武昌路新古樓洞蛇山上，此爲蓄水池地點變更原計劃者。

(2) 總水管　原計劃總水管從平湖門淸水池裝至漢陽門街，接通5年前已埋之6寸鐵管，通至司門口。嗣因省會工程處修建平閱馬路，由平湖門直達閱馬廠，必須趁此機會，裝置水管，以免日後翻掘馬路之耗費。故決意將總水管路徑，改由平閱馬路，直達武昌路新鼓樓洞上山，此爲總水管路徑變更原計劃者。

(3) 沉澱池　原計劃沉澱池容量爲500,000 加倫，嗣就地位之便利沉澱池容積放大爲2,800立方公尺(750,000加倫。)假定12小時沉澱，則全日可出水1,000,000加倫，卽5,000公噸或 100,000 担，此爲沉澱池容量變更原計劃者。

(4) 發電所　原計劃力借覺成公司路線，購買第一紗廠之餘電，嗣因武昌覺成電燈公司不允放送日電，而借用第一紗廠之電，距離過遠，仍須假道覺成電燈公司之電線設備，諸多不便。不得不自行發電，利用文昌門紡紗官局之黑油引擎，購買發電機，加設電綫1公里，至平湖門本廠內拖轉抽水機。如此可日夜應用。此爲電力設備變更原計劃者。

(5) 售水亭　原計劃售水亭僅7處，且偏在城西濱江一帶。嗣因總管變更路徑，推向城東，售水亭亦增至18處，且深入城中，散在山之南北，便利輸送。此爲售水亭位置變更原計劃者。

(6) 進水機間　原計劃進水機間卽利用麻局舊進水機間，稍加修理。嗣以該處適當平湖門之下游，水質不佳，又以今年江水退落特甚，舊進水機間高出水面20餘尺，不能吸水，乃借用建設廳管理漢冶萍輪駁事務所舊鐵駁一艘，裝抽水機及電動機於駁船上，放長吸水管伸至江心急流中取水，以防污濁。此爲進水機間變更原計劃者。

因以上種種關係，加以工具不全，人力欠缺，使原定計劃於3個月內出水者，延至今10個月始克實現。其間已往施工情形，有足報告者，詳述如后：

(1) 發電所　本廠裝置原動機，借用文昌門外湖北官紗局內之黑油引擎，該機原爲工業式，裝克勒子(Clutch)，拖動繩子盤，以拖帶紗局之機器。今水廠暫時借用該油機，原擬移至平湖門廠內裝置，以便管理。後計算在麻局內建築洋灰底脚，需費數千元，而遷移重裝，工費亦屬不貲，故決定仍就原處，設發電所，向上海新中工程公司轉購半新發電機一座，用紗局舊皮帶一根，在引擎飛輪上拖轉。發電機房及底脚，均係新做，工程說明，列表於後：

發電所工程說明

原動機…………	黑油引擎1座.
製造廠	英國Ruston & Hornsby
式樣	臥式,雙汽缸,四週循環,
馬力	200匹
轉數	每分鐘200轉
飛輪徑	2.700公尺(8′—3″)
飛輪寬	350公厘(1′—2″)
皮帶闊	250公厘(10″)
發電機…………	交流發電機1座
製造廠	瑞典ASEA
式樣	電磁轉動式
發電量	60開維愛(K.V.A.)
轉數	每分鐘1000轉
電壓	三相380伏
週波	每秒鐘50週
皮帶盤徑	530公厘(1′—9″)
皮帶盤中心距離	5.800公尺(19′—1″)
勵磁機…………	直流機1座
式樣	直接
電壓	110伏
配電板…………	白大理石1塊
電壓表	交流1具0—500伏
總開關	三極100安培閘刀開關
總磁場調整器	1具
勵磁場調整器	1具
電流表	交流3具,0—100安培

(2) 輸電線　從紗局發電所至蔴局水廠，距離約1公里餘。爲省節變壓器起見，用低壓380伏送電。除紗局內利用舊桿木及舊電綫外，向建設廳長途電話管理處借用木桿35根，磁碗100只，又撥用舊購電話裸銅綫20圈，計12,000公尺。該線爲英規12號者，併10股作1根線用，以得相當之截面積，使電壓降落在十分之一(即30伏)以內。10股銅線并不絞緊，以備將來折卸後仍可散分作電話線之用。裝線工程係由武昌發明電料行承包，工程說明列表於後：

輸電線工程說明

輸電線共長	1212公尺
桿木數	35根
桿木長	10公尺
桿木梢徑	10公分
桿木距離	平均35公尺
桿木埋入土中	深1公尺
電線	裸銅線,10股,英規(S.W.G.)12號
電線共重	1,750公斤
電壓	380伏,3相,3線

(3) 混水機　蔴局舊進水機間，有斜坡滑軌設備，以應付江水十餘公尺之漲落。惟機房太小，僅3公尺寬，4公尺長，不敷裝置高速離心抽水機，故借用建設廳管理漢冶萍輪駁事務所鋼駁1艘，裝機於鋼駁上，而仍利用舊進水機間之150公厘徑鐵管設備，通至沉澱池。抽水機用電氣馬達轉動，因江水漲落，須隨時變更抽水機轉數，故採用皮帶拖動方法，而不用直接轉動方法，庶可隨時更換皮帶盤，以調裝速度。抽水機共2座，每座每點鐘100公噸(即2,000担)，全日夜最大出水量可爲5,000公噸(100,000担)，即1,000,000加倫也。先已裝竣1座，第2座已訂購，下月內可到。馬達爲德國西門子廠所造，抽水機則爲上海新中工程公司自製之國貨。工程說明，列表於後：

17784

混水機工程說明

電動機	電氣馬達2座.
製造廠	德國Siemens.
式樣	(一)滑圈式.(二)雙籠式.
馬力	11基羅瓦特(15馬力).
轉數	每分鐘1,430轉.
電壓	3相,380㑇.
週波	每秒50週.
抽水機	離心式2座
製造廠	上海新中工程公司.
級數	單級.
出水量	每小時100公噸. (每分鐘450加侖).
轉數	每分鐘1,500轉至750轉
水頭	20公尺至30公尺.
進水管徑	125公厘(5")
出水管	100公厘(4").

(4) 沉澱池　沉澱池為該水廠最大工程，就原蔴局焚燬之細蔴廠及打包廠改造，利用½公尺厚之舊牆，內層四圍加築鋼筋混凝土牆，加舖鋼筋混凝土地坪。牆外加築磚墩，以作支撐。全池完全在地面之上，池底築泥漿槽，以備冲去泥漿之用。池內舊有生鐵屋柱，亦加紮混凝土，利用作為隔板柱子。沉澱池之隔板，用1寸厚12寸寬之企口洋松

沉澱池舊址

沉澱池之鋼筋

板，使混水加礬後上下轉折流動，泥土逐漸得以下沉。水之流速，初甚快，後漸慢。平均沉澱12小時，流速僅為每分鐘28公分，以比較水廠普通設計，容許沉澱4小時流速每

沉澱池放水情形

沉澱池放水情形

分鐘75公分，則本廠設計，在保守一面也。全池係武昌何茂記建築廠承包，茲將工程說明於下：

沉澱池工程說明

座數	1座
長	33.1公尺(176'—4")
闊	19.6公尺(64'—4")
高	3.6公尺(12'—0")
容積	3,350立方公尺 (122,100立方英尺)
24小時容量	5,600公噸
沉澱時間	12小時
水流長度	200公尺
水流速度	每分鐘28公分(11")
池牆	外面50公分(20")厚磚 厚內 面下30公分(12") 鋼筋混凝土 上15公分(6") 鋼筋混凝土
池底	底1:2:4白灰磚三合土 15公分(6") 面1:2:4洋灰鋼筋混凝土 10公分(4")
隔板	企口洋松2.5×30公分 (1"×12")

17785

（5）快濾池　由沉澱池之出口，接250公厘總管，分接100公厘支管10根，通至快濾池。快濾池為鋼板製之圓桶，以蔴局之舊慢濾池改造，下置白鐵水管，鑽數百小孔，

快　濾　池

以流清水，式樣依英國 Patterson 廠所製者。共10座，每座每小時濾水量32公噸，全日夜總量為750公噸。每日須冲洗沙層1次，高壓力之清水從底下泛上，溢出溝管，冲去所

快　濾　池

積留之泥漿。英國原式樣用閘門凡而4具，本廠改用三路考克2具，以節省工料。但仍得同等効果。沙層之次序，底下為大卵石，上為小石片，再上為粗黃沙，最上為細黃沙。其他說明如下：

快濾池工程說明

座數	10座
製造材料	6公厘(¼")鋼板
尺寸	徑2.9公尺(9'−7")
	高3.6公尺(11'−10")
水濾面積	每座6.3平方公尺
每小時濾水量	32公噸
(5公噸每平方公尺)	
總共濾水量	24小時7500公噸
沙層次序	大卵石0.50公尺厚
	小石片0.25公尺厚
	粗黃沙0.25公尺厚
	細黃沙1.00公尺厚
進水管徑	100公厘
出水管徑	100公厘

（6）清水池　快濾池之出口，接至清水池，即利用舊蔴局之混水池修造。第1座池深6公尺，半在地面下，池底於水漲時有滲水，上無遮蓋。惟第2座在地面上且原有白鐵瓦之屋頂，以資蔭蔽日光。第2座容量雖小，足以承受快濾池1小時半之出水，故常用第2池，而留第1池為洗池時之替用池。修池工程係由漢口詳泰建築公司承包，其他工程尺寸如下：

清水池工程說明

座數		2座
第一座(截錐形)	長	29公尺(95'−0")
	闊	19.5公尺(64'−0")
	深	6.5公尺(21'−6")
	容積	790立方公尺
第二座	長	19.5公尺(64'−0")
	闊	7公尺(23'−0")
	深	3公尺(10'−0")
	容積	409立方公尺

（7）清水機　從清水池至蛇山蓄水池，高度達30公尺，故清水機採用高壓三級離心式，置於舊漚蔴房。出水管即接在250公厘之總管，直上蛇山。因高壓抽水機高度不變，故轉速可不變，乃採用直接電氣馬達式，以省地位，而便管理。清水機之進水管，與

17786

進水機鋼殼

高壓清水機

第一座清水池及第二座清水池均可接通，祇須拆裝一節短管，使洗池時換接至其他一池，出水管一端，裝至快濾池之洗池清水管，使得以高壓水力，冲洗沙層中之積泥清水機工程說明如下，容量與混水機同，機器均爲新購者。

清水機工程說明

發電機	電氣馬達2座
製造廠	德國Siemens
式樣	滑圈式
馬力	41匹
轉數	每分鐘1,450轉
電壓	3相,380伏
週波	每秒50週
抽水機	直接,離心式2座
製造廠	上海新中工程公司
級數	三級
出水量	每小時100公噸(每分鐘450加倫)
水頭	64公尺
進水管徑	125公厘(5″)
出水管徑	100公厘(4″)

(8) 總水管　由清水機至總水管，出廠後查家巷，即至平閱馬路，適在建築馬路之時，於路面未舖築前，埋置此項總管，節省很費人工不少。至閱馬廠後，直上武昌路山坡，以達蛇山山頂。總管共長2公里。在查家巷口，百壽巷口，及東廠口，各裝閘門凡而1具，以司閉斷。並於百壽巷口，裝500公厘之十字叉管一節，以備將來在該處接大水管。又於閱馬廠口裝250公厘之十字叉管一節，以備擴充至城東區之用。此項鐵管爲5年前建設廳向德國某廠訂購，堆存未用者。裝置工程則包給漢口順興昌機器廠。埋入路面下1公尺。惟路線曲折，高低亦多，尤以上山一段爲最困難。其他工程說明如下：

總水管之埋置

送水夫放水情形

總管工程說明

管徑	250公厘(10″)
管長(每節)	4公尺(13⅓′)
總共節數	486
總共長度	1937公尺
管子接頭法	打蔴30公分,澆鉛70公分
總凡而地點	1.清水機外
	2.查家巷向西口
	3.百壽巷西口
	4.東廠口南口
	5.東廠口東口
	6.蛇山脚北口
	7.蛇山上

蛇山蓄水池

(9) 蓄水池　蓄水池在武昌路山洞西邊，拓土100 公方，矗立山頭，頗壯觀瞻。用鋼板圍成，外塗綠油，內髹白漆，容水1,000噸，爲總出水量之1/5卽5小時之平均需要量也。蓄水池高出地面42公尺，壓力可至

蓄水池地址開山情形

武昌全城，實爲全城最高之點，將來尙有擴充餘地，可以增加建築。蓄水池鐵板材料均自辦，而由漢口毛生發廠承包工作。蓄水池之頂，亦用三角鐵作架，舖薄鐵皮，以避日光。其他工程詳情如下：

蓄水池工程說明

座數	1座
尺寸：徑	13.7公尺(45′—0″)
高	5塊鐵板,共5.9公尺(19′2″)
周圍	9塊鐵板,共42.5公尺(141′9″)
容量	1000公噸
建築材料	鋼板(4′×16′)
底板	8公厘厚$\left(\frac{5''}{16}\right)$
牆板(最下一層)	8公厘厚$\left(\frac{5''}{16}\right)$
(中間二層)	6公厘厚$\left(\frac{1''}{4}\right)$
(最上二層)	4.5公厘厚$\left(\frac{3''}{16}\right)$
頂蓋,鋼板皮	0.8公厘厚$\left(\frac{1''}{32}\right)$
底箍,一圈	三角鐵—3″×3″
頂箍,一圈	三角鐵—$2\frac{1}{2}''\times2\frac{1}{2}''$
頂架,九根,	三角鐵—2″×2″
全重	20公噸

(10)支管　支管接於25公厘之總管，共11處，將來自各支管叉頭，接展至全城各處。現在僅就各支管叉頭附近，設置水龍頭，爲售水處。支管接頭處，均各裝閘門凡而，庶將來工作時，不必停止總管供水，支管之水龍頭，埋在地面下½公尺許，上豎水椿管，分兩出水口，使挑水者同時以兩水桶盛水，以期迅速，因蛇山蓄水池高40餘公尺，故售水處之水壓頗高。各支管尺寸及地點列下，現正在推廣支水管至蛇山之北，及閱馬廠之東，增加水椿，不久卽可完竣。

支管工程說明

1. 查家巷口	250×250×250三叉管, 250公厘支管.
2. 人字街口	250×150×250三叉管, 150公厘支管.
3. 大陶家巷口	250×60×250三叉管, 50公厘支管.
4. 吉祥巷口	250×60×250三叉管, 50公厘支管.
5. 湖邊街口	250×250×250三叉管, 50公厘支管.
6. 後長街口	250×60×250三叉管, 60公厘支管.
7. 多公祠口	250×150×250三叉管, 50公厘支管.

8.羅祖殿口	250×60×250三叉管，50公厘支管.
9.西大街口	250×150×250三叉管，50公厘支管.
10.東廠口	250四叉管，50公厘支管.
11.武昌路山洞南口	250×250×250三叉管，50公厘支管.

(四)營業法

本廠自民國22年5月奉令籌備，至22年3月23日全部試車，冲洗水管，即開始送水，市民挑用者甚衆。旋奉令自4月1日起正式售水辦法如下：

水價——(甲)用戶至售水處自取者，每担收水費大洋1分即60文。

(乙)用戶包月者，由本廠僱水伕按時送到，每日1担每月6角，多則類推。路遠在1里外者，每担每月加3角；2里外加6角。均先付費，取同水籌及收據。每日水伕送到時，用戶發籌每担1根。

售水處——1.平閱馬路人字街口2.湖邊街口3.後長街口4.多公祠口5.西大街口6.武昌路閱馬廠7.山洞南口

售水時間——自上午7點至下午5點

電話定水——第二天即派人送水，持據收款。電話41933號。

標準水桶——每桶25公升，淨重25公斤，每担2桶。

現已裝水龍頭11處，暫先開放7處，每處派一人管理，收錢放水。錢筒鎖在水椿旁，每天由收款員前往開鎖倒筒，以計數目。包月辦法，由本廠僱水伕備水桶，分別挑送，水伕着本廠白布領褂，上印號碼，以資辨認。水桶亦漆本廠廠名，每桶容量規定為25公升，實比普通水桶為大。本廠雇用水伕，每日規定送水30担，1里外者，一担作2担算，2里外者，1担作3担算，工資每月8元，星期及例假加工，現已有定戶一千餘担，水伕45名，水桶外又備水車6輛，每輛可盛10担，以便輸往較遠地點之用，藉省時間。

包月定戶，由本廠發水籌，定1担者，每月30根，不計月之大小；每天送到時，由水伕取同1根，水籌上均有號碼，一方面用以稽核水伕已否送到，一方面使售水處得一種憑證可以放水。此項水籌每天同廠依號分納，如有未收同者，不難查考也。

本廠最近擬裝置水表用戶，惟以水管已接到之處為限。已購辦水表一批，先擇大用戶安裝。水價大約為每立方公尺2角，即每千加倫9角1分，比較其他城市亦不多貴。售水椿本廠决不採包辦制，庶可隨時節制，而免浪費。

本廠自4月1日開始售水後，至今僅1月初創之時。居民尚未十分信仰，且管子亦尚未敷設全市，今後用戶日增，收入當可足敷開支，特列本年經常預算，及二月來之營業報告如下：

本廠二十二年度
每月收支預算表

項　目	預算數
水椿售水收入	
1.查家巷口	$ 120.00
2.人字街口	150.00
3.陶家巷口	150.00
4.湖邊街口	200.00
5.後長街口	200.00
6.多公祠口	180.00
7.羅祖殿口	180.00
8.西大街口	260.00
9.閱馬廠口	300.00
10古樓洞口	260.00

11包月售水收入	$ 2,000.00
共計	$ 4,000.00
經常支出	
1.薪工	$2,200.00
2.辦公費	290.00
3.燃料	900.00
4.購置	30.00
5.特別費	60.00
6.雜費	320.00
共計	$ 3,800.00

本廠四五兩月份營業收支報告表

項目	四月份	五月份
水桶售水收入		
1.人字街	$ 57.22	$ 67.86
2.湖邊街	52.37	89.98
3.後長街	88.88	126.94
4.多公祠	73.53	129.08
5.西大街	135.97	217.76
6.閱馬廠	88.70	153.05
7.古樓洞	23.16	37.40
共計	$ 519.83	$ 822.07
包月售水收入		
本月份	$ 160.29	$ 313.65
下月份	125.61	308.25
總共收入	$ 800.73	$ 1443.97
本月售水共計担數	59,497	104,170
每日平均售水担數	1,983	3,296
每日平均售水立方公尺	99.15	164.8
營業支出		
薪工	$1,225.96	$1,408.17
辦公費	110.96	80.63
燃料	292.28	318.53
購置	4.72	
雜費	26.06	106.71
共計	$1,659.71	$1,914.04

(五)計劃得失

本廠爲試辦臨時性質，祗可維持2年之需要，將來必不敷供應，惟全部計劃，有得有失，不待諱言，且可作將來之參考，因列舉備覽焉。

(1) 計劃之善點

設備費現金僅45,000元(最後計算爲51,200元)爲最省儉之水廠。

供水量日夜可至5,000公噸，卽1,000,000加侖，足供武昌2年之需。

製水方法，經沉澱，沙濾，蓄水，與大水廠完全相同。

全廠佈置程序，先後依次井然，合乎科學方法。

機械設備，如抽水機，快濾池，沉澱池，均採最新式樣。

盡量利用廢棄舊料。

蓄水池在蛇山頂，利用天然地位，壓力甚高。

平閱馬路250公厘管，及蛇山頂之蓄水池。將來仍可爲大水廠之支管。

(2) 計劃之缺點

水源近繁盛市廛，且在平湖閘之下，不免染污。

發電所引擎馬力太大，耗費油料，且祗一座引擎，如有故障停機，卽無預備。

沉澱池太高，使池內之水不能完全利用，洗池時祗得放出。

清水池太低，底部滲漏，難以修築。

蛇山蓄水池以鋼板圍成夏季受烈日熏灸，水之溫度增高，冬季嚴寒，不免冰凍。

(六)將來計劃

本廠雖于今年4月完成出水，惟水量全天1,000,000加侖(38,00立方公尺)祗足供應五分之一居戶之用，故亟宜舉辦大規模之水廠，為全市飲料衛生消防之需。

又查武昌電廠自民國17年起由覺成電燈公司辦理。設備僅 2,000 開維愛之舊機，電力不敷，管理不善，債務糾紛不已，日電不放，未蒙建設委員會准許註册給照，且不接受主管機關指導改組，無力擴充，故宜亟由政府自辦大規模之電廠，以供省會工商業之需要。

水電同為公用事業，同為市政切急之圖，而兩者技術方面，多相關連，水廠需用電力，電廠需用冷水。營業方面，亦全雷同，故兩廠合辦，對於設置經費可比較兩廠分辦為省，亦比較兩廠分辦為少。茲草擬將來合辦水電兩廠計劃如下。

(一) 廠址　廠址定在白沙洲舊造紙廠原址，其理由如下。

(1) 地濱長江，取水便利。

(2) 居武昌之上游，水質清潔。

(3) 相近鮎魚套車站，運煤便利。

(4) 地基甚高，填土不多，地位寬展，可以擴充。

(5) 原屬公產，不必收買。

(6) 軍事上地位隱蔽。

(二)水量　武昌居民現約300,000人,5年至10年間將增加至 400,000 人，以武昌地勢及生活程度估計，每人每天用水10加倫(45公升)。水廠出水量當為每天4,000,000加倫 (15,000立方公尺)，5年後第二期再擴充 2,000,000 加倫(7,500立方公尺)。

(三)電量　武昌大半為工廠區域，電力當視電燈為多，目前電燈已需要2,500至3,000基羅瓦特，電力如二三紗廠之需要亦相當此數。故電量宜先裝 3,000 基羅瓦特發電機2座，日間開1座，夜間開1座，2年後加3,000基羅瓦特1座，則有預備之量。3年後可添置6,000基羅瓦特1座。

(四)進水　進水井當築在江中，水電兩廠合用，可省建造費及抽水之電費。惟江水冬夏漲落達60英尺(18公尺)之巨而白沙洲灘岸甚平坦，故該項進水井必須特別設計。

(五)沉澱池　沉澱池以洋灰混凝土建築，須高過最大洪水位，故池牆約高出現在地面 4 公尺(12英尺)沉澱池之牆之四週，填土作斜坡，即自成護堤，有雙層功用，以防洪水及增加牆之力量。

(六)快濾池　快濾池築沉澱池旁，亦用洋灰三合土建築，分4池，每池面積260平方公尺(2,800平方英尺)全日共濾4,000,000加倫。洗池用壓縮空氣每日 1 次，將來擴充，添築2池。

(七)清水池　清水池即築於沉澱池及快濾池之下，以省另建底基及屋頂之費，因清水池必須遮蓋也。清水池容量為 7,500 立方公尺(2,000,000加侖)以備 12 小時之需。

(八)蓄水池　蓄水池建於蛇山上，在武昌路山洞東首，高出地面 42 公尺，用洋灰混凝土建築，上用頂蓋，與地面平，覆以沙草皮土，以防凍寒，又防戰時砲轟或飛機轟炸之目標。容量與清水池相等，以備22小時之需。亦分 2 池。蛇山高度適宜，居城之中心，距離白沙洲廠址僅 4 公里。蓄水池之意義，亦用以平均壓力。

(九)總水管　總水管2路，1從白沙洲，經望惠橋，望山門，蘭陵街，芝蔴嶺至司門口，察院坡，撫院街，而上蛇山蓄水池，1 從白沙洲，經新橋，中和門，黃土坡街，而上蛇山蓄水池，以成一圓圈，使總水管無論何處修理時，可以停閉一部份，而不影響其他各處。

總水管 2 路，直徑均為五百公厘，初期先裝置王惠橋一路，於擴充時，再裝置新橋一路，因王惠橋一支經過熱鬧市區也。惟裝置水管，須待王惠橋改造，馬路翻修，始可興工，否則埋設總管於現在之狹窄街道下，甚屬困難，且若先埋水管後築馬路，建下水道亦不方便，此則希望馬路工程早日動工，順便可埋設水管也。

(十)支水管　支水管之分佈，當另繪詳圖。

(十一)混水抽水機　混水抽水機裝於進水井內，與電動機直接，惟江水漲落至50英尺之巨，故電動機之速度須可以變更者，以適應於抽水之高度。抽水機二座，容量視透平發電機凝氣櫃所需之數目而定，惟最少每座每分鐘15立方公尺，因4,000,000加倫之水，須於10小時內供給也。將來擴充時，再添抽水機1座。

(十二)高壓清水抽水機　以蛇山高坡，及總水管阻力計算，高壓清抽水機須打高至75公尺亦2座，每座容量每分鐘10立方公尺，用電動機直接轉動，每座約250馬力，將來擴充時加增1座。

(十三)殺菌機　殺菌機及其他水廠設備均須完善。

(十四)發電機　電廠之蒸汽透平發電機2座容量3,000基羅瓦特，3相，50週波6,600，伏，連凝汽櫃，配電板等附屬設備。蒸汽壓力採25大氣壓，溫度採攝氏385度。

(十五)鍋爐　鍋爐當為水管式，須3座，以1座備用，2座常用。鍋爐須可以燃燒鄂省所產柴煤及湘省小槽煤，惟不必用板煤機之設備，以減輕資本，鍋爐之進水抽水機等附件須全備。

(十六)輸電線　6,600伏之輸電線，用架空式，以節資本。惟須裝於廣闊冷落之道路，以免危險，故一路沿江邊至下新河，一路由西大街至平閱馬路，將來擴充時添一路沿東城城基，以成環圓，蓋將來城市必向東發展也。

(十七)佈電網　當另繪詳圖。

(十八)投資估計　初期設備所需投資估計如下：

水廠　500,000元　水管設備500,000元
電廠　1,500,000元　輸電設備500,000元

初期設備約2年可全部完成，白沙洲廠址附近，建設廳已籌備先設船廠及機廠，則將來進行水廠電廠工程時，當可得相當便利也。

湖北建設廳武昌水廠設備費分析表

民國二十三年五月三十一日止

科　目	實支數	未付賬	總計	備註
混水抽水機	$ 1,279.82	$ 1,132.00	$ 2,411.82	借用鋼駁不計
清水抽水機	2,629.62	2,229.05	4,858.67	
修理抽水機間及管子	566.18		566.18	利用舊牆舊柱不計
沉澱池	13,288.76	1,158.50	1,445.26	利用舊鐵櫃
改造快濾池	4,283.93	56.95	4,340.88	原池係舊水池
修理清水池	1,111.06	140.70	1,260.76	
蛇山蓄水池	6,392.47	516.73	6,909.20	鐵管舊購不計
總管	6,356.77		6,356.77	利用舊鐵管不計
支管	651.86	31.72	683.58	
水亭設備費	444.60	8.54	452.54	

發電所設備	4,341.16	575.93	4,917.09	電線及桿木撥用不計 借用引擎不計
運費及雜費	3,982.30		3,982.30	利用材料估計約$50,000.
合計	45,327.93	5,869.12	51,197,05	

湖北建設廳武昌水廠水質化驗表

民國二十三年三月三十一日

渾濁度	30	P.P.M.
鹼性度	150	P.P.M.
溫度	49	C.F.
輕離濃度	7.8	(P.H.)
二氧化炭	6.000	
菌落數 (24小時 37°C)	28.00	
發酵試驗(37°C 48小時)	——	
大腸菌數(37°C 24小時)	——	

人工鑿井與國防設計

黃述善

自東北四省淪陷，門戶洞開，藩籬盡撤。一旦世界大戰爆發，我國首當日俄之衝。匪特華北一隅，勢如破竹。卽沿海各省，亦勢難固守。故談國防設計者，莫不以西南之川滇，西北之陝甘新疆，爲國防重要區域。夫川滇開化較早，人口繁殖，土地肥沃，經營較易。若陝甘新疆，地瘠民貧，交通困難。欲從事建設，以固邦基；則必須有整個之計劃，以收實效于將來。故舉凡有利于西北之國防者，均應未雨綢繆，極力籌備。卽于鑿井一端，久已膾炙人口。然當局者僅以爲振興水利，救濟旱災之要政，殊不知對于國防設計有關也。昔宋仁宗時代，元昊寇邊，寨門諸砦，相繼失陷。鄜州判官种世衡，議城靑澗，以當寇衝。然處險無泉，議不可守。鑿地百五十尺，至石不得泉。工辭不可穿。世衡命削石一畚，酬百錢，卒得泉以濟。因以開營田，募商賈，通貨利。城遂富實，傍隅粗安。由此可知西北鑿井，自昔已爲國防上之急務。況今日者日俄强暴，百倍于元昊。西北邊防，十倍于銀夏者哉。方斯東北殘軍，雲集關內。江西剿匪，卽將告終。全國軍隊將無安插餘地。不佞爲首當化兵爲工，積極敷設西北之道路。次當寓兵于農，間接開發西北之利源。凡在公路所逹之地卽宜建設新村，以資團結。開鑿井泉，以資灌溉。提倡我國人工鑿井技術，以節省機器之糜糜。利用我國鑿井工人，以訓練退伍之軍士。行見西北遍地，盡成膏壤之區，百萬屯兵，悉作干城之士。邊防鞏固，民族復興，我國前途，實利賴焉。夫智者千慮，必有一失。愚者千慮，必有一得。不佞之言，倘蒙採納，則幸甚矣。

17793

國內工程新聞

(一)西蘭公路積極興修

西蘭沿線，正積極與修六盤山工程，拓寬路道，各大橋樑，招工包修。沿線並籌設旅館，減低票價，工務所一個月後即由陝遷蘭。

(二)玉萍路卽興工

杭江鐵路，自奉令改爲浙贛鐵路後，該路工程局，卽組測量隊探鑽隊，先後出發。除玉南段已踏勘完畢外，上饒至貴溪一段，因尙須測量信河北岸路線，正在趕辦。其餘各線，大致均已確定。並已將總段劃分，計全段玉山至南昌，分爲四個總段。每一總段，分四個分段。第一總段，自玉山站起點，至上饒縣境之沙溪爲第一分段。自沙溪至上饒縣爲第二分段。第三四兩分段，及第二總段之五六七八等分段，尙在測量。俟線路確定，再行劃分，第三總段，自貴溪縣境之太橋陳家起，至貴溪縣境棕茅崗爲第九分段。自棕茅崗至石鄉縣境之楊溪陳家爲第十分段。自楊陳家至東鄉縣境之寺前爲第十一分段。由寺前至進賢縣境之下埠集爲第十二分段。第四總段，自下埠集至進賢縣境之高橋爲第十三分段。自高橋至南昌縣境之梁家渡爲第十四分段。由梁家渡至南昌縣境之蓮塘爲第十五分段。自蓮塘至南昌爲第十六分段。每段土石方工程，均在招標承築，視分別發包，同時興工。關於沿線改善之處，經該局副局長侯家源視察後，以金玉段各項營業設備，未臻完善，擬卽設法補充。並派副工程司陳祖鈞，前往平漢隴海兩路考察橋樑工程，俾資借鏡。所有各站貨物倉庫，雨蓬站頭等工程，迅行興築。此外如抽調路警訓練，研究推廣營業辦法，均分別在進辦中。

隴海鐵路行車時刻表

站名	徐州府	碭山	商邱	開封	鄭州南站	汜水	鞏縣	孝義	洛陽東站	新安縣	澠池	觀音堂	會興鎮	陝州	陝州	靈寶	闅鄉	盤頭鎮	文底鎮	潼關
自右向左讀	第一次特別快車自東向西每日開行														第十九次客貨車自東向西每日開行					
	(上午)			(下午)						(上午)					(上午)				(下午行)	
列車次數	第一次 八點十分開	十點十六分到 十點二十六分開	十二點〇九分到 十二點二十九分開	四點三十二分到 四點五十二分開	六點五十一分到 七點十一分開	八點三十三分到 八點四十三分開	九點二十三分到 九點二十五分開	九點四十七分到 九點四十九分開	十一點十二分到 十一點四十二分開	一點十二分到 一點三十二分開	三點二十一分到 三點四十一分開	四點三十七分到 四點四十二分開	六點〇八分到 六點十八分開	六點五十分到	第十次 七點二十分開	八點三十二分到 八點四十七分開	十點二十分到 十點三十五分開	十一點五十二分到 十一點五十五分開	一點二十分到 一點二十三分開	二點二十分到
自左向右讀	第二次特別快車自西向東每日開行														第二十次客貨車自西向東每日開行					
	(下午)			(上午)											(下午)					
列車次數	八點〇五分到	六點〇四分開 五點五十四分到	四點十七分開 四點〇二分到	十二點十五分開 十一點五十五分到	十點〇二分開 九點四十二分到	八點四十二分開 八點四十分到	八點〇六分開 八點〇四分到	七點四十八分開 七點四十六分到	六點三十五分開 六點十五分到	五點開 四點五十分到	三點二十三分開 三點十八分到	二點三十六分開 二點三十一分到	〇點五十二分開 〇點四十二分到	第二次 〇點〇五分開	十點二十五分到	九點十六分開 九點〇一分到	七點二十三分開 七點十三分到	五點五十六分開 五點五十三分到	四點二十八分開 四點五十二分到	第二十次 三點三十分開

17795

中國工程師學會會務消息

◉上海分會常會紀事

上海分會，於七月二十三日晚，假座銀行公會俱樂部開會，到會員四十餘人，聚餐畢，主席徐佩璜君報告會務，次討論本屆年會時分會提案，旋請本年四月間入川考察，新近回滬會員徐善祥·戴濟·及任尙武·三君，依次演講考察經過川中近况，及個人感想，略謂，四川天富，物產豐饒，如糖·鹽·絲·紙·等品，桐油更爲吾國近年來出口大宗，川中當局，銳意圖治，水陸交通方面，積極整頓，剿匪工作與建設事業，同時並進，主持教育者，務求實際，不尙虛名，亦屬難能可貴，手工開鑛，可深至三百五十丈，亦可見川人之技巧矣，此外尙有模範村之設立，研究所，醫院，等，應有盡有，惟各地幣制混亂，從前苛捐雜稅，名目繁多，人民不堪負担，現在但願將來之不再追歛，目下四川預算擬辦之生產事業多，而建設費少，總之四川原料豐富，倘有人才以研究之，加以資金置備機器，從事經營而製造之，可使全國自給自足以自衞，惟現在四川工業，尙屬農村副業，尙須逐漸改進，假以時日，惟前途希望無窮，此外任君並演講峨眉山奇特風景，如佛光萬盞明燈等，頗屬前所未聞，散會已十一時餘矣。

◉徵求人才

太原某電機製造研究所，擬聘請富有電氣工程經驗者一人，惟須負製造責任（如百馬力以下之摩托及各種變壓器等等）， 月薪約三四百元，欲應徵者，請開明詳細履歷寄交上海南京路大陸商場五樓本會所，合則函約，不合恕不答復。

◉本刊編輯部啓事

本刊第三卷第二十一期（二十三年五月廿五日出版）刊登朱希尙著整理湖北金水與揚子江水位之關係一文，茲經著者函稱係於民國十九年十月所擬，現在情形與當時環境自不相同，特此申明。

17796

工程週刊

(內政部登記證警字788號)
中國工程師學會發行
上海南京路大陸商場 542 號
電話：92582
(稿件請逕寄上海本會會所)

中華民國23年6月22日出版
第3卷 第25期(總號66)
中華郵政特准掛號認爲新聞紙類
(第1831號執據)

本期要目

定報價目：每期二分，全年52期，連郵費，國內一元，國外三元六角。

觀台之伸臂式鋼筋三和土頂蓋

爲辦建設者進一言

編者

努力建設爲各地主政者共有之目的，然因不善用人而遭失敗者非不常見。我國工廠初辦之時每不信任工程師，結果常至失敗。現今各地行政機關亦然，言及建設，固知聘請技術人員，然每聘之而不予之以權，或予之以權而不加以信任，或信托以初步計劃而不採納施行，致未聘定之工程師望而却步，已聘定之工程師不願久留，其欲建設之進展，誠戛乎難哉！語云，『用人莫疑，疑人莫用。』蓋指用人當慎於始；惟既選定，應須信任。如果用人必疑，疑人亦用，而欲求事之成，夫安有幸？

17797

整理湖北內河航輪概况

湖北省政府建設廳航政處

(一)已往情形(錄漢口市商會商業月刊第一卷第三期二十三年三月)

本省襟江帶湖，交通便利，惟內河航輪現狀，反爲運輸之阻，以致旅客裹足，貨物積滯，非積極整頓，不足以蘇民困。查本省內河航輪，可分四幹線，均以漢口爲出發點，東至武穴爲下江線，西至宜昌爲上江線，北至襄樊爲襄河線，南至常德長沙爲湘江線，除襄河一線完全爲小輪行駛外，餘三線有英日美及國營招商與三北等各大輪公同行駛，惟均不停靠各小碼頭，不足爲本省內地交通發展之助也。

本省內河航商，均屬小資產階級，合夥數十人建造一船，以營利爲目的，並非大規模之組織，更無便利交通，發展地方，服務社會之意旨。時則互相殺價搶班，時則聯合貪載圖利，虞詐相間，散合靡常。調查目前行駛各輪，共約90艘，各輪營業，一方面，軍警及各地機關人員不購票，未能禁止，一方面，內部職工人浮於事，私帶濫支，未能整理，故多虧折。即有收益較旺者，而股東亦所得無幾，故一般人均視航業爲畏途，信用掃地矣。至於船隻，多屬破舊，未能切實修理，設備簡陋，坐位臥舖，均少設備，安全更談不到，船上職工，半屬親舊，而艙面艙底船員，且多須押櫃，不依技術經驗爲準，故時常發生不幸事件，如去年之『旅安』輪，及今年之『匯通』輪，先後失事相隔僅二月耳。不久，『富源』『荊江』兩輪，又相繼沉沒，喪失生命數百，甚可慨矣。船中茶房，更以需索旅客爲生活之資，行旅苦之。各地碼頭，有售票局，以船票折扣爲營利之道，惟對於碼頭及躉船設備，則均不問，大多數祇僅備駁船而已，風雪之候，寒冬之夜，危險實多。

小輪行駛遲緩，班期不定，由漢口至老河口，須半個月之久，船票更無定章，隨時增減，各地復附加捐稅，如教育捐，保安捐之類，成數不一，按諸實際，則小輪之票價，比大輪高貴一倍有奇，如此而謀發展內河航輪，疏通土產貨物，誠背道而馳也。

(二)省政府整理內河航輪之議決案

省政府鑒於目前內河航輪之危險，非採有效辦法，無濟於事，爰於本年2月9日第70次委員會議，通過建設廳之提案如下；

(案由)爲商營內河航輪，辦理不善，時發事端，擬具整理辦法，請公決案。

(說明)查本省內河航綫，東至武穴，西抵宜昌，南入湖南，北達襄樊，均係各商人組織公司或輪局，行駛小輪。此項公司或輪局，共有80家，而行駛之小輪，則共僅90艘。是以各公司或輪局，多係湊集零星資本之合夥性質，並無大規模之組織，因此之故，遂均以營利爲惟一目的，時則搶班殺價，時則聯合貪載，絕不知有所發展交通，服務社會之宗旨，而其辦理之腐敗，如班期之無準，時間之無定，設備之簡陋，茶役之需索等，久爲世所詬病。最近『旅安』輪出事不久，復有『匯通』輪之失愼，焚斃旅客至

17798

三四百人之人多，政府職責所在，豈容坐視？惟商人知識單簡，惟利是圖，若僅言由政府取締監督，仍屬空言無濟。為發展交通計，為保障行旅安全計，非採有效之行動不可。茲擬具整理本省內河商輪辦法如次；

(一)現在行駛本省內河各綫之商輪，由建設廳航政處代為管理經營，支配調遣，惟產權仍歸各輪原主所有，移轉時須呈報備案。

(二)管理期間暫定為一年。

(三)管理期間各輪原主應得之利益如左；

(1) 各輪股本利息，無論營業贏虧，按年8%由管理機關支付。

(2) 折舊按船身之估價計算，鐵壳按年7%，木壳按年20%，儲備為修造新船之用。

(3) 營業有盈餘時，提純利之半為紅利，分配各原業主，有虧折時由省庫補償。

(四)管理期間航政處應盡之職責如下：

(1) 會計應完成獨立公開，由各輪原主公舉會計師，隨時查賬。

(2) 各輪按時修理，半年小修一次，一年大修一次。

(3) 以營業盈餘純利之半，建築碼頭，堆棧，整理航路，開展航綫。

(五)管理開始時，由建築經費內撥洋50,000元，為營業基金。

(六)管理開始後，如有商輪不遵行者，禁止其航行，並咨交通部備案。

以上所擬辦法，是否可行，理合提請公決。

委員兼建設廳廳長李範一

(決議)修正通過，呈請　總司令部核示。(註：上列之提案，已經修正者。)

(三)接管經過

省政府自2月9日通過上述之整理內河航輪辦法後，呈請豫鄂皖三省剿匪總司令部核示。尚未正式公布，而『富源』『荆江』兩輪，復機續遇險，損失生命貨財至巨，輿論譁然，商旅惶駭。本處為迅速維護行旅安全計，奉諭於2月15日，調派船隻，先行開駛下江綫之黃石港，上江綫之金口，及襄河線之蔡甸，等班，19日，上江線由金口展至新堤，以為臨時救濟辦法。2月20日，奉到豫鄂皖三省剿匪總司令部祕附鄂字第2199號密令照准，省政府當即明令布告周知。同時復由建設廳通知各航商，定於22日下午2時召集談話，茲將建設廳通知錄后；

湖北省政府建設廳通知　責字第197號

案查本廳前為商營內河航輪辦理不善，時肇事端，當經擬具整理辦法，提請湖北省政府委員會公決在案，茲奉湖北省政府字第3646號令內開：

「案查本府第70次委員會通過兼建設廳長提擬整理內河航輪辦法一案，當經連同該廳摺呈整理計劃，一併密呈核示在卷。茲奉豫鄂皖三省剿匪總司令部祕附鄂字第2199號密令內開；

「呈暨計劃附表均悉：所擬尚無不合：應予照准，仰即知照。此令。附件存。」等因，奉此除密令財政廳知照外，合行密令該廳即便遵辦具報。此令。」

等因奉此；除飭本廳廳航政處即日開始遵辦，並定於本月22日下午2時，在本廳召集各航商談話外，合亟檢發原辦法通飭遵照，並仰準時前來為要！

此知。

計發整理本省內河商輪辦法一份

廳長李範一

中華民國23年2月21日

當時少數航商，昧於大義，認爲政府斯舉，係攘奪彼等私有產權。除召集談話，毫無結果外，更多方反對，函電交馳，奔走呼籲，幷將內河航線，自25日起，一律停止行駛，斷絕全省水上交通。且挾持多數船隻，駛之九江，一面推舉代表，逕赴南昌總部請願，嘗經蔣委員長嚴予駁斥，並派艦監視逃輪，駛囘本省，而免散失。於是輪商採用消極抵制，嗾使各輪逗留蘄春，不囘武漢。3月10日省政府令水上公安局蔡局長孟堅，本處張主任延祥，率領水警，攜帶米煤，乘輪至蘄，分別接濟，幷宣布政府意旨，解釋辦法內容。幸輪工皆能仰體斯意，服從調遣，計是時拖囘商輪35艘，船名如下：

新漢南	新大利	漢池	精義
漢圻	錦華	順大	漢東
福星	永平	萬福	泰興
林襄	利民	德安	新瀛江
利襄	精華	新漢陽	新三江
興茂	鄂東	鼎盛	新義泰
鎮江	福東	致遠	益和
泰運	新乾泰	漢福	漢强
永安	鴻泰	新萬安	

（註：尚有勝興拖輪一艘，囘漢後卽交還原業主勝利拖輪局經理季南堂接收。）

上列船隻，經加檢查，卽於3月17日分配各線各班行駛，至是全省內河交通，始告恢復。規定下江，上江，襄河，三線。惟上江線新堤以上之沙市宜昌等埠，因原行駛該航線之大盛永興兩商輪公司船隻，多未交來，以致迄未開班。

當上述各小船在九江時，缺乏米煤，曾由漢口航業公會，以福泰，新裕順，鴻發三輪，暫行抵借米煤現款，共計洋元2,716元。嗣本處奉建設廳責字第407號訓令，轉奉省政府建字第3,845號訓令，飭將九江航業公會代墊各款，由所撥營業基金內，迅速贖還原輪管理。遂於4月11日派員攜款前往，會同九江警備司令部，與該地輪業分會接洽，付款贖囘。4月16日福泰新裕順兩輪，到達武昌，歸本處調遣，惟鴻發一輪係拖輪，卽發還原業主鴻記輪船局經理劉秉倫接收。

本處兩次派員往蘄州九江，拖囘各輪，墊發煤米等項，共計用款5,221.41元，當造具清册，呈報建設廳，准予在內河航輪營業盈餘項下開支。

本處接管船隻，截至5月底止，除上述拖囘37艘外，又在漢口接管11艘，又接管前所租用13艘，總共61艘，內鐵殼船僅5艘，其餘均屬木殼，多亟待修理，且有機件過壞，船身朽爛，行駛危險，應卽報廢者，將來擴充全省航線，决不敷用。所有各輪詳細情形，列表刊於統計欄內，以備參考。

(四)整理情形

本處接管各航輪事，卽依預定步驟，着手整理。規定班期，減低票價，派隊護航，取締陋規各端，一一施行，玆分段報告如下：

(1) 規定班期

交通事業，首重時間，因之船期不可不先規定。本處自2月19日正式開辦內河航輪起，卽規定船期，所訂時刻表，隨事實上之需要，及江水漲退情形，曾經修改增添四次。

現在行駛各班，均以武漢爲中心，且均每天開駛至少1班，陽邏短班，且每天開2班，蔡甸短班，每天開3班，長水各輪復仍停泊陽邏蔡甸各埠，故近郊各鄉，與武漢之交通，可謂便利之極。現計共調派航輪32艘，行駛各班。

本處各航輪恪守開船時刻，不差分秒。沿途各埠，雖因各航快慢速度不同，不能盡行規定鐘點分數，惟相差亦不多。各碼頭已有標準。將來本處對於各輪機器速度，設法改良調節，則可望達到規定沿途各碼頭開到鐘點之志願，更可推進服務之目的矣。

上江線現僅開至新堤止。新堤以上之監利，藕池，郝穴，沙市，各地，於三月間曾行駛數次，因船隻不敷支配，且各地設備未全，不能繼續，今後將於最短期內設法擴展。

(2) 減低票價

本處所定各線價票，係按照里程計算，每公里約合國幣½分，上水價目，亦不分軒輊，蓋本處旨在發展內地交通，便利商旅，故比較以前低廉特多。例如漢口至新堤，前商輪為2.50元，現僅1.20元。漢口至沙洋，前商輪為4.60元，現僅2.70元。漢口至長江埠，前商輪為1.50元，現僅1.00元。漢口至黃石港，前商輪為0.92元，現僅0.80元。船上員工，不准收取分文小帳，故乘客均稱便焉。

客票價目表，均刊印公佈，貼各船上，庶乘明瞭，且船票上詳細刊載，以避免多收少收之弊。

客票式樣，分碼頭售票，與船上售票兩種，兩則均採剪裁方法，卽該票從甲埠剪至乙埠，卽為從甲埠到乙埠有效之票，剪至何處則該票角上之銀數，卽為票價銀數。而留在存根上之一角，則為本處核票之用，可以統計各船各埠出售票數銀數，及各埠往來人數等等。此種船票，刊有號碼，並塡印日期，加刻船名，背後中縫，並蓋本處圖記，故隨時隨處可以查驗，藉防弊病，而免漏票。

(3) 發展貨運

本處規定貨運價目，以鼓勵內地土產輸出為原則。凡關內地至漢口運價較之漢口運入內地，減收一半。下江線則因通達九江，武穴，大輪亦有貨運，故上下水同價。客票價目，依公里計算，貨運價目，則依客票價目之倍數計算。

依現在運價計算，比較商輪低廉甚多。如棉花一類，從岳口至漢口，以前每包舊秤120斤須0.80元，現僅0.60元，天門至漢口棉花包舊秤120斤須0.90元。現僅0.50元，反之，漢口運往岳口者，如捲煙每箱前價為1.50元，現須2.00元餘。此則實寓有救濟農村之意，謀發展內地土產，競爭於世界之市場。

本處辦理貨運，一革以前茶房包運之弊，而由本處直接營業，此次改革，一時不易得客商信仰，故不免暫受影響。三月以來，已經改進。本處運貨各輪，各派管貨員1人，貨倉工2人至4人，接收客商交來貨物，塡發貨票。至於各埠有轉運公司組織者，代客運輸，本為法之所許，本處深為歡迎，惟不予專利，亦不予限制，本處亦不僱用攬貨員，期扶植轉運公司之發達也。轉運公司得向客商收取手續費，以運費5%至10%為度。若客商直接送至本處各船者，轉運公司不得阻撓。

辦理貨運，首須設備貨棧碼頭，此則本處整理伊始，亟待着手，惟不能於倉促間實現為憾耳。將來貨棧及碼頭逐一就緒，再與金融界議訂押匯保險辦法，則全省土產，在整個統制下，必可盡量發展也。

(4) 整理碼頭

沿江河各地碼頭，向由票局自設或租用躉船躉船，接送貨物搭客。其票局有已在建設廳領得執照者，有未領執照者。本處接管伊始，暫維現狀，並訂定各碼頭票局照料搭客辦法四條，通飭各碼頭票局遵照辦理，除由本處發給票價一成，作為手續費外，概不准向搭客收取任何費用。自此項辦法公布後，各地票局遵照者固多，而仍有私收碼頭費躉船費之事，層出不窮，客商苦之。本處乃變更辦法，租用各地躉船，派遣水手，以免再有向客商需索之事。

漢口碼頭，原由各航商向漢口市政府承租。本處集中管理，自無須多數碼頭，故與漢口市政府稅捐稽徵處商妥，租用王家巷來字秋字兩碼頭。及來字碼頭躉岸年租3,500元，月租計291.66元。秋字碼頭及躉岸年租2,900元，月租計241.66元。共計每月繳納兩碼頭及躉岸租金洋533.33元。所有下江上江襄河三線，集中該碼頭，而分設躉船，藉免混淆，以便行旅。

武昌漢陽門碼頭，原由三合祥票局向本處承租，月繳金洋20元。自本處辦理內河航輪後，卽行收回止租。該局前欠繳租金6月，計洋120元，亦予免除，以示體恤。

(5) 免除附捐

本處整理內河航輪以前，各地多有船票附捐。接管以後，紛紛要求援例徵取。細考該項附捐種類，有票捐，人數錢，卸客費，碼頭租金等等，多屬苛細繁雜，實爲病商擾民之一端。且船票非捐，在理論上更無附加之可言，而又不徵之於大輪。自應改革，不能遷就陋習，以破壞整理之原意。若改於票價內扣付，又與整理內河航輪方案分配盈餘之辦法抵觸，況各項附捐，多無案可稽。故本處整理起始，卽不代徵，並呈報建設廳鑒核。5月11日，建設廳提出省政府委員會第85次會議討論決議原有各項附捐名目，一律取銷，此亦爲廢除苛捐雜稅之最先實行者也。

(6) 派隊護航

本處監護隊，原額70餘名，僅敷配備維持武漢輪渡之用。此次奉令管理內河航輪，必須派隊護航，以照鄭重。第訓練隊士，匪伊朝夕之功。最初曾函請水上公安局借派水警80名，同時抽調監護隊士20名，會同分配各輪服務。嗣於3月23日商准省會公安局，調撥該局訓練所畢業學警50名，規定每月餉13元，編入監護隊，歸本處節制調遣，並增添分隊長1員。

監護隊之外，本處請武漢警備司令部船舶檢查所，派稽查隊士8人，長駐漢口碼頭，逢各班航輪開行前，及到碼頭時，各隊士登輪檢查，以防匪徒混跡，夾帶禁品。禁煙督察處亦派憲兵在碼頭檢查毒物。因防範嚴密，故3月以來，旅途平安，絕無事故發生。

本處航輪行駛各處，深荷沿江沿河各縣保安隊，加意保護，故各碼頭秩序，亦甚安寧。

(7) 工餉標準

商輪時代，各輪工餉由大副大車包辦，人數無準，餉額不一。本處接管後，卽依前海員工會規定之數略予增高，訂定工餉標準表，呈廳備案施行。星期例假，則依本處輪渡例，加給補工。停駛各輪，多因船身不固，或機件損壞，實未能任停輪各工不勞而獲，坐領工餉。惟亦不能不顧其伙食，故斟酌舊例，依四成發給伙食費。又鋼殼輪船，比較重要，且須常加油漆，故酌加人數及工餉。此項標準，雖依船之長度尺寸爲範圍，惟各工人中若確有技能優越，成績卓著，或資格深邃者，亦得逾格酌加工餉，以示鼓勵。各輪艙底艙面工人，均繼續僱用原班人員，設法增進其航行智識，刊印函授講義，按期分發講解，將來當再培育人才，以謀發展也。

(8) 取消茶房

輪船茶房制度，實爲擾害旅客之厲階。船主不給工餉，恃其需索技能，如小帳錢，舖位錢等等，以資生活。名目層出不窮，弊竇叢生。甚至勾串流氓，詐欺鄉愚，估糶騙財，刼奪行李。本處奉令整理內河航輪，自始卽廢除茶房，使此種不良習慣，絕對不令其存在，故今日行旅已感輕便多矣。

(9) 軍事運輸

軍事運輸，由軍政部差輪管理所辦理，

17802

歷有年所。最近行政院通令，全國軍政機關，嗣後不得再令民營輪船，强盡減費免費載客等義務。本處整理內河商輪，原係代爲管理經營，自應兼顧軍商兩方實情，酌中辦理。規定凡軍警人員，身着制服，佩帶符號徽章證照者，得免購船票。此外穿着便衣，或應募新兵，均須一律照章購票。而軍用品之運輸，亦須由軍政部軍用差輪管理所漢口分所，商向本處徵租小輪，本處不得代運。前經與漢口差輪分所，商訂徵租小輪辦法，呈奉豫鄂皖三省勦匪總司令部核准在案。

(五)營業報告

本處自2月15日起，開辦內河航輪，迄已3½月。2月份之下半月，正值廢歷新年，鄉民狃於積習，頗少出外，且有商輪並行爭攬，故本處收支不抵。迨3月以後至5月，雖在淡月時間，已有盈餘。今尙未屆決算時期，然每月實收實支數目，已可概見營業進展之情形矣。表如下列：

湖北建設廳航政處內河航輪營業收支對照表（中華民國23年）

科	目	二月份	三月份	四月份	五月份
收入之部	營業收入	$3,950.44	$39,086.31	$45,216.80	59,002.09
支出之部	俸薪		$2,136.84	$3,035.46	3,352.69
	餉項工資	$34.00	4,587.91	9,740.52	11,973.65
	文具		141.60	185.99	171.53
	郵電	2.05	20.00	14.20	17.76
	消耗	25.38	169.08	159.49	268.15
	印刷	2.76	269.16	295.09	433.73
	租賦	1,747.46	6,216.86	2,781.33	4,274.16
	修繕		22.46	110.74	195.07
	旅運費	16.21	28.70	86.85	92.40
	雜支	80.74	184.43	301.27	197.75
	器具	35.35	1,141.08	273.47	268.98
	特別辦公費				101.60
	匯兌			9.78	9.23
	醫藥費			22.28	77.30
	燃料費	2,800.00	12,727.57	15,282.16	19,611.90
	電料五金費		645.00	446.50	152.71
	手續費	108.65	1,169.01	349.06	
	修理費		22.00	170.10	510.82
	利息		80.00	942.45	934.98
	折舊		100.00	525.23	595.22
	支出合計	4,852.60	29,081.20	34,731.87	43,239.63
	結存		10,005.11	10,484.93	15,763.27
	虧耗	902.16			

(註)：上列各月份賬，結至六月九月止，內利息折舊等科目，尙未完全結束。

本處整理內河航輪，原案規定會計完全獨立公開，故另立簿册，與航政處武漢輪渡部份，不相混淆。一切款項，均存儲武昌上海銀行，並聘請漢口公信會計師事務所周蔚柏宗賢俊兩會計師，按月查帳。以公忠廉潔，訓勉同儕，顯示政府服務精神，固不在孜孜牟利也。帳册組織；已甚精密，營業報告，亦甚完備準確，刊載表式數種於附錄內可覘一斑矣。

(六)組織監察委員會

本處管理內河航輪，在三閱月過程中，規畫布置，略具端倪，建設廳爲促成會計獨立公開，實踐整理辦法起見，擬設立管理內河航輪監察委員會，附具組織規程，於5月22日，提請省政府委員會第87次會議議決，並訓令到處。旋復奉到建設廳責字第655號訓令，奉省政府建字第5377號訓令依照該規程，第2條，指定監委會委員5人，另函輪船業主推定代表2人，令仰知照。

(七)將來計劃

凡百事業之設施措置，端在人爲，然亦非一蹴而就。本省內河航輪，自奉令整理以還，逐步進行，同時更趨向科學管理之一途，惟因環境習慣，與人才經濟種種關係，致未能即時達到理想中之完善。第本處職責所在，自應規畫周詳，勇往邁進，使全省內河交通，發展迅速，方不負商旅之期望。本處預定計畫，如擴充航綫，設立船廠，添造輪隻，辦理聯運，疏濬河道，培育人才等等，均冀次第實現。貫澈初衷，尙望社會人士，航商賢達，共同勛勸，期底於成，庶農村經濟，在今日之不景氣中，亦獲得一有效力之扶助。茲將預定計劃，分別略敍於後：

(1) 擴充航線　航線愈擴充，交通愈繁複。查本省各縣，什九俱濱臨江河湖港，今欲求內地土產輸出便利，活動農村金融，則非擴充航線不爲功。本處本斯意旨，故對於凡屬可以開闢航線之地，即視其需要若何，將次第調派船隻行駛，以利交通。

(2) 設立船廠　本處所轄全省內河航輪，武漢渡輪，暨建設廳管理漢冶萍輪駁事務所之輪駁，共約百餘艘之多，俱應按期加以修理。此項費用，每歲統計，實屬不貲。彙之整理內河航輪案內，規定半年小修，一年大修，並須添造新輪，將來航綫擴充，更需要多數船隻。爲修造便捷，管理統一，工料堅固，減輕成本計，必須自設機廠，始足應付一切，而利航政。建設廳有鑒及此，爰擬借武昌造幣廠機器，設立武昌機器廠，修造船舶，兼製新式農具，經提出本年4月20日省政府委員會第80次會議，當經決議通過。嗣後關於船舶之建造與修理，當便利多多矣。

(3) 添造新輪　此次接管內河航輪中，鐵壳船隻，僅有十分之一，其餘均係木壳，設備方面，尤覺簡陋嗣後添造新輪，均當採用鐵質船壳，蓋船壳堅固，不獨經久耐航，更足以維護水上安全，至設計構造，亦以旅客舒適爲要。

(4) 整理聯運　聯運之利益，原爲貨物之輸入輸出，簡便迅速，節省經濟時間，今吾國水陸聯運，已開始辦理，商旅稱便。本處對於內河航輪，裝運進出口貨物，擬與火車，汽車，大輪，聯絡運輸。將來內地土產，必能源源輸出，農村復興，大有助也。

(5) 疏濬河道　本省河道，流沙淤塞，河底增高。近年水患頻仍，在洪水泛濫之時，淹沒田畝，而每屆冬季，水位效低之際，河內淺灘，又阻礙航輪，一旦遇險，損失尤巨。疏濬河道，實爲當務之急。先加測量，再行計劃。如設船閘，使使內港於冬季尙能保持相當水位，輪隻行駛通暢，再擬購挖泥機，疏濬泥沙，迅速簡便，事半功倍。或依築路徵工辦法就地徵用民工，於冬季農

17804

閘時間，挖掘河泥，增加水量，均可次第進行。

(6) 培養人材：本處此次接管內河航輪，對於職工雖經分別考核，量材器使，然仍十分感受困難。將來益當時加督促訓練，並設法培育後進，庶管理方面，可依科學方法，逐項推行，以期能獲得圓滿效果也。

民族生產

(本會四川考察團團長胡庶華君答覆四川華同新聞編譯社記者六個重要問題)

民族生產事業之進展，爲整個民族社會生存所關，舉國上下，粹力於此。邇年四川之生產建設呼聲，亦正高唱入雲，惟者以聞見各殊，主張異趣。以言開發生產，其先決條件爲何？其中心問題何在？扼要之論蓋不多覯。適工程師攷察團莅容，行將出發：華同社記者往訪之於錦江飯店，對於四川民族生產，作一度合理的商討，該社記者特提出民族生產本身之六個重要問題，亦爲四川今日談建設談開發之先決條件。玆就其與民族生產關係至切之生產方法，生產對象，動力燃料，生產成品，運輸工具，生產技術等中心問題，一作詳盡切要之解答如下：

(一)機械的生產乎，手工業生產乎？此一問題，當分兩層解答。一面就生產本身言，欲求生產品之適應市場需要，自以機械生產爲必要，不過吾人應須維持民族社會固有之小生產者。換言之，機械工業之發展，不當循歐美之路徑，以破壞手工業的生產，而使大量的手工業，勞動者陷於貧窮。卽當使機械工業的生產，以扶助手工業的生產爲前提，使之逐步改進，最低限制，亦不應侵佔手工業的生產之銷場。凡此皆所以維持整個的民族社會之生存，自不能純就生產技術宜而爲之設計也。

(二)重工業乎，輕工業乎？從事機械的生產，則生產機械在所必需。本人之意，原欲使手工業的生產，漸漸引用機械，——自然是簡單機械——使其工作技術與成品品質逐步提高，而推進市場需要之水準。但機械之原料，則爲鋼鐵，是過工業之開發，自不容緩，不過在重工業方面，仍須一方維持手工業的生產，一方從事機械生產。

(三)白色燃料乎，黑色燃料乎？ 四川煤料儲量，未必豐富，恐大多煤層太薄，不適於大規模之採掘，以向無調查資料，此時殊難斷定。本團刻正擬赴南川等處實地考查，惟就目前之需要而言，則煤之生產，實所切需。譬如此間炊爨所用燃料，多爲木材，欲謀保護森林，停止砍伐，則代替之品，當屬煤炭。就四川現狀以言，若於舊有煤業，稍加改良，出產已足敷用。至於水力發電，無妨從事小規模之設備，建立大小電廠，實不需要，此特就現有之生產形態而言也。

(四)原料品之製造乎，日用品之製造乎？ 就四川之目前情況而言，首宜舉辦者，爲製藥，製糖，製紙，製革，毛織蔴織等業。當一方着手經營大規模之近代工廠，使適應市場之需要，而有大量之生產。就日用品而言，在江浙各省，已有其基礎之基本工業，如棉紗與麥粉之製造業等，或則宜告停工歇業，或則謀借外債撐持，四川在落後之生產形態中，更見難於競爭。卽以棉紗而論，欲杜絕外紗外布之傾銷，非有年產六千萬元成品之棉紗生產事業不可，故本人主張一方從事基本之建設，一方從事地方特產之改良。

(五)修築馬路乎，敷設鐵道乎？ 汽車

17805

不適於運物，自不待言，若敷設鐵道，則需費太大，吾以爲就四川情形而論，當一面利用河道，謀水上交通之便利，一面敷設輕軌鐵道，以利陸路交通。交通工具，當與生產之發展均衡，否則浪費資力，終難持久。

(六)維持家庭手工業乎，發展工廠手工業乎？ 就四川之生產形態而言，家庭手工業，當保持之使維持其原狀，一面從事基本工業之建立，以發展民族生產，不必經過工廠手工業的發展之過度階段。蓋工廠手工業之利，在分工，而分工之利，在所有度量生產。吾人既主張一面建立機械生產，基本工業，則發展工廠手工業所不需，至吾人一面主張維持家庭手工業，乃不欲突然破壞原有之生產形態，使民族經濟基礎動搖，爲維持一般小生產者計，蓋不得不如此也。

國內工程新聞

湘省築路近訊

湘省建築公路。年來頗有進展。玆將已成公路與計劃興築之路綫於下。以告讀者。

已成公路　幹路(一)湘粵路：自長沙起，經易家灣湘潭下攝司茶園舖中路舖茶恩市南岳市九渡舖衡陽江東岸東陽渡廖田墟陽梧橋舖高亭司棲鳳渡郴縣良田宜章而至粵邊小塘長845里。(二)湘黔路潭寶段：全路由長沙起，經湘潭寶慶洪江黔陽芷江晃縣而達黔省之鎭遠縣，長1165里，完成湘潭至寶慶一段。其沿路經過湘鄉虞塘永豐青樹坪連橋老龍潭而至寶慶岩口舖桃花坪，計長470里。(三)湘桂路衡洪段：全路由長沙起，經湘潭祁陽零陵而達桂省之全縣，長390里，完成衡陽至洪橋段122里。(四)湘鄂路：本路分東西二線；其東線由長沙起，經東南渡黃花市春華山路口沙高橋而達湖北境通城縣，長320里，完成黃花市至高橋一段，計長70里；其西路自長沙起，經白箬舖甯鄉滄水舖益陽軍山舖太子廟中路灘德山常德臨豐縣津市而至鄂境之公安沙市，長695里，完成長沙至常德段410里。(五)湘贛路：長沙至贛省，長300里，完成長沙起，經南渡黃花市至永安市段60里。支路有(一)醴茶路：由醴陵起，經泗汾皇圖嶺網嶺新市桐樹下攸縣沙子舖市口而至茶陵，長280里。(二)常桃路：常德起，經河洑陬白羊河而至桃源，長60里。以上共計完成幹路1975里。所未完成2850里，現預備興築完成之。支路完成340里。其幹路土方之建建，寬度定24呎，路面舖砂寬15呎。爲堅固起見，分三層舖築，厚在6吋至9吋。工程費之估計，以土工橋樑涵洞鑿石爲大宗。照已成路工之計算，每里須費3,600元。此係指平坦公路建築而言，若鑿石修山洞之特殊情形，尙不敷每里3,600元之數。故省府爲統盤未成幹路之建築經費，共需10,260,000元。視其路線之需要，概以緩急，分年完成之，庶與各省交通，可達朝發夕達之目的。

興築路線　湘省雖有通各省幹路之興築，然對省內交通，亦宜視地方之情形而計劃之。其經建設廳之擬定路線在興築中者計有(一)武零路：武崗起，經新甯東安而至零陵縣栗山舖，長260里。(二)武崗路：武崗至高沙，長60里。(三)洪武路：洪江起，經會同靖縣城步而至武崗，長560里。(四)通靖路。通道至靖縣，長70里。(五)常芷路：常德等，經慈利大庸永順保靖永綏乾城鳳凰麻陽，而達芷江，長1170里。(六)大桑路：大

17806

庸至桑植，長120里。(七)沅衡路：自沅江起，經益陽安化新化寶慶，而達衡陽，長1033里。(八)常洪路：自常德起，經沅陵辰谿，而至洪江，長794里，完成常德至桃源段60里。(九)永龍路：永順至龍山，長210里。(十)沅乾路：由沅陵起，經瀘溪至乾城，長140里。(十一)常臨路：由常德起，經安鄉南縣華容岳陽而達臨湘，長460里。(十二)陰壽路：湘陰起，經平江至長壽，長260里。(十三)寧湘路：寧鄉至湘鄉，長120里。(十四)汨岳路：汨羅至岳陽，長135里。(十五)澧石路：臨澧至石門，長90里，可與湘鄂路銜接。(十六)茶郝路：茶陵起，經安仁耒陽常甯而至郝陽，長470里。(十七)瀏汝路：瀏陽起，經醴陵攸縣茶陵酃縣桂東至汝城，長873里。其中醴陵至茶陵段280里，早已完成。(十八)零汝路：零陵起，經道縣寧遠藍山臨武宜章而至汝城，長754里。(十九)桂嘉路：桂陽至嘉禾，長140里。(二十)道永路：由道縣起，經江華至永明，長153里。(二十一)桂零路：自桂東起，經資興郴縣桂陽新田陽明而達零陵，長780里。(二十二)高永路：高亭司至永興，長40里。以上共計路程8669里。其建築工程：路面寬度自21呎至24呎，鋪砂定15呎。幹路至築，亦分三層，厚在6吋。其沿途橋樑涵洞，求堅固起見，採用磚石鐵筋。每里連購地事務雜項等費在內，需洋3200元。共計經費27,740,800元左右。現時各路雖在興築，因地方財政之關係，在緊要者提早完成，然後次及其他可緩之路線。將來湘省公路，縱橫其間，於省內文化經濟，誠非淺鮮也。

車輛統計　現時省內通車公路：計幹路5線，支路2線。行駛車輛，共計187輛。在上項總數中，車輛牌別，計通用牌車2輛，萬國牌車5輛，惠白脫7輛，福特牌車19輛，雪佛蘭30輛，道奇牌車134輛。省府鑒開闢公路漸夥，對車輛之需要，亦隨而進展。現正籌設自造汽車廠，以資公路行駛需用，而可挽回若干之利權云。

國外工程新聞

●觀台之伸臂式三和土頂蓋

阿眞提那 Argentina, 拉普拉他 La Plata 地方跑馬場之觀台係用伸臂式之鋼筋三和土頂蓋。伸出部份達44呎。頂蓋之面積131×65平方呎，厚度約3吋，惟至支柱處則爲7.4吋。頂蓋係用鋼筋三和土樓板 Slab 併成，而支持於20×43吋伸臂式之直樑上，各樑之距離爲5呎，中心至中心。尙有橫穿之樑則支持於此直樑之間。全頂蓋於42小時內灌成，三和土成分爲1:2:3，不用伸縮節 expansion joints(參閱本期本刊首頁)　(泳)

北寧鐵路簡明行車時刻表

中華民國二十三年七月一日重訂

下行車

站別	到開時刻 ＼ 列車次數	第四十一次 普通客車中膳各等	第七十一次及第七十五次 客貨混合三等慢車	第一次 平瀋特別快車 膳臥各等	第二十三次 快車膳車各等	第三〇一次 平瀋直達特別快車 膳臥各等	第五次 特別快車 膳車各等	第三〇五次 平浦直達特別快車 膳臥各等	第二十一次 快車膳臥各等	第四〇一次平瀋直達貨車及第七三次客貨混合三等慢車	第三次 特別快車膳車各等（暫停）
北平前門	開	五・四五	六・一〇	八・四〇	一三・一五	一五・〇五	一六・三〇	一八・五〇	二〇・一五	二一・〇〇	一〇・五五
豐台	開	六・二〇	八・〇五	九・一三	一三・四六	一五・三六	不停	一九・二〇	二〇・四八	二一・五〇	一一・二五
廊坊	開	七・四五	一二・三六	一〇・二二	一五・〇二	一六・四〇	不停	二〇・二六	二二・〇八	一・一四	不停
天津總站	開	九・一六	一六・〇八	一一・二八	一六・三〇	一七・五〇	一九・〇七	二一・三九	二三・三八	四・〇三	一三・一三
天津東站	到	九・二五	一六・二五	一一・三六	一六・三九	一七・五九	一九・一五	二一・四八	二三・四七	四・二〇	一三・四〇
天津東站	開	九・三五	停	一一・五〇	一六・五五	一八・二〇	停	二二・二〇	二四・〇〇	六・四〇	一三・五〇
塘沽	開	一〇・三八	第七五次	一二・四七	一八・〇三	開		開	一・一〇	九・四〇	一四・四七
蘆台	開	一一・四六	唐山起	一三・四五	一九・〇八	往		往	二・一八	一三・三三	一五・四〇
唐山	開	一二・四七		一四・二九	二〇・〇八	上		浦	三・二七	一五・〇三	一六・二四
唐山	到	一二・五二	六・三〇	一四・四二	二〇・一二	海		口	三・三三	停	一六・二九
開平	開	一三・〇六	七・一〇	一四・五三	二〇・三三				三・四七		一六・五〇
古冶	開	一三・三九	八・二五	一五・一七	二〇・四七				四・二〇		一七・二四
灤縣	開	一四・二九	一〇・四五	一五・四九	二一・二二				五・一三		一七・四六
昌黎	開	一五・三三	一三・三八	一六・三二	二二・一二				六・一八		一八・二八
北戴河	開	一六・一六	一五・五〇	一七・〇四	二二・四六				七・〇七		一九・〇二
秦皇島	開	一六・四三	一七・四三	一七・二二	二三・〇八				七・三三		一九・二〇
山海關	到	一七・〇五	一八・一九	一七・四〇	二三・二六				七・五五		一九・三七
山海關	開			一八・四〇							
遼寧總站	到			六・二五							

上行車

站別	到開時刻 ＼ 列車次數	第四十二次 慢車中膳各等	第四次 特別快車 膳車各等	第七十六次及第七十二次 客貨混合三等慢車	第二十四次 快車膳車各等	第二次 瀋平特別快車 膳臥各等	第七四次客貨混合三等慢車及第四〇三次瀋平直達貨車	第二〇六次 特別快車 膳車各等	第二〇三次 平滬直達特別快車 膳臥各等	第六次 特別快車 膳車各等	第二十二次 快車膳臥各等（暫停）
遼寧總站	開					一〇・一五					
山海關	到					二二・二六					
山海關	開	六・〇〇	九・四五	一〇・三〇	一三・一五	二二・三〇					二三・三〇
秦皇島	開	六・二五	一〇・〇四	一一・五二	一三・三五	二二・五九					〇〇・〇二
北戴河	開	六・五九	一〇・二七	一二・五〇	一四・〇〇	二三・二二					〇〇・三九
昌黎	開	七・四〇	一〇・五八	一四・四八	一四・三七	〇・一九					〇一・二九
灤縣	開	八・四三	一一・三九	一八・二六	一五・三三	一・一八					〇二・三三
古冶	開	九・四四	一二・一八	二〇・三五	一六・〇五	二・一六					〇三・三〇
開平	開	一〇・一〇	一二・三五	二一・三五	一六・二三	二・四二		由	由		〇三・五六
唐山	到	一〇・二三	一二・四五	二一・五七	一六・三三	二・五五		浦	上		〇四・一〇
唐山	開	一〇・三〇	一二・五〇	停	一六・三七	二・五八	四・五〇	口	海		〇四・一五
蘆台	開	一一・四二	一三・四八	第七二次	一七・四三	四・〇八	七・二八	開	開		〇五・二六
塘沽	開	一二・四六	一四・四五	大津起	一八・五二	五・二二	一〇・〇九	來	來		〇六・三一
天津東站	到	一三・四六	一五・四〇		一九・五〇	六・一五	一三・二九	四・五〇	七・〇五		〇七・三六
天津東站	開	一四・〇〇	一五・五五	六・〇五	二〇・〇〇	六・三〇	一七・二〇	五・二〇	七・三〇	九・〇五	〇七・五〇
天津總站	開	一四・一四	一六・〇五	六・五一	二〇・一二	六・三九	一八・二〇	五・三〇	七・四〇	九・一五	〇八・〇三
廊坊	開	一五・四三	不停	一一・四三	二一・三四	不停	二三・一三	六・四三	八・五〇	不停	〇九・二六
豐台	開	一七・二二	一八・一五	一五・三八	二二・二八	八・四七	二・五五	七・四九	九・五〇	不停	一〇・五五
北平前門	到	一七・五五	一八・四二	一六・五〇	二三・一七	九・一八	三・〇〇	八・一九	一〇・二九	一一・五〇	一一・二九

17808

膠濟鐵路行車時刻表　民國二十三年七月一日改訂實行

下行列車

站名	到開	十一次各等	二十一次各等	七十一次三等	七十三次三等	一次各等
青島	開	七•〇〇	一一•三〇	一五•〇〇		二一•四〇
大港	開	七•一一	一一•四一	一五•一一		二一•五一
四方	開	七•二〇	一一•五〇	一五•二〇		二二•〇〇
滄口	開	七•三六	一二•〇八	一五•三八		二二•一六
女姑口	開	七•四八	一二•一八	一五•五一		不停
城陽	開	七•五七	一二•二七	一六•〇一		二二•三四
南泉	開	八•一三	一二•四三	一六•一八		不停
藍村	開	八•二七	一二•五八	一六•三六		二三•〇一
李哥莊	開	八•三六	不停	一六•四五		不停
膠東	開	八•四八	不停	一六•五八		不停
膠州	到	九•〇〇	一三•二五	一七•一一		二三•二八
	開	九•〇三	一三•二七	一七•一四		二三•三〇
芝蘭莊	開	九•一九	一三•四四	一七•三三		不停
姚哥莊	開	九•二八	不停	一七•四二		不停
高密	到	九•三九	一四•〇一	一七•五一		〇•〇一
	開	九•五〇	一四•一二	一八•〇三		〇•〇二
康家莊	開	一〇•〇	不停	一八•一六		不停
蔡家莊	開	一〇•一三	一四•三二	一八•二八		不停
塔耳堡	開	一〇•二三	一四•四三	一八•三九		不停
丈嶺	開	一〇•三三	一四•五三	一八•五三		不停
岞山	開	一〇•五三	一五•一二	一九•一三		一•〇三
黃旗堡	開	一一•〇一	一五•二一	一九•二三		不停
南流	開	一一•〇九	不停	一九•三一		不停
蝦蟆屯	開	一一•二四	一五•四一	一九•四八		一•二八
坊子	到	一一•三七	一五•五四	二〇•〇三		一•四一
	開	一一•五三	一六•〇八	二〇•一一	六•三〇	一•五六
二十里堡	開	一二•〇四	一六•二〇	二〇•二六	六•三四	二•〇八
濰縣	到	一二•一三	一六•二八	二〇•三五	六•四四	二•一六
	開	一二•一五	一六•三〇		六•四九	二•一八
大圩河	開	一二•二九	不停		七•〇三	不停
朱劉店	開	一二•四〇	一六•五三		七•一七	二•四〇
昌樂	開	一二•五三	一七•〇六		七•三三	二•五三
堯溝	開	一三•〇五	一七•一八		七•四六	不停
譚家坊子	開	一三•一七	一七•三〇		八•〇〇	不停
楊家莊	開	一三•二八	一七•四一		八•一四	不停
青州	到	一三•四三	一七•五六		八•三三	三•二四
	開	一三•四六	一八•〇〇		八•三六	三•二六
普通	開	一三•五八	不停		八•五〇	不停
淄河店	開	一四•〇八	一八•一九		九•〇一	不停
辛店	開	一四•二一	一八•三六		九•一七	四•〇五
金嶺鎮	開	一四•三五	一八•五〇		九•三三	不停
湖田	開	一四•四八	一八•五九		九•四四	不停
張店	到	一四•五七	一九•〇八		九•五五	四•三一
	開	一五•一二	一九•二三		一〇•一〇	四•四六
馬尚	開	一五•二一	不停		一〇•二〇	不停
周村	到	一五•四〇	一九•四八		一〇•四四	五•一一
	開	一五•四三	一九•五一		一〇•四七	五•一三
大臨池	開	一六•〇七	不停		一一•一三	不停
王村	開	一六•一九	二〇•二四		一一•二六	不停
普集	開	一六•二九	二〇•三四		一一•三八	五•五三
明水	開	一六•四四	二〇•四九		一二•〇五	不停
棗園莊	開	一六•五四	二一•〇〇		一二•一八	六•一五
龍山	開	一七•〇八	二一•一五		一二•三五	六•二九
郭店	開	一七•二三	二一•三〇		一二•五三	不停
王舍人莊	開	一七•三四	二一•四一		一三•〇五	不停
黃臺	開	一七•四七	二一•五五		一三•二〇	七•〇三
北關	開	一七•五五	二二•〇七		一三•二九	七•一〇
濟南	到	一八•〇〇	二二•一二		一三•三五	七•一五

上行列車

站名	到開	十二次各等	七十二次三等	二十二次各等	七十四次三等	二次各等
濟南	開	七•〇〇		一一•四〇	一四•四〇	二二•〇〇
北關	開	七•〇九		一一•四七	一四•四七	二二•〇六
黃臺	開	七•一六		一一•五四	一四•五五	二二•一三
王舍人莊	開	七•三〇		一二•〇八	一五•一〇	不停
郭店	開	七•四二		一二•二〇	一五•二三	不停
龍山	開	七•五七		一二•三六	一五•三九	二二•四八
棗園莊	開	八•一三		一二•五二	一五•五五	二三•〇三
明水	開	八•二四		一三•〇三	一六•〇七	不停
普集	開	八•四一		一三•二〇	一六•二〇	二三•二八
王村	開	八•五一		一三•三一	一六•三四	不停
大臨池	開	九•〇三		不停	一六•五四	不停
周村	到	九•二〇		一三•五六	一七•一三	〇•〇一
	開	九•二三		一三•五九	一七•一六	〇•〇四
馬尚	開	九•四〇		不停	一七•三五	不停
張店	到	九•四八		一四•二一	一七•四三	〇•二六
	開	一〇•〇三		一四•三六	一七•五八	〇•四一
湖田	開	一〇•一五		一四•四九	一八•一三	不停
金嶺鎮	開	一〇•二四		一四•五八	一八•二一	不停
辛店	開	一〇•三八		一五•一二	一八•三七	一•一〇
淄河店	開	一〇•五一		一五•二五	一八•五一	不停
普通	開	一一•〇一		不停	一九•〇五	不停
青州	到	一一•一三		一五•四四	一九•一六	一•三九
	開	一一•一六		一五•四七	一九•一九	一•四一
楊家莊	開	一一•三一		一六•〇三	一九•三五	不停
譚家坊子	開	一一•四三		一六•一三	一九•四六	不停
堯溝	開	一一•五四		一六•二五	一九•五九	不停
昌樂	開	一二•〇八		一六•三七	二〇•一三	二•一三
朱劉店	開	一二•一九		一六•五一	二〇•二六	二•二九
大圩河	開	一二•三〇		一七•〇一	二〇•三七	不停
濰縣	到	一二•四三		一七•一三	二〇•五〇	二•五八
	開	一二•四五	七•〇〇	一七•一六	二〇•五四	三•〇二
二十里堡	開	一二•五四	七•一〇	一七•二五	二一•〇四	三•一〇
坊子	到	一三•〇六	七•二三	一七•三七	二一•一七	三•二三
	開	一三•二一	七•三七	一七•五一		三•三七
蝦蟆屯	開	一三•三六	七•五四	一八•〇六		三•五二
南流	開	一三•五〇	八•〇九	不停		不停
黃旗堡	開	一三•五七	八•一七	一八•二四		不停
岞山	開	一四•〇八	八•二九	一八•三五		四•一八
丈嶺	開	一四•二六	八•四八	一八•五四		不停
塔耳堡	開	一四•四三	八•五八	一九•〇三		不停
蔡家莊	開	一四•五一	九•〇八	一九•一二		不停
康家莊	開	一五•〇三	九•二〇	不停		不停
高密	到	一五•一四	九•三一	一九•三三		五•〇四
	開	一五•二四	九•四四	一九•四三		[illegible]
姚哥莊	開	一五•三七	九•五六	不停		不停
芝蘭莊	開	一五•四五	一〇•〇五	二〇•〇二		不停
膠州	到	一六•〇二	一〇•二三	二〇•一七		五•四七
	開	一六•〇四	一〇•二六	二〇•一九		五•四九
膠東	開	一六•一六	一〇•三九	不停		不停
李哥莊	開	一六•二七	一〇•五一	不停		不停
藍村	開	一六•三七	一一•〇一	二〇•四六		六•二五
南泉	開	一六•五〇	一一•一五	二〇•五九		不停
城陽	開	一七•〇八	一一•三四	二一•一五		六•四三
女姑口	開	一七•一七	一一•四四	二一•二四		不停
滄口	開	一七•二九	一二•〇七	二一•三六		六•五九
四方	開	一七•四五	一二•二五	二一•五一		七•一九
大港	開	一七•五五	一二•三五	二二•一〇		七•二九
青島	到	一八•〇〇	一二•四〇	二二•一五		七•三五

隴海鐵路行車時刻表

自右向左讀

站名	徐州府	碭山	商邱	開封	鄭州南站	汜水	鞏縣	孝義	洛陽東站	新安縣	澠池	觀音堂	會興鎮	陝州	靈寶	閿鄉	盤頭鎮	文底鎮	潼關
車次	第一次特別快車自東向西每日開行													第十九次客貨車自東向西每日開					
刻	(上午)			(下午)						(上午)					(上午)			(下午行)	
數	第一次 八點十分開	十點十六分到 十點二十六分開	十二點〇九分到 十二點二十九分開	四點三十二分到 四點五十二分開	六點五十一分到 七點十一分開	八點三十三分到 八點四十三分開	九點二十三分到 九點二十五分開	九點四十七分到 九點四十九分開	十一點十二分到 十一點四十二分開	一點二十二分到 一點三十二分開	三點二十一分到 三點四十一分開	四點三十七分到 四點四十二分開	六點〇八分到 六點十八分開	六點五十分到 / 第十次 七點二十分開	八點三十二分到 八點四十七分開	十點二十分到 十點三十五分開	十一點五十二分到 十一點五十五分開	一點二十分到 一點二十三分開	二點二十分到
車次	第二次特別快車自西向東每日開行													第二十次客貨車自西向東每日開行					
	(下午)			(上午)											(下午)				
	八點〇五分到	五點五十四分到 六點〇四分開	四點〇二分到 四點十七分開	十一點五十五分到 十二點十五分開	九點四十二分到 十點〇二分開	八點四十分到 八點四十二分開	八點〇四分到 八點〇六分開	七點四十六分到 七點四十八分開	六點十五分到 六點三十五分開	四點五十分到 五點開	三點二十八分到 三點二十三分開	二點三十一分到 二點三十六分開	〇點四十二分到 〇點五十二分開	第二次 〇點〇五分開 / 十點二十五分到	九點〇一分到 九點十六分開	七點十三分到 七點二十三分開	五點五十三分到 五點五十六分開	四點五十二分到 四點二十八分開	第二十次 三點三十分開

自左向右讀

17810

中國工程師學會會務消息

◉中國工程師學會略史

民國元年，工程界先進詹天佑氏時任廣東粵漢鐵路總理，約集同志在廣州創立中華工程師會，詹氏任會長，同時顏德慶屠慰曾等在上海創立工學會，顏氏任會長徐文泂等又創辦鐵路同人共濟會，徐氏任會長。至此工程界人豚然興趣，咸知團體之需要，同時設立有三會之多，雖其命名組織，略有不同，而所抱宗旨，無非欲求工程學術之發達，人才之集中，以互助精神，爲國家社會服務相當之任務耳。惟其時任工程學者尚尠，三會會員人數約略相等各六七十人，已能按期開會，討論技術，刊印會報，發揚學識，以喚起國人對於工程技術之認識，而知建設之需要，論者多之。民國二年，適詹顏兩氏均在漢口主漢粵川鐵路建築事，工程學者來集漸多，當提議欲求會務之發達，應爲進一步之合作，三會並立，殊途同歸，毋寧併而爲一，則志同道合，團體愈堅，遂決議三會合併，定名爲中華工程師學會公舉詹氏爲正會長，顏氏副之。其會員依土木，機械，電氣，礦冶，兵工，應用化學，造船等門類，分爲正會員，會員，副會員三種，由此會務日益發達，遂以當時政府在北，會址遷至北平，由詹氏提倡，各會員盡力捐助在西城報子街購置廣大地基，建築適宜會所，按期出版會報，每年舉行年會，每月舉行月會，歷年出版書籍甚多，尚能風行一世，詹氏並捐有的款，每年設獎徵求論文，截止民國十九年，正會員，會員及副會員共計有五百人，其服務於政府實業及交通各機關，與夫教育工商各界者甚多，咸能博得好評。

中國工程學會於民國六年，由留美工程家二十餘人，發起組織成立，設會址於美國紐約，至七年卽與中國科學社舉行聯合年會。嗣後會務發展，趨向工程職業及工程學術之途徑，年有進步，惟種種活動限在美國境內。至民國十一年，會員回國者日多，總會始遷回我國設立上海，會務益形蒸蒸日上，其目標則更進一步，分途向前，一爲試驗工業材料，一爲發刊會報及工程叢書，一爲參加國際工程學術會議，一爲增進工程職業地位與提高會員資格，一爲貢獻地方及政府實際建設意見與計畫，綜計十年之中，聲譽日隆，會員日多。截止民國十九年，有一千四百餘人，分會遍設上海，南京，天津，北平，漢口，瀋陽，青島，濟南，杭州等處，連美國及歐洲共計十五處之多，誠爲吾國工程學術之最大集會矣。

民國二十年春，兩會同人，僉以吾國工程學術尚在萌芽，亟應集中人才，力求進取，以圖發展，爰由華南圭，胡庶華，淩鴻勛，夏光宇，徐佩璜，韋以黻，王繩善，唐在賢，薛次莘等九君，提議合併，草具意見書，徵求兩會會員同意，於同年八月兩會舉行聯合年會於首都，並議決兩會合併，改名爲中國工程師學會，舉韋以黻氏爲首任會長，胡庶華氏爲副會長。二十一年秋，在天津開第二屆年會時，顏德慶爲會長，支秉淵爲副會長。二十二年秋，在武漢舉行第三屆年會，選薩福均爲會長，黃伯樵爲副會長。

◉本會正副會長先後出國

本會會長薩福均先生前奉鐵道部派赴歐美考察鐵道事業，於本年三月杪首途，爲期約半載，在出國期間，所有會務請黃副會長伯樵代理。旋副會長黃伯樵先生又奉部派赴歐美考察路政，定八月十四日啓椗，爲期約六個月至八個月回國，其會長職務經由董事臨時會議，推定董事徐佩璜兼代。

◉工業材料試驗所已動工建築

本會鑒於中國工業上各項材料，尙無專任試驗機關。以致出品優劣無由評騭，產銷兩方均受莫大影響，爰於十八年春間設立建築工業材料試驗所委員會，聘沈怡，黃伯樵，薛次莘，徐恩曾等爲委員，先在本市新西區楓林橋購置基地備用，嗣本會董事會議，以楓林橋地位較僻，決定改建市中心區，故又向市府購領該區基地四畝，作爲試驗所所址，該所房屋圖樣係由董大酉建築師設計，全屋分三部，中部兩層爲辦公室，東西兩部爲試驗室，面積都六十方，構造形式，取最新立方式，綴以中國裝飾，牆面做成石樣，全部外觀表示樸素與牢固，將來如不敷用，可再加造一層，此項經費，經向各方募集，並得國內實業界捐贈大批建築材料，現試驗所初期房屋經以三萬二千五百元標由張裕泰建築事務所承包，已於八月五日上午九時半奠基，將來落成之後暫以機械，化學，電機，物理，四部工業材料爲試驗及研究範圍，惟需費浩繁，極盼各界踴躍輸將，助其觀成，關於試驗應用之機器，已得瑞士阿姆斯勒試驗機器公司，無代價贈送三千公斤大號衡力試驗機一部，亦望各廠商儘量捐贈，以期蔚成偉大之試驗機關，爲全國工商業盡最大之貢獻。

◉招請土木工程師

宜昌附近某機關托招土木工程師一人，須於築路有經驗，並能設計，月薪二百元以上，願意應招者，請具函寄交上海市公用局秘書室開明年籍學歷事歷，經加審查認爲合格者，另行通知接洽，否則恕不作復。

◉招請電機工程師

滬市某電力公司，托代物色電機工程師一位，以國外大學畢業，曾在國內外電業界担任工作而富有經驗者爲合格，月薪從豐，如願應聘者，請開明詳細履歷寄交本會，以便代爲介紹。

工程週刊

(內政部登記證警字788號)
中國工程師學會發行
上海南京路大陸商場542號
電話：92582
(稿件請逕寄上海本會會所)

中華民國23年6月29日出版
第3卷第26期(總號67)
中華郵政特准掛號認為新聞紙類
(第1831號執據)

本期要目

定報價目：每期二分；每週一期，全年連郵費國內一元，國外三元六角。

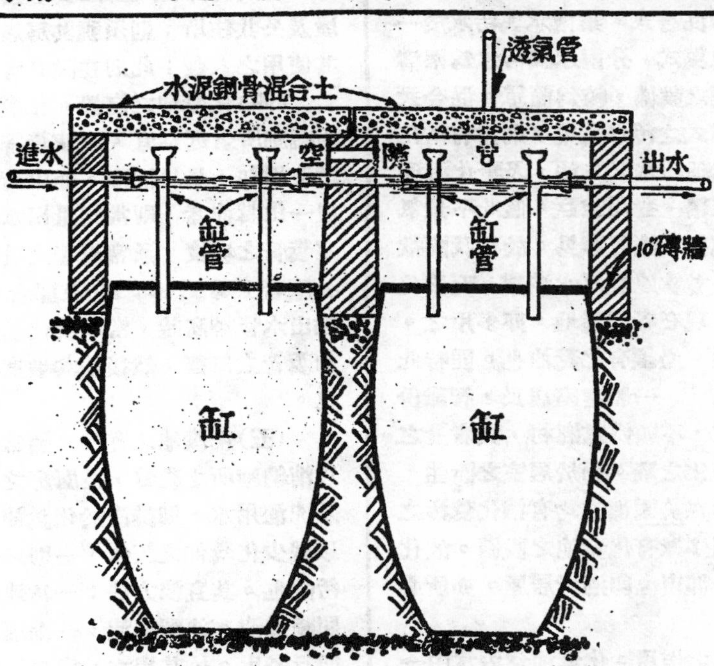

唐山式化糞池

指導升學者注意

編者

中學畢業生升學而選擇工程專業者不在少數，幾皆以個人算術之巧拙為選擇時之標準。算術固為工程專業之要素，然工程師之成功非僅賴於算術一項。大概對於工程專業，在未選定以前須有相當之認識，選定之後須有堅毅之決心，於是學始有成。學成之後須有任勞耐苦之勇氣，好學不倦之志趣，高尚之德性，公平之態度，於是業始有成。蓋現今之升學者卽各專業未來之新份子，如果選業不慎，不但誤其終身，而且無益於所擇之專業；指導升學者誠宜注意及之。

家用化糞池設備

（禁止轉載）

黃述善

（一）化糞池之需要。自海禁大開，通商口岸，人口激增，疾疫流行，無可避免。故主持市政者，莫不注重於飲水之清潔，及污水之排除；以防患於未然，弭災於無形；斯溝渠之所以與自來水並重也。嘗考溝渠，厥有二種。一曰混合式，集雨水與污水於一溝是也。二曰單獨式，分雨水與污水爲兩溝是也。雨水溝渠之設備，較爲簡單。混合式之溝渠，或單獨式之污水溝渠；則需有消化糞污之巨池，處理污水之方法，及棄化污泥之場所：設備至繁，費用至巨。值此不景氣象，如欲仿效施行，談何容易。故在我國欲求城市之清潔，首當建設雨水溝渠，而以化糞池輔其不逮。現在各租借地，亦多用之。此指在都市住屋，必須有化糞池也。匪特此也。方茲農村破產，一般富室居民，智識份子，均集中都市，不願僻處鄉村，識者憂之，常有鄉村城市化之議。而於居室之衞生，亦何獨不然。如在美國都市均有消化糞污之廠：而於鄉村則多家有化糞池之設備。故化糞池非獨適用於都市，卽鄉村居屋，亦所必需也。

（二）化糞池之作用。化糞池爲污水中一種微生物作用，以使污水中所含之植物質或動物質，游離分解，徐徐化爲液體，隨水分流出。而其剩餘之渣質，則沉澱於底部。故其內部作用當以不與空氣接觸爲宜。然因其內部常有氣體發生，一與空氣接觸，易於爆發；於清除工作時，亦有生命危險之虞。故有裝置透氣管之必要：使氣體向外放洩，而由透氣管侵入之空氣，養氣稀薄，固無害予微生物之工作也。

（三）化糞池之容量。化糞池工作，須經過24小時，至48小時，始能完成。故須有相當之容量，存儲污糞，以便徐徐液化；否則時有堵塞之虞。通常按抽水馬桶隻數計算；然不若按使用之人口計爲準確。其法以每人每日100公升爲單位，以其容積。如係里衖房屋及公共住所；則須視其房屋之等級，以定其使用之人數；此則在設計者之斟酌之耳。

（四）化糞池之位置。化糞池之位置，以距離廁所愈近爲宜，以使糞管之長度減少，坡度增加，易於排洩。如里衖房屋，數所合置一化糞池者，則當測量出水管之高低，以定糞管之坡度。通常糞管之坡度，口徑100公厘者，爲1:40；150公厘者，爲1:60。故在出水管較高時，當增設化糞池數具，或增加糞管之口徑；然後按其坡度，以定其位置也。

（五）化糞池之宣洩。通常化糞池，僅用以消納廁所之糞質，及廚房之污水，而沐浴及洗濯用水，則排洩於化糞池之外。蓋一則以減少化糞池之工作，一則以冲洗出水管之污穢也。其宣洩方法；一爲連續宣洩。一爲間斷宣洩。連續宣洩。一如溢水管。水滿時卽行溢出。故其出水，尙多污穢。用以宣洩於雨水溝，或附近溝浜，較爲相宜。間斷宣洩，則須經過相當之時間，始自動虹吸管排洩。如第一圖。故其出水，較爲清潔。或用以宣洩於附近之河流。或用漏空支管，分佈於砂濾床，使徐滲入地層之下。美國鄉村衞生設備，多用之。

茲將自動虹吸管說明如下

自動虹吸管，全賴水之重量，以完成其工作。理由如下：

（1）水箱之水，升至鐘頭底邊以上之時

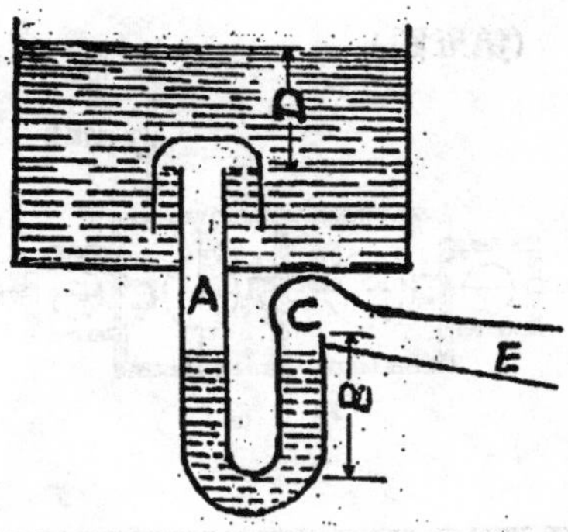

第一圖

，其下部之虹吸管已經充滿水量。

(2) 水平繼續升高時，空氣壓入鐘頭之上部。

(3) 鐘頭內受壓之空氣，徐將A管之空氣排下，至B等於D之時。空氣卽由C管逃出。

(4) 空氣由C管逃出時；卽有少數之水量，自虹吸管排出：此時B與D卽失其平衡。

(5) B與D失其平衡之後，水箱之水，突入虹吸管，由管流出，至全部吸盡爲止。

(六)化糞池之清除。化糞池內之糞質，以及其他穢物，雖隨時液化流出。而其殘餘之渣質，常沉澱於底部。故於每歲之中，應清除一次。將底間渣質沉澱，全部取出。庶其效力不致減少。然亦有數歲清除一次，尙能使用者；則須視其容量之大小，及使用人數多少耳。

(七)化糞池 要件。化糞池，須具有下列之要件：

(1) 須不滲漏。

(2) 須不見光線。

(3) 須不透空氣。

(4) 至少須分爲兩間，一爲儲存糞質之用，一爲儲存洩水之用。

(5) 進水管與出水管，須沒入水中，至相當之深度。

(6) 須有透氣之裝置，接至相當高度。

(八)化糞池之構造。依上述之原則，可知化糞池之構造，應以不滲漏爲首要。通常用水泥鋼骨造成，或用不透水之缸磚及水泥黃沙砌成。然以其價值甚昂，常以他種出品代替者，如美國市面有製成之化糞池出售，我國北平市常用水缸埋入地下，以爲化糞池之用，是也。其構造式樣，各國不同。茲就其最著者，分別述之於下。

(1) 美國鄉村化糞池三種

(甲)硬磚砌成之化糞池　(第二圖)

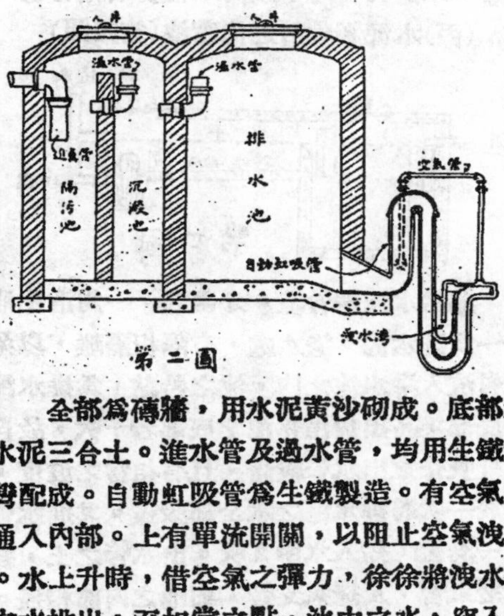

第二圖

全部爲磚牆，用水泥黃沙砌成。底部爲水泥三合土。進水管及過水管，均用生鐵角灣配成。自動虹吸管爲生鐵製造。有空氣管通入內部。上有單流開關，以阻止空氣洩出。水上升時，借空氣之彈力，徐徐將洩水灣之水排出。至相當之點，池中之水，突入虹吸管之洩水灣，全部吸盡。水吸盡時，空氣復由空氣管進入。洩水灣之水，依舊充滿。其原理與第一圖相同。但其出水管位置太低，殊不適用也。

(乙)缸管製之化糞池。(第三圖)

全池分爲3部，用24英吋口徑之缸管構成。接口處用水泥漿塞緊。中以小管連結。底部爲水泥三合土基礎。洩水用之自動缸吸管，與第一圖相同。各種配件，均有製成之

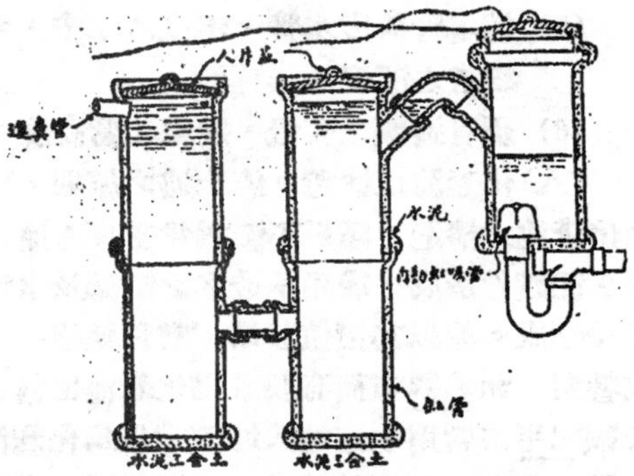

第三圖

出品。故其建造甚易，價值甚廉。美國小家庭住宅，多適用之。我國缸管出品，口徑最大者，不過12英吋；故尚未能仿效施行也。

(丙)水泥鋼骨造之化糞池(第四圖)

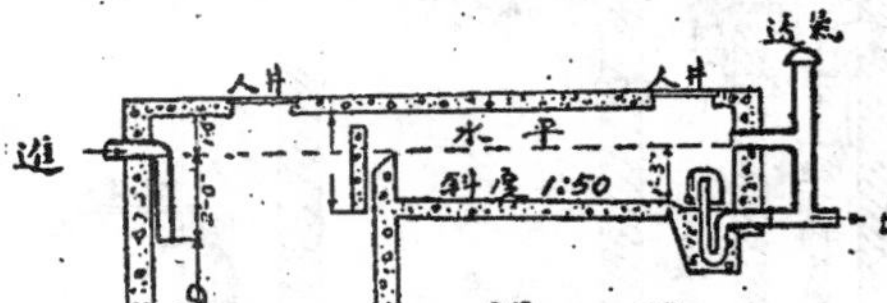

第四圖

池爲水泥鋼骨造。分兩部，一爲消化池，一爲排水池。過水處，有隔板隔離，以免糞質流入排水池之內，池之特點，爲排水池之底部，高出於消化池之底部若干呎，故自動虹吸管之出水管較高，且有相當之坡度，能於一次將排水池之水全部吸盡。其進水管爲一灣管，插入水中2呎。出水管之上，裝有透氣管，及透氣支管，與池之內部相通。

(2) 天津英租界工部局標準化糞池。

(第五圖)

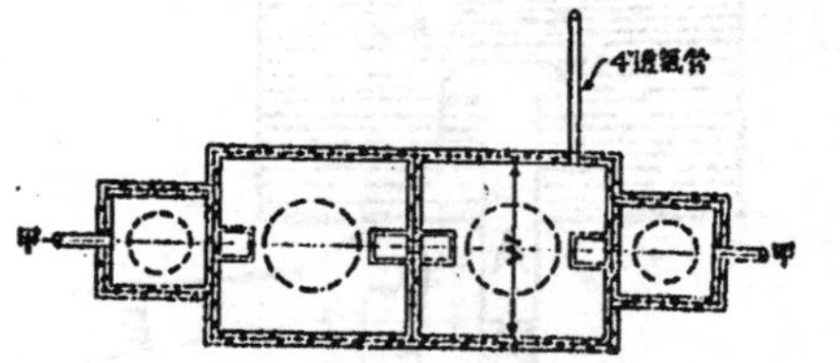

平　面

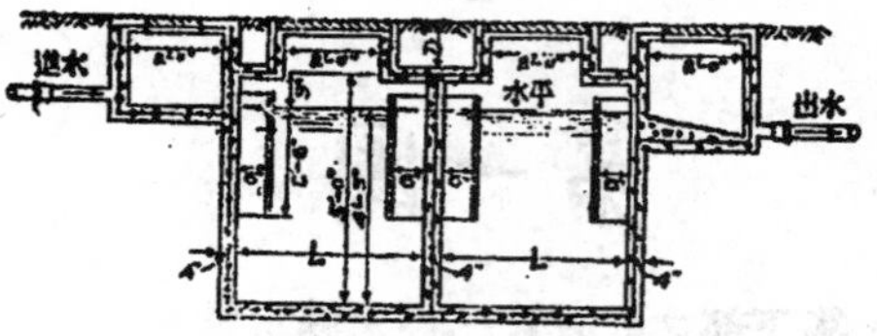

剖　面

標準尺寸

號數	L	W	使用人數
'A'	2'-0"	2'-0"	12
'B'	3'-0"	3'-0"	20
'C'	4'-0"	4'-0"	35
'D'	5'-0"	5'-0"	54

第五圖

池爲水泥鋼骨構造，深5呎，分兩部，容量相等，其進水管過水管及出水管，均爲6吋水泥方筒，上端離井蓋約2吋，下端沒入水中30吋，中牆上部留有空隙，第二部之上，裝有單獨透氣管，接至相當之高度，故其內部所發生之氣體易於排洩，不致發生障礙。其大小有ABCD四種，爲天津英租界工部局標準式樣。華北各建築師，多倣效之。

法租界糞穢流入馬路陰溝章程

一千九百三十一年五月二十六日本局董事會修正核准

第一條　凡糞穢除依照本章程所規定特殊辦法外一概禁止直接流入馬路陰溝內本局遇有糞穢直接流入馬路陰溝時立予堵塞不另知照

第二條　凡糞穢祇准由自化坑流入馬路陰溝此種糞坑式樣須經本局認可並須由本局衞生處檢定

第三條　凡建築自化坑者須將所造之式樣及基地先行製圖呈請本局核發該項營造執照如非經本局准許者無論何種

自化坑概不得在本租界內建築

第四條 本局依照歷年來研究自化坑運用之所得爰規定各種自化坑之型式於後

A 二號自化坑型式 內容長一公尺九公寸五公分寬一公尺深一公尺可供七人至十人之用

B 三號自化坑型式 內容長三公尺二公寸寬一公尺四公寸深一公尺二公寸可供十五人至二十人之用

C 四號自化坑型式 內容長四公尺四公寸寬二公尺深一公尺半可供四十五人至五十人之用

第五條 凡建築自化坑概須依照本局規定應用鐵骨水泥造成坑壳應厚十公寸(英尺四寸)每一立方公尺黃沙須用四百五十公斤水泥混合之坑身亦宜用水泥造成每一立方公尺黃沙須用六百五十公斤水泥混合之

第六條 凡用磚料或人造石築成之自化坑其外面坑壳應敷刷水泥其裏面坑身亦至少應敷以四分之三英寸厚之水泥自化坑宜常緊閉不使透風

第七條 自化坑內所用各管須用翻砂鐵製成之

第八條 每隻自化坑須備有微菌濾缸一具

第九條 凡自化坑坑蓋之數應與坑內分格之數相同坑蓋須安置顯見處平時須固封不得透風

第十條 自化坑內不得有洞穴免與外面通風

第十一條自化坑水須先流入一小陰井井之口徑至少須寬有三公寸以便檢取坑內流質及察驗流質有否〔〕漏臭氣苟其化力失效本局即將該陰井閉塞又該陰井不得封固且須置於顯見之處以便本局職員得隨時啓視之

第十二條自化坑內不得爲外面各水如漲潮雨水等侵入攷其泄口之地位應較海平面高逾四公尺半

第十三條本局規定各種之自化坑均製有圖樣凡承造作頭俱可來局購閱每張定價收銀一兩整

第十四條祇准抽水馬桶之水流入自化坑此外廚房浴室之水及雨水等均不得傾入自化坑一切消毒物質更不得投入廁所內

第十五條凡由抽水馬桶接通坑內之水管應用鐵質製成並用靑鉛澆縫

第十六條須將登廁指糞穢流入自化坑之廁所之大約人數報明不得多有增加

第十七條自化坑內每日冲水分量亦當詳實報明

第十八條凡本章程指定之各種坑廁於啓用前應由承造作頭或房東先行呈報本局衛生處

第十九條新自化坑須經本局衛生處處長查得業由本局認可并經發給營造執照且對於本章程各項規定並無違背之處然後方准啓用

第二十條凡經本局衛生處准予使用並已接通馬路陰溝之自化坑應由該衛生處監察之該處並得隨時提取糞穢交由本局化驗室檢查如驗得自化坑化力失效或澄淸力不足時該坑業主須服從本局之處置如遇有自化坑化力失效或澄淸力不足等情該坑業主旣經本局通告後倘不及時修理則此種坑廁無論其設備合法與否應即禁止使用

第廿一條自化坑經提取糞穢化驗後如認爲有未盡善處本局得立予截斷停止使用須俟經復驗滿意後方准再接通馬路陰溝

第廿二條凡自化坑有下列弊端情形之一者應即宣告失效並禁止其流質直接洩入

17817

馬路陰溝(甲)凡自化坑如察得有臭氣由蓋透出者(乙)凡自化坑流質經化驗得有病菌者

第廿三條凡有違犯本章程者應依本局衞生處章程第五章第一條之規定處罰之

(3) 上海法租界工董局衞生處標準化糞池。(譯爲自化坑，第六圖)

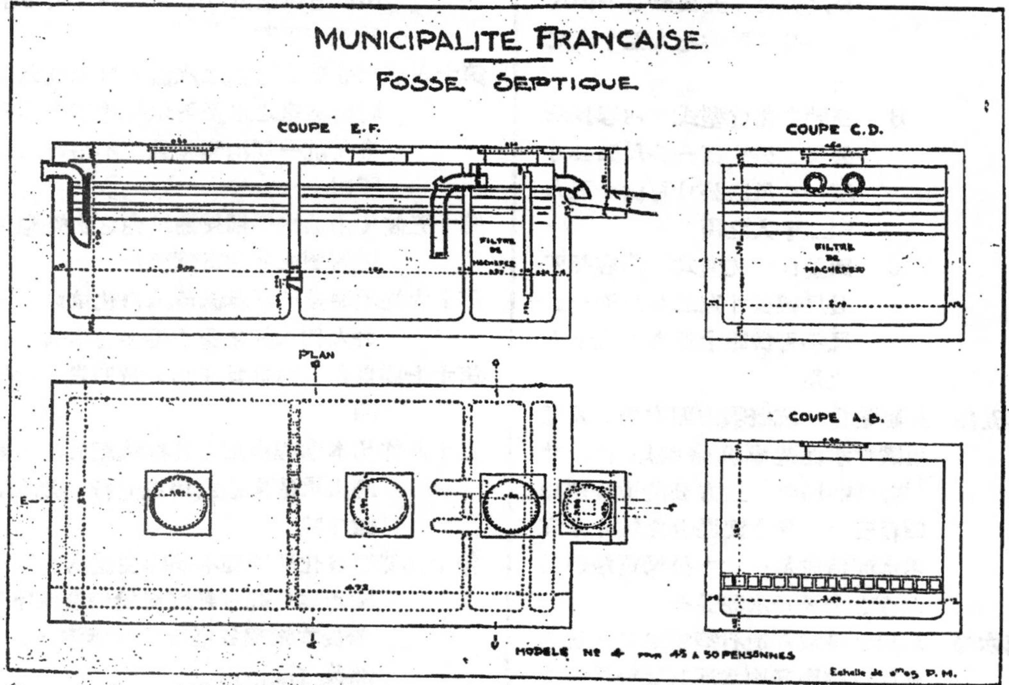

按法租界化坑池之特點。爲第一部與第二部之隔牆下部，嵌有特製之空心磚，以使第一部中糞穢之沉下者，得流入第二部隨時消化。而第三部具有隔離板，（譯爲微菌濾缸）故其出水，微菌甚少。除在法租界通用外，上海市工務局亦規定爲標準化糞池。然全池無透氣管之裝置，氣體發生，無由排洩，此其缺點也。

(4) 德國新式家用化糞池(第七圖)

該池爲德國翁斯Oms氏所發明，用鋼骨混凝土製成出售。出水流入陰溝，或滲入地下，隨地方之情形而異。其工作次第如下：污水由糞管流入池中之淨化間。因速度減小，其所含之混合物料沉澱於水底，由孔縫墜入鮮泥間。再由孔縫漸漸歷入液化間。其浮起之物料，則升向水面。由上面之孔縫入浮泥間。出入口前之檔壁。則用以防止浮物溢出口外。由池內流出之水，未發生腐敗作用

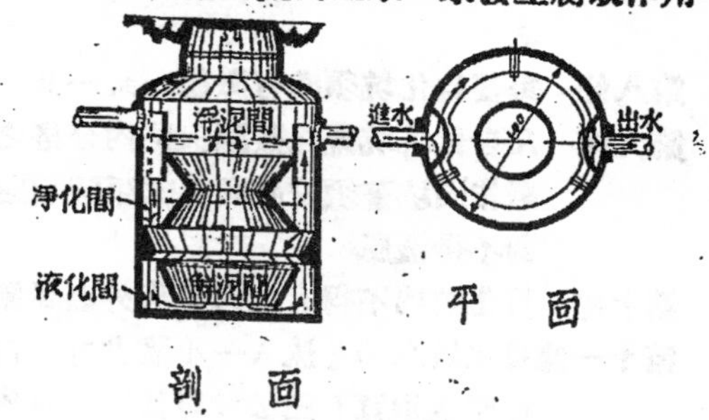

第七圖

，無臭氣而頗清潔。故可不必再經過細菌清淨，逕行流入陰溝或滲入地下。

(5) 哈爾滋俄式化糞池。

掘地爲池，深約十餘呎，徑約五呎。周圍用磚料水泥砌成圓井，底部達至沙泥層，可以滲水。覆以鋼骨混凝土蓋。糞質流入液化後。卽隨水分滲入地層內。其殘餘渣質，沉澱爲汚泥。可用人工或抽水機取出之。此法最爲簡陋。對於衛生，大有妨礙。尤其在深井相近之處，絕對不能使用。且沙泥滲水之量，日久漸次減少，終至無法滲入。致穢水溢出地面，全部工作停止，故罕有利用之者。

(6) 北平式化糞池。

用水缸一隻，埋入地內。上以鋼骨混凝土蓋覆之。進糞管插入缸之內部，出水管爲一灣管，通入滲水井。滲水井之構造，一如俄式化糞池，內用碎磚及石礫填滿。因其時糞質已在缸中沉澱，隨時分解液化。故其透水之空隙，不致易爲汙泥所填塞。此法雖較之俄式化糞池爲佳，然使用日久，流弊正多也。

(7) 唐山式化糞池。(圖見本刊首頁)

此予爲唐山交通大學教職員住宅所設計之化糞池。所用水缸及缸管，均係唐山本地缸窰所製。缸之最大者，口徑約30吋，深約4呎有半。每缸兩只，可供10人之用；一年之內，無須清除。出水管通入雨水溝，少有淤塞之弊。每具工料價銀約40元，誠最簡便且經濟也。

按我國市面無製成化糞池之出品出售者；故惟一代替品，厥爲水缸。然苟能裝置合宜，其效力殊不亞於美國缸管化糞池，(第三圖)德國翁斯氏所製之家用化糞池也。(第七圖)

依上所述我國房屋建築，究以採用何種化糞池爲相宜；各處建築師，多不一致。大抵在華北一帶，多採用天津英租界所規定之標準式；京滬一帶，則多採用上海法租界所規定之標準式；其他，有採用俄式及北平式者。予以爲在城市房屋建築，所用之化糞池，以法式(第六圖)內部構造，最爲完備。惟全池無透氣管之裝置，斯爲缺點。似應在第二部加裝透氣管，接至相當之高度；第一部與第二部之隔牆，上部似應留有空隙；第一部進水灣管，似應改爲三口管；以使氣體發生，易於宣洩。在清除時，無危險之虞。則益臻完善矣。若大鄉村房屋建築所用之化糞池，則以予所設計之唐山式，較爲便利耳。

觸電及其救治

陳 章

我國電機工程，近年來有長足進步，而因裝置不良或意外原因以致觸電死者，漸有增加。事先裝置力求安全，減去意外危險，爲工程師之職責，自不待言，但事後應設法救治，挽回生命，於人道上更義不容辭。在講述急救法之前，請先述觸電致死之原因及危險程度之成因。

觸電之患，大有輕重之別。輕則神經感覺刹那之痙攣，則不必救治，重則呼吸頓絕神經失效，則往往致命。但若救治迅速而合法，至少有半數可以挽回。觸電之患之輕重及其可以挽回生命與否，須視下列五事以爲斷：(1)所觸電路之電壓(2)通過身體之電流(3)電路之種類——直流或交流——及週率(4)接觸時間之久暫(5)在身體上接觸之部位。請分述之。

(1)電壓 吾人皆知高電壓之危險，但若肉體與電路，得一極良好之接觸點，低電壓亦未嘗不足以致命。據各國近年統計，屋內低電壓致命之數，漸有增加。但110伏之直流電讫統計尚無致命者。低壓之所以危險，因人體遇高壓，肌肉突然緊縮，不期然而被

17819

擲去甚遠，而低壓則往往反不易脫離。從統計研究，約三分之一之致命傷，乃屬低壓，

(2) 電流 導體通過電流之數量，視電壓爲正比，電阻爲反比。人體亦然。人體電阻幾完全在皮膚表面。在乾燥情形時，約合每平方公分 40,000至100,000歐姆。浸濕時皮膚接觸點之電阻，有時降低至每平方公分1000歐姆。從經驗15至20千分安培可使人感受十分痛苦，100 千分安培(即十分之一安培)往往可以致死。可見皮膚潮濕時 110伏之交流，亦獲危險。人體電阻隨接觸時間延長而降低。此可從通過動物電流常因繼續稍久而增加 5%到10%之試驗而證明之。

(3) 接觸之時間 人工呼吸急救方法之有效程度常因接觸時間之延長而減少。電壓愈高，接觸後尚可以急救生效之時間當然愈短。

(4) 電路之種類 低壓商用週率之交流比同電壓之直流爲更危險。直流在血液引起電解作用并使肌肉突現緊縮。交流雖無電解作用，而肌肉之緊縮，則更形激烈。

(5) 接觸在人體之部位 若接觸在人體之部位使電流不致通過體內重要器管如心臟，肺，腦，等等，雖受灼傷，常無大礙。

至於觸電之急救方法甚多，其原理不外用人工方法，使傷者受相當激刺而回復其呼吸及血液循環。因有若干觸電傷者經不斷之人工呼吸急救二三小時而蘇醒者，可見觸電而未及施以急救者，死有餘恨矣。下述人工呼吸急救方法，係美國醫學會與電工學會共同研究認爲最有效驗之觸電急救方法。奇異電機製造公司，尤奉爲金科玉律。凡進該公司作實驗工作者，必先熟諳此法，每年藉是以救活之人，實繁有徒。凡曾在該廠工作者，類能道之。愚意此種急救方法，凡我國人之從事電工者，均宜諳習，庶有備無患；各電工學校宜以此教授學生；各電廠宜以此訓練技工；或由建設委員會製成法規，限令各廠張貼電廠或他處工作地點，以重人道。吾電工界同人其注意及之。

人工呼吸觸電急救法

凡從事電機工作者，必須將此法熟練。下列各點尤宜切記，庶緩急有備。但成敗須視手法之敏捷與否爲斷。

(一)速將電源斷絕 用迅速動作，將被害者脫離電源。移動時須用乾布(或其他絕緣體，但切不可用導體。)。反之將電源移開，使遠離被害者亦可。但隨後務將電源斷絕。

(二)除去口中啣物 電源既斷，速將患者口中所啣之物如活落假齒及香烟等取去。迅速開始人工呼吸，絕對不可猶豫。既開始後，不得中途停止。人工呼吸法如下：

(甲)將被害者俯臥，兩手向前，兩足向後，與身體成一直線。面向左或右，以便呼吸。另一人使被害者之口張開，拉住其舌。

(乙)施救者面對其背。跨跪，於患者之兩大腿旁，兩手掌按其兩腰。五指分開，姆指近脊，兩小指近兩肋，如第一圖。

(丙)兩臂直伸，將身慢慢前傾。務使施救者上半身之重漸漸由兩掌傳於患者之腰(如第二圖)此舉動約需三秒鐘。

(丁)用敏捷動作速將全身退還原處仍如第一圖。

(戊)照樣連續不絕。丙丁兩項共需約五秒鐘。

(己)此法不得停止。另一人可將被害者之衣服及一切緊裹於身體之物件鬆開。

(三)何時停止工作 繼續進行以待被害者之自能呼吸。倘因停止人工呼吸後，而被害者仍復不能自行呼吸，速續行之。有施救

17820

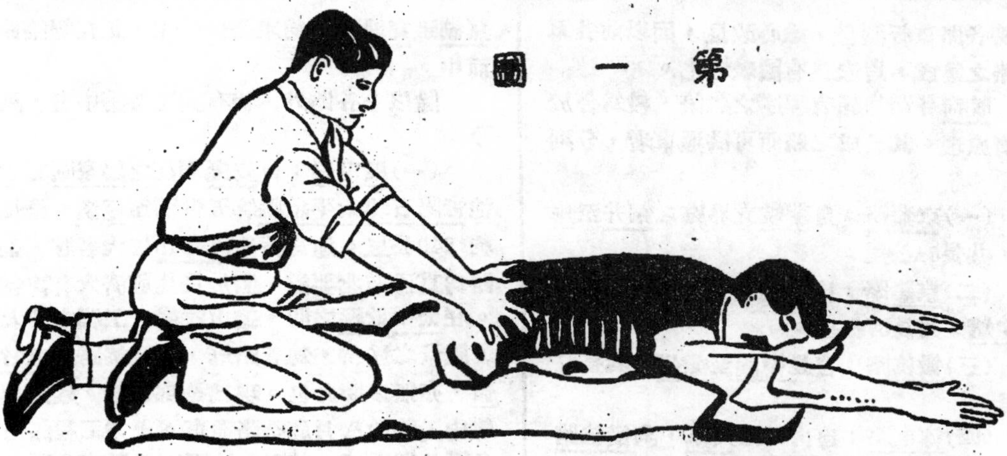

第一圖

二三小時後甦醒者。

（四）不可强進液體 在未完全甦醒前，不可強飲以液體。

（五）注意空氣及溫度使被害者得新鮮空氣，但同時須使其溫暖。

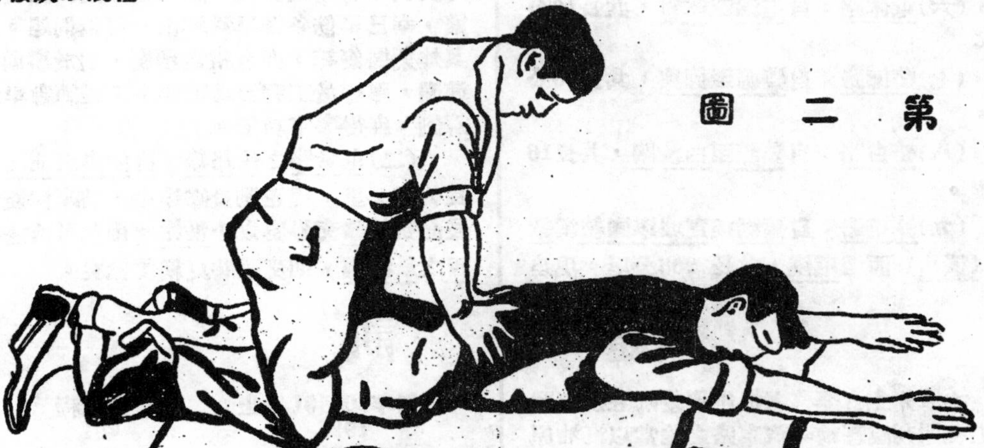

第二圖

國內工程新聞

安徽省公路概況

安徽省公路，年來興築，不遺餘力。至本年六月底止，計已成公路961公里，（內有已舖路面者計457公里），正在建築中者計359公里，通軍用車之簡易公路約計1900公里，其有計劃而尚未測量者約計1484公里。

全省公路，計分皖南皖北二大區域，依揚子江而分劃。在皖北除安蚌路自（安慶經桐城合肥而至蚌埠共長 362公里）為正式已通客車之公路外，其餘全屬軍用道路，均係草率而成之土路。渡河處暫架輕便木橋，其較闊河面，則用渡船。最近因剿匪進展，省主席常駐六安，軍運綦忙，故各路之便橋，均在絡續改建，其路面之坡度過高，灣度過甚者，亦在逐漸改善。現已分設工程辦事處，將各路重行測量，悉心改良，因以前各軍用路之築成，均未見有圖表著也。

皖南各路均係有程序之建築，較爲合於經濟原理。其已成之路而可供通車者，分列如下：

(一)京蕪路：自蘇皖交界處之銅井至蕪湖，共長54公里。

(二)京建路：自蘇皖交界處之望牛墩至十字舖，共長37公里。

(三)徽杭路：自昱嶺關至徽州，共長61公里。

(四)淳屯路：自街口至大阜，與徽杭路相啣接，計長37公里。

(五)宣長路：自宣城至界牌，共長86公里。

(六)屯休路：自屯溪至休寧，共長16公里。

(七)婺德路：自婺源至德興，共長30公里。

(八)婺白路：自婺源至白沙關，共長16公里。

(九)蕪屯路：自蕪湖經宣城寧國績溪歙縣（徽州）而至屯溪，共長 265公里。現自蕪湖至宣城一段尚未全部竣工，正在趕築路面中。

除以上各路外，尚有興工趕築中者，列下：

(一)殷屯路：自安慶對江之雞家匯經貴池青陽石埭太平歙縣等五縣而至屯溪，全長約 240公里。途經黃山九華山二大名勝，全路爲貫通南北要道，對於民生經濟大有裨益。在太平歙縣之間，叢山峻嶺，工程之浩大，風景之怪特，爲各路冠，雖徽杭路之老竹嶺，亦無以勝此也。現已全部測竣，趕速興建中，將於八月底全路通車。土方工程係由各縣分別徵工，其因農忙而不足數時，可包工代做，工資均由省縣各半擔負，進行頗爲順利。惟因民工不熟練，指較導爲費時。石方由公路局招包開鑿。因工人羣集，給養浩繁，幸已早飭各縣早爲準備。可無問題。工具炸藥醫藥等，亦有相當預備，對於事前之準備，影響於工程至爲重要，工程師應早爲籌劃，庶得事半功倍。

(二)屯景路之休祁線：自休寧至祁門共長約60公里，現正測量修建中，將來尚擬伸展而至皖贛交界處之小惟嶺。由此可直達江西之景德鎮，則交通將更稱便捷矣。

通　訊

主筆先生台鑒啓者拙作承蒙加註批語登錄工程週刊感甚前年汽車路之論當以汽油原料爲最大問題而近有木炭汽車之發明困難當減少若干先生認爲有討論之價值因拙作而得以拜讀宏論鉅著不得不引爲榮幸也茲將關於此項問題之參考資料一節錄呈台鑒專此順頌著安　　弟陸增祥叩。七，六

節錄23年一月出版鐵道旬刊載「美國廢棄鐵路運動」如下

近十年來美國之廢棄鐵路運動漸漸盛行，而以最近三年內爲尤甚。茲將自1921年至1932年間歷年經聯邦商務委員會核准所廢棄之哩程列表於下。其1933年份當更大於是數也。

每年10月31日止	廢棄哩程
1921	701
1922	526
1923	523
1924	454
1925	651
1926	592
1927	830
1928	587
1929	539
1930	1807
1931	1019
1932	1418

廢棄鐵路之最大因素，當爲世界不景氣與公路之競爭，而以後者爲尤甚。許多鐵路均被公路取而代之。雖公路常被鐵路合併或奪去其管理權。但鐵路終因此而失其效用。所廢棄之路，以支線爲最多。……

膠濟鐵路行車時刻表

民國二十三年七月一日改訂實行

下行列車

站名	到開	五一次各等	三一次各等	七一次三等	七三次三等	一次各等
青島	開	七•〇〇	一一•三〇	一五•〇〇		二一•四〇
大港	開	七•一一	一一•四一	一五•一一		二一•五一
四方	開	七•二〇	一一•五〇	一五•二〇		二二•〇〇
滄口	開	七•三六	一二•〇六	一五•三八		二二•一六
女姑口	開	七•四八	一二•一八	一五•五一		不停
城陽	開	七•五七	一二•二七	一六•〇一		二二•三四
南泉	開	八•一三	一二•四三	一六•一八		不停
藍村	開	八•二七	一二•五六	一六•三六		二三•〇一
李哥莊	開	八•三六	不停	一六•四五		不停
膠東	開	八•四八	不停	一六•五八		不停
膠州	到	九•〇〇	一三•二五	一七•一一		二三•二八
膠州	開	九•〇三	一三•二七	一七•一四		二三•三〇
芝蘭莊	開	九•一九	一三•四四	一七•三三		不停
姚哥莊	開	九•二八	不停	一七•四三		不停
高密	到	九•三九	一四•〇一	一七•五一		〇•〇一
高密	開	九•五〇	一四•一二	一八•〇三		〇•一三
康家莊	開	一〇•〇	不停	一八•一六		不停
蔡家莊	開	一〇•一五	一四•三三	一八•二八		不停
塔耳堡	開	一〇•二三	一四•四三	一八•三九		不停
丈嶺	開	一〇•三五	一四•五三	一八•五三		不停
岞山	開	一〇•五三	一五•一三	一九•一三		一•〇三
黃旗堡	開	一一•〇一	一五•二一	一九•二三		不停
南流	開	一一•〇九	不停	一九•三一		不停
蛤蟆屯	開	一一•二四	一五•四一	一九•四八		一•一八
坊子	到	一一•三七	一五•五四	二〇•〇三		一•三一
坊子	開	一一•五三	一六•〇八	二〇•一一	六•二〇	一•五六
二十里堡	開	一二•〇四	一六•二〇	二〇•二六	六•三四	二•〇八
濰縣	到	一二•一二	一六•二八	二〇•三五	六•四四	二•一六
濰縣	開	一二•一五	一六•三〇		六•四九	[illegible]
大圩河	開	一二•二九	不停		七•〇三	不停
朱劉店	開	一二•四〇	一六•五三		七•一七	二•四〇
昌樂	開	一二•五三	一七•〇六		七•三三	二•五三
堯溝	開	一三•〇五	一七•一八		七•四六	不停
譚家坊子	開	一三•一七	一七•三〇		八•〇〇	不停
楊家莊	開	一三•二八	一七•四一		八•一四	不停
青州	到	一三•四三	一七•五六		八•三三	三•二四
青州	開	一三•四六	一八•〇〇		八•三六	三•三六
普通	開	一三•五八	不停		八•五〇	不停
淄河店	開	一四•〇八	一八•一九		九•〇一	不停
辛店	開	一四•二一	一八•三六		九•一七	四•〇五
金嶺鎮	開	一四•三五	一八•五〇		九•三三	不停
湖田	開	一四•四八	一八•五九		九•四四	不停
張店	到	一四•五七	一九•〇八		九•五五	四•三〇
張店	開	一五•一二	一九•二三		一〇•一〇	四•四六
馬尚	開	一五•二一	不停		一〇•二〇	不停
周村	到	一五•四〇	一九•四八		一〇•四四	[illegible]
周村	開	一五•四三	[illegible]		[illegible]	五•一一
大臨池	開	一六•〇七	不停		[illegible]	不停
王村	開	一六•一九	二〇•二四		[illegible]	不停
普集	開	一六•二九	二〇•三四		一一•三八	五•三三
明水	開	一六•四四	二〇•四九		一二•〇五	不停
棗園莊	開	一六•五四	二一•〇〇		一二•一八	六•一五
龍山	開	一七•〇八	二一•一五		一二•三三	六•二九
郭店	開	一七•二三	二一•三〇		一二•五三	不停
王舍人莊	開	一七•三四	二一•四一		一三•〇五	不停
黃臺	開	一七•四七	二一•五五		一三•二〇	七•〇二
北關	開	一七•五五	二二•〇七		一三•二九	七•一〇
濟南	到	一八•〇〇	二二•一三		一三•三五	七•一五

上行列車

站名	到開	五二次各等	七二次三等	三二次各等	七四次三等	二次各等
濟南	開	七•〇〇		一一•四〇	一四•四〇	二三•〇〇
北關	開	七•〇九		一一•四七	一四•四七	二三•〇六
黃臺	開	七•一六		一一•五四	一四•五五	二三•一五
王舍人莊	開	七•三〇		一二•〇八	一五•一〇	不停
郭店	開	七•四二		一二•二〇	一五•二三	不停
龍山	開	七•五七		一二•三六	一五•三九	二三•四八
棗園莊	開	八•一三		一二•五三	一五•五五	[illegible]
明水	開	八•二四		一三•〇三	一六•〇七	不停
普集	開	八•四一		一三•二〇	一六•二〇	[illegible]
王村	開	八•五一		不停	一六•三四	不停
大臨池	開	九•〇三		一三•三六	一六•五四	不停
周村	到	九•二〇		一三•五六	一七•一二	〇•〇一
周村	開	九•三〇		一三•五九	一七•一六	〇•〇四
馬尚	開	九•四〇		不停	一七•三五	不停
張店	到	九•四八		一四•二一	一七•四三	〇•二六
張店	開	一〇•〇三		一四•三六	一七•五八	[illegible]
湖田	開	一〇•一五		一四•四九	一八•一二	不停
金嶺鎮	開	一〇•二四		一四•五八	一八•二一	不停
辛店	開	一〇•三八		一五•一一	[illegible]	[illegible]
淄河店	開	一〇•五一		[illegible]	[illegible]	不停
普通	開	一一•〇一		[illegible]	[illegible]	[illegible]
青州	到	一一•一六		[illegible]	[illegible]	[illegible]
青州	開	一一•二六		[illegible]	[illegible]	[illegible]
楊家莊	開	一一•三一		[illegible]	[illegible]	[illegible]
譚家坊子	開	一一•四二		[illegible]	[illegible]	[illegible]
堯溝	開	一一•五四		[illegible]	[illegible]	[illegible]
昌樂	開	一二•〇六		[illegible]	[illegible]	[illegible]
朱劉店	開	一二•一九		[illegible]	[illegible]	[illegible]
大圩河	開	一二•三〇		[illegible]	[illegible]	[illegible]
濰縣	到	一二•四五		[illegible]	[illegible]	[illegible]
濰縣	開	一二•五四	七•〇〇	[illegible]	[illegible]	[illegible]
二十里堡	開	一三•〇六	七•一〇	[illegible]	[illegible]	[illegible]
坊子	到	一三•二一	七•二三	[illegible]	[illegible]	[illegible]
坊子	開	一三•三六	七•三四	[illegible]		[illegible]
蛤蟆屯	開	一三•五〇	七•五四	[illegible]		[illegible]
南流	開	一四•〇八	八•〇九	[illegible]		[illegible]
黃旗堡	開	一四•二六	八•二九	[illegible]		[illegible]
岞山	開	一四•四三	八•四八	[illegible]		[illegible]
丈嶺	開	一四•五一	八•五八	[illegible]		[illegible]
塔耳堡	開	一五•〇二	九•〇八	[illegible]		[illegible]
蔡家莊	開	一五•一四	九•二三	[illegible]		[illegible]
康家莊	開	[illegible]	[illegible]	[illegible]		[illegible]
高密	到	一五•二四	九•四三	[illegible]		[illegible]
高密	開	一五•三七	九•五六	[illegible]		[illegible]
姚哥莊	開	一五•四五	一〇•〇五	[illegible]		[illegible]
芝蘭莊	開	一六•〇四	一〇•二三	[illegible]		[illegible]
膠州	到	[illegible]	[illegible]	[illegible]		[illegible]
膠州	開	一六•一六	[illegible]	[illegible]		[illegible]
膠東	開	[illegible]	[illegible]	[illegible]		[illegible]
李哥莊	開	一六•二七	一〇•五一	不停		不停
藍村	開	一六•三七	一一•〇一	二〇•四六		六•二五
南泉	開	一六•五〇	一一•一五	二〇•五九		不停
城陽	開	一七•〇八	一一•三四	二一•一五		六•四二
女姑口	開	一七•一七	一一•四四	二一•二四		不停
滄口	開	一七•二九	一二•〇七	二一•三六		六•五九
四方	開	一七•四五	一二•二三	二一•五一		[illegible]
大港	開	一七•五五	一二•三五	二二•一〇		七•三〇
青島	到	一八•〇〇	一二•四〇	[illegible]		七•三五

隴海鐵路行車時刻表

站名	列車次數（自右向左讀）		列車次數（自左向右讀）	
	第一次特別快車自東向西每日開行		第二次特別快車自西向東每日開行	
徐州府	（上午）	第一次 八點十分開	（下午）	八點〇五分到
碭山	（上午）	十點十六分到 十點二十六分開	（下午）	五點五十四分到 六點〇四分開
商邱	（上午）	十二點〇九分到 十二點二十九分開	（下午）	四點〇二分到 四點十七分開
開封	（下午）	四點三十二分到 四點五十二分開	（上午）	十一點五十五分到 十二點十五分開
鄭州南站	（下午）	六點五十一分到 七點十一分開	（上午）	九點四十二分到 十點〇二分開
汜水	（下午）	八點三十三分到 八點四十三分開	（上午）	八點四十分到 八點四十二分開
鞏縣	（下午）	九點二十三分到 九點二十五分開	（上午）	八點〇四分到 八點〇六分開
孝義	（下午）	九點四十七分到 九點四十九分開	（上午）	七點四十六分到 七點四十八分開
洛陽東站	（下午）	十一點十二分到 十一點四十二分開	（上午）	六點十五分到 六點三十五分開
新安縣	（上午）	一點十二分到 一點三十二分開	（上午）	四點五十分到 五點開
澠池	（上午）	三點二十一分到 三點四十一分開	（上午）	三點十八分到 三點二十三分開
觀音堂	（上午）	四點三十七分到 四點四十二分開	（上午）	二點三十一分到 二點三十六分開
會興鎮	（上午）	六點〇八分到 六點十八分開	（上午）	〇點四十二分到 〇點五十二分開
陝州	（上午）	六點五十分到	（上午）	第二次 〇點〇五分開
	第十九次客貨車自東向西每日開（下午行）		第二十次客貨車自西向東每日開行	
陝州	（上午）	第十次 七點二十分開	（下午）	十點二十五分到
靈寶	（上午）	八點三十二分到 八點四十七分開	（下午）	九點〇一分到 九點十六分開
閿鄉	（上午）	十點二十分到 十點三十五分開	（下午）	七點十三分到 七點二十三分開
盤頭鎮	（上午）	十一點五十二分到 十一點五十五分開	（下午）	五點五十三分到 五點五十六分開
文底鎮	（下午）	一點二十分到 一點二十三分開	（下午）	四點五十二分到 四點二十八分開
潼關	（下午）	二點二十分到	（下午）	第二十次 三點三十分開

自右向左讀

自左向右讀

17824

中國工程師學會二十二年度會務總報告

本會二十二年度中會務頗見特別進展，經辦各項業務，較之以前任何一年度，均覺增多。同人等力儆事繁，時虞隕越，倘幸進行頗稱順利，爰得相當結果。玆將是年度中會務經過，摘要報告如次，尚希鑒誉是幸！

(一)關於工業材料試驗所事項

本會工業材料試驗所舊有之楓林橋基地4畝零1厘4毫原價14,125.15元，前經董事會議決出售另在市中心區購地 4畝在案。本年度又經第九次執行部會議議決之後，適有會員徐恩第等出價 15,200.00元承買，所有該地出買手續業於六月間交割清楚。試驗所圖樣由會員董大酉建築師計劃，全部用鋼筋混凝土建築，由會員李鏗工程師設計，中部爲二層樓，左右兩翼爲一層樓，如將來需擴充時，全部可加高一層，於六月中旬登報招標，投標者計有十一家，經第十四次董事部會議議決由張裕泰合記建築事務所得標，包價三萬二千五百元，本會可利用捐得之建築材料由包價中照估計材料價格如數扣抵。該所已於本年八月五日在市中心區新址舉行奠基典禮動工興築矣。爲籌備經費起見，設立工業材料試驗所籌款委員會，委員12人，委員長由會長薩福均君兼，委員皆派定各機關團體範圍以便分途進行。工業材料試驗所建築委員會委員7 人委員長沈怡君，沈怡君今夏出國後改推李星身君繼任。預計該所於年底可以完工，對於所內設備不能不及早籌辦，因又設立工業材料試驗所設備委員會。聘定康時清君等五人爲委員。試驗所內各項機器儀器估計約需十萬元。該項經費尚無着落，希望全體會員一致努力，不難一呼而成功也。

(二)關於審定機械及土木工程名詞事項

機械土木二種工程名詞草案，初版早已分贈殆盡，目前各界函索是書者甚多，爰於未行重印以前，決將此二種名詞，重加修訂。已請楊毅君主持機械工程名詞草案，茅以昇君主持土木工程名詞草案。又以每種工程範圍甚大，門類繁多，乃分組聘定各門專家分別擔任修訂工作，預計本年底可以竣事。

(三)關於年會論文給獎辦法事項

本會爲提倡學術，獎勵研究起見，擬有年會論文給獎辦法，業經第十四次董事部會議通過施行，其辦法如下：

一．自民國二十三年起，本會每屆年會論文，均依據本辦法選出三篇，給予撰著者以獎金，以鼓勵學術之研究。

二．凡本會會員所撰關於工程學術之年會論文，經論文委員會審查合格者，於舉行年會時分組宣讀討論，由論文委員會參酌討論情形，每組選出一篇至三篇，(各組論文不及五篇時選一篇，五篇以上不及十篇時選二篇，十篇以上選三篇)，爲初選論文，並將該項稿件移交工程編輯部儘先付刊。

三．工程編輯部於初選論文刊印後，卽報請董執兩部延聘複審委員三人就該項論文中選出三篇，爲受獎論文，並評定名次。

四．受獎論文之獎金如下；

第一名　壹百元　第二名　伍拾元
第三名　叁拾元

受獎人不願領受獎金時。由本會改贈相當紀念品。

五．論文給獎結果，於本會工程週刊內揭載之。

六．本辦法如有未盡事宜，得由董事會議隨時修正之。

(四)關於贈給榮譽金牌辦法事項

本會爲鼓勵發明褒揚成績起見，擬有贈給榮譽金牌辦法，業經第十四次董事會議通過施行，其辦法如下：

一．本會對於工程界有特別貢獻之人，得依照本辦法贈給榮譽金牌。

二．本會榮譽金牌暫定一種。

三．受榮譽金牌者須爲中國國民，但不限於本會會員。

四．工程上特別貢獻之標準如下：

甲．發明(一)工程上新學理者，(二)有裨人類及國防之機械物品或製造方法者。

乙．負責主持巨大工程，解決技術上之困難以底於成功者。

五．凡中國國民合於第四條甲乙兩項標準者，得由本會會員十人以上用書面提經本會認可後，由董執兩部聘請專家五人組織委員會審查之。

六．審查結果經董事會確認與本辦法第三第四兩條之規定符合者，即由本會於每年年會時贈給榮譽金牌。

七．本辦法如有未盡事宜，得由董事會隨時修正之。

(五)關於四川考察團事項

1.籌備經過

民國二十二年秋，科學社在四川開年會，宣傳科學運動，頗得社會歡迎。善後督辦劉湘，乃於是年八月下旬本會在漢口開年會之時，托盧君作孚惲君震，轉邀本會於次年在四川開年會。年會決議，四川省當局，既有志於開發實業，允宜組織考察團，由董事會慎選人才，於明年四，五月間前往視察設計，不必開年會，以求實際。九月，董事會議決，請會員惲震主辦籌備組織考察團事務。團分十一組，一曰油煤鋼鐵，二曰水利水力，三曰鐵道公路，四曰水泥製造，五曰鹽糖工業，六曰紗絲織造，七曰油漆，八曰皮革，九曰藥物，十曰電訊電力，十一曰造紙，每組視事之繁簡，及人才之多少，設團員一人至五人不等。選擇團員之方法分為二種，第一由執行部通告全體會員，無論何人，如於所列十一組之問題有興趣。並自認有相當經驗學力者，可向籌備主任報名，由董事會決選。第二方法，由籌備主任會同各董事及各職員就國內著名工程專家擬列一名單，分別去函請其參加，俟得允可，再由董事會追認。籌備數閱月，其最感困難者，即為團員之選聘。或學驗均屬相當，董事會極盼其參加，而卒以事忙任重不能參加者，如化工組之侯君德榜，吳君蘊初，礦冶組之孫君昌克，胡君博淵，胡君嗣鴻，劉君基磐，水利組之李君書田，沈君怡，曹君瑞芝，皮革組之劉君樹杞，紡織組之蔡君聲白，公路組之趙君祖康。臨時因病不能去者，如吳君承洛程君瀛章。臨時因事不能去者，如屠君慰曾，張君澤堯，皆至可惜。團長原推由本會正會長薩君福均担任，嗣薩君奉鐵道部命出國，乃改推董事前任會長胡君庶華担任。又本會於正月間曾托劉督辦駐京代表范君崇實轉電劉督辦，謂此次考察團每人約需旅費乙千元，總共需費三萬元，當此剿匪時期，籌餉已屬萬難，似可將此項考察工作延緩舉行，以免緩急倒置之誚，當得劉督辦復電云，『惟其國弱民貧，公私交困，故開發生產，以裕富源，更不容緩。仍請推薦專才，來川詳細考查，作為計劃，以便斟酌緩急，切實辦理，其能長期來川工作之各專家姓名，並月薪旅費如何致送，並盼見告。』因此本會祇得仍舊繼續進行，期於四月十五日左右，全體由滬漢兩地出發。凡被選團員之在機關或公司服務者，本會備一公函，逕寄其主管人，代為聲明理由，並請准其成行，不作普通請假論。但此種手續，仍須該團員自向其主管人預先說明，否則徒恃一紙公文，亦未必能發生效果。幸而政府各機關學校及各大實業公司對於此事，皆能一致贊助，力予成全，故視察團之人選，雖至最後一二日仍不免有人變計請代，然就大體觀之，可謂搭配至精，選擇至嚴，可告無愧於國人。四月十四日總會及上海分會，歡送各團員，團長胡庶華君在漢口候船未到，總會副會長黃伯樵君主席再三勉勵，詞甚懇切。十五日，同乘民生公司專輪『民貴號』出發，此籌備經過之大略也。

2.考察經過

本會四川考察團團員徐善祥，戴濟劉相榮朱其清 沈恩祉 羅冕郭楠陸貫一孫輔世黃煇黃炳奎任尚武顧毓琇顧毓珍蘇紀忍趙履祺洪中於本年四月十五日乘民貴輪自上海出發，十八日下午二時許抵漢口，團長胡庶華團員王曉青劉文貞周鎮倫蘇以昭張榮如曹銘先等自漢口登舟當夜十一時啓椗，十九日在船上開會，議定(一)加推徐善祥為副團長顧毓琇為秘書羅冕朱其清為幹事，(二)函四川當局謝絕宴會，俾有充分時間考察，(三)推定各組報告員及攝影員，二十日上午開會，討論各組行程，並推定戴濟為新聞幹事，洪中陸貫一王曉青為攝影幹事，二十一日上午開幹事會議，決定行李編號及調查總表格團員證章式樣等，下午四時抵宜昌，二十二日晨五時開輪，晚宿奉節(即夔府)，二十三日五時開船，上午開會決定考察要點及團員信條等，下午三時抵萬縣，水淺船大，不能上駛，各組登岸赴萬縣附近各處考察，二十四日晚得四川善後督辦公署政務處甘典夔先生復電云，已派「民主」輪來接，二十五日上午團員王曉青在船上講演「宜昌至奉節沿河地質及四川地質概要」張榮如講演「水泥之製造」，下午開幹事會，決定與新聞記者談話要點，二十六日下午二時許，「民主」輪到萬縣，同人過船，二十七日五時啓椗，二十八日上午十二時抵重慶，由督署招待員引至東南飯店歇宿，因軍政要人俱赴成都參加生產建設會議，乃決定卅號分乘小汽車赴成都，一日下午到達，寓錦江飯店，二日下午全體謁劉督辦，三日上午全體參加四川全省生產建設會議開幕典禮，四五兩日列席生產建設會議，五日晚開會通過編輯委員會簡章，六日晚開會討論各組考察行程，決定鑛業組考察彭縣白水河銅廠花梯子馬松嶺銅鑛青扛嶺煤窰，嘉定五通橋鹽井班竹堤鋼廠舊址，犍為石鱗煤礦，威遠連界塲鐵礦及煤礦，自流井鹽井及油井，榮昌煤礦夏溪口煤礦天府煤礦綦江南川煤鐵鑛，水利水力組赴萬縣灌縣金堂瀘州等處考察，鐵道公路組考察成渝鐵路自井鐵路渝黔路成康路以及未俱之主要公路幹綫等，水泥組考察嘉陵江一帶及重慶附近，鹽糖，工業組考察簡陽資陽內江資中自流井五通橋等處，紡織組考察重慶璧山榮昌隆昌樂山成都灌川順慶遂寧內江江津合川瀘州等處；油漆組考察萬縣巴縣北碚自流井成都等處，藥物組考察重慶江油灌縣雅安等處，因各組所赴地點不同故考察時間有自兩星期以至二個月者，大約鑛業藥物兩組爲時較久，截至六月十五日止，所有團員二十五人中有二十二人離川，除盛紹章原係在川服務外，其餘團員劉文貞赴綦江南川考察煤鐵鑛羅冕赴北碚考察蘇鋼，至六月底止完全結束考察事宜，所有各組報告，均交編輯委員會戴濟徐善祥周鎮倫沈恩祉羅冕等按照編輯委員章程負責辦理，幷推定戴濟爲總編輯，規定年底出版，至於考察結果及意見貢獻，均將於報告中發表，茲不贅述。

(六)關於各地分會事項：

本年度恢復分會者計有梧州分會蘇州分會及太原分會三處；新成立者祇有重慶分會一處。現本會共有分會計上海南京濟南唐山青島北平天津杭州武漢廣州太原長沙梧州重慶美洲等十六處。

(七)關於減收團體會員會費事項：

本會團體會員常年會費由50元減爲20元，前經武漢年會到會會員三分之二以上通過，並經執行部用通訊法通告全體會員公決，結果贊成減爲20元者佔多數。照會章第43條修正案作爲通過，應照新章收費。本年度收到團體會員會費者計有下列數處：

交通大學，同濟大學，北平大學，翔華電氣公司，滬閔長途汽車公司等。

(八)關於會員證書事項：

本會會員證書分爲三種：第一種塡給前中華工程師學會會員，第二種塡給前中國工程學會會員，第三種塡給合併後中國工程師學會會員。此項證書式樣係由本會會員董大酉建築師所繪擬，現已印就，不久卽可塡給。照印花稅法會員證書應貼印花稅乙元，由會員自理。

(九)關於新加入永久會員事項：

本年度新加入爲永久會員者甚爲踴躍，在本年度內老永久會員續繳第二期與新加者所繳永久會費，截止七月底止共收3,335.00元 連上屆結存合計16,821.89元。茲將新加入爲永久會員者之名銜列下：

蕭　津	林鳳歧	楊公兆	陳崢宇
王　度	郭承恩	蔡國藻	藍　田
朱義生	林志琇	蔡方蔭	王士倬
孫國封	劉仙舟	陶葆楷	莊前鼎
盧成章	許貫三	陸邦興	林廷通
周　琳	劉振清	李世瓊	陳端柄
葉秀峯	李國均	吳錦慶	孫繼丁
王　璡	孫慶澤	李鴻儒	王修欽
盧炳玉	孫延中	沈　誥	陸南熙
黃炳奎	邵鴻鈞	李樹椿	鄭翰西
薩福均	沈　怡	曹竹銘	高　鑑

等44人。

(十)關於本年度新會員加入事項：

本年度新加入會員較之往昔特別踴躍。自兩會合併以後，董事部審查新會員資格，非常審愼，茲將董事部通過會員人數如下：

會員73人，仲會員27人，初級會員34人，團體會員2人，仲會員升正會員5人。

(十一)關於會刊及叢書事項：

(1) 現代工程　現代工程係本會前與上海晨報附刊合作，由本會供給材料，晨報編輯發行，每星期一次。嗣因晨報附刊限於地位關係，自第33期起停版。

(2) 工程雜誌　本雜誌內容豐富，印刷精緻，頗得各方贊譽，現已出至9卷4期。今夏總編輯沈怡君因事赴歐，自9卷4期起暫由會員胡樹楫君代理。本刊確定名稱爲「工程」

(3) 工程週刊　本週刊最初係由張延祥君編輯，後因張君任職漢口，對於編輯事務不便兼顧。故自3卷第1期起改由鄒恩泳君擔任，現已出至3卷26期。惟因稿件缺乏，印刷遲緩，頗難準期出版耳。

(4) 趙福靈君著「鋼筋混凝土學」本會經專家審查後本會刊行作爲叢書。業經第十四次董事會議議决印刷費先由本會墊付，此書十月間可以出版。

(5) 陸增祺君著「機車鍋爐之保養及修理」一書，已經程孝剛，韋以黻，朱葆芬三君審查完竣，認爲有刊行之必要。一俟印刷估價竣事，即可付梓。

(6) 楊毅君所著之機車概要經各路機務人員採購者非常踴躍。再版已經售罄，第三版約八月底可以出書。

(十二)關於新職員複選事項：

本會會長薩福均，副會長黃伯樵，董事夏光宇，陳立夫，徐佩璜，李屋身，茅以昇，基金監黃炎，均於本年年會時任滿。業由第四屆職員司選委員張延祥，陳崢宇，方博泉，邵逸周，繆恩釗等提出候選人名單分發全體會員複選在案。截止本報告付印時尚未得司選委員報告。

(十三)關於發給技師登記證明書事項：

本年度各地會員聲請本會核發技師登記證明書者計 20 人。此項證書專爲證明其無技師登記法第 5 條各情事。聲請手續須由會員 2 人 證明提經執行部審查通過後方予塡給。

(十四)關於圖書事項：

本年度本會承

(1) 茅以昇君捐贈「科學」第 1 卷各期計 8 册，"Engineering—News Record"：Vol. 78 No. 22 一册；Vol. 80，21册；Vol. 81，26册；Vol. 82，26册；Vol. 83，26册。Vol. 84，21册；

(2) 程孝剛君捐贈「考察日本機廠報告」上下兩册。

(3) 華北水利委員會捐贈「永定河治本計劃」一部。

(4)H. S. Jacoby 捐贈「Transactions of the Am. Soc.of C. E.」Vol. 97，98兩册；「Am.Ry. Eng'ng. Assoc'n」Vol. 34 一册。

(5)羅孝斌君捐贈「Minutes of Proceedings of the Institution of Civil Engineers」共63本。

(6 會員鄭肇經贈「河工學」一册

其他各名著及刊物因限於篇幅不克縷述

(十五)關於實業部擬頒之工廠安全及衛生條例草案事項：

前由實業部勞工司函寄中央工廠檢查處所擬「工廠安全及衛生條例草案」(原文已揭載工程週刊3卷14期)內含建築機械化學鍋爐電氣衛生等項，徵求本會意見。本會以此條例關係各方至爲重大，爰組織研究委員會，聘定徐佩璜等14人爲委員，從事審查。嘗經該委員會數次愼重討論結果，彙集各人意見，函復實業部勞工司矣。

(十六)關於建議政府整理漢陽鋼鉄廠恢復工作事項：

本會會員張孝基等於去年年會提議建議政府整理漢陽鋼鐵廠恢復工作一案，業經年會通過，並經本會分別正式呈函實業部及湖北省政府。嗣於今年一月接到湖北省政府復函稱已將本會提案函送建設廳，實業部批復則云勿庸議。

(十七)關於呈請實業部轉呈國府禁止鎢沙出口並自籌練鎢事項：

本會去年年會將此問題提出討論，經議決呈請政府禁止鎢沙出口在案，嗣經本會於去年十月呈請實業部轉呈國民政府確定鋼鐵政策，一面由實業部將鎢鑛局立即停辦，勿與任何外商協議銷售鎢沙事宜。同時速籌自行製鎢辦法以資補救。後經批復，大意如下：前與安利洋行所訂合同已經取消，至設廠自行製鎢，亦經計劃，自當次第推行。

(十八)關於朱母獎學金事項：

關於此項獎學金辦法已經登載工程週刊，惟此次應徵者祗有一篇論文，經請專家審查稱爲有系統之論文但無新發現。現在應否給獎，似尙待評判委員會之决定。

工程週刊

(內政部登記證警字788號)
中國工程師學會發行
上海南京路大陸商場542號
電話：92582
(稿件請逕寄上海本會會所)

中華民國23年7月6日出版
第3卷第27期(總號68)
中華郵政特准掛號認為新聞紙類
(第1831號執據)

本期要目

定報價目：每期二分；每週一期，全年連郵費國內一元，國外三元六角。

江南海塘地位圖

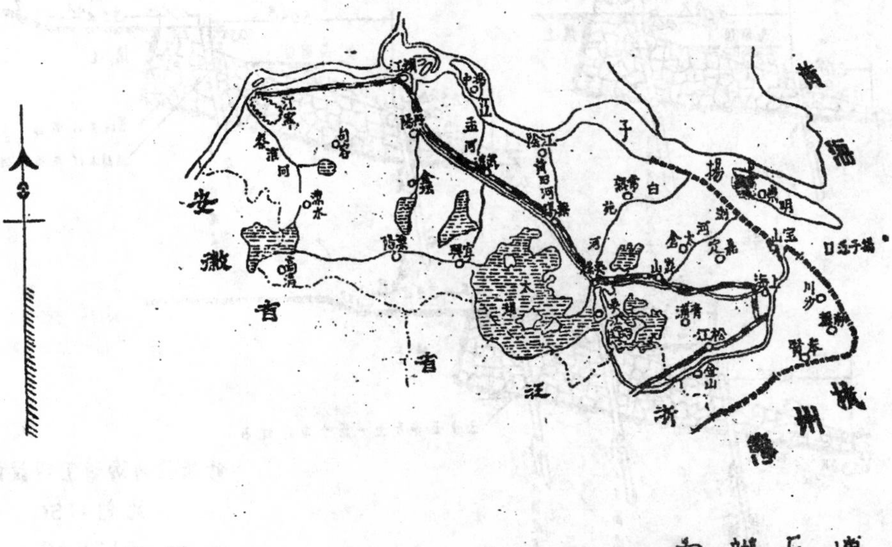

比例尺

1：2200000

━━━━	官辦石塘
━━━━	帶辦石塘
━━━━	民辦土塘

生活程度與生活耗費

編者

普通對於"生活程度"與"生活耗費"兩詞常混作同樣解釋不加分別。每遇物價高昂開銷浩大則曰生活程度甚高，意謂生活耗費甚大也。其實生活程度與生活耗費不同，而二者之關係亦有相當範圍。生活程度乃生活環境之優劣，英文為 Standard of Living; 生活耗費乃指費用之昂賤，英文為 Cost of Living。普通生活程度高，則生活費大概亦高，故易令人將此二事混而為一。惟生活程度高而耗費低之實例已有許多。現在解決生活問題者應設法提高生活程度，同時減低生活耗費。此應為建設家共同之宗旨而人類普遍之目的也。

本年之江南海塘工程

會員　彭禹謨

(I) 江南海塘概況

江南海塘，長約300公里，南自浙界之金山衞起，北至常熟縣福山止，綿延八縣。奉賢川沙南匯三縣係土塘，向由人民修建。上海市境，則歸市府管轄。本年省府所直接主辦者。爲寶山太倉松江常熟四縣之石塘工程。(參看封面江南海塘地位圖)

(II) 設計種類

各縣海塘，其種類不一：或爲重心式，或爲伸臂式，或爲斜坡式。其材料亦不一：或用條石工，或用塊石工，或用混凝土，或用樁石料。本篇所記者，式係斜坡料用樁石。因地勢之各異，海向之不同，設計之樁石工可分甲乙丙三種。(參閱江南海塘設計圖)

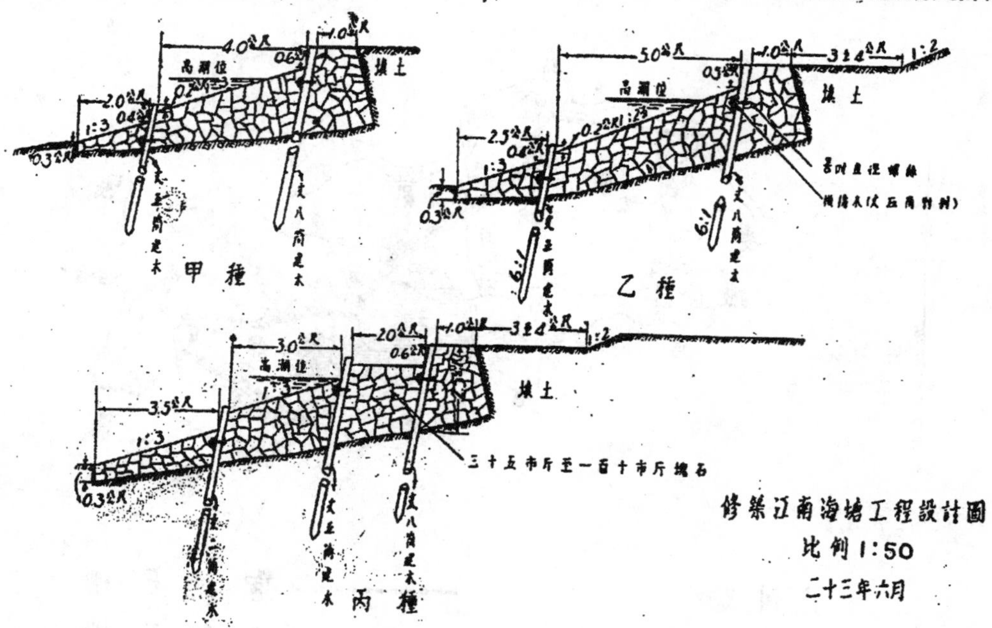

修築江南海塘工程設計圖
比例1:50
二十三年六月

(III) 樁石工程施工細則

(一)本工程之甲乙丙三種樁石工，適用於松江寶山太倉三縣。海塘計劃之主要標準如下：

(1) 塘頂高度，約高出最高潮位1公尺。其頭二三各層樁頂高度。由工程處標定之。

(2) 頭層樁出土，不得過2.50公尺；平水樁出土，不得過1.3公尺。

(3) 塘面寬度，不得少於6.5公尺。

(二)修築形式尺寸，悉照規定標準圖樣。在未動工前，先由工程處派員測定施工地段方位丈尺，劃施工線，釘標準樁。

(三)樁木運到時，由監工員照規定品質長度圍徑，逐根圈圍點驗，簽註號碼，排列堆積工次。其有彎曲削梢，空心腐節折損等弊者，剔除退換。

(四)每樁之梢端，均須削尖。削尖部份之長，以20公分爲度，應嚴禁工人截斷減短。

(五)釘樁之前，先由打樁工人，清除灘面石塊，不得挖槽取巧，希圖減省打工。

(六)打樁入土以前，樁身須遍塗柏油。樁頂並須用鐵箍套住，以防破損。如中途發見破裂折斷，或歪斜過甚，行列不齊等情，應拔去另換。損壞樁料。如係工人不加小心所致，應責令包工人賠償。

寶山塘上預堆之樁料

(七)工作地段，如有舊樁拔出，應計數妥爲堆存於監工員指定地點。

(八)橫檔木以對剖之丈五筒爲之，置於樁外，低於樁頂1公尺。先將排樁軋緊，軋平，然後鑽眼，加繫螺絲釘。每根橫檔木，長以4公尺計，應用螺絲七只。

(九)裝置橫檔木，應將螺絲長度配置適當，不得疊用華水或挖損木料强湊之。

寶山海面之運石船

太倉樁工之一斑

(十)二層樁即舊式之平水樁用丈五筒，打法及橫檔木做法，均與頭層樁同。

(十一)塊石到工地，由監工員逐船驗收，由承攬人運卸指定地點，並插立標牌，以資識別。每號運石船只，均須編號，並測定其標準容石量，及標準儎運吃水深度，用紅漆或其他相當方法，顯明其吃水綫位，分別列表備查。每次驗收之時

太倉閱兵台南二樁三石工之進行

，監工員得隨意指定地位，由運石人翻去上面石塊，查驗有無架空，及混雜風化劣料在內。倘有上項作弊情形，均須退回不用。

(十二)工作地段，所有舊石，應由承包土石工人先事清理，經監工員查明數量後，方能加砌新石。萬勿混雜不清，致難稽考。

(十三)頭層樁橫檔木完成一部份時，石工開始。疊砌塊石法：用大塊石平砌於裏面，以小塊石貼樁，另選方面大塊石砌面。

(十四)頭二層樁之間，疊砌塊石，以小塊石舖底，大塊石砌面。石面成 1:2½ 至1:3之坡度。丙種頭二層樁之間，石面水平二三層樁之間，石面成 1:3 之坡度。

松江金山嘴三樁四石工之進行

(十五)甲乙二層樁，及丙種三層樁之外，用大石塊砌 1:3 之坦坡，深入灘面30公分爲止。

(十六)頭層樁內，疊石與舊土塘之間，排塡新土。

(十七)取土地點，由監工員指定。應注意土質是否適用，以含沙土不超過 5% 者爲限。草根雜質，應剔除。

(十八)塡土每高30公分爲一層，先將磚屑草根揀除淨盡，勻鋤平細，酌潑硪水，連環套打三遍，以打實15公分至18公分驗有三套硪花爲合式。

(十九)層土層硪，逐層用方身細尾之鐵簽錐，試以錐眼，盛水不滲漏爲度。隨時加蓋灰印，以示標記，方准再進新坯。

(二十)緊靠樁石，難施飛硪之處，應用重大木夯，結實套夯。

(二十一)老塘幫築新土，須將老塘挖成步級，再用四齒鐵鈀，梳如犬牙，潑水潤透，接舖新土。其交接之處，先用木夯排築，再用石硪扣打，使新舊之土膠黏。

(二十二)土坦坡須飽滿，如挺腹之勢，切忌低陷折腰。塘面應高出規定高度20公分，以免日久沉陷後，高度不足。

(二十三)本細則如有未盡事宜，爲工程進行所必需者，由監工人員隨時指示包工人遵照辦理之。

(IV) 工料價之估計

本年決定修築之樁石工程，佔有太倉寶山松江三縣。因採石地點有遠近，樁料運輸有難易，投標價格略有出入。茲根據平均數。依甲乙丙三種計劃。分別開列如下：

甲種二樁三石工料價表

(每一公尺長度計算)

名稱	數量	單位	單(元)價 平均値	金(元)額		附註
				料	工	
塊石	7.70	公方	3.910	30.11		應添數量以標準圖內所需量六折計算加30%拋鏬損失卽9.88×0.6×1.3=7.7公方(金山及寧波石)
丈八筒木樁	5.50	支	3.300	18.15		6″—8″(建木)量大頭大面
丈五筒木樁	6.50	支	2.190	14.24		5″—7″同上
橫檔木料	0.25	支	2.190	0.55		丈五筒對剖合丈五筒0.25支

17832

5"/8Φ 螺絲	3.50	只	0.190	0.67		10"—12½"連華水在內
水柏油	16.00	磅	0.040	0.64		
填土	3.00	公方	0.350		1.05	約計
打丈八筒椿	5.50	支	0.630		3.47	
打丈五筒椿	6.50	支	0.570		3.71	
釘橫檔木及塗柏油工鋸工	2.00	公尺	0.088		0.18	
砌塊石工	6.00	公方	0.550		3.30	平均約計
共			計	64.36	11.71	總計 76.07元/公尺

乙種二椿三石工料價表

(每一公尺長度計算)

名稱	數量	單位	單(元)價 平均值	金(元)額 料	工	附註
塊石	9.36	公方	3.910	36.60		金山及寧波產25市斤至110市斤廳添石塊以標準圖所需數量六折計算加30%空罅損失即12×0.6×1.3=9.36公方
丈八筒木椿	5.50	支	3.300	18.15		建木最大頭大面6"—8"
丈五筒木椿	6.50	支	2.190	14.24		同上 5"—7"
橫檔木料	0.25	支	2.190	0.55		丈五筒對剖兩排合丈五筒0.25支
5"/8Φ 螺絲	3.50	只	0.190	0.67		10"至12½"連華水在內
水柏油	16.00	磅	0.040	0.64		
填土	3.00	公方	0.350		1.05	約計
打丈八筒椿工	5.50	支	0.630		3.47	
打丈五筒椿工	6.50	支	0.570		3.71	
釘橫檔木及塗柏油工鋸工	2.00	公尺	0.088		0.18	
砌塊石工	6.00	公方	0.550		3.30	約計
共			計	70.85	11.71	總計 82.56元/公尺

17833

丙種三樁四石工料價表

(每一公尺長度計算)

名稱	數量	單位	單(元)價平均值	金(元)額 料	金(元)額 工	附註
塊石	13.300	公方	3.910	52.00		金山及寧波產25市斤至110市斤應添塊石以標準數七折計算加30%空隙損失卽14.6×0.7×1.3=13.3公方
丈八筒木樁	5.500	支	3.300	18.15		建木最大頭大面6″—8″
丈五筒木樁	6.500	支	2.190	14.24		同上 5″—7″
丈二筒木樁	7.500	支	1.260	9.45		同上 5″—6″
橫檔木料	0.375	支	2.190	0.82		丈五筒木對剖叁排合丈五筒0.375支
5″/8Φ 螺絲	5.300	尺	0.019	1.01		
水柏油	22.000	磅	0.040	0.88		
填土	3.000	公方	0.350		1.05	約計
打丈八筒樁	5.500	支	0.630		3.47	
打丈五筒樁	6.500	支	0.570		3.71	
打丈二筒樁	7.500	支	0.600		4.50	
釘橫檔木及塗柏油工鋸工	3.000	公尺	00.88		0.26	
砌塊石工	10.000	公方	0.550		5.50	約計
共計				96.55	18.49	總計 115.04元/公尺

(V) 各縣工程費之概算

本年由省政府議決，開辦之江南海塘正工，擇其急要而尤要者興工。所有四縣之工程費，概算如下，預備費經常費在外：

段別	工程費
寶山段	285994.62元
太倉段	71006.28元
松江段	79249.35元
常熟段	259.00元
總計	436509.25元

17834

(VI) 開工日期及預計工作日數

各縣椿工，於5月20日左右先後開始。工作日數，規定50天左右，合風雨之日期在內。如無特別情形，約計在本年7月中旬，可以完成。

砌石工於6月初開始，工作日數，規定70天左右，合風雨之日期在內。如無特殊情形，約計在本年8月中旬，可以完全告竣。惟此係根據目前決定工程而言耳。

二十三年六月於江蘇寶山江南海塘工程處

眞空管與多極燈

毛啓爽

眞空管三字，係根據西文"Vacuum Tube"翻譯而來，考其原文定義"Vacuum tube is a device consisting of a number of electrodes within an evacuated enclosure"則眞空管者，實乃封閉數電極於一眞空容器內之工具也，其所包括範圍至廣，固不僅限於無線電工程所通用之燈泡式眞空管而已，能凡一切利用眞空（或含有稀薄氣質之準眞空）內之電子（或游子）作用，而傳導電流者，莫非眞空管也。

因近來無線電事業之推進，及眞空管在他種工業上用途之擴展，於是眞空管之發明及改良，亦層見疊出，種類日益加繁。近有學者嘗感眞空管三字之易生誤會，且不能切合一般用途之「眞空管」而主張依法文原名(Lamper a plusieurs electrodes)而譯爲多極燈者，其理由如下：

(1) 眞空管絲極發光似燈；

(2) 眞空管外形似燈；

(3) 多極燈名詞較新，不致如眞空管之引起誤會；

(4) 眞空管內，有時放入氣體，眞空二字，殊欠確切。

就表面觀之，則上述諸端，不無相當理由，然試一深究之，則管燈有不能相混之點存焉。

(1) 燈之爲用所以取光，眞空管之目的，大都非爲取光而設者。

(2) 通用眞空管，除用爲收音者，外形似燈泡外，餘皆無類似之處。如新發明之爆竹式眞空管 (Littipnu Tube)，形如爆竹無玻壁，自與燈相去懸殊。

(3) 眞空管三字既已通用，自未便更改。若將各種應用不同，構造不同之管，加以有系統之分類，而確定其標準學名，自無混淆之弊，固不得因噎而廢食也。

(4) 在一般眞空管內，其空氣必須抽至相當眞空程度，固無論其注入其他氣體與否，因空氣防礙電子之放射作用也。故在空氣方面言，謂爲眞空，亦無不可。

管燈之不可相混既明，然燈之名詞，亦不可偏廢，大有與管同存之價值，胥視其爲用而別，是以管燈之辨，亦至重要也。依作者意見，若採用英文定義，似嫌空泛，不若將眞空管所包括之範圍，以與限制，庶可免去與多極燈相混之機會。爲便利學者對各種所謂「眞空管」有相當之認識計，作者擬定眞空管與多極燈之名稱及定義，以供學者之參考。惟作者學力不足，所論或多未當，尚祈高明有以正之爲幸。致於管燈單獨之分類當另文論之。

(A) 眞空管 (Vacuum Tube) 密封數個電極於一眞空，或含有稀薄氣體之容器內，利用電子或游子之傳電導性，而控制

17835

電能之傳佈及變化者，名曰眞空管。其功用僅限於某一線路內電能之傳佈及變化，其本身消耗一部工能而不直接放射任何工能。卽無線電工程通行之各種眞空管也。

實際上此種眞空管，亦得謂爲多極管。惟爲免去與商用之「多極管」相混計，仍以眞空管爲妥。

(B) 多極燈(Multi-electrode Lamp) 密封數個電極於一眞空或含有稀薄氣體之容器內，利用電子或游子之傳電導性，而放射光能者，名曰多極燈。如X光燈，汞弧燈，陰極光燈等是也。

依(A)節定義類推，則多極燈亦可名曰眞空燈。惟免去與白熱燈(Incandescent Lamp)相混計，故宜以多極燈爲佳，因通用之電燈內僅有一極，且不斷眞空中之電子或游子作用而發光也。

爲易於明瞭管燈，及多極燈與白熱燈之異同計，今列表比較之，以作結論。

附表一 眞空管與多極燈比較表

	相似之點	相異之點	舉例
眞空管	數個電極 密封於眞空內 (或含有稀薄氣體) 電子作用 (或游子作用) 輸入電能	變一種電能爲他種電能 不能直接放射任何工能	電子管， 光電子管， 整流器等
多極燈		變電能爲光能 直接放射光能	X光燈 汞弧燈 陰極光燈等。

附表二 多極燈與白熱燈比較表

	相似之點	相異之點	舉例
多極燈	密封於眞空內 (或含有稀薄氣體) 輸入電能 放射光能	數個電極 藉電子作用 (或游子作用)	見表一
白熱燈		一個電極 無電子或游子作用	鎢絲燈 (Tungsten Lamp)

國內工程新聞

(一)晉省同蒲路太介段通車

同蒲鐵路太介段於7月1日起正式通車營業。是日黎明，各界前往小東門外參觀者，達二千餘人。七時半，車由太原介休兩站，同時對開。在太谷站岔車後，於下午七時許，率穩到達兩端目的地。沿途所經各站，俱有乘客上下，愛將車情形，分誌如次：

列車由102號機車，附掛由蓋車改成之客車2輛，底邊車平車郵車各一輛，車頭前面交叉懸掛黨國旗，並插有建設促進會贈送之「建設先鋒」四字紅緞綠邊三角紀念旗。七時半，鳴笛開車，車抵各站均暫停，觀衆分外擁擠，尤以榆次介休兩站爲最。及抵瀟河橋時，賈景德等均依次下車視察。至太谷，北上車亦進站，係由103號機車掛高抵邊車各一輛，平車郵車各一輛載客人貨物甚多。在站停20分鐘，兩車卽南北分駛，南下車除準時進出沿路各站外，亦準於昨晚七時半抵介休，在站觀衆男女不下數百人。

太介段全數石碴敷設，已數十公里。全段路線十之八九，兩旁皆雜草叢生，草根盤錯，足以固結路基，今夏雖有雨水，亦不至受若何影響。除瀟河橋弓字梁，尙未移築外，其餘烏馬河，昌源河，大石河，小石河，各橋梁工程，均大體就緒。徐溝站南5公里至太谷，及太谷以南至東觀行車，尙走便道。聞趕本月五日，卽可移走正路。大石河北端至介休之2公里，亦係由便道駛往。惟橋工旣竣，移走正道之期，當亦不在遠。沿路行車均甚穩當，惟出祁縣站數分鐘後，據報因係枕木，土基空虛，改小速率，亦平穩渡過。新路通車行駛甚慢每小時行13公里有奇。昨日兩趟車共售票價289元餘。

據賈景德談，同蒲路淸末卽已劃定，中央曾向比法公司借款一千萬元。由正太路負償本付息之責，每年付百二十萬元。山西省議會糾衆反對，致成僵局。嗣經閻主任將興築之條件，出而擔保，始得問題解決。乃此等款項，於民國四年爲袁世凱移作帝制之用。後山西屢請中央籌款修築，民國十七八年，余曾留京六月，交涉此事，中央祗允由第三期工程改列二期，無何結果。但閻主任已決意提前修築，曾聘請德工程師王爾，模勒，2人，將全綫測出。王等測畢，卽建議以修輕便窄軌爲合經濟。此次閻主任對於此事積極進行，經詳確之計劃，修標準軌，需款一萬萬元。修修輕便軌，祗需款一千數百萬元，經營亦最經濟。卽在數十年後，應社會之需要。改建標準軌，亦甚合算云云。

(二)滬錫公路路面鋪竣積極架設跨河橋樑

江蘇省政府建設廳建築上海無錫公路。自本年4月6日起，分段開始興工後，全線二百餘里之路面。業已鋪築完竣。刻正積極架設跨河橋樑。滬錫紳商籌辦之長途汽車公司，認股殊爲踴躍，玆將各情分誌如下：

路面鋪成　滬錫公路劃定之路綫，由上海寶山路起，經眞茹南翔嘉定太倉常熟至無錫，計幹路總長230餘里。另有支綫一條，由常熟起至蘇州，計80餘里。該項工程。經省建廳向滬銀團及滬錫長途汽車公司籌備處，預支路面租借費等籌足後，卽分段動工，各站路面，均用煤屑黃沙鋪築，業已工竣。

架設橋樑　關於滬錫公路，全線各站之大小橋樑，計有80餘處，上海至崑山之橋樑，於鋪築路面時同時動工，大部均已完成。但無錫至常熟，與支路蘇州至常熟兩段跨河橋樑，尙在進行架設。因公路橋樑，爲將來行駛公共汽車之用，建築必須堅固，故其實施工程，較爲費時困難。預計在七月底可望落成。

認股踴躍　滬錫紳商杜月笙，王曉籟，榮宗敬，史量才，等發起籌辦滬錫長途汽車公司，資本定爲1,000,000元，分100,000股，每股10元，由籌備會議議決，由各發起人自行籌募後，卽分頭進行。認股總數截止上月份止，已達650,000元。於下月中開始招標，訂購最新式長途汽車20餘輛。滬錫公路長途正式通車日期，約於本年十月內開始實行。

(三)南玉段一部改用飛機測量

玉萍鐵路南玉段改測信河北岸路綫，因上饒至橫峯一帶尙有零星散匪出沒，施工較

17837

爲困難，决商准參謀本部測量局，實行飛機測量，俾早竣工。侯家源由南昌赴京面商，該段土石方工程，定6月25日在杭開標，7月5日正式開築。

土壓力理論之消息

本會會員，膠濟鐵路工務處橋梁工程司孫寶墀君前著土壓力兩種理論的一致一文刊登工程雜誌7卷3號，曾引起熱烈之討論，見工程8卷4號。經孫君將討論結果另以英文撰成合理化的古洛氏土壓力理論一篇(Coulomb's Theory of Earth Pressure Rectified)，寄送美國土木工程師會(American Society of Civil Engineers)。業經該會出版委員會審查通過，刊登土木工程月刊4卷5號(Civil Engineering, Vol.4, No.5, May, 1934)，本年5月出版。該月刊爲美國土木工程界權威最高之定期刊物。茲將該篇篇首編者按語譯出如下。

「計算擋土牆上土壓力之傳統方法中以古洛氏及來金氏之理論爲最著。而古洛氏理論假定土壓力之用力點在底高三分之一處，不特不合現代試驗之結果，抑亦有違力學之定理。孫君欲更正斯項錯誤，假定牆背上及崩裂面合壓力之分佈規則爲梯形的，得到一種合理而簡易之解法。其所得用力點之高度且能上與實驗相符洵屬舊題新解。孫君此文於學理上與實用上均爲一有價值之貢獻。」

17838

中國工程師學會職員錄

董事部

胡庶華	春藻	（湖南長沙湖南大學）	韋以黻	作民	（南京交通部）
周琦	季舫	（上海漢口路七號益中公司）	楊毅	莘臣	（北平平綏鐵路局）
任鴻雋	叔永	（北平南長街22號中華文化基金董事會）	凌鴻勛	竹銘	（湖南衡州粵漢鐵路株韶段工程局）
支秉淵	愛洲	（上海江西路378號新中公司）	胡博淵		（南京實業部）
徐佩璜	君陶	（上海市公用局）	茅以昇	唐臣	（杭州建設廳錢塘江橋工委員會）
張延祥		（武昌建設廳）	陳立夫	立夫	（南京中央黨部）
李屋身	孟博	（上海仁記路25號大興建築事務所）	夏光宇	光宇	（南京鐵道部）
曾憲浩	養甫	（杭州建設廳）			

執行部

會長	薩福均	少銘	（南京鐵道部）	會計幹事	張孝基	克銘	（上海南市國貨路滬閔長途汽車公司）
副會長	黃伯樵		（上海北蘇州路410號京滬滬杭甬鐵路管理局）	事務幹事	王魯新		（上海南京路大陸商場新通公司）
總幹事	裘燮鈞	星遠	（上海市工務局）	總編輯	沈怡	君怡	（上海市工務局）
文書幹事	鄒恩泳		（上海市公用局）	出版部經理	朱樹怡	友能	（上海四川路615號亞洲機器公司）
週刊總編輯	鄒恩泳		（上海市公用局）				

基金監

莫衡	葵卿	（上海北蘇州路410號京滬滬杭甬鐵路管理局）	黃炎	子獻	上海江海關五樓濬浦局

工程雜誌投稿簡章

一　本刊登載之稿，概以中文爲限。原稿如係西文，應請譯成中文投寄。

二　投寄之稿，或自撰，或翻譯，其文體，文言白話不拘。

三　投寄之稿，望繕寫清楚，並加新式標點符號，能依本刊行格繕寫尤佳。如有附圖，必須用黑墨水繪在白紙上。

四　投寄譯稿，並請附寄原本。如原本不便附寄，請將原文題目，原著者姓名，出版日及地點，詳細敍明。

五　稿末請註明姓名。字，住址，以便通信。

六　投寄之稿，不論揭載與否，原稿概不檢還。惟長篇在五千字以上者，如未揭載，得因預先聲明，並附寄郵資，寄還原稿。

七　投寄之稿，俟揭載後，酌酬本刊。其尤有價值之稿，從優議酬。

八　投寄之稿，經揭載後，其著作權爲本刊所有。

九　投寄之稿，編輯部得酌量增刪之。但投稿人不願他人增刪者，可於投稿時預先聲明。

十　投稿者請寄上海南京路大陸商場五樓五四二號中國工程師學會「工程」編輯部收

北寧鐵路簡明行車時刻表

中華民國二十三年七月一日重訂

下行車

列車次數 ＼ 站別	北平前門 開	豐台 開	廊坊 開	天津總站 開	天津東站 到	天津東站 開	塘沽 開	蘆台 開	唐山 開	唐山 到	開平 開	古冶 開	灤縣 開	昌黎 開	北戴河 開	秦皇島 開	山海關 到	山海關 開	遼寧總站 到
第四十一次 普通客車中膳各等	五·四五	六·三〇	七·四五	九·一六	九·二五	九·三五	一〇·三八	一一·四六	一二·四七	一二·五二	一三·〇六	一三·三九	一四·二九	一五·三三	一六·一六	一六·四三	一七·〇五		
第七十一次及第七十五次 客貨混合三等慢車	六·一〇	八·〇五	一二·三六	一六·〇八	一六·二五	停	第七五次	唐山起		六·三〇	七·一〇	八·二五	一〇·四五	一二·三八	一五·五〇	一七·四三	一八·一九		
第一次 平瀋特別快車膳臥各等	八·四五	九·一三	一〇·二二	一一·二八	一一·三六	一一·五〇	一二·四七	一三·四五	一四·三九	一四·四三	一四·五三	一五·一七	一五·四九	一六·三一	一七·〇四	一七·二一	一七·四〇	一八·四〇	六·二五
第二十三次 快車膳車各等	一三·一五	一三·四六	一五·〇二	一六·三〇	一六·三九	一六·五五	一八·〇二	一九·〇八	二〇·〇八	二〇·一一	二〇·三三	二〇·四七	二一·二二	二二·一一	二二·四六	二三·〇八	二三·二六		
第三〇一次 平滬直達特別快車膳臥各等	一五·〇五	一五·三六	一六·四〇	一七·五〇	一七·五九	一八·二〇	開	往	上	海									
第五次 特別快車膳車各等	一六·三〇	不停	不停	一九·〇七	一九·一五	停													
第三〇五次 平浦直達特別快車膳臥各等	一八·五〇	一九·三〇	二〇·二六	二一·三九	二一·四八	二二·二〇	開	往	浦	口									
第二十一次 快車膳臥各等	二〇·一五	二〇·四八	二一·〇八	二二·三八	二二·四七	二四·〇〇	一·一〇	二·一八	三·二七	三·三三	三·四七	四·二〇	五·一三	六·一八	七·〇七	七·三三	七·五五		
第四〇一次平滬直達貨車及第七三次客貨混合三等慢車	二一·〇〇	二一·五〇	一·一四	四·〇三	四·三〇	六·四四	九·四〇	一二·三三	一五·〇三	停									
暫停 第三次 特別快車膳車各等	一〇·五五	一一·二四	不停	一三·三三	一三·四〇	一三·五〇	一四·四七	一五·四〇	一六·三四	一六·三九	一六·五〇	一七·一四	一七·四六	一八·二八	一九·〇一	一九·二〇	一九·三七		

上行車

列車次數 ＼ 站別	遼寧總站 開	山海關 到	山海關 開	秦皇島 開	北戴河 開	昌黎 開	灤縣 開	古冶 開	開平 開	唐山 到	唐山 開	蘆台 開	塘沽 開	天津東站 到	天津東站 開	天津總站 開	廊坊 開	豐台 開	北平前門 到
第四十二次 慢車中膳各等			六·〇〇	六·二七	六·五四	七·四〇	八·四三	九·四四	一〇·一二	一〇·二三	一〇·三三	一一·四二	一二·四六	一三·四六	一四·〇〇	一四·一〇	一五·四三	一七·二二	一七·五五
第四次 特別快車膳車各等			九·四五	一〇·〇九	一〇·二七	一〇·五八	一一·三九	一二·一八	一二·三五	一二·四五	一二·五〇	一三·四八	一四·四五	一五·四〇	一五·五五	一六·〇五	不停	一八·一五	一八·四三
第七十六次及第七十二次 客貨混合三等慢車			一〇·三〇	一一·五二	一二·五〇	一四·四八	一八·二六	二〇·三五	二一·三五	二一·五七	停	第七二次	天津起		六·〇五	六·五二	一一·四三	一五·三八	一六·五〇
第二十四次 快車膳車各等			一三·一五	一三·三五	一四·〇〇	一四·三七	一五·二三	一六·〇〇	一六·二二	一六·三三	一六·三七	一七·四三	一八·五二	一九·五〇	二〇·〇〇	二〇·一二	二一·三四	二二·二八	二三·一七
第二次 瀋平特別快車膳臥各等	一〇·一五	二二·二六	二二·三〇	二二·四九	二三·二二	〇·一九	一·一八	二·一六	二·四一	二·五五	二·五八	四·〇八	五·一二	六·一五	六·三〇	六·三九	不停	八·四七	九·一八
第七四次客貨混合三等慢車及第四〇二次滬平直達貨車											四·五〇	七·三八	一〇·五九	一二·三九	一七·三〇	一八·三〇	二一·三三	二·五五	三·〇〇
第二〇六次 特別快車膳車各等									由	浦	口	開	來	四·五〇	五·二〇	五·三〇	六·四三	七·四九	八·一九
第三〇二次 平滬直達特別快車膳臥各等									由	上	海	開	來	七·〇五	七·三〇	七·四〇	八·五〇	九·五五	一〇·二四
第六次 特別快車膳車各等															九·〇五	九·一五	不停	不停	一一·五〇
暫停 第二十二次 快車膳臥各等			二三·三〇	〇〇·〇一	〇〇·二九	〇一·二九	〇二·二三	〇三·三〇	〇三·五六	〇四·一〇	〇四·一五	〇五·二六	〇六·三二	〇七·三六	〇七·五〇	〇八·〇三	〇九·二六	一〇·五七	一一·二九

17840

膠濟鐵路行車時刻表 民國二十三年七月一日改訂實行

下行列車

站名	到開	十一次各等	二十一次各等	七一次三等	七三次三等	一次各等
青島	開	七•〇〇	一一•三〇	一五•〇〇		二一•三〇
大港	開	七•一一	一一•四一	一五•一一		二一•四一
四方	開	七•二〇	一一•五〇	一五•二〇		二二•〇〇
滄口	開	七•三六	一二•〇八	一五•三八		二二•一六
女姑口	開	七•四八	一二•一八	一五•五一		不停
城陽	開	七•五七	一二•二七	一六•〇一		二二•三四
南泉	開	八•一三	一二•四三	一六•一八		不停
藍村	開	八•二七	一二•五八	一六•三六		二三•〇一
李哥莊	開	八•三六	不停	一六•四五		不停
膠東	開	八•四八	不停	一六•五八		不停
膠州	到	九•〇〇	一三•二五	一七•一一		二三•二八
	開	九•〇三	一三•二七	一七•一四		二三•三〇
芝蘭莊	開	九•一九	一三•四四	一七•三三		不停
姚哥莊	開	九•二八	不停	一七•四二		不停
高密	到	九•三九	一四•〇一	一七•五一		〇•〇二
	開	九•五〇	一四•一二	一八•〇三		〇•一三
康家莊	開	一〇•〇	不停	一八•一六		不停
蔡家莊	開	一〇•一五	一四•三三	一八•二八		不停
塔耳堡	開	一〇•二三	一四•四三	一八•三九		不停
丈嶺	開	一〇•三四	一四•五三	一八•五三		不停
岞山	開	一〇•五二	一五•一一	一九•一三		一•〇三
黃旗堡	開	一一•〇一	一五•二一	一九•二三		不停
南流	開	一一•〇九	不停	一九•三一		不停
蝦蟆屯	開	一一•二四	一五•四一	一九•四八		一•一六
坊子	到	一一•三七	一五•五四	二〇•〇二		一•四六
	開	一一•五二	一六•〇八	二〇•一一	六•三〇	二•〇八
二十里堡	開	一二•〇四	一六•二〇	二〇•二六	六•三四	二•一六
濰縣	到	一二•一二	一六•二八	二〇•三五	六•四四	[illegible]
	開	一二•一五	一六•三〇		六•四九	[illegible]
大圩河	開	一二•二九	不停		七•〇四	不停
朱劉店	開	一二•四〇	一六•五三		七•一七	不停
昌樂	開	一二•五五	一七•〇六		七•三三	[illegible]
堯溝	開	一三•〇五	一七•一八		七•四六	不停
譚家坊子	開	一三•一七	一七•三〇		八•〇〇	不停
楊家莊	開	一三•二八	一七•四一		八•一四	不停
青州	到	一三•四三	一七•五六		八•三三	[illegible]
	開	一三•四六	一八•〇〇		八•三八	三•三六
普通	開	一三•五八	不停		八•五〇	不停
淄河店	開	一四•〇八	一八•一九		九•〇一	不停
辛店	開	一四•二一	一八•三六		九•一七	四•〇五
金嶺鎮	開	一四•三五	一八•五〇		九•三五	不停
湖田	開	一四•四八	一八•五九		九•四四	不停
張店	到	一四•五七	一九•〇八		九•五五	四•三二
	開	一五•一二	一九•二三		一〇•一〇	四•四六
馬尚	開	一五•二一	不停		一〇•二〇	不停
周村	到	一五•四〇	一九•四八		一〇•四四	五•一二
	開	一五•四三	一九•五一		一〇•四七	[illegible]
大臨池	開	一六•〇七	不停		[illegible]	不停
王村	開	[illegible]	二〇•二四		[illegible]	[illegible]
普集	開	一六•二九	二〇•三四		[illegible]	[illegible]
明水	開	一六•四四	二〇•四九		[illegible]	六•一五
棗園莊	開	一六•五四	二一•〇〇		[illegible]	六•二九
龍山	開	一七•〇八	二一•一五		[illegible]	不停
郭店	開	一七•二三	二一•三〇		[illegible]	不停
王舍人莊	開	一七•三四	二一•四一		[illegible]	不停
黃臺	開	一七•四七	二一•五五		[illegible]	七•〇三
北關	開	一七•五五	二二•〇七		[illegible]	不停
濟南	到	一八•〇〇	二二•一二		一三•五三	七•一五

上行列車

站名	到開	十二次各等	七二次三等	二十二次各等	七四次三等	二次各等
濟南	開	七•〇〇		一一•四〇	一四•四〇	二一•〇〇
北關	開	七•〇九		一一•四七	一四•四七	二一•〇六
黃臺	開	七•一六		一一•五四	一四•五五	二一•一三
王舍人莊	開	七•三〇		一二•〇八	一五•一〇	不停
郭店	開	七•四二		一二•二〇	一五•二三	不停
龍山	開	七•五七		一二•三六	一五•三九	二一•四八
棗園莊	開	八•一三		一二•五三	一五•五五	二二•〇三
明水	開	八•二四		一三•〇五	一六•〇七	不停
普集	開	八•四一		一三•二〇	一六•二〇	二二•二八
王村	開	八•五一		一三•三一	一六•三四	不停
大臨池	開	九•〇三		不停	一六•五四	不停
周村	到	九•二〇		一三•五六	一七•一三	〇•〇一
	開	九•二三		一三•五九	一七•一六	〇•〇四
馬尚	開	九•四〇		不停	一七•三五	不停
張店	到	九•四八		一四•二一	一七•四五	〇•二六
	開	一〇•〇三		一四•三六	一七•五八	〇•四一
湖田	開	一〇•一五		一四•四九	一八•一二	不停
金嶺鎮	開	一〇•二四		一四•五八	一八•二三	不停
辛店	開	一〇•三八		一五•一二	一八•三七	一•一〇
淄河店	開	一〇•五一		一五•二五	一八•五一	不停
普通	開	一一•〇一		不停	一九•〇五	不停
青州	到	一一•一三		一五•四四	一九•一六	一•三九
	開	一一•一六		一五•四七	一九•二九	一•四二
楊家莊	開	一一•三二		一六•〇三	一九•三五	不停
譚家坊子	開	一一•四二		一六•一三	一九•四六	不停
堯溝	開	一一•五四		一六•二五	一九•五九	[illegible]
昌樂	開	一二•〇六		一六•三七	二〇•一二	[illegible]
朱劉店	開	一二•一九		一六•五一	二〇•二六	不停
大圩河	開	一二•三〇		一七•〇一	二〇•三七	不停
濰縣	到	一二•四二		一七•一四	二〇•五四	[illegible]
	開	一二•四五	七•〇〇	一七•一六		[illegible]
二十里堡	開	一二•五四	七•一〇	一七•二五	二一•〇七	不停
坊子	到	一三•〇六	七•二三	一七•三七		[illegible]
	開	一三•二一	七•三七	一七•五一		[illegible]
蝦蟆屯	開	一三•三六	七•五四	一八•〇六		不停
南流	開	一三•五〇	八•〇九	不停		不停
黃旗堡	開	一三•五七	八•一七	一八•二四		不停
岞山	開	一四•〇八	八•二九	一八•三五		[illegible]
丈嶺	開	一四•二六	八•四八	一八•五四		不停
塔耳堡	開	一四•四二	八•五八	一九•〇三		不停
蔡家莊	開	一四•五一	九•〇八	一九•二一		不停
康家莊	開	一五•〇三	九•二〇	不停		不停
高密	到	一五•一五	九•三一	一九•三一		五•〇四
	開	一五•二四	九•四三	一九•四三		五•二五
姚哥莊	開	一五•三七	九•五六	不停		不停
芝蘭莊	開	一五•四五	一〇•〇五	二〇•〇〇		不停
膠州	到	一六•〇三	一〇•二三	二〇•一七		五•四七
	開	一六•〇四	一〇•二六	二〇•一九		五•四九
膠東	開	一六•一六	一〇•三九	不停		不停
李哥莊	開	一六•二七	一〇•五一	不停		不停
藍村	開	一六•三七	一一•〇一	二〇•四六		六•一五
南泉	開	一六•五〇	一一•一五	二〇•五九		不停
城陽	開	一七•〇八	一一•二四	二一•一五		六•四三
女姑口	開	一七•一七	一一•四四	二一•二四		不停
滄口	開	一七•二九	一二•〇七	二一•三六		六•五九
四方	開	一七•四五	一二•一五	二一•五一		七•一九
大港	開	一七•五五	一二•二五	二二•一〇		[illegible]
青島	到	一八•〇〇	一二•四〇	二二•一五		七•三五

隴海鐵路行車時刻表

站名	第一次特別快車自東向西每日開行	第十九次客貨車自東向西每日開行	第二次特別快車自西向東每日開行	第二十次客貨車自西向東每日開行
徐州府	(上午) 第一次 八點十分開		(下午) 八點〇五分到	
碭山	十點十六分到 十點二十六分開		五點五十四分到 六點〇四分開	
商邱	十二點〇九分到 十二點一十九分開		四點〇二分到 四點十七分開	
開封	(下午) 四點三十一分到 四點五十一分開		十一點五十五分到 十二點十五分開	
鄭州南站	六點五十一分到 七點十一分開		九點四十二分到 十點〇二分開	
汜水	八點二十三分到 八點四十三分開		八點四十分到 八點四十二分開	
鞏縣	九點二十三分到 九點二十五分開		八點〇四分到 八點〇六分開	
孝義	九點四十七分到 九點四十九分開		七點四十六分到 七點四十八分開	
洛陽東站	十一點十二分到 十一點四十二分開		(上午) 六點十五分到 六點二十五分開	
新安縣	(上午) 一點十二分到 一點三十二分開		四點五十分到 五點開	
澠池	三點二十一分到 三點四十一分開		三點十八分到 三點二十三分開	
觀音堂	四點三十七分到 四點四十二分開		一點二十一分到 一點三十六分開	
會興鎮	六點〇八分到 六點十八分開		〇點四十二分到 〇點五十二分開	
陝州	六點五十分到		第二次 〇點〇五分開	
陝州		(上午) 第十次 七點二十分開		十點二十五分到
靈寶		八點三十二分到 八點四十七分開		九點〇一分到 九點十六分開
閿鄉		十點二十分到 十點二十五分開		七點十三分到 七點二十三分開
盤頭鎮		十一點五十二分到 十一點五十五分開		五點五十三分到 五點五十六分開
文底鎮		(下午) 一點二十分到 一點二十三分開		四點五十二分到 四點二十八分開
潼關		二點二十分到		(下午) 第二十次 三點三十分開

自右向左讀（第一次、第十九次）

自左向右讀（第二次、第二十次）

中國工程師學會會務消息

●下屆新職員選舉揭曉

敬啓者，本司選委員會，業於八月五日晨九時，在武昌珞珈山武漢大學聽松廬正式開票，計此次共收到複選票436張，除內有一張未經選舉人簽名作廢外，實計 435張。茲將開票結果照錄於下：

會長	徐佩璜	188 票	當選
	華南圭	134 票	
	王寵佑	113 票	
副會長	淩鴻勛	263 票	當選
	惲震	135 票	
	戴濟	35 票	
董事	薩福均	360 票	當選
	黃伯樵	335 票	當選
	顧毓琇	253 票	當選
	錢昌祚	196 票	當選
	王星拱	138 票	當選
	羅忠忱	128 票	
	候德榜	126 票	
	司徒錫	106 票	
	林鳳岐	103 票	
	易鼎新	96 票	
	孫輔世	96 票	
	黃炳奎	76 票	
	陸之順	62 票	
	羅英	40 票	
	唐之肅	31 票	
基金監	徐善祥	255 票	當選
	周仁	133 票	
	李祖賢	59 票	

第四屆司選委員會委員

張延祥　繆恩釗　邵逸周
陳岬宇　方博泉　仝啓

廿三年八月十四日

●黃副會長之第四屆年會獻辭

本會這一次舉行盛大的年會於濟南，我因奉派到歐美各國考察路政，不及參加，只得在出國以前，把愚見預先寫成這一篇小文，留備貢獻於諸位會友。

本會在過去的一年中，有兩件最重要的事，可以特別一提：一件是籌劃多年的工業材料試驗所，居然開始建築，已於八月五日舉行奠基典禮，中外廠家熱烈的贊助，或捐建築材料，或捐內部設備，都足使我們興奮而感謝。又一件是組織四川考察團，受蜀中各界盛大之歡迎，也很足使我們引為榮幸而益發激起為社會服務之興趣。可惜我個人在這一年中，承諸位謬選為副會長，因職務過忙關係，幾次固辭不得，竟絲毫沒有盡力，眞覺慚愧，萬望諸位會友原諒。

我對於各種會議，尤其對於像我們這種含有學術性質的團體的年會，有一個固執的感想，以為除討論會務以外，與其提出偉大或空虛而難以實行之議案，徒然費去時光，口舌，筆墨，不如各人報告過去一年中之實際工作。有心得提出來，供大衆參考，不要謙虛而以為不足道，也不要自私而隱祕。有疑難也說出來，請敎於大衆，不要以為這是暴露自己的弱點，怕惹人訕笑。我覺得這一種資料，大家切切實實討論，最是有趣味，最是有價值。吾們年會中向來宣讀論文的辦法，便含有這一種意義。不過我以為，不必定要做成整篇的文章，就是隨便口頭談談，似乎也未嘗不可。

吾對於吾們當工程師的，還有兩個感

想：

第一是工程師的合作。一個工程師往往專精一種工程。但一件較大工程的構成，往往不限於一種工程。譬如我現在經營鐵路，需要建築工程師，軌道工程師，橋梁工程師，隧道工程師，機械工程師，電氣工程師等等，缺一不可。因此吾悟到做一個工程師不但要和同業要合作，而和非同業也要合作。方可使吾們服務的機會增多擴大，也使事業容易進步。

第二是工程師和企業家金融家的合作。現代產業的發達，不外資本和技術兩種要素。吾們工程師的服務，固然足以產生資本。但如第一步，沒有人投資來經營企業，就大概說，便根本就沒有吾們服務的機會。吾們在過去做工程師的，似乎和企業家金融家太隔絕了，於是一則有資本而不懂技術，一則挾技術而沒有資本，不但減少了自己服務的機會，社會建設事業也受了許多障礙。近來大企業家金融家已逐漸知道技術之重要，多與進行和所需要的工程師合作，希望吾們做工程師的，總要能利用這一個機會，適應這一種情勢。同時吾們要多盡義務，少享權利。或者先盡義務，再談權利。這樣，必能引起對方或各方的信仰和同情，而吾們服務的範圍，自然也可格外推廣了。

以上所說，淺薄得很，不值諸位會友一笑，只有以誠意敬祝諸位會友身體健康，事業進步！

◉會員哀音

徐元壽　病故

孫寶鑑　病故

◉會員通新訊址

首鳳樑　（住）北平府右街餑餑房八號

鄒勤明　（職）山東滕縣津浦路工務分段

陳汝湘　（職）河南開封教育館街黃河水利委員會測繪組第二測量隊轉

王璡　（通）南京中央大學王乘忱君轉

楊克榤　（住）雲南昆明市青雲街石印巷5號門牌

張乙銘　（住）北平西城尚勤胡同十六號

李富國　（職）南京全國經濟委員會公路處

傅道伸　（職）上海白利南路愚園路底中央研究院內棉紡織染實驗館

王海寶　（聰）上海江灣同濟大學附設高級職業學校

鈕因梁　（職）淮南鐵路工程處

李學海　（住）上海賈西義路寶安里40號

何遠經　（職）九江蓮花池四中實驗小學內九江市政府委員會

◉職業介紹消息

（一）外埠某大學現擬聘建築工程教授一人，月薪二百六十元至二百八十元，每週授課十四小時，惟需富有建築經驗者為合格。

（二）外埠某大學擬聘請水力工程教員一人，須歐美大學畢業，曾有實際或教授經驗者為合格，月薪約自二百至二百五十元，以全年十二個月計算，每週教課約十五至十八學分。或具有建築及橋梁工程 Structural Engineering教授亦所歡迎。

以上兩處不限會員，自問有相當經驗均得擇尤應徵，應徵時須將詳細履歷開明，寄交上海南京路大陸商場五樓五四二號本會所，合則函約，不合恕不作復。

◉唐山分會下屆新職員選出

唐山分會於七月廿二日下午五時在唐山工程學院舉行常會當經選出下屆職員如下：

會長　石志仁　　副會長　趙慶杰

書記　黃壽恆　　會計　伍鏡湖

◉會員王璡君出洋訊

本會會員王璡君奉中央研究院派赴歐美考察化學工程，並受中華教育文化基金董事會補助，至美研究，業於八月上旬首途赴美矣。

工程週刊

(內政部登記證警字788號)

中國工程師學會發行

上海南京路大陸商場 542 號

電話：92582

(稿件請逕寄上海本會會所)

本期要目

中華民國23年7月13日出版

第3卷 第28期(總號69)

中華郵政特准掛號認為新聞紙類

(第1831號執據)

定報價目：每期二分，全年52期，連郵費，國內一元，國外三元六角。

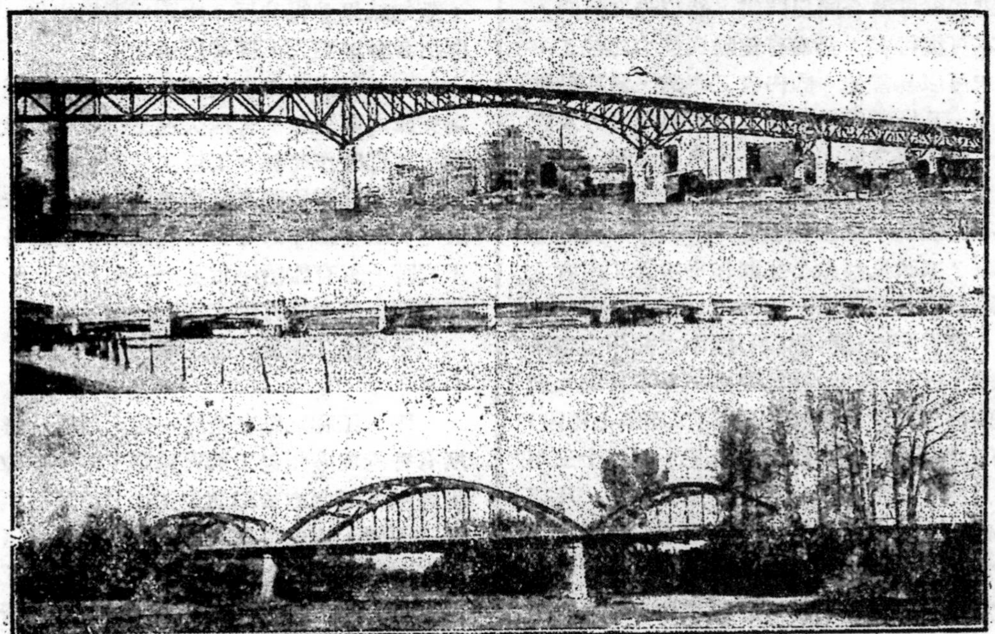

去年美國新建三座最美觀之橋梁

中國內地之包工

編　者

在中國內地興辦工程實屬不易。工程師設計之後而招致不到包工人，或招到包工人而尚須爲之籌劃工作方法，凡有內地工程經驗者類能言之。故在內地擔任工程，不但設計時須顧本地情形，且須於實施時代謀動作方式。判工固然，包工亦不能免。此皆內地人工技能之低淺，工具機械之缺乏，致工程師肩任較多工作，可見內地工程師實負有特別之責任也。

17845

一年來粵漢路株韶段工程之包工及判工

凌鴻勛

鐵路工程進展之遲速，關係於包工之能力，至爲密切。路工綫路綿延，工作繁多，爲求便利計，分別包工建築，殆爲一般所取之途徑，然非有有經驗與能力之包工，則工作必不能如意，公私亦必交困，在鐵路方面，事後縱可執合同以罰辦，然損失之時間，已不可復得矣。孰爲有經驗與能力之包工，此未可以易言他。國內包工事業，尚在幼稚時期，且所謂經驗與能力，又輒與地方及環境，與工事之範圍，大小，息息相關，適於此者，未見卽合於彼，嚴格以繩，殆惟束手，在路工旣不能因噎廢食，則其中如何處理督察？或改良補救？是則在乎主管工事者之隨時因應得宜而已。

粵漢路株(洲)韶(州)段中之韶州至樂昌一段，(第一總段)經已完成，今不具論。至餘樂昌至株洲四百餘公里(第二至第七總段)，係二十二年七月初開始動工，至二十三年六月底止，計一年中所訂之工程契約，凡157件，共值七百餘萬元。其中工作地點，地方情形，工作種類，沿綫不同，此一年中，對於包工及判工之經過變遷亦至多，頗有足述，而堪爲一般鐵路工程界所參攷者。

(一)難工開始包工裹足

粵漢路株洲至樂昌400公里之工程，以湘粵交界由樂昌至郴州一帶（第二第三兩總段）最爲困難。二十二年春株韶段工程局尙在廣州，正值借用中英款之案行將解决，爲求迅速完成此路，决先將此一段難工中由樂昌至羅家渡47公里(第二總段)先行動工。其中有山洞8座（其後有3座改用露天開鑿故減爲5座）約長639公尺，土石工程約3,100,000立公方，禦土牆工程5,591公尺，及急辦涵渠，約54座，先行分別招投。爲包工便利計，將山洞分爲3標，土石方分爲6標，禦土牆分爲3標，橋渠分爲3標，俾小包工得有加入機會，而大包工亦可合辦數標。在本路大工正在開始，風聲所播，宜乎競投者踴躍而來。詎知結果竟得其反，本路雖廣爲招告，而應招者寥無幾人，察其原因如下：

一，粵漢路工以款絀停頓多時，最近勉爲完成之韶樂段，曾拖欠包工鉅款。工款不繼，工程時作時輟，舊包工望而生畏。

二，株樂段雖有借用英庚之議，究未解决。况二十二年四五月間在本路招投上各項工程時，忽有繼續停付英庚一年之議，予本路進行上莫大之打擊。

三，包工對於政府工程一般的並不熱心。

四，工程地點在樂昌一帶，地居荒僻，所有香港與廣州包工祇喜城市工作，不敢遠出冒險。而北方或滬漢包工地方情形隔膜，言語困難，安全可慮，加以金融複雜，（本路在粵招工係以大洋爲本位，俾外來包工得以便利，然當地流通，仍係毫洋，且與廣州又不一律。）周轉爲難，（樂昌無銀行可資匯兌，大洋祇用現洋而不用申鈔。）而工人又須覓自遠方，增加一般之麻煩及費用。

五，工作旣困難，必須親歷該處地方詳察一切情形方能報價，而路遠費鉅，往返不易，一般的旣乏熱心與把握，遂更裹足不前。

基上種種原因，雖有三百餘萬工程開投，而應者祇寥寥數家。其中除小包工一二家祇投其中之一標或兩三標外，其餘較大之包工祇有兩家。其一來自上海之公記營造公司，其一爲舊包工孔尼公司。所報標價，均較本路估算爲略高。當時以急待興工，不克再行展期開投，而此兩公司者尙有相當經驗。經報鐵道部詳加審核，所有各項工程之決定發包如下：

山洞工程 2標 統交公記公司承辦，約共値大洋730,000元。

土石方工程 7標 五標交孔尼公司承辦，約値大洋 1,860,000元。二標交統益公司承辦，約値大洋 301,000元。

鋼土牆 3標 統交公記公司承辦，約共値大洋 630,000元。

一部分橋渠工程 3標 統交協和公司承辦約共値大洋 154,000元。

以上各項工程於二十二年六月間分別訂定，七月間開始動工。

(二)總段之特殊情形與開工後困難之迭出

二總段招投時應者已寥寥，而中選之包工得標後對於前途並不樂觀。蓋此總段工程有以下數種之特殊情形：

一，此段沿北江上游武水之東岸岩陡峻，甚至無可立足之處，於工作方面至感困難。卽能招雇充足之工人，亦苦無地可容，不能同時工作。

二，此段各項工作如同時動工，需要工人15,000至18,000人。粵工能力較低，消耗則大，湘工價較低廉，而須預籌旅費。至於混凝土工及開鑿石山工作，則須覓自北方。路遠費較鉅，人數衆多不易湊集，且水土亦多不服。

三，沿段均在山坡，村落極少，此萬餘工人須沿路爲之搭蓋棚厰居住。

四，路綫所經皆極僻靜之地，此萬餘工人之粮食就地無處可購，必須包工預爲之籌。此段無陸路可以交通，雖近在河邊，而沿途灘多流急，上水運輸至難，爲費奇鉅。每船上水載重二三噸需費70元，每日由樂昌供給粮食，已爲一重大問題。至運送洋灰及其他材料同感困難。常有沉沒及衝毀之危險。

五，沿路山石堅硬異常，有數處開鑿困難。爲預想所不到。

以上係當地困難情狀之一班。至於包工方面，則有下列之弱點：

一，資本過於薄弱。其有經濟能力者，鑒於情形之困難，多所畏葸。祇知事事要求路局爲之通融，自己不肯繼續放下相當資本，但求敷衍了事。其乏經濟能力者，臨時號召，更感捉襟見肘。因之工人每不足數，材料每不充分預備。

二，不肯雇用相當經驗與相當數目之監工，以致指揮不力。

三，在路局原欲找有能力之包工，俾工事有所責成，以減少工務人員之繁碎。乃包工多違章分給與二包三包，祇圖坐享其成，以致一標中之工事統屬無人，工頭對於工程師之命令不能遵守，而包工乃祗爲命令之傳達，不能負責執行。

四，違章分包之結果，工價逐層剝削，以致工人所得至爲微薄。路局出較優之單價，而工人得不到利益。路局按期發款，而工人之得價尙有所待。精神煥散，效率低減，爲當然結果。

五，爲求開鑿山石迅速，須用風機打眼，並須用相當性質與數量之炸藥。乃包工爲顧目前資本之節省，不肯購用或向本局租用風機，而用人工打眼，對於炸藥亦多顧惜，是以進行極慢。

六，包工習慣，於工作方面先從較易部份着手，以冀早日多得工價。一到較難部份，卽感困難，而致停頓。第二總段沿路土石方或爲露出之石質，或內屬石質而外爲三數尺土質所掩蓋，包工皆從土質部份進行。每月察其成績方數比例縱有可觀，而肉盡骨留，遂至後時誤事，循至不能收拾。

因上述種種情形，二總段於二十二年七

月初開工後三數月，所得之成績殊覺落後，加以夏秋間工地疾疫叢生，員工多病，進行尤感阻礙。

(三)路局對於包工不惜多方協助

路局方面以要工開始，且鑒招致包工之不易，及包工所感受之困難，曾予各大小包工以種種協助，俾工事進行得以順利。其中最關重要厥唯經濟。開工之初有一包工公司以投價較高，係因重利借款之故，商請路局以地產作抵抵借予開工費四萬元，分月扣還，同時將其單價減低。旋得鐵道部核准照辦。又開鑿山洞與沿綫石方均須用風機方能迅速，經由局墊款代一包工公司購風機四副，又代一包工公司購機二副，均由局中嚴密監督其工作，在按月所得工款內扣還。至於每月了終臨時收方之工帳，按照包工合同，係由工段於月終彙報工程局，於下月中旬發給。嗣以包工經濟能力太薄，周轉不靈，以致工作受其影響。因特予通融，於月終由工段將各包工工值約數電局，由局即電匯半數，其餘俟工帳到後再行補發。其後更准其於每月中旬即得按其成績酌爲預支若干，在路局不惜予包工以經濟上之便利，但包工工作方面，仍不見有顯著之進步。

(四)判工制度之成效及大包工失敗後之補救

路局在二總段開始進行之時，鑒於大包工之難覓，與成績之欠佳，故所有較小工程乃試改給判工辦理 。，所謂判工乃一有小資本與號召工人能力之工頭或小包工，其承包之範圍視其能力而定。所有工價由段工程司核定，或由幾個判工向段工程司處競投，即向工段訂立遵結，其他條件與尋常包工無甚區別，祇係月底付款時，得逕由段核發，或每月一次或每半月一次，完工時即與清方結算。此種判工制度，在昔韶樂第一總段時已用之。嗣因工款不繼，判工大受打擊。二總段開工時，路方對於此等判工能力知之有素，皆能號召工人。且在某種範圍內，能工作裕如，祇乏相當資本，實力較弱不敢照普通手續投包工程。其時局中工款有着，因將小件工程分別與判工訂定遵結，予以經濟上之便利，結果判工之成績極佳。不特工作滿意，且時間甚速，而費用又較包工爲低。其時二總段大工並舉，北方所來工頭及工人更多，其中有係承辦各大包工所分包者。本路因將此二總段所有餘工如一部份涵洞及較大之橋墩，與緩辦之禦土牆，及向大包工所收回之各部份工程，分別發交各判工判辦。茲將判工制度之特點及與包工之比較分析如下：

一 包工組織規模較大，皮費較多，取價自較高，判工有包工之能力而無須包工之組織，開銷至省，取價較廉，利益亦較大。

二 包工將承包工程分別發包與人，殆爲一公開之祕密，判工則無此弊病。且其工人亦多舊屬，非烏合之衆。

三 包工既輾轉發包，工人所得極微，幾不足以一飽。除兩餐外，能否再得工資，或何時可以到手，均無把握。以致工人生活困難，常有發生怠工等情事；易於滋生事端，及爲不良份子所煽惑。判工則工資既有把握，且可計時而得，每日除伙食外，當可獲現三五角，工人滿足，工作努力，無鼓動之事。

四 包工主幹人員多深居簡出，一切假手於人，不免鬆懈。判工則勞資合一，工作緊張。

五 包工以圖利爲目的，少顧信義。即如二總段之某包工，對於發給小包之糧食與炸藥等，均從中漁利。至於判工則組織既小，內容公開，每屆收方若干，得價若干，及利益如何分配，公之於衆，工人樂於用命。

六 因包工輾轉發包之故，包工本身無負責人在工場照料，一委之於二三包。二三包限於財力，更乏監工在場，因之，對於工程司之指揮，不能遵守。對於某時要做某事，某日要備某料，工程司之命令多不能行。判工則對於工程司之命令絕對遵守：(一)認識遵令是判工的義務。(二)相信工程司之指示亦於彼有益。

七　判工對於工程司極為信仰，不特對於命令必從，且有時對於工價之訂定，亦幾一惟工程司之命是聽，以為工程司所估算必定不錯，且必不至令判工吃虧。

八　工人對於包工既失其信用，因之羣趨於其所信仰之判工，認為工資必可靠。且所得較優，故段上工程司對於包工限其於若干日內添足若干工人，每難辦到。而判工無須十分號召，即有充足之工人，蓋工人甯願候判工工作，不願為包工工作也。

九　半工有時要略籌資本，當地商家或財東每樂於湊集。

十　判工經濟能力既較薄弱，路局對於其承辦押款數目，時略加以通融，有時舖保難覓時，亦得為之通融。(大包工之舖保有時亦至難覓，其中仍不乏通融之處。)

十一　包工工款必須實際做成工作方能核計應給之工值，所有預備材料及領用材料之運費，均須墊付。因之對於橋渠工作每有先挖地基以算工值，而久久不將材料準備，致有後時淹水之事。路局對於判工，則為顧全其能力計，對於其已備之材料，得先點收付值若干，又如洋灰運輸等得為代運，於月底工價內扣回其運費。如此所有橋洞工程，凡工程司命令開工，則材料立備，開挖築基乃指顧間事。對於發水時期以前之緊急工作，至有裨益。

十二　判工工作成績大抵比包工為良，因判工本人關心並注意其工作。

十三　判工工作速率絕對比包工為高。

十四　判工工價普通比包工少10%至20%。同時工人直接所得較之包工工人為多。

十五　以一良好判工情形與普通包工情形較，工段方面之麻煩，並不見增多。

十六　判工中途破產失敗者少。

十七　判工即有中途失敗，但因其範圍較少，收回另判，結束較易。不致牽動全局。

基上各種情形，判工工作既較圓滿，又因可靠之判工較多，故二總段除已交各大包工外，其他皆分給判工辦理，其範圍自數百元至數萬元不等。嗣後因孔尼公司工作遲緩，為預防起見，於廿三年二月間先後將孔尼土石方第六標全部與第五標之一部及虎頭山虎口灘九峯水口各重要鑿石地點收回自辦，另行發包判工辦理。結果工人立即招足，晝夜開工不輟。六月間以孔尼及統益兩公司所餘工程尚多，而路局早經規定七月一日在樂昌開始鋪軌，恐其延誤，特將其全部土石方工程收回。現正在進行分別判辦之中。由此以觀，二總段大部份工作，於此一年內完成，其中前半期實為包工所誤，後半期則收判工之效也。

本路第三總段係廿三年四月間開始工作，因地理困難，具鑒於二總段之往事，除山洞七座仍舊包工外，其他橋梁及土石方，則多數用判工制。二總段之舊判工相率而來，樂於從事。茲後湘粵省界之困難工作，反較容易解決；不特工作進行順利，且工人安心樂業，無糾紛之事，尤減少段上工務人員許多麻煩焉。

(五)判工制度成功之原因及其條件

據前所述判工制度似為比較的良善，然此亦須因人因地而施，不可一概論也。大抵本路南段繼續開工之後，大包工雖多裹足，而舊日小頭目與其基本組織，則留佈仍甚少。若依照路局投標章程投包，力有不能，不得已遂甘為大包工所服役。路局知其內容，因得以利用其能力，善為處置，公私兩受其惠，是誠本路工程進行上一大關鍵。然欲使判工制度完全成功，則必須具下開之條件：

一，公家工款必須充足，蓋判工皆係小本營生，必須公家於短期內按照發款方得周轉，否則判工能力薄弱，卽至瓦解。

二，公家固須工款充足，尤須假工程司以事權。對於各判工之認識及選擇，與其所能判辦之範圍，得由主管段工程司審酌決定。並於某種範圍內，得由主管工程司按時發給或預發工款，祗視事實之需要凡與公家時間或經濟有利時，得由工程司權宜處理。

三，工程司對於判工須取得其道德上與技術上之信仰。凡事秉公處理，使判工對於工程司之命令不生懷疑，對於工作更加賣力。

以上除第一項外，餘兩項均關係人的問題。依照判工辦法，鐵道部所賦予工程局與工程局所賦予工程司之權限，實為至大。倘若於過去一年之間，事事必循固定之途徑，按照一定之手續，則所有廣告招投，與夫定約發包，必須費極長之時期，而一切應付緊急之工事，必不能相機立斷，其結果必不能如今日進行之順利。工程局與段工程司對於玆事負起責任，祗求處理得宜、亦不勝其硜硜戒謨也。

（六）北段問題與南段不同

本道北段株州衡州各總分段土石方橋渠開工，約係自廿三年開始，湘省就地不乏包工，且工價較廉，而工作又較易，就地招工自不如南段之困難。本路為包工易於競投起見，特將每標工程範圍減小，俾資本較小之包工，亦可參加。當時湘省各包工投標極為踴躍，所投單價，較之南段亦較低廉，祗以包工中有資本與能力者仍居最少數，普通對於工事尚不熟悉，下手之初，一觀其佈置與組織，卽可卜其結果之必不會良好。其始包工善於號召，工人甚多，然以包工管理無方，且仍一襲輾轉發包與偷工減料之故智，以致工人望望然而去，工作亦極遲緩。判工制度則一時尚難推行。此則與南段情形略有不同，而不得不另籌應付者也。

真空管之分類

毛　啓　爽

作者曾於「真空管與多極燈」一文中，確定真空管之定義。因其所包括範圍之廣，是以類別之分晰，亦不可忽視。今依真空管內部之作用，及外體之形狀，作下述之分類。遺漏之處，深願讀者有以補充之。

- 真空管
  - 電子管
    - 熱電子管
    - 光電子管
  - 游子管
    - 汞氣管
    - 其他氣體管

（I）電子管與游子管　真空管者，藉真空（或含有稀薄氣體）中之電子或游子作用而發生傳電導性用以控制某一綫路內電能之傳佈及變化者也。依其傳電導性之來源。故分為電子管及游子管兩類。

(1) 電子管 (Electron Tube) 在真空管內其傳電導性，由於真空中之電子流動而發生者，名曰電子管。

(2)游子管 (Gas Tube.) 在真空管內，其傳電導性，由於稀薄氣體之游子化作用而發生者名曰游子管，此類之西文名詞應為 (Ion Tubes)，但就已通行之名詞內，僅 Gas Tubes或Gas-filled Tubes 尚可應用。

游子管內因汞氣之游子化而傳電者，如汞氣整流管 (Mercury-vapor Rectifier)，電閘管 (Thyratron) 其利用其他稀少氣體 (Inert Gas) 之游子化作用者，如電盾管 (Tungar Rectifier)，電雷S管 (Raytheon

S-tube) 及光電游子管 (Gas-filled Phototubes)等。

(II)電子管之分類　電子管之作用，既緣電子而生，則因電子放射之原因，亦可分為二類。

(1)熱電子管 (Thermionic Tube) 在電子管內，因電極受熱而發射電子者，名曰熱電子管。無綫電訊工程內所用之真空管皆屬此類，當於下節中，再作具體之分類。

(2)光電子管 (Photoelectric Tubes, 或 Phototubes) 在電子管內，因電極之感光而放射電子者，名曰光電子管，查光電工具之名曰光電池(Photoelectric Cell)其利用電子作用之光電子管，不過光電池之一種。其通用者為鍍光電管(Caesium tubes) 及鍍銀光電管(Caesium-silver tubes)等。

(III)熱電子管之分類　熱電子管在無綫電訊工程方面，為用至宏，其種類亦至繁。即就晚近風行之收音真空管而論，已不下數十種，是以分類之時應多立系統以資辨別。

(1) 依絲極電源而分類　在熱電子管內，放射電子之極名絲極或陰極。其絲極之熱能，係由電流供給，故依不同電流之供給，及供給之方式分類如下表。

- 電流供給
  - 直流供給式
  - 交流供給式
    - 直熱式
    - 傍熱式

(2) 依極數之多寡而分類　晚近真空管製造之趨勢，將管內極數，日益增多，一則增加真空管之效率，一則減少收音機所佔之地位，有併數種為用不同之管於一管者，因作下列之分類。

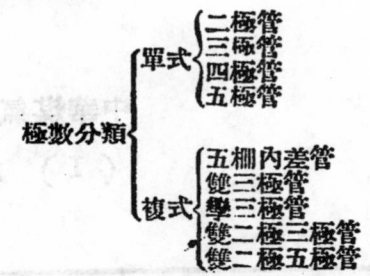

- 極數分類
  - 單式
    - 二極管
    - 三極管
    - 四極管
    - 五極管
  - 複式
    - 五柵內差管
    - 雙三極管
    - 雙三極管
    - 雙二極三極管
    - 雙二極五極管

(3) 依散熱之方式而分類　電子管內之陽極因工作消耗，所發之熱，隨其輸出電力之大小而異。依散熱之方式。及管之外形，如下表，

- 散熱方式
  - 氣冷式
    - 玻管式
    - 鞋鈕式
    - 爆竹式
  - 水冷式
    - 單端式 (Single-ended)
    - 雙端式 (Double-ended)

(4) 依幕數高低而分類　幕數* (Mu-Factor) 為電子管中重要常數之一，即俗所謂放大係數者。因管中幕數大小及其變化可劃分如下表。

- 幕數分類
  - 定幕式
    - 低幕式
    - 高幕式
  - 變幕式

(5) 依用途而分類，依熱電子管在各種無綫電訊工程用途之不同可分為數類如下表

- 用途分類
  - 整流管
    - 半波式
    - 全波式
  - 檢波管
    - 普通檢波，強力檢波
    - 內差檢波，鞕管
  - 放大管
    - 甲類，乙類，丙類
  - 振盪管
    - 普通振盪管
    - 電子振盪管
      - 電力管 (Dynatron)
      - 電磁管 (Magnetron)
    - 特種振盪管

* 見拙作『電子管常數之定義及其測定法』浙江大學『電機工程雜誌』2卷2期。

煤氣車之構造及用法

向德

中華煤氣車製造公司總工程師

(I) 構造簡說

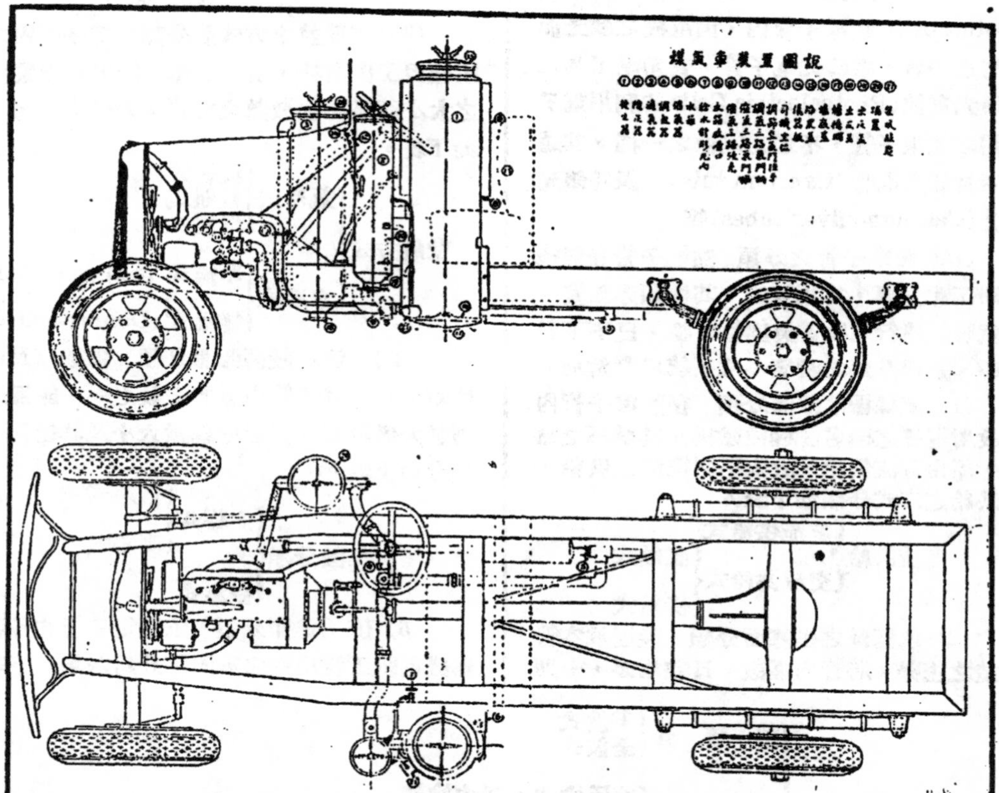

23-B刑煤氣車裝置圖各部之名稱及功用如下：

(一)發生器　器內貯木炭，燃燒時與空氣及水蒸汽化合，即生煤氣。

(二)除灰器　由發生器發生之煤氣，經過此器，其粗質之灰份，即被除去。

(三)濾氣器　煤氣經除灰器後，尚含有輕質微塵，須使由此器經過以濾淨之。

(四)調氣器　煤氣經此器，與相當之空氣混和後，即成爲有爆發性之氣體，可引入發動機之汽缸內應用。又行車時，可用此器，使煤氣與汽油交換對用，或互相混用。

(五)催氣器　此器能利用發動機排氣之力，催促發生器，迅速發生煤氣。

(六)給水器　此器由司機者按發動機之速度為比例的隨時較準之將水給入發生器中，使成蒸汽，以供發生器之用。

(II) 使用方法

(一)預備工作　對于發動機部份之準備工作，如水箱內注水，及檢查汽油，機油，電線等，均與普通汽油車無異。再將貯水箱中之水加足，至與注水口相平為止。取已燃燒之木炭，約一斤，用漏斗，由添炭口添入發生器之爐橋上，隨將碎木炭傾入，至滿為度，將爐蓋旋緊，即可進行開車。

若添入發生器內之木炭，全係未燃者，則需用油棉紗一束，或其他引火物，置爐橋下，引火燃之，然後進行開車。

(二)開車　首將裝於司機座位前之催氣三路氣門柄，旋至「一」之位置，再將裝於座前儀器板上之調氣三路氣門柄拉上，即可如開汽油汽車之手續，進行開車。此時車之行動，完全係用汽油，約過5分鐘後，即將給水針形凡而旋開約二分之一轉。次將裝於儀器板上之調節空氣門拉手，較準在空氣門約開三分之一之位置，再將催氣三路氣門柄，旋至「十」之位置，徐徐將調氣三路氣門柄，按下至落位為止，此時即已將汽油對用煤氣矣。如覺車行不勻時，可將調節空氣門拉手拉動，或上或下，以調整之，併將火花桿，移至極早點。

(注意)如車上汽油已盡，或欲絕不用汽油時，則可取隨在車上之手搖風鼓，裝於爐下進氣管上，并將爐蓋啓開，用手將風鼓搖動，則發生爐即可燃燃。約5分至10分鐘，即有良好之煤氣發生可以應用，其効用及其他開車方法與用汽油催氣相同。

(三)行車　將車開動後，所有行車之「換牌」及加速與減速等手續，均與使用汽油汽車無異。若足踏加速門，已達最大限度，而尚感速度不足時，可即將調氣三路氣門柄，拉起少許，直至拉至極端時，即完全對用汽油矣。

(四)停車　如停車時，欲將發動機一併停止，須將催氣三路氣門柄，旋至「一」之位置，使煤氣不至立刻散失，再將給水針形凡而旋緊，以免貯水長流，其他手續，與用汽油車無異。

(五)停車後再開車，如停車在15分鐘以內，再開車時，可將催氣三路氣門柄，旋至「十」之位置，將調氣三路氣門柄，完全按下，將給水針形凡而旋開，即照普通開車之手續開車，若停車時間在15分鐘以上時，則須照(二)節所述之開車手續進行，惟催氣時間減少至一二分鐘即可矣。

(六)添炭　每次將發生器之炭添足後，可供行80至100華里(或25至35英哩)之用。再添炭時，須先將發動機停止，再旋開添炭蓋，用漏斗將炭加入，加足後，仍將蓋旋緊，其所費之時間，以愈少愈好，又發生器內之炭，以常添足為佳，不必待燃盡後始添之。

(七)整理爐火　發生器內之炭火，須使燃燒均勻，如雜有渣石，發生障礙，即不能發生良好之煤氣。故宜不時將器之底蓋鬆下，用鬆火鈎，將爐火鬆動，使爐橋上各部均燃燒暢旺，每達一週，須將爐橋柄擊動，使爐橋落下，發生器內之炭，即可全部鬆出，澈底清理之。務使無渣石結存爐中為要，此項清理工作，以能多行爲佳。

(注意)將炭全部鬆出時，須將添炭蓋旋緊，以免爐火燃燒過烈，又用鬆火鈎鬆爐火時，須留心勿將爐橋柄觸動，以免爐橋落下。

(八)停車過夜　先照普通方法，將發動機停止。再將添炭蓋旋開少許，使有自然通風作用。則發生器內之炭火，不至完全熄滅，第二日開車時，可無須引火，其催氣之時間，亦可減少。如所用之木炭甚乾燥時，即不旋開添炭蓋亦可。

(九)較準給水器　當將給水開關旋開時，即有相當之水，由貯水器流入發生器之銅管中，若發生器內炭火着過甚，即爲水份供給不足之證，否若燃着過弱，致溫度不高時，則爲水份給太多之象。甚者，有水由銅管中流出，而積存於發生器底蓋之上。較準水量之法，可將針給水形凡而旋動，旋緊時，則水份之供給少，旋鬆則供給較多。若水管或氣管有漏氣或塞閉之處，則非此法可行，須就其弊點而修理之。

(十)清理除灰器　此器之下部爲落灰處，每行50哩時，須將出灰蓋旋開，將灰屑鬆出，器之上部圓筒內，置有金屬絲捲，爲隔灰之用，亦須同時將此金屬絲捲取出，敲去其附着之炭屑，仍即置入。此項清理工作，以多行爲更佳。

(十一)清理濾氣器　此器之下部亦爲落灰處，上部爲濾過層，其濾過層，爲一金屬絲圓筒上套布袋二個。每行 100哩時，須將出灰蓋旋開。將落灰處所積之灰屑清除之，同時旋開器之頂蓋，將外層布袋上所附着之細微灰屑打落之。但如所用之木炭，含水份太多時，則須將此布袋對換之。每行200哩至300哩時。須將內層絨布袋對換之。此項清理工作，以愈多愈佳。

(注意)調換布袋時，須先用布將煤氣管口塞緊，以免布袋上之灰屑落入管內。如有灰屑落於管口邊，或布袋架口之邊上等處，須即認眞清潔之。

(十二)選擇燃料　所用的木炭，須不含砂石或其他雜物，所含水份，以愈少愈佳，炭塊之大小，須在$\frac{1}{4}$吋以上。1吋以下。即其大者，約與一鴿蛋相等，小者則僅如豆大耳，

(十三)檢查氣路　凡各器之蓋門。及管件之接合處，除發生器之底蓋外，須絕對不可漏氣，宜於停車後，不時檢查之，

(十四)檢查發動機　發動機之電氣火花，與發火時間，及汽缸內壓氣之程度，對於煤氣爆發力大小之影響甚大。若火花强大，發火時間酌量提早，汽缸壓汽力高，則所發之馬力必足。否則發生器。雖能發出充足而良好之煤氣，亦不能發生充足之馬力，故宜不時注意檢查之。至其他保護發動機之方法，均與普通汽車同。

(十五)障故之原因及檢修。

障故	原因	檢修
馬力不足	1.汽缸壓力不强 2.冬季汽缸溫度太低 3.電氣火花時間太遲 4.電氣火花不强 5.木炭太溼使炭灰沾於氣管中以致煤氣供給不足 6.布袋被溼炭灰塞死不能通氣	1.檢查原因修理之 2.於水箱前加裝棉套 3.提早火花時間 4.檢查原因修理之 5.將發生爐內之炭鬆下檢查全部氣管澈底清潔之 6.換用布袋

馬力爆發不勻	1.空氣配合不勻 2.氣管漏氣 3.給水太少 4.發生爐溫度過低以致發生煤氣不良 5.火花塞距離不合 6.斷電白金螺絲不潔或距離不合 7.火花塞之高壓電綫走電 8.發生爐內結渣太多	1.將空氣門拉手拉動調節之 2.檢查修理之 3.將給水針形凡而調整之 4.改用汽油行駛數分鐘使爐火熾熱 5.較準爲千分之廿至廿五吋 6.檢查修理照規定較準之 7.檢查更換之 8.將爐內之炭鬆下澈底清潔之
進氣管或排氣管放炮	1.空氣配合不勻 2.火花塞不發火 3.進氣管路漏氣 4.因布袋裝套不密以致有最細微塞隨煤氣入汽缸內沾於氣門座上	1.將空氣門拉手拉動調節之 2.檢查修理之 3.檢查修理之 4.改用汽油行之數分鐘即可將沾着之灰垢排去
馬力無慢車	1.加速門不能閉落 2.電氣發火時間太早 3.空氣配合不勻 4.給水太多以致發生爐溫度太低	1.檢查較準之 2.檢查較準駛 3.將空氣門拉手拉動調節之 4.將給水針形凡而較準之

17855

國內工程新聞

(一)錢江鐵橋

浙江建設廳爲便利本省交通，招標承辦錢江鐵橋，其經費係向經委會中英庚款保管委員會上海銀行界，借用大洋 2,500,000元，銀行界借款爲2,000,000元，(計浙江興業銀行 1,000,000元，中國銀行 400,000元，交通銀行 300,000元，四明銀行 200,000元，浙江實業銀行100,000元) 其第一批300,000元，已於六月三十日解往杭垣。玆悉第二批大洋 350,000元，現亦解去，又橋工開標，本擬於六月二十二日於省府舉行，嗣因繼續投標者甚夥，順延一月，將於七月二十二日舉辦，至於動工日期，約在本年年底云。

(二)鎮丹公路限期完成

鎮江至溧陽公路，中經丹陽，金壇，爲省公路通安徽廣德之要道，共長約 220華里，(鎮江至丹陽60里，丹陽至金壇70里，金壇至溧陽90里。) 由鎮丹金溧汽車公司承辦營業，丹金段於去春正式通車，並與京滬火車辦理聯運，營業甚佳。鎮江至丹陽一段，丹陽境路面已成，鎮江境始有土基。蘇建廳因該路亟待通至省城，向公司訂立合同由公司借資趕築路面，共 $14\frac{1}{2}$公里。已由胡鳳記承築，七月二十日興工，限九月十日完成，由南門火車站越鐵道進新南門，與鎮句，鎮澄，鎮揚，各公路聯接。至金溧一段，則擬由公司向銀行借款，於年內通車。現金壇已西通溧水，與京杭京建兩公路相接。東通武進，與京滬公路相接，成爲一個大圈，三個小圈。而均待鎮丹通車，方可相通，故鎮丹段公路，認爲非常重要。

(三)武溧路籌款建築

武邑縣府奉令趕築鎮澄路武進段，及武溧路，急如星火。鎮澄路武進段經督促沿路各區鎮長征工建築，在六月十五日以前，已分別完成。至武溧路應即繼續興工，惟蔡縣長以築路經費早巳用罄，特致函商會，將二十四年度所征留縣半數築路畝捐抵借洋25,000元，請與金融業接洽見復等語。縣商會現正與各銀行錢莊接洽抵借，一俟將款解縣，工程卽可隨時進行。

(四)蕪宣鐵路竣工

蕪宣鐵路竣工，七月廿九日開始通車，並定是晨以頭等車招待蕪各界赴宣城遊覽鰲峯等名勝，晚返。

國外工程新聞

1933年中美國新建3座最美觀之橋梁

1933年中，美國所建各座橋梁由美國鋼鐵建築協會推舉五位評判員共同檢査分爲甲乙丙3組，每組中選出最美觀者一座，作爲中選。甲組中最美者爲西達街橋 Cedar St. Bridge, 在意利諾意省潔利亞城Peorta, Ill. 跨過意利諾意河。計費美金 1,000,000元以上。爲斯錯斯公司 Strauss Co. 所設計，麥馬公司 McClintic-Marshall Corp. 所承造。乙組中最美者爲夏克河橋 Shark River Bridge, 係公路橋梁，在紐遮細New Jersey 所費約美金1,000,000元弱。設計者爲紐遮細省道處之橋梁工程師古開英Morris Goodkind,承造者爲美國橋梁公司American Bridge Co. 丙組爲小號橋梁組，其中最美麗者爲墨老林橋 Dr. John D. Mcloughlin Bridge, ，在阿里綱省之波提蘭城 Portland, Ore.,係阿里綱省道處之橋梁工程師默卡羅 C. B. McCullough所設計，該城普麥公司Poole & McGonigle 所承造。(參閱本期本刊首頁照片)

17856

膠濟鐵路行車時刻表 民國二十三年七月一日改訂實行

下行列車

站名	到開	三一次各等	二一次各等	七一次三四等	七三次三四等	一次各等
青島	開	七•〇〇	一一•三〇	一五•〇〇		二一•四〇
大港	開	七•一一	一一•四一	一五•一一		二一•五一
四方	開	七•二〇	一一•五〇	一五•二〇		二二•〇〇
滄口	開	七•三六	一二•〇六	一五•三八		二二•一六
女姑口	開	七•四八	一二•一八	一五•五一		不停
城陽	開	七•五七	一二•二七	一六•〇一		二二•三四
南泉	開	八•一三	一二•四三	一六•一八		不停
藍村	開	八•二七	一二•五八	一六•三六		二三•〇二
李哥莊	開	八•三六	不停	一六•四五		不停
膠東	開	八•四八	不停	一六•五八		不停
膠州	到	九•〇〇	一三•二五	一七•一一		二三•二八
膠州	開	九•〇三	一三•二七	一七•二四		二三•三〇
芝蘭莊	開	九•一九	一三•四四	一七•三三		不停
姚哥莊	開	九•二八	不停	一七•四三		不停
高密	到	九•三九	一四•〇二	一七•五一		〇•〇二
高密	開	九•五〇	一四•一二	一八•〇三		〇•〇三
康家莊	開	一〇•〇	不停	一八•一六		不停
蔡家莊	開	一〇•一三	一四•三三	一八•二六		不停
塔耳堡	開	一〇•二三	一四•四三	一八•三九		不停
丈嶺	開	一〇•三三	一四•五三	一八•五三		不停
岞山	開	一〇•五三	一五•一二	一九•一三		一•〇三
黃旗堡	開	一一•〇一	一五•二二	一九•二三		不停
南流	開	一一•〇九	不停	一九•三一		不停
蝦蟆屯	開	一一•二四	一五•四一	一九•四八		一•一八
坊子	到	一一•三七	一五•五四	二〇•〇三		一•四二
坊子	開	一一•五二	一六•〇八	二〇•一二	六•二〇	一•五六
二十里堡	開	一二•〇四	一六•二〇	二〇•二六	六•三四	二•〇八
濰縣	到	一二•一三	一六•二八	二〇•三五	六•四四	二•一六
濰縣	開	一二•一五	一六•三〇		六•四九	二•二八
大圩河	開	一二•二九	不停		七•〇四	不停
朱劉店	開	一二•四〇	一六•五三		七•一七	二•四〇
昌樂	開	一二•五四	一七•〇八		七•三三	二•五三
堯溝	開	一三•〇五	一七•一八		七•四六	不停
譚家坊子	開	一三•一七	一七•三四		八•〇〇	不停
楊家莊	開	一三•二八	一七•四一		八•一四	不停
青州	到	一三•四三	一七•五六		八•三三	三•二四
青州	開	一三•四六	一八•〇〇		八•三六	三•三六
普通	開	一三•五八	不停		八•五〇	不停
淄河店	開	一四•〇八	一八•一九		九•〇一	不停
辛店	開	一四•二一	一八•三六		九•一七	四•〇五
金嶺鎮	開	一四•三五	一八•五〇		九•三三	不停
湖田	開	一四•四八	一八•五九		九•四四	不停
張店	到	一四•五七	一九•〇八		九•五五	四•三二
張店	開	一五•一二	一九•二三		一〇•一〇	四•四六
馬尚	開	一五•二一	不停		一〇•二〇	不停
周村	到	一五•四〇	一九•四八		一〇•三四	五•一二
周村	開	一五•四三	一九•五一		一〇•四七	五•二二
大臨池	開	一六•〇七	不停		一一•〇七	不停
王村	開	一六•一九	二〇•二四		一一•三三	不停
普集	開	一六•二九	二〇•三四		一一•四六	五•五三
明水	開	一六•四四	二〇•四九		一一•五八	不停
棗園莊	開	一六•五四	二一•〇〇		一二•一八	六•一五
龍山	開	一七•〇八	二一•一五		一二•三三	六•二九
郭店	開	一七•二三	二一•三〇		一二•五三	不停
王舍人莊	開	一七•三四	二一•四一		一三•〇五	不停
黃臺橋	開	一七•四七	二一•五五		一三•二〇	七•〇三
北關	開	一七•五五	二二•〇七		一三•二九	七•一〇
濟南	到	一八•〇〇	二二•二三		一三•三五	七•二五

上行列車

站名	到開	三二次各等	七二次三四等	二二次各等	七四次三四等	二次各等
濟南	開	七•〇〇		一一•四〇	一四•四〇	二二•〇〇
北關	開	七•〇九		一一•四七	一四•四七	二二•〇六
黃臺橋	開	七•一六		一一•五四	一四•五五	二二•一五
王舍人莊	開	七•三〇		一二•〇八	一五•一〇	不停
郭店	開	七•四二		一二•二〇	一五•二三	不停
龍山	開	七•五七		一二•三六	一五•三九	二二•四八
棗園莊	開	八•一三		一二•五三	一五•五五	二三•〇五
明水	開	八•二四		一三•〇三	一六•〇七	不停
普集	開	八•四一		一三•二〇	一六•二〇	二三•二八
王村	開	八•五一		一三•三一	一六•三四	不停
大臨池	開	九•〇三		不停	一六•五四	不停
周村	到	九•二〇		一三•五六	一七•一三	〇•〇二
周村	開	九•二三		一三•五九	一七•一六	〇•〇四
馬尚	開	九•四〇		不停	一七•三五	不停
張店	到	九•四八		一四•二一	一七•四三	〇•二六
張店	開	一〇•〇三		一四•三六	一七•五八	〇•四一
湖田	開	一〇•一五		一四•四九	一八•一二	不停
金嶺鎮	開	一〇•二四		一四•五八	一八•二二	不停
辛店	開	一〇•三八		一五•一二	一八•三七	一•一〇
淄河店	開	一〇•五一		一五•二五	一八•五一	不停
普通	開	一一•〇一		不停	一九•〇三	不停
青州	到	一一•一三		一五•四四	一九•一〇	一•三九
青州	開	一一•一六		一五•四七	一九•一九	一•四二
楊家莊	開	一一•三一		一六•〇三	一九•三五	不停
譚家坊子	開	一一•四二		一六•一三	一九•四六	不停
堯溝	開	一一•五四		一六•二五	一九•五九	不停
昌樂	開	一二•〇六		一六•三七	二〇•一三	二•一三
朱劉店	開	一二•一九		一六•五一	二〇•二六	二•二九
大圩河	開	一二•三〇		一七•〇一	二〇•三七	不停
濰縣	到	一二•四二		一七•一五	二〇•五〇	二•五八
濰縣	開	一二•四五	七•〇〇	一七•二五	二〇•五四	三•〇二
二十里堡	開	一二•五四	七•一〇	一七•三七	二一•〇四	三•一〇
坊子	到	一三•〇六	七•三三	一七•五一	二一•一七	三•二三
坊子	開	一三•二一	七•四七	一八•〇六		三•二七
蝦蟆屯	開	一三•三六	七•五四	不停		三•三三
南流	開	一三•五〇	八•〇九	一八•二四		不停
黃旗堡	開	一三•五七	八•一七	一八•三五		不停
岞山	開	一四•〇八	八•二九	一八•五四		四•〇八
丈嶺	開	一四•二六	八•四八	一九•〇三		不停
塔耳堡	開	一四•四二	八•五八	一九•一三		不停
蔡家莊	開	一四•五一	九•〇八	不停		不停
康家莊	開	一五•〇三	九•二〇	不停		不停
高密	到	一五•一三	九•三一	一九•三二		五•〇四
高密	開	一五•二四	九•四三	一九•四二		五•一五
姚哥莊	開	一五•三七	九•五六	不停		不停
芝蘭莊	開	一五•四五	一〇•〇五	二〇•〇〇		不停
膠州	到	一六•〇二	一〇•一三	二〇•一七		五•四七
膠州	開	一六•〇四	一〇•二六	二〇•一九		五•四九
膠東	開	一六•一六	一〇•三九	不停		不停
李哥莊	開	一六•二七	一〇•五一	不停		不停
藍村	開	一六•三七	一一•〇一	二〇•四六		六•一五
南泉	開	一六•五〇	一一•一五	二〇•五九		不停
城陽	開	一七•〇八	一一•三四	二一•一五		六•四一
女姑口	開	一七•一七	一一•四四	二一•二四		不停
滄口	開	一七•二九	一二•〇七	二一•三六		六•五九
四方	開	一七•四五	一二•一五	二一•五一		七•一九
大港	開	一七•五五	一二•二五	二二•一〇		七•三〇
青島	到	一八•〇〇	一二•四〇	二二•一五		七•三五

17857

隴海鐵路行車時刻表

自右向左讀

自左向右讀

站名	徐州府	碭山	商邱	開封	鄭州南站	汜水	鞏縣	孝義	洛陽東站	新安縣	澠池	觀音堂	會興鎮	陝州		靈寶	閿鄉	盤頭鎮	文底鎮	潼關
列車次數	第一次特別快車自東向西每日開行														第十九次客貨車自東向西每日開					
	(上午)			(下午)						(上午)					(上午)				(下午行)	
	第一次 八點十分開	十點十六分到 十點二十六分開	十二點〇九分到 十二點二十九分開	四點三十二分到 四點五十二分開	六點五十一分到 七點十一分開	八點三十三分到 八點四十三分開	九點二十三分到 九點二十五分開	九點四十七分到 九點四十九分開	十一點十二分到 十一點四十二分開	一點十二分到 一點三十二分開	三點二十一分到 三點四十一分開	四點三十七分到 四點四十二分開	六點〇八分到 六點十八分開	六點五十分到	第十次 七點二十分開	八點三十二分到 八點四十七分開	十點二十分到 十點三十五分開	十一點五十二分到 十一點五十五分開	一點二十分到 一點二十三分開	二點二十分到
	第二次特別快車自西向東每日開行														第二十次客貨車自西向東每日開行					
	(下午)			(上午)											(下午)					
	八點〇五分到	五點五十四分到 六點〇四分開	四點〇二分到 四點十七分開	十一點五十五分到 十二點十五分開	九點四十二分到 十點〇二分開	八點四十分到 八點四十二分開	八點〇四分到 八點〇六分開	七點四十六分到 七點四十八分開	六點十五分到 六點三十五分開	四點五十分到 五點開	三點十八分到 三點二十三分開	二點三十一分到 二點三十六分開	〇點四十二分到 〇點五十二分開	第二次 〇點〇五分開	十點二十五分到	九點〇一分到 九點十六分開	七點十三分到 七點二十三分開	五點五十三分到 五點五十六分開	四點五十二分到 四點二十八分開	第二十次 三點三十分開

北寧鐵路簡明行車時刻表

中華民國二十三年七月一日重訂

下行車

列車次數	北平前門開	豐台開	郎坊開	天津總站開	天津東站到	天津東站開	塘沽開	蘆台開	唐山到	唐山開	開平開	古冶開	灤縣開	昌黎開	北戴河開	秦皇島開	山海關到	山海關開	遼寧總站到
第四十一次 普通客車 中膳各等	五·四五	六·二〇	七·四五	九·一六	九·二五	九·三五	一〇·三八	一一·四六	一一·四七	一二·五二	一三·〇六	一三·三九	一四·二九	一五·三三	一六·一六	一六·四三	一七·〇五	停	—
第七十一次及七十五次 客貨混合三等慢車	六·一〇	八·〇五	一二·三六	一六·〇八	一六·二五	停	第七十五次	自唐山起		六·三〇	七·一〇	八·二五	一〇·〇一	一二·三〇	一四·二五	一五·三三	一六·一〇	停	
第一次 平瀋特別快 膳臥各等	八·四五	九·一三	一〇·二一	一一·二八	一一·三六	一一·五〇	一二·四七	一三·四五	一四·三九	一四·四二	一四·五三	一五·一七	一五·四九	一六·三一	一七·〇四	一七·三三	一七·四〇	一八·四〇	六·二五
第二十三次 快車 膳臥各等	一三·一五	一三·四六	一五·〇一	一六·三〇	一六·三九	一六·五九	一八·〇三	一九·〇八	二〇·〇八	二〇·一一	二〇·二二	二〇·四七	二一·二一	二二·一一	二二·四六	二三·〇八	二三·二六	停	
第三〇一次 平滬直達 特別快車 膳臥各等	一五·〇五	一五·三六	一六·四〇	一七·五〇	一七·五九	一八·二〇	開	往	上海										
第五次 特別快車 膳車各等	一六·三〇	不停	不停	一九·〇七	一九·一五	停													
第三〇五次 平浦直達 特別快車 膳臥各等	一八·五〇	一九·二〇	二〇·二六	二一·三九	二一·四八	二二·二〇	開	往	浦口										
第二十一次 快車 膳車各等	二〇·一五	二〇·四八	二二·〇八	二三·三八	二三·四七	二四·〇〇	一·一〇	二·一八	三·二七	三·三二	三·四七	四·二〇	五·一二	五·一二	七·〇七	七·三三	七·五五	停	
第四〇一次平滬直達貨車及七十三次客貨混合三等慢車	二一·〇〇	二二·五〇	一·一四	四·〇三	四·二〇	六·四〇	九·四〇	一二·三三	一五·〇三	停									
第三次 特別快車 膳車各等	一〇·五五	一一·一四	不停	一三·三二	一三·四〇	一三·五〇	一四·四七	一五·四〇	一六·三四	一六·三九	一六·五[illegible]	一七·一四	一七·四六	一八·二八	一九·〇一	一九·二〇	一九·三七		

上行車

列車次數	遼寧總站開	山海關到	山海關開	秦皇島開	北戴河開	昌黎開	灤縣開	古冶開	開平開	唐山到	唐山開	蘆台開	塘沽開	天津東站到	天津東站開	天津總站開	郎坊開	豐台開	北平前門到
第四十二次 普通客車 中膳各等			六·〇〇	六·二五	六·五四	七·四〇	八·四五	九·四四	一〇·一〇	一〇·二三	一〇·三〇	一一·四一	一二·四六	一三·四六	一四·〇〇	一四·一九	一五·四三	一七·二一	一七·五五
第四次 特別快車 膳車各等			九·四五	一〇·〇四	一〇·二七	一〇·五八	一一·三九	一二·一八	一二·三五	一二·四五	一二·五〇	一三·四八	一四·四五	一五·四〇	一五·五五	一六·〇五	不停	一八·一五	一八·四二
第七十六次及七十二次 客貨混合三等慢車			一〇·三〇	一一·五二	一二·五〇	一四·四八	一八·二六	二〇·三五	二一·三五	二一·五七	停	第七十二次	自天津起		六·〇五	八·五一	一一·四三	一五·三八	一六·五〇
第二十四次 快車 膳車各等			一三·一五	一三·三五	一四·〇〇	一四·三七	一五·二二	一六·〇五	一六·二二	一六·三二	一六·三七	一七·二四	一八·五一	一九·五〇	二〇·〇〇	二〇·一一	二一·三四	二二·四八	二三·一七
第二次 瀋平特別快 膳臥各等	一〇·一五	二一·二六	二二·三〇	二二·五九	二三·三一	〇·一九	一·一八	二·一六	二·四一	二·五五	二·五八	四·〇八	五·一一	六·一五	六·三〇	六·三九	七·四五	八·四七	九·一八
第七十四次客貨混合三等慢車及第四〇二次滬平直達貨車											四·五〇	七·三八	一〇·〇九	一一·四五	一七·二〇	一八·二〇	二二·二二	〇·五五	二·〇〇
第三〇六次 平浦直達 特別快車 膳臥各等									由	浦口		開	來	四·五〇	五·二〇	五·三〇	六·四三	七·四九	八·一九
第三〇二次 滬平直達 特別快車 膳臥各等									由	上海		開	來	七·〇五	七·三〇	七·四〇	八·五〇	九·五四	一〇·二四
第六次 特別快車 膳車各等															九·〇五	九·一九	不停	不停	一一·五〇
第二十二次 快車 膳臥各等			二三·三〇	〇·〇一	〇·三九	一·二九	二·三二	三·三〇	三·五六	四·一〇	四·一五	五·二六	六·三一	七·三六	七·五〇	八·〇三	九·二六	一〇·五五	一一·二九

中國工程師學會會務消息

◉增訂機械電機兩名詞出版

編訂工程名詞爲提倡工程學術之先導，其重要固不待言，本會有鑒於此，乃於民國十七十八年間編印各種工程名詞，學者稱便，機械，電機，兩種初版係草案，且印數有限，早已分散完畢，茲以各界需要甚殷，特組織委員會，請定委員顧毓琇，劉仙洲，等專家分任修訂，刻已出版機械名詞，有一萬一千餘則，電機名詞有五千餘則，均較初版增多四五倍，其爲詳盡也可知，凡研究專門學者，不可不備，定價機械名詞每册七角，電機名詞每册三角，發售處上海南京路大陸商場五樓本會會所，

◉會員哀音

會員蘇鑑字鑑軒即梧州分會會長，以患肝臟縮硬症，在粵中大醫院留醫，不幸於八月十九日晚病故。

◉徵求土木工程名詞

本會前發刊土木工程名詞草案，以印數不多早已分贈殆盡，經董事會議決決定再版並請會員中專家分任修訂，茲以此項名詞暫告付闕，如會員中有存書可以割愛，或借用者均極感激。

◉會員新址

邱鴻邁　(住)武昌糧道街沱泥巷八號
鄭志仁　(職)蚌埠電報局
　　　　(住)南京大樹根88號羅宅轉
陳駿飛　(職)南京揚子江水道整理委員會
李維一　(職)陝西大荔縣涇洛工程局
陳　英　(住)武昌小東門水口關帝廟20號
賈榮軒　(職)廣東坪石粵漢鐵路株韶段第三工程總段第一分段
魯　波　(職)京滬路滸墅關中元造紙試驗所
曹竹銘　(職)上海福建路口511號華生電器製造廠事務所工務科
封雲廷　(職)平綏路南口機廠

17860

工程週刊

(內政部登記證警字788號)
中國工程師學會發行
上海南京路大陸商場542號
電話：92582
(稿件請逕寄上海本會會所)

中華民國23年7月20日出版
第3卷第29期(總號70)
中華郵政特准掛號認為新聞紙類
(第1831號執據)

本期要目

定報價目：每期二分；每週一期，全年連郵費國內一元，國外三元六角。

全部鋼橋遷移工程

救濟亢旱

編者

救旱根本辦法乃在種植森林，蓋森林可以調節氣候，增益雨量也。森林須從早種植，非旦夕所能成功，為百年計，固一不可或緩之舉。其次辦法則為灌溉；然而水源專恃地面之水，如遇亢旱，除較大河流湖沼以外，未有不乾涸者。是以地中水源似應設法利用，而利用方法莫若開鑿深井。愚意中央政府應有救旱專家之組織，以研究此項問題。我國以農立國，農田遇旱，影響極大，政府當道幸勿等閑視之！

17861

關於爲河北省農田水利開發自流井之調查研究

李　書　田

河北省農田水利委員會前於二十三年二月二十四日下午三時，假行政院駐平政務整理委員會會議廳舉行第一次全體會議時，著者及張委員伯苓先後提及在太行山脈以東開發自流井，以供農田水利之需用，并經出席委員討議，先行調查研究設計後，提出常務會議核議施行。

嗣該會於三月二十二日下午三時，在河北省政府大禮堂舉行第一次常務會議。經張委員伯苓復提及調查研究開發自流井問題。著者當卽担任向實業部地質調查所諮詢可以開發自流井之地帶爲何處，并調查開鑿費用。

因該所翁所長詠霓仍在杭養傷，遂於四月二日函詢代理所長謝季驊先生。原函略謂：『數月前關於利用自流井灌漑農田事，曾與詠霓先生有所商討。當時擬轉請由河北省農田水利基金項撥款辦理，并擬編具費用預算，以便向當局接洽。惟必先知可以開發自流井灌田之地方與其地質及應鑿深度，然後草擬預算，方有依據。用特函請卽將太行山以東開鑿自流井之相當地方見示』。

嗣准四月四日復函略稱：『關於開發自流井以供各方面之應用事，敝所向極注意。今承台端以太行山以東開鑿自流井之地點見詢，自當遵辦，以副合作之意。查太行山以東可分爲沿山及平原二大區域。沿山區域之自流井，與山坡地質，息息相關。就已得材料觀之，關於開井地點，已能約略指示。如有不足，尙可隨時派員專任調查。至於平原區域，範圍甚廣；其自流井之深淺流量，純與地形及附近水系有關，故非詳究地形地文不爲功。聞貴會（指華北水利委員會）有一萬分一之河北省平地區域詳圖，其上詳載水井之位置．及潛水面之高下變遷。如能將此項圖藍印一份見賜，由敝所委專員詳細研究，則當與考查平地區內之自流井問題，有莫大之助益也。不知尊見以爲何如？』

查華北水利委員會一萬分一之河北省原地形圖，祇晚近數年所測繪之部分，載有水井之位置及潛水面之高下。惟一萬分一之地形圖，因例尺稍大，張幅多多，參攷研究，似有未便。現已由著者囑託華北水利委員會測繪課，將一萬分一圖中所載水井位置及潛水面高下，轉繪於五萬分一圖中，備送地質調查所詳加研究，以爲考查平地區內自流井問題之助益。

至於開鑿費用一節，先於二十二年十一月下旬函詢翁詠霓先生，嗣接是月廿八日復函稱：『關於試鑿自流井灌田事，地質方面，敝所極願勉力研究，惟對於鑿井費用，未有經驗。聞有鑿井公司，對於此事，頗有經驗。聞天津有法國鑿井公司，對此早有計劃，擬先行探詢；尊處如有機會，亦盼就近一爲調查如何？』

當以天津英商東方鉄廠，特具鑿井經驗，翁先生所稱法國鑿井公司，或卽東方鉄廠之誤。遂向東方鐵廠查問。並詢得該廠所鑿瀋陽匯豐銀行天津沽泊公司上海江南紙廠天津法租界電燈廠等處深井資料。惟與擬在沿太行山脈以東開鑿自流井之地址情形不同，姑不贅述。查自流井開鑿費用與鑿井地址之地質頗有關係，在未選定地址及略悉地層情形及應開鑿深度以前，未易逆料應需費用也。

自流井有因地層中水壓力充分，而自流昇出地面以上者，亦有因地層中水壓力欠充分，而自流上昇若干後，再用抽水機水上汲昇以達於地面以上者。上述東方鉄廠所鑿各井，皆屬於第二類，著者所建議於該會而希望開發之自流井，則屬於第一類。第一類之自流井。開鑿以後，幾無經常用費；第二類之自流井開鑿以後，尙需經常抽水費用。在需要灌漑區域，而且無河水堪引以灌漑，凡地層允許開鑿第一類之自流井處，皆當指示人民，設法開鑿，以溥農利，而增生產。況無幾經常用費，尤爲農民所樂從。河北省全年雨量稀少，而全年四分之三之雨量，復往往降於七月八月九月全年四分之一之時期中。五六兩月，需水至殷，降雨特少，補救之道，惟有灌漑。但假若全省大興灌漑，當五六月之時，各河水量，尙虞不足，而各河航運，此時亦需相當之吃水量，尤未便任河水之盡用以灌田也。故在河北言灌漑，引用河北水之外，尙應顧及利用地下水也。凡宜於開鑿自流井之處，因可避免經常用費之担負，尤宜先行由該會提倡開發，以示範於人民，而資倣辦。

吾國北部各已開之自流井多用以供給飲料及工業用水，尙鮮用以灌漑農田者，是猶待吾人之積極提倡也。考之歐洲北部各國，亦多用自流井以供給飮啜，美國西部及東部沿大西洋諸洲，則漸有用以灌漑者。至於南美之秘魯智利兩國，自喀老迄瓦爾帕瑞叟（Callao to Valparaiso）一帶，則恆賴以爲城市飲水，及田野灌漑之源也。他若希臘，意大利，西班牙，埃及，南非，以及奧大利亞洲等地乾旱之區，其鑿井事業，均極發達。蓋天時雨量不足恃，不得不盡人事，以求之於地下水也。至於南非鑿井，則由政府提倡，協助人民辦理，以育農蓄。彼處原穿鑿自流井之費用較鉅，小地主無力担負，故由政府協助，供給機械材料及工師等，農民所出者，惟人工與運費而巳。此法與後，農產日增，地價亦漲，迄今鑿井之費用，由農民担負者，亦較昔日爲多。

據前北洋大學地質學教授巴布爾氏（G. B. Barbour）之調查（見中美工程師協會月

刊第十一卷第二期），北平附近一帶，自西山山脚以東，其地下磐石層，約離地面七百餘尺，雖其坡度及其結構之詳情，不得而知，惟在域西二哩許，門頭溝鉄路之傍，磐石層距地面甚近，疑似此層之西高而東下也。復考北平附近鑿井之地質紀錄，足徵城郊平原，乃泥沙及石礫之間雜層所構成，而具現代河流淤積層種種之物質者也；惟其上均為蒙古風吹至之黃土所掩蓋耳。大抵此種磐石上之河流，由來極古，歷經轉徙淤塞之後，其舊河槽已縱橫交錯，不可辨認，僅餘泥沙石礫，作為潴水層而已。潴水層如隨下層磐石，亦向海面傾斜，上游地面之水，入於潴層，順流而下，及為黏土層或他種原因所阻止，則其水發生壓力，於是遇上面鑿井時則隨處上湧而為自流井。

自頤和園以東，臨燕京清華兩校址附近，隨地在窪處掘，皆可有自流井出現，惟水頭上湧，則不甚高。自此而南，愈近北平城垣，水頭愈低；圍城一里之內，雖在最低處穿鑿，亦難得自流井也。及進城而後，雖仍為同一潴水層，然到處可以鑿井，其水頭且能湧出地面約二十呎許，其故蓋由於城內外地面之高度固不一樣也。

玆將北平附近湧出地面之自流井據李君吟秋調查所得列表如下

井址	口徑以吋計	井深以呎計	每小時出水量以加侖計	湧出地面上高度以呎計	備考
通縣	4	330		能自湧水	
清華大學體育館傍	6	116	12,000	21呎	
燕京大學南苑農場	4	95		20呎	民國十年用竹弓鑿成工費一百七十元
燕京大學發電廠	6	122	5,000	12呎	民國十二年八月開鑿
燕京大學東園	4	125	4,000至8,000	2呎	
燕京大學郎潤園		110	1,200	5呎	

據著者最近函詢私立燕京大學周校長寄梅嗣接其本年四月二十三日復函稱：

燕京大學民國十二年所鑿兩自流井之情形如下表：

井數	直徑英吋	深度英呎	水之高度離地	用否抽水機	每小出水(加侖)	地層地質	鑿井價目
第一	6	150	10呎	用氣壓機	5,000	細砂	800元
第二	4	150	10呎		1,500	細砂	600元

據著者最近函詢私立北平協和醫學院嗣准該院司庫卜德菲復函所稱擇要列表如下；

17864

井號	口徑以吋計	井深以呎計	每小時出水量以加侖計	水可昇至地面下	備考
1	8	主要水源在地面下180呎至350呎之間	4,250*	20 呎	民國七年開鑿
2	8		4,250*	20 "	
3	8		4,250*	20 "	
4				20 "	早已不用
5			3,200*	20 "	民國十八年三月開鑿十一月加深
6	6			20 "	民國二十二年起不用
7	8		6,000+	20 "	民國九年開鑿
8	8		6,000+	20 "	

(註)*依現時出水量　+水量尙不止此

以上各井均用氣壓機，將水提昇至地面以上，雖各井相距不出 70 碼，而彼此尚無礙出水量，第一井曾鑿至地面下 708 呎，但離地面 400 呎下，卽不見水矣。據巴布爾教授依自第五井中所取出之河光石論斷，此間下地水層，迨爲原來河之所游積，該原來河流之流向，及今日此間地下水之流向，似均與現在之永定河所流自之方向相同。

自北平起沿太行山脈以東應有多處可開鑿自流井域，地點之確定問題，據前述北平地質調查所謝季驊先生給著者函稱：『就已得材料觀之，關於開井地點，已能約略指示，如有不足，尙可隨時派員專任調查』云云。著者深望該會能早日決定探鑿一二自流井於交通便利之鄉區，以示範於農民，而資做辦焉。

讀李書田君關于爲河北省農田水利開發自流井之調查研究書後

黃 述 善

茲承工程週刊編輯部寄示李君書田關於爲河北省農田水利開發自流井之調查研究一文，細讀之餘，實深欽佩。然有不得已于言者。李君分自流井爲兩類：第一類之自流井，因地層中水壓充分，而自流昇出地面以上。第二類之自流井，因地層水壓力欠充分，自流上昇若干後，再用抽水機汲水上昇，以達于地面上。而所希望開發之自流井，則屬于第一類。據不佞所知，第一類之自流井，除北平附近之自流井外，其次則爲長沙新鑿之自流井，其水頭湧出地面二三呎。其他各處，尙未之見。即如北平城內，據巴布爾氏之調查，到處可以鑿井，且能湧出地面。然據協和醫院最近報告，則八井之水，均僅能昇至地面下二十呎。可知第一類之自流井，殊難實現。今李君祇欲開鑿第一類之自流井，以期節省經常抽水用費，實非普偏之辦法。不佞以爲欲求鑿井之發達，以收灌漑之利益。首在提倡人工鑿井法，次在改良汲水設備。查河北一省，地多冲積，水層不深，鑿井較易。而人工鑿井，輕而易舉。即遇困難，中途而廢，所費亦屬有限。況人工鑿井，其成績有時反優于機器鑿井者乎。不佞曾著有人工鑿井法一篇，見工程週刊第三卷十八期，原則甚爲淺易，方法亦殊簡單，實施尙無困難。至井水汲水設備，恆依水位之高低而異。水位較高者，多用離心力抽水機；水位較低者，則多用壓氣唧水筒，或深井抽水機。而其動力，則不外電力，蒸汽，柴油三種。在鄉村灌漑區域，電力既不能得，蒸汽機用者亦少。其最普通者，厥爲柴油機，取其價値較廉，管理較易耳。然柴油多係舶來品，鄉村之間，必須自城市購取。所費既多，輸運尤不便。不佞以爲欲改良鄉村汲水設備，宜用柴炭以代柴油。蓋木炭本爲鄉村之出品，取之無窮，用之不竭。而其機器構造，甚爲簡單。所用木炭，尤屬有限。洵爲最經濟最便利之法也。以上二者，不特河北一省，易于施行。即其他各省，均可倣效。苟能竭力提倡，進行順利。固無待夫必有湧出面之自流井方能收灌漑之利益也。李君爲水利專家，其學識經驗，久爲吾人所欽仰。然芻蕘之言，或亦有所採擇。質之李君，以爲如何？

官廳水庫工程施工程序

高鏡瑩

永定河，於華北諸水中，流量最大，而挾沙亦最多。兩岸農田，時遭昏墊之患，其尾閭海河，因受上游永定河濁水之侵襲，日漸淤淺。雖自海河治標工程實施以來，已有相當功効，然以上游永定河洪水量之未加節制，終不能一勞永逸。海河與永定河息息相關，利害相通。永定河不治，則海河永無改善之可能；而永定河本身，每隔數年必潰決一次，沿河人民生命財產之損失，殆不可以數計。故欲求海河通暢，永定安瀾，非先治理永定河不爲功。華北水利委員會擬有永定河治本計畫，其大綱分爲；（甲）攔洪工程，(乙)減洪工程，(丙)整理河道工程，(丁)整理尾閭工程，(戊)攔沙工程，及(巳)放淤工程。其目的，在避免永定河之決堤與泛濫，以減輕兩岸農田之痛苦，暨減少鉅量沙泥之輸入於海河，以繁榮天津之商務。計畫至爲周詳。如能一一實行，則航運利便，而水災

17866

可免。

內政部與河北省政府有鑒於此，業經會同呈准行政院，延長津海關附加稅六年，用以抵借工款5,000,000元，辦理下列三項工程：

(一)永定河官廳水庫工程， 2,500,000元；

(二)永定河中游培修堤壩，及金門閘散淤工程， 580,000元；

(三)海河治標未竟工程， 1,920,000元。

其(一)(二)各項工程，由華北水利委員會及河北省建設廳負責辦理。第(三)項工程，由整理海河善後工程處負責辦理。

爲籌永定河之整個安全，避免堤防潰決，保持下游放淤工程効用，非舉辦上游攔洪水庫工程不可。該項工程，業經華北水利委員會於永定河治本計畫中，詳細擬定。計分官廳及太子基兩水庫。茲先建官廳水庫其減洪効果，在最高洪水，可以減少洩量百分之七十以上。建築工款，約需2,500,000元，列如下表；

官廳水庫工程估計

(1)修築懷來至官廳汽車路	152,000元
(2)鑽探壩基	15,000元
(3)修築引水隧道	200,000元
(4)修築擋水壩	55,000元
(5)挖掘壩基	30,000元
(6)開採石料及購置洋灰	600,005元
(7)建築壩基及壩尾	230,000元
(8)建築壩身及通行橋	240,000元
(9)徵收土地	594,000元
(10)遷移村莊	116,000元
(11)修築圍堤	68,000元
工程行政費及意外費	200,000元
共計洋2,500,000元	

官廳水庫工程，工款既已確定，擬於本年秋季動工，於民國二十六年伏汛前完成。其施工程序，分述如下（另附官廳攔洪壩施工程序圖）：

(1)修築汽車路或輕便鐵路 官廳水庫，位置於察哈爾省懷來縣境。擬建攔洪壩址附近，有官廳村，因以爲名。地處偏僻，且爲山谷，交通極爲不便。由平綏路懷來縣車站至閻家溝，約20公里，尙能通行車輛。由閻家溝至官廳，約5公里，完全山路，崎嶇紆迴，不但不克行車，卽人力驢馱，亦均不便。是以應由懷來縣車站至官廳，修築汽車路，或輕便鐵路一道，以爲運輸材料機械之用。擬於二十三年二月開工，同年十二月完工

(2)鑽探壩基 壩址附近山峽，均爲石灰岩，其層次向上游傾斜。壩址地質，前順直水利委員會曾探驗一次，鑽至3公尺時，因鑽頭膠着，不能下行而止。華北水利委員會於十九年春間，復行探驗，共鑽三孔，第一孔鑽至7.55公尺，卽爲大塊石所阻。第二孔鑽至9.65公尺，所取石樣，頗似岩層。第

三孔鑽至7.70公尺，亦見同樣石質。惟因河水驟漲，不能施工，遂致停頓。所得資料，尙嫌缺乏，未能證明石層眞相。應於築壩之先，再行鑽探，以爲各項設計最後校正之根據。現已向美國廣格索蘭德廠訂購『開立克斯』式鋼珠探鑽機一副，以資應用。擬於二十三年十一月起始探驗，二十四年四月完竣。

（3）修築引水隧道　於壩址右岸石壁中，修築引水隧道一道，以備築壩時宣洩永定河流量之用。洞寬6公尺，高5公尺，上作半圓形，底作方形。長約340公尺。混凝土砌衣，平均厚3公寸。在1公尺水頭時可宣洩100秒立方公尺。擬於二十四年一月開工，同年六月完工。

（4）修築擋水壩　於壩址上下游，各築擋水壩一道。上游擋水，壩頂高度448公尺，頂寬6公尺，前坡坡度2:1，後坡坡度3:1，前坡坡脚，打築鋼板樁一排，深及石底，以防滲漏，鋼板樁前，堆塊石一行，以防冲刷，前坡砌塊石一層，壩頂及後坡舖塊石一層，壩身用亂石與土分層打築。下游擋水壩，壩頂高446公尺，除不打鋼板樁，及坡脚前不堆塊石外，其他做法，與上游擋水壩相同，擬於二十四年十月間完成。

（5）挖掘壩基　引水隧道及上下游擋水壩完成後，即可挖掘壩基。計土石方共約45,000立方公尺。擬於二十四年十一月開工，二十五年三月完工。

（6）建築壩基壩尾壩身與通行橋　攔洪壩爲溼奇式，混凝土重量滾壩。壩頂高度466公尺，河底高度439公尺，砂礫層約厚10公尺，壩頂長111公尺，溢道寬90公尺，河底寬66公尺。兩坡及其他臨水部分，均用1:2:4混凝土，厚2公尺，以減少滲漏。中心用塊石混凝土，即以1:3:6混凝土，摻入大塊石三成。壩頂設通行橋一座，壩基挖竣後，即打築混凝土。先建壩基與壩尾，再建他身與通行橋。計1:2:4混凝土，25,000立方公尺，1:3:6混凝土，5,000立方公尺，塊石混凝土，21,000立方公尺。壩基與壩尾工程，擬二十五年三月開工，同年六月完工，此身與通行橋工程，擬於二十五年十月開工，二十六年六月完工。

（7）開採石料購置洋灰　攔洪壩所需石料，約60,000立方公尺，洋灰120,000包，皆須事先籌備妥足。擬於二十四年一月至六月，開採石料，洋灰則分三批購運，擬於二十四年十月至二十五年一月，購運40,000包，二十五年五月至六月，購運40,000包，二十五年十月至二十六年二月，購運40,000包。

（8）徵收土地　官廳水庫淹沒面積，約計49,500畝，應全部徵收。擬於二十六年一月至六月，徵收竣事。

（9）遷移村莊　官廳水庫淹沒村莊之房屋，約爲2,900間。擬於二十五年一月至十二月，遷移完竣。

（11）修築圍堤　官廳水庫內，地勢較高者，應須修築圍堤，以資保護。擬於二十六年一月開工，同年六月完工。

華北水利委員會，與河北省建設廳，爲實施工程，監督指揮之便利起見，擬設永定河官廳水庫工程處。其組織章程，亦經擬定。一俟工款抵借妥協後，即着手依照施工程序進行矣。

17868

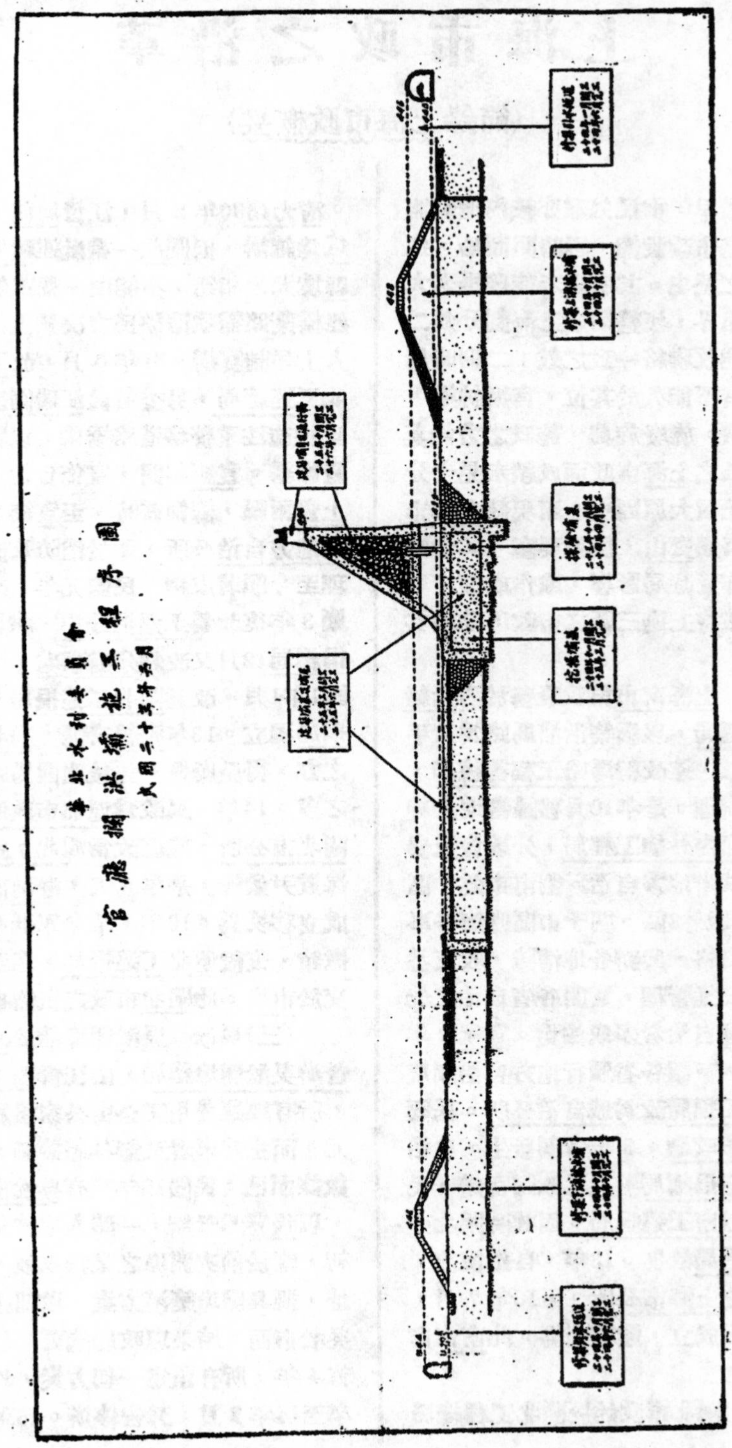

17869

上海市政之沿革

(節錄上海市政概要)

上海開埠最早，市民知識亦較內地為開通。南市閘北之市政設備，以時間而論，迄今已有30餘年之歷史。其所以未能發揚光大者一因中隔兩租界，使整個之上海劃分為二，一切施行不能收聯絡一致之效；二則時局不定，主其事者不能久於其位，官辦紳辦，治權之更迭無常，旋廢旋興，施政之方針莫定。以創辦最久之上海市政而成績未見十分進展者，實基此兩大原因也。至現隸上海市區內之吳淞，舊屬寶山，夙稱要塞，其當時之市政機關，亦受時局影響，或作或輟，罕有成績可述，茲將上述三區之市政，分敍其沿革如次：

(一)南市　上海南市市政肇基於清光緒21年之馬路工程局，以塡築沿浦馬路為入手，至23年而工竣，遂改稱馬路工程善後局，歸上海道派員辦理。是年10月移歸當地士紳辦理，創設城廂內外總工程局，分議會及參事會為兩會，試辦地方自治。劃南市為7區：計城內4區，城外3區。關于市區應辦各事，如調查選民資格，興辦各地消防，收支悉付公開，產款公推管理，實開各省自治之先聲，故各省辦理自治者多取法焉。宣統2年清庭厲行自治，下詔各省頒行地方自治制度。於是南市總工程局改為城自治公所。民國成立，又改稱市政廳。3年帝制發生，自治停辦，改為工巡捐總局，旋又改歸官辦。民國7年又改為滬南工巡捐局。因其時閘北亦有一閘北工巡捐局故也。13年，自治恢復，復歸民辦，成立上海市公所。至16年7月，上海特別市政府成立，遂移交焉。此南市市政沿革之概要也

(二)閘北　閘北市政始於閘北工程總局。清光緒30年2月，江督周馥，派道員徐乃斌為總辦，因閘北一帶毗連租界，且與寶山縣境犬牙相錯，不能由一縣單獨辦理，加之建橋築路需款浩繁民力決難担任，故由當地人士呈請官辦。31年5月，改工程總局為閘北工巡總局，另委道員汪瑞闓接辦。其時行政設施注重警務道路橋梁，以收入有限，酌量修辯。宣統年間，宣佈自治，該處以地跨上寶兩縣，籌備需時，至宣統3年始成立閘北地方自治公所，關於消防及商團兩項，辦理至今頗著成績。民國元年，改組閘北市政廳3年復改為工巡捐分局，隸屬於南市工巡捐總局12月又改為分辦事處，仍歸官辦。民國7年1月，改為閘北工巡捐局，離滬南工巡捐局獨立。13年齊魯交鬨，閘北賴商團維持之力，得免糜爛。先後開闢馬路計有數十條之多。14年，又改為滬北市政廳。15年，改閘北市公所，旋復改為滬北工巡捐局，由滬海道尹兼管，是年5月，淞滬商埠督辦公署成立移交焉。16年，革命軍抵滬，商埠公署撤銷，復設滬北工巡捐局，迄至7月，又移交於市府。此閘北市政之概略也。

(三)吳淞　吳淞開埠始於清光緒24年之督辦吳淞開埠總局，由江督劉坤一奏准開辦，所有經臨費用完全由公家撥給，年僅數萬元。而主其事者又無具體計劃，結果僅築路數條而已。民國12年又有吳淞商埠局之組織，以張謇為督辦，一時人才會集，當着手之初，鑒於前次開埠之毫無成效，於是分劃界址，擬具開埠築港方案，以期積極進行繁榮吳淞市面。結果以政局迭更，經費無着，荏苒4年，所有預定一切方案，均未能實行。卒至14年2月，又告停辦。15年，淞滬商埠

督辦公署成立，名雖淞滬並稱，對於吳淞亦不過徒存其名，迄未有所建樹，此吳淞市政沿革之概要也。

綜觀上海市政之經過情形，其不能發展之原因，有如上述。自市政府成立後，將上海所有辦理市政機關完全接收，更將全境各鄉市改劃成區，設立各區市政委員，分別負責辦理市政，於是數十年來不統一之上海，始達到治權統一之目的，而上海市政機關之名稱亦從此確定，不至如以前舉棋莫定矣。茲附列市政機關沿革表於後，以資循覽而便考查。

上海市政機關沿革表

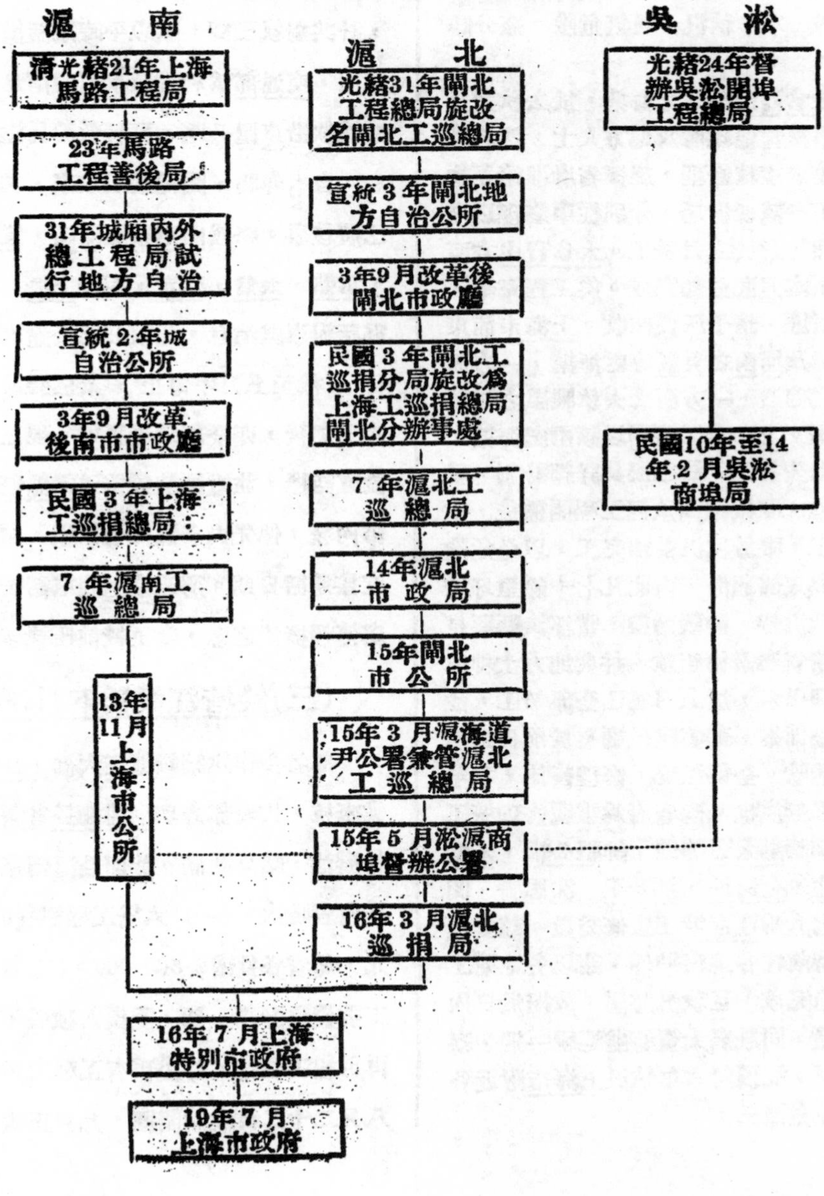

國內工程新聞

(一)嘉太寶滬等處海塘修竣

嘉太寶及南匯上海等處海塘，於去秋受數次颶風海潮之冲蝕，損失甚大，除當時搶修外，并籌款進行修理。現在各地塘工，即將次第修竣，本年秋汛，可無危險。茲分誌各情如下：

嘉定太倉寶山等處之海塘，於去秋受災最重，故事後當地政府及地方人士，迭向省府呼籲，請求撥款修理，旋經省府准撥鉅款，於今春由各該縣當局，分別從事修理以來，嘉定方面，業於上月竣工。太倉寶山方面，亦即將於本月底全部完成。俟工程完畢，當即呈報省廳，請予派員檢收。上海市浦東之高橋，以及浦西之吳淞等處海塘，一方面受一二八之砲燬，一方面受去秋颶風之冲蝕，亟待修理。上海市工務局以該兩處海塘，攸關本市治安甚大，故已擬具詳細計劃，呈奉市府核准，登報招商承包工程開標後，當即開始動工，限於秋汛前須完工，以免危險。南匯縣屬東部瀕海，南北凡七十餘里圩塘，於去年秋汛時，沖毀殆盡，當經該縣縣長袁希洛呈請省廳撥給鉅款，并與地方士紳協同進行修理以來，於上月底已全部竣工，並已呈請省廳備案，蘇省建設廳業於前日派員前往該縣驗收。全部工程，修理甚佳，本年去秋，可保無虞也。蘇省府爲重視修理塘工起見，特聘請嘉太寶等地士紳張公權，朱燧儔，趙厚生，金侯城，洪升平，沈思齊，閔瑞芝，等七人爲江南塘工監修委員。該委員等，除隨時前往各地察勘外，茲以各地塘工，即將次第完成，且秋汛將屆，故擬於日內由全體委員，同赴嘉太寶等處巡視一週，察勘修理情形，故預料本年秋汛上海市附近各地，當可免危險云。

(二)京滬公路長途新話線全部竣工

京滬間長途電話，原係沿京滬鐵路掛設，計共對綫三對，嗣以平時通話繁忙，不敷應用，交通部爲利盪通京滬間消息起見，特又撥款沿京滬公路，另行敷設長途電話綫數對。自本春間，開始動工以來，其工程大半已將竣事。路綫由南京經溧陽，宜興，無錫，常熟，太倉，嘉定，而達上海。茲據長途電話辦事處消息，此項公路長途電綫敷設工程，截至上月中旬止，業已裝竣三對。其餘三對綫，亦全部裝置蕆事。現正在開始裝設電話機，並繼續裝設接通常熟無錫等處之市內綫，俾先由各區間通話後，再確定全綫直接通話日期。將來京滬間電話交通，可無虞停頓擁擠之患，當更較前便捷多多云。

(三)錢塘江築橋下月准可興工

部省合作建築錢塘江大橋，鐵部派黃伯樵來杭，代表部方與浙建廳長曾養甫會商合作辦法，結果圓滿。黃即赴滬轉京覆命，合作內容議決，(一)大橋工程經費5,000,000元，部省各負擔2,500,000。(二)雙方合組橋工委員會計劃一切，委員人數各半。(三)不再另組工程處，即委現有工程處辦理。(四)八月二十二日准期開標，九月正式興工。

國外工程新聞

◉全部鋼橋遷移工程

美國華盛頓京城卡爾佛街橋 Calvert Street Bridge 跨於羅克溪 Rock Creek ，已有34年之久，此次因此地點須改建新橋，故將舊橋沿河向南移動80呎，裝置於暫定地址，以維持交通。此舊橋重1,226噸，長750呎，係承托式 deck-truss 之構造物。橋墩是5座鋼架高塔與兩橋端之座墩。鋼架塔最高者達125呎。橋面爲木料地板，橋寬26呎，上面有兩行電車軌道，有兩邊人行道。橋板下面有一16吋口徑自來水管，電力線與42,000根電話線之管箱。今年6月6日午夜，舊橋上交通停斷，次晨7點30分開始移動，至是日下午3點30達到新址。事先頗費一番準備工夫，鋼塔下面藉鉄輪，轉動於特敷之軌道上面，軌道下面另舖墊座以承之。所以遷移80呎之遠而橋之全部未稍變動。（參閱本期本刊首頁照片）（泳）

中國工程師學會

鼓勵工程專家

規定贈給榮譽金牌辦法

歐美各國學術團體，對於建設事業，有特殊貢獻之人，常有贈給榮譽金牌或奬章辦法，乃所以鼓勵學術專家專心致意於建設事業，小則爲國家社會謀改進，大則爲人類造幸福，用意至善至美，故其國家日見富强，而人才輩出，百業興盛，未嘗非因善於奬勵有以促成之也，中國工程師學會有鑒於此，去歲經大會通過贈給榮譽金牌辦法，交董事會執行，已於日前第四十次董事會議通過贈給榮譽金牌辦法七條，凡受榮譽者，不限於該會會員，以期普及，但以中國國籍工程師爲限，茲將辦法列後：(一)本會對於工程界有特別貢獻之人，得依照本辦法贈給榮譽金牌，(二)本會榮譽金牌暫定一種，(三)受榮譽金牌者須爲中國國民，但不限於本會會員，(四)工程上特別貢獻之標準如下：(甲)發明，(一)工程上新學理者，(二)有裨人類及國防之機械物品或製造方法者，(乙)負責主持巨大工程解决技術上之困難，以底於成功者，(五)凡中國國民合於第四條甲乙兩項標準者得由本會會員十人以上，用書面提經本會認可後由董執兩部聘請專家五人，組織委員會審查之，(六)審查結果，經董事會確認與本辦法第三第四兩條之規定符合者，即由本會於每年會時贈給榮譽金牌，(七)本辦法如有未盡事宜，得由董事會隨時修正之。

北甯鐵路簡明行車時刻表 中華民國二十三年七月一日重訂

[下行]

列車次數 / 站別	北平前門開	豐台開	郎坊開	天津總站開	天津東站到	天津東站開	塘沽開	蘆台開	唐山到	唐山開	開平開	古冶開	灤縣開	昌黎開	北戴河開	秦皇島開	山海關到	山海關開	遼寧總站到
第四十一次 普通客車 中膳各等	五·四五	六·二〇	七·四五	九·一六	九·二五	九·三五	一〇·三八	一一·〇六	一二·四七	一二·五二	一三·〇六	一三·三九	一四·二九	一五·三三	一六·一六	一六·四三	一七·〇五	停	
第七十一次及七十五次 客貨混合三等慢車	六·一〇	八·〇五	一二·三六	一六·〇八	一六·二五	停	第七十五次	自唐山起		六·三〇	七·一〇	八·二五	一〇·〇一	一二·三〇	一四·二五	一五·三三	一六·一〇	停	
第一次 平瀋特別快車 膳臥各等	八·四九	九·一三	一〇·二一	一一·一八	一一·三六	一一·五〇	一二·四七	一三·四九	一四·二九	一四·四二	一五·〇三	一五·一七	一五·四九	一六·三一	一七·〇四	一七·二三	一七·四〇	一八·四〇	六·二九
第二十三次 快車 膳臥各等	一三·一五	一三·四六	一五·〇一	一六·三〇	一六·三九	一六·五九	一八·〇三	一九·〇八	二〇·〇八	二〇·一八	二〇·三三	二一·〇七	二一·二一	二二·一一	二二·四六	二三·〇八	二三·二六	停	
第三〇一次 平滬直達特別快車 膳臥各等	一五·〇五	一五·三六	一六·四〇	一七·五〇	一七·五九	一八·二〇	開	往	上海										
第五次 特別快車 膳車各等	一六·三〇	不停	不停	一九·〇七	一九·一五	停													
第三〇五次 平浦直達特別快車 膳臥各等	一八·五〇	一九·二〇	二〇·二六	二一·三九	二一·四八	二二·二〇	開	往	浦口										
第二十一次 快車 膳車各等	二〇·一五	二〇·四八	二二·〇八	二三·三八	二三·四七	二四·〇〇	一·一〇	二·〇八	三·二七	三·三二	三·四七	四·二	五·一二	五·一二	七·〇七	七·三三	七·五九	停	
第四〇一次平瀋直達貨車及七十三次客貨混合三等慢車	二一·〇〇	二二·五〇	一·一四	四·〇三	四·二〇	六·四〇	九·四〇	一二·三三	一五·〇三	停									
第三次 特別快車 膳車各等	一〇·五六	一一·一四	不停	一三·三二	一三·四〇	一三·五〇	一四·四七	一五·四〇	一六·三四	一六·三九	一六·五·	一七·一四	一七·四六	一八·二八	一九·〇一	一九·二〇	一九·三七		

上行車

列車次數 / 站別	遼寧總站開	山海關到	山海關開	秦皇島開	北戴河開	昌黎開	灤縣開	古冶開	開平開	唐山到	唐山開	蘆台開	塘沽開	天津東站到	天津東站開	天津總站開	郎坊開	豐台開	北平前門到
第四十二次 普通客車 中膳各等			六·〇〇	六·二五	六·五四	七·四一	八·四五	九·四四	一〇·一〇	一〇·二三	一〇·三〇	一一·四一	一二·四六	一三·四六	一四·〇〇	一四·一[illegible]	一五·四三	一七·二一	一七·五五
第四次 特別快車 膳車各等			九·四五	一〇·〇四	一〇·二七	一〇·五八	一一·三九	一二·一八	一二·三五	一二·四五	一二·五〇	一三·四八	一四·四五	一五·四〇	一五·五五	一六·〇五	不停	一八·一五	一八·四二
第七十六次及七十二次 客貨混合三等慢車			一〇·三〇	一一·五二	一二·五〇	一四·四八	一八·二六	二〇·三五	二一·三五	二一·五七	停	第七十二次	自天津起		六·〇五	八·五一	一一·四三	一五·三八	一六·五〇
第二十四次 快車 膳車各等			一三·一五	一三·三五	一四·〇〇	一四·三七	一五·二二	一六·〇五	一六·二二	一六·三二	一六·三七	一七·二四	一八·五一	一九·五〇	二〇·〇〇	二〇·一一	二一·三四	二二·四八	二三·一七
第二次 平瀋特別快車 膳臥各等	一〇·一五	二一·二六	二二·三〇	二二·五九	二三·三一	〇·一九	一·一八	二·一六	二·四一	二·五五	二·五八	四·〇八	五·一一	六·一五	六·三〇	六·三九	七·四五	八·四七	九·一八
第七十四次客貨混合三等慢車及第四〇二次平瀋直達貨車											四·五〇	七·三八	一〇·〇九	一一·四五	一七·二〇	一八·二〇	二二·二二	〇·五五	二·〇〇
第三〇六次 平浦直達特別快車 膳臥各等									由	浦口	開	來		四·五〇	五·二〇	五·三〇	六·四三	七·四九	八·一九
第三〇二次 滬平直達特別快車 膳臥各等									由	上海	開	來		七·〇五	七·三〇	七·四〇	八·五〇	九·五四	一〇·二四
第六次 特別快車 膳車各等															九·〇五	九·一五	不停	不停	一一·五〇
第二十二次 快車 膳臥各等			二三·三〇	〇·〇一	〇·三九	一·二九	二·三二	三·三〇	三·五六	四·一〇	四·一五	五·二六	六·三一	七·三六	七·五〇	八·〇三	九·二六	一〇·五五	一一·二九

膠濟鐵路行車時刻表 民國二十三年七月一日改訂實行

下行列車

站名	到開	十一次各等	三次各等	七一次三等	七三次三等	一次各等
青島	開	七•〇〇	一一•二〇	一五•〇〇		二一•四〇
大港	開	七•一一	一一•四一	一五•一一		二一•五一
四方	開	七•二〇	一一•五〇	一五•二〇		二二•〇〇
滄口	開	七•三六	一二•〇六	一五•三八		二二•一六
女姑口	開	七•四八	一二•一八	一五•五一		不停
城陽	開	七•五七	一二•二七	一六•〇一		二二•三四
南泉	開	八•一三	一二•四三	一六•一八		不停
藍村	開	八•二七	一二•五八	一六•三六		二三•〇一
李哥莊	開	八•三六	不停	一六•四五		不停
膠東	開	八•四八	不停	一六•五八		不停
膠州	到	九•〇〇	一三•二五	一七•一一		二三•二八
膠州	開	九•一二	一三•三七	一七•一四		二三•三〇
芝蘭莊	開	九•一九	一三•四四	一七•三三		不停
姚哥莊	開	九•二八	不停	一七•四三		不停
高密	到	九•三九	一四•〇一	一七•五一		〇•〇二
高密	開	九•五〇	一四•一三	一八•〇五		〇•一三
康家莊	開	一〇•〇	不停	一八•一六		不停
蔡家莊	開	一〇•一五	一四•三三	一八•二八		不停
塔耳堡	開	一〇•二三	一四•四三	一八•三九		不停
丈嶺	開	一〇•三三	一四•五三	一八•五四		不停
岞山	開	一〇•五二	一五•一三	一九•一三		一•〇二
黃旗堡	開	一一•〇一	一五•二二	一九•二三		不停
南流	開	一一•〇九	不停	一九•三一		不停
蝦蟆屯	開	一一•二四	一五•四一	一九•四八		一•二六
坊子	到	一一•三七	一五•五四	二〇•〇二		一•四一
坊子	開	一一•五二	一六•〇八	二〇•一一	六•二〇	一•四六
二十里堡	開	一二•〇四	一六•二〇	二〇•二六	六•三四	一•五八
濰縣	到	一二•一二	一六•二八	二〇•三五	六•四四	二•〇六
濰縣	開	一二•一五	一六•三〇		六•四九	二•一八
大圩河	開	一二•二九	不停		七•〇四	不停
朱劉店	開	一二•四〇	一六•五三		七•一七	二•四〇
昌樂	開	一二•五四	一七•〇六		七•三三	二•五五
堯溝	開	一三•〇五	一七•一八		七•四六	不停
譚家坊子	開	一三•一七	一七•三〇		八•〇〇	不停
楊家莊	開	一三•二八	一七•四一		八•一四	不停
青州	到	一三•三三	一七•五六		八•二三	三•一四
青州	開	一三•四六	一八•〇〇		八•三八	三•二六
普通	開	一三•五八	不停		八•五四	不停
淄河店	開	一四•〇八	一八•一九		九•〇二	不停
辛店	開	一四•二一	一八•三六		九•一七	四•〇五
金嶺鎮	開	一四•三五	一八•五〇		九•三〇	不停
湖田	開	一四•四八	一八•五九		九•四四	不停
張店	到	一四•五七	一九•〇八		九•五五	四•二一
張店	開	一五•一三	一九•二三		一〇•一〇	四•四六
馬尚	開	一五•二二	不停		一〇•二〇	不停
周村	到	一五•四〇	一九•四八		一〇•三四	五•二一
周村	開	一五•四五	一九•五一		一〇•四七	五•三三
大臨池	開	一六•〇七	不停		一一•一三	不停
王村	開	一六•一九	二〇•二四		一一•二六	不停
普集	開	一六•二九	二〇•三四		一一•三六	五•五三
明水	開	一六•四四	二〇•四九		一一•四八	不停
棗園莊	開	一六•五四	二一•〇〇		一二•〇五	六•一五
龍山	開	一七•〇八	二一•一五		一二•一八	六•二九
郭店	開	一七•二三	二一•三〇		一二•三五	不停
王舍人莊	開	一七•三四	二一•四一		一二•五二	不停
黃臺	開	一七•四七	二一•五五		一三•〇五	七•〇三
北關	開	一七•五五	二二•〇七		一三•二〇	七•一〇
濟南	到	一八•〇〇	二二•一三		一三•二九	七•一五

上行列車

站名	到開	十二次各等	七二次三等	四次各等	七四次三等	二次各等
濟南	開	七•〇〇		一一•四〇	一四•四〇	二三•〇〇
北關	開	七•〇九		一一•四七	一四•四七	二三•〇六
黃臺	開	七•一六		一一•五四	一四•五八	二三•一五
王舍人莊	開	七•三〇		一二•〇八	一五•一〇	不停
郭店	開	七•四二		一二•二〇	一五•二五	不停
龍山	開	七•五七		一二•三六	一五•三九	二三•三八
棗園莊	開	八•一三		一二•五二	一五•五五	二三•五三
明水	開	八•二四		一三•〇五	一六•〇七	不停
普集	開	八•四一		一三•二〇	一六•三四	二三•五八
王村	開	八•五一		一三•三一	一六•四四	不停
大臨池	開	九•〇五		不停	一六•五四	不停
周村	到	九•二〇		一三•三六	一七•一三	〇•二二
周村	開	九•三〇		一三•五九	一七•一六	〇•二四
馬尚	開	九•四〇		不停	一七•三五	不停
張店	到	九•四八		一四•二一	一七•四五	〇•三六
張店	開	一〇•〇三		一四•三六	一七•五八	〇•四一
湖田	開	一〇•一五		一四•四九	一八•一三	不停
金嶺鎮	開	一〇•二四		一四•五八	一八•二一	不停
辛店	開	一〇•三八		一五•一二	一八•二七	一•一〇
淄河店	開	一〇•五一		一五•二五	一八•四一	不停
普通	開	一一•〇一		不停	一九•〇五	不停
青州	到	一一•一四		一五•四四	一九•一六	一•三九
青州	開	一一•一六		一五•四七	一九•一九	一•四二
楊家莊	開	一一•二八		一六•〇三	一九•三五	不停
譚家坊子	開	一一•四二		一六•一五	一九•四六	不停
堯溝	開	一一•五四		一六•二五	一九•五九	不停
昌樂	開	一二•〇六		一六•三七	二〇•〇二	二•一三
朱劉店	開	一二•一九		一六•五一	二〇•一六	二•二九
大圩河	開	一二•二〇		一七•〇一	二〇•四七	不停
濰縣	到	一二•三二		一七•〇三	二〇•五〇	二•四八
濰縣	開	一二•四五	七•〇〇	一七•一六	二〇•五四	三•〇一
二十里堡	開	一二•五四	七•一〇	一七•二五	二一•〇四	三•二〇
坊子	到	一三•〇六	七•二三	一七•三七	二一•一七	三•二七
坊子	開	一三•二一	七•三七	一七•五一		三•三二
蝦蟆屯	開	一三•三六	七•五四	一八•〇六		[illegible]
南流	開	一三•五〇	八•〇九	不停		不停
黃旗堡	開	一三•五七	八•一七	一八•二四		不停
岞山	開	一四•〇八	八•二九	一八•三五		四•〇八
丈嶺	開	一四•二六	八•四八	一八•四三		不停
塔耳堡	開	一四•四二	八•五八	一九•〇五		不停
蔡家莊	開	一四•五一	九•〇八	一九•一二		不停
康家莊	開	一五•〇三	九•二〇	不停		不停
高密	到	一五•一五	九•三一	一九•三一		五•一四
高密	開	一五•二四	九•四三	一九•四三		五•二五
姚哥莊	開	一五•三七	九•五六	不停		不停
芝蘭莊	開	一五•四五	一〇•〇五	二〇•〇〇		不停
膠州	到	一六•〇三	一〇•一三	二〇•一七		五•四七
膠州	開	一六•〇四	一一•二六	二〇•一九		五•四九
膠東	開	一六•一六	一一•三九	不停		不停
李哥莊	開	一六•二七	一一•五一	不停		不停
藍村	開	一六•三七	一二•〇一	二〇•四六		六•二五
南泉	開	一六•五〇	一二•一五	二〇•五九		不停
城陽	開	一七•〇八	一二•三四	二一•一五		六•四一
女姑口	開	一七•一七	一二•四四	二一•二四		不停
滄口	開	一七•二九	一三•〇七	二一•三六		六•五六
四方	開	一七•四五	一三•二五	二一•五一		七•一九
大港	開	一七•五五	一三•三五	二二•一〇		七•三〇
青島	到	一八•〇〇	一三•四〇	二二•一五		七•三五

17875

隴海鐵路行車時刻表

自右向左讀（第一次、第十九次）

自左向右讀（第二次、第二十次）

站名	第一次特別快車自東向西每日開行	第十九次客貨車自東向西每日開行	第二次特別快車自西向東每日開行	第二十次客貨車自西向東每日開行
徐州府	（上午）第一次 八點十分開		（下午）八點〇五分到	
碭山	（上午）十點十六分到 十點二十六分開		（下午）五點五十四分到 六點〇四分開	
商邱	（上午）十二點〇九分到 十二點二十九分開		（下午）四點〇二分到 四點十七分開	
開封	（下午）四點三十二分到 四點五十二分開		（上午）十一點五十五分到 十二點十五分開	
鄭州南站	（下午）六點五十一分到 七點十一分開		（上午）九點四十二分到 十點〇二分開	
汜水	（下午）八點三十三分到 八點四十三分開		（上午）八點四十分到 八點四十二分開	
鞏縣	（下午）九點二十三分到 九點二十五分開		（上午）八點〇四分到 八點〇六分開	
孝義	（下午）九點四十七分到 九點四十九分開		（上午）七點四十六分到 七點四十八分開	
洛陽東站	（下午）十一點十二分到 十一點四十二分開		（上午）六點十五分到 六點三十五分開	
新安縣	（上午）一點十二分到 一點三十二分開		（上午）四點五十分到 五點開	
澠池	（上午）三點二十一分到 三點四十一分開		（上午）三點十八分到 三點二十三分開	
觀音堂	（上午）四點三十七分到 四點四十二分開		（上午）二點三十一分到 二點三十六分開	
會興鎮	（上午）六點〇八分到 六點十八分開		（上午）〇點四十二分到 〇點五十二分開	
陝州	（上午）六點五十分到	（上午）第十次 七點二十分開	（上午）第二次 〇點〇五分開	（下午）十點二十五分到
靈寶		（上午）八點三十二分到 八點四十七分開		（下午）九點〇一分到 九點十六分開
閿鄉		（上午）十點二十分到 十點三十五分開		（下午）七點十三分到 七點二十三分開
盤頭鎮		（上午）十一點五十二分到 十一點五十五分開		（下午）五點五十三分到 五點五十六分開
文底鎮		（下午）一點二十二分到 一點二十三分開		（下午）四點二十八分開 四點五十二分到
潼關		（下午）二點二十分到		（下午）第二十次 三點三十分開

17876